Vorschriftenbuch des Verbandes Deutscher Elektrotechniker

Herausgegeben
durch das
Generalsekretariat des VDE

Fünfzehnte Auflage

Nach dem Stande am 1. Januar 1928

Springer-Verlag Berlin Heidelberg GmbH   1928

Die zu diesem Vorschriftenbuch gehörenden DINVDE-Normblätter sind in
DIN-Taschenbüchern zusammengestellt, die für die Benutzer des Vorschriftenbuches unentbehrlich sind (Siehe Abschnitt 93, S. 766 und Anzeige am Schluß).

Sonderdrucke einzelner Bestimmungen
sind (soweit auf ihnen nicht als Bezugsquelle der Verlag Julius Springer angegeben ist) durch die **Geschäftstelle
des VDE** und die Verlagsbuchhandlung
Julius Springer, **DIN·Taschenbücher**
sind durch die Verlagsbuchhandlung
Julius Springer und den Beuth-Verlag
zu beziehen.
DINVDE-Normblätter liefert
ausschließlich der Beuth-Verlag,
Berlin S 14, Dresdener Str. 97.

Softcover reprint of the hardcover 15th edition 1928

Additional material to this book can be downloaded from http://extras.springer.com

ISBN 978-3-662-27986-1   ISBN 978-3-662-29494-9 (eBook)
DOI 10.1007/978-3-662-29494-9

Geschäftstelle des VDE:
Berlin W 57, Potsdamer Straße 68
Fernsprecher: Kurfürst 9320 und 9306
Postscheck: Berlin NW 7, Nr. 21312.

Grundsätze
für die Ausgestaltung der VDE-Bestimmungen.

Unterschieden werden:

1. **Vorschriften.** Sie sind Bestimmungen, die mit Rücksicht auf Lebens- und Feuersgefahr aufgestellt sind und eingehalten werden müssen.
2. **Regeln.** Sie sind entweder Angaben, wie die zugehörenden Vorschriften mit den üblichen Mitteln im allgemeinen auszuführen sind, oder Angaben, die wie Vorschriften zu erfüllen sind, wenn nicht im Einzelfalle besondere Gründe eine Abweichung rechtfertigen.
3. **Normen.** Sie enthalten genaue Angaben in Bezug auf Aufbau, Form und Maße, Werkstoffe, Gewichte, mechanische, elektrische oder magnetische Eigenschaften usw., die eingehalten werden sollen.
4. **Leitsätze.** Sie sind Angaben, die nach Erprobung in Form von Normen, Regeln oder Vorschriften herausgegeben werden und deren Beachtung empfohlen wird.

Aenderungen
gegenüber der 14. Auflage.

A. Neue Bestimmungen.

Folgende Bestimmungen sind erstmalig oder in völlig neu bearbeiteter Fassung in das Vorschriftenbuch aufgenommen:

1. Normen für Betriebspannungen elektrischer Starkstromanlagen, gültig ab 1. Januar 1928.
2. Vorschriften für Transformatoren- und Schalteröle, gültig ab 1. Oktober 1927.
3. Vorschriften für die Bewertung und Prüfung von Vergußmassen für Kabelzubehörteile, gültig ab 1. Juli 1927.
4. Regeln für die Bewertung und Prüfung von Anlassern und Steuergeräten R.E.A./1928, gültig ab 1. Juli 1928.
5. Leitsätze für Spannungsucher bis 750 V, gültig ab 1. April 1927.
6. Merkblatt über die Zerstörung von Holzmasten durch Käferlarven, gültig ab 1. Juli 1927.
7. Vorschriften für isolierte Leitungen in Starkstromanlagen V.I.L./1928, gültig ab 1. Januar 1928.
8. Vorschriften für Bleikabel in Starkstromanlagen V.S.K./1928, gültig ab 1. Januar 1928.
9. Regeln für die Konstruktion, Prüfung und Verwendung von Wechselstrom-Hochspannunggeräten für Schaltanlagen R.E.H./1928, gültig ab 1. Juli 1928.
10. Vorschriften für isolierte Leitungen in Fernmeldeanlagen, gültig ab 1. Januar 1928.
11. Regeln für die Bewertung und Prüfung von galvanischen Elementen, gültig ab 1. Januar 1928.
12. Regeln für die Bewertung und Prüfung von dreiteiligen Taschenlampenbatterien, gültig ab 1. Januar 1928.

13. Vorschriften für Geräte, die zur Entnahme von Betriebstrom für Rundfunkgeräte aus Wechsel- oder Drehstrom-Niederspannungsanlagen dienen (Wechsel-
und Drehstrom-Netzanschlußgeräte), gültig ab 1. April 1927.
14. Vorschriften für Geräte, die zur Entnahme von Betriebstrom für Rundfunkgeräte aus Gleichstrom-Niederspannungsanlagen dienen (Gleichstrom-Netzanschlußgeräte), gültig ab 1. Juli 1927.
15. Vorschriften für Geräte mit eingebauter Netzanschlußeinrichtung, bei denen
Betriebstrom aus Gleichstrom-Niederspannungsanlagen entnommen wird
(Gleichstrom-Netzanschluß-Empfänger), gültig ab 1. Juli 1927.
16. Regeln für die Bewertung und Prüfung von Anodenbatterien, gültig ab
1. Januar 1928.

B. Ungültig gewordene Bestimmungen.

Ungültig geworden sind folgende, in der 14. Auflage noch enthaltene Bestimmungen:
1. Normen für Betriebspannungen elektrischer Anlagen über 100 V (vom 1. November 1919).
2. Vorschriften für Transformatoren- und Schalteröle (vom 1. Oktober 1924).
3. Regeln für die Bewertung und Prüfung von Anlassern und Steuergeräten R.E.A.
/1925 (vom 1. Juli 1925), ungültig ab 1. Juli 1928.
4. Vorschriften für isolierte Leitungen in Starkstromanlagen (vom 1. Januar
1927).
5. Leitsätze für die Konstruktion und Prüfung von Wechselstrom-Hochspan-
nungsapparaten von einschließlich 1500 V Nennspannung aufwärts (vom
1. Januar 1914), ungültig ab 1. Juli 1928.
6. Normen und Prüfvorschriften für Porzellanisolatoren (vom 1. Oktober 1920),
Abschnitt C.
7. Normen für isolierte Leitungen in Fernmeldeanlagen (vom 1. Januar 1922).
8. Vorschriften und Normen für galvanische Elemente (vom 1. Oktober 1923).
9. Normen für dreiteilige Taschenlampenbatterien (vom 1. Oktober 1916).
10. Vorschriften für Geräte, die zur Entnahme von Heiz- oder Anodenstrom aus
Starkstromnetzen bis 440 V Neunspannung dienen (Netzanschlußgeräte)
(vom 1. Oktober 1925).

C. Änderungen an bestehenden Bestimmungen.

An folgenden Bestimmungen sind gegenüber dem Wortlaut in der 14. Auflage
Änderungen in Kraft getreten:
1. Normen für die Abstufung von Stromstärken bei Apparaten (vom 1. Januar
1912) betr. Einschaltung der Stromstufe 15 A.
2. Vorschriften für die Prüfung elektrischer Isolierstoffe (vom 1. Oktober 1924)
betr. Abschnitt II. A. 4 und zugehörende Erklärungen.
3. Vorschriften für elektrische Heizgeräte und elektrische Heizeinrichtungen
V.E.Hz./1925 (vom 1. Januar 1925) betr. § 34.
4. Vorschriften für Starkstrom-Freileitungen (vom 1. Oktober 1923) betr. Abschnitte II. A. 1b, D. 1 und III. A.
5. Leitsätze für die Errichtung von Fahrleitungen für Hebezeuge und Transportgeräte (vom 1. Januar 1926) betr. § 5.
6. Regeln für die Konstruktion, Prüfung und Verwendung von Schaltgeräten
bis 500 V Wechselspannung und 3000 V Gleichspannung R.E.S./1928 (vom
1. Juli 1928) betr. §§ 2, 28, 33, 35, 44, 45, 47, 57, 62, 71—73 und 81.
7. Vorschriften für Geräte, die die Verwendung von Starkstromleitungen bis
440 V Nennspannung als Antenne oder Erde ermöglichen (Verbindungsgeräte) (vom 1. Oktober 1925) betr. Titel und Absätze a und i (statt 440 V
jetzt „250 V", außerdem statt von Starkstromleitungen jetzt von „Starkstromanlagen").

8. Leitsätze für den Bau und die Prüfung von Geräten und Einzelteilen zum Rundfunkempfang (mit Ausschluß solcher Geräte, die in leitender Verbindung mit einem Starkstromnetz benutzt werden) (vom 1. September 1924) betr. letzten Absatz der Vorbemerkungen und Ziffer 2 und 9 des Abschnittes „A. Einzelteile".

9. Allgemeine Vorschriften zum Schutz vorhandener Reichs-Telegraphen- und -Fernsprechanlagen gegen neue elektrische Bahnen (vom 1. Juli 1910) betr. Fortfall der bisherigen Ziffer 4.

D. Noch gültige Bestimmungen, die in dieser Auflage nicht mehr enthalten sind.

Folgende Bestimmungen sind noch gültig, aber in dieser Auflage nicht mehr enthalten:

1. Normen und Prüfvorschriften für Porzellanisolatoren (vom 1. Oktober 1920), Abschnitt D.

Inhaltsverzeichnis.

Die fetten Ziffern an der linken Seite beziehen sich auf die Ausgabe mit Daumenregister. Sie geben hier die Nummern im Daumenregister an.

Seite

1   1. Vorschriften für die **Errichtung** und den **Betrieb** elektrischer **Starkstromanlagen** nebst Ausführungsregeln 1

   2. Vorschriften für die Ausführung von **Schlagwetter-Schutzvorrichtungen** an elektrischen Maschinen, Transformatoren und Apparaten 52

2   3. Elektrische Anlagen in der **Landwirtschaft** 55

   4. Leitsätze für die **Errichtung** elektrischer **Starkstromanlagen in Unterkunftsräumen** für **Kraftwagen** mit Verbrennungsmaschinen 62

3   5. Leitsätze für **Schutzerdungen** in Hochspannungsanlagen . . 64

4   6. Leitsätze für **Erdungen und Nullung in Niederspannungsanlagen** 80

5   7. Leitsätze für den Schutz elektrischer Anlagen gegen **Ü berspannungen** 86

6   8. Vorschriften für **elektrische Bahnen** 102

   9. Vorschriften zum **Schutze** der **Gas- und Wasserröhren** gegen schädliche Einwirkungen der Ströme elektrischer Gleichstrombahnen, die die Schienen als Leiter benutzen 139

7   10. Leitsätze betreffend **Anfressungsgefährdung** des **blanken Nullleiters** von Gleichstrom-Dreileiteranlagen 143

   11. Normen für **Spannungen** elektrischer Anlagen **unter 100 V** 146

   12. Normen für **Betriebspannungen** elektrischer **Starkstromanlagen** 148

8   13. Normen für die Abstufung von **Stromstärken** bei Apparaten. 149

   14. **Kupfernormen** 150

   15. Vorschriften für die Prüfung von **Eisenblech** 151

9   16. Vorschriften für die Prüfung elektrischer **Isolierstoffe** 153

10   17. Vorschriften für **Transformatoren- und Schalteröle** 169

11   18. Vorschriften für die Bewertung und Prüfung von **Verguhmassen** für **Kabelzubehörteile** 179

12   19. Regeln für die Bewertung und Prüfung von elektrischen **Maschinen** R.E.M./1923 187

13   20. Regeln für die Bewertung und Prüfung von **Transformatoren** R.E.T./1923 218

14   21. Regeln für die Bewertung und Prüfung von elektrischen **Bahnmotoren** und sonstigen **Maschinen** und **Transformatoren** auf **Triebfahrzeugen** R.E.B./1925 245

15   22. Regeln für die Bewertung und Prüfung von **Anlassern** und **Steuergeräten** R.E.A./1928 271

16   23. Regeln für die Bewertung und Prüfung von **Steuergeräten**, **Widerstandsgeräten** und **Bremslüftern** für **aussetzenden Betrieb** R.A.B./1927 296

Seite

17 {
24. Normen für die Bezeichnung von **Klemmen** bei Maschinen, Anlassern, Reglern und Transformatoren 306
25. Normalbedingungen für den **Anschluß von Motoren** an öffentliche Elektrizitätswerke 313

18 {
26. Leitsätze für die Konstruktion und Prüfung elektrischer **Starkstrom-Handapparate** für Niederspannungsanlagen (ausschließlich Koch- und Heizgeräte) 317
27. Vorschriften für elektrische **Handgeräte** mit **Kleinstmotoren** V.E.Hg.M./1927 319
28. Vorschriften für elektrisches **Spielzeug** 328
29. Vorschriften für elektrische **Gas- und Feueranzünder** 329
30. Vorschriften für elektrische **Fanggeräte** 330
31. Vorschriften für die elektrische Ausrüstung von **Stehlampen** (**Stehleuchter**) 331
32. Vorschriften für **Christbaum-Beleuchtungen** 335

19 {
33. Regeln für die Bewertung und Prüfung von **Handbohrmaschinen** 337
34. Regeln für die Bewertung und Prüfung von **Hand- und Support-Schleifmaschinen** 341
35. Regeln für die Bewertung und Prüfung von **Schleif- und Polier-maschinen** 344

20 {
36. Vorschriften für elektrische **Heizgeräte** und elektrische **Heizeinrichtungen** V.E.Hz./1925 348
37. Regeln für die Bewertung von **Licht, Lampen** und **Beleuchtung** 363

21
38. Regeln für **Meßgeräte** 367
22 {
39. Leitsätze für **Spannungsucher** bis **750 V** 383
40. Regeln für **Spannungmessungen** mit der **Kugelfunkenstrecke** in Luft 385
23
41. Regeln für die Bewertung und Prüfung von **Meßwandlern** . . 393
24
42. Regeln für **Elektrizitätzähler** R.E.Z./1927 404

25
43. Vorschriften für **Starkstrom-Freileitungen** 421
26 {
44. Merkblätter für **Verhaltungsmaßregeln** gegenüber elektrischen **Freileitungen** 444
45. Merkblatt über die **Zerstörung** von Holzmasten durch **Käferlarven** 447
46. Leitsätze für die Errichtung von **Fahrleitungen** für Hebezeuge und **Transportgeräte** 452
27
47. Vorschriften für isolierte **Leitungen** in **Starkstromanlagen** V.I.L./1928 454
28 {
48. Vorschriften für **Bleikabel** in **Starkstromanlagen** V.S.K./1928 . 471
49. Normen für **umhüllte Leitungen** 482

29 {
50. Normen für **Anschlußbolzen** und ebene **Schraubkontakte** für Stromstärken von 10 bis 1500 A 484
51. Vorschriften für die Konstruktion und Prüfung von **Installationsmaterial** 485
30 {
52. Vorschriften, Regeln und Normen für plombierbare **Hauptleitung-Abzweigkasten 500 V** 507
53. Vorschriften, Regeln und Normen für **einpolige Drehschalter 6 A 250 V** 512
54. Vorschriften, Regeln und Normen für ungeschützte **zweipolige Steckdosen** und **Stecker 6 A 250 V** 514

Seite

30 { 55. Vorschriften, Regeln und Normen für ungeschützte **zweipolige Steckdosen** und **Stecker 10 A 250 V** 517
56. Vorschriften für **Handgeräte-Einbauschalter**. 520

31 57. Vorschriften für **Isolierrohre** 522

32 58. Regeln für die Konstruktion, Prüfung und Verwendung von **Schaltgeräten** bis 500 V Wechselspannung und 3000 V Gleichspannung R.E.S./1928 526

33 59. Regeln für die Konstruktion, Prüfung und Verwendung von **Wechselstrom-Hochspannunggeräten** für **Schaltanlagen** R.E.H./1928. 568

34 { 60. Leitsätze für die Prüfung von **Kettenisolatoren** 612
61. Leitsätze für die Prüfung von **Hochspannungsisolatoren** mit **Spannungstößen** 614

35 { 62. Normen für häufig gebrauchte **Warnungstafeln** 615
63. Leitsätze für die **Bekämpfung** von **Bränden** in elektrischen Anlagen und in deren Nähe 619
64. Anleitung zur ersten **Hilfeleistung** bei **Unfällen** im elektrischen Betriebe 623

36 65. Regeln für die **Errichtung** elektrischer **Fernmeldeanlagen** . . 627
37 66. Vorschriften für **isolierte Leitungen** in **Fernmeldeanlagen** . . 636

38 { 67. Vorschriften für den Anschluß von **Fernmeldeanlagen** an Niederspannung-Starkstromnetze durch **Transformatoren** (mit Ausschluß der öffentlichen Telegraphen- und Fernsprechanlagen) 649
68. Leitsätze für den Anschluß von **Fernmeldeanlagen** an Niederspannung-Starkstromnetze mit Hilfe von Einrichtungen, die eine **leitende Verbindung** mit dem Starkstromnetz erfordern (mit Ausschluß der öffentlichen Telegraphen- und Fernsprechanlagen) 651
69. Regeln für die Bewertung und Prüfung von **galvanischen Elementen** 653
70. Regeln für die Bewertung und Prüfung von **dreiteiligen Taschenlampenbatterien** 657

39 71. Leitsätze für Maßnahmen an **Fernmelde-** und an **Drehstromanlagen** im Hinblick auf gegenseitige **Näherungen** 660

40 { 72. Sicherheitsvorschriften für **Hochfrequenztelephonie** in Verbindung mit Hochspannungsanlagen 676
73. Vorschriften für **Außenantennen** 678
74. Vorschriften für **Geräte**, die die Verwendung von Starkstromanlagen bis 250 V Nennspannung als **Antenne** oder **Erde** ermöglichen (**Verbindungsgeräte**) 688

41 { 75. Vorschriften für **Geräte**, die zur Entnahme von **Betriebstrom** für **Rundfunkgeräte** aus **Wechsel-** oder **Drehstrom-Niederspannungsanlagen** dienen (**Wechsel-** und **Drehstrom-Netzanschlußgeräte**) 690
76. Vorschriften für **Geräte**, die zur Entnahme von **Betriebstrom** für **Rundfunkgeräte** aus Gleichstrom-Niederspannungsanlagen dienen (**Gleichstrom-Netzanschlußgeräte**) 692
77. Vorschriften für **Rundfunkgeräte** mit eingebauter Netzanschlußeinrichtung, bei denen Betriebstrom aus Gleichstrom-Niederspannungsanlagen entnommen wird (Gleichstrom-Netzanschluß-**Empfänger**) 694

Seite
78. Regeln für die Bewertung und Prüfung von **Anodenbatterien** . 697
79. Leitsätze für den Bau und die Prüfung von **Geräten** und **Einzel-**
42 **teilen** zum **Rundfunkempfang** (mit Ausschluß solcher Geräte,
die in leitender Verbindung mit einem Starkstromnetz benutzt
werden) 699

80. Leitsätze für die Herstellung und Einrichtung von **Gebäuden**
bezüglich **Versorgung mit Elektrizität** 703
81. Verwendung von **Elektrizität** auf **Schiffen** 706
43 82. Praktische Unterweisung in der Elektroindustrie. Merkblatt für
Praktikanten 707
83. Unterweisung der Praktikanten in der Elektroindustrie. Merkblatt
für **Fabrikanten** 715
84. Leitsätze betr. die einheitliche Errichtung von **Fortbildungs-**
kursen für Starkstrommonteure und Wärter elektrischer Anlagen 721

Anhang.

44 85. **Bahnkreuzungsvorschriften** für fremde **Starkstromanlagen**
B.K.V./1921 724
86. Allgemeine Vorschriften für die Ausführung und den Betrieb neuer
elektrischer **Starkstromanlagen** (ausschließlich der elektrischen
Bahnen) bei **Kreuzungen** und **Näherungen** von **Telegraphen-**
und **Fernsprechleitungen** 737
87. **Zusatzbestimmungen** des Reichspostministers vom 26. Juli 1922
45 zu Ziffer 3 der „Allgemeine Vorschriften für die Ausführung und den
Betrieb neuer elektrischer **Starkstromanlagen** bei **Kreuzungen**
und **Näherungen** von **Telegraphen-** und **Fernsprechleitungen**" 742
88. Allgemeine Vorschriften zum **Schutze** vorhandener **Reichstele-**
graphen- und **-fernsprechleitungen** gegen neue elektrische
Bahnen 744
46 89. Vorschriften für die **bruchsichere Führung** von Hochspannungleitungen **über Postleitungen** 745
47 90. Bestimmungen über die **Beglaubigung** von **Elektrizitätzählern** 754
91. Bestimmungen über die **Beglaubigung** von **Meßwandlern** . . . 757
48 92. Formelzeichen, Einheitzeichen und mathematische Zeichen des
AEF 760
93. **DIN VDE-Normblätter** und **DIN-Taschenbücher** 766
49 94. **Normblätter,** an deren Aufstellung der VDE beteiligt ist . . . 777
95. **HNA/E-Normblätter** 778
Sachverzeichnis 783

1. Vorschriften für die Errichtung und den Betrieb elektrischer Starkstromanlagen nebst Ausführungsregeln[1].

Gültig ab 1. Juli 1924[2].

Nachstehende Fassung enthält die Zusatzbestimmungen für Bergwerke unter Tage.

Inhaltsübersicht.

I. Errichtungsvorschriften.

§ 1. Geltungsbereich.

A. Erklärungen.

§ 2.

B. Allgemeine Schutzmaßnahmen.

§ 3. Schutz gegen Berührung. Erdung und Nullung.
§ 4. Übertritt von Hochspannung.
§ 5. Isolationszustand.

C. Maschinen, Transformatoren und Akkumulatoren.

§ 6. Elektrische Maschinen.
§ 7. Transformatoren.
§ 8. Akkumulatoren.

D. Schalt- und Verteilungsanlagen.

§ 9.

E. Apparate.

§ 10. Allgemeines.
§ 11. Schalter.
§ 12. Anlasser und Widerstände.

---

[1] Erläuterungen hierzu von Dr. C. L. Weber können von der Verlagsbuchhandlung Julius Springer, Berlin, bezogen werden.

[2] Obenstehende Fassung ist angenommen durch die außerordentliche Ausschußsitzung am 30. 8. 1923. Veröffentlicht: ETZ 1923, S. 646, 671, 695 und 953; 1924, S. 16. — Änderungen der §§ 7, 11, 22, 27, 40, 42, 43, 46, 47 und 48 angenommen durch die Jahresversammlung 1925. Veröffentlicht: ETZ 1925, S. 394, 943, 1526 und 1641. — Weitere Änderung des § 48 angenommen durch die Jahresversammlung 1926. Veröffentlicht: ETZ 1926, S. 862. — Sonderdruck VDE 370.

Fortsetzung umstehend!

§ 13. Steckvorrichtungen.

§ 14. Stromsicherungen (Schmelzsicherungen und Selbstschalter).

§ 15. Andere Apparate.

F. Lampen und Zubehör.

§ 16. Fassungen und Glühlampen.

§ 17. Bogenlampen.

§ 18. Beleuchtungskörper, Schnurpendel und Handleuchter.

G. Beschaffenheit und Verlegung der Leitungen.

§ 19. Beschaffenheit isolierter Leitungen.

§ 20. Bemessung der Leitungen.

§ 21. Allgemeines über Leitungsverlegung.

§ 22. Freileitungen.

§ 23. Installationen im Freien.

§ 24. Leitungen in Gebäuden.

§ 25. Isolier- und Befestigungskörper.

§ 26. Rohre.

§ 27. Kabel.

H. Behandlung verschiedener Räume.

§ 28. Elektrische Betriebsräume.

§ 29. Abgeschlossene elektrische Betriebsräume.

§ 30. Betriebstätten.

§ 31. Feuchte, durchtränkte und ähnliche Räume.

Vorher hat eine Anzahl anderer Fassungen der Errichtungsvorschriften und der Betriebsvorschriften einzeln, sowie eine gemeinsame Fassung bestanden. Über die Entwickelung gibt nachstehende Tafel Aufschluß:

Fassung: Errichtungsvorschriften:	Beschlossen:	Gültig ab:	Veröffentl. ETZ:
1. Fassung der Niederspannung-Vorschriften	5. 7. 95 / 23. 11. 95	1. 1. 96	96 S. 22
2. Fassung der Niederspannung-Vorschr. m. Anhang f. feuchte Räume. 1. Fassung der Hochspannung-Vorschriften	3. 6. 98 / 26. 6. 98	1. 7. 98	98 S. 489 u. 501
1. Fassung der Mittelspannung-Vorschriften	9. 6. 99	1. 10. 99	99 S. 571
1. Fassung d. Vorschr. f. Theater und Warenhäuser.	18. 6. 00	1. 7. 00	00 S. 665
3. Fassung der Niederspannung-Vorschriften einschl. feuchte Räume und Warenhäuser.	27. 6. 01	1. 1. 03	01 S. 972
2. Fassung der Theatervorschriften. . .	13. 6. 02	1. 7. 02	02 S. 508
1. Fassung der Bergwerks-Vorschr. . . .	13. 6. 02	1. 7. 02	02 S. 507
4. Fassung der Niederspannung-Vorschriften und 2. Fassung der Hochspann.-Vorschr. einschl. der früheren Mittelspann., sowie feuchte Räume, Theater und Bergwerke enthaltend	13. 6. 02 / 15. 1. 03	1. 1. 04	03 S. 141

§ 32. Akkumulatorenräume.

§ 33. Betriebstätten und Lagerräume mit ätzenden Dünsten.

§ 34. Feuergefährliche Betriebstätten und Lagerräume.

§ 35. Explosionsgefährliche Betriebstätten und Lagerräume.

§ 36. Schaufenster, Warenhäuser und ähnliche Räume, wenn darin leicht entzündliche Stoffe aufgestapelt sind.

J. Provisorische Einrichtungen, Prüffelder und Laboratorien.
§ 37.

K. Theater und diesen gleichzustellende Versammlungsräume.
§ 38. Allgemeine Bestimmungen.

§ 39. Bestimmungen für das Bühnenhaus.

L. Weitere Vorschriften für Bergwerke unter Tage.
§ 40. Verlegung in Schächten. Elektrische Schachtsignalanlagen.

§ 41. Schlagwettergefährliche Grubenräume.

§ 42. Fahrleitungen und Zubehör elektrischer Streckenförderung.

§ 43. Fahrzeuge elektrischer Streckenförderung.

§ 44. Abteufbetrieb.

§ 45. Schießbetrieb (im Anschluß an Starkstromanlagen).

§ 46. Betriebe im Abbau.

Fassung:	Beschlossen:	Gültig ab:	Veröffentl. ETZ:
Errichtungsvorschriften:			
Änderungen an d. vom 1. 1. 04 ab gültigen Fassung f. Niederspann. u. Hochspann.	24. 6. 04	1. 1. 05	04 S. 686
Weitere Änderungen an der vom 1. 1. 04 ab gültigen Fassung für Niederspann. und Hochspannung.	5. 6. 05	1. 7. 05	05 S. 719
Neue Fassung, enthaltend Niederspannung und Hochspannung zusammengearbeitet, jedoch ohne Bergwerke	7. 6. 07	1. 1. 08	07 S. 882
Zusatzbestimmungen für Bergwerke zur vom 1. 1. 08 ab gültigen Fassung . .	3. 6. 09	1. 1. 10	09 S. 479
Betriebsvorschriften:			
1. Fassung	13. 6. 02		
	15. 1. 03	1. 3. 03	03 S. 154
2. Fassung	7. 6. 07	1. 1. 08	07 S. 908
3. Fassung	3. 6. 09	1. 1. 10	09 S. 481
Errichtungs- und Betriebsvorschriften:			
1. gemeinsame Fassung.	26. 5. 14	1. 7. 15	14 S. 478, 510, 720
2. gemeinsame Fassung.	30. 8. 23	1. 7. 24	23 S. 646, 671, 695, 953; 24 S. 16
1. Änderung der vom 1. 7. 24 ab gültigen Fassung.	8. 9. 25	1. 10. 25	25 S. 394, 943, 1526, 1641
2. Änderung der vom 1. 7. 24 ab gültigen Fassung.	28. 6. 26	1. 7. 26	26 S. 862

La. Leitsätze für Bagger mit zugehörenden Bahnanlagen im Tagebau.

§ 47.

M. Inkrafttreten der Errichtungsvorschriften.

§ 48.

II. Betriebsvorschriften.

§ 1. Erklärungen.
§ 2. Zustand der Anlagen.
§ 3. Warnungstafeln, Vorschriften und schematische Darstellungen.
§ 4. Allgemeine Pflichten der im Betriebe Beschäftigten.
§ 5. Bedienung elektrischer Anlagen.
§ 6. Maßnahmen zur Herstellung und Sicherung des spannungfreien Zustandes.
§ 7. Maßnahmen bei Unterspannungsetzung der Anlage.
§ 8. Arbeiten unter Spannung.
§ 9. Arbeiten in der Nähe von Hochspannung führenden Teilen.
§ 10. Zusatzbestimmungen für Akkumulatorenräume.
§ 11. Zusatzbestimmungen für Arbeiten in explosionsgefährlichen, durchtränkten und ähnlichen Räumen.
§ 12. Zusatzbestimmungen für Arbeiten an Kabeln.
§ 13. Zusatzbestimmungen für Arbeiten an Freileitungen.
§ 14. Zusatzbestimmungen für Arbeiten in Prüffeldern und Laboratorien.
§ 15. Inkrafttreten der Betriebsvorschriften.

I. Errichtungsvorschriften [3].

§ 1.

Geltungsbereich.

Die hierunter stehenden Bestimmungen gelten für elektrische Starkstromanlagen oder Teile solcher, mit Ausnahme von im Erdboden verlegten Leitungsnetzen, elektrischen und straßenbahnähnlichen Kleinbahnen, Fahrzeugen über Tage und elektrochemischen Betriebsapparaten.

> 1. Im Gegensatz zu den mit Buchstaben bezeichneten Absätzen, die grundsätzliche Vorschriften darstellen, enthalten die mit Ziffern versehenen Absätze Ausführungsregeln. Letztere geben an, wie die Vorschriften mit den üblichen Mitteln im allgemeinen zur Ausführung gebracht werden sollen, wenn nicht im Einzelfall besondere Gründe eine Abweichung rechtfertigen.

Die zwischen ✕ || stehenden Zusätze gelten nur für elektrische Starkstromanlagen in Bergwerken unter Tage, abgekürzt: in B. u. T.

---

[3] Bei der Errichtung elektrischer Starkstromanlagen sind, soweit die Anlagen oder einzelne Teile unter Spannung stehen, auch die Betriebsvorschriften zu beachten.

A. Erklärungen.
§ 2.

a) Niederspannungsanlagen. Anlagen mit effektiven Gebrauchsspannungen bis 250 V zwischen beliebigen Leitern sind ohne weiteres als Niederspannungsanlagen zu behandeln; Mehrleiteranlagen mit Spannungen bis 250 V zwischen Nulleiter und einem beliebigen Außenleiter nur dann, wenn der Nulleiter geerdet ist. Bei Akkumulatoren ist die Entladespannung maßgebend.

Alle übrigen Starkstromanlagen gelten als Hochspannungsanlagen.

b) Feuersichere, wärmesichere und feuchtigkeitsichere Gegenstände.

Feuersicher ist ein Gegenstand, der entweder nicht entzündet werden kann oder nach Entzündung nicht von selbst weiterbrennt.

Wärmesicher ist ein Gegenstand, der bei der höchsten betriebsmäßig vorkommenden Temperatur keine den Gebrauch beeinträchtigende Veränderung erleidet.

Feuchtigkeitsicher ist ein Gegenstand, der sich im Gebrauch durch Feuchtigkeitsaufnahme nicht so verändert, daß er für die Benutzung ungeeignet wird.

c) Freileitungen. Als Freileitungen gelten alle oberirdischen Leitungen außerhalb von Gebäuden, die weder eine metallene Schutzhülle noch eine Schutzverkleidung haben, einschließlich der zugehörenden Hausanschlußleitungen.

d) Als Leitungen oder Installation im Freien gelten Fahrleitungen und im Freien befindliche Teile von Anlagen. Übersteigt die Entfernung der Leitungstützpunkte 20 m, so sind die Vorschriften für Freileitungen (siehe § 22) anzuwenden.

e) Elektrische Betriebsräume. Als elektrische Betriebsräume gelten Räume, die wesentlich zum Betrieb elektrischer Maschinen oder Apparate dienen und in der Regel nur unterwiesenem Personal zugänglich sind.

f) Abgeschlossene elektrische Betriebsräume. Als abgeschlossene elektrische Betriebsräume werden solche Räume bezeichnet, die nur zeitweise durch unterwiesenes Personal betreten, im übrigen aber unter Verschluß gehalten werden, der nur durch beauftragte Personen geöffnet werden darf.

g) Betriebstätten. Als Betriebstätten werden die Räume bezeichnet, die im Gegensatz zu elektrischen Betriebsräumen auch anderen als elektrischen Betriebsarbeiten dienen und nichtunterwiesenem Personal regelmäßig zugänglich sind.

h) Feuchte, durchtränkte und ähnliche Räume. Als solche gelten Betriebs- oder Lagerräume gewerblicher und landwirtschaftlicher Anlagen, in denen erfahrungsgemäß durch Feuchtigkeit oder Verunreinigungen (besonders chemischer Natur) die dauernde Erhaltung normaler Isolation erschwert oder der elektrische Widerstand des Körpers der darin beschäftigten Personen erheblich vermindert wird.

Heiße Räume sind als durchtränkte zu betrachten, wenn die darin beschäftigten Personen ähnlichen Einwirkungen ausgesetzt sind.

i) Feuergefährliche Betriebstätten und Lagerräume. Als feuergefährliche Betriebstätten und Lagerräume gelten Räume, in denen leicht entzündliche Gegenstände hergestellt, verarbeitet oder angehäuft werden, sowie solche, in denen sich betriebsmäßig entzündliche Gemische von Gasen, Dämpfen, Staub oder Fasern bilden können.

k) Explosionsgefährliche Betriebstätten und Lagerräume. Als explosionsgefährlich gelten Räume, in denen explosible Stoffe hergestellt, verarbeitet oder aufgespeichert werden oder sich leicht explosible Gase, Dämpfe oder Gemische solcher mit Luft erfahrungsgemäß ansammeln.

l) Schlagwettergefährliche Grubenräume. Als schlagwettergefährliche Grubenräume gelten Räume, die von der zuständigen Bergbehörde als solche bezeichnet werden; alle anderen gelten als nicht schlagwettergefährlich.

m) Betriebsarten. Bei Dauerbetrieb ist die Betriebzeit so lang, daß die dem Beharrungzustand entsprechende Endtemperatur erreicht wird. Die der Dauerleistung entsprechende Stromstärke wird als „Dauerstromstärke" bezeichnet.

Bei aussetzendem Betrieb wechseln Einschaltzeiten und stromlose Pausen über die gesamte Spieldauer, die höchstens 10 min beträgt, ab. Das Verhältnis von Einschaltdauer zur Spieldauer wird „relative Einschaltdauer" genannt. Die aussetzende Stromstärke, die zum Bewegen der Vollast nach Eintritt der vollen Geschwindigkeit erforderlich ist, wird als „Vollaststromstärke" bezeichnet.

Bei kurzzeitigem Betrieb ist die Betriebzeit kürzer als die zum Erreichen der Beharrungstemperatur erforderliche Zeit und die Betriebspause lang genug, um die Abkühlung auf die Temperatur des Kühlmittels zu ermöglichen.

B. Allgemeine Schutzmaßnahmen.

§ 3.

Schutz gegen Berührung. Erdung und Nullung.

a) Die unter Spannung gegen Erde stehenden, nicht mit Isolierstoff bedeckten Teile müssen im Handbereich gegen zufällige Berührung geschützt sein. Bei Spannungen bis 40 V gegen Erde ist dieser Schutz im allgemeinen entbehrlich (Weitere Ausnahmen siehe § 28a).

Für Fahrleitungen von Bahnen in Bergwerken unter Tage gelten besondere Vorschriften (siehe § 42).

1. Abdeckungen, Schutzgitter und dergleichen sollen der zu erwartenden Beanspruchung entsprechend mechanisch widerstandsfähig sein und zuverlässig befestigt werden.

In B. u. T. sollen alle Schutzverkleidungen so angebracht sein, daß sie nur mit Hilfe von Werkzeugen entfernt werden können.

b) *Bei Hochspannung müssen sowohl die blanken als auch die mit Isolierstoff bedeckten, unter Spannung gegen Erde stehenden Teile durch ihre Lage, Anordnung oder besondere Schutzvorkehrungen der Berührung entzogen sein (Ausnahmen siehe §§ 6c, 8c, 28b und 29a).*

c) *Bei Hochspannung müssen alle nicht spannungführenden Metallteile, die Spannung annehmen können, miteinander gut leitend verbunden und geerdet werden, wenn nicht durch andere Mittel eine gefährliche Spannung vermieden oder unschädlich gemacht wird (siehe auch §§ 6b, 8a, 8b und 8c).*

d) In Niederspannungsanlagen sind dort, wo eine besondere Gefahr besteht, nicht zum Betriebstromkreis, jedoch zur elektrischen Einrichtung gehörende metallene Bestandteile der elektrischen Einrichtungen, die den Betriebstromkreisen am nächsten liegen oder mit ihnen in Berührung kommen können, zu erden. Ist ein geerdeter Nulleiter praktisch erreichbar, so muß dieser hierzu verwendet werden.

Besondere Gefahren liegen in solchen Räumen vor, in denen der Körperwiderstand durch Feuchtigkeit, Wärme, chemische Einflüsse und andere Ursachen wesentlich herabgesetzt ist, sowie wenn der Benutzer der Anlage mit Metallteilen in Berührung kommt, die infolge eines Fehlers Schluß mit einem Stromleiter bekommen können. Gefahrerhöhend wirkt eine großflächige Berührung, wie sie z. B. durch Umfassen herbeigeführt wird.

2. Als Erdung gilt eine gutleitende Verbindung mit der Erde. Sie soll so ausgeführt werden, daß in der Umgebung des geerdeten Gegenstandes (Standort von Personen) ein den örtlichen Verhältnissen entsprechendes, tunlichst ungefährliches, allmählich verlaufendes Potentialgefälle erzielt wird. Als der Erdung gleichwertig gilt die Verbindung mit dem geerdeten Nulleiter (siehe § 14f).

3. Die Erdungen sollen nach den „Leitsätze für Erdungen und Nullung in Niederspannungsanlagen" bzw. nach den „*Leitsätze für Schutzerdungen in Hochspannungsanlagen*" ausgeführt werden.

✂ In B. u. T. sind mehrere verschiedene Erdungen, z. B. in der Wasserseige, im Schachtsumpf, an den Tübbings und über Tage, gleichzeitig anzuwenden und miteinander gut leitend zu verbinden. Die der zufälligen Berührung ausgesetzten, für gewöhnlich nicht spannungführenden Teile der Anlage sind, soweit sie in dem gleichen Raum liegen, untereinander und mit der Erdzuleitung, als welche die Bewehrung eines Kabels, u. zw. Bleimantel und Eisenbewehrung, benutzt werden kann, zu verbinden. Außerdem sind alle sonstigen, der zufälligen Berührung ausgesetzten Metallteile, wie Rohrleitungen, Gleise usw., tunlichst oft an die Erdzuleitung anzuschließen.

4. Erdzuleitungen sollen für die zu erwartende Erdschlußstromstärke bemessen werden mit der Maßgabe, daß Querschnitte über 50 mm² für Kupfer, über 100 mm² für verzinktes oder verbleites Eisen nicht verwendet zu werden brauchen, und mit der Maßgabe, daß in elektrischen Betriebsräumen Kupferquerschnitte unter 16 mm² nicht verwendet werden sollen. Für Anschlußleitungen an die Haupterdungsleitung von weniger als 5 m Länge genügt in jedem Falle ein Kupferquerschnitt von 16 mm². In anderen Räumen soll der Kupferquerschnitt 4 mm² nicht unterschreiten.

5. Die Erdzuleitungen sollen möglichst sichtbar und geschützt gegen mechanische und chemische Zerstörungen verlegt und ihre Anschlußstellen der Nachprüfung zugänglich sein.

Es empfiehlt sich, den Nulleiter in seinem ganzen Verlauf fabrikationsmäßig zu kennzeichnen.

✂ e) Schutzverkleidungen aus Pappe oder ähnlichen wenig widerstandsfähigen Stoffen dürfen in B. u. T. nicht angewendet werden. Holz ist unter
Umständen zulässig.

§ 4.
Übertritt von Hochspannung.

*a) Maßnahmen müssen getroffen werden, die bestimmt sind, dem Auf-
treten unzulässig hoher Spannungen in Verbrauchstromkreisen vorzubeugen.*

§ 5.
Isolationszustand.

a) Jede Starkstromanlage muß einen angemessenen Isolationszustand
haben.

1. Isolationsprüfungen sollen tunlichst mit der Betriebspannung, mindestens
aber mit 100 V ausgeführt werden.

2. Bei Isolationsprüfungen durch Gleichstrom gegen Erde soll, wenn tunlich, der negative Pol der Stromquelle an die zu prüfende Leitung gelegt werden.
Bei Isolationsprüfungen mit Wechselstrom ist die Kapazität zu berücksichtigen.

3. Wenn bei diesen Prüfungen nicht nur die Isolation zwischen den Leitungen
und Erde, sondern auch die Isolation je zweier Leitungen gegeneinander geprüft wird, so sollen alle Glühlampen, Bogenlampen, Motoren oder andere Strom
verbrauchende Apparate von ihren Leitungen abgetrennt, dagegen alle vorhandenen Beleuchtungskörper angeschlossen, alle Sicherungen eingesetzt und alle Schalter geschlossen sein. Reihenstromkreise sollen jedoch nur an einer einzigen
Stelle geöffnet werden, die tunlichst nahe der Mitte zu wählen ist. Dabei sollen
die Isolationswiderstände den Bedingungen der Regel 4 genügen.

4. Der Isolationszustand einer Niederspannungsanlage, mit Ausnahme der
Teile unter 5, gilt als angemessen, wenn der Stromverlust auf jeder Teilstrecke
zwischen zwei Sicherungen oder hinter der letzten Sicherung bei der Betriebspannung ein Milliampere nicht überschreitet. Der Isolationswert einer derartigen Leitungstrecke sowie jeder Verteilungstafel sollte hiernach wenigstens
betragen: 1000 Ω multipliziert mit der Betriebspannung in V (z. B. 220000 Ω
für 220 V Betriebspannung). Für Maschinen, Akkumulatoren und Transformatoren wird auf Grund dieser Vorschriften ein bestimmter Isolationswiderstand nicht gefordert.

5. Freileitungen und die Teile von Anlagen, die in feuchten und durchtränkten Räumen, z. B. in Brauereien, Färbereien, Gerbereien usw., oder im
Freien verlegt sind, brauchen der Regel 4 nicht zu genügen. Wo eine größere
Anlage feuchte Teile enthält, sollen sie bei der Isolationsprüfung abgeschaltet
sein und die trockenen Teile sollen der Regel 4 genügen.

✂ In B. u. T. gilt dieses auch für Räume, in denen Tropfwasser auftritt, und
für durchtränkte Grubenräume; vorausgesetzt ist hierbei, daß sich die elektrischen Einrichtungen sonst in bester Ordnung befinden.

6. Lackierung und Emaillierung von Metallteilen gilt nicht als Isolierung
im Sinne des Berührungschutzes.

*Als Isolierstoffe für Hochspannung gelten faserige oder poröse Stoffe, die mit
geeigneter Isoliermasse getränkt sind, ferner feste feuchtigkeitsichere Isolierstoffe.*

Werkstoffe, wie Holz und Fiber, sollen nur unter Öl und nur mit geeigneter
Isoliermasse getränkt als Isolierstoff angewendet werden (Ausnahme siehe
§ 12 [1]). Die nicht polierten Flächen von Steinplatten sind durch einen geeigneten
Anstrich gegen Feuchtigkeit zu schützen.

✂ In B. u. T. sollen Steinplatten (Marmor, Schiefer und dergleichen) nur unter
Öl Anwendung finden.

C. Maschinen, Transformatoren und Akkumulatoren.

§ 6.
Elektrische Maschinen.

a) Elektrische Maschinen sind so aufzustellen, daß etwa im Betriebe der elektrischen Einrichtung auftretende Feuererscheinungen keine Entzündung von brennbaren Stoffen der Umgebung hervorrufen können.

b) Bei Hochspannung müssen die Körper elektrischer Maschinen entweder geerdet und, soweit der Fußboden in ihrer Nähe leitend ist, mit diesem leitend verbunden sein oder sie müssen gut isoliert aufgestellt und in diesem Falle mit einem gut isolierenden Bedienungsgange umgeben sein.

c) Die spannungführenden Teile der Maschinen und die zugehörenden Verbindungsleitungen unterliegen nur den Vorschriften über Berührungschutz nach § 3a. *Bei Hochspannung müssen auch die mit Isolierstoff bedeckten Teile gegen zufällige Berührung geschützt sein.*

Soweit dieser Schutz nicht schon durch die Bauart der Maschine selbst erzielt wird, muß er bei der Aufstellung durch Lage, Anordnung oder besondere Schutzvorkehrungen erreicht werden.

Verschläge für luftgekühlte Motoren müssen so beschaffen und bemessen sein, daß ihre Entzündung ausgeschlossen und die Kühlung der Motoren nicht behindert ist.

d) Die äußeren spannungführenden Teile der Maschinen müssen auf feuersicheren Unterlagen befestigt sein.

e) Elektrische Maschinen müssen ein Leistungschild besitzen, auf dem die in §§ 80 und 81 der „Regeln für die Bewertung und Prüfung elektrischer Maschinen R.E.M./1923" geforderten Angaben vermerkt sind.

§ 7.
Transformatoren.

a) Bei Hochspannung müssen Transformatoren entweder in geerdete Metallgehäuse eingeschlossen oder in besonderen Schutzverschlägen untergebracht sein. Ausgenommen von dieser Vorschrift sind Transformatoren in abgeschlossenen elektrischen Betriebsräumen (siehe § 29) und solche, die nur mit besonderen Hilfsmitteln zugänglich sind.

Verschläge für selbstgekühlte Transformatoren müssen so beschaffen und bemessen sein, daß ihre Entzündung ausgeschlossen und die Kühlung der Transformatoren nicht behindert ist.

b) Öltransformatoren über 20 kVA müssen in B. u. T. in feuersicheren Räumen aufgestellt werden. Bei Öltransformatoren unter 50 kVA können jedoch Erleichterungen zugelassen werden.

c) Die Transformatorenräume sind in B. u. T. mit Ölfanggruben oder gleichwertigen Vorrichtungen zur Aufnahme des auslaufenden Öles auszustatten.

d) An Hochspannungtransformatoren, deren Körper nicht betriebsmäßig geerdet ist, müssen Vorrichtungen angebracht sein, die gestatten, die Erdung

des Körpers gefahrlos vorzunehmen oder die Transformatoren allseitig ab-
zuschalten.

e) Die spannungführenden Teile der Transformatoren und die zugehörenden Verbindungsleitungen unterliegen nur den Vorschriften über
Berührungschutz nach § 3a.

f) Die äußeren spannungführenden Teile der Transformatoren müssen
auf feuersicheren Unterlagen befestigt sein.

g) Transformatoren müssen ein Leistungschild besitzen, auf dem die
in §§ 63—65 der „Regeln für die Bewertung und Prüfung von Transformatoren R.E.T./1923" geforderten Angaben vermerkt sind.

§ 8.
Akkumulatoren (siehe auch § 32).

a) Die einzelnen Zellen sind gegen das Gestell, dieses ist gegen Erde
durch feuchtigkeitsichere Unterlagen zu isolieren.

b) Bei Hochspannung müssen die Batterien mit einem isolierenden Be-
dienungsgange umgeben sein.

c) Die Batterien müssen so angeordnet sein, daß bei der Bedienung eine
zufällige gleichzeitige Berührung von Punkten, zwischen denen eine Spannung von mehr als 250 V herrscht, nicht erfolgen kann. *Im übrigen gilt*
bei Hochspannung der isolierende Bedienungsgang als ausreichender Schutz
bei zufälliger Berührung unter Spannung stehender Teile.

1. Bei Batterien, die 1000 V oder mehr gegen Erde aufweisen, empfiehlt es
sich, abschaltbare Gruppen von nicht über 500 V zu bilden.

d) Zelluloid darf bei Akkumulatorenbatterien für mehr als 16 V Spannung
außerhalb des Elektrolyten und als Baustoff für Gefäße nicht verwendet
werden.

D. Schalt- und Verteilungsanlagen.
§ 9.

a) Schalt- und Verteilungstafeln, Schaltgerüste und Schaltkasten müssen
aus feuersicherem Isolierstoff oder aus Metall bestehen. Holz ist als Umrahmung, Schutzhülle und Schutzgeländer zulässig.

b) Bei Schalttafeln und Schaltgerüsten, die betriebsmäßig auf der Rückseite zugänglich sind, müssen die Gänge hinreichend breit und hoch sein
und von Gegenständen freigehalten werden, die die freie Bewegung stören.

1. Die Entfernung zwischen ungeschützten, Spannung gegen Erde führenden
Teilen der Schaltanlage und der gegenüberliegenden Wand soll bei Nieder-
spannung etwa 1 m, bei Hochspannung etwa 1,5 m betragen. Sind beiderseits
ungeschützte, Spannung gegen Erde führende Teile in erreichbarer Höhe
angebracht, so sollen sie in der Horizontalen etwa 2 m voneinander entfernt sein.
In Gängen sollen Hochspannung führende Teile besonders geschützt sein, wenn
sie weniger als 2,5 m hoch liegen.

✗ In B. u. T. genügt für Schaltgänge, in denen die spannungführenden Teile der einzelnen Schaltzellen durch Schutztüren besonders abgeschlossen sind, eine freie Breite, die den dort auszuführenden Arbeiten entspricht; doch soll sie nicht geringer als 1 m sein. In Gängen, die nur Kabelendverschlüsse, Sammelschienen und Leitungsverbindungen unter Schutz gegen zufällige Berührung enthalten, die also nicht betriebsmäßig, sondern nur zur Nachprüfung betreten werden, kann die freie Breite bis auf 0,6 m verringert werden.

c) Schalt- und Verteilungstafeln, -gerüste und -kasten mit unzugänglicher Rückseite müssen so beschaffen sein, daß nach ihrer betriebsmäßigen Befestigung an der Wand die Leitungen derart angelegt und angeschlossen werden können, daß die Zuverlässigkeit der Leitungsanschlußstellen von vorn geprüft werden kann. Die Klemmstellen der Zu- und Ableitungen dürfen nicht auf der Rückseite der Tafeln oder Gerüste liegen.

2. Verteilungstafeln sollen durch eine Umrahmung oder ähnliche Mittel so geschützt sein, daß Fremdkörper nicht an die Rückseite der Tafel gelangen können.

3. Der Mindestabstand spannungführender, rückseitig angeordneter Teile von der Wand soll bei Schalt- und Verteilungstafeln und -gerüsten nach c) 15 mm betragen.

Werden hinter diesen metallene oder metallumkleidete Rohre oder Rohrdrähte geführt, so gilt der gleiche Mindestabstand zwischen den genannten spannungführenden Teilen und den Rohren oder Rohrdrähten.

d) In jeder Verteilungsanlage sind für die einzelnen Stromkreise Bezeichnungen anzubringen, die näheren Aufschluß über die Zugehörigkeit der angeschlossenen Leitungen mit ihren Schaltern, Sicherungen, Meßgeräten usw. geben.

4. Nachträglich zu der Schaltanlage hinzukommende Apparate sollen entweder auf die bestehenden Unterlagen und Umrahmungen oder auf ordnungsmäßig gebaute und installierte Zusatztafeln oder -gerüste gesetzt werden.

5. Bei Schaltanlagen, die für verschiedene Stromarten und Spannungen bestimmt sind, sollen die Einrichtungen für jede Stromart und Spannung entweder auf getrennten und entsprechend bezeichneten Feldern angeordnet oder deutlich gekennzeichnet sein.

6. Bei Schaltanlagen, die von der Rückseite betriebsmäßig zugänglich sind, soll die Polarität oder Phase von Leitungsschienen und dergleichen kenntlich gemacht sein. Die Bedeutung der benutzten Farben und Zeichen soll bekanntgegeben werden.

✗ e) In jeder Verteilungschaltanlage müssen die Zuführungsleitungen durch Schalter, Trennschalter oder Sicherung, *bei Spannungen von über 500 V durch Leistungschalter*, abtrennbar sein (vgl. § 21i).

E. Apparate.
§ 10.
Allgemeines.

a) Die äußeren spannungführenden Teile und, soweit sie betriebsmäßig zugänglich sind, auch die inneren müssen auf feuer-, wärme- und feuchtigkeitsicheren Körpern angebracht sein.

Abdeckungen und Schutzverkleidungen müssen mechanisch widerstandsfähig und wärmesicher sein. Solche aus Isolierstoff, die im Gebrauch

mit einem Lichtbogen in Berührung kommen können, müssen auch feuersicher sein (Ausnahme siehe § 15 b). Sie müssen zuverlässig befestigt
werden und so ausgebildet sein, daß die Schutzumhüllungen der Leitungen
n diese Schutzverkleidungen eingeführt werden können.

b) Die Apparate sind so zu bemessen, daß sie durch den stärksten normal
vorkommenden Betriebstrom keine für den Betrieb oder die Umgebung
gefährliche Temperatur annehmen können.

c) Die Apparate müssen so gebaut oder angebracht sein, daß einer Verletzung von Personen durch Splitter, Funken, geschmolzenes Material oder
Stromübergänge bei ordnungsmäßigem Gebrauch vorgebeugt wird (siehe
auch § 3).

d) Die Apparate müssen so gebaut und angebracht sein, daß für die anzuschließenden Drähte (auch an den Einführungsstellen) eine genügende
Isolation gegen benachbarte Gebäudeteile, Leitungen und dergleichen erzielt wird.

    1. Bei dem Bau der Apparate soll bereits darauf geachtet werden, daß die
unter Spannung gegen Erde stehenden Teile der zufälligen Berührung entzogen
werden können (Ausnahme siehe § 15 b).

    2. Griffe, Handräder und dergleichen können aus Isolierstoff oder Metall
bestehen. Im letzten Falle ist § 3 d zu berücksichtigen. Bei Spannungen bis
1000 V sind metallene Griffe, Handräder und dergleichen, die mit einer haltbaren Isolierschicht vollständig überzogen sind, auch ohne Erdung zulässig.

    *Bei Spannungen über 1000 V sollen isolierende Griffe (entweder ganz aus
Isolierstoff oder nur damit überzogen) so eingerichtet sein, daß sich zwischen der
bedienenden Person und den spannungführenden Teilen eine geerdete Stelle befindet. Ganz aus Isolierstoff bestehende Schaltstangen sind von dieser Bestimmung
ausgenommen.*

e) Ortsfeste Apparate müssen für Anschluß der Leitungsdrähte durch
Verschraubung oder gleichwertige Mittel eingerichtet sein (siehe auch
§ 21[13]).

f) Metallteile, für die eine Erdung in Frage kommen kann, müssen mit
einem Erdungsanschluß versehen sein.

g) Alle Schrauben, die Kontakte vermitteln, müssen metallenes Muttergewinde haben.

h) Bei ortsveränderlichen oder beweglichen Apparaten müssen die An-
schluß- und Verbindungstellen von Zug entlastet sein.

i) Bei ortsveränderlichen Stromverbrauchern bis 250 V und bis zu einer
Nennaufnahme von 2000 W bei höchstens 20 A darf der Stecker auch zum
In- und Außerbetriebsetzen dienen; in allen anderen Fällen müssen besondere
Schalter vorgesehen werden.

k) Der Verwendungsbereich (Stromstärke, Spannung, Stromart usw.)
muß, soweit es für die Benutzung notwendig ist, auf den Apparaten angegeben sein.

l) Alle Apparate müssen am Hauptteil ein Ursprungzeichen tragen.

§ 11.
Schalter.

a) Alle Schalter, die zur Stromunterbrechung dienen, müssen so gebaut sein, daß beim ordnungsmäßigen Öffnen unter normalem Betriebstrom kein Lichtbogen bestehen bleibt (Ausnahme siehe § 28d). Sie müssen mindestens für 250 V gebaut sein.

Schalterabdeckungen mit offenen Schlitzen sind nicht zulässig.

1. Schalter für Niederspannung bis 5 kW sollen in der Regel Momentschalter sein.

2. Ausschalter sollen in der Regel nur an den Verbrauchsapparaten selbst oder in festverlegten Leitungen angebracht werden.

Am Ende beweglicher Leitungen sind Schalter nur zulässig, wenn die Anschlußstellen der Leitungen an beiden Enden von Zug entlastet sind und die Leitungen nicht mit leicht entzündlichen Gegenständen in Berührung kommen können.

b) Nennstromstärke und Nennspannung sind auf dem Hauptteil des Schalters zu vermerken.

c) Der Berührung zugängliche Gehäuse und Griffe müssen, wenn sie nicht geerdet sind, aus nichtleitendem Baustoff bestehen oder mit einer haltbaren Isolierschicht ausgekleidet oder umkleidet sein.

d) Griffdorne für Hebelschalter, Achsen von Dosen- und Drehschaltern und diesen gleichwertige Betätigungsteile dürfen nicht spannungführend sein.

Griffe für Hebelschalter müssen so stark und mit dem Schalter so zuverlässig verbunden sein, daß sie den auftretenden mechanischen Beanspruchungen dauernd standhalten und sich bei Betätigung des Schalters nicht lockern.

e) Ausschalter für Stromverbraucher müssen, wenn sie geöffnet werden, alle Pole ihres Stromkreises, die unter Spannung gegen Erde stehen, abschalten. Ausschalter für Niederspannung, die kleinere Glühlampengruppen bedienen, unterliegen dieser Vorschrift nicht.

Trennschalter sind so anzubringen, daß sie nicht durch das Gewicht der Schaltmesser von selbst einschalten können.

3. Als kleinere Glühlampengruppen gelten solche, die nach § 14^{I} mit 6 A gesichert sind.

f) An Hochspannungschaltern muß die Schaltstellung erkennbar sein.

Kriechströme über die Isolatoren müssen bei Spannungen über 1500 V durch eine geerdete Stelle abgeleitet werden.

Hochspannungsölschalter in großen Schaltanlagen sind so einzubauen, daß zwischen ihnen und der Stelle, von der aus sie bedient werden, eine Schutzwand besteht.

In B. u. T. sind Ölschalter mit Vorkontakten (Schutzschalter) verboten. Die durch diese Schalter bedienten Motoren usw. müssen dem stufenlosen Einschalten standhalten.

4. Als große Schaltanlagen gelten solche, deren Sammelschienen mehr als 10000 kW abgeben. Die Schutzwand soll die Bedienenden gegen Flammen und brennendes Öl schützen.

g) Vor gekapselten Hochspannungschaltern, die nicht ausschließlich als Trennschalter dienen, müssen bei Spannungen über 1500 V erkennbare Trennstellen vorgesehen sein.

✗ | *In B. u. T. gilt diese Vorschrift bereits von 500 V ab.* |

5. *Unter Umständen kann eine gemeinsame Trennstelle für mehrere eingekapselte Schalter genügen. Bei parallel geschalteten Kabeln und Ringleitungen sollen nicht nur vor, sondern auch hinter eingekapselten Schaltern erkennbare Trennstellen vorgesehen werden.*

h) Nulleiter und betriebsmäßig geerdete Leitungen dürfen entweder gar nicht oder nur zwangläufig zusammen mit den übrigen zugehörenden Leitungen abtrennbar sein (Ausnahme siehe § 28 e).

§ 12.
Anlasser und Widerstände.

a) Anlasser und Widerstände, an denen Stromunterbrechungen vorkommen, müssen so gebaut sein, daß bei ordnungsmäßiger Bedienung kein Lichtbogen bestehen bleibt (vgl. ,,Regeln für die Bewertung und Prüfung von Anlassern und Steuergeräten R.E.A./1928", § 53,1).

b) Die Anbringung besonderer Ausschalter (siehe § 11 e) ist bei Anlassern und Widerständen nur dann notwendig, wenn der Anlasser nicht selbst den Stromverbraucher allpolig abschaltet.

1. In eingekapselten Steuerschaltern ist bis 1000 V Holz, das durch geeignete Behandlung feuchtigkeitsicher und wärmesicher gemacht ist, auch außerhalb eines Ölbades zulässig, abgesehen von Räumen mit ätzenden Dünsten (siehe § 33^1).
2. Die stromführenden Teile von Anlassern und Widerständen sollen mit einer Schutzverkleidung aus feuersicherem Stoff versehen sein (Ausnahmen siehe § 28^1 und 39h). Diese Apparate sollen auf feuersicherer Unterlage und zwar freistehend oder an feuersicheren Wänden und von entzündlichen Stoffen genügend entfernt angebracht werden.

c) Bei Apparaten mit Handbetrieb darf die Achse der Betätigungsvorrichtung nicht spannungführend sein.

d) Kontaktbahn und Anschlußstellen müssen mit einer widerstandsfähigen, zuverlässig befestigten und abnehmbaren Abdeckung versehen sein; sie darf keine Öffnung enthalten, die eine unmittelbare Berührung spannungführender Teile zuläßt (Ausnahmen siehe §§ 28 und 29).

§ 13.
Steckvorrichtungen.

a) Nennstromstärke und Nennspannung müssen auf Dose und Stecker verzeichnet sein.

Stecker dürfen nicht in Dosen für höhere Nennstromstärke und Nennspannung passen.

An den Steckvorrichtungen müssen die Anschlußstellen der ortsveränderlichen oder beweglichen Leitungen von Zug entlastet sein.

Die Kontakte in Steckdosen müssen der unmittelbaren Berührung entzogen sein.

b) Soweit nach § 14 Sicherungen an der Steckvorrichtung erforderlich sind, dürfen sie nicht im beweglichen Teil angebracht werden.

1. Wenn an ortsveränderlichen Stromverbrauchern eine Steckvorrichtung angebracht wird, so soll die Dose mit der Leitung und der Stecker mit dem Stromverbraucher verbunden sein.

c) Der Berührung zugängliche Teile der Dosen und Steckerkörper müssen, wenn sie nicht für Erdung eingerichtet sind, aus Isolierstoff bestehen.

Erdverbindungen der Stecker müssen hergestellt sein, bevor sich die Polkontakte berühren.

d) Bei Hochspannung müssen Steckvorrichtungen so gebaut sein, daß das Einstecken und Ausziehen des Steckers unter Spannung verhindert wird.

Bei Zwischenkupplungen ortsveränderlicher Leitungen genügt es, wenn ihre Betätigung durch Unberufene verhindert ist.

§ 14.
Stromsicherungen (Schmelzsicherungen und Selbstschalter).

a) Schmelzsicherungen und Selbstschalter sind so zu bemessen oder einzustellen, daß die von ihnen geschützten Leitungen keine gefährliche Erwärmung annehmen können; sie müssen so eingerichtet oder angeordnet sein, daß ein etwa auftretender Lichtbogen keine Gefahr bringt.

Geflickte Sicherungstöpsel sind verboten.

1. Die Stärke der Schmelzsicherung soll der Betriebstromstärke der zu schützenden Leitungen und der Stromverbraucher tunlichst angepaßt werden. Sie soll jedoch nicht größer sein, als nach der Belastungstafel und den übrigen Regeln des § 20 für die betreffende Leitung zulässig ist.

2. Bei Schmelzsicherungen sollen weiche, plastische Metalle und Legierungen nicht unmittelbar den Kontakt vermitteln, sondern die Schmelzdrähte oder Schmelzstreifen sollen mit Kontaktstücken aus Kupfer oder gleichgeeignetem Metall zuverlässig verbunden sein.

3. Schmelzsicherungen, die nicht spannunglos gemacht werden können, sollen so gebaut oder angeordnet sein, daß sie auch unter Spannung, gegebenenfalls mit geeigneten Hilfsmitteln, von unterwiesenem Personal ungefährlich ausgewechselt werden können.

b) Schmelzsicherungen für niedere Stromstärken müssen in Anlagen mit Betriebspannungen bis 500 V so beschaffen sein, daß die fahrlässige oder irrtümliche Verwendung von Einsätzen für zu hohe Stromstärken durch ihre Bauart ausgeschlossen ist (Ausnahme siehe § 28 h). Für niedere Stromstärken dürfen nur Sicherungen mit geschlossenem Schmelzeinsatz verwendet werden.

4. Als niedere Stromstärken gelten hier solche bis 60 A, doch soll für Stromstärken unter 6 A die Unverwechselbarkeit der Schmelzeinsätze nicht gefordert werden.

c) Nennstromstärke und Nennspannung sind sichtbar und haltbar auf dem Hauptteil der Sicherung sowie auf dem Schmelzeinsatz zu verzeichnen.

d) Leitungen sind durch Schmelzsicherungen oder Selbstschalter zu schützen (Ausnahmen siehe f und g).

5. Bei Niederspannung sollen die Sicherungen an einer den Berufenen leicht zugänglichen Stelle angebracht werden; es empfiehlt sich, solche tunlichst auf besonderer gemeinsamer Unterlage zusammenzubauen.

e) Sicherungen sind an allen Stellen anzubringen, wo sich der Querschnitt der Leitungen nach der Verbrauchstelle hin vermindert, jedoch sind da, wo davorliegende Sicherungen auch den schwächeren Querschnitt schützen, weitere Sicherungen nicht erforderlich.

Sicherungen müssen stets nahe an der Stelle liegen, wo das zu schützende Leitungstück beginnt. Dieses ist bei Schraubstöpselsicherungen stets mit den Gewindeteilen zu verbinden.

6. Bei Abzweigungen kann das Anschlußleitungstück von der Hauptleitung zur Sicherung, wenn seine einfache Länge nicht mehr als etwa 1 m beträgt, von geringerem Querschnitt sein als die Hauptleitung, wenn es von entzündlichen Gegenständen feuersicher getrennt und nicht aus Mehrfachleitungen hergestellt ist.

7. In Gebäuden können bei Niederspannung mehrere Verteilungsleitungen eine gemeinsame Sicherung von höchstens 6 A Nennstromstärke ohne Rücksicht auf die verwendeten Leitungsquerschnitte erhalten. Stromkreise, in denen nur hochkerzige Glühlampen (mit Edison-Lampensockel 40 [Goliathsockel]) von einer Leitung gleichen Querschnittes in Parallelschaltung abgezweigt werden, können eine dem Querschnitt entsprechende gemeinsame Sicherung, höchstens aber eine solche von 15 A erhalten.

f) Betriebsmäßig geerdete Leitungen dürfen im allgemeinen keine Sicherung enthalten.

8. Die Nulleiter von Mehrleiter- oder Mehrphasensystemen sollen keine Sicherungen enthalten. Ausgenommen hiervon sind isolierte Leitungen, die von einem Nulleiter abzweigen und Teile eines Zweileitersystemes sind; diese dürfen Sicherungen enthalten, dann aber nicht zur Schutzerdung benutzt werden. Sie dürfen nicht schlechter isoliert sein als die Außenleiter. Wird ein solches System nur einpolig gesichert, so sind die Abzweigungen vom Nullleiter zu kennzeichnen.

g) Die Vorschriften über das Anbringen von Sicherungen beziehen sich nicht auf Freileitungen, Kabel im Erdboden, Leitungen an Schaltanlagen, ferner in elektrischen Betriebsräumen nicht auf die Verbindungsleitungen zwischen Maschinen, Transformatoren, Akkumulatoren, Schaltanlagen und dergleichen, sowie auf Fälle, in denen durch das Wirken einer etwa angebrachten Sicherung Gefahren im Betriebe der betreffenden Einrichtungen hervorgerufen werden könnten (siehe auch § 20²).

9. Abzweigungen von Freileitungen nach Verbrauchstellen (Hausanschlüsse) sollen, wenn nicht schon an der Abzweigstelle Sicherungen angebracht sind, nach Eintritt in das Gebäude in der Nähe der Einführung gesichert werden.

§ 15.
Andere Apparate.

a) Bei ortsfesten Meßgeräten für Hochspannung müssen die Gehäuse entweder gegen die Betriebspannung sicher isolieren oder sie müssen geerdet sein oder es müssen die Meßgeräte von Schutzkasten umgeben oder hinter Glasplatten derart angebracht sein, daß auch ihre Gehäuse gegen zufällige Berührung geschützt sind (siehe § 3). Die an Meßwandler angeschlossenen

Meßgeräte unterliegen dieser Vorschrift nicht, wenn der Sekundärstromkreis gegen den Übertritt von Hochspannung gemäß § 4 geschützt ist.

b) Bei ortsveränderlichen Meßgeräten (auch Meßwandlern) kann von den Forderungen der §§ 10a, 10^1, 10^2 und 10f abgesehen werden.

c) Handapparate für den Hausgebrauch sind nur für Betriebspannungen bis 250 V zulässig. Elektrisch betriebene Werkzeuge müssen den Regeln für die Bewertung und Prüfung derartiger Maschinen entsprechen.

1. Handapparate sollen besonders sorgfältig ausgeführt und ihre Isolierung soll derart bemessen sein, daß auch bei rauher Behandlung Stromübergänge vermieden werden. Die Bedienungsgriffe der Handapparate mit Ausnahme der von Betriebswerkzeugen sollen möglichst nicht aus Metall bestehen und im übrigen so gestaltet sein, daß eine Berührung benachbarter Metallteile erschwert ist.

d) Über den Anschluß ortsveränderlicher Apparate siehe §§ 10h und 21n.

F. Lampen und Zubehör.

§ 16.

Fassungen und Glühlampen.

a) Jede Fassung ist mit der Nennspannung zu bezeichnen.

Bei Fassungen verwendete Isolierstoffe müssen wärme-, feuer- und feuchtigkeitsicher sein.

Die unter Spannung gegen Erde stehenden Teile der Fassungen müssen durch feuersichere Umhüllung, die jedoch nicht unter Spannung gegen Erde stehen darf, vor Berührung geschützt sein.

In Anlagen, die mit geerdetem Nulleiter arbeiten, muß bei ortsfesten Lampen das Gewinde der Fassungen mit dem Nulleiter verbunden werden.

In Stromkreisen, die mit mehr als 250 V betrieben werden, müssen die äußeren Teile der Fassungen aus Isolierstoff bestehen und alle spannungführenden Teile der Berührung entziehen. Fassungen für Edison-Lampensockel 14 (Mignonsockel) sind in solchen Stromkreisen nicht zulässig.

b) Schaltfassungen sind nur für normale Gewinde und für Lampen bis 250 V zulässig, der Schalter muß in der Verbindung zum Mittelkontakt liegen; für Fassungen für Edison-Lampensockel 14 und 40 (Mignon- und Goliathsockel) sind sie unzulässig.

Schaltfassungen müssen im Inneren so gebaut sein, daß eine Berührung zwischen den beweglichen Teilen des Schalters und den Zuleitungsdrähten ausgeschlossen ist. Handhaben zur Bedienung der Schaltfassungen dürfen nicht aus Metall bestehen. Die Schaltachse muß von den spannungführenden Teilen und von dem Metallgehäuse isoliert sein.

⚒ In B. und T. sind Schaltfassungen unzulässig.

c) Die unter Spannung gegen Erde stehenden Teile der Lampen müssen der zufälligen Berührung entzogen sein. Dieser Schutz gegen zufälliges Berühren muß auch während des Einschraubens der Lampen wirksam sein.

d) Glühlampen in der Nähe von entzündlichen Stoffen müssen mit Vorrichtungen versehen sein, die die Berührung der Lampen mit solchen Stoffen verhindern.

e) In Hochspannungstromkreisen sind zugängliche Glühlampen und Fassungen nur für Gleichstrom und nur für Betriebspannungen bis 1000 V gestattet.

In B. u. T. sind Glühlampen und Glühlampenfassungen in Hochspannungstromkreisen nur zulässig, wenn sie im Anschluß an vorhandene Gleichstrom-Bahn- oder -Kraftanlagen betrieben werden. Es müssen jedoch in diesem Falle die unter f) geforderten isolierten Fassungen und außerdem Schutzkörbe angewendet werden.

f) In B. u. T. dürfen Glühlampen in erreichbarer Höhe, bei denen die Fassungen äußere Metallteile aufweisen, nur mit starken Überglocken, die die Fassung umschließen, verwendet werden. Die Überglocke ist nicht erforderlich, wenn die äußeren Teile der Fassung aus Isolierstoff bestehen und alle stromführenden Teile der Berührung entzogen sind.

§ 17.

Bogenlampen.

a) An Örtlichkeiten, wo von Bogenlampen herabfallende glühende Kohleteilchen gefahrbringend wirken können, muß dieses durch geeignete Vorrichtungen verhindert werden. Bei Bogenlampen mit verminderter Luftzufuhr oder bei solchen mit doppelter Glocke sind keine besonderen Vorrichtungen hierfür erforderlich.

b) Bei Bogenlampen sind die Laternen (Gehänge, Armaturen) gegen die spannungführenden Teile zu isolieren und bei Verwendung von Tragseilen auch diese gegen die Laternen.

> 1. Die Einführungsöffnungen für die Leitungen an Lampen und Laternen sollen so beschaffen sein, daß die Isolierhüllen nicht verletzt werden. Bei Lampen und Laternen für Außenbeleuchtung ist darauf Bedacht zu nehmen, daß sich in ihnen kein Wasser ansammeln kann.

c) Werden die Zuleitungen als Träger der Bogenlampe verwendet, so müssen die Anschlußstellen von Zug entlastet sein; die Leitungen dürfen nicht verdrillt werden.

Bei Hochspannung dürfen die Zuleitungen nicht als Aufhängevorrichtung dienen.

d) Bei Hochspannung muß die Lampe entweder gegen das Aufzugseil und, wenn sie an einem Metallträger angebracht ist, auch gegen diesen doppelt isoliert sein oder Seil und Träger sind zu erden. Bei Spannungen über 1000 V müssen beide Vorschriften gleichzeitig befolgt werden.

e) Bei Hochspannung müssen Bogenlampen während des Betriebes unzugänglich und von Abschaltvorrichtungen abhängig sein, die gestatten, sie zum Zweck der Bedienung spannunglos zu machen.

f) In B. u. T. sind Bogenlampen in Hochspannungkreisen unzulässig.

§ 18.
Beleuchtungskörper, Schnurpendel und Handleuchter.

a) In und an Beleuchtungskörpern müssen die Leitungen mit einer Isolierhülle gemäß § 19 versehen sein. Fassungsadern dürfen nicht als Zuleitungen zu ortsveränderlichen Beleuchtungskörpern verwendet werden. Wird die Leitung an der Außenseite des Beleuchtungskörpers geführt, so muß sie so befestigt sein, daß sie sich nicht verschieben und durch scharfe Kanten nicht verletzt werden kann. *Bei Hochspannung dürfen die Leitungen von zugänglichen Beleuchtungskörpern nur geschützt geführt werden.*

1. Die zur Aufnahme von Drähten bestimmten Hohlräume von Beleuchtungskörpern sollen so beschaffen sein, daß die einzuführenden Drähte sicher ohne Verletzung der Isolierung durchgezogen werden können; die engsten für zwei Drähte bestimmten Rohre sollen bei Niederspannung wenigstens 6 mm, *bei Hochspannung wenigstens 12 mm* im Lichten haben.

In B. u. T. sollen Rohre an Beleuchtungskörpern für Niederspannung, die für zwei Drähte bestimmt sind, mindestens 11 mm lichte Weite haben.

2. Bei Niederspannung sollen Abzweigstellen in Beleuchtungskörpern tunlichst zusammengefaßt werden.

3. *Bei Hochspannung sollen Abzweig- und Verbindungstellen in Beleuchtungskörpern nicht angeordnet werden.*

4. Beleuchtungskörper sollen so angebracht werden, daß die Zuführungsdrähte nicht durch Bewegen des Körpers verletzt werden können; Fassungen sollen an den Beleuchtungskörpern zuverlässig befestigt sein.

b) *Bei Hochspannung sind zugängliche Beleuchtungskörper nur bei Gleichstrom und nur bis 1000 V gestattet. Ihre Metallkörper müssen geerdet sein.*

Für B. u. T. siehe § 16 e.

c) Werden die Zuleitungen als Träger des Beleuchtungskörpers verwendet (Schnurpendel), so müssen die Anschlußstellen von Zug entlastet sein.

In B. u. T. sind Schnurpendel unzulässig.

d) *Bei Hochspannung sind Schnurpendel unzulässig.*

e) Körper und Griff der Handlampen (Handleuchter) müssen aus feuer-, wärme- und feuchtigkeitsicherem Isolierstoff von großer Schlag- und Bruchfestigkeit bestehen. Die spannungführenden Teile müssen auch während des Einsetzens der Lampe, mithin auch ohne Schutzglas, durch ausreichend mechanisch widerstandsfähige und sicher befestigte Verkleidungen gegen zufällige Berührung geschützt sein.

Sie müssen Einrichtungen besitzen, mit deren Hilfe die Anschlußstellen der Leitung von Zug entlastet und deren Umhüllungen gegen Abstreifen gesichert werden können. Die Einführungsöffnung muß die Verwendung von Werkstattschnüren und Gummischlauchleitungen (siehe § 19 III) gestatten und mit Einrichtungen zum Schutz der Leitungen gegen Verletzung versehen sein.

Metallene Griffauskleidungen sind verboten.

Jeder Handleuchter muß mit Schutzkorb oder -glas versehen sein. Schutzkorb, Schirm, Aufhängevorrichtung aus Metall oder dergleichen müssen auf dem Isolierkörper befestigt sein. Schalter an Handleuchtern sind nur für Niederspannungsanlagen zulässig; sie müssen den Vorschriften für Dosenschalter entsprechen und so in den Körper oder Griff eingebaut

2*

werden, daß sie bei Gebrauch des Leuchters nicht unmittelbar mechanisch beschädigt werden können. Alle Metallteile des Schalters müssen auch bei Bruch der Handhabungsteile der zufälligen Berührung entzogen bleiben.

Handleuchter für feuchte und durchtränkte Räume, sowie solche zur Beleuchtung in Kesseln müssen mit einem sicher befestigten Überglas und Schutzkorb versehen sein und dürfen keine Schalter besitzen. An der Eintrittstelle müssen die Leitungen durch besondere Mittel gegen das Eindringen von Feuchtigkeit und gegen Verletzung geschützt sein.

f) **Maschinenleuchter ohne Griffe.** Zur ortsveränderlichen Aufhängung an Maschinen und sonstigen Arbeitsgeräten und zum gelegentlichen Ableuchten von Hand müssen Körper, Schirm, Schutzkorb und Schalter den Bestimmungen für Handleuchter entsprechen. Die gleichen Bestimmungen gelten in Bezug auf Berührungschutz spannungführender Teile, Bemessung der Einführungsbohrung und hinsichtlich der Einrichtungen für Zugentlastung der Leitungsanschlüsse, sowie des Schutzes der Leitungen an der Einführungstelle.

g) **Ortsveränderliche Werktischleuchter.** Spannungführende Teile der Fassung und der Lampe, und zwar die Teile der letztgenannten, auch während diese eingesetzt wird, müssen durch sicher befestigte, besonders widerstandsfähige Schutzkörper gegen zufällige Berührung geschützt sein.

Zur Entlastung der Kontaktstellen und zum Schutz der Leitungsumhüllung gegen Abstreifen und Beschädigung an der Einführungstelle sind geeignete Vorrichtungen vorzusehen. Die Einführungsöffnung muß in dauerhafter Weise mit Isolierstoff ausgekleidet sein. Die spannungführenden Teile der Fassung müssen gegen die übrigen Metallteile besonders sicher isoliert sein. Das Gehäuse der Fassung muß aus Isolierstoff bestehen.

Fassungen an Werktischleuchtern, die zum gelegentlichen Ableuchten aus dem Halter entfernt werden, müssen den Bedingungen für Maschinenleuchter entsprechen.

h) **Faßausleuchter** brauchen diesen Anforderungen nicht zu genügen, wenn sie geerdet oder mit Spannungen unter 50 V betrieben werden.

i) Bei Hochspannung sind Handleuchter nicht zulässig (Ausnahme siehe § 28k).

5. In feuchten und durchtränkten Räumen (vgl. § 2), sowie in Kesseln und ähnlichen Räumen mit gutleitenden Bauteilen empfiehlt es sich, die Spannung für Handleuchter bei Wechselstrom durch besondere Volltransformatoren auf eine Spannung unter 40 V herabzusetzen.

G. Beschaffenheit und Verlegung der Leitungen.
§ 19.
Beschaffenheit isolierter Leitungen.

a) Isolierte Leitungen müssen den „Vorschriften für isolierte Leitungen in Starkstromanlagen V.I.L./1928", Bleikabel den „Vorschriften für Bleikabel in Starkstromanlagen V.S.K./1928" entsprechen.

1. Leitungen, die nur durch eine Umhüllung gegen chemische Einflüsse geschützt sind, sollen den „Normen für umhüllte Leitungen" entsprechen. Sie gelten nicht als isolierte Leitungen. Man unterscheidet folgende Arten:

Wetterfeste Leitungen.
Nulleiterdrähte.
Nulleiter für Verlegung im Erdboden.
2. Man unterscheidet folgende Arten von isolierten Leitungen:

I. Leitungen für feste Verlegung.
Gummiaderleitungen für Spannungen bis 750 V.
Sondergummiaderleitungen für alle Spannungen.
Rohrdrähte für Niederspannungsanlagen zur erkennbaren Verlegung, die es ermöglicht, den Leitungsverlauf ohne Aufreißen der Wände zu verfolgen.
Bleimantelleitungen für Niederspannungsanlagen zur Verlegung über Putz.
Panzeradern nur zur festen Verlegung für Spannungen bis 1000 V.

II. Leitungen für Beleuchtungskörper.
Fassungsadern zur Installation nur in und an Beleuchtungskörpern in Niederspannungsanlagen.
⚒|In B. u. T. ist Fassungsader unzulässig. |
Pendelschnüre zur Installation von Schnurzugpendeln in Niederspannungsanlagen.
⚒|In B. u. T. ist Pendelschnur unzulässig. |

III. Leitungen zum Anschluß ortsveränderlicher Stromverbraucher.
Gummiaderschnüre (Zimmerschnüre) für geringe mechanische Beanspruchung in trockenen Wohnräumen in Niederspannungsanlagen.
Leichte Anschlußleitungen für geringe mechanische Beanspruchung in Werkstätten in Niederspannungsanlagen.
Werkstattschnüre für mittlere mechanische Beanspruchung in Werkstätten und Wirtschaftsräumen in Niederspannungsanlagen.
Gummischlauchleitungen:
Leichte Ausführung zum Anschluß von Tischlampen und leichten Zimmergeräten für geringe mechanische Beanspruchungen in Niederspannungsanlagen.
Mittlere Ausführung zum Anschluß von Küchengeräten usw. für mittlere mechanische Beanspruchungen in Niederspannungsanlagen.
Starke Ausführung für besonders hohe mechanische Anforderungen für Spannungen bis 750 V.
Sonderschnüre für rauhe Betriebe in Gewerbe, Industrie und Landwirtschaft in Niederspannungsanlagen.
Hochspannungschnüre für Spannungen bis 1000 V.
Biegsame Theaterleitungen zum Anschluß beweglicher Bühnenbeleuchtungskörper in Niederspannungsanlagen.
Leitungstrossen, geeignet zur Führung über Leitrollen und Trommeln (ausgenommen Pflugleitungen), für besonders hohe mechanische Anforderungen bei beliebigen Spannungen.

IV. Bleikabel.
Gummi-Bleikabel.
Papier-Bleikabel.
Einleiter-Gleichstrom-Bleikabel bis 1000 V.
Einleiter-Wechselstrom-Bleikabel.
Verseilte Mehrleiter-Bleikabel.

§ 20.
Bemessung der Leitungen.

a) Elektrische Leitungen sind so zu bemessen, daß sie bei den vorliegenden Betriebsverhältnissen genügende mechanische Festigkeit haben und keine unzulässigen Erwärmungen annehmen können (vgl. § 2 m).

1. Bei Dauerbetrieb dürfen isolierte Leitungen und Schnüre aus Leitungskupfer mit den in der nachstehenden Tafel, Spalte 2, verzeichneten Stromstärken belastet werden.

Blanke Kupferleitungen für Dauerbelastung bis 50 mm² unterliegen gleichfalls den Regeln der Tafel (Spalte 2 und 3). Auf blanke Kupferleitungen über 50 mm², sowie auf Fahrleitungen, ferner auf isolierte Leitungen jeden Querschnittes für aussetzende Betriebe finden die Bestimmungen der Spalten 2 und 3 keine Anwendung; solche Leitungen sind in jedem Falle so zu bemessen, daß sie durch den stärksten normal vorkommenden Betriebstrom keine für den Betrieb oder die Umgebung gefährliche Temperatur annehmen. Bei Aufzügen innerhalb von Gebäuden sind die Leitungen so zu verlegen, daß im Falle ihrer Erhitzung keine Feuersgefahr für die Umgebung entsteht.

Für die Belastung von Kabeln gelten die in den „Vorschriften für Bleikabel in Starkstromanlagen V.S.K./1928" enthaltenen Bestimmungen.

2. Bei aussetzendem Betrieb ist die Erhöhung der Belastung der Leitungen von 10 mm² aufwärts auf die Werte des Vollaststromes für aussetzenden Be-

1	2	3	4
	Dauerbetrieb		Aussetzender Betrieb
Querschnitt in mm²	Höchste dauernd zulässige Stromstärke in A	Nennstromstärke für entsprechende Abschmelzsicherung in A	Höchstzulässige Vollaststromstärke in A
0,5	7,5	6	7,5
0,75	9	6	9
1	11	6	11
1,5	14	10	14
2,5	20	15	20
4	25	20	25
6	31	25	31
10	43	35	60
16	75	60	105
25	100	80	140
35	125	100	175
50	160	125	225
70	200	160	280
95	240	200	335
120	280	225	400
150	325	260	460
185	380	300	530
240	450	350	630
300	525	430	730
400	640	500	900
500	760	600	—
625	880	700	—
800	1050	850	—
1000	1250	1000	—

trieb der Spalte 4, die etwa 40% höher als die Werte der Spalte 2 sind, zulässig, falls die relative Einschaltdauer 40% und die Spieldauer 10 min nicht überschreiten. Bedingt die häufige Beschleunigung größerer Massen bei Bemessung des Motors einen Zuschlag zur Beharrungsleistung, so ist dementsprechend auch der Leitungsquerschnitt reichlicher als für den Vollaststrom im Beharrungzustande zu bemessen.

Bei aussetzenden Motorbetrieben darf die Nennstromstärke der Sicherungen höchstens das 1,5-fache der Werte der Spalte 4 betragen.

Der Auslösestrom der Selbstschalter ohne Verzögerung darf bei aussetzenden Motorbetrieben höchstens das 3-fache der Werte von Spalte 4 betragen. Bei Selbstschaltern mit Verzögerung muß die Auslösung bei höchstens 1,6-fachem Vollaststrom beginnen und die Verzögerungsvorrichtung bei dem 1,1-fachen Wert des Vollaststromes zurückgehen.

3. Bei kurzzeitigem Betrieb gelten die unter 2 genannten Regeln für aussetzenden Betrieb, jedoch sind Belastungen nach Spalte 4 nur zulässig, wenn die Dauer einer Einschaltung 4 min nicht überschreitet, anderenfalls gilt Spalte 2.

4. Der geringstzulässige Querschnitt für Kupferleitungen beträgt:

für Leitungen an und in Beleuchtungskörpern, nicht aber für
Anschlußleitungen an solche (siehe § 18a) . . . . 0,5 mm²
für Pendelschnüre, runde Zimmerschnüre und leichte Gummischlauchleitungen . . . . 0,75 „
für isolierte Leitungen und für umhüllte Leitungen bei Verlegung
in Rohr, sowie für ortsveränderliche Leitungen mit Ausnahme
der Pendelschnüre usw. . . . . 1 „
für isolierte Leitungen in Gebäuden und im Freien, bei denen
der Abstand der Befestigungspunkte mehr als 1 m beträgt . 4 „
für blanke Leitungen bei Verlegung in Rohr . . . . 1,5 „
für blanke Leitungen in Gebäuden und im Freien (vgl. auch § 3,
Regel 4) . . . . 4 „
für Freileitungen mit Spannweiten bis zu 35 m und Niederspannung. . . . . 6 „
für Freileitungen in allen anderen Fällen . . . . 10 „
In B. u. T. beträgt der geringstzulässige Querschnitt für Kupferleitungen an und in Beleuchtungskörpern . . . . 1 „
für isolierte Leitungen bei Verlegung auf Isolierkörpern . . . 2,5 „

5. Bei Verwendung von Leitern aus Kupfer von geringerer Leitfähigkeit oder anderen Metallen, z. B. auch bei Verwendung der Metallhülle von Leitungen als Rückleitung, sollen die Querschnitte so gewählt werden, daß sowohl Festigkeit wie Erwärmung durch den Strom den im Vorigen für Leitungskupfer gegebenen Querschnitten entsprechen.

§ 21.
Allgemeines über Leitungsverlegung.

a) Festverlegte Leitungen müssen durch ihre Lage oder durch besondere Verkleidung vor mechanischer Beschädigung geschützt sein; soweit sie unter Spannung gegen Erde stehen, ist im Handbereich stets eine besondere Verkleidung zum Schutz gegen mechanische Beschädigung erforderlich (Ausnahmen siehe §§ 8c, 28g und 30a).

1. Bei bewehrten Bleikabeln und metallumhüllten Leitungen gilt die Metallhülle als Schutzverkleidung.

Mechanisch widerstandsfähige Rohre (siehe § 26) gelten als Schutzverkleidung.

Panzerader soll gegen chemische und nach den örtlichen Verhältnissen auch gegen mechanische Angriffe geschützt werden.

In B. u. T. sollen metallene Schutzverkleidungen geerdet werden.

b) Bei Hochspannung müssen Schutzverkleidungen aus Metall geerdet, solche aus Isolierstoff feuersicher sein.

c) Ortsveränderliche Leitungen und bewegliche Leitungen, die von festverlegten abgezweigt sind, bedürfen, wenn sie rauher Behandlung ausgesetzt sind, eines besonderen Schutzes.

In B. u. T. bedürfen ortsveränderliche Leitungen und bewegliche Leitungen stets eines besonderen Schutzes; besteht der Schutz aus Metallbewehrung, so muß er geerdet sein.

2. In Betriebstätten sollen ungeschützte Schnüre nicht verwendet werden. Besteht der Schutz aus Metallbewehrung, so empfiehlt es sich, ihn zu erden.

d) Geerdete Leitungen können unmittelbar an Gebäuden befestigt oder in die Erde verlegt werden, jedoch ist eine Beschädigung der Leitungen durch die Befestigungsmittel oder äußere Einwirkung zu verhüten.

3. Strecken einer geerdeten Betriebsleitung sollen nicht durch Erde allein ersetzt werden.

e) Ungeerdete blanke Leitungen dürfen nur auf zuverlässigen Isolierkörpern verlegt werden.

In B. u. T. sind sie nur als Fahrleitung und in abgeschlossenen elektrischen Betriebsräumen zulässig.

f) Ungeerdete blanke Leitungen müssen, wenn sie nicht unausschaltbare gleichpolige Parallelzweige bilden, in einem der Spannweite, Drahtstärke und Spannung angemessenen Abstand voneinander und von Gebäudeteilen, Eisenkonstruktionen und dergleichen entfernt sein.

4. Ungeerdete blanke Leitungen sollen, wenn sie nicht unausschaltbare Parallelzweige sind, in der Regel bei Spannweiten von mehr als 6 m etwa 20 cm, bei Spannweiten von 4–6 m etwa 15 cm, bei Spannweiten von 2–4 m etwa 10 cm und bei kleineren Spannweiten etwa 5 cm voneinander, in allen Fällen aber etwa 5 cm von der Wand oder von Gebäudeteilen entfernt sein (siehe § 31²).

5. Bei Verbindungsleitungen zwischen Akkumulatoren, Maschinen und Schalttafeln und auf Schalttafeln, ferner bei Zellenschalterleitungen und bei parallel geführten Speise-, Steig- und Verteilungsleitungen können starke Kupferschienen, sowie starke Kupferdrähte in kleineren Abständen voneinander verlegt werden.

Kleinere Abstände zwischen den Leitungen sind nur zulässig, wenn sie durch geeignete Isolierkörper gewährleistet sind, die nicht mehr als 1 m voneinander entfernt sind.

6. *Bei blanken Hochspannungleitungen sollen als Abstände der Leitungen gegen andere Leitungen, gegen die Wand, Gebäudeteile und gegen die eigenen Schutzverkleidungen folgende Maße eingehalten werden:*

Betriebsspannung in V	Mindestabstand in cm
bis 750	4
„ 3000	10
„ 5000	—
„ 6000	10
„ 10000	12,5
„ 15000	—
„, 25000	18
„ 35000	24
„ 50000	35
„ 60000	47
„ 100000	—

7. *Hochspannungleitungen sind längs der Außenseite von Gebäuden mög-lichst zu vermeiden. Ist dieses nicht möglich, so sollen die gleichen Abstände wie in Regel 6 eingehalten werden, jedoch bei einem Mindestabstand von 10 cm. Hierbei sind etwaige Schwingungen der gespannten Leitungen zu berücksichtigen (siehe auch § 22 b). Ausgenommen hiervon sind bewehrte Kabel.*

g) Isolierte Leitungen ohne metallene Schutzhülle dürfen entweder offen auf geeigneten Isolierkörpern oder in Rohren verlegt werden. Die feste Verlegung von ungeschützten Mehrfachleitungen ist unzulässig.

8. Leitungen sollen in der Regel so verlegt werden, daß sie ausgewechselt werden können (siehe § 26⁴). Rohrdrähte sollen nicht eingemauert oder eingeputzt werden.

9. Isolierte offen verlegte Leitungen sollen bei Niederspannung im Freien mindestens 2 cm, in Gebäuden mindestens 1 cm von der Wand entfernt gehalten werden.

⚒ In B. u. T. soll der Abstand mindestens 2 cm von Stößen, Firsten und dergleichen betragen.

10. Isolierte Leitungen mit metallener Schutzhülle (Rohrdrähte, Panzer-ader usw.) können im Freien an maschinellen Aufbauten und Apparaten, die ständiger Überwachung unterstehen (wie Krane, Schiebebühnen usw.), unmittelbar auf Wänden, Maschinenteilen und dergleichen mit Schellen befestigt werden.

Gegen chemische und atmosphärische Angriffe soll die Schutzhülle gesichert sein.

11. Bei Einrichtungen, an denen ein Zusammenlegen von Leitungen in größerer Zahl unvermeidlich ist (z. B. Regelvorrichtungen, Schaltanlagen), dürfen isolierte Leitungen so verlegt werden, daß sie sich berühren, wenn eine Lagenveränderung ausgeschlossen ist.

12. *Bei Hochspannung über 1000 V sollen auf Glocken, Rollen usw. verlegte isolierte Leitungen mit den für blanke Leitungen geforderten Mindestabständen verlegt werden, wenn ihre Isolierhülle nicht gegen Verwitterung geschützt ist. Bei Spannungen unter 1000 V gelten 2 cm als ausreichender Abstand.*

h) Bei Leitungen oder Kabeln für Ein- und Mehrphasenstrom, die eisen-umhüllt oder durch Eisenrohre geschützt sind, müssen sämtliche zu einem Stromkreise gehörende Leitungen in der gleichen Eisenhülle enthalten sein, wenn bei Einzelverlegung eine bedenkliche Erwärmung der Eisenhüllen zu befürchten ist (siehe § 26 c).

i) Die Verbindung von Leitungen untereinander, sowie die Abzweigung von Leitungen dürfen nur durch Lötung, Verschraubung oder gleichwertige Mittel bewirkt werden.

In B. u. T. müssen an Schaltstellen die ankommenden Leitungen ab-trennbar sein, *bei Spannungen über 500 V durch Leistungsschalter* (vgl. § 9e).

⚒ Die zu den Stromverbrauchern führenden Abzweigungen von Haupt-leitungen müssen unter Spannung abtrennbar sein.

Innerhalb von Glühlampenstromkreisen, die mit 6 A gesichert sind, bedarf es keiner weiteren Trennstellen.

13. Die Verbindung der Leitungen mit den Apparaten, Maschinen, Sammel-schienen und Stromverbrauchern soll durch Schrauben oder gleichwertige Mittel ausgeführt werden.

Schnüre oder Drahtseile bis zu 6 mm² und Einzeldrähte bis zu 16 mm² Kupferquerschnitt können mit angebogenen Ösen an den Apparaten befestigt

werden. Drahtseile über 6 mm², sowie Drähte über 16 mm² Kupferquerschnitt sollen mit Kabelschuhen oder gleichwertigen Verbindungsmitteln versehen sein. Bei Schnüren und Drahtseilen jeder Art sollen die einzelnen Drähte
jedes Leiters, wenn sie nicht Kabelschuhe oder gleichwertige Verbindungsmittel erhalten, an den Enden miteinander verlötet sein.

14. Verbindungen von Schnüren untereinander oder zwischen Schnüren
und anderen Leitungen sollen nicht durch Verlötung, sondern durch Verschraubung auf isolierender Unterlage oder durch gleichwertige Vorrichtungen hergestellt sein. An und in Beleuchtungskörpern sind bei Niederspannung auch
für Schnüre Lötungen zulässig.

k) Bei Verbindungen oder Abzweigungen von isolierten Leitungen ist
die Verbindungstelle in einer der übrigen Isolierung möglichst gleichwertigen Weise zu isolieren. Wo die Metallbewehrungen und metallenen
Schutzverkleidungen geerdet werden müssen, sind sie an den Verbindungstellen gut leitend zu verbinden.

l) Ortsveränderliche Leitungen dürfen an festverlegte nur mit lösbaren
Verbindungen angeschlossen werden.

m) Jede ortsveränderliche Leitung muß ihren eigenen Stecker erhalten.

n) Jede ortsveränderliche Leitung muß an den Anschlußstellen ihrer
beiden Enden von Zug entlastet und in ihrer Umhüllung sicher gefaßt sein.

o) Kreuzungen stromführender Leitungen unter sich und mit Metallteilen sind so auszuführen, daß Berührung ausgeschlossen ist.

p) Es sind Maßnahmen zu treffen, um die Gefährdung von Fernmeldeleitungen durch Starkstromleitungen zu verhindern.

15. Bezüglich der Sicherung vorhandener Fernsprech- und Telegraphenleitungen wird auf das Gesetz über das Telegraphenwesen des Deutschen
Reiches vom 6. April 1892 und auf das Telegraphenwegegesetz vom 18. Dezember 1899 verwiesen.

§ 22.
Freileitungen.

a) Ungeerdete Freileitungen dürfen nur auf Porzellanglocken oder gleichwertigen Isoliervorrichtungen verlegt werden.

b) Freileitungen, sowie Apparate an Freileitungen sind so anzubringen,
daß sie ohne besondere Hilfsmittel weder vom Erdboden noch von Dächern,
Ausbauten, Fenstern und anderen von Menschen betretenen Stätten aus
zugänglich sind; wenn diese Stätten selbst nur durch besondere Hilfsmittel zugänglich sind, genügt es, bei Niederspannung die Leitungstrecken
mit wetterfester Umhüllung auszuführen oder besondere Schutzwehren
mit Warnungschild anzuordnen. Bei Wegübergängen müssen die Leitungen
einen angemessenen Abstand vom Erdboden oder einen geeigneten Schutz
gegen Berührung erhalten.

1. Es empfiehlt sich, solche Strecken von Freileitungen, die unter Umständen der Gefahr einer Berührung ausgesetzt sind, neben der Anwendung
der gemäß b) verlangten Maßnahmen abschaltbar zu machen.

2. Als wetterfest umhüllte Leitung gilt die in den „Normen für umhüllte
Leitungen‟ festgelegte Ausführung.

3. *Ungeschützte Freileitungen für Hochspannung sollen in der Regel mit ihren tiefsten Punkten mindestens 6 m von der Erde und bei befahrenen Wegübergängen mindestens 7 m von der Fahrbahn entfernt sein.*

c) Träger und Schutzverkleidungen von Freileitungen, die mehr als 750 V gegen Erde führen, müssen durch einen roten Blitzpfeil sichtbar gekennzeichnet sein.

d) Leitungen, Schutznetze und ihre Träger müssen genügend widerstandsfähig (auch gegen Winddruck und Schneelast) sein.

Die Ausführung und Bemessung von Freileitungen muß nach den „Vorschriften für Starkstrom-Freileitungen" erfolgen.

4. Freileitungen können mit größeren Stromstärken belastet werden, als der Tafel in § 20$\frac{1}{~}$ entspricht, wenn dadurch ihre Festigkeit nicht merklich leidet.

e) Bei Freileitungen für Hochspannung müssen blanke Leitungen verwendet werden; wo ätzende Dünste zu befürchten sind, ist ein schützender Anstrich gestattet.

f) Bei Freileitungen für Hochspannung müssen Eisenmaste und Eisenbetonmaste mit Stützenisolatoren geerdet werden.

Werden dagegen Kettenisolatoren mit mehreren Gliedern verwendet, so wird unter der Voraussetzung die Erdung der Maste nicht gefordert, daß durch erhöhte Gliederzahl ein der nachstehenden Zahlentafel entsprechender Sicherheitsgrad gewährleistet ist und Vorkehrungen getroffen sind, die das Auftreten von Dauererdschlüssen an den Masten unmöglich oder unwahrscheinlich machen, z. B. umgekehrte Tannenform, selbsttätige Erdschlußabschaltung u. dgl.

Tafel.

verkettete Betriebsspannung in kV	Mindestüberschlagspannung der Kette unter Regen (nach den „Leitsätze für die Prüfung von Kettenisolatoren") in kV
50	*130*
60	*150*
80	*190*
100	*230*

Ferner müssen bei der Führung von Leitungen an Wänden und solchen Holzmasten, die sich an verkehrsreichen Stellen befinden, Isolatorstützen und Träger geerdet werden.

Drahtzäune und metallene Gitter dürfen nicht mit Masten und anderen Trägern von Hochspannungleitungen in Berührung gebracht werden.

g) In die Betätigungsgestänge von Schaltern an Holzmasten sind Isolatoren einzuschalten, wenn eine zuverlässige Erdung des Schalters nicht gewährleistet werden kann. In diesem Falle ist nicht das Gestell selbst, sondern das Betätigungsgestänge unterhalb der Isolatoren zu erden.

Ankerdrähte an Holzmasten sind, wenn irgend angängig, zu vermeiden. Kann von ihrer Verwendung nicht abgesehen werden, so sollen sie nicht unmittelbar am Eisen der Traversen oder Stützen, sondern am Holz in möglichst großer Entfernung von den Eisenteilen angreifen. Sie sind außerdem über

Reichhöhe mit Abspannisolatoren für die volle Betriebspannung zu versehen und unterhalb dieser Isolatoren zu erden.

h) Bei parallel verlaufenden oder sich kreuzenden Freileitungen, die an getrenntem oder gemeinsamem Gestänge geführt sind, sind die Drähte so zu führen oder es sind Vorkehrungen zu treffen, daß eine Berührung der beiden Arten von Leitungen miteinander verhütet oder ungefährlich gemacht wird (siehe auch § 4 a).

i) Fernmelde-Freileitungen, die an einem Freileitungsgestänge für Hochspannung geführt sind, müssen so eingerichtet sein, daß gefährliche Spannungen in ihnen nicht auftreten können, oder sie sind wie Hochspannungleitungen zu behandeln. Fernsprechstellen müssen so eingerichtet sein, daß auch bei Berührung zwischen den beiderseitigen Leitungen eine Gefahr für die Sprechenden ausgeschlossen ist.

5. Fernmelde-Freileitungen sollen entweder auf besonderem Gestänge oder bei gemeinsamem Gestänge in angemessenem Abstand unterhalb der Starkstromleitungen verlegt werden.

k) Wenn eine Hochspannungleitung über Ortschaften, bewohnte Grundstücke und gewerbliche Anlagen geführt wird oder, wenn sie sich einem verkehrsreichen Fahrweg so weit nähert, daß die Vorübergehenden durch Drahtbrüche gefährdet werden können, so müssen Vorrichtungen angebracht werden, die das Herabfallen der Leitungen verhindern oder herabgefallene Teile selbst spannunglos machen, oder es müssen innerhalb der Strecke alle Teile der Leitungsanlage mit entsprechend erhöhter Sicherheit ausgeführt werden.

6. Schutznetze für Hochspannungleitungen sind möglichst zu vermeiden. Ist dieses nicht möglich, so sollen sie so gestaltet oder angebracht sein, daß sie auch bei starkem Winde mit den Hochspannungleitungen nicht in Berührung kommen können und einen gebrochenen Draht mit Sicherheit abfangen.
Sie sollen, wenn sie nicht geerdet werden können, der höchsten vorkommenden Spannung entsprechend isoliert sein.

l) Hochspannung-Freileitungen zur Versorgung ausgedehnter gewerblicher Anlagen, größerer Anstalten, Gehöfte und dergleichen müssen während des Betriebes streckenweise spannunglos gemacht werden können.

7. Dieses soll auch bei Ortschaften den örtlichen Verhältnissen entsprechend beachtet werden.

§ 23.
Installationen im Freien.

a) Im Freien verlegte Leitungen müssen abschaltbar sein.

b) Im Freien ist die feste Verlegung von ungeschützten Mehrfachleitungen unzulässig (vgl. § 21 g).

c) Träger und Schutzverkleidungen von Hochspannungleitungen im Freien, die mehr als 750 V gegen Erde führen, müssen durch einen roten Blitzpfeil sichtbar gekennzeichnet sein.

1. Bei im Freien offen verlegten Leitungen ist der Schutz gegen Berührung besonders zu beachten.

2. Ungeschützte Niederspannungleitungen im Freien sollen so verlegt werden, daß sie ohne besondere Hilfsmittel nicht berührt werden können; sie sollen jedoch mindestens 2¼ m vom Erdboden entfernt sein.

3. *Ungeschützte Hochspannungleitungen im Freien sollen in der Regel mit ihren tiefsten Punkten mindestens 6 m von der Erde entfernt sein.*

4. Wenn bei Fahrleitungen die in Regel 2 und 3 genannten Maße nicht eingehalten werden können oder die Fahrleitungen lose auf Stützpunkten ruhen müssen, so sollen den Betriebsverhältnissen entsprechend Vorsichtsmaßregeln getroffen werden.

5. Apparate sollen tunlichst nicht im Freien untergebracht werden; läßt sich dieses nicht vermeiden, so soll für besonders gute Isolierung, zuverlässigen Schutz gegen Berührung und gegen schädliche Witterungseinflüsse Sorge getragen werden.

§ 24.

Leitungen in Gebäuden.

a) Innerhalb von Gebäuden müssen alle gegen Erde unter Spannung stehenden Leitungen mit einer Isolierhülle im Sinne des § 19 versehen sein.

Nur in Räumen, in denen erfahrungsgemäß die Isolierhülle durch chemische Einflüsse rascher Zerstörung ausgesetzt ist, ferner für Kontaktleitungen und dergleichen dürfen blanke spannungführende Leitungen Verwendung finden, wenn sie vor Berührung hinreichend geschützt sind.

b) Bei Hochspannung sind ungeerdete blanke Leitungen außerhalb elektrischer Betriebs- und Akkumulatorenräume nur als Kontaktleitungen gestattet. Sie müssen an geeigneter Stelle mit Schalter allpolig abschaltbar sein. Für Fahrleitungen gilt § 23⁴.

c) Bei Abzweigstellen muß den auftretenden Zugkräften durch geeignete Anordnungen Rechnung getragen werden.

d) Durch Wände, Decken und Fußböden sind die Leitungen so zu führen, daß sie gegen Feuchtigkeit, mechanische und chemische Beschädigung, sowie Oberflächenleitung ausreichend geschützt sind.

1. Die Durchführungen sollen entweder der in den betreffenden Räumen gewählten Verlegungsart entsprechen oder es sollen haltbare isolierende Rohre verwendet werden, und zwar für jede einzeln verlegte Leitung und für jede Mehrfachleitung je ein Rohr.

In feuchten Räumen sollen entweder Porzellan- oder gleichwertige Rohre verwendet werden, deren Gestalt keine merkliche Oberflächenleitung zuläßt oder die Leitungen sollen frei durch genügend weite Kanäle geführt werden.

Über Fußböden sollen die Rohre mindestens 10 cm vorstehen; sie sollen gegen mechanische Beschädigung sorgfältig geschützt sein. *Bei Hochspannung sollen die Rohre außerdem an Decken und Wandflächen mindestens 5 cm vorstehen.*

§ 25.

Isolier- und Befestigungskörper.

a) Holzleisten sind unzulässig.

b) Krampen sind nur zur Befestigung von betriebsmäßig geerdeten Leitungen zulässig, wenn dafür gesorgt ist, daß der Leiter weder mechanisch noch chemisch durch die Art der Befestigung beschädigt wird.

c) Isolierglocken müssen so angebracht werden, daß sich in ihnen kein Wasser ansammeln kann.

d) Isolierkörper müssen so angebracht werden, daß sie die Leitungen in angemessenem Abstand voneinander, von Gebäudeteilen, Eisenkonstruktionen und dergleichen entfernt halten.

1. Bei Führung von Leitungen auf gewöhnlichen Rollen längs der Wand soll auf höchstens 1 m eine Befestigungstelle kommen. Bei Führung an der Decke können, den örtlichen Verhältnissen entsprechend, ausnahmsweise größere Abstände gewählt werden.

✗| In B. u. T. sind gewöhnliche Rollen unzulässig.

2. Mehrfachleitungen sollen nicht so befestigt werden, daß ihre Einzelleiter aufeinander gepreßt sind.

§ 26.
Rohre.

a) Rohre und Zubehörteile (Dosen, Muffen, Winkelstücke usw.) aus Papier müssen imprägniert sein und einen Metallüberzug haben.

1. Dosen sollen entweder feste Stutzen oder hinreichende Wandstärke zur Aufnahme der Rohre haben.

2. Rohrähnliche Winkel-, ⊤-, Kreuzstücke und dergleichen sollen als Teile des Rohrsystemes in gleicher Weise ausgekleidet sein wie die Rohre selbst. Scharfe Kanten im Inneren sind auf alle Fälle zu vermeiden.

b) Rohre aus Metall oder mit Metallüberzug müssen bei Hochspannung in solcher Stärke verwendet werden, daß sie auch den zu erwartenden mechanischen und chemischen Angriffen widerstehen.

Bei Hochspannung sind die Stoßstellen metallener Rohre metallisch zu verbinden und die Rohre zu erden.

✗ | In B. u. T. gelten beide Absätze auch für Niederspannung.

c) In ein und dasselbe Rohr dürfen nur Leitungen verlegt werden, die zu dem gleichen Stromkreise gehören (siehe §§ 21 h und 28 i).

d) Drahtverbindungen und Abzweigungen innerhalb der Rohrsysteme sind nur in Dosen, Abzweigkasten, ⊤- und Kreuzstücken und nur durch Verschraubung auf isolierender Unterlage zulässig.

3. Rohre sollen so verlegt werden, daß sich in ihnen kein Wasser ansammeln kann.

4. Bei Rohrverlegung sollen im allgemeinen die lichte Weite, sowie die Anzahl und der Halbmesser der Krümmungen so gewählt sein, daß man die Drähte einziehen und entfernen kann. Von der Auswechselbarkeit der Leitungen kann abgesehen werden, wenn die Rohre offen verlegt und jederzeit zugänglich sind. Die Rohre sollen an den freien Enden mit entsprechenden Armaturen, z. B. Tüllen, versehen sein, so daß die Isolierung der Leitungen durch vorstehende Teile und scharfe Kanten nicht verletzt werden kann.

5. Unter Putz verlegte Rohre, die für mehr als einen Draht bestimmt sind, sollen mindestens 11 mm lichte Weite haben.

§ 27.
Kabel.

a) Blanke und asphaltierte Bleikabel dürfen nur so verlegt werden, daß sie gegen mechanische und chemische Beschädigungen geschützt sind (siehe auch § 21 h).

1. Bleikabel jeder Art, mit Ausnahme von Gummi-Bleikabeln bis 750 V, dürfen nur mit Endverschlüssen, Muffen oder gleichwertigen Vorkehrungen,

die das Eindringen von Feuchtigkeit verhindern und gleichzeitig einen guten elektrischen Anschluß gestatten, verwendet werden.

⚒ 2. Die Entfernung der Befestigungstellen der Kabel soll in B. u. T. 3 m nicht übersteigen, außer in Bohrlöchern und Schächten. Für Schächte siehe § 40.

⚒ 3. In B. u. T. ist die Bewehrung von Kabeln nach Möglichkeit zu erden. An Muffen und ähnlichen Stellen sind die Bewehrungen leitend zu verbinden.

b) Es ist darauf zu achten, daß an den Befestigungstellen der Bleimantel nicht eingedrückt oder verletzt wird; Rohrhaken sind unzulässig. Bei freiliegenden Kabeln ist eine brennbare Umhüllung verboten.

⚒ 4. Bei der Verlegung von Kabeln in Förderstrecken u. T. ist darauf zu achten, daß sie einer Beschädigung durch entgleisende Fahrzeuge entzogen sind.

c) Prüfdrähte sind wie die zugehörenden Kabeladern zu behandeln. *Bei Hochspannung sind sie so anzuschließen, daß sie nur zur Kontrolle der zugehörenden Kabeladern dienen.*

H. Behandlung verschiedener Räume.

Für die in §§ 28 bis 36 behandelten Räume treten die allgemeinen Vorschriften insoweit außer Kraft, als die folgenden Sonderbestimmungen Abweichungen enthalten.

§ 28.
Elektrische Betriebsräume.

a) Entgegen § 3a kann in Niederspannungsanlagen von dem Schutz gegen zufällige Berührung blanker, unter Spannung gegen Erde stehender Teile insoweit abgesehen werden, als dieser Schutz nach den örtlichen Verhältnissen entbehrlich oder der Bedienung und Beaufsichtigung hinderlich ist.

b) Entgegen § 3b kann bei Hochspannung die Schutzvorrichtung insoweit auf einen Schutz gegen zufällige Berührung beschränkt werden, als ein erhöhter Schutz nach den örtlichen Verhältnissen entbehrlich oder der Bedienung und Beaufsichtigung hinderlich ist.

c) Bei Hochspannung sind auch solche blanke Leitungen gestattet, die nicht Kontaktleitungen sind (siehe § 24b). Sie müssen jedoch nach § 3b der Berührung entzogen sein.

⚒ In B. u. T. fällt diese Erleichterung fort. Auch bei Niederspannung sind blanke Leitungen nur in abgeschlossenen elektrischen Betriebsräumen (siehe § 21e) oder als Fahrleitungen (siehe § 42) zulässig.

d) Schalter mit Ausnahme von Ölschaltern brauchen der Bestimmung in § 11a, Absatz 1 nur bei der Stromstärke zu genügen, für deren Unterbrechung sie bestimmt sind. Auf solchen Schaltern ist außer der Betriebsspannung und Betriebstromstärke auch die zulässige Ausschaltstromstärke zu vermerken.

e) Entgegen § 11h können Nulleiter und betriebsmäßig geerdete Leitungen auch einzeln abtrennbar gemacht werden.

f) Entgegen § 12b sind auch bei nicht allpolig abschaltenden Anlassern besondere Ausschalter nicht notwendig.

⚒ In B. u. T. fällt diese Erleichterung fort.

1. Entgegen § 12² sind Schutzverkleidungen für Anlasser und Widerstände nicht unbedingt erforderlich.

g) Die in § 21a geforderte Schutzverkleidung ist bei Niederspannung und bei *isolierten Hochspannungleitungen unter 1000 V* nur insoweit erforderlich, als die Leitungen mechanischer Beschädigung ausgesetzt sind.

h) Aus besonderen Betriebsrücksichten kann entgegen § 14b von der Unverwechselbarkeit der Schmelzeinsätze abgesehen werden.

i) Bei Schalt- und Signalanlagen ist es entgegen § 26c gestattet, Leitungen verschiedener Stromkreise in einem Rohr zu verlegen.

k) Entgegen § 18i sind Handleuchter bei Gleichstrom bis 1000 V zulässig. In B. u. T. fällt diese Erleichterung fort.

l) Maschinen mit Führerbegleitung. Bei Hebezeugen und verwandten Transportmaschinen müssen die Fahrleitungen am Zugang zur Maschine gegen zufällige Berührung geschützt sein.

Die Fahrleitungen müssen durch Schalter abschaltbar sein.

Die fest verlegten isolierten Leitungen müssen im und am Führerstand gegen Beschädigung geschützt sein.

Handleuchter sind bei Wechselstrom nur für Niederspannung zulässig.

Im übrigen gelten die Führerstände als elektrische Betriebsräume.

§ 29.
Abgeschlossene elektrische Betriebsräume.

a) In solchen Räumen gelten die Bestimmungen für elektrische Betriebsräume *mit der Maßgabe, daß bei Hochspannung ein Schutz der unter Spannung stehenden Teile nur gegen zufällige Berührung durchgeführt werden muß.*

Für B. u. T. siehe § 28c.

1. Als Hilfsmittel gegen zufälliges Berühren spannungführender Teile kommen in Betracht: Trennwände zwischen den Feldern der Schaltanlage, Trennwände zwischen den einzelnen Phasen, Schutzgitter, feste und zuverlässig befestigte Geländer, selbsttätige Ausschalt- oder Verriegelungsvorrichtungen.

2. Der Verschluß der Räume soll so eingerichtet sein, daß der Zutritt nur den berufenen Personen möglich ist.

b) Bei Hochspannung dürfen entgegen § 7a Transformatoren ohne geerdetes Metallgehäuse und ohne besonderen Schutzverschlag aufgestellt werden, wenn ihr Körper geerdet ist.

§ 30.
Betriebstätten.

a) Entgegen § 21a dürfen bei Niederspannung die im Handbereich liegenden Zuführungsleitungen zu Maschinen ungeschützt verlegt werden, wenn sie einer Beschädigung nicht ausgesetzt sind.

b) Bei Hochspannung müssen ausgedehnte Verteilungsleitungen während des Betriebes für Notfälle ganz oder streckenweise spannunglos gemacht werden können.

§ 31.
Feuchte, durchtränkte und ähnliche Räume.

a) Die nicht geerdeten, nach diesen Räumen führenden Leitungen müssen allpolig abschaltbar sein.

b) *Für Spannungen über 1000 V sind nur Kabel zulässig.*

In B. u. T. sind in Räumen, in denen Tropfwasser auftritt, für Niederspannung nur Kabel und in Rohren nach § 26b verlegte Gummiaderleitungen zulässig.

Für Hochspannung sind nur Kabel gestattet.

c) Festverlegte Mehrfachleitungen sind nicht zulässig.

d) Ortsveränderliche Leitungen müssen durch eine schmiegsame Umhüllung gegen Beschädigung besonders geschützt sein.

1. Bei offen verlegten Leitungen ist der Schutz gegen Berührung (siehe § 3) besonders zu beachten.

2. Offen verlegte ungeerdete blanke Leitungen sollen in einem Abstand von mindestens 5 cm voneinander und 5 cm von der Wand auf zuverlässigen Isolierkörpern verlegt werden (siehe § 21⁴). Sie können mit einem der Natur des Raumes entsprechenden haltbaren Anstrich versehen sein.

Schutzrohre sollen gegen mechanische und chemische Angriffe hinreichend widerstandsfähig sein.

3. Motoren und Apparate sollen tunlichst nicht in solchen Räumen untergebracht werden; läßt sich dieses nicht vermeiden, so soll für besonders gute Isolierung, guten Schutz gegen Berührung und gegen die obwaltenden schädlichen Einflüsse Sorge getragen werden; die nicht spannungführenden, der Berührung zugänglichen Metallteile sollen gut geerdet werden.

e) Stromverbraucher müssen so eingerichtet sein, daß sie zum Zweck der Bedienung spannunglos gemacht werden können.

f) Für Beleuchtung ist nur Niederspannung zulässig. Fassungen müssen aus Isolierstoff bestehen. Schaltfassungen sind verboten.

§ 32.
Akkumulatorenräume (siehe auch § 8).

a) Akkumulatorenräume gelten als abgeschlossene elektrische Betriebsräume.

b) Zur Beleuchtung dürfen nur elektrische Lampen verwendet werden, deren Leuchtkörper luftdicht abgeschlossen ist.

c) Für geeignete Lüftung ist zu sorgen.

§ 33.
Betriebstätten und Lagerräume mit ätzenden Dünsten.

a) Alle Teile der elektrischen Einrichtungen müssen je nach Art der auftretenden Dünste gegen chemische Beschädigung tunlichst geschützt sein.

b) Fassungen müssen aus Isolierstoff bestehen. Schaltfassungen sind verboten.

Für Handleuchter sind nur Leitungen mit besonderer, gegen die chemischen Einflüsse schützender Hülle gestattet.

c) Die Verwendung von Spannungen über 1000 V ist für Licht- und Motorenbetrieb unzulässig.

1. Entgegen § 12¹ ist Holz auch bei Steuerschaltern nicht zulässig.

§ 34.
Feuergefährliche Betriebstätten und Lagerräume.

a) Die Umgebung von elektrischen Maschinen, Transformatoren, Widerständen usw. muß von entzündlichen Stoffen freigehalten werden können.

b) Sicherungen, Schalter und ähnliche Apparate, in denen betriebsmäßig Stromunterbrechung stattfindet, sind in feuersicher abschließenden Schutzverkleidungen unterzubringen.

c) Blanke Leitungen sind nicht zulässig. Isolierte Leitungen müssen in Rohren nach § 26 oder als Kabel verlegt werden.

1. Auf Schutz gegen mechanische Beschädigung ist besonders zu achten.

⚒ | *d) In B. u. T. ist nur Gleichstrom bis 500 V* und Niederspannung-Wechselstrom zulässig. |

§ 35.
Explosionsgefährliche Betriebstätten und Lagerräume.

a) Elektrische Maschinen, Transformatoren und Widerstände, desgleichen Ausschalter, Sicherungen, Steckvorrichtungen und ähnliche Apparate, in denen betriebsmäßig Stromunterbrechung stattfindet, dürfen nur insoweit verwendet werden, als für die besonderen Verhältnisse explosionssichere Bauarten bestehen.

b) Festverlegte Leitungen sind nur in geschlossenen Rohren oder als Kabel zulässig.

c) Zur Beleuchtung sind nur Glühlampen zulässig, deren Leuchtkörper luftdicht abgeschlossen ist. Sie müssen mit starken Überglocken, die auch die Fassung dicht einschließen, versehen sein.

d) Behördliche Vorschriften über explosionsgefährliche Betriebe bleiben durch vorstehende Bestimmungen unberührt.

§ 36.
Schaufenster, Warenhäuser und ähnliche Räume, wenn darin leicht entzündliche Stoffe aufgestapelt sind.

a) Festverlegte Leitungen müssen bis in die Lampenträger oder in die Anschlußdosen vollständig durch Rohre geschützt oder als Rohrdraht ausgeführt sein.

b) Auf den Schutz entzündlicher Gegenstände gegen die Berührung mit Lampen ist im Sinne des § 16d besonderer Wert zu legen.

c) Beleuchtungskörper und andere Stromverbraucher, die ihren Standort wechseln, sind nur mittels biegsamer Leitungen anzuschließen, die zum Schutz gegen mechanische Beschädigung mit einem Überzug aus widerstandsfähigem Stoff (siehe § 19 III) versehen sind.

d) Alle Schalter, Anschlußdosen und Sicherungen müssen mit widerstandsfähigen Schutzkasten umgeben und an Plätzen fest angebracht sein, wo eine Berührung mit leicht entzündlichen Stoffen ausgeschlossen ist.

e) Die Verwendung von Stromverbrauchern für Hochspannung ist in Räumen, in denen leicht entzündliche Stoffe aufgestapelt sind, nicht zulässig.

J. Provisorische Einrichtungen, Prüffelder und Laboratorien.

§ 37.

a) Für festverlegte Leitungen sind Abweichungen von den Bestimmungen über Stützpunkte der Leitungen und dergleichen zulässig, doch ist dafür zu sorgen, daß die Vorschriften hinsichtlich mechanischer Festigkeit, zufälliger gefahrbringender Berührung, Feuersicherheit und Erdung für den ordnungsmäßigen Gebrauch erfüllt sind.

b) Provisorische Einrichtungen sind durch Warnungstafeln zu kennzeichnen und durch Schutzgeländer, Schutzverschläge oder dergleichen gegen den Zutritt Unberufener abzugrenzen. *Bei Hochspannung sind sie nötigenfalls unter Verschluß zu halten.* Den örtlichen Verhältnissen ist dabei Rechnung zu tragen.

Die beweglichen und ortsveränderlichen Einrichtungen sowie die Beleuchtungskörper, Apparate, Meßgeräte usw. müssen den allgemeinen Vorschriften genügen.

Bei Schalt- und Verteilungstafeln ist Holz als Baustoff, nicht aber als Isolierstoff zulässig.

c) Ständige Prüffelder und Laboratorien sind mit festen Abgrenzungen und entsprechenden Warnungstafeln zu versehen. Fliegende Prüfstände sind durch eine auffallende Absperrung (Schranken, Seile oder dergleichen) kenntlich zu machen. Unbefugten ist das Betreten der Prüffelder und Prüfstände streng zu verbieten.

1. In ständigen Prüffeldern und Laboratorien für Hochspannung über 1000 V sollen die Stände, in denen unter Spannung gearbeitet wird, gegen die Nachbarschaft abgegrenzt werden, wenn dort gleichzeitig Aufstellungs-, Vorbereitungsarbeiten und dergleichen vorgenommen werden.

2. Ständige Prüffelder und Laboratorien für sehr hohe Spannungen sollen in abgeschlossenen Räumen untergebracht werden, deren unbefugtes Betreten durch geeignete Einrichtungen verhindert oder ungefährlich gemacht wird.

3. Wenn in Prüffeldern, Laboratorien und dergleichen an den provisorischen Leitungen, an den Apparaten usw. der Schutz gegen zufällige Berührung Hochspannung führender Teile sich nicht durchführen läßt, sollen die Gänge hinreichend breit und der Bedienungsraum genügend groß sein.

d) Versuchschaltungen in Prüffeldern und Laboratorien, die während des Gebrauches unter sachkundiger Leitung stehen, unterliegen den allgemeinen Vorschriften nicht.

K. Theater und diesen gleichzustellende Versammlungsräume.

Für diese Räume gelten außer den normalen Vorschriften noch die folgenden Sonderbestimmungen:

§ 38.
Allgemeine Bestimmungen.

a) Für Theaterinstallationen darf Hochspannung nicht verwendet werden.

b) Die elektrischen Leitungsanlagen sind von der Hauptschalttafel ab in Gruppen zu unterteilen. Mehrleiteranlagen sind bei der Hausbeleuchtung, soweit tunlich, bereits von den Hauptverteilungsstellen ab in Zweileiterzweige (bei Systemen mit Nulleiter bestehend aus Außen- und Nulleiter) zu unterteilen.

Für die Bühnenbeleuchtung gilt das in § 39, Regel 5 Gesagte.

c) In Räumen, die mehr als drei Lampen enthalten, sowie in allen Fluren, Treppenhäusern und Ausgängen sind die Lampen an mindestens zwei getrennt gesicherte Zweigleitungen anzuschließen. Von dieser Bestimmung kann abgesehen werden, wenn die Notlampen eine genügende Allgemeinbeleuchtung gewähren.

d) Falls eine elektrische Notbeleuchtung eingerichtet wird, müssen ihre Lampen an eine oder mehrere räumlich und elektrisch von der Hauptanlage unabhängige Stromquellen angeschlossen werden.

e) Die Schalter und Sicherungen sind tunlichst gruppenweise zu vereinigen und dürfen dem Publikum nicht zugänglich sein.

§ 39.
Bestimmungen für das Bühnenhaus.

Für Installationen des Bühnenhauses (Bühne, Untermaschinerien, Arbeitsgalerien und Schnürböden, auch Garderoben und andere Nebenräume im Bühnenhause) gelten außer den vorerwähnten allgemeinen noch die folgenden Zusatzbestimmungen:

a) Schalttafeln und Bühnenregulatoren sind so anzuordnen, daß eine unbeabsichtigte Berührung durch Unbefugte ausgeschlossen ist.

Auf die Endausschalter an Bühnenregulatoren findet die Vorschrift § 11e keine Anwendung, wenn die vom Regulator bedienten Stromkreise an zentraler Stelle allpolig ausgeschaltet werden können.

Die Widerstände von Bühnenregulatoren sind bei Dreileiteranlagen in die Außenleiter zu legen.

b) Bei Beleuchtungskörpern mit Farbenwechsel muß der Querschnitt der gemeinschaftlichen Rückleitung der höchstmöglichen Betriebstromstärke angepaßt sein.

c) Betriebsmäßig stromführende blanke Leitungen sind in den Untermaschinerien, auf der Bühne, den Arbeitsgalerien und dem Schnürboden nicht zulässig. Flugdrähte und dergleichen dürfen weder zur Stromführung noch als Erdzuleitung benutzt werden.

d) Feste Leitungen müssen in der Weise verlegt werden, daß sie in erster Linie gegen die zu erwartenden mechanischen Beschädigungen geschützt sind.

e) Mehrfachleitungen zum Anschluß beweglicher Bühnenbeleuchtungskörper müssen biegsame Kupferseelen haben und durch starke schmiegsame nichtmetallene Schutzhüllen gegen mechanische Beschädigung geschützt sein.

1. Die Kupferseele der Gummiaderlitzen soll aus einzelnen Drähten von nicht über 0,2 mm Durchmesser bestehen.

2. Die Befestigung der biegsamen Leitungen soll so sein, daß auch bei rauher Behandlung an der Anschlußstelle ein Bruch nicht zu befürchten ist.

3. Die Anschlußstücke sind mit der Schutzumhüllung so zu verbinden, daß die Kupferseelen an der Anschlußstelle von Zug entlastet sind. Steckkontakte müssen innerhalb widerstandsfähiger, nicht stromführender Hüllen liegen und so angeordnet sein, daß zufällige Berührung der stromführenden Teile, wenn sie nicht geerdet sind, verhindert wird.

f) Für vorübergehend gebrauchte Szenerie-Installationen kann von der Erfüllung der allgemeinen Vorschriften für die Verlegung von Leitungen ausnahmsweise abgesehen werden, wenn isolierte Leitungen verwendet werden, die Verlegungsart jegliche Verletzung der Isolierung ausschließt und diese Installation während des Gebrauches unter besonderer Aufsicht steht. In diesem Falle sind Drahtschellen für Einzelleitungen zulässig und Durchführungstüllen entbehrlich.

g) Die Sicherungen der Anschlußleitungen für Bühnenbeleuchtungskörper (Oberlichter, Kulissen-, Rampen-, Horizont-, Spielflächen-, Versatz- und Scheinwerferbeleuchtung) sind im fest verlegten Teil der Leitung anzubringen; in diesem Falle genügt für jeden Körper je eine Sicherung für alle Lampen einer Farbe. Der Querschnitt ortsveränderlicher Leitungen ist der Nennstromstärke der Sicherungen des größten Versatzstromkreises anzupassen. Soweit dieses nicht tunlich ist, sind besondere Zwischensicherungen anzuordnen; für ordnungsmäßige Verkleidung dieser Sicherungen ist zu sorgen. In den Beleuchtungskörpern selbst sind Sicherungen nicht zulässig.

h) Bei Regelwiderständen, die an besonderen, nur dem Bedienungspersonal zugänglichen feuersicheren Stellen angebracht sind, ist eine Schutzverkleidung aus feuersicherem Stoff entbehrlich.

4. Die Stufenschalter für den Bühnenregulator sollen unmittelbar bei den Regelwiderständen selbst angebracht sein, können aber durch Übertragung betätigt werden.

i) Die fest angebrachten Glühlampen auf der Bühne, sowie alle Glühlampen in Arbeitsräumen, Werkstätten, Garderoben, Treppen und Korridoren müssen mit Schutzkörben oder -gläsern versehen sein, die nicht an der Fassung, sondern an den Lampenträgern befestigt sind.

k) Für Bühnenbeleuchtungskörper und deren Anschlüsse (Oberlichter, Kulissen-, Rampen-, Effekt- und Versatzbeleuchtungen) gelten folgende Bestimmungen:

Die Beleuchtungskörper sind mit einem Schutzgitter für die Glühlampen zu versehen.

Innerhalb der Beleuchtungskörper sind blanke Leiter dann zulässig wenn sie gegen zufällige Berührung geschützt sind.

Hängende Beleuchtungskörper sind, auch wenn sie geerdet werden, gegen ihre Tragseile zu isolieren.

Bühnenscheinwerfer, Projektionsapparate, Blitzlampen und dergleichen sind mit einer Vorrichtung zu versehen, die das Herausfallen glühender Kohleteilchen oder dergleichen verhindert.

5. Die Spannung zwischen irgend zwei Leitern eines Beleuchtungskörpers soll 250 V nicht überschreiten. Bei Horizont- und Spielflächenbeleuchtungen gelten die einzelnen Laternen als Beleuchtungskörper.

Für Horizont- und Spielflächenbeleuchtungen sollen Abzweige in Mehrleitersystemen tunlichst nicht mehr als 6600 W bei 110 V oder 8800 W bei 220 V führen.

6. Holz soll nur bei vorübergehend gebrauchten Bühnenbeleuchtungskörpern und nur als Baustoff zulässig sein.

L. Weitere Vorschriften für Bergwerke unter Tage.

Außer den in §§ 1, 2, 3, 5, 9, 11, 16, 17, 18, 19, 20, 21, 25, 26, 27, 28, 29, 31 und 34 gegebenen Zusätzen gilt für B. u. T. noch folgendes:

§ 40.
Verlegung in Schächten.

a) In Schächten und einfallenden Strecken von mehr als 45° Neigung dürfen nur bewehrte Kabel, bei denen die Bewehrung aus verzinkten oder verbleiten Eisen- oder Stahldrähten besteht, oder die auf andere Weise von Zug entlastet sind, verwendet werden. In trockenen, feuersicheren Nebenschächten sind auch isolierte Leitungen bei Niederspannung zulässig.

1. Der Abstand der Befestigungstellen der Kabel soll in der Regel nicht mehr als 6 m betragen.

2. Die Befestigung der Kabel soll mit breiten Schellen erfolgen, die so beschaffen sind, daß sie die Kabel weder mechanisch noch chemisch gefährden. Werden eiserne Schellen benutzt, so sollen die Kabel an der Schellstelle mit Asphaltpappe oder dergleichen umwickelt werden.

b) Ist die Leitung chemischen Einflüssen durch Tropfwasser, Grubenwetter oder dergleichen ausgesetzt, so muß sie mit einem Bleimantel oder einem anderen Schutzmittel, z. B. Anstrich, versehen sein.

Elektrische Schachtsignalanlagen.

c) Die Schachtsignalanlage jeder Förderung muß durch eine gesonderte Stromquelle gespeist werden, an die keine anderen Stromverbraucher angeschlossen werden dürfen.

Signalleitungen mehrerer Förderungen dürfen nicht in einem gemeinsamen Kabel verlegt werden.

Der Anschluß von Schachtsignalanlagen an Starkstromnetze ist nur gestattet, wenn hierbei keine unmittelbare elektrische Verbindung zwischen Signalanlage und Netz, wie z. B. durch Einankerumformer oder Spartransformatoren, hergestellt wird.

Eine Ausnahme ist bei Stapelschächten zulässig.

d) Eine Vorrichtung, die das Ausbleiben der Betriebspannung dem Fördermaschinisten selbsttätig anzeigt, ist anzubringen.

e) Offen verlegte Leitungen dürfen in Schachtsignalanlagen nicht verwendet werden.

§ 41.
Schlagwettergefährliche Grubenräume.

a) Die nach schlagwettergefährlichen Grubenräumen führenden Leitungen müssen von schlagwetternichtgefährlichen Räumen oder von über Tage aus allpolig abschaltbar sein.

b) In schlagwettergefährlichen Grubenräumen dürfen nur schlagwettersichere Maschinen, Transformatoren, Akkumulatorenkasten und Apparate verwendet werden. Sie gelten als schlagwettersicher, wenn sie den diesbezüglichen Vorschriften des VDE entsprechen.

c) Es sind nur Glühlampen zulässig, deren Leuchtkörper luftdicht abgeschlossen ist.

    1. Glühlampen sollen eine starke Überglocke und einen Schutzkorb aus starkem Drahtgeflecht besitzen.

d) Blanke Leitungen sind nur als Erdzuleitungen zulässig.

e) Isolierte Leitungen dürfen nur als Kabel oder in widerstandsfähigen geerdeten Eisen- oder Stahlrohren festverlegt werden.

f) Biegsame Leitungen zum Anschluß ortsbeweglicher Stromverbraucher sind nur mit besonders starker Schutzhülle zulässig.

§ 42.
Fahrleitungen und Zubehör elektrischer Streckenförderung.

a) Für elektrische Streckenförderung u. T. ist Gleichstrom zu verwenden. Die Fahrleitungen müssen in angemessener Höhe über Schienenoberkante liegen; soweit dieses nicht möglich ist, sind Schutzvorrichtungen zu treffen, die ein zufälliges Berühren der Fahrleitung verhindern. Erweiterungen bestehender Wechselstrombahnen sind nur zulässig, wenn für die Fahrleitung eine Mindesthöhe von 2,2 m über Schienenoberkante dauernd eingehalten wird.

    1. Als angemessene Höhe gilt im allgemeinen bei Gleichstrom-Niederspannung 1,8 m, *bei Gleichstrom-Hochspannung 2,2 m.*

    2. Als normale mittlere Betriebspannung sollen bei Streckenförderung 220, 550 und 750 V gelten. Diesen Werten sollen Erzeugerspannungen von 250, 650 und 850 V entsprechen.

    3. Als Normalquerschnitte für Fahrleitungen aus Kupfer werden festgelegt 50, 65, 80 und 100 mm² (Profile siehe DIN VDE . . . .).

b) Bei Fahrleitungsanlagen sind auf den Lokomotiven Kurzschließer anzubringen, damit bei dem herzustellenden Kurzschluß entweder die Strecken durch Herausfallen der Überstrom-Selbstschalter spannunglos werden oder der Spannungsabfall der Fahrleitung bis zur Kurzschlußstelle so groß wird, daß die dort vorhandene Spannung für Menschen keine Gefahr mehr bildet.

c) An Abzweigstellen sind sowohl in der Haupt- wie auch in der Nebenstrecke Streckentrennschalter vorzusehen. Die Streckentrennung ist so auszuführen, daß eine Überbrückung durch die Strombügel der Lokomotive ausgeschlossen ist. In unverzweigten Fahrleitungen sind die Strecken-trennschalter etwa alle 1000 m einzubauen.

Die jeweilige Schaltstellung muß von außen erkennbar sein. Diese Gehäuse dürfen nur mit einem Sonderschlüssel geöffnet werden können.

4. Bei Fahrleitungsanlagen, die von mehreren, voneinander unabhängigen Speiseleitungen gespeist werden, ist in jede Speiseleitung ein Überstrom-Selbst-schalter einzubauen.

d) An Rangier-, Kreuzung- und Zugangstellen sind Warnungstafeln anzubringen, die auf die mit Berührung der Fahrleitung verbundene Gefahr hinweisen.

5. Diese Warnungstafeln sollen beleuchtet sein.

e) Fahrleitungen, die nicht auf Porzellan-Doppelglockenisolatoren oder gleichwertigen Isolatoren verlegt sind, müssen gegen Erde doppelt iso-liert sein.

f) Aufhänge- oder Abspanndrähte jeder Art müssen gegen spannung-führende Leitungen doppelt isoliert sein, z. B. durch Porzellan-Doppel-glockenisolatoren. Als Querverbindungen, die zum Spannungsausgleich zwischen den Fahrleitungen dienen, dürfen blanke Leitungen nicht ver-wendet werden.

g) Speiseleitungen, die Betriebspannungen gegen Erde führen, müssen von der Stromquelle und an den Speisepunkten von den Fahrleitungen abschaltbar sein. Wenn durch Streckenschalter dafür gesorgt ist, daß mit der Speiseleitung gleichzeitig der zugehörige Teil der Fahrleitung spannungfrei wird, ist die Abschaltbarkeit am Speisepunkt nicht erforderlich.

h) Wenn die Gleise als Rückleitung dienen, müssen die Stöße aller Schienen gutleitend verbunden und in Abständen von höchstens 100 m gutleitende Querverbindungen zwischen den Schienen eingebaut werden. Die Schienenstöße sind derart zu überbrücken, daß der Widerstand in der Überbrückung nicht größer als der Widerstand einer Schienenlänge ist.

6. Diese Forderung wird in besonderem Maße durch Schweißung der Schienen untereinander oder durch Anschweißung der Überbrückung an die Schienen erzielt. Für sonstige Schienenverbinder muß gefordert werden, daß sie dauernd fest anliegen und die verwendeten Metallteile keinen zersetzenden Einflüssen unterliegen. Die Stromrückleitung wird durch möglichst lange Schienen begünstigt.

i) Bei Bahnanlagen müssen die in den Förderstrecken liegenden Rohre, Kabelbewehrungen und Signalleitungen an allen Abzweigungen zu Seiten-strecken und an den Endpunkten der Förderstrecken, mindestens aber alle 250 m mit den Schienen gut leitend verbunden werden, wenn nicht in anderer Weise die schädigenden Wirkungen einer Stromüberleitung aus der Fahr-leitung in diese Teile verhindert werden.

§ 43.
Fahrzeuge elektrischer Streckenförderung.

a) Bei Fahrschaltern und Stromabnehmern ist Holz als Isolierstoff zulässig.

1. Bei Verwendung von Bügeln soll die nutzbare Schleifbreite 300 mm betragen. Bei Abweichungen der Fahrleitung von der normalen Höhe um $\pm$ 100 mm muß der Bügel noch einwandfrei arbeiten und sich bei Fahrtrichtungswechsel noch selbsttätig umlegen.

b) Zwischen den Stromabnehmern und den übrigen elektrischen Einrichtungen des Fahrzeuges ist entweder eine sichtbare Trennstelle derart anzuordnen, daß sie die Beleuchtung nicht unterbricht, oder es müssen die Stromabnehmer eine Vorrichtung haben, die sie im abgezogenen Zustand festhalten kann.

c) Jedes Fahrzeug muß eine Hauptabschmelzsicherung oder einen selbsttätigen Ausschalter für die Elektromotoren haben (siehe auch § 42 b).

d) Akkumulatorenzellen elektrischer Fahrzeuge können auf Holz aufgestellt werden, wobei einmalige Isolierung durch feuchtigkeitsichere Zwischenlagen ausreicht.

e) Der Querschnitt aller Fahrstromleitungen ist nach der Nennstromstärke der vorgeschalteten Sicherung oder stärker zu bemessen.

Drähte für Bremsstrom sind mindestens von gleicher Stärke wie die Fahrstromleitung zu wählen.

Der Querschnitt aller übrigen Leitungen ist nach § 20 zu bemessen.

2. Für Fahrstromleitungen aus Leitungskupfer gilt folgende Tafel:

Querschnitt in mm²	Nennstromstärke der Sicherung in A	Querschnitt in mm²	Nennstromstärke der Sicherung in A
4	25	35	125
6	35	50	160
10	60	70	200
16	80	95	225
25	100	120	260

3. Isolierte Leitungen in Fahrzeugen sollen so geführt werden, daß ihre Isolierung nicht durch die Wärme benachbarter Widerstände gefährdet werden kann.

4. Nebeneinander verlaufende isolierte Fahrstromleitungen sollen entweder zu Mehrfachleitungen mit einer gemeinsamen Schutzhülle zusammengefaßt werden derart, daß ein Verschieben und Reiben der Einzelleitungen vermieden wird, oder sie sind getrennt zu verlegen und an Stellen, an denen sie durch Wände geführt sind, durch Isoliermittel so zu schützen, daß sie sich an diesen Stellen nicht durchscheuern können.

f) Die Handhaben der Fahrschalter sind in der Weise abnehmbar anzubringen, daß das Abnehmen nur erfolgen kann, wenn der Fahrstrom ausgeschaltet ist.

g) Erdzuleitungen und vom Fahrstrom unabhängige Bremsstromleitungen in Fahrzeugen dürfen keine Sicherungen enthalten und dürfen nur im Fahrschalter abschaltbar sein.

h) Die unter Spannung stehenden Teile von Fassungen, Schaltern Sicherungen und dergleichen müssen mit einer Schutzverkleidung aus Isolierstoff versehen sein. Pappe gilt nicht als Isolierstoff (siehe § 3).

5. Die Beförderung der Belegschaft in offenen Förderwagen ist nur in Strecken zulässig, bei denen folgende besondere Einrichtungen getroffen sind:

An den Ein- und Aussteigstellen für die Belegschaft soll der Fahrdraht während der Zeit des Ein- und Aussteigens durch einen Schalter spannunglos gemacht werden. Mit dem Schalter sind rote und grüne Signallampen derart zu verbinden, daß bei geschlossenem Schalter und spannungführendem Fahrdraht die roten und bei geöffnetem Schalter und spannunglosem Fahrdraht die grünen Lampen aufleuchten. An den Ein- und Aussteigstellen sind so viel farbige Lampen zu verteilen, daß von jeder Stelle der Zuges aus mindestens eine Lampe gesehen werden kann.

§ 44.

Abteufbetrieb.

a) Für den Abteufbetrieb sind nur Leitungen zulässig, die den „Vorschriften für isolierte Leitungen in Starkstromanlagen V.I.L./1928 (Abteufleitungen)" entsprechen. Die Metallbewehrung ist zu erden.

b) Beim Abteufbetrieb müssen alle nicht unter Spannung stehenden Metallteile elektrischer Maschinen und Apparate geerdet sein.

c) Vor jeder Abteufleitung und vor jedem Haspel müssen allpolig entweder Schalter und Sicherungen oder einstellbare selbsttätige Schalter eingebaut werden.

d) Steckvorrichtungen sind nur mit von Hand lösbarer Sperrung zu verwenden.

§ 45.

Schießbetrieb (im Anschluß an Starkstromanlagen).

a) Es darf nur Niederspannung für die Schießleitung verwendet werden.

b) Der Anschluß der Schießleitung an eine Starkstromleitung darf nur mittels eines allpolig unter Verschluß befindlichen Schalters erfolgen. Zur Erhöhung der Sicherheit ist stets noch eine zweite, ebenfalls unter Verschluß befindliche Unterbrechungstelle zwischen Schalter und Schießleitung anzuordnen; entweder der Schalter oder die Unterbrechungstelle muß so eingerichtet sein, daß ein Verharren im eingeschalteten Zustand ausgeschlossen ist.

Für die erwähnten Apparate ist die Verwendung von nicht feuchtigkeitsicherem Baustoff, wie Marmor, Schiefer und dergleichen, als Isolierstoff unzulässig.

1. Es empfiehlt sich, eine Vorrichtung anzubringen, die das Vorhandensein von Spannung in der ortsfesten Hauptleitung erkennen läßt.

2. Empfohlen wird die Verwendung einer Kurzschlußvorrichtung in der Nähe des Zünderanschlusses, die eine Lösung des Kurzschlusses von gesicherter Stellung aus ermöglicht.

c) Die Schießleitung muß den „Vorschriften für isolierte Leitungen in Starkstromanlagen V.I.L./1928" entsprechen.

Für die letzten 80 m kann Gummiaderleitung ohne besonderen Schutz oder in trockenen Grubenräumen isoliert verlegte blanke Leitung verwendet werden. Trockenes Holz ist für die Isolierung zulässig.

d) Im Abteufbetrieb ist bis auf die letzten 80 m (vgl. c) als Schießleitung nur Leitungstrosse zulässig. Die Schießleitung oder alle neben ihr
verlegten Starkstromleitungen müssen bewehrt sein. Die Bewehrung muß
geerdet sein.

e) Anderen Zwecken dienende Leitungen dürfen nicht als Schießleitung
benutzt werden. Abweichungen können bei besonderen örtlichen Verhältnissen zugestanden werden, doch müssen die Forderungen unter b)
erfüllt sein. Die Schießleitung darf nicht mit anderen Leitungen zu einer
Mehrfachleitung vereinigt sein.

§ 46.
Ortsveränderliche Betriebseinrichtungen.

a) Auf ausreichenden Schutz ortsveränderlicher Leitungen gegen Beschädigung ist ganz besonders zu achten.

1. Tragbare Elektromotoren (z. B. solche für Bohrmaschinen) sollen bei
Wechselstrom mit höchstens 70 V Spannung gegen Erde (125 V verkettet)
und bei Gleichstrom nur bei Niederspannung angeschlossen werden. In trok-
kenen Grubenräumen ist auch Wechselstrom bis 220 V verkettet zulässig.

Für den Bohrbetrieb sind besondere Transformatoren kleinerer Leistung
zu empfehlen, die gruppenweise den Betrieb vor Ort von dem gesamten übrigen
Betrieb elektrisch trennen.

2. In ortsveränderlichen Betriebseinrichtungen sollen alle nicht unter Spannung gegen Erde stehenden Metallteile elektrischer Maschinen und Apparate
nach Möglichkeit geerdet sein.

La. Leitsätze für Bagger mit zugehörenden Bahnanlagen im Tagebau.
§ 47.

1. Die Mindesthöhe der Fahrleitungen soll bei Baggerstrecken 2,8 m, auf
freier Fahrstrecke 3,0 m betragen. Im übrigen bestimmt sich die Höhe
nach den Bahnvorschriften des VDE (siehe Ziffer 6).
2. Gleise und eiserne Fahrleitungsträger sind zu erden.
3. Die Fahrleitung ist vor jeder Bagger- und Kippstrecke abschaltbar einzurichten.
4. Es gelten sinngemäß die Bestimmungen § 42b, c, d, e, f mit Ausnahme
der Bestimmungen über die Querverbindungen, ferner g und h, sowie die
Bestimmungen § 43a bis h. Bei Spannungen über 500 V kann von den
Forderungen in § 42b abgesehen werden.
5. In Betrieben, in denen Dampflokomotiven zusammen mit elektrisch
betriebenen Baggern verwendet werden, sind die Baggerschleifleitungen
so weit außerhalb des Lokomotivprofiles zu legen, daß bei neben diesem
liegenden Leitungen der wagerechte Abstand zwischen dem Lokomotiv-
profil und der zunächst liegenden Schleifleitung wenigstens 1 m und bei
oberhalb liegenden Leitungen der senkrechte Abstand wenigstens 0,5 m
beträgt (siehe Ziffer 6).
6. Für weitere Verwendung vorhandener Bagger, auch an anderen Betriebs-
orten, sind hinsichtlich der Fahrdrahthöhe und Fahrdrahtanordnung
Ausnahmen zulässig.

M. Inkrafttreten der Errichtungsvorschriften.

§ 48.

Diese Vorschriften gelten für Anlagen und Erweiterungen, soweit ihre Ausführung nach dem 1. Juli 1924 beginnt.

Für Apparate nach §§ 1C, 11, 13 bis 16 und 18 wird mit Rücksicht auf die Verarbeitung vorhandener Werkstoffvorräte und die Räumung von Lagervorräten eine Übergangsfrist bis zum 1. Januar 1926 eingeräumt. Bis zum 1. Juli 1926 dürfen noch Fassungen in den Handel gebracht werden, die den Vorschriften des § 16c nicht entsprechen. Für fertige, auf Lager befindliche Beleuchtungskörper, ausgenommen Handleuchter, wird eine weitere Frist bis zum 1. Oktober 1926 eingeräumt.

Der Verband Deutscher Elektrotechniker behält sich vor, die Vorschriften den Fortschritten und Bedürfnissen der Technik entsprechend abzuändern.

II. Betriebsvorschriften [4].

§ 1.

Erklärungen.

a) Niederspannungsanlagen. Anlagen mit effektiven Gebrauchsspannungen bis 250 V zwischen beliebigen Leitern sind ohne weiteres als Niederspannungsanlagen zu behandeln; Mehrleiteranlagen mit Spannungen bis 250 V zwischen Nulleiter und einem beliebigen Außenleiter nur dann, wenn der Nulleiter geerdet ist. Bei Akkumulatoren ist die Entladespannung maßgebend.

Alle übrigen Starkstromanlagen gelten als Hochspannungsanlagen.

> 1. Im Gegensatz zu den mit Buchstaben bezeichneten Absätzen, die grundsätzliche Vorschriften darstellen, enthalten die mit Ziffern versehenen Absätze Ausführungsregeln. Letztere geben an, wie die Vorschriften mit den üblichen Mitteln in allgemeinen zur Ausführung gebracht werden sollen, wenn nicht im Einzelfall besondere Gründe eine Abweichung rechtfertigen.
> 2. Weitere Erklärungen siehe unter § 2 der Errichtungsvorschriften.

§ 2.

Zustand der Anlagen.

a) Die elektrischen Anlagen sind den Errichtungsvorschriften entsprechend in ordnungsmäßigem Zustande zu erhalten. Hervortretende Mängel sind in angemessener Frist zu beseitigen. In Anlagen, die vor dem 1. Juli 1924 errichtet sind, müssen erhebliche Mißstände, die das Leben oder die Gesundheit von Personen gefährden, beseitigt werden. Jede Änderung einer solchen Anlage ist, soweit es die technischen und Betriebsverhältnisse gestatten, den geltenden Vorschriften gemäß auszuführen.

---

[4] Diese Betriebsvorschriften sind auch bei der Errichtung und Veränderung von elektrischen Starkstromanlagen zu beachten, soweit dabei die Anlagen oder einzelne Teile unter Spannung stehen.

b) Leicht entzündliche Gegenstände dürfen nicht in gefährlicher Nähe ungekapselter elektrischer Maschinen und Apparate, sowie offen verlegter spannungführender Leitungen gelagert werden.

c) Schutzvorrichtungen und Schutzmittel jeder Art müssen in brauchbarem Zustand erhalten werden.

1. Für gewerbliche, industrielle und landwirtschaftliche Betriebstätten ist eine laufende Überwachung durch einen Sachverständigen zu empfehlen.

2. Als Schutzmittel gelten gegen die herrschende Spannung isolierende, einen sicheren Stand bietende Unterlagen, Erdungen, Abdeckungen Gummischuhe, Werkzeuge mit Schutzisolierung, Schutzbrillen und ähnliche Hilfsmittel.

Gummihandschuhe sind als Schutz gegen Hochspannung unzuverlässig, daher in Hochspannungsanlagen verboten.

3. Der Zugang zu Maschinen, Schalt- und Verteilungsanlagen soll so weit freigehalten werden, als es ihre Bedienung erfordert.

4. Maschinen und Apparate sollen in gutem Zustand erhalten und in angemessenen Zwischenräumen gereinigt werden.

§ 3.
Warnungstafeln, Vorschriften und schematische Darstellungen.

a) In Hochspannungbetrieben müssen Tafeln, die vor unnötiger Berührung von Teilen der elektrischen Anlage warnen, an geeigneten Stellen, insbesondere bei elektrischen Betriebsräumen und abgeschlossenen elektrischen Betriebsräumen an den Zugängen angebracht sein. Warnungstafeln für Hochspannung sind mit Blitzpfeil zu versehen. Bei Niederspannung sind Warnungstafeln nur an gefährlichen Stellen erforderlich.

b) In jedem elektrischen Betriebe sind diese Betriebsvorschriften und eine „Anleitung zur ersten Hilfeleistung bei Unfällen im elektrischen Betriebe" anzubringen. Für einzelne Teilbetriebe genügen gegebenenfalls zweckentsprechende Auszüge aus den Betriebsvorschriften.

c) In jedem elektrischen Betriebe muß eine schematische Darstellung der elektrischen Anlage, entsprechend dem Anhang zu den Errichtungs- und Betriebsvorschriften, vorhanden sein.

1. Es empfiehlt sich, an wichtigen Schaltstellen und in Transformatorenstationen, *insbesondere bei Hochspannung*, ein Teilschema, aus dem die Abschaltbarkeit hervorgeht, anzubringen.

2. Das kleinste Format für Warnungstafeln soll 15 × 10 cm sein.

3. Warnungstafeln, Betriebsvorschriften und schematische Darstellungen sollen in leserlichem Zustand erhalten werden.

4. Wesentliche Änderungen und Erweiterungen der Anlage sollen in der schematischen Darstellung nachgetragen werden unter Berücksichtigung der Regel 2 des Anhanges.

§ 4.
Allgemeine Pflichten der im Betriebe Beschäftigten.

Jeder im Betriebe Beschäftigte hat:

a) von den durch Anschlag bekanntgegebenen, sowie von den zur Einsichtnahme bereitliegenden, ihn betreffenden Betriebsvorschriften Kenntnis zu nehmen und ihnen nachzukommen;

b) bei Vorkommnissen, die eine Gefahr für Personen oder für die Anlagen zur Folge haben können, geeignete Maßnahmen zu treffen, um die Gefahr einzuschränken oder zu beseitigen. Dem Vorgesetzten ist baldmöglichst Anzeige zu erstatten.

1. Arbeiten im Hochspannungbetriebe sollen nur mit besonderer Vorsicht unter sorgfältiger Beachtung der Betriebsvorschriften und unter Benutzung der gebotenen Schutzmittel ausgeführt werden. Die mit den Arbeiten Betrauten sollen sorgfältig unterwiesen werden, insbesondere dahin, daß sie nichts unternehmen oder berühren dürfen, ohne sich über die dabei vorhandene Gefahr Rechenschaft zu geben und die gebotenen Gegenmaßregeln anzuwenden.

2. Bei Unfällen von Personen ist nach der „Anleitung zur ersten Hilfeleistung bei Unfällen im elektrischen Betriebe" zu verfahren.

3. Bei Brandgefahr sind nach Möglichkeit die „Leitsätze für die Bekämpfung von Bränden in elektrischen Anlagen und in deren Nähe" zu befolgen.

§ 5.

Bedienung elektrischer Anlagen.

a) Jede unnötige Berührung von Leitungen, sowie ungeschützter Teile von Maschinen, Apparaten und Lampen ist verboten.

b) Die Bedienung von Schaltern, das Auswechseln von Sicherungen und die betriebsmäßige Bedienung von Maschinen, Akkumulatoren, Apparaten, Lampen ist nur den damit beauftragten Personen gestattet, wo erforderlich, unter Benutzung von Schutzmitteln.

1. Sicherungen und Unterbrechungstücke bei Hochspannung sollen, wenn die Apparate nicht so gebaut oder angeordnet sind, daß man sie ohne weiteres gefahrlos handhaben kann, nur unter Benutzung isolierender oder anderer geeigneter Schutzmittel betätigt werden.

c) Reinigungs-, Wartungs- und Instandsetzungsarbeiten dürfen nur durch damit beauftragte und mit den Arbeiten vertraute Personen oder unter deren Aufsicht durch Hilfsarbeiter ausgeführt werden. Die Arbeiten sind, wenn möglich, in spannungfreiem Zustande, das heißt nach allpoliger Abschaltung der Stromzuführungen, unter Berücksichtigung der in §§ 6 und 7 und, wenn unter Spannung gearbeitet werden muß, unter Berücksichtigung der in §§ 8 und 9 gegebenen Sonderbestimmungen vorzunehmen.

d) Die Schlüssel zu den abgeschlossenen elektrischen Betriebsräumen sind von den dazu Berufenen unter sicherer Verwahrung zu halten.

e) Abgeschlossene elektrische Betriebsräume, die den Anforderungen des § 29 der Errichtungsvorschriften nicht entsprechen, dürfen nur betreten werden, nachdem alle Teile spannunglos gemach~ sind.

2. Es ist besonders darauf zu achten, daß der spannungfreie Zustand nicht immer durch Herausnahme von Schaltern und dergleichen allein gewährleistet ist, da noch Verbindungen durch Meßschaltungen, Ring- und Doppelleitungen usw. bestehen können oder eine Rücktransformierung, Induktion, Kapazität usw. vorhanden sein kann.

§ 6.

Maßnahmen zur Herstellung und Sicherung des spannungfreien Zustandes.

a) Ist die Abschaltung des Teiles der Anlage, an dem gearbeitet werden soll, und der in unmittelbarer Nähe der Arbeitstelle befindlichen Teile nicht unbedingt sichergestellt, so muß zwischen Schalt- und Arbeitstelle eine Kurzschließung und Erdung, an der Arbeitstelle außerdem eine Kurzschließung und behelfsmäßige Verbindung mit der Erde zur Ableitung von Induktionsströmen vorgenommen werden.

Bei Hochspannung muß zwischen Arbeit- und Trennstelle Erdung und Kurzschließung vorgenommen werden, nachdem sich der Arbeitende überzeugt hat, daß dieses ohne Gefahr geschehen kann.

Für die Dauer der Arbeit ist an der Schaltstelle ein Schild oder dergleichen anzubringen mit dem Hinweise, daß an dem zugehörenden Teil der elektrischen Anlage gearbeitet wird.

1. Auch bei Niederspannung emfiehlt es sich, bei Schaltern, Trennstücken und dergleichen, die einen Arbeitspunkt spannungfrei machen sollen, für die Dauer der Arbeit ein Schild oder dergleichen anzubringen mit dem Hinweise, daß an dem zugehörenden Teil der elektrischen Anlage gearbeitet wird.

2. Zur Erdung und Kurzschließung sollen Leitungen unter 10 mm^2 nicht verwendet werden.

3. Erdungen und Kurzschließungen sollen auch bei Niederspannung erst vorgenommen werden, wenn es ohne Gefahr geschehen kann.

4. Zum Nachweise, daß die Arbeitstelle spannungfrei ist, können dienen: Spannungprüfungen, Kennzeichnung der beiderseitigen Leitungsenden, Einsicht in schematische Übersichts- oder Leitungsnetzpläne mit oder ohne Angabe der erforderlichen Reihenfolge der Schaltungen, die entweder an den Schaltstellen vorhanden sein oder dem Schaltenden mitgegeben werden können, wenn er nicht durch mündliche Anweisung oder in anderer Weise über die Anlage genau unterrichtet ist.

b) Die Vereinbarung eines Zeitpunktes, zu dem eine Anlage spannungfrei gemacht werden soll, genügt nicht, es sei denn, daß es sich um regelmäßige Betriebspausen handelt.

§ 7.

Maßnahmen bei Unterspannungsetzung der Anlage.

a) Waren zur Vornahme von Arbeiten Betriebsmittel spannungfrei, so darf die Einschaltung erst dann erfolgen, wenn das Personal von der beabsichtigten Einschaltung verständigt worden ist.

b) Vor der Einschaltung sind alle Schaltungen und Verbindungen ordnungsgemäß herzustellen und keine Verbindungen zu belassen, durch die ein Übertreten der Spannung in außer Betrieb befindliche Teile herbeigeführt werden kann.

c) Die Vereinbarung von Zeitpunkten, zwischen denen die Anlage spannungfrei sein oder bleiben soll, genügt nicht, es sei denn, daß es sich um regelmäßige Betriebspausen handelt.

1. Die Verständigung mit der Arbeitstelle durch Fernsprecher ist zulässig jedoch nur mit Rückmeldung durch den mit der Leitung der Arbeiten Beauftragten.

2. Bei Aufhebung von Kurzschließungen soll die Erdverbindung zuletzt beseitigt werden.

§ 8.
Arbeiten unter Spannung.

a) Arbeiten unter Spannung sind nur durch besonders damit beauftragte und mit der Gefahr vertraute Personen auszuführen. Zweckentsprechende Schutzmittel sind bereitzustellen und zu benutzen; sie sind vor Gebrauch nachzusehen (siehe § 2c und 2¹).

b) Arbeiten unter Spannung sind nur gestattet, wenn es aus Betriebsrücksichten nicht zulässig ist, die Teile der Anlage, an denen selbst oder in deren unmittelbarer Nähe gearbeitet werden soll, spannungfrei zu machen oder, wenn die geforderte Erdung und Kurzschließung an der Arbeitstelle nicht vorgenommen werden kann.

c) Arbeiten müssen unter den für Arbeiten unter Spannung vorgeschriebenen Vorsichtsmaßregeln auch dann ausgeführt werden, wenn zwar ein Abschalten, Erden und Kurzschließen erfolgt ist, aber noch Unsicherheit darüber besteht, ob die Teile, an denen gearbeitet werden soll, wirklich mit den abgeschalteten oder geerdeten und kurzgeschlossenen Teilen übereinstimmen.

d) Bei Hochspannung dürfen Arbeiten unter Spannung nur in Notfällen und nur in Gegenwart einer geeigneten und unterwiesenen Person sowie unter Beachtung geeigneter Vorsichtsmaßnahmen ausgeführt werden (Ausnahmen siehe §§ 10a, 11a und 14c).

§ 9.
Arbeiten in der Nähe von Hochspannung führenden Teilen.

a) Bei allen Arbeiten in der Nähe von Hochspannung führenden Teilen hat der Arbeitende darauf zu achten, daß er keinen Körperteil oder Gegenstand mit der Hochspannung in Berührung bringt. Da bei Arbeiten in Reichnähe von Hochspannung führenden Teilen die Aufmerksamkeit des Arbeitenden von der gefährlichen Stelle abgelenkt wird, so ist die Gefahrzone durch Schranken abzusperren oder es sind die gefährlichen Teile durch Isolierstoffe der zufälligen Berührung zu entziehen.

Bei allen Arbeiten in der Nähe von Hochspannung ist für einen festen Standpunkt Sorge zu tragen.

§ 10.
Zusatzbestimmungen für Akkumulatorenräume.

a) An Akkumulatoren sind entgegen § 8d Arbeiten unter Spannung bei Beobachtung der geeigneten Vorsichtsmaßnahmen gestattet. Eine Aufsichtsperson ist nur bei Spannungen über 750 V erforderlich.

b) Akkumulatorenräume müssen während der Ladung gelüftet werden.

c) Offene Flammen und glühende Körper dürfen während der Überladung nicht benutzt werden.

1. Die Gebäudeteile und Betriebsmittel einschließlich der Leitungen, sowie die isolierenden Bedienungsgänge sollen vor schädlicher Einwirkung der Säure nach Möglichkeit geschützt werden.

2. Die Akkumulatorenwärter sollen zur Reinlichkeit angehalten und auf die Gefahren, die Säure und Bleisalze mit sich bringen können, aufmerksam gemacht werden. Für ausreichende Wascheinrichtungen und Waschmittel soll Sorge getragen werden.

3. Essen, Trinken und Rauchen ist in Akkumulatorenräumen zu vermeiden.

§ 11.

Zusatzbestimmungen für Arbeiten in explosionsgefährlichen, durchtränkten und ähnlichen Räumen.

a) In explosionsgefährlichen, durchtränkten und ähnlichen Räumen sind Arbeiten unter Spannung (siehe § 8) verboten.

§ 12.

Zusatzbestimmungen für Arbeiten an Kabeln.

a) Arbeiten an Hochspannungkabeln, bei denen spannungführende Teile freigelegt oder berührt werden können, dürfen im allgemeinen nur im spannungfreien Zustande vorgenommen werden. Solange der spannungfreie Zustand nicht einwandfrei festgestellt und gesichert ist, sind die Schutzmaßregeln zu treffen, unter denen diese Arbeiten gefahrlos ausgeführt werden können.

1. Bei Arbeiten an Kabeln und Garniturteilen, insbesondere beim Schneiden von Kabeln und Öffnen von Kabelmuffen, sollen sich die Arbeitenden über die Lage der einzelnen Kabel zunächst vergewissern und alsdann geeignete Schutzvorrichtungen anwenden.

Hochspannungkabel sollen vor Beginn der Arbeiten entladen werden.

§ 13.

Zusatzbestimmungen für Arbeiten an Freileitungen.

a) Arbeiten an Freileitungen einschließlich Bedienung von Sicherungen und Trennstücken sollen möglichst, *besonders bei Hochspannung,* nur in spannungfreiem Zustande geschehen unter Berücksichtigung der in §§ 6 und 7 und, wenn unter Spannung gearbeitet werden muß, unter Berücksichtigung der in §§ 8 und 9 gegebenen Bestimmungen.

b) Arbeiten an den Hochspannung führenden Leitungen selbst sind verboten. Bei Arbeiten an spannungfreien Hochspannungleitungen sind die Leitungen an der Arbeitstelle kurzzuschließen und nach Möglichkeit zu erden.

c) Arbeiten an Niederspannung- und Fernmeldeleitungen in gefährlicher Nähe von Hochspannungleitungen sind nur gestattet, wenn die Hochspannungleitungen geerdet und kurzgeschlossen oder sonstige ausreichende Schutzmaßregeln getroffen sind.

Hierbei ist nicht nur auf die Gefahr einer Berührung der Leitungen, sondern auch auf die durch Induktion in der Niederspannung- oder Fernmeldeleitung möglichen Spannungen Rücksicht zu nehmen (siehe auch § 22i der Errichtungsvorschriften).

1. Die Bedienung von Sicherungen und Trennstücken in nicht spannungfreien Freileitungen soll, wenn erforderlich, durch isolierende Werkzeuge oder Schaltstangen erfolgen.

2. Arbeiten auf Masten, Dächern usw. sollen nur durch schwindelfreie Personen, die mit festsitzendem Schuhwerk und mit Sicherheitsgürtel ausgerüstet sind, vorgenommen werden.

§ 14.
Zusatzbestimmungen für Arbeiten in Prüffeldern und Laboratorien.

a) Ständige Prüffelder und fliegende Prüfstände sind abzugrenzen, ihr Betreten durch Unbefugte ist zu verbieten.

b) *Mit Hochspannungsarbeiten in solchen Räumen dürfen nur Personen betraut werden, die ausreichendes Verständnis für die bei den vorzunehmenden Arbeiten auftretenden Gefahren besitzen und sich ihrer Verantwortung bewußt sind.*

c) *Die Bestimmungen des § 8d finden auf Arbeiten in Prüffeldern und Laboratorien keine Anwendung.*

§ 15.
Inkrafttreten der Betriebsvorschriften.

Diese Vorschriften gelten vom 1. Juli 1924 ab.

Der Verband Deutscher Elektrotechniker behält sich vor, sie den Fortschritten und Bedürfnissen der Technik entsprechend abzuändern.

Anhang
zu den
Vorschriften für die Errichtung und den Betrieb elektrischer Starkstromanlagen nebst Ausführungsregeln.

Schematische Darstellungen.

a) Für jede Starkstromanlage muß bei Fertigstellung eine schematische Darstellung angefertigt werden; sie kann aus mehreren Teilen bestehen.

b) Die Darstellungen müssen enthalten:

I. Stromarten und Spannungen,
II. Anzahl, Art und Stromstärke der Stromerzeuger, Transformatoren und Akkumulatoren,
III. Art der Abschaltung und Sicherung der einzelnen Teile der Anlage,
IV. Angabe der Leitungsquerschnitte,
V. die notwendigen Angaben über Stromverbraucher.

1. Für die schematischen Darstellungen und etwa anzufertigende Pläne sollen die in den Normblättern DIN VDE 710—717 festgelegten Schaltzeichen und Schaltbilder verwendet werden. Die Schaltzeichen sind die kürzere Darstellung, die in Schaltplänen zur Verwendung gelangen müssen. Für eingehendere Darstellungen dienen die Schaltbilder, wenn eine größere

Übersichtlichkeit der Pläne erforderlich ist. Das Muster eines Schaltplanes zeigt das Normblatt DIN VDE 719.

Außerdem ist das Normblatt DIN VDE 705 „Kennfarben für blanke Leitungen in Starkstrom-Schaltanlagen" zu beachten.

2. In den schematischen Darstellungen sollen die Angaben über Stromverbraucher so weit eingetragen werden, als sie zur sicherheitstechnischen Beurteilung der einzelnen Teile der Anlage erforderlich sind. Im allgemeinen wird es genügen, wenn die schematischen Darstellungen bis zu den letzten Verteilungsicherungen durchgeführt und die Querschnitte der einzelnen Abzweigleitungen sowie die Zahl und die Art der an diese angeschlossenen Stromverbraucher angegeben werden; bei Glühlicht-Stromkreisen genügt im allgemeinen die angenäherte Angabe der Lampenzahl.

3. Mehrpolige Leitungen und Apparate können im allgemeinen einpolig gezeichnet werden; in diesem Falle ist die Pol- oder Leiterzahl durch eine entsprechende Zahl von senkrecht zum Hauptleitungzug angeordneten Querstrichen kenntlich zu machen.

4. Wenn in den schematischen Darstellungen oder Plänen auf die Eigenart einzelner Räume hingewiesen werden soll, genügt die Eintragung der Nummer des für die Räume maßgebenden Paragraphen der Errichtungsvorschriften, z. B. „§ 35" bedeutet „Explosionsgefährlicher Raum".

Eine Zusammenstellung der Normblätter für Bildzeichen, Kennfarben, Schaltzeichen und Schaltbilder ist durch den Beuth-Verlag, G. m. b. H., Berlin S 14, Dresdenerstr. 97, als **DIN-Taschenbuch 2** herausgegeben und sowohl durch den genannten Verlag wie auch durch die Geschäftstelle des VDE und den Verlag Julius Springer zu beziehen.

2. Vorschriften für die Ausführung von Schlagwetter-Schutzvorrichtungen an elektrischen Maschinen, Transformatoren und Apparaten.

Gültig ab 1. Januar 1926[1].

§ 1.

Alle Maschinen, Transformatoren und Apparate, die in schlagwetter-gefährdeten Grubenräumen verwendet werden sollen, müssen den bestehenden Vorschriften, Regeln und Normen[2] des VDE entsprechen, sofern nicht nachstehend Ausnahmen festgelegt sind.

§ 2.

Alle Teile von elektrischen Maschinen und Apparaten, an denen betriebsmäßig Funken auftreten können, sind schlagwettersicher einzukapseln. Als schlagwettersichere Kapselung gelten:

a) Geschlossene Kapselung.

Sie besteht in einem allseitig geschlossenen Gehäuse, das folgenden Anforderungen entspricht:

1. Alle Teile der Kapselung sind bei Maschinen und Apparaten mit einem größeren Luftinhalt als 1 l für einen Überdruck von 8 at, bei kleinerem Luftinhalt für einen Überdruck von 3 at zu bemessen. Unterteilungen des gekapselten Raumes, die durch enge Öffnungen verbunden sind und deshalb zu höherem Überdruck Anlaß geben könnten, sind zu vermeiden.

2. Die Stoßstellen zusammengepaßter Kapsel- und Gehäuseteile, sowie die Auflageflächen von Deckeln, Türen und Klappen sind als breite, glatt bearbeitete Flansche auszubilden. Dichtungen sind tunlichst zu vermeiden; falls sie angewendet werden, müssen sie derart ausgeführt werden, daß sie durch den Explosionsdruck nicht herausgedrückt werden können. Dichtungen aus Gummi, Asbest und ähnlichen, wenig haltbaren Stoffen sind unzulässig. Die Schrauben und Niete zum Verschließen solcher Deckel usw. dürfen nicht durch die Gehäusewandung hindurchgeführt werden, sondern müssen in Sacklöchern enden. Die Verschraubungen der Deckel sind so zu sichern, daß sie sich im Betriebe nicht lockern und nur mit besonderen Hilfsmitteln gelöst werden können.

---

[1] Angenommen durch den Vorstand im Oktober 1925. Veröffentlicht: ETZ 1925, S. 1281 und 1669. — *Sonderdruck VDE 370.*

[2] Neben den Errichtungsvorschriften kommen besonders in Betracht: „Regeln für die Bewertung und Prüfung von elektrischen Maschinen R.E.M./1923"; „Regeln für die Bewertung und Prüfung von Transformatoren R.E.T./1923"; „Regeln für die Konstruktion, Prüfung und Verwendung von Wechselstrom-Hochspannunggeräten für Schaltanlagen R.E.H./1928"; „Regeln für die Konstruktion, Prüfung und Verwendung von Schaltgeräten bis 500 V Wechselspannung und 3000 V Gleichspannung R.E.S./1928"; „Vorschriften für isolierte Leitungen in Starkstromanlagen V.I.L./1928"; „Vorschriften für die Konstruktion und Prüfung von Installationsmaterial 1926.

3. Wellen und Betätigungsachsen sind an den Durchführungen durch die Kapselung in entsprechend langen Metallführungen zu verlegen, die mit dem Gehäuse fest verbunden sind. Die Leitungseinführungen müssen so abgedichtet werden, daß sie dem Explosionsdruck sicher standhalten.

b) Plattenschutzkapselung.

Sie besteht darin, daß an Gehäuseöffnungen Pakete von Metallplatten angeordnet werden, die durch Zwischenlagen in bestimmtem Abstande gehalten werden.

Die Plattenschutzkapselung muß folgenden Anforderungen entsprechen:

1. Die Metallplatten müssen mindestens 50 mm breit und 0,5 mm dick und durch geeignete Zwischenstücke so angeordnet sein, daß ihr Abstand (Schlitzweite) höchstens 0,5 mm beträgt und auch nicht infolge Durchbiegung der Platten überschritten werden kann. Bleche aus rostenden Metallen sind unzulässig.

2. Die Plattenpackungen sind gegen äußere Beschädigung zu schützen und so anzubringen, daß sie nur mit besonderen Hilfsmitteln abgenommen werden können.

3. Die Bedingungen unter a 2 und a 3 sind zu erfüllen.

c) Ölkapselung.

Sie besteht darin, daß der ganze Apparat, soweit an ihm betriebsmäßig Funkenbildung oder gefährliche Erhitzung durch elektrischen Strom möglich ist, in einen Behälter eingebaut wird, der mit harz- und säurefreiem Mineralöl gefüllt wird.

Der Ölstand ist so reichlich zu bemessen, daß das Auftreten von Funken über den Ölspiegel hinaus ausgeschlossen ist. Die hierfür erforderliche Höhe des Ölstandes ist durch eine Marke festzulegen. Die Ölstandhöhe muß von außen erkennbar sein.

§ 3.

Bei ortsveränderlichen Maschinen, Transformatoren und Apparaten ist Ölkapselung unzulässig.

§ 4.

Solche Teile von Maschinen, Transformatoren und Apparaten, an denen nur in außergewöhnlichen Fällen Funken oder gefährliche Erhitzungen auftreten können, erhalten eine erhöhte Sicherheit gegenüber normaler Ausführung und zwar:

1. durch einen besonderen mechanischen Schutz der unter Spannung stehenden Teile gegen Berühren, sowie gegen Beschädigungen und Eindringen von Fremdkörpern,

2. durch Herabsetzung der nach den oben aufgeführten Vorschriften, Regeln und Normen zulässigen Erwärmungsgrenze um 10^0 C.

Asynchrone Drehstrommotoren erhalten einen gegenüber der genormten Ausführung um 40 bis 60% erhöhten Luftspalt zwischen Ständer und Läufer (s. DIN VDE 2650 und 2651).

§ 5.

Bei Drehstrommotoren mit Kurzschlußläufer sind die Stäbe und der Kurzschlußring durch Hartlötung oder ähnliche sichere Mittel miteinander zu verbinden.

§ 6.

Flüssigkeitsanlasser sind verboten.

§ 7.

Bei Metallwiderständen kann von besonderen Schutzvorrichtungen abgesehen werden, wenn gleichzeitig:

1. die elektrische Beanspruchung des Baustoffes so gering ist, daß eine gefährliche Erwärmung ausgeschlossen ist;

2. der Widerstandsbaustoff so fest ist, daß im gewöhnlichen Betriebe ein Bruch nicht eintreten kann, und er so sicher befestigt ist, daß gegenseitiges Berühren ausgeschlossen ist;

3. durch geeignete Abdeckung das Hineinfallen von Fremdkörpern und Eindringen von Tropfwasser verhindert wird;

4. alle Drahtverbindungen verlötet oder gesichert verschraubt sind.

§ 8.

Alle Schraubkontakte, die nicht durch Kapselungen geschützt sind, müssen so gesichert sein, daß eine Lockerung der Verschraubung und damit ein schlechter Kontakt nicht eintreten kann (z. B. Anschlußklemmen von Motoren, Widerständen usw.).

§ 9.

Steckkontakte müssen so gebaut sein, daß die Stecker fest in den Dosen sitzen, so daß im Ruhezustande keine Funken auftreten können. Sie müssen mit schlagwettersicheren Schaltern derart zusammengebaut und verriegelt sein, daß das Einsetzen und Herausnehmen des Steckers nur in spannunglosem Zustande möglich ist.

§ 10.

Sicherungskasten müssen mit schlagwettersicher gebauten Schaltern derart zusammengebaut und verriegelt sein, daß das Einsetzen und das Herausnehmen der Patronen nur in spannunglosem Zustande möglich ist. Schraubstöpselsicherungen dürfen nur in geschlossenen Gehäusen verwendet werden, die nach § 2a schlagwettersicher gebaut sein müssen, falls nicht die verwendeten Schraubstöpsel an sich schlagwettersicher sind.

§ 11.

Als biegsame Leitungen dürfen nur Gummischlauchleitungen starker Ausführung (NSH der „Vorschriften für isolierte Leitungen in Starkstromanlagen V.I.L./1928") verwendet werden.

§ 12.

Andere als die vorstehend angegebenen Bauarten von Maschinen, Transformatoren und Apparaten sind zulässig, sofern sie sich bei einer besonderen Prüfung auf einer behördlich anerkannten Schlagwetterversuchstrecke als schlagwettersicher erwiesen haben.

3. Elektrische Anlagen in der Landwirtschaft.

A. Leitsätze für die Errichtung elektrischer Starkstromanlagen in der Landwirtschaft[1].

Gültig ab 1. Januar 1926[2].

§ 1.

Allgemeines.

a) Die Ausführung elektrischer Anlagen ist nur zuverlässigen Unternehmern zu übertragen. Nur gewissenhafte Arbeit unter Verwendung besten Materials ergibt störungsfreien Betrieb und Sicherheit gegen Brandgefahr und Unfälle.

b) Gut gebaute Anlagen ersparen häufige Reparaturen; sie sind daher die billigsten im Betriebe, auch wenn sie bei der ersten Einrichtung höhere Kosten erfordern.

c) Die Anlagen müssen den Vorschriften und Normen des VDE entsprechen.

Es empfiehlt sich, darauf zu dringen, daß nur Installationsmaterial verwendet wird, das mit dem Prüfzeichen des VDE versehen ist.

d) Vor Inbetriebnahme ist die ordnungsmäßige Beschaffenheit der Anlagen durch den Stromlieferer oder einen behördlich anerkannten Sachverständigen festzustellen.

e) Im einzelnen sind bei der Errichtung die nachstehenden Punkte besonders zu beachten.

§ 2.

Leitungen im Freien und Leitungseinführungen.

a) Hauptleitungen sind tunlichst im Freien zu verlegen. Ihre Führung ist so einfach wie möglich zu gestalten.

b) Über Fahrwegen und Wirtschaftshöfen sind die Leitungen in solcher Höhe zu verlegen, daß beim Verkehr beladener Wagen die darauf befindlichen Personen nicht gefährdet werden.

c) Einführungstellen der Leitungen in die Gebäude mittels Dachständer oder Mauerdurchführungen sind so zu wählen, daß die Leitung zwischen der Einführung und der Hausanschlußsicherung möglichst kurz wird.

---

[1] Freileitungsnetze fallen nicht unter diese Bestimmungen.
[2] Angenommen durch den Vorstand im November 1925. Veröffentlicht: ETZ 1925. S. 1320 und 1748. — *Sonderdruck VDE 346.*

d) Dachständer-Einführungen dürfen nicht an solchen Teilen von Räumen münden, die zur Aufnahme leicht entzündlicher Stoffe bestimmt sind (z. B. Heu- und Strohlager).

e) Die Dachständer und ihre Tragkonstruktionen müssen kräftig ausgeführt sein. Die Durchführung muß gegen das Dach sorgfältig abgedichtet sein. Schutzrohre für Leitungen müssen so gebaut und verlegt sein, daß kein Wasser eindringen und das Schwitzwasser ablaufen kann

f) Mauerdurchführungen sind so herzustellen, daß Wasser von außen nicht eindringen und das Schwitzwasser ablaufen kann.

§ 3.
Leitungen in Gebäuden.

a) Als Leitungsbaustoff ist Kupfer zu verwenden.

b) In ständig trockenen Räumen ist die Verlegung in Rohr oder Rohrdraht die Regel.

c) Sind die Räume zeitweilig feucht (z. B. Haus- und Wohnküchen), so müssen Rohre einen Schutzanstrich erhalten.

d) Sind die Räume feucht (Stallungen, Molkereien, Futterküchen usw.), so empfiehlt es sich, die Leitungen an der Außenseite der Gebäude zu verlegen und nur kurze Ableitungen zu den einzelnen Verbrauchsstellen einzuführen.

e) In feuchte Räumen ist außerhalb des Handbereiches offene Verlegung auf Porzellanglocken oder Mantelrollen von mindestens 65 mm Höhe, sonst Verlegung in gut abgedichteten Panzerrohren auf Abstandschellen oder Verlegung in Kabeln oder kabelähnlichen Leitungen (gegen chemische und mechanische Beschädigungen geschützt) zulässig. Rohre müssen einen dauerhaften Schutzanstrich erhalten, der in angemessenen Zeiträumen zu erneuern ist.

f) Für spannungführende Leitungen, die innerhalb feuchter Betriebsräume offen verlegt werden, darf nur NGAW-Leitung nach den „Vorschriften für isolierte Leitungen in Starkstromanlagen V.I.L./1928" verwendet werden. Für geerdete Leiter ist NL-Leitung nach den „Normen für umhüllte Leitungen" zu verwenden.

g) Für Wand- und Deckendurchführungen in feuchten Räumen sind, soweit nicht offene Durchführung oder Verlegung in Kabeln oder kabelähnlichen Leitungen verwendet wird, nur fabrikations- oder werkstattmäßig hergestellte Durchführungen zu verwenden. Durchführungen, die am Ort der Verwendung vergossen werden müssen, sind unzulässig. Die fabrikationsmäßig hergestellten Durchführungen müssen so ausgeführt sein, daß ein Niederschlag von Feuchtigkeit innerhalb der Durchführungen vollständig ausgeschlossen ist. Die Einführungstellen der Leitungen in die Durchführungen müssen abdichtbar sein.

h) In Räumen mit leicht entzündlichem Inhalt (Heu- und Strohlager usw.) sollen Leitungen nur so weit verlegt werden, als sie dort benötigt werden. Die Leitungen sind in Stahlpanzerrohren, als Kabel oder kabelähnliche Leitungen zu verlegen und so anzuordnen, daß sie möglichst kurz sind. Im allgemeinen soll das Durchführen von Leitungen durch solche Räume, wenn in ihnen selbst keine Stromverbraucher angeschlossen sind, vermieden werden.

§ 4.
Biegsame Leitungen.

a) Biegsame Leitungen für bewegliche Stromverbraucher müssen, soweit sie nicht in Wohnräumen Verwendung finden, besonders kräftige und dauerhafte Schutzhüllen besitzen, die nicht aus Metall bestehen dürfen.

§ 5.
Abschaltbarkeit.

a) Die elektrische Anlage eines landwirtschaftlichen Betriebes muß im ganzen oder in ihren Teilen in allen unter Spannung gegen Erde stehenden Polen abschaltbar sein. Zur Abschaltung können Schalter, Sicherungen, Selbstschalter und Stecker dienen.

§ 6.
Sicherungen, Schalter, Steckvorrichtungen und Lampen.

a) Schalter, Zähler und Sicherungen müssen leicht zugänglich angebracht und vor Beschädigungen geschützt sein.

b) Sicherungen sind in Räumen mit leicht entzündlichem Inhalt (Heu- und Strohlager usw.) verboten (über Zulassung von Sicherungen in Verbindung mit Motorschaltern siehe § 7).

c) Als Schalter sind in Stallungen und sonstigen feuchten Räumen Stangenschalter oder ähnliche Bauarten aus Isolierstoff zu verwenden.

d) Steckvorrichtungen sind in Räumen mit leicht entzündlichem Inhalt (Heu- und Strohlager usw.) nur ausnahmsweise und nur in feuersicher gekapselter Ausführung zulässig.

e) Lampen in feuchten Räumen (Stallungen, Molkereien, Futterküchen usw.), sowie in Räumen mit leicht entzündlichem Inhalt (Heu- und Strohlager usw.) müssen Fassungen aus Isolierstoff haben und mit starken Überglocken, die auch die Fassungen abschließen, bei Gefahr der Beschädigung auch mit Schutzkörben versehen sein.

§ 7.
Motoren und Zubehör.

a) In Räumen mit leicht entzündlichem Inhalt (Heu- und Strohlager usw.) ist das Aufstellen von Motoren mit ihren Anlassern, Schaltern und Sicherungen möglichst zu vermeiden

oder die Motoren nebst Zubehör sind innerhalb dieser Räume in besondere feuersichere Kammern einzubauen, die ausreichend zu bemessen oder durch besondere Lüftung zu kühlen sind, oder die Motoren sind mit geschlossenen Anschlußklemmen auszurüsten. Dabei ist die Umgebung der Motoren nebst Zubehör von entzündlichen Stoffen freizuhalten. Anlasser, Schalter und Sicherungen sind in diesem Fall nur in geschlossener Ausführung zulässig.

b) In allen Fällen ist in Drehstromanlagen die Verwendung von Motoren mit Kurzschlußläufer zu empfehlen.

c) Ortsveränderliche Motoren fallen ebenfalls unter die vorstehenden Bestimmungen, wenn sie nicht mit ihrem Zubehör in Wagen oder dergleichen eingebaut sind, die allseitig abgeschlossen werden können. § 6c, Absatz 3 der Errichtungsvorschriften ist hierbei zu beachten.

Unter geschlossener Ausführung für die Anschlußklemmen, Anlasser, Schalter und Sicherungen ist zu verstehen:

Vollständige Abdeckung ohne ausgesprochene Öffnungen, die eine Berührung blanker, spannungführender Teile und das Eindringen von Fremdkörpern verhindert. Vollständiger Schutz gegen Staub, Feuchtigkeit oder Gasgehalt der Luft wird nicht erzielt.

§ 8.
Erdung und Nullung.

a) Bezüglich der Erdung und Nullung von metallenen Bestandteilen der Gebäude und metallenen Schutzhüllen der elektrischen Einrichtungen sind die „Leitsätze für Erdungen und Nullung in Niederspannungsanlagen" zu beachten.

B. Merkblatt für die Behandlung elektrischer Starkstromanlagen in der Landwirtschaft.
Gültig ab 1. Januar 1926[1].

Landwirte! Beachtet den Zustand Eurer elektrischen Anlagen und sorgt für ihre Instandhaltung. Ordnungsmäßig unterhaltene elektrische Anlagen sind unbedingt betrieb- und feuersicher. Vernachlässigte Anlagen führen zu Störungen, Unfällen und Bränden. Besonders ist zu beachten:

1. Haltet die Anlage in allen ihren Teilen rein und in gutem Zustande.

2. Haltet die Schalter, Sicherungen und Motoren zugänglich. Verstellt den Zugang nicht durch Maschinen, Geräte oder sonstige Gegenstände.

Sorgt dafür, daß die Einführungstellen von Leitungen in Gebäude von entzündlichen Stoffen freigehalten und der ständigen Beobachtung zugänglich bleiben.

3. Vermeidet jede Berührung ungeschützter Teile von Leitungen, Maschinen, Schaltern, Sicherungen und Lampen, sowie herabhängender gerissener Freileitungen.

Vermeidet bei Ausästen von Bäumen und bei Bauarbeiten die Berührung benachbarter Freileitungen. Errichtet nicht Mieten in der Nähe solcher Leitungen.

---

[1] Angenommen durch den Vorstand im November 1925. Veröffentlicht: ETZ 1925, S. 1320 und 1748. — *Sonderdruck VDE 346.*

4. Vermeidet unter allen Umständen, Drahtzäune und metallene Gitter mit Masten und anderen Trägern von Hochspannungleitungen in Berührung zu bringen.

5. Benutzt nicht die Schutzschränke und Schutzkasten zum Aufbewahren von Gegenständen.

Benutzt nicht die Schaltergriffe, Isolatorenträger und Leitungen zum Aufhängen von Kleidungstücken oder Geräten, wie Peitschen, Ketten, Stricke oder dergleichen.

6. Verwendet nur die vorgeschriebenen Sicherungen, haltet stets für alle Sicherungen einige Ersatzstücke von der. richtigen Sorte vorrätig.

Laßt Euch durch einen Fachmann angeben, welche Sicherungen Ihr braucht.

Niemals darf eine Sicherung durch Draht oder Metallteile überbrückt werden. Dieses bedeutet eine hohe Gefahr für die Anlage und ist strafbar.

Geflickte, d. h. wiederhergestellte Sicherungen sind unwirksam, schützen nicht vor Feuersgefahr und sind verboten.

Beim mehrmaligen Durchbrennen der Sicherungen eines Stromkreises muß dieser durch Fachleute nachgeprüft werden.

7. Sorgt dafür, daß alle Schutzkappen für Schalter, Sicherungen, Steckkontakte usw. stets in Ordnung und richtig befestigt sind.

Ersetzt beschädigte oder fehlende Teile sofort.

Laßt den Motor öfter reinigen; entfernt von ihm vor der Inbetriebsetzung Stroh, Heu, Häcksel, Staub usw.

8. Prüft die Anschlußkabel für bewegliche Anlagen vor jeder Benutzung daraufhin, ob Schutzhülle und Stecker noch in Ordnung sind. Führt sie bei Gebrauch über kleine Holzgabeln oder dergleichen. Bedeckt sie nicht mit Stroh oder dergleichen. Schützt sie vor dem Überfahren und Betreten.

Laßt beschädigte Kabel unverzüglich ausbessern oder ersetzen.

9. Übertragt die Bedienung Eurer gesamten elektrischen Anlagen einer bestimmten Person. Laßt diesen Bedienungsmann durch Vermittelung des stromliefernden Elektrizitätswerkes genau unterweisen; haltet ihn an, die gegebenen Bedienungsvorschriften genau zu befolgen; dieses gilt vor allem für die Leute, die bewegliche Anlagen zum Anschluß an Hochspannungleitungen bedienen, und besonders für das Anbringen der Erdzuleitungen und ähnlicher Schutzvorkehrungen.

10. Laßt Arbeiten an und auf Gebäuden nur nach Abschaltung aller in der Nähe der Arbeitstelle befindlicher Leitungen ausführen. Entfernt die Sicherungen der betreffenden Stromkreise und haltet sie unter Verschluß, damit sie kein Unberufener während der Arbeiten einsetzen kann. Für etwaige Unfälle, die durch Nichtabschaltung von Leitungen entstehen, seid Ihr haftbar.

11. Laßt neue Anlagen, Erweiterungen und Reparaturen nur von Installateuren ausführen, die vom Elektrizitätswerk zugelassen sind. Beachtet dabei die „Leitsätze für die Errichtung elektrischer Starkstromanlagen in der Landwirtschaft".

12. Laßt Eure Anlagen in regelmäßigen Zeiträumen durch Sachverständige prüfen, die vom Elektrizitätswerk oder von Behörden anerkannt sind. Sorgt für sofortige Abstellung der dabei festgestellten Mängel.

13. Bei Nichtbeachtung der vorstehenden Vorschriften und dadurch hervorgerufenen Unglücksfällen oder Brandschäden kann der Besitzer durch die Berufsgenossenschaft bestraft oder von der Feuerversicherung seiner Entschädigung verlustig erklärt, auch kann er nach den Gesetzen bestraft und für weitere Schäden haftbar gemacht werden.

C. Betriebsanweisung für die Bedienung elektrischer Starkstromanlagen für Hochspannung in der Landwirtschaft.

Gültig ab 1. Januar 1926[1].

I. Allgemeines.

Die Bedienung betriebsmäßig hochspannungführender Teile, wie Masttransformatoren, Anschluß von beweglichen Transformatoren oder Anschluß von Hochspannungmotoren, darf nur von besonders ausgebildeten Personen vorgenommen werden, die sich im Besitze eines schriftlichen, vom Elektrizitätswerk anerkannten Ausweises befinden.

An Transformator- und Motorwagen müssen die Vorschriften des Verbandes Deutscher Elektrotechniker über „Anleitung zur ersten Hilfeleistung bei Unfällen im elektrischen Betriebe" und diese Betriebsanweisung angeschlagen sein.

II. Inbetriebsetzung eines fahrbaren Transformators.

1. Stelle den Transformatorwagen nach dem Anfahren so auf, daß die einzuhängenden Anschlußleitungen zum Mastschalter möglichst straff sind und keinesfalls auf dem Wagendach aufliegen.

2. Bringe die Erdungen sehr gut an. Lege Wert auf guten Zustand der Klemmverbindungen.

3. Hänge bei offenem Mastschalter die Anschlußleitungen mittels Schaltstange ein.

4. Schließe das Kabel zum Motorwagen im Transformatorwagen an.

5. Führe das Kabel über kleine Holzgabeln. Lasse es nicht auf der Erde liegen.

6. Friedige den Transformatorwagen ein und hänge die Warnungschilder an.

7. Stelle den Isolierschemel neben den Schaltermast und schließe vom Schemel aus den Mastschalter mittels Schaltstange oder Winde. Ein-

---

[1] Angenommen durch den Vorstand im November 1925. Veröffentlicht: ETZ 1925, S. 1320 und 1748. — *Sonderdruck VDE 346.*

schalten ohne Benutzung des Schemels ist unter allen Umständen verboten.

8. Lasse nach der Schließung durch eine Winde die Kurbel in der Winde stecken.

III. Außerbetriebsetzung eines fahrbaren Transformators.

1. Setze den Motor außer Betrieb.

2. Öffne den Mastschalter unter Benutzung des Isolierschemels mittels der Winde oder der Schaltstange.

3. Hänge die Schaltstange aus dem Mastschalterhebel aus bzw. nimm die Kurbel aus der Winde heraus.

4. Hänge die Hochspannung-Anschlußleitung vom Mastschalter nur mittels Schaltstange ab. Dann erst nimm den weiteren Abbau vor.

5. Rolle das Kabel auf und überzeuge dich, daß Türen und Steckdosen am Transformator- und Motorwagen gut verschlossen sind.

4. Leitsätze für die Errichtung elektrischer Starkstromanlagen in Unterkunftsräumen für Kraftwagen mit Verbrennungsmaschinen.

Gült'g ab 1. Mai 1926[1].

§ 1.

Allgemeines.

a) Die elektrischen Anlagen in Unterkunftsräumen für Kraftwagen haben den Errichtungsvorschriften für elektrische Starkstromanlagen zu genügen.

b) Die Unterkunftsräume sind bis zu einer Höhe von 1,5 m über dem Fußboden als explosionsgefährliche Betriebstätten und Lagerräume gemäß § 35 der Errichtungsvorschriften zu behandeln.

c) Außerdem gilt folgendes:

§ 2.

Festverlegte Leitungen.

a) Leitungen sollen nur soweit verlegt werden, als sie für die Unterkunftsräume nötig sind.

b) Festverlegte Leitungen sind nur in geschlossenen Rohren oder als Kabel oder kabelähnliche Leitungen zulässig. Unter 2,5 m Höhe ist nur Stahlpanzerrohr oder eisenbewehrtes Kabel zulässig.

§ 3.

Biegsame Leitungen.

a) Als Anschlußschnüre für Handleuchter, Heiz- und Kochgeräte sind mindestens NMH- oder NWK-Leitungen nach den „Vorschriften für isolierte Leitungen in Starkstromanlagen V.I.L./1928" zu verwenden.

§ 4.

Schalter, Steckvorrichtungen, Sicherungen und Lampen.

a) Schalter und Steckvorrichtungen dürfen nicht unter 1,5 m über dem Fußboden angeordnet werden.

---

[1] Angenommen durch den Vorstand im April 1926. Veröffentlicht: ETZ 1926, S. 116 und 515. — *Sonderdruck VDE 354.*

b) Sicherungen dürfen innerhalb von Unterkunftsräumen nicht angebracht werden.

c) Feste Beleuchtungskörper dürfen nicht unter 1,5 m über dem Fußboden angeordnet werden. Der Leitungschutz ist in den Beleuchtungskörper einzuführen.

d) Lampen sollen mit starken Überglocken, die auch die Fassungen abschließen, und, bei Gefahr der Beschädigung, mit Schutzkörben versehen sein. Schaltfassungen sind verboten.

§ 5.
Handleuchter und Handgeräte.

a) Handleuchter sollen mit einem sicher befestigten Überglas und Schutzkorb versehen sein; sie dürfen keinen Schalter haben. An der Eintrittstelle sollen die Leitungen durch besondere Mittel gegen das Eindringen von Feuchtigkeit und gegen Verletzung geschützt sein.

b) Die Verwendung von Handgeräten (Bohrmaschinen und dergleichen) ist innerhalb der Unterkunftsräume verboten.

§ 6
Heiz- und Kochgeräte.

a) Bei ortsfesten Heizgeräten sollen die erwärmten Teile einen Abstand von mindestens 10 cm vom Fußboden haben.

b) Ortsfeste Heizgeräte dürfen auch bei Wärmestauungen an keiner Stelle eine höhere Oberflächentemperatur als 110 °C aufweisen (Anwendung von Reglern, Drahtgittern oder durchlochten Blechen in mindestens 10 cm Abstand vom Heizgerät).

c) Alle Heizleiter sollen gasdicht eingeschlossen sein. Heizlampen sind unzulässig.

d) Für Kochzwecke sind nur ortsfeste Heizplatten (nicht Glühplatten) zulässig; sie dürfen nicht tiefer als 1,5 m über dem Fußboden angebracht werden.

e) Für ortsveränderliche Heizgeräte, wie Kühler- und Motorbeheizung, gelten die Bestimmungen der Absätze a bis c.

5. Leitsätze für Schutzerdungen in Hochspannungsanlagen.

Gültig ab 1. Januar 1924[1].

I. Allgemeines.

Die Fassung der Leitsätze vom 1.Juli 1914 („ETZ" 1913, S. 691 und 897; 1914, S. 604) entspricht nicht mehr dem heutigen Stand der Hochspannungtechnik; sie ist nicht ausführlich genug und kann verschieden gedeutet werden. Die wesentlich erweiterte Neufassung versucht diese Unklarheiten, die vielfach noch auf dem Gebiete der Schutzerdungen angetroffen werden, durch ausführlichere Behandlung zu beseitigen.

Bei der Vielseitigkeit der Gefahren und der Verschiedenartigkeit der Erdschlüsse lassen sich die Gefahrenmöglichkeiten und ihre Verhinderung nur schwer eng umschreiben. Für alle Möglichkeiten und jeden Einzelfall können keine genauen Regeln, die mit Sicherheit Gefahren vorbeugen, aufgestellt werden. Die Ansichten über die zu ergreifenden Maßnahmen werden in einzelnen Punkten so lange verschieden bleiben, bis weitere Erfahrungen vorliegen, die die Leitsätze, die vorläufig auf einer mittleren Linie gehalten werden mußten, schärfer zu begrenzen gestatten.

Verschiedene Fälle, in denen eine zuverlässige Erdung unerläßlich ist, sind besonders hervorgehoben; andererseits wurde versucht, die Fälle zu erläutern, in denen unter besonderen Umständen eine weniger gute Erdung noch zugelassen oder durch besondere Vorkehrungen eine solche entbehrt werden kann.

Die Wahl der Schutzvorrichtungen ist vom Gefährdungsgrad der Personen und dem Grad der Sicherheit, den die Schutzvorrichtung in dem gegebenen Fall bieten muß, abhängig.

Der Gefährdungsgrad ist abhängig von:

1. Häufigkeit der Störungen;
2. Dauer der Störungen;
3. Größe des Erdschlußstromes;
4. Erdwiderstand;
5. Spannungverteilung in der Umgebung der Störungstelle;
6. Wahrscheinlichkeit, ob sich Menschen zur Zeit der Störung an der Störungstelle befinden.

---

[1] Angenommen durch den Technischen Hauptausschuß auf Grund einer von der Jahresversammlung 1922 erteilten Vollmacht im November 1923. Veröffentlicht: ETZ 1923, S. 1063 und 1081. — *Sonderdruck VDE 374.*

Die Art der anzuwendenden Schutzvorrichtung wird von der Bewertung und dem Einfluß der einzelnen, für den Gefährdungsgrad entscheidenden Punkte abhängig sein.

Der Sicherheitsgrad einer Erdung ist abhängig von:

1. Größe ihres Erdwiderstandes;
2. Art der Spannungverteilung;
3. Sicherheit gegen Austrocknen;
4. Zustand und Zuverlässigkeit der Zuleitungen;
5. Zustand der Verbindungstellen.

Den höchsten Grad von Sicherheit muß die Erdung in den Fällen besitzen, in denen der Bedienende Metallteile, die gefährliche Spannung annehmen könnten, umfaßt. Ist dagegen die Wahrscheinlichkeit eines Durchschlages gleichzeitig mit der Berührung von Metallgriffen, Eisenkonstruktionen oder dergleichen, z. B. wie bei Kettenisolatoren mit zwei oder mehreren Gliedern, außerordentlich gering, so glaubte man, von Erdungen teilweise ganz absehen und sie durch besondere Isolation ersetzen zu können.

Im allgemeinen könnte man als Regel aufstellen, daß Schutzerdungen unbedingt dann zu verlangen sind, wenn Dauererdschlüsse auftreten können, also z. B. in allen Fällen, in denen Stützenisolatoren, Stützer und Durchführungen verwendet werden. Schutzerdungen sind aber auch selbst bei Verwendung von Kettenisolatoren an Stellen zu fordern, an denen Menschen häufig verkehren (an verkehrsreichen Wegen), sofern nicht durch besondere Mittel ein Stehenbleiben eines Lichtbogens, wenn auch nur für kurze Zeit, verhindert wird.

In gedeckten Räumen ist das Auftreten gefährlicher Spannungen unwahrscheinlich, wenn der Fußboden aus Isolierstoff besteht. Ist der Boden dagegen feucht oder leitend, so können in besonderen Fällen Spannungen auftreten, die vor allem beim Übergang vom Boden zu Metallteilen bei unrichtig bemessener Erdung gefährlich werden können.

Im Freien ist die Möglichkeit größer, daß bei unrichtiger Bemessung der Erdung Gefahren auftreten, weil hier der Boden mehr oder weniger leitend ist. Dabei ist die Gefahr am größten, wenn nur die oberen Schichten feucht sind.

Um Mastbrände zu vermeiden, hatte man früher die Erdung der Stützen gefordert. Mit der Verbesserung der Isolatoren treten aber bei ungeerdeten Stützen Mastbrände wesentlich seltener auf, so daß man neuerdings davon absieht, mit Ausnahme von besonderen Fällen, eine Erdung der Stützen zu verlangen. Von der Erdung hat man auch abgesehen, weil allgemein das Bestreben besteht, die an sich gute Isolation der Holzmaste möglichst voll auszunutzen.

Um das Abbrennen eines Mastes zu vermeiden, werden an Stellen, an denen das Abbrennen gefährlich werden könnte, die Isolatorstützen geerdet.

Statt Stützenisolatoren mit Erdungen zu verwenden, könnte man Kettenisolatoren benutzen, deren Gliederzahl so bemessen ist, daß nach

Ausfall eines Gliedes die Überschlagspannung nicht niedriger wird als die Überschlagspannung der unbeschädigten Stützenisolatoren der anschließenden Strecken. Werden also Kettenisolatoren verwendet, die mindestens ein Glied mehr besitzen, als für die Betriebspannung erforderlich ist, so kann die Erdung im allgemeinen unterbleiben.

Über die Behandlung der Eisenbetonmaste bestehen noch Unstimmigkeiten, da ihre Konstruktion verschiedenartig ist und noch keine genügenden Erfahrungen vorliegen. Da unter Umständen die Eiseneinlagen die Querträger berühren können, so sollen Eisenbetonmaste zunächst wie Eisenmaste behandelt werden.

Gegen die bei Einzelerdschlüssen an der Fehlerstelle auftretenden Gefahren bieten lichtbogenlöschende Vorrichtungen insofern einen Schutz, als sie Höhe und Dauer eines Erdschlußstromes stark verringern, ihn dagegen an den Stellen stärker auftreten lassen, an denen die Löschvorrichtung geerdet ist. An dieser für den Stromübergang bestimmten Stelle ist die Erdung leicht zu überwachen.

Bleibt ein Einzelerdschluß bestehen, so kann durch Auftreten eines Erdschlusses an einer zweiten Phase Phasenschluß entstehen, der bereits vor Auslösung der Selbstschalter unabwendbare Folgen haben kann. Die Leitsätze für Schutzerdungen verlangen nur Maßnahmen gegen die Folgen von Einzelerdschlüssen. Nach Feststellung der Fehlerstelle sind die fehlerhaften Leitungen, sobald dieses der Betrieb irgend gestattet, abzuschalten. Hierbei ist besondere Rücksicht auf die Gefährdung der Fernmeldeanlagen durch Induktionswirkung zu nehmen.

Die Erdungen wurden früher oft nicht sorgsam genug hergestellt, obwohl gute Erdungen meistens durch Oberflächenleitungen, gegebenenfalls in Verbindung mit Rohrerdern, wenn auch oft nur unter Überwindung örtlicher Schwierigkeiten, hergestellt werden können. Wie man aus den Werten im Anhang, Abschnitt B erkennt, die aus der alten Fassung der Leitsätze übernommen wurden, sind hierfür gegebenenfalls recht beträchtliche Kosten aufzuwenden. Nach den angegebenen Zahlen über die Größe des Widerstandes verschiedener Erder kann ungefähr bestimmt werden, welche Zusammenstellung von Erdern in den einzelnen Fällen zu verwenden ist. Von Fall zu Fall ist zu prüfen, ob die gewählte Anordnung ausreicht. Durch häufige Nachprüfungen sind Erfahrungen über die Brauchbarkeit der einzelnen Erdungsarten bei verschiedenen Bodenarten zu sammeln. Unter scheinbar gleichen Verhältnissen können recht verschiedene Werte des Erdwiderstandes auftreten.

Bei der Wahl und Bemessung der Erdung muß die Größe des Erdschlußstromes beachtet werden, damit nicht etwa auftretende Dauererdschlußströme das Erdreich an den Erdern austrocknen.

Der Zustand der Erdung soll zur Aufrechterhaltung der Sicherheit sorgfältiger, als bisher üblich, überwacht werden.

Wenn auch die Schutzerdung in den weitaus meisten Fällen Gefahren und Unfälle verhüten wird, soweit sie den Leitsätzen gemäß ausgeführt ist, so können doch andere Maßnahmen sie gelegentlich wirksam unterstützen, z. T. auch ersetzen. Als Beispiel seien erhöhte Isolation des Betriebstromkreises, isolierender Fußbodenbelag (Linoleum) in Reichweite der Schalt- und Regelapparate usw. genannt.

Immer sollte berücksichtigt werden, daß die Erdung nur zum Schutz bei auftretenden Störungen dient und, daß erhöhte Sicherheit im Betriebstromkreis und gute Anordnung aller Teile der Anlage die Gefahren und die Häufigkeit der Störungen ganz wesentlich herabmindern können.

Die Fortentwicklung brauchbarer Schutzvorkehrungen soll durch die Leitsätze nicht gehemmt werden.

II. Zweck der Schutzerdung.

Die Schutzerdung soll, soweit es möglich ist, verhüten, daß Menschen oder andere Lebewesen bei einer Berührung leitender Gegenstände, die nicht zum Betriebstromkreis gehören, aber in seinem Bereich liegen, dadurch beschädigt werden, daß diese Gegenstände infolge einer Störung oder Induktion gegeneinander oder gegen Erde eine gefährliche Spannung führen.

Während sich Spannungen zwischen Metallteilen, also guten Leitern, am sichersten durch Kurzschlußverbindung verhindern lassen, soll die Schutzerdung auch zwischen Leitern und Halbleitern, feuchtem Erdreich, feuchten Mauern und dergleichen bei Stromübergang unvermeidliche Spannungen auf eine erträgliche Grenze herabsetzen.

Die Leitsätze gelten nicht für Anlagen, deren Nullpunkt unmittelbar geerdet ist.

Bei Anlagen mit geerdetem Nullpunkt kann jeder Erdschluß zum Kurzschluß werden. Die auftretende Stromstärke ist abhängig von der Leistung und Spannung der Zentrale. Für diese meistens weit über dem Kapazitätstrom liegende Stromstärke kann die Schutzerdung aus wirtschaftlichen Gründen nicht hergestellt werden. Die dann auftretenden Spannungen können also gegebenenfalls über die für die Schutzerdung zugelassenen Spannungwerte steigen.

In besonderen Fällen (Bahnanlagen) beschränkt man die Gefahren durch doppelte Isolation und Verbindung der metallenen Teile mit dem geerdeten Pol.

Diese Leitsätze sollen die in §§ 3, 4, 10, 11 und 13 der Errichtungsvorschriften niedergelegten allgemeinen Schutzmaßnahmen in Anlagen mit mehr als 250 V Spannung gegen Erde für die wichtigsten Fälle ergänzen.

Besondere „Leitsätze für Erdungen und Nullung in Niederspannungsanlagen" siehe im anschließenden Abschnitt 6, S. 80 u. ff.

III. Begriffserklärungen.

Erde im Sinne dieser Leitsätze ist ein mindestens 20 m von einem stromdurchflossenen Erder entfernter Ort der Erdoberfläche (in Bergwerken sinngemäß auch der Boden der Stollen) oder ein an dieser Stelle befindlicher stromloser Erder (Sonde). Für Messungen wird diesem Orte, der von Starkströmen aus Betriebstromkreisen unbeeinflußt sein muß, das Potential Null zugeschrieben. Daher wird von ihm aus gemessen.

Erder sind metallene Leiter, die mit dem Erdreich in unmittelbarer Berührung stehen und den Stromübergang an vorgeschriebener Stelle vermitteln.

Erdzuleitung ist die zum Erder führende Leitung, soweit sie über der Erdoberfläche liegt. Dazu zählen auch die in größeren Betriebsräumen häufig verlegten Sammelleitungen. Zuleitungen, die unisoliert in dem Erdreich liegen, sind Teile des Erders.

Erden oder an Erde legen heißt mit einem Erder oder seiner Zuleitung metallisch leitend verbinden.

Erdung im gegenständlichen Sinne bezeichnet die Gesamtheit von Zuleitung und Erder. Die Erdung tritt erst dann in Wirkung, wenn ein Strom den oder die Erder durchfließt.

Erdschluß entsteht, wenn ein betriebsmäßig gegen Erde isolierter Leiter mit Erde in leitende Verbindung tritt, wobei in der Regel die Spannung anderer Netzteile gegen Erde erhöht wird:

a) Einzelerdschluß liegt vor, wenn eine Phase des Netzes Erdschluß hat.

b) Doppel- oder Mehrfachschluß liegt vor bei gleichzeitigem Erdschluß verschiedener Phasen, der an verschiedenen Stellen auftreten kann.

c) Erdschlußstrom ist der an der Erdschlußstelle aus dem Betriebstromkreis austretende Strom.

Bei Einzelerdschluß in Wechselstromanlagen fließt ein Erdschlußstrom, der im wesentlichen aus dem Ladestrom besteht. Er ist von der Kapazität der gesunden Netzteile gegen Erde abhängig. Gegenüber diesem Ladestrom ist der unvermeidliche schwache Ableitungstrom, der in Gleichstromanlagen allein als Erdschlußstrom in Betracht kommen könnte, sehr gering; er ist durch den Isolationszustand der gesunden Netzteile bestimmt.

Erdungswiderstand ist der Gesamtwiderstand des Erdreiches zwischen 2 Erdern, wobei als zweiter Erder die Erdoberfläche unterhalb der gesunden Phasen zu denken ist, deren Widerstand für die Berechnung vernachlässigt werden kann, da er sich dem Wert Null stark nähert.

Der Widerstand eines Einzelerders kann direkt gemessen werden, wenn von einem Erder, der mit dem Erdreich in widerstandsloser Verbindung (großflächig) steht, gegen den zu untersuchenden Erder gemessen wird.

Berührungspannung im Sinne dieser Leitsätze ist die Spannung zwischen zwei geerdeten Punkten, die gleichzeitig durch einen Menschen berührt werden können. Gefährliche Berührungspannungen treten in der Regel nicht auf, wenn die Erdung so bemessen ist, daß das Produkt aus ihrem Widerstand und der durch sie abzuleitenden Stromstärke 125 V nicht überschreitet.

Die an sich nicht ungefährliche Spannung von 125 V wurde zugelassen, da in der Regel nicht die volle, an der Erdung auftretende Spannung durch den Berührenden überbrückt wird. In Fällen, in denen der Berührende in der Regel auf gut leitendem Boden steht und das Schuhwerk durchtränkt ist, empfiehlt es sich, nur geringere Werte für die Berührungspannung zuzulassen. Unter besonders ungünstigen Umständen, z. B. in Stallungen, chemischen Be-

trieben usw., sollte man deshalb als Berührungsspannung höchstens 40 V
annehmen.

IV. Schutzerdung in gedeckten Räumen.

In gedeckten Räumen sind alle betriebsmäßig keine Spannung
führenden Metallteile, die in der Nähe von spannungführenden Teilen
liegen oder mit diesen in Verbindung (durch Lichtbogenbildung) kommen
können, metallisch leitend untereinander und mit der Erdzuleitung zu verbinden.

Dazu gehören:

a) Die betriebsmäßig nicht unter Spannung stehenden Metallteile von Maschinen, Transformatoren, Meßwandlern, Apparaten;

Die Erdung von ortsveränderlichen Apparaten bietet oft besondere Schwierigkeiten, so daß dafür allgemeine Vorschriften nicht erlassen werden können;
die erforderliche Sicherheit muß in solchen Fällen durch andere, dem Einzelfalle angepaßte Mittel (Isolierung, Schutzgitter u. dgl.) erstrebt werden. Apparate, die auf zuverlässig geerdeten Gestellen befestigt sind, brauchen nicht besonders geerdet zu werden, wenn sie mit den Gestellen gut leitend verbunden
sind.

b) Sekundärstromkreise von Meßwandlern unmittelbar an den
   Klemmen der einzelnen Wandler, sofern es die Schaltung erlaubt;

Die sekundären Stromkreise von Meßwandlern sollen geerdet sein, um zu
verhüten, daß sie durch Kriechströme oder Aufladung aus der Hochspannung-
wicklung auf eine hohe Spannung gegen Erde gebracht werden. Die Erdung
soll in der Regel an einer Sekundärklemme eines jeden Meßwandlers vorgenommen werden; wenn jedoch durch Verbindung der Sekundärkreise mehrerer Meßwandler schaltungstechnische Schwierigkeiten entstehen, genügt
eine gemeinsame Erdung der verbundenen Kreise.

Um die Gefahr eines Durchschlages zwischen Primär- und Sekundärwicklung von Stromwandlern, die sofort zu einem Erdschluß des Betriebstromkreises und meistens zum Verbrennen des Meßwandlers führt, möglichst einzuschränken, ist die Prüfspannung nach den R.E.H./1928 vorgeschrieben
(„Regeln für die Bewertung und Prüfung von Meßwandlern", § 26).

Von der grundsätzlichen Forderung der Erdung der Niederspannungwicklungen von Starkstrom-Transformatoren, die nicht zu Beleuchtungzwecken
dienen, kann in Erzeugeranlagen aus betriebstechnischen Gründen, z. B.
bei Einankerumformern während der Anlaufzeit, abgesehen werden. In Ver-
teilungstromkreisen von Niederspannungsanlagen müssen dagegen die Neu-
tralpunkte von Drehstrom-Transformatoren entweder unmittelbar oder durch
Zwischenschaltung von Durchschlagsicherungen geerdet werden (vgl. § 4 der
Errichtungsvorschriften).

c) Gerüste von Schaltanlagen, Durchführungsflansche, Isolatorenträger, Kabelarmaturen;

Die Wagen und Stecker ausfahrbarer Schaltanlagen sind mit besonderen
Erdungskontakten zu versehen, die die Wagen bereits sicher erden, bevor
sich die Kontakte berühren, wenn nicht auf andere Weise, z. B. durch biegsame Leitungen, für eine dauernde Verbindung mit der Erdzuleitung gesorgt ist.

Durchführungen ohne geerdete Flansche und Einführungsfenster sollen
entweder einzeln oder gemeinsam mit einem an die allgemeine Erdungssammel-
leitung angeschlossenen Metallrahmen umgeben sein.

d) betriebsmäßig mit den Händen anzufassende Metallteile, wie Handräder, Hebel, Kurbeln von Schaltern, Apparate, Schutzgitter, Schaltanlagen usw.

Metallene Handgriffe der Schalter und Apparate brauchen nicht geerdet werden, wenn sich zwischen Betriebstromkreis und Handgriff bereits eine zuverlässige Erdung befindet.

Schaltstangen und Schaltzangen, die ganz aus Isolierstoff bestehen, brauchen nach den Errichtungsvorschriften § 10d nicht geerdet werden, wenn sie ausreichende und dauerhafte Isolation besitzen. Wird aber eine Erdung angebracht, z. B. in Anlagen mit höheren Spannungen, so ist dafür Sorge zu tragen, daß sie nicht mit spannungführenden Teilen in Berührung kommt. Sie ist deshalb möglichst kurz zu halten.

In gemauerten und Holzstationen sollen Gebäudekonstruktionsteile, wie Türgriffe, Türrahmen, eiserne Treppen, Leitern u. dgl., möglichst nicht mit geerdeten Teilen der Station leitend verbunden werden. Schaltgriffe, die von außen bedient werden, sollen entweder mit isolierenden Zwischenstücken (für Niederspannung) versehen sein oder die Stationserdung ist wie bei eisernen Transformatorenstationen (siehe unter Abschnitt VII, Absatz 4) auszuführen.

Schutzgitter u. dgl. sind besonders zu erden, wenn sie an sich nicht mit geerdeten Metallteilen in leitender Verbindung stehen.

Ähnlich wie bei Meßwandlern besteht auch bei Erregerwicklungen die Gefahr, daß sie hohe Spannungen annehmen, so daß z. B. die Kontaktbahn von Magnetreglern entweder geerdet oder aber auf irgendeine Weise der Berührung entzogen werden muß (bei Erdung wird bei einem Körperschluß des anderen Poles das Aggregat durch Kurzschluß außer Betrieb gesetzt).

V. Schutzerdung im Freien.

Es wird empfohlen, Hochspannung-Freileitungen mit einer Vorrichtung zur Unterdrückung oder Einschränkung des Erdschlußstromes auszurüsten, sofern dieser etwa 5 A übersteigt.

Leitungen auf Holzmasten.

Alle Maßnahmen, die den Widerstand der Holzmaste herabsetzen, sollen vermieden werden. Stützen, Gestänge, Lyren oder sonstige Metallteile, die die Isolatoren tragen, sollen nicht geerdet werden.

Ankerdrähte sind, wenn irgend angängig, zu vermeiden. Kann von ihrer Verwendung nicht abgesehen werden, so sollen sie nicht direkt am Eisen der Traversen oder Stützen, sondern am Holz in möglichster Entfernung von den Eisenteilen angreifen; sie sind außerdem mit Abspannisolatoren für die volle Betriebspannung zu versehen und selbst für die Betriebströme zu erden.

Auffangspitzen mit am Mast heruntergeführter Erdzuleitung sind nicht zulässig.

Stehen jedoch die Holzmaste an verkehrsreichen Wegen, so müssen die Isolatorenträger bei Verwendung von Stützenisolatoren geerdet werden.

Eisenmaste im Zuge von Holzmastleitungen brauchen nicht geerdet werden, wenn sie mit Ketten aus mindestens zwei Kettenisolatoren ausgerüstet sind und die Überschlagspannung der Kette doppelt so hoch wie die der Stützenisolatoren der gleichen Leitungstrecke ist.

Stehen jedoch diese Eisenmaste an verkehrsreichen Wegen, dann müssen sie geerdet werden, es sei denn, daß besondere Schutzmaßnahmen gegen einen Überschlag der Isolatoren und gegen das Herabfallen der Leitungen getroffen sind.

Die Eisenkonstruktionsteile der Streckenschalter auf Holzmasten sind im allgemeinen nur dann zu erden, wenn die Leitungsanlage mit einem Erdungseil versehen ist. Die Erdung soll durch Anschluß an das Erdungseil, aber nicht durch eine am Mast herabgeführte Erdzuleitung erfolgen. In das Betätigungsgestänge sind in diesem Falle mechanisch zuverlässige Isolatoren, z. B. Porzellaneier, einzuschalten. Wenn eine Erdung durch Anschluß an ein Erdungseil nicht möglich ist, soll sie für den vollen Ladestrom bemessen und besonders sorgfältig ausgeführt werden.

Werden die Konstruktionsteile des Streckenschalters nicht geerdet, dann müssen in das Betätigungsgestänge, wenn dieses aus Eisen hergestellt ist, Isolatoren für die volle Betriebspannung eingebaut werden oder das Gestänge muß aus Isolierstoff bestehen. Bei Verwendung eines eisernen Betätigungsgestänges ist dieses unterhalb der Isolatoren durch Anschluß an einen Erder gegen Kriechströme über die Isolatoren zu schützen.

Die vielen, an Mastschaltern vorgekommenen Unfälle zwingen dazu, diese Schalter möglichst sorgfältig zu isolieren. Deshalb sollen sie in der Regel auf Holzmasten angebracht werden. Die Isolation dieser Holzmaste darf dann möglichst nicht durch an den Masten heruntergeführte Erdzuleitungen überbrückt werden. Will man die Konstruktionsteile erden, so muß die Erdung unbedingt für den vollen Ladestrom vorgesehen werden, während die Erdung des Betätigungsgestänges unterhalb der Isolatoren nur gegen Kriechströme zu erfolgen braucht. Zweckmäßig würde es sein, Teile des Betätigungsgestänges aus wetterbeständigem Isolierstoff (gegebenenfalls imprägniertes Holz) herzustellen und zwar mit Rücksicht darauf, daß es auch vorkommen kann, daß zwei hintereinander geschaltete Isolatoren versagen und dieser Betriebzustand nicht beobachtet werden konnte. Die Durchschlagskanäle der Isolatoren sind oft, wenn nicht starke mechanische Zerstörungen (Absprengen) auftreten, so klein, daß sie vom Boden aus nicht erkennbar werden.

Das Personal muß sich wegen der bei Streckenschaltern besonders hohen Gefahr vor der Bedienung stets davon überzeugen, ob noch die volle Isolation vorhanden ist, d. h. ob die Isolatoren äußerlich unbeschädigt sind. Bestehen Bedenken hiergegen, so muß dafür gesorgt werden, daß Vorkehrungen zum Schutze des Bedienungspersonales getroffen werden. Als solche können Isolierschemel u. dgl. benutzt werden oder es ist dafür zu sorgen, daß sich der Bedienende auf eine metallene Unterlage, z. B. Metallgewebe, stellt, die mit dem Gestänge leitend verbunden ist. Wird Metallgewebe verwendet, so muß der Bedienende unbedingt, ehe er das Gestänge oder die Anschlußteile berührt, mit beiden Füßen auf dem Metallgewebe stehen und die Verbindung zwischen Metallgewebe und Erdung hergestellt haben. Während die Verbindung hergestellt wird, darf der Bedienende den Mast bzw. das Gestänge nicht berühren, d. h. sich nicht zwischen das Gestänge und die Zuleitung zum Metallgewebe schalten.

Die Isolatorstützen für Leitungen an Wänden (Mauerwerk) müssen geerdet werden. Bei Verwendung von Kettenisolatoren gilt sinngemäß das über Eisenmaste Gesagte.

Leitungen auf Eisenmasten.

Eisenmaste mit Stützenisolatoren in Neuanlagen sind am besten unter Verwendung eines durchgehenden Erdungseiles zu erden, das entsprechend dem geforderten Erdungswiderstand an eine genügende Anzahl von Erdern anzuschließen ist.

An Stelle der Einzelerdungen empfiehlt sich meistens die Verwendung eines Erdung- oder Blitzseiles, das die einzelnen Maste ober- oder unterhalb der Leitungen metallisch miteinander verbindet. Gegebenenfalls ist es dann nicht nötig, daß jeder Mast einen Erder erhält. Man wird die Erder an die Maste anschließen, die günstige Bodenverhältnisse darbieten.

Bei Eisenmasten mit Kettenisolatoren wird eine Erdung der Maste nicht gefordert, wenn Isolatorenketten mit einem oder mehreren Gliedern mehr, als für die Betriebspannung notwendig ist (siehe „Leitsätze für die Prüfung von Kettenisolatoren" vom 17. Oktober 1922), verwendet werden und Vorkehrungen getroffen sind, die das Auftreten von Dauererdschlüssen an den Masten unmöglich oder unwahrscheinlich machen (z. B. selbsttätige Erdschlußabschaltung, oberste Traverse der Maste am weitesten ausladend).

Bisher war allgemein vorgeschrieben, daß Eisenmaste in Hochspannungsanlagen geerdet werden mußten. Bei diesen Erdungen ist jedoch nicht immer die nötige Sorgfalt verwendet worden, so daß in den seltenen Fällen, in denen die Erdung schützen sollte, diese gegebenenfalls nicht den erforderlichen Schutz gewährte. Dieses zeigte sich besonders bei Verwendung von Einzelerdungen. Da die Erdung bei nicht sachgemäßer, den Verhältnissen angepaßter Ausführung versagen kann, so hat man jetzt auch bei Eisenmasten eine Erhöhung des Sicherheitsgrades der Anlage als ausreichende Schutzmaßnahme zugelassen. Wird die Zahl der Isolatoren der Ketten so vergrößert, daß selbst nach Verletzung oder Zerstörung eines bzw. mehrerer Isolatoren ein Überschlag nicht auftritt, und wird außerdem eine Anordnung der Leitungen getroffen, die die Möglichkeit der Entstehung von Erdschlüssen wesentlich herabsetzt (wenn z. B. die Leitungen beim Bruch der Ketten nicht auf unterhalb von diesen angebrachte Traversen fallen oder sonst beim Herabfallen mit den Masten in Berührung kommen können), oder wird das Stehenbleiben eines Erdschlusses auch nur für kurze Zeit unmöglich gemacht (selbsttätige Abschaltung bei Erdschluß), so kann auf die Erdung verzichtet werden. Die Erfahrung muß zeigen, ob die Maßnahmen, die als Ersatz für das Fortlassen der Erdung gefordert sind, in allen Fällen einen ausreichenden Schutz gewährleisten.

Wie weit bei einem bestimmten Sicherheitsgrad die Zahl der Isolatoren einer Kette vergrößert werden muß, um die verlangte erhöhte Isolation (Sicherheit gegen Überschläge bei Schadhaftwerden eines Isolators) zu erreichen, hängt außer von der Art der Isolatoren auch von den klimatischen Verhältnissen ab (Luft, Verunreinigung). Wird bei sonst normalen Verhältnissen die notwendige Zahl der Isolatoren um je einen vergrößert, so kann die Isolation als erhöht gelten.

An verkehrsreichen Wegen (gesicherte Aufhängung) sind Eisenmaste entweder zu erden oder es ist eine über den Sicherheitsgrad der Strecke hinausgehende elektrische Sicherheit zu schaffen.

Bei verkehrsreichen Wegen (erhöhte Sicherheit) können Gefahren für Vorübergehende entstehen, wenn zufällig an den Isolatorenketten ein Überschlag auftritt, während die Kreuzungstelle begangen wird. Daher muß entweder durch erhöhte elektrische Überschlagsfestigkeit der Ketten die Möglichkeit der Entstehung eines Überschlages an dieser Stelle wesentlich gemindert oder durch Erdung unschädlich gemacht werden.

Einen vollkommenen Schutz gegen höhere Gewalt, direkten Blitzschlag u. dgl. bietet diese Anordnung nicht.

Streckenschalter sind möglichst nicht auf Eisenmasten anzubringen. Ist dieses nicht zu vermeiden, so muß für die Isolatoren die nächst größere Type als bei Holzmasten gewählt werden. Die Erdung soll für den vollen Ladestrom ausgeführt und sorgfältig überwacht werden.

Eisenbetonmaste sind wie Eisenmaste zu behandeln.

VI. Zuleitungen zu Erdern.

Die Zuleitungen zu dem oder den Erdern sind für die volle, bei Erdschluß zu erwartende Stromstärke zu bemessen mit der Maßgabe, daß hierfür Querschnitte über 100 mm² bei verzinktem und verbleitem Eisen oder über 50 mm² bei Kupfer nicht verwendet werden brauchen. Kupferquerschnitte unter 16 mm² und Eisenquerschnitte unter 35 mm² dürfen in Betriebsräumen nicht verwendet werden. In anderen Räumen darf der Kupferquerschnitt 4 mm² nicht unterschreiten.

Als Zuleitung zu den Erdern sollten Leitungen unter 16 mm² Kupfer und 35 mm² Eisen nicht verwendet werden. Dann ist es nicht erforderlich, die früher vielfach vorgesehene doppelte Verlegung von Zuleitungen zu Erdern auszuführen.

Mit welcher Sicherheit dabei gerechnet ist, zeigen folgende Zahlen für wagerecht freigespannte Leitungen:

Querschnitt für Kupfer	Schmelzstrom nach 15 min.
Draht 4 mm²	220 A
,, 6 ,,	330 ,,
,, 10 ,,	430 ,,
,, 16 ,,	610 ,,
Seil 25 ,,	890 ,,
,, 35 ,,	1075 ,,
,, 50 ,,	1330 ,,

Die Zuleitungen sollen so angebracht werden, daß sie möglichst vor mechanischen Zerstörungen und Durchrosten geschützt sind.

Die Zuleitungen sind gegen mechanische und chemische Zerstörung geschützt und möglichst sichtbar zu verlegen.

Um die Zuleitungen dem Auge nicht zu entziehen, empfiehlt es sich, diese nicht einzumauern. Gegen das Einmauern bestehen auch noch Bedenken wegen der bei Vorhandensein von Kalk im Mauerwerk hervorgerufenen chemischen Zersetzung.

Besonders ist auch darauf zu achten, daß nicht durch Übertritt von Gleichströmen elektrolytische Zerfressungen stattfinden können.

Hintereinanderschaltung der zu erdenden Teile ist unzulässig. Die Zuleitungen sind parallel an eine oder mehrere Sammelleitungen anzuschließen, die ihrerseits zu dem oder den Erdern führen.

Hintereinander geschaltete Konstruktionsteile dürfen nicht Teile von Erdzuleitungen bilden, weil diese bei deren zeitweisem oder gänzlichem Abbau unterbrochen sein würden.

Unterbrechungstellen in den Zuleitungen, z. B. Schalter, Sicherungen u. dgl., sind unzulässig.

Zuleitungsanschlüsse sollen mit der Sammelleitung und mit den Erdern selbst dauernd gut metallisch verbunden sein; die Verbindungstellen sollen zweckmäßig verlötet, verschweißt oder vernietet werden. Auch Schraubverbindungen sind zulässig, wenn ein Lockern der Muttern verhindert ist.

Die Verbindungstellen mit den Erdern sowie den zu erdenden Teilen sind um so sorgfältiger herzustellen, je größer der abzuleitende Erdstrom werden kann. Bei größeren Stromstärken wird selbst ein verhältnismäßig geringer Übergangswiderstand (Oxydbildung oder dgl.) den Wert einer guten Erdung stark beeinträchtigen. Eine bedeutende Steigerung der Berührungsspannung kann durch Erhitzung und dadurch bedingte weitere Verschlechterung der Verbindungstellen eintreten. Aus diesem Grunde wird empfohlen, bei Erdungen für mehr als etwa 10 A die Anschlußstellen gut zu verzinnen und die fertige Verbindung durch Anstrich oder andere Schutzmittel gegen Oxydation zu schützen.

Die Anschlußstellen sollen auch der Nachprüfung zugänglich sein. Sind sie nicht derartig zugänglich, daß sich nach Lösung der Verbindung mit Sicherheit feststellen läßt, ob die Berührungstellen einwandfrei sind, so kann die Prüfung durch Widerstandsmessungen erfolgen, jedoch möglichst mit Meßströmen, die dem zu erwartenden Erdstrom etwa gleich sind.

Bei Verbindungstellen innerhalb des Handbereiches, die nicht verschweißt, verlötet oder vernietet sind, ist eine zeitweise Besichtigung zu empfehlen.

Werden bei provisorischen Erdungen Erdungsketten verwendet, so sind sie nur mit größter Vorsicht zu benutzen. Als Zuleitungen zu Erdern selbst innerhalb des Handbereiches sind sie nicht zulässig.

VII. Bemessung der Erdung.

Die Bemessung der Erdung richtet sich nach der durch sie abzuleitenden Stromstärke.

Ein Erder selbst ist als zuverlässig anzusehen, wenn er während zweier Stunden die nach Anhang, Abschnitt A ermittelte Stromstärke zum Erdreich überleitet, ohne den Anfangswiderstand zu überschreiten und damit die beginnende Austrocknung des Erdreiches durch Erwärmung anzuzeigen.

Die Erdung in der Erzeugerstelle muß ohne Rücksicht auf die Ausschaltstromstärke für Selbstschalter die volle zu erwartende Erdschlußstromstärke des gesamten Verteilungsnetzes während zweier Stunden aufnehmen können.

In Stationen, in denen Kabel mit Bleimantel angeschlossen sind, empfiehlt es sich, sämtliche Kabelarmaturen untereinander und ihre Erdung mit der Stationserdung zu verbinden. Dann braucht die Stationserdung nicht für die volle Erdschlußstromstärke bemessen zu sein, sondern nur für den Teil, der nicht auf das Kabelnetz entfällt.

In Anlagen ohne lichtbogenlöschende Vorrichtungen genügt es, die Erdung an den Verbrauchstellen für die nach der Erzeugerstelle in den unverzweigten Leitungstrecken liegende, niedrigste Auslösestromstärke der Selbstschalter zu bemessen, wenn in jeder Phase ein Selbstschalter vorhanden ist.

Bei Auswechselung der Selbstschalter gegen solche höherer Stromstärke ist die Erdung dieser Stromstärke anzupassen.

Die Erdung eiserner Transformatorenstationen, von Mastschaltern und Hochspannungschaltern in Schalthäusern, die von
außen bedient werden, ist für die volle Erdschlußstromstärke des Netzes
auszuführen.

Werden bei nicht eisernen Stationen die Schalter von innen bedient, so genügt eine Erdung für die durch die Selbstschalter in der Zuleitung begrenzte Stromstärke.

In Anlagen mit lichtbogenlöschenden Vorrichtungen brauchen
die Erdungen an den Verbrauchstellen nur für den höchst auftretenden Reststrom bemessen werden. In Stationen, in denen die Löschvorrichtungen selbst
angebracht sind, müssen jedoch die Erdungen für den vollen Strom der
Löschvorrichtung bemessen werden.

Bei Erdung des Nullpunktes in Niederspannungnetzen ist zu beachten,
daß ein Überschlag zwischen Ober- und Unterspannung im Transformator
den Ladestrom des Hochspannungnetzes durch die Erdung des Niederspannung-
netzes treibt. Sie muß daher mit mindestens der gleichen Sorgfalt wie bei der
Schutzerdung des betreffenden Transformators hergestellt werden. Schutzerdungen für Hochspannungsapparate sollen von den Niederspannungser-
dungen getrennt verlegt werden. Zweckmäßig wird dann der Nulleiter nicht in
der Station geerdet, sondern an einem der ersten Maste des Niederspannung-
netzes. Gebäudeblitzableiter sollen mit der Schutzerdung des Hochspannungnetzes nicht verbunden werden.

Erdungseile werden zweckmäßig mit der Hochspannungserdung der
Station verbunden.

Anhang.

A. Feststellung der maßgebenden Erdschlußstromstärke.

Die Erdschlußstromstärke von Einzelerdschlüssen eines nicht
geerdeten oder über hohe, nicht induktive Widerstände geerdeten Drehstrom-
Freileitungsnetzes ist abhängig von der Kapazität der nicht geerdeten
Phasen gegen Erde und von der Spannung. Sie kann mit genügender Annäherung berechnet werden nach der Faustformel:

$$\text{Erdschlußstrom} = \frac{kV \times km \text{ Leitungslänge}}{300}.$$

Unter Leitungslänge ist die Länge der mehrphasigen Einzelleitung zu
verstehen. Parallel geschaltete Leitungen, z. B. 2 Leitungen aus je 3 Drähten
oder Seilen beliebiger Querschnitte, zählen doppelt.

Bei der Berechnung ist Rücksicht auf Erweiterung und gegebenenfalls
auch auf Zusammenschluß mit Nachbarleitungen zu nehmen.

B. Ausführung der Erder.

Bei Ausführung der Erdungen ist darauf zu achten, daß die Erder, wenn
sie nicht in Wasser eingelegt werden, einzuschlämmen bzw. fest in den Boden
zu treiben sind, so daß die Berührung zwischen Material und Erde möglichst
innig wird. Dazu gehört, daß das Erdreich in der nächsten Umgebung
des Erders möglichst feinkörnig ist und dem Erder mit merklichem Druck
anliegt. Grober Kies und Steine sind ebenso schlechte Vermittler des Strom-

überganges wie fettige oder ölige Schichten, z. B. Farbanstriche; dagegen hindert Rost an Eisenteilen den Stromübergang ebensowenig wie das Erdreich selbst. Innige Berührung kann durch fehlerhafte Einbettung bei Erdungsplatten und anderen Erdern größerer Abmessungen verhindert werden, wenn sie z. B. bei nicht gewachsenem Boden in wagerechter Lage in den Boden gelegt werden. Bei wagerecht liegenden Platten kann das Erdreich absinken, die Platte selbst aber durch Steine usw. in ihrer Lage festgehalten werden, so daß Lufträume unter ihr entstehen; deshalb sollen Platten, besonders in aufgeschüttetem Boden, stets senkrecht in das Erdreich gestellt und von beiden Seiten fest eingestampft und eingeschlämmt sein.

Als Erder werden empfohlen:

a) Erdplatten, wenn der Grundwasserstand nicht zu tief ist (nicht tiefer als 2 bis 3 m) und keine zu großen Schwankungen aufweist. Die mindestens 0,5 m² großen und mindestens 3 mm starken, verzinkten eisernen Platten sollen 1 m unter Grundwasserspiegel liegen und mit Rücksicht auf die Zerstörungen mindestens 3 mm starke Zuleitungen erhalten. An Stelle der Erdplatten kann man auch Altmaterial mit starkem Querschnitt und genügender Oberfläche unverzinkt verwenden, da infolge der Stärke das Material nicht so leicht durchrostet und die Gewähr für einen lange dauernden, guten Zustand bietet, z. B. also Kesselbleche, Eisenbahnschienen u. dgl.

Platten von 1 m² einseitiger Oberfläche haben unter normalen Verhältnissen (Ackerboden) einen Widerstand von ungefähr 20 bis 30 Ω, in Sand und Kies ein Vielfaches davon.

b) Bänder und Drähte sind mindestens 30 cm unter der Erdoberfläche zu verlegen. Dabei ist ein Mindestquerschnitt von 50 mm², entsprechend 8 mm Durchmesser bei Drähten, zulässig. Bei Bändern darf die Stärke nicht unter 3 mm betragen. Eisen ist gut feuerverzinkt oder verbleit zu verwenden. Die Länge, die mindestens 10 m betragen soll, richtet sich nach der Bodenart und Bodenfeuchtigkeit.

Als Anhaltspunkt für den Widerstand derartiger Oberflächenerder können die folgenden Werte bei Lehmboden (Ackerboden) dienen:

Länge in m	10	20	30	50	100
Widerstand in Ω	25	10	7	5	3

Bei feuchtem Sandboden ist mit Werten zu rechnen, die mindestens doppelt so hoch sind.

Sollten bei ungünstigsten Platzverhältnissen die Leitungen im Zickzack verlegt werden, so ist bei einem Mindestabstand der Windungen von ungefähr 1,5 m der Widerstand der Zickzackleitung einer ausgestreckten Leitung gleicher Länge fast gleichwertig.

c) Als Rohrerder werden zweckmäßig ein- bis zweizöllige, verzinkte Rohrstücke von 2 bis 3 m Länge verwendet. Ihr Widerstand beträgt bei feuchtem Lehmboden (Ackerboden) etwa 30 bis 50 Ω. Bei schlechtem Boden (Sand und Kies) kann der Widerstand auf 200 Ω und mehr steigen.

Es empfiehlt sich, wenigstens zwei Rohre in einem Mindestabstand von 3 m zu verwenden. Können die Rohre in das Grundwasser eingetrieben werden, so sind weitere Maßnahmen nicht nötig. Anderenfalls empfiehlt es sich, das die Rohre umgebende Erdreich durch Salzlösung leitend zu machen und um die Rohre direkt unter der Erdoberfläche eine angemessene Menge Salz einzubetten.

d) Bei ungünstigsten Bodenverhältnissen empfiehlt es sich, mehrere Erder, z. B. Ringleitungen aus Bandeisen, um den zu schützenden Raum mit angeschlossenen Rohrerdern in Abständen von je 3 bis 10 m, ferner auch mit Ausläufern nach feuchten Stellen und dort angebrachten Rohrerdern zu vereinigen. Bei Wasserläufen ist die Verlegung langgestreckter Leitungen im feuchten Ufer der Verwendung von Erdern im Wasser vorzuziehen.

Geleise und Wasserleitungen dürfen nur dann als Erder benutzt werden, wenn durch Messung nachgewiesen ist, daß ihr Widerstand gegen Erde sehr gering ist. Vermieden werden soll, daß durch Geleise Spannungen von der Zentrale nach außen übertragen werden und hierdurch Personen oder Tiere, die mit dem Geleise in Berührung kommen, die Berührungspannung überbrücken.

Provisorische Erdungen können nicht als ausreichende Schutzvorrichtungen betrachtet werden. Daher ist die Erdung der ausgeschalteten Strecke und die Kurzschlußverbindung möglichst in der Nähe der Schaltstelle selbst vorzunehmen. Provisorische Erdungen können nur zur Abführung von Induktionsladungen dienen.

C. Allgemeines über Messung von Erdungswiderständen.

Der Zustand der Erdungsanlage ist sowohl vor der Inbetriebsetzung als auch zeitweise, d. h. einmal im Jahre, zu prüfen. Die Ergebnisse der Prüfung sind laufend aufzuzeichnen. Dieses gilt besonders bei Erdungen an Stellen erhöhter Gefahr für das Bedienungspersonal, wie an Mastschaltern auf Eisenmasten, eisernen Transformatorenstationen und von außen bedienten Stationsschaltern, wenn das Antriebsgestänge bzw. Handrad nicht isoliert ist.

Der Widerstand des Erdreiches zwischen zwei Erdern läßt sich wie ein Elektrolytwiderstand in bekannter Weise bestimmen. Das Spannunggefälle an der Erdoberfläche, verursacht durch den Erdschlußstrom, ist in der Nähe der Erder am größten. Es nimmt mit wachsender Entfernung von den Erdern schnell ab und nähert sich bei genügendem Abstand der Erder in zunehmendem Grade dem Wert Null. Hier kann man den Wirkungsbereich beider Erder durch Einsetzen einer Sonde (stromloser oder bei der Messung stromlos gemachter Hilfserder) abgrenzen und durch Vergleich den Anteil jedes einzelnen Erders an dem Gesamtwiderstand bestimmen (Wichertsche Methode). Dieser so abgegrenzte Anteil des einzelnen Erders an dem Gesamtwiderstand des Erdstromkreises wird als Widerstand eines Einzelerders bezeichnet.

Der gemessene Widerstand einer Erdung ist bei bestimmter Oberfläche des Erders ausschließlich durch die Leitfähigkeit des Erdreiches bedingt. Der Erdungswiderstand ist praktisch rein Ohmscher Art. Das Telephon als Nullinstrument bei Brückenmessungen läßt sich nicht vollständig zum Schweigen bringen und das Tonminimum ist um so schärfer, je größer der Meßstrom ist, mit dem die Widerstände bestimmt werden. Daher empfiehlt es sich, die Stromquellen kräftig genug zu wählen, um die Messung auch im freien Felde bei Störungen durch Wind und andere Geräusche bequem durchführen zu können oder gegebenenfalls andere Nullinstrumente (Zeigerinstrumente) zu verwenden.

Die Bestimmung des Widerstandes zwischen zwei Erdern macht im allgemeinen keine Schwierigkeiten. Jede für Elektrolytwiderstände bekannte Meßart kann Verwendung finden; bei der Bestimmung von Erdungswiderständen einzelner Erder sind indessen besondere Umstände zu beachten.

Einfach gestalten sich die Meßarten, bei denen Sonden — also stromlose Hilfserder — verwendet werden. Man mißt dann den Widerstand des Erdreiches vom Erder bis zu einer Fläche, die durch die Sonde und alle die Punkte geht, die gleiche Spannung mit ihr haben. Dieser so gemessene Anteil an dem Gesamtwiderstand (der theoretische Grenzwert) hängt von dem Orte der Sonde ab und wird bei zweckmäßiger Wahl etwa 80 bis 90% des Grenzwertes je nach Form und Ausdehnung des Erders ergeben. Gedrängte Anordnung des Erders (einzelne Platten, Rohre u. dgl.) bedingt geringsten Sondenabstand. Für zusammengesetzte, verzweigte Erderformen wird man die Lage der Sonde mehrmals wechseln, um festzustellen, von welcher Stelle ab der Widerstand nicht merklich zunimmt.

Im allgemeinen wird ein Sondenabstand von 10 m bei gedrängten Erdern, deren größte wagerechte Erstreckung etwa 2 m nicht überschreitet, genügen.

Bei gestreckten Erdern, z. B. Bändern, Eisenbahnschienen u. dgl., soll der Sondenabstand senkrecht zur größten Ausdehnung in mindestens 10 m Abstand gemessen werden.

Stromführende Hilfserder müssen das Doppelte des oben angegebenen Abstandes haben; ihr Widerstand soll von dem des Haupterders nicht allzu verschieden sein.

Bei stark verzweigter Erderform gibt die Aufnahme der Linien gleicher Spannung an der Erdoberfläche ein gutes Bild der Widerstandsverteilung; sie dürfte aber nur in den seltensten Fällen in Betracht kommen und erfordert entsprechende Gewandtheit in der Ausführung.

D. Meßweisen.

Die bekannteste Meßart, nach der die Widerstände zwischen je drei stromführenden Erdern, dem Haupterder und zwei Hilfserdern gemessen werden, ist umständlich auszuführen. Sie ergibt nur dann brauchbare Werte, wenn die Hilfserder vom Haupterder nicht allzu verschieden sind. Die sogenannte Wichertsche Meßart verwendet nur einen Hilfserder (stromführend) und eine Sonde (bei der Messung stromlos), die nur geringe Abmessungen zu haben braucht.

Die Bestimmung des Widerstandes aus Spannung und Strom kann nur in Betracht kommen, wenn ausreichende Energiequellen zur Verfügung stehen. Für die Spannungmessung müssen Instrumente mit hohem Widerstand benutzt werden. Der Hilfserder, der vom Spannungstrom durchflossen wird (am besten ein Rohr), ist soweit in den Boden einzutreiben, daß die angezeigte Spannung nicht mehr merklich ansteigt.

E. Bewertung der Meßergebnisse.

Das Ergebnis einer Widerstandsmessung an Einzelerdern ist von der Leitfähigkeit des Erdreiches in sehr hohem Maße abhängig, also zeitlich und örtlich außerordentlich verschieden. Die Leitfähigkeit wiederum unterliegt den Einflüssen der Witterung um so mehr, je näher die Erdschichten der Oberfläche liegen. Auf tiefer liegenden Schichten, von etwa 1 m an, hat die Witterung kaum noch Einfluß. Infolgedessen ist die Stromverteilung an der Erdoberfläche stark von der Witterung abhängig; aus einem gemessenen Widerstand läßt sich nicht ohne weiteres auf die Spannungverteilungen der Erdoberfläche schließen, die gerade für die Gefahren von ausschlaggebender Bedeutung sind. Außerdem verhält sich die Spannungverteilung an der Erdoberfläche verschieden, je nachdem ein Einzelerdschluß oder ein Phasenschluß durch das Erdreich vorliegt. Während bei dem letztgenannten die Spannungverteilung zwischen den beiden Erdschlußstellen (Erdern) ungeändert bleibt, wenn auch die Leitfähigkeit des Erdbodens in weiten Grenzen schwankt, so ist beim Einzelerdschluß der kapazitive Spannungsabfall gegenüber dem Ohmschen im Erdreich im allgemeinen so groß, daß der Erdschlußstrom als praktisch unverändert angesehen werden kann. Ist also der Erder so verlegt, daß auch lange andauernde trockene Witterung den Widerstand und damit das Produkt aus Erdschlußstromstärke und gemessenem Widerstand nicht über 125 V ansteigen läßt, so wird die Spannung in der Umgebung des Erders diese 125 V (höchstzulässige Berührungspannung) nicht übersteigen können, wie auch der Zustand der Erdoberfläche sei.

6. Leitsätze für Erdungen und Nullung in Niederspannungsanlagen.

Gültig ab 1. Dezember 1924 [1].

I. Begriffserklärungen.

Erde im Sinne dieser Leitsätze ist ein mindestens 20 m von einem stromdurchflossenen Erder entfernter Ort der Erdoberfläche (in Bergwerken sinngemäß auch der Boden der Stollen) oder ein an dieser Stelle befindlicher stromloser Erder (Sonde). Für Messungen wird diesem Orte, der von Starkströmen aus Betriebstromkreisen unbeeinflußt sein muß, das Potential Null zugeschrieben. Daher wird von ihm aus gemessen.

Erder sind metallene Leiter, die mit dem Erdreich in unmittelbarer Berührung stehen und den Stromübergang an vorgeschriebener Stelle vermitteln.

Erdungswiderstand ist das Verhältnis der Spannung, gemessen zwischen der Erdzuleitung und der Erde (siehe oben) zu dem Strom, der durch den Erder in den Boden eintritt.

Messungen können mit Schwachstrom oder Starkstrom vorgenommen werden. Messungen an Betriebserdungen sind möglichst mit Starkstrom auszuführen.

Erdzuleitung ist die zum Erder führende Leitung, soweit sie über der Erdoberfläche liegt. Dazu zählen auch die in größeren Betriebsräumen häufig verlegten Sammelleitungen. Zuleitungen, die unisoliert in dem Erdreich liegen, sind Teile des Erders.

Erden oder an Erde legen heißt, mit einem Erder oder seiner Zuleitung metallisch leitend verbinden.

Erdung im gegenständlichen Sinne bezeichnet die Gesamtheit von Zuleitung und Erder. Man unterscheidet hierbei: Betriebserdungen, Schutzerdungen und Stallerdungen (siehe Abschnitt III).

Erdschluß entsteht, wenn ein betriebsmäßig gegen Erde isolierter Leiter mit Erde in leitende Verbindung tritt, wobei in der Regel die Spannung anderer Netzteile gegen Erde erhöht wird:

a) Einzelerdschluß liegt vor, wenn eine Phase des Netzes Erdschluß hat.

---

[1] Angenommen auf Grund einer Vollmacht der Jahresversammlung 1924 durch die Kommission für Erdung am 11. Oktober 1924. Veröffentlicht: ETZ 1924, S. 1225. — *Sonderdruck VDE 314.*

b) Doppel- oder Mehrfacherdschluß liegt vor bei gleichzeitigem Erdschluß verschiedener Phasen, der an verschiedenen Stellen auftreten kann.

c) Erdschlußstrom ist der an der Erdschlußstelle aus dem Betriebstromkreis austretende Strom.

Unter Nullen versteht man das Verbinden der metallenen Konstruktionsteile einer elektrischen Anlage mit dem Nulleiter.

Berührungsspannung im Sinne dieser Leitsätze ist die Spannung, die beim Stromdurchgang durch die Erdzuleitung zwischen zwei Punkten auftritt, insoweit diese durch einen Menschen überbrückt werden können.

II. Zweck der Schutzerdung.

Die vorliegenden Leitsätze sollen die in §§ 3, 4, 10, 11, 13 und 31, Regel 3 der Errichtungsvorschriften niedergelegten, allgemeinen Schutzmaßnahmen für Anlagen mit einer effektiven Gebrauchspannung von 40 bis 250 V zwischen 2 beliebigen Leitern und für Mehrleiteranlagen bis 250 V zwischen dem geerdeten Nulleiter und einem beliebigen Außenleiter ergänzen.

Alle Schutzerdungen, Nullungen usw. sind für den Betrieb an sich nicht notwendig. Ein Motor wird z. B., auch ohne geerdet zu sein, laufen. Deshalb wird in den meisten Fällen viel zu wenig auf diese Schutzeinrichtungen geachtet, die erst in Tätigkeit treten, wenn die betreffende Anlage beschädigt ist.

Die metallisch leitende Verbindung mit einem betriebsmäßig geerdeten Nulleiter (Nullung) gibt größere Sicherheit als die Schutzerdung allein, wenn der Ohmsche Widerstand des Nulleiters so gering gehalten ist, daß der Erdschlußstrom die nächste (von der Erdschlußstelle aus gerechnet) nach der Stromquelle gelegene Sicherung zum Abschmelzen bzw. den Selbstschalter zum Abschalten bringt.

Der Querschnitt des Nulleiters muß so bemessen sein, daß er den Nennstrom der nächsten Außenleitersicherung bzw. den Auslösestrom des Selbstschalters aushält.

Ist eine Unterbrechung des Nulleiters zu befürchten, so darf nicht genullt werden.

Man bezweckt durch die Nullung:

1. Die Abschaltung der gefährlichen Leitung durch den entstehenden, einphasigen Kurzschluß. Man braucht keine teuere Erdung anzubringen, sondern nur eine metallene Verbindung, die meistens kürzer als eine besondere Erdzuleitung sein wird.

2. Die Erdung des betreffenden Konstruktionsteiles. Die Nulleiter müssen ebenso sorgfältig wie die Hauptleitung verlegt werden, da die Unterbrechung des Nulleiters unter Umständen mit Gefahr verbunden ist.

Im blank verlegten Nulleiter darf bei Durchgang eines Stromes, der mindestens gleich der Nennstromstärke der Sicherung ist, nicht mehr als 40 V Spannungsabfall auftreten. Nur in diesem Falle darf gemäß § 3a der Errichtungsvorschriften der Nulleiter blank verlegt und zur Nullung verwendet werden. Ergeben sich, um diesen Bedingungen zu genügen, zu große Nulleiterquerschnitte, so können in den Außenleitern an geeigneter Stelle entsprechend bemessene Sicherungen eingebaut werden oder es ist ein isolierter Nulleiter mit einer gleichwertigen Isolation wie die des Außenleiters zu verwenden.

Selbstverständlich sollen diese Sicherungen richtig bemessen sein; sie dürfen keinesfalls verstärkt werden. Würde man diesen Fehler begehen, so würden bei einem Schluß zwischen Außenleiter und Nulleiter am Ende des Netzes sämtliche am Nulleiter angeschlossenen Konstruktionsteile eine unzulässig hohe Spannung gegen Erde — etwa entsprechend dem wirklich im Nulleiter auftretenden Spannungsabfall — annehmen. Diese Spannung tritt dann in allen gesunden Teilen der Anlage auf; sie ist also besonders gefährlich. Selbstschalter sind deshalb an solchen Stellen sehr zu empfehlen.

Falls nicht geerdet oder genullt wird, muß der Schutz durch andere gleichwertige Anordnungen hergestellt werden, wie:

a) Isolierung der Umgebung innerhalb der Reichweite der Schalt- und Regelapparate, z. B. isolierender Fußbodenbelag mit Linoleum oder dgl.

b) Abtrennende Vorrichtungen, die verhindern, daß zwischen der zu schützenden Berührungstelle und Erde eine unzulässige Berührungspannung (siehe Abschnitt V) auftreten kann (Schutzschalter).

c) Verwendung von Apparaten aus Isolierstoff oder von ganz in Isolierstoff eingebetteten Apparaten (also keine Metallgriffe).

d) Verwendung einer Spannung, die niedriger als die zulässige Berührungspannung ist (Herabsetzung der Spannung durch Transformatoren mit getrennten Wicklungen).

Immer sollte berücksichtigt werden, daß die Erdung nur zum Schutz bei auftretenden Störungen dient und, daß erhöhte Sicherheit im Betriebstromkreis und gute Anordnung aller Teile der Anlage die Gefahren und die Häufigkeit der Störungen ganz wesentlich herabsetzen können.

Nach den heutigen Erfahrungen erfüllt eine Schutzvorkehrung ihren Zweck nur, wenn sie entweder überhaupt verhindert, daß gefährliche Berührungspannungen auftreten oder, wenn sie beim Auftreten gefährlicher Berührungspannungen die Fehlerstelle sofort selbsttätig von der Stromquelle abtrennt.

III. Erdungen bzw. Nullung werden angewendet:

a) Um einen Teil des Betriebstromkreises möglichst auf Erdpotential zu bringen. Diese Erdungen werden Betriebserdungen genannt. Sie bilden durch die Erde einen Parallelstromkreis zu dem Nulleiter oder einem betriebsmäßig geerdeten Außenleiter und führen infolgedessen Ausgleichströme.

Grundsätzlich soll an jedem Transformator eine der Hochspannungserdung gleichwertige Niederspannungserdung angebracht werden. Hierbei ist darauf Rücksicht zu nehmen, daß unter Umständen der Erdschlußstrom längere Zeit fließen kann. Diese Erdung soll mit der Hochspannungserdung der Transformatorenstation nicht in Verbindung stehen, sondern mindestens 20 m von dieser entfernt verlegt werden. Wenn der Nulleiter eines Mehrphasennetzes nur in der Transformatorenstation geerdet wird, dann wird er an dieser Stelle, wenn am anderen Ende des Netzes durch eine Störung eine Verbindung zwischen einer Phase und ihm hergestellt wird, solange das Erdpotential haben, wie seine Erdung stromlos ist. An der Störungstelle wird dagegen der Nulleiter eine Spannung gegen Erde aufweisen gleich dem durch den Störungstrom im Nulleiter auftretenden Spannungsabfall. Diese Spannung kann durch Anbringung einer weiteren Betriebserdung am Ende des Nullleiters herabgesetzt werden. Weisen diese beiden Betriebserdungen den gleichen Übergangswiderstand auf, so wird die auftretende höchste Berührungsspannung halbiert. Hierbei ist es ziemlich gleichgültig, welchen Übergangswiderstand jede der Erdungen hat, wenn diese nur einander gleich sind (siehe Abschnitt V).

b) Um zu verhindern, daß metallene Teile der elektrischen Anlagen, die der Berührung zugänglich sind, bei Störungen (Körperschluß) eine gefährliche Spannung annehmen (siehe § 3 d der Errichtungsvorschriften). Diese Erdungen werden Schutzerdungen genannt. Sie werden nur dann Strom zur Erde ableiten, wenn die Isolation des zu schützenden Anlageteiles gegen Erde oder gegen die spannungführende Leitung vermindert oder aufgehoben ist.

c) Um zu verhindern, daß in Gebäuden metallene Konstruktionsteile, die nicht zur elektrischen Einrichtung gehören, gegen die Umgebung (Erde) Spannungen annehmen können, die für Tiere gefährlich werden können. Diese Erdungen werden Stallerdungen genannt. Sie werden in solchen Fällen angewendet, in denen ein besonderer Schutz für Tiere erwünscht ist.

Stallerdungen können sinngemäß nur an solchen metallenen Konstruktionsteilen Verwendung finden, die weder Teile der elektrischen Anlage sind noch mit dieser in leitender Verbindung stehen, da sie in keinem Falle mit Betriebs- und Schutzerdungen, die ja für höhere Berührungsspannungen bemessen sind, leitende Verbindung haben dürfen.

d) Als Überspannungschutz für die Ableitung von Überspannungen, die durch Gewitter in den Niederspannungnetzen auftreten können. Die betreffenden Schutzapparate sind zu erden und, wenn Nullung sonst im Netz angewendet wird, auch zu nullen. Die Erdungen sind nach den Bedingungen für Betriebserdungen auszuführen (siehe Abschnitt V).

IV. Zuleitungen zu Erdern.

Die Zuleitungen zu dem oder den Erdern sind für die volle, bei Erdschluß zu erwartende Stromstärke mit der Maßgabe zu bemessen, daß hierfür im allgemeinen Querschnitte über 100 mm² bei verzinktem und verbleitem Eisen oder über 50 mm² bei Kupfer nicht erforderlich sind. Kupferquerschnitte unter 16 mm² und Eisenquerschnitte unter 35 mm² dürfen in elektrischen Betriebsräumen nicht verwendet werden. In anderen Räumen darf der Kupferquerschnitt 4 mm² nicht unterschreiten. Bei beweglichen Leitungen ist es zulässig, bis auf den Querschnitt der Außenleiter herabzugehen.

Die Zuleitungen sind parallel an eine oder mehrere Sammelleitungen anzuschließen, die ihrerseits zu dem oder den Erdern führen. Unterbrechungstellen in den Zuleitungen, z. B. Schalter, Sicherungen u. dgl., sind unzulässig.

Der Widerstand ist bei der Berechnung der Erdung zu berücksichtigen.

Hintereinandergeschaltete Konstruktionsteile dürfen nicht Teile von Erdzuleitungen bilden, wenn bei deren zeitweisem oder gänzlichem Abbau die Erdzuleitungen unterbrochen sein würden.

Zuleitungsanschlüsse sollen mit der Sammelleitung und mit den Erdern selbst dauernd gut metallisch verbunden sein; die Verbindungstellen sollen zweckmäßig verschweißt oder vernietet werden. Auch Schraubverbindungen sind zulässig, wenn ein Lockern der Muttern verhindert ist.

Die Verbindungstellen an Erdern sowie an zu erdenden Teilen sind um so sorgfältiger herzustellen, je größer der abzuleitende Erdschlußstrom werden kann. Bei größeren Stromstärken wird selbst ein verhältnismäßig geringer Übergangswiderstand (Oxydbildung oder dgl.) den Wert einer Erdung stark beeinträchtigen. Eine bedeutende Steigerung der Berührungspannung kann durch Erhitzung und dadurch bedingte, weitere Verschlechterung der Verbindungstellen eintreten. Aus diesem Grunde wird empfohlen, bei Erdungen für mehr als etwa 10 A die fertige Verbindung durch Anstrich oder andere Schutzmittel gegen Oxydation zu schützen.

Die Anschlußstellen sollen auch der Nachprüfung zugänglich sein. Sind sie nicht derartig erreichbar, daß sich nach Lösung der Verbindung mit Sicherheit feststellen läßt, ob die Berührungstellen einwandfrei sind, so kann die Prüfung durch Widerstandsmessungen erfolgen.

Behelfsmäßige Verbindungen mit den Erdungen sind nur mit größter Vorsicht anzuwenden. Die Verwendung von Ketten ist zu diesem Zweck unzulässig.

Die Zuleitungen sind gegen mechanische und chemische Zerstörungen geschützt und möglichst sichtbar zu verlegen.

Um die Zuleitungen dem Auge nicht zu entziehen, empfiehlt es sich, diese nicht einzumauern. Gegen das Einmauern bestehen auch noch Bedenken wegen der bei Vorhandensein von Kalk im Mauerwerk hervorgerufenen chemischen Zersetzung. Besonders ist auch darauf zu achten, daß nicht durch Übertritt von Gleichströmen elektrolytische Zerfressungen stattfinden können.

V. Bemessung der Erdung.

Die Voraussetzung für die richtige Bemessung einer Erdung ist die Kenntnis der durch sie abzuleitenden Stromstärke.

In Anlagen mit geerdeten Nulleitern wird immer für die Bemessung der betreffenden Erdung mindestens die Nennstromstärke der nächsten vorgeschalteten Sicherung bzw. des Selbstschalters bestimmend sein.

Wenn man durch Anbringen mehrerer Erdungen eine Sicherheit gegen gefährliche Spannungen bei etwaigem Reißen des Nulleiters schaffen will, sind diese Erdungen so zu wählen, daß sie den vollen Betriebstrom ableiten können.

In ausgedehnten Überlandleitungen, besonders bei offenen Stichleitungen mit blank verlegtem Nulleiter, genügt auch eine entsprechend geringere Zahl von Erdungen, wenn durch besondere Einrichtungen, z. B. selbsttätige Schutzschalter, die Leitungen sofort abgeschaltet werden, sobald der geerdete Leiter eine unzulässige Spannung gegen Erde erhält.

Als ungefährlich gilt eine Berührungspannung von etwa 40 V für Menschen und eine solche von etwa 20 V für Vieh.

VI. Prüfung der Erdungen.

Der Zustand der Erdungsanlage ist sowohl vor Inbetriebsetzung als auch in angemessenen Zeitabschnitten zu prüfen (Messung von Erdungswiderständen siehe „Leitsätze für Schutzerdungen in Hochspannungsanlagen").

Vor Inbetriebsetzung der Anlage ist eine entsprechende Prüfung auf die beabsichtigte Wirkung der Schutzmaßnahmen vorzunehmen. Z. B. müßte eine zwischen den Außenleiter und die genullten Konstruktionsteile geschaltete Prüflampe (große Kohlenfadenlampe) hell brennen.

Überprüfungen der Erdungen nach Inbetriebnahme werden zweckmäßig mit der Überwachung der Anlagen verbunden.

7. Leitsätze für den Schutz elektrischer Anlagen gegen Überspannungen.

Gültig ab 1. Oktober 1925[1].

Überspannung ist jede Spannungserhebung, die den Bestand oder Betrieb einer elektrischen Anlage gefährdet. Überspannungen können eine Anlage durch ihren hohen Betrag oder durch ihr räumliches Spannunggefälle gefährden. Unter Höhe der Überspannung ist nicht die Differenz der Spannungserhebung gegen die Betriebspannung, sondern der Höchstwert der Überspannung bzw. ihr Effektivwert zu verstehen. Die Ursachen gefährlicher Überspannungen sind zahlreich; im nachstehenden sind die wichtigsten herausgegriffen.

I. Ursprung und Verlauf der Überspannungen.

1. Schaltvorgänge.

Jeder Schaltvorgang, sei es ein willkürlicher, wie das Einlegen eines Schalters, oder ein unbeabsichtigter, etwa ein Leitungsbruch oder ein Kurzschluß, beansprucht die Isolation der Anlage dadurch, daß plötzlich eine Spannung angelegt wird oder zusammenbricht.

Die plötzlich angelegte Spannung erzeugt eine mit Lichtgeschwindigkeit längs der Leitung wandernde Ladewelle, deren Spannung durch Reflexion am Ende der Leitung erhöht werden kann. Das Spannunggefälle an der Front dieser Wanderwelle ist steil, man nennt sie daher Sprungwelle. Die Sprungwelle beansprucht beim Auftreffen auf Maschinen und Transformatoren deren Isolation zwischen den Windungen stark.

Wird eine reflektierte Wanderwelle an einer anderen Stelle der Leitung wieder reflektiert, so läuft sie so lange auf der Leitung zwischen den Reflexionspunkten hin und her, bis die in ihr aufgespeicherte Ladung in andere Netzteile abgeflossen ist oder sich in Joulesche Wärme umgesetzt hat. Derartig hin- und herlaufende Wanderwellen, die auch durch andere Schaltvorgänge erzeugt sein können, stellen einen Schwingungsvorgang (Wanderwellenschwingung) dar, dessen Wellenlänge annähernd gleich der 4-fachen Länge des durch die beiden Reflexionspunkte eingegrenzten Leitungstückes ist.

---

[1] Angenommen durch die Jahresversammlung 1925. Veröffentlicht: ETZ 1925, S. 472, 942 und 1526. — *Sonderdruck VDE 323.*

Wenn sich am Ende der betrachteten Leitung schwingungsfähige Gebilde befinden — z. B. ein über eine Schutzdrosselspule, Auslösespule oder dgl. angeschlossenes Sammelschienensystem —, deren Eigenschwingungzahl annähernd mit der Grundfrequenz der Wanderwellenschwingung übereinstimmt, so können Resonanzüberspannungen auftreten, die bei der geringen Dämpfung sehr hohe Werte erreichen.

Beim Einschalten einer Leitung dringt in diese eine Ladewelle mit rechteckiger Stirn ein. Durch Reflexion am Ende der Leitung kann sie zu einer Überspannung gegen Erde oder die benachbarten Leitungen werden. Als Sprungwelle gefährdet sie Maschinen und Transformatoren in dieser Leitung. Außerdem zieht in die bereits unter Spannung stehenden Leitungsteile eine Entladesprungwelle ein. Durch sie werden die bereits unter Spannung stehenden Maschinen oder Transformatoren gefährdet. In der Leitung, die den größeren Wellenwiderstand besitzt, ist die Schaltwelle am höchsten. Wird an ein Kabelnetz eine Freileitung angeschaltet, so tritt in dieser eine Sprungwelle von annähernd der vollen Höhe der Betriebspannung auf; sie kann durch Reflexion am offenen Ende vorübergehend auf etwa den doppelten Betrag ansteigen. Eine etwa entstehende Wanderwellenschwingung ist eine Rechteckschwingung.

Beim Abschalten leerlaufender Transformatoren und Asynchronmotoren treten beträchtliche Überspannungen auf. Die Erscheinung ist durch die starke Kühlung des Unterbrechungslichtbogens im Ölschalter bedingt, die ein schnelleres Absinken des Stromes bewirkt; die anormal starke zeitliche Änderung des Stromes $\left(\dfrac{di}{dt}\right)$ kann beträchtliche Überspannungen erzeugen. Bei Transformatoren können sie zu einem Überschlag an den Durchführungsklemmen führen. Bei Asynchronmotoren, die wegen des großen Luftspaltes eine wesentlich größere magnetische Energie enthalten, treten überdies noch Lichtbogenschwingungen hinzu, da jede Wicklung ein schwingungsfähiges Gebilde darstellt. Die hohe Frequenz dieser Schwingungen bedingt eine Gefährdung der Windungsisolation.

Von jeher ist viel von Unterbrechungsüberspannungen gesprochen worden. Besonders schrieb man den Ölschaltern die unheilvolle Eigenschaft zu, den Strom nicht im Nullpunkt, sondern vorzeitig und plötzlich zu unterbrechen, so daß sich die freiwerdende magnetische Energie restlos in elektrische Energie zu Überspannungen von gewaltiger Höhe umsetzte. Diese Annahme schien auch häufig durch die Praxis bestätigt zu werden; tatsächlich kamen bei Kurzschlüssen Überschläge über beträchtliche Entfernungen nach Erde oder den anderen Netzleitern hin vor. In vielen Fällen traten die Überschläge an den Klemmen der Ölschalter auf und schienen so mit aller Deutlichkeit auf diese als die Störenfriede hinzuweisen. Eine genauere Beobachtung zeigt jedoch, daß die erwähnten Überschläge vielfach nicht auf die gewöhnliche Unterbrechung zurückzuführen sind. Bei starken Kurzschlußströmen können schlechte Kontakte zu „spritzen" beginnen und so Überschläge hervorrufen; auch können ausgestoßene Rauchschwaden oder Metalldämpfe den Luftraum oder die Isolatorenfläche so gut leitend machen, daß bereits bei der normalen Betriebspannung Überschläge an den Isolatoren eingeleitet werden. Es handelt sich also hier nicht um Überspannungen, sondern um Folgen von Überstromerscheinungen.

Gefährliche Überspannungen können bei einem Aggregat aus Transformator und Generator auftreten, wenn bei vollbelastetem Generator auf der Hochspannungseite des Transformators der Ölschalter fällt, so daß nun plötzlich der hocherregte Generator auf den leerlaufenden Transformator arbeitet. Infolge des sehr flachen Verlaufes der Magnetisierungscharakteristik neuzeitlicher Turbogeneratoren erhält der Transformator, der schon bei der normalen Betriebspannung mit verhältnismäßig hoher Sättigung arbeitet, eine äußerst hohe Sättigung. Der stark anwachsende und stark verzerrte Magnetisierungstrom ändert die Form der Spannungkurve von Grund aus; sie bekommt zahlreiche Oberwellen bis zu sehr hohen Frequenzen und die starken Spitzen beanspruchen die Isolation gegen Erde. Überdies können die hohen Frequenzen Eigenschwingungen der Wicklungsteile anstoßen, wodurch die Isolation zwischen den Windungen gefährdet wird.

Beim Abschalten leerlaufender Leitungen, insbesondere von Kabeln, treten Rückzündungsüberspannungen auf. Der Strom wird bei seinem Durchgang durch Null unterbrochen, während die Spannung gerade ihren Höchstwert erreicht; auf dem abgeschalteten Leitungsende bleibt also eine Ladung dieser Höhe liegen. Die Maschinenspannung nimmt weiterhin den ihr aufgezwungenen sinusförmigen Verlauf und eine Halbperiode später herrscht infolgedessen an den Schalterkontakten etwa die doppelte normale Scheitelspannung. Spätestens in diesem Zeitpunkt tritt eine Rückzündung des Unterbrechungslichtbogens ein; es spielt sich ein Einschaltvorgang ab, bei dem die Schaltspannung doppelt so groß als bei der normalen Einschaltung ist. Die von der Schaltstelle nach beiden Richtungen laufenden Sprungwellen besitzen also die doppelte Höhe wie bei dem normalen Schaltvorgang. Bei Schaltern mit schlechter Kontaktbeschaffenheit oder zu geringer Schaltgeschwindigkeit kann sich die Rückzündung bei einer Abschaltung vielmals wiederholen.

Bei einpoligem Schalten oder bei Leitungsbrüchen kann ein eigenartiger Schwingungskreis entstehen, in dem durch die Betriebspannung eine Überspannung erzeugt wird. Der Kreis wird gebildet aus der Erdkapazität der vom Netz abgetrennten Leitung in Reihe mit der Erdkapazität des Netzes und der Induktivität des Transformators am Ende der Leitung. Ist dieser schwach oder gar nicht belastet, so ist seine Induktivität sehr groß und wegen der Eisensättigung überdies stark abhängig von der Stromstärke. Diese muß sich so einstellen, daß die Spannung an der Induktivität entweder gleich der Summe der von dem Netz gelieferten Spannung und der Kapazitätspannung oder bei sehr kleinen Kapazitäten, also kurzer Leitungslänge, gleich der Differenz der Kapazitätspannung und der Spannung aus dem Netz ist; im letztgenannten Falle kippen bei der Induktivität Spannung und Strom um 180° um und die Überspannung, die den gesamten betroffenen Netzteil samt den angeschlossenen Betriebsmitteln gefährdet, ist besonders groß. Ihre größte Höhe — etwa das 3-fache der verketteten Netzspannung — erreicht sie, wenn das am Netz hängende gebrochene Leitungsende auf die Erde fällt. Der Strom an der Erdschlußstelle wächst stark an, von dem Transformator gespeiste Glühlampen verbrennen, Motoren kehren infolge des Umkippens des Spannungdreieckes ihre Drehrichtung um. In einer 10 kV-Anlage bei einer Richtleistung der Netztransformatoren von 10 bis 20 kVA kommt es bei Leitungslängen von 1 bis 4 km zu diesen Kippüberspannungen. Bei Spannungwandlern genügen wegen ihrer großen Leerlaufinduktivität bereits Verbindungsleitungen von einigen Metern Länge.

Bei ausgedehnten Netzen mit großer Erdkapazität kann bei einem Erdschluß der Fall eintreten, daß die Induktivität der erdgeschlossenen Phase mit der Erdkapazität des gesamten Netzes einen Schwingungskreis bildet, dessen Eigenfrequenz der Netzfrequenz nahe kommt. Die Resonanzspannungen können je nach dem Leitungsquerschnitt (25 bis 95 mm²) den 1,5- bis 3-fachen Betrag der normalen verketteten Spannung und mehr erreichen. Sie sind gefährlich, da sie das ganze Netz in Mitleidenschaft ziehen und sehr starke Ströme erzeugen, die z. B. auch zu Schalterexplosionen führen können. In dieser Hinsicht ist der Anschluß von Freileitungstrecken an größere Kabelnetze wegen der großen Kapazität der Kabel besonders gefährlich.

Generatoren ohne ausreichende Querfelddämpfung bilden im einphasigen Kurzschluß in der offenen Phasenspannung starke Oberwellen der 3-, 5-, 7- usw. fachen Ordnung der Grundwelle aus, die in einem Netz großer Kapazität zu Resonanzüberspannungen führen können.

Transformatoren mit Stern-Sternschaltung weisen selbst bei reiner Sinusform der verketteten Spannung in der Sternspannung und damit vor allem in der Spannung des Sternpunktes gegen Erde dritte Harmonische auf, die bei Transformatoren mit gutem magnetischen Rückschluß (z. B. Manteltransformatoren) für diese dritte Harmonische schädliche Beträge annehmen können. Infolge der eigentümlichen Form der Magnetisierungskurve des Eisens enthält bei zeitlich sinusförmig verlaufendem Kraftlinienfluß der zugehörende Magnetisierungstrom zahlreiche Oberwellen ungerader Ordnung und besonders stark ausgeprägt die dritte Oberwelle. Da aber in einem Drehstromsystem alle durch 3 teilbaren Oberwellen in den drei Wicklungen gleiche Phasenlage besitzen, kann ein Strom 3-, 9-, 15- usw. facher Frequenz ohne Nullpunktsverbindung nicht fließen. Er fehlt also am Magnetisierungstrom und infolgedessen werden Oberwellen 3-, 9-, 15-facher Frequenz in der Sternspannung des Transformators sowie zwischen Nullpunkt und Erde erzwungen. Wenn nun bei einem derartigen Transformator der Sternpunkt der Hochspannungseite geerdet wird, so bildet die Induktivität jeder der drei Schenkel mit der Erdkapazität des zugehörenden Netzleiters des gesamten Netzes einen Schwingungskreis. Die drei

Kreise liegen parallel an einer Spannung 3-, 9-, 15-facher Frequenz, die gleich der Nullpunktspannung des Transformators ist. Unter Umständen können Kipperscheinungen auftreten, die besonders dadurch lästig sind, daß sie dem gesamten Netz die Überspannung aufdrücken und an den Spannungmessern für die verkettete Spannung nicht wahrgenommen werden. Derartige Kipperscheinungen wurden z. B. in ausgedehnten Freileitungsnetzen durch eine größere Zahl von Spannungwandlern mit geerdetem Sternpunkt hervorgebracht. Solche Fälle dürften wohl zu den Ausnahmen gehören, jedoch können im Sternpunkt geerdete Spannungwandler (Ableitung-Drosselspulen) kippen, wenn durch zufällige Schaltungen sämtliche von einer Station ausgehende Leitungen abgetrennt werden, so daß der Transformator nur noch mit der kleinen Kapazität der Schaltanlage und der Leistungstransformatoren allein belastet ist.

Zusatz- und Drehtransformatoren in Stern-Sternschaltung werden bei Erdschlüssen, besonders wenn diese in zwei getrennt von den Sammelschienen ausgehenden Strängen an zwei verschiedenen Netzleitern gleichzeitig auftreten (Doppelerdschlüsse), von dem einphasig fließenden Fehlerstrom derart magnetisiert, daß sie zahlreiche Oberwellen ungerader Ordnung bis zu sehr hohen Frequenzen erregen. Dann können hohe örtliche Überspannungen entstehen; bei Erdung des Nullpunktes der Erregerwicklung kann sogar die gesamte Anlage durch hohe Überspannungen gefährdet werden.

2. Aussetzender Erdschluß.

Ein gefährlicher Überspannungserreger ist der Lichtbogenerdschluß. Wird ein an sich gesunder Isolator überschlagen, so wird die Spannung des betreffenden Leiters gegen Erde Null und über den Lichtbogen fließt der Erdschlußstrom des Netzes, der im wesentlichen voreilender Blindstrom ist. Ähnlich wie beim Abschalten eines leerlaufenden Kabels erlischt der Lichtbogen zunächst wieder in dem Zeitpunkt, in dem der Strom durch Null geht, und auf dem gesamten Leitungsnetz bleibt eine Ladung liegen, die diesem bei Einphasennetzen eine Gleichspannung von der Höhe des normalen Scheitelwertes der Sternspannung erteilt. Da jedoch die ihr übergelagerte normale Sternspannung gegen Erde weiterhin ihren Sinusverlauf nimmt, herrscht eine Halbperiode später an der Erdschlußstelle eine Spannung von dem doppelten Scheitelwert der Sternspannung. Spätestens in diesem Zeitpunkt erfolgt die Rückzündung. Die dadurch angeregte Eigenschwingung des Netzes mit der doppelten Amplitude der normalen Sternspannung führt rechnerisch bei Vernachlässigung der Kapazität zwischen den Netzleitern und der Verlustdämpfung zu einer Vervierfachung der Spannung an dem gesunden Leiter. Beim Erreichen dieses Höchstwertes ist der Strom gerade Null und wiederum kann in diesem Zeitpunkt der Erdschlußlichtbogen erlöschen, wodurch das Netz nun eine Ladung mit der Amplitude der doppelten Sternspannung annimmt. Eine halbe Periode später stellt sich an dem kranken Leiter die 3-fache Spannung gegen Erde ein und es erfolgt wiederum eine Rückzündung, als deren Folge sich das gesamte Netz an dem gesunden Leiter auf das 6-fache, an dem kranken Leiter auf das 4-fache des Scheitelwertes der Sternspannung hinaufarbeitet. Bei Berücksichtigung der Kapazität zwischen den Leitern und der Verluste ergibt die Rechnung für Drehstromnetze hoher Spannung Höchstwerte der Spannung an den gesunden Leitern von dem 4,5-fachen, an dem kranken Leiter von dem 4-fachen des Scheitelwertes der Sternspannung, entsprechend dem 2,6- bis 3-fachen des Scheitelwertes der verketteten Betriebspannung. Die schädlichste Wirkung übt der aussetzende Erdschluß jedoch durch die Sprungwellen aus, die Halbperiode für Halbperiode durch die Rückzündung ausgelöst werden. Sie haben ebenfalls an ihrer Stirn eine Höhe von dem 2,6-fachen des Scheitelwertes der verketteten Spannung und gefährden die Transformatorwicklungen durch ihr in jeder Halbperiode sich wiederholendes Aufprallen auf das Äußerste. Der Erdschlußlichtbogen nimmt wegen der hohen Zündspannung beträchtliche Länge an, brennt infolgedessen lange Zeit und führt zwischen den Netzleitern, wenn die gestörte Leitung nicht rechtzeitig abgetrennt wird, in der Regel zu einem Kurzschluß. Die bei Gewittern beobachteten häufigen Abschaltungen von Leitungstrecken sind fast in allen Fällen auf Lichtbogenerdschlüsse zurückzuführen. Diese haben also nicht nur die Beanspruchung der Anlage durch Überspannungen, sondern auch noch die Beanspruchung der Transformatoren, Schalter und Maschinen durch Kurzschlußströme im Gefolge. Mit Überspannungen infolge aussetzenden Erdschlusses ist zu rechnen, sobald der Erdschlußstrom einen Betrag von etwa 5 A erreicht; bei kleineren Stromstärken pflegt der Lichtbogen schnell zu erlöschen.

3. Atmosphärische Störungen.

Die durch atmosphärische Einflüsse in Hochspannungsanlagen auftretenden Überspannungen sind der Vorausberechnung am wenigsten zugänglich. Die sanfteste und ungefährlichste Form der atmosphärischen Überspannung ist die sich auf Freileitungen nur langsam ausbildende statische Ladung, die bei ausgezeichnetem Isolationszustand der Anlage zwar Spannungen von gefährlicher Höhe erzeugen würde, aber durch Ableitungsapparate mit verhältnismäßig hohem Widerstand sicher und gefahrlos abgeführt werden kann.

Blitzschläge gefährden eine Anlage nicht nur durch direkten Einschlag, sondern bereits beim Niedergehen in der Nähe von Leitungen. Das starke elektrostatische Erdfeld bricht bei dem Blitzschlag plötzlich zusammen. Auf in der Nähe befindlichen Leitungen, die in erheblichem Abstand über dem Erdboden liegen, werden durch Influenz Ladungen frei; es tritt plötzlich eine hohe Spannung gegen Erde auf. Die auf der Leitung induzierte Ladung setzt sich nach beiden Seiten hin in Form von Wanderwellen in Bewegung, die je die halbe Höhe der Spannung der ursprünglichen Ladung besitzen. Dabei ist die Stirn dieser Wellen so wenig steil, daß sie keine Sprungwellen darstellen. Dagegen kann die Spannung an Reflexionspunkten so erhöht (verdoppelt) werden, daß schwächer isolierte Teile, z. B. Durchführungen, überschlagen werden.

Wird durch den Blitzschlag eine große Ladung frei, so kann die Spannung auf der Leitung so weit ansteigen, daß ein Isolator überschlagen wird. Von der Überschlagstelle ziehen dann zwei Sprungwellen mit steiler Front von der Höhe der Überschlagspannung des Isolators nach beiden Seiten in die Leitung und gefährden die Betriebsmittel.

Da Leitungsende und Erdschlußstelle zwei Reflexionspunkte bilden, kann eine Wanderwellenschwingung entstehen, die eigenschwingungsfähige Gebilde anstößt, so daß hohe Resonanzspannungen entstehen. Ob der Vorgang der Blitzentladung selbst aperiodisch verläuft oder sich in Form einer Schwingung abspielt, ist hierbei unwesentlich[2]. Die öfter beobachteten Isolatorüberschläge in Schalträumen lassen sich hiermit zwanglos erklären.

II. Maßnahmen zur Verhütung von Überspannungschäden in Hochspannungsanlagen.

Am wichtigsten sind die vorbeugenden Maßnahmen, die durch zweckmäßige Gestaltung der Anlagen das Entstehen von Überspannungen von vornherein verhindern.

Ein wirksamer Schutz liegt vor allem in angemessener Isolierung sämtlicher, durch Spannung beanspruchter Teile der Anlage; das Einhalten der neuen vom VDE festgelegten Prüfvorschriften bietet ausreichende Sicherheit gegen die überwiegende Mehrzahl der in sachgemäß errichteten Anlagen noch auftretenden Überspannungen. Bei der Anordnung ist zu beachten, daß die Isolation nicht durch äußere Einflüsse in unzulässiger Weise vorübergehend oder dauernd herabgesetzt wird. Solche örtlichen Verschlechterungen des Isolationszustandes führen auch zu Störungen, die vielfach irrtümlich Überspannungen zugeschrieben werden oder diese erst hervorrufen.

Erst wenn die vorauszusehende Beanspruchung der Anlage durch Überspannungen diese Maßnahmen als nicht ausreichend erscheinen läßt, kommt die Verwendung besonderer Überspannungschutzeinrichtungen für die Ableitung, Begrenzung und Vernichtung unvermeidlicher Überspannungen in Betracht.

1. Bau und Schaltung von Generatoren und Transformatoren.

a) Generatoren.

Generatoren, die auf Netze großer Kapazität arbeiten, sollen zur Bekämpfung der bei einphasigem Kurzschluß auftretenden Überspannungen mit einer ausreichenden Querfelddämpfung (z. B. mit Dämpferkäfigen) versehen sein.

In Maschinen mit Walzenläufern genügen die aus Messing oder Bronze hergestellten Nutenverschlußkeile.

---

[2] Theoretische Untersuchungen von Emde ergaben unter gerechtfertigten Annahmen eine Frequenz von 2000 bis 8000 Per/s.

Die Amplituden der Oberwellen in der Spannungkurve von Generatoren, die auf ausgedehnte Netze arbeiten, sollen auch im Belastungzustande nach Möglichkeit 3% der Amplitude der Grundwelle nicht überschreiten.

b) Transformatoren.

Für Transformatoren in Kraftwerken empfiehlt sich Dreieck-Sternschaltung. Sie sichert dem Transformator eine ungezwungene Magnetisierung und verhindert infolgedessen das Auftreten von 3-fachen Harmonischen.

Bei Transformatoren in Stern-Sternschaltung bestehen wesentliche Unterschiede zwischen den Transformatoren ohne freien magnetischen Rückschluß (Kerntransformatoren mit nur drei Schenkeln) und solchen mit freiem magnetischen Rückschluß (Manteltransformatoren, Vier- oder Fünfschenkeltransformatoren, sowie drei zu einem Dreiphasensatz zusammengeschaltete Einphasentransformatoren).

Transformatoren mit freiem magnetischen Rückschluß in Stern-Sternschaltung führen in den Sternspannungen beträchtliche Oberschwingungen 3ter, 9ter, 15ter usw. Ordnung. Diese können bei höheren Spannungen von etwa 50 kV ab auch bei ungeerdetem Sternpunkt die Wicklung infolge ihrer Erdkapazität durch Resonanzüberspannungen gefährden.

Eine Tertiärwicklung in geschlossenem Dreieck macht sämtliche Formen in Stern-Sternschaltung der Dreieck-Sternschaltung gleichwertig. Durch Zickzackschaltung kann man zwar das Auftreten der 3-fachen Oberwellen in ihrer Sternspannung unterdrücken, nicht aber im magnetischen Fluß und infolgedessen auch nicht in der in Stern geschalteten anderen Wicklung.

Was für Kraftwerktransformatoren gesagt ist, gilt in gleicher Weise für Großtransformatoren in Unterwerken.

Spartransformatoren eignen sich ebensowenig für den Anschluß von Generatoren wie für das Kuppeln von Hochspannungnetzen über 6 kV, wenn das Übersetzungsverhältnis den Wert 1,25 übersteigt, weil dann im Falle eines Erdschlusses der Unterspannungteil zu stark beansprucht wird.

Hochgesättigte Transformatoren können mittelbar zur Ausbildung höherer Harmonischer in der Spannung führen. Bei sehr hoher Spannung ist es wegen der Resonanzgefahr geboten, mit mäßiger Kraftliniendichte im Eisen zu arbeiten.

Für die Erdung des Sternpunktes eignen sich alle Transformatoren, die irgendeine Dreieckwicklung besitzen, sei es primär, sekundär oder tertiär. Fehlt diese Dreieckwicklung, so kann bei hohen Eisensättigungen die dritte Oberwelle in erheblicher Stärke auftreten.

Die unmittelbare Erdung des Hochspannungssternpunktes von Transformatoren mit freiem magnetischen Rückschluß in Stern-Stern- oder Stern-Zickzackschaltung ohne Tertiärwicklung ist zu vermeiden. Die dritte Oberwelle kann die Ursache von Kippüberspannungen werden. Weiterhin kann die Erdung des Sternpunktes derartiger Transformatoren zur Beeinflussung von Fernmeldeleitungen durch Oberwellen führen (siehe § 10 der „Leitsätze für Maßnahmen an Fernmelde- und an Drehstromanlagen im Hinblick auf gegenseitige Näherungen"). Bei großen Transformatoren empfiehlt es sich, wegen ihrer geringen Dämpfung für Wanderwellen die Isolatoren der Nullpunktsdurchführungen (und ebenso die Stützer der Nullpunktsammelschienen) für die verkettete Spannung zu bemessen. Der Anschluß geerdeter Spannungwandler zur Erdschlußüberwachung und von Erdungsdrosselspulen zur Ableitung statischer Ladungen ist zulässig. Sie sollen jedoch betriebsmäßig mit höchstens 7000 Gauß gesättigt werden, weil dann unter dem Einfluß ihres hohen Widerstandes Kippüberspannungen im allgemeinen nicht auftreten.

c) Zusatztransformatoren.

Zusatztransformatoren mit fester Wicklung sollen möglichst mit einer in Dreieck geschalteten Erregerwicklung oder einer Dreiecktertiärwicklung versehen sein. Bei Drehtransformatoren sind wegen des Luftspaltes solche Maßnahmen nicht erforderlich.

2. Bau und Betrieb elektrischer Anlagen.

Fehlschaltungen sollen durch übersichtliche Anordnung der Schaltanlage, selbsttätige Schalterverriegelungen und zuverlässige Überwachung möglichst verhindert werden.

Zur Verhütung von Kippüberspannungen dürfen längere Leitungen nicht einpolig durch Trennschalter oder Sicherungen abgetrennt werden. Aus dem gleichen Grunde ist auf das Vermeiden von Leitungsbrüchen infolge Abbrandes Bedacht zu nehmen. Bei Mehrkesselölschaltern ist besonders darauf zu achten, daß sie zuverlässig in allen Polen zugleich schalten. Das Schalten mit einpoligen Trennschaltern ist nur bei kleinen Transformatoren und Spannungwandlern bis etwa 20 kV zulässig, wenn diese Schalter in unmittelbarer Nähe der kleinen Transformatoren oder Spannungwandler angeordnet sind. Es empfiehlt sich aber, auch hierfür dreipolige Trennschalter zu verwenden. Abschmelzsicherungen sollen bei Spannungen von mehr als 30 kV nicht verwendet werden.

Um Überspannungen atmosphärischer Herkunft nach Möglichkeit zu vermeiden, sind Freileitungen tunlichst in geringer Höhe über dem Erdboden zu führen, d. h. der für die Sicherheit gegen Berührung notwendige Mindestabstand der Leitung über dem Erdboden soll ohne Not nicht überschritten werden. In gebirgigen Gegenden muß die Führung von Hochspannungleitungen über Bergrücken möglichst vermieden werden.

Leitungsanlagen und Schaltstationen sollen so ausgeführt werden, daß die über die Leitung eilenden Wanderwellen in ihrer Bahn möglichst ungehemmt sind. Eine Verzweigung von Leitungen verringert die Spannung der Wanderwellen und zerteilt ihre Energie. Diese setzt sich in den Wirkwiderständen der Leitungsbahnen in Wärme um. Dementsprechend sind die Sammelschienen in Schaltanlagen so anzuordnen, daß auf einer Leitung ankommende Wanderwellen ungehindert von dieser Leitung über die Sammelschienen zu den übrigen Leitungen übergehen können. Daher sind Induktivitäten im Zuge der Leitungen möglichst zu vermeiden. Sofern sich im Zuge der Leitung Auslösespulen und Stromwandler nicht vermeiden lassen (z. B. in Schaltanlagen), sind sie durch induktionsfreie Widerstände oder, falls diese zu unzulässigen Übersetzungsfehlern führen würden, durch möglichst niedrig eingestellte Funkenstrecken oder durch Kondensatoren für die Wanderwellen zu überbrücken. Netzausläufer sind in der Regel durch Wanderwellen stärker als geschlossene Netze gefährdet. Im Interesse des Überspannungschutzes sind daher grundsätzlich geschlossene Netze anzustreben, deren Betrieb allerdings einen zuverlässigen, selektiv wirkenden Überstromschutz voraussetzt.

Bei der Planung von Freileitungsnetzen sind möglichst Orte zu meiden, an denen die Leitungen äußeren Einflüssen durch Baumzweige, Personen usw. besonders ausgesetzt sind. Aus diesem Grunde empfiehlt es sich, die Leitungen möglichst frei durch das Gelände, unbeschadet der ungünstigeren Zugänglichkeit bei Revisionen und Reparaturen, zu führen. Hierbei sind Geländeteile, die Neigung zu Rauhreifbildung zeigen, tunlichst zu meiden.

Auf eine zweckmäßige Anordnung der Querträger und auf hinreichenden Abstand der Leitung von geerdeten Teilen ist zu achten, um Erdschlüsse durch Vögel oder sonstige Fremdkörper möglichst zu vermeiden. Auf die Verwendung von Isolatoren mit hoher Durchschlagsicherheit und mechanischer Beständigkeit ist besonderer Wert zu legen.

3. Besondere Schutzvorrichtungen in Hochspannungsanlagen.

A. Einrichtungen, die das Entstehen von Überspannungen unterdrücken.

a) Schutzschalter. Die bei betriebsmäßigem Schalten auftretenden Gefährdungen werden wirksam durch den Schutzschalter mit Vorkontaktwiderstand bekämpft, der den Stromstoß beim Einschalten und die Überspannungen beim Ein- und Ausschalten begrenzt.

Der Widerstandsbaustoff darf kein labiles Verhalten in dem benutzten Strom- und Spannungbereich aufweisen.

Die Wärmekapazität des Schutzwiderstandes muß so groß sein, daß er die volle einzuschaltende Spannung an seinen Enden mindestens 2 s lang aushalten kann, ohne dauernde Veränderungen zu erleiden.

Bei Transformatoren ist ein Schutzwiderstand zu empfehlen:
bei Drehstrom von 50 Per/s bei Einzelleistungen über 2000 kVA,
bei Einphasenstrom von 15 Per/s bei Einzelleistungen über 250 kVA.
Der Schutzschalter soll die beim Einschalten auftretenden Sättigungstöße, vor allem in ihrer Wirkung auf die Betätigung der Auslöser, und die Überspannungen beim Abschalten des leerlaufenden Transformators verringern.
Der Widerstand für jeden Pol soll sein:

$$R = 10 \frac{U'}{I_N} \, \Omega \, ,$$

wobei U' die Spannung je Pol (Phasenspannung) und I_N der Nennstrom des Transformators wird.

Bei Freileitungen und Kabeln ist ein Schutzwiderstand zu empfehlen:

bei allen Freileitungen über 50 kV Nennspannung,

bei allen Kabeln über 20 kV Nennspannung,

bei Spannungen unter diesen Werten, falls die Ladeleistung der geschalteten Leitung größer als ein Zehntel der kleinsten speisenden Kraftwerkleistung ist.

Der Schutzwiderstand soll die Spannungwellen, die beim Einschalten und vor allem beim Ausschalten auftreten, in angemessenen Grenzen halten.

Der Widerstand für jeden Pol soll sein:

$$R = \frac{U'}{I_l}\,\Omega\,,$$

wobei U' die Spannung je Pol und I_l der Ladestrom der geschalteten Leitungen ist.

Bei Asynchronmaschinen ist ein Schutzwiderstand zu empfehlen:

bei Spannungen über 3 kV, falls die Leistung in kW zahlenmäßig kleiner ist als 10 U^2 bei Dreiphasen- und 6 U^2 bei Einphasenmotoren,

wobei U die Nennspannung in kV ist.

Der Schutzwiderstand soll vor allem die Sprungwellen, die die Windungsisolation beim Einschalten beanspruchen, vermindern.

Der Ohmwert des Schutzwiderstandes für jeden Pol soll sein:

$$R = 4\,\frac{U'}{I_N}\,\Omega\,,$$

wobei U' die Spannung je Pol und I_N der Nennstrom des Motors ist.

Im Gegensatz zu vorstehender Empfehlung sind bei Kurzschlußläufermaschinen mit synchroner Einschaltung und bei Leistungen über 200 kW für 50 Per/s stets, bei geringerer Frequenz für eine proportional kleinere Grenzleistung Schutzwiderstände zu verwenden.

Die Schutzwiderstände sollen die Stoßströme, die die Wicklung beim Einschalten mechanisch zerstören können, abschwächen. Da diese Ströme langsam abklingen, so muß der Widerstand ausreichend lange eingeschaltet bleiben.

Als Wert des Schutzwiderstandes für jeden Pol wird empfohlen:

$$R = 0{,}2\,\frac{U'}{I_N}\,\Omega\,,$$

wobei U' die Spannung je Pol und I_N der Nennstrom des Motors ist.

Der Läuferkreis von Asynchronmaschinen muß (gemäß § 48 der R.E.A./1928) beim Abschalten für Motoren aller Leistungen und Spannungen stets geschlossen bleiben, da sonst durch das Abschalten des Magnetfeldes starke Überspannungen in der Ständerwicklung entstehen.

Als Höchstwert des Widerstandes für den Läuferkreis beim Abschalten empfiehlt sich:

$$R = 4\,\frac{U'}{I_{läufer}}\,\Omega\,,$$

wobei R der Widerstand für jeden Pol, U' die Läuferspannung je Pol und $I_{läufer}$ der Läuferstrom bei Nennleistung ist.

Der Schutzschalter im Ständer wird durch den geschlossenen Läuferkreis nicht entbehrlich.

Da sämtliche vorstehenden Widerstandswerte auf mittlere Verhältnisse zugeschnitten sind, können im Einzelfalle Abweichungen zwischen dem 0,5- und dem 2-fachen zugelassen werden.

b) Nullpunktwiderstand. Der Widerstand liegt zwischen dem Sternpunkt des Transformators und Erde. Die Gesamtheit der im Netz eingebauten Nullpunktwiderstände soll bei Erdschluß eines Leiters die Phasenverschiebung des Erdschlußstromes gegen die aufgedrückte Spannung auf möglichst 45° vermindern, so daß das Wiederzünden des Erdschlußlichtbogens erschwert und damit die Gefahren des aussetzenden Erdschlusses vermieden werden. Der Widerstand ist so zu bemessen, daß er seinen Strom mindestens ½ h lang aufnehmen kann, es sei denn, daß er vorher selbsttätig abgeschaltet wird. Der Nullpunktwiderstand führt ferner statische Ladungen von den Leitern zur Erde ab und verhindert bei Leitungsbruch das Auftreten von Kippüberspannungen an den geschützten Transformatoren.

c) Erdschlußkompensierung. Durch Verwendung einer Induktivität wird der kapazitive Erdschlußstrom des Netzes ganz oder teilweise durch induktiven Strom kompensiert. Hierdurch wird der Erdschlußlichtbogen zum Verlöschen gebracht und seine Neuzündung erschwert, so daß die gefährlichen Überspannungen des aussetzenden Lichtbogens nicht auftreten oder unschädlich bleiben. Diese Einrichtung muß den Erdschlußstrom mindestens ½ h lang aufnehmen können.

d) Fangstangen gegen Blitzschlag. Sie sind Holzmaste mit kräftiger geerdeter Eisenspitze, die in geringem seitlichen Abstande a von der Freileitung aufgestellt sind und diese an ihrem Aufstellungsorte in der Höhe um einen Betrag h überragen. Ihre Anbringung empfiehlt sich bei Strecken, die wiederholt vom Blitz getroffen wurden. In der Praxis haben sich folgende Werte für a und h bewährt:

Seitlicher Abstand in m a	Überragende Höhe in m h
5	8
7	10
10	15

Es empfiehlt sich, an sehr gefährdeten Stellen diese Fangstangen in Abständen von etwa 300 m zu setzen.

e) Erdseile. Geerdete Seile werden oberhalb der Freileitung gezogen, um die Influenz atmosphärischer Entladungen auf die Freileitung herabzusetzen. Ihre Schutzwirkung gegen Überspannungen ist umstritten; in jedem Falle verbessern sie die Erdung der Maste.

B. Einrichtungen, die entstandene Überspannungen unschädlich machen.

Die nachstehend unter a) bis c) aufgeführten Schutzeinrichtungen werden empfohlen für Anlagen, die nicht nach den R.E.B., R.E.M. und R.E.T. sprungwellensicher gebaut sind oder, wenn in besonderen Fällen die sprungwellensichere Bauart nicht ausreichend erscheint.

a) Drosselspule ohne Eisenkern. Sie schützt gegen Sprungwellen durch das Zusammenwirken ihrer Induktivität mit der Erdkapazität des Transformators und der zwischen ihm und der Drossel liegenden Leiterteile. Je größer diese Induktivität und Kapazität sind, um so besser ist die Schutzwirkung. Die Induktivität der Drosselspule ohne Eisenkern muß mindestens die in der folgenden Tafel angegebenen Werte haben:

Nennstrom	Nennspannung in kV			
A	3—15	35	60	100
2	15 mH	20 mH	—	—
4	10 ,,	15 ,,	—	—
6	10 ,,	15 ,,	—	—
10	10 ,,	15 ,,	20 mH	30 mH
25	5 ,,	5 ,,	10 ,,	15 ,,

Die Isolation zwischen den Windungen der Drossel soll so bemessen sein, daß sie folgender Sprungwellenprobe standhält:

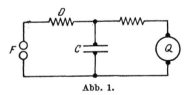
Abb. 1.

Die Drossel D für die Betriebsspannung U ist über die Funkenstrecke F aus massiven Kupferkugeln von mindestens 50 mm Durchmesser mit einem Kabel oder Kondensator C in Reihe geschaltet (Abb. 1), deren Kapazität folgendermaßen zu bemessen ist:

Prüfkapazität	
Nennspannung in kV	Kapazität C mindestens μF
2,5 bis 6	0,025
bis 15	0,01
über 15	0,005

Der Kugelabstand der Funkenstrecke wird für einen Überschlag bei 3 U eingestellt, die Kapazität C wird von der zweckmäßig durch eine weitere Drossel geschützten Stromquelle Q mit Wechselstrom normaler Frequenz auf 1,8 U erregt. Die Funkenstrecke wird auf beliebige Weise gezündet (etwa durch vorübergehende Annäherung der Kugeln oder Überbrückung des Luftzwischenraumes) und ein Funkenspiel von 10 s Dauer wird aufrechterhalten. Die Funkenstrecke ist dabei mit einem Luftstrom von etwa 3 m/s Geschwindigkeit anzublasen.

b) Zwischenkabel. Die Kabel werden, besonders bei hohen Stromstärken, an Stelle der Drosseln angewendet. Sie verringern einfallende
Sprungwellen; ihre Wirkung hängt nicht von der Erdkapazität und Induktivität des geschützten Transformators ab. Die Zwischenkabel sollen 10 bis
50 m lang sein; ihre Armaturen sind für die doppelte Betriebspannung zu
bemessen.

c) Kondensator. Von einigen Sonderfällen abgesehen (Unterbre-
chung-Überspannungen, Oberschwingungen und Verstimmung örtlicher
Schwingungskreise) bietet der Kondensator Schutz gegen:

1. Sprung- oder Wanderwellen und Wanderwellenschwingungen beliebiger Herkunft,
2. atmosphärische Überspannungen.

Zu 1. Für den ausschließlichen Sprungwellenschutz von Transformatoren
und Generatoren genügt eine Kapazität von 0,01 bis 0,02 μF je Leiter,
in Verbindung mit Drosselspulen von etwa 0,4 bis 0,1 mH je Leiter. Zweckmäßigste Schaltung: Leitung—Drosselspule—Kondensatorabzweig—geschützter Apparat.

Zu 2. Der Gewitterüberspannungschutz erfordert größere Kapazitäten.
Gute Erfahrungen sind mit folgenden Werten gemacht worden:

Schutzkapazität je Leiter für jede Freileitung:

$$0,06 \text{ bis } 0,08 \ \mu\text{F bei } 10 \text{ kV}$$
$$0,04 \ ,, \ \ 0,06 \ ,, \ \ ,, \ \ 20 \ ,,$$
$$0,03 \ ,, \ \ 0,04 \ ,, \ \ ,, \ \ 50 \ ,, \ .$$

Schaltungen des Gewitterüberspannungschutzes:

α) Die Kondensatoren werden unmittelbar an die abgehenden Freileitungen angeschlossen.

β) Die Kondensatoren werden zusammengefaßt und an die Sammel-
schiene für die abgehenden Freileitungen gelegt. Zwischen dieser
und der Schiene der Transformatoren- oder Generatorenanschlüsse
wird eine Drosselspule mit 0,1 bis 1 mH angeordnet.

Die Erdzuleitung der Kondensatoren soll möglichst kurz und ohne
Knicke geführt sein.

Örtliche, durch die Kondensatoren verursachte Schwingungen werden
durch Widerstände unterdrückt, die in Reihe mit den Kondensatoren liegen
und je 1000 Ω für 0,01 μF betragen, d. h. z. B. bei

$$0,05 \ \mu\text{F} = \frac{1000}{5} = 200 \ \Omega.$$

Zum Schalten von Kondensatorenbatterien dienen Trennschalter mit
Vorkontakten, Schutzwiderständen und Erdungskontakten.

d) Überspannungsableiter mit Funkenstrecke. Sie führen
Überspannungen aller Art über einen Dämpfungswiderstand nach Erde ab.
Aus theoretischen Erwägungen würden sich für solche Widerstände je nach
Lage des Falles Werte in der Größenordnung des 0,5- bis 2-fachen Wellen-
widerstandes der angeschlossenen Leitung (Näheres siehe Rüdenberg:

7*

„Elektrische Schaltvorgänge", S. 360, 373 und 376) ergeben. Je höher die Betriebspannung liegt, desto schwerer ist dieser Wert wegen der Höhe der beim Ansprechen auftretenden Stromstärken praktisch zu erreichen. Anzustreben ist, die Widerstände der theoretischen Forderung möglichst anzupassen und die Schwierigkeiten, die sich bei höheren Stromstärken ergeben, durch besondere Maßnahmen (z. B. Verkürzung der Einschaltdauer) zu überwinden. Bei Spannungen bis 15 kV läßt sich diese Bedingung mit den normalen Hörnerableitern ohne Schwierigkeiten erfüllen.

Die Widerstände sollen bei Erdschluß der Anlage die volle Betriebspannung 2 min lang aushalten, ohne dauernde Veränderungen zu erleiden. Die Funkenstrecke ist so einzustellen, daß sie bei dem 1,5- bis 2-fachen der verketteten Spannung mit möglichst geringem Ladeverzug anspricht.

Die Ableiter sind am besten unmittelbar bei der Einführungstelle der Leitung anzuordnen. Die Leitungsführung im Ableiterkreise soll möglichst kurz sein.

III. Maßnahmen zur Verhütung von Überspannungschäden in Niederspannungsanlagen.

1. Vorbeugende Maßnahmen.

Ein großer Teil der Überspannungschäden in Niederspannungnetzen läßt sich auf Überspannungen im Hochspannungnetz zurückführen. Hochspannungwanderwellen können sich über den Transformator auf das Niederspannungnetz übertragen. Die hierdurch entstehenden schädlichen Einwirkungen können durch einen geeigneten Überspannungschutz auf der Hochspannungseite stark herabgesetzt werden.

Als weitere vorbeugende Maßnahme gegen Überspannungen atmosphärischen Ursprunges ist zweckmäßige Leitungsführung anzusehen. Dachständer sollen möglichst nicht auf dem First angebracht werden, sondern derart, daß sie vom Dach elektrostatisch abgeschirmt werden. Die Leitungen sollen nicht höher geführt werden, als aus anderen Gründen erforderlich ist. Stellen häufigen Blitzschlages [sogenannte Hauptentladung- und Einschlagstellen (siehe Erläuterungen und Ausführungsvorschläge zu „Leitsätze über den Schutz der Gebäude gegen den Blitz" vom 1. Juli 1901)] sind zu umgehen.

2. Schutzmaßnahmen.

Gegen direkte Blitzentladungen mit großer Energie gibt es kein Schutzmittel. Induzierte Überspannungen und statische Aufladungen können durch richtig gebaute und eingestellte Schutzapparate abgeführt werden.

a) Verteilung der Schutzapparate. Jedes Niederspannungnetz soll mindestens mit einem Überspannungschutz ausgerüstet sein, der in der Nähe der Transformatorenstation eingebaut wird. Bei größeren Netzen werden als Einbaustellen zweckmäßig gewählt: Zentral gelegene Punkte von längeren Ausläufern. Als ungefährer Anhaltspunkt für die Zahl der einzubauenden Schutzapparate kann angenommen werden, daß auf 2 bis 3 km Streckenlänge des Netzes mindestens ein Überspannungschutzapparat entfällt, in gewitterreichen Gegenden möglichst schon auf 1 km.

b) Erdung. Jeder Schutz ist unmittelbar zu erden. Die Erdung und ihre Zuleitungen sind nach den „Leitsätze für Erdungen und Nullung in Niederspannungsanlagen" vom 1. Dezember 1924 auszuführen; im besonderen sollen die Zuleitungen zum Erder möglichst geradlinig geführt werden, um Reflexionspunkte auszuschließen. Diese Erdungen sind gemäß III d der obengenannten Leitsätze zur Nullung des Ortsnetzes mit zu verwenden.

Die Möglichkeit einer zuverlässigen Erdung wird in vielen Fällen mit maßgebend sein für die Auswahl der Stelle, an der ein Schutz eingebaut wird.

8. Vorschriften für elektrische Bahnen.

Gültig ab 1. Januar 1926[1].

Inhaltsübersicht.

I. Bauvorschriften.

§ 1. Geltungsbereich.

A. Erklärungen.

§ 2.

B. Allgemeine Schutzmaßnahmen.

§ 3. Schutz gegen Berührung. Erdung.
§ 4. Übertritt von Hochspannung.
§ 5. Isolationszustand.

C. Maschinen, Transformatoren und Akkumulatoren.

§ 6. Elektrische Maschinen.
§ 7. Transformatoren.
§ 8. Akkumulatoren.

D. Schalt- und Verteilungsanlagen.

§ 9.

E. Apparate.

§ 10. Allgemeines.
§ 11. Schalter.
§ 12. Anlasser und Widerstände.
§ 13. Steckvorrichtungen.
§ 14. Stromsicherungen (Schmelzsicherungen und Selbstschalter).
§ 15. Andere Apparate.

---

[1] Angenommen durch die Jahresversammlung 1925. Veröffentlicht: ETZ 1925, S. 239, 279, 321, 977 und 1526. — *Sonderdruck VDE 330.*

Vorher haben drei andere Fassungen bestanden, von denen eine auch noch einer Änderung unterworfen wurde. Über die Entwicklung gibt die nachstehende Tafel Aufschluß:

Fassung:	Beschlossen:	Gültig ab:	Veröffentl. ETZ:
1. Fassung	18. 6. 00	1. 7. 00	00 S. 663
Änd. d. 1. Fassung	28. 6. 01	1. 7. 01	01 S. 796
2. Fassung	24. 6. 04	1. 1. 05	04 S. 684
3. Fassung	25. 5. 06	1. 10. 06	06 S. 798
4. Fassung	8. 9. 25	1. 1. 26	25 S. 239, 279, 321, 977 u. 1526.

F. Lampen und Zubehör.

§ 16. Fassungen und Glühlampen.
§ 17. Bogenlampen.
§ 18. Beleuchtungskörper, Schnurpendel und Handleuchter.

G. Beschaffenheit und Verlegung der Leitungen.

§ 19. Beschaffenheit isolierter Leitungen.
§ 20. Bemessung der Leitungen.
§ 21. Allgemeines über Leitungsverlegung.
§ 22. Freileitungen.
§ 23. Installationen im Freien.
§ 24. Leitungen in Gebäuden.
§ 25. Isolier- und Befestigungskörper.
§ 26. Rohre.
§ 27. Kabel.

H. Behandlung verschiedener Räume.

§ 28. Elektrische Betriebsräume.
§ 29. Abgeschlossene elektrische Betriebsräume.
§ 30. Betriebstätten.
§ 31. Feuchte, durchtränkte und ähnliche Räume.
§ 32. Akkumulatorenräume.

J. Provisorische Einrichtungen, Prüffelder und Laboratorien.

§ 33.

K. Vorschriften für die Strecke.

§ 34. Fahrleitungen und am gleichen Tragwerk verlegte Speiseleitungen bis 1650 V.
§ 35. Schienenrückleitungen.

L. Fahrzeuge.

§ 36.

II. Betriebsvorschriften.

§ 37. Zustand der Anlagen.
§ 38. Warnungstafeln, Vorschriften und schematische Darstellungen.
§ 39. Allgemeine Pflichten der im Betriebe Beschäftigten.
§ 40. Bedienung elektrischer Anlagen.
§ 41. Maßnahmen zur Herstellung und Sicherung des spannungfreien Zustandes.
§ 42. Maßnahmen bei Unterspannungsetzung der Anlage.
§ 43. Arbeiten unter Spannung.
§ 44. Arbeiten in der Nähe von Hochspannung führenden Teilen.
§ 45. Zusatzbestimmungen für Akkumulatorenräume.
§ 46. Zusatzbestimmungen für Arbeiten in explosionsgefährlichen, durchtränkten und ähnlichen Räumen.
§ 47. Zusatzbestimmungen für Arbeiten an Kabeln.
§ 48. Zusatzbestimmungen für Arbeiten an Freileitungen.

§ 49. Zusatzbestimmungen für Arbeiten an Fahr- und Speiseleitungen.
§ 50. Zusatzbestimmungen für Arbeiten in Prüffeldern und Laboratorien.

§ 51.
III. Inkrafttreten dieser Vorschriften.

I. Bauvorschriften.

§ 1.

Geltungsbereich.

Die hierunter stehenden Bestimmungen gelten für die elektrischen Starkstromanlagen oder Teile solcher von elektrischen Bahnen mit einer Gebrauchspannung bis 1650 V an der Fahrleitung oder am Fahrzeuge gegen Erde mit Ausnahme elektrischer Streckenförderungen u. T. Diese Bestimmungen schließen die Stromerzeugung und zugehörende Energieübertragung ohne Begrenzung der Übertragungspannung ein.

> 1. Im Gegensatz zu den mit Buchstaben bezeichneten Absätzen, die grundsätzlich Vorschriften darstellen, enthalten die mit Ziffern versehenen Absätze Ausführungsregeln. Letztere geben an, wie die Vorschriften mit den üblichen Mitteln im allgemeinen zur Ausführung gebracht werden sollen, wenn nicht im Einzelfall besondere Gründe eine Abweichung rechtfertigen.

A. Erklärungen.

§ 2.

a) Elektrische Bahnanlagen oder Teile solcher, deren effektive Gebrauchspannung zwischen irgendeiner Leitung und Erde 250 V überschreitet, sind als Hochspannungsanlagen zu betrachten. Bahnanlagen unter 250 V gelten als Niederspannungsanlagen; bei Akkumulatoren ist die Entladespannung maßgebend.

In den vorliegenden Vorschriften sind die allgemein auf Nieder- und Hochspannung bezüglichen Abschnitte durch normale Drucktypen, *die nur Hochspannung betreffenden Abschnitte durch Kursivdruck gekennzeichnet.*

b) Feuersichere, wärmesichere und feuchtigkeitsichere Gegenstände.

Feuersicher ist ein Gegenstand, der entweder nicht entzündet werden kann oder nach Entzündung nicht von selbst weiterbrennt.

Wärmesicher ist ein Gegenstand, der bei der höchsten betriebsmäßig vorkommenden Temperatur keine den Gebrauch beeinträchtigende Veränderung erleidet.

Feuchtigkeitsicher ist ein Gegenstand, der sich im Gebrauch durch Feuchtigkeitsaufnahme nicht so verändert, daß er für die Benutzung ungeeignet wird.

c) Freileitungen.

Als Freileitungen gelten alle oberirdischen Leitungen außerhalb von Gebäuden, die weder eine metallene Schutzhülle noch eine Schutzverkleidung haben. Leitungen für Installation im Freien an Gebäuden, in Höfen, Gärten und dergleichen, bei denen die Entfernung der Stützpunkte 20 m nicht überschreitet, sind nicht als Freileitungen anzusehen.

Ferner gelten für die Fahrleitungen elektrischer Bahnen, sowie für am gleichen Tragwerk verlegte Speiseleitungen weder die „Vorschriften für Starkstrom-Freileitungen" noch die „Vorschriften für Installationen im Freien" (siehe § 34).

d) Elektrische Betriebsräume.

Als elektrische Betriebsräume gelten Räume, die wesentlich zum Betriebe elektrischer Maschinen oder Apparate dienen und in der Regel nur unterwiesenem Personal zugänglich sind.

Abgetrennte Führerstände, die Oberseite des Daches und die Unterseite des Fußbodens von Fahrzeugen, sowie das Innere von Lokomotiven sind als elektrische Betriebsräume zu betrachten.

e) Abgeschlossene elektrische Betriebsräume.

Als abgeschlossene elektrische Betriebsräume werden solche Räume bezeichnet, die nur zeitweise durch unterwiesenes Personal betreten, im übrigen aber unter Verschluß gehalten werden, der nur durch beauftragte Personen geöffnet werden darf.

f) Betriebstätten.

Als Betriebstätten werden die Räume bezeichnet, die im Gegensatz zu elektrischen Betriebsräumen auch anderen als elektrischen Betriebsarbeiten dienen und nichtunterwiesenem Personal regelmäßig zugänglich sind.

g) Feuchte, durchtränkte und ähnliche Räume.

Als solche gelten Betriebsräume, in denen erfahrungsgemäß durch Feuchtigkeit oder Verunreinigungen (besonders chemischer Natur) die dauernde Erhaltung normaler Isolation erschwert oder der elektrische Widerstand des Körpers der darin beschäftigten Personen erheblich vermindert wird.

h) Betriebsarten. Bei Dauerbetrieb ist die Betriebzeit so lang, daß die dem Beharrungzustand entsprechende Endtemperatur erreicht wird. Die der Dauerleistung entsprechende Stromstärke wird als „Dauerstromstärke" bezeichnet.

Bei aussetzendem Betrieb wechseln Einschaltzeiten und stromlose Pausen über die gesamte Spieldauer, die höchstens 10 min beträgt, ab. Das Verhältnis von Einschaltdauer zur Spieldauer wird „relative Einschaltdauer" genannt. Die aussetzende Stromstärke, die zum Bewegen der Vollast nach Eintritt der vollen Geschwindigkeit erforderlich ist, wird als „Vollaststromstärke" bezeichnet.

Bei kurzzeitigem Betrieb ist die Betriebzeit kürzer als die zum Erreichen der Beharrungstemperatur erforderliche Zeit und die Betriebspause lang genug, um die Abkühlung auf die Temperatur des Kühlmittels zu ermöglichen.

B. Allgemeine Schutzmaßnahmen.

§ 3.

Schutz gegen Berührung. Erdung.

a) Die unter Spannung gegen Erde stehenden, nicht mit Isolierstoff bedeckten Teile müssen im Handbereich gegen zufällige Berührung geschützt sein. Bei Spannungen bis zu 40 V gegen Erde ist dieser Schutz im allgemeinen entbehrlich (weitere Ausnahmen siehe § 28 a).

1. Abdeckungen, Schutzgitter u. dgl. sollen der zu erwartenden Beanspruchung entsprechend mechanisch widerstandsfähig sein und zuverlässig befestigt werden.

b) Bei Hochspannung müssen sowohl die blanken als auch die mit Isolierstoff bedeckten Teile durch ihre Lage, Anordnung oder besondere Schutzvorkehrungen der Berührung entzogen sein (Ausnahmen siehe §§ 6c, 8c, 28b und 29a).

c) Bei Hochspannung müssen alle nicht spannungführenden Metallteile, die Spannung annehmen können, miteinander gut leitend verbunden und geerdet werden, wenn nicht durch andere Mittel eine gefährliche Spannung vermieden oder unschädlich gemacht wird (siehe auch §§ 6b, 8a, 8b und 8c, Ausnahme siehe § 36).

2. Als Erdung gilt eine gutleitende Verbindung mit der Erde. Sie soll so ausgeführt werden, daß in der Umgebung des geerdeten Gegenstandes (Standort für Personen) ein den örtlichen Verhältnissen entsprechendes, tunlichst ungefährliches, allmählich verlaufendes Potentialgefälle erzielt wird. Als der Erdung gleichwertig gilt die Verbindung mit der Fahrschiene oder den Radsätzen der Fahrzeuge.

Erdzuleitungen sollen für die zu erwartende Erdschlußstromstärke bemessen werden. Die Erdzuleitungen sollen möglichst sichtbar und geschützt gegen mechanische und chemische Zerstörungen verlegt und ihre Anschlußstellen der Nachprüfung zugänglich sein.

3. Die Erdungen sollen nach den „Leitsätze für Erdungen und Nullung in Niederspannunganlagen" bzw. nach den „*Leitsätze für Schutzerdungen in Hochspannungsanlagen*" ausgeführt werden.

§ 4.

Übertritt von Hochspannung.

a) Maßnahmen müssen getroffen werden, die bestimmt sind, dem Auftreten unzulässig hoher Spannungen in Verbrauchstromkreisen vorzubeugen.

§ 5.

Isolationszustand.

a) Die Anlage muß einen angemessenen Isolationszustand haben.

1. Isolationsprüfungen sollen mindestens mit der Betriebspannung ausgeführt werden.

2. Wenn bei diesen Prüfungen nicht nur die Isolation zwischen den Leitungen und Erde, sondern auch die Isolation je zweier Leitungen gegeneinander geprüft wird, so sollen alle Stromverbraucher von ihren Leitungen abgetrennt, dagegen alle Beleuchtungskörper angeschlossen, alle Sicherungen eingesetzt und alle Schalter geschlossen sein.

3. Lackierung und Emaillierung von Metallteilen gilt nicht als Isolierung im Sinne des Berührungschutzes.

Als Isolierstoffe für Hochspannung gelten faserige oder poröse Stoffe, die mit geeigneter Isoliermasse getränkt sind, ferner feste feuchtigkeitsichere Isolierstoffe.

C. Maschinen, Transformatoren und Akkumulatoren
(mit Ausnahme der in Fahrzeugen verwendeten).

§ 6.
Elektrische Maschinen.

a) Elektrische Maschinen sind so aufzustellen, daß etwa im Betriebe der elektrischen Einrichtung auftretende Feuererscheinungen keine Entzündung von brennbaren Stoffen der Umgebung hervorrufen können.

b) Bei Hochspannung müssen die Körper elektrischer Maschinen entweder geerdet und, soweit der Fußboden in ihrer Nähe leitend ist, mit diesem leitend verbunden sein oder sie müssen gut isoliert aufgestellt und in diesem Falle mit einem gut isolierenden Bedienungsgange umgeben sein.

c) Die spannungführenden Teile der Maschinen und die zugehörenden Verbindungsleitungen unterliegen nur den Vorschriften über Berührungschutz nach § 3a. *Bei Hochspannung müssen auch die mit Isolierstoff bedeckten Teile gegen zufällige Berührung geschützt sein.*

Soweit dieser Schutz nicht schon durch die Bauart der Maschine selbst erzielt wird, muß er bei der Aufstellung durch Lage, Anordnung oder besondere Schutzvorkehrungen erreicht werden.

Verschläge für luftgekühlte Motoren müssen so beschaffen und bemessen sein, daß ihre Entzündung ausgeschlossen und die Kühlung der Motoren nicht behindert ist.

d) Die äußeren spannungführenden Teile der Maschinen müssen auf feuersicheren Unterlagen befestigt sein.

e) Elektrische Maschinen müssen ein Leistungschild besitzen, auf dem die in §§ 80 und 81 der „Regeln für die Bewertung und Prüfung elektrischer Maschinen R.E.M./1923" geforderten Angaben vermerkt sind.

§ 7.
Transformatoren.

a) Bei Hochspannung müssen Transformatoren entweder in geerdete Metallgehäuse eingeschlossen oder in besonderen Schutzverschlägen untergebracht sein. Ausgenommen von dieser Vorschrift sind Transformatoren in abgeschlossenen elektrischen Betriebsräumen (siehe § 29) und solche, die nur mit besonderen Hilfsmitteln zugänglich sind.

Verschläge für selbstgekühlte Transformatoren müssen so beschaffen und bemessen sein, daß ihre Entzündung ausgeschlossen und die Kühlung der Transformatoren nicht behindert ist.

b) An Hochspannungtransformatoren, deren Körper betriebsmäßig nicht geerdet ist, müssen Vorrichtungen angebracht sein, die gestatten, die Erdung des Körpers gefahrlos vorzunehmen oder die Transformatoren allseitig abzuschalten.

c) Die spannungführenden Teile der Transformatoren und die zugehörenden Verbindungsleitungen unterliegen nur den Vorschriften über Berührungschutz nach § 3a.

d) Die äußeren spannungführenden Teile der Transformatoren müssen auf feuersicheren Unterlagen befestigt sein.

e) Transformatoren müssen ein Leistungschild besitzen, auf dem die in §§ 63 bis 65 der „Regeln für die Bewertung und Prüfung von Transformatoren R.E.T./1923" geforderten Angaben vermerkt sind.

§ 8.
Akkumulatoren (siehe auch § 32).

a) Die einzelnen Zellen sind gegen das Gestell, dieses ist gegen Erde durch feuchtigkeitsichere Unterlagen zu isolieren.

b) Bei Hochspannung müssen die Batterien mit einem isolierenden Bedienungsgange umgeben sein.

c) Die Batterien müssen so angeordnet sein, daß bei der Bedienung eine zufällige gleichzeitige Berührung von Punkten, zwischen denen eine Spannung von mehr als 250 V herrscht, nicht erfolgen kann. *Im übrigen gilt bei Hochspannung der isolierende Bedienungsgang als ausreichender Schutz bei zufälliger Berührung unter Spannung stehender Teile.*

1. Bei Batterien, die 1000 V oder mehr gegen Erde aufweisen, empfiehlt es sich, abschaltbare Gruppen von nicht über 500 V zu bilden.

d) Zelluloid darf bei Akkumulatorenbatterien für mehr als 16 V Spannung außerhalb des Elektrolyten und als Baustoff für Gefäße nicht verwendet werden.

D. Schalt- und Verteilungsanlagen
(mit Ausnahme der in Fahrzeugen verwendeten).

§ 9.

a) Schalt- und Verteilungstafeln, Schaltgerüste und Schaltkasten müssen aus feuersicherem Isolierstoff oder aus Metall bestehen. Holz ist als Umrahmung, Schutzhülle und Schutzgeländer zulässig.

b) Bei Schalttafeln und Schaltgerüsten, die betriebsmäßig auf der Rückseite zugänglich sind, müssen die Gänge hinreichend breit und hoch sein und von Gegenständen freigehalten werden, die die freie Bewegung stören.

1. Die Entfernung zwischen ungeschützten, Spannung gegen Erde führenden Teilen der Schaltanlage und der gegenüberliegenden Wand soll bei Niederspannung etwa 1 m, bei Hochspannung etwa 1,5 m betragen. Sind beiderseits ungeschützte, Spannung gegen Erde führende Teile in erreichbarer Höhe angebracht, so sollen sie in der Wagerechten etwa 2 m voneinander entfernt sein.
In Gängen sollen Hochspannung führende Teile besonders geschützt sein, wenn sie weniger als 2,5 m hoch liegen.

c) Schalt- und Verteilungstafeln, -gerüste und -kasten mit unzugänglicher Rückseite müssen so beschaffen sein, daß nach ihrer betriebsmäßigen Befestigung an der Wand die Leitungen derart angelegt und angeschlossen werden können, daß die Zuverlässigkeit der Leitungsanschlußstellen von vorn geprüft werden kann. Die Klemmstellen der Zu- und Ableitungen dürfen nicht auf der Rückseite der Tafeln oder Gerüste liegen.

2. Verteilungstafeln sollen durch eine Umrahmung oder ähnliche Mittel so geschützt sein, daß Fremdkörper nicht an die Rückseite der Tafel gelangen können.

3. Der Mindestabstand spannungführender, rückseitig angeordneter Teile von der Wand soll bei Schalt- und Verteilungstafeln und -gerüsten nach c) 15 mm betragen.

Werden hinter diesen metallene oder metallumkleidete Rohre oder Rohrdrähte geführt, so gilt der gleiche Mindestabstand zwischen den genannten spannungführenden Teilen und den Rohren oder Rohrdrähten.

d) In jeder Verteilungsanlage sind für die einzelnen Stromkreise Bezeichnungen anzubringen, die näheren Aufschluß über die Zugehörigkeit der angeschlossenen Leitungen mit ihren Schaltern, Sicherungen, Meßgeräten usw. geben.

4. Nachträglich zu der Schaltanlage hinzukommende Apparate sollen entweder auf die bestehenden Unterlagen und Umrahmungen oder auf ordnungsmäßig gebaute und isolierte Zusatztafeln oder -gerüste gesetzt werden.

5. Bei Schaltanlagen, die für verschiedene Stromarten und Spannungen bestimmt sind, sollen die Einrichtungen für jede Stromart und Spannung entweder auf getrennten und entsprechend bezeichneten Feldern angeordnet oder deutlich gekennzeichnet sein.

6. Bei Schaltanlagen, die von der Rückseite betriebsmäßig zugänglich sind, soll die Polarität oder Phase von Leitungschienen und dergleichen kenntlich gemacht sein. Die Bedeutung der benutzten Farben und Zeichen soll bekanntgegeben werden.

E. Apparate.

§ 10.

Allgemeines.

a) Die äußeren spannungführenden Teile und, soweit sie betriebsmäßig zugänglich sind, auch die inneren müssen auf feuer-, wärme- und feuchtigkeitsicheren Körpern angebracht sein.

Abdeckungen und Schutzverkleidungen müssen mechanisch widerstandsfähig und wärmesicher sein, sowie zuverlässig befestigt werden. Solche aus Isolierstoff, die im Gebrauch mit einem Lichtbogen in Berührung kommen können, müssen auch feuersicher sein (Ausnahme siehe § 15 b).

b) Die Apparate sind so zu bemessen, daß sie durch den stärksten normal vorkommenden Betriebstrom keine für den Betrieb oder die Umgebung gefährliche Temperatur annehmen können.

c) Die Apparate müssen so gebaut oder angebracht sein, daß einer Verletzung von Personen durch Splitter, Funken, geschmolzenes Material oder Stromübergänge bei ordnungsmäßigem Gebrauch vorgebeugt wird (siehe auch § 3).

d) Die Apparate müssen so gebaut und angebracht sein, daß für die anzuschließenden Drähte (auch an den Einführungstellen) eine genügende Isolation gegen benachbarte Gebäudeteile, Leitungen und dergleichen erzielt wird.

1. Bei dem Bau der Apparate soll bereits darauf geachtet werden, daß die unter Spannung gegen Erde stehenden Teile der zufälligen Berührung entzogen werden können (Ausnahme siehe § 15 b).

2. Griffe, Handräder u. dgl. können aus Isolierstoff oder Metall bestehen. Bei Spannungen bis 1000 V sind metallene Griffe, Handräder u. dgl., die mit einer haltbaren Isolierschicht vollständig überzogen sind, auch ohne Erdung zulässig.

Bei Spannungen über 1000 V sollen isolierende Griffe (entweder ganz aus Isolierstoff oder nur damit überzogen) so eingerichtet sein, daß sich zwischen der bedienenden Person und den spannungführenden Teilen eine geerdete Stelle befindet. Ganz aus Isolierstoff bestehende Schaltstangen sind von dieser Bestimmung ausgenommen.

e) Ortsfeste Apparate müssen für Anschluß der Leitungsdrähte durch Verschraubung oder gleichwertige Mittel eingerichtet sein (siehe auch § 21 [13]).

f) Metallteile, für die eine Erdung in Frage kommen kann, müssen mit einem Erdungsanschluß versehen sein.

g) Alle Schrauben, die Kontakte vermitteln, müssen metallenes Muttergewinde haben.

h) Bei ortsveränderlichen oder beweglichen Apparaten müssen die Anschluß- und Verbindungstellen von Zug entlastet sein.

i) Der Verwendungsbereich (Stromstärke, Spannung, Stromart usw.) muß, soweit es für die Benutzung notwendig ist, auf den Apparaten angegeben sein.

k) Alle Apparate müssen am Hauptteil ein Ursprungzeichen tragen.

§ 11.

Schalter.

(Die * Vorschriften c, f, g und h gelten nicht für Fahrzeuge.)

a) Alle Schalter, die zur Stromunterbrechung dienen, müssen so gebaut und angebracht sein, daß beim ordnungsmäßigen Öffnen unter normalem Betriebstrom kein Lichtbogen bestehen bleibt (Ausnahme siehe § 28 d).

Schalterabdeckungen mit offenen Betätigungschlitzen sind nur in elektrischen Betriebsräumen zulässig.

1. Schalter für Niederspannung bis 5 kW sollen in der Regel Momentschalter sein.

2. Ausschalter sollen in der Regel nur an den Verbrauchsapparaten selbst oder in festverlegten Leitungen angebracht werden.

b) Nennstromstärke und Nennspannung sind auf dem Hauptteil des Schalters zu vermerken.

*c) Der Berührung zugängliche Gehäuse und Griffe müssen, wenn sie nicht geerdet sind, aus nichtleitendem Baustoff bestehen oder mit einer haltbaren Isolierschicht ausgekleidet oder umkleidet sein.

d) Griffdorne für Hebelschalter, Achsen von Dosen- und Drehschaltern und diesen gleichwertige Betätigungsteile dürfen nicht spannungführend sein.

Griffe für Hebelschalter müssen so stark und mit dem Schalter so zuverlässig verbunden sein, daß sie den auftretenden mechanischen Beanspruchungen dauernd standhalten und sich bei Betätigung des Schalters nicht lockern.

e) Ausschalter für Stromverbraucher müssen, wenn sie geöffnet werden, alle Pole ihres Stromkreises, die unter Spannung gegen Erde stehen, abschalten. Ausschalter für Niederspannung, die kleinere Glühlampengruppen bedienen, unterliegen dieser Vorschrift nicht.

Trennschalter sind so anzubringen, daß sie nicht durch das Gewicht der Schaltmesser von selbst einschalten können.

*f) An Hochspannungschaltern muß die Schaltstellung erkennbar sein. Kriechströme über die Isolatoren müssen bei Spannungen über 1500 V durch eine geerdete Stelle abgeleitet werden.

Hochspannungsölschalter in großen Schaltanlagen sind so einzubauen, daß zwischen ihnen und der Stelle, von der aus sie bedient werden, eine Schutzwand besteht.

3. Als große Schaltanlagen gelten solche, deren Sammelschienen mehr als 10000 kW abgeben. Die Schutzwand soll die Bedienenden gegen Flammen und brennendes Öl schützen.

*g) Vor gekapselten Hochspannungschaltern, die nicht ausschließlich als Trennschalter dienen, müssen bei Spannungen über 1500 V erkennbare Trennstellen vorgesehen sein.

*h) Nulleiter und betriebsmäßig geerdete Leitungen dürfen entweder gar nicht oder nur zwangläufig zusammen mit den übrigen zugehörenden Leitern abtrennbar sein.

§ 12.
Anlasser und Widerstände.

a) Anlasser und Widerstände, an denen Stromunterbrechungen vorkommen, müssen so gebaut sein, daß bei ordnungsmäßiger Bedienung kein Lichtbogen bestehen bleibt (vgl. „Regeln für die Bewertung und Prüfung von Anlassern und Steuergeräten R.E.A./1928", § 53,1).

b) Die Anbringung besonderer Ausschalter (siehe § 11 e) ist bei Anlassern und Widerständen nur dann notwendig, wenn der Anlasser nicht selbst den Stromverbraucher allpolig abschaltet.

1. In eingekapselten Steuerschaltern ist bis 1000 V Holz, das durch geeignete Behandlung feuchtigkeitsicher und wärmesicher gemacht ist, auch außerhalb eines Ölbades zulässig, abgesehen von Räumen mit ätzenden Dünsten.

2. Die stromführenden Teile von Anlassern und Widerständen sollen mit einer Schutzverkleidung aus feuersicherem Stoff versehen sein (Ausnahme siehe § 28[1]). Diese Apparate sollen auf feuersicherer Unterlage, und zwar freistehend oder an feuersicheren Wänden und von entzündlichen Stoffen genügend entfernt, angebracht werden.

c) Bei Apparaten mit Handbetrieb darf die Achse der Betätigungsvorrichtung nicht spannungführend sein.

d) Kontaktbahn und Anschlußstellen müssen mit einer widerstandsfähigen, zuverlässig befestigten und abnehmbaren Abdeckung versehen sein; sie darf keine Öffnung enthalten, die eine unmittelbare Berührung spannungführender Teile zuläßt (Ausnahmen siehe §§ 28 und 29).

§ 13.
Steckvorrichtungen.
(mit Ausnahme der in Fahrzeugen verwendeten).

a) Nennstromstärke und Nennspannung müssen auf Dose und Stecker verzeichnet sein.

Stecker dürfen nicht in Dosen für höhere Nennstromstärke und Nennspannung passen.

An den Steckvorrichtungen müssen die Anschlußstellen der ortsveränderlichen oder beweglichen Leitungen von Zug entlastet sein.

Die Kontakte in Steckdosen müssen der unmittelbaren Berührung entzogen sein.

b) Soweit nach § 14 Sicherungen an der Steckvorrichtung erforderlich sind, dürfen sie nicht im Stecker angebracht werden.

1. Wenn an ortsveränderlichen Stromverbrauchern eine Steckvorrichtung angebracht wird, so soll die Dose mit der Leitung und der Stecker mit dem Stromverbraucher verbunden sein.

c) Der Berührung zugängliche Teile der Dosen und Steckerkörper müssen, wenn sie nicht für Erdung eingerichtet sind, aus Isolierstoff bestehen.

Erdverbindungen der Stecker müssen hergestellt sein, bevor sich die Polkontakte berühren.

d) *Bei Hochspannung müssen Steckvorrichtungen so gebaut sein, daß das Einstecken und Ausziehen des Steckers unter Spannung verhindert wird.*

Bei Zwischenkupplungen ortsveränderlicher Leitungen genügt es, wenn ihre Betätigung durch Unberufene verhindert ist.

§ 14.
Stromsicherungen (Schmelzsicherungen und Selbstschalter).

a) Die Stärke der Stromsicherung muß der Betriebstromstärke der zu schützenden Leitungen und der Stromverbraucher angepaßt werden. Sie darf jedoch nicht größer sein, als nach § 20 zulässig ist.

Geflickte Sicherungstöpsel sind verboten.

1. Bei Schmelzsicherungen sollen weiche, plastische Metalle und Legierungen nicht unmittelbar den Kontakt vermitteln, sondern die Schmelzdrähte oder Schmelzstreifen sollen mit Kontaktstücken aus Kupfer oder gleichgeeignetem Metall zuverlässig verbunden sein.

2. Schmelzsicherungen, die nicht spannunglos gemacht werden können, sollen so gebaut oder angeordnet sein, daß sie auch unter Spannung, gegebenenfalls mit geeigneten Hilfsmitteln, von unterwiesenem Personal ungefährlich ausgewechselt werden können.

b) Schmelzsicherungen für niedere Stromstärken müssen in Anlagen mit Betriebspannungen bis 500 V so beschaffen sein, daß die fahrlässige oder irrtümliche Verwendung von Einsätzen für zu hohe Stromstärken durch ihre Bauart ausgeschlossen ist (Ausnahme siehe § 28h). Für niedere Stromstärken dürfen nur Sicherungen mit geschlossenem Schmelzeinsatz verwendet werden.

3. Als niedere Stromstärken gelten hier solche bis 60 A, doch soll für Stromstärken unter 6 A die Unverwechselbarkeit der Sicherungen nicht gefordert werden.

c) Nennstromstärke und Nennspannung sind sichtbar und haltbar auf dem Hauptteil der Sicherung sowie auf dem Schmelzeinsatz zu verzeichnen.

d) Leitungen sind durch Abschmelzsicherungen oder Selbstschalter zu schützen (Ausnahmen siehe f und g).

4. Bei Niederspannung sollen die Sicherungen an einer den Berufenen leicht zugänglichen Stelle angebracht werden; es empfiehlt sich, solche tunlichst auf besonderer gemeinsamer Unterlage zusammenzubauen.

e) Sicherungen sind an allen Stellen anzubringen, wo sich der Querschnitt der Leitungen nach der Verbrauchstelle hin vermindert, jedoch sind da, wo davorliegende Sicherungen auch den schwächeren Querschnitt schützen, weitere Sicherungen nicht erforderlich.

Dieses gilt nicht für Bahnspeiseleitungen und Fahrzeuge (siehe §§ 34 und 36).

Sicherungen müssen stets nahe an der Stelle liegen, wo das zu schützende Leitungstück beginnt. Dieses ist bei Schraubstöpselsicherungen stets mit den Gewindeteilen zu verbinden.

5. Bei Abzweigungen kann das Anschlußleitungstück von der Hauptleitung zur Sicherung, wenn seine einfache Länge nicht mehr als etwa 1 m beträgt, von geringerem Querschnitt sein als die Hauptleitung, wenn es von entzündlichen Gegenständen feuersicher getrennt und nicht als Mehrfachleitung hergestellt ist.

f) Betriebsmäßig geerdete Leitungen dürfen im allgemeinen keine Sicherung enthalten.

g) Die Vorschriften über das Anbringen von Sicherungen beziehen sich nicht auf Freileitungen, Leitungen an Schaltanlagen, ferner in elektrischen Betriebsräumen nicht auf die Verbindungsleitungen zwischen Maschinen, Transformatoren, Akkumulatoren, Schaltanlagen und dergleichen, sowie auch nicht auf alle Fälle, in denen durch das Wirken einer etwa angebrachten Sicherung Gefahren im Betriebe der betreffenden Einrichtungen hervorgerufen werden könnten (siehe auch § 20[2]).

6. Abzweigungen von Freileitungen nach Verbrauchstellen (Hausanschlüsse) sollen, wenn nicht schon an der Abzweigstelle Sicherungen angebracht sind, nach Eintritt in das Gebäude in der Nähe der Einführung gesichert werden.

§ 15.
Andere Apparate.

a) Bei ortsfesten Meßgeräten für Hochspannung müssen die Gehäuse entweder gegen die Betriebspannung sicher isolieren oder sie müssen geerdet sein oder es müssen die Meßgeräte von Schutzkasten umgeben oder hinter Glasplatten derart angebracht sein, daß auch ihre Gehäuse gegen zufällige Berührung geschützt sind. Die an Meßwandler angeschlossenen Meßgeräte unterliegen dieser Vorschrift nicht, wenn ihr Sekundärstromkreis gegen den Übertritt von Hochspannung gemäß § 4 geschützt ist.

b) Bei ortsveränderlichen Meßgeräten (auch Meßwandler) kann von den Forderungen der §§ 10a, 10¹, 10² und 10f abgesehen werden.

c) Handapparate mit einer Aufnahme bis einschließlich 0,3 kW sind für Betriebspannungen von mehr als 250 V nicht zulässig. Elektrisch betriebene Werkzeuge müssen den Regeln für die Prüfung und Bewertung derartiger Maschinen entsprechen.

1. Handapparate sollen besonders sorgfältig ausgeführt und ihre Isolierung soll derart bemessen sein, daß auch bei rauher Behandlung Stromübergänge vermieden werden. Die Bedienungsgriffe der Handapparate, mit Ausnahme der von Betriebswerkzeugen, sollen möglichst nicht aus Metall bestehen und im übrigen so gestaltet werden, daß eine Berührung benachbarter Metallteile erschwert ist.

F. Lampen und Zubehör.
§ 16.
Fassungen und Glühlampen.

a) Jede Fassung ist mit der Nennspannung zu bezeichnen.

Bei Fassungen verwendete Isolierstoffe müssen wärme-, feuer- und feuchtigkeitsicher sein.

Die unter Spannung gegen Erde stehenden Teile der Fassungen müssen durch feuersichere Umhüllung, die jedoch nicht unter Spannung gegen Erde stehen darf, vor Berührung geschützt sein.

In Stromkreisen, die mit mehr als 250 V betrieben werden, müssen die äußeren Teile der Fassungen aus Isolierstoff bestehen und alle spannungführenden Teile der Berührung entziehen. Fassungen für Edison-Lampensockel 14 (Mignonsockel) sind in solchen Stromkreisen nicht zulässig.

b) *Schaltfassungen sind für alle Spannungen über 250 V unzulässig.*

Schaltfassungen müssen im Inneren so gebaut sein, daß eine Berührung zwischen den beweglichen Teilen des Schalters und den Zuleitungsdrähten ausgeschlossen ist. Handhaben zur Bedienung der Schaltfassungen dürfen nicht aus Metall bestehen. Die Schaltachse muß von den spannungführenden Teilen und von dem Metallgehäuse isoliert sein.

c) Die unter Spannung gegen Erde stehenden Teile der Lampen müssen der zufälligen Berührung entzogen sein. Dieser Schutz gegen zufälliges Berühren muß auch während des Einschraubens der Lampen wirksam sein.

d) Glühlampen in der Nähe von entzündlichen Stoffen müssen mit Vorrichtungen versehen sein, die die Berührung der Lampen mit solchen Stoffen verhindern.

e) *In Hochspannungstromkreisen sind zugängliche Glühlampen und Fassungen nur für Gleichstrom und nur für Betriebspannungen bis 1000 V gestattet.*

§ 17.
Bogenlampen.

a) An Örtlichkeiten, wo von Bogenlampen herabfallende glühende Kohleteilchen gefahrbringend wirken können, muß dieses durch geeignete Vorrichtungen verhindert werden. Bei Bogenlampen mit verminderter

Luftzufuhr oder bei solchen mit doppelter Glocke sind keine besonderen Vorrichtungen hierfür erforderlich.

b) Bei Bogenlampen sind die Laternen (Gehänge, Armaturen) gegen die spannungführenden Teile zu isolieren und bei Verwendung von Tragseilen auch diese gegen die Laternen.

1. Die Einführungsöffnungen für die Leitungen an Lampen und Laternen sollen so beschaffen sein, daß die Isolierhüllen nicht verletzt werden. Bei Lampen und Laternen für Außenbeleuchtung ist darauf Bedacht zu nehmen, daß sich in ihnen kein Wasser ansammeln kann.

c) Werden die Zuleitungen als Träger der Bogenlampe verwendet, so müssen die Anschlußstellen von Zug entlastet sein; die Leitungen dürfen nicht verdrillt werden. *Bei Hochspannung dürfen die Zuleitungen nicht als Aufhängevorrichtung dienen.*

d) *Bei Hochspannung muß die Lampe entweder gegen das Aufzugseil und, wenn sie an einem Metallträger angebracht ist, auch gegen diesen doppelt isoliert sein oder Seil und Träger sind zu erden. Bei Spannungen über 1000 V müssen beide Vorschriften gleichzeitig befolgt werden.*

e) *Bei Hochspannung müssen Bogenlampen während des Betriebes unzugänglich und von Abschaltvorrichtungen abhängig sein, die gestatten, sie zum Zweck der Bedienung spannunglos zu machen.*

§ 18.
Beleuchtungskörper, Schnurpendel und Handleuchter.

a) In und an Beleuchtungskörpern müssen die Leitungen mit einer Isolierhülle gemäß § 19 versehen sein. Fassungsadern dürfen nicht als Zuleitung zu ortsveränderlichen Beleuchtungskörpern verwendet werden. Wird die Leitung an der Außenseite des Beleuchtungskörpers geführt, so muß sie so befestigt sein, daß sie sich nicht verschieben und durch scharfe Kanten nicht verletzt werden kann. *Bei Hochspannung dürfen die Leitungen von zugänglichen Beleuchtungskörpern nur geschützt geführt werden.*

1. Die zur Aufnahme von Drähten bestimmten Hohlräume von Beleuchtungskörpern sollen so beschaffen sein, daß die einzuführenden Drähte sicher ohne Verletzung der Isolierung durchgezogen werden können; die engsten, für zwei Drähte bestimmten Rohre sollen bei Niederspannung wenigstens 6 mm, *bei Hochspannung wenigstens 12 mm* im Lichten haben.

2. Bei Niederspannung sollen Abzweigstellen in Beleuchtungskörpern tunlichst zusammengefaßt werden.

3. *Bei Hochspannung sollen Abzweig- und Verbindungstellen in Beleuchtungskörpern nicht angeordnet werden.*

4. Beleuchtungskörper sollen so angebracht werden, daß die Zuführungsdrähte nicht durch Bewegen des Körpers verletzt werden können; Fassungen sollen an den Beleuchtungskörpern zuverlässig befestigt sein.

b) *Bei Hochspannung sind zugängliche Beleuchtungskörper nur bei Gleichstrom und nur bis 1000 V gestattet. Ihre Metallkörper müssen geerdet sein.*

c) Werden die Zuleitungen als Träger des Beleuchtungskörpers verwendet (Schnurpendel), so müssen die Anschlußstellen von Zug entlastet sein.

d) *Bei Hochspannung sind Schnurpendel unzulässig.*

8*

e) Körper und Griff der Handlampen (Handleuchter) müssen aus feuer-, wärme- und feuchtigkeitsicherem Isolierstoff von großer Schlag- und Bruchfestigkeit bestehen. Die spannungführenden Teile müssen auch während des Einsetzens der Lampen, mithin auch ohne Schutzglas, durch ausreichend mechanisch widerstandsfähige und sicher befestigte Verkleidungen gegen zufällige Berührung geschützt sein.

Sie müssen Einrichtungen besitzen, mit deren Hilfe die Anschlußstellen der Leitungen von Zug entlastet und deren Umhüllungen gegen Abstreifen gesichert werden können. Die Einführungsöffnung muß die Verwendung von Werkstoffschnüren und Gummischlauchleitungen (siehe § 19 III) gestatten und mit Einrichtungen zum Schutze der Leitungen gegen Verletzung versehen sein.

Metallene Griffauskleidungen sind verboten.

Jeder Handleuchter muß mit Schutzkorb oder -glas versehen sein. Schutzkorb, Schirm, Aufhängevorrichtung aus Metall oder dergleichen müssen auf dem Isolierkörper befestigt sein. Schalter an Handleuchtern sind nur für Niederspannungsanlagen zulässig; sie müssen den Vorschriften für Dosenschalter entsprechen und so in den Körper oder Griff eingebaut werden, daß sie bei Gebrauch des Leuchters nicht unmittelbar mechanisch beschädigt werden können. Alle Metallteile des Schalters müssen auch bei Bruch der Handhabungsteile der zufälligen Berührung entzogen bleiben.

Handleuchter für feuchte und durchtränkte Räume sowie solche zur Beleuchtung in Kesseln müssen mit einem sicher befestigten Überglas und Schutzkorb versehen sein und dürfen keine Schalter besitzen. An der Eintrittstelle müssen die Leitungen durch besondere Mittel gegen das Eindringen von Feuchtigkeit und gegen Verletzung geschützt sein.

f) Maschinenleuchter ohne Griffe. Zur ortsveränderlichen Aufhängung an Maschinen und sonstigen Arbeitsgeräten und zum gelegentlichen Ableuchten von Hand müssen Körper, Schirm, Schutzkorb und Schalter den Bestimmungen für Handleuchter entsprechen. Die gleichen Bestimmungen gelten in Bezug auf Berührungschutz spannungführender Teile, Bemessung der Einführungsbohrung und hinsichtlich der Einrichtungen für Zugentlastung der Leitungsanschlüsse sowie des Schutzes der Leitungen an der Einführungstelle.

g) Ortsveränderliche Werktischleuchter. Spannungführende Teile der Fassung und der Lampe und zwar die Teile der letztgenannten, auch während diese eingesetzt wird, müssen durch sicher befestigte, besonders widerstandsfähige Schutzkörper gegen zufällige Berührung geschützt sein.

Zur Entlastung der Kontaktstellen und zum Schutz der Leitungsumhüllung gegen Abstreifen und Beschädigung an der Einführungstelle sind geeignete Vorrichtungen vorzusehen. Die Einführungsöffnung muß in dauerhafter Weise mit Isolierstoff ausgekleidet sein. Die spannungführenden Teile der Fassung müssen gegen die übrigen Metallteile besonders sicher isoliert sein. Das Gehäuse der Fassung muß aus Isolierstoff bestehen.

Fassungen an Werktischleuchtern, die zum gelegentlichen Ableuchten aus dem Halter entfernt werden, müssen den Bedingungen für Maschinenleuchter entsprechen.

h) Bei Hochspannung sind Handleuchter nicht zulässig (Ausnahme siehe § 28 k).

G. Beschaffenheit und Verlegung der Leitungen.

§ 19.

Beschaffenheit isolierter Leitungen.

a) Isolierte Leitungen müssen den „Vorschriften für isolierte Leitungen in Starkstromanlagen V.I.L./1928", Bleikabel den „Vorschriften für Bleikabel in Starkstromanlagen V.S.K./1928" entsprechen.

1. Leitungen, die nur durch eine Umhüllung gegen chemische Einflüsse geschützt sind, sollen den „Normen für umhüllte Leitungen" entsprechen. Sie gelten nicht als isolierte Leitungen. Man unterscheidet folgende Arten:
Wetterfeste Leitungen.
Nulleiterdrähte.
Nulleiter für Verlegung im Erdboden.

2. Man unterscheidet folgende Arten von isolierten Leitungen:

I. Leitungen für feste Verlegung.

Gummiaderleitungen für Spannungen bis 750 V.
Sondergummiaderleitungen für alle Spannungen.
Rohrdrähte für Niederspannungsanlagen zur erkennbaren Verlegung, die es ermöglicht, den Leitungsverlauf ohne Aufreißen der Wände zu verfolgen.
Bleimantelleitungen für Niederspannungsanlagen zur Verlegung über Putz.
Panzeradern nur zur festen Verlegung für Spannungen bis 1000 V.

II. Leitungen für Beleuchtungskörper.

Fassungsadern zur Installation nur in und an Beleuchtungskörpern in Niederspannungsanlagen.

III. Leitungen zum Anschluß ortsveränderlicher Stromverbraucher.

Gummiaderschnüre (Zimmerschnüre) für geringe mechanische Beanspruchung in trockenen Wohnräumen in Niederspannungsanlagen.
Leichte Anschlußleitungen für geringe mechanische Beanspruchung in Werkstätten in Niederspannungsanlagen.
Werkstattschnüre für mittlere mechanische Beanspruchung in Werkstätten und Wirtschaftsräumen in Niederspannungsanlagen.
Gummischlauchleitungen:
    Leichte Ausführung zum Anschluß von Tischlampen und leichten Zimmergeräten für geringe mechanische Beanspruchungen in Niederspannungsanlagen.
    Mittlere Ausführung zum Anschluß von Küchengeräten usw. für mittlere mechanische Beanspruchungen in Niederspannungsanlagen.
    Starke Ausführung für besonders hohe mechanische Anforderungen für Spannungen bis 750 V.
Sonderschnüre für rauhe Betriebe in Gewerbe, Industrie und Landwirtschaft in Niederspannungsanlagen.
Hochspannungschnüre für Spannungen bis 1000 V.
Leitungstrossen, geeignet zur Führung über Leitrollen und Trommeln (ausgenommen Pflgleitungen), für besonders hohe mechanische Anforderungen bei beliebigen Spannnungen.

IV. Bleikabel.

Gummi-Bleikabel.
Papier-Bleikabel.
Einleiter-Gleichstrom-Bleikabel bis 1000 V.
Einleiter-Wechselstrom-Bleikabel.
Verseilte Mehrleiter-Bleikabel.

§ 20.

Bemessung der Leitungen.

a) Elektrische Leitungen sind so zu bemessen, daß sie bei den vorliegenden Betriebsverhältnissen genügende mechanische Festigkeit haben und keine unzulässigen Erwärmungen annehmen können (vgl. § 2h).

1. Bei Dauerbetrieb dürfen isolierte Leitungen und Schnüre aus Leitungskupfer mit den in nachstehender Tafel, Spalte 2, verzeichneten Stromstärken belastet werden:

1	2	3	4
	Dauerbetrieb		Aussetzender Betrieb
Querschnitt in mm²	Höchstzulässige Dauerstromstärke in A	Nennstromstärke für entsprechende Abschmelzsicherung in A	Höchstzulässige Vollaststromstärke in A
0,5	7,5	6	7,5
0,75	9	6	9
1	11	6	11
1,5	14	10	14
2,5	20	15	20
4	25	20	25
6	31	25	35
10	43	35	60
16	75	60	105
25	100	80	140
35	125	100	175
50	160	125	225
70	200	160	280
95	240	200	335
120	280	225	400
150	325	260	460
185	380	300	530
240	450	350	630
300	540	430	730
400	640	500	900
500	760	600	—
625	880	700	—
800	1050	850	—
1000	1250	1000	—

Blanke Kupferleitungen bis zu 50 mm² unterliegen gleichfalls den Regeln der Tafel (Spalte 2 und 3). Auf blanke Kupferleitungen über 50 mm², sowie auf Fahrleitungen, ferner auf isolierte Leitungen jeden Querschnittes für aussetzende Betriebe finden die Bestimmungen der Spalten 2 und 3 keine Anwendung; solche Leitungen sind in jedem Falle so zu bemessen, daß sie durch den stärksten normal vorkommenden Betriebstrom keine für den Betrieb oder die Umgebung gefährliche Temperatur annehmen können.

Für die Belastung von Kabeln gelten die in den „Vorschriften für Bleikabel in Starkstromanlagen V.S.K./1928" enthaltenen Bestimmungen.

2. Bei aussetzendem Betrieb ist die Erhöhung der Belastung der Leitungen von 10 mm² aufwärts auf die Werte des Vollaststromes für aussetzenden Betrieb der Spalte 4, die etwa 40% höher als die Werte der Spalte 2 sind, zulässig, falls die relative Einschaltdauer 40% und die Spieldauer 10 min nicht überschreiten. Bedingt die häufige Beschleunigung größerer Massen bei Bemessung des Motors einen Zuschlag zur Beharrungsleistung, so ist dem entsprechend auch der Leitungsquerschnitt reichlicher als für den Vollaststrom im Beharrungzustande zu bemessen.

Bei aussetzenden Motorbetrieben darf die Nennstromstärke der Sicherungen höchstens das 1,5-fache der Werte der Spalte 4 betragen.

Der Auslösestrom der Selbstschalter ohne Verzögerung darf bei aussetzenden Motorbetrieben höchstens das 3-fache der Werte von Spalte 4 betragen. Bei Selbstschaltern mit Verzögerung muß die Auslösung bei höchstens 1,6-fachem Vollaststrom beginnen und die Verzögerungsvorrichtung bei dem 1,1-fachen Wert des Vollaststromes zurückgehen.

Diese Regel gilt nicht für Fahr- und Speiseleitungen (siehe § 34 o und Regel 3) sowie nicht für Leitungen in Fahrzeugen (siehe § 361 und o, Regeln 5 und 7).

3. Bei kurzzeitigem Betrieb gelten die unter 2 genannten Regeln für aussetzenden Betrieb, jedoch sind Belastungen nach Spalte 4 nur zulässig, wenn die Dauer einer Einschaltung 4 min nicht überschreitet, anderenfalls gilt Spalte 2.

Diese Regel gilt nicht für Fahr- und Speiseleitungen (siehe § 34 o und Regel 3) sowie nicht für Leitungen in Fahrzeugen (siehe § 361 und o, Regel 5 und 7).

4. Der geringstzulässige Querschnitt für Kupferleitungen beträgt:

für Leitungen an und in Beleuchtungskörpern, nicht aber für Anschlußleitungen an solche (siehe § 18a) . . . . 0,5 mm²

für Pendelschnüre, runde Zimmerschnüre und leichte Gummischlauchleitungen . . . . 0,75 „

für isolierte Leitungen und für umhüllte Leitungen bei Verlegung in Rohr, sowie für ortsveränderliche Leitungen mit Ausnahme der Pendelschnüre usw. . . . . 1 „

für isolierte Leitungen in Gebäuden und im Freien, bei denen der Abstand der Befestigungspunkte mehr als 1 m beträgt . . . . 4 „

für blanke Leitungen bei Verlegung in Rohr . . . . 1,5 „

für blanke Leitungen in Gebäuden und im Freien (vgl. auch § 3, Regel 4) . . . . 4 „

für Freileitungen mit Spannweiten bis zu 35 m und Niederspannung . . . . 6 „

für Freileitungen in allen anderen Fällen . . . . 10 „

5. Bei Verwendung von Leitern aus Kupfer von geringerer Leitfähigkeit oder anderen Metallen, z. B. auch bei Verwendung der Metallhülle von Leitungen als Rückleitung, sollen die Querschnitte so gewählt werden, daß sowohl Festigkeit wie Erwärmung durch den Strom den im vorigen für Leitungskupfer gegebenen Querschnitten entsprechen.

§ 21.

Allgemeines über Leitungsverlegung.

a) Festverlegte Leitungen müssen durch ihre Lage oder durch besondere Verkleidung vor mechanischer Beschädigung geschützt sein; soweit sie unter Spannung gegen Erde stehen, ist im Handbereich stets eine besondere Verkleidung zum Schutze gegen mechanische Beschädigung erforderlich (Ausnahmen siehe §§ 8c, 28g und 30a).

1. Bei bewehrten Bleikabeln und metallumhüllten Leitungen gilt die Metall·
hülle als Schutzverkleidung.
Mechanisch widerstandsfähige Rohre (siehe § 26) gelten als Schutzverkleidung.
Panzerader soll gegen chemische und nach den örtlichen Verhältnissen
auch gegen mechanische Angriffe geschützt werden.

*b) Bei Hochspannung müssen Schutzverkleidungen aus Metall geerdet,
solche aus Isolierstoff feuersicher sein.*

c) Ortsveränderliche Leitungen und bewegliche Leitungen, die von
festverlegten abgezweigt sind, bedürfen, wenn sie rauher Behandlung
ausgesetzt sind, eines besonderen Schutzes.

2. In Betriebstätten sollen ungeschützte Schnüre nicht verwendet werden.
Besteht der Schutz aus Metallbewehrung, so empfiehlt es sich, ihn zu erden.

d) Geerdete Leitungen können unmittelbar an Gebäuden befestigt
oder in die Erde verlegt werden, jedoch ist eine Beschädigung der Leitungen
durch die Befestigungsmittel oder äußere Einwirkung zu verhüten.

3. Strecken einer geerdeten Betriebsleitung sollen nicht durch Erde allein
ersetzt werden.

e) Ungeerdete blanke Leitungen dürfen nur auf zuverlässigen Isolierkörpern verlegt werden.

f) Ungeerdete blanke Leitungen müssen, soweit sie nicht unausschaltbare gleichpolige Parallelzweige bilden, in einem der Spannweite, Drahtstärke und Spannung angemessenen Abstand voneinander und von Gebäudeteilen, Eisenkonstruktionen u. dgl. entfernt sein.

4. Ungeerdete blanke Leitungen sollen, wenn sie nicht unausschaltbare
Parallelzweige sind, in der Regel bei Spannweiten von mehr als 6 m etwa
20 cm, bei Spannweiten von 4–6 m etwa 15 cm und bei kleineren Spannweiten etwa 10 cm voneinander, in allen Fällen aber etwa 5 cm von der Wand
oder von Gebäudeteilen entfernt sein (siehe § 21²).

5. Bei Verbindungsleitungen zwischen Akkumulatoren, Maschinen und
Schalttafeln, ferner bei Zellenschalterleitungen und bei parallel geführten
Speise-, Steig- und Verteilungsleitungen können starke Kupferschienen sowie starke Kupferdrähte in kleineren Abständen voneinander verlegt werden.
Kleinere Abstände zwischen den Leitungen sind nur zulässig, wenn sie
durch geeignete Isolierkörper gewährleistet sind, die nicht mehr als 1 m voneinander entfernt sind.

*6. Bei blanken Hochspannungleitungen sollen als Abstände der Leitungen
gegen andere Leitungen, gegen die Wand, Gebäudeteile und gegen die eigenen
Schutzverkleidungen folgende Maße eingehalten werden:*

Betriebspannung in V	Mindestabstand in cm
bis 750	4
„ 3000	10
„ 5000	—
„ 6000	10
„ 10000	12,5
„ 15000	—
„ 25000	18
„ 35000	24
„ 50000	35
„ 60000	47
„ 100000	—

7. Hochspannungleitungen sind längs der Außenseite von Gebäuden möglichst zu vermeiden. Ist dieses nicht möglich, so sollen die gleichen Abstände wie in Regel 6 eingehalten werden, jedoch bei einem Mindestabstand von 10 cm. Hierbei sind etwaige Schwingungen der gespannten Leitungen zu berücksichtigen (siehe auch § 22b). Ausgenommen hiervon sind bewehrte Kabel.

g) Isolierte Leitungen ohne metallene Schutzhülle dürfen entweder offen auf geeigneten Isolierkörpern oder in Rohren verlegt werden. Dieses gilt nicht für Fahrzeuge. Die feste Verlegung von ungeschützten Mehrfachleitungen ist unzulässig.

8. Leitungen sollen in der Regel so verlegt werden, daß sie ausgewechselt werden können (siehe § 26⁴). Rohrdrähte sollen nicht eingemauert oder eingeputzt werden.

9. Isolierte offen verlegte Leitungen sollen bei Niederspannung im Freien mindestens 2 cm, in Gebäuden mindestens 1 cm von der Wand entfernt gehalten werden.

10. Isolierte Leitungen mit metallener Schutzhülle (Rohrdrähte, Panzerader usw.) können im Freien an maschinellen Aufbauten und Apparaten, die ständiger Überwachung unterstehen (wie Krane, Schiebebühnen usw.), unmittelbar auf Wänden, Maschinenteilen u. dgl. mit Schellen befestigt werden.

Gegen chemische und atmosphärische Angriffe soll die Schutzhülle gesichert sein.

11. Bei Einrichtungen, an denen ein Zusammenlegen von Leitungen in größerer Zahl unvermeidlich ist (z. B. Regelvorrichtungen, Schaltanlagen), dürfen isolierte Leitungen so verlegt werden, daß sie sich berühren, wenn eine Lagenveränderung ausgeschlossen ist.

12. Bei Hochspannung über 1000 V sollen auf Glocken, Rollen usw. verlegte isolierte Leitungen mit den für blanke Leitungen geforderten Mindestabständen verlegt werden, wenn ihre Isolierhülle nicht gegen Verwitterung geschützt ist. Bei Spannungen unter 1000 V gelten 2 cm als ausreichender Abstand.

h) Bei Leitungen oder Kabeln für Ein- und Mehrphasenstrom, die eisenumhüllt oder durch Eisenrohre geschützt sind, müssen sämtliche zu einem Stromkreis gehörende Leitungen in der gleichen Eisenhülle enthalten sein, wenn bei Einzelverlegung eine bedenkliche Erwärmung der Eisenhüllen zu befürchten ist (siehe § 26c).

i) Die Verbindung von Leitungen untereinander sowie die Abzweigung von Leitungen dürfen nur durch Lötung, Verschraubung oder gleichwertige Mittel bewirkt werden.

13. Die Verbindung der Leitungen mit den Apparaten, Maschinen, Sammelschienen und Stromverbrauchern soll durch Schrauben oder gleichwertige Mittel ausgeführt werden.

Schnüre oder Drahtseile bis zu 6 mm² und Einzeldrähte bis zu 16 mm² Kupferquerschnitt können mit angebogenen Ösen an den Apparaten befestigt werden. Drahtseile über 6 mm² sowie Drähte über 16 mm² Kupferquerschnitt sollen mit Kabelschuhen oder gleichwertigen Verbindungsmitteln versehen sein. Bei Schnüren und Drahtseilen jeder Art sollen die einzelnen Drähte jedes Leiters, wenn sie nicht Kabelschuhe oder gleichwertige Verbindungsmittel erhalten, an den Enden miteinander verlötet sein.

14. Verbindungen von Schnüren untereinander oder zwischen Schnüren und anderen Leitungen sollen nicht durch Verlötung, sondern durch Verschraubung auf isolierender Unterlage oder durch gleichwertige Vorrichtungen hergestellt sein. An und in Beleuchtungskörpern sind bei Niederspannung auch für Schnüre Lötungen zulässig.

k) Bei Verbindungen oder Abzweigungen von isolierten Leitungen ist die Verbindungstelle in einer der übrigen Isolierung möglichst gleichwertigen Weise zu isolieren. Wo die Metallbewehrungen und metallenen Schutzverkleidungen geerdet werden müssen, sind sie an den Verbindungstellen gut leitend zu verbinden.

l) Ortsveränderliche Leitungen dürfen an festverlegte nur mit lösbaren Verbindungen angeschlossen werden.

m) Jede ortsveränderliche Leitung muß ihren eigenen Stecker erhalten.

n) Jede ortsveränderliche Leitung muß an den Anschlußstellen ihrer beiden Enden von Zug entlastet und in ihrer Umhüllung sicher gefaßt sein.

o) Kreuzungen stromführender Leitungen unter sich und mit Metallteilen sind so auszuführen, daß Berührung ausgeschlossen ist.

p) Maßnahmen sind zu treffen, um die Gefährdung von Fernmeldeleitungen durch Starkstromleitungen zu verhindern.

15. Bezüglich der Sicherung vorhandener Fernsprech- und Telegraphenleitungen wird auf das Gesetz über das Telegraphenwesen des Deutschen Reiches vom 6. April 1892 und auf das Telegraphenwegegesetz vom 18. Dezember 1899 verwiesen.

§ 22.
Freileitungen.

a) Ungeerdete Freileitungen dürfen nur auf Porzellanglocken oder gleichwertigen Isoliervorrichtungen verlegt werden.

b) Freileitungen sowie Apparate an Freileitungen sind so anzubringen, daß sie ohne besondere Hilfsmittel weder vom Erdboden noch von Dächern, Ausbauten, Fenstern und anderen von Menschen betretenen Stätten aus zugänglich sind; wenn diese Stätten selbst nur durch besondere Hilfsmittel zugänglich sind, genügt es, bei Niederspannung die Leitungstrecken mit wetterfester Umhüllung auszuführen oder besondere Schutzwehren mit Warnungschild anzuordnen. Bei Wegübergängen müssen die Leitungen einen angemessenen Abstand vom Erdboden oder einen geeigneten Schutz gegen Berührung erhalten.

1. Es empfiehlt sich solche Strecken von Freileitungen, die unter Umständen der Gefahr einer Berührung ausgesetzt sind, neben der Anwendung der gemäß b) verlangten Maßnahmen abschaltbar zu machen.

2. Als wetterfest imprägnierte Leitung gilt die in den „Normen für umhüllte Leitungen" festgelegte Ausführung.

3. *Ungeschützte Freileitungen für Hochspannung sollen in der Regel mit ihren tiefsten Punkten mindestens 6 m von der Erde und bei befahrenen Wegübergängen mindestens 7 m von der Fahrbahn entfernt sein.*

c) *Träger und Schutzverkleidungen von Freileitungen, die mehr als 750 V gegen Erde führen, müssen durch einen roten Blitzpfeil sichtbar gekennzeichnet sein.*

d) Leitungen, Schutznetze und ihre Träger müssen genügend widerstandsfähig (auch gegen Winddruck und Schneelast) sein.

Die Ausführung und Bemessung von Freileitungen muß nach den „Vorschriften für Starkstrom-Freileitungen" erfolgen.

4. Freileitungen können mit größeren Stromstärken belastet werden, als der Tafel in § 20^1 entspricht, wenn dadurch ihre Festigkeit nicht merklich leidet.

e) Bei Freileitungen für Hochspannung müssen blanke Leitungen verwendet werden; wo ätzende Dünste zu befürchten sind, ist ein schützender Anstrich gestattet.

f) Bei Freileitungen für Hochspannung müssen Eisenmaste und Eisenbetonmaste mit Stützenisolatoren geerdet werden.

Werden dagegen Kettenisolatoren mit mehreren Gliedern verwendet, so wird unter der Voraussetzung die Erdung der Maste nicht gefordert, daß durch erhöhte Gliederzahl ein der nachstehenden Tafel entsprechender Sicherheitsgrad gewährleistet ist und Vorkehrungen getroffen sind, die das Auftreten von Dauererdschlüssen an den Masten unmöglich oder unwahrscheinlich machen, z. B. umgekehrte Tannenform, selbsttätige Erdschlußabschaltung u. dgl.

Tafel.

Verkettete Betriebsspannung in kV	Mindestüberschlagspannung der Kette unter Regen (nach den „Leitsätze für die Prüfung von Kettenisolatoren") in kV
50	130
60	150
80	190
100	230

Ferner müssen bei der Führung der Leitungen an Wänden und solchen Holzmasten, die sich an verkehrsreichen Stellen befinden, Isolatorstützen und Träger geerdet werden.

g) In die Betätigungsgestänge von Schaltern an Holzmasten sind Isolatoren einzuschalten, wenn eine zuverlässige Erdung des Schalters nicht gewährleistet werden kann. In diesem Falle ist nicht das Gestell selbst, sondern das Betätigungsgestänge unterhalb der Isolatoren zu erden.

Ankerdrähte an Holzmasten sind, wenn irgend angängig, zu vermeiden. Kann von ihrer Verwendung nicht abgesehen werden, so sollen sie nicht unmittelbar am Eisen der Traversen oder Stützen, sondern am Holz in möglichst großer Entfernung von den Eisenteilen angreifen. Sie sind außerdem über Reichhöhe mit Abspannisolatoren für die volle Betriebspannung zu versehen und unterhalb dieser Isolatoren zu erden.

h) Bei parallel verlaufenden oder sich kreuzenden Freileitungen, die an getrenntem oder gemeinsamem Gestänge geführt sind, sind die Drähte so zu führen oder es sind Vorkehrungen zu treffen, daß eine Berührung der beiden Arten von Leitungen miteinander verhütet oder ungefährlich gemacht wird (siehe auch § 4a).

i) Fernmelde-Freileitungen, die an einem Freileitungsgestänge für Hochspannung geführt sind, müssen so eingerichtet sein, daß gefährliche Spannungen in ihnen nicht auftreten können, oder sie sind wie Hochspannungleitungen zu behandeln. Fernsprechstellen müssen so eingerichtet sein, daß auch bei

Berührung zwischen den beiderseitigen Leitungen eine Gefahr für die Sprechenden ausgeschlossen ist.

5. Fernmelde-Freileitungen sollen entweder auf besonderem Gestänge oder bei gemeinsamem Gestänge in angemessenem Abstand unterhalb der Starkstromleitungen verlegt werden.

k) Wenn eine Hochspannungleitung über Ortschaften, bewohnte Grundstücke und gewerbliche Anlagen geführt wird oder, wenn sie sich einem verkehrsreichen Fahrweg so weit nähert, daß die Vorübergehenden durch Drahtbrüche gefährdet werden können, so müssen Vorrichtungen angebracht werden, die das Herabfallen der Leitungen verhindern oder herabgefallene Teile selbst spannunglos machen oder es müssen innerhalb der fraglichen Strecke alle Teile der Leitungsanlage mit entsprechend erhöhter Sicherheit ausgeführt werden.

6. *Schutznetze für Hochspannungleitungen sind möglichst zu vermeiden. Ist dieses nicht möglich, so sollen sie so gestaltet oder angebracht sein, daß sie auch bei starkem Winde mit den Hochspannungleitungen nicht in Berührung kommen können und einen gebrochenen Draht mit Sicherheit abfangen.*

Sie sollen, wenn sie nicht geerdet werden können, der höchsten vorkommenden Spannung entsprechend isoliert sein.

l) Hochspannung-Freileitungen zur Versorgung ausgedehnter gewerblicher Anlagen, größerer Anstalten, Gehöfte u. dgl. müssen während des Betriebes streckenweise spannunglos gemacht werden können.

7. *Dieses soll auch bei Ortschaften den örtlichen Verhältnissen entsprechend beachtet werden.*

§ 23.

Installationen im Freien.

a) Im Freien verlegte Leitungen müssen abschaltbar sein.

b) Im Freien ist die feste Verlegung von ungeschützten Mehrfachleitungen unzulässig (vgl. § 21 g).

c) Träger und Schutzverkleidungen von Hochspannungleitungen im Freien, die mehr als 750 V gegen Erde führen, müssen durch einen roten Blitzpfeil sichtbar gekennzeichnet sein.

1. Bei im Freien offen verlegten Leitungen ist der Schutz gegen Berührung besonders zu beachten.

2. Ungeschützte Niederspannungleitungen im Freien sollen so verlegt werden, daß sie ohne besondere Hilfsmittel nicht berührt werden können, sie sollen jedoch mindestens 2½ m vom Erdboden entfernt sein.

3. *Ungeschützte Hochspannungleitungen im Freien sollen in der Regel mit ihren tiefsten Punkten mindestens 6 m von der Erde entfernt sein.*

4. Wenn bei Fahrleitungen (ausgenommen solche für Straßenbahnen und Industriebahnen über Tage) die in Regel 2 und 3 genannten Maße nicht eingehalten werden können oder diese Leitungen lose auf Stützpunkten ruhen müssen, so sollen den Betriebsverhältnissen entsprechend Vorsichtsmaßregeln getroffen werden.

5. Apparate sollen tunlichst nicht im Freien untergebracht werden; läßt sich dieses nicht vermeiden, so soll für besonders gute Isolierung, zuverlässigen

Schutz gegen Berührung und gegen schädliche Witterungseinflüsse Sorge getragen werden.

§ 24.
Leitungen in Gebäuden.

a) Innerhalb von Gebäuden müssen alle unter Spannung gegen Erde stehenden Leitungen mit einer Isolierhülle im Sinne des § 19 versehen sein. Nur in Räumen, in denen erfahrungsgemäß die Isolierhülle durch chemische Einflüsse rascher Zerstörung ausgesetzt ist, ferner für Kontaktleitungen u. dgl. dürfen blanke spannungführende Leitungen Verwendung finden, wenn sie vor Berührung hinreichend geschützt sind.

b) *Bei Hochspannung sind ungeerdete blanke Leitungen außerhalb elektrischer Betriebs- und Akkumulatorenräume nur als Kontaktleitungen gestattet. Sie müssen an geeigneter Stelle mit Schalter allpolig abschaltbar sein. Für Fahrleitungen (ausgenommen solche für Straßenbahnen und Industriebahnen über Tage) gilt § 23¹.*

c) Bei Abzweigstellen muß den auftretenden Zugkräften durch geeignete Anordnungen Rechnung getragen werden.

d) Durch Wände, Decken und Fußböden sind die Leitungen so zu führen, daß sie gegen Feuchtigkeit, mechanische und chemische Beschädigung sowie Oberflächenleitung ausreichend geschützt sind.

1. Die Durchführungen sollen entweder der in den betreffenden Räumen gewählten Verlegungsart entsprechen oder es sollen haltbare isolierende Rohre verwendet werden, und zwar für jede einzeln verlegte Leitung und für jede Mehrfachleitung je ein Rohr.

In feuchten Räumen sollen entweder Porzellan- oder gleichwertige Rohre verwendet werden, deren Gestalt keine merkliche Oberflächenleitung zuläßt, oder die Leitungen sollen frei durch genügend weite Kanäle geführt werden.

Über Fußböden sollen die Rohre mindestens 10 cm vorstehen; sie sollen gegen mechanische Beschädigung sorgfältig geschützt sein. *Bei Hochspannung sollen die Rohre außerdem an Decken und Wandflächen mindestens 5 cm vorstehen.*

§ 25.
Isolier- und Befestigungskörper.

a) Holzleisten sind unzulässig.

b) Krampen sind nur zur Befestigung von betriebsmäßig geerdeten Leitungen zulässig, wenn dafür gesorgt ist, daß der Leiter weder mechanisch noch chemisch durch die Art der Befestigung beschädigt wird.

c) Isolierglocken müssen so angebracht werden, daß sich in ihnen kein Wasser ansammeln kann.

d) Isolierkörper müssen so angebracht werden, daß sie die Leitungen in angemessenem Abstand voneinander, von Gebäudeteilen, Eisenkonstruktionen u. dgl. entfernt halten.

1. Bei Führung von Leitungen auf gewöhnlichen Rollen längs der Wand soll auf höchstens 1 m eine Befestigungstelle kommen. Bei Führung an der Decke können den örtlichen Verhältnissen entsprechend ausnahmsweise größere Abstände gewählt werden.

2. Mehrfachleitungen sollen nicht so befestigt werden, daß ihre Einzelleiter aufeinandergepreßt sind.

§ 26.

Rohre.

a) Rohre und Zubehörteile (Dosen, Muffen, Winkelstücke usw.) aus Papier müssen imprägniert sein und einen Metallüberzug haben.

1. Dosen sollen entweder feste Stutzen oder hinreichende Wandstärke zur Aufnahme der Rohre haben.

2. Rohrähnliche Winkel-, T-, Kreuzstücke u. dgl. sollen als Teile des Rohrsystemes in gleicher Weise ausgekleidet sein wie die Rohre selbst, scharfe Kanten im Inneren sind auf alle Fälle zu vermeiden.

b) *Rohre aus Metall oder mit Metallüberzug müssen bei Hochspannung in solcher Stärke verwendet werden, daß sie auch den zu erwartenden mechanischen und chemischen Angriffen widerstehen.*

Bei Hochspannung sind die Stoßstellen metallener Rohre metallisch zu verbinden und die Rohre zu erden.

c) In ein und dasselbe Rohr dürfen nur Leitungen verlegt werden, die zu dem gleichen Stromkreise gehören (siehe §§ 21 h und 28 i).

d) Drahtverbindungen und Abzweigungen innerhalb der Rohrsysteme sind nur in Dosen, Abzweigkasten, T- und Kreuzstücken und nur durch Verschraubung auf isolierender Unterlage zulässig.

3. Rohre sollen so verlegt werden, daß sich in ihnen kein Wasser ansammeln kann.

4. Bei Rohrverlegung sollen im allgemeinen die lichte Weite sowie die Anzahl und der Halbmesser der Krümmungen so gewählt sein, daß man die Drähte einziehen und entfernen kann. Von der Auswechselbarkeit der Leitungen kann abgesehen werden, wenn die Rohre offen verlegt und jederzeit zugänglich sind. Die Rohre sollen an den freien Enden mit entsprechenden Armaturen, z. B. Tüllen, versehen sein, so daß die Isolierung der Leitungen durch vorstehende Teile und scharfe Kanten nicht verletzt werden kann.

5. Unter Putz verlegte Rohre, die für mehr als einen Draht bestimmt sind, sollen mindestens 11 mm lichte Weite haben.

§ 27.

Kabel.

a) Blanke und asphaltierte Bleikabel dürfen nur so verlegt werden, daß sie gegen mechanische und chemische Beschädigungen geschützt sind.

1. Bleikabel jeder Art, mit Ausnahme von Gummi-Bleikabeln bis 750 V, dürfen nur mit Endverschlüssen, Muffen oder gleichwertigen Vorkehrungen, die das Eindringen von Feuchtigkeit verhindern und gleichzeitig einen guten elektrischen Anschluß gestatten, verwendet werden.

b) Es ist darauf zu achten, daß an den Befestigungsstellen der Bleimantel nicht eingedrückt oder verletzt wird; Rohrhaken sind unzulässig. Bei freiliegenden Kabeln ist eine brennbare Umhüllung verboten.

c) Prüfdrähte sind wie die zugehörenden Kabeladern zu behandeln. *Bei Hochspannung sind sie so anzuschließen, daß sie nur zur Kontrolle der zugehörenden Kabeladern dienen.*

H. Behandlung verschiedener Räume.

Für die in §§ 28—32 behandelten Räume treten die allgemeinen Vorschriften insoweit außer Kraft, als folgende Sonderbestimmungen Abweichungen enthalten.

§ 28.
Elektrische Betriebsräume.

a) Entgegen § 3a kann in Niederspannungsanlagen von dem Schutz gegen zufällige Berührung blanker, unter Spannung gegen Erde stehender Teile insoweit abgesehen werden, als dieser Schutz nach den örtlichen Verhältnissen entbehrlich oder der Bedienung und Beaufsichtigung hinderlich ist.

b) *Entgegen § 3b kann bei Hochspannung die Schutzvorrichtung insoweit auf einen Schutz gegen zufällige Berührung beschränkt werden, als ein erhöhter Schutz nach den örtlichen Verhältnissen entbehrlich oder der Bedienung und Beaufsichtigung hinderlich ist.*

c) *Bei Hochspannung sind auch solche blanke Leitungen gestattet, die nicht Kontaktleitungen sind (siehe § 24b). Sie müssen jedoch nach § 3b der Berührung entzogen sein.*

d) Schalter, mit Ausnahme von Ölschaltern, brauchen der Bestimmung in § 11a, Absatz 1 nur bei der Stromstärke zu genügen, für deren Unterbrechung sie bestimmt sind. Auf solchen Schaltern ist außer der Betriebspannung und Betriebstromstärke auch die zulässige Ausschaltstromstärke zu vermerken.

e) Entgeden § 11h können Nulleiter und betriebsmäßig geerdete Leitungen auch einzeln abtrennbar gemacht werden.

f) Entgegen § 12b sind auch bei nicht allpolig abschaltbaren Anlassern besondere Ausschalter nicht notwendig.

ı. Entgegen § 12² sind Schutzverkleidungen für Anlasser und Widerstände nicht unbedingt erforderlich.

g) Die in § 21a geforderte Schutzverkleidung ist bei Niederspannung und bei *isolierten Hochspannungleitungen unter 1000 V* nur insoweit erforderlich, als die Leitungen mechanischer Beschädigung ausgesetzt sind.

h) Aus besonderen Betriebsrücksichten kann entgegen § 14b von der Unverwechselbarkeit der Schmelzeinsätze Abstand genommen werden.

i) Bei Schalt- und Signalanlagen ist es entgegen § 26c gestattet, Leitungen verschiedener Stromkreise in einem Rohr zu verlegen.

k) *Entgegen § 18i sind Handleuchter bei Gleichstrom bis 1000 V zulässig.*

§ 29.
Abgeschlossene elektrische Betriebsräume.

a) In solchen Räumen gelten die Bestimmungen für elektrische Betriebsräume *mit der Maßgabe, daß bei Hochspannung ein Schutz der unter Spannung stehenden Teile nur gegen zufällige Berührung durchgeführt werden muß.*

1. Als Hilfsmittel gegen zufälliges Berühren spannungführender Teile kommen in Betracht: Trennwände zwischen den Feldern der Schaltanlage, Trennwände zwischen den einzelnen Phasen, Schutzgitter, feste und zuverlässig befestigte Geländer, selbsttätige Ausschalt- oder Verriegelungsvorrichtungen.
2. Der Verschluß der Räume soll so eingerichtet sein, daß der Zutritt nur den berufenen Personen möglich ist.

b) Bei Hochspannung dürfen entgegen § 7 a Transformatoren ohne geerdete Metallgehäuse und ohne besonderen Schutzverschlag aufgestellt werden, wenn ihr Körper geerdet ist.

§ 30.
Betriebstätten.

a) Entgegen § 21a dürfen bei Niederspannung die im Handbereich liegenden Zuführungsleitungen zu Maschinen ungeschützt verlegt werden, wenn sie einer Beschädigung nicht ausgesetzt sind.

b) Bei Hochspannung müssen ausgedehnte Verteilungsleitungen während des Betriebes für Notfälle ganz oder streckenweise spannunglos gemacht werden können.

§ 31.
Feuchte, durchtränkte und ähnliche Räume.

a) Die nicht geerdeten, nach diesen Räumen führenden Leitungen müssen allpolig abschaltbar sein.

b) Für Spannungen über 1000 V sind nur Kabel zulässig.

c) Festverlegte Mehrfachleitungen sind nicht zulässig.

d) Ortsveränderliche Leitungen müssen durch eine schmiegsame Umhüllung gegen Beschädigungen besonders geschützt sein.

1. Bei offen verlegten Leitungen ist der Schutz gegen Berührung (siehe § 3) besonders zu beachten.

2. Offen verlegte, ungeerdete blanke Leitungen sollen in einem Abstand von mindestens 5 cm voneinander und 5 cm von der Wand auf zuverlässigen Isolierkörpern verlegt werden (siehe § 24 4). Sie können mit einem der Natur des Raumes entsprechenden, haltbaren Anstrich versehen sein.

Schutzrohre sollen gegen mechanische und chemische Angriffe hinreichend widerstandsfähig sein.

3. Motoren und Apparate sollen tunlichst nicht in solchen Räumen untergebracht werden; läßt sich dieses nicht vermeiden, so soll für besonders gute Isolierung, guten Schutz gegen Berührung und gegen die obwaltenden schädlichen Einflüsse Sorge getragen werden; die nicht spannungführenden, der Berührung zugänglichen Metallteile sollen gut geerdet werden.

e) Stromverbraucher müssen so eingerichtet sein, daß sie zum Zweck der Bedienung spannunglos gemacht werden können.

f) Für Beleuchtung ist nur Niederspannung zulässig. Fassungen müssen aus Isolierstoff bestehen. Schaltfassungen sind verboten.

§ 32.
Akkumulatorenräume (siehe auch § 8).

a) Akkumulatorenräume gelten als abgeschlossene elektrische Betriebsräume.

b) Zur Beleuchtung dürfen nur elektrische Lampen verwendet werden, deren Leuchtkörper luftdicht abgeschlossen ist.

c) Für geeignete Lüftung ist zu sorgen.

J. Provisorische Einrichtungen, Prüffelder und Laboratorien.

§ 33.

a) Für festverlegte Leitungen sind Abweichungen von den Bestimmungen über Stützpunkte der Leitungen und dgl. zulässig, doch ist dafür zu sorgen, daß die Vorschriften hinsichtlich mechanischer Festigkeit, zufälliger gefahrbringender Berührung, Feuersicherheit und Erdung für den ordnungsmäßigen Gebrauch erfüllt sind.

b) Provisorische Einrichtungen sind durch Warnungstafeln zu kennzeichnen und durch Schutzgeländer, Schutzverschläge oder dgl. gegen den Zutritt Unberufener abzugrenzen. *Bei Hochspannung sind sie nötigenfalls unter Verschluß zu halten.* Den örtlichen Verhältnissen ist dabei Rechnung zu tragen.

Die beweglichen und ortsveränderlichen Einrichtungen sowie die Beleuchtungskörper, Apparate, Meßgeräte usw. müssen den allgemeinen Vorschriften genügen.

Bei Schalt- und Verteilungstafeln ist Holz als Baustoff, nicht aber als Isolierstoff zulässig.

c) Ständige Prüffelder und Laboratorien sind mit festen Abgrenzungen und entsprechenden Warnungstafeln zu versehen. Fliegende Prüfstände sind durch eine auffallende Absperrung (Schranken, Seile oder dgl.) kenntlich zu machen. Unbefugten ist das Betreten der Prüffelder und Prüfstände streng zu verbieten.

1. In ständigen Prüffeldern und Laboratorien für Hochspannung über 1000 V sollen die Stände, in denen unter Spannung gearbeitet wird, gegen die Nachbarschaft abgegrenzt werden, wenn dort gleichzeitig Aufstellungs-, Vorbereitungsarbeiten u. dgl. vorgenommen werden.

2. Ständige Prüffelder und Laboratorien für sehr hohe Spannungen sollen in abgeschlossenen Räumen untergebracht werden, deren unbefugtes Betreten durch geeignete Einrichtungen verhindert oder ungefährlich gemacht wird.

3. Wenn in Prüffeldern, Laboratorien u. dgl. an den provisorischen Leitungen, an den Apparaten usw. der Schutz gegen zufällige Berührung Hochspannung führender Teile sich nicht durchführen läßt, sollen die Gänge hinreichend breit und der Bedienungsraum genügend groß sein.

d) Versuchschaltungen in Prüffeldern und Laboratorien, die während des Gebrauches unter sachkundiger Leitung stehen, unterliegen den allgemeinen Vorschriften nicht.

K. Vorschriften für die Strecke.

§ 34.

Fahrleitungen und am gleichen Tragwerk verlegte
Speiseleitungen bis 1650 V.

a) Außer blanken Leitungen sind auch wetterfest umhüllte mit einem Querschnitt von mindestens 10 mm² zulässig.

*b) Fahrleitungen und Speiseleitungen (Verstärkungsleitungen usw.),
die nicht auf Porzellanglocken verlegt sind, müssen gegen Erde doppelt isoliert
sein. Holz ist als zweite Isolierung zulässig.*

*c) Querdrähte jeder Art (Tragdrähte), die im Handbereich liegen, müssen
gegen spannungführende Leitungen doppelt isoliert sein.*

*d) Die Höhe der Leitungen über öffentlichen Straßen darf nicht unter
5 m betragen. Eine geringere Höhe ist bei Unterführungen zulässig, wenn
geeignete Vorsichtsmaßregeln getroffen werden (z. B. Warnungstafeln).*

*e) Wenn Fahrleitungen unter oder neben Eisen- oder Eisenbetonbauten
verlegt sind, müssen Einrichtungen dagegen getroffen sein, daß ein entgleister
oder gebrochener Stromabnehmer eine stromleitende Verbindung mit dem Bau-
werk herstellt.*

*f) Bei Bahnen auf besonderem Bahnkörper, der dem öffenlichen Verkehr
nicht freigegeben ist, können die Leitungen in beliebiger Höhe verlegt werden,
wenn bei der gewählten Verlegungsart die Strecke von unterwiesenem Personal ohne Gefahr begangen werden kann. An Haltestellen und Übergängen
sind die Leitungen gegen zufällige Berührung zu schützen und Warnungstafeln anzubringen.*

*g) Als Baustoff für die Fahrleitung, soweit diese aus Draht besteht, ist
Kupfer oder ein diesem entsprechender Baustoff zu verwenden. Dieser Baustoff muß den ,,Vorschriften für Starkstrom-Freileitungen" entsprechen.*

*h) Die Bauausführung der Leitungsanlagen hat sinngemäß nach den
,,Vorschriften für Starkstrom-Freileitungen" zu erfolgen.*

*i) Die Fahrleitungen und Speiseleitungen (Verstärkungsleitungen usw.)
sind in bebauten Straßen in Abschnitte zu teilen, die durch Ausschalter getrennt werden können. Die Länge der Abschnitte soll in stark bebauten Straßen
nicht über 1 km betragen.*

*1. Jede Leitung soll für ihre mittlere Stromstärke (zeitlicher quadratischer
Mittelwert) so bemessen werden, daß hierbei die in Spalte 2 der Tafel in § 20
zugelassenen Stromwerte nicht überschritten werden.*

*k) Die Streckenausschalter müssen, soweit sie ohne besondere Hilfsmittel
erreichbar sind, mit geschlossen zu haltenden Schutzkasten versehen sein.
Die Lage der Ausschalter muß leicht erkennbar gemacht werden.*

*2. Die Kenntlichmachung der Ausschalter erfolgt zweckmäßig durch einen
roten Mastring bzw. eine rote rechteckige Scheibe am Querdraht.*

*l) In die Fahrleitungen und die Speiseleitungen sind in ausreichender
Anzahl Überspannungschutz-Vorrichtungen einzubauen, die auch bei wieder-
holten atmosphärischen Entladungen wirksam bleiben. Für gute Erdung
ist Sorge zu tragen; hierbei dürfen eiserne Maste als Leiter benutzt werden;
sie müssen aber mit den Fahrschienen gut leitend verbunden werden. Gegen
Berührung nicht geschützte Überspannungschutz-Vorrichtungen dürfen nicht
unter 5 m Höhe angebracht werden.*

*m) Entgegen § 22c ist die Kennzeichnung der Träger und Schutzverklei-
dungen von Freileitungen durch einen roten Blitzpfeil nicht erforderlich.
Notwendig ist der Blitzpfeil an Querdrähten, an denen die Außenleiter
einer Dreileiteranlage zusammentreffen.*

n) Speiseleitungen müssen im Kraftwerk von der Stromquelle und an den Speisepunkten von der Fahrleitung abschaltbar sein.

o) Die Hauptleitung muß durch Abschmelzsicherung oder Selbstschalter geschützt sein. Diese Schutzvorrichtung muß so bemessen oder eingestellt werden, daß bei Kurzschluß der Stromkreis abgeschaltet, daß er jedoch bei den höchsten betriebsmäßig auftretenden Belastungen nicht unterbrochen wird.

3. In diesen Stromkreisen soll die Nennstromstärke der Schmelzsicherung höchstens das 1,5-fache, die Auslösestromstärke des Selbstschalters höchstens das 3-fache der nach Spalte 4 der Tafel in § 20 für die Hauptleitung zugelassenen Stromwerte betragen.

p) Bei Kreuzungen und Näherungen der Bahnanlagen durch fremde Starkstromleitungen gelten die „Bahnkreuzungs-Vorschriften für fremde Starkstromanlagen B.K.V./1921" des Reichsverkehrsministeriums.

§ 35.
Schienenrückleitungen.

a) Sofern die Schienen zur Rückleitung des Stromes dienen, müssen die Stöße gut leitend verbunden sein.

b) Die „Vorschriften zum Schutze der Gas- und Wasserröhren gegen schädliche Einwirkungen der Ströme elektrischer Gleichstrombahnen, die die Schienen als Leiter benutzen" sind einzuhalten.

L. Fahrzeuge.
§ 36.

a) Die elektrische Ausrüstung ist so anzuordnen, daß die Forderungen bezüglich Berührungschutz nach § 3a und b erfüllt werden.

b) Die nicht spannungführenden Metallteile, die Spannung annehmen können, sind, soweit sie der zufälligen Berührung durch die Fahrgäste ausgesetzt sind, auch in abgeschlossenen Führerständen, gemäß § 3c zu erden oder anderweitig zu schützen. Dagegen kann auf der Oberseite des Wagendaches, der Unterseite des Fußbodens und im Inneren von Lokomotiven die Erdung oder der Schutz solcher Metallteile entfallen, soweit die Isolation der spannungführenden Teile dieses erfordert, mit Ausnahme der Körper der Maschinen und der Gehäuse der Transformatoren, die stets gemäß § 3c zu erden oder zu schützen sind.

c) Die elektrischen Maschinen und Transformatoren müssen ein Leistungschild besitzen, auf dem die in §§ 58 und 59 der „Regeln für die Bewertung und Prüfung von elektrischen Bahnmotoren und sonstigen Maschinen und Transformatoren auf Triebfahrzeugen R.E.B./1925" geforderten Angaben vermerkt sind.

d) Die Zellen elektrischer Akkumulatoren müssen sowohl gegeneinander als auch gegen das Fahrzeug gut isoliert aufgestellt sein.

e) Die Akkumulatorenbatterie ist so zu umkleiden, daß eine zufällige Berührung durch Unberufene verhindert ist.

f) Besondere Schalt- und Verteilungstafeln müssen aus feuersicherem Baustoff bestehen, Holz ist als Umrahmung zulässig. Sicherungen und Schalter sind mit einer Bezeichnung zu versehen, aus der hervorgeht, zu welchen Stromkreisen sie gehören.

g) Sämtliche Apparate und deren Anschlußstellen sind in kräftiger, stoß- und erschütterungsfester Ausführung herzustellen.

h) Die Handhaben der Fahrschalter sind in der Weise abnehmbar anzuordnen, daß das Abnehmen nur bei ausgeschaltetem Fahrstrom erfolgen kann.

i) Die Stromzuführung zu dem Fahrschalter muß auf jedem Führerstand durch einen Schalter unterbrochen werden können. Ein Ausschalten der Beleuchtung darf hierbei nicht erfolgen.

1. Sind andere Vorrichtungen vorgese en, die den gleichen Zweck erreichen, so kann von dieser Vorschrift abgesehen werden.

k) Bremsstromkreise dürfen weder mit Schmelzsicherungen noch mit Selbstschaltern gesichert sein.

2. Bei Fahrzeugen für Oberleitungsbetrieb soll hinter dem Stromabnehmer ein Überspannungschutz eingebaut werden. Die zugehörende Erdzuleitung ist auf dem kürzesten Wege zu dem Wagenuntergestell zu führen.

3. Stromkreise für Stromrückgewinnung gelten nicht als Bremsstromkreise im Sinne der Vorschrift k.

l) Die Bemessung der Leitungsquerschnitte in den Fahrzeugen erfolgt im allgemeinen nach § 20.

4. Der geringstzulässige Querschnitt ist 1 mm².

5. Jede Leitung des Fahrstromkreises soll für ihre mittlere Stromstärke (zeitlicher quadratischer Mittelwert) so bemessen werden, daß hierbei die in Spalte 2 der Tafel in § 20 zugelassenen Stromwerte nicht überschritten werden.

m) Nebeneinander verlaufende, isolierte Fahrstromleitungen müssen entweder zu Mehrfachleitungen mit einer gemeinsamen wasserdichten Schutzhülle zusammengefaßt werden derart, daß ein Verschieben und Reiben der Einzelleitungen vermieden wird (dabei ist die Isolierhülle an den Austrittstellen von Leitungen gegen Wasser abzudichten), oder die Leitungen sind getrennt zu verlegen und, wenn sie durch Wände oder Fußböden geführt sind, durch Isoliermittel so zu schützen, daß sie sich an diesen Stellen nicht durchscheuern können.

n) Bei Bahnen, bei denen die Fahrgäste auf der Strecke gefahrlos ins Freie gelangen können, dürfen in den Wagen isolierte Leitungen unmittelbar auf Holz verlegt und Holzleisten zu deren Verkleidung benutzt werden.

6. Zweckmäßig ist die Einzelverlegung der Leitungen in Kabelschellen, die die getrennte Lage der Leitungen sichern.

o) Die Hauptleitung des Fahrstromkreises muß durch Abschmelzsicherung oder Selbstschalter geschützt sein. Die Schutzvorrichtung muß so bemessen oder eingestellt werden, daß bei Kurzschluß der Stromkreis abgeschaltet, daß er jedoch bei den höchsten, betriebsmäßig auftretenden Belastungen nicht unterbrochen wird.

7. Im Fahrstromkreis soll die Nennstromstärke der Schmelzsicherung höchstens das 1,5-fache, die Auslösestromstärke des Selbstschalters höchstens das 3-fache der nach Spalte 4 der Tafel in § 20 für die Hauptleitung zugelassenen Stromwerte betragen.

p) Bremskuppelungen müssen durch geeignete Vorrichtungen so gesichert werden, daß, abgesehen von Zugtrennungen, ein Herausfallen der Kabel vermieden wird.

II. Betriebsvorschriften.

§ 37.

Zustand der Anlagen.

a) Die elektrischen Anlagen sind den vorstehenden „Bauvorschriften" entsprechend in ordnungsmäßigem Zustande zu erhalten. Hervortretende Mängel sind in angemessener Frist zu beseitigen. In Anlagen, die vor dem 1. Januar 1926 errichtet sind, müssen erhebliche Mißstände, die das Leben oder die Gesundheit von Personen gefährden, beseitigt werden. Jede Änderung einer solchen Anlage ist, soweit es die technischen und Betriebsverhältnisse gestatten, den geltenden Vorschriften gemäß auszuführen.

b) Leicht entzündliche Gegenstände dürfen nicht in gefährlicher Nähe ungekapselter elektrischer Maschinen und Apparate sowie offen verlegter spannungführender Leitungen gelagert werden.

c) Schutzvorrichtungen und Schutzmittel jeder Art müssen in brauchbarem Zustande erhalten werden.

1. Als Schutzmittel gelten gegen die herrschende Spannung isolierende, einen sicheren Stand bietende Unterlagen, Erdungen, Abdeckungen, Gummischuhe, Werkzeuge mit Schutzisolierung, Schutzbrillen und ähnliche Hilfsmittel.

Gummihandschuhe sind als Schutz gegen Hochspannung unzuverlässig, daher in Hochspannungsanlagen verboten.

2. Der Zugang zu Maschinen, Schalt- und Verteilungsanlagen soll soweit freigehalten werden, als es ihre Bedienung erfordert.

3. Maschinen und Apparate sollen in gutem Zustande erhalten und in angemessenen Zwischenräumen gereinigt werden.

§ 38.

Warnungstafeln, Vorschriften und schematische Darstellungen.

a) In Hochspannungbetrieben müssen Tafeln, die vor unnötiger Berührung von Teilen der elektrischen Anlage warnen, an geeigneten Stellen, insbesondere bei elektrischen Betriebsräumen und abgeschlossenen elektrischen Betriebsräumen, an den Zugängen angebracht sein. Warnungstafeln für Hochspannung sind mit Blitzpfeil zu versehen. Bei Niederspannung sind Warnungstafeln nur an gefährlichen Stellen erforderlich.

b) In jedem elektrischen Betriebe sind diese Betriebsvorschriften und eine „Anleitung zur ersten Hilfeleistung bei Unfällen im elektrischen Betriebe" anzubringen. Für einzelne Teilbetriebe genügen gegebenenfalls zweckentsprechende Auszüge aus den Betriebsvorschriften.

c) In jedem elektrischen Betriebe muß eine schematische Darstellung der elektrischen Anlage vorhanden sein.

1. Es empfiehlt sich, an wichtigen Schaltstellen und in Transformatoren-stationen, *insbesondere bei Hochspannung,* ein Teilschema, aus dem die Abschaltbarkeit hervorgeht, anzubringen.

2. Das kleinste Format für Warnungstafeln soll 15×10 cm sein.

3. Warnungstafeln, Betriebsvorschriften und schematische Darstellungen sollen in leserlichem Zustande erhalten werden. Wesentliche Änderungen und Erweiterungen sollen in den schematischen Darstellungen nachgetragen werden.

4. Für die Anfertigung der schematischen Darstellungen sind die Schaltzeichen und Schaltbilder für Starkstromanlagen nach DIN VDE 710 bis 717 sowie das Muster eines Gesamtschaltplanes nach DIN VDE 719 zugrunde zu legen.

Kennfarben für blanke Leitungen in Starkstrom-Schaltanlagen sind nach DIN VDE 705 zu wählen.

§ 39.
Allgemeine Pflichten der im Betriebe Beschäftigten.

Jeder im Betriebe Beschäftigte hat:

a) Von den durch Anschlag bekanntgegebenen, sowie von den zur Einsichtnahme bereit liegenden, ihn betreffenden Betriebsvorschriften Kenntnis zu nehmen und ihnen nachzukommen.

b) Bei Vorkommnissen, die eine Gefahr für Personen oder für die Anlagen zur Folge haben können, geeignete Maßnahmen zu treffen, um die Gefahr einzuschränken oder zu beseitigen. Dem Vorgesetzten ist baldmöglichst Anzeige zu erstatten.

1. Arbeiten im Hochspannungbetriebe sollen nur mit besonderer Vorsicht unter sorgfältiger Beachtung der Betriebsvorschriften und unter Benutzung der gebotenen Schutzmittel ausgeführt werden. Die mit den Arbeiten Betrauten sollen sorgfältig unterwiesen werden, insbesondere dahin, daß sie nichts unternehmen oder berühren dürfen, ohne sich über die dabei vorhandene Gefahr Rechenschaft zu geben und die gebotenen Gegenmaßregeln anzuwenden.

2. Bei Unfällen von Personen ist nach der „Anleitung zur ersten Hilfeleistung bei Unfällen im elektrischen Betriebe" zur verfahren.

3. Bei Brandgefahr sind nach Möglichkeit die „Leitsätze zur Bekämpfung von Bränden in elektrischen Anlagen und in deren Nähe" zu befolgen.

§ 40.
Bedienung elektrischer Anlagen.

a) Jede unnötige Berührung von Leitungen, sowie ungeschützter Teile von Maschinen, Apparaten und Lampen ist verboten.

b) Die Bedienung von Schaltern, das Auswechseln von Sicherungen und die betriebsmäßige Bedienung von Maschinen, Akkumulatoren, Apparaten, Lampen ist nur den damit beauftragten Personen gestattet, wenn erforderlich unter Benutzung von Schutzmitteln.

1. Sicherungen und Unterbrechungstücke bei Hochspannung sollen, wenn die Apparate nicht so gebaut oder angeordnet sind, daß man sie ohne weiteres gefahrlos handhaben kann, nur unter Benutzung isolierender oder anderer geeigneter Schutzmittel betätigt werden.

c) Reinigungs-, Wartungs- und Instandsetzungsarbeiten dürfen nur durch damit beauftragte und mit den Arbeiten vertraute Personen oder unter deren Aufsicht durch Hilfsarbeiter ausgeführt werden. Die Arbeiten sind, wenn möglich, in spannungfreiem Zustande, d. h. nach allpoliger Abschaltung der Stromzuführungen, unter Berücksichtigung der in §§ 41 und 42 und, wenn unter Spannung gearbeitet werden muß, unter Berücksichtigung der in §§ 43 und 44 gegebenen Sonderbestimmungen vorzunehmen.

d) Die Schlüssel zu den abgeschlossenen elektrischen Betriebsräumen sind von den dazu Berufenen unter sicherer Verwahrung zu halten.

e) Abgeschlossene elektrische Betriebsräume, die den Anforderungen § 29 der Bauvorschriften nicht entsprechen, dürfen nur betreten werden, nachdem alle Teile spannunglos gemacht sind.

2. Besonders ist darauf zu achten, daß der spannungfreie Zustand nicht immer durch Herausnahme von Schaltern u. dgl. allein gewährleistet ist, da noch Verbindungen durch Meßschaltungen, Ring- und Doppelleitungen usw. bestehen können oder eine Rücktransformierung, Induktion, Kapazität usw. vorhanden sein kann.

§ 41.
Maßnahmen zur Herstellung und Sicherung des spannungfreien Zustandes.

a) Ist die Abschaltung des Teiles der Anlage, an dem gearbeitet werden soll, und der in unmittelbarer Nähe der Arbeitstelle befindlichen Teile nicht unbedingt sichergestellt, so muß zwischen Schalt- und Arbeitstelle eine Kurzschließung und Erdung, an der Arbeitstelle außerdem eine Kurzschließung und behelfsmäßige Verbindung mit der Erde zur Ableitung von Induktionsströmen vorgenommen werden.

Bei Hochspannung muß zwischen Arbeit- und Trennstelle Erdung und Kurzschließung vorgenommen werden, nachdem sich der Arbeitende überzeugt hat, daß dieses ohne Gefahr geschehen kann.

Für die Dauer der Arbeit ist an der Schaltstelle ein Schild oder dgl. anzubringen mit dem Hinweise, daß an dem zugehörenden Teil der elektrischen Anlage gearbeitet wird.

1. Auch bei Niederspannung empfiehlt es sich, bei Schaltern, Trennstücken und dgl., die einen Arbeitspunkt spannungfrei machen sollen, für die Dauer der Arbeit ein Schild oder dgl. anzubringen mit dem Hinweise, daß an dem zugehörenden Teil der elektrischen Anlage gearbeitet wird.

2. Zur Erdung und Kurzschließung sollen Leitungen unter 10 mm² nicht verwendet werden.

3. Erdungen und Kurzschließungen sollen auch bei Niederspannung erst vorgenommen werden, wenn es ohne Gefahr geschehen kann.

4. Zum Nachweise, daß die Arbeitstelle spannungfrei ist, können dienen: Spannungprüfungen, Kennzeichnung der beiderseitigen Leitungsenden, Einsicht in schematische Übersichts- oder Leitungsnetzpläne mit oder ohne Angabe der erforderlichen Reihenfolge der Schaltungen, die entweder an den Schaltstellen vorhanden sein oder dem Schaltenden mitgegeben werden können, wenn er nicht durch mündliche Anweisung oder in anderer Weise über die Anlage genau unterrichtet ist.

b) Die Vereinbarung eines Zeitpunktes, zu dem eine Anlage spannungfrei gemacht werden soll, genügt nicht, es sei denn, daß es sich um regelmäßige Betriebspausen handelt.

§ 42.
Maßnahmen bei Unterspannungsetzung der Anlage.

a) Waren zur Vornahme von Arbeiten Betriebsmittel spannungfrei, so darf die Einschaltung erst dann erfolgen, wenn das Personal von der beabsichtigten Einschaltung verständigt worden ist.

b) Vor der Einschaltung sind alle Schaltungen und Verbindungen ordnungsgemäß herzustellen und keine Verbindungen zu belassen, durch die ein Übertreten der Spannung in außer Betrieb befindliche Teile herbeigeführt werden kann.

c) Die Vereinbarung von Zeitpunkten, zwischen denen die Anlage spannungfrei sein oder bleiben soll, genügt nicht, es sei denn, daß es sich um regelmäßige Betriebspausen handelt.

1. Die Verständigung mit der Arbeitstelle durch Fernsprecher ist zulässig, jedoch nur mit Rückmeldung durch den mit der Leitung der Arbeiten Beauftragten.

2. Bei Aufhebung von Kurzschließungen soll die Erdverbindung zuletzt beseitigt werden.

§ 43.
Arbeiten unter Spannung.

a) Arbeiten unter Spannung sind nur durch besonders damit beauftragte und mit der Gefahr vertraute Personen auszuführen. Zweckentsprechende Schutzmittel sind bereitzustellen und zu benutzen; sie sind vor Gebrauch nachzusehen (siehe §§ 37c und 37[1]).

b) Arbeiten unter Spannung sind gestattet, wenn es aus Betriebsrücksichten nicht zulässig ist, die Teile der Anlage, an denen selbst oder in deren unmittelbarer Nähe gearbeitet werden soll, spannungfrei zu machen oder, wenn die geforderte Erdung und Kurzschließung an der Arbeitstelle nicht vorgenommen werden kann.

c) Arbeiten müssen unter den für Arbeiten unter Spannung vorgeschriebenen Vorsichtsmaßregeln auch dann ausgeführt werden, wenn zwar ein Abschalten, Erden und Kurzschließen erfolgt ist, aber noch Unsicherheit darüber besteht, ob die Teile, an denen gearbeitet werden soll, wirklich mit den abgeschalteten oder geerdeten und kurzgeschlossenen Teilen übereinstimmen.

d) Bei Hochspannung dürfen Arbeiten unter Spannung nur in Notfällen und nur in Gegenwart einer geeigneten und unterwiesenen Person sowie unter Beachtung geeigneter Vorsichtsmaßnahmen ausgeführt werden (Ausnahmen siehe §§ 45a, 46, 49 und 50c

§ 44.
Arbeiten in der Nähe von Hochspannung führenden Teilen.

a) Bei allen Arbeiten in der Nähe von Hochspannung führenden Teilen hat der Arbeitende darauf zu achten, daß er keinen Körperteil oder Gegenstand mit der Hochspannung in Berührung bringt. Da bei Arbeiten in

Reichnähe von Hochspannung führenden Teilen die Aufmerksamkeit des Arbeitenden von der gefährlichen Stelle abgelenkt wird, so ist die Gefahrzone durch Schranken abzusperren oder es sind die gefährlichen Teile durch Isolierstoffe der zufälligen Berührung zu entziehen.

Bei allen Arbeiten in der Nähe von Hochspannung ist für einen festen Standpunkt Sorge zu tragen.

§ 45.
Zusatzbestimmungen für Akkumulatorenräume.

a) Bei Akkumulatoren sind entgegen § 43d Arbeiten unter Spannung bei Beobachtung der geeigneten Vorsichtsmaßnahmen gestattet. Eine Aufsichtsperson ist nur bei Spannungen über 750 V erforderlich.

b) Akkumulatorenräume müssen während der Ladung gelüftet werden.

c) Offene Flammen und glühende Körper dürfen während der Überladung nicht benutzt werden.

1. Die Gebäudeteile und Betriebsmittel einschließlich der Leitungen sowie die isolierenden Bedienungsgänge sollen vor schädlicher Einwirkung der Säure nach Möglichkeit geschützt werden.

2. Die Akkumulatorenwärter sollen zur Reinlichkeit angehalten und auf die Gefahren, die Säure und Bleisalze mit sich bringen können, aufmerksam gemacht werden. Für ausreichende Wascheinrichtungen und Waschmittel soll Sorge getragen werden.

3. Essen, Trinken und Rauchen ist in Akkumulatorenräumen zu vermeiden.

§ 46.
Zusatzbestimmungen für Arbeiten in explosionsgefährlichen, durchtränkten und ähnlichen Räumen.

a) In explosionsgefährlichen, durchtränkten und ähnlichen Räumen sind Arbeiten unter Spannung (siehe § 43) verboten.

§ 47.
Zusatzbestimmungen für Arbeiten an Kabeln.

a) Arbeiten an Hochspannungkabeln, bei denen spannungführende Teile freigelegt oder berührt werden können, dürfen im allgemeinen nur im spannungfreien Zustande vorgenommen werden. Solange der spannungfreie Zustand nicht einwandfrei festgestellt und gesichert ist, sind die Schutzmaßregeln zu treffen, unter denen diese Arbeiten gefahrlos ausgeführt werden können.

1. Bei Arbeiten an Kabeln und Garniturteilen, insbesondere beim Schneiden von Kabeln und Öffnen von Kabelmuffen, sollen sich die Arbeitenden über die Lage der einzelnen Kabel zunächst vergewissern und alsdann geeignete Schutzvorrichtungen anwenden.

Hochspannungkabel sollen vor Beginn der Arbeiten entladen werden.

§ 48.
Zusatzbestimmungen für Arbeiten an Freileitungen.

a) Arbeiten an Freileitungen einschließlich Bedienung von Sicherungen und Trennstücken sollen möglichst, *besonders bei Hochspannung,* nur in spannungfreiem Zustande geschehen unter Berücksichtigung der in §§ 41 und 42 und, wenn unter Spannung gearbeitet werden muß, unter Berücksichtigung der in §§ 43 und 44 gegebenen Bestimmungen.

b) Arbeiten an den Hochspannung führenden Leitungen selbst sind verboten. Bei Arbeiten an spannungfreien Hochspannungleitungen sind die Leitungen an der Arbeitstelle kurzzuschließen und nach Möglichkeit zu erden.

c) Arbeiten an Niederspannung- und Fernmeldeleitungen in gefährlicher Nähe von Hochspannungleitungen sind nur gestattet, wenn die Hochspannungleitungen geerdet und kurz geschlossen oder sonstige ausreichende Schutzmaßregeln getroffen sind.

Hierbei ist nicht nur auf die Gefahr einer Berührung der Leitungen, sondern auch auf die durch Induktion in der Niederspannung- oder Fernmeldeleitung möglichen Spannungen Rücksicht zu nehmen (siehe auch § 22i der Bauvorschriften).

1. Die Bedienung von Sicherungen und Trennstücken in nicht spannungfreien Freileitungen soll, wenn erforderlich, durch isolierende Werkzeuge oder Schaltstangen erfolgen.

2. Arbeiten auf Masten, Dächern usw. sollen nur durch schwindelfreie Personen, die mit festsitzendem Schuhwerk und mit Sicherheitsgürtel ausgerüstet sind, vorgenommen werden.

§ 49.
Zusatzbestimmungen für Arbeiten an Fahr- und Speiseleitungen.

a) Arbeiten an Fahr- und Speiseleitungen dürfen unter Spannung ausgeführt werden, sofern die erforderlichen Schutzmaßnahmen (siehe § 43) angewendet werden.

§ 50.
Zusatzbestimmungen für Arbeiten in Prüffeldern und Laboratorien.

a) Ständige Prüffelder und fliegende Prüfstände sind abzugrenzen, ihr Betreten durch Unbefugte ist zu verbieten.

b) Mit Hochspannungsarbeiten in solchen Räumen dürfen nur Personen betraut werden, die ausreichendes Verständnis für die bei den vorzunehmenden Arbeiten auftretenden Gefahren besitzen und sich ihrer Verantwortung bewußt sind.

c) Die Bestimmungen des § 43d finden auf Arbeiten in Prüffeldern und Laboratorien keine Anwendung.

III. Inkrafttreten dieser Vorschriften.
§ 51.

Diese Vorschriften gelten für Anlagen und Erweiterungen, soweit ihre Ausführung nach dem 1. Januar 1926 beginnt, sowie für den Betrieb von Bahnanlagen vom 1. Januar 1926 ab.

Bis zum 1. Juli 1926 dürfen noch Fassungen in den Handel gebracht werden, die den Vorschriften des § 16c nicht entsprechen.

9. Vorschriften zum Schutze der Gas- und Wasserröhren gegen schädliche Einwirkungen der Ströme elektrischer Gleichstrombahnen, die die Schienen als Leiter benutzen[1].

Gültig ab 1. Juli 1910[2].

§ 1.

Geltungsbereich.

Die nachfolgenden Vorschriften regeln die Anlage von Gleichstrombahnen oder Gleichstrombahnstrecken, die die Schienen als Leiter benutzen. Die vorgeschriebenen oberen Grenzwerte für zulässige Spannungen gelten, soweit nichts anderes ausdrücklich gesagt ist, für die Planung der Anlage, wobei bezüglich des Widerstandes und der Stromleitung nur die Schienen und zugehörenden Überbrückungsleitungen in die Rechnung einzusetzen und der angenommene Widerstand der Schienen, sowie der für seine Vermehrung durch die Stoßverbindungen angesetzte prozentuale Zuschlag anzugeben sind. Indessen dürfen sich diese Grenzwerte bei der rechnerischen sowohl wie bei der praktischen Nachprüfung an den in Betrieb stehenden Anlagen nicht als überschritten erweisen.

Von diesen Vorschriften bleiben Bahnen befreit, deren Geleise auf besonderem Bahnkörper isoliert verlegt sind. Als Beispiel wird die Verlegung auf Holzschwellen genannt, bei der im allgemeinen ein Luftzwischenraum zwischen den Geleisen und der eigentlichen Bettung gewährleistet ist. Erfüllt eine solche Bahn diese Bedingungen an einzelnen Stellen, z. B. Niveaukreuzungen, nicht, so finden die Vorschriften sinngemäße Anwendung, falls nicht durch örtliche Maßnahmen eine gleichwertige Isolation dieser Stellen erreicht ist.

Ferner finden diese Vorschriften keine Anwendung auf Schienenstränge, die an jedem Punkte wenigstens 200 m von dem nächstgelegenen Punkte eines Rohrnetzes entfernt sind.

---

[1] Aufgestellt von der Vereinigten Erdstrom-Kommission des Deutschen Vereines von Gas- und Wasserfachmännern, des Verbandes Deutscher Elektrotechniker und des Vereines Deutscher Straßenbahnen, Kleinbahnen und Privateisenbahnen. — Erläuterungen hierzu siehe ETZ 1911, S. 511.

[2] Angenommen durch die Jahresversammlung 1910. Veröffentlicht: ETZ 1910, S. 491.

§ 2.
Schienenleitung.

Alle zur Stromleitung benutzten Schienen sind als möglichst vollkommene und zuverlässige Leiter auszubilden und dauernd zu erhalten.

Der Widerstand einer Geleisstrecke darf durch die Stoßverbindungen höchstens um den der Planung zugrunde gelegten Zuschlag (vgl. § 1, Abs. 1), der jedoch nicht mehr als 20% betragen darf, größer sein als der Widerstand eines ununterbrochenen Geleises von gleichem Querschnitt und gleicher spezifischer Leitfähigkeit. Die spezifische Leitfähigkeit der zur Verwendung gelangenden Schienen (vgl. § 1, Abs. 1) ist vor der Verlegung festzustellen.

Beim Entwurf der Stromleitungsanlage des Geleisnetzes darf bei der Verwendung von Schienen, die aus Haupt- und Nebenschienen zusammengesetzt sind, der volle Querschnitt beider Schienen nur dann in Rechnung gesetzt werden, wenn nicht nur die Stöße der Hauptschienen, sondern auch die Stöße der Nebenschienen und beide Schienen untereinander dauernd gut leitend verbunden bleiben.

Die Schienen zu beiden Seiten von Kreuzung- und Weichenstücken müssen durch besondere Überbrückungen in gut leitendem Zusammenhang stehen. Die Schienen eines Geleises, sowie die mehrerer nebeneinander liegender Geleise müssen mindestens an jedem zehnten Stoße gut leitend verbunden sein. Diese Überbrückungs- und Querverbindungsleitungen müssen wenigstens die Leitfähigkeit einer Kupferverbindung von 80 mm² Querschnitt haben.

An beweglichen Brücken oder Anlagen ähnlicher Art, die eine Unterbrechung der Geleise zur Folge haben, ist durch besondere isolierte Leitungen der gut leitende Zusammenhang der Geleisanlage zu sichern. Hierbei darf der Spannungsabfall bei mittlerer Belastung (vgl. § 3, Abs. 2) 5 mV je 1 m Entfernung zwischen den Unterbrechungstellen nicht überschreiten.

Alle zur Stromführung dienenden, mit den Schienen verbundenen Leitungen sind gegen Erde zu isolieren. Ausgenommen hiervon sind kurze Verbindungsleitungen, wie Stoß- und Querverbindungen, Überbrückungen an Weichen, Schiebebühnen usw., die, falls sie nicht tiefer als 25 cm in dem Boden verlegt werden, blank ausgeführt werden dürfen.

§ 3.
Schienenspannung.

Hinsichtlich der Spannungverhältnisse im Schienengebiet ist zwischen dem „inneren verzweigten Schienennetz" und den „auslaufenden Strecken" zu unterscheiden. Bei Überlandbahnen werden die Verbindungstrecken der Ortschaften als „auslaufende Strecken" behandelt.

Im „inneren verzweigten Schienennetz" und innerhalb eines anschließenden Gürtels von 2 km Breite soll bei mittlerem fahrplanmäßigen Betrieb der Anlage die sich rechnerisch ergebende Spannung zwischen zwei beliebigen Schienenpunkten 2,5 V nicht überschreiten. Unter den gleichen Bedingungen soll jenseits des Gürtels auf den „auslaufenden Strecken" das größte Spannunggefälle nicht mehr als 1 V je km betragen. Der Verkehr vereinzelter Nachtwagen scheidet bei der Feststellung des mittleren fahrplanmäßigen Betriebes aus.

Ist in einer Ortschaft das Schienennetz unverzweigt, so soll die Spannung innerhalb des verzweigten Rohrnetzes 2,5 V nicht überschreiten.

Der Anschluß anderweitiger stromverbrauchender Anlagen an das Bahnnetz darf die Spannungen im Schienennetze nicht über die vorgeschriebenen Grenzen steigern.

Stehen verschiedene Bahnen miteinander in Verbindung — sei es durch das Schienennetz oder durch die Kraftquelle —, so sind sie so anzulegen, daß sie zusammen diese Bedingungen erfüllen.

Geleisanlagen in Ortschaften mit selbständigen Röhrennetzen sollen für sich den vorstehenden Bestimmungen dieses Paragraphen genügen.

Abweichungen von diesen Vorschriften — und zwar nach beiden Richtungen — in Bezug auf Spannungverhältnisse im Schienennetz können durch besondere örtliche Verhältnisse oder durch erheblich abweichende Betriebsweise begründet sein. So kann z. B., wenn die Betriebsdauer — wie dieses bei Güterbahnen oft der Fall ist — nur einen kleinen Bruchteil des Tages ausmacht, eine Überschreitung der angegebenen Spannunggrenzen zugelassen werden: bei Bahnen bis zu 3 h Betriebsdauer bis auf das 2-fache und bei Bahnen bis zu 1 h Betriebsdauer bis auf das 4-fache.

Wo das Schienennetz allein nicht genügt, die Rückleitung ohne Überschreitung der zulässigen Spannung im Netz zu bewirken, sind besondere Rückleitungen herzustellen. Bei der Wahl der Rückleitungspunkte sind solche Stellen auszusuchen, die möglichst günstig, das heißt entfernt von den Röhren und möglichst in Gebieten mit trockenem, schlecht leitenden Boden liegen.

Zweckmäßig wird man bei Zweileiterbahnen abstufbare Widerstände in die Rückleitungen einbauen, durch die das Potential an allen Rückleitungspunkten, auch unter veränderten Betriebsverhältnissen, nach Möglichkeit gleichgehalten werden kann. Bei Dreileiterbahnen empfiehlt es sich, zum gleichen Zweck die Speisebezirke der beiden Dreileiterseiten umschaltbar einzurichten.

Übergangswiderstand.

Der Widerstand zwischen dem zur Stromleitung benutzten Schienennetz und Erde muß möglichst hoch gehalten werden. Wo dieses durch die Bodenverhältnisse oder durch die Anlage in der Fahrbahnfläche an und für sich nicht genügend gewährleistet wird, ist eine Erhöhung des Widerstandes durch möglichst wirksame Isolation anzustreben.

Die Geleise und die mit ihnen metallisch verbundenen Stromleitungen dürfen weder mit den Röhren noch mit sonstigen Metallmassen in der Erde metallisch verbunden sein.

Außerdem ist darauf zu achten, daß der Abstand zwischen der nächst gelegenen Schiene und solchen Rohrnetzteilen (Wassertopf-Saugröhren, Hülsenröhren, Deckkasten, Spindelstangen, Hydranten oder dergleichen), die in die Oberfläche eingebaut sind oder nahe an sie herantreten und mit den Röhrenleitungen in metallener Verbindung stehen, so groß wie möglich gehalten wird, wenn irgend möglich, wenigstens 1 m.

Feststehende Motoren oder Licht- oder andere Anlagen, die aus einer Bahnleitung gespeist werden, die die Schienen als Stromleitung benutzt, sind mit dem Schienennetz oder mit dessen Stromleitungen durch isolierte Leitungen zu verbinden. Ausgenommen hiervon sind kurze Anschlußleitungen bis zu 16 mm² Querschnitt, die weniger als 25 cm tief in der Erde und mindestens 1 m von der nächsten Röhrenleitung entfernt liegen; diese dürfen blank hergestellt werden.

Behufs Erhöhung des Widerstandes zwischen Schiene und Erde wird empfohlen, die Schiene auf möglichst schlecht leitender und gut entwässerter Unterbettung zu verlegen und diese gegen die Oberfläche der Fahrbahn in genügender Breite möglichst wasserdicht abzuschließen.

Die Verwendung von Salz zur Beseitigung von Schnee und Eis sollte auf die unumgänglich notwendigen Fälle beschränkt bleiben.

Wo sich durch die Schienenführung ein genügender Abstand zwischen den Schienen und den in die Oberfläche eingebauten Rohrnetzteilen nicht schaffen läßt, empfiehlt es sich, die Rohrnetzteile umzulegen oder durch geeignete Isolierschichten (Hülsenrohre aus Steinzeug, Schächte aus Mauerwerk und dergleichen) den Stromübergang zu hemmen.

§ 5.
Stromdichte.

Die vorstehenden Vorschriften sollen das Auftreten von Rohrzerstörungen nach Möglichkeit verhindern. Maßgebend für die elektrolytische Rohrzerstörung ist die Dichte des Stromes, der aus den Röhren austritt.

Wo diese durch Bahnströme hervorgerufene Stromdichte den Mittelwert (vgl. § 3) von 0,75 mA je dcm² erreicht, ist die Röhrenleitung unbedingt als durch die Bahn gefährdet zu bezeichnen und es sind weitere Schutzmaßnahmen zu treffen.

Für Güterbahnen mit außergewöhnlich kurzer Betriebzeit sind hier, wie in § 3, Ausnahmen zulässig.

Bei Richtungswechsel der aus den Röhren austretenden und in sie eintretenden Ströme sind, bis weitere Erfahrungen vorliegen, die letztgenannten bei der Bildung des Stromdichtemittels für die Betriebzeit gleich Null zu setzen.

§ 6.
Überwachung.

Um die Potentiale an den Schienenanschlußpunkten prüfen zu können, sind für jedes Stromabgabegebiet von diesen Punkten Prüfdrähte zu je einer Sammelstelle zu führen.

Bei jeder größeren dauernden Betriebsverstärkung soll die Spannungverteilung im Schienennetz nachgeprüft werden.

Die Schienenstoßverbindungen sind alljährlich einmal mittels eines geeigneten Schienenstoßprüfers nachzuprüfen und derart instand zu setzen, daß sie die Vorschriften §§ 1 und 2 erfüllen. Insbesondere sollen Stoßverbindungen, deren Widerstand sich bei der Prüfung größer als der einer 10 m langen ununterbrochenen Schiene erweist, alsbald vorschriftsmäßig instand gesetzt werden.

10. Leitsätze betreffend Anfressungsgefährdung des blanken Nulleiters von Gleichstrom-Dreileiteranlagen.

Gültig ab 1. Oktober 1923[1].

1. Gefährdet ist der blank in die Erde gelegte Nulleiter durch unmittelbaren chemischen Angriff, durch Elementebildung, durch Eigen- und durch Fremdströme.
2. Angriffsfähige Boden sind insbesondere Schutt, Kohlenschlacken, durchseuchter Boden in der Nähe undichter Aborte, Sulfate, Ätzkalke, frischer Zement, Moorboden. Angriffsfähig kann der Boden werden, wenn aus Abdecksteinen, die wasserlösliche Bestandteile enthalten, diese ausgelaugt werden. Gefährdete Stellen sind ferner Einführungen durch feuchte Mauern und bei vorhandenen Gleichstrombahnen mit Stromrückleitung durch die Schienen eine große Annäherung an die Geleise im Anfressungsgebiete.
3. Am widerstandsfähigsten haben sich verzinnte Kupferleiter erwiesen. In angriffsfähigem Boden kann, wenn nicht Elektrolyse durch austretende Ströme stattfindet und der Boden nicht kalkhaltig oder moorig ist, Verbleien des Kupferleiters Vorteile bringen.
4. Reine Metalle sind legierten vorzuziehen. Schon geringe Beimengungen fremder Metalle von wenigen Prozenten haben sich als schädlich erwiesen.
5. Aluminiumdrähte, Zinkdrähte, Eisendrähte, auch verbleit, haben sich nicht so bewährt wie reine Kupferdrähte.
6. Dünne Drähte unterliegen der Anfressungsgefahr durch die Elektrolyse austretender Ströme in stärkerem Maße als dicke Drähte. Der Gesamtquerschnitt soll daher möglichst nicht unter $16 \, mm^2$ gewählt werden. Seile mit dünnen Einzelleitern sind mehr gefährdet als solche aus dicken Drähten.
7. Zu vermeiden ist die gleichzeitige Verwendung verschiedenartiger Drähte, wie Eisen- und Kupferdrähte.
8. Sind verschiedenartige Drähte nicht zu umgehen, so sollen sie nicht in großer Nähe verlegt werden.
9. Ebenso wie Kabel sind die blanken Nulleiter vorteilhaft in reinen Sand zu betten. Durch allseitiges Abdecken wird das Eindringen gefährdender Streuströme vermindert.

---

[1] Angenommen durch die außerordentliche Ausschußsitzung am 30. August 1923. Veröffentlicht: ETZ 1923, S. 345 und 953.

10. An besonders gefährlichen Stellen ist Isolierung des Nulleiters zu empfehlen, falls nicht Kabel vorgezogen werden.

11. Isolierschichten auf dem Nulleiter müssen dauerhaft sein. Sie müssen das Eindringen von Feuchtigkeit verhindern, fest gegen chemische Angriffe der Bodenfeuchtigkeit und gegen zufällige mechanische Verletzungen sein. Handelt es sich um kurze Strecken, so genügt Einbetten des blanken Leiters in Asphaltteer, wenn durch einen Träger, wie Juteumhüllung, für dauerndes Haften gesorgt ist.

12. Lötstellen sind auf einer Strecke von mindestens 30 cm zu isolieren, wenn verschiedenartige Metalle verbunden sind.

13. Lose Berührung des Nulleiters mit den Außenleiterkabeln, sowie bei Vorhandensein einer elektrischen Bahn auch lose Berührung mit Gas- und Wasserleitungen ist zu vermeiden.

14. Durch Verbindung des blanken Nulleiters mit den Bleimänteln der Außenleiterkabel kann ein gefährdender Stromausgleich zwischen Nullleiter und Kabelbewehrung durch den Erdboden als Elektrolyten (bei Kabelfehlern) vermieden werden, dafür wird die Gefährdung des Bleimantels verstärkt.

15. Die Belastung zwischen dem Nulleiter und den Außenleitern soll gut ausgeglichen sein, um dauernd in gleicher Richtung fließende Ströme im Nulleiter zu vermeiden.

16. Zweileiterabzweige von dem Nulleiter und einem Außenleiter sollen dort, wo der Nulleiter aus dem Erdboden heraustritt, isoliert sein. Werden solche Zweileiterabzweige im Erdboden weitergeführt, so ist der blanke Nulleiter durch austretende Ströme gefährdet, wenn der Spannungverlust in der blanken Leitung etwa mehr als 2 V beträgt.

17. Fremdströme, die bei ihrem Austritt aus dem Nulleiter diesen anfressen können, können von Fehlern der Außenleiter herrühren, wobei insbesondere Fehler des negativen Leiters oder von Streuströmen elektrischer Bahnen gefährdend wirken.

18. Falls der Nulleiter nicht mit den Bleimänteln der Außenleiter elektrisch leitend verbunden ist, ist von diesen ein Abstand von mindestens 10 cm zu halten.

19. Bei Verbindung des Nulleiters mit den Bleimänteln der Außenleiter sind die Bleimäntel an den Muffen und Kabelkasten fortlaufend leitend zu verbinden. Die Bleimäntel sind gegen etwa auftretende Kurzschlußströme zu sichern.

20. Der geringste Abstand des Nulleiters von stromführenden Geleisen soll 1 m sein. Bei Kreuzungen mit den Geleisen ist der Nulleiter zweckmäßig zu isolieren oder durch Isolierschichten, Abdeckungen zu trennen.

21. Erdungen des Nulleiters sind zweckmäßig nur im Anfressungsgebiet, nicht im Einzugsgebiet vorzunehmen. Gegen Schäden durch Streuströme schützen solche Erdungen nur, wenn durch sie die Spannungen zwischen Geleisen und Nulleiter wesentlich herabgedrückt werden.

22. Absaugen eingedrungener Fremdströme durch Zinkplatten oder besondere Sauggeneratoren ist in den meisten Fällen unwirtschaftlich.

23. Unmittelbares Verbinden des Nulleiters mit den Geleisen oder dem negativen Pol des Generators vermehrt die Stärke des Fremdstromes im Nulleiter, wodurch anderweitige Gefährdungen entstehen können. Das Eindringen von Fremdströmen in den Nulleiter wird verstärkt, wenn er an verschiedenen Stellen mit den Geleisen verbunden wird. Die Spannungschwankungen in den Geleisen können so in unzulässiger Weise auf das Lichtnetz übertragen werden.

Überwachungsmaßnahmen.

Starke Schäden äußern sich in Spannungsänderungen im Netz. Durch Messungen der Leitfähigkeit können unter Umständen beginnende Zerstörungen des Nulleiters entdeckt werden.

Bei Aufgrabungen ist der Nulleiter, insbesondere an gefährdeten Stellen, zu besichtigen.

Zwischen Nulleiter einerseits und Kabelbewehrung oder stromführenden Geleisen andererseits sind die Spannungen zu messen unter Berücksichtigung der Richtung.

Bei Spannungen über etwa 1 V zwischen Geleis und Nulleiter sind Stromdichten zu messen.

Bei Kabelfehlern, insbesondere Fehlern des negativen Leiters, ist der benachbarte Nulleiter zu untersuchen.

Der von der Erzeugungstelle ausgehende Nulleiterstrom ist zeitweise nach Betriebschluß zu messen, um zu erkennen, ob sich ein schädlicher Dauerstrom gleicher Richtung, etwa infolge Kabelfehlers, zeigt. Gleiche Messungen sind bei geerdetem Nulleiter in der Erdzuleitung zeitweise vorzunehmen.

11. Normen für Spannungen elektrischer Anlagen unter 100 V.

Gültig ab 1. Oktober 1920[1].

§ 1.

Die in diesen Normen aufgeführten Spannungen sind Nennspannungen. Als Nennspannung, gemessen in V, gilt:

a) bei Verwendung von Bleiakkumulatoren als Stromerzeuger die doppelte Zellenzahl,

b) in allen anderen Fällen die Spannung, für die der Stromverbraucher gebaut ist.

§ 2.

Nennspannungen sind festgelegt für die folgenden Fachgebiete:

1. Beleuchtung,
2. Elektromedizin,
3. Fernmeldung,
4. Motorenbetrieb.

§ 3.

Für die verschiedenen Fachgebiete und Stromarten gelten folgende Nennspannungen:

Gleichstrom

Nenn-spannung in V	Fachgebiete			
1,5	—	—	Fernmeldung	—
2	Beleuchtung	Elektromedizin	Fernmeldung	—
2,5	Beleuchtung (nur für Taschenlampen)	—	—	—
3,5	Beleuchtung (nur für Taschenlampen)	—	—	—

---

[1] Angenommen durch die Jahresversammlung 1920. Veröffentlicht: ETZ 1920. S. 443. — Erläuterungen siehe ETZ 1920, S. 443. — S. a. DIN VDE 1.

Gleichstrom (Fortsetzung)

Nenn-spannung in V	Fachgebiete			
4	Beleuchtung	Elektromedizin	—	Motorenbetrieb
6	Beleuchtung	Elektromedizin	Fernmeldung	Motorenbetrieb
8	Beleuchtung	Elektromedizin	Fernmeldung	Motorenbetrieb (nur für Spielzeugindustrie)
12	Beleuchtung	Elektromedizin	Fernmeldung	Motorenbetrieb
16	Beleuchtung	Elektromedizin	—	—
24	Beleuchtung	—	Fernmeldung	Motorenbetrieb
32	Beleuchtung	—	—	—
36	—	—	Fernmeldung	—
40	Beleuchtung (nur für Elektromobile u. Eisenbahnwagen)	—	—	Motorenbetrieb
48	—	—	Fernmeldung	—
60	—	—	Fernmeldung	—
65	Beleuchtung	—	—	Motorenbetrieb
80	Beleuchtung (nur für Elektromobile u. Eisenbahnwagen)	—	—	Motorenbetrieb

Wechselstrom

Nenn-spannung in V	Fachgebiete			
2	Für Beleuchtung mit Wechselstrom können alle in der Tafel für Gleichstrom genannten Nennspannungen verwendet werden.	Elektromedizin	—
3		—	Klingeltransformatoren
4		Elektromedizin	—
5		—	Klingeltransformatoren
6		Elektromedizin	—
8		Elektromedizin	Klingeltransformatoren
12		Elektromedizin	—
36		—	Fernmeldung
48		—	Fernmeldung
75		—	Fernmeldung

12. Normen für Betriebspannungen elektrischer Starkstromanlagen.

Gültig ab 1. Januar 1928[1].

§ 1.

Als Betriebspannung wird die Spannung bezeichnet, die in leitend zusammenhängenden Netzteilen an den Klemmen der Stromverbraucher im Mittel (räumlich und zeitlich) vorhanden ist. Als Stromverbraucher gelten außer Lampen, Motoren usw. auch Primärwicklungen von Transformatoren.

§ 2.

Als Betriebspannungen gelten folgende Werte:

A. Gleichstrom:

24, 42, 110, 220, 440, 550, 750, 1100, 1500, 2200, 3000 V.

Die Spannungen von 550 bis 3000 V beziehen sich auf Bahnanlagen mit einpoliger Erdung.

B. Drehstrom von 50 Per/s:

24, 42, 125, 220, 380, 500, 1000, 3000, **6000**, 10000, **15000**, 20000, **30000**, 45000, **60000**, 80000, **100000**, 150000, **200000**, 300000 V.

Die fettgedruckten Zahlen bedeuten Vorzugspannungen, die in erster Linie sowohl für Neuanlagen als auch für umfangreiche Erweiterungen empfohlen werden. Auch für Isolatoren und Apparate sollen sie vorzugsweise benutzt werden, um deren Typenzahl gering zu halten.

C. Einphasenstrom von 16⅔ Per/s:

Es gelten die fettgedruckten Spannungwerte aus der Drehstromtafel. Bei Fahrleitungen von Bahnen beziehen sie sich auf einpolig geerdete Anlagen.

§ 3.

Wenn die Abweichungen von den Spannungwerten nach § 2 nicht mehr betragen als + 10% auf der Erzeugerseite, ± 5% auf der Verbraucherseite der Leitungsanlage, so kann normal gefertigtes elektrisches Material ohne weiteres verwendet werden. Maschinen und Transformatoren vertragen entweder die Spannungsschwankung von 0 bis 10% als Erzeuger oder von — 5% bis + 5% als Verbraucher (vgl. R.E.M., § 9; R.E.T., § 56). Glühlampen vertragen die Abweichungen um ± 5% nur vorübergehend.

---

[1] Angenommen durch die Jahresversammlung 1927. Veröffentlicht: ETZ 1926, S. 1336; 1927, S. 481 und 1089. — *Sonderdruck VDE 393.* — S. a. DIN VDE 2.

13. Normen für die Abstufung von Stromstärken bei Apparaten[1].

Gültig ab 1. Januar 1912[2].

2, 4, 6, 10, 15, 25, 60, 100, 200, 350, 600, 1000, 1500, 2000, 3000, 4000, 6000 A.

---

[1] Ausschließlich Elektrizitätzähler.

[2] Angenommen durch die Jahresversammlung 1910. Veröffentlicht: ETZ 1910, S. 323. — Änderung: „Einschaltung von 15 A" angenommen durch die Jahresversammlung 1927. Veröffentlicht: ETZ 1927, S. 555, 860 und 1089. — *Sonderdruck VDE 401.* — S. a. DIN VDE 3.

Vorher bestand eine Fassung, die im Jahre 1895 beschlossen und in ETZ 1895 S. 594 veröffentlicht war. — Erläuterungen siehe ETZ 1910, S. 354.

150

14. Kupfernormen.

Gültig ab 1. Juli 1914[1].

§ 1.

Leitungskupfer darf für 1 km Länge und 1 mm² Querschnitt bei 20° C keinen höheren Widerstand haben als 17,84 Ω.

Der Widerstand eines Leiters von 1 km Länge und 1 mm² Querschnitt wächst um 0,068 Ω für 1° C Temperaturzunahme.

§ 2.

Kupferleitungen müssen aus Leitungskupfer hergestellt sein. Die wirksamen Querschnitte von Kupferleitungen sind grundsätzlich aus Widerstandsmessungen zu ermitteln, wobei für 1 mm² ein kilometrischer Widerstand von 17,84 Ω (vgl. § 1) einzusetzen und für Litzen und Mehrfachleiter die Länge des fertigen Kabels, also ohne Zuschlag für Drall, zu nehmen ist.

§ 3.

Bei der Untersuchung, ob eine Kupferleitung aus Leitungskupfer hergestellt ist bzw., ob diese den Bedingungen § 1 entspricht, ist der Querschnitt durch Gewichts- und Längenbestimmung eines einfachen, gerade gerichteten Leiterstückes zu ermitteln, wobei, falls eine besondere Ermittelung des spezifischen Gewichtes nicht vorgenommen wird, für dieses der Wert 8,89 einzusetzen ist.

International ist folgendes vereinbart:

1. Bei der Temperatur von 20° C beträgt der Widerstand eines Drahtes aus mustergültigem geglühten Kupfer von 1 m Länge und einem gleichmäßigen Querschnitt von 1 mm² $^1/_{58}\,\Omega = 0{,}017241\ldots \Omega$.

2. Bei der Temperatur von 20° C beträgt die Dichte des mustergültigen geglühten Kupfers 8,89 g für 1 cm³.

3. Bei der Temperatur von 20° C beträgt der Temperaturkoeffizient für den Widerstand, der zwischen zwei fest an dem Draht angebrachten, zur Spannungmessung bestimmten Ableitungen ermittelt wird (also bei gleichbleibender Masse), $0{,}00393 = 1/254{,}45\ldots$ für 1° C.

4. Es folgt aus 1. und 2., daß bei der Temperatur von 20° C der Widerstand eines Drahtes aus mustergültigem geglühten Kupfer von gleichmäßigem Querschnitt, von 1 m Länge und einer Masse von 1 g $= 1/58 \times 8{,}89 = 0{,}15328\ldots \Omega$ beträgt.

---

[1] Angenommen durch die Jahresversammlung 1914. Veröffentlicht: ETZ 1914, S. 366.

Vor obenstehender Fassung haben mehrere andere Fassungen bestanden. Über die Entwicklung gibt nachstehende Tafel Aufschluß:

Fassung	Beschlossen	Gültig ab:	Veröffentl. ETZ
1. Fassung	18. 2. 96	1. 7. 96	96 S. 402
1. Änderung	8. 6. 03	1. 7. 03	03 S. 687
2. Änderung	24. 6. 04	1. 7. 04	04 S. 687
2. Fassung	25. 5. 06	1. 1. 07	06 S. 666
3. Fassung	26. 5. 14	1. 7. 14	14 S. 366

15. Vorschriften für die Prüfung von Eisenblech.

Gültig ab 1. Juli 1914[1].

1. Für die Messung der Eisenverluste und der Magnetisierbarkeit dient ein magnetischer Kreis, der nur Eisen der zu prüfenden Qualität enthält und den Ausführungsbestimmungen gemäß zusammengesetzt ist.

2. Die Probe soll 10 kg wiegen und mindestens 4 Tafeln entnommen sein. Der Eisenverlust soll bei 20° C gemessen werden.

3. Der Eisenverlust soll in W je kg, bezogen auf rein sinusförmigen Verlauf der induzierten Spannung, bei den Maximalwerten der magnetischen Induktion $\mathfrak{B}_{max} = 10000$ cgs-Einheiten und $\mathfrak{B}_{max} = 15000$ cgs-Einheiten angegeben werden. Diese Zahlen heißen Verlustziffern (abgekürzte Bezeichnung: V_{10} und V_{15}).

4. Unter „Alterungskoeffizient" soll die prozentuale Änderung der Verlustziffer für $\mathfrak{B}_{max} = 10000$ cgs-Einheiten nach 600 h erstmaliger Erwärmung auf 100° C verstanden werden.

5. Zur Beurteilung der Magnetisierbarkeit soll die Induktion $\mathfrak{B}$ bei zwei verschiedenen Feldstärken im Eisen angegeben werden, und zwar bei zweien der Werte 25, 50, 100 oder 300 AW je cm (abgekürzte Bezeichnung: $\mathfrak{B}_{25}$, $\mathfrak{B}_{50}$, $\mathfrak{B}_{100}$, $\mathfrak{B}_{300}$).

6. Für das spezifische Gewicht des Eisens sollen die Werte nach folgender Tafel gelten:

V_{10} (garantierter Wert)		Spez. Gewicht
Blechstärke: 0,35 mm	Blechstärke: 0,5 mm	
über 2,60	über 3,00	7,80
„ 2,20 bis 2,60	„ 2,60 bis 3,00	7,75
„ 1,60 „ 2,20	„ 1,85 „ 2,60	7,65
1,60 und darunter	1,85 und darunter	7,55

---

[1] Angenommen durch die Jahresversammlung 1914. Veröffentlicht: ETZ 1914, S. 512.

Vorher haben schon andere Fassungen bestanden. Über die Entwicklung gibt nachstehende Tafel Aufschluß:

Fassung:	Beschlossen:	Gültig ab:	Veröffentl. ETZ
1. Fassung	28. 6. 01	1. 7. 01/02	01 S. 801
1. Änderung	8. 6. 03	1. 7. 03	03 S. 684
2. Änderung	5. 6. 05	1. 7. 05	05 S. 720
2. Fassung	26. 5. 10	1. 7. 10	10 S. 519 u. 740
3. Fassung	26. 5. 14	1. 7. 14	14 S. 512.

Versuchsausführung bei Zimmerwärme nach Abb. 1. Die Kraft P greift in der Mitte zwischen den beiden Auflagern AA mit einer Druckfinne an,

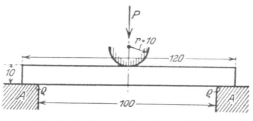

Abb. 1. Bestimmung der Biegefestigkeit.

deren Abrundung $r = 10$ mm beträgt. Die Druckfinne ist so anzuordnen, daß sie sich freiwillig satt auf die Probe auflegt. Die Kanten der Auflager AA sind bei ϱ nach $r = 1$ mm zu brechen. Stützweite gleich 100 mm.

Für stoßfreie Belastung und einwandfreie Kraftmessung ist Sorge zu tragen. Ferner ist darauf zu achten, daß die Probe auf den Widerlagern AA satt aufliegt.

Die Belastung ist mit gleichmäßiger Geschwindigkeit, und zwar um 250 kg/cm² in 1 min, bis zum Bruch zu steigern.

Für die Feststellung der Gesamtdurchbiegung ist Ablesung am Millimetermaßstab hinreichend.

2. Schlagbiegefestigkeit.

α) 5 Versuche bei Zimmerwärme,
β) 5 Versuche in Kälte bei etwa — 20° C.

(Der Versuch β nur bei Stoffen, die im Freien verwendet werden).

Die Schlagbiegeversuche sind mit einem Normalpendelschlagwerk auszuführen.

Die Schlagfinne soll einen Schneidenwinkel von 45° besitzen; sie ist nach $r = 3$ mm abzurunden.

Die Stützweite beträgt 70 mm.

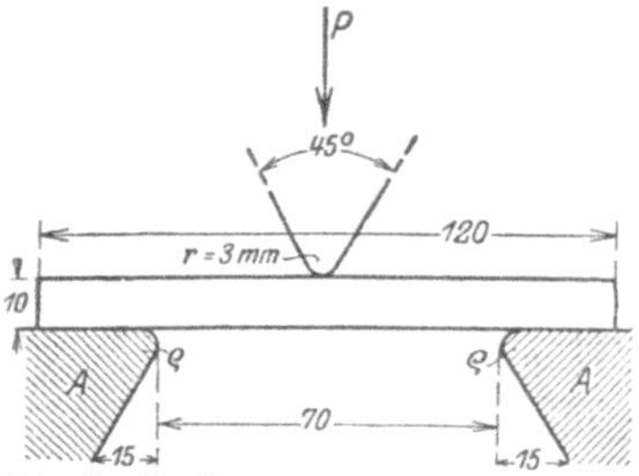

Die Auflager AA müssen gemäß

Abb. 2. Bestimmung der Schlagbiegefestigkeit.

Abb. 2 nach einem Winkel von 15° hinterschnitten, die Auflagerkanten ϱ nach $r = 3$ mm abgerundet werden, damit die Proben unbehindert durch die Auflager gehen können.

Die Ergebnisse sind in cmkg/cm² anzugeben.

3. Kugeldruckhärte.

5 Versuche bei Zimmerwärme.

Eine Stahlkugel von 5 mm Durchmesser ($D = 0,5$ cm) wird mit einem konstanten Druck von 50 kg in die Probe stoßfrei eingedrückt. Gemessen wird die Eindrucktiefe h nach 10 und 60 s. Aus dieser wird der Härtegrad H in kg/cm² nach der Formel berechnet:

$$H = \frac{P}{\pi \cdot h \cdot D} = \frac{C}{h}.$$

Die Eindrücke sollen in der Mitte der 15 mm breiten Proben liegen.

4. Wärmebeständigkeit.
a) Mit dem Martensapparat.
3 Versuche.

Die in senkrechter Lage von der Grundplatte g (siehe Abb. 3a) fest-gehaltenen Proben werden durch angehängte Gewichtshebel h mit der

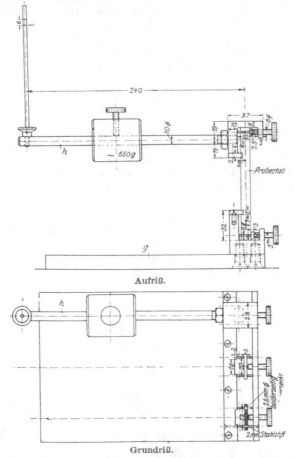

Aufriß.

Grundriß.

Abb. 3a. Martens-Apparat zur Wärmebeständigkeitsprüfung von Isolierstoffen.

konstanten Biegespannung $= 50$ kg/cm² belastet und langsam erwärmt. Die Geschwindigkeit der Temperatursteigerung soll 50° C in 1 h betragen. Ermittelt wird als „Martensgrad" A_m die Temperatur, bei der der Hebel h um 6 mm auf 240 mm Länge absinkt bzw. die Probe bricht.

b) Mit der Vicatnadel.

3 Versuche.

Eine senkrecht stehende zylindrische, unten eben abgeschliffene Stahlnadel N (siehe Abb. 3 b) von 1 mm² Querschnitt (1,13 mm Durchmesser)

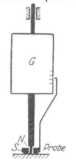

wird, mit einem Gewicht G von 5 kg konstant belastet, senkrecht auf den wagerecht liegenden Normalstab aufgesetzt. Das Eindringen der Nadel wird an ihrer Bewegung gegen das schwach ballige Aufsatzstück S bei mindestens zehnfacher Vergrößerung beobachtet. Die Temperatur ist wie bei a) zu steigern. Ermittelt wird als „Vicatgrad" A_v die Temperatur, bei der die Nadel 1 mm tief in die Probe eingedrungen ist.

Abb. 3 b. Vicatnadel zur Wärmebeständigkeitsprüfung von Isolierstoffen.

5. Feuersicherheit.

3 Versuche.

Ein wagerecht eingespannter Normalstab wird 1 min lang der Flamme eines mit Leuchtgas gespeisten Bunsenbrenners ausgesetzt. Die Brenneröffnung soll 9 mm, die Flammenhöhe bei senkrecht gestelltem Brenner 10 cm betragen. Der Brenner ist unter 45⁰ zu neigen und der Stab so in die Flamme zu bringen, daß sich die untere, 15 mm breite Stabfläche 3 cm über der Brenneroberkante und seine Stirnfläche 1 cm in wagerechtem Abstand von der Brennerunterkante befindet (vgl. Abb. 4).

Das Verhalten der Isolierstoffe ist nach folgenden drei Stufen zu beurteilen:

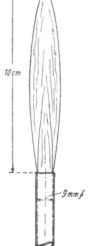

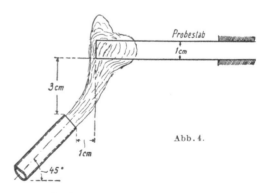

Abb. 4.

Stufe 0. Der Stab brennt nach dem Entfernen der Flamme länger als ¼ min weiter.

Stufe 1. Der Stab brennt nach dem Entfernen der Flamme nicht länger als ¼ min weiter.

Stufe 2. Der Stab entzündet sich nicht in der Flamme.

B. Elektrische Prüfung.

1. Oberflächenwiderstand.

Der Oberflächenwiderstand wird gemessen auf einer Fläche von 10×1 cm bei 1000 V Gleichspannung:

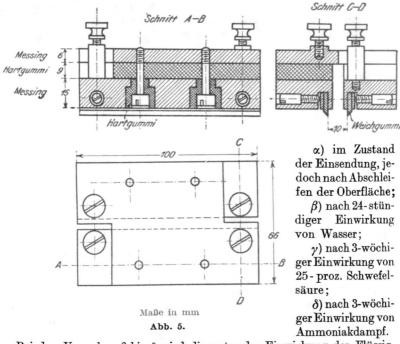

α) im Zustand der Einsendung, jedoch nach Abschleifen der Oberfläche;

β) nach 24-stündiger Einwirkung von Wasser;

γ) nach 3-wöchiger Einwirkung von 25-proz. Schwefelsäure;

Maße in mm

Abb. 5.

δ) nach 3-wöchiger Einwirkung von Ammoniakdampf.

Bei den Versuchen β bis δ wird die unter der Einwirkung der Flüssigkeiten und Gase etwa eintretende Gewichtsänderung in Prozenten ermittelt.

Zur Messung des Oberflächenwiderstandes werden zwei gerade, 10 cm lange, mit Gummi und Stanniol gepolsterte Elektroden einander parallel in 1 cm Abstand auf die Platte gesetzt (siehe den Normalapparat Abb. 5. Das Schaltschema zeigt Abb. 6). Die eine Elektrode wird über einen Schutzwiderstand von 10000 Ω mit dem negativen Pol der Gleichspannung von 1000 V verbunden, deren positiver Pol geerdet ist; die andere Elektrode wird mit einer Klemme des Galvanometernebenschlusses verbunden, dessen andere Klemme an Erde liegt. Um Kriechströme von der Messung auszuschließen, ist die Zuleitung zum Nebenschluß und von da zum Galvanometer mit einer geerdeten Umhüllung zu versehen, z. B. als Panzerader auszuführen. Die Halteplatte der Elektroden ist zu erden, das Galvano-

meter und sein Nebenschluß sind auf geerdete Unterlagen zu stellen; die
Empfindlichkeit des Galvanometers soll mindestens 1×10^{-9} A für 1 mm
Ausschlag bei 1 m Skalenabstand betragen; durch den Nebenschluß ist die
Empfindlichkeit stufenweise auf $^1/_{10}$, $^1/_{100}$, $^1/_{1000}$, $^1/_{10\,000}$ und $^1/_{100\,000}$ herabzusetzen. Ein Kontakt des Nebenschlusses dient ferner zum Kurzschließen
des Galvanometers; zur Eichung des Galvanometerausschlages wird beim
Nebenschluß $^1/_{10\,000}$ statt des Oberflächenapparates ein Drahtwiderstand
von 1 MΩ eingeschaltet (dieser wird aus 0,05 mm starkem Manganindraht
unifilar aufgewickelt und braucht nur auf 3% abgeglichen zu sein). Der
Schutzwiderstand besteht aus 0,1 mm starkem Manganindraht, der unifilar
auf ein Porzellan- oder Glasrohr von etwa 6 cm Durchmesser und 50 cm

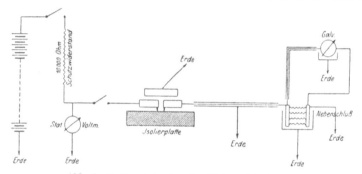

Abb. 6. Bestimmung des Oberflächenwiderstandes.

Länge aufgewickelt ist; der Schutzwiderstand ist ebenfalls auf 3% genau
abzugleichen. Ein statischer Spannungmesser mißt die Spannung hinter
dem Schutzwiderstand.

Gang der Messung.

Bei geöffnetem Schalter zwischen Schutzwiderstand und Oberflächenapparat wird mit Hilfe des statischen Spannungmessers die Gleichspannung
auf 1000 V eingestellt. Bei kurzgeschlossenem Galvanometer wird dann
der Schalter zu dem Oberflächenapparat geschlossen; sinkt dabei die Spannung des Spannungmessers unter 500 V, so beträgt der Oberflächenwiderstand des Isolierstoffes weniger als 10000 Ω; bleibt die Spannung über
800 V, so kann mit dem Galvanometer gemessen werden.

Die Ablesung des Galvanometerausschlages erfolgt 1 min nach dem
Anlegen der Spannung.

Die Vergleichzahlen sind folgendermaßen abgestuft:

Oberflächenwiderstand	Vergleichzahlen
unter $^1/_{100}$ MΩ	0
1 bis $^1/_{100}$ MΩ	1
100 bis 1 MΩ	2
10000 bis 100 MΩ	3
1 Mill. bis 10000 MΩ	4
über 1 Mill. MΩ	5

Zu jeder Versuchsreihe sind drei Platten zu verwenden, an jeder Platte sind mindestens zwei Messungen vorzunehmen. Die zu dem Versuch β verwendeten Platten können zu dem Versuch γ weiter benutzt werden.

Zu β. Nach dem Herausnehmen aus dem Wasser werden die Platten mit einem Tuch abgerieben und senkrecht bei Zimmertemperatur in nicht bewegter Luft 2 h stehen gelassen, um die äußerlich anhaftende Feuchtigkeit zu entfernen. Danach wird die Messung vorgenommen.

Zu γ. Nach dem Herausnehmen aus der Schwefelsäure werden die Platten etwa 1 min in fließendem Wasser abgespült, danach wie unter β behandelt.

Zu δ. Die Platten werden in großen Glasgefäßen aufgehängt, auf deren Boden sich eine gesättigte wässerige Ammoniaklösung befindet; die Gefäße werden mit Glasplatten abgedeckt. Von drei zu drei Tagen wird etwas Ammoniak zugefüllt, um die Verluste an Ammoniakdampf zu decken. Nach dem Herausnehmen aus den Gefäßen werden die Platten nach Feststellung des Aussehens mit einem trockenen Tuch abgerieben und gemessen.

2. Widerstand im Inneren.

Zwei Löcher von 5 mm Durchmesser und 15 mm Mittenabstand sind in die Platte auf etwa ⅔ der Plattenstärke tief zu bohren und mit Quecksilber zu füllen. Der Widerstand zwischen den beiden Quecksilberelektroden wird bei 1000 V Gleichspannung gemessen; ist der Widerstand kleiner als der bei dem Versuch α ermittelte Oberflächenwiderstand, so ist die Platte bis in tiefere Schichten abzudrehen und unmittelbar nach dem Abdrehen auf ihren Oberflächenwiderstand zu messen.

3. Lichtbogensicherheit.

Die Platte wird wagerecht gelegt und zwei angespitzte Reinkohlen von 8 mm Durchmesser werden in einem Winkel von etwas mehr als einem rechten gegeneinander, etwa um 60° gegen die Wagerechte geneigt, auf die Platte gesetzt. An die Kohlen wird eine Spannung von etwa 220 V unter Vorschalten eines Widerstandes von 20 Ω gelegt. Nach Bildung des Lichtbogens zwischen den Kohlen werden diese mit einer Geschwindigkeit, die 1 mm in 1 s nicht überschreiten soll, auseinander gezogen. Dann werden folgende vier Stufen der Sicherheit gegenüber dem Lichtbogen unterschieden:

Stufe 0. Unter dem über 20 mm lang ausziehbaren Lichtbogen bildet sich eine leitende Brücke im Isolierstoff, die auch nach dem Erkalten leitend bleibt.

Stufe 1. Unter dem über 20 mm lang ausziehbaren Lichtbogen bildet sich eine leitende Brücke im Isolierstoff, die aber nach dem Erkalten ihre Leitfähigkeit verliert.

Stufe 2. Der Lichtbogen läßt sich weiter als 20 mm ausziehen, es bildet sich aber keine zusammenhängende leitende Brücke im Isolierstoff.

Stufe 3. Der Lichtbogen läßt sich nicht über seine normale Länge von etwa 20 mm ausziehen.

Erklärungen.

Die Vorschriften erstrecken sich auf die Prüfung von Isolierstoffen in besonders hergestellten normalen Formen. Diese Prüfung dient zur Beurteilung des Stoffes an sich, sie ist eine Materialprüfung. Die Festlegung bestimmter Prüfverfahren gibt die Möglichkeit, wesentliche Eigenschaften eines Isolierstoffes, obwohl sie nicht physikalische Konstanten sind, in reproduzierbarer Weise festzustellen und eindeutig anzugeben. Der Hersteller kann sich dadurch über die Güte seines Erzeugnisses und die Gleichmäßigkeit der Herstellung Rechenschaft geben; dem Konstrukteur bieten die Angaben der Eigenschaften Anhaltspunkte für die Auswahl des für seine Zwecke geeigneten Isolierstoffes.

Die im Preßverfahren zu verarbeitenden Isolierstoffe ergeben aber in den fertigen Isolierteilen für die spezifischen Eigenschaften Zahlen, insbesondere Festigkeitswerte, die von denen, die an Normalstäben und -platten aus dem gleichen Stoff festgestellt werden, je nach der Formgebung des betreffenden Stückes und dem Herstellungsdruck mehr oder weniger wesentlich abweichen; auch werden an verschiedenen Teilen des gleichen Isolierstückes verschiedene Zahlen gefunden. Die Untersuchung eines Isolierstoffes kann mithin nicht ohne weiteres dazu dienen, wie bei einem völlig homogenen Baustoffe zahlenmäßige Unterlagen für die Berechnung der zweckentsprechenden Formen und Abmessungen eines Isolierteiles zu liefern oder Abnahmebedingungen für Isolierteile aufzustellen. Daher ist neben der Materialprüfung an den Normalformen noch eine Prüfung des fertigen Isolierteiles in der Verwendungsform, die Stückprüfung, notwendig, um festzustellen, ob sich der gewählte Isolierstoff in dieser Form bewährt. An den Grundlagen zu den Vorschriften für die Stückprüfung arbeitet die vom VDE eingesetzte Untersuchungstelle für fertige Isolierteile in Nürnberg.

Mit den vorliegenden Vorschriften für die Materialprüfung ist also nur ein Teil der Gesamtaufgabe erfüllt. Die Vorschriften enthalten nur die Versuche, die zur Charakterisierung des Isolierstoffes unbedingt notwendig sind. Sie sind aus der sehr viel größeren Zahl der Versuchsreihen ausgewählt, die zur Schaffung der Grundlagen von dem Materialprüfungsamt und der Physikalisch-Technischen Reichsanstalt angestellt waren (Passavant „ETZ' 1912, S. 450). Für manche Zwecke werden weitere Untersuchungen als die in den Vorschriften enthaltenen notwendig sein, z. B. bei Isolierstoffen, die für Spannungen über 750 V verwendet werden sollen, die Bestimmung der Durchschlagspannung. Empfohlen wird, sich in solchen Fällen nach den in dem genannten Aufsatz beschriebenen weitergehenden Versuchen zu richten.

Allgemeines.

Die Probenform.

Für die Abmessungen der Prüflinge war in erster Linie maßgebend, daß einige Isolierstoffe nicht in geringerer Dicke als 10 mm hergestellt werden konnten. Für die mechanische Untersuchung ist die Stabform am besten geeignet; für die elektrische Untersuchung war zuerst die Platte vorgesehen; da sich aber hierfür der Stab ebenfalls als geeigneter erwies, wurde dieser als Normalform für die gesamte Prüfung gewählt. Das Herausschneiden von Stäben aus einer Platte empfiehlt sich nicht, weil sich einige Preßstoffe schlecht schneiden lassen und zum Teil die Festigkeitseigenschaften von der Preßhaut abhängig sein können.

Die Breite und die Länge des Stabes sind so gewählt, daß die Biegespannung in kg/cm² nach A1 zahlenmäßig 10-mal so groß wie die Belastung in kg ist.

Mechanische Prüfungen.

Die mechanischen Prüfungen suchen möglichst die Beanspruchungen zu erfassen, denen der Isolierstoff betriebsmäßig ausgesetzt ist, nämlich Biegung, Schlag und Druck.

Zu A 1. Biegefestigkeit: Die Biegespannung σ_b ist das Verhältnis des Biegemomentes M zum Widerstandsmoment W. Wirkt in der Mitte des auf zwei Auflagern im Abstande l voneinander aufliegenden Probestabes die Kraft P, so ist das Biegemoment $M = \dfrac{Pl}{4}$.

Das Widerstandsmoment W des rechteckigen Stabes ist $W = \dfrac{bh^2}{6}$, worin b die Breite und h die Höhe (= Dicke) des Stabes in cm bedeuten; bei genauer Einhaltung der gewählten Abmessungen $l = 10$ cm, $b = 1,5$ cm, $h = 1$ cm ist $\sigma_b = 10\,P$ (kg/cm²).

Die ersten Vorschriften sahen stufenweise Belastung in Stufen von je etwa 150 kg/cm² vor, die 2 min lang auf den Probestab wirken sollten. Diese Stufen sollten als Gütegrade für die Klasseneinteilung der Isolierstoffe dienen; sie erwiesen sich aber für die Bedürfnisse der Praxis als zu grob und deshalb wurden in der Ausgabe der Prüfvorschriften vom April 1922 Belastungstufen in kleineren Abständen eingeführt. Nachdem aber einmal die Gütegrade verlassen waren, hatte die schrittweise Steigerung der Belastung keinen rechten Zweck mehr; daher wurde dazu übergegangen, die Belastung gleitend bis zum Bruch zu steigern, wie es bei Festigkeitsuntersuchungen allgemein üblich ist. Die Versuchsausführung ist dabei bequemer, weniger zeitraubend und ergibt die genaue Bruchlast. Um den Einfluß verschiedener Belastungsgeschwindigkeit auszuschalten, ist eine bestimmte Geschwindigkeit, nämlich 250 kg/cm² in 1 min, festgesetzt worden, so daß ein Versuch mit einem Stoff mittlerer Festigkeit etwa 1 min dauert. Will man aus dem Biegeversuch einen Anhalt über die Nachwirkung gewinnen, so kann man den Versuch mit größerer oder kleinerer Geschwindigkeit wiederholen. Eine ausreichende Vorstellung über die Größe der Nachwirkung ergibt sich aber schon aus dem Versuch A 3, Kugeldruckhärte, bei dem die Eindrucktiefe nach zwei verschiedenen Belastungzeiten bestimmt wird.

Von den chemischen Einflüssen, denen der Isolierstoff im Betriebe ausgesetzt ist, sind die Einwirkungen von Mineralölen, Säuren und Laugen die häufigsten.

Der Angriff von Mineralöl ist nur durch die mechanische Prüfung zu erfassen; der Angriff von Säuren und Laugen beeinflußt hingegen den elektrischen Oberflächenwiderstand des Isolierstoffes sehr viel stärker als die mechanische Festigkeit; er wird daher durch die elektrische Prüfung B 1, γ und δ festgestellt.

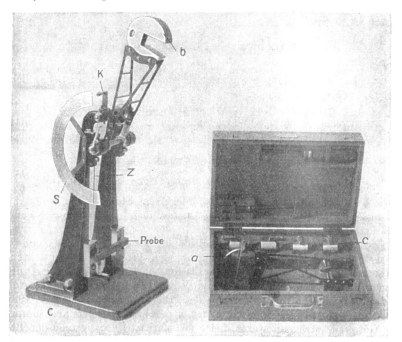

Abb. 7. Pendelwerk.

Zu A 2. Schlagbiegefestigkeit: Die Prüfung auf Schlagbiegefestigkeit dient zur Beurteilung der Sprödigkeit von Isolierstoffen, d. h. ihres Verhaltens gegenüber stoßweise auftretender Beanspruchung.

Das bisher verwendete Pendelschlagwerk von 150 cm/kg Arbeitsinhalt war nach den festesten Isolierstoffen (Hartpapiere u. dgl.) bemessen worden. Jedoch hat sich als zweckmäßig herausgestellt, die weniger festen Stoffe mit leichteren Pendelschlagwerken zu prüfen, um die Unterschiede bei kleinen Schlagarbeiten besser erkennen zu können. Die Firma Louis Schopper, Leipzig, hat auf Anregung der Kommission für Isolierstoffe des VDE das in Abb. 7 dargestellte Pendelschlagwerk gebaut, das mit zwei auswechselbaren Pendeln von 10 und 40 cm/kg Arbeitsinhalt versehen ist.

Die Firma hat die Genehmigung zur Bekanntgabe nachstehender Haupt-
abmessungen erteilt:

	Pendel für 10 cm/kg	Pendel für 40 cm/kg
Elevationswinkel	160°	160°
Gesamtgewicht der pendelnden Masse	304 g	1020 g
Abstand des Schwerpunktes von der Pendelachse	169,2 mm	202 mm
Fallhöhe des Schwerpunktes	328,3 „	391,8 „
Abstand der Schneidemitte von der Pendelachse	225 „	225 „

Das 10 cm/kg-Pendel wird bei gewöhnlichen gepreßten Isolierstoffen
benutzt, das 40 cm/kg-Pendel bei Hartgummi. Der Apparat ist außer mit
Auflagern für Normalstäbe auch noch mit Auflagern für 5 × 10 × 60 mm
Stäbe eingerichtet. Das 150 cm/kg-Pendelschlagwerk wird nur noch für
Stoffe höchster Festigkeit benutzt.

Für genau senkrechte Aufstellung des Apparates auf genügend fester
Unterlage ist Sorge zu tragen.

Das Pendel, Abb. 7, fällt bei einer Auslösung der Klinke K aus einem
Elevationswinkel von 160°. In der tiefsten Stellung trifft es auf die Probe
und schwingt, nachdem es die Probe durchschlagen hat, auf der anderen
Seite durch. Die Größe der Durchschwingung (Steighöhe) wird in Winkelgraden an der Skala S mit Hilfe des Schleppzeigers Z abgelesen. Aus der
Steighöhe ergibt sich der nach dem Bruch der Probe im Pendel noch vorhandene Arbeitsinhalt. Der Unterschied der Steig- gegen die Fallhöhe
unter Berücksichtigung des Gesamtarbeitsinhaltes des Pendels ergibt die
durch die Probe aufgenommene Schlagarbeit. Die Reibung des Pendels
und des Schleppzeigers ist in den Teilungen der Skala für die Steighöhe
bei dem 10/40 cm/kg-Pendelschlagwerk bereits berücksichtigt, so daß besondere Abzüge für den Leerlaufverlust nicht zu machen sind.

Zweckmäßig ist es, von Zeit zu Zeit festzustellen, ob sich nicht die
Reibung des Kugellagers und Schleppzeigers geändert hat. Bei guter Instandhaltung des Apparates treten allerdings kaum Änderungen auf. Da die
Fallarbeit nicht den Winkelgraden, sondern den Fallhöhen proportional ist,
trägt man sich zweckmäßig zur Bestimmung der von den Proben aufgenommenen Schlagarbeiten eine Kurve auf.

Die Sprödigkeit nimmt im allgemeinen mit abnehmender Temperatur
zu. Für Stoffe, die im Freien verwendet werden, ist daher noch der Schlag-
biegeversuch bei Kälte vorgeschrieben. Die Temperatur von etwa — 20° C
läßt sich durch eine Viehsalzeismischung etwa im Verhältnis 1 : 2 bis 1 : 1
erreichen. Besonderes Augenmerk ist darauf zu richten, daß die Proben
auch tatsächlich diese Temperatur annehmen; dieses wird am zuverlässigsten
erreicht, wenn man sie etwa 20 min lang in die Kältemischung selbst legt.
Jede Probe wird unmittelbar vor dem Versuch aus der Kältemischung
herausgenommen, dabei möglichst nicht in der Mitte mit den Händen
berührt, entweder gar nicht oder nur ganz oberflächlich von der anhaftenden
Flüssigkeit befreit und so schnell wie möglich geprüft.

Zu A 3. Kugeldruckhärte: Zur Ermittlung der Widerstandsfähigkeit eines Stoffes gegen Druckbeanspruchung kann man verschiedene Verfahren anwenden. Die hier vorgesehene Kugeldruckprobe dient nicht zur Bestimmung der eigentlichen Druckfestigkeit, sondern der Härte und zwar nach dem sogenannten Eindruckverfahren.

Nach den früheren Vorschriften wurde eine 5 mm-Kugel aus glashartem Stahl 0,1 mm tief in die Probe eingedrückt und als Härtemaßstab die zur Erzeugung dieser Eindrucktiefe erforderliche Kraft gewählt. Im Laufe der Zeit stellte sich heraus, daß dieses Verfahren für die Isolierstoffprüfung weniger geeignet ist, weil verschiedene Isolierstoffe starke Nachwirkung aufweisen, so daß man bei dem gleichen Stoff größere oder kleinere Kräfte zur Erzeugung einer bestimmten Eindrucktiefe erhält, je nachdem man die Kraft schnell oder langsam anwachsen läßt. Ein zuverlässiger Maßstab für die Nachwirkung läßt sich aus dieser Ausführungsform der Kugeldruckhärteprobe aber nicht gewinnen. Die neuen Vorschriften greifen deshalb auf die ursprüngliche Ausführungsform der Brinellschen Kugeldruckprobe zurück. Die Kugel (5 mm Durchmesser) wird mit einer konstanten Belastung von 50 kg aufgedrückt; der Härtemaßstab ist ein Wert in kg/cm² als reziproker Wert der Eindrucktiefe h in cm (zu messen ist mindestens auf $^{1}/_{100}$ mm genau) multipliziert mit einer Konstanten, deren Bestimmung sich aus der in den Prüfvorschriften mitgeteilten Formel ergibt. Hierbei kann bequem etwaige Nachwirkung beobachtet werden; für Isolierstoffe sind deshalb zwei Ablesungen festgesetzt worden, und zwar nachdem die schnell, aber stoßfrei aufgebrachte Belastung von 50 kg 10 und 60 s lang gewirkt hat.

Zu A 4. Wärmeprüfung: Da viele Isolierteile im Betriebe bei einer zum Teil weit über Zimmerwärme liegenden Temperatur noch ausreichende Festigkeit aufweisen müssen, ist eine dahingehende Prüfung erforderlich. Von den verschiedenen, sich hier bietenden Möglichkeiten hat man der Einfachheit der Versuchsausführung halber die Martensprobe und den Versuch mit der Vicatnadel in die Vorschriften aufgenommen; die Martensprobe als Biegeversuch beansprucht den warmen Isolierstoff auf Zug und Druck, die Vicatnadel als Eindruckprobe auf Druck und Scherung.

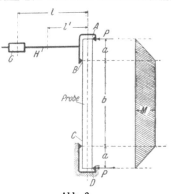

Abb. 8.

Die schematische Abb. 8 stellt die Beanspruchung des Probestabes beim Martensschen Warmbiegeversuch dar. Das Gewicht G erzeugt am Hebelarm l das Moment $M = G \times l$. Die Beanspruchung des Probestabes ist die gleiche wie bei einem auf B und C als festen Stützpunkten gelagerten, an den überragenden Enden A und D im Abstande a von den Stützpunkten mit den Kräften P belasteten Biegebalken. Das Biegemoment steigt von A bis B und von

D bis C auf seinen Höchstwert $M = G \times l$, der auf die ganze Länge b zwischen den Stützpunkten B und C konstant bleibt. Dem Moment $G \times l$ entspricht an der Probe das Moment $P \times a$, also $M = G \times l = P \times a$. Man wird zweckmäßig den Hebelarm a für die Kraft P nicht zu klein wählen, damit P nicht zu groß wird und so örtliche Eindrücke an der Probe hervorruft. Die Länge b ist innerhalb weiter Grenzen gleichgültig. Bei zu großem b wird der Fehler nicht mehr vernachlässigbar, der durch Absinken des Belastungshebels H und seitliches Ausweichen der Probe eine Änderung des Moments $G \times l$ bedingt. Die Abmessungen des Normalstabes und des Normalapparates ergeben jedoch für b eine zweckmäßige Größe. Wählt man l nicht zu klein, so daß G nicht zu groß wird, so ist auch die durch das Gewicht G erzeugte, im Stab senkrecht wirkende Druckkraft vernachlässigbar. Oben ist das wirksame Moment der Einfachheit halber als $G \times l$ angegeben; es ist selbstverständlich nötig, das durch das Eigengewicht des Hebels H erzeugte Moment mit zu berücksichtigen; das auf die Probe wirkende Biegemoment M ist also $M = G \times l + H \times l' = Pa$.

Bei der früher festgesetzten Geschwindigkeit der Temperatursteigerung von 125 bis 150° C in 1 h tritt, wie Nachprüfungen ergeben haben, ein unzulässig großer Unterschied zwischen der Wärme der Proben und der des umgebenden Luftbades auf. Deshalb ist die Geschwindigkeit der Temperatursteigerung auf etwa 50° C in 1 h herabgesetzt, da hierbei die Wärme der Proben nur 5 bis 6° C hinter der des umgebenden Luftbades zurückbleibt.

Bei der Anordnung der Heizquellen ist darauf zu achten, daß die Probestäbe auf die ganze Länge gleichmäßig erwärmt werden. Die Erfahrung hat gezeigt, daß das Außerachtlassen dieser Forderung zu Unstimmigkeiten führt.

Beim Einbau mehrerer Martens-Apparate in den Heizkasten sind dünne Trennwände zwischen den einzelnen Belastungshebeln und eine federnde Auffangvorrichtung anzubringen, damit beim Bruch einer Probe die Nachbarproben nicht gestört werden. Von einer Festlegung der Konstruktion des Wärmekastens und der Anzeigevorrichtung für das Absinken des Hebels ist abgesehen worden, damit etwa vorhandene Wärmeschränke benutzt werden können; es ist jedoch darauf zu achten, daß die Erwärmung der Proben gleichmäßig erfolgt und die Messung der Hebelstellung nicht durch Verschiebung des Nullpunktes beim Erwärmen ungenau wird. Um das Belastungsgewicht bei den unvermeidlichen Schwankungen des Widerstandsmomentes der einzelnen Proben schnell einstellen zu können, empfiehlt es sich, auf dem Hebel eine entsprechende Teilung anzubringen.

Zu A 5. Feuersicherheit: Die Prüfung ist der in den Errichtungsvorschriften gegebenen Begriffserklärung der Feuersicherheit angepaßt worden. Die unter 45° geneigte, von der Probe seitlich etwas abgerückte Stellung des Brenners ist gewählt worden, um zu verhindern, daß bei Stoffen, die leicht erweichbare Bestandteile austropfen lassen, Verschmutzungen des Brenners vorkommen.

Die Prüfung auf Frostbeständigkeit ist in den neuen Vorschriften
in Fortfall gekommen, weil eine mangelhafte Frostbeständigkeit nur durch
Wassergehalt (bzw. Wasseraufnahme) bedingt ist und, weil die Feuchtigkeitsaufnahme durch die elektrische Prüfung in schärferer Weise erfaßt wird.

Elektrische Prüfung.

Zu B 1. Auf elektrische Festigkeit, also auf Durchschlag, werden die
isolierenden Baustoffe für Apparate und Installationsmaterial nicht in
nennenswerter Weise beansprucht, verlangt wird nur, daß der Isolierstoff
nicht merklich leitet. In völlig trockenem Zustande isoliert eine große
Anzahl von Stoffen vortrefflich; viele von ihnen werden aber durch Zutritt von Feuchtigkeit merklich elektrolytisch leitend und somit unbrauchbar. Dieses macht sich naturgemäß zuerst und am stärksten an der Oberfläche des Isolierstoffes bemerkbar; in elektrischer Hinsicht wird daher
für den vorliegenden Zweck ein Isolierstoff durch seinen Oberflächenwiderstand unter verschiedenen Einflüssen genügend gekennzeichnet.

Mehrfach hat man einen nicht feuchtigkeitsicheren Isolierstoff durch
einen wasserdichten Anstrich zu verbessern gesucht. Abgesehen davon,
daß im Gebrauch diese dünne Haut leicht verletzt und ihre Schutzwirkung
in Frage gestellt wird, soll hier der Stoff selbst und nicht der etwaige Anstrich untersucht und gekennzeichnet werden; daher ist vorgeschrieben,
daß die Oberfläche der Platten vor der Prüfung abgeschliffen wird.

Der mit dem vorgeschriebenen Normalapparat gemessene Widerstand ist
nun nicht rein der Oberflächenwiderstand, sondern Anteil an ihm hat auch
das Innere des Isolierstoffes, da die elektrischen Feldlinien zwischen den
beiden spannungführenden Scheiden nicht nur an der Oberfläche, sondern
auch im Inneren verlaufen. Die Verhältnisse beim eingebauten Isolierstoff
liegen aber in der Regel ganz ähnlich. Da der Apparat und die Proben in
ihren Abmessungen vorgeschrieben sind, sind die Meßergebnisse völlig eindeutig; die Bezeichnung des gemessenen Widerstandes als „Oberflächenwiderstand" ist lediglich eine Abkürzung, die den wesentlichsten Teil nennt.

Die Probeplatte darf bei der Prüfung nicht auf eine geerdete Metall-
fläche gelegt werden, da hierdurch die elektrische Feldverteilung eine andere
wird und der gemessene Widerstandswert zu hoch ausfallen kann.

Der Isolationswiderstand, namentlich der Oberflächenwiderstand, hat
nicht einen festen Wert wie etwa der Widerstand eines Drahtes, sondern
nimmt im allgemeinen etwa umgekehrt proportional der Spannung ab.
Daher mußte eine einheitliche Meßspannung vorgeschrieben werden, die
nicht zu niedrig gewählt werden durfte, um einerseits nicht zu günstig er-
scheinende Widerstände bei geringwertigen Stoffen zu erhalten und andererseits die hochwertigsten Stoffe erkennen zu können. Die Stromstärke ist
durch den vorgeschalteten Schutzwiderstand von $10000\,\Omega$ auf den Höchstwert von $0{,}1$ A begrenzt, die Gleichstromquelle braucht daher nur 100 W
zu leisten. Am bequemsten hierfür ist eine kleine Dynamo. Ihre Spannung
kann mit der Erregung geregelt und durch deren Ausschalten auf wenige V

herabgesetzt werden, so daß die Prüflinge ohne Gefahr auszuwechseln sind. Man kann auch kleine Akkumulatoren von 0,1 A Entladestromstärke, in passende Gruppen für die Ladung unterteilt, zu einer Batterie zusammensetzen; sie müssen in regelmäßigen Zeiträumen kräftig entladen und wieder aufgeladen werden, da die geringe Entladung beim Messen nicht genügt, das Verhärten der positiven Platten zu verhindern.

Ein anderer Weg ist, eine Wechselspannung heraufzutransformieren und mit einem Gleichrichter gleichzurichten, doch ist darauf zu achten, daß die so erzeugte Gleichspannung nicht zu stark pulsiert. Ein Dreiphasen-Gleichrichter ist in dieser Hinsicht wegen der besseren Überlappung der Spannunghalbwellen wesentlich günstiger als ein einphasiger. Auf alle Fälle werden aber besondere Mittel zur Begrenzung der Pulsationen anzuwenden sein; am vollkommensten gelingt dieses, wenn man mit dem Gleichrichter eine Kapazität C aufladet. Soll bei Drehstrom von der Frequenz 50 Per/s die Pulsation der Gleichspannung von 1000 V bei einer Stromentnahme von i A durch den Oberflächenmeßapparat nicht mehr als 5% betragen, so muß: C in μF gleich $1{,}3 \times 10^{-1}$ sein. Für $i = {}^1/_{10}$ A würde sich hiernach C zu 13 μF ergeben; nun würde man sich aber wohl an manchen Stellen damit begnügen können, die Oberflächenwiderstände, z. B. unter 1 $M\Omega$ (Grenze zwischen Vergleichzahl 1 und 2) mit geringerer Zuverlässigkeit zu messen; dann würde für $i = 0{,}001$ die Kapazität $C = 0{,}13$ μF sein müssen. Für 1000 V Gleichspannung ist ein solcher Kondensator gut herstellbar. Bei Messungen von Widerständen über 10 $M\Omega$ würden dann die Pulsationen unmerklich klein.

Statt des Kondensators kann man auch einen Widerstand (nicht eine Drosselspule) einschalten, der einen nicht zu geringen Strom, z. B. 0,5 bis 1 A, entnimmt und von dem man die Spannung zum Messen abzweigt; mit einer Drosselspule vor dem Widerstand kann man die Pulsationen des Stromes durch den Widerstand schwächen. Der Betrieb der Anordnung verzehrt aber nicht unbeträchtliche Energie.

Beim Oberflächenwiderstand interessiert nicht die genaue Größe, sondern nur die Größenordnung. Die Stufen sind von ${}^1/_{100}$ $M\Omega$ ausgehend mit dem Faktor 100 fortschreitend festgesetzt und mit Vergleichzahlen bezeichnet.

Von chemischen Einflüssen macht sich der Angriff von Säuren und Alkali im Oberflächenwiderstand scharf bemerkbar. Für die abgekürzte Prüfung sind die praktisch am häufigsten vorkommenden Einwirkungen dieser Art ausgesucht: verdünnte Schwefelsäure, wie sie sich in Akkumulatorenräumen durch das Gasen der Zellen beim Laden überall hin verbreitet, und Ammoniakdampf, der sich in Viehställen und dergleichen entwickelt. Da sich der Angriff zeitlich nicht beschleunigen läßt, mußte die Dauer der Einwirkung auf 3 Wochen festgesetzt werden.

Zu B 2: Bei Isolierstoffen, die Kunstharze enthalten, kommt es als Folge ungenügender Durchführung des Herstellungsganges vor, daß sich im Inneren nachträglich Wasser abspaltet, während die Oberfläche hervorragend isoliert. Um derartige Fehler zu erkennen, ist die Messung des Widerstandes im Inneren zugefügt.

Zu B 3: Die Anordnung der Kohlen bei der Prüfung der Lichtbogensicherheit ist so gewählt, daß die vom Lichtbogen aufsteigenden Flammengase frei nach oben entweichen können. An einem Haltegestell ist ein Isolierstück befestigt, das zwei, eine Gerade bildende, wagerechte Rundeisenstäbe trägt; auf jedem gleitet ein Klotz, der eine um etwas mehr als 45⁰ gegen den Stab geneigte Bohrung hat. In dieser wird der Kohlenstab festgeklemmt; die beiden Kohlen werden so weit durchgesteckt, daß ihre Ebene um etwa 60⁰ gegen die wagerechte Ebene geneigt ist. Die Stromzuführungen werden mit Klemmschrauben an den Klötzen befestigt. Nach Zünden des Lichtbogens wird der eine Klotz mit der vorgeschriebenen Geschwindigkeit auf seinem Eisenstab entlanggeschoben, während der andere feststeht.

Die Lichtbogensicherheit wird danach beurteilt, in welchem Maße der Isolierstoff durch die Einwirkung des Lichtbogens dauernd oder vorübergehend an der Stromleitung teilnimmt. Bei der Neubearbeitung der Vorschriften sind die vier charakteristisch verschiedenen Fälle in ihrer Reihenfolge umgestellt und mit 0, 1, 2, 3 als Stufen der Lichtbogensicherheit bezeichnet. Die Gründe für das verschiedene Verhalten sind folgende:

Stufe 0. Der Isolierstoff verkohlt und diese Kohle leitet auch nach dem Erkalten den Strom, so daß sie wieder zum Glühen kommt.

Stufe 1. Am Isolierstoff bilden sich sogenannte Leiter II. Klasse (wie z. B. der Stift der Nernstlampe), die in glühendem Zustande gut, in kaltem jedoch nicht leiten.

Stufe 2. Aus dem Isolierstoff entwickeln sich brennbare Gase, die ein Auseinanderziehen des Lichtbogens über die natürliche Länge von 22 mm gestatten, der Isolierstoff selbst wird jedoch nicht leitend.

17. Vorschriften für Transformatoren- und Schalteröle.

§ 1.

Die Vorschriften treten am 1. Oktober 1927 in Kraft[1].

§ 2.

Die Vorschriften §§ 3 bis 7 beziehen sich sowohl auf neues als auf im Apparat angeliefertes Öl. Die Vorschriften §§ 8 bis 10 beziehen sich lediglich auf neues Öl, die Vorschrift § 11 bezieht sich auf ein dem im Betriebe befindlichen Transformator oder Apparat entnommenes und auf ein gekochtes oder zum Einfüllen vorbereitetes Öl.

Unter neuem Öl (§§ 8, 9, 10) ist ein Öl zu verstehen, wie es in Kesselwagen oder Eisenfässern von der Raffinerie angeliefert wird. Die Anlieferung darf nicht in Holzfässern erfolgen.

§ 3.

Die Vorschriften beziehen sich nur auf Erdöle, die lediglich als Raffinate geliefert werden müssen.

§ 4.

Das spezifische Gewicht darf nicht mehr als 0,92 bei 20° C betragen.

Bei Transformatoren und Schaltern, deren Kessel von der Außenluft umspült werden und die keine besondere Heizvorrichtung haben, soll Öl verwendet werden, dessen spezifisches Gewicht nicht mehr als 0,895 bei 20° C beträgt.

§ 5.

Die Viskosität, bezogen auf Wasser von 20° C, darf bei einer Temperatur von 20° C nicht über 8° Engler sein.

§ 6.

Der Flammpunkt, nach Marcusson im offenen Tiegel bestimmt, darf nicht unter 145° C liegen (siehe jedoch Ausnahmefall in § 7).

§ 7.

Der Stockpunkt des Öles darf nicht höher als —15° C sein; bei Schaltern, deren Kessel von der Außenluft umspült werden und die keine besondere

---

[1] Angenommen durch die Jahresversammlung 1927. Veröffentlicht: ETZ 1927, S. 473, 858 und 1089. — *Sonderdruck VDE 405.*

Heizvorrichtung haben, darf der Stockpunkt des zu verwendenden Öles nicht höher als — 40° C sein. Der Flammpunkt eines solchen Öles darf nicht unter 120° C liegen.

§ 8.

a) Das neue Öl muß bei 20° C vollkommen klar sein; es muß frei sein von Mineralsäure.

b) Der Gehalt an organischer Säure darf höchstens 0,05, berechnet als Säurezahl, betragen.

c) Der Gehalt an Asche darf 0,01 % nicht übersteigen.

§ 9.

Das neue Öl muß praktisch frei von mechanischen Beimengungen sein.

§ 10.

a) Die Verteerungzahl des neuen ungekochten Öles darf 0,1 % nicht überschreiten.

b) Das neue ungekochte Öl soll nach 70-stündiger Erhitzung auf 120° C unter Einleiten von Sauerstoff folgende Bedingungen erfüllen:

1. Es soll nach dem Erkalten vollkommen klar sein.

2. Es darf keinen benzinunlöslichen Schlamm enthalten.

3. Es dürfen beim Erhitzen mit der alkoholisch-wässerigen Natronlauge keine asphaltartigen Ausscheidungen entstehen.

§ 11.

Die elektrische Festigkeit des dem im Betrieb befindlichen Transformator oder Apparat entnommenen Öles soll, gemessen nach den Prüfvorschriften, im Mittel 80 kV/cm nicht unterschreiten. Ist die elektrische Festigkeit geringer, so muß das Öl gereinigt bzw. erneuert werden. Die elektrische Festigkeit des gekochten oder zum Einfüllen vorbereiteten Öles soll 125 kV/cm nicht unterschreiten.

Ergibt das Erhitzen des Öles im Reagenzglase auf rd. 150° C das Vorhandensein von Wasser durch knackendes Geräusch, so erübrigt sich die Untersuchung der elektrischen Festigkeit; das Öl muß getrocknet werden.

Die Untersuchung, ob die Öle diesen Vorschriften entsprechen, hat nach den nachstehenden Prüfvorschriften zu erfolgen:

Prüfvorschriften.

Aus den Kesselwagen oder Eisenfässern sollen Proben nach den folgenden Vorschriften entnommen werden:

a) Für Kesselwagen:

Ein Glasrohr von 1½ bis 2 m Länge (etwa 15 mm l. W.), das auf der einen Seite rund abgeschmolzen ist, so daß man es gut mit dem Daumen verschließen kann, und auf der anderen Seite ein wenig stumpf ausgezogen ist, wird im geöffneten Zustande langsam durch den Dom des Wagens bis zum Boden des Kesselwagens eingeschoben, so daß beim Durchschieben aus allen Teilen des Wageninhaltes Teile in das Rohr eintreten. Wenn das Rohr den Boden berührt, wird es mit dem Daumen verschlossen und aus dem Wagen herausgehoben. Der Inhalt des Rohres und das etwa außen anhaftende Öl wird in ein sauberes Glasgefäß gebracht. In gleicher Weise wird die Probeentnahme so oft wiederholt, bis mindestens eine Probemenge von 2 l vorhanden ist. Es wird nochmals gut umgerührt und die so entnommene Probe in zwei Teile geteilt, von denen der eine für eine Kontrollprüfung für den Fall der bei der Werkuntersuchung gefundenen Abweichung zurückgestellt wird. Wird die Probe als einwandfrei erachtet, so kann eine Gegenprobe höchstens für die Sammlung von Vergleichsmaterialien bzw. Beanstandungen genau bezeichnet und einwandfrei verschlossen zurückgehalten werden. Eine Verpflichtung hierzu besteht aber bei erfolgter Abnahme nicht.

b) Für Eisenfässer:

Ein Glasrohr gleicher Ausführung, wie zu a) beschrieben, aber entsprechend kürzer, wird durch das geöffnete Spundloch eines jeden fünften Fasses eingeführt. Aus jedem dieser Fässer wird eine Probe entnommen oder doch jedenfalls so viel, daß aus der gesamten Sendung wieder eine Probemenge von rd. 2 l gebildet werden kann. Auch hier wird wieder gut durchgemischt und im übrigen wie oben verfahren.

Über die Probeentnahme aus dem im Betriebe befindlichen Transformator oder Apparat siehe die Erklärung zu § 11.

Erklärungen.

Zu § 4. Die Ausführung der Bestimmungen des spezifischen Gewichtes kann nach einer beliebigen Arbeitsweise vorgenommen werden. Um das spezifische Gewicht für 20° C zu bestimmen, ist als Umrechnungzahl für je 1° C die Zahl 0,0007 zu benutzen (z. B. gefundenes spezifisches Gewicht

bei 15° C = ...	0,8700
Korrektur = 5 × 0,0007 = ...	— 0,0035
Spezifisches Gewicht bei 20° C	0,8665).

Als obere Grenze des spezifischen Gewichtes von Ölen, die in Transformatoren und Schaltern verwendet werden, deren Kessel von der Außenluft umspült sind und die keine besondere Heizvorrichtung haben, ist 0,895 gewählt, damit Eisstücke, die sich in Freiluftanlagen oder ungeheizten Stationen bilden können, mit Sicherheit zu Boden sinken.

Zu § 5. Zur Viskositätsbestimmung wird der Apparat von Engler benutzt (siehe Holde „Untersuchung der Kohlenwasserstoffe, Öle und Fette", 6. Aufl., S. 20).

Zu § 6. Zur Flammpunktbestimmung ist der im „Holde" 6. Aufl.

Abb. 36a abgebildete Apparat mit wagerechter Flammenführung zu benutzen (Versuchsausführung vgl. 6. Aufl., S. 45). Hierzu sind die vorschriftsmäßigen, von der PTR auf 30 mm Eintauchtiefe geeichten Flammpunktthermometer zu verwenden, bei deren Eichung die Korrektur für den herausragenden Faden bereits berücksichtigt ist.

Zu § 7. Das Verhalten des Öles in der Kälte muß derart sein, daß es nach einstündigem Abkühlen auf — 15° C bzw. — 40° C noch fließt. Die Prüfung geschieht nach dem folgenden Verfahren:

Das Öl wird in ein 15 mm weites Reagenzglas 3 cm hoch mit der Pipette eingefüllt und zwar so, daß die Glaswand oberhalb des Ölspiegels nicht benetzt wird. Das Reagenzglas wird mittels eines Gestelles oder Halters senkrecht in das Kühlgefäß eingestellt und 1 h lang auf — 15° C abgekühlt. Die Abkühlung erfolgt in einer Salzlösung, die durch Auflösen von 25 Teilen Salmiak in 100 Teilen Wasser zu bereiten ist. Die Abkühlung dieses Bades wird durch Einstellen der Lösung in eine Mischung aus Eis und Viehsalz bewirkt. Nach Ablauf von 1 h wird das Reagenzglas, ohne es herauszunehmen, in eine schräge Lage gebracht und die Veränderung des Flüssigkeitsspiegels beobachtet. Der flüssige Zustand des Öles zeigt sich nach dem Herausnehmen des Reagenzglases daran, daß die Glaswandung vom Öl einseitig benetzt ist.

Bei der Prüfung des Stockpunktes von — 40° C wird die Abkühlung am einfachsten in Benzin, das durch ein Gemisch aus fester Kohlensäure und Alkohol abgekühlt wird, vorgenommen.

Zu § 8.

a) Reinheit des Öles. Zur Feststellung, ob das Öl klar ist, wird eine frisch aus dem Versandgebinde entnommene Probe in einem Reagenzglase von 15 mm l. W. 1 h lang bei 20° C der Ruhe überlassen. Ist die Probe nach dieser Zeit klar, so entspricht sie den Anforderungen. Eine Trübung kann auch von zu hohem Wassergehalt herrühren, der sich durch Kochen beseitigen läßt.

Zum Nachweis von freier Mineralsäure werden (nach Holde) 100 cm³ Öl mit 200 cm³ heißem destillierten Wasser im Scheidetrichter oder Kolben kräftig durchgeschüttelt, bis sich das Öl genügend im Wasser verteilt hat. Nach dem Absetzen filtriert man die wässerige Schicht durch ein angefeuchtetes Faltenfilter und versetzt das Filtrat mit einigen Tropfen Methyl-Orange, wobei keine Rotfärbung eintreten darf.

b) Säurezahl. Vor Benutzung sind die Gefäße mit einem neutralisierten Benzol-Alkoholgemisch 1:1 auszuspülen; sodann werden 10 g Öl in einem 200 cm³ fassenden Schüttelzylinder eingewogen und in 75 cm³ eines vorher neutralisierten Gemisches aus einem Teil Benzol und einem Teil Alkohol aufgelöst. Hierbei wird nach Versetzen mit 2 cm³ aus einer 2%-igen alkoholischen Lösung von Alkaliblau 6 B eine genau eingestellte, ¹/₁₀ normal alkoholische Kalilauge aus einer Bürette zugegeben, bis die Färbung in der Durchsicht in ein deutliches Rot umschlägt. Die Säurezahl ist der Verbrauch an mg KOH für 1 g angewandtes Öl. Wurden bis zum Farbumschlag beispielsweise $^3/_{10}$ cm^3 KOH verbraucht, so errechnet sich die Säurezahl wie folgt:

$$\frac{0,3 \times 5,6}{10} = 0,168 \text{ mg KOH} \left.\begin{array}{l} \text{(5,6 ist die Anzahl g KOH/l in } ^1/_{10} \text{ nor-} \\ \text{maler Kalilauge).} \end{array}\right.$$

Die Säurezahl ist dann 0,168.

c) Aschegehalt. Vom Öl wiegt man in einer ausgeglühten und gewogenen Schale etwa 20 g ab. Man setzt die Schale in den Ausschnitt einer Asbestplatte und schwelt unter dem Abzug auf kleiner Flamme das Öl ab; bei vorsichtigem Arbeiten wird weder ein Überkriechen des Öles über den Rand der Schale noch ein Anbrennen der Öldämpfe stattfinden. Ist die Probe vollkommen abgeschwelt, so erhitzt man mit starker Flamme auf einem Tondreieck, bis aller Kohlenstoff verbrannt ist. Erfolgt dieses sehr langsam, so tränkt man nach dem Erkalten der Schale den Rückstand mit einer konzentrierten Ammoniumnitratlösung (Ammoniumnitrat muß völlig aschefrei sein) und trocknet im Trockenkasten bei 105° C. Den trockenen Rückstand verascht man zunächst vorsichtig und glüht nach dem Verjagen der Ammoniumsalze stark. Nach dem Erkalten im Exsikkator wird die Asche gewogen.

Erkennt man nach dem Verschwelen des Öles an dem eigentümlichen Zusammensintern, daß die Asche größere Menge Alkali enthält, so läßt man vor dem starken Glühen die Schale erkalten. Der kohlige Rückstand wird mit heißem destillierten Wasser ausgezogen, die Lösung durch ein aschefreies Filter abfiltriert und quantitativ nachgewaschen. Man trocknet dann die Schale samt dem Filter, verascht und verglüht stark, wie dieses vorstehend angegeben ist. Dann wird nach dem Erkalten die wässerige Lösung der Alkalien wieder in die Schale gegeben und nach dem Eindampfen bei 105° C bis zur Gewichtskonstanz getrocknet.

Zu § 9. Mit dem Ausdruck „praktisch frei" ist gemeint, daß keine mit bloßem Auge sichtbaren Beimengungen vorhanden sein dürfen.

Zu § 10.

a) Verteerungzahl. Es wird darauf hingewiesen, daß die Bestimmung der Verteerungzahl besonders schwierig ist und im Zweifelfalle von einem Spezialchemiker ausgeführt werden muß. Die abgekürzte Bezeichnung für diese Methode ist: (70 h 120° O$_2$).

150 g des frischen, ungebrauchten, filtrierten Öles werden in einem 300 cm^3 fassenden Erlenmeyer-Kolben (Schott & Gen., Jena) in einem Ölbade 70 h ununterbrochen unter gleichzeitigem Durchleiten von Sauerstoff auf 120° C erwärmt. Das Niveau des Ölbades soll 5 mm höher als das des im Kolben befindlichen Öles sein. Der Sauerstoff passiert 2 Waschflaschen, von denen die erste mit Kalilauge (spez. Gewicht 1,32), die zweite mit konz. Schwefelsäure (spez. Gewicht 1,84) beschickt ist (die Waschflaschen sollen ein Fassungsvermögen von mindestens $^1/_4$ l bei hoher zylindrischer Form haben und etwa auf $^1/_5$ ihrer Höhe mit der Waschflüssigkeit beschickt sein). Die Erwärmung wird in einem zuverlässigen, regelbar geheizten Ölbade aus-

geführt. Die vorgeschriebene Temperatur ist in dem zu untersuchenden Öl zu überwachen. Das Ölbad ist mit einem Rührwerk auszustatten. Der Kolben ist durch einen Korkstopfen mit seitlicher Einkerbung verschlossen, durch den das 1 bis 2 mm über dem Boden des Kolbens mündende Einleitungsrohr führt. (Die lichte Weite des Einleitungsrohres soll genau 3 mm, die Anzahl der Blasen 2 je s betragen).

Nach der geschilderten 70-stündigen Vorbehandlung werden 50 g des gut durchgerührten Öles in einem mit Rückflußkühler versehenen, 300 cm³ fassenden Erlenmeyer-Kolben nach Zusatz einiger Siedesteine 20 min lang auf siedendem Wasserbade mit 50 cm³ einer Lösung erwärmt, die durch Auflösen von 75 g möglichst reinem Ätznatron in 1 l dest. Wasser und durch Hinzufügen von 1 l 96%-igen Alkohols zu bereiten ist. Ohne den Rückflußkühler zu entfernen, wird hiernach das warme Gemisch 5 min lang kräftig geschüttelt, wobei der Kolben zweckmäßig mit einem Tuch umwickelt wird. Sein Inhalt wird nach dem Erkalten in einen Scheidetrichter übergeführt und über Nacht absitzen lassen, da erst dann eine vollständige Trennung der Lauge vom Öl stattfindet. Zeigen sich nach dem Erwärmen mit der Lauge und dem Absitzenlassen an der Trennungschicht von Öl und Lauge oder an den Wandungen des Scheidetrichters dunkelfarbige Ausscheidungen, so entspricht das Öl den Vorschriften nicht. Wenn keine Ausscheidungen vorhanden waren, wird nach eingetretener Schichtung ein möglichst großer Anteil der alkoholisch-wässerigen Lauge durch ein gewöhnliches Filter in einem Kolben filtriert. Von dem Filtrat werden 40 cm³ abpipettiert, in einem zweiten Scheidetrichter mit einigen Tropfen Methyl-Orange versetzt und mit Salzsäure bis zur deutlichen Rotfärbung der Flüssigkeit angesäuert (hierzu sind etwa 6 cm³ Salzsäure vom spez. Gewicht 1,124 erforderlich). Nach dem Ansäuern werden 50 cm³ destilliertes Wasser zugesetzt; erst dann wird mit Benzol ausgeschüttelt, da in 50%-igem Alkohol Benzol und mit ihm auch die darin gelösten Teerstoffe etwas löslich sind. Die durch das Ansäuern abgeschiedenen Teerstoffe werden in 50 cm³ reinem Benzol vom Siedepunkt 80/82° C (das beim Eindampfen auf dem Wasserbade keine Spur eines Rückstandes hinterlassen darf) aufgenommen. Das Ausschütteln ist mit 50 cm³ Benzol in einem dritten Scheidetrichter noch einmal zu wiederholen.

Nach dem Ablassen der wässerigen Schicht wird der erste Benzolauszug im Scheidetrichter Nr. 3 mit dem zweiten Benzolauszuge vereinigt, wobei der Scheidetrichter Nr. 2 mit etwas Benzol nachzuspülen ist. Der Benzolauszug wird dann im Scheidetrichter Nr. 3 zweimal mit je 50 cm³ destilliertem Wasser sorgfältig ausgeschüttelt. Starkes Schütteln ist zu vermeiden, da sonst Emulsionsbildung eintritt. Wenn sich hierbei eine starke Emulsion bildet, setzt man nach Ablassen des klaren Teiles der Wasserlösung einige Tropfen Alkohol zu, so daß die Benzolschicht vollkommen klar bleibt.

Nach dem Ablassen der letzten sichtbaren Wasserreste wird die im Scheidetrichter zurückbleibende Benzollösung in einen Weithals-Stehkolben von 250 cm³ Inhalt (Schott & Gen., Jena) übergeführt, der zuvor mit einigen Siedesteinen gemeinsam auf der analytischen Wage gewogen wurde. Dieser Kolben wird mit einem tadellosen, gut ausgepreßten und von jeglichem Korkstaub befreiten, durchbohrten Korken, in dem ein möglichst direkt über ihm abgebogenes weites Dampfleitungsrohr steckt, das in einen Kühler mündet, verschlossen und mittels eines Ringes, der Einkerbungen zum Durchleiten des Wasserbaddampfes besitzt, auf das Wasserbad gestellt. Kolben und Ableitungsrohr werden dann mit einem oben geschlossenen Blechmantel überdeckt, der an einer Seite zur Durchführung des Ableitungsrohres geschlitzt ist. Das Wasserbad wird schließlich so stark erhitzt, daß die in den Blechmantel steigenden Dämpfe diesen und damit auch Kolben und Ableitungsrohr mit erwärmen und so jegliches Dephlegmieren der Benzoldämpfe verhindern. Nach dem Eindampfen wird etwas Alkohol (absoluter oder 96%-iger) zugegeben, um etwa vorhandenes Wasser zu verjagen und der Kolben offen und liegend auf das mit gewöhnlichem Ringe versehene Wasserbad gestellt, so daß die schweren Dämpfe bequem abfließen können. Dann wird der Kolben in einem, auf 105⁰ C eingestellten Trockenschrank 10 min lang getrocknet und nach dem Erkalten gewogen. Die gefundene Teermenge in g, mit 2,5 multipliziert, ergibt die prozentuale Verteerungzahl.

b) Schlammbildung. 10 cm³ des verteerten Öles werden mit 30 cm³ Normalbenzin versetzt. Nach 24-stündigem Stehen wird festgestellt, ob sich Schlamm ausgeschieden hat. Im Zweifelfalle ist durch ein geeignetes Filter (Schleicher & Schüll, Weißband 589) zu filtrieren. Ist in dem Kolben, in dem das Öl erhitzt wurde, schon ohne Benzinzusatz eine Schlammausscheidung zu bemerken, so ist das Öl von vornherein als unbrauchbar zu bezeichnen.

Zu § 11.

1. Entnahme der Probe. Das zu untersuchende Öl soll dem Apparat (z. B. Transformator oder Ölschalter) möglichst an einer Stelle entnommen werden, die dem tiefsten unter Spannung stehenden Teil naheliegt. Die zur Entnahme der Probe dienenden Gefäße müssen peinlich sauber und trocken sein.

Die Temperatur des zu untersuchenden Öles soll 15 bis 25⁰ C betragen.

2. Elektrodenform und Abstände innerhalb der Prüfapparate.

Als Elektroden werden

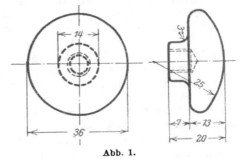

Abb. 1.

Kupferkalotten von 25 mm Halbmesser nach vorstehender Skizze (Abb. 1) gewählt.

Der Abstand der Kalottenränder von der Gefäßwandung (Glas oder Porzellan) soll mindestens 12 mm betragen.

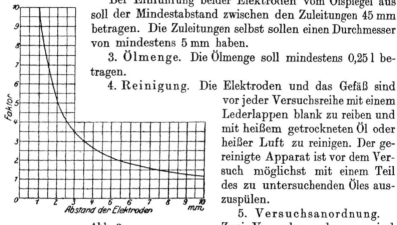

Bei Einführung beider Elektroden vom Ölspiegel aus soll der Mindestabstand zwischen den Zuleitungen 45 mm betragen. Die Zuleitungen selbst sollen einen Durchmesser von mindestens 5 mm haben.

3. Ölmenge. Die Ölmenge soll mindestens 0,25 l betragen.

4. Reinigung. Die Elektroden und das Gefäß sind vor jeder Versuchsreihe mit einem Lederlappen blank zu reiben und mit heißem getrockneten Öl oder heißer Luft zu reinigen. Der gereinigte Apparat ist vor dem Versuch möglichst mit einem Teil des zu untersuchenden Öles auszuspülen.

Abb. 2.

5. Versuchsanordnung. Zwei Versuchsanordnungen sind zulässig:

A. Fester Elektrodenabstand. Der Abstand der Kalotten soll bei dieser Versuchsanordnung 3 mm betragen.

Die Spannung wird verändert entweder durch feinstufige Änderung der Erregung, falls ein besonderer Generator vorhanden ist, oder durch Regeln der vor die Niederspannungwicklungen des Transformators geschalteten Widerstände.

B. Veränderlicher Elektrodenabstand bei konstanter Spannung. Auf der Hochspannungseite soll ein fester Widerstand von etwa 30000 Ω vorgeschaltet sein.

Der Prüftransformator soll bei beiden Versuchsanordnungen bei voller Erregung mindestens 30 kV auf der Hochspannungseite geben. Die Leistung darf nicht weniger als 250 VA betragen. Bei größeren Transformatoren ist u. U. durch Vorschalten von Flüssigkeitswiderständen dafür zu sorgen, daß der Hochspannungstrom beim Ansprechen der Funkenstrecke nicht mehr als 0,5 A beträgt. Zur Regelung oder Dämpfung sind nur Metall- oder Flüssigkeitswiderstände zulässig.

6. Verlauf der Untersuchung. Beim Eingießen des Öles sind Luftblasen nach Möglichkeit zu vermeiden, indem man das Öl an der Gefäßwand langsam herunterlaufen läßt.

Vor Anlegen der Spannung soll das Öl 10 min im Prüfgefäß ruhig stehen.

Die Regelung der Spannung bzw. des Elektrodenabstandes soll bis zum Durchschlag ungefähr 20 s erfordern. Die Spannung soll möglichst schnell nach dem Durchschlag abgeschaltet werden.

Im ganzen sind 6 Durchschlagversuche anzustellen. Das Ergebnis des ersten Versuches darf zur Beurteilung des Öles nicht herangezogen werden. Maßgebend ist der Mittelwert der letzten 5 Durchschläge.

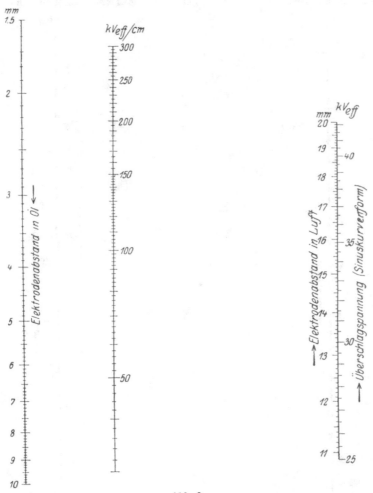

Abb. 3.

Nach jedem Durchschlag ist das Öl zwischen den Elektroden durch Umrühren mit einem reinen und trockenen Glasstäbchen zu erneuern.

Um die Durchschlagfestigkeit in kV/cm zu ermitteln, ist bei Methode A der gefundene Mittelwert der Durchschlagspannung mit dem Faktor 3,5 zu multiplizieren.

Bei Methode B ergibt sich der Faktor aus der Kurve (Abb. 2).

Zur Berechnung der Durchschlagfestigkeit können auch mit Vorteil die in Abbildung 3 und 4 dargestellten Fluchtlinientafeln Verwendung finden (s. auch ETZ 1926, Heft 6, Seite 158). Für Luft beziehen sich diese

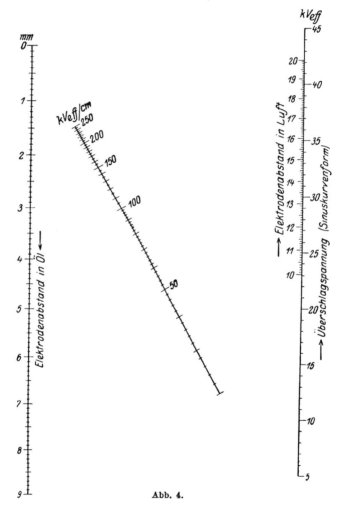

Abb. 4.

Tafeln ebenfalls auf Vollkugeln oder Kugelkalotten von 25 mm Halbmesser.

Auf die in den vorliegenden Vorschriften gegebenen Grenzzahlen sind Toleranzen nicht anwendbar.

18. Vorschriften für die Bewertung und Prüfung von Vergußmassen für Kabelzubehörteile.

I. Gültigkeit.
§ 1.
Die Vorschriften gelten ab 1. Juli 1927[1].

II. Begriffserklärungen.
§ 2.
Unter Vergußmassen für Kabelzubehörteile sind hochisolierende, homogene und gleichmäßig schmelzbare Massen zu verstehen, die dazu dienen sollen, Verbindungsmuffen, Endverschlüsse und sonstige Zubehörteile von Kabeln auszugießen oder Kabelenden abzubrühen.

§ 3.
Je nach dem Verwendungzweck werden folgende Arten von Massen unterschieden:
- A. Vergußmassen für Zubehörteile von Starkstromkabeln zur Verwendung unter Erde,
- B. Vergußmassen für Zubehörteile von Starkstromkabeln zur Verwendung in Innenräumen,
- C. Vergußmassen für Zubehörteile von Fernmeldekabeln.
- D. Abbrühmassen.

III. Bestimmungen.
§ 4.
a) Die Massen dürfen keine Steinkohlen-, Generator- und Braunkohlen-Teerpeche enthalten.

b) Die Massen dürfen keine Glyzerin- und Zell-Peche und wasserlöslichen Salze enthalten.

c) Die Massen dürfen keine wasserlöslichen Säuren oder Basen enthalten.

d) Der Abdampfverlust der Massen darf nicht größer als 1,5% sein.

e) Die Massen müssen im erstarrten Zustande blasenfrei und von homogener Struktur sein.

---

[1] Angenommen durch die Jahresversammlung 1927. Veröffentlicht: ETZ 1927, S. 25, 857 und 1089. — *Sonderdruck VDE 396*.

f) Der Tropfpunkt nach Ubbelohde muß mindestens betragen bei Masse:

A. 65 º C
B. 90 º C
C. 50 º C
D. 35 º C

g) Die Haftfestigkeit der Massen muß so groß sein, daß sie der Bleistreifenprobe bei folgenden Versuchstemperaturen genügt:

A. 0 º C
B. 20 º C
C. 20 º C
D. 0 º C

h) Der Flüssigkeitsgrad, bezogen auf Wasser von 20 º C und gemessen im Englerschen Apparat mit 5 mm Ausflußöffnung, darf bei nachstehend angegebenen Ausflußtemperaturen folgende Werte nicht überschreiten:

Temperatur	Flüssigkeitsgrad
A. 150º C	12
B. 190º C	18
C. 135º C	4
D. 120º C	1,5

Die Versuchstemperatur der Englerschen Probe entspricht der zweckmäßigen Verarbeitungstemperatur der Masse.

i) Die Massen C und D müssen so beschaffen sein, daß nach dem Ausschmelzen oder Abbrühen die Farbe des Isolierpapieres noch erkennbar ist.

Es ist davon abgesehen worden, den vorstehenden Prüfvorschriften eine solche anzufügen, die zur Beurteilung der elektrischen Qualität dient, da es sich gezeigt hat, daß die erforderliche Durchschlagsfestigkeit und das Isoliervermögen der Massen durch die im vorstehenden niedergelegten physikalischen und insbesondere auch die chemischen Prüfverfahren in solchem Maße sichergestellt ist, daß sich eine Untersuchung in dieser Hinsicht erübrigt.

§ 5.

Die Massen sind in Blechgefäßen zu liefern, auf denen Ursprungzeichen, VDE-Zeichen (soweit dieses erteilt ist) sowie die Verarbeitungstemperatur und das Volumengewicht (bis zur 2. Dezimale) deutlich klar angegeben sind.

Die Massen können mit den verschiedensten physikalischen Eigenschaften hergestellt werden je nach den Betriebstemperaturen oder sonstigen Einflüssen, denen sie ausgesetzt sind.

Da namentlich die Betriebstemperatur für die zweckmäßige Auswahl der Vergußmasse von Bedeutung ist und diese in direkter Beziehung zu der Verarbeitungstemperatur steht, so stellt diese ein die Masse kennzeichnendes Kriterium dar und soll deshalb auf jeder Packung deutlich lesbar angegeben sein. Zur Beurteilung der Ausgiebigkeit ist ferner die Angabe des Volumengewichtes erforderlich.

IV. Prüfvorschriften.
§ 6.
Probenahme und Probevorbereitung.

Zur Untersuchung sollen, wenn möglich, stets ganze Packungen der Vergußmassen angeliefert werden. Zur Prüfung sind von diesen aus allen

Schichten Proben im Gesamtgewicht von 1 kg zu entnehmen, die zu einem
Durchschnittmuster zusammenzuschmelzen sind. Nach der Ausführung
der chemischen Prüfung ist der Rest der entnommenen Masse 1 h im Sandbad auf eine Temperatur zu erhitzen, die 15 °C über der angegebenen Verarbeitungstemperatur liegt. Erst nach dieser Vorerhitzung ist die Masse
den physikalischen Prüfungen zu unterwerfen. Bei Massen, die Muffen entnommen sind, unterbleibt eine Vorerhitzung.

§ 7.
Untersuchung auf Steinkohlen-, Generator- und Braunkohlenteer-Peche.

Zu § 4a).

5 g Masse werden 10 min mit 20 cm³ $n/1$ wässeriger Natronlauge gekocht. Ist das Filtrat dunkel gefärbt, so liegt Verdacht auf Teerpech vor.
Man prüft einen Teil des Auszuges mit einer frisch bereiteten Diazobenzol-
Chloridlösung [2] (Gräfesche Reaktion, Chemie und Technologie der natürlichen und künstlichen Asphalte von Dr. Köhler und Gräfe, II. Auflage,
S. 436). Tritt keine Rotfärbung oder Abscheidung eines roten Nieder-
schlages ein, so ist die Masse in dieser Hinsicht einwandfrei.

Gibt eine Vergußmasse dagegen bei der Diazoprobe Rotfärbung, so
löst man 10 g in 15 cm³ Benzol unter Erwärmung auf, gießt die Lösung
bzw. Suspension in Petroläther ein und saugt den Niederschlag auf einer
Nutsche ab. Er wird hierauf mit Petroläther zur Entfernung von Öl, dann
mit 96%-igem Alkohol zur Entfernung etwa vorhandener Oxysäuren ge-
waschen. Hierauf wird getrocknet und nach dem Pulvern wiederum mit
Diazobenzol-Chloridlösung geprüft. Um etwa vorhandene Phenole möglichst vollständig auszuziehen, kocht man ¼ h lang mit $n/2$ alkoholischer
Kalilauge am Rückflußkühler, filtriert nach dem Erkalten, verdampft aus
dem Filtrat den Alkohol und nimmt mit Wasser auf. Die so erhaltene
wässerige Lösung ist bei Gegenwart von Braunkohlen- oder Steinkohlen-
Teerpech zur unmittelbaren Ausführung der Farbenreaktion zu dunkel gefärbt. Man schüttelt sie daher zunächst mit 10%-iger Kochsalzlösung, die
den größten Teil der färbenden Verunreinigungen ausfällt; das hell gefärbte
Filtrat wird dann in üblicher Weise mit Diazobenzol-Chloridlösung geprüft.
Positiver Ausfall der Reaktion weist auf Braunkohlen- bzw. Steinkohlen-
Teerpech hin.

Es ist grundsätzlich festzulegen, daß Kabelzubehör-Vergußmassen keine
phenolartigen Anteile, insbesondere keine Braunkohlen- und Steinkohlen-
Destillationsrückstände enthalten dürfen, da diese beim Schmelzen mit Mineralölen oder Paraffinkohlenwasserstoffen (den meistens verwendeten Kabel-
isoliermitteln) feste koksartige Bestandteile abscheiden. Die vorstehend angeführte Prüfung zur sicheren Erkennung von phenolartigen Körpern (Stein-

---

[1] 5 g Anilin werden in 15 g konzentrierter reiner Salzsäure und 30 g dest. Wasser
gelöst. Unter Eiskühlung wird sodann so lange von einer Lösung aus 5 g Natriumnitrit
in 15 g Wasser zugefügt, bis mit Jodkalium-Stärkepapier freie salpetrige Säure nachweisbar ist.

kohlen-, Generator- und Braunkohlen-Teerpechen usw.) ist so genau, daß sie auch die geringsten Mengen dieser Körper erkennen läßt.

§ 8.
Untersuchung auf Glyzerin- und Zellpeche und auf wasserlösliche Salze.

Werden 25 g Masse mit 100 g destilliertem Wasser gekocht, so darf nach dem Absitzenlassen das Wasser keine Färbung zeigen und keinen größeren Abdampfrückstand als 0,2% hinterlassen. Nach Veraschung dieses Rückstandes darf das Gewicht des Restes höchstens $^1/_{10}$ des ursprünglichen Gewichtes betragen.

§ 9.
Untersuchung auf wasserlösliche Säuren oder Basen.

10 g Masse werden in 90 g neutralisiertem Benzol gelöst und in einen Scheidetrichter gegeben. Nachdem der Lösung 100 g destilliertes Wasser zugesetzt sind, wird stark geschüttelt und absitzen lassen. 50 cm³ der filtrierten wässerigen Lösung sollen nach Zusatz von einigen Tropfen Phenolphthalein keine Rotfärbung zeigen, dagegen müssen 2 Tropfen $n/2$ Natronlauge genügen, die Lösung rot zu färben (Erhält man beim Schütteln der benzolischen Lösung mit Wasser eine Emulsion, so ist als Lösemittel eine neutralisierte Mischung von 70 Gewichtsprozenten Äther mit 30 Gewichtsprozenten Alkohol zu verwenden).

Zur Feststellung der weiteren Eigenschaften und zur Ermittelung des Abdampfverlustes ist es häufig erwünscht, den Aschengehalt und die benzolunlöslichen Anteile der Massen zu ermitteln. Da die Mengen dieser Bestandteile nicht unter allen Umständen ausschlaggebend für die Verwendungsmöglichkeit einer Masse sind, ist davon abgesehen worden, in den Prüfbedingungen Normen für den Höchstgehalt an diesen Anteilen festzulegen.

Die Höhe des Aschengehaltes kann nicht als Kriterium für die Verwendungsmöglichkeit angesehen werden. Auch der Gehalt von Massen an verbrennbaren benzolunlöslichen Anteilen, die vielfach als „freier" (suspendierter) Kohlenstoff angesprochen werden, ist nicht als absolutes Kennzeichen für deren Unverwendbarkeit zu betrachten. Es muß der Beurteilung im Einzelfalle unter Berücksichtigung der physikalischen Prüfungen überlassen bleiben, ob ein bestimmter Gehalt als zu hoch zu bezeichnen ist. Im allgemeinen werden Massen, die über 4% verbrennbare, benzolunlösliche Anteile enthalten, als wenig geeignet betrachtet. Damit die Bestimmung der Asche und des Benzolunlöslichen gleichartig erfolgt, ist in diesen Fällen die Bestimmung dieser beiden Anteile nach folgender Vorschrift vorzunehmen:

5 g der Masse werden in heißem Benzol gelöst und durch ein gezogenes Filter (Blauband, Schleicher und Schüll) filtriert. Nach dem Auswaschen mit heißem Benzol, bis dieses farblos abläuft, wird das Filter mit Rückstand bei 105° C bis zur Gewichtskonstanz getrocknet. Die Gewichtzunahme des Filters stellt das Benzolunlösliche dar.

Das Filter mit Inhalt wird sodann über einem gewogenen Tiegel verbrannt und bis zur Gewichtskonstanz geglüht. Die Gewichtzunahme des Tiegels abzüglich Filterasche wird als anorganische Füllmasse bezeichnet (Aschengehalt).

Die Differenz zwischen dem Benzolunlöslichen und der anorganischen Füllmasse soll als „freier (suspendierter) Kohlenstoff" angesprochen werden.

§ 10.
Bestimmung des Abdampfverlustes.

Zur Bestimmung des Abdampfverlustes wird ein Tiegel aus Messing, Kupfer (vernickelt) oder Porzellan verwendet. Der Tiegel soll die Form des Brenkentiegels (Abb. 1) haben und sein Gewicht soll höchstens 40 g betragen. Er wird bis zur Marke (25 mm vom Boden) mit Masse ausgegossen und 2 h im elektrisch geheizten Trockenschrank auf der Verarbeitungstemperatur gehalten. Das Gewicht des Tiegels sowie der Masse vor und nach dem Erhitzen ist auf einer analytischen Waage festzustellen. Da bei den in Frage kommenden Temperaturen nur organische Anteile oder Wasser verdampfen können, ist der Verdampfverlust auf das organische Material zu beziehen. Dieses geschieht dadurch, daß man vom Gewicht der Masse vor und nach dem Erhitzen den Aschengehalt abzieht und aus dem so erhaltenen Gewicht der reinen organischen Substanz den Abdampfverlust errechnet.

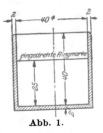

Abb. 1.

§ 11.
Untersuchung auf blasenfreie und homogene Struktur.

Werden 100 g Masse in einer trockenen Porzellanschale bis zur Verarbeitungstemperatur erhitzt und durch ein Sieb mit 50 Maschen je 1 cm² gegossen, so dürfen auf dem Sieb keine grobkörnigen Anteile zurückbleiben. Zum Auffangen dient ein, aus starkem Schreibpapier hergestelltes Kästchen (Größe etwa 5 × 5 × 5 cm). Nach dem Erstarren wird das Kästchen mit Masse ½ h in eine Kältemischung (2 Teile Eis, 1 Teil Kochsalz) eingelegt. Nach dem Herausnehmen aus der Kältemischung wird der Gußkörper senkrecht zur Oberfläche gespalten und untersucht, ob er im Inneren blasenfrei ist. Für die normalen Massen ist eine Prüfung auf Homogenität erforderlich. Diese kann anschließend an die Bestimmung des Abdampfverlustes ausgeführt werden. Der Tiegel mit Masse, der zur Bestimmung des Abdampfverlustes diente, wird nach der Endwägung abermals auf die Verarbeitungstemperatur erwärmt und die Masse vorsichtig ausgegossen. Bleibt in dem Tiegel ein Bodensatz, so ist die Masse inhomogen und für normale Zwecke als nicht geeignet zu betrachten.

§ 12.
Bestimmung des Tropfpunktes.

Der Tropfpunkt wird mit dem Apparat von Ubbelohde bestimmt, wobei jedoch statt des gläsernen Ausflußgefäßes ein solches aus vernickeltem Messing verwendet wird. In die Ausflußgefäße wird die zu untersuchende Masse in geschmolzenem Zustande eingefüllt und dann das Tropfpunkt-Thermometer mit dem Ausflußgefäß in der vorgeschriebenen Weise vereinigt. Die Tropfpunktbestimmung wird vorgenommen, nachdem der Apparat 30 min lang in Ruhe gelassen ist. Das Thermometer wird

darauf in ein 4 cm weites und etwa 23 cm langes Reagenzrohr eingeführt
und mittels eines durchbohrten Korkstopfens gegen das Rohr abgedichtet.
Das Reagenzrohr wird bis zu ⅔ seiner Länge senkrecht in ein Becherglas
eingehängt, das mit Glyzerin gefüllt ist. Das Glyzerinbad wird darauf
so erhitzt, daß der Temperaturanstieg am Tropfpunktapparat etwa 1° C
je min beträgt. Diese Steigerung muß von der Zimmertemperatur an
bis zum Abfallen des Tropfens gleichmäßig eingehalten werden. Die an
dem Thermometer abgelesene Gradzahl beim Abfallen des Tropfens ist
die Tropfpunkt-Temperatur (für die Bestimmung werden zweckmäßig
die Apparate der Firma Bleckmann & Burger, Berlin N 24, August-
straße 3a, benutzt, die genau den Angaben Ubbelohdes entsprechend angefertigt sind, siehe auch Z. angew. Chemie 1905, Heft 31).

Nachdem in den letzten Jahren die Tropfpunktbestimmung nach Ubbelohde allgemein für Massen, die keinen scharfen Schmelzpunkt haben, eingeführt wurde, ist dieses Verfahren auch zur Untersuchung von Vergußmassen
gewählt worden. Es verdient deshalb besonders den Vorzug, weil es den Schmelz-
endpunkt kennzeichnet, der im vorliegenden Falle wichtiger als der nach dem
Verfahren von Krämer-Sarnow bestimmbare Schmelzbeginn ist.

§ 13.
Untersuchung auf Haftfestigkeit.

Die Untersuchung auf Haftfestigkeit geschieht durch Beurteilen des
Verhaltens einer auf einem Bleistreifen aufgegossenen, 1 mm dicken Masseschicht, wenn dieser um einen Dorn gewickelt wird.

Ein Bleistreifen von 170 mm Länge, 14 mm Breite und 0,9 mm Dicke
wird mit einer Stahlbürste gereinigt und eben auf den Tisch gelegt. Über
diesen wird eine Schablone aus Messingblech von 1 mm Dicke gelegt, die
ein Fenster von 100 × 10 mm hat, und zwar derart, daß die Längsseiten
dieses Fensters den Bleistreifen symmetrisch zu je 2 mm bedecken. Die
Schablone hat zweckmäßig die Außenabmessungen von 160 × 60 × 1 mm.
Ihre richtige Lage wird durch Anschlagleisten sichergestellt. Beide Teile
werden hierauf mittels Bunsenbrenners leicht angewärmt und darauf das
Fenster der Schablone mit der zu untersuchenden Masse bei Verarbeitungstemperatur ausgegossen. Die überschüssige Masse wird mit einem ange-
wärmten Spachtel abgestrichen und danach die Schablone von dem Bleistreifen abgehoben. Dieser ist dann mit einer 1 mm dicken, 10 mm breiten
und 100 mm langen Masseschicht bedeckt. Jeder so hergestellte Versuch-
streifen bleibt 3 bis 4 h bei Zimmertemperatur liegen und wird, falls
der Versuch bei 20° C auszuführen ist, unmittelbar danach, wie folgt,
geprüft:

Der Streifen wird um einen wagerecht befestigten, zylindrischen Dorn
von 10 mm Durchmesser in nebeneinanderliegenden Windungen spiralig
aufgewickelt und zwar derart, daß etwa eine Umdrehung je s vorgenommen
wird. Bei diesem Versuch darf die Masseschicht weder Risse zeigen noch
sich von der Bleiunterlage abheben.

Bei jeder Untersuchung sind 10 Streifen in gleicher Weise zu prüfen.
Die Masse genügt den Anforderungen, wenn das Ergebnis von mindestens
8 der Versuche obiger Be-
dingung entspricht.

Wenn als Versuchstempe-
ratur 0⁰ C vorgeschrieben ist,
so werden die Proben, nachdem sie 3 bis 4 h bei Zimmertemperatur geruht haben, in
ein Zinkblechkästchen der in
Abb. 2 dargestellten Abmessungen eingelegt. Das Kästchen ist imstande, 10 vor-
bereitete Streifen sowie ein
Thermometer zum Zwecke
der Temperaturkontrolle aufzunehmen und ist mit einem
eingezogenen Deckel ver-
sehen. Es wird derartig in ein
mit Eiswasser gefülltes größe-
res Gefäß eingestellt, daß es
etwa 7 cm in das Wasser ein-
taucht, wobei auch der einge-
zogene Deckel bis zu ungefähr
gleicher Spiegelhöhe mit Eiswasser gefüllt wird. In diesem
Bad bleibt das Kästchen ½ h
lang, worauf ihm die Proben

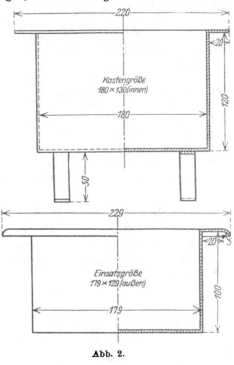

Abb. 2.

entnommen werden. Diese Proben werden dann sofort den oben beschriebenen Wickelversuchen unterworfen.

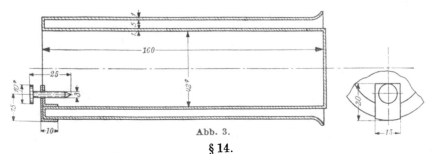

Abb. 3.

§ 14.

Bestimmung des Flüssigkeitsgrades.

Die Bestimmung des Flüssigkeitsgrades geschieht mit dem Viskosimeter von Engler, das jedoch statt der üblichen Ausflußöffnung eine solche

von 5 mm Durchmesser erhält, sonst aber in sämtlichen Abmessungen mit dem Normal-Apparat übereinstimmt. An Stelle des üblichen Auffangkolbens aus Glas wird zweckmäßig ein doppelwandiges zylindrisches Blechgefäß (Abb. 3) verwendet, das mit einer verstellbaren Spitze als Höhenmarke versehen ist. Diese ist so einzustellen, daß sie bei einer Füllung mit 200 cm³ Wasser gerade die Oberfläche des Gefäßes berührt.

Das Viskosimeter wird mit 240 cm³ der flüssigen Vergußmasse gefüllt. Hierauf wird die Versuchsflüssigkeit auf die gewünschte Temperatur gebracht und die Heizung so eingestellt, daß die vorgeschriebene Ausflußtemperatur mindestens 5 min unverändert erhalten bleibt. Alsdann erfolgt der Auslaufversuch, währenddessen an der Heizung nichts mehr geändert werden darf. Man läßt 200 cm³ auslaufen und bestimmt mit der Stoppuhr die dazu erforderliche Zeit. Der Wert des Flüssigkeitsgrades wird berechnet unter Bezugnahme auf die Ausflußzeit von Wasser bei 20° C, die mit dem gleichen Viskosimeter ermittelt ist.

§ 15.
Bestimmung des Volumengewichtes (spez. Gewicht).

Das Volumengewicht soll bei 20° C festgestellt werden. Die Bestimmung soll mit der Mohrschen Waage in folgender Weise erfolgen:

Zur Bestimmung benötigt man 2 gleichschwere Kupferdrähte von etwa 7,5 cm Länge und etwa 0,3 mm Durchmesser. Einer dieser Drähte wird an einem Ende durch Umbiegen mit einer Öse versehen. Das andere Ende wird erwärmt und durch Andrücken an ein etwa 1 cm³ großes, zusammenhängendes Stück der Versuchsmasse an dieser befestigt.

Der zweite Draht dient zum Austarieren der Aufhängevorrichtung. Als Eintauchflüssigkeit wird ausgekochtes, destilliertes Wasser von 20° C benutzt. Bei der Versuchsausführung ist besonders darauf zu achten, daß keinerlei Luftblasen an der Oberfläche des Versuchskörpers haften.

Als endgültiger Wert für das Volumengewicht soll das Mittel aus 3 Bestimmungen gelten.

19. Regeln für die Bewertung und Prüfung von elektrischen Maschinen R.E.M. 1923[1].

Inhaltsübersicht.

I. Gültigkeit. §§ 1 bis 3.
II. Begriffserklärungen. §§ 4 bis 19.
III. Bestimmungen:
    A. Allgemeines §§ 20 bis 27.
    B. Betriebsart §§ 28 bis 30.
    C. Erwärmung §§ 31 bis 41.
    D. Überlastung, Kommutierung, Anlauf §§ 42 bis 47.
    E. Isolierfestigkeit §§ 48 bis 52.
    F. Wirkungsgrad §§ 53 bis 64.
    G. Spannung und Spannungsänderung §§ 65 bis 75.
    H. Drehzahl und Drehsinn §§ 76 bis 79.
    I. Schild §§ 80 bis 86.
    K. Toleranzen § 87.

I.
Gültigkeit.
§ 1. Geltungstermin.

Diese Regeln gelten für Maschinen, deren Herstellung nach dem 1. Januar 1923 begonnen wird[2].

§ 2. Gültigkeit.

Diese Regeln gelten allgemein. Abweichungen hiervon sind ausdrücklich zu vereinbaren. Die Vorschriften über die Schilder müssen jedoch immer erfüllt sein.

§ 3. Geltungsbereich.

Diese Regeln gelten für die nachstehend angeführten Arten von umlaufenden Maschinen — außer Bahn- und anderen Fahrzeugmotoren — sowie Maschinensätzen, die aus solchen bestehen:

---

[1] Erläuterungen hierzu von Prof. Dr.-Ing. G. Dettmar können von der Verlagsbuchhandlung Julius Springer, Berlin, bezogen werden.

[2] Angenommen durch die Jahresversammlung 1922. Veröffentlicht: ETZ 1922, S. 657 und 1442. — *Sonderdruck VDE 288.*

Vorher hat eine andere, mehrfach geänderte Fassung der Maschinennormen bestanden. Über die Entwicklung gibt nachstehende Tafel Aufschluß:

Fassung:	Beschlossen:	Gültig ab:	Veröffentl. ETZ:
1. Fassung	28. 6. 01	1. 7. 01	01 S. 798
1. Änderung	13. 6. 02	1. 7. 02	02 S. 764
2. Änderung	8. 6. 03	1. 7. 03	03 S. 684
3. Änderung	7. 6. 07	1. 7. 07	07 S. 826
4. Änderung	3. 6. 09	1. 1. 10	09 S. 788
2. Fassung	19. 6. 13	1. 7. 14	13 S. 1038
3. Fassung	17. 10. 22	1. 1. 23	22 S. 657 u. 1442.

1. Gleichstromgeneratoren und -motoren,
2. Synchrongeneratoren, -motoren und -phasenschieber,
3. Einankerumformer,
4. Kaskadenumformer,
5. Asynchronmotoren und -generatoren sowie -umformer,
6. Wechselstrom-Kommutatormaschinen.

II.
Begriffserklärungen.
§ 4. Bestandteile.

Ständer ist der feststehende Teil, Läufer der umlaufende Teil der Maschine.

Anker ist der Teil der Maschine, in dessen Wicklungen durch Umlauf in einem magnetischen Felde oder durch Umlauf eines magnetischen Feldes elektrische Spannungen erzeugt werden. Bei Asynchronmaschinen wird zwischen Primär- und Sekundäranker unterschieden.

Sofern nicht anders angegeben, wird in den folgenden Bestimmungen vorausgesetzt, daß der Ständer den Primäranker, der Läufer den Sekundäranker bildet.

§ 5. Stromarten.

Der Ausdruck Wechselstrom umfaßt sowohl Einphasen- als auch Mehrphasenstrom.

Drehstrom ist verketteter Dreiphasenstrom.

§ 6. Nennbetrieb.

Der Nennbetrieb ist gekennzeichnet durch die Größen, die auf dem Schild genannt sind und für die die Maschine gebaut ist. Diese Größen und die aus ihnen abgeleiteten werden durch den Zusatz „Nenn-" gekennzeichnet (Nennleistung, Nennspannung, Nennstrom, Nennfrequenz, Nenndrehzahl, Nennleistungsfaktor usw.).

§ 7. Spannung und Strom.

Spannung- und Stromangaben bei Wechselstrom bedeuten Effektivwerte.

Sofern nicht anders angegeben, bedeuten Spannungsangaben bei Drehstrom die verkettete Spannung.

Läuferspannung bei Asynchronmaschinen mit umlaufendem Sekundäranker ist die in der offenen Sekundärwicklung im Stillstand bei offenem Stromkreise auftretende Spannung zwischen zwei Schleifringen.

Läuferstrom bei Asynchronmaschinen mit umlaufendem Sekundäranker ist der bei Nennbetrieb auftretende Schleifringstrom.

Durchmesserspannung bei geschlossenen Gleichstromwicklungen ist die Wechselspannung zwischen zwei um eine Polteilung entfernten Punkten der Wicklung.

§ 8. Arbeitsweise.

Generator (Stromerzeuger) ist eine umlaufende Maschine, die mechanische in elektrische Leistung verwandelt.

Motor ist eine umlaufende Maschine, die elektrische in mechanische Leistung verwandelt.

Umformer ist eine umlaufende Maschine oder ein Maschinensatz zur Umwandlung elektrischer Leistung in elektrische Leistung.

Einankerumformer ist ein Umformer, in dem die Umwandlung in einem Anker stattfindet.

Kaskadenumformer ist ein zur Umformung dienender Maschinensatz, der aus Asynchron- und Gleichstrommaschine mit elektrisch und mechanisch gekuppelten Läufern besteht.

Motorgenerator ist ein zur Umformung dienender Maschinensatz, der aus je einem oder mehreren direkt gekuppelten Motoren und Generatoren besteht.

Sofern nicht anders angegeben, wird in den folgenden Bestimmungen die Arbeitsweise Wechselstrom-Gleichstrom vorausgesetzt.

§ 9. Normale Nennspannungen.

Normale Nennspannungen in V sind für Maschinen:

Gleichstrom			Drehstrom 50 Per/s			Einphasenstrom 16²/₃ Per/s		
Normale Betriebspannung nach DIN VDE 2	Nennspannung		Normale Betriebspannung nach DIN VDE 2	Nennspannung		Normale Betriebspannung nach DIN VDE 2	Nennspannung	
	für Generatoren	für Motoren		für Generatoren	für Motoren		für Generatoren	für Motoren
110	115	110	125	130	125	220	—	220
220	230	220	220	230	220	380	—	—
440	460	440	380	400	380	6 000	6 300	6 000
—	—	—	500	525	500	15 000	15 750	15 000
—	—	—	3 000	3 150	3 000	—	—	—
—	—	—	5 000	5 250	5 000	—	—	—
—	—	—	6 000	6 300	6 000	—	—	—
—	—	—	10 000	10 500	10 000	—	—	—
—	—	—	15 000	15 750	15 000	—	—	—

Für Gleichstrom-Bahngeneratoren 600, 825 und 1200 V (siehe auch § 65).

§ 10. Normale Drehzahlen.

Für Wechselstrommaschinen sind für 50 Per/s folgende Polzahlen und synchrone Drehzahlen normal:

Polzahl	Drehzahl	Polzahl	Drehzahl	Polzahl	Drehzahl
2	3000	16	375	40	150
4	1500	20	300	48	125
6	1000	24	250	56	107
8	750	28	214	64	94
10	600	32	188	72	83
12	500	36	167	80	75

Für Gleichstrommaschinen gelten, soweit als möglich, die gleichen Drehzahlen.

Die schräg gedruckten Werte sind, wenn möglich, zu vermeiden.

§ 11. Leistung.

Abgabe ist die abgegebene Leistung an den Klemmen bei Generatoren, an der Welle bei Motoren und an den Sekundärklemmen bei Umformern.

Aufnahme ist die aufgenommene Leistung an der Welle bei Generatoren, an den Klemmen bei Motoren und an den Primärklemmen bei Umformern. Die Einheit der Leistung ist das Kilowatt (kW) oder Watt (W).

§ 12. Leistungsfaktor.

Leistungsfaktor (cos φ) ist das Verhältnis von Leistung (in kW oder W) zu scheinbarer Leistung (in kVA oder VA).

§ 13. Wirkungsgrad.

Wirkungsgrad einer Maschine ist das Verhältnis von Abgabe zur Aufnahme.

§ 14. Kurvenform.

Eine Spannungwelle gilt als praktisch sinusförmig, wenn keiner ihrer Augenblickswerte a vom Augenblickswerte gleicher Phase der Grundwelle g (1. Harmonische) um mehr als 5% des Grundwellenscheitelwertes S abweicht.

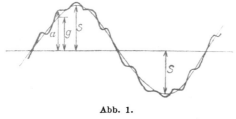

Abb. 1.

Zur Bestimmung der Grundwelle sollen mindesten 12 Punkte der Spannungkurve benutzt werden. Für Kurven, die in allen Viertelperioden symmetrisch sind, ist dann

$$S = \frac{a_0 + \sqrt{3}\,a_1 + a_2}{3},$$

wobei a_0 der größte, a_1 und a_2 benachbarte Augenblickswerte sind, die von den erstgenannten um $^1/_{12}$ und $^2/_{12}$ der Periode entfernt sind.

§ 15. Symmetrie von Mehrphasensystemen.

Ein Mehrphasenstrom- oder -spannungsystem gilt als symmetrisch, wenn das gegenläufige System nicht mehr als 5% vom rechtläufigen System beträgt.

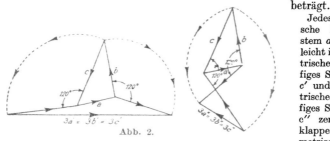

Abb. 2.

Jedes unsymmetrische Drehstromsystem a, b, c läßt sich leicht in ein symmetrisches rechtsläufiges System a', b', c' und ein symmetrisches gegenläufiges System a'', b'', c'' zerlegen. Umklappen der unsymmetrischen Spannungvektoren um 120° nach außen, entsprechend der linken Abbildung, liefert die rechtsläufige Spannung; Umklappen nach innen, entsprechend der rechten Abbildung, liefert die gegenläufige Spannung, beide in dreifacher Größe.

Das gegenläufige Spannungsystem erzeugt in fast allen Wechselstrommaschinen zusätzliche Ströme, die erhebliche Zusatzverluste und Bremsmomente bewirken können.

§ 16. Erregung.

Es werden unterschieden:

Selbsterregung, d. i. Erregung einer Maschine durch von ihr selbst erzeugten Strom,

Eigenerregung, d. i. Erregung einer Maschine durch eine mit ihr unmittelbar oder mittelbar gekuppelte Erregermaschine, die nur diesem Zwecke dient,

Fremderregung, d. i. Erregung einer Maschine durch eine andere als die vorstehend genannten Stromquellen.

Nenn-Erregerspannung bei Eigen- und Fremderregung ist die auf dem Schilde der Maschine genannte Spannung, für die die Erregerwicklung bemessen ist.

§ 17. Drehzahlverhalten von Motoren.

Nach der Abhängigkeit der Drehzahl von der Abgabe werden unterschieden:

1. Motoren mit gleichbleibender Drehzahl. Die Drehzahl ist von der Leistungsabgabe unabhängig (z. B. Synchronmotoren).
2. Motoren mit Nebenschlußverhalten. Die Drehzahl ändert sich nur wenig mit zunehmender Abgabe (z. B. Gleichstrom-Nebenschluß- und Asynchronmotoren).

   Bei kleineren Motoren kann wegen des inneren Widerstandes ein Drehzahlabfall bis zu 20% erfolgen.
3. Motoren mit Reihenschlußverhalten. Die Drehzahl fällt mit zunehmender Abgabe stark ab (z. B. Reihenschlußmotoren, Repulsionsmotoren).
4. Motoren mit mehreren Drehzahlstufen. Der Motor kann mit einigen bestimmten Drehzahlen laufen. In der Regel ist jede dieser Drehzahlen annähernd gleichbleibend im Sinne von 2 (z. B. Asynchronmotoren mit Polumschaltung).
5. Motoren mit Drehzahlregelung. Die Drehzahl kann innerhalb eines bestimmten Bereiches fein eingestellt werden. Die eingestellte Drehzahl ist entweder:

   5a) annähernd gleichbleibend im Sinne von 2 (z. B. Gleichstrom-Nebenschlußmotoren mit Feldeinstellung) oder

   5b) mit zunehmender Abgabe abfallend im Sinne von 3 (z. B. Repulsionsmotoren und Drehstrom-Reihenschlußmotoren, beide mit Bürstenverstellung).

§ 18. Kühlungsart.

Es werden unterschieden:

1. Selbstkühlung. Die Kühlluft wird durch die umlaufenden Teile der Maschine bewegt — ohne Zuhilfenahme eines besonderen Lüfters.

2. **Eigenlüftung.** Die Kühlluft wird durch einen am Läufer angebrachten oder von ihm angetriebenen Lüfter bewegt, der nur dem Zwecke
der Lüftung dient.

3. **Fremdlüftung.** Die Kühlluft wird durch einen Lüfter mit eigenem
Antriebsmotor bewegt.

4. **Wasserkühlung.** Die Maschine wird durch fließendes Wasser gekühlt.

Eine Maschine, bei der nur die Lager wassergekühlt sind, fällt nicht in diese
Gruppe.

§ 19. Schutzarten für Maschinen.

a) Offene Maschinen.

1. **Offene Maschinen.** Die Zugänglichkeit der stromführenden und
inneren umlaufenden Teile ist nicht wesentlich erschwert.

b) Geschützte Maschinen.

2. **Geschützte Maschinen.** Die zufällige oder fahrlässige Berührung
der stromführenden und inneren umlaufenden Teile sowie das Eindringen
von Fremdkörpern ist erschwert. Das Zuströmen von Kühlluft aus dem
umgebenden Raume ist nicht behindert. Gegen Staub, Feuchtigkeit und
Gasgehalt der Luft ist die Maschine nicht geschützt.

3. **Tropfwassersichere Maschinen.** Schutz nach 2; außerdem ist
das Eindringen senkrecht fallender Wassertropfen verhindert.

4. **Spritz- oder schwallwassersichere Maschinen.** Schutz nach
2; außerdem ist das Eindringen von Wassertropfen und Wasserstrahlen aus
beliebiger Richtung verhindert.

c) Geschlossene Maschinen.

5. **Geschlossene Maschinen mit Rohranschluß.** Die Maschine
ist bis auf die Zuluft- und Abluftstutzen geschlossen, an diese sind Rohre
oder andere Luftleitungen angeschlossen.

Beim Fehlen eines oder beider Rohre fällt die Maschine unter Bauart b.

6. **Geschlossene Maschinen mit Mantelkühlung.** Die stromführenden und inneren umlaufenden Teile sind allseitig abgeschlossen. Die
Maschine wird durch Eigenbelüftung der Außenfläche gekühlt.

7. **Geschlossene Maschinen mit Wasserkühlung.** Die stromführenden und inneren umlaufenden Teile sind allseitig abgeschlossen. Die
Maschine wird durch fließendes Wasser gekühlt.

8. **Gekapselte Maschinen.** Die Maschine ist allseitig abgeschlossen.
Die Wärme wird lediglich durch Strahlung, Leitung und natürlichen Zug
abgeführt.

Ein völlig luft- und staubdichter Abschluß findet wegen der unvermeidlichen Atmung bei 5, 6, 7 und 8 nicht statt.

d) Schlagwettergeschützte Maschinen.

9. **Schlagwettergeschützte Maschinen.** Die Maschine ist so gebaut, daß sie eine Explosion der in ihr Inneres gelangten schlagenden Wetter
aushält und die Übertragung an die Umgebung verhindert.

10. **Maschinen mit schlagwettergeschützten Schleifringen.**
Die Schleifringe sind in ein Gehäuse eingeschlossen, das so gebaut ist, daß
es eine Explosion der in sein Inneres gelangten schlagenden Wetter aushält
und die Übertragung der Explosion an die Umgebung verhindert.

Ohne besondere Angaben wird angenommen, daß der Explosionsdruck
8 at nicht übersteigt.

e) Aufstellung.

Wenn die natürliche Lüftung einer Maschine durch Aufstellung in einem
zu engen Raume oder durch einen nachträglich angebrachten Schutzkasten
behindert wird, so kann die Maschine dauernd nur eine geringere Leistung
oder ihre Nennleistung nur kurzzeitig abgeben.

III. Bestimmungen.
A. Allgemeines.
§ 20. Kurvenform.

Die folgenden Bestimmungen gelten unter der Annahme einer praktisch
sinusförmigen Wellenform der Wechselspannung. Synchronmaschinen sollen
bei Leerlauf und bei Belastung auf einen induktionsfreien Widerstand eine
praktisch sinusförmige Spannungwelle erzeugen.

Bei verzerrter Spannungkurve können Motoren und Umformer im allgemeinen nur den sinusförmigen Bestandteil der Spannungwelle ausnutzen.
Die Oberwellen erzeugen dagegen schädliche Ströme, die erhebliche Zusatzverluste, Bremsmomente und Bürstenfeuer verursachen können.

§ 21. Mehrphasensysteme.

Die folgenden Bestimmungen gelten unter der Annahme, daß das Mehr-
phasensystem symmetrisch ist.

§ 22. Leistungsfaktor.

Als normale Leistungsfaktoren für Generatoren gelten:
$$1,0; \ 0,80; \ 0,70; \ 0,60.$$
Sofern nicht anders angegeben, wird vorausgesetzt, daß der Nenn-Leistungs-
faktor — bezogen auf die Nennspannung an den Klemmen der Maschine —
beträgt bei

Synchrongeneratoren 0,80
Synchronmotoren 1,0
Einankerumformern 1,0

§ 23. Aufstellungsort.

Die folgenden Bestimmungen gelten unter der Annahme, daß der Aufstellungsort der Maschine nicht höher als 1000 m ü. M. liegt. Soll eine Maschine an einem höher als 1000 m ü. M. gelegenem Orte betrieben werden, so
muß dieses besonders angegeben werden.

Bei größeren Meereshöhen ändern sich Isolationsfestigkeit und Wärmeabgabe.

§ 24. Gewährleistungen.

Gewährleistungen beziehen sich auf den Nennbetrieb.

§ 25. Bürstenstellung.

Bei Maschinen mit fester Bürstenstellung wird in den folgenden Bestimmungen vorausgesetzt, daß diese der für Nennbetrieb vorgeschriebenen Bürstenstellung entspricht und während der Probe unverändert bleibt.

§ 26. Betriebswarmer Zustand.

Sofern nicht anders angegeben, beziehen sich die folgenden Bestimmungen auf den betriebswarmen Zustand, d. i. die Temperatur, die die Maschine am Ende des Probelaufes annimmt, wenn während seiner Dauer die mittlere Raum- oder Kühlmitteltemperatur 20° C betragen hat.

Wird die Endtemperatur nicht unmittelbar durch Messung festgestellt, so ist sie für die Umrechnungen mit 75° C einzusetzen.

§ 27. Prüfungen.

Die Prüfungen nach diesen Regeln sind nach Möglichkeit in den Werkstätten des Herstellers an der neuen, trockenen, betriebsfertig eingelaufenen Maschine vorzunehmen. Prüfungen am Aufstellungsorte sind besonders zu vereinbaren.

Maschinen für Eigen- oder Fremdlüftung sind mit den Vorrichtungen für diese zu prüfen.

Die Schutzart der Maschine darf für den Probelauf nicht geändert werden.

B. Betriebsarten.
§ 28. Dauerbetrieb (D B).

Bei Dauerbetrieb ist die Betriebzeit so lang, daß die dem Beharrungzustand entsprechende Endtemperatur erreicht wird.

Die Nennleistung (Dauerleistung) muß beliebig lange Zeit hindurch abgegeben werden können. Temperatur und Erwärmung dürfen hierbei die in § 39 angegebenen Grenzen nicht überschreiten; dabei müssen alle anderen Bestimmungen erfüllt werden.

§ 29. Kurzzeitiger Betrieb (K B).

Bei kurzzeitigem Betriebe ist die durch Vereinbarung bestimmte Betriebzeit kürzer als die zum Erreichen der Beharrungstemperatur erforderliche Zeit. Die Betriebspause ist lang genug, um die Abkühlung auf die Temperatur des Kühlmittels zu ermöglichen.

Die Nennleistung (Zeitleistung) muß die vereinbarte Betriebzeit hindurch abgegeben werden können. Temperatur und Erwärmung dürfen hierbei die in § 39 angegebenen Grenzen nicht überschreiten; dabei müssen alle anderen Bestimmungen erfüllt werden.

Bei Wahl der Motorgrößen muß außer der Erwärmung auch die Größe des Anzugmomentes berücksichtigt werden.

§ 30. Aussetzender Betrieb (A B).

Einschaltzeiten und stromlose Pausen wechseln ab und die gesamte Spieldauer, die sich aus Einschaltdauer und stromloser Pause zusammensetzt, beträgt höchstens 10 min.

Der aussetzende Betrieb wird durch die relative Einschaltdauer gekennzeichnet. Relative Einschaltdauer ist das Verhältnis von Einschaltdauer zur Spieldauer.

Als normale Werte der relativen Einschaltdauer gelten 15, 25, 40%.

Die Nennleistung (Aussetzleistung) muß bei regelmäßigem Spiel mit der angegebenen relativen Einschaltdauer beliebig lange abgegeben werden können. Temperatur und Erwärmung dürfen hierbei die in § 39 angegebenen Grenzwerte nicht überschreiten. Dabei müssen alle anderen Bestimmungen erfüllt werden.

Bei unregelmäßig verteilter Einschalt- und Spieldauer ist als relative Einschaltdauer das Verhältnis der Summe der Einschaltdauern zur Summe der Spieldauern über eine Betriebsperiode (jedoch höchstens 8 h) zu betrachten. Wiederholen sich gleichartige Spiele nach einer bestimmten Zeit, so genügt die Summierung über diese Zeit.

Der aussetzende Betrieb ist meistens auch noch hinsichtlich der Belastung des Motors unregelmäßig. Bei Wahl der Motorgrößen müssen die Einflüsse der wechselnden Drehmomente, der Massenbeschleunigung, der Steuerung und etwaiger Wärmebestrahlung berücksichtigt werden.

C. Erwärmung.

§ 31.

Erwärmung eines Maschinenteiles ist bei Dauer- und aussetzendem Betriebe der Unterschied zwischen seiner Temperatur und der des zutre-

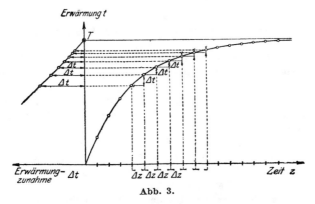

Abb. 3.

tenden Kühlmittels, bei kurzzeitigem Betriebe der Unterschied seiner Temperaturen bei Beginn und am Ende der Prüfung.

13*

§ 32. Probelauf.

Die Erwärmungsprobe wird bei Nennbetrieb vorgenommen bzw. auf diesen bezogen. Bezüglich der Dauer gilt:

1. **Maschinen für Dauerbetrieb.** Der Probelauf kann bei kalter oder warmer Maschine begonnen werden. Er wird so lange fortgesetzt, bis die Erwärmung nicht mehr merklich steigt, soll jedoch höchstens 10 h dauern.

2. **Maschinen für kurzzeitigen Betrieb.** Der Probelauf wird entweder bei kalter Maschine begonnen oder, wenn die Temperatur der wärmsten Wicklung um nicht mehr als 3° C höher ist als die Temperatur des Kühlmittels. Er wird bei Ablauf der vereinbarten Betriebzeit abgebrochen.

3. **Maschinen für aussetzenden Betrieb.** Die Maschine wird einem regelmäßig aussetzenden Betriebe von der vereinbarten relativen Einschaltdauer unterworfen. Der Probelauf kann bei kalter oder warmer Maschine begonnen werden. Er wird solange fortgesetzt, bis die Erwärmung nicht mehr merklich steigt und nach Ablauf der Hälfte der letzten Einschaltdauer abgebrochen. Die Spieldauer beträgt 10 min.

Die Erwärmung wird als nicht mehr merklich steigend betrachtet, wenn sie nicht um mehr als 2° C in 1 h zunimmt.

Zur Bestimmung der Enderwärmung benutzt man, wenn möglich, das nachstehend beschriebene Verfahren, weil die Messung der Erwärmung gegen Ende der Probe unregelmäßigen Schwankungen unterliegt.

Die Erwärmung (t) wird in gleichen Zeitabständen ($\varDelta z$) gemessen und die Erwärmungzunahme ($\varDelta t$) in Abhängigkeit von der Erwärmung (t) aufgetragen. Die Verlängerung der Geraden durch die so entstehende Punktschar schneidet auf der Erwärmungsachse (t) die Enderwärmung (T) ab.

Die Genauigkeit dieses Verfahrens ist mindestens so groß wie die des fortgesetzten Erwärmungsversuches.

§ 33.

Als **Erwärmung** einer Wicklung gilt der höhere der beiden folgenden Werte:

1. Mittlere Erwärmung, errechnet aus der Widerstandzunahme.
2. Örtliche Erwärmung an der heißesten zugänglichen Stelle, gemessen mit dem Thermometer.

Wenn die Widerstandsmessung untunlich ist, so wird die Thermometermessung allein angewendet, im allgemeinen gilt das in § 30 vorgeschriebene Meßverfahren.

§ 34.

Die **Erwärmung** t in ° C von Kupferwicklungen wird nach folgenden Formeln aus der **Widerstandzunahme** berechnet, in denen

　　　　T_{kalt} die Temperatur der kalten Wicklung,
　　　　R_{kalt} den Widerstand der kalten Wicklung,
　　　　R_{warm} den Widerstand der warmen Wicklung

bedeutet:

1. bei Maschinen für Dauer- und aussetzenden Betrieb

$$t = \frac{R_{\text{warm}} - R_{\text{kalt}}}{R_{\text{kalt}}} (235 + T_{\text{kalt}}) - (T_{\text{Kühlmittel}} - T_{\text{kalt}})$$

2. bei Maschinen für kurzzeitigen Betrieb

$$t = \frac{R_{\text{warm}} - R_{\text{kalt}}}{R_{\text{kalt}}} (235 + T_{\text{kalt}}) \,,$$

wobei die Werte R_{kalt} und T_{kalt} für den Beginn der Prüfung gelten.

Es ist darauf zu achten, daß alle Teile der Wicklung bei der Messung von R_{kalt} die gleiche mit dem Thermometer zu messende Temperatur T_{kalt} besitzen. Bei Maschinen für kurzzeitigen Betrieb ist die Betriebsdauer meistens so kurz und die Zeitkonstante der Maschine so groß, daß der Einfluß einer Änderung der Kühlmitteltemperatur auf die Erwärmung der Maschine während der Betriebzeit nur sehr gering ist. Ihre Berücksichtigung würde daher zu größeren Fehlern führen als ihre Nichtberücksichtigung.

§ 35.

Zur Temperaturmessung mittels Thermometer sollen Quecksilber- oder Alkoholthermometer verwendet werden. Zur Messung von Oberflächentemperaturen sind auch Widerstandspulen und Thermoelemente zulässig, doch ist im Zweifelfalle das Quecksilber- oder Alkoholthermometer maßgebend.

Es muß für gute Wärmeübertragung von der Meßstelle auf das Thermometer gesorgt werden. Bei Messung von Oberflächentemperaturen sind Meßstelle und Thermometer gemeinsam mit einem schlechten Wärmeleiter zu bedecken.

§ 36.

Die Messung der Widerstandzunahme ist möglichst während des Probelaufes, sonst aber unmittelbar nach dem Ausschalten vorzunehmen. Der Zufluß von Kühlluft bzw. Kühlwasser ist gleichzeitig mit dem Ausschalten abzustellen. Die Auslaufzeit ist, wenn nötig, künstlich abzukürzen.

Die Thermometermessung ist nach Möglichkeit während des Probelaufes, nötigenfalls mit Maximalthermometer, jedenfalls aber nach dem Abstellen vorzunehmen. Wenn auf dem Thermometer nach dem Abstellen höhere Temperaturen als während des Probelaufes abgelesen werden, so sind die höheren maßgebend.

Ist vom Augenblick des Ausschaltens bis zu den Messungen soviel Zeit verstrichen, daß eine merkliche Abkühlung anzunehmen ist, so sollen die Temperaturen im Augenblick des Ausschaltens durch Extrapolationen ermittelt werden.

§ 37. Temperatur des Kühlmittels.

Als Temperatur des Kühlmittels gilt:

1. Bei Maschinen mit Selbstkühlung oder Eigenlüftung, die die Kühlluft dem Maschinenraume entnehmen: Der Durchschnittswert der während des letzten Viertels der Versuchzeit in gleichen Zeitabschnitten gemessenen Temperatur der Umgebungsluft.

Es sind zwei oder mehrere Thermometer zu verwenden, die, in 1 bis 2 m Entfernung von der Maschine (ungefähr in Höhe der Maschinenmitte) angebracht, die mittlere Zulufttemperatur messen sollen. Die Thermometer dürfen weder Luftströmungen noch Wärmestrahlung ausgesetzt sein.

Bei großen Maschinen für versenkten Einbau ist es zulässig, die Temperatur in der Grube künstlich auf die Außentemperatur zu bringen.·

2. Bei Maschinen mit Eigen- oder Fremdlüftung, denen die Kühlluft durch besondere Leitungen zuströmt, und

3. bei Maschinen mit Wasserkühlung der Durchschnittswert der während des letzten Viertels der Versuchzeit in gleichen Zeitabschnitten am Eintrittstutzen gemessenen Temperatur des Kühlmittels.

Findet bei solchen Maschinen auch eine nennenswerte Wärmeabgabe an die Umgebungsluft statt, so gilt als Temperatur des Kühlmittels ein Mittelwert nach der Mischungsregel:

$$T_m = \frac{T_K W_K + T_L W_L}{W_K + W_L}.$$

Hierin bedeutet:

T_L die Temperatur der Umgebungsluft,

T_K die Temperatur des anderen Kühlmittels,

W_L die Wärmeabgabe an die Umgebungsluft in kW,

W_K die Wärmeabgabe an das andere Kühlmittel in kW.

§ 38. Wärmebeständigkeit der Isolierstoffe.

Hinsichtlich ihrer Wärmebeständigkeit werden folgende Klassen von Isolierstoffen unterschieden:

I. Faserstoff ungetränkt, d. i. ungebleichte Baumwolle, natürliche Seide, Papier.

II. Faserstoff getränkt (imprägniert), d. i. ungebleichte Baumwolle, natürliche Seide und Papier, die mit einem erstarrenden oder trocknenden Isoliermittel getränkt sind.

III. Faserstoff in Füllmasse, d. i. eine Isolierung, bei der alle Hohlräume zwischen den Leitern durch Isoliermasse derartig ausgefüllt sind, daß ein massiver Querschnitt ohne Luftzwischenräume entsteht.

IV. Lack zum wärmebeständigen Überzug für Lackdraht (sogenannter Emaildraht).

V. Präparate aus Glimmer und Asbest, d. s. aus Glimmer und Asbestteilchen aufgebaute Präparate, deren Bindemittel und Faserstoffe Veränderungen unterliegen können, ohne die Isolierung mechanisch oder elektrisch zu beeinträchtigen.

VI. Rohglimmer, Porzellan und andere feuerfeste Stoffe.

Tafel zu § 39.

Spalte	I	II	III	IV	V
Reihe Nr.	Isolierung	Maschinenteil	Grenz-temperatur °C	Grenz-erwärmung °C	Meß-verfahren
1	Faserstoff ungetränkt Klasse I	In Nuten gebettete Wechselstrom-Ständerwicklungen	75	40	
2		Alle anderen Wicklungen mit Ausnahme von Reihe 9 u. 10	85	50	
3	Faserstoff getränkt Klasse II	In Nuten gebettete Wechselstrom-Ständerwicklungen	85	50	
4		Alle anderen Wicklungen mit Ausnahme von Reihe 9 u. 10	95	60	
5	Faserstoff in Füllmasse Klasse III	Alle Wicklungen mit Ausnahme von Reihe 9 u. 10	95	60	
6	Lackisolierung (Lackdraht) Klasse IV	Alle Wicklungen mit Ausnahme von Reihe 9 u. 10	95	60	
7	Glimmer und Asbestpräparate Klasse V	Alle Wicklungen mit Ausnahme von Reihe 9 u. 10	115	80	
8	Rohglimmer, Porzellan und feuerfeste Stoffe Klasse VI	Alle Wicklungen mit Ausnahme von Reihe 9 u. 10	Nur beschränkt durch den Einfluß auf benachbarte Isolierteile		
9	Isolierung Klasse I bis VI	Einlagige blanke Feldwicklungen mit Papier-Zwischenlagen	100	65	
10		Dauernd kurzgeschlossene Wicklungen	5° mehr als Reihe 1 bis 7		
11	unisoliert	Dauernd kurzgeschlossene Wicklungen	Nur beschränkt durch den Einfluß auf benachbarte Isolierteile		
12	—	Eisenkern ohne eingebettete Wicklungen			
13	—	Eisenkern mit eingebetteten Wicklungen	Wie Reihe 1 bis 7		
14	—	Kommutatoren und Schleifringe	95	60	
15	—	Lager	80	45	
16	—	Alle anderen Teile	Nur beschränkt durch den Einfluß auf benachbarte Isolierteile		

Meßverfahren (Spalte V): Widerstandszunahme. Nachprüfung durch Thermometer (siehe § 33). — Thermometer.

§ 39. Grenzwerte.

Die höchstzulässigen Grenzwerte von Temperatur und Erwärmung sind vorstehend zusammengestellt (siehe Tafel auf Seite 199). Die Grenzwerte für die Erwärmung gelten unter der Voraussetzung, daß die Kühlmitteltemperatur 35° C nicht überschreitet.

Bei der Wahl oder Anordnung des Aufstellungsraumes ist auf die von der Maschine abgegebene Wärmemenge Rücksicht zu nehmen (vgl. auch § 19e).

Die Grenzwerte für die Temperatur gelten immer. Die Grenzwerte für die Erwärmung dürfen nur dann überschritten werden, wenn die Kühlmitteltemperatur stets so niedrig bleibt, daß die Grenztemperaturen nicht überschritten werden und über die Erfüllung dieser Voraussetzung eine Vereinbarung getroffen wird. Auf dem Schilde soll in diesem Fall außer den Größen, die für den Sondernennbetrieb bei der vereinbarten höchsten Kühlmitteltempertur kennzeichnend sind, auch diese Temperatur angegeben werden. Alle Bestimmungen dieser Vorschriften müssen für diesen Sondernennbetrieb erfüllt sein.

§ 40. Zweierlei Isolierungen.

Wenn für verschiedene, räumlich getrennte Teile der gleichen Wicklung zwei oder mehrere Isolierstoffe von verschiedener Wärmebeständigkeitsklasse verwendet werden, so gilt bei Temperaturbestimmung aus der mittleren Widerstandzunahme die für den wärmebeständigeren Stoff zulässige Grenztemperatur, sofern die Thermometermessung an den weniger wärmebeständigen Stoffen keine Überschreitung der für sie zulässigen Grenztemperaturen ergibt.

§ 41. Geschichtete Stoffe.

Bei mehreren geschichteten Stoffen verschiedener Wärmebeständigkeitsklassen gilt als Grenztemperatur die des weniger wärmebeständigen, falls seine Zerstörung den Betrieb der Maschine beeinträchtigt.

Dagegen gilt als Grenztemperatur die des wärmebeständigeren Stoffes, falls die Zerstörung des weniger wärmebeständigen Stoffes den Betrieb der Maschine nicht beeinträchtigt.

D. Überlastung, Kommutierung, Anlauf.

§ 42.

Die folgenden Bestimmungen sollen nur die mechanische und elektrische Überlastbarkeit ohne Rücksicht auf Erwärmung feststellen.

§ 43. Überlastung.

Maschinen für Dauerbetrieb müssen im betriebswarmen Zustande während 2 min den 1,5-fachen Nennstrom ohne Beschädigung oder bleibende Formänderung aushalten. Diese Prüfung ist bei Motoren und Einankerumformern bei Nennspannung durchzuführen, bei Generatoren soll die Spannung so nahe als möglich der Nennspannung gehalten werden.

Motoren müssen bei Nennspannung, Wechselstrommotoren auch bei Nennfrequenz mindestens folgende Kippmomente entwickeln können:
1. Motoren für Dauer- und kurzzeitigen Betrieb:
   Kippdrehmoment $\geq$ 1,6 $\times$ Nenndrehmoment.
2. Motoren für aussetzenden Betrieb:
   Kippdrehmoment $\geq$ 2 $\times$ Nenndrehmoment.

Ist bei Niederspannung-Gleichstrommaschinen (Elektrolyt-Maschinen) der Kurzschlußstrom kleiner als der 1,5-fache Nennstrom, so muß dieser Kurzschlußstrom 2 min ausgehalten werden.

Kippmoment ist das höchste Drehmoment, das ein Motor im Lauf entwickeln kann.

§ 44. Kommutierung.

Maschinen mit Kommutator müssen bei jeder Belastung von Leerlauf bis Nennleistung praktisch funkenfrei arbeiten. Bei der Überlastungsprobe nach § 43 müssen sie derart kommutieren, daß weder die Betriebsfähigkeit von Kommutator und Bürsten beeinträchtigt wird noch Rundfeuer auftritt.

Es wird vorausgesetzt, daß
1. der Kommutator in gutem Zustande ist und die Bürsten gut eingelaufen sind,
2. bei Gleichstrommaschinen ohne Wendepole die Bürstenstellung im Belastungsbereiche von 0,25 $\times$ Nennleistung bis Nennleistung ungeändert bleibt, in den anderen Belastungsbereichen jedoch geändert werden kann,
3. bei Gleichstrommaschinen mit Wendepolen die Bürstenstellung im ganzen Belastungsbereiche des Nenndrehsinnes ungeändert bleibt (vgl. § 76 und 77),
4. bei Einankerumformern, Kaskadenumformern und Kommutatormotoren die Wechselspannung praktisch sinusförmig ist.

Ein Betrieb gilt als praktisch funkenfrei, wenn Kommutator und Bürsten in betriebsfähigem Zustande bleiben.

Der wechselstromseitige Anlauf von Einankerumformern und der Anlauf von Wechselstrom-Kommutatormotoren verursacht vorübergehend stärkeres Bürstenfeuer, das aber den betriebsfähigen Zustand nicht beeinträchtigen darf.

§ 45. Anlauf.

Wechselstrommotoren sollen bei Nennspannung und Nennfrequenz mit dem zugehörenden Anlasser in jeder Läuferstellung beim Anzuge und während des ganzen Anlaufes ein Drehmoment (Anlaufmoment) entwickeln, das mindestens 0,3 $\times$ Nenndrehmoment ist.

Liegen die Antriebsbedingungen fest oder sind über sie Vereinbarungen getroffen, so sind auch kleinere Werte zulässig.

§ 46. Dauerkurzschlußstrom.

Als Dauerkurzschlußstrom eines Generators gilt der Strom, der sich bei Klemmenkurzschluß der Maschine und der dem Nennbetriebe entsprechenden Erregung einstellt.

§ 47. Stoßkurzschlußstrom.

Als Stoßkurzschlußstrom gilt der höchste Augenblickswert des Stromes, der bei plötzlichem Klemmenkurzschluß der auf Nennspannung erregten Maschine im ungünstigsten Schaltaugenblick auftreten kann. Synchronmaschinen sollen eine Festigkeitsprobe mit Stoßkurzschlußstrom aushalten.

Der Stoßkurzschlußstrom von Synchronmaschinen soll das 15-fache des Scheitelwertes des Nennstromes nicht überschreiten.

E. Isolierfestigkeit.
§ 48. Allgemeines.

Die Isolation soll folgenden Spannungproben unterworfen werden:
1. Wicklungsprobe nach § 50.
2. Sprungwellenprobe für Wechselstromwicklungen über 2,5 kV nach § 51.
3. Windungsprobe nach § 52.

Die Prüfungen dürfen an der kalten Maschine vorgenommen werden, falls sie sich nicht im Anschluß an eine Dauerprobe ermöglichen lassen. Die Prüfungen sollen in der Reihenfolge 1, 2, 3 vorgenommen werden.

Betriebsmäßig nicht lösbare Verbindungen zwischen verschiedenen Wicklungen (z. B. Mehrphasenwicklungen) oder mit dem Körper brauchen nicht getrennt zu werden. Wicklungen, die betriebsmäßig nicht lösbar mit dem Körper verbunden sind, brauchen nur der Sprungwellenprobe und der Windungsprobe unterworfen zu werden.

Die Prüfungen gelten als bestanden, wenn weder Durchschlag noch Überschlag eintritt.

§ 49.

Bei Asynchronmaschinen und Synchronmaschinen mit Walzenläufer ist die Spannungprobe 1 bei eingebautem Läufer vorzunehmen. Bei Gleichstrommaschinen und Synchronmaschinen mit Schenkelpolläufer darf sie bei ausgebautem Läufer vorgenommen werden.

§ 50. Wicklungsprobe.

Die Isolation von Wicklung gegen Wicklung und Wicklung gegen Körper wird mit einer fremden Wechselstromquelle geprüft.

Ein Pol der Stromquelle wird an die zu prüfende Wicklung, der andere an die Gesamtheit der untereinander und mit dem Körper verbundenen anderen Wicklungen gelegt.

Die Prüfspannung soll praktisch sinusförmig, ihre Frequenz soll gleich der Nennfrequenz oder 50 Per/s sein. Die Spannung wird so schnell als möglich auf den in nachstehender Tafel angegebenen Wert gesteigert und dieser während 1 min eingehalten. Gleitfunken dürfen vor Überschreitung der Nennspannung um 25% nicht auftreten.

Wird die Prüfzeit über 1 min ausgedehnt, so soll die Prüfspannung herabgesetzt werden.

In der nachstehenden Tafel bedeutet U

1. die Nennspannung der Maschine, bei Feldwicklungen die Nenn-Erregerspannung,
2. bei leitend verbundenen Wicklungen einer oder mehrerer Maschinen die höchste gegen Körper beim Erdschluß eines Poles auftretende Spannung,
3. bei Läuferwicklungen von Asynchronmotoren, die dauernd in einer Richtung umlaufen, die Läuferspannung und bei Umkehr-Asynchronmotoren $1,5 \times$ Läuferspannung,
4. bei dauernd mit einem Außenpol geerdeten Maschinen $1,1 \times$ Nennspannung.

Kurzschlußwicklungen brauchen nicht geprüft zu werden.

Der Erregerkreis von Einankerumformern und Synchronmotoren gilt als geschlossen, wenn der äußere Widerstand nicht mehr als das 10-fache des inneren beträgt.

Spalte	I	II	III	IV
Reihe	Wicklung	Bereich	Prüfspannung in V (der größere der Werte)	
1	Alle Wicklungen mit Ausnahme von Reihe 4 bis 7	Nennleistung bis 500 W	$3\,U$	$2\,U + 500$
2		Nennleistung größer als 500 W U bis 5000 V	$3\,U$	$2\,U + 1000$
3		U über 5000 V	$2\,U + 5000$	—
4	Erregerwicklungen von Einankerumformern und Synchronmotoren	mit stets geschlossenem Erregerkreise ohne oder mit Drehstromanlauf	$3\,U$	$2\,U + 1000$
5		mit für den Anlauf unterteilter Erregerwicklung ohne oder mit Drehstromanlauf	$10\,U + 1000$	2000
6		mit abschaltbarem Erregerkreise — ohne Drehstromanlauf	$10\,U + 1000$	2000
7		mit abschaltbarem Erregerkreise — mit Drehstromanlauf	$20\,U + 1000$	2000

§ 51. Sprungwellenprobe.

Die Sprungwellenprobe dient dazu, festzustellen, daß die Windungsisolation gegenüber den im normalen Betriebe auftretenden Sprungwellen ausreicht. Die Prüfung soll im Fabrikprüffelde an der fertigen Maschine nach Möglichkeit in einer Schaltung, die für Synchron- und Asynchronmaschinen nachstehend dargestellt ist, vorgenommen werden.

Die zu prüfende Wicklung der Maschine G oder M ist über Funkenstrecken F aus massiven Kupferkugeln von mindestens 50 mm Durchmesser

auf Kabel oder Kondensatoren C geschaltet, deren Kapazität folgendermaßen
zu bemessen ist:

Prüfkapazität.

Nennspannung in kV	Kapazität in jeder Phase mindestens μF
2,5 bis 6	0,05
bis 15	0,02
über 15	0,01

Beim Drehstromkabel ist die „Betriebskapazität" (vgl. § 5 der Definition der Eigenschaften gestreckter Leiter, „ETZ" 1909, S. 1155 und

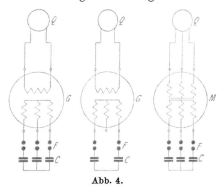

Abb. 4.

1184, Vorschriftenbuch des VDE
1914, S. 386, in die 15. Ausgabe
des Vorschriftenbuches nicht mit-
aufgenommen) gleich der angegebenen Kapazität zu wählen;
das Kabel hat nach Abschaltung
eines Leiters dann auch für die
Einphasenschaltung die vorgeschriebene Kapazität.

Der Kugelabstand jeder Funkenstrecke wird für einen Überschlag bei 1,1 U (vgl. § 50) eingestellt. Die Maschine ist von
der Stromquelle Q mit Gleich-
strom bei normaler Drehzahl bzw. mit Drehstrom bei normaler Frequenz auf etwa das 1,3-fache der Nennspannung zu erregen. Die
Funkenstrecken werden auf beliebige Weise gezündet (etwa durch vorübergehende Annäherung der Kugeln oder Überbrückung des Luftzwischenraumes) und ein Funkenspiel von 10 s Dauer wird aufrechterhalten. Die
Funkenstrecken sind dabei mit einem Luftstrom von etwa 3 m/s Geschwindigkeit anzublasen.

Durch die Funkenüberschläge werden die Kapazitäten von der Wick-
lungsspannung immer wieder umgeladen, bei jeder plötzlichen Umladung
zieht eine Sprungwelle in die zu prüfende Wicklung ein.

Es empfiehlt sich, alle Zwischenleitungen möglichst kurz zu halten, da
bei längeren Leitungen die Beanspruchung der Wicklung nicht eindeutig
bestimmt ist.

Mehrphasenmaschinen können auch in der Einphasenschaltung geprüft
werden; dabei sind die Phasenklemmen so oft zu vertauschen, daß die
Wicklung jeder Phase der Sprungwellenprobe ausgesetzt wird.

§ 52. Windungsprobe.

Die Windungsisolation wird im Leerlaufe durch Erhöhung der angelegten oder erzeugten Spannung (Motoren oder Generatoren) auf die in

nachstehender Tafel angegebenen Werte geprüft. Die Frequenz bzw. Drehzahl kann entsprechend erhöht werden. Die Prüfdauer beträgt 3 min.

Reihe	Wicklungsart	Prüfspannung Nennspannung
1	Alle Wicklungen mit Ausnahme von Reihe 2 .	1,3
2	Mehrphasenwicklungen mit nicht lösbaren Verbindungen zwischen verschiedenen Wicklungsträngen	1,5

Die höhere Spannung der Reihe 2 soll ein Ersatz für die nicht durchführbare Wicklungsprobe von Strang zu Strang sein.

F. Wirkungsgrad.
§ 53. Allgemeines.

Es werden unterschieden:
1. Der direkt gemessene Wirkungsgrad. Er wird durch Messung von Abgabe und Aufnahme ermittelt.
2. Der indirekt gemessene Wirkungsgrad. Er wird aus den Verlusten, die als Unterschied von Aufnahme und Abgabe angesehen werden, ermittelt.

Bei Gewährleistungen für den Wirkungsgrad ist das Meßverfahren anzugeben.

Sofern nicht anders vereinbart, ist unter Wirkungsgrad der indirekt gemessene zu verstehen. Der direkt gemessene soll im allgemeinen nur bei solchen Maschinen oder Maschinensätzen angegeben werden, bei denen ein so beträchtlicher Unterschied zwischen Abgabe und Aufnahme besteht, daß die Meßfehler nicht ins Gewicht fallen.

Bei Generatoren und Motoren mit mehr als 80% Wirkungsgrad und bei Umformern mit mehr als 90% ist die direkte Messung unzweckmäßig, weil die wahrscheinlichen Meßfehler dann größer als die Ungenauigkeit der indirekten Messung sind.

§ 54.

Wirkungsgradangaben beziehen sich auf den Nennbetrieb, sofern nicht anders angegeben.

Voraussetzung für die nachstehend beschriebenen Prüfungen ist, daß die Maschinen gut eingelaufen sind, insbesondere Kommutator und Bürsten, und daß diese in der für Nennbetrieb vorgeschriebenen Stellung sind.

Bei Leerlaufmessungen dürfen jedoch die Bürsten in die neutrale Stellung gebracht werden.

Der direkt gemessene Wirkungsgrad bezieht sich auf den betriebswarmen Zustand.

Bei indirekter Messung sind die mit Gleichstrom gemessenen Widerstände zur Bestimmung der Stromwärmeverluste auf 75° C umzurechnen.

Bei den anderen Verlustmessungen ist keine Temperaturumrechnung vorzunehmen.

§ 55.

Alle Verluste in den zur Maschine allein gehörenden Hilfsgeräten — jedoch nur diese — sind bei der Ermittlung des Maschinenwirkungsgrades einzubeziehen, insbesondere:

1. die Verluste in Regel-, Vorschalt-, Justier-, Abzweig- und ähnlichen Widerständen, Drosselspulen, Hilfstransformatoren u. dgl., die zum ordnungsmäßigen Betriebe notwendig sind (vgl. jedoch 3),
2. die Verluste in der Erregermaschine bei Eigenerregung, aber nicht bei Fremderregung,
3. die Verluste in der Zusatzmaschine von Einankerumformern, wenn sie einen Bestandteil des Umformers bildet, aber nicht die Verluste in den zum Umformer gehörenden Transformatoren und Drosselspulen; diese Verluste sind getrennt anzugeben,
4. die Verluste in den mit der Maschine mitgelieferten Lagern, aber nicht in fremden Lagern,
5. der Verbrauch des Lüfters bei Eigenlüftung.

Der Verbrauch bei Fremdlüftung sowie von Wasser- und Öl-pumpen ist nicht einzubeziehen, sondern getrennt anzugeben.

§ 56.

Wird bei einem Maschinensatz, der aus zwei Maschinen oder Maschine und Transformator oder Generator und Kraftmaschine oder Motor und Arbeitsmaschine besteht, der Gesamtwirkungsgrad oder die Leistungs-aufnahme angegeben, so brauchen die Einzelwirkungsgrade nicht angegeben zu werden. Wenn sie trotzdem angegeben werden, so gelten sie als angenähert.

§ 57. Direkt gemessener Wirkungsgrad.

Der direkt gemessene Wirkungsgrad wird nach einem der folgenden Verfahren ermittelt:

1. Leistungsmeßverfahren. Abgabe und Aufnahme werden mit elektrischen Meßgeräten festgestellt.
2. Bremsverfahren. Die mechanische Leistung wird mit Bremse oder Dynamometer, die elektrische mit elektrischen Meßgeräten fest-gestellt.
3. Belastungsverfahren. Die mechanische Leistung wird mit einer geeichten Hilfsmaschine, die elektrische mit elektrischen Meßgeräten festgestellt.

§ 58. Indirekt gemessener Wirkungsgrad.

I. Rückarbeitsverfahren zur Messung des Gesamtverlustes. Zwei gleiche Maschinen werden mechanisch und elektrisch derart verbunden, daß sie, die eine als Generator, die andere als Motor aufeinander arbeiten. Die Erregung wird so eingestellt, daß der Mittel-wert der Abgaben gleich der Nennleistung und der Mittelwert der Spannung gleich der Nennspannung ist. Die zur Deckung der Verluste erforderliche Leistung wird elektrisch oder mechanisch oder teils elektrisch und teils mechanisch zugeführt. Diese Verlustleistung dient nach angemessener Verteilung auf beide Maschinen zur Berechnung der Wirkungsgrade.

II. **Einzelverlustverfahren.** Hierbei werden unterschieden:
1. **Leerverluste:**
   A. Verluste im Eisen und in der Isolierung (Eisenverluste).
   B. Verluste durch Lüftung, Lager- und Bürstenreibung (Reibungsverluste).
2. **Erregerverluste** bei Maschinen mit besonderer Erregerwicklung:
   C. Stromwärmeverluste in Nebenschluß- und fremderregten Erregerkreisen (vgl. auch § 55, 1 und 2).
   D. Übergangsverluste an den Erreger-Schleifringen.
3. **Lastverluste:**
   E. Stromwärmeverluste in Anker- und Reihenschlußwicklungen.
   F. Übergangsverluste an Kommutatoren und Schleifringen, die Laststrom führen.
   G. Zusatzverluste, d. s. alle oben nicht genannten Verluste.

Als Gesamtverlust, der der Berechnung des Wirkungsgrades zugrunde gelegt wird, gilt die Summe aus den Verlusten A bis G.

Der Verlust beim Leerlauf (Leerlaufverlust) ist immer größer als der Leerverlust.

Die nachstehenden Tafeln zeigen die Aufteilung der Verluste.

Verlustverteilung bei Maschinen mit besonderer Erregerwicklung:

Gesamtverlust						
Leerlauf-verlust			Belastungs-verlust			
Leer-verlust	Erreger-verlust		Lastverlust			
A	B	C	D	E	F	G

Verlustverteilung bei Maschinen ohne besondere Erregerwicklung:

Gesamtverlust			
Leerlauf-verlust		Belastungs-verlust	
Leerverlust		Lastverlust	
A	B	E	F	G

§ 59. Leerverluste.

Die Leerverluste werden nach einem der folgenden Verfahren ermittelt:
1. **Motorverfahren:** Die Maschine wird leerlaufend als Motor betrieben und zwar:

Wechselstrommaschinen bei Nennspannung, Nennfrequenz und Leerlaufdrehzahl,

Gleichstrommaschinen bei Nennspannung, bei Generatoren zuzüglich oder bei Motoren abzüglich des Ohmschen Spannungsabfalles, und bei Nenndrehzahl,

Synchronmaschinen werden hierbei auf geringste Stromaufnahme erregt. Die Leistungsaufnahme abzüglich der Stromwärme- und Erregerverluste gilt als Leerverlust.

2. Generatorverfahren: Die Maschine wird im Leerlauf mit Nenndrehzahl durch einen geeichten Hilfsmotor angetrieben und auf Nennspannung erregt. Ihre mechanische Leistungsaufnahme abzüglich
der Erregerverluste gilt als Leerverlust. Bei Gleichstrommaschinen
ist der Ohmsche Spannungsabfall wie unter 1 zu berücksichtigen.

Zur Trennung der Eisen- und Reibungsverluste ist außer dem Verfahren
nach 1 auch das Auslaufverfahren geeignet.

§ 60. Erregerverluste.

Die Stromwärmeverluste im Erregerstromkreise werden aus den
mit Gleichstrom gemessenen Widerständen berechnet. Bezüglich der Übergangsverluste vgl. § 61,2.

§ 61. Berechnung der Lastverluste.

1. Die Laststromwärmeverluste werden aus den mit Gleichstrom
bemessenen Widerständen errechnet. Bei Asynchronmaschinen kann
der Stromwärmeverlust in der Sekundärwicklung auch aus der
Schlüpfung berechnet werden. Bei Einankerumformern ist der gemessene Ankerwiderstand auf die Gleichstromseite zu beziehen; der hieraus berechnete Verlust ist mit folgenden Faktoren zu multiplizieren:

Phasenzahl:	1	2	3	6	12
Zahl der Schleifringe:	2	4	3	6	12
Faktor:	1,45	0,39	0,58	0,27	0,20

2. Die Übergangsverluste werden berechnet, indem man für den
Spannungsabfall jeder Bürste

1 V bei Kohle- und Graphitbürsten,

0,3 V bei metallhaltigen Bürsten

einsetzt.

§ 62. Messung der Lastverluste.

Die Zusatz- und Stromwärmeverluste bei Synchronmaschinen werden nach einem der folgenden Verfahren bestimmt:

1. Kurzschlußverfahren: Die Maschine wird bei kurzgeschlossener
Ankerwicklung mit Nenndrehzahl durch einen geeichten Hilfsmotor
angetrieben und so erregt, daß der Kurzschlußstrom gleich dem
Nennstrom ist. Die Leistungsaufnahme ausschließlich der Reibungs-
und Erregerverluste gilt als Summe aus Stromwärme- und Zusatzverlust (Kurzschlußverlust).

Die Kurzschlußverluste können auch durch das Auslaufverfahren ermittelt
werden.

2. Übererregungsverfahren: Die Maschine wird leerlaufend als
Motor mit Nennspannung bei Nennfrequenz betrieben und derart über-
erregt, daß sie den Nennstrom führt. Die Leistungsaufnahme ausschließlich Leer- und Erregerverluste gilt als Stromwärme- und
Zusatzverlust.

Zur Bestimmung der Leerverluste darf das bei der Prüfung vorhandene
Feld zugrunde gelegt werden.

§ 63. Zusatzverluste.

Als Zusatzverluste für die übrigen Maschinenarten werden die nachstehend zusammengestellten Annäherungswerte eingesetzt. Die Prozentwerte beziehen sich bei Generatoren auf die Abgabe, bei Motoren auf die Aufnahme, bei Einankerumformern auf die Gleichstromseite. Es wird angenommen, daß sie proportional dem Quadrat der Stromstärke sind:

1. Kompensierte Gleichstrommaschinen . . . . ½%
2. Nichtkompensierte Gleichstrommaschinen mit oder ohne Wendepole 1%
3. Einankerumformer . . . . ½%
4. Asynchronmaschinen . . . . ½%
5. Kaskadenumformer 1%

§ 64. Übersicht.

Nachstehende Tafel zeigt die zur Ermittlung der Verluste bei den einzelnen Maschinenarten anzuwendenden Verfahren:

	Leerverluste	Erregerverluste		Lastverluste		
		Stromwärme	Stromübergang	Stromwärme	Stromübergang	Zusatzverluste
Gleichstrommaschinen . .	§ 59	§ 60	—	§ 61	§ 61	§ 63
Synchronmaschinen . . .	§ 59	§ 60	§ 61	§ 62	§ 61	§ 62
Asynchronmaschinen . . .	§ 59	—	§ 61	§ 61	§ 61	§ 63
Einankerumformer	§ 59	§ 60	§ 61	§ 61	§ 61	§ 63
Kaskadenumformer . . .	§ 59	§ 60	—	§ 61	§ 61	§ 63

G. Spannung und Spannungsänderung.

§ 65. Spannungbereich.

Die Maschinen sollen bei Nennleistung und Nennfrequenz, Generatoren auch bei Nenndrehzahl und Nennleistungsfaktor eine Spannung entwickeln oder mit ihr betrieben werden können, die bis zu ± 5% von der Nennspannung abweicht, ohne daß bei den Grenzwerten der Spannung die Erwärmungsgrenzen (siehe § 39) um mehr als 5° C überschritten werden.

Diese Bestimmung gilt nicht für Gleichstrom-Bahngeneratoren.

§ 66.

Wenn die vom Besteller verlangte Spannung um nicht mehr als ± 5% von einer der normalen Nennspannungen nach § 8 abweicht, ist die Maschine mit der normalen Nennspannung auszuführen.

§ 67.

Maschinen für Nennspannungen, die in weiteren Grenzen als $\pm\,5\%$ veränderlich sind, unterliegen nicht den Bestimmungen §§ 65 und 66.

§ 68.

Alle Gewährleistungen beziehen sich auf die Nennspannung.

§ 69. Erregungsfähigkeit.

Generatoren müssen so reichlich bemessen sein, daß sie bei den Nennwerten von Drehzahl, Leistungsfaktor und Erregerspannung bei 25% Stromüberlastung im betriebswarmen Zustande die Nennspannung erzeugen können.

§ 70.

Spannungsänderung eines Gleichstromgenerators mit Nebenschluß- oder Fremdschlußwicklung ist die Spannungserhöhung, die bei Übergang von Nennbetrieb auf Leerlauf auftritt, wenn

1. die Drehzahl gleich der Nenndrehzahl bleibt,
2. die Bürsten in der für Nennbetrieb vorgeschriebenen Stellung bleiben,
3. bei Selbsterregung der Erregerwiderstand, bei Eigenerregung oder Fremderregung der Erregerstrom ungeändert bleibt.

§ 71.

Spannungsänderung eines Gleichstrom-Doppelschluß-Generators ist der Unterschied zwischen der höchsten und der niedrigsten Spannung, die während des Überganges von Nennbetrieb auf Leerlauf und zurück auf Nennbetrieb auftreten, wenn die in § 70 angegebenen Bedingungen eingehalten werden.

§ 72.

Spannungsänderung eines Synchrongenerators mit Eigen- oder Fremderregung ist die Spannungserhöhung, die bei Übergang von Nennbetrieb auf Leerlauf eintritt, wenn

1. die Drehzahl gleich der Nenndrehzahl bleibt,
2. der Erregerstrom ungeändert bleibt.

Die Spannungsänderung soll 50% bei $\cos\varphi = 0{,}8$ nicht überschreiten.

§ 73.

Spannungsänderung eines Einanker- oder Kaskadenumformers ist die Gleichspannungserhöhung, die bei Übergang von Nennbetrieb auf Leerlauf auftritt, wenn

1. die der Maschine zugeführte Wechselspannung gleich der Nennspannung bleibt,
2. die Frequenz gleich der Nennfrequenz bleibt,
3. die Bürsten in der für Nennbetrieb vorgeschriebenen Stellung bleiben,

4. bei Selbsterregung der Erregerwiderstand, bei Eigenerregung und Fremderregung der Erregerstrom ungeändert bleibt.

§ 74.

Die Spannungsänderung wird angegeben in Prozenten:
1. der Nennspannung bei Generatoren,
2. der Nenn-Gleichspannung bei Einankerumformern.

§ 75.

Falls die Spannungsänderung nicht gemessen werden kann, ist ihre Berechnung aus der magnetischen Charakteristik zulässig. Bei Umrechnung sind die Widerstände auf 75°C zu beziehen.

H. Drehzahl und Drehsinn.

§ 76. Drehsinn.

Der Drehsinn einer Maschine, Rechtslauf im Uhrzeigersinn, Linkslauf entgegen dem Uhrzeigersinn, wird bestimmt:
a) Von der dem Kommutator oder der den Schleifringen entgegengesetzten Seite aus, wenn nur ein Kommutator oder Schleifringe auf nur einer Maschinenseite vorhanden sind.
b) Von der Antriebseite (u. U. von der des stärkeren Wellenstumpfes aus), wenn die Bestimmung unter a) nicht eindeutig ist, also bei zwei Kommutatoren oder Schleifringen auf beiden Maschinenseiten und bei Motoren mit Kurzschlußläufern.
c) Von der Schleifringseite aus, wenn Kommutator und Schleifringe gleichzeitig vorhanden sind und auf verschiedenen Maschinenseiten liegen.
d) Nach besonderer Vereinbarung, wenn die Bestimmungen unter a), b) und c) nicht eindeutig sind.

Als normaler Drehsinn gilt der Rechtslauf. Bei Drehstrommaschinen soll der normale Drehsinn oder der etwa verabredete anormale Drehsinn der zeitlichen Phasenfolge UVW an den Klemmen entsprechen.

Die Vorschrift entbindet nicht von der Prüfung der Phasenfolge vor der Inbetriebsetzung.

§ 77.

Wenn Maschinen beliebig für beide Drehrichtungen verwendet werden sollen, so muß dieses besonders vereinbart werden. Für solche, die für beide Drehrichtungen verschiedene Bürstenstellungen erfordern, sind beide Bürstenstellungen dauerhaft kenntlich zu machen.

§ 78. Drehzahländerung.

Drehzahländerung eines Motors mit Nebenschlußverhalten ist die Drehzahlerhöhung bei Übergang von Nennbetrieb auf Leerlauf, wenn Spannung und Frequenz ungeändert bleiben.

14*

§ 79. Schleuderprobe.

Nachstehende Tafel enthält die Schleuderdrehzahl für die Schleuderprobe; diese Drehzahl soll während 2 min aufrecht erhalten werden.

Die Schleuderprobe gilt als bestanden, wenn sich keine schädlichen
Formänderungen zeigen und die Spannungprobe nach § 50 nachträglich
ausgehalten wird.

Reihe	Maschinengattung	Schleuderdrehzahl
1	Generatoren außer Reihe 2 u. 3	1,2 × Nenndrehzahl
2	Generatoren für Wasser-turbinenantrieb	1,8 × Nenndrehzahl
3	Generatoren für Dampf-turbinenantrieb	1,25 × Nenndrehzahl
4	Einanker- und Kaskaden-umformer	1,2 × Nenndrehzahl
5	Motoren für gleichbleibende Drehzahl	1,2 × Leerlaufdrehzahl
6	Motoren mit Drehzahlstufen	1,2 × höchste Leerlaufdrehzahl
7	Motoren mit Drehzahlregelung	1,2 × höchste Leerlaufdrehzahl
8	Motoren mit Reihenschluß-verhalten	1,2 × der auf dem Schild ge-stempelten Höchstdrehzahl, mindestens aber 1,5 × Nenn-drehzahl

Bei Dampfturbinen ist ein Dampfschnellschlußventil anzuwenden, das
bei 10% Überschreitung der Nenndrehzahl anspricht.

I. Schild.

§ 80. Allgemeines.

Jede Maschine muß ein „Leistungschild" tragen, auf dem die nachstehend aufgezählten allgemeinen und die in § 81 zusammengestellten
zusätzlichen Angaben deutlich lesbar sind. Das Schild soll so angebracht
sein, daß es auch im Betriebe bequem abgelesen werden kann. Die allgemeinen Angaben sind:

    1. Hersteller oder Ursprungzeichen (falls nicht ein besonderes Firmen-
schild angebracht wird).

    2. Modellbezeichnung oder Listennummer.

    3. Fertigungsnummer.

§ 81. Zusätzliche Angaben.

Die zusätzlichen Angaben auf dem Leistungschilde sind in der nachstehenden Tafel zusammengestellt und in § 82 erläutert.

Die hier nicht angeführten Maschinenarten müssen solche zusätzlichen
Angaben erhalten, daß ohne Nachmessung erkannt werden kann, ob sie
für ein bestimmtes Netz und eine bestimmte Arbeitleistung geeignet
sind.

Spalte	I	II	III	IV
Reihe	Gleichstrom-maschinen	Synchron-maschinen	Asynchron-maschinen	Einanker- u. Kas-kadenumformer
1	Verwendungsart	Verwendungsart	Verwendungsart	Verwendungsart
2	Nennleistung	Nennleistung	Nennleistung	Nennleistung
3	Betriebsart	Betriebsart	Betriebsart	Betriebsart
4	Nennspannung	Nennspannung	Nennspannung Läuferspannung	Nenngleich-spannung Nennwechsel-spannung
5	Nennstrom	Nennstrom	Nennstrom Läuferstrom	Nenngleich-strom Nennwechsel-strom
6	Nenndrehzahl	Nenndrehzahl	Nenndrehzahl	Nenndrehzahl
7	—	Nennfrequenz	Nennfrequenz	Nennfrequenz
8	—	Nennleistungs-faktor	Nennleistungs-faktor	Nennleistungs-faktor
9	Bei Eigen- und Fremderregung Nennerreger-spannung	Bei Eigen- und Fremderregung Nennerreger-spannung	—	Bei Eigen- und Fremderregung Nennerreger-spannung
10	Erregerstrom bei Nennbetrieb bei Generatoren und bei Motoren für Drehzahlregelung	Erregerstrom bei Nennbetrieb	—	Erregerstrom bei Nennbetrieb
11	—	Schaltart der Ständerwicklung	Schaltart der Ständerwicklung	—
12	—	—	Schaltart der Läuferwicklung	Schaltart der Läuferwicklung

§ 82. Bemerkungen zu vorstehender Tafel.

Zu 1. Als Verwendungsart müssen Stromart und Arbeitsweise angegeben werden, wobei folgende Abkürzungen zulässig sind:

    A. Stromart

        Gleichstrom . . . . G

        Einphasenstrom . . . . E

        Zweiphasenstrom . . . . Z

        Drehstrom . . . . D

        Sechsphasenstrom . . . . S

    B. Arbeitsweise

        Generator . . . . Gen.

Motor . . . . Mot.

Phasenschieber . . . . Phas.

Einankerumformer . . . . E. U.

Kaskadenumformer . . . . K. U.

Zu 2. Unter Nennleistung ist anzugeben:

    A. Abgabe in kW bei sämtlichen Motoren,
       ferner bei
      Gleichstrom- und Asynchrongeneratoren sowie Wechselstrom-
      Gleichstrom-Einankerumformern,

    B. Scheinbare Leistung in kVA, d. h.

$$\frac{\text{Abgabe in kW}}{\text{Nennleistungsfaktor}}$$

       bei
    Synchrongeneratoren,
    Synchronphasenschiebern,
    Gleichstrom-Wechselstrom-Einankerumformern.

Zu 3. Die Betriebsart wird in folgender Weise gekennzeichnet:
    A. Dauerbetrieb: Kein Vermerk,
    B. Kurzzeitiger Betrieb: KB und vereinbarte Betriebzeit,
    C. Aussetzender Betrieb: AB und relative Einschaltdauer.

Zu 4. Als Wechselspannung ist bei Wechselstrom-Gleichstrom-Einanker-
    umformern die höchste Spannung zwischen zwei Schleifringen bei
    Nennbetrieb anzugeben.

Zu 5. Stromangaben können abgerundet werden (da sie nicht zur Be-
    wertung der Maschine dienen). Angaben über den Strom von Mo-
    toren, Asynchrongeneratoren und Einankerumformern sind als
    angenähert zu betrachten.

    Die Abrundung kann betragen:
bei kleineren Motoren etwa 2 bis 3%,
bei größeren Maschinen höchstens 1%.

Zu 6. Angaben über die Drehzahl von Gleichstrom- und Asynchron-
    motoren sind als angenähert zu betrachten.

    Bei Motoren, die nur in einer Drehrichtung benutzt werden
    sollen und bei denen eine Änderung der Drehrichtung nur durch
    konstruktive Änderungen oder Änderung der inneren Maschinen-
    schaltung möglich ist, ist der Drehzahlangabe
        ein Pfeil → mit Spitze nach rechts für Rechtslauf,
        ein Pfeil ← mit Spitze nach links für Linkslauf
    hinzuzufügen.

    Es empfiehlt sich, den Drehrichtungspfeil auch noch auf der
    Stirn des freien Wellenstumpfes anzubringen.

    Umsetzen der Bürstenhalter ist als konstruktive Änderung anzusehen,
nicht aber die Verschiebung der Bürsten.

Bei Motoren mit Reihenschlußverhalten ist die höchstzulässige Drehzahl anzugeben.

Bei Maschinen mit Wasserturbinenantrieb ist die höchstzulässige Drehzahlsteigerung anzugeben, z. B. 500 + 80%.

Zu 8. Bezüglich Leistungsfaktor vgl. § 22. Der Leistungsfaktorangabe ist das Zeichen „u" (untererregt) hinzuzufügen bei:

Synchrongeneratoren, die voreilenden kapazitiven Blindstrom liefern sollen, und

Synchronmotoren und Phasenschiebern, die nacheilenden induktiven Blindstrom aufnehmen sollen.

Die Leistungsfaktorangaben von Asynchronmaschinen sind als angenähert zu betrachten.

Zu 10. Die Angaben für den Erregerstrom bei Nennbetrieb sind als angenähert zu betrachten, da sie nur zur Bemessung der Leistungen dienen. Nur Stromstärken über 10 A brauchen angegeben zu werden.

Zu 11. Die Kennzeichnung der Schaltart erfolgt durch die nachstehenden Zeichen:

Einphasen	|
Einphasen mit Hilfsphase	⊥
Zweiphasen verkettet	L
Zweiphasen unverkettet (Vierphasen)	✕
Dreiphasen-Stern	Y
Dreiphasen-Stern mit herausgeführtem Nullpunkt	ⴲ
Dreiphasen-Dreieck	△
Dreiphasen offen	|||
Durchmesserspannung	⏀
n-phasig	$\vert n$

Zu 12. Bei Dreiphasenläufern bleibt der Vermerk fort.

§ 83. Mehrfache Stempelungen.

Bei Maschinen, die für zwei oder mehrere Nennbetriebe bestimmt sind, sind für alle Nennbetriebe entsprechende Angaben zu machen, nötigenfalls auf mehreren Schildern.

Wenn eine Maschine in einem Spannungbereich arbeitet, der den in Abschnitt G §§ 65 und 66 festgesetzten Bereich überschreitet, so sind die Grenzspannungen und die zu ihnen gehörenden Angaben zu vermerken.

Bei Motoren für zwei Drehzahlen sind die Grenzdrehzahlen und die zu ihnen gehörenden Angaben zu vermerken.

§ 84. Umwicklung von Maschinen.

Wird die Wicklung einer Maschine von einem anderen als dem Hersteller der Maschine geändert (teilweise oder vollständige Umwicklung, Umschaltung oder Ersatz), so muß die ändernde Firma neben dem Ursprungschilde ein Schild anbringen, das den Namen der Firma, die neuen Angaben der Maschine nach §§ 80 u. ff. und die Jahreszahl der Änderung enthält.

§ 85. Kleinmotoren.

Bei Motoren bis einschließlich 200 W Nennleistung sind nur folgende zusätzliche Angaben zu machen:

Verwendungsart,   Nennstrom,
Nennleistung,   Frequenz,
Nennspannung,   Nenndrehzahl.

Reihe	Gewährleistungen für	Toleranzen
1	Drehzahl von Gleichstrom-Nebenschlußmotoren	Nennleistung bis einschl. 1,1 kW $\pm$ 10%, über 1,1 bis einschl. 11 kW $\pm$ 7,5%, „ 11 kW $\pm$ 5% der Nenndrehzahl
2	Drehzahl von Reihenschlußmotoren	Nennleistung bis einschl. 1,1 kW $\pm$ 15% über 1,1 bis 11 kW $\pm$ 10% „ 11 kW $\pm$ 7%
3	Drehzahländerung von Gleichstrommotoren	10% der gewährleisteten Drehzahländerung
4	Drehzahl von Asynchronmotoren	20% der Sollschlüpfung
5	Wirkungsgrad η	$\dfrac{1-\eta}{10}$ aufgerundet auf $\dfrac{1}{1000}$, mindestens aber 0,01
6	Leistungsfaktor cos φ von Asynchronmaschinen	$\dfrac{1-\cos\varphi}{6}$ aufgerundet auf $\dfrac{1}{100}$, mindestens aber 0,02
7	Spannungsänderung von Generatoren	$\pm$ 5% der Nennspannung
8	Spannungsänderung von Einankerumformern — von Kaskadenumformern	$\pm$ 1% der Nennspannung $\pm$ 3% der Nennspannung
9	Stoßkurzschlußstrom von Synchronmaschinen	20% des Sollwertes
10	Dauerkurzschlußstrom von Synchronmaschinen	15% des Sollwertes
11	Kippmoment von Motoren	10% dieses Momentes
12	Anlaufmoment von Motoren	10% des Sollwertes

Bei Kleinmotoren, die mit der Arbeitsmaschine zusammengebaut sind, kann die Angabe der Nennleistung auf die Arbeitswelle bezogen werden oder wegfallen.

§ 86. Fremdlüftung und Wasserkühlung.

Bei Maschinen mit Fremdlüftung oder mit Wasserkühlung ist ein Schild mit folgenden Angaben anzubringen:

1. Erforderliche Menge des Kühlmittels bei Nennbetrieb und zwar in m³/s bei Luft, in l/min bei Wasser.
2. Luftpressung in mm Wassersäule, die für die Maschine selbst benötigt wird.
3. Höchstzulässige Eintrittstemperatur, falls sie nicht 35° C beträgt.

K. Toleranzen.

§ 87. Allgemeines.

Toleranz ist die höchstzulässige Abweichung des festgestellten Wertes von dem nach den Bestimmungen dieser Regeln gewährleisteten Werte. Sie soll die unvermeidlichen Ungleichmäßigkeiten in der Beschaffenheit der Rohstoffe, Ungenauigkeiten der Fertigung und Meßfehler decken.

20. Regeln für die Bewertung und Prüfung von Transformatoren R.E.T. 1923[1].

Inhaltsübersicht.

I. Gültigkeit. §§ 1 bis 3.
II. Begriffserklärungen:
   A. Wicklungen §§ 4 bis 8.
   B. Elektrische Größen §§ 9 bis 16.
   C. Betriebswarmer Zustand § 17.
   D. Kühlungsarten § 18.
III. Bestimmungen:
   A. Allgemeines §§ 19 bis 27.
   B. Betriebsart §§ 28 bis 32.
   C. Erwärmung §§ 33 bis 45.
   D. Isolierfestigkeit §§ 46 bis 51.
   E. Verluste §§ 52 bis 55.
   F. Spannung § 56.
   G. Kurzschlußfestigkeit § 57.
   H. Schaltart §§ 58 bis 59.
   I. Parallelbetrieb §§ 60 bis 62.
   K. Schild §§ 63 bis 69.
Anhang: Regeln für die Bewertung und Prüfung von Drehtransformatoren §§ 70 bis 82.

I. Gültigkeit.

§ 1. Geltungstermin.

Diese Regeln gelten für Transformatoren, deren Herstellung nach dem 1. Januar 1923 begonnen wird[2].

---

[1] Erläuterungen hierzu von Prof. Dr.-Ing. G. Dettmar können von der Verlagsbuchhandlung Julius Springer, Berlin, bezogen werden.

[2] Angenommen durch die Jahresversammlung 1922. Veröffentlicht: ETZ 1922, S. 666 und 1443. — Änderung des § 48 angenommen durch die Jahresversammlung 1924. Veröffentlicht: ETZ 1924, S. 1068. — Sonderdruck *VDE 319*.

§ 2.

Diese Regeln gelten allgemein. Abweichungen hiervon sind ausdrücklich zu vereinbaren. Die Vorschriften über die Schilder müssen jedoch immer erfüllt sein.

§ 3. Geltungsbereich.

Diese Regeln gelten für folgende Arten von Transformatoren, ausgenommen nicht ortsfeste Bahntransformatoren:

I. Transformatoren mit getrennten Primär- und Sekundärwicklungen (T), deren Wicklungen parallel zu den entsprechenden Netzen liegen, ausgenommen Prüftransformatoren, Spannungwandler, Klingel- und ähnliche Kleintransformatoren.

II. Spartransformatoren (SpT), mit gegeneinander festliegenden Wicklungen, bei denen beide Wicklungen in Reihe geschaltet sind, ausgenommen Anlaßtransformatoren.

Spartransformatoren werden angewendet, wenn eine gegebene Netzspannung erhöht oder erniedrigt werden soll und Primär- und Sekundärspannung nur geringe Unterschiede besitzen. In Hochspannungstromkreisen soll in der Regel der Unterschied nicht mehr als 25 % betragen.

III. Zusatztransformatoren mit gegeneinander festliegenden Wicklungen (ZT), deren Wicklungen nicht leitend verbunden sind und deren Sekundärwicklung zur Spannungserhöhung oder -erniedrigung eines Stromkreises dient.

Die Zusatztransformatoren können eine oder mehrere Stufen in der Zusatzwicklung besitzen. Die Umschaltung von einer Stufe auf die nächste kann entweder in spannunglosem Zustande vorgenommen werden oder auch bei Verwendung entsprechend durchgebildeter Regelschalter unter Spannung.

IV. Stromtransformatoren (ST), mit getrennten Primär- und Sekundärwicklungen, deren Primärwicklung in Reihe mit einem Netze liegt, ausgenommen Stromwandler.

Stromtransformatoren dienen zum Anschluß von Reglern, z. B. Schlupfreglern, die eine Leistung aufnehmen, die mit den gewöhnlichen Meßwandlern nicht mehr aufgebracht werden kann. Die Primärwicklung liegt in Reihe mit einem Netz, das irgendeine beliebige Netzspannung haben kann und z. B. einen Motor speist. An die Sekundärwicklung ist der Regelapparat angeschlossen.

V. Drosselspulen (Dl). Ausgenommen sind Drosseln, die Zubehörteile bilden von Anlassern, Meßgeräten und anderen Apparaten, ebenso die in Reihe mit der Leitung liegenden Drosseln für Überspannungschutzgeräte.

Allen Transformatoren (T, SpT, ZT, ST) ist gemeinsam, daß sie ohne mechanische Bewegung elektrische Leistung in elektrische Leistung umwandeln. Alle, mit Ausnahme der Stromtransformatoren, haben ein praktisch unveränderliches Wechselfeld, während der Stromtransformator ein veränderliches Wechselfeld besitzt, das von dem Primärstrom und der in den sekundären Stromkreis eingeschalteten Impedanz abhängig ist.

Über die Regeln für die Bewertung und Prüfung von Drehtransformatoren siehe §§ 70 u. ff.

II. Begriffserklärungen.
A. Wicklungen.
§ 4.

Nach der Energierichtung werden unterschieden:

I. Primärwicklung, die elektrische Leistung empfangende Wicklung.

II. Sekundärwicklung, die elektrische Leistung abgebende Wicklung.

Ein Transformator kann mehrere Primär- und Sekundärwicklungen besitzen.

§ 5.

Nach der Netzspannung werden unterschieden:

I. Oberspannungwicklung, die mit dem Netz der höheren Spannung verbundene Wicklung,

II. Unterspannungwicklung, die mit dem Netz der niederen Spannung verbundene Wicklung.

Wird bei einem Zusatztransformator für beispielsweise 5000/1000 V die 1000 V-Wicklung in Reihe mit einem Netz von 20000 V geschaltet, die dazu dient, seine Spannung auf 21000 V zu erhöhen, so ist in diesem Falle die 1000 V-Wicklung die Oberspannungwicklung, die 5000 V-Wicklung die Unterspannungwicklung.

§ 6.

Anzapfungen sind Anschlüsse an Wicklungen, die die Benutzung einer geringeren Windungzahl als der vollen gestatten (siehe auch § 20).

Bei angezapften Wicklungen heißt der Anschluß für die volle Windungzahl Stufe I, für die nächstniedrigere Windungzahl Stufe II usw.

§ 7.

Normalstufe ist eine besonders ausgezeichnete Anzapfung. Sie ist mit der Stufe II identisch, wenn der Prozentsatz der insgesamt abschaltbaren Windungen nicht mehr als 10% beträgt. Ist der Prozentsatz der insgesamt abschaltbaren Windungen größer als 10%, so ist die Normalstufe besonders zu vereinbaren.

§ 8.

Schaltgruppen. Nach der Schaltung werden folgende Schaltgruppen unterschieden:

	Vektorbild		Schaltbild	
	Ober-	Unter-	Ober-	Unter-
	spannung		spannungen	
I. Einphasentransformatoren: Schaltgruppe *A*				

Die Schaltart ist so, daß der Wickelsinn, von gleichbezeichneten Klemmen ausgegangen, gleichsinnig ist.

		Vektorbild		Schaltbild	
		Ober-	Unter-	Ober-	Unter-
		spannung		spannungen	
II. Dreiphasentransformatoren:					
Schaltgruppe A	A_1				
	A_2				
	A_3				
Schaltgruppe B	B_1				
	B_2				
	B_3				
Schaltgruppe C	C_1				
	C_2				
	C_3				
Schaltgruppe D	D_1				
	D_2				
	D_3				

Die Schaltgruppe bei Dreiphasentransformatoren wird nach dem Verwendungzwecke gewählt. Wenn keine besonderen Gründe vorliegen, wird gewöhnlich Stern-Stern-Schaltung vorgesehen. Diese Schaltung eignet sich jedoch nur für Betriebe, in denen der sekundäre Nullpunkt überhaupt nicht oder nur zu Erdungzwecken benutzt wird. Bei Kerntransformatoren ist außerdem noch eine Belastung des Nullpunktes von höchstens 10% des Nennstromes

zulässig, bei Manteltransformatoren dagegen nicht. Zur Speisung von Ver-
teilungsnetzen mit viertem (neutralem) Leiter eignet sich diese Schaltung somit meistens nicht; es wird dann vorteilhaft bei kleinen Leistungen Stern-
Zickzack- und bei größeren Leistungen Dreieck-Stern-Schaltung vorgesehen.
Beide Schaltungen sind in dieser Beziehung gleichwertig. Es sind meistens
Fragen konstruktiver Natur, die den Hersteller veranlassen, entweder Stern-
Zickzack oder Dreieck-Stern zu empfehlen. Dreieck-Stern- oder Stern-Drei-
eck-Schaltung wird bei großen Transformatoren außerdem oft gewählt, um
das Austreten eines magnetischen Flusses aus dem Kern und damit zusätz-
liche Verluste zu vermeiden.

Vorwiegend werden folgende Schaltgruppen angewendet:

A_2 bei kleinen Verteilungstransformatoren mit sekundär wenig belast-
barem Nulleiter,

C_1 bei großen Verteilungstransformatoren mit sekundär voll belast-
barem Nulleiter,

C_2 bei Haupttransformatoren großer Kraftwerke und Unterstationen,
die nicht zur Verteilung dienen,

C_3 bei kleinen Verteilungstransformatoren mit sekundär voll belast-
barem Nulleiter.

Transformatoren, die der gleichen Schaltgruppe angehören, laufen unter
sich ohne weiteres bei Verbindung gleichnamiger Klemmen parallel, entsprechende Kurzschlußspannung und gleiches Leerlauf-Übersetzungsver-
hältnis vorausgesetzt.

Von Transformatoren verschiedener Schaltgruppen können nur die
Gruppen C und D parallel laufen, wenn die Verbindung ihrer Klemmen
nach folgendem Schema erfolgt:

Sammelschienen	R	S	T	r	s	t
Anschluß der	Oberspannung			Unterspannung		
Schaltgruppe $C_1 C_2 C_3$	U	V	W	u	v	w
$D_1 D_2 D_3$ $\Big\{$ oder	U	W	V	w	v	u
oder	W	V	U	v	u	w
oder	V	U	W	u	w	v

Werden in Ausnahmefällen andere Kombinationen von Schaltungen der
Ober- und Unterspannungwicklungen bei Dreiphasentransformatoren benutzt, so wird als Bezeichnung die Schaltgruppe ohne Zahlenindex gewählt,
für die die Bedingung erfüllt ist, daß Parallellauf mit Transformatoren der
gleichen Schaltgruppe bei Verbindung gleichnamiger Klemmen möglich ist.
Beispielsweise wird die Schaltung

(Oberspannung) 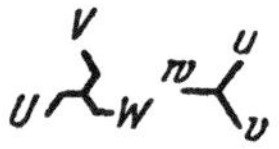   (Unterspannung)

Abb. 1.

als Schaltgruppe C ohne Index bezeichnet.

Es ist notwendig, vor der erstmaligen Parallelschaltung von Transformatoren durch Messung festzustellen, daß zwischen den zu verbindenden Klemmen
keine Spannung auftritt.

B. Elektrische Größen.

§ 9.

Nennbetrieb heißt der Betrieb des Transformators mit der Primärspannung, der Frequenz, den Strömen und der Betriebsart, die auf dem Schilde angegeben sind. Die Nenn-Primärspannung ist hierbei die Spannung der Normalstufe und durch Vorsetzen von „Nenn" auf dem Schilde gekennzeichnet.

Der Nennwert der Spannung muß als solcher gekennzeichnet sein, weil bei Transformatoren mit angezapften Wicklungen auch die diesen Anzapfungen entsprechenden Spannungen auf das Schild gestempelt werden. Es ist also aus dem Schilde genau ersichtlich, welche Spannung und damit welche Wicklungstufe für den Nennbetrieb maßgebend ist.

§ 10.

Nennleistung des Transformators ist die auf dem Schilde angegebene scheinbare Leistung (in kVA oder VA).

§ 11.

Übersetzung ist das Verhältnis von Oberspannung zu Unterspannung bei Leerlauf. Sie ist unter Berücksichtigung der Schaltart gleich dem Verhältnis der Windungzahlen.

Das Verhältnis der Spannungen stimmt nur dann mit dem Verhältnis der Windungzahlen genau überein, wenn der durch den Leerlaufstrom bedingte Spannungsabfall vernachlässigbar ist. In den praktisch vorkommenden Fällen trifft dieses bei Transformatoren im allgemeinen zu.

§ 12.

Spannung ist bei Dreiphasenstrom immer die verkettete, bei Zweiphasenstrom die Spannung zwischen zwei Leitern einer Phase.

§ 13.

Nenn-Sekundärspannung ist die aus der primären Nennspannung und der Übersetzung berechnete Spannung.

§ 14.

Nennstrom ist der aus der Nennleistung und der Nennspannung berechnete Strom.

§ 15.

Kurzschlußspannung e_k ist die Spannung, die bei kurzgeschlossener Sekundärwicklung an die Primärwicklung angelegt werden muß, damit sie den Nenn-Primärstrom aufnimmt. Die Nenn-Kurzschlußspannung wird aus der bei Schaltung auf Normalstufe gemessenen Kurzschlußspannung berechnet unter der Annahme, daß die Wicklung die gewährleistete Temperatur hat. Sie wird in Prozenten der Nenn-Primärspannung ausgedrückt.

Kurzschlußstrom ist der Primärstrom, der aufgenommen würde, wenn bei kurzgeschlossener Sekundärwicklung die Nennspannung an die

Primärwicklung angelegt wird. Er wird als Vielfaches des Nenn-Primär-stromes ausgedrückt. Das Verhältnis Kurzschlußstrom : Nenn-Primärstrom ist gleich 100 : Nenn-Kurzschlußspannung.

§ 16.

Spannungsänderung e_φ eines Transformators bei einem anzugeben-den Leistungsfaktor ist die Erhöhung der Sekundärspannung, die bei Über-gang von Nennbetrieb auf Leerlauf auftritt, wenn Primärspannung und Frequenz ungeändert bleiben.

Die Spannungsänderung wird in Prozenten der Nenn-Sekundärspannung ausgedrückt. Die Spannungsänderung e_φ wird ermittelt aus der prozen-tualen Kurzschlußspannung e_k und dem prozentualen Wicklungsverlust e_r.

Die Spannungsänderung e_φ wird nach folgender Formel berechnet:

$$e_\varphi = e'_\varphi + 100 - \sqrt{10\,000 - e''^2_\varphi}.$$

Hierin bedeutet

$$e'_\varphi = e_r \cos \varphi + e_s \sin \varphi,$$
$$e''_\varphi = e_r \sin \varphi - e_s \cos \varphi.$$

Die Streuspannung ist $e_s = \sqrt{e_k^2 - e_r^2}$.

Bei Streuspannungen e_s bis etwa 4 % ist die Annäherung $e_\varphi = e'_\varphi$ ausreichend.

C. Betriebswarmer Zustand.

§ 17.

Als betriebswarm gilt der Zustand, den der Transformator bei 20°C Raum- bzw. Kühlmitteltemperatur am Ende des durch seine Betriebsart gekennzeichneten Probelaufes mit Nennleistung hat.

D. Kühlungsarten.

§ 18.

Es werden folgende Kühlungsarten unterschieden:

TS Trockentransformatoren mit Selbstlüftung.
    Der Transformator wird durch Strahlung und natürlichen Zug gekühlt.

TF Trockentransformatoren mit Fremdlüftung.
    Die Kühlluft wird durch einen Lüfter oder künstlichen Zug bewegt.

TW Trockentransformatoren mit Wasserkühlung.
    Einzelne Teile werden durch Wasser gekühlt.

OS Öltransformatoren mit Selbstlüftung.
    Der Ölkasten wird durch Strahlung und durch natürlichen Zug gekühlt.

OF Öltransformatoren mit Fremdlüftung.
    Der Ölkasten wird mit Luft gekühlt, die durch einen Lüfter oder künstlichen Zug bewegt wird.

OFU Öltransformatoren mit Fremdlüftung und Ölumlauf.
    Der Ölkasten wird durch Luft gekühlt, die durch einen Lüfter oder künstlichen Zug bewegt wird. Der Ölumlauf erfolgt zwangsweise.

OWI Öltransformatoren mit innerer Wasserkühlung.
Das Öl wird durch einen Wasserkühler im Inneren des Ölkastens gekühlt.

OWA Öltransformatoren mit Ölumlauf und äußerer Wasserkühlung.
Das Öl wird in einem Wasserkühler außerhalb des Ölkastens gekühlt.
Der Ölumlauf erfolgt zwangweise.

OSA Öltransformatoren mit Ölumlauf und äußerer Selbstlüftung.
Das Öl wird in einem Luftkühler außerhalb des Ölkastens gekühlt.
Der Ölumlauf erfolgt zwangweise.

OFA Öltransformatoren mit Ölumlauf und äußerer Fremdlüftung.
Das Öl wird in einem Luftkühler außerhalb des Ölkastens gekühlt.
Die Kühlluft wird durch einen Lüfter oder künstlichen Zug bewegt.
Der Ölumlauf erfolgt zwangweise.

Wenn die natürliche Lüftung eines Transformators (TS, OS oder OSA) durch Aufstellung in einem zu engen Raume oder durch einen nachträglich angebrachten Schutzkasten behindert wird, so kann der Transformator dauernd nur eine geringere Leistung oder seine Nennleistung nur kurzzeitig abgeben.

III. Bestimmungen.

A. Allgemeines.

§ 19.

Als normale Nennleistungen von Transformatoren (T) gelten:

I. Bei Drehstromtransformatoren:

    5; 10; 20; 30; 50; 75; 100; 125; 160; 200; 250; 320; 400; 500; 640; 800; 1000; 1250; 1600; 2000; 2500; 3200; 4000; 5000; 6400; 8000; 10000 usw. kVA.

II. Bei Einphasentransformatoren:

    1; 2; 3; 5; 7; 10; 13; 20; 35; 50; 70 kVA.

§ 20.

Bei Transformatoren mit Anzapfungen, die nicht besonderen Zwecken dienen, sind drei Stufen normal. Die den Anzapfungen entsprechenden Spannungen sind, wenn der Prozentsatz der insgesamt abschaltbaren Windungen nicht mehr als 10% beträgt, für die Wicklungseite anzugeben, auf der die Anzapfungen liegen.

Bei Transformatoren für großen Regelbereich mit Anzapfungen, die so angeordnet sind, daß in der betreffenden Wicklung betriebsmäßig keine höhere als die Nennspannung auftreten kann, können die den Anzapfungen entsprechenden Spannungen für die Wicklungseite angegeben werden, auf der keine Anzapfungen liegen; sie sind dann einzuklammern.

Hat z. B. ein Transformator das Übersetzungsverhältnis 10000/384-400-416 V und Anzapfungen in der 10000 V-Wicklung, so wird das Schild gestempelt 10400-10000-9600/400 V und der Normalstufe entspricht in diesem Falle 10000/400 V.

Hat ein Ofentransformator für 25000/50-70-100 V die Anzapfungen in der Mitte der 25000 V-Wicklung, so kann das Schild gestempelt werden 25000/(50)-(70)-100 V, falls als Normalstufe 25000/100 V vereinbart ist (siehe § 7).

§ 21.

Alle Prüfungen sind an dem neuen betriebsfertigen Transformator und nach Möglichkeit in den Werkstätten des Herstellers vorzunehmen. Prüfungen am Aufstellungsorte sind besonders zu vereinbaren. Transformatoren für Fremdlüftung sind mit den Vorrichtungen für diese zu prüfen.

Betriebsmäßige Abdeckungen, Ummantelungen, ferner Regendächer und dergleichen dürfen bei den Prüfungen nicht geöffnet oder geändert werden.

Die Isolationsprüfung wird am besten in den Werkstätten des Herstellers vorgenommen, weil hier die beste Gewähr für die sachgemäße Durchführung gegeben ist. Bei öfterer Wiederholung ist zu befürchten, daß schließlich die Isolation leidet, besonders wenn am Aufstellungsorte nicht solche Einrichtungen zur Verfügung stehen, daß die Prüfung sachgemäß durchgeführt werden kann. Deshalb soll eine Wiederholung der Isolationsprüfung am Aufstellungsorte nicht ohne weiteres verlangt werden können.

§ 22.

Gewährleistungen beziehen sich auf den Nennbetrieb und die sich aus der Betriebsart ergebenden Überlastungen.

§ 23.

Die folgenden Bestimmungen gelten für den betriebswarmen Zustand.

Wird die Wicklungstemperatur nicht durch Messungen festgestellt, so ist für Umrechnungen die gewährleistete Temperatur einzusetzen.

§ 24.

Die Kurvenform der Primärspannung wird als praktisch sinusförmig vorausgesetzt (siehe R.E.M. § 14).

§ 25.

Mehrphasensysteme werden als praktisch symmetrisch vorausgesetzt (siehe R.E.M. § 15).

§ 26.

Die folgenden Bestimmungen gelten unter der Annahme, daß angezapfte Wicklungen auf Normalstufe geschaltet sind.

Bei Anzapfungen bis einschließlich ± 5% der Windungszahl der Normalstufe gelten die Bestimmungen über die Erwärmung für alle Stufen bei gleicher Nennleistung.

§ 27.

Die folgenden Bestimmungen gelten unter der Annahme, daß der Aufstellungsort des Transformators nicht mehr als 1000 m ü. M. liegt.

Soll ein Transformator an einem höher als 1000 m ü. M. gelegenen Orte betrieben werden, so muß dieses besonders angegeben werden.

Bei größeren Meereshöhen ändern sich Isolationsfestigkeit und Wärmeabgabe.

B. Betriebsart.

§ 28.

Es sind folgende Betriebsarten zu unterscheiden:

DB Dauerbetrieb, bei dem die Betriebzeit so lang ist, daß die dem Beharrungzutande entsprechende Endtemperatur erreicht wird (siehe § 29).

DKB Dauerbetrieb mit kurzzeitiger Belastung, bei dem die durch Vereinbarung bestimmte Belastungzeit kürzer als die zum Erreichen der Beharrungstemperatur erforderliche Zeit ist.

Die Betriebspause, während der die sekundäre Wicklung abgeschaltet ist, ist lang genug, um die Abkühlung auf die Beharrungstemperatur bei Leerlauf zu ermöglichen (siehe § 30).

DAB Dauerbetrieb mit aussetzender Belastung, bei dem Belastungzeiten von höchstens 5 min mit Leerlaufpausen abwechseln, deren Dauer nicht genügt, um die Abkühlung auf die Beharrungstemperatur bei Leerlauf zu ermöglichen (siehe § 31).

KB Kurzzeitiger Betrieb, bei dem die durch Vereinbarung bestimmte Betriebzeit kürzer als die zum Erreichen der Beharrungstemperatur erforderliche Zeit ist.

Die Betriebspause, während der der Transformator spannunglos ist, ist lang genug, um die Abkühlung auf die Temperatur des Kühlmittels zu ermöglichen (siehe § 30).

AB Aussetzender Betrieb, bei dem Einschaltzeiten von höchstens 5 min mit stromlosen Pausen abwechseln, in denen der Transformator spannunglos ist und deren Dauer nicht genügt, um die Abkühlung auf die Temperatur des Kühlmittels zu ermöglichen (siehe § 31).

LB Landwirtschaftlicher Betrieb, bei dem etwa 500 h im Jahre eine tägliche Überlastung von 100% während 12 h zulässig ist (siehe § 32).

§ 29.

Bei Dauerbetrieb DB muß die Nennleistung beliebig lange Zeit eingehalten werden können, ohne daß die Temperatur und Erwärmung die in § 42 angegebenen Grenzen überschreiten.

§ 30.

Bei den Betriebsarten DKB und KB muß die Nennleistung die vereinbarte Zeit hindurch abgegeben werden können, ohne daß die Temperatur und Erwärmung die in § 42 angegebenen Grenzen überschreiten.

§ 31.

Bei den Betriebsarten DAB und AB muß die Nennleistung mit der angegebenen relativen Belastungsdauer beliebig lange abgegeben werden können, ohne daß die Temperatur und Erwärmung die in § 42 angegebenen Grenzen überschreiten. Relative Belastungsdauer ist das Verhältnis von Belastungsdauer zu Spieldauer. Spieldauer ist die Summe von Belastungsdauer und belastungsloser Pause.

Als normale Werte der relativen Belastungsdauer gelten: 15, 25, 40 und 50%.

§ 32.

Bei Sondertransformatoren für landwirtschaftlichen Betrieb LB (z. B. Sonderreihe der Einheitstransformatoren) muß eine den Sonderbedingungen dieses Betriebes entsprechende 60%-Überlast über die Nennleistung dau-ernd abgegeben werden können, ohne daß die Temperatur und Erwärmung die in § 42 angegebenen Grenzen überschreiten.

Die Erwärmung bei 100%-Überlast darf die in § 42 angegebenen Grenzen um 10° C überschreiten.

Bei diesen Sondertransformatoren wird die Nennleistung nicht durch die Erwärmung, sondern durch den Spannungsabfall bestimmt.

C. Erwärmung.

§ 33.

Erwärmung eines Transformatorenteiles ist bei Dauer- und aussetzendem Betriebe der Unterschied zwischen seiner Temperatur und der des zutretenden Kühlmittels (Luft oder Wasser), bei kurzzeitigem Betriebe der Unterschied seiner Temperaturen bei Beginn und am Ende der Prüfung.

§ 34.

Die Erwärmungsprobe wird, mit Ausnahme von § 28, Betriebsart LB, bei Nennbetrieb vorgenommen und zwar:

DB Transformatoren für Dauerbetrieb. Der Probelauf kann bei kaltem oder warmem Transformator begonnen werden; er wird so lange fortgesetzt, bis die Erwärmung nicht mehr steigt.

DKB Transformatoren für Dauerbetrieb mit kurzzeitiger Be-lastung. Der Probelauf wird begonnen, wenn der Transformator die Beharrungstemperatur bei Leerlauf besitzt; er wird nach Ablauf der vereinbarten Belastungzeit abgebrochen.

KB Transformatoren für kurzzeitigen Betrieb. Der Probelauf wird bei kaltem Transformator begonnen, d. h. wenn die Temperatur der Wicklung um nicht mehr als 3° C höher als die Temperatur des Kühlmittels ist; er wird bei Ablauf der vereinbarten Betriebzeit ab-gebrochen.

DAB und AB Transformatoren für aussetzende Betriebe. Der Transformator wird einem regelmäßig aussetzenden Betriebe mit der vereinbarten relativen Belastungsdauer unterworfen. Der Probelauf kann bei kaltem oder warmem Transformator begonnen werden. Er wird so lange fortgesetzt, bis die Erwärmung nicht mehr steigt, und

bei Ablauf der letzten Belastungzeit abgebrochen. Während der Probe
beträgt die Spieldauer 10 min.

Die Probe für die Betriebsarten DB, AB, DAB kann als beendet
angesehen werden, wenn die Erwärmung um nicht mehr als 1^0 C in
1 h zunimmt und dabei mindestens 5^0 C unter der gewährleisteten
Grenze liegt.

LB Transformatoren für landwirtschaftlichen Betrieb. Die
60%-Überlast wird wie Dauerlast behandelt; die 100%-Überlast wird
bei einer Öltemperatur begonnen, die einem Dauerbetriebe mit der
Nennleistung entspricht, und so lange fortgesetzt, bis die Erwärmung
nicht mehr steigt, aber nicht länger als 12 h.

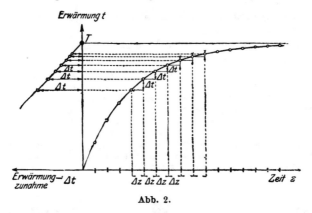

Abb. 2.

Der Abzug von 5^0 C von der zulässigen Grenzerwärmung t_{max}. ergibt sich
aus folgender Überlegung:

Die Erwärmung t eines wärmeaufnehmenden und wärmeabgebenden Körpers
wird aus der Gleichung

$$t_{max.} = Z\,\frac{dt}{dz} + t$$

berechnet, worin Z die Zeitkonstante des Körpers in h ist, d. h., die Zeit, nach
deren Verlauf der Körper die Temperatur t_{max}. des normalen Dauerbetriebes
erreichen würde, wenn er keine Wärme abgeben würde. — Wenn der Dauerbetrieb in einem Zeitpunkt abgebrochen wird, in dem nach Verlauf der letzten h
die Erwärmung um 1^0 C gestiegen ist, ist maximal

$$\frac{dt}{dz} = \frac{1^0}{1h} = 1\,.$$

Die Zeitkonstante Z ist für Transformatoren ungefähr $= 5$ h. Dann ist der
maximal mögliche Temperaturanstieg über die Temperatur T bei Abbrechen
des Dauerbetriebes:

$$(t_{max.} - t) = 5^0 \text{ C.}$$

Zur Bestimmung der Enderwärmung benutzt man zweckmäßig das nachstehend beschriebene Verfahren, weil die Messung der Erwärmung gegen Ende
der Probe unregelmäßigen Schwankungen infolge von Änderungen der Kühlmitteltemperatur unterliegt.

Die Erwärmung (t) wird in gleichen Zeitabständen (Δz) gemessen und die Erwärmungzunahme (Δt) in Abhängigkeit von der Erwärmung (t) aufgetragen. Die Verlängerung der Geraden durch die so entstehende Punktschar schneidet auf der Erwärmungsachse (t) die Enderwärmung (T) ab.

Die Genauigkeit dieses Verfahrens ist mindestens so groß wie die des fortgesetzten Erwärmungsversuches.

§ 35.

Als Erwärmung der Wicklung bei Trockentransformatoren gilt der höhere der beiden folgenden Werte:

I. Mittlere Erwärmung errechnet aus der Widerstandzunahme während des Probelaufes.

II. Örtliche Erwärmung an der heißesten zugänglichen Stelle, mit dem Thermometer gemessen.

Bei Öltransformatoren wird die Erwärmung aus der Widerstandzunahme ermittelt.

In manchen Fällen, z. B. bei Transformatoren für sehr hohe Ströme, wird es nicht immer möglich sein, aus der Widerstandzunahme einwandfrei die Temperaturzunahme zu ermitteln, weil die Messungen der sehr kleinen Widerstände zu ungenau sind. Auch wird es nicht möglich sein, wenn dieser Transformator ein Öltransformator ist, die Erwärmung mit einem Thermometer zu ermitteln. Hier muß entweder auf die einwandfreie Bestimmung der Erwärmung der Wicklung verzichtet oder es muß vorher schon ein anderes Meßverfahren vereinbart werden. Es empfiehlt sich in solchen Fällen, sich auf die Messung der Öltemperatur zu beschränken.

§ 36.

Die Erwärmung des Eisenkernes ist an der heißesten zugänglichen Stelle mit dem Thermometer zu bestimmen.

Die Erwärmung des Öles ist in der obersten Ölschicht des Kastens mit dem Thermometer zu bestimmen.

Zur Einführung eines Thermometers muß eine Einrichtung am Transformator vorhanden sein, deren Lochdurchmesser mindestens 12 mm beträgt.

§ 37.

Die Erwärmung t in $^\circ$C von Kupferwicklungen wird aus der Widerstandzunahme nach folgenden Formeln berechnet, in denen

R_{kalt} den Widerstand der kalten Wicklung,

T_{kalt} die Temperatur der kalten Wicklung,

R_{warm} den Widerstand der warmen Wicklung

bedeutet:

1. bei allen Transformatoren (ausgenommen DKB und KB):

$$t = \frac{R_{warm} - R_{kalt}}{R_{kalt}} (235 + T_{kalt}) - (T_{Kühlmittel} - T_{kalt}),$$

2. bei Transformatoren für kurzzeitigen Betrieb unter 1 h (DKB und KB):

$$t = \frac{R_{\text{warm}} - R_{\text{kalt}}}{R_{\text{kalt}}} (235 + T_{\text{kalt}}),$$

wobei die Werte R_{kalt}, T_{kalt} für den Beginn der Prüfung gelten. Es ist darauf zu achten, daß alle Teile der Wicklungen bei Messung von R_{kalt} die gleiche, mit dem Thermometer zu messende Temperatur T_{kalt} besitzen.

§ 38.

Zur Temperaturmessung mittels Thermometer sollen Quecksilber- oder Alkoholthermometer verwendet werden. Zur Messung von Öl- und Oberflächentemperaturen sind auch Widerstandspulen und Thermoelemente zulässig, doch ist im Zweifelfalle das Quecksilber- oder Alkoholthermometer maßgebend.

Es muß für möglichst gute Wärmeübertragung von der Meßstelle auf das Thermometer gesorgt werden. Bei Messung von Oberflächentemperaturen sind Meßstelle und Thermometer gemeinsam mit einem schlechten Wärmeleiter zu bedecken.

§ 39.

Die Messungen der Widerstandzunahme sind möglichst unmittelbar nach dem Ausschalten vorzunehmen.

Die Thermometermessungen sind ebenfalls unmittelbar nach dem Ausschalten, aber wenn möglich auch während der Prüfung vorzunehmen. Wenn auf dem Thermometer nach dem Ausschalten höhere Temperaturen als während der Prüfung abgelesen werden, so sind diese höheren Werte maßgebend.

Ist bei Widerstandsmessungen vom Augenblick des Ausschaltens bis zu den Messungen so viel Zeit verstrichen, daß eine merkliche Abkühlung zu vermuten ist, so sollen die Meßergebnisse durch Extrapolation auf den Augenblick des Ausschaltens umgerechnet werden.

§ 40.

Als Temperatur des Kühlmittels gilt bei den:

Transformatoren mit Selbstlüftung (TS, OS, OSA) der Durchschnittswert der während des letzten Viertels der Versuchzeit in gleichen Zeitabschnitten gemessenen Temperaturen der Umgebungsluft;
es sind zwei oder mehrere Thermometer zu verwenden, die in 1 bis 2 m Entfernung vom Transformator und ungefähr in Höhe der Transformatorenmitte angebracht sind. Die Thermometer dürfen weder Luftströmungen noch Wärmestrahlung ausgesetzt sein,

Transformatoren mit Fremdlüftung (TF, OF, OFU, OFA) der Durchschnittswert der während des letzten Viertels der Versuchzeit in gleichen Zeitabschnitten gemessenen Temperatur der zuströmenden Kühlluft,

Transformatoren mit Wasserkühlung (TW, OWI, OWA) der Durchschnittswert der während des letzten Viertels der Versuchzeit in gleichen Zeitabschnitten gemessenen Temperatur des zufließenden Kühlwassers;

Findet bei solchen Transformatoren auch eine nennenswerte Wärmeabgabe an die Umgebungsluft statt, so gilt als Temperatur des Kühlmittels ein Mittelwert nach der Mischungsregel:

$$T_m = \frac{T_K\,W_K + T_L\,W_L}{W_K + W_L}\,;$$

hierin bedeutet:
T die Temperatur der Umgebungsluft,
T_K die Temperatur des anderen Kühlmittels,
W_L die Wärmeabgabe an die Umgebungsluft in kW,
W_K die Wärmeabgabe an das andere Kühlmittel in kW.

Die an die Luft abgegebene Wärmemenge kann bestimmt werden, z. B. dadurch, daß man die an das Kühlwasser abgegebene Wärmemenge feststellt
und von den Gesamtverlusten abzieht. Für den Fall, daß beim Versuch die
Temperatur des zufließenden Wassers geringer als 25° C und die der Kühlluft
geringer als 35° C war, ist dann durch Umrechnung festzustellen, ob die Erwärmung bei 25° C des zufließenden Wassers und 35° C Umgebungstempe-
ratur den Regeln entspricht.

§ 41.

Große Transformatoren folgen den Temperaturschwankungen der
Umgebungsluft nur langsam nach. Der dadurch bedingte etwaige Meßfehler ist durch geeignete Vorkehrungen auszugleichen, z. B. durch einen
Vergleich mit einem ähnlichen, nicht angeschlossenen Transformator, der
den gleichen Kühlungsverhältnissen ausgesetzt ist.

§ 42.

Die höchstzulässigen Grenzwerte von Temperatur und Erwärmung sind nachstehend zusammengestellt. Sie gelten unter der Voraussetzung, daß:
  I. bei Luftkühlung die Kühlmitteltemperatur 35° C nicht überschreitet,
 II. bei Wasserkühlung die Kühlmitteltemperatur 25° C nicht über-
     schreitet.
Die Grenzwerte für die Temperaturen dürfen in keinem Fall überschritten werden. Die Grenzwerte für die Erwärmung dürfen nur dann
überschritten werden, wenn die Kühlmitteltemperatur stets so niedrig ist,
daß die Grenztemperaturen nicht erreicht werden und über die Erfüllung
dieser Voraussetzung eine Vereinbarung getroffen wird.
Auf dem Schild muß in diesem Falle auch die vereinbarte Kühlmitteltemperatur angegeben werden.

Bei Öltransformatoren darf die Ölgrenztemperatur (95° C) nicht ohne
weiteres als Maßstab für die etwa zulässige Überlastung angesehen werden.
Es ist also nicht ohne weiteres zulässig, bei niedrigerer Kühlmitteltemperatur,
als maximal vorgesehen, die Belastung zu steigern, bis die Ölgrenztemperatur erreicht ist. Die Beachtung dieser Regel ist notwendig, weil die Wicklungen gegenüber dem Öl Temperaturunterschiede aufweisen, die mit der
Überlastung ungefähr quadratisch steigen. Bei der Wahl oder Anordnung
des Aufstellungsortes ist auf die vom Transformator abgegebene Wärmemenge
Rücksicht zu nehmen.

Spalte	I		II	III	IV	V
Reihe		Transformatorenteile		Grenztemperatur °C	Grenzerwärmung °C	Meßverfahren
1	Wicklungen, isoliert durch Faserstoffe (z. B. Papiere, ungebleichte Baumwolle, natürliche Seide, Holz)		Ungetränkt	85	50	Errechnet aus Widerstandszunahme
2			Ungetränkt, jedoch Spule getaucht . .	85	50	
3			Getränkt	95	60	
4			Imprägniert oder in Füllmasse	95	60	
5			In Öl	105	70	
6	Präparate aus Glimmer oder Asbest			115	80	
7	Rohglimmer, Porzellan oder andere feuerfeste Stoffe			5° mehr als Reihe 1—6		
8	Einlagige blanke Wicklungen			5° mehr als Reihe 1—6		
9	Dauernd kurzgeschlossene Wicklungen			Wie andere Wicklungen bei Messung durch Widerstandzunahme		Thermometer
10	Eisenkern		bei Trockentransformatoren	95	60	
11			bei Öltransformatoren	105	70	
12	Öl in der obersten Schicht			95	60	
13	Alle anderen Teile			Nur beschränkt durch benachbarte Isolierteile		

Die Grenzerwärmung, Spalte IV, gilt bei neuen Transformatoren sowohl für Luft- als auch für Wasserkühlung.

Die Grenztemperatur, Spalte III, gilt für luftgekühlte Transformatoren durchweg. Bei solchen mit Wasserkühlung (OWI, OWA, TW) ist die Grenztemperatur des neuen Transformators um 10° C niedriger als in Spalte III; sie darf während des Betriebes infolge der unvermeidlichen Verunreinigungen der Kühler auf die vorgenannten Grenztemperaturen anwachsen.

Wenn das Anwachsen der Grenztemperaturen von wassergekühlten Transformatoren 5° C überschreitet, empfiehlt es sich bereits, den Kühler zu reinigen.

§ 43.

Unter einer getauchten Spule wird eine mit ungetränktem Draht gewickelte Spule verstanden, die nach der Herstellung nur in eine Isolierflüssigkeit ohne Anwendung von Druck oder Vakuum getaucht wurde.

Ein Faserstoff gilt als getränkt, wenn die Tränkmasse den Zwischenraum zwischen den Fasern ausfüllt.

Eine Faserstoff-Drahtisolierung gilt als getränkt, wenn die Tränkmasse den Zwischenraum zwischen Leiter und Isolierung und zwischen den Fasern ausfüllt.

Unter einer Spule mit Füllmasse wird eine Spule verstanden, bei der alle Luftzwischenräume durch die Masse ausgefüllt sind. Die Masse kann durch Bestreichen der einzelnen Lagen oder mittels Druck oder Vakuum eingebracht werden, so daß die Spule einen massiven Körper bildet.

§ 44.

Bei Isolierungen, die aus verschiedenen Isolierstoffen zusammengesetzt sind, gilt im allgemeinen die für den weniger wärmebeständigen Stoff zulässige Grenztemperatur. Wenn jedoch der weniger wärmebeständige Stoff nur in kleinen Mengen zum Aufbau verwendet wird und im Betriebe der Zerstörung unterliegen darf, ohne die Isolation zu beeinträchtigen, so gilt die für den wärmebeständigeren Stoff zulässige Grenztemperatur.

§ 45.

Wenn für verschiedene, räumlich getrennte Teile der gleichen Wicklung zwei oder mehrere Isolierstoffe von verschiedener Wärmebeständigkeitsklasse verwendet werden, so gilt bei Temperaturbestimmung aus der mittleren Widerstandzunahme die für den wärmebeständigeren Stoff zulässige Grenztemperatur, sofern die Thermometermessung an den weniger wärmebeständigen Stoffen keine Überschreitung der für sie zulässigen Grenztemperaturen ergibt.

D. Isolierfestigkeit.
§ 46.

Die Isolation soll folgenden Spannungproben unterworfen werden:

I. Wicklungsprobe nach § 47,

II. Sprungwellenprobe für Wicklungen über 2,5 kV nach § 48,

III. Windungsprobe nach § 49.

Bei dauernd mit einem Außenpol geerdeten Transformatoren soll dieser Außenpol lösbar sein.

Die Prüfungen dürfen an dem kalten Transformator vorgenommen werden, falls sie sich nicht im Anschluß an eine Dauerprobe ermöglichen lassen.

Die Prüfungen sollen in der Reihenfolge I, II, III vorgenommen werden.

Die Prüfung auf Isolierfestigkeit bei Transformatoren mit abgestufter Isolation gegen Eisen ist besonders zu vereinbaren.

§ 47.

Die Wicklungsprobe (siehe § 46) dient zur Feststellung der ausreichenden Isolation von betriebsmäßig nicht leitend verbundenen Wicklungen gegeneinander und gegen Körper.

Ein Pol der Stromquelle wird an die zu prüfende Wicklung, der andere an die Gesamtheit der mit dem Eisen verbundenen anderen Wicklungen gelegt.

Die Frequenz der Prüfspannung soll im allgemeinen 50 Per/s sein. Ihre Kurvenform soll praktisch sinusförmig sein (siehe § 24).

Die Spannung soll allmählich auf die nachstehend angegebenen Werte gesteigert und alsdann 1 min eingehalten werden.

Alle Wicklungen von Transformatoren	Prüfspannung	
	kV	mindestens aber
bis 10 kV	3,25 U	2,5 kV
über 10 kV	1,75 U + 15	—

Bei Trockentransformatoren (TS, TF, TW) sind obige Werte um 15% zu erhöhen, wenn die Probe in kaltem Zustande vorgenommen wird.

U bedeutet: bei Prüfung gegen Körper

a) bei einzelnen Wicklungen gegen Körper die Nennspannung der Wicklung,

b) bei Wicklungen von Stromtransformatoren bzw. Zusatztransformatoren mit getrennten Wicklungen die Nennspannung des Stromkreises, mit dem die Wicklung in Reihe liegt,

c) bei hintereinandergeschalteten Wicklungen die Summenspannung,

d) bei Regeltransformatoren, bei denen die Unterspannung durch Zu- und Abschalten von Oberspannungwindungen geändert wird, die Spannung, die bei Erreichen der maximalen Unterspannung an der Oberspannungwicklung auftritt,

e) bei dauernd mit einem Außenpol geerdeten Transformatoren (T, SpT, ZT, ST) die 1,1-fache Nennspannung.

Die Prüfung gilt als bestanden, wenn weder Durchschlag noch Überschlag erfolgt, keine Gleitfunken auftreten und durch Verfolgung der Stromaufnahme festgestellt wurde, daß die Prüfspannung den Isolierstoff nicht angegriffen hat.

Bei konstanter Spannung darf nicht dauernd der Strom steigen und es sollen keine Zuckungen bemerkbar sein.

§ 48.

Die Sprungwellenprobe (siehe § 46) dient dazu, festzustellen, daß die Windungsisolation gegenüber den im normalen Betriebe auftretenden Sprungwellen ausreicht. Die Prüfung soll im Fabrikprüffelde bei dem fertigen Transformator (T und SpT) an Wicklungen für Nennspannungen von 2,5 kV bis 60 kV in einer der dargestellten Schaltungen vorgenommen werden (siehe Abb. 3).

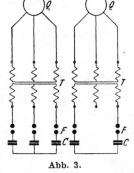

Abb. 3.

Die zu prüfende Wicklung des Transformators T ist über Funkenstrecken F aus massiven Kupferkugeln von mindestens 50 mm Durchmesser auf Kabel oder Kondensatoren C geschaltet, deren Kapazität folgendermaßen zu bemessen ist:

Prüfkapazität.

Nennspannung in kV	Kapazität in jeder Phase mindestens μ F	Zweckmäßige Form der Kapazität
2,5 bis 6	0,05	Kabel oder Kondensator
„ 15	0,02	„ „ „
„ 35	0,01	„ „ „
„ 60	0,005	Kondensator

Bei Drehstromkabeln ist die Betriebskapazität (vgl. § 5 der Definition der Eigenschaften gestreckter Leiter, „ETZ" 1909, S. 1155 und 1184, Vorschriftenbuch des VDE 1914, S. 386, in die 15. Auflage des Vorschriftenbuches nicht mit aufgenommen) gleich der angegebenen Kapazität zu wählen; das Kabel hat nach Abschalten eines Leiters dann auch für die Einphasenschaltung die vorgeschriebene Kapazität.

Der Kugelabstand jeder Funkenstrecke wird für einen Überschlag bei 1,1 U (vgl. § 47) eingestellt. Der Transformator ist durch die Stromquelle Q mit normaler Frequenz auf etwa das 1,3-fache der Nennspannung zu erregen.

Die Funkenstrecken werden auf beliebige Weise gezündet (etwa durch vorübergehende Annäherung der Kugeln oder Überbrückung der Luftzwischenräume) und ein Funkenspiel von 10 s Dauer wird aufrechterhalten. Die Funkenstrecken sind dabei mit einem Luftstrom von etwa 3 m/s Geschwindigkeit anzublasen.

Durch die Funkenüberschläge werden die Kapazitäten von der Wicklungspannung immer wieder umgeladen; bei jeder plötzlichen Umladung zieht eine Sprungwelle in die zu prüfende Wicklung ein.

Es empfiehlt sich, alle Zwischenleitungen möglichst kurz zu halten, da bei längeren Leitungen die Beanspruchung der Wicklung nicht eindeutig bestimmt ist.

Mehrphasentransformatoren können auch in der Einphasenschaltung geprüft werden; dabei sind die Phasenklemmen so oft zu vertauschen, daß die Wicklung jeder Phase der Sprungwellenprobe ausgesetzt wird.

§ 49.

Die Windungsprobe (siehe § 46) dient zur Feststellung der ausreichenden Isolation benachbarter Wicklungsgruppen gegeneinander und zum Auffinden von Wicklungsdurchschlägen, die durch die Sprungwellenprobe (siehe § 48) eingeleitet sind.

Die Prüfung erfolgt bei Leerlauf, und zwar bei Leistungen bis 1000 kVA durch Anlegen einer Prüfspannung gleich 2 × Nennspannung, bei größeren Leistungen durch Anlegen einer Prüfspannung möglichst gleich 2 × Nennspannung, mindestens jedoch gleich 1,3 × Nennspannung. Die Frequenz kann entsprechend erhöht werden; Prüfdauer 5 min.

Die Prüfung gilt als bestanden, wenn weder Durchschlag noch Überschlag erfolgt und keine Gleitfunken auftreten.

Bei Drosselspulen wird sich im allgemeinen die Windungsprobe nicht vornehmen lassen.

§ 50.

Vor und nach Vornahme der drei Spannungproben wird empfohlen, die Widerstände der Wicklungen zu messen. Differenzen zwischen den beiden Widerstandsmessungen zeigen das Auftreten von Wicklungschäden an.

§ 51.

Die Durchführungsisolatoren müssen folgende Prüfspannung aushalten:

bis 3 kV	$8\,U + 2\,\mathrm{kV}$
über 3 kV	$2\,U + 20\,\mathrm{kV}$

Die Ausführung dieser Prüfung kann aber nur entweder an den zu den Transformatoren gehörenden Isolatoren vor Zusammenbau mit dem Transformator, jedoch mit zugehörendem Flansch, oder bei Verzicht auf diese Art der Prüfung an Isolatoren gleicher Type verlangt werden.

Die.Prüfung gilt als bestanden, wenn weder Durchschlag noch Überschlag erfolgt und keine Gleitfunken auftreten.

E. Verluste.

Es sind folgende Verluste zu berücksichtigen:

I. Leerlaufverluste,
II. Wicklungsverluste.

§ 52.

Leerlaufverlust ist die Aufnahme bei Nenn-Primärspannung, Nennfrequenz und offener Sekundärwicklung. Er besteht aus Eisenverlust, Verlusten im Dielektrikum und dem Stromwärmeverlust des Leerlaufstromes. Bei Transformatoren mit Anzapfungen ist die der benutzten Nenn-Primärspannung entsprechende Stufe zu wählen.

Die Messung wird im allgemeinen von der Unterspannungseite aus vorgenommen,

§ 53.

Wicklungsverlust ist die gesamte Stromwärmeleistung bei Nennstrom und Nennfrequenz, die in allen Wicklungen und Ableitungen (also zwischen den Klemmen) in betriebswarmem Zustande verbraucht wird. Wenn der betriebswarme Zustand nicht festgestellt ist, ist auf die gewährleistete Temperatur umzurechnen.

Der Wicklungsverlust wird ermittelt, indem bei kurzgeschlossenen Sekundärwicklungen an den Transformator die Kurzschlußspannung angelegt wird. Etwaige zusätzliche Verluste durch Wirbelströme sind hierbei im Wicklungsverlust enthalten.

Wenn das Verhältnis Sekundärspannung zu Sekundärstrom sehr klein ist, z. B. bei Transformatoren für hohe Stromstärken, kann der gemessene Verlust durch den Kurzschlußbügel wesentlich vergrößert werden. In solchen Fällen ist eine entsprechende Korrektur vorzunehmen, um den wirklichen Wicklungsverlust zu ermitteln.

§ 54.

Die Verluste in Drosselspulen werden auf Grund besonderer Vereinbarungen, am besten kalorimetrisch, festgestellt.

§ 55.

Die Leistungsaufnahme des Motors von Lüftern bei Fremdlüftung und Umlaufpumpen für Wasser und Öl ist getrennt anzugeben.

F. Spannung.

§ 56.

Die Transformatoren sollen auch bei Spannungen, die bis zu $\pm\,5\%$ von der Nennspannung abweichen, die Nennleistung abgeben können. Bei um 5% verminderter Spannung dürfen die in § 42 angegebenen Grenzwerte für Temperatur und Erwärmung um höchstens $5^0\,C$ überschritten werden.

G. Kurzschlußfestigkeit.

§ 57.

Die Transformatoren müssen einen plötzlichen Kurzschluß an den Sekundärklemmen bei Nenn-Primärspannung aushalten können, ohne daß ihre Betriebsfähigkeit beeinträchtigt wird.

Es ist hierbei angenommen, daß der Transformator einen Kurzschluß an den Sekundärklemmen vertragen muß, auch wenn die Stromquelle so groß ist, daß durch den Kurzschluß keine Verminderung der Primärspannung eintritt.

Die Prüfung auf Kurzschlußfestigkeit läßt sich im allgemeinen nicht in den Fabrikprüffeldern, sondern nur im Betriebe durchführen, da nur dort die nötigen Maschinengrößen zur Verfügung stehen.

H. Schaltart.

§ 58.

Zur Kennzeichnung der Schaltart von Wechselstromwicklungen sollen folgende Schaltzeichen verwendet werden:

Einphasen:
Dreiphasen-Stern:
Dreiphasen-Stern mit herausgeführtem Nullpunkt:
Dreiphasen-Dreieck:
Dreiphasen-Zickzack:
Dreiphasen offen:
Sechsphasen-Stern:
Sechsphasen-Doppeldreieck:
Sechsphasen-Sechseck:
n-phasig:

§ 59.

Die Klemmenanordnung von Drehstromtransformatoren soll grundsätzlich nach folgendem Schema vorgenommen werden, sofern es sich oberspannungseitig um drei, unterspannungseitig um vier Klemmen handelt.

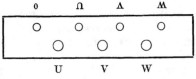

I. Parallelbetrieb.
§ 60.

Parallelbetrieb von Transformatoren bedeutet, daß sie sowohl primär als sekundär parallel geschaltet sind.

Es wird empfohlen, vom Dauer-Parallelbetriebe von Transformatoren, deren Nennleistungsverhältnis größer als 3 : 1 ist, abzusehen.

Es ist zu unterscheiden zwischen Sammelschienen- und Netzparallellauf. Bei Sammelschienen-Parallellauf müssen die Kurzschlußspannungen den unter § 61 gegebenen Bedingungen genügen. Bei Netz-Parallellauf ist dieses im allgemeinen nicht notwendig, weil durch die zwischen den einzelnen Transformatoren liegenden längeren Netzstrecken ein Ausgleich geschaffen wird.

Bei Sammelschienen-Parallellauf ist darauf zu achten, daß die gute Verteilung der Last nicht durch verschieden lange Verbindungen zwischen Transformator und Speisepunkt oder durch Überstrom- und Überspannungsschutzgeräte nicht entsprechender Impedanz gestört wird (siehe auch die Erklärungen zu § 8).

§ 61.

Der einwandfreie Parallelbetrieb, d. h. die Verteilung der Belastungen entsprechend den Nennleistungen, gilt als erreicht, wenn die Nennkurzschlußspannungen nicht mehr als $\pm$ 10% von ihrem Mittel abweichen, sofern nicht andere Bestimmungen vorliegen.

Außerdem ist erforderlich:

1. gleiche Nennspannung primär und sekundär,
2. gleiche Schaltgruppe (siehe § 8),
3. Verbindung gleichnamiger Klemmen (siehe § 8),
4. Gleiche Nenn-Kurzschlußspannungen, die nicht mehr als $\pm$ 10% von ihrem Mittel abweichen (bei Einheitstransformatoren ist eine Abweichung von den für sie festgesetzten Nenn-Kurzschlußspannungen um $+$ 10 und $-$ 20% zulässig),
5. Verhältnis der Leistungen (siehe § 60).

Wenn verschieden große Transformatoren parallel arbeiten sollen, deren Kurzschlußspannungen voneinander abweichen, ist zu empfehlen, daß der kleinere Transformator die größere Kurzschlußspannung erhält (siehe auch die Erklärung zu § 8).

§ 62.

Bei Transformatoren mit angezapften Wicklungen kann der einwandfreie Parallelbetrieb nicht immer auf allen Stufen verlangt werden, wenn die Spannungsabstufungen nicht genügend gleich gewählt werden können.

Dieser Fall kann eintreten, wenn die Spannungen klein sind und die Spannung je Windung bei beiden Transformatoren verschieden groß ist.

K. Schild.

§ 63.

Auf allen Transformatoren müssen Leistungschilder befestigt sein, auf denen die nachstehend aufgezählten, allgemeinen und die in § 64 zusammengestellten, zusätzlichen Vermerke deutlich lesbar und in haltbarer Weise angebracht sind.

Das Leistungschild soll so auf der Unterspannungseite angebracht sein, daß es auch im Betriebe bequem abgelesen werden kann. Die allgemeinen Vermerke sind:

1. Hersteller oder Ursprungzeichen (falls nicht ein besonderes Firmenschild angebracht wird),
2. Modellbezeichnung oder Listennummer,
3. Fertigungsnummer.

§ 64.

Die zusätzlichen Vermerke auf dem Leistungschilde sind in der nachstehenden Tafel zusammengestellt:

Reihe	Transformator T	Spartransformator SpT	Zusatztransformator ZT	Stromtransformator ST	Drosselspule Dl
1	Nennleistung	Nennleistung	Nennleistung	Nennleistung	Nennleistung
2	Frequenz	Frequenz	Frequenz	Frequenz	Frequenz
3	Kühlungsart	Kühlungsart	Kühlungsart	Kühlungsart	Kühlungsart
4	Betriebsart	Betriebsart	Betriebsart	Betriebsart	Betriebsart
5	—	—	Netzspannung	Netzspannung	Netzspannung
6	Nenn-Primärspannung	Nenn-Primärspannung	Nenn-Primärspannung	—	Nenn-Primärspannung
7	Nenn-Sekundärspannung	Nenn-Sekundärspannung	Nenn-Sekundärspannung	Nenn-Sekundärspannung	—
8	Nenn-Primärstrom	Nenn-Primärstrom	Nenn-Primärstrom	Nenn-Primärstrom	Nenn-Primärstrom
9	Nenn-Sekundärstrom	Nenn-Sekundärstrom	Nenn-Sekundärstrom	Nenn-Sekundärstrom	—
10	Schaltgruppe	—	Schaltgruppe	—	—
11	Nenn-Kurzschlußspannung	Nenn-Kurzschlußspannung	Nenn-Kurzschlußspannung	—	—

Bei Einphasentransformatoren ist die Stromart durch Hinzufügung des Buchstabens E hinter der Schaltgruppe anzugeben.

Transformatoren der unter § 47 d gekennzeichneten Art müssen auf dem Schilde einen Vermerk über die höchste, zwischen den Klemmen auftretende Spannung erhalten, sofern diese Spannung die Nenn-Betriebspannung um mehr als 20% überschreitet.

Bei allen in Sparschaltung ausgeführten Transformatoren sind die der durchgehenden Leistung entsprechenden Werte anzugeben.

§ 65.

Nennleistung (scheinbare Leistung): Die Nennleistung ist in kVA oder VA anzugeben.

Betriebsart: Über die Kennzeichnung der Betriebsart vgl. § 28.

Wenn ein Transformator für mehrere verschiedene Betriebsarten bestimmt ist, so sind die diesen entsprechenden Leistung-, Strom- usw. -Angaben auf dem Schilde bzw. mehreren Schildern zu machen.

Spannung: Wenn ein Transformator mit zwei oder drei Stufen versehen ist, so sind die diesen entsprechenden Spannungen auf dem Schilde zu vermerken.

Wenn mehr als drei Stufen vorgesehen sind, so brauchen nur die der Normalstufe und den Endstufen entsprechenden Spannungen auf dem Schilde vermerkt zu werden (siehe § 20).

Wenn ein Transformator für zwei verschiedene Spannungen umschaltbar eingerichtet ist, so sind die den beiden Spannungen entsprechenden Leistung-, Strom- usw. -Angaben auf dem Schilde bzw. den Schildern zu machen.

§ 66.

Bei Transformatoren mit Fremdlüftung ist ein Schild anzubringen, auf dem anzugeben ist:

a) erforderliche Luftmenge bei Nennbetrieb in m³/min,

b) erforderliche Luftpressung in mm WS.

§ 67.

Bei Transformatoren mit Wasserkühlung ist ein Schild mit folgenden Angaben anzubringen:

a) erforderliche Wassermenge bei Nennbetrieb in l/min,

b) höchstzulässige Eintrittstemperatur, falls diese von 25° C abweicht.

§ 68.

Bei Transformatoren mit Ölumlauf ist ein Schild mit Angabe der umlaufenden Ölmenge in l/min zur Bestimmung der Pumpenleistung anzubringen.

§ 69.

Wird die Wicklung eines Transformators von einem anderen als dem Hersteller geändert (teilweise oder vollständige Umwicklung, Umschaltung oder Ersatz), so muß die ändernde Firma neben dem Ursprungschilde ein Schild anbringen, das den Namen der Firma, die neuen Angaben des Transformators nach §§ 63 u. ff. und die Jahreszahl der Änderung enthält.

Anhang.
Regeln für die Bewertung und Prüfung von Drehtransformatoren.
I.
§ 70.

Im allgemeinen werden die Regeln für Transformatoren angewendet, soweit sie nicht durch die nachstehenden Sonderbestimmungen ersetzt oder ergänzt sind.

§ 71 (Ergänzung zu § 3).

Drehtransformatoren sind Transformatoren mit gegeneinander beweglichen Wicklungen (DrT). Sie werden in der Regel als Zusatztransformatoren oder als Spartransformatoren (siehe § 3) benutzt.

Drehtransformatoren sind nach Art der Asynchronmotoren gebaut. Die Größe oder die Phase der Sekundärspannung wird durch Verdrehung des Läufers geändert.

II. Begriffserklärungen.
§ 72 (Ergänzung zu §§ 4 u. ff.).

Ständer ist der feststehende, Läufer der drehbare Teil des Transformators.

§ 73 (Änderung von § 11).

Übersetzung ist das Verhältnis der sekundären zur primären Windungzahl, nötigenfalls unter Berücksichtigung der Verschiedenheit der Wicklungsfaktoren.

Bei Drehtransformatoren sind die Verhältniswerte des Leerlaufstromes und der Streuung wesentlich größer als bei den übrigen Transformatoren. Infolgedessen ist die Übersetzung auch schon bei Leerlauf nicht mehr gleich dem Verhältnis von Sekundär- zu Primärspannung.

§ 74 (Änderung von § 13).

Nenn-Sekundärspannung ist die höchste bei Leerlauf mit primärer Nennspannung erreichbare Spannung an der Sekundärwicklung.

§ 75 (Änderung von § 15).

Kurzschlußspannung ist die bei Verdrehung des Läufers auftretende niedrigste Spannung, die an die Primärwicklung angelegt werden muß, damit in der kurzgeschlossenen Sekundärwicklung der Nenn-Sekundärstrom fließt.

Nenn-Kurzschlußspannung ist die Kurzschlußspannung des Drehtransformators, wenn seine Wicklungen die gewährleistete Temperatur besitzen. Sie wird in Prozenten der Nenn-Primärspannung ausgedrückt.

Kurzschlußstrom ist der Primärstrom, den der Drehtransformator aufnehmen würde, wenn bei kurzgeschlossener Sekundärwicklung und bei der Läuferstellung, bei der die Kurzschlußspannung gemessen wird, die Nennspannung an die Primärwicklung angelegt wird. Er wird als Vielfaches des Nenn-Primärstromes ausgedrückt. Das Verhältnis Kurzschluß-strom : Nenn-Primärstrom ist gleich 100 : Nenn-Kurzschlußspannung.

Drehtransformatoren, die als Zusatztransformatoren geschaltet sind, nehmen bei einem an den Klemmen des Sekundärnetzes entstehenden totalen Kurzschluß einen Stoßstrom auf, der — bei Vernachlässigung des dämpfenden Einflusses von Zwischentransformatoren und Leitungen — gleich werden kann dem

$$\text{Kurzschlußstrom} \times 2 \left[1 + \frac{1}{\text{Übersetzung}} \right].$$

III. Bestimmungen.

A. Allgemeines.

§ 76 (Ergänzung zu § 19).

Die in § 19 angeführten Leistungen sind **Eigenleistungen** der Drehtransformatoren. Sie gelten nur als Anhaltswerte.

C. Erwärmung.

§ 77 (Änderung von § 42).

Für luftgekühlte Drehtransformatoren gelten die gleichen Werte wie für Asynchronmotoren (R.E.M., § 39).

Für ölgekühlte Drehtransformatoren gelten die gleichen Werte wie für Öltransformatoren (R.E.T., § 42).

D. Isolierfestigkeit.

§ 78 (Änderung von § 47).

Luftgekühlte Drehtransformatoren bis einschließlich 1000 V werden wie Asynchronmotoren geprüft (R.E.M., § 48).

Alle übrigen Drehtransformatoren werden nach den R.E.T. geprüft (§§ 46 bis 51).

E. Verluste.

§ 79 (Zusatz zur Anm. § 52).

Die Messung der Leerlaufverluste wird in vielen Fällen von der Oberspannungseite aus vorzunehmen sein.

G. Kurzschlußfestigkeit.

§ 80 (Änderung von § 57).

Drehtransformatoren müssen, ohne betriebsunfähig zu werden, einen Stoß-Kurzschlußstrom aushalten können, dessen Höchstwert gleich dem nach § 75 (letzter Absatz) berechneten, höchstens aber gleich dem 50-fachen des Nennstromes ist.

Bei kleineren Werten der Übersetzung können sich im Falle eines totalen Kurzschlusses an den Klemmen des Sekundärnetzes höhere Stoßströme als das 50-fache des Nennstromes ergeben. Es ist jedoch nicht möglich, die Wicklungen der Drehtransformatoren gegen die sich bei solchen Stößen ergebenden

Kräfte abzustützen. Es muß daher bei einer derartigen Sachlage ein Schutz für den Drehtransformator im Netz vorgesehen werden, falls der Spannungs-abfall zwischen den Energiequellen und dem Drehtransformator nicht schon hierfür reicht.

I. Parallelbetrieb.

§ 81 (Änderung von § 61).

Die Abweichung der Kurzschlußspannungen vom Mittel kann größer als in § 61 angegeben sein, darf aber 25% nicht übersteigen.

Bei Mehrphasen-Drehtransformatoren mit einem Läuferkörper wird bei Verdrehung des Läufers auch die Phase des Spannungvektors verdreht. Hier-auf ist bei Parallelschalten und Parallelbetrieb zu achten. In mehrfach ver-ketteten Netzen oder in neuen Stationen, in denen mehrere Drehtransforma-toren parallel laufen müssen, empfiehlt sich die Verwendung von Doppel-Drehtransformatoren, die nur die Größe, nicht aber die Phase der Spannung verändern.

K. Schild.

§ 82 (Änderung von § 64).

Es sind anzugeben: Gattung (DrT), Nenneigenleistung, Nennfrequenz, Kühlungsart, Betriebsart, Netzspannung, Nenn-Primärspannung, Nenn-Sekundärspannung, Primärstrom, Sekundärstrom, Nenn-Kurzschlußspan-nung.

Es sind (im Gegensatz zu den übrigen Transformatoren) nicht die der durch-geleiteten Leistung, sondern die der Eigenleistung entsprechenden Werte zu stempeln.

Die bei Belastung sich ergebende Sekundärspannung ist um einen von den Spannungsabfällen abhängigen Betrag von der Nenn-Sekundärspannung verschieden.

Die Berechnung des Spannungsabfalles ist für Drehtransformatoren, die nicht in Zusatzschaltung arbeiten, die gleiche wie die in den Erklärungen zu § 16 angegebene.

Für Drehtransformatoren in Zusatzschaltung gilt angenähert folgende Formel:

$$e_\varphi = \frac{e'_\varphi}{a} + 100 - \sqrt{10^4 - \frac{e''^2_\varphi}{a^2}}, \text{ in der } a = \frac{1}{\ddot{u}} \pm 1 \text{ ist.}$$

Hierin ist $\ddot{u}$ Übersetzung, e'_φ und e''_φ haben die in § 16 angegebene Bedeutung (prozentuale Werte, bezogen auf die Eigenleistung); das $+$- oder $-$-Zeichen wird gewählt, je nachdem, ob sich der Läufer in der Stellung der äußersten Spannungserhöhung oder -erniedrigung befindet.

21. Regeln für die Bewertung und Prüfung von elektrischen Bahnmotoren und sonstigen Maschinen und Transformatoren auf Triebfahrzeugen R.E.B./1925[1].

Diese Regeln sind in Anlehnung an die „Regeln für die Bewertung und Prüfung elektrischer Maschinen R.E.M./1923" und an die „Regeln für die Bewertung und Prüfung von Transformatoren R.E.T./1923" aufgestellt. Jedoch haben nur die Vorschriften und Bestimmungen sowie Klassen von Isolierstoffen Aufnahme gefunden, die für die Bewertung und Prüfung von Motoren und Transformatoren auf Fahrzeugen in Betracht kommen. Abweichungen von den R.E.M. und den R.E.T. sind durch Kursivschrift hervorgehoben, während Anmerkungen in Kleinschrift gedruckt sind.

Inhaltsübersicht:

I. Gültigkeit. . . . . §§ 1 bis 3
II. Begriffserklärungen. . . . . §§ 4 bis 16
III. Bestimmungen:
    A. Allgemeines . . . . §§ 17 bis 22
    B. Betriebsart . . . . §§ 23 bis 26
    C. Erwärmung . . . . §§ 27 bis 37
    D. Überlastung, Kommutierung . . . . §§ 38 bis 41
    E. Isolierfestigkeit . . . . §§ 42 bis 46
    F. Wirkungsgrad. . . . . §§ 47 bis 56
    G. Mechanische Festigkeit . . . . § 57
    H. Schild . . . . §§ 58 bis 66
    I. Toleranzen . . . . § 67

I. Gültigkeit.

§ 1. Geltungsbeginn.

Diese Regeln gelten für die in § 3 genannten Maschinen und Transformatoren, deren Herstellung nach dem 1. Januar 1925 begonnen wird[2].

---

[1] Erläuterungen hierzu von Prof. Dr.-Ing. G. Dettmar können von der Verlagsbuchhandlung Julius Springer, Berlin, bezogen werden.
[2] Angenommen durch die Jahresversammlung 1924. Veröffentlicht: ETZ 1923, S. 417, 439 und 719; 1924, S. 1068. — Änderungen der §§ 42 und 45 angenommen durch die Jahresversammlung 1925. Veröffentlicht: ETZ 1925, S. 1526. — *Sonderdruck VDE 296.*

§ 2. Gültigkeit.

Diese Regeln gelten allgemein. Abweichungen hiervon sind ausdrücklich zu vereinbaren. Die Vorschriften über die Schilder müssen jedoch immer erfüllt sein.

3. Geltungsbereich.

Diese Regeln gelten für die nachstehend angeführten Arten von Maschinen und Transformatoren, die auf Bahn- und anderen Fahrzeugen verwendet werden:

1. *Gleichstrommotoren zum Antrieb des Fahrzeuges,*
2. *Wechselstrom-Kommutatormotoren zum Antrieb des Fahrzeuges,*
3. *Asynchronmotoren zum Antrieb des Fahrzeuges,*
4. *Generatoren und Umformer zum Speisen der Motoren 1 bis 3,*
5. *Hilfsmaschinen für Steuerung und Bremsung, wenn sie entweder vom Strom der Fahrmotoren durchflossen oder beeinflußt werden oder, wenn sie nicht dauernd belastet durchlaufen.*

    Hilfsmaschinen, die im wesentlichen ·wie Maschinen für Dauerbetrieb arbeiten, wie z. B. Maschinen für Lüftung und Beleuchtung, fallen unter die R.E.M.
6. *Transformatoren aller Art, deren Wicklungen vom Strom der Fahrmotoren durchflossen oder beeinflußt werden und zwar:*

    a. *mit getrennter Primär- und Sekundärwicklung oder in Sparschaltung, ausgenommen Spannungwandler für Meßzwecke,*

    b. *Hilfstransformatoren zur Steuerung der Motoren unter 2, auch genannt Spannungteiler, Stromteiler oder Schaltdrosselspulen, sowie Drehtransformatoren,*

    c. *Stromtransformatoren, ausgenommen Stromwandler für Meßzwecke.*

    Andere Transformatoren, z. B. für Beleuchtung, Hilfsmotoren usw. fallen unter die R.E.T. Werden jedoch derartige Transformatoren oder solche für Meßzwecke im Ölkessel von Transformatoren, die unter 6a—c fallen, untergebracht, so fallen sie unter die R.E.B.

II. Begriffserklärungen.

§ 4. Bestandteile.

Ständer ist der feststehende Teil, Läufer der umlaufende Teil der Maschine.

Anker ist der Teil der Maschine, in dessen Wicklungen durch Umlauf in einem magnetischen Felde oder durch Umlauf eines magnetischen Feldes elektrische Spannungen erzeugt werden. Bei Asynchronmaschinen wird zwischen Primär- und Sekundäranker unterschieden.

Bei Transformatoren werden unterschieden:

A. nach der Energierichtung:

1. Primärwicklung, die elektrische Leistung empfangende Wicklung;
2. Sekundärwicklung, die elektrische Leistung abgebende Wicklung.

    Ein Transformator kann mehrere Primär- und mehrere Sekundärwicklungen haben.

B. nach der Netzspannung:

1. **Oberspannungwicklung**, die mit dem Netz der höheren Spannung verbundene Wicklung;

2. **Unterspannungwicklung**, die mit dem Netz der niederen Spannung verbundene Wicklung.

Anzapfungen sind Anschlüsse an Wicklungen, die die Benutzung einer geringeren Windungzahl als der vollen gestatten.

Übersetzung ist das Verhältnis von Oberspannung zu Unterspannung bei Leerlauf. Sie ist unter Berücksichtigung der Schaltart gleich dem Verhältnis der Windungzahlen.

§ 5. Stromarten.

Der Ausdruck **Wechselstrom** umfaßt sowohl Einphasenstrom als auch Mehrphasenstrom.

Drehstrom ist verketteter Dreiphasenstrom.

§ 6. Nennwerte.

Die auf dem Maschinenschilde genannten Werte von Leistung, Spannung, Frequenz, Drehzahl, Betriebzeit, Leistungsfaktor usw. sind die Werte, für die die Maschine und der Transformator gebaut sind und bei denen sie den Vorschriften der R.E.B. genügen. Diese Werte werden durch den Zusatz „Nenn" gekennzeichnet (Nennleistung, Nennspannung, Nennstrom, Nennfrequenz, Nenndrehzahl, Nennbetriebzeit, Nennleistungsfaktor usw.).

§ 7. Spannung und Strom.

Spannung- und Stromangaben bei Wechselstrom bedeuten Effektivwerte.

Sofern nicht anders angegeben, bedeuten Spannungsangaben bei Drehstrom die verkettete Spannung.

Läuferspannung bei Asynchronmaschinen mit umlaufendem Sekundäranker ist die in der offenen Sekundärwicklung im Stillstand auftretende Spannung zwischen zwei Schleifringen.

Läuferstrom bei Asynchronmaschinen mit umlaufendem Sekundäranker ist der bei Nennbetrieb auftretende Schleifringstrom.

Nenn-Sekundärspannung bei Transformatoren ist die aus der primären Nennspannung und der Übersetzung berechnete Spannung.

Nennstrom ist der aus der Nennleistung und Nennspannung berechnete Strom.

§ 8. Arbeitsweise.

Generator (Stromerzeuger) ist eine umlaufende Maschine, die mechanische in elektrische Leistung verwandelt.

Motor ist eine umlaufende Maschine, die elektrische in mechanische Leistung verwandelt.

Umformer ist eine umlaufende Maschine oder ein Maschinensatz zur Umwandlung elektrischer Leistung in elektrische Leistung.

Einankerumformer ist ein Umformer, in dem die Umwandlung in einem Anker stattfindet.

Motorgenerator ist ein zur Umformung dienender Maschinensatz, der aus je einem oder mehreren direkt gekuppelten Motoren und Generatoren besteht.

Transformator ist ein Gerät, das ohne mechanische Bewegung elektrische Leistung in elektrische Leistung umwandelt.

§ 9. Normale Nennspannungen.

a) Normale Nennspannungen in V sind für Gleichstrommotoren:
220 V, 550 V, 750 V, 1100 V, 1500 V, 2200 V, 3000 V.
Die Motoren müssen noch bei folgenden Spannungen betrieben werden können:
250 V, 625 V, 850 V, 1250 V.
Für Maschinen, die mit Akkumulatoren zusammenarbeiten, werden normale Nennspannungen nicht festgesetzt.

b) Normale primäre Nennspannung für Transformatoren für Wechselstrom von 16⅔ Per/s ist 15000 V, die Transformatoren sollen jedoch auch bei 16500 V noch betrieben werden können.

c) Für Hilfsmotoren für Wechselstrom von 16⅔ Per/s gilt 200 V als normal.

§ 10. Leistung.

Abgabe ist die abgegebene Leistung an den Klemmen bei Generatoren, an der Welle bei Motoren und an den Sekundärklemmen bei Umformern sowie Transformatoren.

Aufnahme ist die aufgenommene Leistung an der Welle bei Generatoren, an den Klemmen bei Motoren und an den Primärklemmen bei Umformern sowie Transformatoren.

Die Einheit der Leistung ist das Kilowatt (kW) oder das Watt (W).

Bei Transformatoren ist die Leistung (Scheinleistung) in kVA anzugeben.

Zahnradvorgelege, die zur unmittelbaren oder mittelbaren Übertragung der Leistung der Motoren, § 3, 1 bis 3, an die Triebachsen der Fahrzeuge dienen, sollen, auch wenn die Lager der Vorgelegewelle Teile des Motors sind, nicht als zum Motor gehörend angesehen werden. Die Abgabe des Motors ist daher an der Motorwelle selbst zu messen, die in den Zahnradvorgelegen entstehenden Verluste sind demnach in dem Wirkungsgrade des Motors nicht enthalten.

§ 11. Leistungsfaktor.

Leistungsfaktor (cos φ) ist das Verhältnis von Leistung in kW oder W zur scheinbaren Leistung in kVA oder VA.

§ 12. Wirkungsgrad.

Wirkungsgrad einer Maschine ist das Verhältnis von Abgabe zur Aufnahme.

§ 13. Erregung.

Es werden unterschieden in Hinsicht auf die Schaltung:
a) Reihenschlußerregung, d. i. Erregung durch den Ankerstrom,
b) Reihenschlußerregung mit Feldschwächung.

Bei Erregerwicklungen ohne Anzapfung gilt der Wert:

$$\frac{Feldstrom}{Ankerstrom}$$

anzugeben in % als Maß für die Erregung;
bei Erregerwicklungen mit Anzapfungen der Wert:

$$\frac{Stromdurchflossene\ Windungen}{Gesamt\text{-}Windungen}.$$

c) *Nebenschlußerregung, d. i. Erregung durch einen Zweigstrom, unabhängig vom Ankerstrom.*

d) *Verbunderregung, d.i. teils Reihenschluß-, teils Nebenschlußerregung.*
   Nennerregung ist die Erregung, bei der der Motor die Nennleistung und die Nenndrehzahl hat.

Nenn-Erregerspannung bei Fremderregung ist die auf dem Schilde der Maschine genannte Spannung, für die die Erregerwicklung bemessen ist.

§ 14. Drehzahlverhalten von Motoren.

Nach der Abhängigkeit der Drehzahl von der Abgabe werden unterschieden:

1. Motoren mit Reihenschlußverhalten.

Die Drehzahl steigt bei Entlastung stark an (z. B. Reihenschlußmotoren).

2. Motoren mit Nebenschlußverhalten.

Die Drehzahl steigt bei Entlastung nur um einige Prozent an (z. B. Gleichstromnebenschluß- und Asynchronmotoren).

Durch Änderung der Spannung oder Schaltung oder durch Bürstenverschiebung können die Motoren nach 1. und 2. in verschiedenen Drehzahlstufen geregelt werden.

§ 15. Kühlungsart.

Es werden unterschieden:

A. Maschinen.

1. **Maschinen ohne besonderen Lüfter.**
2. **Maschinen mit eigenem Lüfter.**
   Die Kühlluft wird durch einen am Läufer angebrachten oder von ihm angetriebenen besonderen Lüfter bewegt.
3. **Maschinen mit fremdem Lüfter.**
   Die Kühlluft wird durch einen Lüfter mit eigenem Antriebsmotor bewegt.

B. Transformatoren:

TS. **Trockentransformatoren mit Selbstlüftung.**
   Der Transformator wird durch Strahlung und natürlichen Zug gekühlt.
TF. **Trockentransformatoren mit Fremdlüftung.**
   Die Kühlluft wird durch einen Lüfter oder künstlichen Zug bewegt.
OS. **Öltransformatoren mit Selbstlüftung.**
   Der Ölkasten wird durch Strahlung und natürlichen Zug gekühlt.

OF. Öltransformatoren mit Fremdlüftung.
Der Ölkasten wird durch Luft gekühlt, die durch einen Lüfter oder künstlichen Zug bewegt wird.

OFU. Öltransformatoren mit Fremdlüftung und Ölumlauf.
Der Ölkasten wird durch Luft gekühlt, die durch einen Lüfter oder künstlichen Zug bewegt wird. Der Ölumlauf erfolgt zwangweise.

OSA. Öltransformatoren mit Ölumlauf und äußerer Selbstlüftung.
Das Öl wird in einem Luftkühler außerhalb des Ölkastens gekühlt. Der Ölumlauf erfolgt zwangweise.

OFA. Öltransformatoren mit Ölumlauf und äußerer Fremdlüftung.
Das Öl wird in einem Luftkühler außerhalb des Ölkastens gekühlt. Die Kühlluft wird durch einen Lüfter oder künstlichen Zug bewegt. Der Ölumlauf erfolgt zwangweise.

§ 16. Schutzarten für Maschinen.

A. Offene Maschinen.

1. **Offene Maschinen.** Die Zugänglichkeit der stromführenden und inneren umlaufenden Teile ist nicht wesentlich erschwert.

B. Geschützte Maschinen.

2. **Geschützte Maschinen.** Die zufällige oder fahrlässige Berührung der stromführenden und inneren umlaufenden Teile sowie das Eindringen von Fremdkörpern ist erschwert. Das Zuströmen von Kühlluft aus dem umgebenden Raum ist nicht behindert. Gegen Staub, Feuchtigkeit und Gasgehalt der Luft ist die Maschine nicht geschützt.

3. **Spritz- und schwallwassersichere Maschinen.** Schutz nach 2., außerdem ist das Eindringen von Wassertropfen und Wasserstrahlen aus beliebiger Richtung verhindert.

C. Geschlossene Maschinen.

4. *Geschlossene Maschinen mit Rohranschlußstutzen. Die Maschine ist bis auf die Zuluft- und Abluftstutzen geschlossen, an diese sind Rohre oder andere Luftleitungen angeschlossen.*

Beim Fehlen eines oder beider Rohre fällt die Maschine je nach ihrer Bauart unter Schutzart A oder B.

5. **Geschlossene Maschinen mit Mantelkühlung.** Die stromführenden und inneren umlaufenden Teile sind allseitig abgeschlossen. Die Maschine wird durch Eigenbelüftung der Außenfläche gekühlt.

6. **Gekapselte Maschinen.** Die Maschine ist allseitig abgeschlossen. Die Wärme wird lediglich durch Strahlung, Leitung und natürlichen Zug abgeführt.

Ein völlig luft- und staubdichter Abschluß findet bei 5. und 6. nicht statt.

III. Bestimmungen.
A. Allgemeines.
§ 17. Kurvenform.

Die **Kurvenform** der Primärspannung von Transformatoren und Motoren wird als **praktisch sinusförmig** vorausgesetzt (siehe R.E.M., § 14).

§ 18. Aufstellungsort.

Die folgenden Bestimmungen gelten unter der Annahme, daß die *Fahrstrecken* nicht höher als 1000 m ü. M. liegen. *Für höher gelegene Fahrstrecken sind besondere Vereinbarungen zu treffen.*
Bei größeren Höhen ändern sich Isolationsfestigkeit und Wärmeabgabe.

§ 19. Gewährleistungen.

Die Gewährleistungen beziehen sich auf die Nennleistungen.

§ 20. Bürstenstellung.

Bei Maschinen mit fester Bürstenstellung wird in den folgenden Bestimmungen vorausgesetzt, daß diese der für Nennleistung vorgeschriebenen entspricht und während der Probe unverändert bleibt.

§ 21. Betriebswarmer Zustand.

Sofern nichts anderes angegeben, beziehen sich die Bestimmungen betr. Wirkungsgrad, § 48, auf einen mittleren betriebswarmen Zustand und zwar soll die diesem entsprechende Temperatur einheitlich zu 75° C angenommen werden. Gemessene Wirkungsgrade oder Verluste sind auf diese Temperatur umzurechnen.

B. Prüfungs- und Betriebsarten.
§ 22.

Im planmäßigen Fahrbetriebe auf der Fahrstrecke kommt die dauernde Abgabe einer gleichbleibenden Leistung mit Ausnahme seltener Fälle nicht vor. Vielmehr arbeiten die Bahnmaschinen und -transformatoren häufig einen erheblichen Teil der Betriebzeit mit Leistungen, die größer als ihre Dauerleistung sind.
Die Eignung für die Überlastbarkeit läßt sich im Prüffelde feststellen. Es wird deshalb in den folgenden Paragraphen entsprechend § 6 unterschieden zwischen Prüfung im Dauerbetriebe und Prüfung im kurzzeitigen Betriebe.
Für den Fahrbetrieb selbst, der sich aus ständig wechselnden Leistungen zusammensetzt, werden Grenzen für die Temperaturspitzen lediglich als Anhalt für die Bemessung der Bahnmaschinen bei der Entwurfsbearbeitung vorgeschrieben.
Als Nennleistungen gelten die Dauerleistungen und kurzzeitigen Leistungen.

§ 23. Prüfungen.

Die Prüfungen nach diesen Regeln sind in den Werkstätten des Herstellers an der neuen, trockenen, betriebsfertig eingelaufenen Maschine oder dem Transformator vorzunehmen.

Etwaige Proben im Fahrzeuge sind besonders zu vereinbaren.

Maschinen und Transformatoren sind mit ihren Lüftungsvorrichtungen zu erproben.

Der durch das Fahren entstehende Luftzug darf jedoch bei Motoren nicht nachgeahmt werden; bei Transformatoren oder hierzu gehörenden Kühleinrichtungen ist dieses erlaubt, worüber gegebenenfalls besondere Vereinbarungen getroffen werden können.

Die Schutzart der Maschine darf für den Probelauf nicht geändert werden.

§ 24. Prüfung im Dauerbetriebe (DB).

Die Prüfung im Dauerbetriebe erfolgt mit der Leistung, die dauernd hergegeben werden kann, ohne daß die in § 35 angegebenen Grenzerwärmungen überschritten werden, wobei alle anderen Bestimmungen erfüllt werden müssen.

Diese Dauerleistung ist die Nenn-Dauerleistung, die auf dem Leistungschilde vermerkt wird.

§ 25. Prüfung im kurzzeitigen Betriebe (KB).

Die Prüfung im kurzzeitigen Betriebe erfolgt mit der Leistung (Zweistundenleistung, Stundenleistung oder dgl.), die in der festgesetzten Zeit geleistet werden kann, ohne daß die Erwärmung die in § 35 angegebenen Grenzen überschreitet, wobei ebenfalls alle anderen Bestimmungen erfüllt werden müssen.

Diese kurzzeitigen Leistungen sind als kurzzeitige Nennleistungen auf dem Leistungschilde zu vermerken.

Wenn nichts anderes vereinbart, gilt für Fahrzeugantriebsmotoren die kurzzeitige Nennleistung (60-Minuten-Leistung).

§ 26. Fahrbetrieb.

Fahrbetrieb ist die planmäßig festgesetzte Benutzung der Maschinen und Transformatoren auf einer oder mehreren festgesetzten Fahrstrecken. Die hierbei auftretenden Grenztemperaturen dürfen auch bei auftretenden Temperaturspitzen die in § 35, Spalte VI und VII, festgesetzten Grenzwerte nicht überschreiten.

Die Grenztemperaturen § 35 müssen bei einer Temperatur der Außenluft (meteorologische Luft- oder Schattentemperatur) von 25° C eingehalten werden. Bei selten auftretenden höheren Temperaturen der Außenluft ist eine Überschreitung bis 10° C zulässig.

Werden geringere Grenztemperaturen als in § 35 vereinbart, so sind auf dem Leistungschilde für Dauerleistung auch die entsprechend geringeren Leistungswerte anzugeben.

C. Erwärmung.

§ 27.

Erwärmung eines Maschinen- oder Transformatorenteiles ist bei Dauerbetrieb und *Fahrbetrieb* der Unterschied zwischen seiner Temperatur und der des zutretenden Kühlmittels, bei kurzzeitigem Betriebe der Unterschied seiner Temperatur zu Beginn und am Ende der Prüfung.

§ 28. Probelauf.

Die Erwärmungsprobe wird bei *Nennbetrieb* vorgenommen bzw. auf diesen bezogen. Bezüglich der Dauer gilt:

1. **Maschinen oder Transformatoren für Dauerbetrieb.** Der Probelauf kann bei kalter oder warmer Maschine (Transformator) begonnen werden. Er wird so lange fortgesetzt, bis die Erwärmung nicht mehr merklich steigt, soll jedoch bei Maschinen höchstens 10 h dauern.

Die Erwärmung wird als nicht mehr merklich steigend betrachtet, wenn sie um nicht mehr als 2° C bei Maschinen, um nicht mehr als 1° C bei Transformatoren in 1 h zunimmt.

Zur Bestimmung der Enderwärmung benutzt man, wenn möglich, das nachstehend beschriebene Verfahren, weil die Messung der Erwärmung gegen Ende der Probe unregelmäßigen Schwankungen unterliegt.

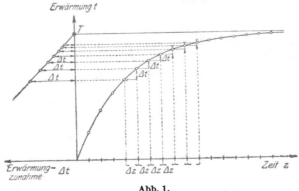

Abb. 1.

Die Erwärmung (t) wird in gleichen Zeitabschnitten ($\varDelta z$) gemessen und die Erwärmungzunahme ($\varDelta t$) in Abhängigkeit von der Erwärmung (t) aufgetragen. Die Verlängerung der Geraden durch die so entstehende Punktschar schneidet auf der Erwärmungsachse (t) die Enderwärmung (T) ab.

Die Probe kann abgebrochen werden, wenn die so bestimmte Enderwärmung nahezu erreicht ist.

2. **Maschinen oder Transformatoren für kurzzeitigen Betrieb.** Der Probelauf wird entweder bei kalter Maschine (Transformator) begonnen oder dann, wenn die Temperatur der wärmsten Wicklung um nicht mehr als 3° C höher als die Temperatur des Kühlmittels ist. Er wird bei Ablauf der *Nennbetriebzeit* abgebrochen.

§ 29.

Als Erwärmung einer Wicklung gilt der ungünstigere der beiden folgenden Werte:

1. Mittlere Erwärmung, errechnet aus der Widerstandzunahme.
2. *Örtliche Erwärmung an der heißesten zugänglichen Stelle der Oberfläche von Eisen oder Wicklungen, gemessen mit Thermometer.*

Wenn die Widerstandsmessung untunlich ist, so wird die Thermometermessung allein angewendet. *Die Widerstandsmessung ist untunlich bei Kommutatorankern mit mehr als 4 Polen, bei diesen ist daher die Thermometermessung maßgebend.*

Die Erwärmung des Öles von Transformatoren ist in der obersten Ölschicht des Kastens mit dem Thermometer zu bestimmen. Zur Einführung eines Thermometers muß eine Einrichtung am Transformator vorhanden sein, bei der der Lochdurchmesser mindestens 12 mm beträgt.

§ 30.

Die Erwärmung t in ^{0} C von Kupferwicklungen wird nach folgenden Formeln aus der Widerstandzunahme berechnet, in denen:

T_{kalt} die Temperatur der kalten Wicklung,
R_{kalt} den Widerstand der kalten Wicklung,
R_{warm} den Widerstand der warmen Wicklung bedeutet:

1. bei Maschinen oder Transformatoren im kurzzeitigen Betriebe:

$$t = \frac{R_{warm} - R_{kalt}}{R_{kalt}} (235 + T_{kalt}),$$

wobei die Werte R_{kalt} und T_{kalt} für den Beginn der Prüfung gelten;

2. bei Maschinen oder Transformatoren im Dauer- oder *Fahrbetrieb*:

$$t = \frac{R_{warm} - R_{kalt}}{R_{kalt}} (235 + T_{kalt}) - (T_{Kühlmittel} - T_{kalt}).$$

Es ist darauf zu achten, daß alle Teile der Wicklung bei der Messung von R_{kalt} die gleiche mit dem Thermometer zu messende Temperatur T_{kalt} haben.

Bei Maschinen für kurzzeitigen Betrieb ist die Betriebsdauer (Prüfdauer) meistens so kurz und die Zeitkonstante der Maschine so groß, daß der Einfluß einer Änderung der Kühlmitteltemperatur auf die Erwärmung der Maschine während der Betriebzeit (Prüfzeit) nur sehr gering ist. Ihre Berücksichtigung würde daher zu größeren Fehlern als die Nichtberücksichtigung führen.

§ 31.

Zur Temperaturmessung mittels Thermometer sollen Quecksilber- oder Alkoholthermometer verwendet werden. Zur Messung von Oberflächentemperaturen sind auch Widerstandspulen und Thermoelemente zulässig, doch ist im Zweifelsfalle das Quecksilber- oder Alkoholthermometer maßgebend.

Es muß für gute Wärmeübertragung von der Meßstelle auf das Thermometer gesorgt werden. Bei Messung von Oberflächentemperaturen sind Meßstelle und Thermometer mit einem schlechten Wärmeleiter zu bedecken.

§ 32.

Die Messung der Widerstandzunahme ist möglichst während des Probelaufes, sonst aber unmittelbar nach dem Ausschalten vorzunehmen. Der Zufluß von Kühlluft ist gleichzeitig mit dem Ausschalten abzustellen. Die Auslaufzeit ist, wenn nötig, künstlich abzukürzen.

Die Thermometermessung ist nach Möglichkeit während des Probelaufes, nötigenfalls mit Maximalthermometer, jedenfalls aber nach dem
Abstellen vorzunehmen. Wenn auf dem Thermometer nach dem Abstellen
höhere Temperaturen als während des Probelaufes abgelesen werden, so
sind die höheren maßgebend.
Ist vom Augenblick des Ausschaltens bis zu den Messungen so viel Zeit
verstrichen, daß eine merkliche Abkühlung anzunehmen ist, so sollen die
Temperaturen im Augenblick des Ausschaltens durch Extrapolation ermittelt werden.

§ 33. Temperatur des Kühlmittels.

Als Temperatur des Kühlmittels *für den Probelauf auf dem Prüfstande*
gilt:
1. Bei Maschinen § 15 A 1. und Transformatoren § 15 B. TS, OS und OSA:
Der Durchschnittswert der während des letzten Viertels der Versuchzeit
in gleichen Abschnitten gemessenen Temperatur der Umgebungsluft.

Es sind zwei oder mehrere Thermometer zu verwenden, die, in 1 bis
2 m Entfernung von der Maschine (ungefähr in Höhe der Maschinenmitte) angebracht, die mittlere Zulufttemperatur messen sollen. Die
Thermometer dürfen weder Luftströmungen noch Wärmestrahlung ausgesetzt sein.
2. Bei allen anderen Maschinen und Transformatoren: Der Durchschnittswert der während des letzten Viertels der Versuchzeit in gleichen Zeitabschnitten am Eintrittstutzen des Motors oder Transformators gemessenen Temperatur des Kühlmittels.

§ 34. Wärmebeständigkeit der Isolierstoffe.

Hinsichtlich ihrer Wärmebeständigkeit werden folgende Klassen von
Isolierstoffen unterschieden:
Klasse I. Faserstoff, ungetränkt, d. i. ungebleichte Baumwolle,
natürliche Seide, Papier.
Klasse II. Faserstoff, getränkt (imprägniert), d. i. ungebleichte Baumwolle, natürliche Seide und Papier, die mit einem erstarrenden oder
trocknenden Isoliermittel getränkt sind.
Klasse III. Faserstoff in Füllmasse, d. i. eine Isolierung, bei der alle
Hohlräume zwischen den Leitern durch Isoliermasse derartig ausgefüllt
sind, daß ein massiver Querschnitt ohne Luftzwischenräume entsteht.
Klasse V. Präparate aus Glimmer und Asbest, d. s. aus Glimmer-
und Asbestteilchen aufgebaute Präparate, deren Bindemittel und Faserstoffe Veränderungen unterliegen können, ohne die Isolierung mechanisch oder elektrisch zu beeinträchtigen.
Klasse VI. Rohglimmer, Porzellan und andere feuerfeste Stoffe.

§ 35. Grenzwerte.

Die höchstzulässigen Grenzwerte von Temperatur und Erwärmung sind nachstehend zusammengestellt:

A. Maschinen nach § 3 Nr. 1 bis 5.

| | | Grenzerwärmung auf dem Prüfstande | | | | Grenz-temperatur bei Fahrbetrieb (§ 26) | |
| | | Prüfungen im kurzzeitigen Betriebe (KB § 25) | | Prüfungen im Dauerbetriebe DB (§ 24) | | | |
Spalte	I	II	III	IV	V	VI	VII
Reihe Nr.	Maschinenteil und Isolierung	nach Therm. °C	aus Wid.-Zun. °C	nach Therm. °C	aus Wid.-Zun. °C	nach Therm. °C	aus Wid.-Zun. °C
1	Wicklungen Klasse II u. III	70	90	70	80	95	105
2	Wicklungen Klasse V	90	110	90	100	115	125
3	Alle Teile Klasse VI	Nur beschränkt durch den Einfluß auf benachbarte Isolierteile					
4	Eisenkerne	Wie eingebettete Wicklungen					
5	Kommutatoren und Schleifringe	80	—	80	—	105	—
6	Lager	55	—	55	—	—	—

Bei Wicklungen für Gleichstrom-Nebenschlußerregung müssen die Grenzerwärmungen und -temperaturen Reihe Nr. 1 um 20° C niedriger sein.

Bei Ausführungen nach § 16 Nr. 6 der Straßenbahnmotorenbauart (Tatzenlagermotoren) für Schmalspur dürfen die Grenzerwärmungen der Reihe 6 bis um 20° C überschritten werden.

B. Transformatoren nach § 3 Nr. 6.

Die Werte, Spalte II, gelten für Dauerbetrieb und für kurzzeitigen Betrieb.

Diese, gegenüber den bei ortsfesten Maschinen zugelassenen höheren **Erwärmungen** bezwecken eine schärfere Erprobung der Motoren im Prüffeld.

Damit wird auch der Tatsache Rechnung getragen, daß auch im Betriebe die Beanspruchung der Bahnmotoren verhältnismäßig größer sein kann als die gleich großer, ortsfester Maschinen und zwar einmal, weil die Außenkühlung dann wirksamer in Erscheinung tritt, außerdem weil anhaltende hohe Kühlmitteltemperaturen bis zu 35° C, wie sie bei ortsfesten Maschinen häufig sind, im Bahnbetriebe bei Ländern der gemäßigten Zone nur ausnahmsweise vorkommen.

Die im Betriebe meistens erreichten **Temperaturen** der Bahnmotoren entsprechen dann denen, die laut R.E.M./1923 bei ortsfesten Maschinen dauernd zugelassen werden. Wenn auch hin und wieder, dem Wesen des Bahnbetriebes entsprechend, diese Temperaturen überschritten werden, so ist doch die durchschnittliche Lebensdauer der Motoren im Bahnbetriebe deshalb nicht geringer.

Das Maß der zugelassenen Überschreitung ist abhängig von deren Häufigkeit, d. h. von der Betriebsart und den Streckenverhältnissen. Vorschriften können hierfür nicht gegeben werden, sie sind besonderen Vereinbarungen von Fall zu Fall vorzubehalten.

Spalte	I	II	III	IV
Reihe Nr.	Transformatorenteil und Isolierung	Grenzerwärmung bei Prüfung auf dem Prüfstande (§§ 24 und 25) °C	Grenztemperatur bei Fahrbetrieb (§ 26) °C	Meßverfahren
1	Wicklungen Klasse II oder Klasse III	80	105	Errechnet aus Widerstandzunahme
2	Wicklungen in Öl	80	105	
3	Wicklungen Klasse V	100	125	
4	Alle Teile Klasse VI	5° mehr als Reihe 1 bis 3		
5	Einlagige blanke Wicklungen	5° mehr als Reihe 1 bis 3		
6	Eisenkern	80	105	Thermometer
7	Öl in der obersten Schicht	70	95	
8	Alle anderen Teile	Nur beschränkt durch benachbarte Isolationsteile		

§ 36. Zweierlei Isolierungen.

Wenn für verschiedene räumlich getrennte Teile einer Wicklung zwei oder mehrere Isolierstoffe von verschiedener Wärmebeständigkeitsklasse verwendet werden, so gilt bei Temperaturbestimmung aus der mittleren Widerstandzunahme die für den wärmebeständigeren Stoff zulässige Grenztemperatur, sofern die Thermometermessung an den weniger wärmebeständigen Stoffen keine Überschreitung der für sie zulässigen Grenztemperaturen ergibt.

§ 37. Geschichtete Stoffe.

Bei mehreren geschichteten Stoffen verschiedener Wärmebeständigkeitsklassen gilt als Grenztemperatur die des weniger wärmebeständigen, falls seine Zerstörung den Betrieb der Maschine oder des Transformators beeinträchtigt.

Dagegen gilt als Grenztemperatur die des wärmebeständigeren Stoffes, falls die Zerstörung des weniger wärmebeständigen Stoffes den Betrieb der Maschine oder des Transformators nicht beeinträchtigt.

D. Überlastung. Kommutierung.
§ 38.

Die Bestimmungen §§ 39 bis 41 sollen nur die mechanische und die elektrische Überlastbarkeit von Maschinen ohne Rücksicht auf Erwärmung feststellen.

§ 39. Überlastung.

Motoren nach § 3 Nr. 1 und 3 müssen ohne Beschädigung und bleibende Formveränderung während 2 min den 1,5-fachen Stundenleistungstrom,

stoßweise den 2-fachen Stundenleistungstrom, Motoren nach § 3 Nr. 2
während 2 min den 1,5-fachen Stundenleistungstrom, bei Maschinen nach
§ 3 Nr. 4 und 5 während 2 min den 1,5-fachen Nennstrom aushalten.
*Die Prüfung darf nur mit einer solchen Temperatur der Maschine begonnen
werden, daß die Grenztemperaturen § 35 (A. Spalte VI und VII, B. Spalte
III) nicht überschritten werden.*

§ 40. Kommutierung.

Maschinen mit Kommutator müssen bei jeder Belastung bis zur Nennleistung praktisch funkenfrei arbeiten. Bei der Überlastungsprobe nach § 39
müssen sie derart kommutieren, daß weder die Betriebsfähigkeit von Kommutator und Bürsten beeinträchtigt wird noch Rundfeuer auftritt.
Es wird vorausgesetzt, daß:

1. der Kommutator in gutem Zustande ist und die Bürsten gut eingelaufen sind;
2. *bei Gleichstrommotoren mit oder ohne Wendepole, die zum Fahrzeugantrieb
dienen, die Bürsten in der neutralen Zone stehen.*
3. bei sonstigen Gleichstrommaschinen *mit oder ohne Wendepole* die Bürstenstellung im ganzen Belastungsbereiche des Nenndrehsinnes unverändert
bleibt;
4. *bei Wechselstrommotoren die Probe sich nur auf den Leistungsbereich erstreckt, der bei der betreffenden Bürstenstellung zulässig ist.*

Ein Betrieb gilt als praktisch funkenfrei, wenn Kommutator und Bürsten
in betriebsfähigem Zustande bleiben. Bei den Wechselstrom-Kommutatormotoren kann beim Anlauf vorübergehend stärkeres Bürstenfeuer auftreten,
das aber den betriebsfähigen Zustand nicht beeinträchtigen darf.

§ 41. Kurzschlußfestigkeit.

Die Transformatoren nach § 3 Nr. 6a müssen einen plötzlichen Kurzschluß an den Sekundärklemmen bei Nenn-Primärspannung aushalten
können, ohne daß ihre Betriebsfähigkeit beeinträchtigt wird.

Es ist hierbei angenommen, daß der Transformator einen Kurzschluß
an den Sekundärklemmen vertragen muß, auch wenn die Stromquelle
so groß ist, daß durch den Kurzschluß keine Verminderung der Primärspannung eintritt.

Die Prüfung auf Kurzschlußfestigkeit läßt sich im allgemeinen nicht
in den Fabrikprüffeldern, sondern nur im Betriebe durchführen, da nur
dort die nötigen Maschinengrößen zur Verfügung stehen.

E. Isolierfestigkeit.

§ 42. Allgemeines.

Die Isolation soll folgenden Spannungproben unterworfen werden:
1. Wicklungsprobe nach § 43 bei allen Maschinen und Transformatoren
nach § 3, ausgenommen Transformatorenwicklungen, die betriebsmäßig nicht lösbar mit dem Körper verbunden sind;

2. **Sprungwellenprobe** nach § 44 *bei Transformatoren nach § 3 Nr. 6a, sofern sie die Fahrleitungsspannung führen.*
3. **Windungsprobe** nach § 45 bei Transformatoren nach_§ 3 Nr. 6a bis c.

Die Prüfungen dürfen an der kalten Maschine oder dem kalten Transformator vorgenommen werden, *falls die Maschine oder der Transformator im warmen Zustande nicht zur Verfügung steht.* Die Prüfungen sollen in der Reihenfolge 1, 2, 3 vorgenommen werden; sie gelten als bestanden, wenn weder Durchschlag noch Überschlag erfolgt und keine Gleitfunken auftreten.

Bei Maschinen und Transformatoren brauchen betriebsmäßig nicht lösbare Verbindungen zwischen verschiedenen Wicklungen oder mit dem Körper nicht getrennt zu werden. Wicklungen, die betriebsmäßig nicht lösbar mit dem Körper verbunden sind, brauchen nur der Windungsprobe unterworfen zu werden.

Als betriebsmäßig nicht lösbare Verbindungen gelten Verbindungen der Erdseite der Hochspannungwicklungen von Transformatoren nach § 3 Nr. 6a dann, wenn die Isolation der Wicklungen und Klemmen nur entsprechend dem Potentialgefälle gegen Erde ausgeführt ist.

§ 43. Wicklungsprobe.

Die Isolation von Wicklung gegen Wicklung und von Wicklung gegen Körper wird mit einer fremden Wechselstromquelle geprüft.

Ein Pol der Stromquelle wird an die zu prüfende Wicklung, der andere an die Gesamtheit der untereinander und mit dem Körper verbundenen anderen Wicklungen gelegt (vgl. § 42, vorletzten Absatz).

Die Prüfspannung soll praktisch sinusförmig, ihre Frequenz soll gleich der Nennfrequenz oder 50 Per/s sein. Die Spannung soll *allmählich* auf die nachstehenden Werte gesteigert und alsdann 1 min eingehalten werden.

Wird die Prüfzeit über 1 min ausgedehnt, so soll die Prüfspannung herabgesetzt werden.

In der Tafel bedeutet U:

1. Die Nennspannung der Maschine, bei *fremderregten Feldwicklungen* die Nenn-Erregerspannung;
2. bei leitend verbundenen Wicklungen einer oder mehrerer Maschinen die höchste gegen Körper bei Erdschluß eines Poles auftretende Spannung;
3. bei Läuferwicklungen von Asynchronmotoren, die dauernd in einer Richtung umlaufen, die Läuferspannung und bei Umkehrasynchronmotoren 1,5 × Läuferspannung; Kurzschlußwicklungen brauchen nicht geprüft zu werden;
4. bei Transformatoren nach § 3 Nr. 6a das 1,1-fache der Nennspannung der Wicklungen;
5. *bei Transformatoren nach § 3 Nr. 6b und c die Nennspannung der Stromkreise, mit denen die Wicklung in Reihe liegt.*

Spalte I		II	III	IV
Reihe	Wicklung	Bereich	Prüfspannung in V, der größere der Werte	
1	Wicklungen von Maschinen	Nennleistung kleiner als 500 W	$3\,U$	$2\,U + 500$
2		Nennleistung größer als 500 W, U bis 5000 V	$3\,U$	$2\,U + 1000$
3		U über 5000 V	$2\,U + 5000$	—
4		dauernd mit einem Außenpol geerdete Maschinen über 5000 V	$2\,U + 10000$	—
5	Wicklungen von Transformatoren	*bis 1000 V*	*3,25 U*	*1000*
6		von 1000 bis 10000 V	$3,25\,U$	—
7		über 10000 V	$1,75\,U + 15000$	—

§ 44.

Die **Sprungwellenprobe** (siehe § 42) dient dazu, festzustellen, daß die Windungsisolation gegenüber den im normalen Betriebe auftretenden Sprungwellen ausreicht. Die Prüfung soll im Fabrikprüffeld bei dem fertigen Transformator an Wicklungen für eine Nennspannung über 2,5 kV in einer der dargestellten Schaltungen vorgenommen werden.

Die zu prüfende Transformatorenwicklung TW, die im Punkte G bzw. G_1, der betriebsmäßigen Schaltung entsprechend, geerdet wird, ist über Funkenstrecken F aus massiven Kupferkugeln von mindestens 50 mm Durchmesser auf Kabel oder Kondensatoren C geschaltet, deren Kapazität folgendermaßen zu bemessen ist:

Prüfkapazität.

Nennspannung in kV	Kapazität in jeder Phase mindestens μ F	Zweckmäßige Form der Kapazität
2,5 bis 6	0,05	Kabel oder Kondensator
über 6 bis 20	*0,02*	„ „ „

Bei Drehstromkabeln ist die Betriebskapazität (vgl. § 5 der Definition der Eigenschaften gestreckter Leiter, „ETZ" 1909, S. 1115 und 1184, Vorschriftenbuch des VDE 1914, S. 386; in die 15. Ausgabe des Vorschriftenbuches nicht mit aufgenommen) gleich der angegebenen Kapazität zu wählen; das Kabel hat nach Abschaltung eines Leiters dann auch für die Einphasenschaltung die vorgeschriebene Kapazität.

Der Kugelabstand der Funkenstrecke wird für einen Überschlag bei 2,2 U eingestellt. Der Transformator ist durch die Stromquelle Q mit der Frequenz 50 Per/s auf etwa das 1,3-fache der Nennspannung zu erregen.

Die Funkenstrecke wird auf beliebige Weise gezündet (etwa durch vorübergehende Annäherung der Kugeln oder Überbrückung der Luftzwischenräume) und ein Funkenspiel von 10 s Dauer wird aufrechterhalten (Abb. 2–4). Die Funkenstrecke ist dabei mit einem Luftstrom von etwa 3 m/s Geschwindigkeit anzublasen.

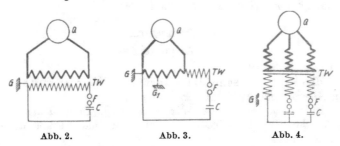

Abb. 2.   Abb. 3.   Abb. 4.

Durch die Funkenüberschläge werden die Kapazitäten von der Wicklungspannung immer wieder umgeladen, bei jeder plötzlichen Umladung zieht eine Sprungwelle in die zu prüfende Wicklung ein.

Es empfiehlt sich, alle Zwischenleitungen möglichst kurz zu halten, da bei längeren Leitungen die Beanspruchung der Wicklung nicht eindeutig bestimmt ist.

Mehrphasentransformatoren können auch in der Einphasenschaltung geprüft werden; dabei sind die Phasenklemmen so oft zu vertauschen, daß die Wicklung jeder Phase der Sprungwellenprobe ausgesetzt wird.

§ 45.

Die Windungsprobe (siehe § 42) dient zur Feststellung der ausreichenden Isolation benachbarter Wicklungsgruppen gegeneinander und zum Auffinden von Wicklungsdurchschlägen, die bei Transformatoren durch die Sprungwellenprobe (siehe § 44) eingeleitet sind.

Die Prüfung erfolgt bei Leerlauf durch Aufdrücken einer Prüfspannung mindestens gleich 2 × Nennspannung. Die Frequenz kann entsprechend erhöht werden; Prüfdauer 5 min.

Bei Transformatorenwicklungen, die betriebsmäßig nicht lösbar mit dem Körper verbunden und infolgedessen nach § 42 nur der Windungsprobe zu unterwerfen sind, hat der oben angegebenen Prüfung noch eine verschärfte Windungsprobe von 1 min Dauer voranzugehen, während der die Prüfspannung auf einen Wert zu steigern ist, der durch die 5. bis 7. Reihe der in § 43 angegebenen Tafel festgelegt ist.

§ 46.

Die Durchführungsisolatoren von Transformatoren müssen folgende Prüfspannung aushalten:

$$\text{von 1 bis 3 kV} \ldots 8\,U + 2\,\text{kV}$$
$$\text{über 3 kV} \ldots \ldots 2\,U + 20\,\text{kV}$$

Die Ausführung dieser Prüfung kann aber nur entweder an den zu den Transformatoren gehörenden Isolatoren vor Zusammenbau mit dem Transformator, jedoch mit dem zugehörenden Flansch, oder bei Verzicht auf diese Art der Prüfung an Isolatoren gleicher Type verlangt werden. Die Prüfung gilt als bestanden, wenn weder Durchschlag noch Überschlag erfolgt und keine Gleitfunken auftreten.

F. Wirkungsgrad.

§ 47. Allgemeines.

Es werden unterschieden:

1. der direkt gemessene Wirkungsgrad. Er wird durch Messung von Abgabe und Aufnahme ermittelt;
2. der indirekt gemessene Wirkungsgrad. Er wird aus den Verlusten, die als Unterschied von Aufnahme und Abgabe angesehen werden, ermittelt.

Bei Gewährleistungen für den Wirkungsgrad ist das Meßverfahren anzugeben.

Sofern nichts anderes vereinbart, ist bei Maschinen nach § 3 Nr. 1 bis 5 unter Wirkungsgrad der direkt gemessene, bei Transformatoren nach § 3 Nr. 6 der indirekt gemessene zu verstehen.

§ 48.

Wirkungsgradangaben beziehen sich auf den Nennbetrieb (*kurzzeitige Leistung oder Dauerleistung oder beides*), sofern nichts anderes angegeben.

Voraussetzung für die nachstehend beschriebenen Prüfungen ist, daß die Maschinen gut eingelaufen sind, insbesondere Kommutator und Bürsten, und daß diese in der für Nennbetrieb vorgeschriebenen Stellung sind.

Der direkt gemessene Wirkungsgrad bezieht sich auf den betriebswarmen Zustand.

Bei indirekter Messung sind die mit Gleichstrom gemessenen Widerstände zur Bestimmung der Stromwärmeverluste auf 75° C umzurechnen (siehe § 21).

Bei anderen Verlustmessungen ist keine Temperaturumrechnung vorzunehmen.

§ 49.

Alle Verluste in den zur Maschine allein gehörenden Hilfsgeräten — jedoch nur diese — sind bei der Ermittlung des Maschinenwirkungsgrades einzubeziehen, insbesondere:

1. die Verluste in Regel-, Vorschalt-, Justier-, Abzweig- und ähnlichen Widerständen, Drosselspulen, Hilfstransformatoren und dergleichen, die zum ordnungsmäßigen Betriebe notwendig sind;
2. die Verluste in der Erregermaschine bei Eigenerregung, aber nicht bei Fremderregung;
3. die Verluste in den mit der Maschine mitgelieferten Lagern, aber nicht in fremden Lagern;

4. der Verbrauch des Lüfters bei Eigenlüftung.

Der Verbrauch bei Fremdlüftung sowie von Ölpumpen ist nicht einzubeziehen, sondern gegebenenfalls getrennt anzugeben.

Nicht einzubeziehen sind die Verluste in Zahnrädern und Lagern von Vorgelegewellen.

Für Motoren nach Straßenbahnbauart (Tatzenlagermotoren) ist es allgemein üblich, in Kurvenblättern und Druckschriften die Zugkräfte und Geschwindigkeiten am Umfange des Laufrades für verschiedene Zahnradübersetzungen anzugeben. Eine eindeutige Messung der Zahnradverluste ist nicht möglich, da bei dem gleichen Motor diese Verluste je nach dem Zustande der Zahnräder und der Art der Schmierung verschieden sind. Zwecks einheitlicher Bewertung der Verluste in Zahnrädern und Vorgelegelagern sollen für Motoren mit einfacher Zahnradübersetzung die folgenden Werte, die sich als Mittelwerte vieler Versuche ergeben haben, verwendet werden:

Verluste des einfachen Vorgeleges und der Tatzengleitlager.

Aufnahme in % der Aufnahme bei 1 Stundenleistung	Verluste in % der Aufnahme	Aufnahme in % der Aufnahme bei 1 Stundenleistung	Verluste in % der Aufnahme
200	3,5	60	2,7
150	3,0	50	3,2
125	2,7	40	4,4
100	2,5	30	6,7
75	2,5	25	8,5

Die mit Hilfe dieser Tafel ermittelten Werte gelten nicht als Gewährleistungen.

Sollten jedoch bei Motoren nach Straßenbahnbauart die Wirkungsgrade einschließlich der Verluste der Zahnräder und der Vorgelegelager gemessen werden, so sind die zu gewährleistenden Wirkungsgrade für die Abgabe an der Ankerwelle unter Verwendung der vorstehenden Werte zu berücksichtigen.

§ 50. Direkt gemessener Wirkungsgrad.

Der direkt gemessene Wirkungsgrad wird nach einem der folgenden Verfahren ermittelt:

1. Leistungsmeßverfahren. Abgabe und Aufnahme werden mit elektrischen Meßgeräten festgestellt;
2. Bremsverfahren. Die mechanische Leistung wird mit Bremse oder Dynamometer, die elektrische mit elektrischen Meßgeräten festgestellt;
3. Belastungsverfahren. Die mechanische Leistung wird mit einer geeichten Hilfsmaschine, die elektrische mit elektrischen Meßgeräten festgestellt.

Als geeichte Hilfsmaschine kann auch eine Maschine gleicher Bauart verwendet werden, die mechanisch gekuppelt wird. Als Wirkungsgrad einer Maschine darf dann der Wurzelwert aus dem Gesamtwirkungsgrad angenommen werden.

§ 51. Indirekt gemessener Wirkungsgrad.

I. Rückarbeitsverfahren zur Messung des Gesamtverlustes. Zwei gleiche Maschinen werden mechanisch und elektrisch derart verbunden, daß sie, die eine als Generator, die andere als Motor, aufeinander arbeiten. Die Erregung wird so eingestellt, daß der Mittelwert der Abgaben gleich der Nennleistung und der Mittelwert der Spannung gleich der Nennspannung ist. Die zur Deckung der Verluste erforderliche Leistung wird elektrisch oder mechanisch oder teils elektrisch und teils mechanisch zugeführt. Diese Verlustleistung dient nach angemessener Verteilung auf beide Maschinen zur Berechnung der Wirkungsgrade. *Dieses Verfahren ist bei Wechselstrom-Kommutatormaschinen nicht anzuwenden.*

II. Einzelverlustverfahren. Hierbei werden unterschieden:

1. Leerverluste:

   A. Verluste im Eisen (Eisenverluste);
   B. Verluste durch Lüftung, Lager- und Bürstenreibung (Reibungsverluste).

2. Erregerverluste bei Maschinen mit besonderer Erregerwicklung:
   C. Stromwärmeverluste in Nebenschluß- und fremderregten Erregerkreisen (vgl. auch § 49 Nr. 1 und 2).

3. Lastverluste:
   D. Stromwärmeverluste in Anker- und Reihenschlußwicklungen;
   E. Übergangsverluste an Kommutatoren und Schleifringen, die Laststrom führen;
   F. Zusatzverluste, d. s. alle oben nicht genannten Verluste.

Als Gesamtverlust, der der Berechnung des Wirkungsgrades zugrunde gelegt wird, gilt die Summe aus den Verlusten A—F.

§ 52. Leerverluste.

Die Leerverluste werden nach einem der folgenden Verfahren ermittelt:

1. Motorverfahren: Die Maschine wird leerlaufend als Motor betrieben, und zwar: *Gleichstrom-Reihenschlußmotoren bei einer Ankerspannung, die der Nennspannung* abzüglich des Ohmschen Spannungsabfalles entspricht und derart fremd erregt ist, daß die Nenndrehzahl entsteht. Die Leistungsaufnahme abzüglich der Stromwärme- und der Erregerverluste gilt als Leerverlust;

2. Generatorverfahren. *Gleichstromreihenschlußmaschinen werden im Leerlauf mit Nenndrehzahl durch einen geeichten Hilfsmotor angetrieben und auf Nennspannung abzüglich des Spannungsabfalles erregt. Ihre* mechanische Leistungsaufnahme gilt als Leerverlust.

3. *Wechselstrom-Reihenschluß- (Kommutator-) Motoren werden ebenfalls im Leerlauf mit Nenndrehzahl und abgehobenen Bürsten durch einen geeichten Hilfsmotor angetrieben. Die Hauptfeldwicklung wird mit Nennfrequenz und der Spannung (Kraftfluß) erregt, die bei Nennleistung*

an dieser Wicklung gemessen wird.　Der Leerverlust ist die Summe der mechanischen Leistungsaufnahme und der elektrischen Leistungsaufnahme der Feldwicklung abzüglich der Stromwärmeverluste.

§ 53. Erregerverluste.

Die Stromwärmeverluste im Erregerstromkreise werden aus den mit Gleichstrom gemessenen Widerständen berechnet.

§ 54. Berechnung der Lastverluste.

1. Die Laststromwärmeverluste werden aus den mit Gleichstrom gemessenen Widerständen errechnet. Bei Asynchronmaschinen kann der Stromwärmeverlust in der Sekundärwicklung auch aus der Schlüpfung berechnet werden.
2. Die Übergangsverluste werden berechnet, indem man für den Spannungsabfall jeder Bürste im Stromweg 1 V bei Kohle- und Graphitbürsten einsetzt.

§ 55. Zusatzverluste.

Als Zusatzverluste werden die nachstehend zusammengestellten Annäherungswerte eingesetzt. Die Prozentwerte beziehen sich bei Generatoren auf die Abgabe, bei Motoren auf die Aufnahme. Es wird angenommen, *daß bei Reihenschlußmotoren die Prozentwerte bei der Nennspannung unabhängig von der Belastung sind,* bei den übrigen Maschinen proportional dem Quadrat der Stromstärke:

1. Kompensierte Gleichstrommaschinen mit ½ % ;
2. nichtkompensierte Gleichstrommaschinen mit oder ohne Wendepole mit 1 % ;
3. *Wechselstrom-Kommutatormotoren mit 2 %,*
4. Asynchronmaschinen mit ½ %.

§ 56. Verluste von Transformatoren.

Bei Transformatoren sind folgende Verluste zu berücksichtigen:
1. Leerlaufverluste,
2. Wicklungsverluste.

Leerlaufverlust ist die Aufnahme bei Nenn-Primärspannung, Nennfrequenz und offener Sekundärwicklung. Er besteht aus Eisenverlust, Verlusten im Dielektrikum und dem Stromwärmeverlust des Leerlaufstromes.

Wicklungsverlust ist die gesamte Stromwärmeleistung bei Nennstrom und Nennfrequenz, die in allen Wicklungen und Abteilungen (also zwischen den Klemmen) in betriebswarmem Zustande verbraucht wird. Wenn der betriebswarme Zustand nicht festgestellt ist, so ist auf die *zulässige Grenztemperatur* umzurechnen.

Der Wicklungsverlust wird ermittelt, indem bei kurzgeschlossenen Sekundärwicklungen dem *Transformator der Nennstrom zugeführt wird.* Etwaige zusätzliche Verluste durch Wirbelströme sind hierbei im Wicklungsverluste enthalten.

Wenn das Verhältnis: Sekundärspannung zu Sekundärstrom sehr klein ist, z. B. bei Transformatoren für hohe Stromstärken, kann der gemessene Verlust durch den Kurzschlußbügel wesentlich vergrößert werden. In solchen Fällen ist eine entsprechende Korrektur vorzunehmen, um den wirklichen Wicklungsverlust zu ermitteln.

G. Mechanische Festigkeit.

§ 57. Schleuderprobe.

Nachstehende Tafel enthält die Prüfdrehzahl für die Schleuderprobe; diese Drehzahl soll während 2 min aufrechterhalten werden.

Die Schleuderprobe gilt als bestanden, wenn sich keine schädlichen Formveränderungen zeigen und die Spannungprobe nach § 43 nachträglich ausgehalten wird.

Reihe	*Maschinengattung*	*Schleuderdrehzahl*
1	*Fahrzeug-Antriebsmotoren*	*1,25 × höchster Betriebsdrehzahl*
2	*Hilfsmaschinen mit Nebenschluß-verhalten*	*1,2 × Leerlaufdrehzahl*
3	*Hilfsmaschinen mit Reihenschluß-verhalten*	*1,5 × Nenndrehzahl*

Zu 1: Fahrzeug-Antriebsmotoren bis 100 kW Stundenleistung, für die die höchste Betriebsdrehzahl (z. B. Straßenbahnmotoren) nicht bekannt oder unsicher ist, sind mindestens mit 2,5 × Stundendrehzahl zu prüfen.

H. Schild.

§ 58. Allgemeines.

Auf jeder Maschine und jedem Transformator muß ein Leistungschild befestigt sein, auf dem die nachstehend aufgezählten allgemeinen und die in §§ 59 bzw. 60 zusammengestellten zusätzlichen Angaben deutlich lesbar sind. Die allgemeinen Angaben sind:

1. Hersteller und Ursprungzeichen (falls nicht ein besonderes Firmenschild angebracht wird);
2. Modellbezeichnung;
3. Fertigungsnummer.

§ 59. Zusätzliche Angaben.

Die zusätzlichen Angaben auf dem Leistungschilde von Maschinen nach § 3 Nr. 1 bis 5 sind in der nachstehenden Tafel zusammengestellt und in § 60 erläutert:

Zeile	Gleichstrommaschinen	Wechselstrom-Kommutatormotoren	Asynchron-maschinen
1	Verwendungsart	Verwendungsart	Verwendungsart
2	Nennleistung	Nennleistung	Nennleistung
3	Betriebsart	Betriebsart	Betriebsart
4	Nennspannung	Nennspannung	Nennspannung Läuferspannung
5	Nennstrom	Nennstrom	Nennstrom Läuferstrom
6	Nenndrehzahl	Nenndrehzahl	Nenndrehzahl
7	—	Nennfrequenz	Nennfrequenz
8	—	Nennleistungs-faktor	Nennleistungs-faktor
9	Bei Eigen- und Fremd-erregung: Nenn-Erreger-spannung	—	—
10	Bei Reihenschlußerregung, wenn von 100% abweichend, Nennerregung	—	—
11	—	—	Schaltart der Ständerwicklung
12	—	—	Schaltart der Läuferwicklung

Die hier nicht angeführten Maschinenarten müssen solche zusätzlichen Angaben erhalten, daß ohne Nachmessung erkannt werden kann, ob sie für ein bestimmtes Netz und eine bestimmte Arbeitsleistung geeignet sind.

§ 60. Bemerkungen zu vorstehender Tafel.

Zu 1. Als Verwendungsart müssen Stromart und Arbeitsweise ange-geben werden, wobei folgende Abkürzungen zulässig sind:

A. Stromart:

Gleichstrom . . . . G
Einphasenstrom . . . . E
Zweiphasenstrom . . . . Z
Drehstrom . . . . D
Sechsphasenstrom . . . . S

B. Arbeitsweise:

Generator . . . . Gen.
Motor. . . . . Mot.

Zu 2. Unter Nennleistung ist anzugeben:

Abgabe in kW.

Zu 3. Die Betriebsart wird in folgender Weise gekennzeichnet:
   A. Dauerbetrieb DB;
   B. Kurzzeitiger Betrieb KB und vereinbarte Betriebzeit.
Zu 5. Stromangaben können abgerundet werden (da sie nicht zur Bewertung der Maschine dienen). Angaben über den Strom von Motoren sind als angenähert zu betrachten.
   Die Abrundung kann betragen:
      bei kleineren Motoren etwa 2 bis 3%,
      bei größeren Maschinen höchstens 1%.
Zu 6. Angaben über die Drehzahl von Gleichstrom- und Asynchronmotoren sind als angenähert zu betrachten (vgl. § 67).
   Bei Motoren, die nur in einer Drehrichtung benutzt werden sollen und bei denen eine Änderung der Drehrichtung nur durch konstruktive Änderungen oder Änderung der inneren Maschinenschaltung möglich ist, ist der Drehzahlangabe
ein Pfeil ← mit der Spitze nach links für Linkslauf,
ein Pfeil → mit der Spitze nach rechts für Rechtslauf hinzuzufügen.
   Es empfiehlt sich, den Drehrichtungspfeil auch noch auf der Stirn des freien Wellenstumpfes anzubringen.
   Umsetzen der Bürstenhalter ist als konstruktive Änderung anzusehen, nicht aber die Verschiebung der Bürsten.
Zu 8. Die Leistungsfaktorenangaben von Asynchronmaschinen und Kommutatormotoren sind als angenähert zu betrachten.
Zu 11. Die Kennzeichnung der Schaltart erfolgt durch die nachstehenden Zeichen:
Einphasen . . . . |
Einphasen mit Hilfsphase . . . . ⊥
Zweiphasen verkettet L
Zweiphasen unverkettet (Vierphasen) . . . . ✕
Dreiphasen — Stern . . . . Y
Dreiphasen — Stern mit herausgeführtem Nullpunkt. Ỵ
Dreiphasen — Dreieck . . . . △
Dreiphasen offen . . . . |||
Zu 12. Bei Dreiphasenläufern bleibt der Vermerk fort.

§ 61. Mehrfache Stempelungen.

Bei Maschinen, die für zwei oder mehrere Nennbetriebe bestimmt sind, sind für alle Nennbetriebe entsprechende Angaben zu machen, nötigenfalls auf mehreren Schildern.

Bei Fahrzeug-Antriebsmotoren (§ 3 Nr. 1 bis 3) kann das Leistungschild für Zeitleistung und Dauerleistung gestempelt werden. Die Spannung bei Dauerleistung braucht nicht mit der Nennspannung bei Zeitleistung übereinzustimmen.

§ 62.

Die zusätzlichen Angaben auf dem Leistungschilde von Transformatoren nach § 3 Nr. 6a bis c sind in nachstehender Tafel zusammengestellt:

Reihe	Transformator nach § 3		
	Nr. 6 a	*Nr. 6 b*	*Nr. 6 c*
1	*Nennleistung*	*Nennleistung*	*Nennleistung*
2	*Frequenz*	*Frequenz*	*Frequenz*
3	*Kühlungsart*	*Kühlungsart*	*Kühlungsart*
4	*Betriebsart*	*Betriebsart*	*Betriebsart*
5	—	*Netzspannung*	*Netzspannung*
6	*Nennprimärspannung*	*Nennprimärspannung*	—
7	*Nennsekundärspannung*	—	*Nennsekundärspannung*
8	*Nennprimärstrom*	*Nennprimärstrom*	*Nennprimärstrom*
9	*Nennsekundärstrom*	—	*Nennsekundärstrom*
10	*Schaltart*	—	—
11	*Nennkurzschluß-spannung*	—	—

Bei Einphasentransformatoren ist die Stromart durch Hinzufügung des Buchstabens E anzugeben.

§ 63.

Nennleistung (Scheinleistung): Die Nennleistung ist in kVA anzugeben.

Betriebsart: Über die Kennzeichnung der Betriebsart vgl. § 60 Nr. 3.

Wenn ein Transformator für mehrere verschiedene Betriebsarten bestimmt ist, so sind die diesen entsprechenden Leistung-, Strom- usw. Angaben auf dem Schilde bzw. auf mehreren Schildern zu machen.

Spannung: Wenn ein Transformator mit zwei oder drei Stufen versehen ist, so sind die diesen entsprechenden Spannungen auf dem Schilde anzugeben.

Wenn mehr als drei Stufen vorgesehen sind, *so brauchen nur die den Endstufen entsprechenden Spannungen* auf dem Schilde angegeben zu werden.

Wenn ein Transformator für zwei verschiedene Spannungen umschaltbar eingerichtet ist, so sind die den beiden Spannungen entsprechenden Leistung-, Strom- usw. Angaben auf dem Schilde bzw. auf den Schildern zu machen.

§ 64.

Bei Transformatoren mit Fremdlüftung ist ein Schild anzubringen, auf dem anzugeben ist:

a. erforderliche Luftmenge bei Nennbetrieb in m³/min,

b. erforderliche Luftpressung in mm WS.

§ 65.

Bei Transformatoren mit Ölumlauf ist ein Schild mit Angabe der umlaufenden Ölmenge in l/min zur Bestimmung der Pumpenleistung anzubringen.

§ 66. Änderung von Maschinen und Transformatoren.

Wird die Wicklung einer Maschine von einem anderen als dem Hersteller geändert (teilweise oder vollständige Umwicklung, Umschaltung oder Ersatz), so muß die ändernde Firma neben dem vorhandenen Leistungschild ein Schild anbringen, das den Namen der Firma, die neuen Angaben der Maschine nach §§ 58 u. ff. und die Jahreszahl der Änderung enthält.

I. Toleranzen.

§ 67. Allgemeines.

Toleranz ist die höchstzulässige Abweichung des festgestellten Wertes von dem nach den Bestimmungen dieser Regeln gewährleisteten Werte. Sie soll die unvermeidlichen Ungleichmäßigkeiten in der Beschaffenheit der Rohstoffe, Ungenauigkeiten der Fertigung und Meßfehler decken.

Reihe	Gewährleistungen für	Toleranzen
1	Drehzahl von Reihenschluß- motoren	Nennleistung über 1,1 bis 11 kW $\pm$ 10% über 11 kW $\pm$ 7%
2	Drehzahl von Asynchronmotoren	20% der Sollschlüpfung
3	Wirkungsgrad η	$\dfrac{1-\eta}{10}$ aufgerundet auf $^1/_{1000}$, mindestens aber 0,01
4	Leistungsfaktor $\cos \varphi$	$\dfrac{1-\cos\varphi}{6}$ aufgerundet auf $^1/_{100}$, mindestens aber 0,02

22. Regeln für die Bewertung und Prüfung von Anlassern und Steuergeräten R.E.A./1928[1].

I. Gültigkeit.

§ 1. Geltungstermin.

Diese Bestimmungen treten am 1. Juli 1928 in Kraft[2]. Sie sind nicht rückwirkend.

Die in Kleinschrift gedruckten Absätze enthalten Ausführungsregeln und geben an, wie die Regeln im allgemeinen zur Ausführung gebracht werden sollen, sofern nicht im Einzelfalle besondere Gründe eine Abweichung rechtfertigen.

§ 2. Geltungsbereich.

Diese Regeln gelten für:
1. Anlasser,
2. Anlaßschalter,
3. Regler,
4. Hilfschalter.

Die Regeln gelten für Geräte zur Steuerung von Maschinen für Dauerbetrieb; sofern die Geräte für kurzzeitige und aussetzende Betriebe benutzt werden, sind auch die „Regeln für die Bewertung und Prüfung von elektrischen Maschinen R.E.M./1923"[3], die „Regeln für die Bewertung und Prüfung von Transformatoren R.E.T./1923"[4], die „Regeln für die Bewertung und Prüfung von elektrischen Bahnmotoren und sonstigen Maschinen und Transformatoren auf Triebfahrzeugen R.E.B./1925"[5] und die „Regeln für die Bewertung und Prüfung von Steuergeräten, Widerstandsgeräten und Bremslüftern für aussetzenden Betrieb R.A.B./1927"[6] zu beachten.

---

[1] Zweite Bearbeitung; angenommen durch die Jahresversammlung 1927. Veröffentlicht: ETZ 1927, S. 624, 663, 952 und 1089. — *Sonderdruck VDE 409.*
Die erste Bearbeitung vom 1. Juli 1925 wurde angenommen durch die Jahresversammlung 1922. Veröffentlicht: ETZ 1922, S. 627 und 858. — Geltungstermin geändert durch Beschluß der Jahresversammlung 1924. Veröffentlicht: ETZ 1924, S. 600 und 1068.
[2] Wesentliche Änderungen haben die §§ 7, 13, 15, 33 bis 38, 48, 51 und 53 gegenüber den R.E.A./1925 erfahren; bis zum 1. Juli 1928 bleiben diese gültig.
[3] S. S. 187 u. ff.
[4] S. S. 218 u. ff.
[5] S. S. 245 u. ff.
[6] S. S. 296 u. ff.

II. Begriffserklärungen.

§ 3. Geräte.

1. Anlasser sind Schaltgeräte mit Widerständen, die während des Anlassens in die Stromkreise von Motoren geschaltet werden.
   a) Flüssigkeitsanlasser,
   b) Metallanlasser.
2. Anlaßschalter sind Schaltgeräte ohne Widerstände oder mit einem einstufigen Metallwiderstand oder mit einem Transformator.
   a) Anwurfschalter,
   b) Stern-Dreieck-Schalter,
   c) Anlaßtransformator-Schalter.
   Sofern der Anlaßvorgang mit Geräten, die in den „Regeln für die Konstruktion, Prüfung und Verwendung von Schaltgeräten bis 500 V Wechselspannung und 3000 V Gleichspannung R.E.S./1928"[7] enthalten sind, vorgenommen wird, gelten diese.
3. Regler sind Geräte, die zur Regelung der Drehzahl oder Spannung durch Schaltung von Widerständen dienen.
   a) Feldregler, bei denen Widerstände im Erregerstromkreis elektrischer Maschinen geschaltet werden.
   α) Spannungregler zur Regelung der Spannung von Generatoren.
   β) Drehzahlfeldregler zur Drehzahlerhöhung von Motoren.
   b) Regelanlasser, die sowohl zum Anlassen wie zum Regeln der Drehzahl von Motoren dienen.
   α) Hauptstrom-Regelanlasser, bei denen zur Drehzahlverminderung im Haupt- oder Läufer-Stromkreis Widerstände geschaltet werden, die auch zum Anlassen dienen.
   β) Feld-Regelanlasser, bei denen ein Anlasser mit einem Drehzahlfeldregler vereinigt ist.
   γ) Haupt- und Feldregelanlasser, bei denen die vorstehend unter α und β genannten Geräte vereinigt sind.

§ 4. Hilfschalter.

a) Betätigungschalter sind Schalter zur elektrischen Fernsteuerung (Druckknöpfe, Schwimmerschalter usw.).
b) Endschalter sind Schalter, die bei Überschreitung von Endlagen in Tätigkeit treten.
c) Schütze (das [Haupt-] Schütz, das Hilfschütz) sind Schalter, die durch elektromagnetische Wirkung geschaltet und in ihrer Betriebstellung gehalten werden.
d) Wächter sind elektromagnetisch oder mechanisch betätigte Schalter, die bei Abweichung von dem zu überwachenden Zustande selbsttätig ansprechen (Stromwächter, Spannungwächter, Druckwächter, Drehzahlwächter usw.).

---

[7] S. S. 526 u. ff.

§ 5. Bestandteile der Metallanlasser und Regler.

1. Gehäuse.
2. Widerstandskörper, bestehend aus Widerstandsleitern und ihren Trägern.
3. Innere Verbindungen.
4. Stufenschalter.
5. Klemmen zum Anschluß der äußeren Leitungen.
6. Auslöser zur Selbstabstellung des Motors bei Eintritt nicht ordnungsgemäßer Zustände (Auslösung bei Spannungrückgang, Überstrom usw.).
7. Bedienungsteil.

§ 6. Ausführungsarten der Stufenschalter.

a) Flachbahn: Die feststehenden Kontaktstücke liegen in einer Ebene und werden von einem beweglichen Kontaktstück bestrichen.

b) Trommelbahn: Die feststehenden Kontaktstücke bilden einen Zylinder und werden von einem beweglichen Kontaktstück bestrichen.

c) Walzenbahn: Die Kontaktfläche wird durch eine bewegliche zylindrische Walze gebildet; der feststehende Kontaktkörper besteht aus mehreren Einzelfingern, die auf den zugehörenden Ringsegmenten der beweglichen Walze schleifen.

d) Steuerschalter bestehen aus einer Reihe von Einzelschaltern, die durch Kurvenscheiben oder dergleichen mechanisch betätigt werden; sie sind:

   bei Gleichstrom: Schalter zur Verbindung der Netzpole, Motorklemmen und Widerstände,

   bei Wechselstrom: Ständerschalter, Läuferanlasser oder eine Verbindung von beiden.

e) Schützensteuerungen bestehen aus einer Reihe von Schützen; diese werden durch einen Betätigungschalter, der z. B. in Walzenform (Meisterwalze) ausgeführt werden kann, gesteuert.

§ 7. Schutzarten.

Ausführung 1: Offen.

Keine Abdeckung oder eine Abdeckung mit so großen Öffnungen, daß Berührung spannungführender Teile nicht verhindert wird.

Ausführung 2: Geschützt.

Abdeckung (z. B. gelochtes Blech oder dgl.), die nur Öffnungen für Zuleitungen oder Kühlluft enthält. Zufällige oder fahrlässige Berührung spannungführender Teile ist verhindert.

Ausführung 3: Geschlossen.

Vollständige Abdeckung aller Teile (einschl. der Leitungseinführungen) ohne ausgesprochene Öffnungen. Die Berührung spannungführender Teile und das Eindringen von Fremdkörpern ist verhindert. Vollständiger Schutz gegen Staub, Feuchtigkeit oder Gasgehalt der Luft wird nicht erzielt.

Ausführung 4: Gekapselt.

Gedichteter Abschluß ohne Öffnung. Die Berührung spannungführender Teile, Eindringen von Staub und Wasser ist verhindert. Ein vollständiger Abschluß wird nicht erzielt. Das Innere kann bei Temperatur- und Druckwechsel atmen.

Ausführung 5: Mit Ölschutz.

Alle spannungführenden Teile, mit Ausnahme der Anschlußklemmen, liegen unter Öl. Dieses schützt die Metallteile gegen Einwirkung von Dämpfen und Gasen. Die Ölgefäße müssen nach Ausführung 3 oder 4 abgedeckt sein.

Ausführung 6: Explosionsicher.

a) Ausführung 5 bei genügender Ölhöhe
b) Drucksicher geschlossene Kapselung
c) Plattenschutz-Kapselung

Nach den „Vorschriften für die Ausführung von Schlagwetter-Schutzvorrichtungen an elektrischen Maschinen, Transformatoren und Apparaten"[8].

Die Schutzarten 2 und 3 werden auch als tropfwassersicher ausgeführt. Hierbei sind Einrichtungen vorzusehen, die ein Eindringen fallender Wassertropfen verhindern. Sie erhalten dann den Kennbuchstaben t (2 t, 3 t).

Abdeckungen dürfen nicht entflammbar sein.

§ 8. Zusammenstellung normaler Schutzarten.

Die vorstehenden Schutzarten gelten für die einzelnen Teile des Schaltgerätes; sie werden in der Regel gemäß nachstehender Tafel vereinigt.

| Stufen-Schalter | Zusammengebaut mit | | | Flüssigkeitsanlasser | | Stufen-oder Anlaß-schalter | Wider-stand |
| | Widerstand | | Anlaß-trans-formator | Elektroden und Behälter | Kurz-schluß-kontakt-stücke | | |
	mit Luft-kühlung	mit Öl-kühlung					
S 1	W 2	W 5	T 1 T 2 T 5	E 1	K 1	S 1	—
—	—	—	—	E 2	K 2	—	W 2 W 2t
S 3	W 2 W 3	W 5	T 2 T 5	E 3	K 3	S 3	W 3
S 3t	W 2t W 3t	W 5t	T 2t	—	—	S 3t	W 3t
S 4	W 2 W 2t W 3 W 3t W 4	W 5	T 3 T 4 T 5	—	—	S 4	—
S 5	—	W 5	T 5	E 2 E 3	K 5	S 5	W 5
S 6a S 6b	W 6b W 6c	W 6a	T 6a	E 2 E 3	K 6a	S 6a S 6b	W 6a W 6b W 6c

[8] S. S. 52 u. ff.

Hierin bedeuten:

S Stufen- oder Anlaßschalter,

W Widerstand,

T Anlaßtransformator,

E Elektroden bzw. Behälter des Flüssigkeitsanlassers,

K Kurzschlußkontaktstücke für Flüssigkeitsanlasser

und die Ziffern die Kennziffern der Schutzart nach § 7.

Beispiel: Anlasser mit Ölkühlung, Schutzart S 3 W 5, d. h. Stufenschalter nach Schutzart 3, Widerstand nach Schutzart 5.

Zu §§ 7 und 8. Für die Schutzarten der Anlaß- und Steuergeräte sind zwei Gesichtspunkte maßgebend: Schutz der Bedienung und Schutz der Geräte selbst.

Der Schutz der Bedienung vor den unmittelbaren Wirkungen des elektrischen Stromes wird durch Verhinderung der Berührung spannungführender Teile erreicht. Diese Bedingung erfüllen alle Schutzarten mit Ausnahme der offenen (1).

Die Schutzarten 3 bis 6 bewirken außerdem mittelbaren Schutz der Bedienung, indem sie Entzündungen brennbarer Stoffe verhindern.

Die Bauart „geschlossen" (3) vermeidet das Eindringen von Fremdkörpern, wie Putzlappen, Holzspäne, Strohhalme, Häcksel, Papierschnitzel und dergleichen, die durch Entzündung Feuersgefahr hervorrufen können.

Die Bauarten „gekapselt" (4) und „mit Ölschutz" (5) verhindern auch das Eindringen kleiner Fremdkörper, wie Sägemehl, Baumwollfasern, Staub und damit deren Entzündung.

Die allmähliche Ansammlung von explosiven Gasen im Inneren, wie sie infolge Atmens bei Temperatur- und Druckdifferenzen bei Aufstellung der Geräte in Räumen mit solchen Gasen eintritt, kann auch mit der Schutzart 4 auf die Dauer nicht verhindert werden; in solchen Fällen muß die Schutzart 5 oder 6 gewählt werden.

Der Schutz der Geräte selbst wird durch die Schutzarten 2 bis 5 ausreichend gewährleistet.

Die Bauart „geschützt" (2) verhindert Beschädigungen durch das vorübergehende oder dauernde Eindringen größerer Fremdkörper, wie z. B. Stangen, Drehspäne, Schrauben usw. Die weitergehenden Schutzarten, die das Eindringen auch kleinerer Fremdkörper verhindern, schützen die Geräte gegen Verschlechterung der Isolation durch Ablagerung von Staub, Wasser und dergleichen.

Die Abdeckungen sind als nicht entflammbar vorgesehen; Abdeckungen aus Pappe genügen dieser Forderung nicht. Die mechanische Festigkeit der Abdeckungen soll für den jeweiligen Verwendungzweck ausreichend sein.

Die „tropfwassersichere Ausführung (t)" ist nicht als besondere Schutzart aufgeführt worden, da sie für sich allein eine genügende Abdeckung der Geräte nicht gewährleistet. Sie ist absichtlich auf die Bauart „geschützt" und „geschlossen" beschränkt worden, weil sie einerseits bei der offenen Bauart praktisch insofern nicht in Anwendung kommt, als in Räumen, in denen Tropfwasser auftritt, offene Bauarten aus Sicherheitsgründen nicht zulässig sind, andererseits die Bauart „gekapselt" von selbst tropfwassersicher ist.

Bei der Bauart „mit Ölschutz" (5) ist die Tropfwassersicherheit durch die Bauart selbst nicht ohne weiteres gegeben. Es erscheint aber notwendig, das Ölbad vor dem Eindringen von Wasser zu schützen, weshalb Tropfwassersicherheit für die Schutzart 5 zu empfehlen ist.

Für Flüssigkeitsanlasser wird mitunter die Aufstellung in Räumen mit brennbaren Gasen unvermeidlich, so daß die Bildung von Funken in der Luft verhindert werden muß. Dieses kann dabei durch die Abdeckung allein nicht geschehen, sondern es muß neben der Anwendung des Ölbades für das Kurz-schlußkontaktstück dafür gesorgt werden, daß zwischen den Elektroden und der Flüssigkeit Lichtbogen nicht entstehen können, d. h. der Anlasser muß so gebaut sein, daß die Elektroden nicht aus der Flüssigkeit austauchen können.

Für die Auswahl geeigneter Schutzarten sind u. a. die Errichtungsvorschrif-ten, die Bestimmungen für elektrische Anlagen in der Landwirtschaft, die Vorschriften für Ausführung von Schlagwetter-Schutzvorrichtungen sowie die Vorschriften für elektrische Anlagen auf Handelschiffen zu beachten.

Beispielsweise sind je nach den Erfordernissen zu empfehlen:

In Metallbearbeitungswerkstätten die Schutzarten: 2, 3, 4,

in feuergefährlichen Betriebstätten und Lagerräumen, in denen leicht-entzündliche Gegenstände hergestellt oder angehäuft werden, z. B. Holz-bearbeitungswerkstätten, die Schutzarten 3, 4,

in Betriebstätten mit ätzenden Dünsten die Schutzarten 4 oder besser 5,

in feuergefährlichen Betriebstätten, in denen sich betriebsmäßig entzünd-liche Dämpfe und Gase bilden können, je nach der vorliegenden Betriebs-gefahr, die Schutzarten 4, 5, 6.

§ 9. Kühlungsarten für Anlasser.

1. Flüssigkeitsanlasser,
   a) mit Selbstkühlung,
   b) mit zusätzlicher Wasserkühlung.
2. Metallanlasser,
   a) mit Luftkühlung,
   b) mit Ölkühlung
   α) mit Selbstkühlung,
   β) mit Wasserkühlung,
   c) mit Sandkühlung.

§ 10. Betätigungsarten.

Unterschieden werden:
1. Handbetätigung, und zwar:
   a) unmittelbare Handbetätigung durch ein Bedienungteil,
   b) mittelbare Handbetätigung durch ein Getriebe oder Gestänge.
2. Elektrische Betätigung und zwar:
   a) Der Vorgang wird von Hand willkürlich eingeleitet und willkürlich unterbrochen.
   b) Der Vorgang wird von Hand willkürlich eingeleitet und selbsttätig vollendet.
   Bemerkung zu a) und b): Regler mit elektrischem Antrieb und Druckknopf-Betätigung.
   c) Der Vorgang wird selbsttätig eingeleitet und durchgeführt (Selbst-anlasser bzw. -regler).

Unmittelbare Handbetätigung ist der mittelbaren vorzuziehen. Mittelbare Handbetätigung wird verwendet, wenn mehrere Geräte von einer Betriebstelle aus betätigt werden müssen oder, wenn die Geräte infolge ihrer Bauart und Größe eine entfernte Aufstellung erfordern.

Langsam-Schaltung (Schneckenantrieb, ruckweise Schaltung) ist nur in solchen Fällen zu fordern, in denen durch unsachmäßige Bedienung das Auf-treten unzulässiger Stromstöße zu befürchten ist.

Elektrische Betätigung wird angewendet, wenn
a) die mechanische Verbindung zwischen dem Betätigungsorgan und dem
Gerät sich zu umständlich gestaltet oder
b) die Betätigung des Gerätes der Einwirkung des Bedienenden ganz oder
teilweise entzogen werden soll.

§ 11. Betätigungsinn.

Als Betätigungsinn gilt der Drehsinn, der eine Erhöhung der Drehzahl oder Spannung hervorruft; er wird auf die Bedienungseite bezogen.

§ 12. Anschlußarten.

Folgende Anschlußarten werden unterschieden:
A 1 Geeignet zum Anschluß von isolierten Leitungen in Isolierrohren oder
offen,
A 2 Geeignet zum Anschluß von Stahlpanzer- oder Gasrohren,
A 3 Geeignet zum Anschluß von Bleikabeln.

Bei den Schutzarten 2 bis 6 müssen Vorkehrungen zur geschützten
Einführung der Leitungen in das Gerät getroffen werden.

Für Handelschiffe soll die Anschlußart des Anlassers mit der des Motors
übereinstimmen.

III. Allgemeine Bestimmungen.

§ 13. Erwärmung.

Erwärmung ist der Unterschied zwischen der Temperatur des Geräteteiles und des umgebenden Kühlmittels (Luft oder Öl).

Unter der Voraussetzung, daß die Lufttemperatur nicht höher als 35^0 C
ist, darf die Erwärmung der Anlasser und Regler bei ordnungsgemäßer
Benutzung und unbehindertem Luftumlauf folgende Werte nicht überschreiten:

1. Widerstände mit Luftkühlung.
   Die Erwärmung soll, an der Austrittstelle der Luft gemessen, nicht
   höher als 175^0 C sein und keine Stelle des Gehäuses soll eine höhere
   Erwärmung als 125^0 C zeigen.
2. Widerstände mit Ölkühlung.
   Das Öl soll an der wärmsten Stelle zwischen den Widerstandselementen nicht mehr als 80^0 C Erwärmung zeigen.
3. Widerstände mit Sandkühlung.
   Der Sand soll zwischen den Widerstandselementen keine höhere
   Erwärmung als 150^0 C zeigen.
4. Wasserwiderstände mit Zusatz von Soda und dergleichen.
   Die Erwärmung des Elektrolyten soll 60^0 C nicht überschreiten.
5. Stufenschalter.
   Die Erwärmung der Kontaktstücke von Stufenschaltern in Luft
   soll an keiner Stelle 40^0 C bei geblätterten Bürsten und 60^0 C bei massiven feststehenden oder beweglichen Kontaktstücken überschreiten;
   solche unter Öl dürfen die für das Öl zulässige Erwärmung erreichen.

6. Magnetwicklungen.

Die Erwärmung der Magnetwicklungen richtet sich nach der Wärmebeständigkeit der Isolierstoffe; hierfür gilt folgende Tafel:

Werkstoff		Grenz-temperatur °C	Grenz-erwärmung °C
Faserstoff	ungetränkt	85	50
	getränkt oder in Füllmasse	95	60
Lackdraht		95	60
Blanker Draht		100	65

Für Magnetwicklungen unter Öl gilt die Erwärmungsvorschrift unter 2.

7. Für Hilfsmotoren und -transformatoren gelten die Bestimmungen
der R.E.M. bzw. R.E.T.

Die zugelassenen Erwärmungen werden durch Thermometer oder Thermoelemente gemessen.

Da die Erwärmung der einzelnen Widerstandstufen schwer zu messen ist,
soll bei luftgekühlten Widerständen die Temperatur der abstreichenden Luft
an ihrer Austrittstelle gemessen werden. Hierbei muß unter Umständen das
Thermometer in die Öffnungen der Abdeckung eingeführt werden.

Bei Anlassern mit Öl- oder Sandkühlung soll die Messung an der wärmsten
Stelle zwischen Widerstandselementen erfolgen, die bei Öl meistens in
etwa ⅔ der Höhe des Kühlmittels auftritt, während die Temperatur an der
Oberfläche und besonders am Gefäßboden stets erheblich niedriger, am Draht
selbst dagegen höher ist. Bei Anlassern mit Sandkühlung ist zu berücksichtigen,
daß die Wärmeaufnahmefähigkeit des Sandes viel geringer als die des Öles ist.

Bei Metallwiderständen ist darauf zu achten, daß die Verbindungsstellen der
Widerstandselemente untereinander und mit den Verbindungsleitungen der auf-
tretenden Temperatur widerstehen (Verschraubungen, schwer schmelzende
Lötungen, Schweißungen, Anbringung der Verbindungstellen an den kühlsten
Stellen des Widerstandskörpers).

Da die zulässige Erwärmung der Stufenschalter geringer als die der Widerstände ist, so ist durch genügenden Abstand dieser Schalter von dem Widerstandskörper oder durch andere Maßnahmen dafür zu sorgen, daß die Wärmeübertragung vom Widerstand zum Stufenschalter eingeschränkt wird. Dieses
gilt besonders für Feldregler und Regelanlasser.

§ 14. Nenn- und Betätigungsspannung.

Nennspannung ist die auf dem Gerät angegebene Spannung, für die es
verwendet werden soll.

Betätigungsspannung ist für elektrisch betätigte Geräte die Spannung,
die an den Klemmen des Gerätes herrscht, wenn der Betätigungstrom fließt.

Die Geräte müssen noch einwandfrei arbeiten, wenn die Betätigungspannung vom Nennwert um $\pm 10\%$ abweicht.

§ 15. Selbsttätige Auslösung.

1. Spannungrückgangsauslösung.

Das Gerät muß ausgelöst werden, wenn die Spannung auf 35% des
Nennwertes zurückgeht. Bei 70% des Nennwertes darf noch keine
Auslösung eintreten.

2. Überstromauslösung.

Die Auslösung muß innerhalb eines dem Verwendungzweck des Anlassers entsprechenden Bereiches einstellbar sein.

Anlasser mit den unter 1 genannten Auslösungen oder gleichwertige Anordnungen (Selbstschalter, Schütze u. dgl.) sind geeignet für Motoren, die in der Betriebstellung des Anlassers nicht anlaufen können und deren Anlaßvorrichtung während des Betriebes nicht dauernd überwacht wird.

§ 16. Kennzeichnung des Schaltweges.

Auf jedem Gerät (Anlasser, Anlaßschalter, Regler) sollen die Stellung, in der das Gerät eingeschaltet und die, in der es ausgeschaltet ist, sowie der Schaltweg deutlich gekennzeichnet sein, z. B. durch einen Kreisbogen

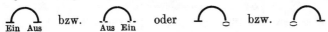

Bei Anlaßschaltern (z. B. Stern-Dreieck-Schaltern) ist außerdem die Anlaufstellung gegenüber der Betriebstellung zu kennzeichnen, z. B.

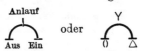

Bei Regelanlassern sind Anlaß- und Regelbereich zu kennzeichnen.

§ 17. Schaltfolge der Anlaßschalter.

Bei Anlaßschaltern, die außer der Ausschalt- und Betriebstellung noch eine Anlaufstellung haben, z. B. Stern-Dreieck-Schaltern und Anlaßtransformator-Schaltern für Kurzschlußmotoren, ist als Reihenfolge der Stellungen entweder

a) Aus — Anlauf — Ein oder
b) Anlauf — Aus — Ein zu wählen. Bei der Stellungsfolge b) sind Vorkehrungen empfehlenswert, die einen unmittelbaren Übergang von der Ausschalt- in die Betriebstellung verhüten.

IV. Sonderbestimmungen für Anlasser.

§ 18.

Stufen bedeuten Teile des Widerstandes, die beim Weiterbewegen des Kontaktkörpers jeweilig kurz geschlossen werden.

Stellungen sind die Ruhelagen des beweglichen Kontaktkörpers
(Zahl der Stellungen = Stufenzahl + 1).

Vorstufen sind die Stufen, auf denen der Strom den Anlaßspitzenstrom (vgl. § 19) nicht erreicht; solange sie eingeschaltet sind, braucht der Anlauf noch nicht stattzufinden.

Anlaßstufen sind die Stufen, deren aufeinanderfolgendes Kurzschließen den Anlauf herbeiführt.

§ 19.

Nennstrom I ist der Strom, den der Motor bei Vollast aufnimmt.
Einschaltstrom I_e ist der Strom auf der ersten (Vor-) Stellung.

Anlaß-Spitzenstrom I_2 ist der Stromstoß, der beim Kurzschließen einer Anlaßstufe auftritt.

Schaltstrom I_1 ist der Strom, bei dem das Weiterschalten erfolgen soll (vgl. die Diagramme am Kopf der Tafeln I und II).

Bei Drehstrom sind die Ständerströme mit großen, die Läuferströme mit kleinen Buchstaben zu bezeichnen.

Für die Messung der Anlaß- und Anlaßspitzenströme gilt die in den „Normalbedingungen für den Anschluß von Motoren an öffentliche Elektrizitätswerke" vorgeschriebene Meßmethode [9].

§ 20.

Als mittlerer Anlaßstrom I_m gilt:
$$I_m = \sqrt{\text{Schaltstrom} \cdot \text{Anlaßspitzenstrom}} = \sqrt{I_1 \cdot I_2}.$$

Die mittlere Anlaßaufnahme, in kW (bzw. in kVA), d. i. die dem Netz entnommene (Schein-) Leistung, ist das Produkt aus

$$\frac{\text{Nennspannung} \cdot \text{mittlerer Anlaßstrom}}{1000} = \frac{U \cdot I_m}{1000}.$$

Anlaßzeit t (in s) ist die Zeit, während der nur Anlaßstufen Strom führen.

Anlaßarbeit, in kWs (bzw. kVAs), ist das Produkt

$$\text{mittlere Anlaßaufnahme} \cdot \text{Anlaßzeit} = \frac{U \cdot I_m t}{1000}.$$

Die Formel $I_m = \sqrt{I_1 \cdot I_2}$ soll für Gleichstrom- wie für Drehstromanlasser angewendet werden gleichviel, ob bei diesen der Strom im Ständer oder Läufer festgestellt wird.

§ 21.

Anlaßzahl z ist die Zahl der hintereinander — mit einer Pause $= 2 \times$ Anlaßzeit — bis zum Erreichen der Endtemperatur zulässigen Anlaßvorgänge.

Anlaßhäufigkeit h ist die Zahl der stündlich in gleichmäßigen Abständen dauernd zulässigen Anlaßvorgänge.

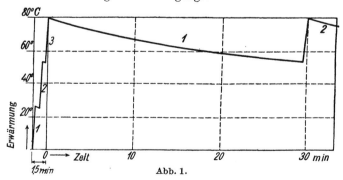

Abb. 1.

Die Prüfung wird zweckmäßig so vorgenommen, daß erst die Anlaßzahl und in unmittelbarem Anschluß daran die Anlaßhäufigkeit geprüft wird. Abb. 1 zeigt als Beispiel den Erwärmungsverlauf bei einem Anlasser mit einer Anlaßzahl $z = 3$ ($t = 14$ s) und einer Anlaßhäufigkeit $h = 2$ je h (Pause 30 min).

---

[9] S. S. 313 u. ff..

Additional material from Vorschriftenbuch des Verbandes Deutscher Elektrotechniker ISBN 978-3-662-27986-1 (978-3-662-27986-1_OSFO1), is available at http://extras.springer.com

§ 22.

Die Schwere des Anlaufes wird durch das Verhältnis

$$\frac{\text{Mittlere Anlaßaufnahme}}{\text{Leistungsaufnahme des Motors bei Vollast}} = \frac{U \cdot I_m}{U \cdot I} = \frac{I_m}{I}$$

gekennzeichnet.

Normalwerte dieses Verhältnisses $\frac{I_m}{I}$ sind:

Ausführung des Anlassers	Halblast-anlauf h-Anlauf	Vollast-anlauf v-Anlauf	Schwer-anlauf s-Anlauf
Flach- und Trommelbahnanlasser	0,65	1,3	1,7 .
Flüssigkeitsanlasser, Walzenbahnanlasser . . .	0,75	1,5	2,0

§ 23.

Als ordnungsmäßiger Anlaßvorgang gilt ein solcher, bei dem von einer Stellung auf die nächste weitergeschaltet wird, wenn der Strom mindestens auf den Schaltstrom I_1 des Anlassers gesunken ist.

§ 24.

Die Anlasser werden auf Grund folgender Angaben bewertet:
1. Nennleistung des Motors N und die ihr entsprechende Leistungsaufnahme $U I$,
2. Mittlere Anlaßaufnahme $U I_m$,
3. Anlaßzeit t,
4. Anlaßzahl z,
5. Anlaßhäufigkeit h,
6. Zulässige Belastung des Endkontaktstückes.

§ 25.

Für die Bemessung des Anlassers ist in erster Linie die für die Beschleunigung der anzutreibenden Maschinen erforderliche mittlere Anlaßaufnahme, also die Schwere des Anlaufes (siehe § 22) und die Anlaßzeit maßgebend.

Unter Berücksichtigung vorstehender Bestimmungen sind die in Tafel I und II enthaltenen Reihen von normalen Flachbahnanlassern für Gleichstrom und Drehstrom entwickelt.

Die Bestimmungen in Tafel I und II gelten nicht für Walzenbahnanlasser, Steuerschalter, Anlaßtransformator-Schalter usw. U. a. darf bei diesen die Anzahl der Anlaßstufen verringert und der Einschalt- und Anlaß-Spitzenstrom entsprechend erhöht werden.

Zu Tafel I, Gleichstromanlasser.

Für die Bemessung des Anlassers ist der mittlere Anlaßstrom I_m bzw. die mittlere Anlaßaufnahme $U I_m$ maßgebend. Zur Bestimmung des Anlaß-Spitzenstromes I_2 und des Schaltstromes I_1 sind die Verhältnisse von I_2 oder I_1 zum mittleren Anlaßstrom I_m oder zum Nennstrom I des Motors bei Vollast unter Berücksichtigung der Stufenzahl m und des Ankerwiderstandes R (einschließlich des Widerstandes der Zuleitungen) festgelegt. Diese Werte werden der Rechnung am besten zugänglich, wenn man den mittleren Anlaßstrom

$$I_m = \sqrt{I_1 I_2} \quad \text{oder} \quad \frac{I_2}{I_m} = \frac{I_m}{I_1} = \sqrt{\lambda} \quad \left(\text{worin } \lambda = \frac{I_2}{I_1} \right)$$

setzt. Drückt man ferner den Spannungverlust im Anker + Zuleitungen in Prozenten (p) der Netzspannung aus und setzt den Ankerwiderstand

$$R = \frac{p}{100} \cdot \frac{U}{I} \quad \text{oder} \quad p = 100 \cdot \frac{RI}{U},$$

so ergibt sich

$$\sqrt{\lambda} = \frac{I_2}{I_m} = \frac{I_m}{I_1} = \left(\frac{100}{p} \cdot \frac{I}{I_m}\right)^{\frac{1}{2m+1}};$$

$$\frac{I_2}{I} = \frac{I_m}{I}\left(\frac{100}{p} \cdot \frac{I}{I_m}\right)^{\frac{1}{2m+1}};$$

$$\lambda = \frac{I_2}{I_1} = \left(\frac{100}{p} \cdot \frac{I}{I_m}\right)^{\frac{1}{m+0,5}}.$$

Hierin bedeutet $\dfrac{I_m}{I} = \dfrac{\text{Mittlere Anlaßaufnahme}}{\text{Aufnahme des Motors bei Vollast}}$

das Verhältnis, das die Schwere des Anlaufes darstellt (siehe § 22).

In der Tafel ist der in der Praxis besonders häufige Anlauf mit Vollast (und Halblast) besonders berücksichtigt; für die Nennleistungen des Motors und die Normalspannungen 110, 220, 440 V bei Gleichstrom sind die Ströme I, I_m, I_1, I_2 berechnet. Für Anlaufverhältnisse, die zwischen diesen Normalwerten liegen, z. B. Dreiviertellast, sind passende Anlasser aus den Normalreihen zu wählen.

Es empfiehlt sich, bei größeren Anlassern (etwa über 10 kW) in den Betriebsanweisungen den Schaltstrom und seine Bedeutung anzugeben oder die Bestimmung aufzunehmen, daß erst dann weitergeschaltet werden darf, wenn der Strom auf der betreffenden Stufe nicht mehr merklich sinkt.

Die Abstufung der Leistungen der Anlasser mit Ölkühlung ist mit dem Verhältnis 1 : 2 festgesetzt. Dadurch kann der gleiche Stufenschalter bei 220 V für die doppelte Leistung wie bei 110 V benutzt werden und entsprechend bei 440 bzw. 220 V. Die Endkontaktstücke werden vorteilhaft, soweit nicht die Stromstärken zu groß werden (bei 110 V), für den doppelten Nennstrom des Anlassers bemessen, damit die gleichen Anlasser für die doppelte Motorleistung bei Halblast benutzt werden können.

Bei Anlassern mit Luftkühlung ist die Zahl der Modelle verdoppelt entsprechend einer Leistungsabstufung 1 : $\sqrt{2}$.

Bei der Stempelung des Anlassers ist zur Erleichterung der Auswahl nicht die mittlere Anlaßaufnahme, sondern die in Reihe 1 und 2 der Tafeln I und II angegebene Nennleistung des Motors zugrunde zu legen, wobei noch die doppelten Leistungen für Halblast gestempelt werden können.

Die Aufnahme des Motors ist unter Berücksichtigung des voraussichtlichen ungünstigsten Wirkungsgrades $\eta_{\min}$ festgelegt. Bei der Bestimmung des Ankerwiderstandes wurde angenommen, daß ⅔ der Gesamtverluste auf den Anker + Zuleitungen entfallen.

Die mittlere Anlaßaufnahme bei Vollastanlauf, die die Grundlage für die Bestimmung der Anlasser ist, ist gemäß § 22 zu 1,3 × Leistungsaufnahme des Motors angenommen. Wenn die erforderliche Anlaßleistung nicht mit einem Tafelwert übereinstimmt, so ist der nächstgrößere Anlasser zu wählen; die dadurch bedingten größeren Spitzenströme sind zuzulassen.

Für die Bestimmung der Anlaßzeit wurde die empirische Formel

$$t = 4 + 2\sqrt{N}$$

(N ist die Motorleistung in kW) benutzt. Über 200 kW hinaus ist die Formel nicht zu empfehlen. Da die Anlasser ein mehrmaliges Anlassen kurz nacheinander gestatten, so genügen sie auch zur Beschleunigung größerer Schwungmassen bei einmaligem Anlassen. Bei Antrieben mit außergewöhnlich großen Schwungmassen ist die erforderliche Anlaßzeit rechnerisch zu ermitteln.

Additional material from Vorschriftenbuch des Verbandes Deutscher Elektrotechniker ISBN 978-3-662-27986-1 (978-3-662-27986-1_OSFO2), is available at http://extras.springer.com

Die Anlaßzeit und die Anlaßhäufigkeit beruhen auf Erfahrungswerten. Die Anzahl der Anlaßstufen ist so gewählt, daß der Schaltstrom wenig höher als der Nennstrom liegt.

Zu Tafel II, Drehstromanlasser.

Die Leistungsabstufung der Anlasser, die mittlere Anlaßaufnahme, die Anlaßzeit, die Anlaßzahl, die Anlaßhäufigkeit und die Anlaßarbeit sind gleich denen für Gleichstromanlasser eingesetzt. Für die Abschaltung der Widerstandstufen in den drei Läuferkreisen nacheinander — als „uvw-Schaltung" bezeichnet — ist die Anzahl der Vor- und Anlaßstufen geringer gewählt als bei gleichzeitiger Abschaltung, da sich bei dieser Anordnung nahezu die 3-fache Zahl von Stellungen ergibt. Anlasser für zweiphasige Läufer sind nicht genormt.

Für die Herstellung der Anlasser kommen je nach Größe der Läuferspannung verschiedene Widerstandsbezüge in Frage. Zu deren Normung ist für die

Werte $\dfrac{u}{i} = \dfrac{\text{Läuferspannung}}{\text{Läuferstrom}}$ (u = Läuferspannung zwischen zwei Schleifringen),

eine Normalreihe 1,0; 1,8; 3,2; 5,6 aufgestellt, die unter 1,0 und über 10 entsprechend den Bedürfnissen erweitert ist. Als zulässig ist zu erachten, daß z. B. ein Anlasser, der für das Verhältnis $\dfrac{u}{i} = 10$ berechnet ist, für $\dfrac{u}{i}$ Werte des Motors zwischen 7,5 und 13 benutzt wird, wobei die auftretenden Spitzenströme um 25% höher bzw. um 30% niedriger werden. Tatsächlich werden höhere Stromsp zen meistens nicht auftreten, da die Vorstufen z. T. als Anlaßstufen wirken.

Um die Auswahl der Anlasser zu erleichtern, sind die Grenzen der Läuferspannungen und -ströme in den einzelnen Feldern der Tafel angegeben. Die Felder sind aber nur ausgefüllt, die für die genormten Grenzen der Läuferspannungen der Drehstrommotoren nach DIN VDE 2651 in Frage kommen. Für anormale Läuferspannungen sind die Anlasser unter sinngemäßer Erweiterung der Tafel zu bestimmen.

V. Sonderbestimmungen für Regelanlasser.

§ 26.

Grunddrehzahl ist die Drehzahl des Motors bei kurzgeschlossenem Regler.

Regelbereich ist der Drehzahlbereich von der Grunddrehzahl bis zu der (durch den Regler herstellbaren) höchsten oder niedrigsten Grenzdrehzahl. Er wird ausgedrückt, indem die Grunddrehzahl mit 100% bezeichnet und die Abweichungen von ihr in Prozenten der Grunddrehzahl angegeben werden, z. B. — 25% (bei Hauptstromregelung) oder + 200% (bei Feldschwächung).

§ 27.

Die Arbeitscharakteristik, d. i. die Drehmoment-Drehzahllinie, stellt die Abhängigkeit zwischen Drehmoment und Drehzahl im Regelbereich dar.

Folgende Hauptarten der Drehzahlregelung werden unterschieden:
1. Bei gleichbleibendem Drehmoment. Das Drehmoment ist unabhängig von der Drehzahl (z. B. Kolbenpumpe).
2. Bei gleichbleibender Leistung. Das Produkt Drehmoment × Drehzahl ist unabhängig von der Drehzahl (z. B. Drehbank).
3. Bei quadratisch mit der Drehzahl steigendem Drehmoment (z. B. Ventilator).

§ 28.

Bei allen Reglern wird Dauereinschaltung angenommen. Verträgt der Regler nur kurzzeitige Beanspruchung, so ist er entsprechend zu kennzeichnen. Für Feldregelung sind jedoch solche Regler unzulässig.

§ 29.

Drehzahlfeldregler für Gleichstrom-Nebenschlußmotoren dürfen nicht ausschaltbar sein.

§ 30.

Bei Antrieben mit gleichbleibendem Drehmoment (§ 27, Ziffer 1) oder mit gleichbleibender Leistung (§ 27, Ziffer 2) gelten als normale Regelbereiche:

1. Für Drehzahl-Verminderung bei Nennstrom, d. h. bei normalem Drehmoment, durch Hauptstrom-Regelanlasser:

$$-25\%, \quad -50\% \quad \text{und} \quad -75\%.$$

2. Für Drehzahl-Erhöhung durch Drehzahlfeldregler oder Feldregelanlassern (§ 27, Ziffer 1 und 2):

$$+15\%, \quad +50\%, \quad +100\% \quad \text{und} \quad +200\%.$$

3. Für Drehzahl-Verminderung und -Erhöhung durch Haupt- und Feld-Regelanlasser:

$$+ 15\% \text{ neben} -25\% \text{ bzw. } -50\% \text{ und } -75\%$$
$$+ 50\% \quad ,, \quad -25\%$$
$$+100\% \quad ,, \quad -25\%$$
$$+200\% \quad ,, \quad -25\%.$$

§ 31.

Bei mit steigender Drehzahl wachsendem Drehmoment (§ 27, Ziffer 3) gelten als normale Regelbereiche für Drehzahl-Verminderung und -Erhöhung durch Haupt- und Feldregler:

$$+15\% \text{ neben} -10\%, \quad -25\%, \quad -50\%.$$

§ 32.

Bei Drehzahl-Verminderung durch Hauptstromregler ist zu beachten, daß der Regelbereich in hohem Maße von der Belastung (d. h. dem Drehmoment) abhängt und z. B. schon bei ¾ Drehmoment

$$\text{von} -25 \text{ auf} -19\%,$$
$$,, \quad -50 \quad ,, \quad -37\% \text{ und}$$
$$,, \quad -75 \quad ,, \quad -56\% \text{ fällt.}$$

Daher ist zur Berechnung des Reglers außer der Arbeitscharakteristik nach § 27 die Kenntnis des Drehmomentes bei einer bestimmten Drehzahl erforderlich. Wenn nichts anderes angegeben, wird das Drehmoment auf die Grunddrehzahl des Motors (100%) bezogen.

Zu §§ 26 bis 32. Bei Drehzahlreglern sind zu unterscheiden: die Hauptstrom-Regelanlasser zur Drehzahl-Verminderung durch Spannungvernichtung in Vorschaltwiderständen (bei Gleichstrommotoren) bzw. in Läufer-widerständen (bei Drehstrommotoren mit Schleifringen) und die Drehzahl-feldregler oder Feldregelanlasser zur Drehzahl-Erhöhung durch Feldänderung (bei Gleichstrom-Nebenschlußmotoren).

Bei der Drehzahl-Erhöhung durch Feldschwächung ist die Drehzahl nahezu unabhängig von dem erforderlichen Drehmoment der anzutreibenden Maschine, bei der Drehzahl-Verminderung durch Hauptstromregler ist sie dagegen vom Drehmoment stark abhängig. Daher muß bei Drehzahl-Ver-minderung für jede Drehzahl das Drehmoment genau bekannt sein. Die dabei vom Motor abgegebene Leistung (proportional dem Produkt aus Drehzahl und Drehmoment) ist sehr verschieden. Daher ist die Nennleistung des Motors für die Bestimmung des Reglers nicht maßgebend. Außerdem gibt die Angabe der Nennleistung oft zu Mißverständnissen Anlaß, wenn die abgegebene oder die dem Netz entnommene Leistung verwechselt wird. Eindeutig bestimmt ist der Regler dagegen, wenn für jede Drehzahl das erforderliche Drehmoment, d. h. die Drehmoment-Drehzahllinie angegeben ist. In der Praxis kommen zumeist die in § 27 aufgezählten drei Belastungsfälle in Frage. Für diese ge-nügt es, den Belastungsfall durch die Ziffern 1, 2 oder 3 gemäß § 27 (a, b oder c) zu kennzeichnen, wobei nur das für den Antrieb erforderliche Drehmoment bei der Grunddrehzahl hinzuzufügen ist. Ist für diese Grunddrehzahl die ab-gegebene Leistung bekannt, so kann daraus auch das Drehmoment

$$M \text{ (in mkg)} = 973 \, \frac{N}{n} \quad (N \text{ in kW})$$

oder

$$M \text{ (in mkg)} = 716 \, \frac{N}{n} \quad (N \text{ in PS})$$

berechnet werden. Sowohl für Drehzahl-Verminderung wie -Erhöhung sind normale Bereiche festgelegt, um die Zahl der Reglermodelle nach Möglichkeit einzuschränken.

VI. Sonderbestimmungen für Anlaßgeräte mit Ölfüllung.

§ 33.

Die folgenden Bestimmungen gelten für

1. Flachbahn- und Trommelbahn-Anlasser mit Ölkühlung für Gleich- und Wechselstrom,
2. Walzenbahn-Anlasser mit Ölkühlung für Gleich- und Wechselstrom,
3. Steuerschalter unter Öl für Wechselstrom,
4. Schütze unter Öl für Gleich- und Wechselstrom,
5. Anlaßtransformator-Schalter unter Öl.

Bei diesen Geräten können entweder die Kontaktstücke oder die Wider-stände und Wicklungen oder beide unter Öl liegen.

Für ihre Ausführung muß ferner berücksichtigt werden, ob sie ortsfest[10] oder ortsveränderlich[10] eingebaut werden sollen.

§ 34.

Die vorstehend unter § 33 genannten Geräte mit Ölfüllung sind mit einer Einrichtung zu versehen, die das Vorhandensein des normalen Ölstandes erkennen läßt; sie dürfen nur bei genügendem Ölstand bedient werden.

Als Ölfüllung dient harz- und säurefreies Mineralöl.

---

[10] Vgl. Errichtungsvorschriften (s. S. 1 u. ff.).

§ 35.

Widerstände und Wicklungen müssen, wenn sie unter Öl getaucht sind, bei Geräten bis 25 kW mindestens 2 cm, über 25 kW mindestens 3 cm unter dem Ölspiegel liegen, bezogen auf eine Öltemperatur von 20° C.

§ 36.

Die Unterbrechungstellen von Kontaktstücken unter Öl müssen so tief unter dem Ölspiegel liegen, daß bei der größten, betriebsmäßig vorkommenden Abschaltleistung keine Zündung über dem Ölspiegel eintreten kann.

Da die Geräte unter § 33 die am Aufstellungsort auftretende Kurzschlußleistung nicht abzuschalten brauchen (siehe § 53), sind sie den Bestimmungen der R.E.S./1928 und der „Regeln für die Konstruktion, Prüfung und Verwendung von Wechselstrom-Hochspannunggeräten für Schaltanlagen R.E.H./1928"[11] nicht unterworfen. Für sie gelten die in Tafel III angegebenen lichten Maße spannungführender blanker Teile an der ungünstigsten Stelle in mm.

Luft- und Ölstrecken werden geradlinig gemessen, Kriechstrecken entlang der Oberfläche.

In der Tafel bezeichnet

Maß *k*

1. die Kriechstrecke gegen Erde,
2. die Kriechstrecke verschiedener Phasen   } in Luft
   oder Pole gegeneinander

Maß *l*

1. den Abstand gegen Erde,
2. den Abstand verschiedener Phasen oder   } in Luft
   Pole gegeneinander

   Bei hochwertig isolierten Leitungen brauchen diese Maße nicht eingehalten zu werden.

Maß *b*

1. den Abstand gegen Erde,
2. den Abstand verschiedener Phasen oder   } in Öl
   Pole gegeneinander

   Das Maß *b* gilt nicht für außerhalb des Wirkungsbereiches des Lichtbogns sonst noch im Ölbade befindliche spannungführende Teile, z. B. Verbindungsleitungen, Widerstände, Stromwandler.

Maß *c*

den Abstand der Unterbrechungstelle an den   } in Öl
feststehenden Kontakten von der Oberfläche

   Die Maße gelten nicht für Teile bei Gleich- und Wechselstromgeräten, die nur vorübergehend Spannungsunterschiede gegeneinander aufweisen, insbesondere nicht für die Läuferstromkreise von Drehstrommotoren.

---

[11] S. S. 568 u. ff.

Tafel III.

Maß in mm	Nennspannung in V					
	250	550	1000	3000	6000	10000
k	10^{12}	12^{12}	—	—	—	—
l	7^{12}	10^{12}	40	75	100	125
b	7	10	12	23	40	60
c	12^{12}	20^{12}	25^{12}	40^{12}	70	100

Wenn die unter § 33, Ziffer 2 bis 5 genannten Geräte für aussetzenden Betrieb benutzt werden, so sind die R.A.B./1927 zu beachten.

§ 37.

Die in §§ 35 und 36 angegebenen Maße müssen auch bei ortsveränderlichen Geräten im Betriebzustand und bei ortsfest eingebauten Geräten, die sich während des Betriebes in Bewegung befinden, eingehalten werden[13]. Derartig benutzte Geräte müssen gegen Verlust von Öl infolge der Bewegung ausreichend geschützt sein.

Die Geräte sind normal für eine größte Schräglage von mindestens 8 cm auf 100 cm (4,5°) auszuführen.

Größere Schräglagen sind besonders zu berücksichtigen, z. B. bei Schiffen, bei denen eine vorübergehende Schräglage von 30° und eine dauernde von 10° anzunehmen ist gemäß den „Vorschriften für die Einrichtung und den Betrieb elektrischer Anlagen auf Handelschiffen" des Handelschiff-Normenausschusses.

§ 38.

Für Anlaßtransformator-Schalter gelten die Bestimmungen §§ 34 bis 37. Wenn sie mit Stromunterbrechung arbeiten, sollen sie Einrichtungen besitzen, die einen unmittelbaren Übergang von der Nullstellung in die Betriebstellung sowie ein langsames Überschalten von der Anlaßstellung in die Betriebstellung verhüten.

VII. Sonderbestimmungen für Spannungregler.

§ 39.

Nach der Betätigungsart werden Handregler und Selbstregler unterschieden. Als Selbstregler gelten:
1. Trägregler,
2. Eilregler,
3. Schnellregler.

Je nach dem Zweck der Regelung werden unterschieden:
a) Regler für Gleichhaltung der Spannung,
b) Regler für Veränderung der Spannung (z. B. für Lade- und Zusatzmaschinen),
c) Regler für mit der Stromstärke veränderliche Spannung.

---

[12] Für schlagwetter- und explosionsgefährliche Räume sind bei 250 und 550 V Maß k und l zu verdoppeln; Maß c darf 50 mm nicht unterschreiten. Berücksichtigung einer etwaigen Schräglage wird für ortsfeste Anlagen hierbei nicht gefordert.

[13] Geräte, die nach gelegentlicher Ortsveränderung fest aufgestellt oder erst nach der Ortsveränderung mit Öl gefüllt werden, sind wie ortsfeste Geräte zu behandeln.

§ 40.

Wenn Spannungregler für Generatoren ausschaltbar sind, so müssen
sie bei Erregerspannungen von 50 V an mit Einrichtungen versehen sein,
die ein Unterbrechen des Feldstromes ohne Gefahr für die Feldwicklungen
der zu regelnden Maschine oder für den Regler selbst gestatten (z. B. durch
Kurzschließen des Feldes vor dem Ausschalten).

§ 41.

Spannungregler für Gleichhaltung der Spannung müssen bei
unveränderter oder um 10% erhöhter Drehzahl und kalter Magnetwicklung
die Spannung zwischen Vollast und Leerlauf gleichhalten können.

Bei Generatoren mit Fremderregung von 100 kW bzw. kVA aufwärts
muß die Spannung außerdem unter den gleichen Bedingungen bei Leerlauf vorübergehend um 50% vermindert werden können.

§ 42.

Als normale Regelgenauigkeit gelten folgende Abweichungen von
der Nennspannung:

	Bis 100 kW	Über 100 kW
Für Gleichstrom-Nebenschlußgeneratoren	± 2%	± 1%
Für Wechselstromgeneratoren mit Regelung in der Haupt-erregung	± 2%	± 1%
Für Wechselstromgeneratoren mit Regelung im Feld der Erregermaschine:		
bei Selbsterregung der Erregermaschine	± 3%	± 2%
bei Fremderregung der Erregermaschine	± 2%	± 1%

Bei Selbstreglern gelten diese Werte nur für die Einstellung nach Beendigung des Regelvorganges.

§ 43.

Regelgeschwindigkeit der Selbstregler.

Bei Träg- und Eilreglern darf die Regelgeschwindigkeit einen gewissen
Höchstbetrag nicht überschreiten, um Überregeln zu vermeiden. Als Mittelwert für Durchlaufen des gesamten Regelbereiches gelten

bei Trägreglern etwa 45 s

und bei Eilreglern etwa 10 s.

VIII. Schaltung und Klemmenbezeichnung.

§ 44.

Alle nicht spannungführenden, der Berührung zugänglichen Metallteile
müssen untereinander dauernd leitend verbunden und mit einem gemeinsamen Erdungsanschluß versehen sein, damit die Geräte nach den „Vorschriften für die Errichtung und den Betrieb elektrischer Starkstromanlagen"
geerdet werden können.

Erdungschrauben müssen aus nicht rostendem Werkstoff, z. B. Messing,
bestehen. Anschlußstellen müssen metallisch blank sein. An kleineren

Geräten muß der Durchmesser der Erdungschraube mindestens 6 mm, an Geräten von 600 A aufwärts mindestens 12 mm sein.

Die Anschlußstelle der Erdzuleitung soll als solche gekennzeichnet („Erde", Ⓔ oder ⏚) sein.

§ 45.

Die Anschlußklemmen der Geräte für die Netz- und Motorverbindungen müssen entsprechend den „Normen für die Bezeichnung von Klemmen bei Maschinen, Anlassern, Reglern und Transformatoren"[14] kenntlich gemacht werden.

Sind Widerstand und Stufenschalter getrennt, so sind die zusammengehörenden Anschlußklemmen beider mit gleichen arabischen Ziffern zu bezeichnen.

§ 46.

Jedem Gerät ist ein Schaltungsbild mitzugeben, aus dem sich die Anschlüsse und die innere Schaltung erkennen lassen.

Es empfiehlt sich, dieses Schaltungsbild fest mit dem Gerät zu verbinden.

§ 47.

Bei Anlassern für Gleichstrom-Nebenschlußmotoren ist dafür zu sorgen, daß beim Ausschalten der Induktionsstrom der Nebenschlußwicklung über den Anker oder geeignete Nebenschlußwiderstände verlaufen kann. Der höchstzulässige Widerstandswert für diese ist bei 440 V der 5-fache, bei 110 und 220 V der 10-fache Widerstandswert der Nebenschlußwicklung.

§ 48.

Die Läuferanlasser der Einphasen- und Drehstrommotoren müssen so gebaut sein, daß sie die Läuferkreise nicht unterbrechen können.

Um Bedienungsfehlern vorzubeugen, empfiehlt es sich, in Betrieben mit weniger geschultem Personal den Ständerschalter und Läuferanlasser mechanisch oder elektrisch (z. B. durch Schütze) zu kuppeln.

Wenn sich aus wirtschaftlichen oder baulichen Gründen (z. B. bei Anlassern für Hochspannung-Motoren) diese Forderung schwer erfüllen läßt, so empfiehlt es sich, in der Nähe des Ständerschalters eine Betriebsanweisung folgenden Inhaltes anzubringen:

„Nach Einschalten des Ständerschalters ist sofort der Läuferanlasser — stufenweise — in die Betriebstellung zu bringen. Beim Stillsetzen des Motors müssen Ständerschalter und Läuferanlasser unmittelbar hintereinander ausgeschaltet werden."

Läuferanlasser mit selbsttätiger Rückstellung, aber nicht selbsttätiger Wiedereinschaltung müssen den Ständerschalter ebenfalls zur Ausschaltung bringen.

IX. Schild.

§ 49. Allgemeine Angaben.

Anlasser, Anlaßschalter, Anlaßtransformator-Schalter, Regler, Schütze und elektromagnetisch betätigte Wächter müssen ein Leistungsschild tragen, auf dem die nachstehend aufgezählten allgemeinen und die in § 50 zusammengestellten zusätzlichen Angaben deutlich lesbar und in haltbarer Weise angebracht sind.

---

[14] S. S. 306 u. ff.

Das Leistungschild soll so angebracht sein, daß es auch im Betriebe bequem abgelesen werden kann. Der Verwendungzweck des Gerätes braucht nicht verzeichnet zu werden.

Die allgemeinen Angaben sind:

1. Hersteller oder dessen Firmenzeichen (falls diese Angaben nicht auf einem besonderen Firmenschild angebracht sind),
2. Modellbezeichnung oder Listennummer,
3. Fertigungsnummer (kann bei Massenerzeugnissen fortfallen).

§ 50. Zusätzliche Angaben.

Die zusätzlichen Angaben auf dem Leistungschild für die einzelnen Gerätearten sind:

1. Anlasser (mit Ausnahme von Drehstrom-Ständeranlassern)
   a) der entsprechende Wert der Reihe 1 aus Tafel I oder II (Gleichstrom G, Einphasenstrom E, Drehstrom D),
   b) die Vollbelastung ($1/_1$), unter Umständen daneben die Halbbelastung ($1/_2$), z. B. $G L \, 1/_1$ 4,4 kW, $1/_2$ 8,8 kW oder eine beliebige Unterbelastung, z. B. $3/_4$ 5,9 kW,
   c) bei Gleichstromanlassern die Netzspannung U (V), bei Einphasen- und Drehstromanlassern für Schleifringmotoren der zulässige Läuferstrom i (A) sowie der niedrigste und höchste Wert des Verhältnisses $\dfrac{u}{i} = \dfrac{\text{Läuferspannung}}{\text{Läuferstrom}}$, z. B. 13—24.

   Ist mit dem Anlasser ein Ständerschalter verbunden, so ist auch die höchstzulässige Netzspannung U (V) und der höchstzulässige Ständerstrom I (A) anzugeben.

2. Anlaßschalter und Anlaßtransformator-Schalter:
   a) Stromart (G bzw. E oder D),
   b) Leistung des größten zulässigen Motors (kW),

3. Nebenschlußregler:
   a) Grenzwerte des regelbaren Stromes (A),
   b) die Ohmzahl der Regelstufen ($\varOmega$),
      wobei die Ohmzahl etwaiger Vorstufen in Klammern davor und die eines festen Vorschaltwiderstandes mit $+$ Zeichen dahinter zu setzen ist, z. B.

      $$5{,}5 - 11 \, A$$
      $$(25) \; 10 + 5 \, \varOmega.$$

4. Schütze bzw. Schützensteuerungen:
   a) Stromart (G bzw. E oder D),
   b) Nennstromstärke (A) der Hauptkontaktstücke für aussetzenden Betrieb (a) bzw. für Dauerbetrieb (d),
   c) Nennspannung (V), nach Bedarf getrennt für Hauptkontaktstücke und Erregerwicklung einschließlich etwaiger Vorschaltwiderstände.

5. Wächter:
   a) Spannungwächter Stromart (G bzw. E oder D) und Spannung (V),
   b) Stromwächter Stromart (G bzw. E oder D) und Stromstärke (A).

X. Isolierfestigkeit.

§ 51.

Die Spannungprobe der Anlasser und Regler hat den Zweck, die Isolierfestigkeit aller voneinander isolierten Teile des Gerätes einschließlich der
Wicklungen zu erproben; sie erfolgt bei Raumtemperatur und besteht darin,
daß die beiden Pole einer Prüfstromquelle an die zu erprobende Isolation
gelegt werden und zwar:

a) ein Pol an die untereinander verbundenen Klemmen, der andere an das
metallene Bedienungsteil oder an eine Stanniolumwicklung des isolierten
Bedienungsteiles,

b) ein Pol an die untereinander verbundenen Klemmen, der andere an die
zur Erdung bestimmte Klemme und an sämtliche von außen zugänglichen Metallteile. Vorher ist die leitende Verbindung aller von außen
zugänglichen Metallteile sowie der Achse mit der Erdungschraube
mittels Niederspannung festzustellen (siehe auch Bauregeln). Diese
Bestimmung gilt nicht für Geräte, bei denen sämtliche Metallteile durch
Isolierstoff abgedeckt sind.

Die Prüfspannung soll eine praktisch sinusförmige Wechselspannung
von der Frequenz 50 Per/s sein; sie wird allmählich auf die nachstehend
angegebenen Werte gesteigert und diese werden während 1 min eingehalten:

Nennspannung V   440   750   1100   3000   6000   10000
Prüfspannung V   2000   2500   5000   26000   33000   42000

Angebaute Hilfsmotoren sind nach den R.E.M./1923 1 min lang zu
prüfen, und zwar Maschinen mit einer Nennleistung kleiner als 1 kW mit
der Spannung 2 U + 500, also

Nennspannung V   110   220   440   550
Prüfspannung V   720   940   1380   1600 und

Maschinen mit einer Nennleistung von 1 kW an bis zu einer Spannung
von 1000 V mit der Spannung 2 U + 1000, also

Nennspannung V   110   220   440   550   750
Prüfspannung V   1220   1440   1880   2100   2500.

Meßgeräte sind nach den „Regeln für Meßgeräte"[15] zu prüfen: hiernach
werden Meßgeräte, die nicht an Meßwandler angeschlossen sind, bei einer
Höchstspannung gegen Gehäuse von 101 bis 650 V mit 2000 V 1 min lang
geprüft.

Die Spannungprobe gilt als bestanden, wenn kein Durch- oder Überschlag eintritt und sich die Isolierstoffe nicht merklich erwärmen.

XI. Bauregeln.

§ 52.

Die „Vorschriften für die Errichtung und den Betrieb elektrischer
Starkstromanlagen" über Ausschalter, Umschalter, Anlasser und Widerstände sind zu beachten.

---

[15] S. S. 367 u. ff.

§ 53.

1. Geräte, an denen Stromunterbrechungen vorkommen, müssen so gebaut sein, daß bei ordnungsgemäßer Bedienung kein Lichtbogen an ihren Kontaktstücken bestehen bleibt. Die Ausschaltung der an ihrem Aufstellungsort auftretenden Kurzschlußleistung wird von ihnen nicht verlangt. Für Gleichstrom wird die Möglichkeit der Ausschaltung des stillstehenden Motors durch den Anlasser nur bei Flüssigkeitsanlassern und Anlaßwalzen mit Luftkühlung sowie sämtlichen Anlaßgeräten mit Schaltkontakten unter Öl gefordert.

2. Die Kontaktbahn muß mit einer nicht entflammbaren, zuverlässig befestigten Abdeckung versehen sein; diese darf keine Öffnungen (Schlitze) enthalten, die eine unbeabsichtigte Berührung spannungführender Teile zulassen (Ausnahmen für elektrische Betriebsräume siehe Errichtungsvorschriften). Die Anschlußstellen müssen gegen zufällige Berührung geschützt sein (Ausnahmen siehe § 7).

§ 54.

Bei Geräten mit Handbetätigung darf die Achse der Betätigungsvorrichtung nicht spannungführend sein. Sie muß mit dem Gehäuse leitend verbunden sein, sofern dieses aus Metall besteht.

§ 55.

Anlasser müssen derart gebaut sein, daß die Widerstände (Spiralen, Bleche usw.) bei den betriebsmäßigen Beanspruchungen nicht mit Metallteilen des Gehäuses oder miteinander in Berührung kommen können. Hierbei sind Größe des Anlaßstromes, Dauer und Häufigkeit des Anlassens besonders zu berücksichtigen.

§ 56.

1. Alle Verbindungsleitungen sind so zu verlegen, daß sie bei den im Betriebe auftretenden Erschütterungen ihre Lage nicht verändern.

2. Verbindungsleitungen mit nicht feuchtigkeitsicherer Isolierung dürfen nicht mit dem Gehäuse in Berührung kommen.

3. Verbindungsleitungen mit nicht wärmebeständiger Isolierung müssen einer schädlichen Einwirkung durch die im Gerät entwickelte Wärme entzogen sein.

4. Blanke Verbindungsleitungen sind mit den erforderlichen Abständen derart zu verlegen, daß eine Berührung mit dem Gehäuse oder anderen Teilen sicher verhindert wird.

§ 57.

Die Widerstandsleiter müssen von wärme- und feuersicherer Unterlage getragen sein. Falls diese nicht feuchtigkeitsicher ist, muß sie noch besonders vom Gehäuse isoliert sein.

§ 58.

Schrauben, die Kontakte vermitteln, müssen in metallenem Muttergewinde gehen. Klemmkontakte dürfen nicht unter Vermittlung von Isolierstoff hergestellt werden, sofern nicht durch geeignete Maßnahmen ein dauernd genügender Kontaktdruck aufrecht erhalten wird.

XII. Widerstandsbaustoff für Anlasser und Regler.

§ 59.

Als normale gezogene Widerstandsbaustoffe gelten:

1. Legierungen mit einem spezifischen Widerstand von (0,48 bis) 0,50 (bis 0,52) Ω mm²/m. Sie müssen frei von Zink und Eisen sein. Bezeichnung WM 50.
2. Legierungen mit einem spezifischen Widerstand von (0,85 bis) 1,0 (bis 1,1) Ω mm²/m. Sie müssen frei von Zink und Eisen sein. Bezeichnung WM 100.
3. Eisendraht, verzinkt oder verzinnt, mit einem spezifischen Widerstand von (0,12 bis) 0,13 (bis 0,14) Ω mm²/m. Bezeichnung WM 13.

Außerdem gelten als zulässig:

4. Legierungen mit einem spezifischen Widerstand von (0,28 bis) 0,30 (bis 0,32) Ω mm²/m. Sie müssen frei von Eisen sein. Bezeichnung WM 30.

WM 50 ist für alle Zwecke, z. B. für Anlasser und besonders für Regler aller Art, verwendbar.

WM 100 ist für hochohmige Widerstände (Vorschalt- und Parallelwiderstände von Magnetwicklungen usw.) sowie für hohe Temperaturbeanspruchung bestimmt.

WM 13 ist für Anlasser, dagegen nicht für den Regelbereich der Regelanlasser und Feldregler zulässig.

WM 30 ist nur für größere Stromstärken (Feldregler, Hauptstrom-Regelanlasser usw.) zulässig.

Als Bezugstemperatur für den spezifischen Widerstand ist 20⁰ C angenommen.

§ 60.

Als normale Drahtdurchmesser gelten die in Tafel IV angegebenen Nenndurchmesser, die gegenüber den tatsächlichen Durchmessern Abweichungen entsprechend den Grenzwerten des spezifischen Widerstandes zeigen dürfen.

Für den spezifischen Widerstand gelten die eingeklammerten Grenzwerte § 59.

Die zulässigen Abweichungen der Ohmzahl für 1 m betragen bei den Legierungen „1, 2 und 4“

bis 0,25 mm Nenndurchmesser $\pm$ 6%,

$$\text{darüber } p\% = \pm 2\left(1 + \frac{1}{\sqrt{d}}\right),$$

worin d in mm gemessen wird.

Für *WM* 13, Eisen, sind ± 7,5 % zulässig.

Die Widerstandsdrähte sind außer mit der *WM*-Kennziffer nur nach dem Nenndurchmesser, dem eine bestimmte Ohmzahl für 1 m entspricht, zu bezeichnen. Es empfiehlt sich, für die Bewertung des Baustoffes die Sonderbezeichnung des Lieferers hinzuzufügen.

WM 13 (Eisendraht) ist nur für Drähte von 0,5 mm Durchmesser an, *WM* 30 (Neusilber) ist nur für Drähte von 1,6 mm Durchmesser an zulässig.

Für die genormten Widerstandsbaustoffe gilt

Tafel IV.

Nenn-durch-messer	*WM* 13		*WM* 30		*WM* 50		*WM* 100	
	Soll-wert in Ω	Zu-lässige Abwei-chung ± Ω	Soll-wert in Ω	Zu-lässige Abwei-chung ± Ω	Soll-wert in Ω	Zu-lässige Abwei-chung ± Ω	Soll-wert in Ω	Zu-lässige Abwei-chung ± Ω
mm	für 1 m	für 1 m	für 1 m	für 1 m	für 1 m	für 1 m	für 1 m	für 1 m
0,10	—	—	—	—	63,7	3,8	127,5	7,6
0,11	—	—	—	—	52,6	3,1	105,2	6,3
0,12	—	—	—	—	44,2	2,6	88,4	5,3
0,14	—	—	—	—	32,5	2,0	65,0	3,9
0,16	—	—	—	—	24,9	1,5	49,7	3,0
0,18	—	—	—	—	19,2	1,2	39,3	2,4
0,20	—	—	—	—	15,9	0,95	31,8	1,9
0,22	—	—	—	—	13,15	0,80	26,3	1,6
0,25	—	—	—	—	10,19	0,60	20,4	1,2
0,28	—	—	—	—	8,12	0,47	16,2	0,94
0,30	—	—	—	—	7,07	0,40	14,1	0,80
0,35	—	—	—	—	5,20	0,28	10,4	0,56
0,40	—	—	—	—	3,98	0,21	7,96	0,41
0,45	—	—	—	—	3,14	0,16	6,29	0,31
0,50	0,662	0,050	—	—	2,55	0,12	5,09	0,25
0,55	0,547	0,041	—	—	2,10	0,098	4,21	0,20
0,60	0,460	0,034	—	—	1,77	0,081	3,54	0,16
0,65	0,391	0,029	—	—	1,51	0,068	3,01	0,14
0,70	0,338	0,025	—	—	1,30	0,057	2,60	0,11
0,80	0,259	0,021	—	—	0,995	0,042	1,99	0,084
0,90	0,204	0,015	—	—	0,786	0,032	1,57	0,064
1,0	0,165	0,012	—	—	0,637	0,025	1,27	0,051
1,1	0,137	0,010	—	—	0,526	0,020	1,05	0,041
1,2	0,115	0,009	—	—	0,442	0,017	0,884	0,034
1,4	0,085	0,006	—	—	0,325	0,012	0,650	0,024
1,6	0,065	0,005	0,149	0,0053	0,249	0,0089	0,497	0,018
1,8	0,051	0,004	0,118	0,0041	0,196	0,0069	0,393	0,014
2,0	0,041	0,003	0,0954	0,0033	0,159	0,0054	0,318	0,011
2,2	0,034	0,0026	0,0789	0,0026	0,132	0,0044	0,263	0,0088
2,5	0,027	0,0020	0,0612	0,0020	0,102	0,0033	0,204	0,0066
2,8	0,021	0,0016	0,0486	0,0016	0,0812	0,0026	0,162	0,0052
3,0	0,018	0,0014	0,0426	0,0013	0,0708	0,0022	0,142	0,0045
3,5	0,014	0,0010	0,0312	0,00096	0,0520	0,0016	0,104	0,0032
4,0	0,010	0,0008	0,0239	0,00072	0,0398	0,0012	0,0796	0,0024

Zu §§ 54 und 55. Die Normung der Widerstandsbaustoffe bezweckt eine leichtere Beschaffung technisch gleichartigen Baustoffes für die Herstellung und Ausbesserung von Geräten. Um Fortschritte in der Entwicklung neuer Legierungen nicht zu hindern, sind nicht bestimmte Legierungen, sondern nur ihre spezifischen Widerstände unter Zulassung eines ausreichenden Spielraumes genormt. Je nach dem Verwendungzweck kommen in Frage:

1. Zink- und eisenfreie Legierungen, *WM* 50, besonders Kupfer-Nickel-Legierungen und Kupfer-Mangan-Legierungen, die sich durch große Wärmebeständigkeit und geringen Temperaturkoeffizienten auszeichnen und einen spezifischen Widerstand von 0,48 bis 0,52 haben. Diese Legierungen sind für solche Geräte vorgeschrieben, bei denen die größten Anforderungen an die Betriebsicherheit und Unabhängigkeit des Widerstandes von der Temperatur zu stellen sind.

2. Für Widerstände hoher Ohmzahl und für hohe Temperaturen ist *WM* 100 vorgesehen. Hierher gehören z. B. die Legierungen aus Chrom und Nickel, Chrom, Nickel und Eisen sowie Eisen und Nickel, die auch vielfach für Heiz- und Kochgeräte benutzt werden. Bei diesen muß der höhere Temperaturkoeffizient in Kauf genommen werden.

3. Eisendraht verzinnt oder verzinkt (als Rostschutz).

   Dieser darf für Anlasser bei einem Drahtdurchmesser von 0,5 mm an verwendet werden. Der hohe Temperaturkoeffizient ist aber für die Bemessung der Ohm- und Stufenzahl zu beachten. Verzinkte Drähte sind nur für Schraubverbindungen, verzinnte auch für Lötverbindungen zu empfehlen.

4. Für größere Stromstärken sind zinkhaltige Kupfer-Nickel-Legierungen genormt. Wegen ihrer geringeren Festigkeit bei starker Erwärmung sind aber nur Drähte von 1,6 mm Durchmesser an zugelassen.

   Da für die Berechnung und Herstellung der Geräte die Ohmzahl für 1 m maßgebend, die genaue Einhaltung des spezifischen Widerstandes und des Drahtdurchmessers aber weniger wichtig ist, sind nur die Ohmzahlen für 1 m festgelegt. Diese Werte sind in Tafel IV für die genormten Nenndurchmesser der Drähte berechnet. Die tatsächlichen Durchmesser dürfen entsprechend dem Spielraum des spezifischen Widerstandes abweichen und die Widerstandsdrähte sollen nur nach dem Nenndurchmesser und dem nicht eingeklammerten Wert des spez. Widerstandes, u. U. unter Hinzufügung der Sonderbezeichnung, bezogen werden, z. B. *WM* 50, 1,0 mm Durchmesser (Ia Ia).

   Widerstandsbänder sind aus den gleichen Widerstandsbaustoffen herzustellen. Ihre Abmessungen sind nicht genormt.

   Die für höhere Stromstärken geeigneten Gußeisenwiderstände sind aus praktischen Gründen nicht genormt.

23. Regeln für die Bewertung und Prüfung von Steuergeräten, Widerstandsgeräten und Bremslüftern für aussetzenden Betrieb R.A.B./1927.

I. Gültigkeit.

§ 1.
Geltungstermin.

Diese Bestimmungen treten am 1. Januar 1927 in Kraft[1].

§ 2.
Geltungsbereich.

Diese Regeln gelten für:
1. Steuergeräte,
2. Widerstandsgeräte,
3. Bremslüfter

zu Maschinen, die einem aussetzenden Betriebe unterworfen sind.

II. Begriffserklärungen.

§ 3.
Arbeitsbedingungen.

Die Arbeitsbedingungen der Steuergeräte, Widerstandsgeräte und Bremslüfter für aussetzenden Betrieb sind durch die Anlaß- und Regelvorgänge, die relative Einschaltdauer und die Schalthäufigkeit gekennzeichnet. Zur Erfassung der Arbeitsbedingungen dienen die Begriffe in § 4.

§ 4.
Kennzeichnende Begriffe.

1. **Relative Einschaltdauer** eines aussetzenden Betriebes (ED) ist das hundertfache Verhältnis von Einschaltdauer zu Spieldauer (Beispiel: bei 20% ED entfallen auf die Einschaltung 20%, auf die Pause 80% der Spieldauer).

2. **Anlaßzeit** t_a (in s) ist die Zeit, in der die Anlaßstufen (siehe unten) bei normalem Beschleunigungsvorgang Strom führen.

---

[1] Angenommen durch die Jahresversammlung 1925. Veröffentlicht: ETZ 1925, S. 356, 1017 und 1526. — Änderungen der §§ 1 und 20 angenommen durch die Jahresversammlung 1926. Veröffentlicht: ETZ 1926, S. 539, 688 und 862. — *Sonderdruck VDE 369.*

3. Regelzeit t_r (in s) ist die Zeit, während der das Steuergerät auf einer Zwischenstellung steht, um eine Regelung der Geschwindigkeit zu erzielen.

4. Anlaßhäufigkeit h_a ist die Zahl der in 1 h vorkommenden Anlaßvorgänge.

5. Regelhäufigkeit h_r ist die Zahl der in 1 h vorkommenden Regelvorgänge.

6. Schalthäufigkeit ist die Gesamtzahl der in 1 h vorkommenden Einschaltungen des Steuergerätes für Anlassen, Regeln und Zurücklegen kurzer Wege.

7. Schaltleistung des Steuergerätes ist die vom Motor abgegebene Leistung (siehe § 8).

Nennschaltleistung des Steuergerätes ist die in § 8 mit 100% bezeichnete Leistung.

8. Nennstrom des Steuergerätes ist der zur Nennschaltleistung gehörende Strom.

9. Nennstrom des Widerstandsgerätes ist der der Leistungsaufnahme des Motors entsprechende Strom.

10. Vorstufen sind die Stufen, auf denen der entstehende Strom kleiner als der Motornennstrom ist.

11. Anlaßstufen sind die Stufen, auf denen der mit seiner Nennleistung belastete Motor beschleunigt wird.

III. Steuergeräte.
§ 5.
Ausführungsarten.

3 Gruppen von Steuergeräten werden unterschieden:

1. Steuerwalzen. Bei diesen ist auf einer drehbaren Walze eine Reihe elektrisch entsprechend verbundener Kontaktringe verschiedener Länge angeordnet, die zwischen feststehenden Kontaktfingern (Kontakthämmern) die jeweils erforderliche Verbindung herstellen.

2. Steuerschalter. Bei diesen wird eine Reihe von Einzelschaltern durch Kurvenscheiben mechanisch geöffnet oder geschlossen.

3. Schützensteuerungen. Bei diesen wird durch eine Meisterwalze oder durch Druckknöpfe eine Reihe elektromagnetisch betätigter Schalter — Schütze — gesteuert.

§ 6.
Schütze.

Unterschieden werden: Schütze für geringe Schaltbeanspruchung (geringe Schalthäufigkeit und Abschaltung bei laufendem Motor), die bei Aufzügen benutzt werden, und Schütze für große Schaltbeanspruchung, wie sie bei Kranen und Rollgängen für große Schaltleistungen und Beschleunigungsbetrieb benötigt werden.

Diese Regeln gelten nur für Schütze mit großer Schaltbeanspruchung.

§ 7.
Betriebsarten.

Für die Anzahl und Bewertung der Steuergeräte ist die Betriebsart, vor allem die Schalthäufigkeit in 1 h maßgebend. Man kann die Betriebe in 3 Klassen unterteilen:

1. **Gewöhnlicher Betrieb:** Der Motor wird stoßfrei ohne besonders feine Regelung angelassen. Eine Schalthäufigkeit bis höchstens 30 Schaltungen in 1 h liegt bei Kranen in Kraftstationen, bei Drehscheiben und Schiebebühnen, ferner bei Kleinhebezeugen vor. Transportkrane weisen eine größere Schalthäufigkeit, bis 120 Schaltungen, auf.

2. **Anlaufregulierbetrieb:** Für den Motor wird ein sanftes Anlaufen mit feiner Regelung gefordert, wobei die Benutzung der ersten Stufen besonders häufig ist. Dieser Betrieb liegt z. B. bei Gießerei-, Montage- und Nietkranen vor.

3. **Beschleunigungsbetrieb:** Der meistens mit größeren Massen gekuppelte Motor wird rasch beschleunigt. In der Regel wird schnell bis in die letzte Schaltstellung geschaltet, wie z. B. bei Hüttenkranen und Walzwerkshilfsantrieben.

§ 8.
Schaltleistungen.

Für die drei Betriebsarten nach § 7 sind in nachstehender Tafel die höchstzulässigen Schaltleistungen in Prozenten der Nennschaltleistung angegeben. Die „Nennschaltleistung" des Steuergerätes entspricht einer Leistungsabgabe des Motors, bei der das Verhältnis

$$\frac{\text{Leistungsaufnahme in kVA}}{\text{Leistungsabgabe in kW}}$$

$= 1{,}3$ bei Drehstrom und $= 1{,}2$ bei Gleichstrom ist.

Schaltbetrieb	Schalthäufigkeit in 1 h	Höchstzulässige Schaltleistung in % der Nennschaltleistung	
		Steuerwalzen %	Steuerschalter und Schützensteuerungen %
Gewöhnlicher Betrieb . . .	bis 30	120	—
	„ 120	110	—
Anlaufregulierbetrieb . . .	bis 120	100	—
	„ 240	80	120
Beschleunigungsbetrieb . .	bis 240	60	115
	„ 300	—	110
	„ 600	—	100
	„ 1000	—	80

§ 9.
Prüfung.

Die Steuergeräte sind für die volle (100%) Nennschaltleistung und Nennspannung bei betriebsmäßiger Abdeckung zu prüfen, wobei ein Widerstand benutzt wird, der bei der Nennspannung einen Einschaltstrom von mindestens 75% des Nennstromes ergibt. Bei geringstufigen Steuergeräten mit höherem Einschaltstrom ist die Prüfung mit einem Widerstand von entsprechend geringerer Ohmzahl auf der ersten Schaltstellung vorzunehmen. Bei der Prüfung ist ein Motor zu verwenden, dessen Nennleistung und Nenndrehzahl der Normentafel für 25% ED entspricht (siehe DIN VDE 2010 und 2660).

Das Drehstrom-Steuergerät ist bei Anschluß eines Magnetbremslüfters um ⅓ der Leistungsaufnahme beim Einschalten (W_s siehe § 18) reichlicher zu wählen.

Bei der Prüfung ist der Motor mit der Nennschaltleistung des Steuergerätes zu belasten und, wie folgt, zu schalten:

1. Bei Fahrschaltungen.

a) Der Motor wird festgebremst und das Steuergerät soweit eingeschaltet, daß der 2-fache Strom (bezogen auf die Nennschaltleistung des Steuergerätes) fließt, worauf sofort rasch auszuschalten ist. Dieser Versuch wird in Abständen von 1,5 min 10-mal ausgeführt.

b) Der Motor wird auf die 1,5-facheNenndrehzahl gebracht und dann mit dem Steuergerät schnell bis zu einer Schaltstellung umgesteuert, in der mindestens der 2-fache Gegenstrom entsteht. Aus dieser Stellung wird sofort ausgeschaltet. Dieser Versuch ist 3-mal in Abständen von 1,5 min auszuführen.

2. Bei Fahrbremsschaltungen.

a) Versuch wie unter 1a.

b) Der Motor wird auf die 1,5-fache Nenndrehzahl gebracht, sodann wird das Steuergerät schnell in die Schaltstellung für die größte Bremswirkung gestellt und hierauf sofort in die Stellung geführt, in der der Bremsstrom unterbrochen wird. Anzahl und Zeitabstände der Versuche wie unter 1b.

3. Bei Hubwerkschaltungen.

a) Versuch wie unter 1a.

b) Der Motor wird auf die doppelte Nenndrehzahl im Senksinne gebracht, worauf das Steuergerät schnell über die Senkstellung für kleinste Senkgeschwindigkeit hinweg in die Nullstellung geschaltet wird. Anzahl und Zeitabstände der Versuche wie unter 1b.

Nach Beendigung der Versuche unter a und b darf an den Schaltkontakten der Steuergeräte kein nennenswerter Kontaktabbrand festzustellen sein. Bei keinem der Versuche darf das Schaltfeuer stehen bleiben oder ein Überschlag erfolgen.

§ 10.
Bauregeln.

Die dem natürlichen Verschleiß unterworfenen Kontaktteile (Segmente und Finger) müssen auf metallener Unterlage befestigt und leicht auswechselbar sein; ihre Lebensdauer ist von der Schalthäufigkeit abhängig.

Werden bei Steuergeräten Funkenbläser vorgesehen, so sind diese für 40% ED zu bemessen.

Stromführende, der Bedienung zugängliche Teile müssen durch Abdeckung gegen zufällige Berührung geschützt sein. Abdeckungen, die zur Instandhaltung der Steuergeräte häufig abgenommen werden, sind leicht lösbar anzuordnen (durch Krampen, Knebel, Schrauben oder dgl.), wobei Vorsorge zu treffen ist, daß die Befestigungsteile nicht verloren gehen können. Mit Rücksicht auf die Erschütterungen sind Schraubverbindungen möglichst zu sichern.

Die einzelnen Anlaß- und Regelstellungen der Steuergeräte sind durch Rastenscheiben fühlbar zu machen, so daß die richtige Einstellung bei der Bedienung gut feststellbar ist. Als Antriebsorgan ist vorzugsweise ein Handrad mit angegossenem Knopf nach DIN VDE 6050 zur Kenntlichmachung der Schaltstellungen zu verwenden. Zulässig sind auch Seilradantrieb, Kurbel nach DIN VDE 6051 und Hebel; sie sind aber weniger zu empfehlen, da bei diesen Antrieben die Schaltstellungen nicht so gut wie bei einem Handrade fühlbar zu machen sind. Zulässig ist ferner die Bedienung mehrerer Steuergeräte durch ein Antriebsorgan (Universalantrieb, Zahnräderkupplung usw.).

§ 11.
Schildaufschriften
a) Gleichstrom.

Firma
Type
Schaltung
Nennschaltleistung in kW bei 220 V, 440/550 V
Fertigungsnummer.

b) Drehstrom.

Firma
Type
Schaltung
Nennschaltleistung in kW bei 220 V, 380 V und 500 V und 50 Per/s
Läuferstrom
Fertigungsnummer.

IV. Widerstandsgeräte.
§ 12.
Arbeitsbedingungen.

Bei Bemessung der Widerstandsgeräte sind nicht nur die Anlaßhäufigkeit in 1 h, sondern auch die Anlaß- und Regelzeit, d. h. die relative Einschaltdauer des Widerstandsgerätes, zu berücksichtigen. Die Arbeitsbedingungen der Widerstandsgeräte der Selbstanlasser (für Aufzüge) sind durch Anlaßzeit und Anlaßhäufigkeit allein sicher begrenzt, dagegen müssen Kranwiderstandsgeräte, die außerdem zur Regelung der Lastgeschwindigkeit benutzt werden, auch noch während einer zusätzlichen Regelzeit eingeschaltet werden können, die in festgesetzten Abständen in den aussetzenden Betrieb eingeschaltet wird. Dementsprechend werden folgende drei Reihen geführt:

Reihe	Relative Einschalt-dauer ED	Anlaß-häufigkeit h_a	Anlaßzeit t_a	Stromlose Pause	Regelungen		
					Ab-stand	Regel-häufigkeit h_r	Regelzeit t_r
	in %	in 1 h	in s	in s	in min	in 1 h	in s
I	12,5	82	4	35	10	6	20
II	20	105	4	23,8	6	10	30
III	40	285	4	7,5	6	10	30

Die Beziehungen zwischen den Tafelwerten sind durch folgende Formeln gegeben:

relative Einschaltdauer (ED) $= 100 \cdot \dfrac{h_a t_a + h_r t_r}{3600}$

stromlose Pause $= \dfrac{3600 - (h_a t_a + h_r t_r)}{h_a + h_r}$

Anlaßhäufigkeit (h_a) $= \dfrac{36\,\text{ED} - h_r t_r}{t_a}$

Anlaßzeit (t_a) $= \dfrac{36\,\text{ED} - h_r t_r}{h_a}$

Eine Vergrößerung der Anlaßhäufigkeit bedingt bei gleicher relativer Einschaltdauer eine Herabsetzung der Anlaßzeit. Wird z. B. ein Widerstandsgerät der Reihe III für eine Anlaßhäufigkeit $h_a = 600$ in 1 h benutzt, so ist die Anlaßzeit $t_a = 1,9$ s.

Bedingt die Leistungsaufnahme des Motors infolge häufiger Beschleunigung größerer Massen einen Zuschlag zur Beharrungsleistung, so entspricht der Nennstrom des Widerstandsgerätes dieser erhöhten Leistung.

§ 13.
Erwärmung.

Die abstreichende Luft darf an der Austrittstelle aus dem Gehäuse an der wärmsten Stelle 200° C Übertemperatur nicht überschreiten, falls die Raumtemperatur $\leq 35°$ C ist. Für Aufstellung in heißeren Räumen sind die Widerstandsgeräte entsprechend reichlicher zu bemessen. Bei Widerstandsgeräten, die mit dem Steuergerät zusammengebaut werden (z. B. Kleinsteuerwalzen), darf die Übertemperatur 175° C nicht überschreiten. Keine Stelle des Gehäuses soll eine höhere Übertemperatur als 125° C zeigen.

§ 14.
Bauregeln.

Stromführende, der Bedienung zugängliche Teile müssen durch Abdeckung gegen zufällige Berührung geschützt sein. Schraubverbindungen sind mit Rücksicht auf Erschütterungen möglichst zu sichern.

Bei Aufstellung der Widerstandsgeräte in Führerständen wird eine
Abdeckung empfohlen, die das Hereinfallen von Fremdkörpern verhindert.

§ 15.
Prüfung.

Die Widerstandsgeräte werden bei abgeklemmter Vorstufe mit dem
Motornennstrom unter Einhaltung der Anlaß- und Regelzeit der betreffenden
Reihe (siehe Abb. 1) so lange geschaltet, bis die Erwärmung der abströmenden
Luft nicht mehr über einen Höchstwert steigt. Zulässig ist, die für das
Erreichen dieses Zustandes erforderliche Zeit durch Vorerwärmung ab-
zukürzen. Die Versuchsdauer nach der Vorerwärmung darf nicht kürzer
als 30 min sein. Der Höchstwert der Erwärmung ist am Ende einer Regel-

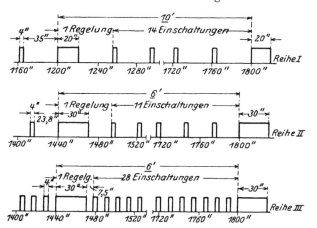

Abb. 1.   Reihen von Widerstandsgeräten für aussetzende Betriebe.

zeit festzustellen und darf die in § 13 angegebenen Werte nicht überschreiten.
Für die Vorstufe gilt der Strom als Prüfstrom, der bei gänzlich eingeschaltetem Widerstand fließt, wenn der stehende Motor und der Widerstand an Spannung gelegt werden.

Wird ein Widerstandsgerät aus mehreren Einzelkasten zusammengebaut, so ist die Prüfung bei betriebsmäßig zusammengebauten Widerstandsgeräten durchzuführen.

Diese Prüfregeln gelten für Widerstandsgeräte für aussetzende Betriebe, bei denen eine Regelung der Lastgeschwindigkeit durch das
Steuergerät möglich ist. Bei Widerstandsgeräten für Selbstanlasser (z. B.
bei Aufzügen), bei denen die Einschaltzeit sicher begrenzt ist, kann die
Prüfung nur für die relative Einschaltdauer und Anlaßzeit ohne Berücksichtigung der zusätzlichen Regelzeit vorgenommen werden. Hierbei
ist entsprechend dem Anlaßvorgang ein fortschreitendes Abschalten der
Stufen zulässig.

§ 16.
Schildaufschriften.
a) Gleichstrom.

Firma

Type mit Angabe der Anzahl der Kasten für das Widerstandsgerät und
deren Bezeichnung (z. B. 3 K 44 XII, A–C, Kasten C)

Reihe

Leistung

Spannung

Nennstrom

Ohm

Fertigungsnummer

Type und Schaltung des Steuergerätes.

b) Drehstrom.

Firma

Type mit Angabe der Anzahl der Kasten für das Widerstandsgerät und
deren Bezeichnung (z. B. 3 K 44 XII, A–C, Kasten C)

Reihe

Leistung

Bürstenspannung

Läuferstrom

Ohm (2 × ... oder 3 × ...)

Fertigungsnummer

Type und Schaltung des Steuergerätes.

V. Bremslüfter.
§ 17.
Ausführungsarten.

Es werden Bremslüfter mit magnetischer Wirkung, Magnetbremslüfter, und solche mit motorischer Betätigung, Motorbremslüfter, ausgeführt. Jene werden für alle Stromarten, diese vorwiegend für Drehstrom
benutzt.

§ 18.
Arbeitsbedingungen und Prüfung.

Die Wicklungen der Bremslüfter sind wie die Wicklungen elektrischer
Maschinen für aussetzenden Betrieb (§ 30 der R.E.M./1923) zu bemessen;
die Bewertung der Bremslüfter erfolgt nach der relativen Einschaltdauer
(ED). Als normale Werte der relativen Einschaltdauer gelten 15, 25 und
40% (in seltenen Fällen ist 100% ED = Dauereinschaltung erforderlich).

Bei der Prüfung ist die Spieldauer auf höchstens 5 min zu bemessen,
im übrigen gelten die Bestimmungen § 32, Abs. 3 und folgende der R.E.M./
1923. Die Erwärmung der Wicklungen der Motorbremslüfter ist betriebsmäßig (bei stillstehendem Läufer) zu ermitteln und darf die in den R.E.M./
1923, § 39 angegebenen Grenzen nicht überschreiten.

Die Nennzugkraft muß bei einem Spannungsabfall von 10% noch vorhanden sein.

Bei den Einphasen-, Zweiphasen- und Drehstrom-Magnetbremslüftern ist für die Erwärmung neben der relativen Einschaltdauer auch noch die Schalthäufigkeit in 1 h maßgebend, da der Einschaltstrom bedeutend größer als der nach Beendigung des Hubes sich einstellende Haltestrom ist. Deshalb gelten für die letztgenannten Bremslüfter außer obigen Regeln noch folgende:

Einphasen-, Zweiphasen- und Drehstrom-Magnetbremslüfter sollen mindestens 120 Schaltungen in 1 h bei fortgesetzten Schaltungen (8 h und mehr) bei vollem Hub aushalten. Für größere Schalthäufigkeiten ist der Hub zu verringern, wobei sich folgende Beziehungen zwischen Schalthäufigkeit und Hub ergeben:

Fortgesetzte Schaltungen 8 h lang und mehr Schalthäufigkeit in 1 h höchstens	Hub des vollen Wertes in %
120	100
300	etwa 65
600	„ 45

Für größere Schalthäufigkeiten ist die Verwendung von Magnetbremslüftern der genannten Stromarten nicht zu empfehlen.

Dehnt sich der Betrieb über weniger als 8 h aus, so kann die Schalthäufigkeit der Tafel erhöht werden und zwar bei einem Betrieb von

$$3 \text{ h um } 10\%,$$
$$4 \text{ h um } 20\%.$$

Die scheinbare Aufnahme W_s dieser Magnetbremslüfter beim Einschalten ist in den Listen anzugeben, damit bei Berechnung des Spannungverlustes in den Zuleitungen der beim Einschalten auftretende Strom

$$I_s = \frac{W_s}{\sqrt{3} \cdot U}$$

berücksichtigt werden kann.

Dieser Einschaltstrom und der Haltestrom sind auf dem Leistungschild anzugeben.

§ 19.

Bauregeln.

Beim Gleichstrom-Nebenschluß-Magnetbremslüfter sind Mittel vorzusehen, um die beim Ausschalten auftretende Spannungserhöhung unschädlich zu machen.

Die Abfallzeit soll je cm Hub 0,05 bis 0,1 s für 1 cm Hub betragen. Bremslüfter über etwa 50 cm/kg Hubleistung sollen mit einstellbarer Dämpfung versehen sein.

§ 20.
Schildaufschriften.

a) Gleichstrom-Magnetbremslüfter.

Firma
Type
Zugkraft (Ankergewicht, Zusatzgewicht)
Hub
Relative Einschaltdauer
Spannung (bei Hauptstrom-Magnetbremslüfter: Strom und Anzugstrom)
Widerstand hierzu
Fertigungsnummer.

b) Drehstrom-Magnetbremslüfter.

Firma
Type
Zugkraft (Ankergewicht, Zusatzgewicht)
Hub
Relative Einschaltdauer
Stündl. Schaltungen
Spannung, Frequenz
Einschaltstrom — Haltestrom
Fertigungsnummer.

c) Drehstrom-Motorbremslüfter.

Firma
Type
Zugkraft (Kurbelgewicht, Zusatzgewicht)
Hub
Relative Einschaltdauer
Spannung, Frequenz
Ständerstrom
Läuferstrom
Widerstand hierzu
Fertigungsnummer.

24. Normen für die Bezeichnung von Klemmen bei Maschinen, Anlassern, Reglern und Transformatoren.

Gültig ab 1. Juli 1909[1].

A. Allgemeines.

Es wird empfohlen, auf den Maschinen, den dazu gehörenden Apparaten und Transformatoren der im allgemeinen üblichen Bauart (Gleichstrommaschinen mit Nebenschluß-, Reihenschluß- und Verbundwicklung mit oder ohne Wendepole bzw. Kompensationswicklung, Ein- und Mehrphasen-Maschinen, Umformer, Doppelgeneratoren, Transformatoren, Anlasser, Regler usw.) einheitliche Bezeichnungen an den Klemmen anzubringen. Bei Sonderausführungen (z. B. Zweikommutatormaschinen, Kommutatormaschinen für Wechselstrom, Sonderanlasser usw.) werden für die notwendigen Ergänzungen vorläufig keine einheitlichen Bezeichnungen festgelegt.

Die normale Klemmenbezeichnung soll das Schaltungschema nicht ersetzen.

Eine Klemme kann bzw. muß unter Umständen mehrere Buchstaben erhalten.

B. Maschinen und dazu gehörende Apparate.

Der Drehsinn (Rechtslauf: im Uhrzeigersinn, Linkslauf: entgegen dem Uhrzeigersinn) ist bei Maschinen stets von der Riemenscheiben- bzw. Kupplungseite aus gesehen zu verstehen.

I. Gleichstrom.

Die einheitliche Bezeichnung der Klemmen von Gleichstrommaschinen, Anlassern und Reglern soll sein:

Anker . . . . mit $A—B$
Nebenschlußwicklung . . . . „ $C—D$
Reihenschlußwicklung . . . . „ $E—F$
Wendepolwicklung bzw. Kompensationswicklung . . . . „ $G—H$
Fremderregte Magnetwicklung . . . . „ $I—K$
Leitung, unabhängig von Polarität . . . . „ L
Netz, Zweileiter . . . . „ $N—P$
„ Dreileiter . . . . „ $N—o—P$
„ Nulleiter . . . . „ o
Anlasser . . . . „ $L, M, R,$

---

[1] Die erste, am 12. 6. 1908 beschlossene, ETZ 1908, S. 874 veröffentlichte Fassung, die ab 1. 7. 1908 galt, wurde am 3. 6. 1909 ergänzt. — Die Ergänzungen sind abgedruckt ETZ 1909, S. 506 und gelten ab 1. 7. 1909. — S. a. DIN VDE 2960.

wobei
L mit N oder P verbunden werden kann,
M „ C „ D (u. U. über einen Regler),
R „ A „ B, E, F, G, H je nach Schaltung.

Bei Umkehranlassern sind die Klemmen, deren Vertauschung zur Änderung des Motordrehsinnes erwünscht ist, doppelt zu bezeichnen, wobei die für einen der beiden Drehsinne gültige Gruppe in Klammern zu setzen ist, z. B. bei Stromumkehrung im Anker A (B) und B (A).

Es empfiehlt sich, nach Montage die nicht benutzten Bezeichnungen ungültig zu machen.

Bei Magnet-Reglern sind die Klemmen, die mit dem Widerstand verbunden sind, ... mit s—t
zu bezeichnen, wobei s mit dem Schleifkontakt unmittelbar in Verbindung steht und mit
C oder D bei Selbsterregung,
I „ K bei Fremderregung
zu verbinden ist.

Wenn eine mit dem Ausschaltkontakt verbundene Klemme vorhanden ist, wird sie . . . . mit q
bezeichnet.

Wiederholen sich Bezeichnungen an der gleichen Maschine, so sind diese durch Richtzahlen zu unterscheiden, z. B. bei

Doppelkommutatormaschinen mit A_1—B_1, A_2—B_2
bei Maschinen mit Wendepol- und Kompensationswicklung
für die erstgenannte . . . . mit G_1—H_1,
„ „ letzterwähnte . . . . „ G_2—H_2.

II. Wechselstrom (ausschl. Kommutatormaschinen)
(Einphasen- und Mehrphasenstrom).

Die einheitliche Bezeichnung von Wechselstrommaschinen, Anlassern und Reglern soll sein:

Anker bzw. Primäranker. . . . . mit U, V, W
    bei verketteter Schaltung.
    (bei Einphasenstrom U—V)
Anker bzw. Primäranker. . . . . „ U, V, W, X, Y, Z
    bei offener Schaltung, wobei U—X, V—Y, W—Z
    je zu einer Phase gehören.
Bei Zweiphasenstrom ist die Bezeichnung . . . . U—X, Y—V
    (bei Verkettung erhält der Verkettungspunkt die
    Bezeichnung X, Y).
Bei Einphasenmotoren mit Hilfsphase wird
    die Hauptwicklung . . . . „ U—V
    die Hilfswicklung . . . . „ W—Z
bezeichnet.
Nullpunkt und bei Einphasenstrom der Nulleiter . . . „ O
Sekundäranker (dreiphasig) . . . . „ u, v, w
Sekundäranker (zweiphasig) . . . . „ u—x, y—v
Magnetwicklung (Gleichstrom) . . . . „ I—K
Leitung, unabhängig von Polarität bzw. Phase . . . . „ L
Netz, Drehstrom mit drei Leitungen . . . . „ R, S, T
Netz, Drehstrom mit vier Leitungen (Nulleitung) . . . „ O, R, S, T
Netz, Einphasenstrom, Zweileiter . . . . „ R—T
Netz, Einphasenstrom, Dreileiter . . . . „ R—O—T

Netz, Zweiphasenstrom . . . . mit $Q—S$, $R—T$
Bei Reglern für Generatoren sind die Klemmen, die mit
    dem Widerstand verbunden sind . . . . ,, $s—t$
    zu bezeichnen, wobei s mit dem Schleifkontakt in
    unmittelbarer Verbindung steht und mit I oder K zu
    verbinden ist. Wenn eine mit dem Ausschaltkontakt
    verbundene Klemme vorhanden ist, wird sie . . . ,, q
    bezeichnet.
Bei Anlassern werden die Klemmen bezeichnet:
am Sekundäranlasser
    bei dreiphasiger Ausführung . . . . ,, u, v, w
    ,, zweiphasiger   ,, ... ,, $u—x, y—v$
an Primäranlassern für Drehstrom . . . . ,, $X, Y, Z,$
    wenn sie im Nullpunkt angeschlossen werden.
an Primäranlassern . . . . ,, $U_1—U_2$, $V_1—V_2$
                                                              $W_1—W_2$,
    wenn sie zwischen Netz und Motor angeschlossen werden.

Bei Umkehranlassern werden die Netzanschlüsse mit R, S, T, die Anschlüsse an den Primärankern mit U (W), V, W (U) bezeichnet.

Es empfiehlt sich, nach Montage die nicht benutzten Bezeichnungen
ungültig zu machen.

Es wird empfohlen, daß bei Drehstromgeneratoren die Reihenfolge der
Buchstaben U, V, W bei Rechtslauf und beim Netz die Buchstaben R, S, T
die zeitliche Reihenfolge der Phasen angeben.

C. Transformatoren.

Die einheitliche Bezeichnung der Klemmen von Transformatoren soll sein:
Drehstromwicklung höherer Spannung (Oberspannung-
    wicklung) . . . . mit U, V, W
    bei verketteter Schaltung,
Drehstromwicklung niederer Spannung (Unterspan-
    nungwicklung) . . . . ,, u, v, w
    bei verketteter Schaltung,
Drehstromwicklung höherer Spannung (Oberspannung-
    wicklung) . . . . ,, U, V, W, X, Y, Z
    bei offener Schaltung,
Drehstromwicklung niederer Spannung (Unterspannung-
    wicklung) . . . . ,, u, v, w, x, y, z
    bei offener Schaltung,
Einphasenstrom, Wicklung höherer Spannung (Oberspan-
    nungwicklung) . . . . ,, $U—V,$
Einphasenstrom, Wicklung niederer Spannung (Unter-
    spannungwicklung) . . . . ,, $u—v,$
Nullpunkt und bei Einphasenstrom Mittelleiter
    für Oberspannung . . . . ,, $O,$
    für Unterspannung . . . . ,, o
Stromwandler
    Netzseite . . . . ,, $L_1—L_2$,
    Apparatseite . . . . ,, $l_1—l_2$.

Die alphabetische Reihenfolge der Buchstaben, die an den Klemmen
der Primär- und Sekundärwicklung angebracht sind, muß den gleichen Drehsinn ergeben.

Beispiele für die Bezeichnung der Klemmen nach vorstehenden Normen:

Gleichstrom-Generatoren und -Motoren.

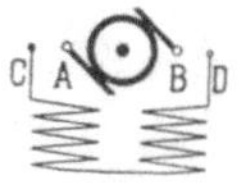

Mit Nebenschluß-
Wicklung
Abb. 1.

Mit Reihenschluß-
Wicklung
Abb. 2.

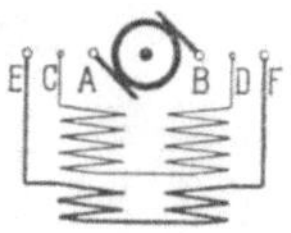

Mit Verbund-
Wicklung
Abb. 3.

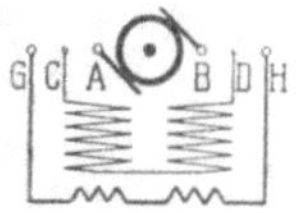

Mit Nebenschluß-
und Wendepol-Wicklung
Abb. 4.

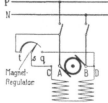 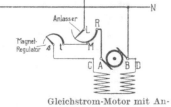

Gleichstrom-Dynamo
mit Magnetregler
Abb. 5.

Gleichstrom-Motor mit An-
lasser und Magnetregler
Abb. 6.

Dreileiter-
Gleichstrom-
Dynamo
Abb. 7.

Wechselstrom-Generatoren und Synchron-Motoren.

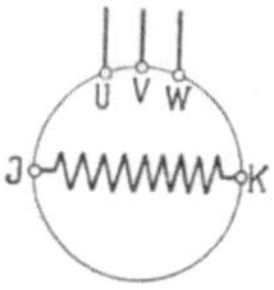

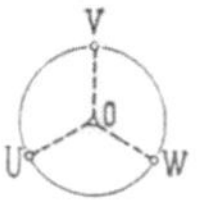

Drehstrom-Generator und Synchron-Motor.
Abb. 8.   Abb. 9.   Abb. 10.

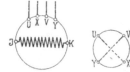

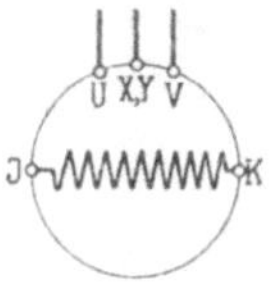

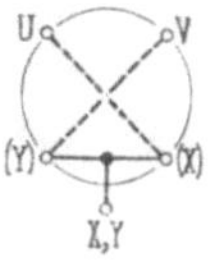

unverkettet   verkettet
Zweiphasen-Wechselstrom-Generator und -Synchron-Motor.
Abb. 11.   Abb. 12.   Abb. 13.   Abb. 14.

Asynchrone Wechselstrom-Motoren.

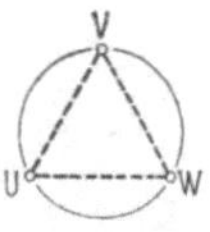

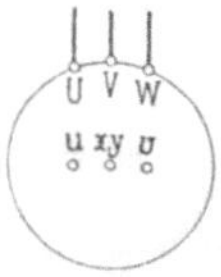

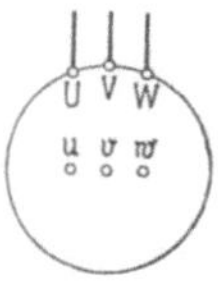

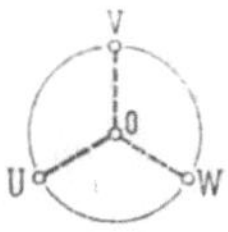

zweiphasigem   mit   dreiphasigem
Anker

Stern-
Schaltung

Dreieck-
Schaltung

Drehstrom-Motor, Ständer verkettet.
Abb. 15.   Abb. 16.   Abb. 17.   Abb. 18.

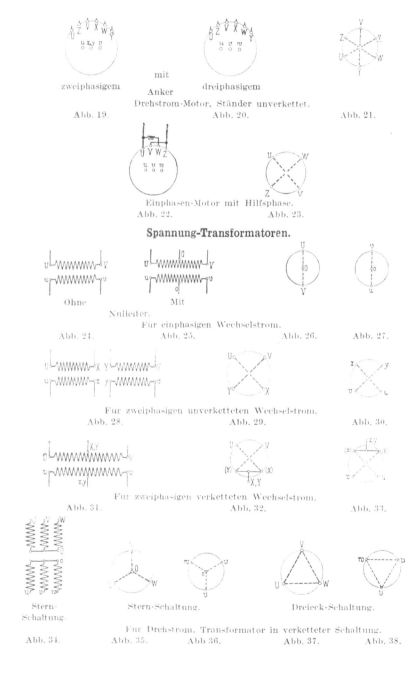

zweiphasigem   mit   dreiphasigem
                        Anker
          Drehstrom-Motor, Ständer unverkettet.
Abb. 19.   Abb. 20.   Abb. 21.

Einphasen-Motor mit Hilfsphase.
Abb. 22.   Abb. 23.

Spannung-Transformatoren.

Ohne   Mit
          Nulleiter.
          Für einphasigen Wechselstrom.
Abb. 24.   Abb. 25.   Abb. 26.   Abb. 27.

Für zweiphasigen unverketteten Wechselstrom.
Abb. 28.   Abb. 29.   Abb. 30.

Für zweiphasigen verketteten Wechselstrom.
Abb. 31.   Abb. 32.   Abb. 33.

Stern-   Stern-Schaltung.   Dreieck-Schaltung.
Schaltung.
          Für Drehstrom, Transformator in verketteter Schaltung.
Abb. 34.   Abb. 35.   Abb 36.   Abb. 37.   Abb. 38.

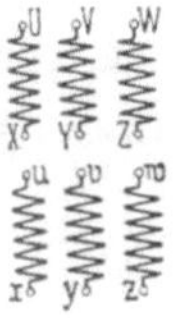

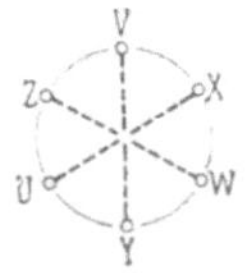

Für Drehstrom, Transformator in offener Schaltung.

Abb. 39.　Abb. 40.　Abb. 41.

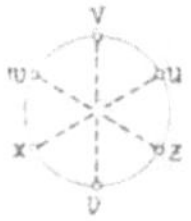

Netz-Bezeichnungen.

Gleichstrom.

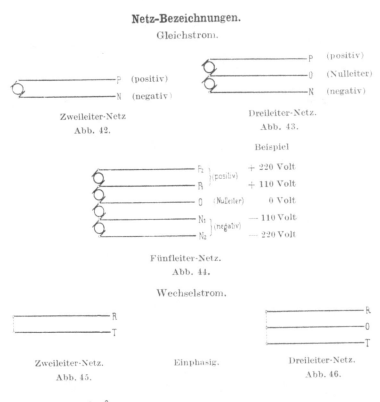

P (positiv)
N (negativ)

Zweileiter-Netz
Abb. 42.

P (positiv)
O (Nulleiter)
N (negativ)

Dreileiter-Netz.
Abb. 43.

Beispiel

F₂ } (positiv)　　+ 220 Volt
R 　　　　　　　　 + 110 Volt
O (Nulleiter)　　　0 Volt
N₁ } (negativ)　　 — 110 Volt
N₂ 　　　　　　　　 — 220 Volt

Fünfleiter-Netz.
Abb. 44.

Wechselstrom.

R
T

Zweileiter-Netz.
Abb. 45.

Einphasig.

R
O
T

Dreileiter-Netz.
Abb. 46.

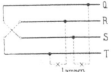

Q
R
S
T

Lampen

Unverkettet.
Abb. 47.

Zweiphasig.

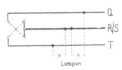

Q
R/S
T

Lampen

Verkettet.
Abb. 48.

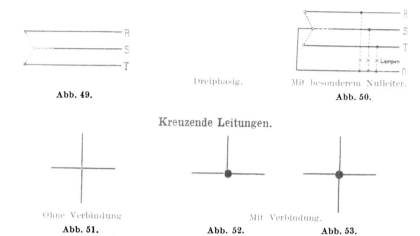

Dreiphasig.   Mit besonderem Nulleiter.

Abb. 49.   Abb. 50.

Kreuzende Leitungen.

Ohne Verbindung   Mit Verbindung.

Abb. 51.   Abb. 52.   Abb. 53.

25. Normalbedingungen für den Anschluß von Motoren an öffentliche Elektrizitätswerke.

I. Geltungstermin und Geltungsbereich.

§ 1. Geltungstermin.

Diese Bedingungen treten am 1. Januar 1923 in Kraft[1].

§ 2. Geltungsbereich.

Motoren und Anlasser, die diesen Bedingungen entsprechen, können an öffentliche Elektrizitätswerke angeschlossen werden, sofern nicht örtliche Schwierigkeiten dem im Wege stehen (s. a. § 6).

Die Bedingungen gelten für Gleichstrom- und Drehstrommotoren bis einschließlich 100 kW Nennleistung und Nennspannungen bis einschließlich 500 V bei 50 Per/s.

§ 3.

Der Anschluß anderer Motoren, als in § 2 angegeben ist, ferner solcher, die mit Rücksicht auf die Antriebsverhältnisse diesen Bedingungen nicht entsprechen, unterliegt besonderer Vereinbarung. Solche Motoren sind u. a.

a) Kran- und Aufzugmotoren,
b) Drehstrommotoren für Drehzahlen unter 500 in 1 min,
c) Synchronmotoren,
d) Motoren für Antriebe, deren Anlaufverhältnisse schwerer sind als in § 5 „Vollastanlauf" gekennzeichnet ist oder, bei denen aus besonderen Gründen eine von der normalen abweichende Bauart gefordert wird (z. B. vergrößerter Luftspalt, Kapselung usw.).

II. Begriffserklärungen.

§ 4. Nenngrößen.

Nennleistung ist die auf dem Schilde des Motors verzeichnete Abgabe mechanischer Leistung in kW, die er bei der angegebenen Betriebsart, bei der angegebenen Nennspannung und Nennfrequenz entwickeln kann.

---

[1] Angenommen durch die Jahresversammlung 1922. Veröffentlicht: ETZ 1922, S. 700 und 858. — *Sonderdruck VDE 289.*
Frühere Fassungen:

	Beschlossen:	Gültig ab:	Veröffentl. ETZ:
1. Fassung	15. 6. 06	1. 7. 06	06 S. 663
1. Änderung	3. 6. 09	1. 7. 09	09 S. 506
2. Änderung	6. 6. 12	1. 7. 12	12 S. 94

Nenndrehmoment ist das bei Nennleistung und kurzgeschlossenem Anlasser entwickelte Drehmoment.

Nennaufnahme ist die bei Abgabe der Nennleistung aufgenommene elektrische Leistung in kW.

Nennstrom ist der auf dem Schild angegebene, bei Nennleistung, Nennspannung und Nennfrequenz dem Netz entnommene Strom.

§ 5. Anlaßgrößen.

Anlaß-Spitzenstrom ist der während des Anlaßvorganges dem Netz entnommene höchste Strom.

Schaltstrom ist der Strom, bei dem das Weiterschalten erfolgen soll.

Als ordnungsgemäßer Anlaßvorgang gilt ein solcher, bei dem das Weiterschalten von einer Anlaßstellung auf die nächste erfolgt, wenn der Strom auf den Schaltstrom gesunken ist.

Als mittlerer Anlaßstrom gilt:

$$\sqrt{\text{Anlaß-Spitzenstrom} \times \text{Schaltstrom}}.$$

Vollastanlauf ist ein Anlauf, bei dem der Motor mindestens sein Nenndrehmoment während des ganzen Anlaßvorganges entwickelt. Hierbei soll das Verhältnis $\dfrac{\text{mittl. Anlaßstrom}}{\text{Nennstrom}}$ den Wert 1,3 nicht überschreiten.

III. Bestimmungen.

§ 6. Allgemeines.

Der Anschlußnehmer oder sein Vertreter soll für jeden anzuschließenden Motor dem Elektrizitätswerke angeben, ob der Motor diesen Bedingungen entsprechen soll oder zu den in § 3 aufgezählten Sondermotoren gehört. Ist das letztgenannte der Fall, so sollen angegeben werden:

a) Nennleistung und Betriebsart,
b) Art des Motors,
c) Art des Antriebes bzw. der Arbeitsmaschine.

Ergeben sich bezüglich des Anschlusses eines Motors hierbei Schwierigkeiten, so soll der Anschlußnehmer oder sein Vertreter hiervon dem Lieferer des Motors Kenntnis geben.

§ 7. Verbandsvorschriften.

Die Motoren müssen den „Regeln für die Bewertung und Prüfung von elektrischen Maschinen R.E.M./1923" entsprechen.

Die Anlasser müssen ab 1. Juli 1928 den „Regeln für die Bewertung und Prüfung von Anlassern und Steuergeräten R.E.A./1928" entsprechen.

Die Schaltgeräte müssen den Regeln für Niederspannung- bzw. Hochspannung-Schaltgeräte (R.E.S./1928 bzw. R.E.H./1928) entsprechen.

§ 8. Anlaßstrom von Gleichstrommotoren.

Das Verhältnis Anlaß-Spitzenstrom zu Nennstrom soll bei Vollastanlauf nicht überschreiten:

Nennleistung . . . . kW	1,5 bis 5	über 5 bis 100
$\dfrac{\text{Anlaß - Spitzenstrom}}{\text{Nennstrom}}$	1,75	1,6

§ 9. Anlaßstrom von Drehstrommotoren.

a) Bei Schleifringmotoren und Vollastanlauf soll das Verhältnis Anlaß-Spitzenstrom zu Nennstrom nicht überschreiten:

Nennleistung . . . . kW	1,5 bis 5	über 5 bis 100
$\dfrac{\text{Anlaß - Spitzenstrom}}{\text{Nennstrom}}$	1,75	1,6

b) Bei Kurzschlußmotoren soll das Verhältnis Anlaß-Spitzenstrom zu Nennstrom nicht überschreiten:

Nennleistung . . . . kW	1,5 bis 15
$\dfrac{\text{Anlaß - Spitzenstrom}}{\text{Nennstrom}}$	
bei 3000 und 1500 Umdr/min	2,4
„ 1000 „ 750 „	2,1
„ 600 „ 500 „	1,7

§ 10. Messung des Anlaßstromes.

Alle Anlaßströme sind mit einem Strommesser mit vorgeschobenem Zeiger zu messen.

§ 11. Leistungsgrenze von Kurzschlußmotoren.

Im Anschluß an Niederspannungverteilungsnetze sind Kurzschlußmotoren im allgemeinen bis zu Leistungen von 4 kW einschließlich zulässig, wenn das vom Motor beim Anlauf zu überwindende Drehmoment nicht größer als ein Drittel seines Nenndrehmomentes ist; Kurzschlußmotoren größerer Leistung nur dann, wenn das vom Motor beim Anlauf zu überwindende Drehmoment nicht größer als ein Sechstel seines Nenndrehmomentes ist und der Anlaßstrom nicht größer ist, als 10 kVA entspricht.

In Anlagen, die aus einem besonderen Transformator bis zu 100 kVA gespeist werden, sind Kurzschlußmotoren bis zu 15 kW zulässig.

Übersteigt die Leistung des Einzeltransformators 100 kVA, so können mit dem Elektrizitätswerke auch höhere Leistungen für Kurzschlußmotoren vereinbart werden.

§ 12. Anlaßvorrichtungen.

Bei Gleichstrommotoren und Drehstrom-Kurzschlußmotoren bis einschließlich 1,1 kW Nennleistung sind Anlaßschalter ohne Anlaßstufe an Stelle eines Anlassers zulässig.

Bei Kurzschlußmotoren von 2 kW Nennleistung an müssen Anlaßgeräte verwendet werden, die während des Überganges von der Anlaß- zur Betriebstellung zwangläufig einen Drehzahlabfall verhindern. Dieses kann beispielsweise durch sprungweise Überschaltung oder durch Überschaltung ohne Stromunterbrechung erreicht werden.

§ 13. Motoren mit selbsttätigem Anlauf.

Bei Gleichstrommotoren bis 3 kW und Drehstrommotoren bis 4 kW, die durch selbsttätige Vorrichtungen angelassen werden, soll der Anlaßstrom nicht größer sein, als 10 kVA entspricht.

§ 14. Leistungsfaktor.

Für den Leistungsfaktor normaler Drehstrommotoren bei Nennleistung, Nennspannung und Nennfrequenz gilt die folgende Tafel:

Normale Leistung		Kurzschlußanker						Schleifringanker						Normale Leistung	
		Leistungsfaktor für Umdr/min						Leistungsfaktor für Umdr/min							
kW	PS	3000	1500	1000	750	600	500	3000	1500	1000	750	600	500	kW	PS
0,125	0,17	0,78	0,70	0,66	—	—	—	—	—	—	—	—	—	0,125	0,17
0,2	0,27	0,80	0,73	0,69	0,6	—	—	—	—	—	—	—	—	0,2	0,27
0,33	0,45	0,82	0,76	0,71	0,64	—	—	—	—	—	—	—	—	0,33	0,45
0,5	0,7	0,84	0,79	0,73	0,67	—	—	—	—	—	—	—	—	0,5	0,7
0,8	1,1	0,86	0,80	0,75	0,70	—	—	—	—	—	—	—	—	0,8	1,1
1,1	1,5	0,87	0,82	0,77	0,72	—	—	—	—	0,71	0,66	—	—	1,1	1,5
1,5	2	0,88	0,83	0,78	0,74	—	—	—	0,8	0,74	0,69	—	—	1,5	2
2,2	3	0,89	0,85	0,80	0,76	—	—	0,86	0,82	0,76	0,72	—	—	2,2	3
3	4	0,89	0,86	0,81	0,78	—	—	0,86	0,83	0,78	0,75	—	—	3	4
4	5,5	0,89	0,87	0,82	0,80	—	—	0,86	0,84	0,80	0,77	—	—	4	5,5
5,5	7,5	0,89	0,87	0,84	0,82	—	—	0,87	0,84	0,82	0,79	—	—	5,5	7,5
7,5	10	0,89	0,87	0,85	0,83	0,81	—	0,87	0,85	0,83	0,81	0,79	—	7,5	10
11	15	0,89	0,87	0,85	0,84	0,82	0,79	0,88	0,86	0,84	0,82	0,80	0,77	11	15
15	20	0,89	0,87	0,85	0,84	0,82	0,79	0,89	0,87	0,85	0,84	0,81	0,78	15	20
22	30	0,90	0,88	0,86	0,85	0,82	0,79	0,90	0,88	0,86	0,85	0,82	0,79	22	30
30	40	0,90	0,89	0,87	0,86	0,83	0,80	0,90	0,89	0,87	0,86	0,83	0,81	30	40
40	55	0,90	0,90	0,88	0,87	0,84	0,81	0,90	0,90	0,88	0,87	0,84	0,82	40	55
50	68	0,91	0,90	0,88	0,87	0,85	0,82	0,91	0,90	0,88	0,87	0,85	0,83	50	68
64	87	0,91	0,90	0,89	0,88	0,86	0,83	0,91	0,90	0,89	0,88	0,86	0,84	64	87
80	110	0,91	0,90	0,89	0,88	0,86	0,85	0,91	0,90	0,89	0,88	0,86	0,85	80	110
100	136	0,91	0,90	0,89	0,88	0,86	0,85	0,91	0,90	0,89	0,88	0,86	0,85	100	136

Die Bestimmung des Leistungsfaktors geschieht durch gleichzeitige Leistung-, Strom- und Spannungmessung bei Nennleistung. Die Messungen sind bei Nennspannung durchzuführen. Toleranz für den Leistungsfaktor nach den R.E.M./1923.

26. Leitsätze für die Konstruktion und Prüfung elektrischer Starkstrom-Handapparate für Niederspannungsanlagen (ausschließlich Koch- und Heizgeräte)[1].

(Massageapparate, Heißluftapparate, Tischventilatoren, Haushaltungsmotoren, Staubsauger, Handmagnete, Spannfutter, sowie ähnliche elektrische Betriebswerkzeuge u. dgl.).

Gültig ab 1. Juli 1914[2].

A. Allgemeines.

1. Jeder Apparat soll ein Ursprungzeichen haben, das den Hersteller erkennen läßt.

2. Auf jedem Apparat sollen Spannung, Stromstärke, Stromart und Frequenz verzeichnet sein.

3. Alle einzelnen Teile der Apparate und Zuleitungen sollen den jeweils in Betracht kommenden Vorschriften und Normen des Verbandes Deutscher Elektrotechniker entsprechen.

4. Jeder Apparat muß Abweichungen vom Nennwert der Spannung bis zu ± 10% schadlos aushalten können.

5. Im allgemeinen sollen Apparate eine vorübergehende Stromüberlastung von mindestens 25% aushalten.

   „vorübergehend": etwa 5 bis 15 min, je nach der normalen Benutzungsart der Apparate.

6. Handapparate mit Ausnahme der Betriebswerkzeuge sollen bei normaler Belastung und ordnungsmäßiger Benutzung an den äußeren Teilen, deren Berührung betriebsmäßig in Frage kommen kann, keine höhere Übertemperatur als 35° C, an den Handgriffen nicht mehr als 20° C annehmen.

7. Handapparate mit einer Aufnahme bis einschließlich 0,3 kW sind für Betriebspannungen von mehr als 250 V nicht zulässig.

B. Berührungschutz.

1. Spannungführende Teile der Apparate dürfen ohne besondere Maßnahmen nicht berührt werden können.

2. Die spannungführenden Teile sollen von den nicht spannungführenden Metallteilen und insbesondere von metallenen Gehäuseteilen dauernd zuverlässig isoliert sein.

---

[1] Für Koch- und Heizgeräte gelten die hierfür besonders aufgestellten Vorschriften (s. S. 348 u. ff.).

[2] Angenommen durch die Jahresversammlung 1914. Veröffentlicht: ETZ 1914, S. 71 und 478.

3. Die Hüllen und Abdeckungen spannungführender Teile sollen mechanisch widerstandsfähig, stoßfest und besonders zuverlässig befestigt sein.
4. Innere Verbindungen sollen so geführt und befestigt sein, daß sie durch Erwärmung oder Erschütterungen nicht gelockert werden und mit den Gehäuseteilen nicht in leitende Berührung kommen können.
5. Die Bedienungsgriffe der Handapparate mit Ausnahme der von Betriebswerkzeugen sollen möglichst nicht aus Metall bestehen und im übrigen so gestaltet sein, daß eine Berührung benachbarter Metallteile erschwert ist.

   Für das Äußere der Apparate ist möglichst weitgehende Verwendung von Isolierstoffen anzustreben.
6. An Apparaten, für die Erdung notwendig ist, soll ein besonderer Anschluß für die Erdzuleitung vorhanden sein.

C. Anschlüsse und Verbindungstellen.

1. Die Enden von Litzen sollen in sich verlötet sein.
2. Anschlüsse und Verbindungstellen sind derartig anzuordnen, daß sie äußerer Beschädigung und schädlichen Einflüssen nach Möglichkeit entzogen sind. Sie müssen mechanisch fest und gegen Lockerung genügend sicher sein.
3. Die Anschluß- und Verbindungstellen sollen von Zug entlastet sein.

D. Zuleitungen.

1. Die Zuleitungen müssen an beiden Enden mit Zugentlastung versehen sein.
2. Bei Anschluß von Apparaten, bei denen Erdung nötig ist, muß ein Erdungsleiter in der Zuleitung vorhanden sein.

E. Prüfung.

1. Alle Apparate sind mit mindestens 1000 V Wechselstrom 1 min lang auf Isolation zu prüfen. Die Stromquelle, die die Prüfspannung hergibt, soll eine Leistung von mindestens 3 kW besitzen.

   Beabsichtigt ist, diese Prüfspannung in einiger Zeit noch zu erhöhen.

27. Vorschriften für elektrische Handgeräte mit Kleinstmotoren V. E. Hg. M./1927.

Inhaltsübersicht.

A. Einleitung. §§ 1 bis 3.
B. Begriffserklärungen. §§ 4 bis 6.
C. Bestimmungen. §§ 7 bis 25.
D. Prüfung. §§ 26 bis 32.
E. Anlasser und Regler. §§ 33 bis 40.
Zusatzbestimmungen für
F. Heißluftduschen. §§ 41 bis 46.
G. Massagegeräte. § 47.
H. Staubsauger. §§ 48 bis 51.
I. Tischfächer. §§ 52 bis 54.
K. Antriebsmotoren für Haushaltmaschinen. §§ 55 bis 57.
L. Regler für Nähmaschinenmotoren. § 58.
M. Geräte mit biegsamer Welle. § 59.

A. Einleitung.

§ 1.

Nachstehende Vorschriften sind gültig ab 1. Januar 1927[1].

§ 2.

Die Vorschriften gelten für Kleingerät aller Art, das mit einem Elektromotor ausgerüstet ist, wie Heißluftduschen, Tischfächer, Staubsauger, Massagegerät, elektrisch ausgerüstete Haushaltmaschinen (Nähmaschinen, Sprechmaschinen, Bureaumaschinen) u. dgl.

Für elektrisch betriebene Werkzeuge gelten besondere Vorschriften.

§ 3.

Die Geräte müssen den nachstehenden Vorschriften sowie den „Vorschriften für die Errichtung und den Betrieb elektrischer Starkstromanlagen" entsprechen.

---

[1] Angenommen durch den Vorstand im Februar 1926. Veröffentlicht: ETZ 1926, S. 402. — *Sonderdruck VDE 350.*

B. Begriffserklärungen.

§ 4.

Feuersicher ist ein Gegenstand, der entweder nicht entzündet werden kann oder nach Entzündung nicht von selbst weiterbrennt.

Wärmesicher ist ein Gegenstand, der bei der höchsten betriebsmäßig vorkommenden Temperatur keine den Gebrauch beeinträchtigende Veränderung erleidet.

Feuchtigkeitsicher ist ein Gegenstand, der nach Liegen in feuchter Luft während der in den Prüfvorschriften angegebenen Zeitdauer die vorgeschriebene Prüfspannung aushält.

Lackierung und Emaillierung von Metallteilen gilt nicht als Isolierung im Sinne des Berührungschutzes.

§ 5.

Unter Geräteanschlußleitung wird verstanden eine Leitung mit Wandstecker, gegebenenfalls auch mit Gerätesteckdose.

§ 6.

Nennspannung ist die Spannung in V, für die das Gerät gebaut ist.

Nennspannungbereich liegt zwischen den Spannunggrenzen, innerhalb deren das Gerät betriebsmäßig verwendbar ist.

Nennaufnahme ist die vom Gerät in betriebswarmem Zustande bei der Nennspannung aufgenommene Leistung in W.

Nennstrom ist der unter den gleichen Umständen aufgenommene Strom in A.

Kriechstrecke ist der kürzeste Weg, auf dem ein Stromübergang auf der Oberfläche eines Isolierkörpers zwischen Metallteilen eintreten kann, zwischen denen ein Spannungsunterschied möglich ist.

C. Bestimmungen.

§ 7.

Die Geräte sind nur für Spannungen bis 250 V zulässig. Jedes Gerät muß bei Abweichungen vom Nennwert der Spannungen bis zu $\pm 5\%$ dauernd schadlos betrieben werden können. Wird auf dem Gerät ein Nennspannungbereich angegeben, so schließt dieser die vorstehenden Abweichungen ein.

§ 8.

Die Geräte müssen so gebaut und bemessen sein, daß bei ordnungsmäßigem Gebrauch durch die bei ihrem Betrieb auftretende Erwärmung weder die Wirkungsweise und Handhabung beeinträchtigt wird noch eine für die Umgebung gefährliche Temperatur entstehen kann.

§ 9.

Die Geräte müssen so gebaut sein, daß einer Verletzung von Personen durch Splitter, Funken, geschmolzene Teile oder Stromübergänge bei ordnungsmäßigem Gebrauch vorgebeugt wird.

§ 10.

Die blanken spannungführenden Anschlußteile müssen auf feuer-, wärme- und feuchtigkeitsicheren Körpern angebracht sein.

Widerstandsleiter müssen von feuer- und wärmesicherer Unterlage getragen sein. Falls diese nicht feuchtigkeitsicher ist, muß sie noch besonders vom Gehäuse isoliert sein.

Abdeckungen und Schutzverkleidungen müssen mechanisch widerstandsfähig, stoßfest, wärmesicher und besonders zuverlässig befestigt sein. Wenn sie mit spannungführenden Teilen in Berührung stehen, müssen sie auch feuchtigkeitsicher sein. Abdeckungen und Schutzverkleidungen aus Isolierstoff, die beim Gebrauch einem Lichtbogen ausgesetzt sein können, müssen auch feuersicher sein. Sie müssen ferner so ausgebildet sein, daß die Leitungen mit ihrer Isolierung und Umhüllung in diese Schutzverkleidungen eingeführt werden können.

§ 11.

Schrauben, die Kontakte vermitteln, müssen in metallene Muttergewinde eingeschraubt sein.

Der Kontakt zwischen spannungführenden Teilen muß so ausgeführt sein, daß er sich durch die betriebsmäßige Erwärmung, die unvermeidliche Veränderung der Isolierstoffe, sowie durch betriebsmäßige Erschütterungen nicht lockert (z. B. darf der Kontaktdruck bei festen Verbindungen — Schrauben- oder Nietkontakten — nicht über eine Zwischenlage aus Isolierstoff übertragen werden).

§ 12.

Innere Verbindungen müssen so geführt und befestigt sein, daß sie durch Erwärmung oder Erschütterungen nicht gelockert werden und mit den Gehäuseteilen nicht in leitende Berührung kommen können. Eiserne Verbindungen sind vor Rost zu schützen.

§ 13.

Kriechstrecken dürfen 4 mm nicht unterschreiten. Nur in Fällen, in denen die Möglichkeit einer Verschmutzung sowie Feuchtigkeitseinflüsse ausgeschlossen sind, sind 3 mm zulässig.

§ 14.

Die Verbindung der Geräteanschlußleitung mit dem Gerät muß durch Verschraubung, Lötung oder mittels einer Gerätesteckvorrichtung erfolgen. In diesem Fall muß die Dose an der Leitung, der Stecker am Gerät angebracht sein.

Normale Nennstromstärken für Gerätesteckvorrichtungen in A 6	10	20
Querschnitt der Zuleitung in mm² 0,75	1	2,5
Wandstecker für A 6	10	25

§ 15.

Anschluß- und Verbindungstellen sind derart anzuordnen, daß sie bei ordnungsmäßigem Gebrauch äußerer Beschädigung und schädlichen Einflüssen entzogen sind. Sie müssen mechanisch fest und gegen Lockerung und Berührung genügend gesichert sein.

§ 16.

Eine unbeabsichtigte Berührung spannungführender Metallteile der Gerätesteckvorrichtung (Dose und Stecker) muß unmöglich sein. Einzelstecker sind infolgedessen nicht zulässig.

§ 17.

Die Gerätedose muß so ausgeführt sein, daß sie von Hand bequem mit dem Gerätestecker verbunden werden kann. Wandstecker müssen das VDE-Prüfzeichen haben.

§ 18.

Hülsen und Stifte der Gerätesteckvorrichtung dürfen in dem Körper nicht drehbar befestigt sein. Sie müssen gegen Verdrehen gesichert sein. Die Anschlußleitungen dürfen nicht mittels der Hülsen oder Stifte festgeschraubt werden.

§ 19.

Als Zuleitung dürfen nur Zimmerschnüre oder Gummischlauchleitungen verwendet werden. Fassungsadern sind als Zuleitung verboten. Die Zuleitung muß an der Einführungstelle gegen starke Verbiegung oder Verletzung (z. B. durch scharfe Metallränder) geschützt sein. Sofern nicht andere Vorkehrungen getroffen sind, muß bei Einführung der Zuleitung durch Metallteile in das Gerät eine isolierende Buchse verwendet werden, die im Gerät gesichert befestigt ist (Gegenmutter, Sprengring oder dgl.).

§ 20.

Jede Geräteanschlußleitung muß an den Anschlußstellen ihrer beiden Enden von Zug entlastet sowie ihre Umhüllung sicher gefaßt und gegen Verdrehen gesichert sein.

§ 21.

Die Enden der Litzen müssen in sich verlötet oder mit einer besonderen Umkleidung versehen sein, die das Abspleißen einzelner Drähte zuverlässig verhindert.

§ 22.

Am Gerät fest angeschlossene Leitungen müssen sinngemäß den Bestimmungen in §§ 15, 19 bis 21 dieser Vorschriften genügen.

§ 23.

Alle Schalter an Handgeräten müssen den VDE-Vorschriften für Schalter entsprechen (Dosenschalter, Handgeräte-Einbauschalter). Schalter müssen so eingebaut sein, daß sie mechanischen Beschädigungen bei Gebrauch nicht ausgesetzt sind.

§ 24.

Die unter Spannung gegen Erde stehenden Teile müssen der zufälligen Berührung entzogen sein.

§ 25.

Auf dem Gerät müssen nachstehende Angaben deutlich lesbar und haltbar angebracht sein:

1. Hersteller oder Ursprungzeichen,
2. Stromart, falls erforderlich,
3. Nennspannung in V,
4. Frequenz, falls erforderlich,
5. VDE-Zeichen, falls erteilt.

D. Prüfung.

§ 26.

Zwischen Modellprüfung und Stückprüfung ist zu unterscheiden.

Die Modellprüfung nach §§ 27 bis 31 dient zu Stichproben.

Die Stückprüfung nach § 32 ist an jedem Stück vorzunehmen; sie hat den Zweck, Werkstoff- und Ausführungsfehler festzustellen.

Modellprüfung.

§ 27.

Geräte und Zubehör müssen nach 24-stündigem Liegen in feuchter Luft bei Zimmertemperatur (siehe „Leitsätze für die Untersuchung der Isolierteile von Installationsmaterial", § 4 b, 3) mindestens 1000 V Wechselspannung 1 min lang gegen Körper aushalten, ohne daß Durch- oder Überschlag eintritt. Die dazu benutzte Stromquelle muß eine Leistung von mindestens 0,5 kVA haben. Bei Geräten für Kleinspannung genügt als Prüfspannung 500 V.

§ 28.

Die Prüfung auf Feuchtigkeitsicherheit, mechanische Widerstandsfähigkeit, Wärmesicherheit und Feuersicherheit der Isolierteile muß nach den „Leitsätze für die Untersuchung der Isolierteile von Installationsmaterial" erfolgen.

Für die Prüfung der Feuchtigkeitsicherheit gilt die Bestimmung in § 4 b, 3 obiger Leitsätze.

§ 29.

Die spannungführenden Teile der Gerätesteckvorrichtung müssen im nicht eingebauten Zustande gegen eine an der Steckdose angebrachte Stanniolumhüllung sowie die Kontakte gegeneinander die Wechselspannung von 1500 V 1 min lang aushalten, nachdem die Gerätesteckvorrichtung mindestens 24 h lang in feuchter Luft gelegen hat, ohne daß Durch- oder Überschlag eintritt.

§ 30.

Die Gerätesteckvorrichtung muß bei Anschluß an eine Prüfspannung von 275 V Gleichstrom und der 1,25-fachen Nennstromstärke der Gerätesteckdose imGebrauchzustande und in derGebrauchslage 20-mal nacheinander, jedoch mit Pausen von mindestens 10 s ein- und ausgeschaltet werden können, ohne daß sich ein dauernder Lichtbogen oder ein Überschlag nach den geerdeten Metallteilen bildet. Die Schaltung der Prüfanordnung ist die gleiche wie bei der Prüfung von Dosenschaltern („Vorschriften für die Konstruktion und Prüfung von Installationsmaterial", § 13).

§ 31.

Zur Prüfung der mechanischen Haltbarkeit der Gerätesteckvorrichtungen ist die Gerätesteckdose ohne Strombelastung 1000-mal vollständig ein- und auszuführen. Danach muß die Gerätesteckdose noch den Anforderungen an die Nennleistung während einer Prüfung von ½ h entsprechen, sowie ein nachfolgendes 10-maliges Ein- und Ausschalten aushalten.

Stückprüfung.

§ 32.

Geräte und Zubehör müssen entweder 1000 V 1 min oder (bei Massenprüfung) 1250 V Wechselspannung 1 s lang gegen Körper aushalten, ohne daß Durch- oder Überschlag eintritt. Die dazu benutzte Stromquelle muß eine Leistung von mindestens 0,5 kVA haben. Bei Geräten für Kleinspannung genügt eine Prüfspannung von 500 bzw. 650 V.

E. Zusatzbestimmungen für Anlasser und Regler.

§ 33.

Die Bestimmungen §§ 34 bis 40 gelten für Anlasser und Regler, die mit dem Gerät mechanisch oder elektrisch verbunden sind.

§ 34.

Anlaßvorrichtungen müssen insbesondere § 12 der Errichtungsvorschriften entsprechen (vgl. auch die „Regeln für die Bewertung und Prüfung von Anlassern und Steuergeräten R.E.A./1928").

§ 35.

Anlasser und Regler, an denen Stromunterbrechungen vorkommen, müssen so gebaut sein, daß bei ordnungsmäßiger Betätigung kein Lichtbogen stehen bleibt.

§ 36.

Die Kontaktbahn muß mit einer nicht entflammbaren, zuverlässig befestigten und abnehmbaren Abdeckung versehen sein; sie darf keine Öffnungen (Schlitze) enthalten, die eine unbeabsichtigte Berührung spannungführender Teile zulassen. Die Anschlußstellen müssen gegen zufällige Berührung geschützt sein.

§ 37.

Anlasser und Regler müssen derart gebaut sein, daß die Widerstände (Spiralen, Bleche usw.) bei den betriebsmäßigen Beanspruchungen nicht mit Metallteilen des Gehäuses oder miteinander in Berührung kommen können.

§ 38.

Alle Verbindungsleitungen sind so zu verlegen, daß sie bei den im Betrieb auftretenden Erschütterungen ihre Lage nicht verändern.

Verbindungsleitungen mit nicht feuchtigkeitsicherer Isolierung dürfen nicht mit dem Gehäuse in Berührung kommen.

Verbindungsleitungen mit nicht wärmebeständiger Isolierung müssen einer schädlichen Einwirkung der im Gerät entwickelten Wärme entzogen sein.

Blanke Verbindungsleitungen sind mit den erforderlichen Abständen derart zu verlegen, daß eine Berührung mit dem Gehäuse oder anderen Teilen sicher verhindert wird.

§ 39.

Die Widerstandsleiter müssen von wärme- und feuersicherer Unterlage getragen sein. Falls diese nicht feuchtigkeitsicher ist, muß sie noch besonders vom Gehäuse isoliert sein.

§ 40.

Schrauben, die Kontakte vermitteln, müssen in metallene Muttergewinde eingeschraubt sein. Klemmkontakte dürfen nicht unter Vermittlung von Isolierstoff hergestellt werden.

F. Zusatzbestimmungen für Heißluftduschen.

§ 41.

Die zufällige oder fahrlässige Berührung umlaufender Teile muß ausgeschlossen sein. Das Eindringen von Fremdkörpern (z. B. Haare) muß erschwert sein.

§ 42.

Der Handgriff darf nicht aus Metall bestehen und muß so gestaltet sein, daß eine Berührung benachbarter Metallteile erschwert ist.

§ 43.

Heißluftduschen dürfen bei normaler Belastung und ordnungsmäßiger Benutzung an den äußeren Teilen, deren Berührung betriebsmäßig in Frage kommen kann, keine höhere Übertemperatur als 35° C, an den Handgriffen keine höhere Übertemperatur als 20° C annehmen.

Die den Heizkörper umgebende Hülle darf sich nicht so stark erwärmen, daß sich brennbare Stoffe an ihr entzünden können.

§ 44.

Heizkörper müssen den „Vorschriften für elektrische Heizgeräte und elektrische Heizeinrichtungen V.E.Hz./1925"[2] entsprechen.

---

[2] S.S. 348 u. ff.

§ 45.

Einschaltung der Heizkörper muß bei stillstehendem Motor unmöglich sein. Gleichzeitiges Ein- und Ausschalten von Heizkörper und Motor ist zulässig.

§ 46.

Außer den Angaben nach § 25 muß die höchste Nennaufnahme in W auf dem Gerät angegeben sein.

G. Zusatzbestimmungen für Massagegeräte.

§ 47.

Die Bestimmungen §§ 41 und 42 gelten auch für Massagegeräte.

H. Zusatzbestimmungen für Staubsauger.

§ 48.

Der Staubsauger muß in betriebsmäßigem Zustande bei offener Düse einen ununterbrochenen Betrieb von mindestens 30 min aushalten, ohne daß die Erwärmung des Motors die in den R.E.M./1923, § 39 festgesetzten Grenzwerte überschreitet.

§ 49.

Der Anlaßstrom darf 12 A nicht überschreiten.

§ 50.

Die Luft muß beim Saugen so geführt sein, daß mitgerissene Fremdkörper den Motor nicht beschädigen können.

§ 51.

Außer den Angaben nach § 25 muß die höchste Nennaufnahme in W auf dem Gerät angegeben sein.

I. Zusatzbestimmungen für Tischfächer.

§ 52.

Der Tischfächer muß einen Betrieb von 2 h aushalten, ohne daß die Erwärmung des Motors die in § 39 der R.E.M./1923 festgesetzten Grenzwerte überschreitet. Die äußere Erwärmung des Motors darf hierbei nicht mehr als 25° C Übertemperatur betragen.

§ 53.

Die Fächerflügel müssen von einer zuverlässig befestigten Vorrichtung so umgeben sein, daß die Gefahrzone gegen zufällige Berührung erkennbar ist.

§ 54.

Wenn eine Verbindungsleitung innerhalb des Gerätes durch ein Gelenk geht, so muß die Leitung an dieser Stelle besonders geschützt sein.

K. Zusatzbestimmungen für Antriebsmotoren von Haushaltmaschinen einschließlich Nähmaschinen.

§ 55.

Der Anlaßstrom darf 12 A nicht überschreiten.

§ 56.

Außer den Angaben nach § 25 müssen Nennleistung in W (gegebenenfalls mit Angaben über die Betriebzeit) und Nenndrehzahl auf dem Gerät angegeben sein.

L. Zusatzbestimmungen für Regler zu Antriebsmotoren von Haushaltmaschinen einschließlich Nähmaschinen.

§ 57.

Die Übertemperatur der mit dem Antriebsmotor elektrisch oder mechanisch verbundenen Regler darf an keiner Stelle des Gehäuses höher als 60° C sein.

§ 58.

Die stromführenden Teile von Anlassern und Reglern müssen mit einer Schutzverkleidung aus wärme- und feuersicheren Stoffen versehen sein. Sie müssen so gebaut sein, daß in der Nähe befindliche brennbare Stoffe nicht entzündet werden können.

M. Zusatzbestimmungen für Geräte mit biegsamer Welle (z. B. Haarschneidemaschinen u. dgl.).

§ 59.

Die biegsame Welle ist vom Motor durch eine elektrisch isolierte Kupplung zu trennen. Für die Kupplung gelten die in § 29 angeführten Prüfbedingungen.

28. Vorschriften für elektrisches Spielzeug.

§ 1.

Die Vorschriften gelten ab 1. Januar 1927[1].

A. Elektrisches Spielzeug zum Anschluß an Wechselstromnetze.

§ 2.

Als elektrisches Spielzeug gelten Spielgegenstände, wie: Kinderbügeleisen, Kinderkochherde, Dampfkessel, Maschinen, Bahnen, Kleinbeleuchtung für Bahnen, Puppenstuben, Kinderkinos u. dgl., die für eine Nennspannung bis 24 V hergestellt sind.

§ 3.

Gegenstände für höhere Spannungen als unter § 2 angegeben werden nicht als Spielzeug, sondern als Gebrauchsgegenstände angesehen. Sie unterliegen den jeweils zutreffenden Vorschriften und Normen des VDE (insbesondere den Errichtungsvorschriften, den „Vorschriften für elektrische Heizgeräte und elektrische Heizeinrichtungen V.E.Hz./1925" und den „Vorschriften für die Konstruktion und Prüfung von Installationsmaterial").

§ 4.

Für Spielzeug nach § 2 ist eine leitende Verbindung mit dem Starkstromnetz (z. B. durch Lampenwiderstände) verboten.

§ 5.

Die für den Anschluß benutzten Transformatoren müssen den Bestimmungen für Kleintransformatoren entsprechen.

B. Elektrisches Spielzeug zum Anschluß an Gleichstromnetze.

§ 6.

Der Anschluß von elektrischem Spielzeug an Gleichstromnetze ist zur Zeit nur durch Umformer mit elektrisch getrennten Wicklungen gestattet. Weitere Angaben folgen.

---

[1] Angenommen durch den Vorstand im Februar 1926. Veröffentlicht: ETZ 1926, S. 426. — Änderung des § 1 angenommen durch den Vorstand im Dezember 1926. Veröffentlicht: ETZ 1926, S. 1530. — *Sonderdruck VDE 351.*

29. Vorschriften für elektrische Gas- und Feueranzünder.

§ 1.

Die Vorschriften gelten ab 1. Januar 1927[1].

§ 2.

a) Als elektrische Gas- und Feueranzünder gelten Gegenstände, bei denen durch elektrische Funken oder Lichtbögen brennbare Stoffe oder Gase zur Entzündung gebracht werden.

Sie sollen nur für eine Nennspannung bis 24 V oder für ungefährliche Frequenzen hergestellt werden.

b) Für Geräte, bei denen ein Heizleiter vorhanden ist, gelten die „Vorschriften für elektrische Heizgeräte und elektrische Heizeinrichtungen V. E. Hz./1925".

c) Für festverlegte elektrische Gasfernzünder gelten die nachstehenden Vorschriften nicht.

§ 3.

Für elektrische Gas- und Feueranzünder nach § 2a ist eine leitende Verbindung mit dem Starkstromnetz (z. B. durch Lampenwiderstände) verboten.

§ 4.

Elektrische Gas- und Feueranzünder für höhere Spannungen als 24 V unterliegen den jeweils zutreffenden Vorschriften und Normen des VDE (insbesondere den Errichtungsvorschriften, den „Vorschriften für elektrische Heizgeräte und elektrische Heizeinrichtungen V. E. Hz./1925" und den „Vorschriften für die Konstruktion und Prüfung von Installationsmaterial").

§ 5.

Widerstände, Spulen und dergleichen kurzzschlußverhindernde Mittel müssen mit dem Gerät oder der Zuleitung untrennbar verbunden sein.

---

[1] Angenommen durch den Vorstand im Februar 1926. Veröffentlicht: ETZ 1926, S. 427. — *Sonderdruck VDE 352.*

30. Vorschriften für elektrische Fanggeräte.

§ 1.

Die Vorschriften gelten ab 1. Januar 1927[1].

§ 2.

Als elektrische Fanggeräte gelten Vorrichtungen, bei denen durch die Wirkung des elektrischen Stromes Tiere (z. B. Ungeziefer) getötet werden sollen. Bei diesen Geräten findet in der Regel ein Stromschluß durch die Tierkörper statt.

§ 3.

Für elektrische Fanggeräte gelten die jeweils zutreffenden Vorschriften und Normen des VDE (insbesondere die Errichtungsvorschriften und die „Vorschriften für die Konstruktion und Prüfung von Installationsmaterial").

§ 4.

Der Anschluß an das Starkstromnetz darf nur unter Verwendung eines kurzschlußverhindernden Mittels erfolgen, das den Strom bei Kurzschluß zwischen den blanken Leitern auf höchstens 1 A begrenzt.

---

[1] Angenommen durch den Vorstand im Februar 1926. Veröffentlicht: ETZ 1926, S. 427. — *Sonderdruck VDE 353.*

31. Vorschriften für die elektrische Ausrüstung von Stehlampen (Stehleuchter).

Gültig ab 1. Juli 1926[1].

§ 1.

Die Vorschriften gelten für Stehlampen, die in Wohnräumen und trockenen Wirtschaftsräumen benutzt werden. Für Handleuchter, Maschinenleuchter und ortsveränderliche Werkstattleuchter gelten besondere Vorschriften (siehe Errichtungsvorschriften, § 18).

§ 2.

Die elektrische Ausrüstung der Stehlampe umfaßt folgende Bestandteile:
1. Fassung,
2. Fassungsnippel,
3. Anschlußklemmen,
4. Schalter,
5. Zuleitung,
6. Stecker.

§ 3.

Fassungen müssen den „Vorschriften für die Konstruktion und Prüfung von Installationsmaterial" entsprechen und das VDE-Prüfzeichen tragen.

§ 4.

Alle Fassungen müssen mit dem Lampenkörper zuverlässig befestigt sein. Alle Bohrungen, durch die die Leitungen geführt werden, müssen einen Durchmesser von mindestens 6 mm haben.

§ 5.

Wenn besondere Schalter am Lampenkörper verwendet werden, so müssen sie so eingebaut sein, daß sie mechanischen Beschädigungen bei Gebrauch der Lampe nicht ausgesetzt sind. Die Schalter müssen den „Vor-

---

[1] Angenommen durch die Jahresversammlung 1925. Veröffentlicht: ETZ 1925, S. 1322 und 1526. — *Sonderdruck VDE 333.*

schriften für Handgeräte-Einbauschalter" entsprechen und das VDE-Prüfzeichen haben. Die Nennstromstärke der Einbauschalter muß mindestens
2 A betragen; im übrigen ist für jede Fassung 1 A zu berücksichtigen.

§ 6.

In allen Fällen, in denen innerhalb des Lampenkörpers von der Zuleitungschnur auf Fassungsader übergegangen wird oder eine Aufteilung
auf mehrere Brennstellen stattfindet, sind Verbindungsklemmen anzuwenden.

Die Metallteile der Klemmen müssen auf feuer-, wärme- und feuchtigkeitsicheren Körpern angebracht und gegen zufällige Berührung geschützt
sein.

Die Verbindungsklemmen müssen fest gelagert sein. Der Abstand zwischen den spannungführenden Teilen und dem Lampenkörper muß mindestens 3 mm betragen.

§ 7.

Als Zuleitungschnüre dürfen nur Zimmerschnüre (NSA) oder leichte
Gummischlauchleitungen (NLHG) verwendet werden. Zum Einziehen in
den Lampenkörper können Fassungsadern (NFA) benutzt werden. Die
Verwendung der Fassungsadern als Zuleitungen ist verboten. Alle bei
Stehlampen verwendeten Schnüre müssen den „Vorschriften für isolierte
Leitungen in Starkstromanlagen V.I.L./1928" entsprechen und einen von
der Prüfstelle des VDE zugewiesenen Kennfaden enthalten.

Die Einführung der Schnur muß durch eine isolierte Buchse erfolgen,
die im Lampenkörper durch Gegenmutter, Sprengring oder dgl. gesichert
befestigt ist. Die Anschlußstellen der Zuleitungschnur innerhalb des Lampenkörpers müssen von Zug entlastet sein.

§ 8.

Stecker an der Zuleitungschnur müssen den „Vorschriften für die Konstruktion und Prüfung von Installationsmaterial" entsprechen und das
VDE-Prüfzeichen haben. Die Anschlußschnur muß an den Anschlußstellen
von Zug entlastet, sowie ihre Umhüllung sicher gefaßt und gegen Verdrehen gesichert sein.

§ 9.

Wird die Zuleitung durch ein Gelenk geführt, so muß sie in dem Gelenk
gegen Verletzung geschützt sein.

Erklärungen.

1. Allgemeines.

Die Gründe, die zur Schaffung besonderer Vorschriften für Stehlampen
geführt haben, sind vom Messeausschuß des VDE in den Ausführungen in
der ETZ 1924, Heft 48 eingehend dargelegt worden. Der Ausdruck „Stehlampe" (unter Stehlampen sind auch sämtliche Tischlampen verstanden)
wurde zunächst beibehalten, weil er dem Handelsgebrauch entspricht und

auch bei dem Publikum allgemein eingeführt ist. Immerhin erschien es zweckmäßig, auf den dem Gebrauchzweck sehr entsprechenden Ausdruck „Stehleuchter" hinzuweisen, da unter Lampe allgemein die Glühbirne verstanden wird, während man mit Leuchter künftig das Haltegerät für die Glühbirne bezeichnen soll.

Gültigkeitstermin für die Vorschriften soll der 1. Juli 1926 sein. Bei der Besonderheit der Fertigung und des Vertriebes erschien es jedoch notwendig, eine Karenzzeit von mindestens 6 Monaten zuzulassen, während der auch noch Stehlampen, die nicht den Vorschriften genügen, zugelassen werden sollen. Indessen darf die Herstellung von Stehlampen alter Ausführung nach dem 1. Juli 1926 nicht mehr vorgenommen werden. Die Übergangzeit wurde nur deswegen erlassen, um Halbzeuge und fertige Lampen aufzubrauchen. Es kann angenommen werden, daß hierzu die vorgesehene Frist von 6 Monaten genügt.

2. Besondere Vorschriften.

Zu § 3. Durch die Vorschrift, daß die Fassungen das VDE-Prüfzeichen haben müssen, erübrigt es sich, über die Bauart besondere Vorschriften zu erlassen. Ausführungen, die von den genannten Vorschriften abweichen und denen daher das VDE-Prüfzeichen nicht erteilt werden kann, dürfen grundsätzlich in Stehlampen nicht eingebaut werden.

Zu § 4. Die Vorschrift, daß alle Bohrungen mindestens 6 mm Durchmesser haben müssen, ist dadurch begründet, daß zur Montage der Lampen nur solche Leitungen verwendet werden dürfen, die den Vorschriften des VDE für den vorliegenden Zweck genügen. Es soll aber auch dadurch die Möglichkeit gewährt werden, die Zuleitungschnüre, z. B. runde NSA-Schnüre oder NLHG-Leitungen, bis an die Fassung heranzuführen.

Zu § 5. Schaltfassungen bei Stehlampen sind zulässig. Soweit Zugketten verwendet werden, ist darauf zu achten, daß die vorgeschriebene doppelte Isolierung vorhanden ist. Erwünscht ist jedoch, möglichst bei allen Lampen anstatt der Schaltfassungen besondere Schalter vorzusehen. Diese Schalter müssen entweder oberhalb des Schirmes oder im Sockel der Lampe eingebaut werden. Die bisher hierfür verwendeten, mechanisch vielfach ungenügenden Bauarten sind nicht brauchbar, vielmehr gelten für diese Lampen die „Vorschriften für Handgeräte-Einbauschalter". Da in Stehlampen häufig Abzweigstecker eingeschraubt werden, um Heizgeräte anzuschließen, soll der Schalter mindestens für eine Nennstromstärke von 2 A bestimmt sein. Bei Stehlampen für mehrere Fassungen (Korpusfassungen) ist für jede Lampenfassung die Nennstromstärke von 1 A vorzusehen, also für einen Korpus von 4 Lampen 4 A. Sind bei großen Klublampen mehr als 4 Fassungen vorhanden, so müssen die Schalter den „Vorschriften für die Konstruktion und Prüfung von Installationsmaterial" entsprechen, da Handgeräte-Einbauschalter nur bis 4 A zulässig sind.

Zu § 6. Es ist gestattet, die Zuleitungschnur durch den Lampenträger bis an die Fassung zu führen, so daß dann eine einheitliche Leitungsart von der Fassung bis an den Wandstecker verwendet wird. Hierfür dürfen aber nicht Fassungsadern, sondern nur die vorgeschriebenen Zuleitung-schnüre (siehe § 7) verwendet werden. An den Stellen, an denen ein Über-gang von der Zuleitungschnur zur Fassungsader oder eine Aufteilung der Fassungsadern stattfindet, sind besondere Klemmen anzuordnen. Eine Ab-zweigung durch Lötung oder Verdrillung ist nicht gestattet. Es ist in Aus-sicht genommen, für die Klemmen Normalausführungen zu schaffen und besondere Normblätter aufzustellen. Dadurch soll verhindert werden, daß von der Beleuchtungskörper-Industrie verschiedenartige, nur wenig von-einander abweichende Konstruktionen verlangt und durch eine überflüssige Mannigfaltigkeit die Herstellung der Klemmen erschwert und verteuert wird.

Zu § 7. Fast bei allen Stehlampen sind bisher mißbräuchlich und ent-gegen den Vorschriften Fassungsadern auch als Zuleitungschnüre benutzt worden. Die Fassungsader ist aber ihrer ganzen Bauart nach für die rauhe Beanspruchung, der die Zuleitungschnüre unterworfen werden, ungeeignet. Besonders zu empfehlen ist als Zuleitungschnur die außerordentlich halt-bare NLHG-Leitung (handelsübliche Bezeichnung der mit Glanzgarn be-flochtenen NLH-Leitungen), die auch ästhetisch einen bedeutend gefälli-geren Eindruck als die dünne Fassungsader macht. Die Befestigung der isolierenden Buchse, durch die die Schnur hindurchgeht, am Lampenkörper ist eine wichtige Vorschrift. Bei Lampen alter Ausführung, bei der die Buchse lediglich in eine Bohrung des Lampenkörpers hineingesteckt ist, verliert sie nach kurzer Zeit ihren Halt und streift sich auf die Schnur über. Diese ist dann an der meistens scharfkantigen Bohrung sehr leicht Ver-letzungen ausgesetzt, wodurch ein großer Prozentsatz der Kurzschlüsse bei Stehlampen entsteht. Damit die mechanischen Beanspruchungen auf-genommen werden, soll die Zuleitungschnur am Lampenkörper so befestigt werden, daß einerseits ein Herausziehen aus der Verbindungsklemme un-möglich ist, sodann aber auch die Schnur selbst gegen Verdrehungen ge-sichert ist.

Zu § 8. Der Stecker gehört zu dem wichtigsten Zubehör der Stehlampe. Mangelhafte Stecker machen die beste Stehlampe unbrauchbar und bilden eine Quelle fortwährender Störungen. Deswegen dürfen nur solche Stecker benutzt werden, die auf Grund ihrer einwandfreien Bauart das VDE-Zeichen tragen. Besonders wichtig ist ferner, daß auch am Stecker die Anschluß-schnur unter Zugentlastung montiert ist.

Zu § 9. Gelenklampen sind besonders gefährdet, wenn bei unzweck-mäßiger Führung der Fassungsadern durch das Gelenk hindurch Strom-schlüsse mit dem Lampenkörper oder Kurzschlüsse entstehen. Indessen wurde davon abgesehen, besondere Vorschriften für die Bauart zu er-lassen, da verschiedene Lösungen möglich sind.

32. Vorschriften für Christbaum-Beleuchtungen.

§ 1.

Die Vorschriften sind gültig vom 1. Januar 1926[1].

§ 2.

Christbaum-Beleuchtungen sind nur zum Anschluß an Niederspannung (bis 250 V) gestattet.

§ 3.

a) Zum Anschluß der Christbaum-Beleuchtung an die Steckdose sind Steckvorrichtungen zu verwenden, die gegen eine Berührung spannungführender Teile schützen.

1. Zwischen der Christbaum-Beleuchtung und der an der Wand befindlichen Steckdose ist eine besondere Anschlußleitung zu verwenden. Hierfür sind runde NSA-Leitungen oder NLHG-Leitungen zu benutzen.

§ 4.

a) Als Leitung innerhalb der Christbaum-Beleuchtung sind mehrdrähtige Fassungsadern NFA mit mindestens 0,5 mm² Querschnitt zu verwenden.

1. Die Leitungslänge zwischen den einzelnen Fassungen soll mindestens 50 cm betragen.

§ 5.

a) Die unter Spannung stehenden Teile der Fassungen müssen bei eingeschraubter Lampe vor Berührung geschützt sein (diese Bestimmung entspricht zur Zeit nicht den Forderungen der Errichtungsvorschriften, § 16c).

b) Die der Berührung zugänglichen Teile der Fassungen müssen aus Isolierstoff bestehen.

c) Die an Fassungen verwendeten Isolierstoffe müssen wärme-, feuer- und feuchtigkeitsicher sein.

1. Für die Prüfung gelten die „Leitsätze für die Untersuchung der Isolierteile von Installationsmaterial", ETZ 1924, S. 1389 (Sonderdruck VDE 315), jedoch wird für Vergußmassen der Lötstellen eine Wärmesicherheit von 50° C als ausreichend erachtet.

---

[1] Angenommen durch die Jahresversammlung 1925. Veröffentlicht: ETZ 1925, S. 864, 1323 und 1526. — *Sonderdruck VDE 334.*

d) Die kürzeste Kriechstrecke zwischen spannungführenden Teilen verschiedener Polarität oder zwischen solchen und nicht spannungführenden Metallteilen darf bei Fassungen 3 mm nicht unterschreiten.

2. Die Kontaktteile der Fassungen sollen aus Kupfer oder Kupferlegierung bestehen.

§ 6.

Der Anschluß der Fassungsadern an die Fassungen muß durch Lötung oder Verschraubung erfolgen.

§ 7.

Die Lampensockel müssen nach DIN VDE 9610 „Edison-Lampensockel 10 für Spannungen bis 24 V" (frühere Bezeichnung: Sockel mit Edison-Zwerggewinde) und DIN VDE 9615 „Edison-Lampensockel 14" (frühere Bezeichnung: Sockel mit Edison-Mignongewinde) ausgeführt werden.

§ 8.

Doppelpolige Steckvorrichtungen müssen das VDE-Zeichen haben. Die Anschlußleitung muß an der Anschlußstelle von Zug entlastet, sowie ihre Umhüllung sicher gefaßt und gegen Verdrehen gesichert sein.

§ 9.

Christbaum-Beleuchtungen müssen haltbar und sichtbar ein Ursprungzeichen besitzen, das den Hersteller erkennen läßt, sowie, falls erteilt, das VDE-Prüfzeichen. Ursprung- und VDE-Zeichen auf dem Stecker genügen nicht.

33. Regeln für die Bewertung und Prüfung von Handbohrmaschinen.

§ 1.
Nachstehende Regeln sind gültig vom 1. Juli 1927[1].

§ 2.
Handbohrmaschinen müssen den „Vorschriften für die Errichtung und den Betrieb elektrischer Starkstromanlagen" sowie, falls keine anderen Bestimmungen getroffen sind, den „Regeln für die Bewertung und Prüfung von elektrischen Maschinen R.E.M./1923" entsprechen.

§ 3.
Begriffserklärungen.

Elektrische Handbohrmaschine ist eine Bohrmaschine mit eingebautem elektrischen Antrieb, die zur Verrichtung von Bohr-, Aufreibe- und ähnlichen Arbeiten durch das Bedienungspersonal von Hand an die Bearbeitungstelle gebracht wird.

Stundenleistung bzw. **Halbstundenleistung** ist die Leistung, die die Maschine bei voller Belastung unter dem vorgeschriebenen Axialdruck bei der gekennzeichneten Schutzart 1 bzw. ½ h lang ununterbrochen abgibt.

Gekapselt ist eine Maschine, die keinerlei Öffnungen besitzt. Die äußere Wärmeabfuhr erfolgt lediglich durch Strahlung, Leitung und natürlichen Zug.

Geschützt ist eine Maschine, bei der die zufällige oder fahrlässige Berührung der stromführenden und innen umlaufenden Teile sowie das Eindringen von Fremdkörpern erschwert ist. Das Zuströmen von Kühlluft aus dem umgebenden Raum ist nicht behindert. Gegen Staub, Feuchtigkeit und Gasgehalt der Luft ist die Maschine nicht geschützt, sie kann aber gegen Spritzwasser geschützt sein.

Axialdruck ist der Druck, der beim Prüfen der Bohrmaschine ausgeübt werden muß.

§ 4.
In den Preislisten und Angeboten sollen der höchstzulässige Bohrdurchmesser für Werkstoffe von 50 kg Zugfestigkeit sowie die Leistung der Maschine in Stundenleistung bei Maschinen für mehr als 10 mm Bohrdurch-

---

[1] Angenommen durch die Jahresversammlung 1926. Veröffentlicht: ETZ 1926, S. 568 und 862. — *Sonderdruck VDE 366.*

messer und in Halbstundenleistung für Maschinen bis 10 mm Bohrdurchmesser an der Bohrspindel in W angegeben werden. Ferner ist die Schutzart anzugeben.

§ 5.

Die Messung der Stundenleistung bzw. Halbstundenleistung erfolgt durch Bremsung der Bohrspindel unter folgendem Axialdruck:

Bohrdurchmesser	Axialdruck
6 mm	50 kg
10 mm	75 kg
15 mm	150 kg
23 mm	300 kg
32 mm	500 kg
50 mm	750 kg

Vorstehende Bohrdrucke gelten für Schnittgeschwindigkeiten des Bohrers bis 18 m/min. Bei Schnittgeschwindigkeiten von 18 bis 25 m/min können für die Prüfung obige Axialdrucke auf ⅔ herabgesetzt werden.

§ 6.

In Bezug auf mechanische Festigkeit müssen die Maschinen folgende Druckbelastung aushalten können:

Bohrdurchmesser	Axialdruck
6 mm	100 kg
10 mm	150 kg
15 mm	300 kg
23 mm	500 kg
32 mm	800 kg
50 mm	1200 kg

§ 7.

Spannungen für normale Maschinen sind:

für Gleichstrom   110 und 220 V,
　　　　　bei einer abgegebenen Leistung von 200 W und darüber
　　　　　auch 440 und 550 V,
für Drehstrom   125, 220 und 380 V,
für Wechselstrom 125 und 220 V.
Die Normalfrequenz ist 50 Per/s.

§ 8.

Als Zuführungsleitungen zu der Maschine dürfen drahtbeflochtene Leitungen nicht verwendet werden.

Die Zuführungsleitung muß einen zur Erdung oder zur Betätigung von Schutzvorrichtungen dienenden Leiter besitzen, der mit dem Körper der Maschine dauernd oder bei lösbarer Verbindung zwangläufig vor Unterspannungsetzen der Maschine leitend verbunden wird. Bauart und Querschnitt des Erdungsleiters müssen den Bestimmungen unter § 15 der „Vorschriften für isolierte Leitungen in Starkstromanlagen V.I.L./1928" entsprechen.

Mit Handbohrmaschinen festverbundene Zuleitungen müssen einen am Gehäuse angeschlossenen und als solchen gekennzeichneten Erdungsleiter besitzen, um eine Erdung oder Betätigung von Schutzvorrichtungen zu ermöglichen; ferner müssen diese Zuleitungen gegen Verdrehen und Zug gesichert sein.

§ 9.

Jede Maschine ist mit einem Schalter zu versehen, durch den die Wicklungen und sonstigen stromführenden Teile des Motors spannunglos gemacht werden können. Bei Maschinen für Spannungen unter 250 V, bei denen der zulässige Bohrdurchmesser 10 mm nicht übersteigt, sind auch Schalter zulässig, durch die die Maschinen nur stromlos gemacht werden. Der Schalter und die Gerätesteckvorrichtung müssen gegen mechanische Beschädigungen durch Metallkapselung geschützt sein und, wenn nicht an sich mit dem Körper der Maschine leitend verbunden, ebenfalls geerdet sein.

§ 10.

Alle Maschinen bis einschließlich 10 mm Bohrdurchmesser sind mit einem zentrisch spannenden Bohrfutter auszurüsten, die größeren Maschinen mit Bohrung für Morse- oder metrischen Kegel.

§ 11.

Jede Maschine muß mit einem Ursprungzeichen versehen sein.

§ 12.

An jeder Maschine ist ein Schild anzubringen, das folgende Angaben enthält:
1. Fertigungsnummer,
2. Stundenleistung oder Halbstundenleistung in W an der Bohrspindel,
3. Schutzart,
4. höchstzulässiger Bohrdurchmesser für Werkstoffe von 50 kg Zugfestigkeit bei dieser Leistung,
5. Stromart,
6. Spannung,
7. Frequenz,
8. Drehzahl der Bohrspindel bei obiger Leistung.

Erklärungen.

Zu § 3.

Für Maschinen, die ausschließlich zu Sonderzwecken, wie Schraubenziehen, Rohrwalzen usw., bestimmt sind, gelten diese Regeln ebenfalls, mit Ausnahme der Bestimmungen über Prüfung, Leistung und Leistungschild.

Die Prüfung dieser Maschinen ist sinngemäß unter Berücksichtigung ihrer eigenartigen Beanspruchung vorzunehmen.

22*

Zu §§ 4 und 5.

Die nach § 4 in den Preislisten und Angeboten anzugebende Leistung der Maschine ist durch Bremsung an der Bohrspindel unter dem angegebenen Axialdruck zu ermitteln und zwar ist hierbei die Maschine je nach der auf dem Schilde angeführten Schutzart zu prüfen. Die Bremsung an der Bohrspindel ist vorgesehen, damit auch der Wirkungsgrad des Getriebes bei der Messung Berücksichtigung findet.

Die in § 5 angegebenen Axialdrucke gelten nur für die Prüfung. Sie sind nicht maßgebend für den beim Bohren anzuwendenden Bohrdruck.

Zu § 6.

Die Druckprobe ist als reine mechanische Festigkeitsprüfung aufzufassen, um festzustellen, ob die einzelnen Konstruktionsteile durch diesen Druck keine unzulässige Deformation erleiden. Die Probe kann bei stillstehender Maschine ausgeführt werden.

Zu § 7.

Höhere Spannungen, als in § 7 angegeben, sind unzulässig.

Zu § 8.

Die in § 8 vorgesehene Erdung dient zum Schutze des Arbeiters und soll aus einem in der Zuführungsleitung liegenden Erdungsleiter bestehen.

Zu § 11.

Das Ursprungzeichen an der Maschine kann entweder der Firmenname oder irgendein Musterzeichen sein, an Hand dessen einwandfrei der Hersteller der Maschine erkannt werden kann. Dieses Ursprungzeichen muß unlösbar mit der Maschine verbunden sein (eingegossen oder eingeschlagen usw.). Das Zeichen kann nach Belieben innen oder außen an der Maschine angebracht werden.

Zu § 12.

Die aufgeführten Angaben über das Maschinenschild sind unbedingt einzuhalten; weitere Angaben bleiben dem Belieben der einzelnen Firmen überlassen.

Muster für das Leistungschild.

Stromart ▨▨▨▨▨▨

Mod. ▨▨▨▨▨▨

Nr. ▨▨▨▨▨▨ ▨▨

Abgabe ▨▨▨▨ W ▨▨ min

Schutzart ▨▨▨▨▨▨

▨▨▨▨ V ▨▨▨▨ Per/s

Bohrsp. ▨▨▨▨ U. je min

Bohrdurchmesser ▨▨▨ mm

34. Regeln für die Bewertung und Prüfung von Hand- und Supportschleifmaschinen.

§ 1.

Nachstehende Regeln sind gültig vom 1. Januar 1926[1].

§ 2.

Die Schleifmaschinen müssen den „Regeln für die Bewertung und Prüfung von elektrischen Maschinen R.E.M./1923" entsprechen, wenn in nachstehenden Regeln keine anderen Bestimmungen getroffen sind.

§ 3.
Begriffserklärungen.

Elektrische Handschleifmaschine ist eine Schleifmaschine mit eingebautem elektrischen Antrieb, die zur freihändigen Verrichtung von Schleif-, Polier- und ähnlichen Arbeiten durch das Bedienungspersonal von Hand an die Bearbeitungstelle gebracht wird.

Elektrische Supportschleifmaschine ist eine Schleifmaschine mit eingebautem elektrischen Antrieb, die zur Ausführung von Maschinenschliff auf dem Support oder dergleichen von Arbeitsmaschinen befestigt wird, so daß die Spananstellung mechanisch erfolgt.

Stundenleistung ist die Leistung, die die Maschine an der Schleifspindel gemäß den „Regeln für die Bewertung und Prüfung von elektrischen Maschinen R.E.M./1923" 1 h lang ununterbrochen abgeben kann.

Gekapselt ist eine Maschine, die keinerlei Öffnungen besitzt. Die äußere Wärmeabfuhr erfolgt lediglich durch Strahlung, Leitung und natürlichen Zug.

§ 4.

In den Preislisten und Angeboten sollen die Stundenleistung der Schleifmaschinen in W, abgegeben an der Schleifspindel, die minutliche Drehzahl sowie Durchmesser und Breite der größten zulässigen Schleifscheibe bei dieser Leistung und Drehzahl angegeben werden.

§ 5.

Die Messung der Stundenleistung an Schleifmaschinen soll durch Bremsung der Schleifspindel erfolgen.

---

[1] Angenommen durch die Jahresversammlungen 1924 und 1925. Veröffentlicht: ETZ 1924, S. 105, 600 und 1068; 1925, S. 787 und 1526. — *Sonderdruck VDE 338.*

§ 6.

Alle Hand- und Supportschleifmaschinen sind zu kapseln.

§ 7.

Hand- und Supportschleifmaschinen sind mit einer Schutzvorrichtung zu versehen, die den Unfallverhütungsvorschriften der Berufsgenossenschaften entspricht und möglichst ⅔ des Umfanges (240°) der Schleifscheibe umfaßt. Die Schutzvorrichtung muß aus Schmiedeeisen oder einem gleich zähen Werkstoff bestehen. Diese Schutzvorrichtung darf nur in solchen Fällen fortgelassen werden, in denen die Eigenart des Werkstückes oder der Schleifarbeit bei etwaigem Zerspringen der Schleifscheibe jede Gefährdung von Personen ausschließt.

§ 8.

Hand- und Supportschleifmaschinen müssen so gebaut sein, daß die Umfangsgeschwindigkeit der Schleifscheibe in keinem Fall (auch bei Leerlauf) die in den Unfallverhütungsvorschriften des Verbandes Deutscher Berufsgenossenschaften festgesetzte Grenze überschreitet. Z. Z. dürfen folgende sekundlichen Umfangsgeschwindigkeiten bei Schmirgelscheiben nicht überschritten werden:

a) bei Scheiben mineralischer Bindung 15 m;

b) bei Scheiben vegetabilischer oder keramischer Bindung und Zuführung des Arbeitstückes mit der Hand (Handschleifmaschinen) 25 m;

c) bei Scheiben vegetabilischer oder keramischer Bindung und mechanischer Zuführung des Arbeitstückes (Supportschleifmaschinen) 35 m.

§ 9.

Schleifmaschinen müssen mit einem Drehsinnzeichen versehen sein ⌒⟶, ⟵⌒. Die Befestigung der Schleifscheibe muß so ausgestaltet sein, daß ein unbeabsichtigtes Lockern ausgeschlossen ist.

§ 10.

Als Zuführungsleitung zu der Maschine dürfen Leitungen mit Drahtbewicklung und Drahtbeflechtung nicht benutzt werden.

Die Zuführungsleitung muß einen zur Erdung dienenden Leiter besitzen, der mit dem Körper der Maschine dauernd oder bei lösbarer Verbindung zwangläufig vor Unterspannungsetzen der Maschine leitend verbunden wird. Bauart und Querschnitt des Erdungsleiters müssen den Bestimmungen unter § 15 der „Vorschriften für isolierte Leitungen in Starkstromanlagen V.I.L./1928" entsprechen.

Bei Schleifmaschinen mit einer Leistungsabgabe bis 100 W und für Spannungen unter 250 V ist eine zwangläufige Erdung nicht erforderlich; es ist dann aber am Körper jeder Maschine eine Erdungsklemme vorzusehen und als solche zu kennzeichnen, um nötigenfalls die Erdung zu ermöglichen.

§ 11.

Spannungen für normale Maschinen sind:
für Gleichstrom   125, 220 V,
                   550 V bei einer abgegebenen Leistung von 200 W und
                   darüber,
für Drehstrom   125, 220, 380 V,
für Wechselstrom 110, 220 V.
Die Normalfrequenz ist 50 Per/s.

§ 12.

Für jede Maschine ist ein in Reichweite des Arbeiters liegender Schalter vorzusehen, durch den die Wicklungen und sonstigen stromführenden Teile des Motors spannunglos gemacht werden können. Bei Maschinen bis zu 100 W Leistungsabgabe und für Spannungen unter 250 V sind auch Schalter zulässig, durch die die Maschinen nur stromlos gemacht werden. Der Schalter und die Steckvorrichtung müssen gegen mechanische Beschädigungen durch Metallkapselung geschützt sein und, wenn nicht an sich mit dem Körper der Maschine leitend verbunden, ebenfalls geerdet sein.

§ 13.

Jede Maschine muß mit einem Ursprungzeichen versehen sein.

§ 14.

An jeder Maschine ist ein Schild anzubringen, das folgende Angaben enthält:

1. Fertigungsnummer,
2. Stundenleistung in W an der Schleifspindel,
3. Drehzahl der Schleifspindel in 1 min bei Stundenleistung,
4. Größter zulässiger Durchmesser der Schleifscheibe in mm,
5. Größte zulässige Breite der Schleifscheibe in mm,
6. Stromart,
7. Spannung,
8. Frequenz.

35. Regeln für die Bewertung und Prüfung von Schleif- und Poliermaschinen.

§ 1.

Nachstehende Regeln treten am 1. Juli 1927 in Kraft[1].

§ 2.

Die elektrischen Schleif- und Poliermaschinen müssen den „Vorschriften für die Errichtung und den Betrieb elektrischer Starkstromanlagen" und den „Regeln für die Bewertung und Prüfung von elektrischen Maschinen R.E.M./1923" entsprechen, falls in nachstehenden Regeln keine anderen Bestimmungen getroffen sind.

§ 3.
Begriffserklärungen.

Elektrische Schleif- und Poliermaschinen im Sinne dieser Regeln sind Elektrowerkzeugmaschinen, bei denen der elektrische Antrieb ein Konstruktionselement bildet, also ein unmittelbarer Zusammenhang zwischen Schleifkörper und elektrischem Antrieb besteht. Hand- und Supportschleifmaschinen fallen nicht unter diese Bestimmungen; für sie gelten besondere „Regeln für die Bewertung und Prüfung von Hand- und Supportschleifmaschinen".

Als Schleifkörper werden Schleifscheiben oder Polierscheiben verwendet. Als Schleifscheiben im Sinne von §§ 10 und 11 dieser Regeln kommen nur derartige in Frage, über die Unfallverhütungsvorschriften der Berufsgenossenschaften bestehen (Normalunfallverhütungsvorschriften für gleichartige Gefahren in gewerblichen Betrieben, Berlin, Carl Heymanns Verlag).

§ 4.

Die Motoren aller Schleif- und Poliermaschinen sind geschlossen auszuführen, damit ein Eindringen von Schleif- und Polierstaub unbedingt verhindert wird. Dieses gilt auch für eingebaute Schalt- und Anlaßgeräte sowie für die Anschlüsse.

§ 5.

Geschlossene Motoren können folgendermaßen ausgeführt sein:
1. Mit Rohranschluß. Der Motor ist bis auf Zuluft- und Abluftstutzen geschlossen. An diese sind Rohre oder andere Luftleitungen angeschlossen.

---

[1] Angenommen durch die Jahresversammlung 1926. Veröffentlicht: ETZ 1926, S. 569 und 862. — *Sonderdruck VDE 373.*

2. **Mit Mantelkühlung.** Die stromführenden und inneren umlaufenden Teile sind allseitig abgeschlossen. Der Motor wird durch Belüftung der Außenflächen durch einen angebauten Ventilator gekühlt.

3. **Mit Wasserkühlung.** Die stromführenden und inneren umlaufenden Teile sind allseitig abgeschlossen. Der Motor wird durch fließendes Wasser gekühlt.

4. **Gekapselt.** Der Motor ist allseitig geschlossen. Die Wärme wird lediglich durch Strahlung, Leitung und natürlichen Zug abgeführt.

§ 6.

Die Leistungsmessung und -angabe erfordert eine Berücksichtigung des dem Schleifen eigentümlichen Betriebspieles (aussetzender Betrieb bei dauernd eingeschaltetem Feld). Die Motoren sind so zu bemessen, daß sie nach 2-stündigem Leerlauf bei einer Nennleistung bis 250 W 15 min, über 250 W 30 min lang die Nennleistung abgeben können, ohne sich unzulässig zu erwärmen.

§ 7.

Die Leistung soll durch Abbremsen der Arbeitswelle gemessen werden.

§ 8.

In den Preislisten und Angeboten sollen die Leistung der Maschinen in W oder kW, abgegeben an der Arbeitswelle, die minutliche Nenndrehzahl sowie Durchmesser und Breite der größten zulässigen Schleifscheibe bei dieser Leistung angegeben werden.

§ 9.

Alle elektrischen Schleif- und Poliermaschinen müssen mit einem Drehsinnzeichen versehen sein.

§ 10.

Elektrische Schleifmaschinen müssen so gebaut sein, daß die Umfangsgeschwindigkeit der Schleifscheibe in keinem Falle, auch nicht bei Leerlauf, die in den Unfallverhütungsvorschriften des Verbandes Deutscher Berufsgenossenschaften festgesetzte Grenze überschreitet.

Folgende Umfangsgeschwindigkeiten dürfen bei Schmirgelscheiben nicht überschritten werden:

a) bei Scheiben vegetabilischer oder keramischer Bindung und Zuführung des Arbeitstückes mit der Hand 25 m/s.

b) bei Scheiben vegetabilischer und keramischer Bindung und mechanischer Zuführung des Arbeitstückes 35 m/s.

In Fall b) kann ausnahmsweise eine Höchstgeschwindigkeit von 50 m/s zugelassen werden, jedoch nur unter der Bedingung, daß ein entsprechend schneller Probelauf nachgewiesen ist und, daß besonders starke Schutzhauben vorhanden sind.

c) Scheiben mit mineralischer Bindung dürfen nur in Sonderfällen angewendet werden. Ihre höchste Umfangsgeschwindigkeit beträgt 15 m/s.

§ 11.

Elektrische Poliermaschinen müssen so gebaut sein, daß ihre Drehzahl in keinem Falle, auch nicht bei Leerlauf, höher als 20% über die auf dem Leistungschild angegebene Nenndrehzahl ansteigt. Falls Poliermaschinen mit Schleifscheiben ausgerüstet werden, darf ihre zulässige Umfangsgeschwindigkeit auch bei Leerlauf die in § 10 angegebenen Werte nicht überschreiten.

§ 12.

Die Schleifscheiben der elektrischen Schleifmaschinen und der gemäß § 11 mit Schleifscheiben ausgerüsteten Poliermaschinen sind mit einer Schutzvorrichtung zu versehen, die den Unfallverhütungsvorschriften des Verbandes Deutscher Berufsgenossenschaften entspricht und mindestens ⅔ des Umfanges (240°) der Schleifscheibe umfaßt. Die Schutzvorrichtung muß aus Schmiedeeisen oder gleichzähem Werkstoff bestehen.

§ 13.

Die Schleifscheiben müssen so befestigt werden, daß ein unbeabsichtigtes Lockern ausgeschlossen ist.

§ 14.

Als Zuführungsleitungen zu der Maschine dürfen drahtbeflochtene Leitungen nicht verwendet werden.

Die Zuführungsleitung muß einen zur Erdung oder zur Betätigung von Schutzvorrichtungen dienenden Leiter besitzen, der mit dem Körper der Maschine dauernd oder bei lösbarer Verbindung zwangläufig vor Unterspannungsetzen der Maschine leitend verbunden wird. Bauart und Querschnitt des Erdungsleiters müssen den Bestimmungen unter § 15 der „Vorschriften für isolierte Leitungen in Starkstromanlagen V.I.L./1928" entsprechen.

Mit Maschinen festverbundene Zuleitungen müssen einen am Gehäuse angeschlossenen und als solchen gekennzeichneten Erdungsleiter besitzen, um eine Erdung oder Betätigung von Schutzvorrichtungen zu ermöglichen; ferner müssen diese Zuleitungen gegen Verdrehen und Zug gesichert sein.

§ 15.

Für jede Maschine ist in Reichweite des Arbeiters ein Schalter anzubringen, durch den der Motor in allen seinen Teilen spannunglos gemacht werden kann.

§ 16.

Jede Maschine muß mit einem Ursprungzeichen (Firma oder Fabrikzeichen des Herstellers) gekennzeichnet sein.

§ 17.

An jeder Maschine ist ein Schild anzubringen, das folgende Angaben enthält:

1. Fertigungs- oder Seriennummer.
2. Die in § 6 gekennzeichnete Leistung in W oder kW an der Arbeitswelle mit dem Zusatz 2 h Leerlauf 15 bzw. 30 min.
3. Drehzahl der Arbeitswelle bei der angegebenen Leistung.
4. Bei Schleifmaschinen und im Fall von § 11 auch bei Poliermaschinen der größte zulässige Durchmesser und die Breite der Schleifscheibe in mm.
5. Stromart.
6. Spannung.
7. Frequenz.
8. VDE-Zeichen, falls erteilt.

§ 18.

Spannungen für Normalmaschinen sind:

für Gleichstrom   110, 220, 440, 550 V.
für Drehstrom   125, 220, 380 V,
für Wechselstrom 125, 220 V.

Die normale Frequenz ist 50 Per/s.

36. Vorschriften für elektrische Heizgeräte und elektrische Heizeinrichtungen V. E. Hz./1925.

A. Einleitung.

§ 1.

Nachstehende Vorschriften sind gültig vom 1. Januar 1925[1].

§ 2.

Die Vorschriften gelten für alle elektrisch beheizten Geräte und Einrichtungen sowie auch für die Heizkörper solcher Geräte, deren übrige Bestandteile in den Geltungsbereich anderer VDE-Vorschriften fallen, wie z. B. die Motoren und die Schalter der Heißluftduschen.

§ 3.

Geräte und Einrichtungen müssen den nachstehenden Vorschriften sowie den „Vorschriften für die Errichtung und den Betrieb elektrischer Starkstromanlagen" entsprechen. Für Geräte und Einrichtungen gelten die Normen des Deutschen Normenausschusses, sofern nicht Fachnormen des VDE vorhanden sind.

§ 4.

Soweit Gerätegattungen zur Prüfung durch die VDE-Prüfstelle zugelassen sind, gelten die betreffenden Geräte nur dann als verbandsmäßig, wenn sie die Berechtigung zur Führung des VDE-Prüfzeichens besitzen.

B. Begriffserklärungen.

§ 5.

Werkstoffe.

Feuersicher ist ein Gegenstand, der nicht verkohlt und entweder nicht entzündet werden kann oder nach Entzündung nicht von selbst weiterbrennt.

Wärmesicher ist ein Gegenstand, der bei der höchsten betriebsmäßig vorkommenden Temperatur keine den Gebrauch beeinträchtigende Veränderung erleidet.

---

[1] Angenommen durch die Jahresversammlung 1924. Veröffentlicht: ETZ 1924, S. 665, 695, 964 und 1068. — Änderung des § 34 angenommen durch den Vorstand im Februar 1927. Veröffentlicht: ETZ 1927, S. 304. — *Sonderdruck VDE 304.*

Feuchtigkeitsicher ist ein Gegenstand, der nach Liegen in feuchter Luft während der in den Prüfvorschriften angegebenen Zeitdauer die vorgeschriebene Prüfspannung aushält.

Lackierung und Emaillierung von Metallteilen gilt nicht als Isolierung im Sinne des Berührungschutzes.

Als Isolierstoffe für Hochspannung gelten faserige oder poröse Stoffe, die mit geeigneter Isoliermasse getränkt sind, ferner feste feuchtigkeitsichere Isolierstoffe.

§ 6.
Geräte.

Ortsfest sind die Geräte, die mit ihrem Verwendungsort so verbunden sind, daß sie nicht ohne besondere Maßnahmen oder Werkzeuge von ihrem Platze entfernt und anderenorts benutzt werden können.

Als ortsfest gelten auch Heizgeräte und Heizkörper, die in Maschinenteilen fest eingebaut, aber mit diesen beweglich (z. B. schwingend) sind, sowie in Fahrzeuge eingebaute Heizgeräte.

Ortsveränderlich sind alle anderen Geräte.

Spülbar ist ein Gerät, wenn es in betriebswarmem Zustande unter Wasser gebracht werden kann, ohne daß das Wasser in den Heizraum dringt.

Nicht spülbar sind alle anderen Geräte.

Nenninhalt ist die Wassermenge, die im Gerät praktisch zum Sieden gebracht werden kann, ohne daß ein Überkochen stattfindet.

§ 7.
Heizkörper.

Heizkörper ist der Geräteteil, in dem unmittelbar die elektrische Energie in Wärme umgesetzt wird und der aus dem Heizleiter und seiner Einfassung besteht.

Einfassung ist der den Heizleiter aufnehmende bzw. haltende Heizkörperteil.

Auswechselbare Heizkörper sind solche, die ohne Werkzeug vom Gerät getrennt werden können, z. B. Heizpatronen.

Abnehmbare Heizkörper sind solche, die nur durch Schrauben, Splinte, Sprengfedern oder dergleichen leicht lösbar befestigt sind und nur mittels einfachen Werkzeuges ohne Niet-, Löt-, Schweiß- oder Falzarbeit angebracht oder abgenommen werden können.

Eingebaute Heizkörper sind mit dem Gerät durch Nieten, Löten, Schweißen, Einpressen, Umgießen, Falzen, Sicken oder dergleichen fest verbunden.

Innere Verbindungen sind Leitungen zwischen Heizkörpern untereinander und zwischen Heizkörper und Anschlußstelle am Gerät.

§ 8.
Geräteanschlußschnüre.

Die Geräteanschlußschnur verbindet das Gerät mit der fest verlegten Leitung und besteht aus Gerätesteckdose, Schnur und Wandstecker.

§ 9.
Elektrische Bezeichnungen.

Nennspannung ist die Spannung in V, für die das Gerät gebaut ist.

Nennspannungbereich liegt zwischen den Spannunggrenzen, innerhalb deren die Geräte betriebsmäßig verwendbar sind.

Nennaufnahme ist die vom Gerät in betriebswarmem Zustande bei der Nennspannung aufgenommene Leistung in W.

Nennstrom ist der unter den gleichen Umständen aufgenommene Strom in A.

Kriechstrecke ist der kürzeste Weg, auf dem ein Stromübergang auf der Oberfläche eines Isolierkörpers zwischen Metallteilen eintreten kann, wenn zwischen diesen ein Spannungsunterschied möglich ist.

§ 10.
Thermische Bezeichnungen.

Betriebswarm ist ein Gerät, wenn es die Temperatur erreicht hat, die es bei seinem normalen Verwendungzweck hat.

Siedezeit ist die Zeitdauer, in der der Nenninhalt Wasser von 20°C auf die Temperatur von 95°C mit der Nennaufnahme gebracht wird.

Fortkochzahl ist das Verhältnis der Nennaufnahme des Gerätes in der untersten Regelstufe zu der Aufnahme, die zur Konstanthaltung des Nenninhaltes auf 95°C bei einer Raumtemperatur von 20°C erforderlich ist.

Anheizwirkungsgrad ist das Verhältnis der bei der Nennaufnahme vom Nenninhalt (Wasser) bei seiner Erwärmung von der Normaltemperatur von 20°C auf eine Temperatur von 95°C nutzbar aufgenommenen Wärmemenge, umgerechnet in elektrische Arbeit, zu der dem Gerät in der gleichen Zeit mit der Nennaufnahme zugeführten elektrischen Arbeit.

C. Bestimmungen.
§ 11.
Verwendung.

Normale Nennspannungbereiche sind:

110—120—130 V,
210—220—240 V.

Die vorstehenden Angaben geben Aufschluß über:

1. Nennspannung, für die das Gerät gebaut ist (mittlere Zahl),
2. den Nennspannungbereich, für den das Gerät betriebsmäßig Verwendung finden kann,
3. die der Nennaufnahme zugrunde gelegte Nennspannung.

Für die Nennaufnahme ist ein Spiel von ± 10% zulässig. Für Heizgeräte mit weniger als 125 W Nennaufnahme ist ein Spiel von ± 20% zulässig.

Nicht normale Spannungen sollen einen Nennspannungbereich von ± 10% haben.

§ 12.

Es werden folgende Abstufungen für Normaltypen vorgeschlagen:

Wasserkocher

Nenninhalt in l: 0,5   1   1,5   2   3

Kochtöpfe (Gußeisen und gezogen)

Nenninhalt in l: 1   2   3   4   6

Kochplatten (auch Bratpfannen)

Durchmesser in mm: 130   180   220

Öfen

W: 1000   1500   2000   3000   4000   6000

Lampenöfen und Strahlöfen

Lampenzahl: 2   3   4

W: 500   750   1000

Bügeleisen

Gewicht in kg: 1   2   2,5   3   4   6   8   10

§ 13.

Für Betriebspannungen von mehr als 250 V sind nicht zulässig:
1. ortsveränderliche Geräte,
2. ortsfeste Geräte mit einer Nennaufnahme von weniger als 1500 W, sofern sie nicht unter fachmännischer Aufsicht stehen.

§ 14.

Spülbare Geräte müssen als solche gekennzeichnet werden (siehe § 44).

Geräte, die nur zum Wasserkochen bestimmt sind, brauchen nicht spülbar zu sein.

Nicht spülbare Geräte müssen so hergestellt sein, daß überlaufendes Wasser nicht in den Heizraum eindringen und Flüssigkeit nicht durch den Boden aufgesaugt werden kann.

§ 15.

Geräte, bei denen spannungführende Teile unmittelbar mit dem zu erhitzenden Wasser in Berührung kommen können, dürfen in Gleichstromanlagen wegen der elektrolytischen Wirkungen und der damit verbundenen Explosionsgefahr nicht verwendet werden. Sie müssen deshalb als nur für Wechselstrom verwendbar gekennzeichnet sein. Sie dürfen ferner nur dort Verwendung finden, wo sichere Gewähr für gute Erdung vorhanden ist.

Schutzmaßnahmen und Haltbarkeit.

§ 16.

Die Geräte müssen so gebaut und bemessen sein, daß bei ordnungsmäßigem Gebrauch durch die bei ihrem Betriebe auftretende Erwärmung weder die Wirkungsweise und Handhabung beeinträchtigt wird noch eine für die Umgebung gefährliche Temperatur entstehen kann.

§ 17.

Die Geräte müssen so gebaut oder angebracht sein, daß einer Verletzung von Personen durch Splitter, Funken, geschmolzenes Material oder Stromübergänge bei ordnungsmäßigem Gebrauch vorgebeugt wird.

§ 18.

Die spannungführenden Teile müssen auf feuer-, wärme- und feuchtigkeitsicheren Körpern angebracht sein. Zur Abdichtung gegen Feuchtigkeit und zur Isolation dürfen nur wärme- und feuchtigkeitsichere Stoffe verwendet werden.

Die Widerstandsleiter müssen von wärme- und feuchtigkeitsicherer Unterlage getragen sein. Falls diese nicht feuchtigkeitsicher ist, muß sie noch besonders vom Gehäuse isoliert sein.

Abdeckungen und Schutzverkleidungen müssen mechanisch widerstandsfähig und wärmesicher und, wenn sie mit spannungführenden Teilen in Berührung stehen, auch feuchtigkeitsicher sein. Solche aus Isolierstoff, die im Gebrauch mit einem Lichtbogen in Berührung kommen können, müssen auch feuersicher sein. Sie müssen zuverlässig befestigt werden und so ausgebildet sein, daß die Schutzumhüllungen der Leitungen in diese Schutzverkleidungen eingeführt werden können.

§ 19.

Die nicht polierten Flächen von Steinplatten und dergleichen müssen durch einen geeigneten Anstrich gegen Feuchtigkeit geschützt werden.

Werkstoffe, wie Holz oder Fiber, dürfen nur unter Öl und nur mit geeigneter Isoliermasse getränkt als Isolierstoff angewendet werden.

§ 20.

Die auf Wärme beanspruchten Isolierstoffe müssen wärmesicher sein bis zu Temperaturen, die um mindestens 50^0 C höher sind als die Temperatur des sie umgebenden und ihre Temperatur bestimmenden Geräteteiles bei einer Überlastungsprobe mit der 1,4-fachen Nennaufnahme während ½ h, die nach Erreichung der betriebsmäßigen Endtemperatur vorzunehmen ist. Isolierstoffe für die Gerätesteckdosen müssen die Mindesttemperatur von 350^0 C während 3 h aushalten, ohne praktisch an elektrischer und mechanischer Festigkeit einzubüßen.

§ 21.

Alle Schrauben, die Kontakte vermitteln, müssen metallenes Muttergewinde haben.

Der Kontakt zwischen stromführenden Teilen soll so ausgeführt sein, daß er sich durch die betriebsmäßige Erwärmung, die unvermeidliche Veränderung der Isolierstoffe sowie durch die betriebsmäßigen Erschütterungen nicht lockert (z. B. darf der Kontaktdruck bei festen Verbindungen — Schrauben- oder Nietkontakt — nicht über eine Zwischenlage aus Isolierstoff übertragen werden).

§ 22.

Innere Verbindungen müssen so geführt und befestigt sein, daß sie durch Erwärmung oder Erschütterungen nicht gelockert werden und mit den Gehäuseteilen nicht in leitende Berührung kommen können. Eiserne Verbindungen sind vor Rost zu schützen.

§ 23.

Kriechstrecken, die der Möglichkeit einer Verschmutzung und Feuchtigkeitseinflüssen völlig entzogen sind, dürfen bei Spannungen unter 250 V 3 mm nicht unterschreiten.
Alle anderen Kriechstrecken dürfen folgende Maße nicht unterschreiten:

V	250	500	750	1000
mm	4	6	8	10

§ 24.

Für Anschlußbolzen und Schraubkontakte gelten die „Normen für Anschlußbolzen und ebene Schraubkontakte für 10 bis 1500 A" (siehe S. 484).

§ 25.

Für normale Heizleiter gilt DIN VDE . . . . und . . . . .

Äußere Anschlüsse.

§ 26.

Der Anschluß darf nur bei Geräten bis 250 V und bis zu einer Nennaufnahme von 2000 W bei höchstens 20 A durch eine Geräteanschlußschnur, in anderen Fällen nur durch Verschraubung oder Lötung am Gerät erfolgen.
Normale Nennstromstärken für Gerätesteckvorrichtungen sind:

Stromstärke in A	6	10	20
Querschnitt der Zuleitung in mm²	0,75	1	2,5
Wandstecker für A	6	10	25

§ 27.

Bei Geräten bis 250 V und bis zu einem Nennstrom von höchstens 10 A darf die Gerätesteckvorrichtung zum Ein- und Ausschalten dienen. Bei Stromstärken über 10 bis 20 A soll die Gerätesteckvorrichtung nur zum Anschluß und nicht zur Ausschaltung dienen; in letztem Falle muß das Gerät durch Schalter am Gerät oder an der Wand stromlos gemacht werden können.

Ist bei Geräten bis 250 V und bis 1 A Nennstromstärke die Zuleitung fest mit dem Gerät verbunden, so dürfen Regelschalter in die Zuleitung eingebaut werden, wenn die Betriebsweise den Einbau in die fest verlegte Leitung nicht zuläßt.

§ 28.

Bei Verwendung von Regelschaltern müssen die Schaltstellungen durch Worte oder Zahlen bezeichnet sein. Dabei muß der höheren Aufnahme die höhere Zahl und der Ausschaltstellung die Zahl Null entsprechen.

§ 29.

Zum Einschalten von Geräten mit mehr als 750 W Nennaufnahme, deren Einschaltstromstärke mehr als das Doppelte der Nennstromstärke betragen würde, muß ein Anlasser verwendet werden. Als Anlasser im Sinne dieser Vorschriften gelten auch Regelschalter (Gruppen- oder Reihen-Parallelschalter).

§ 30.

Alle Schalter an Heizgeräten müssen den VDE-Vorschriften für Schalter entsprechen.

§ 31.

Schalter an den Geräten müssen gegen überfließendes Kochgut geschützt sein.

§ 32.

Anschluß- und Verbindungstellen sind derart anzuordnen, daß sie äußerer Beschädigung und schädlichen Einflüssen entzogen sind. Sie müssen mechanisch fest und gegen Lockerung und Berührung genügend gesichert sein.

§ 33.

Eine unbeabsichtigte Berührung spannungführender Metallteile der Gerätesteckvorrichtung (Dose und Stecker) muß unmöglich sein.

§ 34.

Gerätesteckvorrichtungen sowie Zwischenstecker sind in ihren Grundabmessungen nach DIN VDE 9490 auszuführen. Die den Zeichnungen beigefügten Anweisungen sind zu erfüllen. Die Gerätedose muß so ausgeführt sein, daß sie von Hand bequem mit dem Gerätestecker verbunden werden kann.

Falls die Gerätedose mit einem Metallmantel versehen ist, so muß dieser mindestens 3 mm von der Stirnfläche der Gerätedose zurückstehen.

Die Gerätedosen müssen ab 1. Januar 1928 das VDE-Zeichen tragen.

§ 35.

Hülsen und Stifte dürfen in dem Körper nicht drehbar befestigt sein. Sie müssen gegen Verdrehen gesichert sein. Die Anschlußleitungen dürfen nicht mittels der Hülsen oder Stifte festgeschraubt werden.

Leitungen.
§ 36.

Alle Leitungen für ortsveränderliche Stromverbraucher müssen den „Vorschriften für isolierte Leitungen in Starkstromanlagen V.I L./1928" entsprechen und von runder Ausführung sein (z. B. Gummischlauchleitungen).

§ 37.

Jede Geräteanschlußschnur muß an den Anschlußstellen ihrer beiden Enden von Zug entlastet, sowie ihre Umhüllung sicher gefaßt und gegen Verdrehen gesichert sein.

§ 38.

Die Enden der Litzen müssen in sich verlötet oder mit einer besonderen Umkleidung versehen sein, die das Abspleißen einzelner Drähte zuverlässig verhindert.

§ 39.

Am Gerät fest angeschlossene Leitungen müssen sinngemäß den Bestimmungen §§ 26, 36 bis 38 sowie § 20 der Errichtungsvorschriften genügen.

Erdung.

§ 40.

Die unter Spannung gegen Erde stehenden Teile müssen der zufälligen Berührung entzogen sein. Bei Geräten für Spannungen über 250 V gegen Erde müssen die blanken und die mit Isolierstoff bedeckten, unter Spannung gegen Erde stehenden Teile durch ihre Lage, Anordnung oder besondere Schutzvorrichtungen der Berührung entzogen sein.

§ 41.

Bei Geräten für Spannungen über 250 V gegen Erde sowie bei einer Aufnahme über 2 kW bei allen Spannungen müssen alle nichtspannungführenden Metallteile, die Spannung annehmen können, miteinander gut leitend verbunden und geerdet werden, wenn nicht durch andere Mittel eine gefährliche Spannung vermieden oder unschädlich gemacht wird.

§ 42.

Metallteile, für die eine Erdung in Frage kommen kann, müssen mit einem Erdungsanschluß versehen sein. Bei den in § 41 aufgeführten Geräten muß der Erdungsanschluß als solcher gekennzeichnet („Erde" oder „Schaltzeichen für Erde") und als kräftiger Schraubkontakt mit mindestens 6 mm Messingschrauben ausgebildet sein. Die Erdung der Geräte muß bei Betriebspannungen bis zu 250 V in den Räumen, in denen sie nach den Errichtungsvorschriften notwendig ist, zwangläufig vor Unterspannungsetzen erfolgen.

§ 43.

Bei Spannungen über 1000 V müssen isolierende Griffe so eingerichtet sein, daß sich zwischen der bedienenden Person und den spannungführenden Teilen eine geerdete Stelle befindet.

Schild.

§ 44.

Auf dem Gerät sind anzugeben:
  Ursprungzeichen (und Fertigungsnummer),
  Nennspannungbereich oder Nennspannung in V,
  Nennaufnahme in W,
  Etwaige Angaben über Spülbarkeit (S),
  Stromart (falls erforderlich, § 15),
  VDE-Prüfzeichen (falls erteilt).

Bei Drehstrom ist die verkettete Spannung anzugeben und die Schaltung der Heizkörper durch das Stern- und Dreieckzeichen anzudeuten.

§ 45.

Heizkörper müssen mit haltbarem Ursprungzeichen und Angabe des Widerstandes bei 20° C oder der Nennaufnahme oder der Nennspannung versehen sein.

§ 46.

An jeder Gerätedose sind ein Ursprungzeichen und VDE-Prüfzeichen (falls erteilt) anzubringen.

D. Prüfbestimmungen.

§ 47.

In Geräten für Flüssigkeitserhitzung, jedoch mit Ausnahme der Durchlauferhitzer muß der Nenninhalt mit dem 1,4-fachen der Nennaufnahme 4-mal hintereinander mit dazwischenliegender Abkühlung auf Normaltemperatur von 20° C zum Sieden gebracht werden können.

Alle übrigen Geräte müssen ½ h lang mit dem 1,4-fachen der Nennaufnahme nach Erreichen der Betriebstemperatur gebrauchsmäßig betrieben werden können.

Nach diesen Versuchen müssen die Geräte die in § 48 vorgeschriebene Spannungprüfung aushalten.

§ 48.

Die Heizleiter müssen in kaltem und im Anschluß an die Prüfung nach § 47 in betriebswarmem Zustande gegen die Metallteile des Gerätes und die Adern der Geräteanschlußschnüre gegeneinander ohne Vorschaltung von Widerständen dem 2,5-fachen der Nennspannung, mindestens aber 1000 V Wechselstrom, Frequenz 50 Per/s 1 min lang widerstehen können. Die dazu benutzte Stromquelle soll eine Leistung von wenigstens 0,5 kW besitzen.

Die Prüfung muß auch noch nach 24-stündigem Liegen des Gerätes in feuchter Luft erfolgen (vgl. „Leitsätze für die Untersuchung der Isolierkörper von Installationsmaterial", § 55, siehe ETZ 1924, S. 1389).

§ 49.

Nicht spülbare Geräte werden gegen die Wirkung überkochenden Kochgutes in der Weise geprüft, daß man Wasser von oben her in das Gerät füllt und 1 min lang ein Überlaufen herbeiführt. Das Gerät ist während des Versuches in ein Wasserbad von 2 mm Tiefe zu stellen. Das Gerät soll mit seinem eigenen Heizkörper auf Kochtemperatur gehalten werden. Nach dieser Behandlung muß das Gerät in warmem und kaltem Zustande der Prüfung nach § 48 genügen.

§ 50.

Zur Prüfung der als „spülbar" gekennzeichneten Geräte werden diese in Wasser von 50° C Übertemperatur gegenüber dem Gerät 5 min lang so eingetaucht, daß sich alle Lötnähte und Durchführungen unter Wasser befinden. Innerhalb dieser Zeit darf keine Luft in Gestalt von Luftblasen aus dem Gerät entweichen. Nach dieser Behandlung muß das Gerät in warmem und kaltem Zustande der Prüfung nach § 48 genügen.

§ 51.

Die Prüfungen der Gerätesteckvorrichtungen erstrecken sich auf:
a) Isolationsprüfung (§ 52),
b) Schaltleistungsprüfung (§ 53),
c) Mechanische Haltbarkeit (§ 54),
d) Wärme- und Feuersicherheit (§ 55).

§ 52.

Die spannungführenden Teile müssen gegen die geerdeten Teile oder eine an der Steckdose angebrachte Stanniolumwicklung sowie die Kontakte gegeneinander eine Spannung von 1500 V 1 min lang aushalten, nachdem das Gerät mindestens 24 h lang in feuchter Luft gelegen hat, ohne daß Durch- oder Überschlag eintritt.

§ 53.

Die Gerätesteckvorrichtung muß bei Anschluß an 275 V Gleichstrom und bei einer Belastung mit 12,5 A im Gebrauchzustande und in der Gebrauchslage 20-mal nacheinander, jedoch mit Pausen von mindestens 10 s ein- und ausgeschaltet werden können, ohne daß sich ein dauernder Lichtbogen oder ein Überschlag nach dem geerdeten Gehäuse bzw. Ring bildet. Die Schaltung der Prüfanordnung ist die gleiche wie bei der Prüfung von Dosenschaltern ("Vorschriften für die Konstruktion und Prüfung von Installationsmaterial", § 13).

§ 54.

Zur Prüfung der mechanischen Haltbarkeit der Gerätesteckvorrichtung ist die Gerätesteckdose ohne Strombelastung 1000-mal vollständig ein- und auszuführen.

§ 55.

Die Untersuchung der Wärme- und Feuersicherheit hat nach den "Leitsätze für die Untersuchung der Isolierkörper von Installationsmaterial" (siehe ETZ 1924, S. 1389) zu erfolgen, sobald diese in Kraft getreten sind.

§§ 56 bis 59 (Vorschriften über Bestimmung des Wirkungsgrades und der Fortkochzahl in Vorbereitung).

E. Sonderbestimmungen.

Bügeleisen.

§ 60.

Wegen der thermischen Beanspruchung der Kontakte soll die Gerätesteckdose nicht zum Ein- und Ausschalten benutzt werden.

Da Bügeleisen einer rauhen Behandlung ausgesetzte Arbeitsgeräte sind, sind möglichst Gummischlauchleitungen zu verwenden.

§ 61.

Neben der Prüfung nach § 48 soll das Bügeleisen nach einer 100-stündigen Betriebsdauer bei einer 1,4-fachen Nennaufnahme freihängend bei 20°C Raumtemperatur die vorgeschriebene Prüfspannung aushalten. Darauf muß das Gerät nach 24-stündigem Liegen in feuchter Luft der Prüfung nach § 48 genügen.

Heizkissen.

§ 62.

Der geringste Durchmesser des Heizleiters darf 0,08 mm nicht unterschreiten. Der Heizleiter muß allseitig von einer mechanisch haltbaren Asbestschicht umgeben sein.

§ 63.

Heizkissen müssen eine Aufschrift besitzen, die darauf hinweist, daß sie bei Schweißbildung und nassen Kompressen nicht ohne feuchtigkeitsichere Unterlage verwendet werden dürfen, sofern sie nicht bereits mit einem Feuchtigkeitschutz versehen sind.

Heizkissen müssen in jeder Schaltstellung durch Temperaturbegrenzer in solcher Zahl und Verteilung geschützt werden, daß sie auch nicht stellenweise, selbst bei teilweiser Abdeckung, gefährliche Temperaturen annehmen können.

Die Metallteile des Temperaturbegrenzers müssen, soweit sie spannungführend sind, von Isolierstoffen umgeben sein, so daß sie eine Isolierung gegen die Gewebe des Heizkissens bilden.

§ 64.

Temperaturbegrenzer müssen bei der eingestellten Temperatur sicher ausschalten.

§ 65.

Die Prüfung des Heizkissens hat sich auf das ganze Gerät, soweit es durch die Lieferung der Fabrik umschrieben ist, zu erstrecken. Hierbei ist zu beachten, daß der feste, nicht abnehmbare Kissenbezug die in § 44 vorgeschriebene Schildbezeichnung enthalten muß; auf weiteren abnehmbaren Bezügen genügt die Angabe der Spannung.

§ 66.

Bei der Prüfung der Heizkissen ist die Leistungsaufnahme festzustellen; sie darf nicht mehr als ± 20% von der auf dem Schild angegebenen Nennaufnahme abweichen.

Zur Prüfung der mechanischen Haltbarkeit der Heizwicklung und des inneren Kissenaufbaues wird das Kissen 100-mal scharf gefaltet und zwar je 25-mal nach jeder Richtung auf zueinander senkrecht stehenden, der Mitte naheliegenden Linien des Kissens.

Bei der darauffolgenden Prüfung des Kissens auf Sicherheit gegen Überhitzung wird dieses in eine Wolldecke eingeschlagen und zwischen Holzwolle oder Sägespäne derart in einen Kasten eingelegt, daß es an allen Seiten und Kanten von einer mindestens 4 cm starken wärmeisolierenden Schicht umgeben ist. Zwischen Wolldecke und Kissen werden oberhalb und unterhalb des Heizkissens 0,5 mm starke Kupferplatten von je etwa 40 cm² Fläche eingelegt, die metallisch mit der Platte verbundene, elektrische oder Glasthermometer tragen. Die Zahl der einzulegenden Platten soll derart bemessen sein, daß durch die Kupferplatten etwa ¹/₆ jeder Kissenseite bedeckt wird. Während einer Prüfzeit von 3 h mit der normalen Nennaufnahme darf kein Thermometer die Temperatur von 85° C überschreiten; Anheizspitzen bis 110° C sind zulässig.

Es folgt die Prüfung auf Überlastung unter den gleichen Verhältnissen mit der 1,4-fachen Nennaufnahme, wobei innerhalb einer Prüfzeit von 3 h ebenfalls obige Temperaturgrenzen gelten.

§ 67.

Bei der im Anschluß an § 66 stattfindenden Spannungprüfung ist zwischen Heizkissen mit Feuchtigkeitschutz und solchen ohne Feuchtigkeitschutz zu unterscheiden.

Heizkissen ohne Feuchtigkeitschutz sind zwischen zwei schmiegsame Metallbelege (Metallgewebe oder dgl.) in trockenem Zustande einzulegen. Durch geeignete Beschwerung ist dafür zu sorgen, daß der Metallbelag auf der ganzen Fläche gleichmäßig fest anliegt. Dann ist der eine Pol am Heizleiter, der andere an die Metallbelege anzuschließen und das Kissen 1 min lang einer Spannung von 1000 V auszusetzen.

Heizkissen mit Feuchtigkeitschutz werden 24 h vor Beginn der Spannungprüfung in ausgebreitetem Zustande zwischen nasse Tücher gelegt, dann in gleicher Weise mit schmiegsamen Metallbelegen eingedeckt und 5 min lang der Spannung von 1000 V ausgesetzt.

Nach Beendigung der Spannungprüfung ist das Kissen zu öffnen und zu prüfen, ob der innere Aufbau den Vorschriften entsprechend ausgeführt ist und durch die Prüfung keinen Schaden erlitten hat.

§ 68.

Die Temperaturbegrenzer sind darauf zu untersuchen, daß sie bei der Temperatur, auf die sie eingestellt sind, sicher abschalten, ohne daß ein Lichtbogen stehen bleibt. Die Temperatur ist zu verringern, bis Wiedereinschaltung unter gleicher Bedingung erfolgt. Diese Prüfung ist 50-mal zu wiederholen.

Tauchsieder.

§ 69.

Abgeschaltete Tauchsieder dürfen unmittelbar nach Herausnehmen aus dem Kochgut nicht auflöten oder unbrauchbar werden. Die größte Eintauchtiefe ist durch eine Marke zu kennzeichnen, bis zu der die Tauchsieder warmwasserdicht auszuführen sind.

Als Anschlußschnüre dürfen nur Gummischlauchleitungen verwendet werden.

Kochplatten.

§ 70.

Kochplatten müssen nach einer 100-stündigen Betriebsdauer mit der 1,4-fachen Nennaufnahme ohne Aufsetzen von Kochgefäßen die vorgeschriebene Isolationsprüfung aushalten.

Durchlauferhitzer.

§ 71.

Durchlauferhitzer müssen so eingerichtet und installiert sein, daß Dampfbildung unter erhöhtem Druck nicht möglich ist. Ferner muß Vorkehrung getroffen sein, daß Strom- und Wasserdurchgang derart zwangläufig geregelt werden, daß Wasser durch das Gerät fließt, bevor der Strom eingeschaltet ist.

Elektroden-Heizgeräte.

§ 72.

Elektroden-Heizgeräte, bei denen die Flüssigkeit selbst den Heizleiter bildet, sind nur dann zulässig, wenn die Elektroden mit einem geerdeten Schutzgehäuse versehen sind, das sowohl die Berührung spannungführender Teile verhindert als auch im Gebrauch die Erdung der Flüssigkeit bewirkt, so daß außerhalb dieses Gehäuses Spannungsunterschiede gegen Erde nicht mehr auftreten können.

§ 73.

Elektroden-Heizeinrichtungen sind ohne Inhalt auf Isolierfestigkeit zu prüfen.

Öfen.

§ 74.

Die unter Spannung gegen Erde stehenden Teile der Heizlampen und Heizkörper müssen der zufälligen Berührung entzogen sein. Dieser Schutz gegen zufälliges Berühren muß auch während des Einschraubens der Lampen und Heizkörper wirksam sein.

§ 75.

In Glühlampenfassungen für Edison-Lampensockel 27 (Normal-Edisonsockel) dürfen nur Heizlampen und Heizkörper bis 500 W Nennaufnahme eingesetzt werden.

Küchengeräte.

§ 76.

Bei Verwendung der Geräte in Küchen ist ein leicht lösbarer schnurloser Anschluß zu erstreben (siehe „Mitteilungen der Vereinigung der Elektrizitätswerke" 1919, S. 95).

Anhang.
Ausführung und Betrieb elektrischer Raumheizung mittels freigespannter Heizleiter (elektrische Linearheizung).
(Aufgestellt vom Elektrotechnischen Verein in Wien).

§ 77.

1. Für die Ausführung und den Betrieb von elektrischen Heizanlagen mit freigespanntem Heizleiter (elektrische Linearheizung) gelten die „Vorschriften für die Errichtung und den Betrieb elektrischer Starkstromanlagen", soweit nicht nachstehend Sondervorschriften festgelegt sind.
2. Heizanlagen nach dieser Bauart sind nur in gewerblichen Betriebsräumen zulässig, sofern bei Einhaltung dieser Vorschriften eine Gefährdung der persönlichen Sicherheit und eine Feuersgefahr durch ihren Bestand und Betrieb verhütet werden kann.
3. Die Spannung zwischen zwei Heizleitern darf im allgemeinen höchstens 220 V, bei Anlagen mit geerdetem Sternpunkt höchstens 380 V betragen. Bei Anlagen, die nicht während der Betriebsstunden — also nur zu einer Zeit, wo zu dem betreffenden Raume lediglich die Aufsichtsorgane Zutritt haben, — in Betrieb genommen werden, sind Spannungen zwischen zwei Heizleitern bis 500 V zulässig.
4. Für die Heizleiter dürfen nur Drähte, Seile oder Bänder aus Werkstoff mit mindestens 36 kg/mm² Bruchfestigkeit verwendet werden. Der geringstzulässige Querschnitt beträgt bei Anlagen mit uneingeschränkter Benutzungzeit 16 mm², bei Anlagen für Benutzung in den Betriebstunden 10 mm².
5. Die Heizleiter müssen allgemein so verlegt werden, daß eine zufällige Berührung ohne besondere Hilfsmittel ausgeschlossen ist; der Abstand vom Boden oder von anderen Standorten muß mindestens 2,5 m betragen.

   Die Heizleiter müssen von Transmissionen und sonstigen, zu bedienenden Betriebseinrichtungen in solcher Entfernung geführt werden, daß sie für die mit Arbeiten an den Betriebseinrichtungen beschäftigten Personen außer Reichweite sind; falls dieses nicht möglich ist, sind Schutzvorrichtungen anzubringen, die bei Ausführung in Metall geerdet werden müssen.

   In der Längsrichtung über Verkehrsgängen dürfen Heizleiter nicht verlegt werden; an den Kreuzungstellen mit solchen Gängen sind unter den Heizleitern Schutzvorrichtungen anzubringen, die, wenn sie in Reichweite sind und aus Metall bestehen, geerdet werden müssen, oder die Heizleiter müssen so aufgehängt werden, daß beim Reißen der Leiter herabhängende Stücke nicht in Reichweite gelangen können.
6. Heizleiter, die Spannung gegeneinander führen, dürfen im allgemeinen nur nebeneinander und nicht übereinander verlegt werden; der Abstand von Mitte zu Mitte der Heizleiter oder von anderen metallenen Gegenständen muß mindestens 150 mm betragen. Die Führung solcher Heizleiter übereinander ist nur zulässig, wenn ihre gegenseitige Berührung sicher vermieden ist.

7. Die Heizleiter müssen so verlegt werden, daß die Zugspannung bei 10°C $^1/_5$ der Bruchfestigkeit des Leiterbaustoffes keinesfalls überschreitet und sind, sofern sie aus einzelnen Stücken zusammengesetzt sind, derartig zu verbinden, daß eine einwandfreie elektrische Verbindung erzielt wird und die Stoßstellen mindestens 85% der Festigkeit des verwendeten Leiters aufweisen.

Die Heizleiter sind in Entfernungen von höchstens 2,5 m zu stützen bzw. aufzuhängen. Die Entfernung der Stützpunkte kann bis höchstens 5 m erhöht werden, wenn durch Spannvorrichtungen, die entweder auf die einzelnen Heizleiter oder auf Heizleitergruppen wirken können, ein unzulässiges Nachgeben der Leiter, durch die der Bodenabstand merklich verringert würde, verhindert ist.

8. Die Strombelastung jedes Heizleiters darf nur so groß sein, daß er bei höchster Raumtemperatur auf höchstens 130° C erwärmt wird. Zur Verhütung einer Überschreitung der damit begrenzten Höchststromstärke ist jeder Heizleiter-Verteilstromkreis allpolig zu sichern.

9. In jedem Raume ist ein Hauptausschalter vorzusehen, mit dem die ganze Heizanlage des Raumes allpolig ausgeschaltet werden kann. Der Ausschalter ist an einer gut sichtbaren, rasch zu erreichenden und jederzeit zugänglichen Stelle in unmittelbarer Nähe des Haupteinganges anzuordnen und durch eine Tafel mit der entsprechenden Weisung für die Betätigung zu bezeichnen. In großen Räumen wird die Einrichtung einer Fernbetätigung des Hauptschalters von mehreren Stellen aus empfohlen.

10. An geeigneten Stellen sind gut sichtbare, rote elektrische Warnungslampen anzuordnen, die bei eingeschalteter Heizanlage leuchten. Die Warnungslampen-Stromkreise müssen von der Heizanlage des Raumes hinter dem Hauptschalter abgezweigt werden. Außerdem sind — allenfalls mit den Warnungslampen zusammengebaut — Warnungstafeln anzubringen, die auf die Gefährlichkeit der Berührung von Teilen der Heizanlage aufmerksam machen.

11. Alle Personen, die in Räumen mit elektrischer Linearheizung beschäftigt sind oder solche Räume im Dienste zu betreten haben, sind über ihr Verhalten und über die Gefährlichkeit der Berührung von Teilen der Heizanlage nachweisbar zu belehren. Am Eingang zu Räumen mit einer solchen Heizung ist eine besonders auffällige Warnungstafel anzubringen.

12. Der Instandhaltung und Überwachung der Heizanlage ist besondere Sorgfalt zuzuwenden. Die Anlage muß alljährlich zu Beginn der Heizzeit und noch mindestens einmal während dieser in allen Teilen eingehend überprüft werden, wobei auch eine Isolationsmessung vorzunehmen ist.

Während der Heizzeit muß eine entsprechend oftmalige Reinigung der Heizleiter und Stützen vorgenommen werden. Die Reinigung muß bei ausgeschalteter Heizanlage besorgt werden.

13. Soweit Heizanlagen dieser Bauart bereits bestehen und nur außerhalb der Betriebsstunden benutzt werden, ist bei bereits gegebener Bewährungzeit deren Weiterbetrieb auch dann zulässig, wenn die Ausführung den vorstehenden Bestimmungen nicht vollkommen entspricht.

37. Regeln für die Bewertung von Licht, Lampen und Beleuchtung.

Gültig ab 1. Januar 1926[1].

A. Licht.

Photometrische Grundgrößen und Einheiten.

Zwischen den verschiedenen photometrischen Grundgrößen und Einheiten bestehen folgende Beziehungen:

Größe		Einheit	
Name	Zeichen	Name	Zeichen
1. Lichtmenge	Q	Lumenstunde	Lmh
2. Lichtstrom	$\Phi = \dfrac{Q}{T}$	Lumen	Lm
3. Lichtstärke	$I = \dfrac{\Phi}{\omega}$	Hefnerkerze	HK
4. Beleuchtungstärke .	$E = \dfrac{\Phi}{F} = \dfrac{I}{r^2} \cos i$	Lux	Lx
5. Leuchtdichte (Flächenhelle) . . .	$e = \dfrac{I_\varepsilon}{f \cos \varepsilon}$	Hefnerkerze für den Quadratzentimeter	HK/cm²

Hierin bedeuten:

T die Zeit in Stunden,

ω den Raumwinkel = dem Verhältnis eines Stückes der Kugeloberfläche zum Quadrat ihres Halbmessers,

F eine Fläche in m²,

f eine Fläche in cm²,

r eine Länge (Entfernung) in m,

i den Einfallwinkel (Inzidenzwinkel),

ε den Ausstrahlungswinkel (Emissionswinkel).

Bei Vergleichen mit ausländischen Einheiten sind Lumen und Lux als Hefnerlumen und Hefnerlux genauer zu kennzeichnen.

---

[1] Angenommen durch die Jahresversammlung 1925. Veröffentlicht: ETZ 1925, S. 471 und 1526. — *Sonderdruck VDE 335.*

Erklärungen.

Lichtmenge ist die von einem Körper abgegebene oder aufgenommene, nach ihrer Lichtwirkung auf das Auge bewertete Strahlungsenergie.

Lichtstrom ist das Verhältnis der Lichtmenge zur Zeitdauer des Strahlungsvorganges.

Lichtstärke einer punktförmigen Lichtquelle in einer bestimmten Richtung ist der Quotient aus dem Lichtstrom in dieser Richtung und dem durchstrahlten Raumwinkel (Raumwinkel-Lichtstromdichte). Ausgedehnte Lichtquellen lassen sich für ihre Wirkung in hinreichend großer Entfernung als punktförmig ansehen.

Statt des Lichtstromes (Φ) wird in der Praxis noch oft die mittlere räumliche Lichtstärke (I_0) in Hk_0 angegeben. Sie ist der Mittelwert aus den Lichtstärken in allen Richtungen des Raumes und ergibt sich aus dem Gesamtlichtstrom Φ durch Division mit 4π:

$$\left[I_0 = \frac{\Phi}{4\pi} \right].$$

Beleuchtungstärke einer Fläche ist der Quotient aus dem auf die Fläche fallenden Lichtstrom und der Größe der Fläche (Flächen-Lichtstromdichte).

Hierbei wird die Fläche als klein vorausgesetzt, anderenfalls ist der Quotient die mittlere Beleuchtungstärke der Fläche.

Leuchtdichte (früher Flächenhelle) einer Fläche in einer bestimmten Richtung ist der Quotient aus der Lichtstärke der Fläche in dieser Richtung und der senkrechten Projektion der Fläche auf eine zu dieser Richtung senkrechte Ebene.

Neben der Leuchtdichte finden sich in der lichttechnischen Literatur Angaben über die „spezifische Lichtausstrahlung". Sie ist der Quotient aus dem Lichtstrom und der gesamten Emissionsfläche und wird in Lm/cm^2 angegeben.

Die Grundeinheit für alle photometrischen Messungen ist die Einheit der Lichtstärke, die Hefnerkerze. Sie wird dargestellt durch die horizontale Lichtstärke der Hefnerlampe.

B. Lampen.

1. Lampen sind photometrisch in erster Linie nach ihrem Lichtstrom zu bewerten. Er ist die für die Bewertung wichtigste Größe.

2. Die Lampen sind in betriebsmäßigem Zustande zu messen. Die wesentlichen Betriebsbedingungen und die Art der Ausrüstung der Lampe sind zu kennzeichnen.

3. Die Lichtausstrahlung der Lampen in Abhängigkeit von der Ausstrahlungsrichtung wird durch die Lichtverteilungskurve und die Lichtstromkurve gekennzeichnet.

Die Lichtverteilungskurve gibt die mittleren Lichtstärken unter den verschiedenen Ausstrahlungswinkeln gegen die Vertikale an. Sie wird in Polarkoordinaten winkelgetreu und mit gleichmäßig geteilter Lichtstärkenskale dargestellt; die Ausstrahlungswinkel sind von der nach unten gerichteten Vertikalachse aus zu rechnen. In besonderen Fällen können die Lichtstärken unter Hinweis hierauf logarithmisch aufgetragen werden.

Bei Lampen mit stark axialunsymmetrischer Lichtausstrahlung ist die Lichtverteilung in verschiedenen Meridianebenen anzugeben.

Die Lichtstromkurve gibt in rechtwinkligen Koordinaten die Lichtströme in kegelförmige Räume, deren Achse die Vertikale ist, abhängig von dem halben Öffnungswinkel an.

4. Die Lichtausbeute einer Lampe ist das Verhältnis des von ihr ausgestrahlten Gesamtlichtstromes in Lumen zur zugeführten Leistung in Watt oder Kalorien für 1 h.

Statt der Lichtausbeute in Lumen/W wird bisher gewöhnlich der spezifische Verbrauch in W/Hk$_0$ angegeben.] Die Lichtausbeute ist das 4π-fache des reziproken Wertes des spezifischen Verbrauches.

Die Lichtausbeute wird daher in Lumen für 1 W oder Lumenstunden für die Wärmeeinheit angegeben. Soweit die Angaben für Lampen mit gasförmigen, flüssigen oder festen Brennstoffen in Lumenstunden für 1 l oder 1 g erfolgen, ist der Heizwert des Brennstoffes mit anzugeben. Hierbei ist die in etwa notwendigen Hilfsvorrichtungen verbrauchte Leistung mit in Rechnung zu setzen.

5. Unter Wirkungsgrad einer betriebsmäßigen Lampenausrüstung versteht man das Verhältnis der Lichtströme der Lampe mit und ohne Ausrüstung. Zum Vergleich des Wirkungsgrades verschiedener Ausrüstungen sind zusätzliche Angaben über die Art der Ausrüstung und die mit ihr erzielte Lichtverteilung und Leuchtdichte zu machen.

6. Eine Lichtquelle wird gekennzeichnet durch

a) den Verbrauch (W, l/h, g/h),

b) den Lichtstrom oder die Lichtausbeute,

c) die Betriebspannung des elektrischen Stromes; den Druck, die Beschaffenheit und den Heizwert des Brennstoffes,

d) die Lebens- oder Nutzbrenndauer bei elektrischen Lampen und Glühkörpern.

Die Nutzbrenndauer ist die Zeit, in der der Lichtstrom um einen zu vereinbarenden Teil seines Anfangswertes abgenommen hat.

C. Beleuchtung.

1. Zur photometrischen Beurteilung der Beleuchtung dient die Beleuchtungstärke auf der Arbeits- oder Gebrauchsfläche. Fehlen besondere Angaben über die Arbeits- oder Gebrauchsfläche, so ist die Beleuchtungstärke auf der wagerechten Fläche maßgebend, die in 1 m Höhe über dem Fußboden anzunehmen ist.

2. Die Angabe der mittleren Beleuchtungstärke dieser Fläche genügt in den meisten Fällen. Zur näheren Kennzeichnung ist daneben noch die geringste und die höchste Beleuchtungstärke anzugeben (Minimal- und Maximalbeleuchtung).

3. Als Gleichmäßigkeit der Beleuchtung wird das Verhältnis der geringsten zur größten Beleuchtungstärke in Form eines echten Bruches angegeben. Schatten- und Lichtflecke werden in die Messung einbezogen, wenn sie durch die Lampe oder ihr Zubehör unmittelbar hervorgerufen werden.

4. Die Lichtausbeute einer Anlage für die Beleuchtung einer Fläche ist das Verhältnis des gesamten, auf die Fläche fallenden Lichtstromes zur gesamten aufgewendeten Leistung. Dieser Lichtstrom ist gleich dem Produkt aus der mittleren Beleuchtungstärke in Lux und der beleuchteten Fläche in m².

5. Der Wirkungsgrad einer Anlage für die Beleuchtung einer Fläche ist das Verhältnis des gesamten, auf die Fläche fallenden Lichtstromes zu dem gesamten Lichtstrom der Lampen ohne Ausrüstung.

38. Regeln für Meßgeräte.

Einleitung.

§ 1. Geltungstermin.

Diese Regeln treten am 1. Juli 1923 in Kraft[1].

§ 2. Geltungsbereich.

Diese Regeln gelten für nachbenannte Arten von zeigenden Meßgeräten bis 1000 A und 20000 V und zwar sowohl für Gleichstrom als auch für Wechselstrom von der Frequenz 15 ÷ 90 Per/s:

Strommesser,
Spannungmesser,
Leistungsfaktor- und Phasenmesser,
Leistungsmesser,
Frequenzmesser.

Sie gelten nicht für zeigende Meßgeräte, die mit Vorrichtungen zum Schreiben, Kontaktgeben u. dgl. versehen sind.

§ 3. Klasseneinteilung.

Meßgeräte, die diesen Regeln entsprechen, erhalten ein Klassenzeichen. Es darf nur angebracht werden, wenn sämtliche Bestimmungen dieser Regeln für die betreffende Klasse erfüllt sind.

Klassenzeichen E Feinmeßgeräte: 1. Kl.
„   F Feinmeßgeräte: 2. Kl.
„   G Betriebsmeßgeräte: 1. Kl.
„   H Betriebsmeßgeräte: 2. Kl.

Begriffserklärungen.
Meßgeräte und ihre Bestandteile.

Meßwerk ist die Einrichtung zur Erzeugung und Messung des Zeigerausschlages.

Bewegliches Organ ist der Zeiger einschließlich der sich mit ihm bewegenden Teile.

Instrument ist das Meßwerk zusammen mit dem Gehäuse und dem gegebenenfalls eingebauten Zubehör.

Bei dem Instrument mit eingebautem Zubehör ist das Zubehör in das Gehäuse des Instrumentes eingebaut oder an ihm untrennbar befestigt.

---

[1] Angenommen durch die Jahresversammlung 1922. Veröffentlicht: ETZ 1922 S. 290 und 858. — Erläuterungen ETZ 1922, S. 518. — *Sonderdruck VDE 279.*

Meßgerät ist das Instrument zusammen mit sämtlichem Zubehör, also auch mit solchem, das nicht untrennbar mit dem Instrument verbunden, sondern getrennt gehalten ist. Getrennt gehaltene Meßwandler gelten nicht als Zubehör.

Die Austauschbarkeit von Instrumenten und Zubehör bezieht sich nur auf bestimmte Typen gleichen Ursprunges.

Der Strompfad des Meßwerkes führt unmittelbar oder mittelbar den ganzen Meßstrom oder einen bestimmten Bruchteil von ihm.

Der Spannungpfad des Meßgerätes liegt unmittelbar oder mittelbar an der Meßspannung.

Nebenwiderstand ist ein Widerstand, der parallel zu dem Strompfad und diesem etwa zugeschalteten Stromvorwiderstand liegt.

Vorwiderstand ist ein Widerstand, der im Spannungpfad liegt.

Drossel ist ein induktiver Widerstand (Vor- und Nebendrossel).

Kondensator ist ein kapazitiver Widerstand (Vor- und Nebenkondensator).

Meßleitungen sind Leitungen im Strom- und Spannungpfad des Meßgerätes, die einen bestimmten Widerstand haben müssen.

§ 5.

Schalttafelinstrumente sind zum festen Anbringen an Wänden, Pulten, Wandarmen u. dgl. eingerichtet.

Tragbare Instrumente sind zum Tragen eingerichtet, um sie leicht an verschiedenen Aufstellplätzen verwenden zu können.

Bezeichnung der Instrumente.

§ 6.

Die Bezeichnung der Instrumente ergibt sich aus der Art des Meßwerkes; man unterscheidet:

M 1: Drehspulinstrumente besitzen einen feststehenden Magnet und eine oder mehrere Spulen, die bei Stromdurchgang elektromagnetisch abgelenkt werden.

M 2: Dreheiseninstrumente (Weicheiseninstrumente) besitzen ein oder mehrere bewegliche Eisenstücke, die von dem Magnetfeld einer oder mehrerer feststehender, stromdurchflossener Spulen abgelenkt werden.

M 3: Elektrodynamische Instrumente haben feststehende und elektrodynamisch abgelenkte bewegliche Spulen. Allen Spulen wird Strom durch Leitung zugeführt. Man unterscheidet:

    a) eisenlose elektrodynamische Instrumente,

    b) eisengeschirmte elektrodynamische Instrumente,

    c) eisengeschlossene elektrodynamische Instrumente.

Eisenlose elektrodynamische Instrumente sind ohne Eisen im Meßwerk gebaut und besitzen keinen Eisenschirm.

Eisengeschirmte elektrodynamische Instrumente sind ohne Eisen im eigentlichen Meßwerk gebaut und besitzen zur Abschirmung von Fremdfeldern einen besonderen Eisenschirm. Ein Gehäuse aus Eisenblech gilt nicht als Schirm im Sinne dieser Begriffserklärung.

Eisengeschlossene elektrodynamische Instrumente besitzen Eisen im Meßwerk in solcher Anordnung, daß dadurch eine wesentliche Steigerung des Drehmomentes erzielt wird. Sie können mit oder ohne Schirm ausgeführt werden.

M 4: Induktionsinstrumente (Drehfeldinstrumente u. a.) besitzen feststehende und bewegliche Stromleiter (Spulen, Kurzschlußringe, Scheiben oder Trommeln); mindestens in einem dieser Stromleiter wird Strom durch elektromagnetische Induktion induziert.

M 5: Hitzdrahtinstrumente. Die durch Stromwärme bewirkte Verlängerung eines Leiters stellt unmittelbar oder mittelbar den Zeiger ein.

M 6: Elektrostatische Instrumente. Die Kraft, die zwischen elektrisch geladenen Körpern verschiedenen Potentials auftritt, stellt den Zeiger ein.

M 7: Vibrationsinstrumente. Die Übereinstimmung der Eigenfrequenz eines schwingungsfähigen Körpers mit der Meßfrequenz wird sichtbar gemacht.

Zur Kennzeichnung der Art des Meßwerkes dienen die im Anhang zusammengestellten Symbole.

§ 7.

Instrumente für bestimmte Lage erhalten Lagezeichen zur Kennzeichnung der Gebrauchslagen, d. h. der Lagen, in denen die Bestimmungen eingehalten werden.

Bei Instrumenten ohne Lagezeichen müssen die Bestimmungen in jeder Gebrauchslage eingehalten sein.

§ 8.

Bei gepolten Strom- und Spannungmessern hängt die Ausschlagrichtung von der Stromrichtung ab.

Instrumente mit beiderseitigem Ausschlag haben Skalenteile für zwei Ausschlagrichtungen.

§ 9. Schutzart durch das Gehäuse.

S 1: Schaufrei. Die ganze Ableseseite ist durch Glas oder einen anderen durchsichtigen Stoff abgedeckt.

S 2: Geschützt. Die Ableseseite ist bis auf ein mit einem durchsichtigen Stoff abgedecktes Fenster vor der Skale geschützt.

S 3: Spritzwassersicher. Gelegentlich auftretendes Spritzwasser darf nicht in das Innere des Instrumentes eindringen.

S 4: Druckwassersicher. Nach ½-stündigem Liegen in Süß- oder Seewasser unter 0,7 kg/cm² Druck darf kein Wasser in das Innere des Instrumentes eingedrungen sein.

§ 5: Schlagwettersicher: Das Gehäuse hält die Explosion von schlagenden Wettern, die in das Innere gelangen, aus und die Übertragung der Explosion an die Umgebung wird verhindert.

Im übrigen gelten die „Vorschriften für die Ausführung von Schlagwetter-Schutzvorrichtungen an elektrischen Maschinen, Transformatoren und Apparaten"[2].

§ 6: Tropensicher. Das Instrument hält der dauernden Einwirkung von feuchtwarmer Luft stand. Das Gehäuse schützt gegen das Eindringen von feinem Staub und Insekten.

Skale.
§ 10.

Meßgröße ist die Größe, zu deren Messung das Meßgerät bestimmt ist (Strom, Spannung, Leistung usw.).

Anzeigebereich ist der Bereich, in dessen Grenzen die Meßgröße ohne Rücksicht auf Genauigkeit angezeigt wird.

Meßbereich ist der Teil des Anzeigebereiches, für den die Bestimmungen über Genauigkeit eingehalten werden.

Skalenlänge ist der in mm gemessene Weg der Zeigerspitze vom Anfang bis zum Ende der Skale.

Nullpunkt ist der Teilstrich, auf den der Zeiger einspielen soll, wenn die Meßgröße Null ist.

Skalen mit unterdrücktem Nullpunkt beginnen nicht mit dem Teilstrich Null, sondern mit einem höheren Wert.

Erweiterte Skalen sind über den Meßbereich hinaus fortgesetzt.

§ 11.

Der Meßbereich umfaßt:

a) Bei Instrumenten mit durchweg genau oder angenähert gleichmäßiger Teilung den ganzen Anzeigebereich vom Anfang bis zum Ende der Skale,

b) bei Instrumenten mit ungleichmäßiger Teilung den besonders gekennzeichneten Teil des Anzeigebereiches, der zusammengedrängte Teile am Anfang und am Ende der Skala ausschließen darf.

Nenn- und Bezugsgrößen.
§ 12.

Nennfrequenz bei Strom-, Spannung-, Leistungs- und Leistungsfaktormessern ist die auf dem Instrument angegebene Frequenz.

Nennfrequenzbereich bei Strom-, Spannung-, Leistungs- und Leistungsfaktormessern ist der auf dem Instrument angegebene Frequenzbereich.

Ist nur eine Nennfrequenz angegeben, so gilt der Bereich 0,9 × Nennfrequenz bis 1,1 × Nennfrequenz als Nennfrequenzbereich.

---

[2] S. S. 52 u. ff.

§ 13.

Nennspannung bei Leistungs-, Leistungsfaktor- und Frequenzmessern ist die auf dem Instrument angegebene Spannung.

Nennspannungbereich bei Leistungs-, Leistungsfaktor- und Frequenzmessern ist der Bereich zwischen der niedrigsten und höchsten Spannung, für die das Meßgerät den Bestimmungen über Genauigkeit entspricht. Ist nur eine Nennspannung angegeben, so gilt der Bereich $0,9 \times$ Nennspannung bis $1,1 \times$ Nennspannung als Nennspannungbereich.

Höchstspannung gegen Gehäuse ist die höchste Spannung, die zwischen Strom- bzw. Spannungpfad und Gehäuse betriebsmäßig zulässig ist.

§ 14.

Nennstrom bei Leistungs- und Leistungsfaktormessern ist der auf dem Instrument angegebene Strom.

Nennstrom beim Nebenwiderstand ist der auf ihm angegebene Strom. Er entspricht bei Strommessern dem Ende des Meßbereiches, bei Leistungs- und Leistungsfaktormessern dem Nennstrom des Meßgerätes.

Instrumentstrom beim Nebenwiderstand ist der in den Strompfad des Instrumentes abgezweigte Teil des Nennstromes.

Nennspannungsabfall beim Nebenwiderstand ist der auf ihm angegebene Spannungsabfall, der entsteht, wenn das Meßgerät vom Nennstrom durchflossen wird.

§ 15.

Kriechstrecke ist der kürzeste Weg, auf dem ein Stromübergang längs der Oberfläche eines Isolierkörpers zwischen Metallteilen eintreten kann, wenn zwischen ihnen eine Spannung besteht.

§ 16.

Als Bezugstemperatur gilt die Raumtemperatur von 20^{0} C.

§ 17. Beruhigungzeit.

Beruhigungzeit ist die Zeit in s, die der vorher auf Null stehende Zeiger braucht, um bis auf etwa 1% der gesamten Skalenlänge auf einen etwa in der Mitte der Skale liegenden Teilstrich einzuspielen, wenn plötzlich eine ihm entsprechende Meßgröße eingeschaltet wird.

§ 18. Genauigkeit.

Anzeigefehler ist der Unterschied zwischen der Anzeige und dem wahren Wert der Meßgröße, der lediglich durch die mechanische Unvollkommenheit des Meßgerätes und durch die Unvollkommenheit der Eichung, also in der richtigen Lage, bei Bezugstemperatur, bei Abwesenheit von fremden Feldern (Ausnahme siehe § 31, Ziff. 6), bei der Nennspannung und bei der Nennfrequenz verursacht wird. Er wird in Prozenten des Endwertes des Meßbereiches angegeben, sofern nichts anderes (§ 31) bestimmt ist. Ist der angezeigte Wert größer als der wahre Wert, so ist der Anzeigefehler positiv.

§ 19. Einflußgrößen.

Die Einflußgrößen werden, wenn nichts anderes bestimmt ist, in Prozenten des Endwertes des Meßbereiches angegeben.

Temperatureinfluß ist bei Strom-, Spannung-, Leistungs-, Leistungsfaktor- und Frequenzmessern die Änderung der Anzeige, die lediglich dadurch verursacht wird, daß sich die Raumtemperatur um $\pm 10^{\circ}$ C von der Bezugstemperatur unterscheidet.

Frequenzeinfluß ist bei Strom-, Spannung-, Leistungs- und Leistungsfaktormessern die größte Änderung der Anzeige, die lediglich durch eine Frequenzänderung innerhalb des Nennfrequenzbereiches verursacht wird.

Spannungseinfluß ist bei Leistungs-, Leistungsfaktor- und Frequenzmessern die größte Änderung der Anzeige, die lediglich durch eine Spannungsänderung innerhalb des Nennspannungbereiches verursacht wird.

Fremdfeldeinfluß ist die Änderung der Anzeige, die lediglich durch ein Fremdfeld von 5 Gauß Feldstärke bei gleicher Stromart und Frequenz, bei ungünstiger Phase des Fremdfeldes und ungünstigster gegenseitiger Lage verursacht wird, und zwar für Strom- und Spannungmesser bei Einstellung auf das Ende des Meßbereiches, für Leistungs- und Leistungsfaktormesser bei Anlegen der Nennspannung.

Lageeinfluß ist die Änderung der Anzeige, die lediglich durch eine Neigung um $\pm 5^{\circ}$ aus der gekennzeichneten Gebrauchslage entsteht. Hat das Instrument kein Lagezeichen, so ist der Lagefehler die Änderung der Anzeige zwischen senkrecht und wagerecht gestellter Skalenebene in Stellungen, die dem Gebrauch entsprechen.

Die Grenzen, die die Einflußgrößen nicht überschreiten dürfen, sind in §§ 32 bis 36 festgelegt; sie gelten im allgemeinen als Zusätze zu den durch § 31 festgelegten Anzeigefehlergrenzen.

Die Wechselstromprüfungen sind mit praktisch sinusförmiger Kurvenform vorzunehmen; der Einfluß verzerrter Wellen wird nicht festgestellt

Bestimmungen.

Gehäuse.

§ 20.

Das Gehäuse muß das Meßwerk und empfindliche Teile von eingebautem Zubehör vor Beschädigung bei gewöhnlichem Gebrauch schützen und das Meßwerk staubsicher umschließen.

§ 21. Erdung.

Gehäuse, die geerdet werden sollen, müssen mit Vorrichtungen versehen sein, die den sicheren Anschluß an Erdzuleitungen von 16 mm² ermöglichen. Hierfür genügt z. B. eine Schraube von 6 mm Durchmesser.

§ 22. Klemmenbezeichnung.

Bei Meßgeräten, deren Ausschlag von der Stromrichtung abhängig ist, muß die Stromrichtung deutlich und dauerhaft gekennzeichnet sein.

Bei Meßgeräten mit mehreren Klemmen sind Bezeichnungen anzubringen, die die richtige Art des Anschlusses erkennen lassen.

Skale.

§ 23.

Wenn das Skalenblech oder die Zeigeranschläge metallisch mit dem Gehäuse verbunden sind, so ist der Zeiger von den Teilen des beweglichen Organes, denen Strom durch Leitung zugeführt wird, zu isolieren.

Der Abstand des Zeigers von der Skale soll nicht größer als $0{,}02 \times$ Zeigerlänge $+ 1$ mm sein.

§ 24. Nullstellung.

Instrumente der Klassen E und F müssen eine Vorrichtung besitzen, mit der man den Zeiger verstellen kann, ohne das Gehäuse zu entfernen. Die Vorrichtung soll bei Instrumenten für Höchstspannungen über 40 V gefahrlos betätigt werden können, ohne daß eine Berührung spannungführender Teile eintritt; sie muß also durch eine ausreichende Isolation von diesen getrennt sein. Es wird empfohlen, auch Instrumente der Klasse G mit einer solchen Einstellungsvorrichtung zu versehen, sofern sie Federrichtkraft besitzen.

Wenn die Isolierung nicht ausreichend ist, muß ein Warnungschild angebracht werden.

§ 25.

Es wird empfohlen, die Skale von links nach rechts (bzw. von unten nach oben) zu beziffern und Ausnahmen von dieser Regel auch bei Instrumenten mit zwei Ableseseiten zu vermeiden.

Bei Instrumenten mit beiderseitigem Ausschlag soll der nach § 22 gekennzeichneten Stromrichtung der rechte Skalenteil entsprechen.

Der Abstand zweier Teilstriche soll 1 oder 2 oder 5 Einheiten der Meßgröße oder einem dezimalen Vielfachen bzw. einem dezimalen Bruchteil dieser Werte entsprechen.

Belastbarkeit.

§ 26.

Strom- und Spannungmeßgeräte der Klassen E und F müssen dauernd innerhalb ihres Meßbereiches belastet werden können. Eine Ausnahme ist nur bei Instrumenten zulässig, die mit einem Schalter versehen sind, der beim Loslassen zurückfedert und nicht feststellbar ist.

Strom- und Spannungmeßgeräte der Klassen G und H müssen dauernd den dem 1,2-fachen Endwert des Meßbereiches entsprechenden Betrag der Meßgröße aushalten.

Leistungs- und Leistungsfaktormesser müssen dauernd die 1,2-fachen Werte ihres Nennstromes bzw. ihrer Nennspannung aushalten. Ausgenommen von dieser Bestimmung sind Instrumente mit Bandaufhängung.

Frequenzmesser müssen dauernd den 1,2-fachen Betrag ihrer Nennspannung aushalten.

Diese Bestimmungen gelten sinngemäß auch für das Zubehör.

Durch vorstehend angegebene Überlastungen dürfen keine bleibenden Veränderungen hervorgerufen werden, durch die die Erfüllung dieser Bestimmungen aufgehoben wird.

§ 27. Überlastprobe.

Schalttafelstrommesser und -leistungsmesser der Klassen G und H, mit Ausnahme der Instrumente der Art M 3 und M 5, sollen in einem praktisch induktionsfreien Stromkreis stoßweise Überlastungen der Strompfade ohne merklichen mechanischen und thermischen Schaden bei einmaliger Probe aushalten:

Zahl und Dauer der Stöße:

9 Stöße von 0,5 s in Intervallen von je 1 min, anschließend 1 Stoß von 5 s Belastungsdauer;

Stärke der Stöße:

bei Strommessern mit dem 10-fachen Endwert des Meßbereiches,

bei Leistungsmessern mit dem 10-fachen Nennstrom.

§ 28. Beruhigungzeit.

Die Beruhigungzeit darf nicht überschreiten:

Bei Instrumenten der Klassen E und F: $3 + \dfrac{L}{100}$ s,

„   „   „   „   G: $3 + \dfrac{L}{50}$ s,

„   „   „   „   H: $4 + \dfrac{L}{40}$ s,

wobei L die in mm gemessene Zeigerlänge ist.

Von diesen Bestimmungen sind die Instrumente der Art M 5, M 6 und M 7 ausgenommen, ebenso solche mit Bandaufhängung.

§ 29. Durchschlagprobe.

Die Durchschlagprobe ist am fertigen Instrument bzw. Zubehör vorzunehmen.

Für die Ausführung der Prüfung gelten folgende Vorschriften:

Die Frequenz der Prüfspannung soll zwischen 15 und 60 Per/s liegen und die Kurvenform praktisch sinusförmig sein. Die Prüfspannung soll allmählich auf die Werte der folgenden Tafel gesteigert und 1 min lang gehalten werden. Ein Pol der Spannungquelle wird an die untereinander leitend verbundenen, betriebsmäßig unter Spannung stehenden Teile, der andere an die metallene Grundplatte gelegt, mit der alle sonstigen, außen am Gehäuse vorhandenen Metallteile verbunden sein müssen. Sind Grundplatte oder

Gehäuse nicht leitend, so ist der eine Pol an eine Metallplatte anzuschließen, auf die das Instrument bzw. Zubehör gelegt wird und mit der alle sonstigen, außen am Gehäuse vorhandenen Metallteile sowie alle anderen gefährdeten Stellen leitend zu verbinden sind.

Für Meßgeräte, die nicht an Meßwandler angeschlossen werden, gelten folgende Prüfspannungen:

Höchstspannung gegen Gehäuse*	Prüfspannung	Prüfspannungzeichen
nicht über 40 V	500 V	schwarzer Stern
41 bis 100 V	1000 V	brauner Stern
101 bis 650 V	2000 V	roter Stern
651 bis 900 V	3000 V	blauer Stern
901 bis 1500 V	5000 V	grüner. Stern

* im folgenden kurz mit Höchstspannung bezeichnet.

Diese Prüfspannungen gelten sowohl für das Instrument als auch für das Zubehör. Sie sind der Höchstspannung des gesamten Meßgerätes entsprechend zu wählen.

Instrumente für Nennspannungen bis 1500 V können für größere Höchstspannungen verwendet werden, wenn sie entsprechend den „Regeln für die Konstruktion, Prüfung und Verwendung von Wechselstrom-Hochspannunggeräten für Schaltanlagen R.E.H./1928"[3] isoliert werden. Das Gehäuse des Instrumentes ist dabei mit einem Pol außen sichtbar leitend zu verbinden und mit einem roten Blitzpfeil als hochspannungführend zu kennzeichnen.

Wenn bei Meßgeräten für Spannungen über 1500 V das Instrument betriebsmäßig derart geerdet wird, daß im Instrument selbst nur ein Teil der Betriebspannung auftreten kann, so ist dieser Teil als Höchstspannung im Sinne der Tafel zu betrachten und die Prüfspannung des Instrumentes danach zu bemessen. Als Erdspannung für das Zubehör gilt dabei die des Meßgerätes.

Elektrostatische Meßgeräte (M 7) müssen Vorwiderstände oder Vorkondensatoren erhalten, die bei Überbrückung des Meßwerkes einen Kurzschluß verhüten.

Bei Instrumenten zum Anschluß an Meßwandler, deren Sekundärwicklung von der Primärwicklung isoliert ist, beträgt die Prüfspannung mindestens 2000 V.

Tragbare Instrumente mit Metallgehäuse sind mit der der Höchstspannung entsprechenden Prüfspannung zu prüfen, maximal mit 2000 V.

§ 30. Mindestkriechstrecken.

Als Spannungen, nach denen die Kriechstrecken bei Instrumenten und Zubehör zu bemessen sind, gelten:

a) für Kriechstrecken gegen das Gehäuse die Höchstspannung des Meßgerätes,

---

[3] S. S. 568 u. ff.

b) für Kriechstrecken zwischen Teilen, die nicht mit dem Gehäuse leitend verbunden und die innerhalb des Instrumentes und des Zubehöres liegen, die betriebsmäßig zwischen diesen Punkten bestehende Spannung.

Für diese Spannungen nach a) und b) werden folgende Mindestkriechstrecken vorgeschrieben:

Spannung	Mindestkriechstrecke
nicht über 40 V	1 mm
41 bis 100 „	3 „
101 „ 650 „	5 „
651 „ 900 „	8 „
901 „ 1500 „	12 „

Für Instrumente zum Anschluß an Meßwandler, deren Sekundärwicklung von der Primärwicklung isoliert ist, beträgt die Mindestkriechstrecke gegen das Gehäuse 5 mm.

§ 31. Anzeigefehler.
(siehe § 18).

Folgende Anzeigefehler dürfen im Meßbereich von Strom-, Spannung- und Leistungsmessern nicht überschritten werden:

Feinmeßgeräte Klassen E und F mit eingebautem Zubehör.

Art des Meßgerätes	Art der Meßwerke	Anzeigefehler in % des Endwertes des Meßbereiches	
		Klasse E	Klasse F
Strom- und Spannungmesser	M 1	± 0,2	± 0,3
Spannung- u. Leistungsmesser . . .	M 2 ÷ M 6	± 0,3	± 0,5
Strommesser	M 2 ÷ M 5	± 0,4	± 0,6

Der zulässige Anzeigefehler der Meßgeräte der Klassen E und F vergrößert sich:

bei Meßbereichen für mehr als 250 V am Spannungpfad um 0,1%,
bei Meßgeräten mit austauschbaren Vorwiderständen um weitere 0,1%,
bei Meßgeräten mit austauschbaren Nebenwiderständen um 0,2%.

Betriebsinstrumente der Klasse G.

Art des Meßgerätes	Anzeigefehler
Strom-, Spannung-, Leistungsmesser	± 1,5% des Endwertes des Meßbereiches
Leistungsfaktormesser	± 2 Winkelgrade der Skale
Zungenfrequenzmesser	± 1% des Sollwertes
Zeigerfrequenzmesser	± 1% des Skalenmittelwertes

Für die Betriebsinstrumente der Klasse H gelten die doppelten Werte der Tafel für Klasse G.

Diese Fehlergrenzen beziehen sich auf folgende Verhältnisse:
1. Bei Strom-, Spannung-, Leistungs- und Leistungsfaktormessern auf die Nennfrequenz.

2. Bei Leistungs-, Leistungsfaktor- und Frequenzmessern auf die Nennspannung.

3. Bei Leistungsfaktormessern auf eine Strombelastung zwischen 20 und 100% des Nennstromes.

4. Auf die Bezugstemperatur von 20° C.

5. Bei Spannung- und Strommessern der Klassen E und F auf kurz- und langdauernde Einschaltung.

Bei Leistungsmessern der Klassen E und F auf Dauereinschaltung des Spannungpfades und kurz- oder langdauernde Einschaltung des Strompfades mit den Nennwerten der Spannung bzw. des Stromes.

6. Aus den Prüfergebnissen ist der Einfluß etwa wirksam gewesener Fremdfelder auszuscheiden. E- und F-Instrumente der Art M 1 sind dabei in der durch den Nord-Süd-Pfeil gekennzeichneten Lage im Erdfeld aufzustellen. Fehlt dieser Pfeil, so muß das Instrument in jeder Lage zum Erdfeld den Genauigkeitsvorschriften entsprechen. Bei E- und F-Instrumenten der Art M 3 ist der Erdfeldeinfluß durch Stromwenden auszuschließen.

7. Instrumente der Klassen G und H sollen vor der Prüfung bis zum Beharrungzustand vorgewärmt werden und zwar:
   a) Strom- und Spannungmesser mit 80% des Endwertes des Meßbereiches,
   b) Leistungs- und Leistungsfaktormesser mit 100% der Nennspannung und 80% des Nennstromes. Ist ein Nennspannungbereich angegeben, so ist das Instrument mit der mittleren Spannung zu belasten.

8. Die Prüflage soll möglichst genau mit der durch die Lagezeichen gekennzeichneten übereinstimmen.

Einflußgrößen.

§ 32.

Der Temperatureinfluß darf nicht überschreiten:

bei Strommessern der Klassen E und F 0,5%
„ Spannung- und Leistungsmessern der Klassen E und F 0,3%
„ Meßgeräten der Klasse G . . . . 2 %
„ „ „ „ H . . . . 3 %

§ 33.

Der Frequenzeinfluß von Strom-, Spannung-, Leistungs- und Leistungsfaktormessern darf nicht überschreiten:

bei Meßgeräten der Klassen E und F 0,1%,
bei Meßgeräten der Klasse G 1%, bei Leistungsfaktormessern 2 Winkelgrade,
bei Meßgeräten der Klasse H 2%, bei Leistungsfaktormessern 4 Winkelgrade.

§ 34.

Der Spannungseinfluß darf nicht überschreiten:

Klasse	Leistungs-messer	Leistungsfaktormesser	Zeigerfrequenzmesser
E	0,2%	—	—
F	0,5%	—	—
G	1%	1,0 Winkelgrad der Skale	0,5% der Skalenmitte
H	2%	2,0 Winkelgrad der Skale	1,0% der Skalenmitte

§ 35.

Der Fremdfeldeinfluß darf nicht überschreiten:
bei Instr. d. Kl. E und F Art M 1, M 2, M 3b, M 3c, M 5   3% v. Endwert
des Meßbereiches,
bei Instr. d. Kl. G Art M 1 ÷ M 7   3% v. Endwert des Meßbereiches,
bei Instr. d. Kl. H Art M 1 ÷ M 7   5% v. Endwert des Meßbereiches.
Instrumente der Art M 3a sind ausgenommen, weil sie in hohem Maße dem
Fremdfeldeinfluß unterliegen.

§ 36.

Der Lagefehler soll bei Instrumenten ohne Libelle oder Senkel nicht
überschreiten:

                bei Klasse E und F . . 0,2% der Skalenlänge,
                „   „   G . . . . . 1 % „   „   ,
                „   „   H . . . . . 2 % „   „   .

Aufschriften.

§ 37.

Auf Strommessern muß angegeben sein:
  Ursprungzeichen,
  Fertigungsnummer (nur bei Klasse E und F),
  Einheit der Meßgröße,
  Klassenzeichen,
  Stromartzeichen,
  Zeichen für die Art des Meßwerkes,
  Lagezeichen,
  Prüfspannungzeichen,
  Nennfrequenz (Nennfrequenzbereich),
  Übersetzung des zugehörenden Stromwandlers,
  Nennspannungsabfall (nur bei Gleichstrominstrumenten der Klasse E),
  Wirkwiderstand und Induktivität bei der Frequenz 50 Per/s (nur bei
    Wechselstrominstrumenten der Klasse E).

§ 38.

Auf Spannungmessern muß angegeben sein:
Ursprungzeichen,
Fertigungsnummer (nur bei E und F),
Einheit der Meßgröße,
Klassenzeichen,
Stromartzeichen,
Zeichen für die Art des Meßwerkes,
Lagezeichen,
Prüfspannungzeichen,
Nennfrequenz oder Nennfrequenzbereich,
Übersetzung des zugehörenden Spannungwandlers,
Widerstand des Spannungpfades (nur bei Klasse E).

§ 39.

Auf Leistungsmessern muß angegeben sein:
Ursprungzeichen,
Fertigungsnummer,
Einheit der Meßgröße,
Klassenzeichen,
Stromartzeichen,
Zeichen für die Art des Meßwerkes,
Lagezeichen,
Prüfspannungzeichen,
Nennspannung (Nennspannungbereich),
Nennfrequenz (Nennfrequenzbereich),
Nennstrom,
Übersetzung des zugehörenden Spannungwandlers,
Übersetzung des zugehörenden Stromwandlers,
Wirkwiderstand und Induktivität des Strompfades bei der Frequenz
50 Per/s (nur bei Klasse E),
Widerstand des Spannungpfades (nur bei Klasse E).

§ 40.

Auf Leistungsfaktormessern muß angegeben sein:
Ursprungzeichen,
Fertigungsnummer,
Meßgröße,
Klassenzeichen,
Stromartzeichen,
Zeichen für die Art des Meßwerkes,
Lagezeichen,
Prüfspannungzeichen,
Nennfrequenz (Nennfrequenzbereich),
Nennspannung (Nernspannungbereich),
Nennstrom.

§ 41.

Auf Frequenzmessern muß angegeben sein:
Ursprungzeichen,
Fertigungsnummer,
Klassenzeichen,
Zeichen für die Art des Meßwerkes,
Lagezeichen,
Prüfspannungzeichen,
Nennspannung und Nennspannungbereich.

§ 42.

Auf getrennten Nebenwiderständen ist anzugeben:
Ursprungzeichen,
Fertigungsnummer, ausgenommen bei austauschbaren Nebenwiderstän-
den der Klassen G und H.
Außerdem bei austauschbaren Nebenwiderständen:
Klassenzeichen,
Nennstrom und — durch schrägen Bruchstrich getrennt —
Instrumentstrom, wenn dieser mehr als 0,1% des Nennstromes beträgt,
Nennspannungsabfall,
gegebenenfalls Prüfspannungzeichen.

§ 43.

Auf getrennten Vorwiderständen ist anzugeben:
Ursprungzeichen,
Fertigungsnummer,
Meßbereich des Instrumentes mit diesem Vorwiderstand, gegebenenfalls
bei jeder Klemme,
Widerstand (nur bei austauschbaren Vorwiderständen der Klasse E,
gegebenenfalls für jeden Abschnitt).
Die Angabe der Meßbereiche und der Widerstände darf durch ein Schal-
tungschema ersetzt oder ergänzt werden.
Außerdem bei austauschbaren Vorwiderständen:
Klassenzeichen,
Prüfspannungzeichen.

§ 44.

Auf getrennten Drosseln und Kondensatoren ist anzugeben:
Ursprungzeichen,
Fertigungsnummer des Zubehöres.
Außerdem bei Drosseln
Nennfrequenz (Nennfrequenzbereich),
Prüfspannungzeichen.
Auf den Meßgeräten nach §§ 37 bis 40 darf Frequenz und Frequenzbereich
weggelassen werden, wenn sie für den Frequenzbereich 15 bis 60 bestimmt
sind.

§ 45.

Für die nach §§ 37 bis 44 anzuwendenden Zeichen und Abkürzungen gilt:

a)

für	Einheit	Abkürzung
Stromstärke	Ampere	A
,,	Milliampere	mA
Spannung	Volt	V
,,	Millivolt	mV
,,	Kilovolt	kV
Leistung	Watt	W
,,	Kilowatt	kW
Widerstand	Ohm	Ω
,,	Kiloohm	kΩ
,,	Megohm	MΩ

b) **Klassenzeichen.** Als Klassenzeichen werden die Kennbuchstaben E, F, G und H verwendet.

c) **Stromartzeichen.** Als Stromartzeichen wird für Gleichstrom das Gleichheitzeichen, für Wechselstrom das Wellenzeichen verwendet.

Symbole der Meßwerke.

Lfd. Nr.	Art der Meßwerke	Symbole mit Richtkraft	ohne Richtkraft (Kreuzspule)
M 1	Drehspule		
M 2	Dreheisen (Weicheisen)		
M 3	Elektrodynamisch eisenlos		
	eisengeschirmt		
	eisengeschlossen		
M 4	Induktion		
M 5	Hitzdraht		
M 6	Elektrostatisch		
M 7	Vibration		

d) **Art des Meßwerkes.** Die im Anhang zusammengestellten Symbole werden benutzt.

e) **Lagezeichen.** Instrumente mit bestimmter Lage werden durch einen Strich oder ein Winkelzeichen beim Meßwerksymbol gekennzeichnet.

f) **Prüfspannungzeichen.** Die in § 29 angegebenen farbigen Sterne werden zu dem Kennbuchstaben des Klassenzeichens gesetzt.

g) **Übersetzung der Meßwandler.** Sie wird in Form eines Bruches ausgedrückt, dessen Zähler die primäre und dessen Nenner die sekundäre Nenngröße ist.

h) Auf Betriebsinstrumenten der Klassen G und H mit mehr als zwei Klemmen oder getrenntem Zubehör ist ein Schaltungsbild zu befestigen, das die Außenschaltung zeigt und in dem die Fertigungsnummer des nicht austauschbaren Zubehöres eingetragen ist.

Klassenzeichen, Stromart, Lagezeichen.

Bezeichnung	Zeichen	bedeutet
Klassenzeichen:	E F G H	Feinmeßgerät　　1. Kl. 　　,,　　　　2. ,, Betriebsmeßgerät 1. ,, 　　,,　　　　2. ,,
Stromart:	⎓	Gleichstrom
	∼	Wechselstrom
	⏦	Gleich- und Wechselstrom
	≈	Zweiphasenstrom
	≋	Drehstrom gleiche Belastung
	≋	Drehstrom ungleiche Belastung
	≋	Vierleitersysteme
Lagezeichen: (am Symbol für Meß- werk anfügen)	|　　⦣60°	Senkrechte Gebrauchslage Schräge　　　　　　,, Wagerechte　　　　,,
Beispiele:	| ⊞₪ ⤸	Dreheisen (Weicheisen) Klasse F Wechselstrom senkrechte Gebrauchslage
	⦣ ⊞₪ _G_	Dreheisen (Weicheisen) Klasse G Gleichstrom schräge Gebrauchslage
	⊞ _E_	Elektrodynamisch Klasse E Gleich- und Wechselstrom wagerechte Gebrauchslage

39. Leitsätze für Spannungsucher bis 750 V.

Gültig ab 1. April 1927.

I. Gültigkeit.

§ 1.
Geltungstermin.

Diese Leitsätze treten am 1. April 1927 in Kraft[1].

II. Verwendungsbereich.

§ 2.
Spannungsucher (optische und akustische Anzeige) dienen zur Feststellung des Vorhandenseins von Spannungen in elektrischen Stromkreisen.

§ 3.
Spannungsucher mit optischer Anzeige (Glühlampen) sind nicht als Handleuchter im Sinne der Vorschriften für Handleuchter anzusehen.

III. Bau- und Prüfbestimmungen.

§ 4.
Normale Nennspannungen für Spannungsucher sind: 250, 500, 750 V. Die Nennspannung ist auf dem Spannungsucher anzugeben.

Spannungsucher für 500 V Nennspannung sollen einen Prüfbereich von 200 bis 500 V, Spannungsucher für 750 V einen solchen von 500 bis 750 V aufweisen.

§ 5.
Die Spannungsucher sollen den betriebsmäßigen und mechanischen Anforderungen standhalten und den Errichtungsvorschriften entsprechen.

Schaltvorrichtungen sollen den „Vorschriften für Handgeräte-Einbauschalter" sinngemäß entsprechen.

§ 6.
Das Gehäuse der Spannungsucher soll, soweit es aus Isolierstoff besteht, den an Handleuchter zu stellenden Anforderungen entsprechen (siehe „Leitsätze für die Untersuchung der Isolierkörper von Installationsmaterial"). Bei Spannungsuchern mit Glühlampen soll das Gehäuse Schutz gegen Splitterwirkung gewähren.

§ 7.
Die spannungführenden Teile sollen auf feuersicheren Körpern angebracht sein.

---

[1] Angenommen durch den Vorstand im März 1927. Veröffentlicht: ETZ 1927, S.155 und 409. — *Sonderdruck VDE 389.*

Abdeckungen aus Isolierstoff, die im Gebrauch mit einem Lichtbogen in Berührung kommen können, sollen feuersicher sein.

Alle Teile, auch die Schutzabdeckungen, sollen so befestigt sein, daß Lockerungen und Lageveränderungen im Gebrauch nicht eintreten können.

§ 8.

Der Berührung zugängliche Gehäuse und Griffe sollen, wenn sie nicht geerdet sind, aus nichtleitendem Baustoff bestehen oder mit einer haltbaren Isolierschicht ausgekleidet oder umkleidet sein.

Metallteile, für die eine Erdung in Frage kommen kann, sind mit einem Erdungsanschluß zu versehen.

§ 9.

Bei Fassungen für 250 V darf die kürzeste Kriechstrecke zwischen stromführenden Teilen verschiedener Polarität oder zwischen solchen und einer metallenen Umhüllung 3 mm nicht unterschreiten.

§ 10.

Alle Schrauben, die Kontakte vermitteln, sollen metallenes Muttergewinde haben.

§ 11.

Die unter Spannung gegen Erde stehenden Teile sollen gemäß § 3a der Errichtungsvorschriften gegen zufällige Berührung geschützt sein, z. B. durch Kragen oder Manschetten an den Tastern.

Die vorn überstehende Länge der metallenen Prüfstifte soll 20 mm nicht überschreiten.

§ 12.

Das Gehäuse der Spannungsucher soll nach 24-stündigem Liegen in feuchter Luft einer Prüfung mit 2000 V Wechselspannung zwischen den mit Stanniol umwickelten Angriffsflächen und spannungführenden Metallteilen sowie zwischen spannungführenden und nichtspannungführenden Metallteilen standhalten.

§ 13.

Alle verwendeten Baustoffe dürfen, sofern sie als Schutz verwendet werden, bei 70° C und, sofern sie als Träger spannungführender Teile verwendet werden, bei 100° C keine den Gebrauch beeinträchtigende Veränderung erleiden.

§ 14.

Die Handgriffe der Prüftaster sollen aus Isolierstoff bestehen. Sie sind der gleichen Prüfung, wie unter § 12 angegeben ist, zu unterwerfen.

§ 15.

Die Zuleitungen sollen mit dem Gehäuse fest verbunden und beiderseits von Zug entlastet sein. Als Zuleitungen sind nur Hochspannungschnüre (NHSGK) der „Vorschriften für isolierte Leitungen in Starkstromanlagen V.I.L./1928" zulässig.

§ 16.

Alle Spannungsucher sollen am Hauptteil ein Ursprungzeichen tragen.

40. Regeln für Spannungmessungen mit der Kugelfunkenstrecke in Luft.

Gültig ab 1. Juli 1926[1].

Wird bei einer Funkenstrecke der Kugelabstand vermindert oder die Spannung gesteigert, so setzt der erste Überschlag beim Scheitelwert der Spannungkurve ein. Die Überschlagspannung wird als Effektivwert einer Sinuswelle von gleichem Scheitelwert angegeben (Tafel 1).

Unterhalb 30 kV empfiehlt sich die Bestrahlung der Kugelfunkenstrecke (*KF*) mit ultraviolettem Licht zur Aufhebung des Entladeverzuges. Über 30 kV ist diese künstliche Ionisierung nicht nötig.

Die Bedingung für das Messen mit der Kugelfunkenstrecke ist eine genau definierte Spannungverteilung, d. h. es muß entweder die Spannungverteilung symmetrisch gegen Erde sein (Mitte der Oberspannungwicklung des Prüftransformators an Erde) oder es muß eine Kugel (d. h. ein Pol des Transformators) geerdet sein. Nur für diese Verhältnisse gelten die später angegebenen Eichkurven. Für ungeerdete Kugeln bei symmetrischer Spannungverteilung ist die Anzahl der Millimeter des Kugeldurchmessers die obere Grenze der Spannung in eff. kV, die man mit diesen Kugeln noch messen kann. Die höchstzulässige Spannung für einpolig geerdete Anordnung, für Frequenzen über 10^4 bis 10^6 Per/s und für Stoßspannung liegt etwa 25% tiefer.

Folgende Kugeldurchmesser gelten als normal:

50, 100, 150, 250, 500, 750, 1000 mm.

Die Kugeln sollen zweckmäßig aus Kupfer bestehen und eine polierte Oberfläche aufweisen. Aufrauhungen sind mit feinstem Schmirgelpapier zu beseitigen. Der Kugeldurchmesser darf vom Sollwert nicht mehr als 1% abweichen. Die sphärischen Abweichungen der Kugeloberfläche an den zugewendeten Seiten dürfen 1% vom Sollwert nicht überschreiten.

Bei Kugeln, die aus zwei Teilen zusammengesetzt sind, soll die Naht möglichst weit von der Überschlagstelle entfernt sein. Bei gedrückten Halbkugeln besteht die Gefahr, daß, besonders an den Polen, Abweichungen vom Krümmungshalbmesser vorkommen. In solchen Fällen wird empfohlen, die Pole gegen die Achse um etwa 15° zu versetzen.

---

[1] Angenommen durch die Jahresversammlung 1926. Veröffentlicht: ETZ 1926, S. 594 und 862. — *Sonderdruck VDE 365.*

Tafel 1. Überschlagspannungen von Kugelfunkenstrecken bei 20° C und 760 mm Hg Luftdruck².

Schlag-weite cm	5 Eine K geerdet kV	5 Beide K isol. kV³	10 Eine K geerdet kV	10 Beide K isol. kV³	15 Eine K geerdet kV	15 Beide K isol. kV³	25 Eine K geerdet kV	25 Beide K isol. kV³	50 Eine K geerdet kV	50 Beide K isol. kV³	75 Eine K geerdet kV	75 Beide K isol. kV³	100 Eine K geerdet kV	100 Beide K isol. kV³	Kugel-Durchm. Schlag-weite cm
0,5	12,28	12,3	11,75	11,76	—	—	—	—	—	—	—	—	—	—	0,5
1,0	23,02	23,1	22,74	22,77	—	—	—	—	—	—	—	—	—	—	1,0
1,5	32,25	32,6	33,0	33,1	32,90	32,95	—	—	—	—	—	—	—	—	1,5
2,0	(40,00)	40,95	42,6	42,8	42,95	43,0	—	—	—	—	—	—	—	—	2,0
2,5	—	48,3	51,5	51,8	52,5	52,7	52,8	52,9	—	—	—	—	—	—	2,5
3,0	—	(54,9)	59,5	60,4	61,7	61,9	62,6	62,7	—	—	—	—	—	—	3,0
4,0	—	—	74,0	75,8	78,7	79,2	81,3	81,5	—	—	—	—	—	—	4,0
5,0	—	—	(86,5)	89,5	94,0	95,2	99,0	99,4	101,5	101,7	—	—	—	—	5,0
6,0	—	—	—	(101,7)	107,0	109,7	115,7	116,3	120,3	120,5	—	—	—	—	6,0
7,0	—	—	—	—	(119,0)	123,1	131,5	132,5	138,5	138,9	140,2	140,4	—	—	7,0
8,0	—	—	—	—	—	136,1	146,0	147,8	156,3	156,8	158,9	159,2	—	—	8,0
9,0	—	—	—	—	—	147,1	159,5	162,4	173,6	174,1	177,2	177,6	—	—	9,0
10,0	—	—	—	—	—	(157,6)	172,0	176,1	190,3	191,1	195,2	195,6	197,3	197,7	10,0
12,0	—	—	—	—	—	—	195,0	201,8	222,5	223,6	230,3	230,9	233,8	234,2	12,0
14,0	—	—	—	—	—	—	(215,0)	225,2	253,0	255,0	264,0	265,0	269,0	270,0	14,0
16,0	—	—	—	—	—	—	—	246,5	281,0	284,5	296,5	298,0	303,5	304,5	16,0
18,0	—	—	—	—	—	—	—	(266,0)	307,0	312,0	328,0	329,5	337,0	338,5	18,0
20,0	—	—	—	—	—	—	—	—	331,0	338,5	358,0	360,5	370,0	371,5	20,0
25,0	—	—	—	—	—	—	—	—	(385,0)	399,5	426,0	432,5	447,0	450,0	25,0
30,0	—	—	—	—	—	—	—	—	—	454,0	487,0	499,0	518,0	524,0	30,0
35,0	—	—	—	—	—	—	—	—	—	(502,0)	540,0	560,0	583,0	593,0	35,0
40,0	—	—	—	—	—	—	—	—	—	—	(590,0)	617,0	645,0	658,0	40,0
50,0	—	—	—	—	—	—	—	—	—	—	—	717,0	750,0	777,0	50,0
60,0	—	—	—	—	—	—	—	—	—	—	—	(803,0)	(835,0)	883,0	60,0
70,0	—	—	—	—	—	—	—	—	—	—	—	—	—	975,0	70,0
80,0	—	—	—	—	—	—	—	—	—	—	—	—	—	(1059,0)	80,0

² Über die Berechnung der Tafel siehe Tafel 4.
³ D. h. symmetrische Spannungsverteilung gegen Erde durch Erdung der Mitte der Oberspannungswicklung des Transformators.

Der Durchmesser des Schaftes, der glatt und ohne Verdickung in die Kugel eintreten soll, soll tunlichst 10% des Kugeldurchmessers betragen. Die Führungen der Kugelschäfte sollen von den Kugeln mindestens um den Kugeldurchmesser entfernt sein. Die Entfernung der Kugeln von benachbarten, geerdeten, ungeerdeten oder unter Spannung stehenden Leitern soll mindestens das 2½-fache des Kugeldurchmessers betragen. Die Zuleitungen sollen in einem Mindestabstand vom 5-fachen Kugeldurchmesser an der Kugelfunkenstrecke vorbeigeführt werden.

Als Zuleitungen zur Kugelfunkenstrecke sollen, wenn keine Bestrahlung erfolgt, etwa 1 mm starke blanke Drähte verwendet werden, deren Strahlung das Aufheben des Entladeverzuges der KF bewirkt.

Stielbüschel dürfen im Meßkreis keinesfalls auftreten.

Vorschaltwiderstände VW.

Für die Wechselspannungmessungen im Bereich der gebräuchlichen Frequenzen (15 bis 100 Per/s) sind, auch zum Schutze des Prüfgegenstandes, vor die Funkenstrecke induktionsfreie Dämpfungswiderstände von insgesamt $^1/_5$ bis 1 Ω je V zu schalten. Bei Erdung der Mitte der Oberspannungwicklung des Prüftransformators ist je eine Hälfte des VW vor jede Kugel zu legen. Bei Erdung eines Poles ist der Gesamtwiderstand vor die ungeerdete Kugel zu legen. Der VW hat den Zweck, die Wirkung der KF als Stoßerreger von Schwingungskreisen zu verhindern oder abzuschwächen. Als VW sind Flüssigkeits- oder Metallwiderstände zu verwenden.

Vornahme der Messung.

Es können entweder:

1. die Elektroden der KF bei der konstant gehaltenen, zu messenden Spannung langsam bis zum Überschlag einander genähert werden oder es kann

2. die Spannung bei konstanter Schlagweite bis zum Überschlag gesteigert werden.

Bei Annäherung der Elektroden soll die Geschwindigkeit der Bewegung von 10% unterhalb der Überschlagspannung an 2 mm/s nicht überschreiten. Bei feststehenden Elektroden und Spannungregelung soll die Spannungsteigerung ab etwa 20% unterhalb der voraussichtlichen Überschlagspannung der Funkenstrecke bis zum Überschlag nicht schneller als in ½ min möglichst gleichmäßig erfolgen. Die Größe der Spannungstufen soll bei einer geforderten Meßgenauigkeit von ± 2% den Wert von ½% der zu messenden Spannung nicht überschreiten. Bei einer Meßgenauigkeit von ± 5% soll sie 1% der zu messenden Spannung nicht überschreiten.

Messungen bei Niederfrequenz.

Vor dem Überschlag sind die Kugeln tunlichst von Staub zu befreien. Mindestens drei Überschläge dienen dazu, anhaftende Staubteilchen, die das Feld stören, wegzubrennen. Diese Werte werden für die Spannungmessung nicht benutzt. Maßgebend ist der Mittelwert der darauf folgenden fünf Meßwerte. Um die Kugeln vor unnötigem Abbrand zu schützen, ist der Transformator unmittelbar nach dem Überschlag spannunglos zu machen (selbsttätige Abschaltung der Erregung empfehlenswert).

Die *KF* wird parallel zum Prüfobjekt über die *VW* angeschlossen. Die Spannungmessung wird bei einer etwa 20% unterhalb der Prüfspannung U_p liegenden Spannung U_k vorgenommen, um einerseits die Prüfobjekte vor einer zu langen Einwirkung der hohen Spannung zu schützen und um die Herabsetzung der Meßgenauigkeit durch etwa auftretende Gleitfunken zu vermeiden.

Treten bei der oben genannten Spannung U_k bereits starke knatternde Gleitfunken am Prüfobjekt auf, so empfiehlt es sich, U_k noch weiter herunterzusetzen. Die Fehler, die durch die Herabsetzung der Eichspannung entstehen können, sind wesentlich geringer als die Fehler, die durch starke Gleitfunken hervorgerufen werden können.

Durch diese Messung erhält man eine Eichung des auf der Unterspannungseite des Prüftransformators liegenden Spannungmessers, der den Ausschlag α_k aufweist. Alsdann werden die Kugeln entsprechend der etwa 1,1-fachen Prüfspannung = 1,1 U_p auseinander bewegt.

Der entsprechende Ausschlag α_p ergibt sich dann aus

$$\alpha_p = \frac{U_p}{U_k}\alpha_k.$$

Dieses Verfahren ist jedoch nur zulässig, wenn innerhalb der letzten 20% der Spannung am Prüfobjekt nicht derartige Entladungen entstehen, daß das Übersetzungsverhältnis des Prüftransformators dadurch erheblich geändert wird.

Gleichzeitig an Funkenstrecke und Prüfobjekt auftretende Überschläge ergeben unzuverlässige Messungen.

Messungen bei Stoß- und Hochfrequenz.

Die *KF* ist möglichst nahe am Prüfobjekt aufzustellen, da bei größeren Abständen, besonders bei Stoßbeanspruchung, Spannungsüberhöhung eintreten kann. Für Feststellung etwaiger Spannungsüberhöhungen ist es zweckmäßig, örtlich vor und hinter dem Prüfobjekt zu messen und den Mittelwert der beiden Messungen zu wählen.

Die Verwendung von Vorschaltwiderständen zwischen Prüfobjekt und Funkenstrecken ist unzulässig. Die *KF* ist über Leitungen mit solchem Durchmesser anzuschließen, daß bei der angelegten Spannung kein Glimmen auftritt. Die Schlagweite der Funkenstrecke wird bei Überschlagversuchen am Prüfobjekt so eingestellt, daß die Überschläge an diesem und an der *KF* abwechselnd auftreten. Bei diesen Messungen empfiehlt sich die Anwendung der *KF* mit beweglichen Elektroden. Treten an Prüfobjekt und Funkenstrecke gleichzeitig Überschläge auf, so sind die größte und die kleinste Schlagweite der Kugelfunkenstrecke festzustellen, bei denen dieser gemeinsame Überschlag einsetzt bzw. aufhört. Der Mittelwert der den beiden Schlagweiten entsprechenden Spannungen ist der richtige. Vorausgesetzt ist dabei, daß die Werte nicht mehr als 10% auseinanderliegen.

Stoßspannungen werden in Scheitelwerten angegeben. Die Spannungwerte der Tafeln sind hierfür mit $\sqrt{2}$ zu multiplizieren.

Berücksichtigung des Einflusses der Temperatur und des Luftdruckes.

Die Überschlagspannung der KF ist abhängig von der relativen Luftdichte, dagegen unabhängig von der relativen Leuchtfeuchtigkeit. Die relative Luftdichte δ ist proportional dem Luftdruck b und umgekehrt proportional der absoluten Temperatur $273 + t^0$. Bezogen wird δ auf 20^0 C und 760 mm Hg:

$$\delta = \frac{b}{760} \cdot \frac{293}{273 + t} = 0,386 \frac{b}{273 + t}.$$

Bei einer Änderung der Luftdichte von 0,9 bis 1,1 kann die Überschlagspannung mit einer für praktische Messungen genügenden Genauigkeit proportional der Luftdichte (Tafel 2) umgerechnet werden. Die Temperatur ist möglichst in unmittelbarer Nähe der Funkenstrecke zwischen den Versuchen zu messen. Es sei U' die Überschlagspannung, die bei der vorliegenden Schlagweite s aus Tafel 1 für 760 mm Hg und 20^0 C entnommen wurde, und U die tatsächliche Überschlagspannung bei b mm Hg und t^0 C.

Tafel 2. Werte der relativen Luftdichte.
Barometerstand b mm Hg.

Temp. t^0 C	720	725	730	735	740	745	750	755	760	765	770	775
0	1,015	1,023	1,029	1,037	1,045	1,051	1,058	1,065	1,072	1,079	1,086	1,093
2	1,008	1,015	1,023	1,029	1,037	1,044	1,051	1,056	1,064	1,071	1,078	1,086
4	1,001	1,008	1,015	1,022	1,028	1,036	1,043	1,049	1,056	1,063	1,071	1,078
6	0,996	1,001	1,008	1,015	1,022	1,028	1,036	1,043	1,049	1,056	1,063	1,071
8	0,989	0,995	1,000	1,008	1,014	1,021	1,027	1,035	1,042	1,048	1,055	1,063
10	0,981	0,989	0,995	1,000	1,008	1,014	1,021	1,027	1,035	1,041	1,048	1,055
12	0,974	0,981	0,989	0,995	1,000	1,008	1,014	1,021	1,027	1,034	1,041	1,048
14	0,967	0,974	0,981	0,989	0,995	1,000	1,007	1,013	1,021	1,026	1,034	1,041
16	0,961	0,967	0,974	0,981	0,989	0,995	1,000	1,007	1,013	1,020	1,026	1,034
18	0,954	0,961	0,967	0,974	0,981	0,989	0,994	1,000	1,007	1,012	1,020	1,026
20	0,947	0,954	0,961	0,967	0,974	0,981	0,988	0,994	1,000	1,006	1,012	1,020
22	0,942	0,947	0,954	0,961	0,967	0,974	0,981	0,988	0,994	1,000	1,005	1,012
24	0,935	0,942	0,948	0,954	0,961	0,967	0,974	0,981	0,988	0,994	0,999	1,005
26	0,928	0,936	0,942	0,948	0,954	0,961	0,967	0,974	0,980	0,988	0,994	0,999
28	0,922	0,928	0,936	0,942	0,948	0,954	0,961	0,967	0,974	0,980	0,988	0,994
30	0,917	0,922	0,928	0,936	0,942	0,948	0,954	0,961	0,967	0,974	0,980	0,988
32	0,910	0,917	0,922	0,929	0,936	0,943	0,948	0,954	0,961	0,967	0,974	0,980

Dann ist

$$U = \delta \cdot U' = 0,386 \cdot \frac{b}{273 + t} \cdot U'.$$

Für größere Abweichungen von den normalen Werten des Barometerstandes und der Temperatur gilt

$$U = k \cdot U'.$$

Der Korrektionsfaktor k ist auch von den geometrischen Abmessungen der KF abhängig; er ist Tafel 3 zu entnehmen.

Tafel 3. Korrektionsfaktor k für verschiedene Luftdichten δ, berechnet nach der Formel von F. W. Peek jr.:

$$k = \delta \, \frac{1 + \dfrac{0{,}757}{\sqrt{D \delta}}}{1 + \dfrac{0{,}757}{\sqrt{D}}} \text{ mit } D = \text{Kugeldurchmesser in cm}$$

zur Umrechnung auf 20° C und 760 mm Hg, wobei

$$\delta = \frac{0{,}386\,b}{273 + t} \qquad \begin{aligned} b &= \text{mm}\,Hg \\ t &= \text{Grad C} \end{aligned}$$

ist.

Relative Luft-dichte	Korrektionsfaktor k						
	Kugeldurchmesser in mm						
	50	100	150	250	500	750	1000
0,50	0,551	0,540	0,534	0,527	0,520	0,517	0,515
0,55	0,600	0,586	0,581	0,575	0,569	0,565	0,564
0,60	0,645	0,633	0,629	0,623	0,617	0,614	0,612
0,65	0,690	0,679	0,676	0,671	0,665	0,663	0,661
0,70	0,734	0,725	0,722	0,718	0,713	0,711	0,710
0,75	0,779	0,771	0,769	0,765	0,761	0,759	0,758
0,80	0,825	0,818	0,816	0,812	0,809	0,808	0,807
0,85	0,868	0,863	0,862	0,860	0,857	0,856	0,855
0,90	0,913	0,910	0,908	0,906	0,905	0,904	0,904
0,95	0,957	0,955	0,954	0,953	0,952	0,952	0,952
1,00	1,000	1,000	1,000	1,000	1,000	1,000	1,000
1,05	1,043	1,044	1,046	1,047	1,047	1,048	1,048
1,10	1,087	1,088	1,092	1,093	1,095	1,096	1,096

Spannungregelung von Prüftransformatoren.

Die Spannungmessung mittels Funkenstrecke kann zu Fehlergebnissen führen, wenn die Spannungregelung mit unzweckmäßigen Mitteln oder in unzweckmäßiger Weise erfolgt.

Bei den verschiedenen in Frage kommenden Möglichkeiten der Spannungregelung ist daher folgendes zu beachten:

1. Spannungregelung durch Regelung des Erregerstromes des den Transformator speisenden Generators.

Durch zu große Stufung der Regelwiderstände können beim Regeln kurzzeitige Spannungstöße entstehen, die ein Ansprechen der Funkenstrecke zur Folge haben, bevor der Scheitelwert der Grundwelle die Funkenspannung erreicht hat. Die Regler sollen daher so fein abgestuft sein, daß einer Stufe nicht mehr als ½% Spannungsänderung am Transformator, sofern eine Meßgenauigkeit von ± 2% erstrebt wird, und 1% bei ± 5% Meßgenauigkeit entspricht.

2. Spannungsänderung mit Induktionsreglern.

Die Durchgangsleistung von Induktionsreglern soll tunlichst nicht kleiner als 30% der Transformatorleistung sein. Außerdem sollen sie eine möglichst geringe Streuung besitzen.

3. Spannungsänderung mit Stufentransformator.

Da beim Umschalten von einer Stufe zur anderen mehr oder minder starke Spannungstöße entstehen, so sollen Stufentransformatoren nicht zur Regelung in der Nähe der einzustellenden Spannung bzw. der Überschlagspannung der Funkenstrecke verwendet werden.

4. Spannungsänderung durch Vorschaltwiderstände vor dem Transformator.

Vorschaltwiderstände können die Form der Spannungkurve beeinflussen, wenn der Transformator stark gesättigt ist. Sie werden vorteilhaft zur Feinregelung verwendet; es empfiehlt sich, die Spannung der speisenden Stromquelle nicht größer als die primäre Nennspannung des Transformators zu wählen.

5. Spannungsänderungen durch Regeldrosseln vor dem Transformator.

Durch Drosseln kann die Spannungkurve eine erhebliche Veränderung erfahren; es besteht die erhöhte Gefahr einer Resonanz mit der Kapazität des Gesamtkreises einschließlich des Prüfobjektes.

Tafel 4.
Berechnung der Funkenspannungen nach der Peek'schen Formel.

Für die Beziehung zwischen Schlagweite und Spannung für die genormten Kugeldurchmesser wird die auf theoretischer Grundlage aufgebaute Gleichung von F. W. Peek jr. zugrunde gelegt, jedoch für die Luftdichte die Bezugstemperatur $t = 20^0$ C gewählt. Die Gleichung lautet:

$$U_{\text{eff}} = \delta \cdot 19{,}6_2 \cdot \left(1 + \frac{0{,}757}{\sqrt{\delta D}}\right) D \left[\frac{s}{D} \frac{1}{f}\right] \text{kV}_{\text{eff}} .$$

Hierin ist

U_{eff} die Überschlagspannung in kV_{eff} ,

δ = relative Luftdichte; = 1 bei 760 mm Hg Druck und 20^0 C,

D = Kugeldurchmesser in cm,

s = Schlagweite in cm,

f = eine Funktion allein von $\frac{s}{D}$ abhängig.

In der nachstehenden Tafel ist diese Funktion f, und zwar unter f_i für isolierte Kugeln und unter f_0 für eine geerdete Kugel, dargestellt. f_i ist den theoretischen Arbeiten von G. Kirchhoff und Russel entnommen[4], f_0 den Versuchsergebnissen von F. W. Peek jr.[5].

isoliert

$\frac{s}{D}$	f_i	$\frac{s}{D}\frac{1}{f_i}$	$\frac{s}{D}$	f_i	$\frac{s}{D}\frac{1}{f_i}$
0,00	1,000	0,0000	0,50	1,359	0,3679
0,05	1,034	0,0484	0,60	(1,435)	(0,4181)
0,10	1,068	0,0936	0,70	(1,515)	(0,4620)
0,15	1,102	0,1361	0,80	(1,595)	(0,5016)
0,20	1,137	0,1759	0,90	(1,680)	(0,5357)
0,25	1,173	0,2131	1,00	(1,770)	(0,5650)
0,30	1,208	0,2483	1,10	(1,845)	(0,5962)
0,35	1,245	0,2811	1,20	(1,935)	(0,6202)
0,40	1,283	0,3118	1,50	(2,214)	(0,6780)
0,45	1,321	0,3406	2,00	(2,677)	(0,7470)

geerdet

$\frac{s}{D}$	f_0	$\frac{s}{D}\frac{1}{f_0}$	$\frac{s}{D}$	f_0	$\frac{s}{D}\frac{1}{f_0}$
0,05	1,035	0,0483	1,00	(1.965)	(0,509)
0,15	1,105	0,1357	1,25	(2,27)	(0,550)
0,25	1,18	0,212	1,50	(2,59)	(0,580)
0,50	1,41	0,354	1,75	(2,90)	(0,600)
0,75	(1,675)	(0,448)	2,00	(3,20)	(0,630)

[4] Kirchhoff, G.: Wiedemanns Ann. Bd. 27, S. 673. 1886; Ges. Abh. Bd. 78. 1882 Russel: Phil. Mag. Bd. 6, S. 237. 1906.

[5] Peek, F. W. jr.: Proc. of the A. I. E. E. 1914, S. 889.

41. Regeln für die Bewertung und Prüfung von Meßwandlern.

Einleitung.

Geltungstermin.
§ 1.

Diese Regeln treten am 1. Juli 1922 in Kraft[1].

Geltungsbereich.
§ 2.

Diese Regeln gelten für Stromwandler und Spannungwandler, die für Frequenzen von 15 bis 60 Per/s bestimmt sind und zum Anschluß folgender Instrumente dienen sollen:

Strommesser,   Frequenzmesser,
Spannungmesser,   Elektrizitätzähler,
Leistungsmesser,   Relais und ähnliche Vorrichtungen.
Leistungsfaktormesser,

Die genannten Instrumente können zeigend, zählend oder schreibend sein.

Klassenzeichen.
§ 3.

Meßwandler, die diesen Regeln entsprechen, erhalten ein Klassenzeichen. Hierfür werden mit dem Vorsatz „Klasse" folgende Buchstaben verwendet:

für Stromwandler E, F, G, H, I;
für Spannungwandler E, F, H.

Weitere Zusätze zum Klassenzeichen sind in §§ 21 und 27 angegeben. Die Klassenbezeichnung darf nur angebracht werden, wenn alle Bestimmungen dieser Regeln für die betreffende Klasse erfüllt sind.

Begriffserklärungen.

Wandlerarten.
§ 4.

Meßwandler im Sinne dieser Regeln haben voneinander isolierte Primär- und Sekundärwicklungen. An die letzten sind die in § 2 genannten Vorrichtungen angeschlossen.

---

[1] Angenommen durch die Jahresversammlung 1921. Veröffentlicht: ETZ 1921, S. 209 und 836. — Erläuterungen ETZ 1921, S. 212. — *Sonderdruck VDE 378.*

Stromwandler sind Meßwandler, deren Primärwicklung von dem
Strom durchflossen wird, dessen Stärke gemessen oder beherrscht werden soll.

Spannungwandler sind Meßwandler, deren Primärwicklung an die
Spannung gelegt wird, die gemessen oder beherrscht werden soll.

Bauart.
§ 5.

Die Meßwandler werden, je nachdem ihre Wicklungen in Luft, Öl oder
Masse liegen, als Luftwandler, Ölwandler oder Massewandler bezeichnet.

Nenngrößen.
§ 6.

Primäre und sekundäre Nennstromstärke sind bei einem Stromwandler die auf dem Schild angegebenen Werte der primären und sekundären Stromstärke, für die er gebaut ist. Die sekundäre Nennstromstärke
beträgt in der Regel 5 A. Ausnahmen hiervon sind zugelassen bei Stromwandlern für Summenschaltung, bei Stromwandlern mit sehr hoher primärer Nennstromstärke und bei großer Leitungslänge im Sekundärkreis.
Im letzten Falle ist möglichst 1 A zu wählen.

Primäre und sekundäre Nennspannung sind bei einem Spannungwandler die auf dem Schild angegebenen Werte der primären und
sekundären Spannung, für die er gebaut ist.

§ 7.

Nennbürde ist bei Stromwandlern der auf dem Schild in Ω angegebene
resultierende Scheinwiderstand, der an die Sekundärseite angeschlossen
werden kann, ohne daß die Bestimmungen für die betreffende Klasse verletzt werden.

Grenzbürde ist bei Stromwandlern der auf dem Schild in Ω angegebene Höchstwert des resultierenden Scheinwiderstandes der anzuschließenden Apparate, bei dem ohne Rücksicht auf die Genauigkeit die Erwärmungsvorschriften noch eingehalten werden.

§ 8.

Nennleistung ist bei Spannungwandlern die auf dem Schild in VA
angegebene Scheinleistung, die der Wandler abgeben kann, ohne daß die
Bestimmungen für die betreffende Klasse verletzt werden.

Grenzleistung ist bei Spannungwandlern die auf dem Schild in VA
angegebene Scheinleistung, bei der ohne Rücksicht auf Genauigkeit die
Erwärmungsvorschriften noch eingehalten werden.

§ 9.

Nennfrequenz ist die auf dem Schild angegebene Frequenz, für die
alle Anforderungen der betreffenden Klasse erfüllt sein sollen.

Nennfrequenzbereich ist der auf dem Schild angegebene Frequenzbereich, in dem alle Anforderungen der betreffenden Klasse erfüllt sein sollen.

Bezugstemperatur.

§ 10.

Die Bezugstemperatur ist 20° C. Die Angaben gelten für den Fall, daß der umgebende Raum die Bezugstemperatur hat und der Beharrungzustand der Temperaturverteilung erreicht ist.

Übersetzung und Genauigkeit.

§ 11.

Der Nennwert des Übersetzungsverhältnisses (kurz Übersetzung genannt) ist

a) bei Stromwandlern das Verhältnis des primären Nennstromes zum sekundären,

b) bei Spannungwandlern das Verhältnis der primären Nennspannung zur sekundären.

Er wird als ungekürzter gewöhnlicher Bruch angegeben.

Der Stromfehler eines Stromwandlers bei einer gegebenen primären Stromstärke ist die prozentische Abweichung der sekundären Stromstärke von ihrem Sollwert, der sich aus der primären Stromstärke durch Division mit dem Nennwert des Übersetzungsverhältnisses ergibt.

Der Spannungfehler eines Spannungwandlers bei einer gegebenen primären Spannung ist die prozentische Abweichung der sekundären Spannung von ihrem Sollwert, der sich aus der primären Spannung durch Division mit dem Nennwert des Übersetzungsverhältnisses ergibt.

Der Fehler wird positiv gerechnet, wenn der tatsächliche Wert der sekundären Größe den Sollwert übersteigt.

Der Fehlwinkel ist

a) bei Stromwandlern die Phasenverschiebung des Sekundärstromes gegen den Primärstrom,

b) bei Spannungwandlern die Phasenverschiebung der Sekundärspannung gegen die Primärspannung.

Die Ausgangsrichtungen sind so zu wählen, daß sich beim fehlerfreien Meßwandler eine Verschiebung von 0° (nicht 180°) ergibt.

Der Fehlwinkel wird in min angegeben. Bei Voreilung der sekundären Größe erhält der Fehlwinkel das Pluszeichen.

Richtungsinn der Klemmenbezeichnung.

§ 12.

Die Anschlüsse der Wicklungen sind durch Zahlen oder Buchstaben zu bezeichnen. Diese Bezeichnungen sollen so gewählt sein, daß an ihrer natürlichen Aufeinanderfolge ein bestimmter Richtungsinn zu erkennen ist.

Die Anschlußbezeichnung zweier Wicklungen ist
a) gleichsinnig, wenn die Wicklungen, im Richtungsinn der Bezeichnungen hintereinander geschaltet, in der gleichen Wicklungsrichtung verlaufen,
b) gegensinnig, wenn sie dabei in entgegengesetzter Wicklungsrichtung verlaufen.

Zubehör.
§ 13.

a) Als Meßzubehör gelten:
Widerstände, Kondensatoren oder sonstige Apparate, die zur Einhaltung der Genauigkeit erforderlich sind.
b) Als Schutzzubehör gelten:
Widerstände, Kondensatoren, Funkenstrecken oder sonstige Apparate, die zum Schutz gegen Überspannungserscheinungen dienen sollen, sofern ihre Lieferung vereinbart ist.

Allgemeine Bestimmungen.
Erwärmung.
§ 14.

Die Übertemperatur ist bei den in §§ 25 und 31 angegebenen Belastungen zu messen.

Bei der Prüfung dürfen die betriebsmäßig vorgesehenen Umhüllungen und Abdeckungen nicht entfernt werden.

§ 15.

Über die zulässigen Übertemperaturen und ihre Ermittlung gelten allgemein die „Regeln für die Bewertung und Prüfung von Transformatoren R.E.T./1923".

Im besonderen wird bestimmt:
Die Temperatur der Wicklungen ist in der Regel aus der Widerstandzunahme festzustellen. Nur bei dicken Kupferschienen von geringem Widerstand kann, wenn sie zugänglich sind, die Messung mit dem Thermometer angewendet werden.

Isolierung der Wicklungen.
§ 16.

Primär- und Sekundärwicklungen sollen stets voneinander und in der Regel auch vom Eisenkern isoliert sein, doch darf bei Stromwandlern, die ohne sonstige Befestigung von den primären Zuleitungen getragen werden (z. B. Schienenstromwandlern), eine der Wicklungen betriebsmäßig mit dem nicht geerdeten Eisenkern verbunden werden.

Ein den Meßwandler umgebendes Gehäuse soll gegen beide Wicklungen isoliert sein. Ausnahmsweise darf bei Spannungwandlern für sehr hohe Spannung die Primärwicklung einseitig mit dem geerdeten Gehäuse verbunden sein.

Erdung.
§ 17.

Das Gehäuse ist mit einer kräftigen Schraube von wenigstens 8 mm ⌀ zum Anschluß der Erdzuleitung zu versehen.

Fehlt das Gehäuse, so ist diese Erdungschraube an dem Eisenkern oder den mit ihm zu verbindenden Befestigungsteilen aus Metall anzubringen.

Die Erdungschraube fällt bei Stromwandlern nach dem Ausnahmefall § 16, Absatz 1 fort.

Prüfung auf Isolierfestigkeit.
§ 18.

Die Höhe der Prüfspannungen ist in §§ 26 und 32 angegeben.

Für die Ausführung der Prüfung gelten im allgemeinen die „Regeln für die Bewertung und Prüfung von Transformatoren R.E.T./1923".

Im besonderen wird bestimmt:

a) Bei der Prüfung der Primärwicklung sind zu verbinden:
alle Primäranschlüsse untereinander,
alle Sekundäranschlüsse untereinander und mit dem Eisenkern bzw. dem Gehäuse, das den Wandler umschließt.
Die Prüfspannung ist zwischen Primär- und Sekundäranschlüsse zu legen.

b) Bei der Prüfung der Sekundärwicklung sind alle Sekundäranschlüsse untereinander zu verbinden. Die Prüfspannung ist zwischen diese und den Eisenkern zu legen.

c) Ist eine Wicklung betriebsmäßig mit dem Gehäuse oder dem Eisenkern leitend verbunden (vgl. § 16), so tritt die Überspannungprüfung nach § 32, Absatz 3 an die Stelle der vorbezeichneten Prüfung.

Schutzzubehör.
§ 19.

Bei Stromwandlern mit Schutzzubehör sind 3 Fälle zu unterscheiden:

a) Das Schutzzubehör ist vom Meßwandler getrennt.

b) Es ist am Meßwandler lösbar befestigt.

c) Es ist unlösbar an den Meßwandler angebaut oder in ihn eingebaut.

In Fall c) sollen die Zubehörteile so beschaffen sein, daß ihre Unveränderlichkeit in etwa dem gleichen Maße wie die des Wandlers selbst gewährleistet ist.

§ 20.

Das Schutzzubehör darf in den Fällen a) und b) einen zusätzlichen Fehler hervorrufen, der in den Bestimmungen über die Genauigkeit (§§ 23 und 30) enthalten ist. Dabei soll aber der Wandler, für sich (ohne das Zubehör) geprüft, den Genauigkeitsbedingungen der betreffenden Klasse entsprechen.

In Fall c) ist bei der Prüfung mit dem unlösbaren Zubehör der Zusatz-
fehler nicht zulässig; für den Wandler ohne sein Schutzzubehör werden
keine besonderen Bedingungen gestellt.

§ 21.

Zur Kennzeichnung der Wandler mit angebautem Schutzzubehör dient
die Kennziffer s am Klassenzeichen, zur Kennzeichnung des Zusatzfehlers
die weitere Kennziffer z.

Für den Gebrauch der Zeichen gilt folgende Tafel:

Anbau des Schutzzubehöres	Kennziffer
Fall a (vom Meßwandler getrennt)	—
Fall b (lösbar am Meßwandler befestigt)	
Schutzzubehör ohne Funkenstrecke	sz
Schutzzubehör mit Funkenstrecke	s
Fall c (unlösbar am Meßwandler befestigt)	s

Mehrere Übersetzungen.

§ 22.

Bei Meßwandlern für mehrere Übersetzungen sollen im allgemeinen für
jede von diesen alle Bestimmungen einer Klasse erfüllt werden. Ist dieses
nicht erreichbar, so ist zu jeder Übersetzung die zugehörige Klasse anzugeben (z. B. durch Anbringen mehrerer Schilder).

Besondere Bestimmungen für Stromwandler.

Klasseneinteilung und Genauigkeit.

§ 23.

Folgende Klassen werden unterschieden:

Klasse E.

Stromwandler dieser Klasse sollen den von der P.T.R. für beglaubigungsfähige Stromwandler vorgeschriebenen Bedingungen genügen (siehe Abschnitt 91, S. 758).

Klasse F.

Bei Bürden zwischen Null und der Nennbürde und einem sekundären
Leistungsfaktor zwischen 0,6 und 1,0 dürfen die Fehler folgende Grenzwerte nicht überschreiten:

Stromstärke	Fehler des Wandlers für sich		Fehler des Wandlers mit Zubehör	
	Stromfehler	Fehlwinkel	Stromfehler	Fehlwinkel
Von $^1/_{10}$ bis $^1/_5$ Nennstrom . . .	± 2 %	± 120 min	± 2,5%	± 130 min
„ $^1/_5$ „ $^1/_2$ „ ' . . .	± 1,5%	± 100 „	± 2,0%	± 110 „
„ $^1/_2$ „ $^1/_1$ „ . . .	± 1 %	± 80 „	± 1,5%	± 90 „

Klasse G.

Stromfehler und zusätzlicher Stromfehler wie bei Klasse F, Fehlwinkel nicht begrenzt.

Klasse H.

Bei Bürden zwischen Null und der Nennbürde und einem sekundären Leistungsfaktor von 1,0 darf der Stromfehler bei der primären Nennstromstärke den Betrag von ± 5% nicht überschreiten, vom 10-fachen primären Nennstrom ab soll der Sekundärstrom gegenüber dem aus der Übersetzung errechneten stark abfallen.

Der Fehlwinkel ist nicht begrenzt.

Klasse I.

Bei Bürden zwischen Null und der Nennbürde und einem sekundären Leistungsfaktor von 1,0 darf der Stromfehler folgende Grenzen nicht überschreiten:

bei primärem Nennstrom ± 5%,
bei 40-fachem primären Nennstrom ± 10%.

Der Fehlwinkel ist nicht begrenzt.

§ 24.

Vor der Prüfung der Genauigkeit ist eine Entmagnetisierung des Stromwandlers vorzunehmen.

§ 25.

Die Erwärmungsvorschriften §§ 14 und 15 sollen bei Anschluß der Grenzbürde und Dauerbelastung mit der 1,2-fachen Nennstromstärke eingehalten werden.

Hauptmaße und Prüfspannungen.

§ 26.

Für die Lichtmaße und Prüfspannungen der Primärseite gelten die „Regeln für die Konstruktion, Prüfung und Verwendung von Wechselstrom-Hochspannunggeräten für Schaltanlagen R.E.H./1928".

Die Prüfspannung für die Sekundärseite beträgt 2000 V.

Kurzschlußsicherheit.

§ 27.

Die Kurzschlußsicherheit wird abgestuft; die Stufe wird durch eine Ziffer hinter dem Klassenbuchstaben gekennzeichnet.

Ohne Kurzschlußziffer. An den Stromwandler werden bezüglich Kurzschlußsicherheit keine besonderen Anforderungen gestellt.

Kurzschlußziffer 1. Bei kurzgeschlossenem Sekundärkreis sollen Stromwandler eine erste Stromamplitude vom 75-fachen Betrage der Amplitude des Nennstromes aushalten können, ferner 1 s einen stationären Strom vom 50-fachen Betrage des Nennstromes. Dabei dürfen weder mechanische noch thermische Einflüsse bleibende Veränderungen hervorrufen. Die erste Bedingung soll besonders die mechanische, die zweite die thermische Kurzschlußsicherheit bestimmen. Die zweite Bedingung kann daher auch als

erfüllt betrachtet werden durch einen kürzeren Versuch mit höheren Stromstärken, bei dem mindestens die gleiche Wärmemenge in der Wicklung erzeugt wird.

Kurzschlußziffer 2. Wie bei 1, jedoch soll die erste Stromamplitude
den 150-fachen Betrag haben und der stationäre Strom mit dem 60-fachen
Betrage 1 s andauern.

Anschlüsse.

§ 28.

Die Anschlüsse sind gleichsinnig zu bezeichnen (vgl. § 12).

Die Anschlüsse der Primärwicklung werden durch den Buchstaben L,
die der Sekundärwicklung durch l bezeichnet. Die einzelnen Anschlüsse
einer Wicklung erhalten der Reihe nach die Kennziffern 1, 2 usw. Sind
mehrere untereinander gleiche Wicklungen vorhanden, die einander parallel
geschaltet werden können, so erhält die erste die Kennziffer a, die zweite b
usw. zu den im übrigen gleichlautenden Bezeichnungen.

Wenn gleichzeitig alle Wicklungsanfänge mit den zugehörenden Wicklungsenden vertauscht werden können (z. B. bei Wicklungen ohne Anzapfungen), empfiehlt es sich, die sich dafür ergebenden Anschlußbezeichnungen in Kreise eingeschlossen neben die ursprünglichen zu setzen.

Der Erdungsanschluß ist mit E zu bezeichnen.

Aufschriften.

§ 29.

Auf dem Schilde ist anzugeben:

Hersteller (Herkunftzeichen) oder Lieferer,
Klassenbezeichnung,
Formbezeichnung,
Fertigungsnummer,
Primäre und sekundäre Nennstromstärken, durch Schrägstrich getrennt,
Nennbürde und (in Klammern) Grenzbürde,
Reihennummer oder primäre Prüfspannung,
Frequenz bzw. Frequenzbereich.

Bei den Klassen G, H, I kann von der Angabe der Fertigungsnummer
abgesehen werden.

Beispiel für ein Stromwandlerschild:

Firma.
Klasse F_{2sz}.
DW.-Nr. 265765.
Prüfspannung 50000 V
150/5 A.
1,2 (3,6) Ω.
$f = 40$--60.

Wenn bei offenem Sekundärkreise und Belastung mit der primären Nennstromstärke zwischen den sekundären Klemmen eine höhere Spannung als 250 V entsteht, so ist die Aufschrift anzubringen: „Achtung! Hochspannung bei offenem Sekundärkreise."

Besondere Bestimmungen für Spannungwandler.

Klasseneinteilung und Genauigkeit.

§ 30.

Folgende Klassen werden unterschieden:

Klasse E.

Spannungwandler dieser Klasse müssen den von der P.T.R. für beglaubigungsfähige Spannungwandler vorgeschriebenen Bedingungen genügen (siehe Abschnitt 91, S. 758, 759).

Klasse F.

Unter Belastung mit der Nennleistung bei Leistungsfaktoren zwischen 0,6 und 1,0 und Spannungen zwischen dem 0,9- und 1,1-fachen Betrage der Nennspannungen darf der Spannungfehler nicht mehr als $\pm$ 1,5%, der Fehlwinkel nicht mehr als 60 min betragen.

Über zusätzliche Spannungfehler und Fehlwinkel werden vorläufig keine Bestimmungen getroffen.

Klasse H.

Unter Belastung mit der Nennleistung bei dem Leistungsfaktor 1,0 und bei Spannungen zwischen dem 0,9- und 1,1-fachen Betrage der Nennspannung darf der Spannungfehler nicht mehr als $\pm$ 5% betragen.

Der Fehlwinkel ist nicht begrenzt.

Grenzleistung und Erwärmung.

§ 31.

Die Erwärmungsvorschriften §§ 14 und 15 sollen unter Dauerbelastung mit der Grenzleistung bei der 1,2-fachen primären Nennspannung eingehalten werden.

Prüfspannungen.

§ 32.

Bezüglich der Prüfspannung für die Primärseite gelten die „Regeln für die Bewertung und Prüfung von Transformatoren R.E.T./1923".

Die Prüfspannung für die Sekundärseite beträgt 2000 V.

Zur Prüfung der Isolation der Windungen gegeneinander sollen Spannungwandler außerdem bei offener Sekundärwicklung 5 min lang an die doppelte Nennspannung gelegt werden. Bei dieser Probe darf die Frequenz bis zum doppelten Betrage der Nennfrequenz gesteigert werden, wenn die Stromaufnahme bei der Nennfrequenz unzulässig hoch wird.

Anschlüsse.

§ 33.

Die Anschlüsse sind gleichsinnig zu bezeichnen. Für die primäre Seite werden große, für die sekundäre Seite unterstrichene kleine Buchstaben verwendet.

Entsprechend den „Normen für die Bezeichnung von Klemmen bei Maschinen, Anlassern, Reglern und Transformatoren" erhalten einphasige Wandler die Bezeichnung U, V ($\underline{u}$, $\underline{v}$); dreiphasige Wandler und Wandlergruppen bei geschlossener Schaltung die Bezeichnungen U, V, W ($\underline{u}$, $\underline{v}$, $\underline{w}$), bei offener Schaltung die Bezeichnungen U, V, W, X, Y, Z ($\underline{u}$, $\underline{v}$, $\underline{w}$, $\underline{x}$, $\underline{y}$, $\underline{z}$).

Nullpunkte werden mit O ($\underline{o}$) bezeichnet.

Treten mehrere Anzapfungen an die Stelle eines Anschlusses, so werden sie in der Richtung abnehmender Spannung der Reihe nach mit den Kennziffern 1, 2, 3 usw. versehen.

Sind mehrere untereinander gleiche Wicklungen vorhanden, die einander parallelgeschaltet werden können, so erhält die erste die Kennziffer a, die zweite b usw. zu den im übrigen gleichlautenden Bezeichnungen.

Wenn gleichzeitig alle Wicklungsanfänge mit den zugehörenden Wicklungsenden vertauscht werden können (z. B. bei unverketteten Wicklungen ohne Anzapfungen), empfiehlt es sich, die sich dafür ergebenden Anschlußbezeichnungen in Kreise eingeschlossen neben die ursprünglichen zu setzen.

Der Erdungsanschluß ist mit E zu bezeichnen.

Mehrphasenwandler.

§ 34.

Dreiphasige Spannungwandler sollen für die drei verketteten Spannungen die Bedingungen über Genauigkeit erfüllen, wenn sie an ein symmetrisches Drehstromnetz angeschlossen werden. Sind die Nullpunkte in geschlossener oder offener Schaltung herausgeführt, so gilt die Bestimmung auch für die Phasenspannungen.

Diese Bestimmung ist sinngemäß auch auf andere Phasenzahlen zu übertragen.

Zu den Mehrphasenwandlern werden auch Gruppen von einphasigen Wandlern gerechnet, die einen Mehrphasenwandler ersetzen sollen und konstruktiv zu einem Ganzen vereinigt sind.

Dreiphasige Spannungwandler sind nach Schaltgruppe A_2 (vgl. „Regeln für die Bewertung und Prüfung von Transformatoren R.E.T./1923", § 8) zu schalten, wenn nichts anderes vereinbart ist.

Aufschriften.

§ 35.

Auf dem Schilde ist anzugeben:

Hersteller (Herkunftzeichen) oder Lieferer.

Klassenbezeichnung.

Formbezeichnung,

Fertigungsnummer,

Primäre und sekundäre Nennspannung, durch Schrägstrich getrennt, Nennleistung und (in Klammern) Grenzleistung,

Frequenz bzw. Frequenzbereich,

Schaltgruppe (bei dreiphasigen Wandlern).

Bei der Klasse H kann von der Angabe der Fertigungsnummer abgesehen werden.

Beispiel für ein Spannungwandlerschild:

Firma.
Klasse E.
WTU Nr. 24929.
15000/100 V.
15 (30) VA, f—50.
Schaltgruppe: A_2.

42. Regeln für Elektrizitätzähler R.E.Z./1927.

§ 1.
Geltungstermin.

Diese Regeln treten am 1. Januar 1927 in Kraft[1]; sie sind nicht rückwirkend.

§ 2.
Stromstärken.

Als normale Nennstromstärken für Elektrizitätzähler gelten:

A			
1,5	15	150	1500
—	20	200	2000
3	30	300	3000
5	50	500	5000
—	75	750	7500
10	100	1000	10000

Die Zähler müssen nach Maßgabe folgender Tafel gelegentlich überlastbar sein:

	Nennstromstärke des Zählers A	Überlastung während	
		2 min	2 h
Wechsel- und Drehstromzähler . . . . Gleichstrom-Ah-Zähler . .	1,5 und 3	um 200%	um 100%
Gleichstrom-Wh-Zähler . .		um 100%	um 50%
Alle Zähler	5 bis 30 50 bis 10000	um 100% um 50%	um 50% um 25%

Die angegebenen Werte der Überlastung gelten auch für getrennt angeordnete Zähler-Nebenwiderstände, jedoch nicht für getrennt angeordnete Stromwandler.

§ 3.
Gewinde.

Für Elektrizitätzähler gilt bis 10 mm das Metrische Gewinde nach DIN 13.

§ 4.
Anschlußklemmen.

Als normale Hauptstromklemme gilt eine Klemme, die gerade Leitungen einzuführen gestattet.

---

[1] Angenommen durch die Jahresversammlung 1926. Veröffentlicht: ETZ 1926, S. 566 und 862. — *Sonderdruck VDE 364.*

Die Hauptstromklemmen der Zähler bis 15 A müssen für den Anschluß von Leitungen von mindestens 10 mm², die der Zähler von 20 bis 30 A und die der Meßwandlerzähler für den Anschluß von Leitungen von mindestens 16 mm² bemessen sein.

Jede Leitung wird mit zwei Druckschrauben festgeklemmt. Bei Verwendung von nur je einer Druckschraube muß der Anschluß in anderer Weise gesichert werden.

Für die Spannungklemmen gelten folgende Regeln:

Zwei nebeneinanderliegende, nicht durch einen Isoliersteg getrennte Klemmen dürfen keinen nennenswerten Spannungsunterschied aufweisen. Jede Spannungklemme liegt bei den zugehörenden Stromklemmen.

Für den Hauptstrom ist — von vorn gesehen — stets von links die erste Hauptstromklemme die Einführungs-, die zweite die Ausführungsklemme (bei Schaltung Nr. 2 umgekehrt).

Für die Art der Befestigung der Anschlußleitungen an den Spannungklemmen der Meßwandlerzähler gelten die Bestimmungen wie für die Befestigung der Hauptstromleitungen.

Die Klemmen und Anschlußpunkte für größere Schaltanlagen können im Schaltungsbild bezeichnet werden; sie sind dann mit arabischen Zahlen von links nach rechts, mit 1 anfangend, fortlaufend zu versehen.

§ 5.
Klemmendeckel
(für Stromstärken bis 30 A).

Als Klemmendeckel gelten:

a) Einfacher Klemmendeckel, nur zur Abdeckung der Klemmen,
b) verlängerter Klemmendeckel, der mit der Auflagefläche des Zählers abschließt, zur Abdeckung der Anschlußleitungen.

Der Klemmendeckel wird unabhängig von der Zählerkappe plombierbar befestigt. Für den verlängerten Klemmendeckel wird als Abstand von der unteren Klemmenstückkante bis zum unteren Klemmendeckelrande das Maß 30 mm festgelegt.

§ 6.
Zählerkappe.

Die Zählerkappe wird durch plombierbare Schrauben befestigt. Die Zählerkappe trägt ein Schild, das ohne Entfernen der Gehäuseplomben nicht ausgewechselt werden kann, es sei denn durch besondere Fabrikationseinrichtungen.

§ 7².
Zählwerk.

Als Normalzählwerk für Elektrizitätzähler für Einfachtarif gilt ein Rollenzählwerk mit fünf Rollen (Walzen). Die Zahlen der Zählwerksrollen müssen mindestens 4 mm hoch sein.

---

² Gültig ab 1. Januar 1928.

Die letzte Zahlenrolle des Zählwerkes muß in 100 Teile geteilt sein. Diese Rolle muß bei Nennlast in 6 min mindestens um 10 Teilstriche = 1 Zahl vorrücken. Der Sprung zwischen zwei aufeinanderfolgenden Übersetzungen der gleichen Zählerform muß mindestens das 1,2-fache betragen. Das Zählwerk darf bei Nennlast in 750 h noch keinen vollen Durchlauf genommen haben. Die Anzeige des Zählwerkes erfolgt in kWh mit entsprechender Kennzeichnung der Dezimalstellen. Die Ablesekonstante — größer als 1 —, z. B. × 10 ... × 100, ist auf dem Zifferblatt des Zählwerkes anzugeben.

§ 8.
Ankerdrehrichtung.
Für Motorzähler gilt als Drehrichtung des Ankers „Rechtslauf". Die Drehrichtung wird durch einen Pfeil angegeben.

§ 9.
Drehfeldrichtung.
Die drei Hauptleitungen eines Drehstromnetzes werden mit R, S, T, die entsprechenden Hauptspannungen mit R—S, S—T und T—R bezeichnet. Bei der Eichung eines Drehstromzählers ist die Phasenfolge so zu wählen, daß die Spannung R—S der Spannung S—T um 120⁰ und der Spannung T—R um 240⁰ voreilt. Mit dieser Drehfeldrichtung ist der Zähler auch anzuschließen.

§ 10.
Aufschriften.
Die Grundplatte ist mit der Fertigungsnummer zu versehen. Das Schild auf der Zählerkappe erhält nachstehende Angaben: Ableseeinheit (Kilowattstunden), Art und Form des Zählers, Systemnummer, Betriebspannung, Nennstromstärke, Frequenz, Fertigungsnummer, Zahl der Ankerumdrehungen für 1 kWh, Name mit Wohnort des Herstellers oder ein Ursprungzeichen.

Das Wort „Kilowattstunde" ist unverkürzt anzugeben.

Beispiel eines Schildes.

Kilowattstunden.
Wechselstromzähler Form W ⌐21⌐
220 V.   3 A.   ∼ 50 Nr. 123 450
5000 Ankerumdr. = 1 Kilowattstunde
A E G

Das Schild auf der Zählerkappe kann außerdem einen Eigentumsvermerk, den Namen oder das Warenzeichen des Bestellers sowie die Werknummer tragen, z. B.

Eigentum des Städt. Elektrizitätswerkes
Hannover Nr. 20412

§ 11.
Erdung.

Elektrizitätzähler, die für Betriebspannungen über 250 V gegen Erde bestimmt sind, erhalten eine Vorrichtung für die Erdung des Gehäuses, die den Anschluß einer Leitung von mindestens 16 mm² Querschnitt gestattet.

§ 12.
Isolationsprüfung.

Die Isolation der stromführenden Teile gegen das Gehäuse ist bei Wechsel- und Drehstromzählern mit 1500 V, bei Gleichstromzählern mit 1000 V Wechselspannung zu prüfen und zwar mit praktisch sinusförmiger Wechselspannung von 50 Per/s.

Die Spannung ist allmählich auf die Höhe der Prüfspannung zu steigern und dann 1 min auf dieser Höhe zu halten.

§ 13.
Zählerkonstante, Fehler.

Die Zählerkonstante C ist die Zahl, mit der die Zählerangaben A zu multiplizieren sind, um den wirklichen Verbrauch W zu erhalten:

$$C = \frac{W}{A}.$$

Der Fehler des Zählers (die Abweichung von der Richtigkeit): $A{-}W$; der Fehler ist in Prozenten des wirklichen Verbrauches anzugeben:

$$F\% = \frac{A-W}{W} \cdot 100 = \frac{1-C}{C} \cdot 100.$$

§ 14.
Fehlergrenzen.

Für die Fehlergrenzen sind die von der Physikalisch-Technischen Reichsanstalt erlassenen Bestimmungen über die Beglaubigung von Elektrizitätzählern maßgebend (siehe Abschnitt 90, S. 754 ÷ 756).

§ 15.
Zähleraufhängung.

Für die einheitliche Aufhängung von Elektrizitätzählern mit 3 Aufhängepunkten gelten nachstehende Maße (Abb. 1).

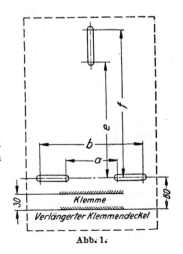

Abb. 1.

Größe	a	b	e	f
I	60	120	100	160
II	100	180	200	280
III	100	200	200	360

a und *b* sind die kleinste und die größte Entfernung für die Mittelpunkte der unteren Befestigungslaschen des Zählers.

e und *f* sind die kleinste und die größte Entfernung der Mittelpunkte
von der oberen Befestigungslasche bis zu den beiden unteren Befestigungslaschen des Zählers.

Das Maß 60 mm gibt die Entfernung von der Mittellinie der unteren
Befestigungslaschen bis zum Rand des verlängerten Klemmendeckels des
Zählers an.

§ 16.

Schaltungen.

Als Normalschaltungen für Elektrizitätzähler geltendie Schaltungsbilder
Nr. 1 bis 25 b. Das numerierte Schaltungsbild wird im Klemmendeckel des
betreffenden Zählers angeordnet. Das Zeichen ○ in den Schaltungsbildern
bedeutet allgemein — ohne Rücksicht auf die Betriebspannung — einen Ver-
brauchsapparat. Müssen aus meßtechnischen Gründen Abweichungen von
den Normalschaltungen vorgenommen werden, so ist durch eine besondere
Aufschrift auf dem Zähler darauf hinzuweisen.

Die Schaltungsbilder Nr. 15a, 15b, 19, 20a, 20b, 24, 25a und 25b gelten
nicht nur für Zähler nach Schaltung Nr. 9, sondern sinngemäß auch für
solche nach Schaltung Nr. 10.

Bei Schaltung Nr. 3, 4, 5 und 6 ist die normale Bezeichnung der einzelnen Hauptleiter mit Rücksicht auf ihre verschiedene Bezeichnung in
Gleich- und Wechselstromanlagen bzw. Zwei- und Mehrleiteranlagen allgemein nicht angegeben. Sofern bei älteren Zählerkonstruktionen in Gleichstromanlagen die Polarität beim Anschluß eines Zählers berücksichtigt
werden muß, ist durch eine Bemerkung im Schaltungsbild besonders darauf
hinzuweisen.

Bei Schaltung Nr. 8, die einen Anschluß nach dem Drehfeld voraussetzt, sind die Bezeichnungen der Hauptleiter dementsprechend verschieden.
Die Leiter sind im Bild von oben nach unten zu bezeichnen und zu suchen,
wie folgt: *ROT* oder *SOR* oder *TOS*.

Die Schaltungen für Zweiphasenzähler, d. h. mit Verschiebung der Hauptspannungen um 90° zueinander, verkettet oder unverkettet, sind wegen
des seltenen Vorkommens in der Praxis nicht aufgenommen.

Bei allen Drehstromzählerschaltungen ist der Anschluß nach der Drehfeldrichtung angegeben. Die Bezeichnungen der Hauptleiter dürfen also
nur zyklisch vertauscht werden, z. B. im Bild von oben nach unten, statt
RST nur *STR* bzw. *TRS*.

Bei Schaltung Nr. 11 wurde die normale Bezeichnung der Hauptleiter
mit Rücksicht auf die verschiedene Bezeichnung bei Verwendung für
Wechselstrom-Zwei- oder -Mehrleiteranlagen fortgelassen.

Bei Schaltung Nr. 12 ist die normale Leiterbezeichnung des Einphasen-
stromes nicht angegeben mit Rücksicht auf wechselnde Bezeichnungen bei
zyklischer Vertauschung in Drehstromanlagen.

Für Gleichstromzähler mit getrennt angeordneten Nebenwiderständen wurden Schaltungsbilder nicht festgelegt, da die Ausführungsformen dieser Zähler noch nicht zusammengefaßt werden können.

Für Drehstromzähler in Verbindung mit Meßwandlern wurden je zwei Schaltungsbilder festgelegt, und zwar a) mit getrennten und b) mit zusammengefaßten sekundären Stromzuleitungen.

Die Verlegung farbiger Verbindungsleitungen von den Meßwandlern zum Zähler ist sehr zweckmäßig und wird deshalb empfohlen.

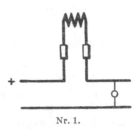

Nr. 1.

Für Gleichstrom-Amperestunden-zähler im + Leiter.

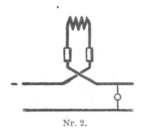

Nr. 2.

Für Gleichstrom-Amperestunden-zähler im — Leiter.

Die Schaltungsbilder 1 und 2 werden gleichzeitig mitgegeben.

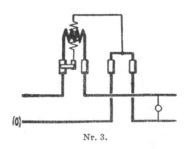

Nr. 3.

Für Wattstunden-Zweileiterzähler.
Der äußere Anschluß des Spannung-kreises kann anstatt durch zwei Drähte auch durch einen Draht vorgenommen werden.

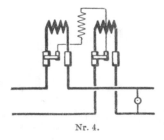

Nr. 4.

Für Wattstunden-Zweileiterzähler doppelpolig, in Anlagen ohne ge-erdeten Nulleiter (Sonderschaltung nur für Ausnahmefälle).

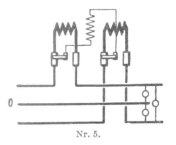

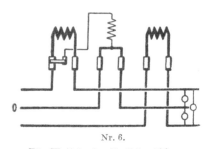

Nr. 5.

Für Wattstunden-Dreileiterzähler
(Außenleiteranschluß).

Nr. 6.

Für Wattstunden-Dreileiterzähler
(Nulleiteranschluß).
*Der äußere Anschluß des Spannungkreises
kann anstatt durch zwei Drähte auch durch
einen Draht vorgenommen werden.*

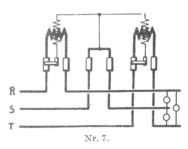

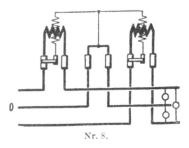

Nr. 7.

Für Drehstromzähler ohne Nulleiter.
*Der äußere Anschluß des Spannung-
kreises kann anstatt durch zwei Drähte
auch durch einen Draht vorgenommen
werden.*

Nr. 8.

Für Zähler zum Anschluß an ein Vier-
leiternetz, wobei nur zwei Außenleiter
und der Nulleiter benutzt werden.
*Der äußere Anschluß des Spannungkreises
kann anstatt durch zwei Drähte auch durch
einen Draht vorgenommen werden.*

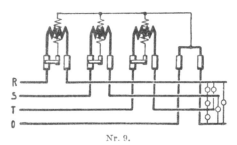

Nr. 9.

Für Drehstromzähler mit Nulleiter.
*Der äußere Anschluß des Spannungkreises kann anstatt durch zwei Drähte auch durch einen
Draht vorgenommen werden.*

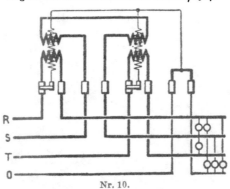

Nr. 10.

Für Drehstromzähler mit Nulleiter (mit nur zwei Spannungspulen).
Der äußere Anschluß des Spannungkreises kann anstatt durch zwei Drähte auch durch einen Draht vorgenommen werden.

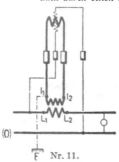

Nr. 11.

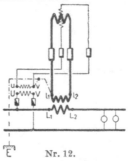

Nr. 12.

Für Wechselstrom-Einphasenzähler mit Stromwandler.

Für Wechselstrom-Einphasenzähler mit Strom- und Spannungwandler.

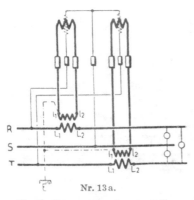

Nr. 13 a.

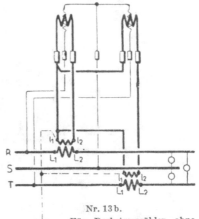

Nr. 13 b.

Für Drehstromzähler ohne Nulleiter mit zwei Stromwandlern.

Für Drehstromzähler ohne Nulleiter mit zwei Stromwandlern. Die sekundären Stromzuleitungen sind zusammengefaßt.

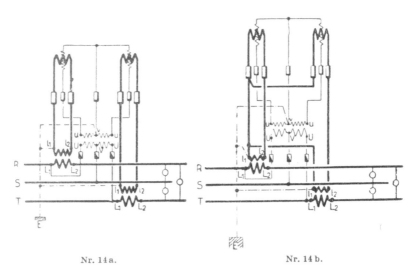

Nr. 14a.

Für Drehstromzähler mit zwei
Strom- und zwei Spannung-
wandlern.

Nr. 14b.

Für Drehstromzähler mit zwei Strom- und
zwei Spannungwandlern. Die sekundären
Stromzuleitungen sind zusammengefaßt.

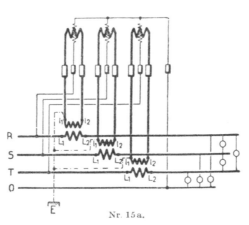

Nr. 15a.

Für Drehstromzähler mit Nulleiter und drei Stromwandlern.

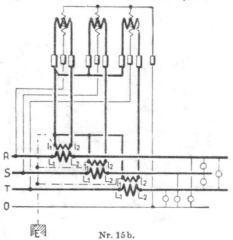

Nr. 15 b.

Für Drehstromzähler mit Nulleiter und drei Stromwandlern. Die sekundären Strom-zuleitungen sind zusammengefaßt.

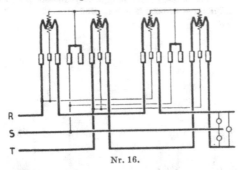

Nr. 16.

Für zwei Drehstromzähler ohne Nulleiter in Kontrollschaltung.

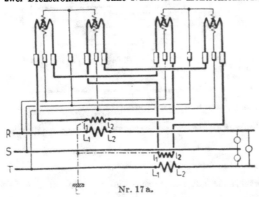

Nr. 17 a.

Für zwei Drehstromzähler ohne Nulleiter mit zwei Stromwandlern in Kontrollschaltung.

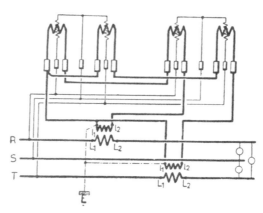

Nr. 17 b.

Für zwei Drehstromzähler ohne Nulleiter mit zwei Stromwandlern in Kontrollschaltung.
Die sekundären Stromzuleitungen sind zusammengefaßt.

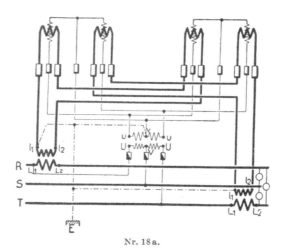

Nr. 18 a.

Für zwei Drehstromzähler mit zwei Strom- und zwei Spannungwandlern in Kontrollschaltung.

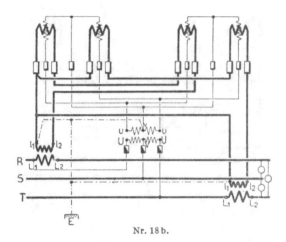

Nr. 18 b.

Für zwei Drehstromzähler mit zwei Strom- und zwei Spannungwandlern in Kontroll-schaltung. Die sekundären Stromzuleitungen sind zusammengefaßt.

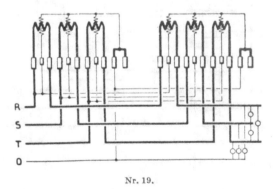

Nr. 19.

Für zwei Drehstromzähler mit Nulleiter in Kontrollschaltung.

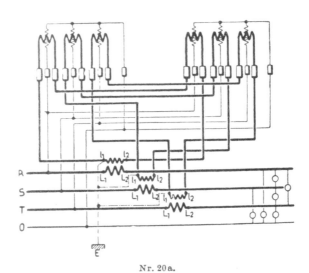

Nr. 20a.

Für zwei Drehstromzähler mit Nulleiter mit drei Stromwandlern in Kontrollschaltung.

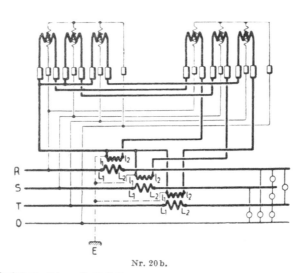

Nr. 20b.

Für zwei Drehstromzähler mit Nulleiter mit drei Stromwandlern in Kontrollschaltung. Die sekundären Stromzuleitungen sind zusammengefaßt.

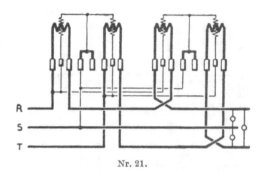

Nr. 21.

**Für zwei Drehstromzähler ohne Nulleiter mit Rücklaufhemmungen
für Vor- und Rückstrom.**

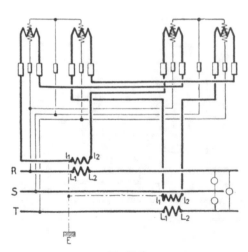

Nr. 22a.

**Für zwei Drehstromzähler ohne Nulleiter mit Rücklaufhemmungen mit zwei Stromwandlern
für Vor- und Rückstrom.**

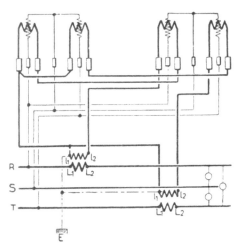

Nr. 22 b.

Für zwei Drehstromzähler ohne Nulleiter mit Rücklaufhemmungen mit zwei Stromwandlern für Vor- und Rückstrom. Die sekundären Stromzuleitungen sind zusammengefaßt.

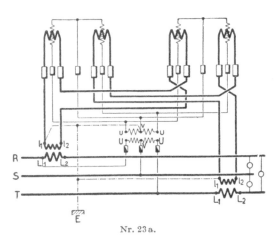

Nr. 23 a.

Für zwei Drehstromzähler mit Rücklaufhemmungen mit zwei Strom- und zwei Spannungwandlern für Vor- und Rückstrom.

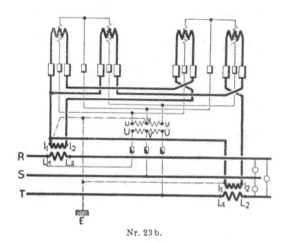

Nr. 23 b.

Für zwei Drehstromzähler mit Rücklaufhemmungen mit zwei
Strom- und zwei Spannungwandlern für Vor- und Rückstrom. Die sekundären Stromzuleitungen sind zusammengefaßt.

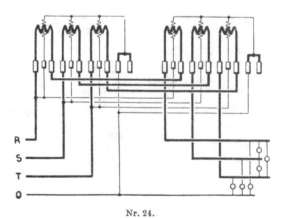

Nr. 24.

Für zwei Drehstromzähler mit Nulleiter mit Rücklaufhemmungen für Vor- und Rückstrom.

27*

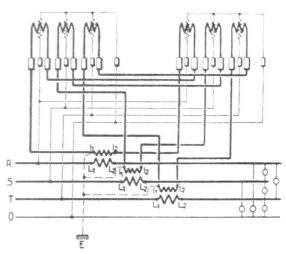

Nr. 25 a.

Für zwei Drehstromzähler mit Nulleiter mit Rücklaufhemmungen mit drei Stromwandlern für Vor- und Rückstrom.

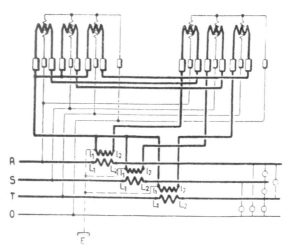

Nr. 25 b.

Für zwei Drehstromzähler mit Nulleiter mit Rücklaufhemmungen mit drei Stromwandlern für Vor- und Rückstrom. Die sekundären Stromzuleitungen sind zusammengefaßt.

43. Vorschriften für Starkstrom-Freileitungen[1].

Gültig ab 1. Oktober 1923[2].

I. Leitungen.

a) Geltungsbereich.

Von den folgenden Bestimmungen werden alle blanken und isolierten Freileitungen betroffen. Ausgenommen sind Fahr- und Schleifleitungen sowie Leitungen für Installationen im Freien, bei denen die Entfernung der Stützpunkte 20 m nicht überschreitet.

Auch Hausanschlußleitungen fallen unter die „Vorschriften für Starkstrom-Freileitungen".

Die grundsätzliche Verschiedenheit der Anwendungsart von Fahr- und Schleif-leitungen gegenüber anderen Freileitungen (z. B. bezüglich der Drahtdurch-messer) macht es notwendig, die Baustoff- und Berechnungsvorschriften beider Gebiete völlig zu trennen.

b) Normale Querschnitte.

Die Leitungen sollen nach folgenden Normen hergestellt werden:

1. Eindrähtige Leitungen.

Querschnitt mm²		Durchmesser d	Gewicht kg/1000 m ≈
Nennwert	Istwert	mm	Kupfer
6	5,9	2,75	52,86
10	9,9	3,55	88,09
16	15,9	4,5	141,55

S. a. DIN VDE 8201.

---

[1] Für die Errichtung von Freileitungen gelten außerdem die „Vorschriften für die Errichtung und den Betrieb elektrischer Starkstromanlagen" sowie die „Leitsätze für Schutzerdungen in Hochspannungsanlagen" und die „Leitsätze für Maßnahmen an Fern-melde- und an Drehstromanlagen im Hinblick auf gegenseitige Näherungen".

[2] Angenommen durch die Jahresversammlungen 1921 und 1922 und die außerordent-liche Ausschußsitzung 1923. Veröffentlicht: ETZ 1921, S. 529 und 836; 1922, S. 700 und 858; 1923, S. 693 und 953. — Änderungen angenommen durch die Jahresversammlungen 1925, 1926 und 1927 sowie den Vorstand im Oktober 1927. Veröffentlicht: ETZ 1924, S. 1156 und 1226; 1925, S. 1054, 1526 und 1923; 1926, S. 316 und 862; 1927, S. 376, 707, 746, 1089 und 1534. — Sonderdruck VDE 368.

Eindrähtige Leitungen sind nur bis 80 m Spannweite zulässig, eindrähtige Eisen- oder Stahlleitungen nur für Niederspannung.

Eindrähtige Leitungen sind durch Baustoffehler stärker gefährdet als mehrdrähtige. Nur Metalle mit mehr als 7,5 spezifischem Gewicht, wie Kupfer, Bronzen, Eisen usw., dürfen unter den Regeln der Abschnitte b) und c) in Einzeldrähten aufgehängt werden. Aluminium ist eindrähtig nicht gestattet.

2. Leitungseile aus Kupfer, Aluminium und Stahl.

Querschnitt mm²		Drähte nach DIN VDE 8200		Seildurchmesser d mm	Gewicht kg/1000 m								
Nennwert	Istwert	Anzahl	Durchmesser	Nennwert	Kupfer				Aluminium				
10	10	7	1,35	4,1	von	84	bis	99	—		—		
16	15,9	7	1,7	5,1	,,	135	,,	155	von	41	bis	47	
25	24,2	7	2,1	6,3	,,	206	,,	235	,,	63	,,	72	
35	34	7	2,5	7,5	,,	295	,,	330	,,	91	,,	101	
50	49	7	3	9	,,	430	,,	475	,,	132	,,	144	
50	48	19	1,8	9	,,	413	,,	470	,,	127	,,	144	
70	66	19	2,1	10,5	,,	562	,,	644	,,	170	,,	195	
95	93	19	2,5	12,5	,,	802	,,	905	,,	245	,,	275	
120	117	19	2,8	14	,,	1018	,,	1130	,,	310	,,	340	
150	147	37	2,25	15,8	,,	1265	,,	1435	,,	385	,,	440	
185	182	37	2,5	17,5	,,	1570	,,	1765	,,	480	,,	525	
240	228	37	2,8	19,6	,.	1975	,,	2200	,,	605	,,	670	
240	243	61	2,25	20,3	,,	2080	,,	2360	,,	635	,,	720	
300	299	61	2,5	22,5	,,	2590	,,	2900	,,	790	.,	885	

S. a. DIN VDE 8201.

Für Fernmelde-Freileitungen an Hochspannunggestängen wird Bronzedraht von 60 bis höchstens 70 kg/mm² Bruchfestigkeit und Doppelmetalldraht von mindestens 60 kg/mm² Bruchfestigkeit bei Spannweiten bis zu 120 m zugelassen. Bei größeren Spannweiten dürfen auch Fernmelde-Freileitungen nur als Seil verlegt werden.

Die Schlaglänge soll das 11- bis 14-fache des jeweiligen Seilnenndurchmessers betragen.

Als kleinster Querschnitt ist für Kupfer 10 mm², für Aluminium 25 mm², für andere Metalle ein Querschnitt von 380 kg Tragfähigkeit (Zuglast, die beim Prüfen mindestens 1 min lang wirken soll, ohne zum Bruch zu führen) erlaubt. In Ortsnetzen und für Hausanschlüsse werden bei Niederspannung und kleineren Mastentfernungen bis zu 35 m Kupferleitungen von 6 mm² Querschnitt, Leitungen aus Aluminiumseil von 16 mm² Querschnitt und für andere Metalle ein Querschnitt von 228 kg Tragfähigkeit (Zuglast, die beim Prüfen mindestens 1 min lang wirken soll, ohne zum Bruch zu führen) zugelassen.

Leitungen, die stark angreifenden Dämpfen ausgesetzt sind, können bei Verwendung feindrähtiger Litzen unter Umständen gefährdet sein. Daher empfiehlt es sich, für solche Leitungen Querschnitte unter 35 mm² nicht zu verwenden.

Die Zulassung von Querschnitten von 380 kg Tragfähigkeit ermöglicht beispielsweise auch die Verwendung von Bronze, Doppelmetall, Eisen und Stahl mit Querschnitten unter 10 mm² für Fernmeldeleitungen auf Hochspannunggestänge.

Die Zulassung von Querschnitten von 228 kg Tragfähigkeit ermöglicht beispielsweise auch die Verwendung von Bronze, Doppelmetall, Eisen und Stahl mit Querschnitten unter 6 mm².

3. Stahlaluminiumseile.

Seil Nr.	Außendurchmesser mm	Gesamtquerschnitt mm²	Gewicht kg/1000 m	Querschnittsverhältnis Al/Cu	Al/St
35	11,3	73,3	238 bis 286	1,79	5,74
50	13,5	105,1	341 „ 404	1,8	5,91
70	15,8	143,5	474 „ 550	1,75	5,78
95	18,3	193,7	644 „ 730	1,75	5,88
120	20,6	244,9	816 „ 930	1,74	5,78
150	23,1	309,3	1034 „ 1165	1,76	5,87
185	25,7	382,9	1293 „ 1440	1,77	5,75
240	29,1	491,7	1634 „ 1845	1,76	6,10

S. a. DIN VDE 8202.

Die Stahlaluminiumseile sind nach den Kupferquerschnitten gleicher elektrischer Leitfähigkeit benannt. Hierbei ist nur der Aluminiummantel als leitend angesehen.

Die Zusammensetzung der Stahlaluminiumseile ist folgende:

Seil Nr.	Stahlseil Drähte Anzahl	Durchmesser mm	Seil Durchmesser mm	Querschnitt mm²	Aluminiummantel Drähte Anzahl	Durchmesser mm	Seil Drahtlagen Anzahl	Querschnitt mm²
35	7	1,40	4,25	10,8	26	1,75	2	62,5
50	7	1,65	4,95	15,0	26	2,10	2	90,1
70	7	1,95	5,85	20,9	26	2,45	2	122,6
95	7	2,25	6,75	27,8	26	2,85	2	165,9
120	7	2,55	7,65	35,8	26	3,20	2	209,1
150	7	2,85	8,55	44,6	26	3,60	2	264,7
185	7	3,20	9,60	56,2	26	4,00	2	326,7
240	19	2,15	10,75	68,9	26	4,55	2	422,8

S. a. DIN VDE 8202.

c) Baustoffe.

1. Als normale einfache Baustoffe gelten Kupfer und Aluminium, deren Beschaffenheit folgenden Bedingungen entspricht:

Durchmesser mm		Zuglast in kg		Widerstand in Ω/km bei 20°C Größtwert		Gewicht für den Nennwert kg/1000 m $\approx$	
Nennwert	Zulässige Abweichungen	Kupfer	Aluminium	Kupfer	Aluminium	Kupfer	Aluminium
1,35	± 0,05	60	—	12,7	—	12,74	—
1,7	± 0,05	90	41	8,0	14	20,20	6,20
1,75	± 0,05	—	43	—	13,2	—	6,57
1,8	± 0,05	100	46	7,15	12,5	22,65	6,95
2,1	± 0,06	140	63	5,25	9,0	30,83	9,46
2,25	± 0,06	160	72	4,6	7,9	35,39	10,85
2,45	± 0,06	—	85	—	6,7	—	12,87
2,5	± 0,06	200	88	3,7	6,4	43,69	13,40
2,75	± 0,06	240	—	3,1	—	52,86	—
2,8	± 0,06	250	111	3,0	5,0	54,81	16,81
2,85	± 0,06	—	115	—	4,9	—	17,42
3,0	± 0,06	270	127	2,6	4,4	62,91	19,30
3,2	± 0,08	—	145	—	3,9	—	21,96
3,55	± 0,08	380	—	1,85	—	88,09	—
3,6	± 0,08	—	183	—	3,07	—	27,79
4,0	± 0,08	—	214	—	2,48	—	34,31
4,5	± 0,08	600	—	1,15	—	141,55	—
4,55	± 0,08	—	276	—	1,9	—	44,39

S. a. DIN VDE 8200.

Als normale Baustoffe für Freileitungen sind die Metalle anzusehen, deren physikalische Beschaffenheit als völlig erforscht und nur in engen Grenzen als veränderlich gelten kann, wie Kupfer und Aluminium.

Bei gegebenem Drahtdurchmesser ist der Stoff durch den Leitungswiderstand, sein Bearbeitungzustand und sein im Betrieb nutzbares Tragvermögen durch die Bruchlast zur Genüge festgelegt. Um Zweifel über die Meßarbeit auszuschließen, wird bestimmt, daß die vorgeschriebene Mindestzuglast mindestens 1 min lang wirken muß, ehe sie zum Bruch führt. Die Sicherheit eindrähtiger Kupferleitungen ist absichtlich größer als die verseilter Drähte gewählt.

Die Werte für die Mindestzuglast sind unter Zugrundelegung eines mittleren Wertes von 40 kg/mm² für Kupfer und 18 kg/mm² für Aluminium errechnet.

Außerdem sollen die Drähte bei dem Festigkeitsversuch in Form eines ausgeprägten Fließkegels zerreißen.

Das Vorhandensein des Fließkegels ist ein einfacheres Bewertungsmittel für die Zähigkeit des Baustoffes als die früher geforderte Dehnungsmessung. Als ausgeprägt soll ein Fließkegel gelten, wenn er mindestens 30% Querschnittsverjüngung enthält. Eine solche Querschnittsverjüngung prägt sich dem Auge nach kurzer Übung ein; es wird sich also sogar die Messung in der Mehrzahl der Fälle erübrigen, zumal die tatsächliche Querschnittsverjüngung der zähen Metalle 30% merklich zu übersteigen pflegt und somit zuverlässige Schätzungen ermöglicht.

Die auftretenden Höchstzugspannungen sollen bei normalem Baustoff und zwar bei eindrähtigen Kupferleitern nicht mehr als 12 kg/mm², bei Kupferseilen nicht mehr als 19 kg/mm², bei Aluminiumseilen nicht mehr als 9 kg/mm² betragen.

Bei Verwendung von Aluminium, dessen Festigkeit die Werte der Tafel
bis zu 10% unterschreitet, darf eine Höchstzugspannung von 8 kg/mm²
nicht überschritten werden. Bei noch geringerer Festigkeit treten die Bestimmungen unter 3 in Kraft.

2. Als aus normalem zusammengesetzten Baustoff gefertigt gelten
Stahlaluminiumseile, deren Aluminiumdrähte den Bedingungen unter c 1
und deren Stahldrähte folgenden Bedingungen entsprechen:

Durchmesser mm		Zuglast	Gewicht für den Nennwert
Nennwert	Zulässige Ab-weichungen	in kg	kg/1000 m
1,4	± 0,1	185	12,1
1,65	± 0,1	256	16,9
1,95	± 0,1	358	23,6
2,15	± 0,1	435	28,7
2,25	± 0,1	477	31,4
2,55	± 0,1	613	40,3
2,85	± 0,1	766	50,4
3,2	± 0,1	963	63,5

S. a. DIN VDE 8203.

Die Werte für die Mindestzuglast sind unter Zugrundelegung eines mittleren
Wertes von 120 kg/mm² errechnet.

Außerdem sollen die Drähte bei den Festigkeitsversuchen in Form eines
Fließkegels zerreißen.

Die auftretenden Höchstzugspannungen sollen bei Stahlaluminiumseilen, die außerdem den Bedingungen unter Absatz b 3 entsprechen, nicht
mehr als 11 kg/mm² des Gesamtquerschnittes betragen.

Diese Höchstzugspannung darf sowohl bei — 20° C als auch bei — 5° C
und Zusatzlast nicht überschritten werden. Die Höchstzugspannung von
11 kg/mm² ist ermittelt unter der Voraussetzung, daß der Aluminiummantel nicht über 9 kg/mm² beansprucht wird bei einer mindestens 2,5-fachen
Bruchsicherheit des Stahlaluminiumseiles.

Bezüglich der Bruchfestigkeit und der Verteilung der Zugspannungen auf
die einzelnen Querschnitte, der Durchhangsberechnung, der Ermittlung des
Elastizitätsmodul und der Wärmedehnungzahl von Stahlaluminiumseilen wird
auf „ETZ" 1924, S. 1143 verwiesen.

3. Nichtnormale einfache Baustoffe sind unter den Beschränkungen des
Abschnittes b) mit der Maßgabe zugelassen, daß im ungünstigsten Belastungsfalle folgende Sicherheit vorhanden ist:

für eindrähtige Starkstromleitungen mindestens eine 4-fache,
für eindrähtige Fernmelde-Freileitungen, sofern sie aus Bronzedraht
   bestehen, der nachweislich eine Tragfähigkeit von wenigstens 380 kg
   aufweist, mindestens eine 2,5-fache,
für verseilte Leitungen mindestens eine 2,5-fache.

Außerdem sollen die Drähte bei dem Festigkeitsversuch in Form eines
Fließkegels zerreißen.

Leitungen aus Eisen oder Stahl müssen zuverlässig verzinkt sein.
Nichtnormale Leitungsbaustoffe, z. B. Eisen, Stahl, Doppelmetalle sowie Legierungen, wie Bronzen usw., sind zwar zugelassen und grundsätzlich den gleichen Festigkeitsrechnungen unterworfen wie Kupfer; in Bezug auf Zähigkeit und chemische Beständigkeit ist jedoch Vorsicht geboten.

Bei Eisen oder Stahl muß der Zinküberzug eine glatte Oberfläche haben, den Draht überall zusammenhängend bedecken und so fest daran haften, daß der Draht in eng aneinanderliegenden Spiralwindungen um einen Zylinder von dem 10-fachen Durchmesser des Drahtes fest umgewickelt werden kann, ohne daß der Zinküberzug Risse bekommt oder abblättert.

Der Zinküberzug muß eine solche Dicke haben, daß Drähte über 2,5 mm Durchmesser 7 Eintauchungen von je 1 min Dauer, Drähte von 2,5 mm Durchmesser und darunter 6 Eintauchungen von je 1 min Dauer in eine Lösung von 1 Gewichtsteil Kupfervitriol in 5 Gewichtsteilen Wasser vertragen, ohne sich mit einer zusammenhängenden Kupferhaut zu bedecken. Vor dem ersten sowie nach jedem weiteren Eintauchen muß hierbei der Draht mittels einer Bürste in klarem Wasser von anhaftendem Kupferschlamm befreit werden.

4. Bei nichtnormalen zusammengesetzten Baustoffen sind die gleichen Bestimmungen wie für nichtnormale einfache Baustoffe anzuwenden.

Für Seile aus zusammengesetzten Baustoffen sind die zulässige Höchstzugspannung, der Elastizitätsmodul und die Wärmedehnungzahl aus den entsprechenden Werten der verwendeten einfachen Baustoffe zu errechnen.

d) Durchhang.

Der Durchhangsberechnung sind zugrunde zu legen:

α) eine Temperatur von — 5° C und eine zusätzliche Belastung, hervorgerufen durch Wind bzw. Eis,

β) eine Temperatur von — 20° C ohne zusätzliche Belastung.

Wegen der Durchhangsberechnungen wird verwiesen auf:
1. für Stützenisolatoren:
Nikolaus: ,,Über den Durchhang von Freileitungen'' (ETZ 1907, S. 896ff.).
Weil: ,,Beanspruchung und Durchhang von Freileitungen'' (Verlag von Julius Springer, Berlin. — ETZ 1910, S. 1155).
Besser: (ETZ 1910, S. 1214ff.).
2. Für Abspannisolatorenketten:
Kryzanowski: (E. u. M. 1917, S. 489, 505 u. 604).
Guerndt: (ETZ 1922, Heft 5, S. 137ff.).

Werte für den Durchhang der Freileitungen bei verschiedenen Spannweiten, Temperaturen und Höchstzugspannungen sind in Jaegers Hilfstabellen für Freileitungen, im Verlage M. Jaeger, Berlin, Ramlerstraße 38, enthalten. Diese Tafeln sind zwar nach den früheren Seiltafeln berechnet, sie dürfen aber, da die Abweichungen nur gering sind, doch noch benutzt werden.

Die zusätzliche Belastung ist in der Richtung der Schwerkraft wirkend anzunehmen. Diese Zusatzlast ist mit $180 \sqrt{d}$ in g für 1 m Leitungslänge einzusetzen, wobei d den Leitungsdurchmesser, bei isolierten Leitungen den Außendurchmesser in mm bedeutet. In keinem Falle darf die Materialspannung der Leitung die unter c) festgesetzte Höchstspannung überschreiten.

Die nach den ersten Vorschriften bis zum 1. Januar 1914 gültige Berechnungsformel $0{,}015\,q$, die ein Vielfaches des Querschnittes als Zusatzlast bei — 5° C annahm, wurde verworfen, da sie zur Sicherung kleinerer Querschnitte nicht genügte, die großen Querschnitte jedoch zu ungünstig belastete. Darauf wurde

1914 die empirische Formel 190 + 50d eingeführt, die die ungünstigsten Fälle für Eis und Wind einbegriff und bei 35 mm² Querschnitt (wobei Drahtbrüche infolge Überlastung durch Eislast oder Winddruck nicht bekannt geworden waren) etwa die gleiche Zusatzlast wie nach 0,015 g ergibt. Für die kleineren Querschnitte ergibt sie eine geringere Zusatzlast. Nach dieser Formel wird für Kupferleitungen das Gewicht durch die Zusatzlast z. B. bei 95 mm² auf das 2-fache, bei 15 mm² auf das 4-fache, bei 10 mm² auf das 5-fache des Eigengewichtes vermehrt, während diese Gewichtsvermehrung nach den ersten Vorschriften bei allen Querschnitten dem 2,65-fachen Eigengewicht entsprach.

Auch diese Formel hat sich aus technischen und wirtschaftlichen Gründen als unzweckmäßig herausgestellt. Aus technischen, weil sie bei kleineren Querschnitten zwar eine größere mechanische Sicherheit ergibt, die elektrische Sicherheit aber vermindert, weil infolge der großen Durchhänge die Gefahr des Zusammenschlagens bedenklich erhöht ist; aus wirtschaftlichen Gründen, weil sich bei den jetzt gebräuchlichen großen Spannweiten zu hohe Maste ergeben. Deshalb wurde eine neue Formel für die Zusatzlast eingeführt, bei deren Verwendung sich kleinere Durchhänge errechnen, wodurch das Zusammenschlagen der Leitungen erschwert, gleichzeitig aber die mechanische Sicherheit der Leitungen nicht zu stark herabgesetzt wird. Es wurde die Formel 180 $\sqrt{d}$ gewählt, die bei Querschnitten über 35 mm² einen Mittelwert der in „ETZ" 1918, Heft 48, S. 475 für Berücksichtigung der Eislast aufgestellten Formeln 325 + 30,3d bzw. 416 + 16,2d (je nach Annahme des spezifischen Gewichtes des Eises zu 0,9 bzw. 0,2) ergibt, bei Querschnitten unter 35 mm² eine nur wenig stärkere Beanspruchung gegenüber der bisherigen Formel 190 + 50d zuläßt. Ferner wurde untersucht, ob die Windbelastung nicht eine höhere Zusatzlast erfordert. Unter Zugrundelegung eines Winddruckes von 125 kg/m² und eines Abrundungswertes von 0,5 ergibt sich, wenn man nach den Angaben meteorologischer Institute (wonach in Deutschland im allgemeinen nur warme Stürme vorkommen) diese Windlast bei + 5° C wirken läßt, daß die Spannung der Seile bei + 5° C und dieser Windlast unter der Spannung bei — 5° C und der gleichzeitigen Eislast 180 $\sqrt{d}$ bleibt.

Bei Berechnung von Freileitungen mit Schutzhülle ist das Mehrgewicht entsprechend zu berücksichtigen.

Bei Ermittlung der größten Durchhänge sind sowohl — 5° C und zusätzliche Belastung als auch + 40° C ohne Zusatzlast zugrunde zu legen.

In Gegenden, in denen nachweislich außergewöhnlich große Zusatzlasten zu erwarten sind, muß die Sicherheit der Anlage durch zweckdienliche Maßnahmen erhöht werden. Als solche werden empfohlen: Verringerung des Mastabstandes, Vergrößerung des Durchhanges bei gleichzeitiger Vergrößerung der Leiterabstände und Vermeidung massiver Leiter.

Werden Leitungen verschiedenen Querschnittes auf einem Gestänge verlegt, so sind sie nach dem Durchhang des schwächsten Querschnittes zu spannen, sobald die gegenseitige Lage der Drähte ein Zusammenschlagen möglich erscheinen läßt.

Liegen die Stützpunkte nicht auf gleicher Höhe, so wird unter Spannweite die Entfernung der Stützpunkte, wagerecht gemessen, und unter Durchhang der Abstand zwischen der Verbindungslinie der Stützpunkte und der dazu parallelen Tangente an die Durchhangslinie, senkrecht gemessen, verstanden.

Die Durchhangsberechnung kann für normale Stahlaluminiumseile für Höchstzugspannungen bis zu 11 kg/mm² wie für Seile aus einfachen Bau-

stoffen vorgenommen werden. Es ist zu setzen: Der Elastizitätsmodul
$E = 7450$ kg/mm², die Wärmedehnungzahl $\vartheta = 1{,}918 \cdot 10^{-5}$ (siehe ETZ 1924,
S. 1143 ff.).

Spannweite x und Durchhang f bei Stützpunkten verschiedener Höhe
ergeben sich aus der folgenden Abb. 1.

Die Leitungen sind so zu spannen, daß die Durchhänge nicht kleiner oder
die Leitungzüge nicht größer werden als die in den Tafeln von Jaeger angegebenen Werte. Dieses kann erreicht werden einmal dadurch, daß man die
Durchhänge an den Stützpunkten von der Rille des Isolators aus abmißt und
die Leitung entsprechend der durch diese Punkte festgelegten Visierlinie
spannt oder dadurch, daß man den erforderlichen Zug mit Hilfe eines Feder-
dynamometers einstellt.

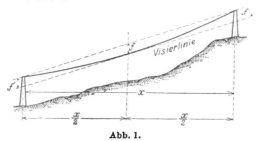

Abb. 1.

e) Leitungsverbindungen.

Mechanisch beanspruchte Leitungsverbindungen müssen mindestens
90% der Festigkeit (vgl. S. 424) der zu verbindenden Leitungen besitzen.
Verbindungen mit kleinerer Festigkeit sowie Lötverbindungen müssen von
Zug entlastet sein. Abspannklemmen sind ebenso wie Leitungsverbindungen
zu behandeln.

Die Vorschrift, daß Leitungen nicht unmittelbar durch Lötung miteinander
verbunden werden dürfen, wenn die Lötstelle nicht von Zug entlastet ist,
rechtfertigt sich durch den Umstand, daß die Festigkeit hartgezogener Drähte
durch die bei der Lötung eintretende Erwärmung erheblich verringert wird,
so daß ohne Entlastung schwache Stellen in der Leitung vorhanden sein würden,
die zum Bruch führen können, sowie dadurch, daß Lötstellen in hohem Maße
von der Zuverlässigkeit der Herstellung der Lötstellen abhängig sind.

f) Fernmelde-Freileitungen.

Bezüglich Fernmelde-Freileitungen, die an einem Freileitungsgestänge
für Hochspannung verlegt sind, siehe § 22 der Errichtungsvorschriften
(insbesondere § 22i und § 22, Regel 4).

Bezüglich des geringsten zulässigen Querschnittes der Fernmelde-
Freileitungen siehe unter b) sowie § 20, Regel 4 der Errichtungsvorschriften.

II. Gestänge.

A. Allgemeines.

1. Die Gestänge sind für die höchsten, nach ihrem Verwendungzwecke
gleichzeitig zu erwartenden äußeren Kräfte zu bemessen. Als solche kommen
in Frage:

a) **Eigengewicht** der Gestänge mit Querträgern, Leitungen, Isolatoren und dergleichen, einschließlich der Eisbelastung.

b) **Winddruck** auf die vorgenannten Teile.

Dieser ist mit 125 kg auf 1 m² senkrecht getroffener Fläche ohne Eisbehang anzusetzen. Jedoch ist bei Masten von mehr als 40 m Höhe über Erde der Winddruck auf Gestänge mit Querträgern und Isolatoren mit nachstehenden Werten anzunehmen:

für die oberhalb von   40 m liegenden Teile 150 kg/m²

,, ,,   ,,   ,,   100 ,,   ,,   ,,   175 ,,

,, ,,   ,,   ,,   150 ,,   ,,   ,,   200 ,,

,, ,,   ,,   ,,   200 ,,   ,,   ,,   250 ,, ·

Bei Körpern mit Kreisquerschnitt bis höchstens 0,5 m mittlerem Durchmesser ist die Fläche mit 50%, bei größeren mittleren Durchmessern mit 60% der senkrechten Projektion der wirklich getroffenen Fläche anzusetzen.

Der Winddruck auf die Leitungen ist in allen Fällen mit 125 kg/m² anzunehmen. In besonders windgefährdeten Gegenden, namentlich an der Küste und im Gebirge, sind bei Masten und Leitungen die Werte angemessen zu erhöhen.

Die Kommission war der Ansicht, daß der Abrundungswert von 0,5 mit Rücksicht auf die vorliegenden Versuchsergebnisse (s. Hütte 22. Aufl., Teil I, S. 363) auch auf Maste bis 0,5 m Durchmesser ausgedehnt werden kann. Dieses gilt selbstverständlich nicht für gekuppelte Maste mit Kreisquerschnitt, wenn der Wind senkrecht zur Ebene, die durch die Längsachsen beider Stangen geht, wirkt.

Im übrigen ist der wirkliche Winddruck zu berücksichtigen. Bei Fachwerk sind die im Windschatten liegenden Teile mit 50% der Vorderfläche in Rechnung zu stellen. Dieses gilt auch für fachwerkartige Querträger.

Wird ein Draht unter einem Winkel getroffen, so ist der Winddruck, der sich bei rechtwinkligem Auftreffen des Windes ergibt, mit dem Sinus des Winkels zu multiplizieren; für ebene Flächen ist mit dem Quadrate des Sinus zu rechnen.

c) **Leitungzug**, hervorgerufen durch das Eigengewicht der Leitungen und Isolatorenketten und die zusätzliche Last (Eis, Wind).

Dieser ist für jeden Leiter der für den betreffenden Fall zugrunde gelegten Höchstzugspannung multipliziert mit dem Leitungsquerschnitt gleichzusetzen.

Diese Annahme ist zur Vereinfachung der Rechnung gemacht, weil sonst besondere Rechnungen für — 20° C ohne Zusatzlast und — 5° C mit Zusatzlast durchgeführt werden müßten. Bei den üblichen Querschnitten und Spannweiten tritt die Höchstzugspannung nur selten bei — 20° C ein. Für — 5° C und Zusatzlast ergeben sich annähernd die gleichen Spannungen, wenn man die Zusatzlast einmal als Eis oder das andere Mal nur als Wind rechnet. Hierbei ist berücksichtigt, daß die Eislast in gleicher Richtung wie das Eigengewicht, der Wind senkrecht zu dieser wirkt.

Für Isolatorenketten ist die Eislast mit 2,5 kg für 1 m Kette anzunehmen. Der Winddruck ist entsprechend Punkt b) zu berechnen.

   d) Widerstand des Bodens oder der Fundamente (siehe Abschnitt G).

2. Nach dem Verwendungzweck sind zu unterscheiden:

   a) Tragmaste, die lediglich zur Stützung der Leitung dienen und nur
in gerader Strecke verwendet werden dürfen;

   b) Winkelmaste, die bestimmt sind, die Leitungzüge in Winkelpunkten aufzunehmen;

      Maste in gerader Linie, die den Unterschied ungleicher Züge in
entgegengesetzter Richtung aufnehmen sollen, werden wie Winkelmaste berechnet;

   c) Abspannmaste, die Festpunkte in der Leitungsanlage schaffen
sollen;

   d) Endmaste, die zur vollständigen Aufnahme eines einseitigen
Leitungzuges dienen;

   e) Kreuzungsmaste, wie sie bei bruchsicherer Kreuzung von Reichs-
telegraphenanlagen, von Reichseisenbahnen oder Reichswasser-
straßen aufzustellen sind.

Für einen bestimmten Verwendungzweck berechnete Maste dürfen
für andere Zwecke nur verwendet werden, wenn sie auch den hierfür geltenden Anforderungen genügen.

B. Ermittlung des Winddruckes und Leitungzuges für die Mastberechnung.

Soweit nicht besondere Verhältnisse eine genauere Ermittlung erfordern,
sind für Winddruck und Leitungzug die nachstehend aufgeführten äußeren
Kräfte als wirksam anzunehmen.

Die bei den einzelnen Mastarten unter a), b) und c) angeführten Fälle
sind nicht gleichzeitig anzunehmen, sondern es sind für die Mastberech-
nungen die Fälle auszuwählen, die die für die einzelnen Bauteile ungünstigste
Beanspruchung ergeben.

I. Tragmaste:

   a) Winddruck senkrecht zur Leitungsrichtung auf den Mast mit Kopfausrüstung und gleichzeitig auf die halbe Länge der Leitungen der
beiden Spannfelder;

   b) Winddruck in der Leitungsrichtung auf den Mast mit Kopfausrüstung (Leitungsträger, Isolatoren);

   c) Wagerechte Kräfte, die in der Höhe und in der Richtung der Leitungen angenommen werden und gleich einem Viertel des senkrechten
Winddruckes auf die halbe Länge der Leitungen der beiden Spannfelder zu setzen sind.

      Die Kräfte unter c) brauchen nur bei Masten von mehr als 10 m
Länge berücksichtigt zu werden.

Würde diese Bestimmung entsprechend den früheren Vorschriften auf alle
Masthöhen angewendet werden, so würde es aus wirtschaftlichen Gründen
nicht möglich sein, U-Eisenmaste zu verwenden. Die neuerdings getroffene

Beschränkung auf Maste über 10 m Höhe ist angängig, da die vollen Windstärken nur in größerer Höhe erreicht werden.

II. Winkelmaste:

a) Die Mittelkräfte der größten Leitungzüge und gleichzeitig der Winddruck auf Mast- und Kopfausrüstung für Wind in Richtung der Gesamtmittelkraft;

b) die Mittelkräfte der Leitungzüge bei einer Windrichtung senkrecht zu dem größten Leitungzug und gleichzeitig der Winddruck auf Mast- und Kopfausrüstung für diese Windrichtung.

Diese Bestimmung gilt nur für Maste, die senkrecht zur Mittelkraft ein geringeres Widerstandsmoment haben als in Richtung dieser Kräfte.

Um die Leitungzüge, die sich aus Eigengewicht und Winddruck ergeben, nicht in jedem einzelnen Falle ermitteln zu müssen, ist der Zug einer Leitung, die nicht senkrecht vom Wind getroffen wird, näherungsweise zu berechnen aus Leitungsquerschnitt mal gewählter höchster Zugspannung mal dem Sinus des Winkels, unter dem die Leitung vom Wind getroffen wird. Für die senkrecht getroffenen Leitungen gilt als Leitungzug: Leitungsquerschnitt mal gewählter höchster Zugspannung.

III. 1. Abspannmaste in gerader Linie:

a) wie I a;

b) ⅔ der größten einseitigen Leitungzüge und gleichzeitig der Winddruck auf Mast mit Kopfausrüstung senkrecht zur Leitungsrichtung.

Dieser Zug entspricht ungefähr der beim Spannen der Leitungen auftretenden Beanspruchung.

2. Abspannmaste in Winkelpunkten:

a) wie II a);

b) wie II b);

c) ⅔ der größten einseitigen Leitungzüge und gleichzeitig der Winddruck auf Mast- und Kopfausrüstung für eine Windrichtung parallel den größten Leitungzügen.

Die Kopfausrüstung aller Abspannmaste muß den ganzen einseitigen Leitungzug aufnehmen können.

IV. Endmaste:

Der gesamte größte einseitige Leitungzug und gleichzeitig der senkrecht zur Leitungsrichtung wirkende Winddruck auf Mast mit Kopfausrüstung.

V. Kreuzungsmaste:

Bezüglich der Kreuzungsmaste siehe besondere Vorschriften.

VI. Als Stützpunkte benutzte Bauwerke müssen die durch die Leitungsanlage eintretenden Beanspruchungen aufnehmen können.

C. Berechnung von Gittermasten.

Bei quadratischen Gittermasten ist zu beachten, daß das größte Widerstandsmoment in den zu den Querschnittseiten parallelen Achsen liegt. Ist die Mittelkraft aus Leitungzügen und Winddruck nicht parallel zu einer Mastseite, so muß sie in zwei zu den Mastseiten parallele Kräfte zerlegt

werden. Die Eckeisen sind für die arithmetische Summe dieser beiden
Teilkräfte zu berechnen. Die Streben sind für die Teilkräfte zu berechnen.

Bei Gittermasten mit rechteckigen Querschnitten ungleicher Seitenlänge
ist die Berechnung für die Beanspruchung in Richtung der längeren und der
kürzeren Seite je für sich auszuführen. Eine schräg zu den Mastseiten liegende Mittelkraft ist in zwei zu den Mastseiten parallele Teilkräfte zu zerlegen. Für jede der beiden Teilkräfte ist zu bestimmen, welche Beanspruchung sie in den Eckeisen hervorruft. Die arithmetische Summe dieser
Beanspruchungen ergibt die Kraft, für die die Eckeisen zu berechnen sind.
Die Streben sind nur für die Teilkraft zu berechnen, die der betreffenden
Mastseite parallel läuft.

D. Beanspruchung der Baustoffe.

1. **Flußeisen.** Die Beanspruchung σ_{zul} der Bauteile aus gewöhnlichem
Flußstahl auf Zug und Biegung darf 1600 kg/cm², die Zugspannung von
gedrehten Schraubenbolzen 1200 kg/cm² und die von gewöhnlichen Schraubenbolzen (rohe Schrauben) 900 kg/cm² nicht überschreiten; bei beiden
Schraubenarten ist der Kernquerschnitt maßgebend. Bei Baugliedern, die
auf Zug oder Biegung beansprucht sind, ist die Verschwächung des Querschnittes durch Bohrung zu berücksichtigen. Die Scherspannung der Niete
und der eingepaßten Schraubenbolzen darf 1280 kg/cm², ihr Lochleibungs-
druck 4000 kg/cm² erreichen. Rohe Schraubenbolzen dürfen auf Abscheren
mit 1000 kg/cm², in der Lochleibung mit 2500 kg/cm² beansprucht werden.
Für Niete und eingepaßte Schraubenbolzen ist der Bohrungsdurchmesser,
für rohe Schraubenbolzen der Schaftdurchmesser maßgebend.

Bei der Berechnung von Druckstäben gilt als freie Knicklänge s_K im
allgemeinen die Länge der Netzlinie des Stabes. Bei sich kreuzenden
Stäben, von denen der eine Druck und der andere Zug erhält, ist der Kreuzungspunkt als ein in der Trägerebene und senkrecht dazu festliegender
Punkt anzunehmen, falls die sich kreuzenden Stäbe in ihm ordnungsgemäß
miteinander verbunden sind. Die Enden der freien Knicklänge sind als
gelenkig geführt anzusehen.

Die Stabkraft S eines Druckstabes ist mit der Knickzahl ω zu multiplizieren; im übrigen ist der Stab hinsichtlich der zulässigen Beanspruchung
wie ein Zugstab, jedoch ohne Nietabzug zu berechnen. Daher muß sein:

$$\frac{\omega S}{F} \leqq \sigma_{zul}$$

(siehe „Vorschriften für Eisenbauwerke, Berechnungsgrundlagen für eiserne
Eisenbahnbrücken (BE)". Verlag von W. Ernst & Sohn, Berlin 1925).

Für die verschiedenen Schlankheitsgrade ist ω aus der nachstehenden
Tafel zu entnehmen. Zwischenwerte sind geradlinig einzuschalten.

Bei Masten über 40 m Höhe über Erde darf der Schlankheitsgrad den
Wert 200 nicht überschreiten.

In der nachstehenden Tafel bedeuten:

$$\lambda = \frac{s_K}{i}, \text{ wobei } i = \sqrt{\frac{I}{F}}$$

I = kleinstes Trägheitsmoment (I_{min}) des unverschwächten Stabes,
F = Querschnitt des unverschwächten Stabes,

$$\omega = \frac{\text{zulässige Zug- und Biegungspannung}}{\text{zulässige Druckspannung}} = \frac{\sigma_{\text{zul}}}{\sigma_{\text{dzul}}} \text{ ist.}$$

Bei der Berechnung der Tafel sind
der Elastizitätsmodul $E = 2100000\ \text{kg/cm}^2$
und die Streckgrenze $\sigma_S = 2400\ \text{kg/cm}^2$ angenommen.

λ	ω	$\frac{\Delta\omega}{\Delta\lambda}$	λ	ω	$\frac{\Delta\omega}{\Delta\lambda}$
0	1,00	—	130	4,00	0,059
10	1,01	0,001	140	4,64	0,064
20	1,02	0,001	150	5,32	0,068
30	1,05	0,003	160	6,04	0,072
40	1,10	0,005	170	6,83	0,079
50	1,17	0,007	180	7,65	0,082
60	1,26	0,009	190	8,53	0,088
70	1,39	0,013	200	9,45	0,092
80	1,59	0,020	210	10,42	0,097
90	1,88	0,029	220	11,44	0,102
100	2,36	0,048	230	12,49	0,105
110	2,86	0,050	240	13,60	0,111
120	3,41	0,055	250	14,75	0,115
		0,059			—

Ist die Ausknickung eines Stabes durch Anschlüsse innerhalb der Knicklänge an eine bestimmte Richtung gebunden, so ist das Trägheitsmoment auf die zu dieser Richtung senkrecht stehende Achse zu beziehen.

Sind bei einem Gittermast aus Winkeleisen die in der Abwicklung der Mastseiten in gleicher Höhe liegenden Streben parallel gerichtet, so kann bei der Berechnung der Eckständer das Trägheitsmoment auf die zu einem Winkelschenkel parallele Achse bezogen werden (I_ξ). Bei nicht parallel gerichteten

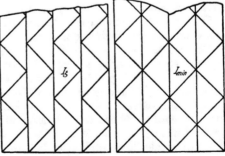

Abb. 2.

Streben ist das kleinste Trägheitsmoment (I_{min}) einzusetzen (siehe Abb. 2).

Bei Stäben, die nicht unerheblich außermittig durch eine Kraft S

oder die neben einer mittigen Kraft S von einem Biegungsmoment M beansprucht werden, darf die aus der Gleichung

$$\sigma = \frac{\omega S}{F} + \frac{M}{W_n}$$

errechnete (gedachte) Randspannung den Wert $\sigma_{zul} = 1600 \text{ kg/cm}^2$ nicht überschreiten. Die Momente M bei außermittigem Kraftangriff und das Widerstandsmoment W_n sind dabei auf die Achse des unverschwächten Querschnittes zu beziehen. Bei Gittermasten gelten die Streben, die einseitig an den Eckeisen angeschlossen sind, nicht als erheblich außermittig beansprucht.

Bei der Berechnung von Druckstäben können auch die folgenden Formeln angewendet werden:

a) Im unelastischen Bereich ($\lambda \leq 100$) ist der erforderliche Querschnitt in cm²:

$$F_{ert} = \frac{S}{1,6} + 0{,}577 \; k s_K{}^2.$$

Hierbei ist die Stabkraft S in t und die Knicklänge s_K in m einzusetzen.
$k = \frac{F_{ert}{}^2}{I} = \frac{F_{ert}}{i^2}$ ist der sogenannte Profilwert, der sich nur langsam mit dem Querschnitt ändert und für den zunächst Näherungswerte einzusetzen sind (siehe z. B. Hütte, 24. Auflage, Band I, S. 623 und Tafel 17 der ,,Vorschriften für Eisenbauwerke, Berechnungsgrundlagen für eiserne Eisenbahnbrücken (BE)", Verlag von W. Ernst & Sohn, Berlin 1925).

b) Im elastischen Bereich ($\lambda \geq 100$) ist bei $\nu = 3{,}5 \frac{1400}{1600} = 3{,}06$-facher Knicksicherheit das erforderliche Trägheitsmoment in cm⁴:

$$I_{ert} = \frac{3{,}06 \, S s_K{}^2}{\pi^2 E} = 1{,}48 \, S s_K{}^2.$$

Hierbei ist wieder S in t und s_K in m einzusetzen.

Sind die Querschnitte mit diesen Gebrauchsformeln ermittelt, so ist stets noch eine Untersuchung nach dem ω-Verfahren anzustellen.

Bei mehrteiligen Druckstäben ist der Abstand der Einzelstäbe so zu wählen, daß das Trägheitsmoment in Bezug auf die werkstoffreie Achse um mindestens 10% größer als das in Bezug auf die Werkstoffachse ist, falls nicht für das Ausknicken um die Werkstoffachse mit einer wesentlich größeren Knicklänge zu rechnen ist. Der Schlankheitsgrad der Einzelstäbe darf nicht größer als der Schlankheitsgrad des ganzen Stabes und im allgemeinen nicht größer als 30 sein. Wird der Schlankheitsgrad der Einzelstäbe größer als 30 gewählt oder ist, abgesehen von der obenerwähnten Ausnahme, das Trägheitsmoment bezüglich der werkstoffreien Achse nicht um mindestens 10% größer als das bezüglich der Werkstoffachse, so ist die Tragfähigkeit des Stabes rechnerisch nachzuweisen. Als freie Knicklänge der Einzelstäbe kann sowohl bei Vergitterungen als auch bei Bindeblechen der Abstand der inneren Anschlußniete gewählt werden. Die Abmessungen und Anschlüsse der Vergitterungen oder Bindebleche sind für eine Querkraft zu berechnen, die gleich 2% der größten Druckkraft des Gesamtstabes (ohne Multiplikation mit der Knickzahl ω) anzunehmen ist, falls die Querkraft nicht rechnungsmäßig ermittelt wird. Bei der Berechnung der Vergitterungen und Bindebleche und ihrer Anschlüsse nach der vorstehenden Näherungsrechnung darf die zulässige Spannung von 1600 kg/cm² nicht überschritten werden. Sowohl bei Vergitterungen als auch bei Bindeblechen sind an beiden Stabenden besonders kräftige Bindebleche vorzusehen, die nach Möglichkeit innerhalb der Knotenbleche anzuordnen sind.

Die Abstände für die Anschlußniete der Streben an den Knotenpunkten sind so klein wie möglich zu bemessen.

Für sämtliche Konstruktionsteile sind Anschlußniete unter 13 mm Durchmesser und Eisenstärken unter 4 mm, außerdem Profilbreiten unter 35 mm, sofern sie durch einen Niet geschwächt sind, unzulässig.

Die größten zulässigen Durchmesser der geschlagenen Niete sind durch die Profilbreiten bestimmt und der folgenden Aufstellung zu entnehmen:

Mindestprofilbreite in mm 35 45 55 60 70 80
Nietdurchmesser in mm 13 16 18 20 23 26

Bei Zuggliedern ist die Nietschwächung zu berücksichtigen.

Bei vorstehenden Bestimmungen ist vorausgesetzt, daß alle Eisenteile einen ausreichenden Schutz gegen Rosten erhalten.

2. **Holzgestänge.** Die zulässigen Biegungspannungen für hölzerne Bauteile ergeben sich aus nachstehender Tafel:

	bei fäulnis-gefährdeten Bauteilen kg/cm²	bei nicht fäulnisgefährdeten Bauteilen kg/cm²
Mit Teeröl durchtränkte Harthölzer	280	330
Mit Teeröl durchtränkte Kiefern und Lärchen	190	220
Nach einem anderen als zuverlässig anerkannten Verfahren getränkte Harthölzer	190	280
Nach einem anderen als zuverlässig anerkannten Verfahren getränkte Nadelhölzer	145	190
Ungetränkte Hölzer in Hochspannungsanlagen . .	unzulässig	80
Ungetränkte Hölzer in Niederspannungsanlagen .	80	100

Als fäulnisgefährdet sind vor allem hölzerne Bauteile anzusehen, die ganz oder teilweise eingegraben sind oder mit der Erdoberfläche in Berührung kommen. Unter Umständen können aber auch solche hölzerne Bauteile fäulnisgefährdet sein, die mit Pflanzenwuchs in Berührung kommen oder von Spritzwasser (wegen der von diesem mitgeführten Keime) erreicht werden, besonders wenn bei diesen hölzernen Bauteilen das Austrocknen durch mangelnden Luftzutritt erschwert ist. Das Gleiche gilt für solche hölzernen Bauteile, die dieser Gefährdung selbst nicht ausgesetzt sind, aber gefährdete hölzerne Bauteile unmittelbar berühren. Bereits eingebaute Holzmaste, die nachträglich mit besonderen Füßen ausgerüstet werden, gelten als fäulnisgefährdet.

Bei der Instandsetzung ist darauf zu achten, daß die bereits angegriffenen Holzteile entfernt werden. Es empfiehlt sich, auch noch einen Teil des anscheinend gesunden Holzes wegzuschneiden, um alle möglicherweise eingedrungenen Fäulniskeime zu beseitigen.

Unter Durchtränkung mit Teeröl im Sinne dieser Vorschriften ist zu verstehen:

das Einbringen von mindestens 180 kg Teeröl je m³ bei Buche,
,, ,, ,, ,, 60 ,, ,, ,, ,, ,, Eiche,
,, ,, ,, ,, 90 ,, ,, ,, ,, ,, Kiefer
(auch Lärche),

wobei alle durchtränkbaren Teile von Teeröl durchzogen sein müssen.

Die Tränkung mit Teeröl gilt nach einem „als zuverlässig anerkannten Verfahren" ausgeführt, wenn
mindestens 145 kg Teeröl je m³ bei Buche,
,, 45 ,, ,, ,, ,, ,, Eiche,
,, 60 ,, ,, ,, ,, ,, Kiefer (auch Lärche)
eingebracht werden.

Bei Verwendung von Mastfüßen muß die Beanspruchung des Fußes und der Verbindung des Mastes mit dem Fuß der zulässigen Beanspruchung des betreffenden Baustoffes entsprechen.

Bei Berechnung der Maste ist gerader Wuchs und eine Zunahme des Stangendurchmessers von 0,7 cm je m Stangenlänge anzunehmen.

Zur Beurteilung des geraden Wuchses von Holzmasten gilt als Anhalt, daß eine zwischen Erdaustritt und Zopfende an den Mast gelegte Schnur in keinem Punkte größeren Abstand vom Mast haben darf, als der Masthalbmesser an dieser Stelle beträgt.

Für einfache Tragmaste kann die Berechnung nach der Formel:

$$Z = 0{,}65 \cdot H + k \sqrt{\varDelta s}$$

erfolgen.

Hierin ist:

H = Gesamtlänge des Mastes in m,
k = eine Zahl, die aus der nachstehenden Tafel zu entnehmen ist,
$\varDelta$ = Summe der Durchmesser aller an dem Mast verlegten Leitungen in mm,
s = Spannweite in m.

Zulässige Biegungsspannung in kg/cm²	80	100	145	190	220	280	330
k	0,32	0,28	0,22	0,19	0,17	0,14	0,12

A-Maste für Hochspannungleitungen müssen am oberen Ende durch wenigstens einen Hartholzdübel oder eine nachweislich mindestens gleichwertige Ausführung miteinander verbunden werden. Die Scherspannung darf für Hartholz 20 kg/cm², sonst 18 kg/cm² nicht überschreiten. In der freien Länge ist wenigstens eine Querversteifung in einer Mindeststärke des Zopfdurchmessers der einzelnen Stangen vorzusehen mit dicht darunterliegendem Bolzen von nicht unter ¾" Durchmesser. Am unteren Ende ist eine Zange anzuordnen, deren Hölzer in den Mast einzulassen und mit ihm durch Bolzen von mindestens ¾" Durchmesser zu verbinden sind.

Das in halber Knicklänge vorhandene Trägheitsmoment I in cm⁴ muß mindestens sein:

$$I = n \cdot 5 \cdot P \cdot l^2$$

Hierin ist:

$P =$ die Druckkraft in t,
$l =$ die Knicklänge in m,
$n =$ die Knicksicherheit.

Für die Knicksicherheit n ist einzusetzen bei Hölzern mit einer zulässigen Biegungspannung von 80 und 100 kg/cm² die Zahl 5, von 145 kg/cm² die Zahl 4, von 190, 220, 280 und 330 kg/cm² die Zahl 3.

Als Knicklänge gilt die Entfernung von Mitte Dübel bzw. Schraubenbolzen bis zur halben Eingrabetiefe.

Bei Doppelmasten ist das doppelte Widerstandsmoment einer Stange einzusetzen, wenn die Maste nicht verdübelt oder sonst gleichwertig miteinander verbunden sind. Bei verdübelten Masten und solchen Doppelmasten, die durch eine nachweislich gleichwertige Ausführung miteinander verbunden sind, darf als größtes Widerstandsmoment das 3-fache Widerstandsmoment des einfachen Mastes eingesetzt werden, wenn die Kraftrichtung in der Ebene wirkt, die in der Längsachse der beiden Stangen liegt.

Solche Maste sind je nach ihrer Länge 4- bis 6-mal zu verdübeln und zu verschrauben oder gleichwertig miteinander zu verbinden und zwar einmal an den beiden Enden und im übrigen auf die Mastlänge so verteilt, daß im gefährlichen Querschnitt oder in dessen Nähe keine Querschnittschwächung durch Schrauben- oder Dübellöcher verursacht wird.

Bei verdübelten Masten ist von den erforderlichen Verbindungsbolzen wenigstens je einer dicht neben den Dübeln anzuordnen. Die Verbindungsbolzen müssen bei Doppelmasten bis zu 13 cm Zopfstärke mindestens ½", von 14 bis 16 cm Zopfstärke ⁵/₈" und für alle stärkeren Maste ¾" stark gewählt werden.

Unter Zopfstärke ist der mittlere Durchmesser am Zopf zu verstehen, der sich aus $\frac{\text{Umfang}}{\pi}$ ergibt.

Folgende Zopfstärken für Maste dürfen nicht unterschritten werden: für Niederspannungleitungen

bei einfachen oder verstrebten Masten . . . . 12 cm
„ Stichleitungen mit nur einem Stromkreise . . . . 10 „
„ A-Masten oder verdübelten Doppelmasten . . . . 10 „
„ nicht verdübelten Doppelmasten . . . . 9 „

für Hochspannungleitungen

bei einfachen oder verstrebten Masten . . . . 15 cm

„ A-Masten oder verdübelten Doppelmasten . . . . 10 „

„ nicht verdübelten Doppelmasten. . . . . 9 „

In Strecken, die mit „erhöhter Sicherheit" ausgeführt werden, dürfen die in Abschnitt III A hierfür vorgeschriebenen Zopfstärken nicht unterschritten werden.

Streben sollen mindestens 9 cm Zopfstärke haben.

Alle Eisenteile sind gegen Rost zu schützen. Die in der Erde liegenden Eisenteile sowie alle Schnittflächen der Hölzer sind mit heißem Asphaltteer zu streichen oder gleichwertig gegen Zerstörung zu schützen.

3. Gestänge aus besonderen Baustoffen, insbesondere aus Eisenbeton.

Gestänge aus besonderen Baustoffen dürfen bis zu ⅓ der vom Lieferer zu gewährleistenden Bruch- und Knickfestigkeit, gußeiserne Bauteile jedoch nur bis zu 300 kg/cm² beansprucht werden.

Um die Einführung anderer Baustoffe für Gestänge nicht zu beschränken, ist für diese die zulässige Beanspruchung von der zu gewährleistenden Bruchfestigkeit abhängig gemacht worden.

E. Besondere Bestimmungen für die Stützpunkte der Leitungen.

1. Allgemeines. Etwa alle 3 km soll ein Abspannmast gesetzt werden. An diesem sind die Leitungen so zu befestigen, daß ein Durchrutschen ausgeschlossen ist. Winkel- oder Kreuzungsmaste können als Abspannmaste verwendet werden, wenn sie entsprechend berechnet sind. In Gegenden, in denen außergewöhnlich große Zusatzlasten zu erwarten sind, soll etwa jeder zehnte Mast ein Abspannmast sein.

2. Abstände der Leitungen voneinander. Starkstromleitungen sollen einen solchen Abstand voneinander und von anderen Leitungen, z. B. von Blitzschutzseilen, erhalten, daß das Zusammenschlagen oder eine Annäherung bis zur Überschlagspannung möglichst vermieden ist. Diese Forderung kann bei Leitungen gleichen Baustoffes und gleichen Querschnittes als erfüllt gelten, wenn der Abstand der Leitungen voneinander wenigstens $0,75 \sqrt{f} + \dfrac{U^2}{20\,000}$, bei Leitungen aus Aluminium dagegen mindestens $\sqrt{f} + \dfrac{U^2}{20\,000}$, jedoch bei Hochspannung von 3000 V aufwärts nicht unter 0,8 m, für Aluminium 1,0 m beträgt. Hierbei ist $f =$ Durchhang der Leitungen bei $+ 40^0$ C in m und $U =$ Spannung in kV. Bei Leitungen verschiedenen Querschnittes oder verschiedener Baustoffe sowie bei anormalen Gelände- oder Belastungsverhältnissen ist auf Grund näherer Untersuchungen, z. B. durch das Aufzeichnen der Ausschwingungskurven, festzustellen, ob und inwieweit die nach den vorstehenden Formeln berechneten Abstände zu vergrößern sind. Bei Niederspannungleitungen, die dem Winde weniger ausgesetzt sind, können die Werte obiger Formel um ⅓ ermäßigt werden.

Durch das Glied $\dfrac{U^2}{20\,000}$ soll bei hohen Spannungen eine Vergrößerung des Abstandes erzielt werden. Gleichzeitig kann es als Anhalt für die zulässige Annäherung zur Vermeidung eines Überschlages gelten.

Bei besonders wichtigen Anlagen wird empfohlen, die Leitungen nicht senkrecht untereinander anzuordnen, da die Erfahrung gezeigt hat, daß bei plötzlicher Entlastung einer Leitung von Eislast die Gefahr des Zusammenschlagens durch Hochschnellen besonders groß ist.

3. Konstruktion der Gestänge mit Rücksicht auf Vogelschutz. Zur Vermeidung der Gefährdung von Vögeln sind bei Hochspannung führenden Starkstromleitungen die Befestigungsteile, Querträger, Stützen usw. möglichst derart auszubilden, daß Vögeln eine Sitzgelegenheit dadurch nicht gegeben wird. Der wagerechte Abstand zwischen einer Hochspannung führenden Starkstromleitung und geerdeten Eisenteilen soll mindestens 300 mm betragen.

Die Anbringung von Sitzgelegenheiten für Vögel in größeren Entfernungen von den Leitungsdrähten (z. B. durch Sitzstangen an den Mastspitzen in Richtung der Leitungen) ist ebenfalls zur Verhütung von Schäden für die Vogelwelt von einigen Seiten empfohlen worden, sollte jedoch nicht unterhalb der Leitungen stattfinden.

Bezüglich empfehlenswerter Ausführungen mit Rücksicht auf den Vogelschutz sei auf die Veröffentlichung „Elektrizität und Vogelschutz" hingewiesen, die kostenlos bei der Geschäftstelle des Bundes für Vogelschutz in Stuttgart, Jägerstraße, sowie auch bei der Geschäftstelle des Verbandes Deutscher Elektrotechniker in Berlin W 57, Potsdamer Straße 68, erhältlich ist (vgl. auch „ETZ" 1918, S. 655).

F. Befestigung der Leitungen.

1. Isolatoren: Für Isolatoren gelten die „Normen und Prüfvorschriften für Porzellanisolatoren" des VDE.

2. Stützen und Verbindungteile der Isolatoren: Hierfür gelten die gleichen Grundsätze wie für die eisernen Gestänge und die „Normen und Prüfvorschriften für Porzellanisolatoren" des VDE.

3. Bunde: Der Bindedraht soll stets aus dem gleichen und bei Leichtmetallen aus möglichst gleich hartem Baustoff wie die Leitung selbst bestehen. Die Leitungen sind an den Bunden vor Bewegungen, durch die sie beschädigt werden können, und vor Einschneiden zu schützen.

Bei Aluminium und einigen anderen Metallen kann hartes Material positiv und weiches negativ sein, wodurch elektrolytische Zerstörungen eingeleitet werden können.

Bei Aluminiumabzweigungen von Aluminiumleitungen wird darauf hingewiesen, daß durch Verwendung von Abzweigklemmen aus anderem Metall als reinem Aluminium elektrolytische Zerstörungen eingeleitet werden können. Außerdem wird empfohlen, den Zutritt von Feuchtigkeit durch geeignete Mittel zu verhindern. Bei Kupferabzweigungen von Aluminiumleitungen wird aus dem nämlichen Grunde zur Vorsicht gemahnt. Am besten werden praktisch erprobte Spezialkonstruktionen unter Anwendung des vorstehend empfohlenen Feuchtigkeitsabschlusses benutzt.

Bei Verwendung von Kopfbunden ist Vorsicht nötig, weil die auf dem Isolator aufliegende Leitung infolge von Schwingung und gleitender Reibung leicht verletzt wird. Am besten werden für Aluminium praktisch erprobte Spezialbunde benutzt.

Bei Abweichung von der Geraden ist die Leitung so zu legen, daß der Isolator von der Leitung auf Druck beansprucht wird.

G. Aufstellung der Gestänge.

Die Maste und Gestänge sind ihrer Art und Länge sowie der Bodengattung entsprechend tief einzugraben. Im allgemeinen wird für 1-fache Holzstangen eine Eingrabetiefe von mindestens $^1/_6$ der Mastlänge, jedoch nicht unter 1,6 m gefordert. Sie sind gut zu verrammen (in weichem Boden entsprechend der Beanspruchung zu sichern).

Über die Befestigung der Gestänge im Boden lassen sich allgemeine Regeln nicht geben. Die Bodenbefestigung soll jedoch der Festigkeit des Mastes möglichst entsprechen. In gutem Boden und bei gerader Leitungsführung wird bei Holzmasten im allgemeinen ein hinreichend tiefes Eingraben und Feststampfen des Bodens genügen, bei winkeliger Leitungsführung und in weichem Boden ist dagegen eine besondere Befestigung erforderlich (vorgelegte Schwellen oder Plattenfüße). Fachwerkmaste müssen in jedem Fall mit Beton- oder Plattenfüßen versehen sein.

Von Drahtankern ist bei Hochspannungmasten abzuraten, weil sie zu Betriebstörungen und Unfällen Anlaß geben können.

Eingegrabene Maste sind einige Zeit nach der Inbetriebnahme nachzustampfen.

Fundamente sind nach Fröhlich „Beitrag zur Berechnung von Mastfundamenten", 2. Auflage (Verlag von Wilh. Ernst & Sohn, Berlin) zu berechnen.

Für Fundamente, die hart an oder in Böschungen oder in Überschwemmungsgebieten stehen (oder bei besonders ungünstigen Grundwasserverhältnissen), sind von Fall zu Fall geeignete Maßnahmen zu treffen, die eine genügende Standsicherheit gewährleisten.

In humussäurehaltigem Moorboden sind Betonfundamente nur zulässig, wenn sie einen zuverlässigen Schutz gegen die Einwirkungen der Humussäure erhalten.

Bei Verwendung von Platten-, Schwellen- oder sonstigen Fundamenten, bei denen der Mastfuß nicht vollständig mit Beton umgeben ist, sind die in der Erde liegenden Eisenteile mit heißem Asphaltteer gut zu streichen oder gleichwertig gegen Zerstörung zu schützen. Holzschwellen sind mit fäulniswidrigen Stoffen zu tränken oder ebenfalls in gleicher Weise gegen Zerstörung zu schützen, wenn sie nicht dauernd in feuchtem Boden liegen oder von Natur aus der Zersetzung genügend Widerstand bieten.

Der Beton soll aus gutem Zement, reinem Sand und reinem Kies oder Schotter hergestellt werden. Auf einen Raumteil Zement sollen höchstens neun Raumteile sandiger Kies oder vier Raumteile Sand und acht Raumteile Kies oder Schotter kommen. Den Zement teilweise durch eine entsprechend größere Menge Traß zu ersetzen, ist zulässig, wenn dadurch die Güte des Betons nicht beeinträchtigt wird. Die Baustoffe dürfen keine erdigen Bestandteile enthalten.

Bei der Berechnung des Fundamentes darf das Gewicht des Betons höchstens mit 2000 kg/m³, das des auflastenden Erdreiches höchstens mit 1600 kg/m³ eingesetzt werden.

III. Besondere Bestimmungen.

A. Erhöhte Sicherheit.

Soll im Sinne von § 22 der Errichtungsvorschriften die Sicherheit der Anlagen unter Vermeidung von Schutznetzen erhöht werden, so sind besondere Vorkehrungen zu treffen.

1. a) Gestänge sind so zu bemessen, daß bei Bruch eines Leiters der Umbruch des Gestänges auch bei Höchstbeanspruchung verhütet wird. Dieser Forderung ist Genüge geleistet, wenn unter Vernachlässigung des Winddruckes Eisen- oder Eisenbetonmaste in Richtung der Leitung gegen die Beanspruchung durch einen Zug an der Spitze gleich dem höchsten Zuge eines Leiters noch 1-fache Sicherheit, Holzmaste eine 2-fache Sicherheit aufweisen.

   b) Die Mindestzopfstärke von 1-fachen Holzmasten muß 15 cm, von Doppel- oder A-Masten 12 cm betragen. Die Maste müssen in ihrer ganzen Länge nach einem als zuverlässig anerkannten Verfahren getränkt sein und mindestens alle 3 Jahre, nach 10-jähriger Standzeit alljährlich auf ihre Holzbeschaffenheit untersucht werden. Sie müssen ausgewechselt werden, wenn nach diesem Untersuchungsergebnis die unter 1 a) geforderte Sicherheit nicht mehr gewährleistet ist. Falls die unter 1 a) geforderte Sicherheit nur in dem im Boden befindlichen Teil des Mastes nicht mehr gewährleistet ist, kann sich die Auswechslung auf den Mastunterteil (Fuß) beschränken.

   In beiden Fällen ist für Harthölzer eine Bruchfestigkeit von 850 kg/cm², für Nadelhölzer eine solche von 550 kg/cm² zugrunde zu legen.

2. Die Leitung darf nur als Seil ausgeführt werden. Kupfer- und Eisenseile sollen einen Mindestquerschnitt von 16 mm², Aluminiumseile einen solchen von 35 mm² aufweisen.

3. Für die Befestigung der Leitungen sind besondere Maßnahmen vorzusehen. Als solche kommen in Frage:

   a) Bei Stützenisolatoren: Sicherheitsbügel, doppelte Aufhängung oder Verwendung von genormten oder gleichwertigen Isolatoren der nächst höheren genormten Betriebspannung, mindestens aber solche für 20 kV, beides in Verbindung mit starkem Bund und verstärkten Isolatorenträgern.

   Als Sicherheitsbügel wird die sonst als Beidraht bezeichnete Einrichtung eines über den Isolatorkopf lose gelegten Tragdrahtes bezeichnet, der zweckmäßig aus dem gleichen Baustoff wie die Stromleitungen hergestellt und vor und hinter dem Isolator so befestigt wird, daß bei Isolatorbruch die beiden Leitungsenden durch den Sicherheitsbügel gehalten und die Leitung von der Traverse aufgefangen wird oder, falls sie von dieser abgleitet, noch mindestens 3 m vom Erdboden entfernt bleibt (siehe Abb. 3).

   b) Bei Kettenisolatoren: Einfache Ketten von Schlingen- und Kappenisolatoren (Isolator mit einer Kappe und einem Klöppel) mit einem Glied mehr als sonst auf der Strecke verwendet oder doppelte Isolatorenketten (z. B. bei Durchquerung großer Städte, Gebirgzügen mit außergewöhnlichen atmosphärischen Verhältnissen).

Bei Betriebspannungen über 100 kV muß eine sinngemäße Erhöhung der elektrischen Festigkeit erfolgen.

Die erstgenannte Ausführung gilt auch für Kettenisolatoren anderer als vorstehend genannter Bauart, es sei denn, daß die Erhöhung der Gliederzahl technisch oder wirtschaftlich unzweckmäßig ist. In solchen Fällen ist durch andere Maßnahmen die Überschlagspannung an diesen Stellen der Leitung in gleichem Maße zu erhöhen wie die Überschlagspannung

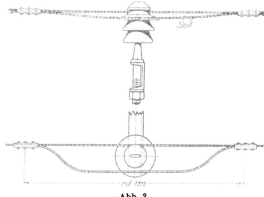

einer Kappen-Hängeisolatorenkette mit erhöhter Gliederzahl bei der betreffenden Betriebspannung gegenüber nicht erhöhter Gliederzahl.

Außerdem muß sowohl bei Stützen- wie bei Kettenisolatoren Vorsorge getroffen werden, daß bei Drahtbruch in den Nachbarfeldern kein unzulässig großer Durchhang in den zu schützenden Feldern eintritt oder,

Abb. 3.

daß der erhöhte Durchhang in seinen Folgen unschädlich gemacht wird (Schutzseil oder möglichstes Heranrücken eines Mastes an den Kreuzungspunkt).

Bei Kreuzungen von Hochspannung- mit Starkstromleitungen bis 1000 V Betriebspannung oder mit Fernmeldeleitungen sind außerdem im Zuge der unteren Leitungen über diesen zwei oder mehrere geerdete, elektrisch und mechanisch ausreichend bemessene Schutzdrähte oder -seile anzuordnen oder die oberen Leitungen sind nach den „Vorschriften für die bruchsichere Führung von Hochspannungleitungen über Postleitungen" des Reichspostministeriums auszuführen. Letztgenannte Ausführungsart ist auch bei Führung von Hochspannung- und Starkstromleitungen bis 1000 V Betriebspannung auf gemeinsamem Gestänge zulässig. In allen Fällen muß für ausreichenden Abstand zwischen beiden Leitungsarten gesorgt werden. Dieses ist besonders zu beachten, wenn die unteren Leitungen aus hart gezogenen Drähten bestehen, bei denen ein Hoch- oder Seitwärtsschnellen zu befürchten ist.

Die Spannunggrenze von 1000 V ist entsprechend § 4 der Errichtungsvorschriften gewählt worden.

Bei Winkelpunkten von Hochspannungleitungen auf Stützenisolatoren sollen die Leitungen an zwei Isolatoren so befestigt werden, daß die Leitung beim Bruch eines Isolators nicht herabfallen kann.

B. Kreuzungen mit Bahnanlagen, Wasserstraßen und Reichs-telegraphenanlagen.

Bezüglich solcher Kreuzungen gelten besondere Vorschriften (siehe Abschnitte 85—89, S. 724 bis 753).

C. Führung von Starkstromleitungen durch Forstbestände.

Als Maßnahme gegen die Gefährdung der Starkstromanlage durch Umbruch von Bäumen wird empfohlen, den Baumbestand zu beiden Seiten der Leitungen so weit aufzuhauen, daß der wagerechte einseitige Abstand der Stämme der Randbäume des Aufhiebes von den Starkstromgestängen wenigstens dem aus der Formel:

$$b + \sqrt{H^2 - h^2}$$

errechneten Maß entspricht.

Hierbei bedeutet H die Höhe der Randbäume in m, wobei das Wachstum der Bäume gegebenenfalls zu berücksichtigen ist, h den senkrechten Abstand zwischen Erdoberfläche und der am meisten gefährdeten Leitung in m (bei Speiseleitungen oder Leitungen mit Spannungen über 35000 V ist dieser Wert vom tiefsten Punkte des größten Durchhanges der Leitung, bei Verteilungsleitungen vom Aufhängepunkte am Mast aus zu messen), b den wagerechten Abstand von der Gestängemitte bis zu der Leitung. Falls die Art des Baumbestandes, die Bodengestaltung oder die Lage zur ungünstigsten Windrichtung die Sicherheit zu hoch oder nicht ausreichend erscheinen lassen, wird empfohlen, die Aufhiebbreite entsprechend einzuschränken oder zu vergrößern.

44. Merkblätter für Verhaltungsmaßregeln gegenüber elektrischen Freileitungen.

Gültig ab 1. Oktober 1925[1].

Die Berührung aller elektrischen Leitungen ist grundsätzlich zu vermeiden. Nicht nur die Berührung solcher Leitungen, deren Maste durch rote Blitzpfeile oder Warnungschilder gekennzeichnet sind, ist lebensgefährlich; auch nicht gekennzeichnete Leitungen können unter Umständen, die der Nichtfachmann nicht beurteilen kann, Gefahren bringen.

Bei allen Arbeiten in der Nähe von elektrischen Leitungen, z. B. beim Fällen und Ausästen von Bäumen, beim Aufstellen von Gerüsten für Bauten und Brunnenbohrungen, bei allen Instandsetzungsarbeiten an Gebäuden, beim Fensterputzen, beim Be- und Entladen von Erntewagen, beim Errichten von Getreidemieten, beim Aufrichten von Leitern zum Obstpflücken und zum Feuerlöschen sowie beim Bau von Luftleitern (Antennen) für Funkanlagen u. dgl., ist die Berührung der Leitungen, der Isolatoren und der an Holzmasten angebrachten Eisenteile, auch der Ankerdrähte, zu vermeiden. Besonders ist beim Fällen von Bäumen darauf zu achten, daß diese nicht gegen die Leitungen oder Maste stürzen. Besteht eine derartige Berührungsgefahr, so ist die nächste Betriebstelle der Überlandzentrale (des Elektrizitätswerkes) vor Beginn der Arbeiten so rechtzeitig zu verständigen, daß diese entweder die Leitung abschalten oder sonst geeignete Schutzmaßnahmen treffen kann.

Bei Bränden ist die nächste Betriebstelle sofort zu benachrichtigen. Hochspannungleitungen sollen nicht angespritzt werden.

Transformatorenhäuschen dürfen durch Unbefugte nicht betreten, Leitern an diese Häuschen nicht angelegt werden.

In der Nähe elektrischer Leitungen Drachen steigen zu lassen, ist lebensgefährlich, ebenso das Erklettern von Leitungsmasten.

Gerissene, von den Masten herabhängende oder am Erdboden liegende Leitungen zu berühren oder sich ihnen zu nähern, ist gefährlich. Vorübergehende sind in derartigen Fällen zu warnen. Die nächste Betriebstelle der Überlandzentrale (des Elektrizitätswerkes) ist auf schnellstem Wege, womöglich telephonisch oder telegraphisch, zu benachrichtigen. Die gleiche Benachrichtigung ist notwendig bei etwa an den Leitungen oder den Isolatoren beobachteten Licht- und Feuererscheinungen.

---

[1] Angenommen durch die Jahresversammlung 1925. Veröffentlicht: ETZ 1925, S. 63, 394 und 1526. — *Sonderdruck VDE 329.*

Einen Verunglückten, der unmittelbar oder mittelbar mit der Leitung noch in Berührung steht, anzufassen, ist lebensgefährlich; nur durch sachgemäßes Eingreifen kann ihm geholfen werden.

Bei der Hilfeleistung ist zu beachten:

Die Leitung ist, wenn irgend möglich, sofort spannungfrei zu machen; ist dieses geschehen, so kann der Verunglückte ohne weiteres von ihr getrennt werden. Für den Fall, daß die Leitung nicht sofort spannungfrei gemacht werden kann, wird dem Nichtfachmann abgeraten, die Trennung trotzdem zu versuchen, da die Gefahr, daß noch weitere Personen dabei zu Schaden kommen, größer als die Aussicht auf Erfolg ist. Man warte vielmehr die Ankunft des Betriebspersonales ab und helfe diesem.

Bei Bewußtlosen ist so schnell wie möglich künstliche Atmung anzuwenden und bis zu vier Stunden fortzusetzen, wenn nicht inzwischen der Arzt aus sicheren Anzeichen den Tod festgestellt hat.

Um die künstliche Atmung einzuleiten, legt man den Verunglückten auf den Rücken[2], öffnet alle beengenden Kleidungstücke und schiebt ein Polster (z. B. einen zusammengerollten Rock) unter die Schultern, faßt mit einem Taschentuch die Zunge des Betäubten, zieht sie kräftig heraus, um die Luftwege frei zu machen, und bindet die Zunge mit dem Tuche an dem Kinn fest. Man kniet hinter dem Verunglückten nieder, das Gesicht dem Verunglückten zugewendet, faßt sodann dessen Arme am Ellenbogen, zieht sie über den Kopf, führt sie zurück und drückt sie an den Brustkasten. Die Bewegungen müssen langsam vorgenommen werden, etwa 15-mal in 1 min.

Auf alle Fälle ist schleunigst ein Arzt zu holen und die nächste Betriebstelle zu benachrichtigen.

Besondere Verhaltungsmaßregeln für Kinder.

1. Du sollst weder an Leitungsmasten hinaufklettern noch an ihnen herumspielen!

2. Du sollst nicht auf Bäume, Gerüste oder dgl. klettern, an denen Freileitungen vorbeiführen!

3. Du sollst nicht auf Transformatorenhäuschen und ihre Umzäunungen klettern!

4. Du sollst nicht in der Nähe von Freileitungen Drachen steigen lassen!

5. Du sollst nie einen von einem Leitungsmast herabhängenden oder am Erdboden liegenden Draht berühren oder auch nur in dessen Nähe gehen!

6. Du sollst die Verankerungen von Leitungsmasten nicht berühren, auch nicht an ihnen rütteln oder schaukeln!

7. Du sollst nicht mit Steinen oder anderen Gegenständen nach den Porzellanisolatoren oder nach den Leitungsdrähten werfen!

8. Du sollst Transformatorenhäuser und Schalträume nicht betreten, auch wenn sie offenstehen und unbewacht sind!

---

[2] Vgl. die Abbildungen in: „Anleitung zur ersten Hilfeleistung bei Unfällen im elektrischen Betriebe", S. 623 u. ff.

9. Du sollst einen an elektrischen Leitungen Verunglückten nicht anfassen, aber du sollst sofort Erwachsene zu Hilfe holen!

Erklärungen.

Nicht nur die Berührung der durch rote Blitzpfeile und durch Warnungschilder der Maste gekennzeichneten Leitungen ist lebensgefährlich, sondern auch nicht gekennzeichnete Leitungen können unter Umständen, die der Nichtfachmann nicht beurteilen kann, Gefahren bringen.

Zu 2. Nicht nur durch die unmittelbare Berührung der Leitungen, sondern auch durch die Berührung von Ästen und Zweigen in der Nähe von Hochspannung führenden Leitungen können Menschen zu Schaden kommen. Besondere Vorsicht ist daher auch beim Abernten der Obstbäume geboten, wenn sie sich in der Nähe von Freileitungen befinden.

Zu 3. An den Transformatorenhäusern führen häufig Leitungen herunter, die beim Erklettern der Häuschen oder Zäune erreichbar sind. Diese Leitungen sind zwar vielfach isoliert, doch bietet auch die Isolierung keinen zuverlässigen Schutz, schon deshalb, weil sie im Freien leicht verwittert und dann von der Spannung durchschlagen wird.

Zu 4. Die Drachenschnüre können, besonders wenn sie etwas feucht sind, im Falle einer Berührung mit einer Leitung den Strom gut leiten und so eine Verletzung oder den Tod des die Drachenschnur haltenden Kindes herbeiführen.

Zu 5. Auch von einem die Erde berührenden Draht können starke Ströme in das Erdreich übertreten und die in die Nähe der Berührungstelle tretenden Personen in höchstem Maße gefährden.

Zu 6 und 7. Dieses könnte das Reißen und Herabfallen der Drähte und damit eine Gefährdung der Vorüberkommenden zur Folge haben. Außerdem kann das Reißen auch nur eines einzigen Drahtes die öffentliche Stromversorgung eines großen Bezirkes und somit die Stillegung vieler landwirtschaftlicher und gewerblicher Betriebe nach sich ziehen.

Zu 8. Die Transformatoren- und Schaltstationen sollen stets verschlossen gehalten werden, so daß sie Unbefugten unzugänglich sind. Jedoch kann durch Fahrlässigkeit, infolge Abbrechens eines Schlüssels oder aus einem ähnlichen Grunde die Tür eines Transformatorenhäuschens einmal unverschlossen bleiben. In einem solchen Falle würde sich, da ein großer Teil der Einrichtung in einer Transformatorenstation unter Hochspannung steht, ein den Raum betretender Nichtfachmann in unmittelbare Lebensgefahr begeben.

45. Merkblatt über die Zerstörung von Holzmasten durch Käferlarven.

Gültig ab 1. Juli 1927[1].

1. Name des hauptsächlich in Frage kommenden Käfers.

Hausbock, Balkenbock (Hylotrupes bajulus oder Callidium bajulum).

2. Beschreibung.

A. Käfer.

Gattung. Der Schädling gehört in die Gruppe der Bockkäfer, die sich durch verhältnismäßig lange Fühler auszeichnen.

Aussehen. Er ist ein gestreckter, schmaler, breitgedrückter Käfer; die fadenförmigen Fühler sind kaum von halber Körperlänge, das Brust-

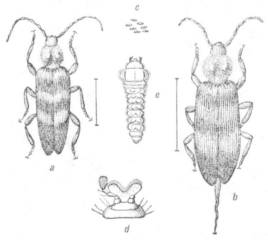

Abb. 1. Hausbock.
a Männchen, *b* Weibchen, *c* Eier, *d* Fühler, *e* Larve.

schild, zwischen Kopf und Flügeln, ist abgerundet, glattrandig und flach, etwas breiter als lang, mit zwei glänzenden, unbehaarten Höckern. Die Flügeldecken tragen quer verlaufende, fleckenartige, oft undeutliche weißliche Haarbinden.

---

[1] Angenommen durch die Jahresversammlung 1927. Veröffentlicht: ETZ 1927, S. 517, 708 und 1089. — *Sonderdruck VDE 392.*

Größe. Der Käfer ist 8 bis 20 mm lang, Weibchen größer mit zugespitztem Hinterleib, Männchen kleiner mit gerundetem Hinterleib (siehe Abb. 1, a und b).

Farbe. Die Farbe ist braun oder pechschwarz, auf den Flügeln und seitlich zeigt sich feine weiße oder grauweiße Behaarung.

Fortpflanzung. Der weibliche Körper hat eine Legeröhre, die beim Eierlegen ausgezogen in die Stangenrisse geführt wird. Die Eier (siehe Abb. 1, c) sind gestreckt, walzenförmig, weiß, etwa 2 mm lang, an den Enden zugespitzt. Die Eiablage erfolgt von Mitte Juni bis Anfang August.

B. Larve.

Aussehen. Die aus dem Ei entstehende Larve (siehe Abb. 1, e) ist walzenförmig, mit scharf voneinander abgesetzten Körperringen. Am Kopfe sitzen die kleinen schwarzbraunen, kräftigen, beißenden Mundteile.

Abb. 2.
Schnitt durch ein durch Käferfraß zerstörtes Maststück.

Abb. 3.
Maststück mit Flug- löchern des Haus- bockes.

Größe. Erwachsen ist sie etwa 3 cm lang, Durchmesser am Kopf etwa 5 mm, hinten 3 bis 4 mm.

Farbe. Weiß.

Lebensweise. Die Larve frißt mit Schonung der äußeren Holzschicht des Mastes zuerst im Splintholz. Bei zunehmender Größe geht sie tiefer in das Innere des Mastes, selbst bis in das Kern- oder Reifholz. Sie nagt unregelmäßige, dicht nebeneinander — meistens in der Längsrichtung des Mastes — laufende Gänge (siehe Abb. 2). Alles Holz wird zernagt, nur einige besonders feste Teile des Spätholzes der Jahrringe bleiben stehen. Die Oberfläche der vom Wurmfraß befallenen Maste erscheint äußerlich noch gesund, wenn bereits im Inneren die Zerstörung, namentlich des Splintholzes, schon weit vorgeschritten ist. In der Regel verraten erst die beim Ausschlüpfen der Jungkäfer entstehenden Fluglöcher das Vorhandensein der Holzzerstörer.

Die Larve übt bei der Zerstörung des Holzes eine schabende Tätigkeit aus. Das bei dem Fraß der Larve entstehende Bohrmehl ist holzfarben. Die Gänge sind mit diesem Bohrmehl vollständig erfüllt.

Dauer der Entwicklung. Die Dauer des Larvenzustandes, d. h. die Dauer der Entwicklung des Hausbockes vom Ei bis zur Puppe, dauert mindestens 2 bis 3 Jahre; es sind indessen schon viel längere Zeiträume beobachtet worden.

Puppe. Die aus der Larve entstehende Puppe liegt im Holz. Sie wird zum Jungkäfer, der sich bis zur Oberfläche des Mastes durcharbeitet und ihn durch ein Flugloch verläßt.

Fluglöcher. Da aus den Fluglöchern (siehe Abb. 3) die kleineren Männchen und die größeren Weibchen hervorkommen, haben die Löcher verschiedene Größe. Sie sind oval bis rund, ihr Durchmesser beträgt 5 bis 7 mm. Sie befinden sich meistens 1 bis 2 m vom Erdboden, in einzelnen Fällen auch im oberen Teil der Maste.

Flugzeit. Flugzeit der Jungkäfer ist gewöhnlich Mitte Juni bis Mitte August.

3. Holzart der von Käfern befallenen Maste.

Befallen werden Maste aus Nadelhölzern, und zwar gleichmäßig kieferne, fichtene und tannene.

4. Am meisten heimgesuchte Maste.

Von zubereiteten Masten werden am meisten solche mit Luftrissen, die über die imprägnierte Zone in die Tiefe gehen, heimgesucht.

5. Am wenigsten Wurmfraß zeigende Maste.

Von zubereiteten Masten zeigen die mit Teeröl getränkten kiefernen Maste am wenigsten Wurmfraß. Sie halten sich, weil sie bis zum Kern getränkt sind, in käferverseuchten Linien am besten. Da die Tränkung im geschlossenen Kessel unter Luftleere, Anwendung heißen Teeröles und Luftdruck geschieht, müssen die etwa im Rohholz vorhandenen Eier und Larven des Käfers während der Tränkung absterben.

6. Vorkommen des Wurmfraßes.

Wurmfraß zeigt sich in Leitungsmasten überall in Deutschland und zwar innerhalb geschlossener Orte häufiger als auf freier Strecke. Die Ver-

seuchung der Maste geht in Dörfern und Städten mit vorwiegend Holz-
bauten von käferbefallenen Häusern, sonst von befallenen Holzzäunen,
Holzlagern, Leitungsmasten usw. aus.

7. Bisherige Maßnahmen zur Bekämpfung des Wurmfraßes.

Mittel.	Ergebnis.
a) Anstrich der nicht mit Teeröl getränkten Maste mit Karbolineum, Barol, Teer usw. innerhalb der gefährdeten Zone bis etwa 2 m über dem Erdboden.	Keine sichtbaren Erfolge. Es zeigten sich dennoch Fluglöcher.
b) Bedecken der nicht mit Teeröl getränkten Maste innerhalb der gefährdeten Zone bis 2 m über der Erde mit einer asphaltartigen Kruste, dem sogenannten „Stockschutz".	Trotz des Stockschutzes ist in einzelnen Fällen Wurmfraß beobachtet worden, auch haben sich Fluglöcher gezeigt.
c) Zur Abtötung der in Masten fressenden Larven Einspritzen heißer, besonders teerölhaltiger Stoffe in die Fluglöcher und, soweit angängig, auch in die Bohrgänge; Verstopfen der Fluglöcher und Mastrisse mit Zement usw.	Das Verfahren hat keine nennenswerten Erfolge gezeigt. Es ist zu umständlich und kostspielig und für große Netze nicht wirtschaftlich.
d) Auswechseln von Masten mit Wurmfraß.	—

8. Weitere Maßnahmen zur Bekämpfung des Wurmfraßes in Masten.

a) Bei der Abnahme im Walde, in der Tränkungsanstalt vor der Tränkung soll eine gründliche Prüfung der zu Leitungsmasten bestimmten
   Rohhölzer auf Wurmfraß erfolgen; hierbei sollen alle Maste, die Fluglöcher oder Bohrgänge holzzerstörender Insekten zeigen, zurück-
   gewiesen werden.

b) Von Holzlieferern und Besitzern von Tränkungswerken wird mit Nach-
   druck verlangt, wurmstichiges Holz von den Lager- und Brackplätzen
   zu entfernen und solches, wie auch faule Hölzer, weder zu Unterlagen
   noch zu Streckstangen usw. beim Stapeln von Starkstrommasten,
   Telegraphenstangen u. dgl. zu verwenden.

c) In den Tränkungswerken usw. soll für gründliche Tränkung und
   sachgemäße Stapelung usw. der rohen und fertigen Maste gesorgt
   werden.

d) In den Lagern sollen sämtliche von Käfern befallenen „wurmstichigen"
   Maste und Unterlagen sowie andere Hölzer, die Wurmfraß zeigen,
   sofort entfernt werden; sie dürfen auch nicht im Umkreis von 1 km

gelagert werden. Aus den Strecken gewonnene Wurmfraßmaste oder Teile von solchen dürfen unter keinen Umständen — auch nicht vorübergehend — den Lagern zugeführt werden.

e) Im Leitungsbau sollen zunächst aus den käferverseuchten Strecken solche mit Wurmfraß behafteten Maste entfernt werden, die die Standhaftigkeit der Strecke gefährden. Empfohlen wird, als Ersatz teerölgetränkte kieferne Maste zu verwenden, oder, wenn es genügt, nur den schadhaften unteren Mast zu beseitigen, Mastfüße einzubauen.

Abschnitte von Wurmfraßmasten dürfen keinesfalls zu Streben oder als Hilfshölzer in den Strecken verwendet werden.

f) Die Entfernung der Wurmfraßmaste hat nur dann den gewünschten Erfolg, wenn alle Unternehmungen, die sich mit Leitungsbau befassen (Starkstromunternehmungen, Post, Bahn, Besitzer von Privatanlagen), bereit sind, ihre Strecken zu reinigen, weil sonst die Gefahr besteht, daß die nicht verseuchten Strecken von den wurmfraßbefallenen Stangen und Masten anderer Anlagen aus immer wieder verseucht werden.

g) Die von Bockkäferlarven beschädigten Teile eines Mastes sollen durch Feuer vernichtet, das übrige Holz zu Brennzwecken verkauft werden. Da in ihm auch noch Larven vorhanden sein können, darf es nicht wieder als Nutzholz verwendet werden. Kaufbedingung ist, daß es binnen 3 Tagen kurzstückig zu zersägen und brennholzmäßig aufzuspalten ist.

h) Da die Käferlarven die äußeren Holzschichten der Maste schonen, läßt sich durch Anbohren der Maste mit einem Stahldorn vielfach nicht sicher feststellen, ob Käferfraß vorliegt. Bei Untersuchung der Maste in käferverseuchten Strecken bietet bei einiger Übung das Beklopfen der einzelnen Maste ein geeignetes Prüfungsmittel, um die Zerstörung im Inneren festzustellen.

Wird das Ohr an den Mast gelegt und dieser in etwa ¾ m Höhe vom Erdboden ab mit einem Zweipfundhammer angeschlagen, so ergibt sich ein klarer Ton, sofern der Mast gesund ist, dagegen ein dumpfer, wenn er im Inneren Larven- oder Pilzangriffen ausgesetzt ist. Außerdem stäubt bei anhaltendem Klopfen Wurmmehl aus den Fluglöchern oder den Mastrissen heraus. Mit Vorteil kann man zu dieser Prüfung auch einen Zuwachsbohrer verwenden, mit dem man Bohrkerne aus dem Mast herausnimmt.

9. Sonstiges.

Die im Leitungsbau beschäftigten Personen sollen über die Entstehung des Wurmfraßes und über die daraus für den Leitungsbau folgenden Nachteile aufgeklärt und angewiesen werden, besonders beim Auswechseln wurmfraßbeschädigter Maste die zur Verhütung von Unfällen erforderlichen Vorsichtsmaßregeln zu treffen.

46. Leitsätze für die Errichtung von Fahrleitungen für Hebezeuge und Transportgeräte.

§ 1.
Geltungstermin.

Diese Regeln gelten für Fahrleitungen, deren Errichtung nach dem 1. Januar 1926 begonnen wird[1].

§ 2.
Geltungsbereich.

Diese Regeln gelten für Fahrleitungen für Hebezeuge und Transportgeräte, die mit einer Betriebspannung von nicht mehr als 600 V arbeiten. Höhere Spannungen sind zulässig, doch müssen die Konstruktionen hierfür entsprechend ausgebildet sein.

§ 3.
Spannungsabfall.

Der Querschnitt der Fahrleitungen ist hinsichtlich der Erwärmung nach § 4 zu bemessen. Hierbei muß der Spannungsabfall in den zulässigen Grenzen gehalten werden. Als geringstzulässige Spannung sind bei Drehstrom 7,5% und bei Gleichstrom 10% unter der Nennspannung der Motoren, Steuer- und Schaltgeräte bei dem betriebsmäßig auftretenden Spitzenstrom zugelassen.

§ 4.
Normale Querschnitte.

Bis 120 mm² werden Kupferdrähte mit rundem oder profiliertem Querschnitt gemäß der Tafel in § 5 verwendet. Bei noch größeren Querschnitten sind Stromschienen aus Eisen mit aufgelegtem Kupferleiter oder reine Kupferschienen zu benutzen.

§ 5.
Belastbarkeit.

Die mit Rücksicht auf Erwärmung höchstzulässigen Belastungen sind der nachstehenden Tafel zu entnehmen:

Profil	Querschnitt mm²	Höchstzulässige Stromstärke in A bei	
		100% ED	40% ED
Kupferdraht	35	140	220
	50	180	280
	65	220	345
	80	250	390
	100	295	465
	120	340	530
	150	415	655
Kupferschiene	480	1200	1900

[1] Angenommen durch die Jahresversammlung 1925. Veröffentlicht: ETZ 1925, S. 711. 1017 und 1526. — Änderung des § 5 angenommen durch die Jahresversammlung 1927. Veröffentlicht: ETZ 1927, S. 188, 860 und 1089. — *Sonderdruck VDE 332.*

Die zweite Spalte gilt für Dauereinschaltung, die dritte für aussetzenden Betrieb mit einer relativen Einschaltdauer von 40%.

Bei Aufstellung der vorstehenden Tafel war für die Belastbarkeit von Leitern verschiedenen Querschnittes das Verhältnis von Oberfläche zu Querschnitt maßgebend, da mit wachsender Oberfläche die Belastung zunimmt. Daher ist dieses Verhältnis bei Kupferschienen zu berücksichtigen. Bei einer Kupferschiene von 480 mm² ist der Schienenumfang 197 mm.

§ 6.
Isolatoren.

Für die Fahrleitungen genügt bei Stützpunkten eine einfache Isolation, wenn die Verlegung auf Porzellandoppelglocken (Kranisolatoren oder Rillenisolatoren) erfolgt. Zum Endabspannen und Isolieren der Fahrdrähte genügt ebenfalls einfache Isolation, falls Porzellan- oder gleichwertige Abspannisolatoren verwendet werden.

Für Räume, in denen sich elektrisch leitender Staub niederschlagen kann (Hüttenwerke, Gießereien u. dgl.), sind nur solche Porzellan- oder gleichwertige Isolatoren zugelassen, die einen Kriechweg von mindestens 60 mm aufweisen. Unter Kriechweg ist die geringste Oberflächenlänge auf dem Isolierstoff zwischen dem stromführenden Teil und den geerdeten Befestigungsmitteln zu verstehen.

In Räumen mit säurehaltiger oder feuchtwarmer Luft sowie in den Tropen darf nur Porzellan mit einem Kriechweg von mindestens 60 mm verwendet werden.

§ 7.
Stützenabstand.

Bei einer Gesamtlänge des Fahrdrahtes von nicht mehr als 12 m ist eine Unterstützung des Drahtes nicht erforderlich. Bei größeren Längen darf die Stützenentfernung 8 m, bei Stromschienen 2,5 m nicht überschreiten.

§ 8.
Schutz gegen Berührung.

Die Fahrleitungen sind so zu schützen, daß beim Besteigen des Führerstandes ein zufälliges Berühren der Leitungen nicht eintreten kann. Ferner soll auch ein Berühren der Last oder des Lastseiles mit den Leitungen ausgeschlossen sein. Leitungen, die in Schlitzkanälen verlegt sind (Hafenkrane usw.), sind gegen unbeabsichtigte Berührung zu schützen.

§ 9.
Stromrückleitung durch die Laufschiene.

Hierfür sind die „Vorschriften für elektrische Bahnen" sinngemäß anzuwenden.

47. Vorschriften für isolierte Leitungen in Starkstromanlagen V.I.L./1928[1].

Gültig ab 1. Januar 1928[2].

Für die Verarbeitung gilt der 1. Januar 1929 als Einführungstermin.

Inhaltsübersicht:

I. Allgemeines.

§ 1. Allgemeine Kennzeichnung.
§ 2. Beschaffenheit der Kupferleiter.
§ 3. Zusammensetzung der Gummihülle.
§ 4. Verwendungsbereich.
§ 5. Unterscheidung der Adern von Mehrfachleitungen.

---

[1] Erläuterungen hierzu von Dr. R. Apt können von der Verlagsbuchhandlung Julius Springer, Berlin W 9, bezogen werden.

[2] Angenommen durch die Jahresversammlung 1927. Veröffentlicht: ETZ 1927, S. 443, 476, 856 und 1089. — *Sonderdruck VDE 398.*

Diese neue Fassung ist die erste, aus der die Bleikabel ausgeschieden sind („Vorschriften für Bleikabel in Starkstromanlagen V.S.K./1928", s. S. 471 u. ff.).

Vorher hat eine Anzahl anderer Fassungen bestanden. Über die Entwicklung gibt nachstehende Tafel Aufschluß.

Fassung:	Beschlossen:	Gültig ab:	Veröffentlicht: ETZ
1. Fassung	28. 6. 01	1. 1. 03	01 S. 800
Zusatz zur 1. Fassung	13. 6. 02	1. 1. 03	02 S. 762
2. Fassung	8. 6. 03	1. 7. 03	03 S. 887
Zusatz zur 2. Fassung	24. 6. 04	1. 7. 04	04 S. 687
3. Fassung	25. 5. 06	1. 1. 07	06 S. 664
4. Fassung	7. 6. 07	1. 1. 08	07 S. 823
Zusatz zur 4. Fassung	3. 6. 09	{1. 7. 09 {1. 1. 10	09 S. 787
2. Zusatz und Änderung der 4. Fassung	26. 5. 10	{1. 7. 10 {1. 1. 12	10 S. 279, 382 519 u. 740
5. Fassung	6. 6. 12	1. 7. 12	12 S. 545
Änderungen der 5. Fassung	19. 6. 13	1. 7. 13	13 S. 1041
6. Fassung	26. 5. 14	1. 7. 15	14 S. 367 u. 604
7. Fassung	1. 6. 21	1. 7. 21	21 S. 864
8. Fassung	17. 10. 22	17. 10. 22	22 S. 1462
Zusatz zur 8. Fassung	29. 8. 24	1. 10. 24	24 S. 316, 444 u. 1068
9. Fassung	8. 9. 25	1. 4. 26	25 S. 750, 903 u. 1526
Änderungen der 9. Fassung	28. 6. 26	1. 1. 27	26 S. 116, 401, 515, 658 u. 862
10. Fassung (ohne Bleikabel)	1. 7. 27	1. 1. 28	27 S. 443, 476. 856 u. 1089

II. Bauart und Prüfung der Leitungen.

Leitungen für feste Verlegung.

§ 6. Gummiaderleitungen . . . . (NGA)
§ 7. Sondergummiaderleitungen . . . . (NSGA)
§ 8. Rohrdrähte . . . . (NRA)
§ 9. Bleimantelleitungen . . . . (NBU, NBEU)
§ 10. Panzeradern . . . . (NPA)

Leitungen für Beleuchtungskörper.

§ 11. Fassungsadern . . . . (NFA)
§ 12. Pendelschnüre . . . . (NPL)

Leitungen zum Anschluß ortsveränderlicher Stromverbraucher.

§ 13. Gummiaderschnüre . . . . (NSA)
§ 14. Leichte Anschlußleitungen . . . . (NHH)
§ 15. Werkstattschnüre . . . . (NWK)
§ 16. Leichte Gummischlauchleitungen . . . . (NLH)
§ 17. Mittlere Gummischlauchleitungen . . . . (NMH)
§ 18. Starke Gummischlauchleitungen . . . . (NSH)
§ 19. Sonderschnüre . . . . (NSGK)
§ 20. Hochspannungsschnüre . . . . (NHSGK)
§ 21. Biegsame Theaterleitungen . . . . (NTK, NTSK)
§ 22. Leitungstrossen . . . . (NT)

III. Belastungstafel für gummiisolierte Leitungen.

I. Allgemeines.

§ 1. Allgemeine Kennzeichnung.

Für die Leitungen, die den „Vorschriften für isolierte Leitungen in Starkstromanlagen V.I.L./1928" entsprechen, wird durch die Prüfstelle des VDE auf Grund eines besonderen Verfahrens ein Kennfaden zugewiesen, durch den ersichtlich gemacht werden soll, von welchem Werk die Leitungen hergestellt sind (Firmenkennfaden). Außerdem verleiht die Prüfstelle den Werken, denen ein Firmenkennfaden zugewiesen worden ist, das Recht, den schwarz-roten Kennfaden[3] des VDE in den vorschriftsmäßigen Leitungen zu verwenden sowie die Bezeichnung „Codex" neben den nachfolgenden Typenbezeichnungen anzuwenden, z. B. „Codex NGA" usw. Beide Kennfäden müssen unmittelbar unter der inneren Beflechtung, bei Gummischlauchleitungen unter dem gemeinsamen Gummimantel eingelegt sein[4].

---

[3] Der schwarz-rote Kennfaden sowie das Wort „Codex" sind dem VDE durch Warenzeichen (Verbandzeichen) geschützt. Für den Kennfaden ist 40/2 Baumwollgarn zu verwenden; die Farbenstreifen (schwarz-rot) sind je 5 mm lang.

[4] Kennfäden, deren Farben durch die Tränkung nicht mehr deutlich zu unterscheiden sind, können durch Abwaschen mit Benzin kennbar gemacht werden.

§ 2. Beschaffenheit der Kupferleiter.

Die für isolierte Leitungen verwendeten Kupferdrähte müssen den „Kupfernormen" des VDE entsprechen und feuerverzinnt sein.

§ 3. Zusammensetzung der Gummihülle.

Die Gummihülle der Leitungen muß nach Fertigstellung folgender Zusammensetzung entsprechen:

Mindestens 33,3% Kautschuk, der nicht mehr als 6% Harz enthalten darf,

höchstens 66,7% Zusatzstoff, einschließlich Schwefel.

Von organischen Füllstoffen ist nur ein Gehalt an festem Paraffin bis zu einer Höchstmenge von 5% gestattet. Das spezifische Gewicht der Gummihülle muß mindestens 1,5 sein.

Die Gummihülle der fertigen Leitung muß eine Festigkeit von mindestens 50 kg/cm² und eine Bruchdehnung von mindestens 250% der Anfangslänge bei einer Meßlänge von 2 cm haben.

§ 4. Verwendungsbereich.

Der Verwendungsbereich ist für jede Leitungsart besonders festgelegt.

Ist hierfür eine Spannung angegeben, so bedeutet diese den höchsten Wert, den die Spannung zwischen zwei Leitern oder einem Leiter und Erde annehmen darf.

§ 5. Unterscheidung der Adern von Mehrfachleitungen.

Die Einzeladern in Mehrfachleitungen müssen voneinander unterscheidbar sein. Die Kennzeichnung soll erfolgen durch Färbung der Baumwollbespinnung über der Kupferseele oder durch Färbung des gummierten Bandes über der Gummihülle oder durch verschiedene Färbung der Gummihülle selbst.

Die zur Kennzeichnung verwendeten Farben sollen sein:

2 Adern: hellgrau-schwarz,
3 Adern: hellgrau-schwarz-rot,
4 Adern: hellgrau-schwarz-rot-blau.

Wird eine der Adern als Erdungsleiter oder Nulleiter benutzt, so ist die hellgraue Ader dafür zu verwenden.

II. Bauart und Prüfung der Leitungen.

Leitungen für feste Verlegung.

§ 6. Gummiaderleitungen
für Spannungen bis 750 V.
Bezeichnung: NGA.

Gummiaderleitungen sind mit massiven Leitern in Querschnitten von 1,5 bis 16 mm², mit mehrdrähtigen Leitern in Querschnitten von 1,5 bis 1000 mm² zulässig.

Die Kupferseele ist mit einer vulkanisierten Gummihülle umgeben. Die Gummihülle muß aus mindestens zwei Lagen Gummi verschiedener Färbung hergestellt sein.

Für die Leiter und Gummihüllen gilt folgende Tafel:

Kupfer- querschnitt mm²	Mindestzahl der Drähte bei mehrdrähtigen Leitern	Dicke der Gummischicht mindestens mm	Kupfer- querschnitt mm²	Mindestzahl der Drähte bei mehrdrähtigen Leitern	Dicke der Gummischicht mindestens mm
1,5	7	0,8	120	37	1,8
2,5	7	0,9	150	37	2
4	7	1	185	37	2,2
6	7	1	240	61	2,4
10	7	1,2	300	61	2,6
16	7	1,2	400	61	2,8
25	7	1,4	500	91	3,2
35	19	1,4	625	91	3,2
50	19	1,6	800	127	3,5
70	19	1,6	1000	127	3,5
95	19	1,8			

Die Gummihülle ist mit gummiertem Baumwollband bewickelt. Hierüber befindet sich eine Beflechtung aus Baumwolle, Hanf oder gleichwertigem Stoff, die in geeigneter Weise getränkt ist. Bei Mehrfachleitungen kann die Beflechtung gemeinsam sein.

Bei Leitungen mit wetterfest getränkter Beflechtung (Bezeichnung NGAW) muß zwischen dem gummierten Baumwollband und der Beflechtung eine Bewicklung mit Papierband liegen. Als wetterfeste Massen sind solche anzusehen, die trocknende pflanzliche Öle und Metalloxyde enthalten.

Die Leitungen müssen nach 24-stündigem Liegen unter Wasser von nicht mehr als 25° C während ½ h einer Wechselspannung von 2000 V oder einer Gleichspannung von 2800 V widerstehen können. Für die Gleichspannungprüfung muß eine Stromquelle von mindestens 2 kW benutzt werden.

§ 7. Sondergummiaderleitungen

für Spannungen von 2000, 3000, 6000, 10000, 15000 und 25000 V.

Bezeichnung NSGA,

der die Spannung beizufügen ist, z. B.

$$\frac{\text{NSGA}}{3000} 10^5.$$

Sondergummiaderleitungen sind mit massiven Leitern in Querschnitten von 1,5 bis 16 mm², mit mehrdrähtigen Leitern in Querschnitten von 1,5 bis 300 mm² zulässig.

Die Gummihülle muß aus mindestens zwei Lagen Gummi verschiedener

---

[5] Die Bezeichnung bedeutet: Spannung 3000 V, Querschnitt 10 mm².

Färbung hergestellt sein, die Mindestwanddicke muß nachstehender Tafel entsprechen:

Kupfer-querschnitt mm²	2000 V mm	3000 V mm	6000 V mm	10 000 V mm	15 000 V mm	25 000 V mm
1,5	1,5	1,7	—	—	—	—
2,5	1,5	1,8	3	—	—	—
4	1,5	1,8	3	—	—	—
6	1,5	1,8	3	4,7	—	—
10	1,7	2	3,2	4,5	7	—
16	1,7	2	3,2	4,3	7	10
25	2	2,2	3,2	4,3	7	10
35	2	2,2	3,2	4,3	7	10
50	2,3	2,4	3,4	4,3	7	10
70	2,3	2,4	3,4	4,3	7	10
95	2,6	2,6	3,4	4,3	7	10
120	2,6	2,6	3,4	4,3	7	10
150	2,8	2,8	3,6	4,3	7	10
185	3	3	3,6	4,3	7	10
240	3,2	3,2	3,8	4,3	7	10
300	3,4	3,4	3,8	4,3	7	10

Die Mindestzahl der Drähte bei mehrdrähtigen Leitern ist die gleiche wie die in der Tafel für NGA-Leitungen angegebene.

Die Gummihülle ist mit gummiertem Baumwollband bewickelt. Hierüber befindet sich eine Beflechtung aus Baumwolle, Hanf oder gleichwertigem Stoff, die in geeigneter Weise getränkt ist. Bei Mehrfachleitungen kann die Beflechtung gemeinsam sein.

Die Leitungen müssen nach 24-stündigem Liegen unter Wasser von nicht mehr als 25° C während ½ h einer Prüfung mit Wechselspannung gemäß nachstehender Tafel widerstehen können.

Betriebspannung V	Prüfspannung V	Betriebspannung V	Prüfspannung V
2 000	4 000	10 000	15 000
3 000	6 000	15 000	23 000
6 000	10 000	25 000	35 000

§ 8. Rohrdrähte

für Niederspannungsanlagen zur erkennbaren Verlegung, die es ermöglicht, den Leitungsverlauf ohne Aufreißen der Wände zu verfolgen.

Bezeichnung: NRA.

Rohrdrähte sind Gummiaderleitungen mit gefalztem, eng anliegendem Metallmantel (nicht Bleimantel) mit einer Wanddicke von mindestens 0,20 mm. An Stelle der getränkten Beflechtung erhalten sie eine mechanisch gleichwertige, isolierende Hülle von mindestens 0,4 mm Wanddicke. Rohrdrähte sind als Einfach- und Mehrfachleitungen in Querschnitten von 1,5 bis 6 mm² zulässig. Mehrfachleitungen sind durch Verseilung der Einzeladern herzustellen.

Bei Rohrdrähten muß die zum Ersatz der Beflechtung dienende isolierende Hülle aus getränktem Papier, Bitumen[6] oder vulkanisiertem Gummi bestehen. Bei Mehrfachleitungen ist zum Ausfüllen Jute, Bitumen oder vulkanisierter Gummi zu verwenden. Falls die Hülle aus vulkanisiertem Gummi besteht, muß die verwendete Gummimischung mechanisch fest und widerstandsfähig sein und einen Rohgummigehalt von mindestens 33⅓% besitzen. Sie braucht jedoch nicht den Vorschriften über die Zusammensetzung der Gummihülle nach § 3 zu entsprechen. Falls der Metallmantel der Rohrdrähte aus Eisen besteht, ist er mit einem rostsicheren Überzug zu versehen, der entweder aus Blei (NRAP) oder Aluminium (NRAA) bestehen soll. Bei verbleiten Eisenbändern muß die Bleiauflage mindestens $3 \, g/dm^2$ Oberfläche betragen.

Rohrdrähte können auch mit einem Erdungsleiter (Nulleiter) versehen werden, der aus einem blanken oder isolierten Kupferdraht bestehen muß. Bei Rohrdrähten, bei denen die über den Adern angeordnete isolierende Hülle aus Bitumen oder vulkanisiertem Kautschuk besteht, müssen die Erdungsleiter verzinnt sein. Für die Querschnitte der Erdungsleiter gelten die Bestimmungen über Werkstattschnüre.

Für den äußeren Durchmesser der Rohrdrähte gilt folgende Tafel:

Anzahl der Adern und Kupferquerschnitt	Außen-Durchmesser (über Falz gemessen)		Anzahl der Adern und Kupferquerschnitt	Außen-Durchmesser (über Falz gemessen)	
mm²	nicht unter mm	nicht über mm	mm²	nicht unter mm	nicht über mm
1,5	5,1	5,8	3 × 1,5	8,9	9,9
2,5	6	6,8	3 × 2,5	10	11
4	6,4	7,2	3 × 4	11	12
6	6,8	7,6	3 × 6	12	13
2 × 1,5	8,2	9,2	4 × 1,5	9,5	10,5
2 × 2,5	9,5	10,5	4 × 2,5	11	12
2 × 4	10	11	4 × 4	13	14,5
2 × 6	11	12	—	—	—

Die Rohrdrähte müssen während ½ h einer Wechselspannung von 2000 V zwischen den Leitern und zwischen Leiter und Metallmantel in trockenem Zustande widerstehen können.

Anmerkung: Die Prüfung des Rostschutzes wird in folgender Weise vorgenommen:

Feststellung der Verbleiungstärke und Gleichmäßigkeit der Bleischicht auf chemischem Wege.

a) Feststellung der durchschnittlichen Verbleiungstärke durch Elektrolyse. Elektrolyt: Natronlauge von mindestens 10^0 Bé.

---

[6] Unter Bitumen wird handelsüblich ein Gemisch aus verschiedenen Asphalten verstanden, das unter Zusatz von Schwefel in der Hitze ähnlich wie Kautschuk vulkanisiert wird.

Der Elektrolyt muß nahe am Siedepunkt gehalten werden (etwa 96° C). Die Stromstärke muß 1,8 A/dm² sein. Dabei ist die Anfangsspannung 0,8 V und steigt auf etwa 3 V. Die Dauer der Entbleiung richtet sich nach der Stärke der Bleischicht und beträgt etwa ½ bis 1 h. Der Elektrodenabstand ist 4 bis 5 cm. Als Kathode dient blankes Eisenblech, als Anode das zu entbleiende Mantelstück ohne Falz. Dieses muß an einem Eisendraht aufgehängt werden und vollständig von dem Elektrolyten umgeben sein. Vor dem Versuche muß das Blei auf der Innenseite des Bandes vollständig entfernt oder durch einen Anstrich geschützt werden. Das Bleigewicht je dm² muß im Mittel von 10 aus verschiedenen Rohrdrähten entnommenen Proben mindestens 3 g betragen. Das Bleigewicht der einzelnen Probe darf hierbei 2,6 g/dm² nicht unterschreiten.

b) Feststellung der Gleichmäßigkeit der Bleischicht durch Korrosionsprobe.

Unter eine Glasglocke bringt man, ohne den Luftzutritt abzusperren, ein Porzellanschälchen mit unverdünnter Salzsäure und daneben die zu prüfenden entfetteten Rohrstücke. Bei diesem Versuche dürfen sich nach 3 h Versuchsdauer keine Rostflecke zeigen.

Die Prüfung mit Aluminium überzogener Eisenbänder findet in folgender Weise statt:

Mit Aluminium überzogene Eisenbänder müssen vor der Prüfung mit Äther gründlich entfettet werden. Um Fehler oder mechanische Verletzungen der Aluminiumauflage festzustellen, werden die Eisenbänder zunächst in eine Kupfersulfatlösung (1 : 5) 30 s eingetaucht. Nach sorgfältigem Abspülen in fließendem Wasser werden die Eisenstreifen jeweils 60 s in Salzsäure getaucht (n/1 Salzsäure = 36,5 g HCl in 1000 cm³ Wasser), nach abermaligem Abspülen jeweils 30 s der Kupfersulfatlösung ausgesetzt. Vom fertigen Rohrdraht entfernt sollen die Eisenbänder vier Tauchungen dieser Art aushalten können, ohne daß sich ein erkennbarer Kupferniederschlag bildet.

§ 9. Bleimantelleitungen

für Niederspannungsanlagen zur festen Verlegung über Putz (für unterirdische Verlegung nicht zulässig).

Bezeichnung: (NBU mit Faserstoffbeflechtung),
(NBEU mit Eisenbandbewehrung).

Bleimantelleitungen sind mit massiven Leitern in Querschnitten von 1,5 bis 4 mm² als Einfach- und Mehrfachleitungen zulässig. Als Adern sind NGA-Leitungen zu verwenden, die an Stelle der getränkten Beflechtung als Einfachleitungen einen Gummimantel von 0,4 mm Wanddicke haben. In diesem Falle ist das gummierte Band über dem zusätzlichen Gummimantel anzubringen. Mehrfachleitungen sind aus Einzeladern so zu verseilen und mit Gummi so zu umpressen, daß alle Hohlräume ausgefüllt sind und der Gummimantel an der schwächsten Stelle mindestens 0,4 mm dick ist. Die zum Ausfüllen der Hohlräume und für den gemeinsamen

Gummimantel verwendete Gummimischung muß einen Rohgummigehalt von mindestens 33⅓% besitzen; sie braucht jedoch nicht den Vorschriften über die Zusammensetzung der Gummihülle nach § 3 zu entsprechen. Über der äußeren Gummihülle sind die Adern mit einem nahtlosen, enganliegenden Bleimantel zu umpressen. Der Bleimantel wird mit säurebeständiger Masse umgeben, mit zwei in säurebeständiger Masse gebetteten Lagen getränkten Papiers bewickelt und dann mit Faserstoffen (Baumwolle, Jute, Hanf oder gleichwertigen Stoffen) beflochten, die mit säurebeständiger Masse zu tränken sind (Type NBU). Bei bewehrten Bleimantelleitungen folgt über der Papierbespinnung eine Bewehrung aus zwei Lagen Bandeisen von 0,2 mm Dicke, hierüber eine Beflechtung aus Faserstoffen (Baumwolle, Jute, Hanf oder gleichwertigen Stoffen), die mit säurebeständiger Masse zu tränken ist (Type NBEU).

Bleimantelleitungen können auch mit einem Erdungsleiter (Nulleiter) versehen werden, der aus verzinntem Kupfer von gleichem Querschnitt wie die Hauptleiter bestehen muß. Die Erdungsleiter sind innerhalb des Bleimantels anzuordnen und mit den Hauptleitern zu verseilen.

Bleimantel, Bewehrung und Außendurchmesser der Bleimantelleitungen müssen der nachstehenden Tafel entsprechen.

Kupferquerschnitt mm²	Dicke des Bleimantels mm	Äußerer Durchmesser N B U etwa mm	Äußerer Durchmesser N B E U etwa mm
1,5	0,8	9	10
2,5	0,8	10	11
4	0,8	10,5	11,5
2 × 1,5	0,9	13	14
2 × 2,5	0,9	14,5	15,5
2 × 4	1	15,5	16,5
3 × 1,5	0,9	13,5	14,5
3 × 2,5	1	15,5	16,5
3 × 4	1	16,5	17,5
4 × 1,5	0,9	14,5	15,5
4 × 2,5	1	16,5	17,5
4 × 4	1	17,5	18,5

Die Bleimantelleitungen müssen während ½ h einer Wechselspannung von 2000 V zwischen den Leitern und zwischen Leiter und Metallmantel in trockenem Zustande widerstehen können.

§ 10. Panzeradern
für Spannungen bis 1000 V.
Bezeichnung: NPA.

Panzeradern sind Sondergummiaderleitungen für 2000 V mit einer Hülle aus Metalldrähten (Beflechtung, Bewicklung), die gegen Rosten geschützt sind. Bei Mehrfachleitungen darf die Metallhülle gemeinsam sein.

Die getränkte Beflechtung der NSGA-Leitung darf durch eine andere gleichwertige Schutzhülle, die als Zwischenlage gegen das Durchstechen abgerissener Drähte Schutz bietet, ersetzt sein.

Die fertigen NPA-Leitungen müssen während ½ h einer Wechselspannung von 4000 V zwischen Leiter und Schutzpanzer in trockenem Zustande widerstehen können.

Leitungen für Beleuchtungskörper.

§ 11. Fassungsadern

zur Installation nur in und an Beleuchtungskörpern in Niederspannungsanlagen [als Zuleitungen nicht zulässig (siehe § 18 der Errichtungsvorschriften)].

Bezeichnung: NFA.

Die Fassungsader hat einen massiven. oder mehrdrähtigen Leiter von 0,75 mm² Kupferquerschnitt. Bei mehrdrähtigen Leitern besteht die Kupferseele aus Drähten von höchstens 0,2 mm Durchmesser, die zusammengedreht werden.

Die Kupferseele ist mit einer vulkanisierten Gummihülle von 0,6 mm Wanddicke umgeben. Über dem Gummi befindet sich eine Beflechtung aus Baumwolle, Seide, Glanzgarn oder dgl., die auch in geeigneter Weise getränkt sein kann. Diese Adern können auch mehrfach verseilt werden.

Eine Fassung-Doppelader (Bezeichnung NFA 2) kann auch aus zwei nebeneinander liegenden, nackten Fassungsadern, die gemeinsam wie oben angegeben beflochten sind, bestehen.

Die Fassungsadern müssen während ½ h einer Wechselspannung von 1000 V in trockenem Zustande widerstehen können. Bei Prüfung einfacher Fassungsadern sind 5 m lange Stücke zusammenzudrehen.

§ 12. Pendelschnüre

zur Installation von Schnurzugpendeln in Niederspannungsanlagen.

Bezeichnung: NPL.

Die Pendelschnur hat einen Kupferquerschnitt von 0,75 mm². Die Kupferseele besteht aus Drähten von höchstens 0,2 mm Durchmesser, die zusammengedreht werden. Die Kupferseele ist mit Baumwolle besponnen und darüber mit einer vulkanisierten Gummihülle von 0,6 mm Wanddicke umgeben. Zwei Adern sind mit einer Tragschnur oder einem Tragseilchen aus geeignetem Stoff zu verseilen und erhalten eine gemeinsame Beflechtung aus Baumwolle, Seide, Glanzgarn oder dgl. Die Tragschnur oder das Tragseilchen können auch doppelt zu beiden Seiten der Adern angeordnet werden. Wenn das Tragseilchen aus Metall hergestellt ist, muß es besponnen oder beflochten sein. Die gemeinsame Beflechtung der Schnur kann fortfallen, doch müssen die Gummiadern dann einzeln beflochten werden.

Die Pendelschnüre müssen so biegsam sein, daß einfache Schnüre um Rollen von 25 mm Durchmesser und doppelte um Rollen von 35 mm Durchmesser ohne Nachteil geführt werden können.

Die Pendelschnüre müssen während ½ h einer Wechselspannung von 1000 V in trockenem Zustande widerstehen können.

Leitungen zum Anschluß ortsveränderlicher Stromverbraucher.

§ 13. Gummiaderschnüre (Zimmerschnüre)

für geringe mechanische Beanspruchung in trockenen Wohnräumen in Niederspannungsanlagen.

Bezeichnung: NSA.

Gummiaderschnüre sind in Querschnitten von 0,75 bis 6 mm^2 zulässig. Für den Querschnitt von 0,75 mm^2 besteht die Kupferseele aus Drähten von höchstens 0,2 mm Durchmesser, für die Querschnitte von 1 bis 2,5 mm^2 aus Drähten von höchstens 0,25 mm Durchmesser, die zusammengedreht werden. Sie ist mit Baumwolle besponnen. Für die Querschnitte von 4 bis 6 mm^2 wird die Kupferseele aus Drähten von höchstens 0,3 mm Durchmesser zusammengesetzt, die zweckentsprechend verseilt sind. Die Baumwollbespinnung kommt in Fortfall. Über der Kupferseele befindet sich eine vulkanisierte Gummihülle in der Wanddicke der NGA-Leitungen; auch für den Querschnitt von 0,75 mm^2 muß die Wanddicke 0,8 mm betragen.

Einleiterschnüre oder verseilte Mehrfachschnüre erhalten über der Gummihülle eine Beflechtung aus Baumwolle, Glanzgarn, Seide oder dgl. Runde oder ovale Mehrfachschnüre müssen eine gemeinsame Beflechtung erhalten. Gummiaderschnüre mit einem Querschnitt von 0,75 mm^2 sind nur in runder Ausführung zulässig.

Für die Spannungprüfung gelten die Bestimmungen über Gummiaderleitungen.

§ 14. Leichte Anschlußleitungen

für geringe mechanische Beanspruchung in Werkstätten in Niederspannungsanlagen (Handleuchter, kleinere Geräte u. dgl.).

Bezeichnung: NHH.

Leichte Anschlußleitungen sind in Querschnitten von 1 bis 6 mm^2 zulässig. Die Bauart des Leiters, die Vorschriften über die Baumwollbespinnung und die Beschaffenheit der Gummihülle sind die gleichen wie bei den Gummiaderschnüren.

Die Gummihülle jeder einzelnen Ader ist mit gummiertem Baumwollband bewickelt. Zwei oder mehrere solcher Adern sind rund zu verseilen, mit getränktem Baumwollband zu bewickeln und mit einer dichten Beflechtung aus getränkter Baumwolle zu versehen.

Für die Spannungprüfung gelten die Bestimmungen über Gummiaderleitungen.

§ 15. Werkstattschnüre

für mittlere mechanische Beanspruchung in Werkstätten und Wirtschaftsräumen in Niederspannungsanlagen.

Bezeichnung: NWK.

Werkstattschnüre sind in Querschnitten von 1 bis 35 mm² zulässig.
Die Bauart des Leiters und die Vorschriften über die Baumwollbespinnung
sind die gleichen wie bei den Gummiaderschnüren, jedoch ist bei Querschnitten über 6 mm² die Verwendung von Drähten bis zu 0,4 mm
zulässig.

Die Gummihülle jeder einzelnen Ader ist mit gummiertem Baumwollband bewickelt; zwei oder mehrere solcher Adern sind rund zu verseilen
und mit einer dichten Beflechtung aus Faserstoff zu versehen. Darüber
ist eine zweite Beflechtung aus besonders widerstandsfähigem Stoff (Hanfkordel oder dgl.) anzubringen.

Erdungsleiter müssen aus verzinnten Kupferdrähten bestehen und sind
innerhalb der inneren Beflechtung anzuordnen. Für Querschnitte bis
2,5 mm² darf der Durchmesser des Einzeldrahtes höchstens 0,25 mm,
für 4 und 6 mm² 0,3 mm und für 10 mm² 0,4 mm betragen.

Für die Abmessung gilt folgende Tafel:

Kupfer-querschnitt mm²	Dicke der Gummischicht mindestens mm	Querschnitt der Erdungsleiter mm²
1	0,8	1
1,5	0.3	1,5
2,5	0,9	2,5
4	1	4
6	1	4
10	1,2	6
16	1,2	6
25	1,4	10
35	1,4	10

Für die Spannungprüfung gelten die Bestimmungen über Gummiaderleitungen.

§ 16. Leichte Gummischlauchleitungen

zum Anschluß von Tischlampen und leichten Zimmergeräten (Bügeleisen, Heizkissen, Heißluftgeräten, Tischventilatoren usw.) für geringe
mechanische Beanspruchungen in Niederspannungsanlagen.

Bezeichnung: NLH (ohne äußere Beflechtung),
NLHG (mit äußerer Beflechtung).

Gummischlauchleitungen NLH sind in einem Querschnitt von 0,75 mm²
als Zweifach-, Dreifach- und Vierfachleitungen zulässig. Die Kupferseele
besteht aus Drähten von höchstens 0,2 mm Durchmesser, die zusammengedreht werden. Die Kupferseele ist mit Baumwolle besponnen und mit
einer vulkanisierten Gummihülle von 0,5 mm Wanddicke umgeben.

Zwei oder mehrere solcher Adern sind zu verseilen und mit Gummi so zu umpressen, daß alle Hohlräume ausgefüllt sind und der Gummimantel an der schwächsten Stelle mindestens 0,8 mm dick ist. Die Gummiadern dürfen mit dem gemeinsamen Gummimantel nicht fest verbunden sein, sondern müssen bewegbar in ihm liegen. Die zum Ausfüllen der Hohlräume und für den gemeinsamen Gummimantel verwendete Gummimischung muß mechanisch fest und widerstandsfähig sein und einen Rohgummigehalt von mindestens 33⅓% besitzen; sie braucht jedoch nicht den Vorschriften über die Zusammensetzung der Gummihülle nach § 3 zu entsprechen. Über der gemeinsamen Gummihülle kann eine Beflechtung aus Baumwolle, Seide oder dgl. angebracht werden.

§ 17. Mittlere Gummischlauchleitungen[7]
zum Anschluß von Küchen- und kleinen Werkstattgeräten (größeren Wasserkochern, Heizplatten, Handbohrmaschinen, Handleuchtern usw.) für mittlere mechanische Beanspruchung in Niederspannungsanlagen.

Bezeichnung: NMH.

Gummischlauchleitungen NMH sind in Querschnitten von 0,75 bis 2,5 mm² als Einfach-, Zweifach-, Dreifach- und Vierfachleitungen zulässig. Die Bauart und Abmessungen der Gummiadern sind die gleichen wie bei den Gummiaderschnüren. Der weitere Aufbau der Leitungen und die Beschaffenheit der für den Gummimantel verwendeten Gummimischung sind die gleichen wie bei den NLH-Leitungen.

Für die Wanddicke der Gummimäntel gilt die Tafel unter § 18.

§ 18. Starke Gummischlauchleitungen[7]
für besonders hohe mechanische Anforderungen bei Spannungen bis 750 V (schwere Werkzeuge, fahrbare Motoren, landwirtschaftliche Geräte usw.).

Bezeichnung: NSH.

Gummischlauchleitungen NSH sind in Querschnitten von 1,5 bis 70 mm² als Einfach-, Zweifach-, Dreifach- und Vierfachleitungen zulässig.

Die Bauart und die Abmessungen der Gummiadern sind die gleichen wie bei den Werkstattschnüren. Die Einzeladern erhalten über der Gummihülle eine Bewicklung aus gummiertem Baumwollband. Zwei oder mehrere solcher Adern sind zu verseilen und mit Gummi so zu umpressen, daß alle Hohlräume ausgefüllt sind.

Über den Gummimantel wird ein dickes Baumwollband gewickelt und hierüber ein zweiter Gummimantel in gleicher Beschaffenheit wie der innere aufgebracht. Die beiden Gummimäntel dürfen nicht fest miteinander verbunden sein. Im übrigen gelten für den Aufbau der Leitungen und die gemeinsamen Gummimäntel die gleichen Bestimmungen wie bei den NLH-Leitungen.

---

[7] Gummischlauchleitungen NMH und NSH sind auch zur festen Verlegung zulässig (Errichtungsvorschriften §§ 31 und 41).

Die Wanddicken der Gummimäntel müssen bei den NMH- und NSH-Leitungen folgender Tafel entsprechen:

Kupferquerschnitt	NMH		NSH			
	einadrig	mehradrig	innerer Gummimantel		äußerer Gummimantel	
			einadrig	mehradrig	einadrig	mehradrig
mm²	mm	mm	mm	mm	mm	mm
0,75	0,8	0,8	—	—	—	—
1	1	1	—	—	—	—
1,5	1	1,2	1	1	1,2	1,6
2,5	1	1,5	1	1,2	1,2	2
4	—	—	1	1,2	1,2	2
6	—	—	1	1,2	1,2	2
10	—	—	1,2	1,4	1,5	2,2
16	—	—	1,2	1,5	1,5	2,5
25	—	—	1,4	1,6	1,8	2,8
35	—	—	1,4	1,8	1,8	2,8
50	—	—	1,6	2	2	3,2
70	—	—	1,6	2	2	3,2

Für die äußeren Durchmesser der Gummischlauchleitungen gilt folgende Tafel:

Querschnitt mm²	NMH etwa mm	NSH etwa mm	Querschnitt mm²	NSH etwa mm
1 × 0,75	4,5	—	1 × 10	14
2 × 0,75	7,5	—	2 × 10	24
3 × 0,75	8	—	3 × 10	25
4 × 0,75	9	—	4 × 10	27
1 × 1	5	—	1 × 16	15
2 × 1	8,5	—	2 × 16	27
3 × 1	9	—	3 × 16	28
4 × 1	9,5	—	4 × 16	30
1 × 1,5	5,5	9	1 × 25	18
2 × 1,5	9,5	13,5	2 × 25	31
3 × 1,5	10	14,5	3 × 25	33
4 × 1,5	11	15,5	4 × 25	36
1 × 2,5	6,5	9,5	1 × 35	20
2 × 2,5	12	16	2 × 35	35
3 × 2,5	12,5	17	3 × 35	37
4 × 2,5	13,5	18	4 × 35	40
1 × 4	—	10,5	1 × 50	23
2 × 4	—	17,5	2 × 50	41
3 × 4	—	18	3 × 50	43
4 × 4	—	19,5	4 × 50	47
1 × 6	—	11,5	1 × 70	24
2 × 6	—	20	2 × 70	44
3 × 6	—	21	3 × 70	47
4 × 6	—	22	4 × 70	51

Gummischlauchleitungen sind auch mit Erdungsleiter zulässig. Für deren Bauart und Abmessungen gelten die entsprechenden Bestimmungen über Werkstattschnüre. Für die Querschnitte 50 und 70 mm² sind Erdungsleiter von 16 mm² bzw 25 mm² zu verwenden. Die äußeren Durchmesser der Zweifach- und Dreifachleitungen mit Erdungsleiter sind die gleichen wie die der Dreifach- und Vierfachleitungen ohne Erdungsleiter.

Für die Spannungprüfung der Gummischlauchleitungen gelten die Bestimmungen über Gummiaderleitungen, indessen beträgt die Prüfspannung für NSH-Leitungen 3000 V Wechselspannung.

§ 19. Sonderschnüre
für rauhe Betriebe in Gewerbe, Industrie und Landwirtschaft in Niederspannungsanlagen.

Bezeichnung: NSGK.

Bei Ausführung mit Erdungsgeflecht.

Bezeichnung: NSGCK.

Sonderschnüre sind in Querschnitten von 1 bis 35 mm² zulässig. Die Bauart des Kupferleiters und die Vorschriften über die Baumwollbespinnung sind die gleichen wie bei den Werkstattschnüren.

Für die Wanddicke der Gummihülle gilt die entsprechende Tafel bei den Werkstattschnüren.

Die Gummihülle der einzelnen Adern ist mit gummiertem Baumwollband bewickelt; zwei oder mehrere solcher Adern sind zu verseilen und mit Gummi so zu umpressen, daß alle Hohlräume ausgefüllt sind und die Gummiumpressung an der dünnsten Stelle mindestens die gleiche Wanddicke wie die Gummihülle der einzelnen Adern hat. Die Zusammensetzung des Gummi dieser Umpressung muß den unter § 3 gegebenen Bestimmungen entsprechen. Die Gummiadern dürfen mit dem gemeinsamen Gummimantel nicht fest verbunden sein, sondern müssen bewegbar in ihm liegen.

Über die gemeinsame Gummiumpressung ist ein gummiertes Baumwollband, alsdann eine Beflechtung aus Faserstoff und hierüber eine zweite Beflechtung aus besonders widerstandsfähigem Stoff (Hanfkordel oder dgl.) anzubringen.

Für Bauart und Abmessungen der Erdungsleiter gelten die entsprechenden Bestimmungen über Werkstattschnüre. Die Erdungsleiter können auch in Form einer die Leitung umgebenden Beflechtung oder einer Bewicklung unmittelbar unter der inneren Faserstoffbeflechtung angebracht werden, jedoch muß hierbei die Biegsamkeit der Leitung gewahrt bleiben. Der Gesamtquerschnitt muß auch in diesem Falle mindestens die angegebenen Werte besitzen.

Für die Spannungprüfungen gelten die Bestimmungen über Gummiaderleitungen.

§ 20. Hochspannungschnüre
für Spannungen bis 1000 V.

Bezeichnung: NHSGK.

30*

Bei Ausführung mit Erdungsgeflecht.

Bezeichnung: NHSGCK.

Hochspannungschnüre sind in Querschnitten von 1 bis 16 mm² zulässig. Die Bauart der Kupferleiter und die Vorschriften über die Baumwollbespinnung sind die gleichen wie bei den Werkstattschnüren.

Die Gummihülle der einzelnen Adern entspricht in Bauart und Wanddicke mindestens der Gummihülle der Sondergummiaderleitungen für 2000 V.

Die Gummihülle der einzelnen Adern ist mit gummiertem Baumwollband bewickelt. Zwei oder mehrere solcher Adern sind zu verseilen und mit Gummi so zu umpressen, daß alle Hohlräume ausgefüllt sind und die Gummiumpressung an der schwächsten Stelle mindestens die gleiche Wanddicke wie die Gummihülle der einzelnen Adern hat. Die Zusammensetzung des Gummi dieser Umpressung muß den unter § 3 angegebenen Bestimmungen entsprechen. Die Gummiadern dürfen mit dem gemeinsamen Gummimantel nicht fest verbunden sein, sondern müssen bewegbar in ihm liegen.

Für die Bauart oberhalb der gemeinsamen Gummiumpressung gelten die entsprechenden Bestimmungen über Sonderschnüre.

Die Hochspannungschnüre müssen nach 24-stündigem Liegen unter Wasser von nicht mehr als 25° C während ½ h einer Wechselspannung von 4000 V widerstehen können.

§ 21. Biegsame Theaterleitungen

zum Anschluß beweglicher Bühnenbeleuchtungskörper in Niederspannungsanlagen.

Bezeichnung: NTK (für Soffitenleitungen),

Bezeichnung: NTSK (für Versatzleitungen).

Biegsame Theaterleitungen sind in Querschnitten von 2,5 mm² an zulässig. Die Bauart des Kupferleiters und die Vorschriften über die Baumwollbespinnung sind die gleichen wie bei den Werkstattschnüren. Die Gummihülle der einzelnen Adern entspricht bezüglich Bauart und Wanddicke mindestens der Gummihülle der Sondergummiaderleitungen für 2000 V. Die Gummihülle der einzelnen Adern ist mit gummiertem Baumwollband zu bewickeln. Zwei oder mehrere solcher Adern sind unter Verwendung von Jute rund zu verseilen, mit getränktem Baumwollband zu bewickeln und mit einer dichten Beflechtung aus Jute zu versehen. Hierüber folgt eine Beflechtung aus dickem Glanzgarn (Type NTK).

Bei Verwendung der Leitung als Versatzleitung fällt die Glanzgarnbeflechtung fort, dafür wird eine Umhüllung aus Segeltuch vorgesehen (Type NTSK).

Theaterleitungen müssen während ½ h einer Wechselspannung von 4000 V Ader gegen Ader in trockenem Zustande widerstehen können.

§ 22. Leitungstrossen

für besonders hohe mechanische Anforderungen bei beliebigen
Betriebspannungen.

Bezeichnung: NT.

Leitungstrossen sind bewegliche Leitungen für solche Anwendungsgebiete, in denen sie besonders hohen mechanischen Beanspruchungen ausgesetzt sind und betriebsmäßig ein häufiges Auf- und Abwickeln aushalten müssen. Sie sind nur mit mehrdrähtigen Kupferleitern in den normalen Querschnitten von 2,5 mm² bis 150 mm² zulässig. Die Kupferseele besteht aus Drähten von nicht mehr als 0,7 mm Durchmesser. Bei Querschnitten über 10 mm² muß der Leiter mehrlitzig sein. Der Drall darf bei einzelnen Litzen nicht mehr als das 12- bis 15-fache des Litzendurchmessers, der Drall bei mehrlitzigen Leitern nicht mehr als das 11-fache des Gesamtdurchmessers betragen.

Die Isolierung der Adern soll in Leitungstrossen für Niederspannungsanlagen mit der der NGA-Leitungen, in Trossen für Anlagen mit höheren Spannungen mit der der NSGA-Leitungen für die entsprechende Spannung übereinstimmen, jedoch muß die Mindestwanddicke der Gummihülle 1,5 mm betragen. Die Gummihülle der einzelnen Adern ist mit gummiertem Baumwollband zu bewickeln.

Leitungstrossen sind mit einer bei Mehrfachleitungen gemeinsamen Umhüllung oder Bewehrung zu versehen, die hinreichend biegsam und so widerstandsfähig ist, daß sie bei der vorgesehenen Beanspruchung keine mechanische Verletzung erleidet. Eine Beflechtung mit Drähten von weniger als 0,5 mm Durchmesser ist nicht zulässig. Bei Leitungstrossen, die sich selbst tragen müssen, sind entweder Tragseile einzulegen oder die Bewehrung kann als Träger verwendet werden. Tragseile müssen aus Einzeldrähten von höchstens 0,7 mm Durchmesser verseilt sein. Die stromführenden Leiter selbst sind nicht als tragende Teile in Rechnung zu setzen. Die Festigkeit der tragenden Teile ist so zu bemessen, daß das Gesamtgewicht der freihängenden Leitung und der daran hängenden Teile mit 5-facher Sicherheit getragen werden kann; die tragenden Teile sind so zu gestalten oder anzuordnen, daß sich die freihängende Trosse nicht durch Aufdrehen verändern kann.

Unterhalb der Umhüllung oder Bewehrung muß ein Schutzpolster aus feuchtigkeitsicherem Stoff angebracht werden, dessen Dicke der halben Wanddicke der Gummihülle der einzelnen Adern gleichkommen soll, mindestens aber 1 mm betragen muß. Mit einer gleichdicken Hülle aus feuchtigkeitsicherem Stoff sind die Tragseile zu umgeben.

Leitungstrossen müssen einen Erdungsleiter enthalten. Die Erdungsleiter müssen aus verzinntem Kupfer bestehen. Die Kupferseele muß den gleichen Querschnitt wie die stromführenden Leiter haben.

Bei Spannungen von mehr als 250 V sind Prüf- und Hilfsdrähte unzulässig.

Für die Prüfung der Leitungstrossen sind die gleichen Vorschriften wie für NGA- und NSGA-Leitungen maßgebend, wobei als Betriebsspannung stets die Spannung zwischen zwei Adern anzusehen ist.

III. Belastungstafel für gummiisolierte Leitungen.

Querschnitt mm²	Höchste dauernd zulässige Stromstärke[8] für jeden Leiter in A	Querschnitt mm²	Höchste dauernd zulässige Stromstärke[8] für jeden Leiter in A
0,5	7,5	70	200
0,75	9	95	240
1	11	120	280
1,5	14	150	325
2,5	20	185	380
4	25	240	450
6	31	300	525
10	43	400	640
16	75	500	760
25	100	625	880
35	125	800	1050
50	160	1000	1250

Bei aussetzendem Betriebe ist eine zeitweilige Erhöhung der Belastung über die obigen Werte zulässig, sofern dadurch keine größere Erwärmung als bei der der Belastungstafel entsprechenden Dauerbelastung entsteht.

---

[8] Bei Auswahl der Sicherung ist § 20 der Errichtungsvorschriften zu beachten.

Anmerkung: Vom Elektrotechnischen Verein, Berlin, ist 1909 eine Arbeit herausgegeben:
„Definition der elektrischen Eigenschaften gestreckter Leiter",
die durch die Jahresversammlung 1910 des VDE angenommen ist. Veröffentlicht ist diese Arbeit: ETZ 1909, S. 1115 und 1184.

48. Vorschriften für Bleikabel in Starkstromanlagen V.S.K./1928[1].

Gültig ab 1. Januar 1928[2].

Die Verarbeitung von Lagerbeständen nach den bisherigen Vorschriften ist bis zum 1. Januar 1929 zulässig.

Inhaltsübersicht.

I. Allgemeines.

§ 1. Beschaffenheit der Leiter.

II. Bauart und Prüfung der Bleikabel.

A. Gummibleikabel.

§ 2. Normale Gummibleikabel.
§ 3. Gummibleikabel für Reklamebeleuchtung.

B. Papierbleikabel.

§ 4. Allgemeines.
§ 5. Einleiter-Gleichstrombleikabel bis 1 kV.
§ 6. Einleiter-Wechselstrombleikabel.
§ 7. Verseilte Mehrleiterbleikabel.
§ 8. Prüfung der Einleiter-Gleichstrombleikabel bis 1 kV.
§ 9. Prüfung der Einleiter-Wechselstrom- und verseilten Mehrleiterbleikabel.

C. Belastungstafeln.

§ 10. für Gummibleikabel,
§ 11. für Papierbleikabel,
§ 12. für Einleiter-Wechselstrombleikabel,
§ 13. für Kabel mit Aluminiumleiter.

I. Allgemeines.

§ 1. Beschaffenheit der Leiter.

Die für Bleikabel verwendeten Kupferdrähte müssen den „Kupfernormen", Aluminiumdrähte den „Aluminiumnormen"[3] des VDE entsprechen.

---

[1] Die „Vorschriften für Bleikabel in Starkstromanlagen" waren bisher in den „Vorschriften für isolierte Leitungen in Starkstromanlagen" enthalten. Über die Entwicklung der Vorschriften gibt die Tafel S. 454 Aufschluß.

[2] Angenommen durch den Vorstand im Dezember 1927. Veröffentlicht: ETZ 1927, S. 1352 und 1895. — *Sonderdruck VDE 403*.

[3] Aluminiumnormen werden demnächst veröffentlicht.

II. Bauart und Prüfung der Bleikabel.

A. Gummibleikabel.

§ 2. Normale Gummibleikabel.

Bezeichnung: NGK.

Für Gummibleikabel sind je nach der Betriebspannung NGA-Leitungen oder NSGA-Leitungen (siehe „Vorschriften für isolierte Leitungen in Starkstromanlagen V.I.L./1928") zu verwenden, jedoch muß die Mindestwanddicke der Gummihülle 1,5 mm betragen. Mehrleitergummibleikabel sind als verseilte Kabel aus solchen Leitungen herzustellen. Die Beflechtung der Adern kann sowohl bei Einleiterkabeln wie bei Mehrleiterkabeln fortfallen. Bei Mehrleiterkabeln müssen die verseilten Adern mit einem getränkten Baumwollbande bewickelt werden. Bleimantel und Bewehrung müssen bei Ein- und Mehrleiterkabeln Tafel 5 entsprechen. Bei mit Metalldrähten beflochtenen Gummikabeln werden Vorschriften betreffend die Hülle über dem Bleimantel nicht erlassen.

Adern und fertige Kabel sind für Betriebspannungen bis 2 kV mit der doppelten Betriebspannung, mindestens aber mit 2 kV Wechselspannung von 50 Per/s während ½ h zu prüfen. Für Kabel von 2 kV Betriebspannung ab kommen die Bestimmungen für NSGA-Leitungen in Betracht. Für die Prüfung von Mehrleiterkabeln gelten Schaltung und Beanspruchungsdauer nach Tafel 6. Für die zulässige Belastung ist Tafel 7 unter C. maßgebend.

§ 3. Gummibleikabel für Reklamebeleuchtung zur Verbindung des Schaltgerätes mit dem Beleuchtungsfeld für Spannungen bis 250 V.

Bezeichnung: NRGK.

Für Gummibleikabel für Reklamebeleuchtung sind Fassungsadern NFA 0,75 mm² (siehe „Vorschriften für isolierte Leitungen in Starkstromanlagen V.I.L./1928"), mit farbiger Baumwollbeflechtung und als Rückleitung eine Leitung NGA 1,5 mm², jedoch ohne Beflechtung zu verwenden. Die verschiedenfarbigen Einzelleitungen sind rund zu verseilen und hiernach mit einem getränkten Baumwollbande zu umwickeln. Die Dicke des Bleimantels und der darüberliegenden getränkten Papierband- und Jutebedeckung müssen Tafel 5, Spalte 2 bzw. Spalte 3, entsprechen.

Die Kabel müssen in trockenem Zustande in der Fabrik einer Prüfung mit 1 kV Wechselspannung von 50 Per/s ½ h lang und zwar 15 min lang Ader gegen Ader und 15 min lang Aderbündel gegen Bleimantel und Rückleitung widerstehen können.

B. Papierbleikabel.

§ 4. Allgemeines.

Papierbleikabel, die den „Vorschriften für Bleikabel in Starkstromanlagen" entsprechen, müssen unter Blei einen Kennstreifen mit Firmenangabe des Herstellers und den Vermerk „V.S.K./1928" enthalten.

Aluminiumleiter sind nur in den normalen Querschnitten von 4 mm² aufwärts zulässig.

Die Isolierung der Kabel muß aus gut getränktem Papier bestehen.

Die Einzeladern in Mehrleiterkabeln müssen voneinander durch verschiedene Färbung unterscheidbar sein.

Die zur Kennzeichnung verwendeten Farben und deren Folge sollen sein:

2 Adern: rot—weiß (naturfarben),
3 Adern: rot—weiß (naturfarben)—blau,
4 Adern: rot—weiß (naturfarben)—blau—blauweiß.

Wird eine der Adern als Nulleiter benutzt, so ist die „weiße" (naturfarbene) Ader zu verwenden.

Bezeichnung: NK für Kabel mit blankem Bleimantel.

NKA für Kabel mit asphaltiertem Bleimantel.

NKBA für Kabel mit asphaltierter Bandeisenbewehrung.

NKFA für Kabel mit asphaltierter Flachdrahtbewehrung.

NKRA für Kabel mit asphaltierter Runddrahtbewehrung.

NKRRA für Kabel mit asphaltierter doppelter Runddrahtbewehrung.

NKZA für Kabel mit asphaltierter Z-förmiger Profildrahtbewehrung.

NKZRA für Kabel mit asphaltierter Z-förmiger Profildrahtbewehrung und darüberliegender Runddrahtbewehrung.

Erhalten die Kabel eine doppelte Juteasphaltierung, wird der jeweiligen Bezeichnung wie oben noch ein „A" angehängt. Wenn die Leiter aus Aluminium bestehen, wird hinter dem „N" ein „A" eingefügt. Der allgemeinen Bezeichnung folgen die Leiterzahl, Querschnittsangabe, die Leiterform

„r" für Leiter kreisförmigen Querschnittes,
„s" für Leiter sektorförmigen Querschnittes

und die Angabe der Betriebspannung in kV, für die das Kabel gebaut ist, z. B.: NKBA 3 × 150 r. 15 kV.

§ 5. Einleiter-Gleichstrombleikabel bis 1 kV.

Für den Aufbau der Kabel gilt Tafel 1. Der Querschnitt der Prüfdrähte muß mindestens 1 mm² sein.

Tafel 1. Einleiter-Gleichstrombleikabel bis 1 kV.

Leiter-querschnitt mm²	Mindestzahl der Drähte für Kabel – ohne Prüfdraht	– mit Prüfdraht	Mindestdicke der Isolierhülle mm	Mindestdicke des Bleimantels mm	Bedeckung des Bleimantels – Dicke etwa mm	Bewehrung – heiß geteertes Bandeisen Dicke etwa mm	– verzinkter Runddraht Dicke etwa mm	Bedeckung der Bewehrung – Dicke etwa mm	Äußerer Durchmesser d. fertig. Kabels – ohne Prüfdraht etwa mm	– mit Prüfdraht etwa mm	Leiter-querschnitt mm²
1,5	1	—	1,7	1,1	1,5	2×0,5	1,4	1,5	15	—	1,5
2,5	1	—	1,7	1,1	1,5	2×0,5	1,4	1,5	16	—	2,5
4	1	—	1,7	1,1	1,5	2×0,5	1,4	1,5	16	—	4
6	1	—	1,7	1,1	1,5	2×0,5	1,4	1,5	17	—	6
10	1	—	1,7	1,1	1,5	2×0,5	1,4	1,5	18	—	10
16	7	3	2	1,1	1,5	2×0,5	—	1,5	20	21	16
25	7	6	2	1,2	1,5	2×0,5	—	1,5	21	22	25
35	7	6	2	1,2	1,5	2×0,5	—	1,5	22	23	35
50	19	11	2	1,3	1,5	2×0,5	—	1,5	24	25	50
70	19	13	2	1,3	1,5	2×0,5	—	1,5	26	27	70
95	19	13	2	1,4	1,5	2×0,5	—	1,5	28	29	95
120	19	13	2	1,4	1,5	2×0,5	—	1,5	31	32	120
150	19	18	2	1,5	1,5	2×0,5	—	1,5	34	35	150
185	37	26	2,2	1,5	2	2×0,5	—	2	35	36	185
240	37	29	2,2	1,6	2	2×0,5	—	2	38	39	240
300	37	36	2,5	1,7	2	2×0,5	—	2	41	42	300
400	37	36	2,5	1,8	2	2×0,5	—	2	46	47	400
500	37	36	2,7	1,9	2	2×0,5	—	2	50	51	500
625	37	36	2,7	2	2	2×0,8	—	2	53	54	625
800	37	36	3	2,2	2	2×0,8	—	2	59	60	800
1000	61	60	3	2,3	2	2×0,8	—	2	63	64	1000

Bedeckung des Bleimantels, Werkstoff: zähflüssiger Compound, 2 Lagen vorgetränkten Papiers mit Überlappung aufgesponnen, zähflüssiger Compound, 1 Lage vorgetränkter Jute.

Bedeckung der Bewehrung, Werkstoff: zähflüssiger Compound, 1 Lage vorgetränkter Jute, harter Compound.

§ 6. Einleiter-Wechselstrombleikabel.

Für den Aufbau der Kabel gelten Tafel 2 und 3.

Tafel 2.

Leiterquerschnitt mm²	Mindestzahl der Drähte	Spannungen „U_0"[4] in kV zwischen Leiter und Bleimantel im Betriebe								Leiterquerschnitt mm²
		3,5	6	10	12	15	17,5	25	35	
		Mindestdicke der Isolierhülle in mm:								
10	1	3,2	4	—	—	—	—	—	—	10
16	7	3,2	4	—	—	—	—	—	—	16
25	7	3,2	4	5	6	—	—	—	—	25
35	7	3,2	4	5	6	7	—	—	—	35
50	19	3,2	4	5	6	7	8	—	—	50
70	19	3,2	4	5	6	7	8	—	—	70
95	19	3,2	4	5	6	7	8	10,5	14	95
120	37	3,2	4	5	6	7	8	10,5	14	120
150	37	3,2	4	5	6	7	8	10,5	14	150
185	37	3,2	4	5	6	7	8	10,5	14	185
240	61	3,6	4,2	5	6	7	8	10,5	14	240
300	61	3,6	4,2	5	6	7	8	10,5	14	300
400	91	3,6	4,2	5	6	7	8	10,5	14	400
500	91	3,6	4,2	5	6	7	8	—	—	500

Für Spannungen bis 1 kV gegen Erde gilt der nach Tafel 1, Spalte 1 bis 4, für Einleiter-Gleichstrombleikabel vorgesehene Aufbau.

Prüfdrähte sind nur in Kabeln bis 1 kV Spannung zulässig. Der Querschnitt der Prüfdrähte muß mindestens 1 mm² sein.

Über die äußere Bedeckung der Kabel werden keine Bestimmungen getroffen.

Tafel 3.

Durchmesser der Kabelseele unter dem Bleimantel mm	Mindestdicke des Bleimantels mm	Durchmesser der Kabelseele unter dem Bleimantel mm	Mindestdicke des Bleimantels mm
bis 10	1,3	35	2,1
12	1,4	38	2,2
16	1,5	41	2,3
20	1,6	44	2,4
23	1,7	47	2,5
26	1,8	50	2,6
29	1,9	53	2,7
32	2	56	2,8

---

[4] Die in Tafel 2 enthaltenen Spannungen sind die Phasenspannungen der normalen Drehstromspannungen (Normalspannungen) mit Ausnahme der Spannung 15 kV, die der Drehstromspannung 25 kV entspricht (siehe Fußnote [5]).

§ 7. Verseilte Mehrleiterbleikabel.

Für den Aufbau der Kabel gelten Tafel 4 und 5.

Die Dicken der Isolierhüllen der Kabel zwischen den Leitern und zwischen Leiter und Blei sind gleich. Für Kabel mit sektorförmigen Leiterquerschnitten müssen die Dicken der Isolierhüllen mindestens die gleichen wie bei Kabeln mit kreisförmigen Leiterquerschnitten sein.

Tafel 4.

Leiter-quer-schnitt mm²	Min-destzahl der Drähte	Spannungen „U" in kV zwischen 2 Adern im Betriebe								Leiter-quer-schnitt mm²
		1	3	6	10	15	20	25⁵	30	
		Mindestdicke der Isolierhülle in mm:								
1,5	1	1,5	—	—	—	—	—	—	—	1,5
2,5	1	1,5	—	—	—	—	—	—	—	2,5
4	1	1,5	3	—	—	—	—	—	—	4
6	1	1,5	3	—	—	—	—	—	—	6
10	1	1,5	3	4	5,5	—	—	—	—	10
16	7	1,5	3	4	5,5	—	—	—	—	16
25	7	1,7	3	4	5,5	7,5	9	—	—	25
35	7	1,7	3	4	5,5	7,5	9	11,5	—	35
50	19	1,7	3	4	5,5	7,5	9	11,5	13	50
70	19	1,8	3	4	5,5	7,5	9	11,5	13	70
95	19	1,8	3	4	5,5	7,5	9	11,5	13	95
120	37	2	3	4	5,5	7,5	9	11,5	13	120
150	37	2	3	4	5,5	7,5	9	11,5	13	150
185	37	2,2	3	4	5,5	7,5	9	11,5	13	185
240	37	2,2	3	4	5,5	7,5	9	—	—	240
300	61	2,5	3	4	5,5	7,5	—	—	—	300
400	61	2,5	3	—	—	—	—	—	—	400

Prüfdrähte sind nur in Kabeln bis zu 1 kV Spannung zulässig. Der Querschnitt der Prüfdrähte muß mindestens 1 mm² sein.

Für Mehrphasenkabel, die aus Einleiter-Wechselstrombleikabeln verseilt sind, gelten als Mindestdicken die Werte in Tafel 2 und 3.

§ 8. Prüfung der Einleiter-Gleichstrombleikabel bis 1 kV.

Die Kabel sollen in der Fabrik einer Wechselspannung von 2,5 kV und 50 Per/s während 30 min widerstehen können.

Prüfdrähte werden mit 1,25 kV gegen Leiter und gegen Bleimantel 30 min geprüft.

§ 9. Prüfung der Einleiter-Wechselstrom- und verseilten Mehr-leiterbleikabel.

Die Kabel sollen in der Fabrik einer Spannungprüfung nach Tafel 6 widerstehen können. Prüfdrähte werden mit 1,25 kV gegen Leiter und gegen Bleimantel 30 min geprüft.

---

⁵ 25 kV ist keine Normalspannung (vgl. „Normen für Betriebspannungen elektrischer Starkstromanlagen"). Mit Rücksicht auf bestehende Anlagen wird diese Spannungstufe für Bleikabel bis zum 1. Januar 1932 beibehalten.

Tafel 5.

Durchmesser der Kabelseele unter dem Bleimantel mm	Mindest- dicke des Blei- mantels mm	Bedeckung des Bleimantels Werkstoff	Dicke etwa mm	Blechdicke der Bewehrung heiß geteertes Bandeisen etwa mm	Bedeckung der Bewehrung Werkstoff	Dicke etwa mm
bis 10	1,1	zähflüssiger	1,5	2 × 0,5	zähflüssiger	1,5
12	1,2	Compound,	1,5	2 × 0,5	Compound,	1,5
16	1,3	2 Lagen vor-	1,5	2 × 0,5	1 Lage vor-	1,5
18	1,4	getränkten	1,5	2 × 0,5	getränkter	1,5
20	1,4	Papiers mit	2	2 × 0,5	Jute,	2
23	1,5	Über-	2	2 × 0,5	harter	2
26	1,6	lappung,	2	2 × 0,5	Compound	2
29	1,7	aufge-	2	2 × 0,5		2
32	1,8	sponnen,	2	2 × 0,5		2
35	1,9	zähflüssiger	2	2 × 0,8		2
38	2	Compound,	2	2 × 0,8		2
41	2,1	1 Lage vor-	2	2 × 0,8		2
44	2,2	getränkter	2	2 × 0,8		2
47	2,3	Jute	2	2 × 0,8		2
50	2,4		2	2 × 0,8		2
53	2,5		2	2 × 0,8		2
56	2,6		2,5	2 × 1		2
59	2,7		2,5	2 × 1		2
62	2,8		2,5	2 × 1		2
65	2,9		2,5	2 × 1		2
68	3		2,5	2 × 1		2
71	3,1		2,5	2 × 1		2
74	3,2		2,5	2 × 1		2
78	3,3		2,5	2 × 1		2
82	3,4		2,5	2 × 1		2
86	3,5		2,5	2 × 1		2
90	3,6		2,5	2 × 1		2
94	3,7		2,5	2 × 1		2
98	3,8		2,5	2 × 1		2
102	3,9		2,5	2 × 1		2

Zur Gewinnung eines Anhaltpunktes für den elektrischen Sicherheits-grad der Kabel kann ein beliebiges, dem Kabel entnommenes Stück von höchstens 5 m Länge in folgender Weise geprüft werden:

Einleiter-Wechselstrombleikabel und Mehrphasenkabel verseilt aus Ein-leiter-Wechselstrombleikabeln mit 5 U_0,

Verseilte Mehrleiterbleikabel mit 5 U.

Bei schnellem Steigern und Erhalten der Spannung auf dem genannten Wert soll das Stück 5 min lang dieser Prüfung standhalten.

Zur Prüfung der mechanischen Widerstandsfähigkeit der Isolierhülle kann folgende Biegeprobe ausgeführt werden:

Ein beliebiges, von der Bewehrung befreites Kabelstück von höchstens 5 m Länge ist bei Raumtemperatur (nicht unter 10° C) über einen Kern vom Durchmesser D aufzuwickeln, wieder abzuwickeln und gerade zu

Tafel 6. Spannungprüfung der Hochspannungkabel.

	Kabelart	Kabelbild	Schaltung	Prüfung in der Fabrik mit Wechselspannung	Prüfdauer min	Prüfung nach der Verlegung mit Wechselspannung	mit Gleichspanng.	Prüfdauer min
1	Einleiter-Wechselstromkabel		1 gegen Bleimantel	Wechselspannung $2,5\,U_0 + 1000$	20	$2\,U_0$	$4\,U_0$	60
2	Mehrphasenkabel verseilt aus Einleiterwechselstrombleikabeln		$1+2+3$ gegen Bleimantel	„ $2,5\,U_0 + 1000$	20	$2\,U_0$	$4\,U_0$	
3	Zweileiterkabel		a) 1 gegen 2 b) $1+2$ gegen Bleimantel	„ $2\,U + 1000$ „ $2\,U + 1000$ zus. 30	15 15	$1,5\,U$ $1,5\,U$	$3\,U$ $3\,U$	30 30 zus. 60
4	Dreileiterkabel		a) $1+2$ gegen $3+$ Bleimantel b) $1+3$ „ $2+$ „ c) $2+3$ „ $1+$ „ oder d) $1+2+3$ gegen Bleimantel e) 1 gegen 2 gegen 3	„ $2\,U + 1000$ „ $2\,U + 1000$ „ $2\,U + 1000$ oder „ $2\,U + 1000$ Drehspannung $2\,U + 1000$	10 10 10 zus. 30 15 15 zus. 30	$1,5\,U$ $1,5\,U$ $1,5\,U$ $1,5\,U$ Drhsp. $1,5\,U$	$3\,U$ $3\,U$ $3\,U$	20 20 20 zus. 60 30 30 zus. 60
5	Vierleiterkabel		a) $1+3$ gegen $2+4$ b) $1+2$ gegen $3+4$ c) $1+2+3+4$ gegen Bleimantel	Wechselspannung $2\,U + 1000$ „ $2\,U + 1000$ „ $2\,U + 1000$	15 15 10 zus. 40	$1,5\,U$ $1,5\,U$ $1,5\,U$	$3\,U$ $3\,U$ $3\,U$	30 30 20 zus. 80

Hierin bedeuten:

$U = $ Spannung in kV zwischen 2 Adern im Betriebe, $U_0 = $ Spannung in kV zwischen Leiter und Bleimantel im Betriebe.

richten; darauf in entgegengesetzter Richtung aufzuwickeln und gerade zu richten. Nach 3-maliger Ausführung dieser Biegeprobe soll das Stück die normale Fabrikationsprüfung nach Tafel 6 aushalten.

Der Kerndurchmesser D beträgt:

bei Einleiter-Wechselstromkabeln das 25-fache,

bei verseilten Mehrleiterkabeln das 15-fache

des Kabeldurchmessers über Blei gemessen.

Bei Kabeln für Betriebspannungen von 15 kV aufwärts kann verlangt werden, daß die dielektrischen Verluste bei der 1,5-fachen Betriebspannung und einer Temperatur von etwa 20° C festgestellt werden. Die hierbei ermittelten Verluste sollen nicht mehr als 2% der von dem Kabel aufgenommenen Scheinleistung betragen.

Wird eine Prüfung der Kabel nach der Verlegung für erforderlich erachtet, sind die in Tafel 6 vermerkten Spannungen und Prüfzeiten in Anwendung zu bringen.

Zur Prüfung der Widerstandsfähigkeit des verlegten Kabels kann verlangt werden, daß bei der Prüfung mit Gleichspannung kurzzeitig die Prüfspannung auf $5,5\,U_0$ bei Einleiterkabeln und Mehrphasenkabeln verseilt aus Einleiter-Wechselstrombleikabeln bzw. $4,2\,U$ bei Mehrleiterkabeln erhöht wird, sofern diese Gleichspannung nicht höher als der Scheitelwert der Prüfspannung für die Durchführungsisolatoren in den Endverschlüssen des Kabels liegt. Zur Feststellung des Gleichspannungwertes dient eine Funkenstrecke, die so eingestellt ist, daß bei den vorstehend genannten Spannungen bzw. dem 1,4-fachen der Prüfspannung der Durchführungsisolatoren ein Überschlag eintritt.

C. Belastungstafeln.

§ 10. Belastungstafel für Gummibleikabel.

Tafel 7.

Querschnitt in mm²	Höchste dauernd zulässige Stromstärke[6] für jeden Leiter in A	Querschnitt in mm²	Höchste dauernd zulässige Stromstärke[6] für jeden Leiter in A
—	—	70	200
0,75	9	95	240
1	11	120	280
1,5	14	150	325
2,5	20	185	380
4	25	240	450
6	31	300	525
10	43	400	640
16	75	500	760
25	100	625	880
35	125	800	1050
50	160	1000	1250

Bei aussetzendem Betrieb gilt § 20 der Errichtungsvorschriften.

---

[6] Bei Auswahl der Sicherung ist § 20 der Errichtungsvorschriften zu beachten.

§ 11. Belastungstafel für Papierbleikabel.

Den Belastungzahlen ist eine Leiterübertemperatur von 25° C bei der Verlegung eines Kabels in der üblichen Verlegungstiefe von 70 cm in Erde zugrunde gelegt.

Liegen mehrere Kabel in einem Graben nebeneinander, so sind die Werte in Belastungstafel 8 nach Tafel 9 zu vermindern, die für den üblichen lichten Abstand der Kabel in Ziegelsteinstärke errechnet ist.

Tafel 8.

Quer-schnitt	Höchste dauernd zulässige Stromstärken in A bei Verlegung im Erdboden									
	Ein-leiter-kabel bis	Verseilte Zwei-leiter-kabel bis	Verseilte Dreileiterkabel bis							Verseilte Vier-leiter-kabel bis
mm²	1 kV	1 kV	1 kV	3 kV	6 kV	10 kV	15 kV	20 kV	30 kV	1 kV
1,5	31	25	22	—	—	—	—	—	—	20
2,5	41	34	30	29	—	—	—	—	—	26
4	55	44	38	37	—	—	—	—	—	35
6	70	55	49	47	—	—	—	—	—	45
10	95	75	67	65	62	60	—	—	—	60
16	130	100	90	85	82	80	—	—	—	80
25	170	130	113	110	107	105	100	98	—	105
35	210	155	138	135	132	125	120	118	—	125
50	260	195	170	165	162	155	145	140	135	155
70	320	235	206	200	196	190	180	175	165	190
95	385	280	246	240	235	225	215	210	200	225
120	450	320	285	275	270	260	250	245	230	255
150	510	365	325	315	308	300	285	280	260	295
185	575	410	370	360	350	340	325	315	295	335
240	670	475	430	420	410	400	385	370	—	390
300	760	535	485	475	465	455	440	—	—	435
400	910	640	580	570	—	—	—	—	—	—
500	1035	—	—	—	—	—	—	—	—	—
625	1190	—	—	—	—	—	—	—	—	—
800	1380	—	—	—	—	—	—	—	—	—
1000	1585	—	—	—	—	—	—	—	—	—

Gesondert verlegte Mittelleiter bleiben hierbei unberücksichtigt.

Bei Verlegung von Kabeln in Luft ist es empfehlenswert, die Kabel nur mit 75% der in Tafel 8 angegebenen Werte zu belasten. Bei Verlegung in Kanälen oder in Rohren ist eine weitere 10-prozentige Verminderung am Platze. Bei Anhäufung mehrerer Kabel in Kanälen oder Rohrblöcken sind außerdem die Verminderungen nach Tafel 9 vorzunehmen.

Bei aussetzendem Betrieb gilt § 20 der Errichtungsvorschriften. Sind mehrere Kabel in einem Graben in mehreren Lagen übereinander verlegt, so müssen die zulässigen Belastungstromstärken von Fall zu Fall festgestellt werden.

Tafel 9.

Anzahl.	2	4	6	8
Prozent	90	80	75	70

§ 12. Einleiter-Wechselstrombleikabel.

Systeme von erdverlegten Einleiter-Wechselstrombleikabeln können etwa 20 bis 30% höher als die verseilten Kabel gleicher verketteter Spannung belastet werden. Der Zuschlag von 20% gilt hierbei für Kabel mit Querschnitten zwischen 150 und 300 mm², der von 30% für die kleineren Querschnitte. Die Angaben haben zur Voraussetzung, daß die Kabel unbewehrt in einem Abstande von etwa Ziegelsteinstärke voneinander verlegt sind, und berücksichtigen die Bleimantelverluste bei widerstandlosem Kurzschließen des Mantels an beiden Kabelenden.

Mehrphasenkabel, die aus Einleiter-Wechselstrombleikabeln verseilt sind, können etwa 10% höher als verseilte Mehrleiterkabel gleicher verketteter Spannung belastet werden.

§ 13. Kabel mit Aluminiumleitern.

Für Kabel mit Aluminiumleitern beträgt die Belastbarkeit nur 75% der in Tafel 7 und 8 angegebenen Werte.

49. Normen für umhüllte Leitungen.

Gültig ab 1. Oktober 1924[1].

1. Wetterfeste Leitungen.

Geeignet zur Verwendung als Freileitungen, zu Installationen im Freien, sowie in Fällen, in denen Schutz gegen chemische Einflüsse oder Feuchtigkeit erforderlich ist.

Baustoff und Aufbau der Leiter sollen bei Verwendung als Freileitungen in Fernmeldeanlagen dem Normblatt DIN VDE 8300, Bl. 1 u. 2 „Drähte für Fernmelde-Freileitungen", bei Verwendung als Freileitungen in Starkstromanlagen dem Normblatt DIN VDE 8201 „Drähte und Seile für Starkstrom-Freileitungen", bei Verwendung zu sonstigen Installationen den Vorschriften für NGA-Leitungen (vgl. „Vorschriften für isolierte Leitungen in Starkstromanlagen V.I.L./1928", § 6) entsprechen.

Kupferleiter für umhüllte Leitungen brauchen nicht verzinnt zu sein. Die Art des Baustoffes wird durch einen der Typenbezeichnung nachgesetzten Buchstaben gekennzeichnet (C = Kupfer, B = Bronze, A = Aluminium). Für die Umhüllung gelten folgende Ausführungen:

a) Bezeichnung: LW (LWC, LWB, LWA).

Der Leiter ist mit wetterfester Masse überzogen, darüber befindet sich eine Beflechtung aus Baumwolle, Hanf oder gleichwertigem Stoff, die in wetterfester Masse getränkt ist. Wetterfeste Massen sind solche Massen, die trocknende pflanzliche Öle und Metalloxyde enthalten.

b) Bezeichnung: PLW (PLWC, PLWB, PLWA).

Der Leiter ist mit wetterfester Masse überzogen, mit zwei Lagen getränkten Papiers und einer Lage Baumwolle besponnen und nochmals mit wetterfester Masse getränkt. Hierüber befindet sich eine getränkte Beflechtung wie bei den LW-Leitungen.

Die Umhüllung der wetterfesten Leitungen soll eine rote Farbe haben und muß gut am Leiter haften.

Zur Prüfung der wetterfesten Leitungen sind zwei Stücke von je 5 m Länge zusammengedreht 5 min in Wasser zu legen. Unmittelbar nach Herausnahme aus dem Wasserbade sollen die Stücke einer Prüfung von 10 min Dauer mit 500 V Wechselspannung bei LW- und mit 1000 V Wechselspannung bei PLW-Leitungen unterzogen werden.

---

[1] Angenommen durch die Jahresversammlung 1924. Veröffentlicht: ETZ 1923, S. 625; 1924, S. 318 und 1068. — *Sonderdruck VDE 308.*

2. Nulleiterdrähte.
Bezeichnung: NL (NLC, NLA).

Zur Verwendung als Nulleiter in Niederspannungsanlagen (nicht zur Verlegung im Erdboden).

Nulleiterdrähte sind mit massivem Leiter in Querschnitten von 1 bis 16 mm², mit mehrdrähtigem Leiter in Querschnitten von 1 bis 500 mm² zulässig. Als Baustoff für den Leiter kann weiches Kupfer oder weiches Aluminium verwendet werden. Kupferleiter brauchen nicht verzinnt zu sein. Die Ausführung der Umhüllung ist die gleiche wie bei den wetterfesten Leitungen, Bauart LW, jedoch soll die Umhüllung eine graue Farbe haben. Sie muß gut am Leiter haften.

Beim Einziehen der Leitungen in Rohr darf sich die Umhüllung nicht zurückstreifen.

3. Nulleiter für Verlegung im Erdboden.

Geeignet in solchen Fällen, in denen Schutz gegen chemische Einwirkungen erforderlich ist.

Nulleiter für Erdverlegung sind in den Querschnitten 4 bis 500 mm² zulässig. Als Baustoff für den Leiter ist weiches Kupfer zu verwenden. Der Aufbau des Kupferleiters soll den Vorschriften für Einleiter-Gleichstrom-Bleikabel bis 1000 V entsprechen ("Vorschriften für Bleikabel in Starkstromanlagen V.S.K./1928", § 5).

a) Bezeichnung: NE.

Der Leiter wird mit zäher Asphaltmasse überzogen und darüber mit mindestens vier Lagen gut vorgetränkten Papiers und einer Lage asphaltierter Jute bewickelt.

b) Bezeichnung: NBE.

Der Leiter wird zunächst mit einem Bleimantel und dann mit einer Umhüllung wie bei Bauart NE umgeben.

Für die Abmessungen gelten die in nachstehender Tafel angeführten Werte:

Kupfer-querschnitt mm²	Mindestzahl der Drähte	Mindestdicke des Bleimantels mm	Äußerer Durchmesser des fertigen Nulleiters	
			NE etwa mm	NBE etwa mm
4	1	1	8	10
6	1	1	9	11
10	1	1	10	12
16	7	1	11	13
25	7	1	12	14
35	7	1	13	15
50	19	1	15	17
70	19	1	17	19
95	19	1,1	18	20
120	19	1,1	20	22
150	19	1,1	22	24
185	37	1,2	24	26
240	37	1,3	26	29
300	37	1,4	29	31
400	37	1,5	32	35
500	37	1,6	35	38

50. Normen für Anschlußbolzen und ebene Schraubkontakte für Stromstärken von 10 bis 1500 A.

Gültig ab 1. Januar 1912[1].

(Für Installationsmaterial gilt DIN VDE 6200).

Die Kontaktfläche der Anschlußstelle ist gleich der Ringfläche der Unterlegscheibe.

Stromstärke	Mindestmaße			
	Schraubendurchmesser für den Klemmkontakt		Durchmesser für den Anschlußbolzen in mm	
A	mm	Zoll engl.	Messing	Kupfer
10	3	$^1/_8$	3	3
25	4,5	$^3/_{16}$	4,5	4,5
60	6	$^1/_4$	6	6
100	7	$^5/_{16}$	8	7
200	9	$^3/_8$	12	10
350	12	$^1/_2$	20	14
600	16	$^5/_8$	—	20
1000	20	$^3/_4$	—	30
1500	26	1	—	40

Wenn an Stelle eines einzigen Anschlußbolzens oder Schraubkontaktes deren mehrere verwendet werden, so muß die Summe ihrer Nennstromstärken mindestens gleich der Nennstromstärke des entsprechenden Einzelkontaktes sein.

---

[1] Angenommen durch die Jahresversammlung 1910. Veröffentlicht: ETZ 1910, S. 326.

Vorher bestand eine Fassung, die im Jahre 1895 beschlossen und in ETZ 1895, S. 594 veröffentlicht war.

Erläuterungen siehe ETZ 1910, S. 354. — S. a. DIN VDE 6200.

51. Vorschriften für die Konstruktion und Prüfung von Installationsmaterial.

Gültig ab 1. Juli 1926, soweit nicht bei einzelnen Paragraphen andere Termine angegeben sind[1].

(Dosenschalter, Steckvorrichtungen, Sicherungen mit geschlossenem Schmelzeinsatz, Fassungen und Lampensockel, Edisongewinde, Nippel, Handleuchter, Rohre, Verteilungstafeln).

A. Vorbemerkungen.

a) Die nachstehenden Vorschriften sind in der Weise geordnet, daß jeder Abschnitt für sich Konstruktions- und Prüfvorschriften enthält und zwar sind stets zuerst die Konstruktions-, dann die Prüfvorschriften gegeben. *Die Prüfvorschriften sind äußerlich durch Kursivschrift gekennzeichnet.*

1. Im Gegensatz zu den mit Buchstaben bezeichneten Absätzen, die grundsätzliche Vorschriften darstellen, enthalten die mit Ziffern versehenen Absätze Ausführungsregeln und Normalabmessungen. Sie geben an, wie die Errichtungsvorschriften und die „Vorschriften für die Konstruktion und Prüfung von Installationsmaterial" mit den üblichen Mitteln im allgemeinen zur Ausführung gebracht werden sollen.

Um dieses auch sprachlich zum Ausdruck zu bringen, ist in allen Vorschriften die Wendung „Muß", in allen Regeln die Wendung „Soll" gebraucht.

Abweichende Ausführungen sollen nicht mit den normalen verwechselbar sein

B. Geltungsbereich.

§ 1.

Die nachstehenden Vorschriften und Regeln beziehen sich auf Installationsmaterial für Nennspannungen bis 750 V.

C. Begriffsbestimmungen.

Siehe auch Err.-Vorschr. § 2.

§ 2.

a) **Feuersicher** ist ein Gegenstand, der entweder nicht entzündet werden kann oder nach Entzündung nicht von selbst weiterbrennt.

b) **Wärmesicher** ist ein Gegenstand, der bei der höchsten, betriebsmäßig vorkommenden Temperatur keine den Gebrauch beeinträchtigende Veränderung erleidet.

---

[1] Angenommen durch die Jahresversammlungen 1925 und 1926. Veröffentlicht: ETZ 1925, S. 712, 1169 und 1526; 1926, S. 539, 686, 704, 862 und 1000. — *Sonderdruck VDE 336.*

c) **Feuchtigkeitsicher** ist ein Gegenstand, der sich im Gebrauch durch Feuchtigkeitsaufnahme nicht so verändert, daß er für die Benutzung ungeeignet wird.

d) **Nennstrom, Nennspannung, Nennleistung** bezeichnen den Verwendungsbereich.

e) **Kriechstrecke** ist der kürzeste Weg, auf dem ein Stromübergang längs der Oberfläche eines Isolierkörpers zwischen Metallteilen eintreten kann, wenn zwischen ihnen eine Spannung besteht.

f) **Erden oder an Erde legen** heißt, mit einem Erder oder seiner Zuleitung metallisch verbinden.

g) Unter **Nullen** versteht man das Verbinden des Nulleiters mit den metallenen Konstruktionsteilen der Apparate.

D. Allgemeines.

Siehe auch Err.-Vorschr. §§ 3, 4, 5, 10, 15, 23, 28, 35, 39, 41.

§ 3.

a) Alle Installationsmaterialien müssen so gebaut und bemessen sein, daß durch die bei ihrem Betriebe auftretende Erwärmung und durch die mechanische Beanspruchung weder eine für die Umgebung gefährliche Temperatur entstehen kann, noch die Wirkungsweise und Handhabung beeinträchtigt wird.

1. Für Sockel bis 60 mm Durchmesser oder 60 mm Seitenlänge sollen folgende Mindestmaße an den Befestigungsstellen gelten:

Lochdurchmesser für die Schraube oder Schlitzbreite	Durchmesser der Einsenkung für den Schraubenkopf	Wandstärke unter dem Schraubenkopf
4,5 mm	8,5 mm	5 mm

Bei Dosen mit Befestigungschlitzen dürfen die Schraubenköpfe nicht über den Rand des Sockels hinausragen.

b) Die spannungführenden Teile müssen auf feuer-, wärme- und feuchtigkeitsicheren Körpern angebracht sein. Ausgußmassen müssen wärme- und feuchtigkeitsicher sein *(Prüfvorschriften siehe ETZ 1924, Heft 50).*

c) Abdeckungen müssen mechanisch widerstandsfähig, zuverlässig befestigt, wärmesicher und, wenn sie mit spannungführenden Teilen in Berührung stehen, auch feuchtigkeitsicher sein. Solche aus Isolierstoff, die im Gebrauch mit einem Lichtbogen in Berührung kommen können, müssen auch feuersicher sein. Der Berührung zugängliche Gehäuse und Abdeckungen müssen, wenn sie nicht für Erdung oder Nullung eingerichtet sind, aus nichtleitenden Baustoffen bestehen oder mit einer haltbaren Isolierschicht ausgekleidet sein. Bedienungselemente (Griffe, Drücker usw.) müssen aus Isolierstoff bestehen.

d) Lackierung und Emaillierung von Metallteilen gilt nicht als Isolierung im Sinne des Berührungschutzes.

e) Ortsfeste Apparate müssen für Anschluß der Leitungsdrähte durch Verschraubung oder gleichwertige Mittel eingerichtet sein.

f) Ein Erdungsanschluß muß als solcher gekennzeichnet („E" oder ⏚) und als Schraubkontakt ausgebildet sein.

g) Alle Schrauben, die Kontakte vermitteln, müssen metallenes Muttergewinde haben.

h) Für Installationsmaterial gelten für Anschlußbolzen und Kopfkontaktschrauben bis 200 A: DIN VDE 6200 und 6206; für Stromstärken über 200 A gelten die „Normen für Anschlußbolzen und ebene Schraubkontakte für 10 bis 1500 A".

1. Für Buchsenkontakte an Schaltern und Steckvorrichtungen sollen die Mindestabmessungen der nachstehenden Tafel gelten:

Nennstromstärke A	Gewinde	Lochdurchmesser mm	Wanddicke mm	Gewindelänge der Schraube mm
bis 6	M 2,6	2,6	1,8	4,5
„ 10	M 3	3	2	5
„ 25	M 4	4	3	7

i) Auf jedem Apparat müssen Nennstrom und Nennspannung verzeichnet sein. Werden die Bezeichnungen abgekürzt, so ist für den Nennstrom A, für die Nennspannung V zu verwenden.

k) Installationsmaterialien müssen am Hauptteil ein Ursprungzeichen tragen, das den Hersteller erkennen läßt.

l) Nicht keramische, gummifreie Isolierstoffpreßteile müssen, soweit tunlich, ein Ursprungzeichen tragen, das den Hersteller des Isolierstoffes erkennen läßt.

m) Nicht keramische, gummifreie Isolierstoffpreßteile müssen, soweit tunlich, eine Angabe erhalten, die die Klassenbezeichnung gemäß der Klasseneinteilung der Isolierstoffe (siehe ETZ 1924, S. 730) erkennen läßt.

n) Nicht keramische, gummifreie Isolierstoffpreßteile müssen, soweit tunlich, mit einem als Warenzeichen eingetragenen Zeichen versehen sein, dessen Führung vom Staatlichen Materialprüfungsamt in Berlin-Dahlem dem Fabrikanten des Isolierstoffes nur unter der Bedingung gestattet wird, daß er sich vertraglich der laufenden Überwachung durch das Staatliche Materialprüfungsamt unterwirft (siehe ETZ 1925, S. 865).

E. Dosenschalter.

(Druckknopf- und ähnliche Schalter müssen den nachstehenden Bestimmungen sinngemäß entsprechen).

Siehe auch Err.-Vorschr. §§ 11, 28, 35, 36, 43, 45.

§ 4.

a) Diese Schalter erhalten nach DIN VDE 9290 folgende Bezeichnungen:

Ausschalter

einpolig	Schalter 1
zweipolig	,, 2
dreipolig	,, 3

Umschalter

(Gruppenschalter)	Schalter 4
(Serienschalter)	,, 5
(Wechselschalter)	,, 6
(Kreuzschalter)	,, 7

b) Der geringstzulässige Nennstrom beträgt bei 250 V für Ausschalter 4 A, für Umschalter aller Arten 2 A, bei 500 und 750 V für Ausschalter 2 A, für Umschalter aller Arten 1 A.

1. Normale Nennstromstärken sind:

bei 250 V {	für Ausschalter:		4	6	10	25	60 A
	,, Umschalter:	2	4	6	10	25	60 ,,
bei 500 und {	,, Ausschalter:	2	4	6	10	25	60 ,,
750 V {	,, Umschalter: 1	2	4	6	10	25	60 ,,

§ 5.

a) Alle Schalter müssen für mindestens 250 V gebaut sein.

1. Normale Nennspannungen sind 250, 500, 750 V.

2. Für einpolige Drehschalter bis 6 A und 250 V gelten die ,,Vorschriften, Regeln und Normen für einpolige Drehschalter bis 6 A und 250 V" (gültig ab 1. Juli 1928)[2].

§ 6.

a) Nennstrom und Nennspannung müssen auf dem ortsfesten Teil des Schalters so verzeichnet sein, daß sie am montierten Schalter nach Entfernen der Abdeckung leicht und deutlich zu erkennen sind.

1. Die Bezeichnung soll auf dem Schalter so angebracht sein, daß sie nicht ohne weiteres entfernt werden kann.

2. Bei Umschaltern ist der Netzanschluß durch ,,P" zu kennzeichnen.

§ 7.

Alle Metallteile des Mechanismus müssen gegen die spannungführenden Teile isoliert sein.

§ 8.

a) Alle Kontakte müssen Schleifkontakte sein.

b) Schalter für Niederspannung bis 5 kVA müssen Momentschalter sein. Momentschaltung ist vorhanden, wenn bei ordnungsmäßiger, auch langsamer Handhabung des Betätigungsorganes der Schaltstern von einer Stellung in die andere springt.

1. Statt der Momentschaltung werden bei Drehstromschaltern gesicherte Schaltstellungen für ausreichend erachtet. Beim Drehen des Schaltsternes um weniger als 30° soll der Schaltstern selbsttätig in die Ursprungslage zurückgehen.

---

[2] S. S. 512 u. ff.

2. Funkenwischer sind Funkenlöscher, die auf mechanischem Wege, z. B. unter Anwendung von Isolierstoff, die Unterbrechungslichtbögen löschen (auswischen). Trennwände sind nicht als Funkenwischer aufzufassen. Funkenwischer dürfen auch nach längerem Gebrauch keinesfalls eine leitende Verbindung oder eine Berührung zum Nebenkontakt herstellen.

§ 9.

Werden als Betätigungsorgane Metallketten verwendet, so muß ein isolierendes Zwischenstück in unmittelbarer Nähe des Schalters vorhanden sein.

§ 10.

Bei Drehschaltern muß der Griff so befestigt sein, daß er sich beim Rückwärtsdrehen nicht ohne weiteres abschrauben läßt.

§ 11.

Die spannungführenden Teile des Schalters müssen in geschalteter Stellung gegen die Befestigungschrauben, gegen den Griff, gegen den Griffträger und gegen das Gehäuse nach mindestens 12-stündigem Liegen in feuchter Luft folgende Spannungen 1 min lang aushalten, ohne daß ein Überschlag erfolgt:

Bei 250 V Nennspannung 1500 V Wechselspannung,
„   500 V   „   2000 V   „   ,
„   750 V   „   2500 V   „   .

Bei gleicher Prüfspannung sind in ausgeschaltetem Zustande Prüfungen der Isolation von Pol zu Pol und von der Zuleitung zur Ableitung mit betriebsmäßigem Anschluß vorzunehmen.

§ 12.

Die Kontaktteile des Schalters werden nach 10-maligem Schalten mit dem 1,25-fachen Nennstrom belastet. Der Spannungsabfall darf nicht größer als 50 mV sein; er wird an der Eingangs- und Ausgangsklemme des zu untersuchenden Stromkreises gemessen. Ist der Spannungsabfall größer als 50 mV, so ist nachstehende Prüfung vorzunehmen:

Die Kontaktteile des Schalters dürfen nach einstündiger Belastung mit dem 1,25-fachen des Nennstromes, jedoch mit nicht weniger als 6 A bei geschlossenem Gehäuse und bei einer Raumtemperatur von ungefähr 20° C keine solche Temperatur annehmen, daß ein an irgendeiner Stelle vor dem Versuch angedrücktes Kügelchen reinen Bienenwachses von etwa 3 mm Durchmesser nach Beendigung des Versuches geschmolzen ist. Die Prüfung kann mit Gleich- oder Wechselstrom vorgenommen werden.

§ 13.

a) Der Ausschalter (Schalter 1, 2 und 3) muß bei 1,1-facher Nennspannung, mit dem 1,25-fachen Nennstrom induktionsfrei, bei Drehstrom außerdem induktiv mit dem halben Nennstrom belastet, im Gebrauchzustande und in der Gebrauchslage während der Dauer von 3 min die nachstehend verzeichnete

Zahl von Stromunterbrechungen aushalten, ohne daß sich ein dauernder Licht-
bogen bildet:
Größe des Ausschalters bis   10 A, 25 A, 60 A und darüber,
Zahl der Unterbrechungen in 3 min 90   60   30.
   Die Schaltung bei der Prüfung ist
für einpolige Ausschalter nach Schaltplan Abb. 1,
für zweipolige Ausschalter nach Schaltplan Abb. 2,
für dreipolige Ausschalter nach Schaltplan Abb. 3 vorzunehmen.

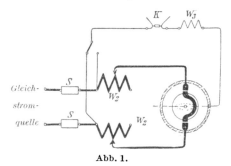

Abb. 1.

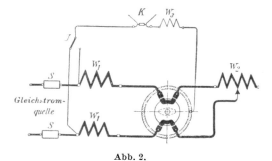

Abb. 2.

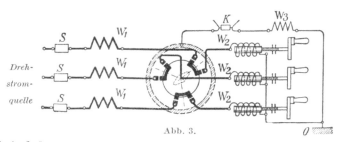

Abb. 3.

   Hierin bedeuten:
W_1 *induktionsfreie Widerstände zur Verhinderung unmittelbarer Kurzschlüsse.*

Sie sollen den Kurzschlußstrom auf 550 A begrenzen; es muß daher jeder einzelne die in folgender Tafel angegebenen Widerstandswerte aufweisen:

Nennspannung in V	250	500	750
Prüfspannung in V	275	550	825
W_1 in Ω			
bei zweipoligen Ausschaltern	0,25	0,50	0,75
bei dreipoligen Ausschaltern	0,25	0,50	0,75

W_2 *einstellbare Widerstände oder Drosselspulen zur Einstellung des vorgeschriebenen Prüfstromes. Die Widerstände sollen praktisch induktionsfrei sein. Bei der Drehstromprüfung mit Induktivbelastung sind diese Widerstände durch einzelne regelbare Drosselspulen D zu ersetzen. Die Drosselspulen müssen so ausreichend bemessen sein, daß der Leistungsfaktor in der angegebenen Prüfschaltung den Wert 0,1 nicht übersteigt.*

W_3 *Widerstände zur Verhinderung eines unmittelbaren Kurzschlusses bei Überschlag nach den Befestigungschrauben, dem auf der Rückseite freiliegenden Griffträger und dem Gehäuse, wenn dieses aus Metall besteht. Sie sollen die Stromstärke auf einige 100 A begrenzen und den Wert W_3 = 2 W_2 haben, also bei 275 V 0,5 Ω, bei 550 V 1 Ω und bei 825 V 1,5 Ω betragen.*

K *Kennsicherung, bestehend aus blankem Widerstandsdraht (Rheotan) von 0,1 mm Durchmesser und mindestens 30 mm Länge.*

S—S *Sind Schutzsicherungen für die ganze Prüfanordnung.*

b) Der Serienschalter (Schalter 5) muß bei 1,1-facher Nennspannung, mit dem 1,25-fachen Nennstrom, der auf beide Ableitungen zu verteilen ist, induktionsfrei belastet, im Gebrauchzustande und in der Gebrauchslage während der Dauer von 5 min die nachstehend verzeichneten Stellungswechsel aushalten, ohne. daß sich ein dauernder Lichtbogen bildet:

Größe des Schalters bis 10 A. Zahl der Stellungswechsel in 5 min 300 (150 für Stromverteilung 1 und 150 für Stromverteilung 2).

1. Stromverteilung. Nennstrom auf der einen Stromableitung, 25% Überlast auf der anderen Ableitung.

2. 0,625-mal Nennstrom auf jeder der beiden Stromableitungen.

Die Schaltung bei der Prüfung ist nach Schaltplan Abb. 4 vorzunehmen.

c) Gruppenschalter (Schalter 4),
Wechselschalter (Schalter 6),
Kreuzschalter (Schalter 7)

müssen bei 1,1-facher Nennspannung, mit dem 1,25-fachen Nennstrom in jedem Stromkreis induktionsfrei belastet, im Gebrauchzustande und in der Gebrauchslage während der Dauer von 5 min die nachstehend verzeichneten Stellungswechsel aushalten, ohne daß sich ein dauernder Lichtbogen bildet:

Größe des Schalters bis 10 A. Zahl der Stellungswechsel in beiden Stromkreisen in 5 min je 150.

Die Schaltung bei der Prüfung ist:
für Gruppenschalter (Schalter 4) nach Schaltplan Abb. 5,

für Wechselschalter (Schalter 6) nach Schaltplan Abb. 6,
für Kreuzschalter (Schalter 7) nach Schaltplan Abb. 7.

d) Bei Schaltern mit Funkenwischern muß die Zahl der Stromunter-
brechungen um 30% erhöht werden. Nach dieser Prüfung dürfen die Funken-
wischer nicht nennenswert angegriffen sein.

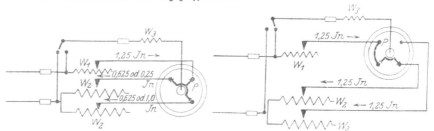

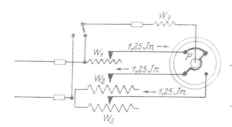

W_1 und W_3 = Schutzwiderstände,
W_2 = Einstellbarer Prüfwiderstand.

Abb. 4. Schalter 5.

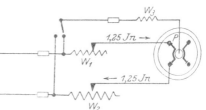

W_1 und W_3 = Schutzwiderstände,
W_2 = Einstellbarer Prüfwiderstand.

Abb. 5. Schalter 4.

W_1 und W_3 = Schutzwiderstände,
W_2 = Einstellbarer Prüfwiderstand.
Abb. 6. Schalter 6.

W_1 und W_3 = Schutzwiderstände,
W_2 = Einstellbarer Prüfwiderstand.
Abb. 7. Schalter 7.

§ 14.

Zur Prüfung der mechanischen Haltbarkeit ist der Schalter, ohne Strom
zu führen, absatzweise so zu schalten, daß 20000 Stellungswechsel, etwa 700
bis 800 in 1 h entstehen; Drehschalter für Rechts- und Linksdrehung sind
mit je 10000 Stellungswechseln in Rechts- und Linksdrehung zu prüfen.
Nach der mechanischen Prüfung des Schalters muß die Nennstromstärke
bei Nennspannung 10-mal abgeschaltet werden können, ohne daß ein Licht-
bogen stehen bleibt.

F. Steckvorrichtungen.

Siehe auch Err.-Vorschr. §§ 13, 35, 36, 44.

§ 15.

a) Nennstrom und Nennspannung müssen auf Dose und Stecker verzeichnet sein.

1. Normale Nennstromstärken sind: 6, 10, 25, 60 A.
2. Normale Nennspannungen sind: 250, 500, 750 V.
3. Für zweipolige Steckvorrichtungen 6 A 250 V gelten die „Vorschriften, Regeln und Normen für ungeschützte zweipolige Steckdosen und Stecker 6 A 250 V" (gültig ab 1. Juli 1928)[3].
Für zweipolige Steckvorrichtungen 10 A 250 V gelten die „Vorschriften, Regeln und Normen für ungeschützte zweipolige Steckdosen und Stecker 10 A 250 V" (gültig ab 1. Juli 1928)[4].

§ 16.

a) Der Berührung zugängliche Teile der Dosen- und Steckerkörper müssen, wenn sie nicht für Erdung eingerichtet sind, aus Isolierstoff bestehen oder mit einer haltbaren Isolierschicht ausgekleidet sein (siehe auch § 3c).

b) Erdverbindungen der Stecker müssen hergestellt sein, bevor sich die Polkontakte berühren.

§ 17.

Eine unbeabsichtigte Berührung spannungführender Metallteile der Dose wie des Steckers muß unmöglich sein.

§ 18.

Hülsen und Stifte dürfen in dem Körper nicht drehbar befestigt sein. Die Anschlußleitungen dürfen nicht mittels der Hülsen oder Stifte festgeschraubt werden.

§ 19.

a) Steckvorrichtungen müssen so gebaut sein, daß die Anschlußstellen beweglicher Leitungen von Zug entlastet sowie deren Umhüllung sicher gefaßt und gegen Verdrehen geschützt werden können.

b) Die Kontakthülsen in Steckdosen müssen eine Isolierabdeckung haben.

1. Zweipolige Stiftsteckvorrichtungen aus Isolierstoff für 250 V Nennspannung sollen die in Tafel I und in Abb. 8 und 9 gegebenen Abmessungen haben.
Die Steckerstifte sollen an ihrem Ende halbkugelförmig verrundet und der Länge nach mit einem Schlitz versehen sein. Der Schlitz soll quer zur Verbindungslinie der Steckerstifte gerichtet sein (siehe Abb. 8 und 9).

2. Dreipolige Stiftsteckvorrichtungen aus Isolierstoff für 250 V Nennspannung sollen die in Tafel II und Abb. 10 gegebenen Abmessungen haben.
Die Unverwechselbarkeit in Bezug auf Stromstärke wird durch unterschiedlichen Mittenabstand der Stifte und Buchsen (Maß a, Tafel II), die Unverwechselbarkeit der Polarität durch seitliche Ausrückung der mittelsten Stifte und Buchsenbohrungen (Maß o, Tafel II) erreicht.
Die Stecker sollen an ihren Enden halbkugelförmig verrundet und der Länge nach mit einem Schlitz versehen sein. Der Schlitz soll quer zur Verbindungslinie der Steckerstifte gerichtet sein (siehe Abb. 10).

---

[3] S. S. 514 u. ff.
[4] S. S. 517 u. ff.

Tafel I.

Stromstärke in A		ver-wechsel-bar	unver-wechselbar	
		6	6	25
		mm	mm	mm
a	Mittenabstand der Stifte und Buchsen	19	19	28
b	Länge der Stifte	19	19	24
c	} Durchmesser der Stifte . . . . {	4	4	6
d		4	5	7
e	Größte Höhe } des Bundes [5] . . . . {	4	4	6
f	Größter Durchmesser	7	7	10
g	Größte Breite des Schlitzes	0,8	0,8	1
h	Tiefe des Schlitzes	14	14	17
i	Abstand der Mitte der Halterille von der Auflage-fläche	14,5	14,5	20
k	Kleinste Breite der Halterille (vor Abrundung der Kanten	1,5	1,5	2
l	Kleinste Tiefe der Halterille	0,5	0,5	0,8
m	Kleinste Tiefe der Bohrung für die Stifte	15	15	18
n	} Durchmesser der Buchsenbohrungen . . . . {	4,05	4,05	6,05
o		4,05	5,05	7,05
n_1	} Durchmesser der Bohrungen in der Isolier- {	4,55	4,55	6,55
o_1	} abdeckung. . . . . {	4,55	5,55	7,55
p	Abstand der Stirnfläche der Isolierabdeckung von der Mitte der Haltefeder	10,5	10,5	14
q	Größte Breite der Haltefeder	0,8	0,8	1
r	Abstand der Stirnfläche der Isolierabdeckung von der Kontaktbuchse	4	4	5
s	Durchmesser der Steckdosenlöcher	10	10	14
t	Lichte Tiefe der Steckdosenlöcher	4	4	6
v	Kleinster } Durchmesser des Steckers . . . . {	36	36	47
	Größter	37	37	49
w	Kleinster } Durchmesser der ebenen Stirnfläche {	38	38	50
	Größter } der Steckdose . . . . {	40	40	52
x	Kleinste Höhe des Randes der Steckdose	3	3	5
y	Kleinste Dicke des Randes der Steckdose . . .	5	5	6
z	Kleinster Durchmesser der Dose in der Ebene der Fläche der Isolierabdeckung	56	56	82

§ 20.

Bei eingesetztem Stecker müssen die Steckvorrichtungen gegen die Befestigungschrauben und gegen eine am Stecker angebrachte Stanniolumwicklung, bei ausgezogenem Stecker die Kontakte gegeneinander nach mindestens 12-stündigem Liegen in feuchter Luft die folgende Spannung 1 min lang aushalten:

bei 250 V Nennspannung 1500 V Wechselspannung,
„ 500 V „ 2000 V „ ,
„ 750 V „ 2500 V „ .

---

[5] Der Bund (e, f) ist nicht obligatorisch; die Länge der Stifte ist jedoch in jedem Falle b.

§ 21.

Die Kontaktteile der Steckvorrichtungen werden bei eingesetztem Stecker mit dem 1,25-fachen Nennstrom belastet. Der Spannungsabfall darf nicht größer als 50 mV sein. Er wird an der Eingangs- und Ausgangsklemme gemessen.

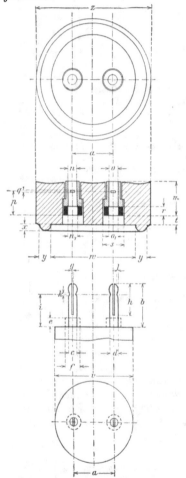

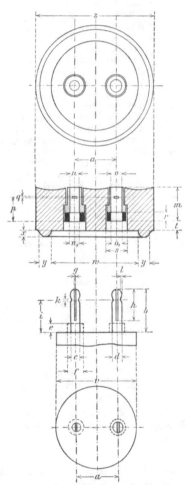

Abb. 8 Verwechselbare Ausführung.

Abb. 9. Unverwechselbare Ausführung.

Sicherungen in Steckvorrichtungen werden während der Prüfung kurzgeschlossen.

Ist der Spannungsabfall größer als 50 mV, so ist nachstehende Prüfung vorzunehmen:

Tafel II.

Stromstärke in A		6	25
		mm	mm
a	Abstand der Mittellinie der Stifte und Buchsen	15	21
b	Länge der Stifte	19	24
c	Durchmesser der Stifte	4	6
d	Kleinste ⎱ halbe Breite der ebenen Fläche der Dose. . ⎰ Größte ⎰	13 / 14	18 / 19
e	Größte Höhe ⎱ des Bundes [6]	4	6
f	Größter Durchmesser ⎰ des Bundes [6]	7	10
g	Größte Breite des Schlitzes	0,8	1
h	Tiefe des Schlitzes	14	17
i	Abstand der Mitte der Halterille von der Auflagefläche .	14,5	20
k	Kleinste Breite der Halterille (vor Abrundung der Kanten)	1,5	2
l	Kleinste Tiefe der Halterille	0,5	0,8
m	Kleinste Tiefe der Bohrung für die Stifte	15	18
n	Durchmesser der Buchsenbohrung	4,05	6,05
n_1	Durchmesser der Bohrung in der Isolierabdeckung . . .	4,55	6,55
o	Breitenabstand der Stifte und Buchsen	3	4
p	Abstand der Stirnfläche der Isolierabdeckung von der Mitte der Haltefeder	10,5	14
q	Größte Breite der Haltefeder	0,8	1
r	Abstand der Stirnfläche der Isolierabdeckung von der Kontaktbuchse	4	5
s	Durchmesser der Steckdosenlöcher	10	14
t	Lichte Tiefe der Steckdosenlöcher	4	6
u	Kleinste ⎱ halbe Breite des Steckers . . . . ⎰ Größte ⎰	11 / 12	16 / 17
v	Kleinster ⎱ Halbmesser der Länge des Steckers . . . . ⎰ Größter ⎰	29 / 30	39 / 40
w	Kleinster ⎱ Halbmesser der ebenen Länge der Steckdose ⎰ Größter ⎰	31 / 32	41 / 42
x	Kleinste Höhe des Randes der Steckdose	3	5
y	Kleinste Dicke des Randes der Steckdose	5	6

Die Kontaktteile der Steckvorrichtungen dürfen bei eingesetztem Stecker und bei einer Raumtemperatur von ungefähr 20° C nach einstündiger Belastung mit dem 1,25-fachen Nennstrom keine solche Temperatur annehmen, daß ein an irgendeiner Stelle vor dem Versuch angedrücktes Kügelchen reinen Bienenwachses von etwa 3 mm Durchmesser nach Beendigung des Versuches geschmolzen ist. Die Prüfung kann mit Gleich- oder Wechselstrom vorgenommen werden.

§ 22.

Die Steckvorrichtung muß bei 1,1-facher Nennspannung, mit dem 1,25-fachen Nennstrom induktionsfrei belastet, im Gebrauchzustande und in der Gebrauchslage 20-mal nacheinander, jedoch mit Pausen von mindestens 10 s, ein- und ausgeschaltet werden können, ohne daß sich ein dauernder Lichtbogen bildet.

---

[6] Der Bund (e, f) ist nicht obligatorisch; die Länge der Stifte ist jedoch in jedem Falle b.

Die Schaltung der Prüfanordnung ist die gleiche wie bei der Prüfung von Dosenschaltern (siehe § 13).

Nach dieser Prüfung dürfen die Abdeckungen der Hülsen nicht nennenswert angegriffen sein.

§ 23.

Zur Prüfung der mechanischen Haltbarkeit der Steckvorrichtung ist der Stecker ohne Strombelastung 1000-mal vollständig ein- und auszuführen.

G. Sicherungen mit geschlossenem Schmelzeinsatz.

Siehe auch Err.-Vorschr. §§ 14, 20, 28, 35, 36, 43.

§ 24.

a) Nennstrom und Nennspannung müssen auf dem ortsfesten Teil des Sicherungsockels sichtbar und haltbar verzeichnet sein.

1. Normale Nennstromstärken sind: 25, 60, 100, 200 A.

2. Normale Nennspannungen sind: 500, 750 V.

3. Für Sicherungsockel 25 A 500 V mit quadratischem Grundriß und rückseitigem Anschluß für Schalt- und Verteilungstafeln gilt DIN VDE 9310.
Für Sicherungsockel 60 A 500 V mit quadratischem Grundriß und rückseitigem Anschluß für Schalt- und Verteilungstafeln gilt DIN VDE 9311.

4. Für Sicherungsockel 25 A 500 V mit vorderseitigem Anschluß gilt DIN VDE 9320.
Für Sicherungsockel 60 A 500 V mit vorderseitigem Anschluß gilt DIN VDE 9321.

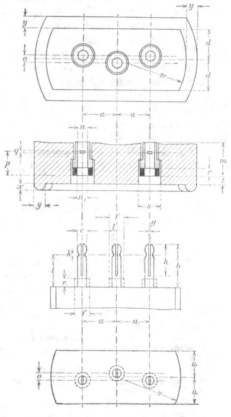

Abb. 10. Dreipolige Steckvorrichtung.

§ 25.

a) Nennstrom und Nennspannung müssen auf dem Schmelzeinsatz haltbar verzeichnet sein.

1. Normale Nennstromstärken sind: 6, 10, 15, 20, 25, 35, 60, 80, 100, 125, 160, 200 A. Für höhere Stromstärken werden bestimmte Abstufungen nicht festgelegt.

2. Normale Nennspannungen sind: 500, 750 V. Die geringste Nennspannung beträgt 500 V mit Ausnahme der Schmelzeinsätze in Steckdosen, für die 250 V zulässig ist.

b) Nennstrom und Nennspannung bei D-Stöpseln müssen auf Patrone (Schmelzeinsatz) und Paßschraube haltbar verzeichnet sein.

1. Normale Nennstromstärken sind: 6, 10, 15, 20, 25 A.

2. Normale Nennspannung ist: 500 V.

§ 26.

a) Der Sicherungsockel muß aus solchem Werkstoff hergestellt sein, daß seine Brauchbarkeit durch die höchste Temperatur, die im Betriebe mit dem stärksten zulässigen Schmelzeinsatz auftreten kann, auch auf die Dauer nicht beeinträchtigt wird.

b) Der Kragen der Paßschraube muß aus solchem Isolierstoff hergestellt sein, daß die Brauchbarkeit der Paßschraube durch die höchste Temperatur, die im Betriebe mit dem zugehörenden Schmelzeinsatz auftreten kann, nicht beeinträchtigt wird.

c) Der Gewindering und die Brille müssen aus einem Stück bestehen. Die Anschlußbolzen bei Schalttafelsicherungsockeln müssen, gegen Lockerung gesichert, befestigt und die Fußkontaktschiene muß gegen Lageänderung gesichert sein.

d) Für Gewinde zu Unverwechselbarkeitseinsätzen von Schraubstöpselsicherungen bis 60 A gilt DIN VDE 9301.

§ 27.

Der Schmelzraum muß abgeschlossen sein und darf ohne besondere Hilfsmittel und ohne Beschädigung nicht geöffnet werden können.

§ 28.

a) Die Sicherungen für Nennstromstärken bis einschließlich 60 A müssen so gebaut sein, daß die fahrlässige oder irrtümliche Verwendung von Einsätzen für zu hohe Stromstärken ausgeschlossen ist.

1. Für Sicherungen mit „Edison-Gewinde 27 für 500 V Nennspannung bis 25 A", bei denen die Unverwechselbarkeit durch Höhenunterschiede erreicht wird, gilt DIN VDE 9350.

Zur Kontrolle der Stöpsel und Sicherungsockel (mit Ausnahme der Gewindeabmessungen) dient DIN VDE 9352. Gewindeabmessungen und Kontrolllehren hierfür siehe § 46.

2. Für Sicherungen mit „Edison-Gewinde 33 für 500 V Nennspannung bis 60 A", bei denen die Unverwechselbarkeit durch Höhenunterschiede erreicht wird, gilt DIN VDE 9351.

Zur Kontrolle der Stöpsel und Sicherungsockel (mit Ausnahme der Gewindeabmessungen) dient DIN VDE 9353. Gewindeabmessungen und Kontrolllehren hierfür siehe § 46.

3. Für D-Stöpsel und Paßschrauben bis 25 A gilt DIN VDE 9360.

Zur Kontrolle der Stöpsel und Paßschrauben dient DIN VDE 9361, Blatt 1 bis 3.

4. Es empfiehlt sich, das erfolgte Abschmelzen kenntlich zu machen.

§ 29.

Die spannungführenden Teile der Sicherungsockel müssen bei eingesetztem Schmelzeinsatz gegen die Befestigungsschrauben und gegen die der

Berührung zugänglichen Metallteile am Sockel und Einsatz, ferner ohne Einsatz zwischen den Kontakten nach mindestens 12-stündigem Liegen in feuchter Luft folgende Spannungen 1 min lang aushalten, ohne daß ein Durchschlag erfolgt:

bei 500 V Nennspannung 2000 V Wechselspannung,
„ 750 V   „   2500 V   „   .

§ 30.

Für die Prüfung der Schmelzeinsätze bei Kurzschluß (Abb. 11) gelten folgende Vorschriften:

Als Stromquelle dient ein Akkumulator von mindestens 1000 A bei einstündiger Entladung und einer Klemmenspannung, die um 10% höher ist als die Nennspannung des zu prüfenden Schmelzeinsatzes, gemessen an der offenen Batterie.

B   Akkumulator,
SS   Schutzsicherung,
A   Strommesser,
WI   induktionsfreier,   ver-
*   änderlicher Widerstand,*
PS   der zu prüfende Schmelz-
*   einsatz,*
WII   Meßwiderstand,
U   Umschalthebel,
SH   Schalthebel,
V   Spannungmesser,
VU   Spannungmesser-Umschalter.

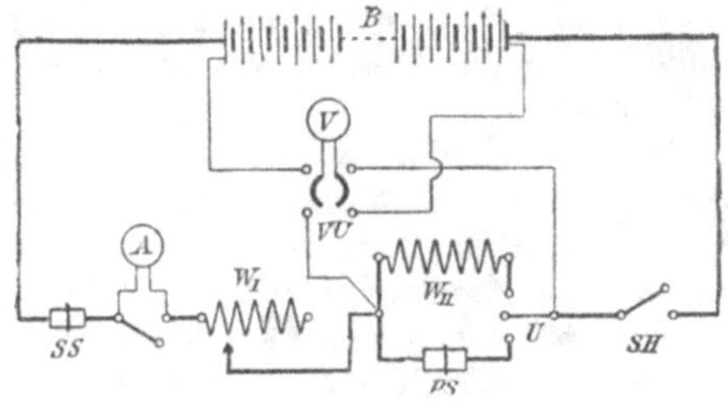

Abb. 11.   Schaltplan für die Kurzschlußprüfung.

Zur Bestimmung der Widerstände des Stromkreises und der Batterie einschließlich des Widerstandes der Schutzsicherung dient der unveränderliche (Meß-)Widerstand WII; er beträgt 1 Ω.

An seinen Klemmen wird die bei Belastung auftretende Spannung gemessen; diese soll betragen:

400 V bei Prüfung von 500 V-Einsätzen bis   25 A,
500 V „   „   „ 500 V-   „   über 25 A,
600 V „   „   „ 750 V-   „   .

Zur Abgleichung des Stromkreises dient hierbei der regelbare Widerstand WI.

Die zum Schutz der Batterie erforderliche Schutzsicherung SS muß bei dieser Abgleichung eingeschaltet sein. Sie besteht aus 5 frei ausgespannten parallelgeschalteten Kupferdrähten von je 1,5 mm Durchmesser und 50 cm Länge.

Zur Vornahme der Kurzschlußprüfung wird der zu prüfende Schmelzeinsatz an Stelle des Widerstandes WII gesetzt. Er muß beim Schließen des Schalters SH ordnungsgemäß abschalten, ohne daß die Schutzsicherung abschmilzt oder der etwa verwendete Selbstschalter unterbricht.

32*

§ 31.

Für die Prüfung auf richtige Abschmelzstromstärke gilt folgende Tafel:

Nennstrom A	Kleinster Prüfstrom	Größter Prüfstrom
6 bis 10	1,5 × Nennstrom	2,10 × Nennstrom
15 ,, 25	1,4 × Nennstrom	1,75 × Nennstrom
35 ,, 200	1,3 × Nennstrom	1,60 × Nennstrom

Den kleinsten Prüfstrom müssen die Sicherungen bis 60 A mindestens 1 h, die bis 200 A mindestens 2 h aushalten; mit dem größten Prüfstrom belastet, müssen sie innerhalb der gleichen Zeiten abschmelzen.

§ 32.

Geschlossene Sicherung-Schmelzeinsätze müssen auch bei jeder anderen Abschmelzbelastung ordnungsgemäß abschalten. Diese Forderung gilt als erfüllt, wenn die Einsätze bei Belastung nach folgendem Verfahren sicher unterbrechen:

Die zu prüfenden Einsätze werden mit dem größten Prüfstrom 3 min lang belastet und hierdurch angewärmt. Alsdann wird plötzlich auf den für die Kurzschlußprüfung vorgesehenen Stromkreis umgeschaltet und der erste Einsatz bis zum Abschmelzen mit dem 2,5-fachen, der zweite mit dem 3-fachen, der dritte mit dem 4-fachen des Nennstromes belastet.

Hierbei werden die Schmelzeinsätze, wie bei Kurzschlußprüfungen, an die Stelle des Widerstandes W_{II} gesetzt, während der Widerstand W_I zur Einstellung der verschiedenen Stromstärken dient.

§ 33.

[Fällt auf Beschluß der Jahresversammlung 1920 fort.]

H. Fassungen und Lampensockel.

Siehe auch Err.-Vorschr. §§ 16, 18, 31, 33, 43.

§ 34.

a) Jede Fassung ist mit der Nennspannung zu bezeichnen.

1. Normale Nennspannungen sind: 250, 500, 750 V.

§ 35.

Bei Fassungen verwendete Isolierstoffe müssen wärme-, feuer- und feuchtigkeitsicher sein.

§ 36.

a) Bei Fassungen für Hochspannung müssen die äußeren Teile aus Isolierstoff bestehen und sämtliche spannungführenden Teile zufälliger Berührung entziehen.

b) Für Fassungen, die zeitweilig wie Handleuchter benutzt werden, gelten die Bestimmungen über Handleuchter (siehe § 48).

c) Bei Fassungen für 250 V darf die kürzeste Kriechstrecke zwischen stromführenden Teilen verschiedener Polarität oder zwischen solchen und einer metallenen Umhüllung 3 mm nicht unterschreiten.

1. Der Gewindekorb soll aus Kupfer oder einer mindestens 80% Kupfer enthaltenden Legierung bestehen.

2. Die Anschlußkontakte sollen aus Kupfer, Messing oder anderen Kupferlegierungen bestehen.

3. Alle Anschluß- und Befestigungschrauben sollen aus Kupferlegierungen (Messing usw.), die in Metall gehenden Nippelschrauben aus Stahl bestehen.

§ 37.

Für Fassungen mit Metallgehäuse gilt:

a) Der Fassungsmantel muß am Fassungsboden befestigt sein.

b) Werden zur Einhaltung des Abstandes zwischen Fassungsmantel und Gewindekorb Isolierringe verwendet, so dürfen diese nicht ohne besondere Werkzeuge abnehmbar sein.

1. Die Leitungsanschlüsse sollen als Buchsenklemmen ausgeführt werden·

2. Der Fassungstein soll kreisrund sein.

c) Die Anschlußklemme für den Null- oder Erdungsanschluß ist besonders kenntlich zu machen, z. B. durch „E".

§ 38.

a) Die unter Spannung gegen Erde stehenden Teile der Lampen müssen der zufälligen Berührung entzogen sein. Dieser Schutz gegen zufälliges Berühren muß auch während des Einschraubens der Lampen wirksam sein (siehe die nachstehenden Leitsätze für die Prüfung des Berührungschutzes).

1. Für Lampensockel mit Edison-Gewinde gelten DIN VDE 9610, 9615, 9620, 9625.

2. Kontaktlehren für Sockel siehe DIN VDE 9611.

Vorläufige Leitsätze für die Prüfung des Berührungschutzes bei nackten Fassungen, Armaturen und Handleuchtern.

1. Vorrichtungen zur Erreichung des Berührungschutzes müssen so beschaffen sein, daß spannungführende Teile der zufälligen Berührung beim Ein- und Ausschrauben bzw. Einsetzen und Herausnehmen der Lampe (z. B. auch beim schrägen Einsetzen) entzogen sind, und sich auf alle im Handel befindlichen Lampenformen mit genormten Sockeln erstrecken.

2. Schutz gegen zufällige Berührung muß auch bei eingesetzter Lampe vorhanden sein.

3. Die eigentlichen Berührungschutzvorrichtungen dürfen nur durch Werkzeug entfernt werden können. Nackte Metallfassungen brauchen dieser Forderung nicht zu genügen, wenn die Berührungschutzvorrichtungen so angeordnet sind, daß bei ihrer Entfernung die Fassung in ihre Bestandteile (Stein, Einsatz, Mantel und Schutzring) zerfällt.

4. Die Berührung des Gewindekorbes mit dem Metallmantel und sonstigen Metallteilen soll durch Mittel verhindert sein, die nicht ohne Werkzeug abnehmbar sind.

5. Die Verschiebbarkeit des Schutzorganes, die den Berührungschutz etwa unwirksam machen könnte, soll durch Mittel verhindert sein, die in allen Lagen wirksam sind.

6. *Teile der Schutzvorrichtungen, die mit dem Glas der Lampe in Berührung kommen oder kommen können, sollen so beschaffen sein, daß sie bei ordnungsgemäßem Einsetzen das Glas der Lampe nicht beschädigen können.*

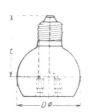

Mit Edison-Lampensockel	D	t
A 14	50	48
A 27	67	63

Abb. 1.

Tiefenlehren für Glühlampenschraubfassungen mit Berührungschutz und Gewinde *E* 14 und *E* 27.

(Für Stecker nach DIN VDE 9401).

Mit Edison-Lampensockel	D	α
C 14	38	60
B 27	50	45

Abb. 2.

Weitenlehren für Glühlampenschraubfassungen mit Berührungschutz und Gewinde *E* 14 und *E* 27.

(Für Stecker nach DIN VDE 9401).

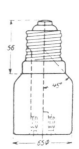

Abb. 3.

Tiefen- und Weitenlehre für Glühlampenschraubfassungen mit Berührungschutz und Gewinde *E* 40.

(Für Stecker nach DIN VDE 9401).

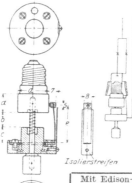

Mit Edison-Lampensockel	a	b	c	d	e
C 14	10	10	14	20	28
B 27	20	15	16	35	40
B 40	20	20	16	50	40

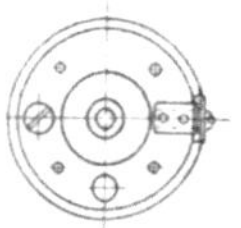

Abb. 4.

Berührungsprüflehren für Glühlampenschraubfassungen mit Berührungschutz und Gewinde *E* 14, *E* 27 und *E* 40.

7. *Alle Metall- und Isolierteile der Schutzvorrichtungen, die das Glas der Lampe berühren, sollen eine gleichmäßige Temperatursteigerung auf 180⁰ C innerhalb 3 h aushalten, ohne daß Formveränderungen auftreten.*

8. *In nackten Fassungen sollen die den Prüflehren entsprechenden Lampen zum Brennen gebracht werden können (siehe Abb. 1 bis 4).*

Für Armaturen und Handleuchter ist dieses nur für die Lampen erforderlich, die für diese Armaturen und Handleuchter bestimmt sind.

9. *Die verwendbaren Lampentypen sollen sich, ohne durch Strom belastet zu sein, 100-mal in die Fassung einsetzen und wieder herausnehmen lassen, ohne daß die Wirksamkeit des Berührungsschutzes dadurch beeinträchtigt wird und, ohne daß der Lampenkörper bei sachgemäßem Einschrauben zerstört wird.*

10. *Bei Fassungen mit E 27 bzw. E 14 und Hilfskontakten ist festzustellen, ob der Lichtbogen bei der Fassung nach einstündiger Belastung mit 1,25 Nennaufnahme in wagerechter Lage ein 20-maliges langsames Herausnehmen der*

Lampe bei 250 V in Abständen von je ½ min gestattet, ohne daß die Gefahr eines Unbrauchbarwerdens des Berührungschutzes oder einer Kurzschlußbildung entsteht.

§ 39.

a) Bei allen Fassungen für 250 V müssen die in Tafel V gegebenen Mindestmaße eingehalten sein.

b) Bei Fassungen mit Metallgehäuse müssen außerdem die in Tafel VI gegebenen Mindestmaße eingehalten sein.

Tafel V.

Gewinde	Edisongewinde		
	14	27	40
	mm	mm	mm
Wanddicke des Gewindekorbes	0,28	0,28	0,5
Bei Verwendung von Kopfschrauben für den Leitungsanschluß:			
Gewindelänge im Anschlußkontakt	1,5	1,5	2,5
Gewindedurchmesser . . . . der	2,4	2,8	4,8
Kopfdurchmesser . . . . Kopfschraube	5	6	9
Kopfhöhe	2	2,5	5
Bei Verwendung von Buchsenklemmen:			
Durchmesser der Buchsenbohrung	2,5	3	4
Länge des Gewindes für die Anschlußschraube . .	2	2,5	4
Durchmesser der Anschlußschraube	2,4	2,8	4

Tafel VI.

Gewinde	Edisongewinde		
	14	27	40
	mm	mm	mm
Wanddicke des Mantels	0,28	0,28	1
Wanddicke des Fassungsbodens [7]	0,28	0,28	1
Lichte Pfeilhöhe der Wölbung des Fassungsbodens	5	7	12
Wanddicke des Nippels	2,5	2,5	4
Lichte Weite des Nippels	7	10	13
Länge des Nippelgewindes	7	7	10
Durchmesser der Nippelschraube	3,5	3,5	4,5
Länge der Gewindeüberdeckung zwischen Fassungsmantel und -boden	5	7	10

1. Bei Fassungen und Lampensockeln (mit Edisongewinde E 27) für das Pauschalsystem sollen die Unverwechselbarkeitsorgane die in Abb. 12 und 13 und Tafel VII gegebenen Abmessungen haben.

§ 40.

Schalter in Fassungen müssen Momentschalter sein.

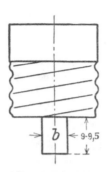

Abb. 12. Lampenfuß für Pauschalfassung.

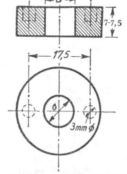

Abb. 13. Unverwechselbarkeitsring zum Einsetzen in Fassungen mit Edisongewinde E 27.

[7] Für Fassungen mit Edisongewinde E 40 bezieht sich die Wanddicke von 1 mm nur auf geschnittenes Gewinde. Bei gedrücktem Gewinde müssen die Wanddicken mindestens 0,5 mm betragen, doch muß der Mantel gegen Zerdrücken widerstandsfähig sein.

§ 41.

Schaltfassungen müssen im Inneren so gebaut sein, daß eine Berührung zwischen den beweglichen Teilen des Schalters und den Zuleitungsdrähten ausgeschlossen ist. Handhaben zur Bedienung der Schaltfassungen dürfen nicht aus Metall bestehen. Die Schaltachse muß von den spannungführenden Teilen und von dem Metallgehäuse isoliert sein.

Der Schalter muß an dem Zuleitungstück zum Mittelkontakt (Fußkontakt) liegen.

Tafel VII. Unverwechselbarkeitsmaße (mm).

Nr.	a Lochdurchmesser	b Zapfendurchmesser
4	4 — 4,5	3 — 3,5
6	6 — 6,5	5 — 5,5
8	8 — 8,5	7 — 7,5
10	10 — 10,5	9 — 9,5
12	12 — 12,5	11 — 11,5
14	14 — 14,5	13 — 13,5
0	Schutzring ohne Loch	

§ 42.

Schaltfassungen mit Edisongewinde $E\,27$ sind für Spannungen über 250 V. Schaltfassungen mit Edisongewinde $E\,14$ und $E\,40$ sind für alle Spannungen unzulässig.

§ 43.

Fassungen müssen in eingeschalteter Stellung nach mindestens 12-stündigem Liegen in feuchter Luft folgende Spannung 1 min lang aushalten, ohne daß ein Überschlag erfolgt:

bei 250 V Nennspannung 1500 V Wechselspannung,
„ 500 V „ 2000 V „ ,
„ 750 V „ 2500 V „
und zwar

zwischen den einzelnen Kontakten,
zwischen jedem spannungführenden Kontakt und dem Mantel,
zwischen jedem spannungführenden Kontakt und einer Stanniolumhüllung
am Schaltorgan,
zwischen den Kontakten des Schaltorganes in ausgeschalteter Stellung.

§ 44.

Die Schaltfassung muß bei 1,1-facher Nennspannung, mit 2 A induktionsfrei belastet, im Gebrauchzustande während einer Dauer von 3 min 90-mal ein- und ausgeschaltet werden können, ohne daß sich ein dauernder Lichtbogen bildet.

§ 45.

Zur Prüfung der mechanischen Haltbarkeit ist der Schalter der Schaltfassung in stromlosem Zustande so zu schalten, daß 10 000 Stellungswechsel, etwa 700 bis 800 in 1 h, entstehen; Schalter für Rechts- und Linksdrehung sind mit je 5000 Stellungswechseln in Rechts- und Linksdrehung zu prüfen.

I. Edison-Gewinde.
§ 46.

1. Für Edisongewinde gilt DIN VDE 400.
Lehren nach DIN VDE 401.

K. Nippel.
§ 47.

1. Für Nippelgewinde gilt DIN VDE 420.
Fassungsnippel sollen die in Tafel VI gegebenen Abmessungen haben.
Bei Nippeln und Nippelmuttern sollen die Kanten stark verrundet sein.
2. Als Anschlußgewinde für Reduziernippel kann außer obigen Gewinden das Rohrgewinde nach DIN 260 genommen werden.

L. Handleuchter.
Siehe auch Err.-Vorschr. §§ 18, 28, 33.

§ 48.

a) Körper und Griff der Handleuchter müssen aus wärme- und feuchtigkeitsicherem Isolierstoff bestehen. Die spannungführenden Teile müssen durch ausreichend widerstandsfähige Schutzmittel der zufälligen Berührung entzogen sein. Bei Handleuchtern für Hochspannung dürfen Kriechstrecken von 6 mm nicht unterschritten werden.

b) Die Anschlußstellen der Leitungen müssen von Zug entlastet, sowie deren Umhüllung sicher gefaßt und gegen Verdrehen gesichert werden können.

c) Gewöhnliche Schaltfassungen in Handleuchtern sind verboten.

Schalter in Handleuchtern sind nur bis 250 V zulässig. Sie müssen den Vorschriften für Dosenschalter entsprechen und so im Körper oder im Griff eingebaut sein, daß sie mechanischen Beschädigungen bei Gebrauch der Handleuchter nicht unmittelbar ausgesetzt sind.

Metallteile der Betätigungsvorrichtung des Schalters müssen auch bei Bruch des Schaltergriffes der zufälligen Berührung entzogen bleiben.

d) Die Einführungstellen für die Leitungen müssen derart ausgebildet sein, daß eine Beschädigung der biegsamen Leitungen auch bei rauher Behandlung nicht zu befürchten ist.

e) Ist die Lampe mit einem Schutzkorbe, Aufhängehaken, Tragbügel oder dgl. aus Metall versehen, so müssen diese auf dem isolierenden Körper befestigt sein. Der Schutzkorb muß so am Körper befestigt sein, daß er sich nicht selbsttätig lösen kann.

f) Handleuchter müssen in eingeschalteter Stellung nach mindestens 12-stündigem Liegen in feuchter Luft folgende Spannung 1 min lang aushalten, ohne daß ein Überschlag erfolgt:

bei 250 V Nennspannung	*1500 V Wechselspannung,*			
„ 500 V	*„*	*2000 V*	*„*	*,*
„ 750 V	*„*	*2500 V*	*„*	*,*
„ 1000 V	*„*	*3000 V*	*:,*	

und zwar

　　zwischen den einzelnen Kontaktstücken der Fassung,
　　zwischen jedem spannungführenden Kontakt und dem Mantel,
　　zwischen jedem spannungführenden Kontaktstück und einer Stanniol-
　　umhüllung am Griff,
zwischen den Kontakten des Schalters in ausgeschalteter Stellung.

M. Isolierrohre und Zubehörteile.
Siehe auch Err.-Vorschr. §§ 26, 31.

§ 49.

Für Isolierrohre und Zubehörteile gelten besondere „Vorschriften für Isolierrohre"[8].

Außerdem gilt folgendes:

a) Rohrähnliche Winkel-, T-, Kreuzstücke u. dgl. müssen als Teile des Rohrsystemes in gleicher Weise ausgekleidet sein wie die Rohre selbst. Scharfe Kanten im Inneren sind auf alle Fälle zu vermeiden.

　　1. Rohre für Verschraubung nach Art der Stahlpanzerrohre, jedoch ohne Auskleidung, sollen in ihren Abmessungen mindestens den Festlegungen in DIN VDE 9010 entsprechen.

N. Verteilungstafeln.
Siehe auch Err.-Vorschr. §§ 9, 14, 37, 38.

§ 50.

　　1. Unter Verteilungstafeln ist der Zusammenbau von Sicherungen, Schaltern, Meßgeräten usw. auf besonderer, gemeinsamer Unterlage verstanden.

　　2. Unterlagen können aus Metall oder Isolierstoff bestehen. Solche aus Isolierstoff sollen feuer-, wärme- und feuchtigkeitsicher sein.

　　3. Die einzelnen Apparate sollen für sich befestigt sein.

　　4. Sammelschienen, denen mehr als 60 A zugeführt werden, sollen nicht aus aneinandergereihten Stücken bestehen.

　　5. Verteilungstafeln sollen durch eine Umrahmung oder ähnliche Mittel so geschützt sein, daß Fremdkörper nicht an die Rückseite der Tafel gelangen können.

---

[8] S. S. 522 u. ff.

52. Vorschriften, Regeln und Normen für plombierbare Hauptleitung-Abzweigkasten 500 V.

Gültig ab 1. Juli 1928[1].

Vorbemerkung.

Für plombierbare Hauptleitung-Abzweigkasten gelten die Abschnitte A, B, C und D der „Vorschriften für die Konstruktion und Prüfung von Installationsmaterial".

§ 1.

Begriffserklärung.

Plombierbare Hauptleitung-Abzweigkasten sind zum unmittelbaren Einbau in ungeschnittene Hauptleitungen bestimmt; sie dienen vornehmlich zum Anschluß von Stockwerk-Abzweigleitungen. Sie sind, da sie meistens vor dem Zähler eingebaut werden, gegen unbefugten Eingriff und ebenso gegen Kurzschluß durch sichere Abdeckungen u. dgl. besonders geschützt und von kräftiger Bauart.

§ 2.

Bezeichnung.

Sie führen die Bezeichnung HKp.
1. Unterschieden werden sie wie folgt:
   a) Für Verlegung auf der Wand mit Zuführungen für Rohre oder Rohrdraht,
   b) für Verlegung in der Wand mit Zuführung nur für Rohre.
2. Nennbezeichnungen sind:

$$4\text{—}6; \quad 10\text{—}16; \quad 25\text{—}35; \quad 50\text{—}70 \; mm^2$$
$$\text{für} \quad 25 \qquad 60 \qquad 100 \qquad 160 \; A.$$

In Aussicht genommen ist, eine Type von 4—16 mm² einzufügen.
3. Normale Nennspannung: 500 V.

§ 3.

Die plombierbaren Hauptleitung-Abzweigkasten müssen entsprechend den Errichtungsvorschriften und den DIN VDE-Normen so beschaffen sein, daß sie betriebsmäßigen und mechanischen Anforderungen standhalten.

---

[1] Angenommen durch die Jahresversammlung 1924. Veröffentlicht: ETZ 1924, S. 783 und 1068. — *Sonderdruck VDE 313.*

Gewinde müssen nach DI-Normen ausgeführt sein.

1. Für die Typen ist DIN VDE 9100 maßgebend.
2. Schrauben, Muttern, Unterlegscheiben u. dgl. sollen nach den DI-Normen bzw. den DIN VDE-Normen ausgeführt werden.

I. Gehäuse.

§ 4.

a) Das Gehäuse muß aus Ober- und Unterteil bestehen.

1. Für beide Teile ist Isolierstoff und Metall zulässig. Isolierstoff erscheint aus Sicherheitsgründen zweckmäßiger.

b) Bei Verwendung von Metalldeckeln oder -kappen müssen besondere Mittel vorgesehen werden, die es sicher verhindern, daß unter Spannung stehende Teile Deckel und Kappe berühren oder, daß beim Aufsetzen oder Abnehmen dieser Teile Kurzschlußgefahr entsteht; anderenfalls ist isolierende Innenverkleidung vorzusehen.

§ 5.

Gehäuse aus Isolierstoff müssen besonders schlag- und stoßfest sein. Spröde Baustoffe sind daher unzulässig.

§ 6.

Isoliersockel als Klemmenträger müssen auf dem Gehäuseunterteil befestigt sein.

Die Befestigung des Deckels oder der Kappe hat durch plombierbare Vorrichtungen, wie Schrauben, Riegel oder dgl., zu erfolgen; biegsame Splinte oder ähnliches ist unzulässig.

1. Das Unterteil kann zugleich als Klemmenträger ausgebildet sein; hierfür ist keramischer Baustoff zulässig, wenn er gegen Schlag und Stoß durch das Oberteil geschützt ist.

§ 7.

Die zur Befestigung des Unterteiles an der Wand dienenden Schrauben dürfen erst nach Abnahme des Deckels oder der Verkleidung zugänglich sein. Diese Schrauben sind an ausreichend starken Stellen des Unterteiles anzuordnen und ausreichend kräftig zu halten.

1. Bei Kasten zur Verlegung in der Wand ist das Gehäuse mit umlaufenden Seitenwänden und flachem Deckel auszugestalten. Dieser ist, um Beschädigung des Mauerputzes beim Abnehmen zu vermeiden, in einem Auflagerand des Kastens einliegend auszubilden.

§ 8.

a) Die Einführungsöffnungen sind insbesondere bei Dosen über Putz so zu bemessen, daß die Enden der Rohre oder Rohrdrahtmäntel sicher überdeckt werden.

b) Durch geeignete Vorkehrungen — z. B. Anschläge — muß bei Überputzdosen das Verschieben der Rohre oder Rohrdrähte gegen die Kontaktteile der Klemmen usw. zuverlässig verhindert werden.

c) Nicht benutzte Öffnungen für Rohre oder Rohrdrähte müssen durch Einlagen — Pfropfen oder dgl. — verschließbar sein, wobei diese erst nach Entfernen des Deckels zu beseitigen sein dürfen.

1. Die Wände der Kappen können so ausgebildet sein, daß die Herstellung notwendiger Aussparungen zur Einführung von Rohren oder Rohrdraht auch nachträglich möglich ist. Hierzu sind verschwächte Stellen der Wandung zulässig, falls sie nicht so schwach bemessen sind, daß sie an bereits verlegtem Kasten durch Ausbrechen entfernt werden können.

§ 9.

a) Ober- und Unterteil der Gehäuse sind, falls sie aus Metall bestehen, mit Erdungseinrichtungen zu versehen.

II. Klemmen.

§ 10.

a) Die Klemmen sind so zu bemessen, daß sie Haupt- und Abzweigleitungen von gleichem Querschnitt anzuschließen gestatten, wenn für die Abzweigleitungen keine Sicherungen im unmittelbaren Zusammenhang mit den Kasten vorgesehen sind.

§ 11.

a) Für den Anschluß der Leitungen müssen ausschließlich Schraubklemmen verwendet werden, die so gestaltet und bemessen sind, daß bei Belastung mit dem Nennstrom zwischen Haupt- und Abzweigleitung nicht mehr als 5 mV Spannungverlust auftritt.

§ 12.

a) Die stromführenden Teile (Klemmverbindungstücke) müssen aus Messing bestehen, für die Befestigung-, Verbindung- und Klemmschrauben ist auch Eisen zulässig; diese, sowie die Klemmkörper und Verbindungstücke müssen jedoch mit dauerhaftem Überzug versehen sein, um ein Oxydieren zu verhindern. Eisenschrauben und Muttern für Klemmverbindungen sind zu vernickeln.

b) Messing ist für die Klemmschraube der Mutter zu bevorzugen.

§ 13.

a) Klemmen, auch isolierte, können entweder in dem Klemmenträger (Isoliersockel) festhaftend angebracht oder auch lose und herausnehmbar sein.

b) Lose und herausnehmbare Klemmen müssen, gegen Lageveränderung geschützt, in Aussparungen des Sockels eingebettet sein.

§ 14.

a) Die Klemmen müssen so gebaut sein, daß sie es ermöglichen, an ungeschnittene, bereits verlegte Steigeleitungen anzuklemmen und, daß die Abzweigleitungen von vorn angelegt und angeschlossen werden können.

b) Unzulässig sind Klemmen mit rückseitigem Anschluß.

1. Bei Kasten zur Verlegung unter Putz gilt es als vorteilhaft, den Klemmenträger an dem Boden lösbar zu befestigen, um ihn erst nach erfolgtem Einmauern des Kastens und womöglich nach Einziehen der Leitungen anbringen zu können.

§ 15.

a) Zwischen den einzelnen Klemmen verschiedener Polarität sind Schutzwände oder dgl. aus Isolierstoff anzubringen, um eine unbeabsichtigte Berührung benachbarter Klemmen oder von einer Klemme und von Metallgehäuseteilen durch metallene Fremdkörper zu verhindern.

1. Diese Schutzwände können zugleich dazu dienen, einen Kurzschluß beim Aufsetzen des metallenen Deckels oder der Kappe unmöglich zu machen.

b) Kriechstrecken dürfen 10 mm nicht unterschreiten, desgleichen der Luftabstand der unter Spannung stehenden Metallteile gegen Kastenwand, metallene Mäntel u. dgl.

§ 16.

a) Die Kasten sind so einzurichten, daß bei notwendigen Kreuzungen der Leitungen mit blanken Metallteilen eine unmittelbare Berührung ausgeschlossen ist.

1. Die Klemmen für die Abzweigleitung sind derart einzurichten, daß das Abschalten abzweigender Leitungen zu ermöglichen ist. Hierzu sind Trennvorrichtungen zu verwenden oder der Kasten ist so zu gestalten, daß Abtrennen der Abzweigleitung durch Herausnehmen der Leitungsenden ausführbar ist.

b) Innerhalb des Kastens soll so viel Raum vorhanden sein, daß die abgetrennten Leitungsenden abseits von den Klemmen so sicher gelagert werden können, daß eine zufällige Berührung mit diesen oder mit benachbarten Schrauben und Metallteilen sowie mit dem metallenen Gehäuse nicht möglich ist.

III. Rohrstutzen und Einführungsöffnungen.

§ 17.

a) Rohrstutzen aus Metall oder Isolierstoff sind vorzusehen, da der Leitungsanschluß besonders bei Verlegung mehrerer Leitungen in einem Rohr sowie bei Leitungskreuzungen vor den Anschlußklemmen lange Leitungsenden, insbesondere für stärkere Leitungen erfordert.

b) Sicherungen können als Zusatzkasten ausgebildet werden, wenn sie plombierbar und so eingerichtet sind, daß sowohl die Abzweigklemmen als auch die Sicherungen dem Eingriff Unbefugter entzogen sind.

1. Für die Abmessungen ist DIN VDE 9100 maßgebend.

2. Bei Kasten für größere Querschnitte werden Rohrstutzen zweckmäßig besonders ansetzbar gemacht.

3. Rohrstutzen können mit dem Klemmenunterteil, dem Gehäuse oder der Kappe aus einem Stück bestehen.

4. Rohrstutzen sind bei genügender Kastengröße, z. B. bei reichlich bemessenen Gehäusen zum Einbauen in die Wand, entbehrlich.

5. Rohr- und Rohrdrahteinführungsöffnungen sollen sowohl bei Gehäusen als auch bei Rohrstutzen nach DIN VDE 9100 ausgeführt werden.

IV. Kasten mit Sicherungen.
§ 18.

a) Gegen unbefugtes Herausnehmen der Schmelzeinsätze müssen die Kasten plombierbar sein.

Über Anschlüsse siehe § 14e der Errichtungsvorschriften.

1. Die Kasten sollen mit Schraubstöpsel-Sicherungen versehen sein.

2. Die Sicherungen sind unmittelbar mit den Klemmensockeln zu vereinigen, können aber auch auf gemeinsamem Sockel oder gemeinsamer Unterlage und tunlichst mit gemeinsamer Abdeckung neben dem Klemmensockel angeordnet sein.

3. Abzweigklemmen der Sicherungen können nach den Normen für Sicherungen, also schwächer als die Hauptleitungsklemmen bemessen sein.

4. Es gibt folgende normale Kasten mit Sicherungen:

4—6;	10—16;	25—35;	50—70 mm²	
für 35	60	100	200 A	**Nennstromstärke für den Sicherungsockel.**

In Aussicht genommen ist, eine Type von 4—16 mm² einzufügen.

V. Mindestanforderung an Isolierstoffteile.
§ 19.

1. Oberteil:
   bruchsicher nicht spröde, gut feuchtigkeitsicher, gut wärmesicher (80° C), gut feuersicher.

2. Unterteil als Träger des Klemmensockels:
   wie unter 1.

3. Unterteil als Klemmenträger:
   wie unter 1, jedoch sehr gut feuchtigkeitsicher und sehr gut wärmesicher (150° C).

4. Klemmensockel:
   wie unter 3.

5. Auskleidungen von Metallgehäusen und Deckeln:
   mäßig wärmesicher (50° C), mäßig feuchtigkeitsicher.

6. Trennwände zwischen Polen:
   wie unter 2.

7. Schutzwände, die nicht mit spannungführenden Teilen in Berührung stehen:
   wie unter 5.

VI. Schild.
§ 20.

a) Hauptleitungsklemmenkasten müssen Ursprungzeichen tragen, ferner Angaben enthalten über Nennstromstärke, Nennspannung (500 V), Nennquerschnitt und — falls erteilt — VDE-Prüfzeichen.

b) Die Angaben sind stets auf dem Klemmensockel und auf der Vorderseite der Abdeckung anzubringen.

c) Einlegbare Klemmen müssen Angaben über Nennstromstärke und Nennquerschnitt enthalten.

d) Das erteilte VDE-Prüfzeichen muß stets auf dem Klemmenträger und auf einlegbaren Klemmen vorgesehen sein.

53. Vorschriften, Regeln und Normen für einpolige Drehschalter 6 A 250 V.

Gültig ab 1. Juli 1928[1].

Vorbemerkung.

Nachstehende Konstruktionsvorschriften und Regeln enthalten Angaben über den Bau der Drehschalter in Bezug auf vorteilhaften Anschluß und Betriebsicherheit und verfolgen das Ziel, die Schalter auch als Schaltereinsätze unabhängig von ihrer Herkunft gegenseitig austauschbar zu machen und unbrauchbar gewordene durch neue an Ort und Stelle ersetzen zu können.

Es gelten die Abschnitte A, B, C und D der „Vorschriften für die Konstruktion und Prüfung von Installationsmaterial".

§ 1.

a) Die Vorschriften gelten für einpolige Ausschalter für 4 und 6 A, 250 V und für einpolige Umschalter für 2 und 4 A, 250 V.

1. Normale Nennspannung ist 250 V.

§ 2.

a) Die Schalter müssen entsprechend den Errichtungsvorschriften sowie den DIN VDE-Normen so beschaffen sein, daß sie den betriebsmäßigen und mechanischen Anforderungen standhalten.

Gewinde müssen nach DI-Normen ausgeführt sein.

1. Für die Abmessungen ist DIN VDE 9200 maßgebend.

2. Schrauben, Muttern, Unterlegscheiben u. dgl. sollen nach den DI-Normen bzw. den DIN VDE-Normen ausgeführt werden.

§ 3.

a) Nennstrom und Nennspannung sowie Ursprungzeichen und erteiltes VDE-Prüfzeichen müssen auf dem ortsfesten Teil des Schalters angebracht sein.

Die Bezeichnung muß so angebracht sein, daß sie nicht ohne weiteres entfernt werden kann.

---

[1] Angenommen durch die Jahresversammlung 1924. Veröffentlicht: ETZ 1924, S. 782 und 1068. — *Sonderdruck VDE 310.*

§ 4.

a) Alle Teile müssen so befestigt sein, daß Lockerungen und Lageveränderungen im Gebrauch nicht eintreten können. Alle Metallteile des Mechanismus müssen gegen die spannungführenden Teile isoliert sein. Spannungführende Teile auf der Wandseite des Sockels sind, falls ihr Abstand von der Wand nicht mindestens 10 mm beträgt, durch eine feuchtigkeit- und wärmesichere Vergußmasse zu schützen (Prüfvorschriften sind in Vorbereitung, siehe ETZ 1924, S. 1389).

§ 5.

a) Die Kontakte müssen Schleifkontakte sein.

1. Die Schalter sollen Momentschalter sein. Bei Drehstromschaltern wird statt der Momentschaltung gesicherte Schaltstellung für ausreichend erachtet.

§ 6.

a) Für den Anschluß der Leitungen müssen Schraubklemmen verwendet werden und zwar solche, bei denen die Leitungsenden ohne besondere Zurichtung eingeführt werden und nicht ausweichen können.

Der Raum für das Unterbringen der Leitungen muß reichlich bemessen sein.

1. Die Sockel sollen so gestaltet und die sämtlichen Metallteile derart angeordnet werden, daß Leitungsenden bis 2,5 mm^2 Querschnitt — nach dem Befestigen der Sockel auf ihrer Unterlage — angelegt und vorderseitig festgeschraubt werden können.

2. Der Schalter soll so ausgebildet sein, daß die Leitungen rechtwinklig zur Verbindungslinie der Befestigungslöcher eingeführt werden können.

§ 7.

a) Bei Drehschaltern muß der Griff so befestigt sein, daß er sich beim Rückwärtsdrehen nicht ohne weiteres abschrauben läßt.

1. Der Griff soll in der Ausschaltstellung in der Verbindungslinie der Befestigungslöcher stehen.

Für die Prüfung von einpoligen Drehschaltern gelten §§ 11 bis 14 der „Vorschriften für die Konstruktion und Prüfung von Installationsmaterial".

54. Vorschriften, Regeln und Normen für ungeschützte zweipolige Steckdosen und Stecker 6 A 250 V.

Gültig ab 1. Juli 1928[1].

Vorbemerkung.

Nachstehende Konstruktionsvorschriften und Regeln enthalten Angaben über den Bau von Steckdosen und Steckern in Bezug auf vorteilhaften Anschluß und Betriebsicherheit und verfolgen das Ziel, die Steckdosen und Steckdoseneinsätze sowie Stecker unabhängig von ihrer Herkunft gegenseitig austauschbar zu machen und unbrauchbar gewordene durch neue an Ort und Stelle ersetzen zu können.

Es gelten die Abschnitte A, B, C und D der „Vorschriften für die Konstruktion und Prüfung von Installationsmaterial".

I. Steckdosen.

§ 1.

a) Die Steckdosen müssen entsprechend den Errichtungsvorschriften sowie den DIN VDE-Normen so beschaffen sein, daß sie den betriebsmäßigen und mechanischen Anforderungen standhalten.

Gewinde müssen nach DI-Normen ausgeführt sein.

1. Für die Abmessungen ist DIN VDE 9400 maßgebend.

2. Schrauben, Muttern, Unterlegscheiben u. dgl. sollen nach den DI-Normen bzw. den DIN VDE-Normen ausgeführt werden.

§ 2.

a) Nennstrom und Nennspannung sowie Ursprungzeichen und erteiltes VDE-Prüfzeichen müssen auf dem ortsfesten Teil der Steckdose angebracht sein.

Die Bezeichnung muß so angebracht sein, daß sie nicht ohne weiteres entfernt werden kann.

§ 3.

a) Die Hülsen dürfen im Körper nicht drehbar sein.

Alle Teile müssen so befestigt sein, daß Lockerungen und Lageveränderungen im Gebrauch nicht eintreten können.

Spannungführende Teile auf der Wandseite müssen, falls ihr Abstand von der Wand nicht mindestens 10 mm beträgt, durch eine feuchtig-

---

[1] Angenommen durch die Jahresversammlung 1924. Veröffentlicht: ETZ 1924, S. 782 und 1068. — *Sonderdruck VDE 312.*

keitsichere Abdeckung, beispielsweise durch feuchtigkeit- und wärmesichere Vergußmasse, geschützt werden (Prüfvorschriften sind in Vorbereitung, siehe ETZ 1924, S. 1389).

§ 4.

a) Für den Anschluß der Leitungen müssen Schraubklemmen verwendet werden, bei denen die Leitungsenden ohne besondere Zurichtung eingeführt werden und nicht ausweichen können. Der Raum für das Unterbringen der Leitungen muß reichlich bemessen sein.

1. Die Sockel sollen so gestaltet und sämtliche Metallteile darauf derart angeordnet sein, daß Leitungsenden bis 2,5 mm² Querschnitt nach dem Befestigen der Sockel auf ihrer Unterlage angelegt und vorderseitig festgeschraubt werden können.

§ 5.

a) Der Berührung zugängliche Teile der Dosen müssen, wenn sie nicht für Erdung eingerichtet sind, aus Isolierstoff bestehen.

b) Kappen oder Abdeckungen sind durch besondere Schrauben zu befestigen und müssen beim Einführen der Stecker einen ausreichenden Berührungschutz gewährleisten.

1. Die Steckdose soll so ausgebildet sein, daß die Leitung rechtwinklig zur Verbindungslinie der Befestigungslöcher eingeführt werden kann.

2. Die Steckdosen können mit oder ohne Sicherung ausgeführt werden.

§ 6.

a) Die Dosen müssen so beschaffen und angeordnet sein, daß bei entferntem Schmelzeinsatz oder bei dessen Auswechslung eine unbeabsichtigte Berührung spannungführender Teile nicht möglich ist.

II. Stecker.
§ 7.

a) Die Stecker müssen entsprechend den Errichtungsvorschriften sowie den DIN VDE-Normen so beschaffen sein, daß sie den betriebsmäßigen und mechanischen Anforderungen standhalten.

Gewinde müssen nach DI-Normen ausgeführt sein.

1. Für die Abmessungen ist DIN VDE 9401 maßgebend.

2. Schrauben, Muttern, Unterlegscheiben u. dgl. sollen nach den DI-Normen bzw. den DIN VDE-Normen ausgeführt werden.

§ 8.

a) Nennstrom und Nennspannung sowie Ursprungzeichen und erteiltes VDE-Prüfzeichen müssen auf der Außenseite des Steckers angebracht sein.

Die Bezeichnung muß so angebracht sein, daß sie nicht ohne weiteres entfernt werden kann.

§ 9.

a) Steckerstifte und Anschlußklemmen müssen unlösbar miteinander verbunden sein; die Steckerstifte dürfen nicht drehbar sein.

33*

§ 10.

a) Der Berührung zugängliche Teile der Steckerkörper müssen, wenn sie nicht für Erdung eingerichtet sind, aus Isolierstoff bestehen.

1. Die Steckerkörper sollen mehrteilig und derart beschaffen sein, daß die Leitungen bequem angeschlossen und kontrolliert werden können.

b) Die der Dose zugekehrte Fläche muß kreisrund begrenzt sein.

§ 11.

a) Stecker und ortsveränderliche Steckdosen müssen so ausgebildet sein, daß die Anschlußstellen der Leitungen von Zug entlastet und die Leitungsumhüllungen gegen Abstreifen gesichert werden können.

b) In die Stecker müssen Schnur- und Gummischlauchleitungen von 1,5 mm² Querschnitt eingeführt werden können.

Für die Prüfung der Steckvorrichtungen gelten §§ 20 bis 23 der „Vorschriften für die Konstruktion und Prüfung von Installationsmaterial".

55. Vorschriften, Regeln und Normen für ungeschützte zweipolige Steckdosen und Stecker 10 A 250 V.

Gültig ab 1. Juli 1928[1].

Vorbemerkung.

Nachstehende Konstruktionsvorschriften und Regeln enthalten Angaben über den Bau von Steckdosen und Steckern in Bezug auf vorteilhaften Anschluß und Betriebsicherheit und verfolgen das Ziel, die Steckdosen und Steckdoseneinsätze sowie Stecker unabhängig von ihrer Herkunft gegenseitig austauschbar zu machen und unbrauchbar gewordene durch neue an Ort und Stelle ersetzen zu können.

Es gelten die Abschnitte A, B, C und D der „Vorschriften für die Konstruktion und Prüfung von Installationsmaterial".

I. Steckdosen.

§ 1.

a) Die Steckdosen müssen entsprechend den Errichtungsvorschriften sowie den DIN VDE-Normen so beschaffen sein, daß sie den betriebsmäßigen und mechanischen Anforderungen standhalten.

Gewinde müssen nach DI-Normen ausgeführt sein.

1. Für die Abmessungen ist DIN VDE 9402 maßgebend.
2. Schrauben, Muttern, Unterlegscheiben u. dgl. sollen nach den DI-Normen bzw. den DIN VDE-Normen ausgeführt werden.

§ 2.

a) Nennstrom und Nennspannung sowie Ursprungzeichen und erteiltes VDE-Prüfzeichen müssen auf dem ortsfesten Teil der Steckdose angebracht sein.

Die Bezeichnung muß so angebracht sein, daß sie nicht ohne weiteres entfernt werden kann.

§ 3.

a) Die Hülsen dürfen im Körper nicht drehbar sein.

Alle Teile müssen so befestigt sein, daß Lockerungen und Lageveränderungen im Gebrauch nicht eintreten können.

---

[1] Angenommen durch die Jahresversammlung 1924. Veröffentlicht: ETZ 1924, S. 783 und 1068. — *Sonderdruck VDE 311.*

Spannungführende Teile auf der Wandseite müssen, falls ihr Abstand von der Wand nicht mindestens 10 mm beträgt, durch eine feuchtigkeitsichere Abdeckung, beispielsweise durch feuchtigkeit- und wärmesichere Vergußmasse, geschützt werden (Prüfvorschriften sind in Vorbereitung, siehe ETZ 1924, S. 1389).

b) Die Hülsen müssen federnd ausgebildet sein.

§ 4.

a) Für den Anschluß der Leitungen müssen Schraubklemmen verwendet werden, bei denen die Leitungsenden ohne besondere Zurichtung eingeführt werden und nicht ausweichen können. Der Raum für das Unterbringen der Leitungen muß reichlich bemessen sein.

1. Die Sockel sollen so gestaltet und sämtliche Metallteile darauf derart angeordnet sein, daß Leitungsenden bis 4 mm² Querschnitt nach dem Befestigen der Sockel auf ihrer Unterlage angelegt und vorderseitig festgeschraubt werden können.

§ 5.

a) Der Berührung zugängliche Teile der Dosen müssen, wenn sie nicht für Erdung eingerichtet sind, aus Isolierstoff bestehen.

b) Kappen oder Abdeckungen sind durch besondere Schrauben zu befestigen und müssen beim Einsetzen der Stecker einen ausreichenden Berührungschutz gewährleisten.

1. Die Steckdose soll so ausgebildet sein, daß die Leitung rechtwinklig zur Verbindungslinie der Befestigungslöcher eingeführt werden kann.

II. Stecker.

§ 6.

a) Die Stecker müssen entsprechend den Errichtungsvorschriften sowie den DIN VDE-Normen so beschaffen sein, daß sie den betriebsmäßigen und mechanischen Anforderungen standhalten.

Gewinde müssen nach DI-Normen ausgeführt sein.

1. Für die Abmessungen ist DIN VDE 9403 maßgebend.

2. Schrauben, Muttern, Unterlegscheiben u. dgl. sollen nach den DI-Normen bzw. den DIN VDE-Normen ausgeführt werden.

§ 7.

a) Nennstrom und Nennspannung sowie Ursprungzeichen und erteiltes VDE-Prüfzeichen müssen auf der Außenseite des Steckers angebracht sein.

Die Bezeichnung muß so angebracht sein, daß sie nicht ohne weiteres entfernt werden kann.

§ 8.

a) Die Steckerstifte und Anschlußklemmen müssen unlösbar miteinander verbunden sein; sie dürfen nicht drehbar sein.

b) Die Steckerstifte müssen starr (ungeschlitzt) ausgeführt sein.

§ 9.

a) Der Berührung zugängliche Teile der Steckerkörper müssen, wenn sie nicht für Erdung eingerichtet sind, aus Isolierstoff bestehen.

   1. Die Steckerkörper sollen mehrteilig und derart beschaffen sein, daß die Leitungen bequem angeschlossen und kontrolliert werden können.

b) Die der Dose zugekehrte Fläche muß kreisrund begrenzt sein.

§ 10.

a) Stecker und ortsveränderliche Steckdosen müssen so ausgeführt sein, daß die Anschlußstellen der Leitungen von Zug entlastet und die Leitungsumhüllungen gegen Abstreifen gesichert werden können.

b) In die Stecker müssen Schnur- und Gummischlauchleitungen von 2,5 mm² Querschnitt eingeführt werden können.

Für die Prüfung der Steckvorrichtungen gelten §§ 20 bis 23 der „Vorschriften für die Konstruktion und Prüfung von Installationsmaterial".

56. Vorschriften für Handgeräte-Einbauschalter.

§ 1.

Die Vorschriften sind gültig ab 1. Juli 1926[1].

§ 2.

Handgeräte-Einbauschalter sind Ausschalter unter 4 A und Umschalter unter 2 A, die in mechanisch fester Verbindung mit einem Handgerät stehen. Als Handgeräte im Sinne dieser Vorschrift sind zu verstehen: Geräte mit Kleinstmotoren, wie: Staubsauger, Heißluftduschen, Tischfächer usw., Gas- und Feueranzünder, elektrisches Spielzeug und Fanggeräte.

Ausschalter von 4 A an und Umschalter von 2 A an unterliegen den „Vorschriften für die Konstruktion und Prüfung von Installationsmaterial" (KPI).

Schalter für Stromverbraucher mit veränderlicher Stromstärke, wie Wirtschaftsmotoren, Anbaumotoren, müssen den KPI genügen, auch wenn die Betriebstromstärke kleiner als 4 bzw. 2 A ist.

§ 3.

Für Handgeräte-Einbauschalter gelten außer den nachstehenden Vorschriften §§ 2, 3 (außer Vorschrift e und i), 7 und 9 der KPI.

§ 4.

Die Nennstromstärke kann dem Stromverbrauch des Handgerätes angepaßt, darf aber nicht kleiner als 0,25 A sein.

Handelsware muß mit der Nennstromstärke entsprechend 250 V Gleichstrom gekennzeichnet werden.

§ 5.

Einbauschalter müssen gesicherte Schaltstellungen haben.

Die Betätigungsteile, wie Griffe, Knöpfe usw., müssen so befestigt sein, daß sie ohne Werkzeug und auch beim Rückwärtsdrehen nicht entfernt werden können.

§ 6.

Alle Metallteile des Mechanismus müssen gegen die spannungführenden Teile sowie gegen die Metallteile des Handgerätes isoliert sein. Die kürzeste

---

[1] Angenommen durch die Jahresversammlung 1925. Veröffentlicht: ETZ 1925, S. 1322 und 1526. — *Sonderdruck VDE 339.*

Kriechstrecke zwischen spannungführenden Teilen verschiedener Polarität oder zwischen solchen und einer metallenen Umhüllung darf 3 mm nicht unterschreiten.

§ 7.

Von der Forderung der doppelten Isolierung zwischen der Hand des Bedienenden und den spannungführenden Teilen (die sich aus §§ 7 und 9 der KPI ergibt) kann abgesehen werden, wenn die Betätigungsvorrichtung (Hebel, Griffe usw.) so ausgebildet ist, daß bei Entfernung der Betätigungsvorrichtung spannungführende Metallteile der Berührung nicht zugänglich werden.

§ 8.

Die spannungführenden Teile des Schalters müssen in eingeschalteter Stellung gegen die Befestigungschrauben, gegen den Griff, den Griffträger und gegen das Gehäuse nach mindestens 12-stündigem Liegen in feuchter Luft 1500 V Wechselspannung 1 min lang aushalten, ohne daß ein Überschlag erfolgt.

Bei gleicher Prüfspannung sind diese Isolationsprüfungen in ausgeschaltetem Zustande zwischen den Klemmen mit betriebsmäßigem Anschluß vorzunehmen.

§ 9.

Die Kontaktteile des Schalters werden nach 10-maligem stromlosen Schalten mit dem 2-fachen Nennstrom, jedoch mit mindestens 0,5 A belastet. Der Spannungsabfall darf nicht größer sein als 50 mV, er wird an der Eingangs- und Ausgangsklemme des zu untersuchenden Stromkreises gemessen. Bei größerem Spannungsabfall ist die Bienenwachsprobe zur Prüfung der Erwärmung der Kontaktteile vorzunehmen (KPI, § 13).

§ 10.

Die Schalter müssen, mit Nennspannung und Nennstrom belastet, im Gebrauchzustande und in der Gebrauchslage auf mechanische Haltbarkeit geprüft werden. 20000 Stellungswechsel, etwa 7 bis 800 in 1 h, sind durchzuführen.

§ 11.

Handgeräte-Einbauschalter, die berechtigt sind, das VDE-Zeichen zu tragen, müssen mit einem Ursprungzeichen versehen sein, das den Hersteller erkennen läßt.

Da die Geräte-Einbauschalter im Sinne von § 2 nur in Verbindung mit einem Handgerät verwendet werden, wird der Berührungschutz nicht geprüft.

57. Vorschriften für Isolierrohre[1].

1. Vorschriften für die Prüfung von Isolierrohren mit gefalztem Mantel aus Messingblech oder verbleitem Eisenblech nach DIN VDE 9030.

a) Geltungstermin.

Diese Vorschriften treten für die Herstellung und den Handel am 1. Juli 1926 in Kraft.

b) Kennzeichen.

Jedes Rohr muß ein Ursprungzeichen tragen, das den Hersteller erkennen läßt; die durch die Prüfstelle des VDE mit Erfolg geprüften Rohre erhalten außerdem das VDE-Zeichen. Diese Kennzeichen müssen mindestens einmal auf jedem Rohr haltbar angebracht werden.

c) Imprägnierte Papiereinlagen.

Das Papierrohr muß so getränkt sein, daß sich beim Abwickeln im Inneren keine unimprägnierten Stellen vorfinden.

Wird ein gebrauchsfertiges Rohr von 1 m Länge während 10 min bei 70°C erwärmt, so dürfen sich an der Innenwand keine Tropfen infolge Ausschwitzens von Imprägniermasse zeigen. Beim Durchsehen ist festzustellen, ob sich die innere Papierlage während des Erwärmungsversuches losgeschält oder die lichte Weite des Rohres sonst verändert hat.

Ein abgemanteltes Rohrstück von 10 cm Länge ist in wagerechter Lage auf seiner ganzen Länge gleichmäßig mit einem Gewicht von 10 kg 5 min zu belasten. Hierbei darf sich das Rohr bei 20°C Raumtemperatur nicht um mehr als 10% seines Außendurchmessers verändern. Diese Bestimmung gilt für alle Rohrweiten (Prüfapparat nach Abb. 1).

d) Biegeprobe des fertigen Rohres.

Ein Rohrstück wird mit einer einstellbaren Biegezange mit Seitenführungsmesser (Abb. 2 und Tafel 1) gebogen, so daß eine Gesamtbiegung des Rohres von etwa 90° erreicht wird. Die Anzahl und Abstände der Einkerbungen müssen dabei Tafel 2 entsprechen. Der Falz soll seitlich liegen.

---

[1] Angenommen durch den Vorstand im April 1926. Veröffentlicht: ETZ 1926, S. 686 und 705. — *Sonderdruck VDE 361.*

Tafel 1.

Für Falz-rohr	Abmessungen der Zange in mm									
	a	b	c	d	e	f	s	g	h	i
7	27	65	195	6,25	12,3	6	20	47	33,7	5
9	27	65	195	7,25	14,5	7,25	22	50	38,5	5
11	27	77	205	9,2	16,7	8,3	25	54	38,8	5,5
13,5	34	88	235	10,6	19	9,4	25	63	42,4	7
16	34	90	235	11,9	21,4	10,5	35	68	44,7	8
23	40	100	260	15,5	29,4	15,4	40	80	59,5	9
29	47	100	260	18,3	34,7	17,7	40	87	59,5	10

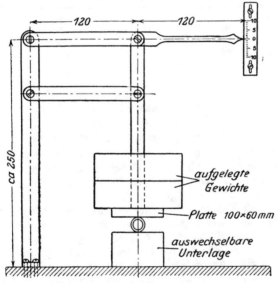

Abb. 1.

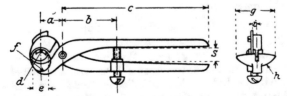

d = Halbmesser des Biegemessers,
c = lichte Weite des Löffels,
f = innerer Halbmesser des Löffels,
s = Schenkelabstand,

g = lichte Weite in der Breite des Löffels,
h = innerer Halbmesser der Breite des Löffels,
i = Kerbabstand ab Messer.

Abb. 2.

Bei der Probe darf der Metallmantel nicht brechen und der Falz nicht aufgehen.

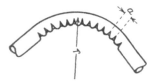

Tafel 2.

Bezeichnung des Falzrohres	Anzahl der Einkerbungen	Abstand der einzelnen Ein- kerbungen etwa mm	Mittlerer Krümmungs- halbmesser etwa mm	Schenkel- abstand etwa mm
		a	r	s
7	18	5	65	20
9	20	5	75	22
11	20	5,5	90	25
13,5	20	7	105	25
16	25	8	125	35
23	30	8	160	40
29	30	8	200	40

e) Feststellung der durchschnittlichen Verbleiungstärke durch Elektrolyse.

Elektrolyt: Natronlauge von mindestens 10° Bé.

Der Elektrolyt muß nahe am Siedepunkt gehalten werden (etwa 96° C). Die Stromstärke muß 1,8 A/dm² sein. Dabei ist die Anfangsspannung 0,8 V; sie steigt auf etwa 3 V. Die Dauer der Entbleiung richtet sich nach der Stärke der Bleischicht und beträgt etwa ½ bis 1 h. Der Elektrodenabstand ist 4 bis 5 cm. Als Kathode dient blankes Eisenblech, als Anode das zu entbleiende Mantelstück ohne Falz. Dieses muß an einem Eisendraht auf- gehängt werden und vollständig von dem Elektrolyten umgeben sein. Vor dem Versuche muß das Blei auf der Innenseite des Bandes vollständig ent- fernt oder durch einen Anstrich geschützt werden. Das Bleigewicht je dm² muß im Mittel von 10 aus verschiedenen Rohren entnommenen Proben min- destens 4,5 g betragen. Das Bleigewicht der einzelnen Probe darf hierbei 4,0 g/dm² nicht unterschreiten.

f) Feststellung der Gleichmäßigkeit der Bleischicht durch Korrosionsprobe.

Unter eine Glasglocke bringt man, ohne den Luftzutritt abzusperren, ein Porzellanschälchen mit unverdünnter Salzsäure und daneben die zu prüfenden entfetteten Rohrstücke. Bei diesem Versuche dürfen sich nach 3 h Versuchsdauer und darauffolgendem 3-stündigen Lagern in feuchter Luft keine Rostflecke zeigen.

2. Vorschriften für die Prüfung von Stahlpanzerrohren nach DIN VDE 9010.

a) Geltungstermin.

Diese Vorschriften treten für die Herstellung und den Handel am 1. Juli 1926 in Kraft.

b) Kennzeichen.

Jedes Rohr muß ein Ursprungzeichen tragen, das den Hersteller erkennen läßt; die von der Prüfstelle des VDE mit Erfolg geprüften Rohre erhalten außerdem das VDE-Zeichen. Diese Kennzeichen müssen mindestens einmal auf jedem Rohr haltbar angebracht werden.

c) Imprägnierte Papiereinlagen.

Das Papierrohr muß so getränkt sein, daß sich beim Abwickeln im Inneren keine unimprägnierten Stellen vorfinden.

Wird ein gebrauchsfertiges Rohr von 1 m Länge während 10 min bei 70° C erwärmt, so dürfen sich an der Innenwand keine Tropfen infolge Ausschwitzens von Imprägniermasse zeigen. Beim Durchsehen ist festzustellen, ob sich die innere Papierlage während des Erwärmungsversuches losgeschält oder die lichte Weite des Rohres sonst verändert hat.

d) Biegeprobe des fertigen Rohres.

Ein Rohrstück wird mit den im Handel üblichen Biegevorrichtungen nach Tafel 3 so gebogen, daß eine Gesamtbiegung von 90° erreicht wird. Bei der Probe darf der Mantel nicht brechen und die Längsnaht nicht aufgehen.

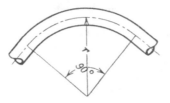

Tafel 3.

Rohrbezeichnung = Innendurchmesser	mm							
	9	11	13,5	16	21	29	36	42
Halbmesser r	110	110	140	140	160	200	250	320

58. Regeln für die Konstruktion, Prüfung und Verwendung von Schaltgeräten bis 500 V Wechselspannung und 3000 V Gleichspannung R.E.S./1928[1].

Inhaltsübersicht:

I. Gültigkeit und Bereich. §§ 1 und 2.
II. Begriffserklärungen.
  A. Allgemeines. § 3.
  B. Schaltvorgänge. §§ 4 bis 6.
  C. Kontaktarten. § 7.
  D. Gerätearten. § 8.
    1. Zweck und Wirkungsweise. § 9.
    2. Polzahl. § 10.
    3. Zahl der Schließstellungen. § 11.
    4. Schaltvorgang. § 12.
    5. Betätigungsart. §§ 13 und 14.
    6. Art der Auslösung bei Selbstschaltern und Relais. §§ 15 bis 17.
    7. Art der Schließstellen. § 18.
    8. Schutzart. § 19.
    9. Anschlußart. §§ 20 und 21.
  E. Bestandteile. § 22 bis 27.
  F. Elektrische Größen und Zeitbegriffe. §§ 28 bis 30.
III. Bestimmungen.
  A. Allgemeines. §§ 31 bis 39.
  B. Bauregeln.
    1. Anschlüsse. §§ 40 und 41.
    2. Bemessung von Einzelteilen, Kriechstrecken. §§ 42 bis 44.
    3. Bedienungselemente (Handhaben) und der Berührung zugängliche Teile. § 45.
    4. Betätigungsinn und Schaltstellung. § 46.
    5. Erdung. § 47.
    6. Wirkungsweise. §§ 48 bis 50.
    7. Haltbarkeit. §§ 51 bis 54.
    8. Aufschriften. § 55.

---

[1] Angenommen durch die Jahresversammlung 1925. Veröffentlicht ETZ 1925, S. 507, 1207 und 1526. — Änderungen der §§ 2, 28, 33, 35, 44, 45, 47, 57, 62, 71—73 und 81 angenommen durch die Jahresversammlung 1927. Veröffentlicht ETZ 1927, S. 515, 860 und 1089. — *Sonderdruck VDE 399.*

C. Prüfung. § 56.
  1. Modellprüfung. §§ 57 bis 71.
    a) Erwärmungsprobe. §§ 57 bis 65.
    b) Schalthäufigkeitsprobe. § 66.
    c) Spannungprobe. §§ 67 bis 70.
    d) Schaltleistungsprobe. § 71.
  2. Stückprüfung. § 72.
IV. Verwendung und Anbringung. §§ 73 bis 81.
V. Bedienung und Wartung. §§ 82 bis 84.
Anhang.

I. Gültigkeit.

§ 1.

Diese Regeln und Normen treten am 1. Juli 1928 in Kraft; sie sind nicht rückwirkend.

Die bei den nachstehenden Paragraphen in Kleindruck gesetzten Absätze sind von der Kommission für Schaltgeräte aufgestellte Erklärungen zu den R.E.S./1928.

§ 2.

Diese Regeln und Normen gelten für Schaltgeräte einschließlich Steckvorrichtungen sowie Schmelzsicherungen für Spannungen bis 500 V Wechselspannung und 3000 V Gleichspannung. Ausgenommen sind Dosenschalter, Installations-Selbstschalter, Steckvorrichtungen bis einschließlich 60 A, 750 V, sowie alle Stöpselsicherungen; für diese gelten die „Vorschriften für die Konstruktion und Prüfung von Installationsmaterial"[2].

Bei gemeinschaftlicher Kapselung bei Geräten, die verschiedenen Bestimmungen unterliegen, gelten für die Einzelgeräte die jeweils hierfür in Betracht kommenden Bestimmungen.

Die R.E.S. gelten in erster Linie für Geräte, bei denen der Schaltvorgang — Schließen und Unterbrechen — in Luft stattfindet, gleichgültig ob es sich um nicht abgedeckte, abgedeckte oder gekapselte Geräte handelt. Für Gleichstrom kommen auch bei höheren Spannungen hauptsächlich Geräte in Betracht, bei denen der Schaltvorgang in Luft erfolgt. Gleichspannungen zwischen 500 und 3000 V kommen im allgemeinen nur für Bahnanlagen in Frage, selten für andere Verwendungzwecke.

Regeln für Ölschalter für Wechselspannung unter 1000 V werden in einem Anhang zu den R.E.S. später gesondert behandelt.

II. Begriffserklärungen.

A. Allgemeines.

§ 3.

1. Feuersicher ist ein Gegenstand, der entweder nicht entzündet werden kann oder nach Entzündung nicht von selbst weiterbrennt.

2. Wärmesicher ist ein Gegenstand, der bei der höchsten, betriebsmäßig vorkommenden Temperatur keine den Gebrauch beeinträchtigende Veränderung erleidet.

---

[2] Für Motorschutzschalter sind zusätzliche Bestimmungen in Bearbeitung.

3. Feuchtigkeitsicher ist ein Gegenstand, der sich im Gebrauch durch Feuchtigkeitsaufnahme nicht so verändert, daß er für die Benutzung ungeeignet wird.

Die Begriffe feuer-, wärme- und feuchtigkeitsicher sind aus den Errichtungsvorschriften übernommen. Endgültige Bestimmungen über die Gütegrade für Isolierstoffe liegen noch nicht vor. Aus diesem Grunde ist davon abgesehen worden, genauere Bestimmungen für diese Begriffe aufzunehmen.

B. Schaltvorgänge.

§ 4.

Einschalten bedeutet die Verbindung eines Stromkreises mit einer Stromquelle, Ausschalten die Trennung von ihr. Es ist dabei gleichgültig, ob der Strom fließt oder nicht, wenn nur der Schalterstromkreis nach dem Einschalten unter Spannung steht.

Der Ausdruck „hinter dem Schalter" bezieht sich entsprechend der Energierichtung auf den Schalterstromkreis.

Schließen oder Öffnen eines Schaltgerätes bedeutet seine Betätigung ohne Rücksicht auf elektrische Vorgänge (Schließstellung, Offenstellung).

Eine genaue Erklärung des Begriffes „Einschalten" ist wichtig, denn einerseits könnte darunter die Energieentnahme, also fließender Strom, andererseits nur ein Unterspannungsetzen verstanden werden, was in Streitfällen eine Rolle spielen kann. — Schalterstromkreis ist der Kreis, der durch Schließen des Schalters unter Spannung gesetzt wird. Auch der Begriff „hinter dem Schalter" verdient in dieser Bedeutung Beachtung, weil der betreffende Stromkreis durch Schließen oder Öffnen unter Spannung kommt oder spannunglos wird, was hinsichtlich der Berührungsgefahr wichtig ist. Durch Schließen oder Öffnen eines Schaltgerätes können Stromkreise verbunden werden, ohne Rücksicht darauf, ob sie unter Spannung kommen oder Strom fließt.

§ 5.

Stromführende Teile sind die im Einschaltzustand vom Strom durchflossenen Teile.

Spannungführende Teile sind die im Ein- oder Ausschaltzustand unter Spannung gegen Erde stehenden Teile.

Neben den stromführenden (aktiven) Teilen enthalten die Schaltgeräte auch andere Teile, wie Grundplatten, Lager, Hebelgriffe usw. Ferner sind auch solche Teile zu beachten, die nur unter Spannung stehen. Beide Arten sind bei der Erwärmungs- und Spannungprüfung verschieden zu behandeln.

§ 6.

1. Als „Stromloses Aus- oder Einschalten" wird ein Schaltvorgang bezeichnet, bei dem der Strom im Schalter im Verhältnis zum Nennstrom sehr gering ist: höchstens 1% des Nennstromes, jedoch nicht mehr als 10 A. Die stromführenden Teile stehen unter voller Spannung.

„Stromloses Ein- und Ausschalten" im Sinne dieser Bestimmung geschieht durch Verbinden oder Abtrennen von bereits geöffneten, aber noch unter Spannung stehenden Stromkreisen. 1% des Nennstromes, jedoch nicht mehr als 10 A erscheint als ein Widerspruch gegenüber dem Begriff „Stromlos". Bei

Wechselspannungen fließt auch bei abgeschaltetem Verbrauchstrom stets ein gewisser Ladestrom. Die Abschaltung dieses Ladestromes soll noch unter den Begriff „Stromlos" fallen, wenn der Strom obige Werte nicht übersteigt. Ebenso ist das Abschalten des Leerlaufstromes von Transformatoren im Bereich der angegebenen Werte als zulässig, d. h. als stromlos anzusprechen.

2. Mit „Aus- oder Einschalten unter Strom" wird ein Schaltvorgang bezeichnet, bei dem der Strom im Schalter beliebige Werte innerhalb des zulässigen Verwendungsbereiches haben kann; die stromführenden Teile stehen nach der Trennung gegenseitig unter geringer Spannung, unterhalb 20 V (z. B. Zellenschalter).

„Aus- und Einschalten unter Strom" (Schalten unter Strom) tritt ein bei Stufenschaltern für Spannungregelung, z. B. bei Zellenschaltern. Hier wird der das Gerät durchfließende Strom von einem Schaltstück auf das andere ohne Unterbrechung umgeschaltet.

3. Mit „Aus- oder Einschalten unter Leistung" wird ein Schaltvorgang bezeichnet, bei dem der Strom im Schalter beliebige Werte innerhalb des zulässigen Verwendungsbereiches haben kann und die stromführenden Teile unter voller Spannung stehen.

a) Ausschalten beschränkter Leistung (Stromkreis mit GEMK).

„Ausschalten beschränkter Leistung" ist z. B. das Abschalten eines mit betriebsmäßiger Drehzahl laufenden Nebenschluß-Gleichstrommotors. Der Motor bleibt nicht sofort stehen, er entwickelt eine gegenelektromotorische Kraft und als Abschaltleistung wird nur das Produkt aus Strom und dem Spannungsunterschied von Stromquelle und Motor unterbrochen (siehe Erkl. zu § 6, 3c).

b) Ausschalten voller Leistung.

„Ausschalten voller Leistung" entsteht z. B. beim Abschalten eines Heizwiderstandes, wobei im Augenblick der Unterbrechung keine Gegenspannung auftritt. Die Abschaltleistung ist durch das Produkt aus Strom und Betriebspannung gegeben.

c) Ausschalten von Überlast.

„Ausschalten von Überlast" tritt z. B. ein bei Selbstschaltern, wenn im Stromkreis eine Unregelmäßigkeit, Überlastung, Kurzschluß oder dgl. auftritt. Die vom Gerät abzuschaltende Leistung wird in diesem Falle allein durch Größe der Stromquelle, Induktivität, Widerstand der Leitungen und sonstige Netzverhältnisse bestimmt. Ausschalten von Überlast kann auch eintreten, wenn ein Motor während der Anlaßperiode abgeschaltet wird, besonders wenn der Motor noch nicht angelaufen ist.

C. Kontaktarten.
§ 7.

Elektrischer Kontakt ist ein Zustand, der durch Berührung zweier zur Stromleitung dienenden Teile miteinander entsteht.

Folgende Kontaktarten werden unterschieden:

1. Schraubkontakt entsteht, wenn zwei für die Stromleitung bestimmte Teile durch Schrauben verbunden werden.

Als Beispiele verschiedener Arten von Schraubkontakten sind zu erwähnen:

Zwei Flachmetallstücke überlappen sich; sie sind durchlocht und werden durch Mutterschrauben aufeinandergepreßt.

Der eine dieser beiden Teile hat Gewinde, die Aufpressung des zweiten erfolgt durch Kopfschraube.

In den einen Teil ist ein Anschlußbolzen eingeschraubt, der zweite Teil wird zwischen zwei Muttern auf dem Anschlußbolzen eingespannt.

2. Druckkontakt entsteht durch Zusammendrücken zweier für die Stromleitung bestimmten Teile, und zwar bei betriebsmäßiger Betätigung ohne Schleifbewegung.

3. Schleifkontakt entsteht durch Schleifen zweier für die Stromleitung bestimmten Teile aufeinander unter Druck. Nach der Form der Teile werden unterschieden: Messerkontakt, Klotzkontakt, Bürstenkontakt (Schleif- und Tastbürsten), Fingerkontakt (Kontakthämmer), Zungenkontakt usw.

4. Rollkontakt entsteht durch rollende Bewegung zweier für die Stromleitung bestimmten Teile aufeinander unter Druck.

Ein Beispiel des Rollkontaktes ist der bei der Straßenbahn übliche Rollenstromabnehmer. In Schaltgeräten findet man ähnliche Rollkontakte als Abbrennstücke und dergleichen.

5. Wälzkontakt entsteht durch gleichzeitige rollende und schleifende Bewegung zweier für die Stromleitung bestimmten Teile aufeinander unter Druck.

Wälzkontakt wird vielfach bei Funkenentziehern von Schaltgeräten verwendet. Die den Dauerkontakt vermittelnde Stelle wird hierbei nicht vom Schaltfeuer getroffen.

6. Flüssigkeitskontakt entsteht durch Zusammenbringen zweier für die Stromleitung bestimmten Teile, von denen mindestens der eine Teil flüssig ist.

Im Sinne der Begriffserklärung handelt es sich bei einem Flüssigkeitskontakt um die beiden Teile, zwischen denen Stromschluß oder Stromunterbrechung stattfindet. Ein einpoliger Flüssigkeitsunterbrecher kann an zwei Stellen Flüssigkeitskontakt aufweisen.

D. Gerätearten.
§ 8.
Die Art eines Schaltgerätes ist gekennzeichnet durch:
1. Zweck und Wirkungsweise   vgl. § 9
   a) Schalter,
   b) Schmelzsicherung,
   c) Steckvorrichtung.
2. Polzahl   „ § 10
3. Zahl der Schließstellungen   „ § 11
4. Schaltvorgang   „ § 12
5. Betätigungsart   „ §§ 13 und 14
6. Art der Auslösung bei Selbstschaltern   „ §§ 15 bis 17
7. Art der Schließstellen   „ § 18
8. Schutzart   „ § 19
9. Anschlußart   vgl. §§ 20 und 21
10. Verwendung (z. B. Batteriesicherung, Zellenschalter, Webstuhlschalter usw.).

1. Zweck und Wirkungsweise.

§ 9.

a) **Schalter** sind Geräte zum Verbinden oder Trennen von Strompfaden, ohne daß hierzu Verschraubungen oder ähnliche Hilfsmittel benutzt werden; sämtliche zur Verbindung oder Trennung notwendigen Teile hängen ortsfest zusammen.

Unter dem Sammelbegriff „Schalter" sind alle Geräte verstanden, mit denen Stromkreise geschlossen und unterbrochen oder von einem Strompfad auf den anderen übergeschaltet werden ohne Rücksicht darauf, ob die Betätigung von Hand oder selbsttätig erfolgt, also Aus- und Umschalter für mittelbare oder unmittelbare Handbetätigung, Selbstschalter, ferngesteuerte Schalter, Walzenschalter, Stufenschalter, Zellenschalter usw. Die Notwendigkeit der Betätigung durch Schaltstangen oder ähnliche Mittel hat hierauf keinen Einfluß. Dagegen ist nicht an solche Unterbrechungen gedacht, bei denen beispielsweise Trennstücke herausgenommen und beiseite gelegt werden können.

b) **Schmelzsicherungen** sind Geräte zum Schutz von Stromkreisen gegen Stromüberlastung von unzulässiger Dauer, bei denen die Stromunterbrechung durch Abschmelzen eines hierzu bestimmten, leicht ersetzbaren Verbindungstückes (Schmelzstreifen, Schmelzpatrone) erfolgt.

c) **Steckvorrichtungen** sind Geräte zum Verbinden oder Trennen von festen und beweglichen Strompfaden oder von beweglichen Strompfaden ohne Anwendung besonderer Werkzeuge oder Hilfsmittel. Die zum Verbinden oder Trennen dienenden Teile hängen nicht ortsfest zusammen.

2. Polzahl.

§ 10.

Es werden ein- und mehrpolige (zweipolige, dreipolige usw.) Schaltgeräte unterschieden. Mehrpolige Schaltgeräte entstehen durch mechanische Verbindung einpoliger, voneinander isolierter Geräte, bei Schaltern außerdem durch Kupplung beweglicher Teile.

Geräte, bei denen die Konstruktion das Parallelschalten mehrerer Einzelelemente zum Zwecke der Erhöhung der Stromstärke in einem Pol vorsieht, fallen nicht unter den Begriff „mehrpolig". Wenn z. B. die verschiedenen Pole eines mehrpoligen Gerätes zur Erhöhung der Stromstärke zu einem Pol zusammengefaßt werden, wird das betreffende Gerät bei dieser Schaltung zu einem „einpoligen".

3. Zahl der Schließstellungen.

§ 11.

Nach Zahl der Schließstellungen werden unterschieden:

a) Ausschalter mit einer Schließstellung und zwar:

1. **Ausschalter** mit den Stellungen „Ein" und „Aus".

Die Stellungen „Ein" und „Aus" haben z. B. Hebelschalter, Trennschalter, Selbstschalter.

2. **Ausschalter** mit der Ruhestellung „Ein" oder der Ruhestellung „Aus" (z. B. Druckknöpfe usw.).

Unter Ruhestellung versteht man die Stellung, in die das Schaltorgan selbsttätig zurückgeht, wenn die Handhabe freigelassen wird.

Bei der Betätigung wird ein mechanischer Energiespeicher aufgeladen, so daß nach Loslassen des Betätigungsmittels das Schaltorgan wieder in die ursprüngliche Stellung zurückgeht. Die Ruhestellung kann den Stromkreis geöffnet oder geschlossen halten.

b) Umschalter mit zwei Schließstellungen und zwar:
1. Umschalter mit Unterbrechung
   a) mit Ausschaltstellung,
   b) ohne Ausschaltstellung.

Bei Umschaltern mit Ausschalt- oder Nullstellung haben die beiden Kreise gewöhnlich verschiedene Spannungen. Um Kurzschluß oder Ausgleichströme zu vermeiden, muß der Stromkreis bei Überschalten unterbrochen werden.

2. Umschalter ohne Unterbrechung.

c) Wahlschalter mit mehr als zwei Schließstellungen und zwar:
1. Wahlschalter ohne Spannung zwischen benachbarten Stromschlußstücken,
2. Wahlschalter mit Spannung zwischen benachbarten Stromschlußstücken und zwar:

Wahlschalter mit Spannung zwischen zwei benachbarten Stromschluß stücken kommen auch als Geräte mit Unterbrechung vor, sofern vor der Umschaltung die Unterbrechung des Stromes erfolgen kann.

a) Stufenschalter für Gleichstrom (z. B. Zellenschalter),
b) Stufenschalter für Wechselstrom (z. B. Regelschalter für unterteilte Wicklungen von Transformatoren),
c) Meßumschalter.

Meßumschalter zum Zwecke der Messung von Spannung oder Strom, z. B. mittels gemeinsamen Meßgerätes. Diese Umschalter unterbrechen meistens den Stromkreis bei Übergang von einem zum anderen Stromschlußstück. Bei Stromwandler-Umschaltern ist das notwendige Kurzschließen nicht eingeschalteter Stromwandlerwicklungen zu beachten.

4. Schaltvorgang.
§ 12.

Nach dem Schaltvorgang § 6 werden unterschieden:
a) Schaltgeräte für Schalten ohne Strom (Trennschalter, Meßumschalter, Steckvorrichtung über 250 V gegen Erde).

Auch Meßumschalter haben den geringen Strom des Meßgerätes zu unterbrechen. Praktisch ist dieses Schalten als „Stromlos" anzusprechen, denn es entsteht dabei kein schädliches Schaltfeuer.

b) Schaltgeräte für Schalten unter Strom (Regelschalter, Stufenschalter, Zellenschalter).

Der durch den Schalter fließende Strom wird durch den Schaltvorgang wenig oder gar nicht verändert, so daß schädliche Lichtbögen nicht auftreten.

c) Schaltgeräte für Schalten beschränkter Leistung (Ausschaltstrom kleiner als Nennstrom, Schalter aller Art).

Hierzu gehören Schaltgeräte zum Ausschalten kleinerer Ströme als des Nennstromes des Gerätes für Stromkreise, die vor dem Ausschalten entlastet werden (z. B. Umschalter für Gleichstrom bei der Bewegung von unten nach oben).

d) Schaltgeräte für Schalten voller Leistung (Schalter aller Art).

Das Ausschalten, z. B. von Heizwiderständen, bringt an der Unterbrechungsstelle stets die volle Leistung (Strom mal Spannung) zur Auswirkung.

e) Schaltgeräte für Schalten von Überlast (Überstromselbstschalter und Sicherungen).

Die vom Schaltgerät zu unterbrechende Leistung ist abhängig von dem an der Verwendungstelle möglichen Kurzschlußstrom, der durch Leistung der Stromquelle, Induktivität, Widerstand der Leitungen und sonstige Netzverhältnisse bestimmt ist.

Sicherungen kleinerer Nennspannung können in Anlagen höherer Spannung verwendet werden, wenn beim Abschmelzen keine höhere Klemmenspannung an den Klemmen entsteht (z. B. bei parallel geschalteten Kabeln, Ringnetzen und Leitungen). Die Sicherungen müssen jedoch für die höhere Spannung isoliert sein.

5. Betätigungsart.

§ 13.

Folgende Betätigungsarten der Ein- und Ausschaltung werden unterschieden:

a) unmittelbare Handbetätigung:

Das Schaltgerät befindet sich im Handbereich; besondere Lagerungen oder Führungen außerhalb des Schaltgerätes sind nicht vorhanden.

b) Mittelbare Handbetätigung durch ein Getriebe, Gestänge oder durch Verlängern der Antriebsorgane mit besonderer Lagerung.

c) Fußbetätigung.

d) Betätigung durch Gewicht oder Feder.

e) Betätigung durch Druckluft und dgl. oder durch eine Stromquelle mittels Magnet oder Motor.

§ 14.

Momentausschaltung ist eine Schaltbewegung, bei der der vorgesehene Öffnungsweg unabhängig von der Betätigungsgeschwindigkeit schnell durchlaufen wird.

Momenteinschaltung ist eine Schaltbewegung, bei der der Weg von der Berührung bis zur Endstellung der Schaltstücke (Kontaktweg) unabhängig von der Betätigungsgeschwindigkeit schnell durchlaufen wird.

Betätigungsorgan und bewegliche Schaltstücke sind durch einen Energiespeicher, z. B. Schrauben- oder Blattfeder, verbunden, der mit Beginn der Bewegung aufgeladen wird. Nach der mechanischen Überwindung der Kontaktreibung werden die Schaltstücke durch die Entladung des Energiespeichers in die Endstellung geschleudert. Die Momentbewegung kann für „Ausschalt-" oder „Einschalt-Bewegung" oder für beide gleichzeitig vorhanden sein.

6. Art der Auslösung bei Selbstschaltern und Relais.

§ 15.

Es werden folgende Arten von Selbstauslösung unterschieden:

Tafel 1.

Auslösungsart	Wirkung	Bezeichnung bei Ausführung als	
		Schalter	Relais
Überstrom-auslösung	löst aus bei Überschreiten eines bestimmten Stromes	Überstrom-schalter	Überstrom-relais
Unterstrom-auslösung	löst aus bei Unterschreiten eines bestimmten Stromes	Unterstrom-schalter	Unterstrom-relais
Rückstrom-auslösung	löst aus bei Umkehr der Stromrichtung	Rückstrom-schalter	Rückstrom-relais
Spannung-rückgangs-auslösung	löst aus bei Unterschreiten einer bestimmten Spannung	Unter-spannung-schalter	Unter-spannung-relais

§ 16.

Auslösen ist das Freigeben der Sperrung zur Einleitung einer Schaltbewegung bei Betätigung gemäß § 13 d und e. Die Auslösung kann erfolgen:
a) selbsttätig.
b) willkürlich.

Unmittelbare Auslösung ist eine solche, die nur durch Auslöser bewirkt wird.

Mittelbare Auslösung ist eine solche, bei der ein Betätigungsorgan (Relais [§ 24] oder Betätigungschalter) auf den Auslöser wirkt.

Im Sinne der Regeln ist unter „Auslösen" nur das Freigeben oder Ausklinken der Sperrung des Gerätes zu verstehen, wobei die Schaltstellung in eine andere übergeht. Das Ansprechen eines Relais oder das Schließen eines Betätigungskreises zur Erreichung des gleichen Zieles wird nicht als Auslösen bezeichnet. Unmittelbare Auslösung kann z. B. erfolgen durch Auslöser, deren Spule von dem zu unterbrechenden Strom (auch über Stromwandler) durchflossen wird. Bei mittelbarer Auslösung wird der Stromkreis der Spannung- oder Stromspule des Auslösers durch Relais oder Betätigungschalter geschaltet.

§ 17.

Mit Freiauslösung wird eine Einrichtung bezeichnet, bei der das Bedienungselement (Handhabe) durch den Auslöser von den Schaltstücken des Selbstschalters derart entkuppelt wird, daß der Schalterstromkreis dann nicht eingeschaltet bleiben kann.

7. Art der Schließstellen.

§ 18.

Bei Schaltern unterscheidet man nach der angewendeten Kontaktart (siehe § 7) oder der Ausbildung der Schaltstücke (siehe § 22): Bürstenschalter, Messerschalter, Walzenschalter usw.

8. Schutzart.

§ 19.

Hinsichtlich der Schutzart wird unterschieden:

S 1. **Offen:** Keine Abdeckung; die Zugänglichkeit der spannungführenden Teile ist nicht behindert.

S 2. **Geschirmt:** Abdeckung, die nur Öffnungen für Zuleitungen oder Kühlluft enthält; Schlitze, z. B. für das Bedienungselement, durch die man in die Abdeckung greifen kann, dürfen nicht vorhanden sein. Zufällige oder fahrlässige Berührung spannungführender Teile und das Eindringen größerer Fremdkörper sind verhindert. Der Bedienende ist der Einwirkung durch Lichtbögen oder Metalldämpfe nicht unmittelbar ausgesetzt.

S 3. **Abgedeckt:** Volle Abdeckung der ganzen Bedienungseite, rückseitige Anschlüsse hinter dem Sockel des Schaltgerätes. Die Berührung spannungführender Teile und das Eindringen von Fremdkörpern von der Bedienungseite aus sowie eine Verletzung des Bedienenden durch Lichtbögen oder Metalldämpfe sind verhindert.

S 4. **Geschlossen:** Allseitige Abdeckung ohne ausgesprochene Öffnungen. Das Eindringen von Fremdkörpern und die Berührung spannungführender Teile sowie eine Verletzung des Bedienenden durch Lichtbögen oder Metalldämpfe sind von allen Seiten verhindert. Ein vollständiger Schutz gegen Staub und Feuchtigkeit der Luft wird nicht erzielt.

S 5. **Gekapselt:** Allseitig metallener, mechanisch fester Abschluß mit besonderer Dichtung aller Fugen und nicht abgerichteter Paßstellen. Die Berührung spannungführender Teile, das Eindringen von fallenden oder gegen die Abdeckung gespritzten Wassertropfen (Regen) sowie von Staub sind verhindert. Verletzungen des Bedienenden durch Lichtbögen oder Metalldämpfe sind ausgeschlossen.

Die bisherigen Bezeichnungen für die Schutzarten waren nicht einheitlich. Zu beachten ist, daß die Bezeichnung „gekapselt", die vielfach für jede Art der Ummantelung angewendet wurde, eine ganz bestimmte Ausführung fordert.

S 6. **Wasserdicht gekapselt:** Allseitig metallener Abschluß wie S 5, jedoch mit Stopfbuchsen für die Anschlußleitungen und für die Öffnungen, die zur Betätigung von außen notwendig sind. Die nach einstündigem Liegen in Süß- oder Seewasser unter einem äußeren Überdruck von 0,1 kg/cm² eintretende Wassermenge darf die Gebrauchsfähigkeit nicht beeinträchtigen.

S 7. Gasgeschützt: Der Schutz ist besonders zu vereinbaren (siehe die „Vorschriften für die Ausführung von Schlagwetter-Schutzvorrichtungen an elektrischen Maschinen, Transformatoren und Apparaten" vom 1. Januar 1926[3]).

9. Anschlußart.
§ 20.

Elektrische Anschlußart:

Bei den Schutzarten offen, geschirmt oder abgedeckt werden unterschieden:

a) Geräte für vorderseitigen Anschluß: Die Klemmen liegen auf der Vorderseite des Sockels.

b) Geräte für rückseitigen Anschluß: Die Klemmen liegen auf der Rückseite des Sockels.

An einem Schaltgerät können beide Anschlußarten in Anwendung kommen.

§ 21.

Mechanische Verbindungsart der Schutzhüllen des Gerätes mit den Schutzhüllen der Leitungen:

Bei den Schutzarten „geschlossen, gekapselt oder gasgeschützt" werden unterschieden solche für:

a) Einführung von gummiisolierten Leitungen oder Isolierrohren.

b) Einführung von einzelnen Panzer- oder Gasrohren.

c) Einführung eines Panzer- oder Gasrohres oder dgl., das die Leitungen für alle Pole enthält.

d) Einführung von Einfachkabeln.

e) Einführung von Mehrfachkabeln.

f) Wasserdichte Einführung (S 6).

Für die Zu- und Ableitung an einem Schaltgerät können verschiedene Einführungsarten zur Anwendung kommen.

Unter mechanischer Verbindung der Schutzhüllen eines Schaltgerätes mit den Schutzhüllen der Leitungen ist zu verstehen, daß die Schutzhüllen der Leitungen nicht vor dem Gerät endigen dürfen, sondern in die Schutzhüllen des Gerätes hineingeführt werden müssen.

E. Bestandteile.
§ 22.

Werden zwei zur Herstellung eines Kontaktes dienende Teile bestimmungsgemäß zum Ein- und Ausschalten eines Schalterstromkreises benutzt, so heißen sie Schaltstücke, wobei zwischen beweglichen und und ortsfesten Schaltstücken unterschieden wird. Nach seiner Form bezeichnet man das einzelne Schaltstück auch als Kontaktbürste, Kontaktmesser, Kontaktrolle, Kontaktfinger, Kontaktzunge, Kontaktstift, Kontakthülse, Kontaktbock, Kontaktstück usw.

---

[3] S. S. 52 u. ff.

Auswechselbare Schaltstücke sind solche, die mit wenigen, leicht lösbaren Mitteln befestigt sind.

Abbrennstücke sind Schaltstücke, die der Abnutzung durch den Schaltlichtbogen betriebsmäßig unterworfen sind.

Klemmen sind die Teile eines Schaltgerätes, an denen Leitungen angeschlossen werden.

Sockel ist der Körper, auf dem die Klemmen und Schaltstücke isoliert befestigt sind.

Isolierbrücke (Polkupplung) ist der Körper, mit dem die beweglichen Schaltstücke mehrpoliger Schaltgeräte isoliert gekuppelt sind.

Trennwand ist ein Körper, der zwischen den Polen oder zwischen Pol und Erde angebracht ist, um das Überschlagen des Lichtbogens zu verhindern.

Bedienungselement (Handhabe) ist der Geräteteil, der für die unmittelbare Betätigung des Gerätes vorgesehen ist und vom Bedienenden berührt werden muß.

Als Schaltstücke sind die Teile eines Schaltgerätes anzusehen, die das Schließen des Schalterstromkreises beim Einschalten und das Öffnen beim Ausschalten bewirken. Bei Leistungschaltern höherer Nennstromstärken werden die Schaltstücke unterteilt in solche, die den Lichtbogen übernehmen (Abbrennstücke), und solche, die den Nennstrom dauernd führen. Die ersten sind mit einfachen Werkzeugen (Schraubenzieher, Mutterschlüssel) auswechselbar einzurichten, da sie der natürlichen Abnutzung durch den Lichtbogen ausgesetzt sind. Die den Nennstrom führenden Schaltstücke können, falls die Gefahr ihrer Beschädigung beim Schalten höherer Leistungen besteht, ebenfalls auswechselbar gemacht werden (auswechselbare Schaltstücke).

Die Klemmen können als Schienen, Durchführungsbolzen, konzentrische Flachanschlüsse mit Schraubenverbindung usw. ausgeführt sein.

Unter Isolierbrücke ist die mechanische Verbindung unter gleichzeitiger elektrischer Trennung der einzelnen Messer eines mehrpoligen Hebelschalters zu verstehen (bisher Schalterbrücke oder Traverse genannt). Da vielfach, besonders bei großen Geräten, die Verbindung der Pole nicht durch eine Isolierbrücke, sondern durch das Gestänge geschieht, mit dem die einzelnen Pole isoliert verbunden sind, wird für die mechanische Verbindung der Pole auch der Ausdruck Polkupplung eingeführt.

Das Bedienungselement kann in den verschiedensten Ausführungsformen angewendet werden, z. B. als Griff, Hebel, Handrad usw.

§ 23.

Auslöser ist die Vorrichtung am Schaltgerät, die die Freigabe der Sperrung zur Einleitung der Schaltbewegung des Schaltgerätes bewirkt.

1. Elektromagnetische Auslöser.

    a) Arbeitstromauslöser sind solche, die bei Einschaltung oder Stärkung ihrer Erregung auslösen, z. B. durch Anziehen eines Magnetankers.

    b) Ruhestromauslöser sind solche, die bei Unterbrechung oder bei Schwächung ihrer Erregung auslösen, z. B. durch Loslassen eines Magnetankers.

Die Wicklung des Auslösers kann angeschlossen sein

a) unmittelbar oder über Stromwandler oder an Nebenwiderstand in Reihe mit dem Schalterstromkreis,

b) unmittelbar (gegebenenfalls über Widerstände oder Drosseln) oder über Spannungwandler im Nebenschluß zum Schaltstromkreis.

c) an eine Fremdstromquelle.

2. Wärmeauslöser.

Beim Eintreten eines nicht ordnungsgemäßen Zustandes im Schalterstromkreis eines Schaltgerätes tritt der Auslöser in Tätigkeit und entklinkt die Sperrung. Hierdurch wird die Ausschaltbewegung des Schaltgerätes eingeleitet. Das Ausschalten erfolgt z. B. unter dem Einfluß des eigenen oder eines zusätzlichen Gewichtes oder einer Feder.

Die besondere Ausführung des elektromagnetischen Auslösers besteht darin, daß dieser einen Magneten enthält, dessen Erregung je nach der Ausführungsart „eingeschaltet, ausgeschaltet, verstärkt oder geschwächt" wird. Durch Anziehen oder Loslassen seines Ankers bewirkt er (mit oder ohne Schlagwirkung) die oben angegebene Auslösung des Schaltgerätes.

Nach der Wicklung eines Auslösers werden unterschieden:

a) Arbeitstromauslöser.

1. Die Wicklung wird dauernd vom Betriebstrom oder einem von ihm abhängigen Strom durchflossen. Bei Eintreten von Überstrom wird der Anker angezogen und die Sperrung des Schaltgerätes gelöst.

2. Die Wicklung ist während des ordnungsmäßigen Betriebes ausgeschaltet. Sie erhält kurzzeitig durch einen Betätigungschalter oder ein Relais Strom entweder von der Stromquelle des Schalterstromkreises oder von einer fremden Stromquelle.

b) Ruhestromauslöser.

1. Die Wicklung wird dauernd vom Betriebstrom oder einem von ihm abhängigen Strom durchflossen. Bei Rückgang des Betriebstromes auf einen vorbestimmten Wert oder auf Null fällt der Anker des Magneten ab, wodurch die Sperrung des Schalters gelöst wird.

2. Die Wicklung liegt dauernd an der Betriebspannung oder an einer von ihr abhängigen Spannung. Bei Rückgang der Betriebspannung auf einen vorbestimmten Wert oder auf Null fällt der Magnetanker ab, wodurch die Sperrung des Schaltgerätes gelöst wird.

Für Wärmeauslöser sind zur Zeit noch keine Begriffserklärungen und Bestimmungen gegeben[4].

§ 24.

Relais ist eine elektromagnetisch oder elektrothermisch betätigte Vorrichtung, die über Schaltstücke den Stromkreis eines Auslösers steuert.

Primärrelais sind Relais, deren Wicklung oder Wärmeelement im oder am Stromkreis des Schalters liegt.

Sekundärrelais sind Relais, deren Wicklung oder Wärmeelement durch Strom- oder Spannungwandler mit dem Stromkreis des Schalters verknüpft ist.

Die Schaltstücke des Relais können entweder im normalen Betriebe geöffnet sein und sich beim Ansprechen des Relais schließen (Arbeits-

---

[4] Für Motorschutzschalter sind zusätzliche Bestimmungen in Bearbeitung.

kontakt) oder im normalen Betriebe geschlossen sein und sich beim Ansprechen des Relais öffnen (Ruhekontakt).

Das Relais unterscheidet sich vom Auslöser dadurch, daß es die Sperrung des Schaltgerätes nicht unmittelbar entkuppelt, sondern erst mittels seiner Schaltstücke den Stromkreis der Wicklung eines besonderen Auslösers schaltet. Der Auslöser übernimmt dann die Entkupplung der Sperrung des Schaltgerätes (siehe § 23). Die Schaltstücke des Relais müssen entsprechend der Wicklung des zugehörenden Auslösers ausgeführt werden, d. h. sie müssen entweder beim Ansprechen des Relais schließen (Arbeitskontakt) oder öffnen (Ruhekontakt). Für Primär- und Sekundärrelais gelten die gleichen Arbeitsbedingungen wie für die Auslöser.

§ 25.

Die Sicherung besteht aus dem Sicherungskörper und dem Schmelzeinsatz. Der Sicherungskörper besteht aus Sockel, Klemmen und Kontaktstücken zur Vermittlung des Kontaktes mit dem Schmelzeinsatz.

Ist der Schmelzeinsatz nicht unmittelbar an den auf dem Sockel befestigten Kontaktstücken angeschraubt, sondern an einem mit einem Bedienungselement (Handhabe) versehenen Zwischenstück befestigt, das in die entsprechend ausgebildeten Kontaktstücke des Sockels eingesteckt wird, so heißt das Gerät Trennsicherung.

Ist das Zwischenstück im wesentlichen in Form eines Rohres ausgebildet, das den Schmelzeinsatz umschließt, so heißt das ganze Gerät (Sockel, Schmelzeinsatz und Zwischenstück) Rohrsicherung.

Der Schmelzeinsatz besteht aus dem Schmelzleiter mit Schuhen zur Vermittlung des Kontaktes mit dem Sicherungskörper. Ist der Schmelzleiter allseitig eingeschlossen, so daß nur die Teile herausragen, die zur Vermittlung des Kontaktes mit dem Sicherungskörper dienen, so heißt der Schmelzeinsatz Patrone.

Je nach der Ausbildung der Teile zur Vermittlung des Kontaktes mit dem Sicherungskörper unterscheidet man Steckpatronen und Schraubpatronen.

Die ganze Sicherung heißt in diesem Falle Patronensicherung.

§ 26.

Steckvorrichtungen bestehen aus Dose und Stecker; beide Teile können beweglich oder nicht beweglich sein. Sind beide Teile beweglich, dann heißt die Vorrichtung Kupplung.

Dose ist der Teil, der für den Anschluß an die Stromquelle bestimmt ist.

§ 27.

Überschaltwiderstand (bei Stufenschaltern) ist der Widerstand, der das Überschalten ohne Stromunterbrechung ermöglicht.

Funkenentziehvorrichtung (bei Stufenschaltern) ist eine von der Hauptkontaktbahn in der Regel getrennte Vorrichtung, an der der beim Überschalten zwischen den Stufen entstehende Nebenstromkreis geschlossen und unterbrochen wird.

Bei Stufenschaltern, z. B. Zellenschaltern, bei denen während des Überschaltens von einer Stufe zur anderen keine Unterbrechung eintreten soll, verwendet man einen Überschaltwiderstand. Dieser überbrückt zwei benachbarte Stufen und begrenzt durch seine entsprechende Bemessung den hierbei entstehenden Kurzschlußstrom. Der Überschaltwiderstand ist nur während des Überganges von einer Stufe zur anderen eingeschaltet. Für den Fall unsachgemäßer Bedienung (wenn der Stufenschalter in der Zwischenstellung stehenbleibt) darf der Widerstand nach § 42 bei einer 2 min dauernden Belastung nicht wärmer als dunkelrotglühend werden. Bei Stufenschaltern höherer Leistung verwendet man zum Ein- und Ausschalten des Überschaltwiderstandes einen besonderen Schalter, Funkenentziehvorrichtung genannt. Dieser Schalter übernimmt den beim Abschalten des Widerstandes auftretenden Lichtbogen.

F. Elektrische Größen und Zeitbegriffe.

§ 28.

Nennspannung ist die auf dem Gerät angegebene höchste Spannung, für die es verwendet werden darf.

Nennstrom ist der auf dem Gerät angegebene Strom, für dessen dauernden Durchgang die stromführenden Teile, ausgenommen Wicklungen, Wärmeauslöser u. dgl., bemessen sind.

Zulässiger Ausschaltstrom ist der Strom, den das Gerät unter den für die Schaltleistungsprobe in § 71 festgesetzten Bedingungen ausschalten kann.

Als Kurzschlußstrom gilt der Beharrungswert des Stromes, der am Verwendungsort bei Kurzschluß auftritt.

Als Betätigungspannung gilt die Spannung an den Klemmen des Betätigungstromkreises des Schaltgerätes, wenn der Betätigungstrom fließt.

Kriechstrecke ist der kürzeste Weg, auf dem ein Stromübergang längs der Oberfläche eines Isolierkörpers zwischen spannungführenden Teilen untereinander oder zwischen spannungführenden Teilen und Erde eintreten kann.

Betätigungspannung: In Anlagen, in denen fern betätigte Schaltgeräte vom Kommandoraum räumlich weit entfernt sind, spielt der Spannungsabfall der Leitung des Betätigungstromkreises eine große Rolle. Häufig werden mit Rücksicht auf die kurzzeitige Belastung die Leitungsquerschnitte sehr gering gewählt; deshalb ist als Betätigungspannung die Spannung des Betätigungstromkreises am Schaltgerät beim Schließen des Betätigungstromkreises festgelegt worden.

§ 29.

Auslösernennspannung ist die auf dem Auslöser angegebene Spannung.

Auslösernennstrom ist der auf dem Auslöser angegebene Strom, für dessen dauernden Durchgang die Wicklung bemessen ist.

Auslösernennfrequenz ist die auf dem Auslöser angegebene Frequenz, für die er bemessen ist.

Auslösestrom ist der Strom, bei dem das Auslösen eintritt.

Einstellstrom (bei Stromauslösung), ist der auf der Einstellskala eingestellte Strom, bei dessen Überschreiten das Auslösen eintreten soll. Die Abweichung des Auslösestromes vom Einstellstrom wird in Prozenten des Einstellstromes angegeben.

Die Auslösernennspannung und der Auslösernennstrom können von der Nennspannung oder dem Nennstrom des Gerätes abweichen, so daß sie gesondert anzugeben sind (siehe § 55). Bei erheblichen Abweichungen von der Nennfrequenz ist ein ordnungsgemäßes Arbeiten des Auslösers nicht verbürgt, so daß auf dem Schild des Auslösers die Nennfrequenz angegeben werden muß, für die seine Wicklung bemessen ist (siehe § 55).

§ 30.

Auslösezeit ist die Zeit, die vom Augenblick des Eintrittes des die Auslösung verursachenden Betriebzustandes bis zum Auslösen des Schalters (Freigabe der Sperrung) vergeht. Die durch eingeschaltete Relais entstehende Zeitverzögerung ist einzurechnen.

Eigenzeit des Selbstschalters ist die Zeit, die von seinem Auslösen (Freigabe der Sperrung) bis zur Trennung seiner Schaltstücke vergeht, nicht eingerechnet die dann beginnende Lichtbogendauer bis zum Verlöschen des Lichtbogens.

Nicht verzögerte Auslösung (Kennbuchstabe n) ist eine Auslösung ohne besondere Einrichtung zur Verlängerung der Auslösezeit.

Abhängig verzögerte Auslösung (a) ist eine solche, deren Auslösezeit mit steigendem Auslösestrom abnimmt.

Unabhängig verzögerte Auslösung (u) ist eine solche, deren Auslösezeit vom Auslösestrom unabhängig ist.

Gemischt verzögerte Auslösung ist eine solche, die unterhalb einer gewissen Stromstärke die Verzögerungsarten nach a oder u, darüber die Verzögerungsarten nach u oder n hat. Demnach bestehen die Möglichkeiten a/n, u/n und a/u.

Die Auslösezeit setzt sich, z. B. an einem elektromagnetischen Auslöser, zusammen aus der Zeit, die der Überstromauslöser braucht, um seinen Anker zu beschleunigen, und der Zeit, die notwendig ist, um die Sperrung des Schaltgerätes zu lösen. Erfolgt die Auslösung des Schaltgerätes nicht unmittelbar durch den Auslöser, sondern durch ein Relais über einen Auslöser, so kommt noch die durch die Wirkung des Relais entstehende Zeitverzögerung hinzu.

Bei einem Schaltgerät sind nach dem Lösen der Sperrung Massen in Bewegung zu setzen, was ebenfalls eine gewisse Zeit erfordert. Ist das Schaltgerät in Bewegung gesetzt, so hat es je nach der Konstruktion noch einen mehr oder weniger großen Weg zurückzulegen, ehe sich die Schaltstücke öffnen. Die sich aus diesen Einzelzeiten ergebende Gesamtzeit ist die Eigenzeit des Schaltgerätes. Erst hiernach beginnt der eigentliche Ausschaltvorgang. Die nun folgende Zeit vom Einsetzen des Lichtbogens bis zur vollständigen Unterbrechung des Schalterstromkreises (Lichtbogendauer) rechnet man nicht zur Eigenzeit des Schaltgerätes.

Die Summe aus Auslösezeit, Eigenzeit und Lichtbogendauer ergibt die Schaltzeit der Einrichtung.

Unter besonderer Einrichtung zur Verlängerung der Auslösezeit sind zu verstehen: mechanische Hemmwerke, Dämpfungzylinder mit Luft oder Öl, Wirbelstrombremsen und dgl., die durch den Anker des Auslösers in Bewegung gesetzt werden müssen.

Tafel 2 (siehe § 33).

Gerät	Normale Nennstromstärken in A												
	10	25	60	100	200	350	600	1000	1500	2000	3000	4000	6000
Leistungsschalter ohne Momentschaltung	10	25	60	100	200	350	600	1000	1500	2000	3000	4000	6000
Leistungsschalter mit Momentschaltung	10	25	60	100	200	350	—	—	—	—	—	—	—
Trennschalter	—	25	60	100	200	350	600	1000	1500	2000	3000	4000	6000
Umschalter ohne Momentschaltung	—	25	60	100	200	350	600	1000	1500	2000	3000	4000	6000
Schleifbürsten-Wahlschalter außer Meßumschalter	—	—	—	—	—	—	600	1000	1500	2000	3000	4000	6000
Meßumschalter und Meßsteckvorrichtungen	10	25	60	100	200	350	600	1000	Für höhere Stromstärken Schleifbürsten-Umschalter verwenden				
Schalter mit Überstromauslösung	10	25	60	100	200	350	600	1000	1500	2000	3000	4000	6000
Schalter mit Unterstromauslösung	—	25	60	100	200	350	600	1000	1500	2000	3000	4000	6000
Schalter mit Rückstromauslösung	—	25	60	100	200	350	600	1000	1500	2000	3000	4000	6000
Schalter mit Spannungrückgangsauslösung	—	25	60	100	200	350	600	1000	1500	2000	3000	4000	6000
Zellenschalter	—	25	60	100	200	350	600	1000	1500	2000	—	—	—
Sicherungen	—	25	60	100	200	350	600	1000	1500	2000	—	—	—
Steckvorrichtungen	—	25[5]	60[5]	100	200	350	—	—	—	—	—	—	—

[5] Siehe § 2

Tafel 3 (siehe § 34).

Nennstrom des Schalters in A	10	25	60	100	200	350	600	1000	1500	2000	3000	4000	6000
Auslöser-Nennstrom (Nennstrom der Auslöserwicklung)	—	15	35	80	125	260	430	700	—	—	—	—	—
	6	20	—	—	—	300	500	850	—	—	—	—	—
	10	25	60	100	200	350	600	1000	1500	2000	3000	4000	6000

III. Bestimmungen.
A. Allgemeines.
(Nennstrom, Nennspannung, Polzahl, Anzahl der Kontaktstücke).

§ 31.

Für Schaltgeräte gelten die „Vorschriften für die Errichtung und den Betrieb elektrischer Starkstromanlagen" sowie DIN VDE- und DIN-Normen.

> In die R.E.S. sind nicht alle für den Bau elektrischer Schaltgeräte maßgebenden Bestimmungen der Errichtungsvorschriften übernommen worden. Es ist also notwendig, neben den R.E.S. die Errichtungsvorschriften (hauptsächlich die §§ 10 bis 15) bei dem Bau von Schaltgeräten zu berücksichtigen.

§ 32.

Die normalen Nennspannungen für Schaltgeräte sind: 250, 500 V Gleich- und Wechselspannung, 550, 750, 1100, 1500, 2200 und 3000 V Gleichspannung.

Wenn am Gerät nach der Unterbrechung eine Spannung von mehr als 1,1 mal Nennspannung dauernd auftreten kann, so soll ein Gerät höherer Nennspannung verwendet werden; auf die Erhöhung der Spannung bei Akkumulatorenladung bezieht sich das nicht.

> Bei der Auswahl elektrischer Schaltgeräte ist die tatsächlich auftretende Betriebspannung zu berücksichtigen. Ist die Betriebspannung häufig oder dauernd nahezu gleich dem 1,1-fachen Wert der Nennspannung des Gerätes, so ist bei betriebwichtigen Schaltgeräten Vorsicht geboten und gegebenenfalls besser ein Schaltgerät der nächsthöheren Nennspannung zu wählen, da besonders bezüglich der Schaltleistung (siehe § 71) keine genügende Sicherheit mehr vorhanden ist. Kurzzeitige Überspannungen, die durch Ausschaltvorgänge ausgelöst werden, sollen für die Wahl des Gerätes bezüglich der Nennspannung nicht maßgebend sein. Können solche Überspannungen einen hohen Wert annehmen, so ist zu empfehlen, sich über die Schaltleistung des Gerätes in dieser Beziehung zu unterrichten.

§ 33.

Die normalen Nennströme für die verschiedenen Gerätearten sind in Tafel 2 aufgeführt. In der Tafel nicht aufgeführte Stromstufen, soweit sie nicht ausdrücklich als unzulässig bezeichnet sind, sollen den „Normen für die Abstufung von Stromstärken bei Apparaten"[6] entnommen werden.

§ 34.

Die normalen Auslösernennströme sind in Tafel 3 aufgeführt.

§ 35.

Die normalen Nennströme für Schmelzeinsätze sind in Tafel 4 aufgeführt:

---

[6] S. S. 149.

Tafel 4.

| | Nennstrom des Sicherungskörpers und der Sicherungsbrücke in A | | | | |
	60	100	200	350	600	1000
Nennstrom des Schmelzeinsatzes	6	60	100	200	350	600
	10	80	125	225	430	700
	15	100	160	260	500	850
	20	—	200	300	600	1000
	25	—	—	350	—	—
	35	—	—	—	—	—
	60	—	—	—	—	—

§ 36.

Die normalen Auslösernennspannungen . . . . . (vgl. § 29) sind:
Gleichspannung . . . . 110 220 440 550 V
Wechselspannung Frequenz 50 Per/s . . . . . . 125 220 380 500 „ .

Auslöserspannungspulen, die dauernd angeschlossen sind (z. B. Spannungsrückgangsauslöser, Spannungspulen von Rückstromauslösern) müssen entsprechend der Betriebspannung an der Verwendungstelle bemessen werden, wenn die richtige Funktion der Auslöser verbürgt sein soll. Für diese Spulen ist also eine genaue Angabe der Spannung, an die sie tatsächlich angeschlossen werden sollen, sowie des höchsten Wertes der Spannung, der betriebsmäßig vorkommen kann, erforderlich, auch wenn dieser Wert innerhalb des 1,1-fachen Betrages der Nennspannung liegt (siehe § 32).

§ 37.

Die normalen Betätigungsspannungen für Fremdschlußwicklungen sind 65, 110 und 220 V (Gleich- und Wechselspannung).

Es ist zu empfehlen, keine höhere Betätigungsspannung für Fremdschlußwicklungen als 220 V zu benutzen. Beim Abschalten großer Fernschaltmagnete sind Überspannungen kaum vermeidbar, die bei hohen Betätigungsspannungen leicht zum Durchschlagen der Spulen führen können.

§ 38.

Die normale Anzahl der Kontaktstücke bei Einfachzellenschaltern ist 12, bei Doppelzellenschaltern 22. Zwischen je zwei Kontaktstücken ist eine möglichst gleiche Zellenzahl anzuschließen. Überzählige Kontaktstücke sind zu verbinden.

Bei einer Gleichspannung von 220 V ergibt sich eine Zellenzahl der Batterie bei Berücksichtigung eines Spannungsabfalles von rund 3%, der nur in Ausnahmefällen überschritten werden dürfte, von $\frac{220 + 3\%}{1,87}$ (falls 1,87 als niedrigste Entladespannung einer Zelle angenommen wird) = 122 Zellen.

Bei Betrieb mit Einfachzellenschaltern beträgt die Zahl der nicht abzuschaltenden Zellen $\frac{220 \text{ V}}{2,2 \text{ V}}$ (2,2 V höchste Entladespannung einer Zelle) = 100 Zellen, so daß 22 Schaltzellen verbleiben. Bei einer Regelung von 4 zu 4 V ergeben sich für den Zellenschalter bei 11 Stufen 12 Kontaktstücke. Das Gleiche gilt für 110 V bei Regelung von 2 zu 2 V. Bei Betrieb mit Doppelzellenschaltern

beträgt die Zahl der nicht abschaltbaren Zellen $\dfrac{220\ \mathrm{V}}{2{,}75\ \mathrm{V}}$ (2,75 V höchste Lade-
spannung einer Zelle) = 80 Zellen, so daß 42 Schaltzellen verbleiben. Bei
einer Regelung von 4 zu 4 V entstehen demnach für den Doppelzellenschalter
bei 21 Stufen 22 Kontaktstücke. Das Gleiche gilt für 110 V bei einer Regelung
von 2 zu 2 V.

§ 39.

Meßumschalter sollen 1- und 2-polig und für 3, 4 und 6 Stromkreise
gebaut werden.

B. Bauregeln.

1. Anschlüsse.

§ 40.

Für Durchführungsbolzen gilt DIN VDE 6210.

§ 41.

Die Anschlußleitungen müssen durch Verschraubung angeschlossen
werden oder durch solche Mittel, die einen Kontaktdruck entsprechend der
zulässigen Beanspruchung der vorgeschriebenen Schraubenstärke dauernd
gewährleisten.

2. Bemessung von Einzelteilen, Kriechstrecken.

§ 42.

Zwischenwiderstände bei Zellenschaltern dürfen bei Belastung mit
Nennstrom nach 2 min höchstens dunkelrotglühend werden.

§ 43.

Bei Anschluß von mehr als zwei Zellen zwischen zwei Kontaktstücken
eines Zellenschalters, ferner bei allen Zellenschaltern von 350 A aufwärts
sind besondere Abbrennstücke oder ein Funkenentzieher vorzusehen.

§ 44.

Die nachstehend angegebenen Kriech- und Luftstrecken (Schlagweiten) dürfen nicht unterschritten werden.

Nennspannung	250	500	550	750	1100	1500	2200	3000 V
Kriechstrecke	10	12	12	20	25	25	—	— mm
Kürzeste Luftstrecke (Schlagweite)	7	10	10	20	25	25	—	— mm

Es ist mit Rücksicht auf Staubansammlung anzustreben, Kriechstrecken
vertikal zu legen oder Vertikalkriechstrecken einzufügen.

Ausgenommen von diesen Bestimmungen sind die Innenteile gekapselter
Sekundärrelais; jedoch muß die Außenseite der Klemmsockel dieser Relais
den Bestimmungen entsprechen.

Die Festsetzung der Kriech- und Luftstrecken bezweckt die Vermeidung
von Kurz- und Erdschlüssen, die durch die Überbrückung dieser Strecken

durch Staub, Feuchtigkeit oder andere leitende Beläge erfolgen könnten; ferner die Sicherung des Bedienungspersonales gegen Berührungsgefahr nach Abtrennung des betreffenden Teiles des Stromkreises. Deshalb sind die Kriech- und Luftstrecken für die Isolation zwischen verschiedenen Polen oder zwischen Polen und Erde maßgebend.

Auf Schaltwege von Leistungschaltern, Relais, Hilfschaltern und ähnlichen Geräten beziehen sich die vorgeschriebenen Luftstrecken nicht, falls die betreffenden Geräte nicht gleichzeitig als Trennschalter benutzt werden. Trennschalter dagegen müssen in jedem Pol mindestens die vorgeschriebene Luftstrecke als Öffnungsweg aufweisen.

Die festgelegten Kleinstmaße werden bei vielen kleinen Geräten, wie Relais und dgl., eine nicht unwesentliche Vergrößerung ihrer Abmessungen zur Folge haben. Die vorgeschriebenen Kriech- und Luftstrecken sind jedoch noch ohne besondere Schwierigkeiten durchführbar, so daß hierdurch keine unwirtschaftlichen Konstruktionen entstehen werden. Eine Verkleinerung der Kriech- und Luftstrecken für diese Geräte ist im Interesse der hohen Sicherheit, die meistens von diesen Geräten verlangt werden muß, nicht zweckmäßig. Die kleinen Geräte (Relais und dgl.) werden auch häufig mit größeren Schaltgeräten zusammengebaut, so daß bei verkleinerten Kriech- und Luftstrecken, z. B. an den Relais, der Gütegrad der Isolation des ganzen kombinierten Apparates auf den Gütegrad der Isolation des Relais herabgesetzt wurde. Für die Innenteile von gekapselten Sekundärrelais gelten die vorgeschriebenen Mindest-Kriech- und -Luftstrecken nicht. Da in solchen Relais nur geringe Spannungsunterschiede auftreten, außerdem eine gekapselte Ausführung vorausgesetzt wird, ist diese Ausnahme im Interesse der Erzielung wirtschaftlicher Abmessungen gerechtfertigt. Die außen liegenden Anschlußklemmen solcher Relais fallen jedoch ebenfalls unter diese Regeln. Werden Schaltgeräte mit anderen Geräten, für die andere Vorschriften mit kleineren Kriech- und Luftstrecken gelten, zusammengebaut, z. B. mit Meßgeräten, so empfiehlt es sich, das Meßgerät isoliert zu befestigen.

Eine noch weitergehende Vergrößerung der Kriech- und Luftstrecken bringt verhältnismäßig geringe Vorteile. Die Befürchtung, daß bei den vorgeschriebenen Abmessungen leicht Überschläge zwischen spannungführenden Teilen untereinander oder zu geerdeten Teilen eintreten können, ist im allgemeinen nicht begründet, da zur Überbrückung der vorgeschriebenen Mindestluftwege Spannungen der Größenordnung von 8000 V und darüber gehören, die als Überspannungen für das Gebiet der R.E.S. nicht in Frage kommen. Ist dagegen die Luft in der Nähe der spannungführenden Teile ionisiert bzw. sind leitende Metalldämpfe vorhanden (z. B. wenn größere Lichtbögen in einem geschlossenen Kasten auftreten), so nützen auch sehr viel größere Abstände nicht, um einen Überschlag zu vermeiden. Selbst wenn die Abstände verdoppelt bzw. verdreifacht würden, läßt sich keine absolute Sicherheit gegen Überschlag erreichen. Die Konstruktionen müssen eben so ausgebildet sein, daß für betriebsmäßig auftretende Lichtbögen im geschlossenen Kasten genügend Raum und gut ausgebildete Funkenkammern vorgesehen sind, damit der Ausschaltvorgang ohne Störungen vor sich geht und eine gefährliche Anreicherung der Luft mit Metalldämpfen nicht zu befürchten ist.

Die Vorschrift für den kürzesten Luftweg ist aufgenommen worden, um zu verhindern, daß Staubansammlungen bei einer engen Anordnung von Rippen oder Vertiefungen die Kriechflächen überbrücken. Bei der empfohlenen senkrechten Anordnung von Kriechstrecken ist die Gefahr natürlich geringer. Bei engen Schlitzen, Versenkungen und dgl., die leicht zu Staubansammlungen Veranlassung geben können, empfiehlt es sich, die Luftstrecke gleich der Kriechstrecke zu bemessen. In Abb. 1 ist hierfür ein Beispiel angegeben. Die Befestigungschrauben der Grundplatten von Schaltgeräten werden vielfach versenkt angeordnet, um hierdurch kleinere Abmessungen zu erzielen. Bei der Ausrechnung der Kriechstrecke von der Befestigungsschraube bis zum spannungführenden Kontaktstück soll nun die Mantellinie des Senkloches nicht mitgerechnet werden, da sich das Senkloch leicht voll Staub setzen kann. Dieses wird dadurch vermieden, daß die Entfernung des Schraubenkopfes vom Kontaktstück (Luftstrecke) gleich der vorgeschriebenen Kriechstrecke ausgebildet wird. Die Ausrechnung der Luftstrecke bei Anordnung von Isolierrippen ist aus Abb. 2 ersichtlich.

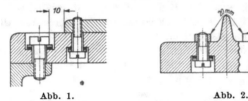

Abb. 1.　　　　　　Abb. 2.

3. Bedienungselemente (Handhaben) und der Berührung zugängliche Teile.

§ 45.

Bedienungselemente, Abdeckungen und Ummantelungen oder andere bei ordnungsmäßigem Gebrauch berührbare Teile müssen entweder aus wärme- und feuchtigkeitsicheren Isolierstoffen bestehen oder aus Metall, das geerdet werden kann.

Ein Lack- oder Emailleüberzug von Metallteilen gilt nicht als Isolierung.

Metallene Bedienungselemente, die mit Isolierstoff umkleidet sind, z. B. Griffdorne, dürfen nicht spannungführend sein.

Schalterabdeckungen mit offenen Schlitzen sind nicht zulässig.

Bei Lack- oder Emailleüberzug von Metallteilen besteht die Gefahr, daß der Überzug nicht überall gleichmäßig aufgetragen wird, so daß blanke Metallteile der Berührung zugänglich bleiben. Ferner wird durch rauhe Behandlung im Betrieb sehr häufig der Lack- bzw. Emailleüberzug abgeschlagen werden oder abplatzen, wodurch ebenfalls die Möglichkeit entsteht, blanke Metallteile zu berühren. Ein derartiger Überzug kann darum nicht als Isolation angesprochen werden; die betreffenden Metallteile müssen geerdet werden.

Bei einer Umkleidung (z. B. durch Aufstecken von Isolierhüllen) bzw. einer Umpressung von metallenen Bedienungselementen mit Isolierstoff besteht ebenfalls die Gefahr, daß durch rauhe Behandlung im Betrieb die Isolierhülle zerstört wird. Die umkleideten Metallteile dürfen daher nicht spannungführend sein. Eine Erdung derartiger Teile ist nicht erforderlich.

Die früher vielfach übliche Ausführung von Schalterabdeckungen, die zur Durchführung des Bedienungsgriffes mit einem Schlitz versehen wurden, ist in hohem Maße dem Bedienenden gefährlich, da durch den Schlitz Schaltfeuer nach außen treten und den Bedienenden verletzen kann. Ferner besteht die Gefahr, daß der Bedienende in den Schlitz hineingreift und an spannungführende Teile faßt. Falls Schalterabdeckungen erforderlich sind, müssen sie demnach allseitig geschlossen sein. Die Hereinführung des Antriebes in die Schalterabdeckung muß so erfolgen, daß die hierzu notwendige Öffnung abgedeckt ist.

4. Betätigungsinn und Schaltstellung.

§ 46.

Der Betätigungsinn muß, sofern ein Zweifel über ihn besteht, bei unmittelbarer Handbetätigung bei Geräten in den Schutzarten S 2 bis S 7 (siehe § 19), bei mittelbarer Handbetätigung bei Geräten in allen Schutzarten gekennzeichnet sein. Die Bewegung der Kontaktbürsten bei Rundzellenschaltern muß bei steigender Spannung im Sinne des Uhrzeigers (auf die Kontaktbahn gesehen) erfolgen.

Der Einschalt- oder Ausschaltzustand muß durch eine mechanische oder elektrische Anzeigevorrichtung gekennzeichnet sein, bei

1. Geräten nach Schutzart S 2 bis S 7.

2. Geräten mit mittelbarer Handbetätigung, sofern über die Schaltstellung ein Zweifel bestehen kann.

3. Geräten für Fernbetätigung.

Die Schaltstücke von Hilfschaltern müssen bei Spannungen von 65 V einschließlich aufwärts für mindestens 10 A Dauerstrom bemessen sein.

Für die Anzeigevorrichtungen der Schalter sind die Worte „Ein — Aus" zu verwenden. Die (rote) Farbe bei sichtbaren Schaltstellungzeigern dient zur Kennzeichnung des Einschaltzustandes.

Für die Anzeigevorrichtung von Zellenschaltern und Regelschaltern sind die Worte „Spannung steigt", „Spannung fällt" zu verwenden.

Die Schaltmesser von Umschaltern mit Messerkontakt müssen in der Ausschaltmittelstellung eine zuverlässige Rast haben, die durch betriebsmäßige Erschütterungen nicht unwirksam wird.

Die Kennzeichnung des Ein- oder Ausschaltzustandes ist besonders wichtig bei selbsttätig wirkenden Schaltern mit Freiauslösung. Die Stellung des Bedienungselementes stimmt bei Auslösen unter Freiauslösung vielfach nicht mit der Stellung der Schaltstücke überein, so daß die Anzeigevorrichtung von der Bewegung dieser Teile abhängig gemacht werden muß.

Die Vorschrift, daß die Schaltstücke des Hilfschalters bei Spannungen von 65 V aufwärts für mindestens 10 A Dauerstrom bemessen sein müssen, ist darauf zurückzuführen, daß vielfach von diesen Hilfschaltern für die Anlage sehr wichtige Funktionen vollzogen werden. Z. B. ist es häufig notwendig, daß beim Auslösen eines Selbstschalters ein zweiter Schalter nachfallen muß. Beim Versagen des Hilfschalters würde dieses nicht eintreten, was eine Gefährdung der Anlage zur Folge haben kann. — Es ist daher notwendig, diese Hilfschalter mechanisch kräftig zu bemessen, was durch die gegebene Vorschrift (eine Bemessung für mindestens 10 A Dauerstrom) erzwungen werden soll.

Die Rast bei Umschaltern mit Messerkontakten ist notwendig, weil betriebsmäßige Erschütterungen unter Umständen die Reibung am Drehpunkt des Messers überwinden können, so daß das Messer unbeabsichtigt in die andere Schaltstellung fällt. Bei sehr wichtigen Schaltern empfiehlt es sich, die Rast so auszubilden, daß sie durch einen besonderen Handgriff beim Umschalten gelöst werden muß.

5. Erdung.

§ 47.

Metallene Kapseln und metallene Abdeckungen müssen mit leicht zugänglichem Erdungsanschluß versehen sein; er muß durch „E" oder durch das Erdungschaltzeichen gekennzeichnet sein. Durch Abnehmen von Teilen der Ummantelung darf der Erdungsanschluß nicht unterbrochen werden.

Metallene Handhaben für die Betätigung müssen eine verläßliche metallene Verbindung mit dem Gerät aufweisen. Diese metallene Verbindung zwischen Achse oder dem Griff und dem Gehäuse muß durch besondere Maßnahmen gewährleistet sein. Bei Verwendung von Isolierhandhaben genügt die Erdungsmöglichkeit des Gehäuses.

Erdungsschrauben müssen aus Messing, Anschlußstellen metallisch blank sein. An kleineren Geräten muß der Durchmesser der Erdungschraube mindestens 6 mm, an Geräten von 600 A aufwärts mindestens 12 mm sein.

An den metallenen Gehäusen der Schaltgeräte müssen Vorkehrungen getroffen sein, die eine gut leitende Verbindung mit der metallenen Umhüllung der Anschlußleitungen (Panzerrohr, Bleimantel, Kabelbewehrung, Panzerader) ermöglichen.

Bei Steckvorrichtungen muß die Erdung der Gehäuse der beweglichen Teile v o r der Stromverbindung eintreten.

Der Wortlaut der R.E.S., daß bei Abnahme von „Teilen" der Ummantelung der Erdungsanschluß nicht unterbrochen werden darf, ist so aufzufassen, daß in solchen Fällen, in denen die Ummantelung aus e i n e m Stück besteht, z. B. Blech-Schutzkasten von Hebelschaltern, die auf einer Isolierplatte montiert sind, mit dem Abnehmen der Ummantelung natürlich auch der Erdungsanschluß unterbrochen werden kann. Besteht jedoch die Ummantelung aus mehreren Teilen, z. B. aus Unterteil und Deckel, so ist der Erdungsanschluß so anzubringen, daß bei Abnehmen des Deckels der Erdungsanschluß nicht unterbrochen wird. Sehr wichtig ist die metallene Verbindung zwischen einer Betätigungsachse, einem mit ihr verbundenen metallenen Handgriff und den übrigen Teilen der Ummantelung.

Eine Berührung der Achse an der Lagerstelle mit dem Gehäuse genügt nicht, da an dieser Stelle durch Staub und Fett sehr häufig eine isolierende Schicht entsteht. Die Verbindung muß entweder durch besondere Schleiffedern geschaffen werden, die einerseits mit der Ummantelung verbunden sind, andererseits auf der metallenen Achse schleifen, oder durch sonstige Konstruktionsmittel, z. B. Schaltfedern, Rastenvorrichtungen, flexible Verbindungen und dgl., die zwischen Gehäuse und Achse eine gute metallene Verbindung herstellen.

Die in metallene Gehäuse eingeführten Leitungsrohre, Panzerrohre, Gasrohre und dgl. oder die Bleimäntel bzw. metallenen Bewehrungen der Kabel müssen, falls nicht besondere Schutzsysteme angewendet werden, mit dem Gehäuse in gut leitender Verbindung stehen. Zu diesem Zweck müssen in dem Gehäuse besondere Einrichtungen vorgesehen werden, die diese Verbindungen ermöglichen.

Rohre können z. B. in das Gehäuse eingeschraubt werden. Bleimäntel von Kabeln müssen entweder mit Messingbuchsen, die in das Gehäuse eingeschraubt sind, verlötet werden oder durch besondere Bindedrähte, die einerseits mit

dem Bleimantel verlötet sind, andererseits unter eine besondere, hierfür vorgesehene Schraube des Gehäuses geklemmt sind, verbunden sein. Das Gleiche
gilt für alle Teile der Ummantelung selbst, die untereinander metallisch
gut verbunden sein müssen. Z. B. wird durch zwischengelegte Dichtungen
oder Lack unter den Köpfen der Befestigungschrauben eine metallene
Verbindung zwischen Deckel und Unterteil eines Gehäuses häufig unsicher.
Zweckmäßig ist es in diesem Falle, eine der Verbindungschrauben aus
Messing herzustellen und die Anlagefläche unter dem Kopf metallisch blank
zu machen.

6. Wirkungsweise.

§ 48.

Elektromagnetische Auslösung muß wie folgt wirken:

1. **Überstromauslösung**: Geräte mit Überstromauslösung müssen
bei unverzögerter Auslösung vom 1- bis 2-fachen, bei verzögerter Auslösung vom 1,2- bis 2-fachen Wert des Auslösernennstromes einstellbar sein.

Verzögerte Überstromauslösungen müssen, ohne auszulösen, auf
die Anfangstellung zurückgehen, wenn innerhalb ⅔ der Auslösezeit der
Strom auf den Wert des Nennstromes zurückgeht.

Der Auslösestrom darf vom Einstellstrom nicht mehr als ± 7,5%
abweichen.

2. **Unterstromauslösung**: Geräte mit Unterstromauslösung müssen
bei höchstens 10% des Auslösernennstromes auslösen; beim Einschalten
müssen sie nach Belastung mit dem Auslösernennstrom 15% dieses Stromes
noch halten, Befestigung an erschütterungsfreier Unterlage vorausgesetzt.

3. **Rückstromauslösung**: Geräte mit Rückstromauslösung müssen
im allgemeinen die Auslösung eines Rückstromes ermöglichen. Nach vorheriger Belastung mit Auslösernennstrom und bei Nennspannung müssen
sie noch halten, wenn kein Strom fließt, Befestigung an erschütterungsfreier Unterlage vorausgesetzt.

4. **Spannungrückgangsauslösung**: Geräte mit Spannungrückgangsauslösung müssen im Einschaltzustand verbleiben und einschaltbar
sein, wenn die Spannung 70% der Auslösernennspannung beträgt; sinkt
die Spannung unter 35% der Auslösernennspannung, so muß die Auslösung
erfolgen.

5. **Arbeitstromauslösung**: Geräte mit Arbeitstromauslösung (Neben-
schluß- oder Fremdschlußwicklungen) müssen bei 0,5- bis 1,1-facher Aus-
lösenennspannung bzw. Betätigungspannung richtig auslösen.

Siehe Erkl. zu § 49, Ausschaltvorrichtung.

§ 49.

Elektrisch betätigte Einschaltvorrichtungen müssen noch bei einer
Betätigungspannung wirken, die von der normalen um ± 10% abweicht.

Elektrisch betätigte Ausschaltvorrichtungen müssen noch bei einer
Betätigungspannung wirken, die von der normalen um + 10% oder — 25%
abweicht.

Die angegebene Grenze der Betätigungsspannung, bei der Einschaltvorrichtungen noch wirken sollen ($\pm$ 10%), soll eine gewisse Sicherheit für den Einschaltvorgang verbürgen. Der Spannungsabfall in den Leitungen ist hierbei nicht eingerechnet, da als Betätigungsspannung nach § 28 die Spannung gilt, die an den Klemmen des Betätigungstromkreises des Schaltgerätes herrscht, wenn der Betätigungstrom fließt.

Bei der Angabe der Betätigungsspannung ist also der Spannungsabfall in den Leitungen bereits abgerechnet. Es ist nicht zweckmäßig, die Sicherheit bei Unterspannung zu weit zu treiben, da dann beim Arbeiten, z. B. eines Einschaltmagneten, bei zu hoher Spannung der Schlag auf das Schaltgerät mechanisch gefährlich ist.

Ausschaltvorrichtung im Gegensatz zu Arbeitstromauslösung (siehe § 48, 5) ist eine Vorrichtung, bei der die Ausschaltbewegung ohne Verwendung eines Kraftspeichers durch Magnet oder Motor erfolgt.

Bei Ausschaltvorrichtungen und Arbeitstromauslösung ist eine größere Sicherheit nach unten notwendig. Wird z. B. die Betätigungsspannung unmittelbar von der Hauptspannung abgenommen, so ist bei erheblichen Überlastungen ein starkes Absinken dieser Spannung möglich. Ist bei Kurzschluß in diesem Falle ein vollkommenes Absinken der Spannung zu erwarten, so sollte Spannungrückgangsauslösung angewendet oder eine besondere Betätigungstromquelle vorgesehen werden.

§ 50.

Schmelzeinsätze müssen wie folgt wirken:

Tafel 5.

Art des Schmelzeinsatzes	Soll in einer Stunde durchschmelzen bei	Darf in einer Stunde nicht durchschmelzen bei
Schmelzstreifen	1,8 $\times$ Nennstrom	1,6 $\times$ Nennstrom
Patronen $\begin{cases} 6 \text{ und } 10\,\text{A} \,. \,. \\ 15,\ 25\,\text{A} \,. \,. \,. \,. \\ 35\,\text{A u. darüber} \end{cases}$	2,1 $\times$,, 1,75 $\times$,, 1,6 $\times$,,	1,5 $\times$,, 1,4 $\times$,, 1,3 $\times$,,

7. Haltbarkeit.

§ 51.

Kontaktverbindungen müssen so beschaffen sein, daß sich der Kontakt zwischen stromführenden Teilen durch die betriebsmäßige Erwärmung, die unvermeidliche Veränderung der Isolierstoffe und die betriebsmäßige Erschütterung nicht ändert. Z. B. darf der Kontaktdruck bei festen Verbindungen (Schraub- oder Nietkontakte) nicht über eine Zwischenlage von Isolierstoff übertragen werden.

Die mechanische Ausführung muß derart sein, daß das Gerät die betriebsmäßig entstehenden Erschütterungen und Beanspruchungen aushält.

Feste Kontaktverbindungen, bei denen z. B. zwischen zwei fest miteinander verschraubten, stromführenden Teilen ein Isolierstück liegt, sind unzulässig, da die notwendige Größe des Kontaktdruckes nicht dauernd gesichert ist. Der zwischengelegte Isolierstoff kann durch Erwärmung schwinden, so daß sich die Verschraubung lockert. Das Gleiche kann auch bei einem nicht schwindenden Stoff (z. B. Porzellan) durch die ungleichmäßige Ausdehnung der Metallteile und des Isolierstückes bei Erwärmung eintreten.

§ 52.

Spannungführende Teile müssen an wärme-, feuer- und feuchtigkeitsicheren Isolierstoffen befestigt sein.

§ 53.

Die Isolierbrücke (Polkupplung) muß mechanisch fest, wärme-, feuer- und feuchtigkeitsicher sein.

Griffe für Schaltgeräte müssen so stark und mit dem Schaltgerät so zuverlässig verbunden sein, daß sie den auftretenden mechanischen Beanspruchungen dauernd standhalten und sich bei Betätigung des Schaltgerätes nicht lockern.

Die Beschädigung von Handhaben (Bedienungselementen, Griffen) der Schaltgeräte ist außerordentlich häufig, so daß der Ausbildung dieser Teile besondere Aufmerksamkeit zugewendet werden muß. Sehr häufig geschieht die Bedienung nicht wie vorgesehen mit der Hand, sondern mit irgendeinem Hilfsgerät, Stange oder dergleichen, wodurch dann hohe mechanische Beanspruchungen für das Bedienungselement entstehen. Die für sachgemäße Bedienung genügende mechanische Festigkeit des Bedienungselementes sowie seine solide Befestigung auf dem Geräteteil sind deshalb unerläßlich. Das Bedienungselement soll auch zu der Größe des Schaltgerätes in einem gewissen Verhältnis stehen. Eine übergroße Ausbildung des Bedienungselementes ist auch nicht zweckmäßig, da die dann bei der Betätigung unwillkürlich angewendete Kraft zu Zerstörungen anderer Geräteteile führen kann. Die Polkupplung (oder Isolierbrücke) muß mechanisch so fest sein, daß der an den Kontaktstellen des Schaltgerätes auftretende Kontaktdruck nicht ein Zerbrechen oder Verbiegen der Polkupplung herbeiführen kann.

§ 54.

Abdeckungen und Schutzverkleidungen müssen mechanisch widerstandsfähig und wärmesicher sein. Solche aus Isolierstoff, die im Gebrauch mit einem Lichtbogen in Berührung kommen können, müssen auch feuersicher oder feuersicher ausgekleidet sein. Sie müssen zuverlässig befestigt werden und so ausgebildet sein, daß die Schutzumhüllungen der Leitungen in diese Schutzverkleidungen eingeführt werden können. Bei den Schutzarten S 2 und S 7 muß die Möglichkeit bestehen, die Leitungen ohne scharfe Knicke und ohne Berührung von Metallteilen an die Klemmen zu führen.

Bezüglich der mechanischen Festigkeit der Abdeckungen und Schutzverkleidungen ist darauf zu achten, daß in Räumen, in denen die Geräte starken mechanischen Beanspruchungen ausgesetzt sind, eine Schutzverkleidung aus Metall verwendet wird, am besten Schutzart S 5, da die Festigkeit von Isolierabdeckungen nur eine begrenzte ist. Besonders ist darauf zu achten, daß die Schutzhüllen der Leitungen (Rohr) in die Abdeckung mit hineingeführt werden. — Es ist keinesfalls angängig, wie dieses häufig geschieht, das Rohr kurz vor der Abdeckung aufhören zu lassen und die Drähte dann frei in die Öffnungen der Schutzverkleidung hereinzuführen. Ist in den Schutzverkleidungen nicht genügend Raum vorhanden, um das Leitungsrohr einzuführen und die Leitungen aufzuteilen, so sind besondere Einführungshauben, Anschlußstutzen oder dgl. hierfür vorgesehen. Diese können dann leicht so ausgebildet werden, daß bei der Aufteilung der Leitungen scharfe Knicke vermieden und die Leitungen ohne Berührung mit Metallteilen zu den Klemmen geführt werden können.

8. Aufschriften.

§ 55.

Aufschriften müssen dauerhaft und gut leserlich ausgeführt und an dem betriebsfertig angebrachten und angeschlossenen Gerät, gegebenenfalls nach Abnahme der Abdeckung, gut ablesbar sein. Die Bezeichnungen nach Tafel 6 und das Ursprungzeichen müssen auf dem Hauptteil des Gerätes angebracht sein. Die Abdeckung nach Schutzart S 1 bis S 3 gilt nicht als Hauptteil.

Soweit die Abdeckungen nicht vertauschbar sind (Schutzarten S 4 bis S 7), sind Aufschriften auf den Abdeckungen allein ausreichend.

Die Aufschriften müssen umfassen:

1. Ursprung- oder Herkunftzeichen.

2. Fertigungsnummer oder Listennummer (soweit ohne praktische Schwierigkeiten durchführbar).

3. Stromart, wenn das Gerät nur für eine Stromart verwendbar ist.

4. Die in Tafel 6 angegebenen elektrischen Größen.

5. Hinweis auf das Schaltbild (bei größeren Apparaten mit verwickeltem Schaltbild).

6. Hinweis auf Zubehör, z. B. auf Vorwiderstände, Drosselspulen, Hilfschalter usw.

7. Es empfiehlt sich eine Klemmenbezeichnung für Netz- und Verbraucheranschluß.

Als Hauptteil des Gerätes, auf dem die Aufschriften anzubringen sind, ist ein solcher Teil zu verstehen, der nicht leicht von dem Gerät entfernt werden kann und der betriebsmäßig nur in Ausnahmefällen ausgewechselt wird, z. B. die Sockel von Schaltern und Sicherungen oder die Hauptkontaktstücke, jedoch nicht die Abreißstücke und Abdeckungen nach Schutzart S 1 bis 3, die leicht abgenommen und vertauscht werden können. Die Anbringung der Fertigungs- und der Listennummern ist zu empfehlen, kann jedoch bei sehr kleinen Geräten unter Umständen zu Schwierigkeiten führen, da für die Anbringung einer mehrstelligen Zahl nicht genügend Platz vorhanden ist. Diese Bestimmung ist daher auf praktische Durchführbarkeit beschränkt.

Besonders wichtig ist die Anbringung von Aufschriften für den Auslöser, da dessen elektrische Daten von denen des Hauptschalters abweichen können. Gestatten die Abmessungen des Auslösers die Anbringung der Aufschrift auf dem Auslöser selbst nicht und ist eine Auswechslung der Auslöser durch den Verbraucher nicht vorgesehen, so kann die Aufschrift auf dem Gerät selbst angebracht sein. Eine Klemmenbezeichnung für Netz- und Verbraucheranschluß wird empfohlen, damit z. B. bei Schaltern der Netzanschluß stets an den festen Schaltstücken, der Verbraucheranschluß an den beweglichen Schaltstücken geschieht, die dann in der Ausschaltstellung des Schaltgerätes nicht unter Spannung stehen. Werden für das Gerät Vorwiderstände oder Drosselspulen benötigt, die getrennt montiert werden, so ist am Schaltgerät ein Hinweis notwendig, der besagt, welche Widerstände zu dem Gerät gehören. Dieses kann entweder durch Fertigungsnummer, Ohmzahl, Spannungsangabe, Spannungsabfallangabe oder dgl. gekennzeichnet werden.

Tafel 6 (siehe § 55).

Gerät	Auf dem Schalter				Auf dem Auslöser					
	Nennstrom	Nennspannung	Ausschaltstrom	Periodenzahl	Nennstrom	Nennspannung	Periodenzahl	Stromeinstellung Beispiel	Zeiteinstellung Beispiel	Auslöseart Beispiel
Leistungschalter	A	V	A	—	—	—	—	—	—	—
Trennschalter u. Umschalter.	A	V	—	—	—	—	—	—	—	—
Schleifbürsten-Wahlschalter ausschl. Meßumschalter . .	A	V	—	—	—	—	—	—	—	—
Meßumschalter und Meßsteckvorrichtungen	—	V	—	—	—	—	—	—	—	—
			Gruppe s. Tafel 10.							
Schalter mit Überstromauslösung	A	V	—	P	A	—	P	10 A ⎮ 20A	2 s ⎮ 5 s	a/u
Schalter mit Unterstromauslösung	A	V	—	P	A	—	P	—	—	—
Schalter mit Rückstromauslösung	A	V	—	P	A	V	P	—	—	—
Schalter mit Spannungrückgangsauslösung	A	V	—	P	A	—	P	—	—	—
Schalter mit Fernauslösung .	A	V	—	P	—	V	P	—	—	—
Zellenschalter	A	V	—	—	—	—	—	—	—	—
Sicherungsockel und Sicherungsbrücke	A	V	—	—	—	—	—	—	—	—
Schmelzeinsätze	A	V	—	—	—	—	—	—	—	—
Steckvorrichtungen.	A	V	—	—	—	—	—	—	—	—

C. Prüfung.

§ 56.

Es ist zwischen Modellprüfung und Stückprüfung zu unterscheiden. Durch die Modellprüfung soll eine vollständige Untersuchung der sämtlichen, den Gebrauchzweck sicherstellenden Eigenschaften vorgenommen werden; sie muß mindestens alle in §§ 57 bis 71 angegebenen Prüfungen umfassen. Die Stückprüfung hat den Zweck, Werkstoff- und Ausführungsfehler festzustellen. Sie muß mindestens die in § 72 enthaltenen Prüfungen umfassen.

Die Prüfungen müssen an einem fabrikneuen, nicht besonders ausgetrockneten Gerät stattfinden.

Die Kontaktstellen müssen gesäubert und gefettet und die Abbrennstellen in ordnungsgemäßem Zustand sein.

Die Modellprüfung wird bei Schaltgeräten gleicher Gattung, abgesehen von gelegentlichen Stichproben, zur Kontrolle der Herstellung meistens nur bei der Erstausführung des Gerätes durchgeführt.

Die Stückprüfung muß dagegen an jedem fertiggestellten Gerät vorgenommen werden.

1. Modellprüfung.

a) Erwärmungsprobe.

§ 57.

Durch die Erwärmungsprobe soll festgestellt werden, ob bei Dauerbelastung mit dem Prüfstrom die höchstzulässige Erwärmung in betriebsmäßigem Zustande nicht überschritten wird.
Sie besteht darin, daß die stromführenden Teile in der in § 62 angegebenen Weise belastet werden, wobei Erwärmung und Raumtemperatur
festgestellt werden. Diese sollen die in § 65 angegebenen Grenzwerte nicht
überschreiten. Ferner ist als Vergleichswert für die Stückprüfung (siehe § 72)·
der Spannungsabfall der Schaltkontaktstellen zu ermitteln.

Die Erwärmungsprobe eines Gerätes ist mit der zugehörenden aufgesetzten
Abdeckung in der Gebrauchslage auszuführen. Bei geschlossenen und gekapselten Geräten ist darauf zu achten, daß der Anschluß der Zu- und Ableitungen und die Verbindung ihrer Schutzhüllen mit der des Gerätes der
betriebsmäßigen Ausführung entspricht.

Die Querschnitte der Anschlußleitungen müssen nach den Errichtungsvorschriften bemessen sein.

Vor Beginn der Erwärmungsprobe ist an den Kontaktstellen, die metallisch
rein sein müssen, der Spannungsabfall bei Gleichstrom und Nennstrom des
Gerätes zu messen. Hierauf ist das Gerät stromlos mehrmals ein- und auszuschalten und die Messung zu wiederholen. Der höchste der erhaltenen
Werte gilt als Vergleichswert; er soll bei der Stückprüfung um nicht mehr als
25% überschritten werden.

§ 58.

Erwärmung ist der Unterschied der Temperaturen der Geräteteile
und der des umgebenden Kühlmittels (Luft) bei Beginn und Ende der Prüfung. Als Enderwärmung gilt der Unterschied zwischen der Beharrungstemperatur und der Lufttemperatur (siehe § 65).

Während der Erwärmungsprobe wird in bestimmten Zeitabständen die Temperatur der stromdurchflossenen Geräteteile festgestellt. Der Unterschied
zwischen der Temperatur der Geräteteile und der Lufttemperatur im Zeitpunkt der Messung heißt „Erwärmung", der Unterschied zwischen Beharrungstemperatur und Lufttemperatur „Enderwärmung". Nach Tafel 7 geben die
Werte der Grenzerwärmung bei 35° C Raumtemperatur die höchstzulässigen
Grenztemperaturen. Diese dürfen, auch wenn die Lufttemperatur 35° C übersteigt, nicht überschritten werden.

§ 59.

Als Lufttemperatur gilt der Durchschnittswert der während des letzten
Viertels der Versuchzeit in regelmäßigen Zeitabständen gemessenen Temperatur der Umgebungsluft, etwa in der Höhe der Mitte des Gerätes und in
etwa 1 m Entfernung von ihm. Das Thermometer darf weder einer Wärmestrahlung noch Luftströmungen ausgesetzt sein.

Das zu prüfende Gerät ist so aufzustellen, daß es vor Luftströmungen geschützt ist. Ferner ist darauf zu achten, daß das Thermometer zur Feststellung
der Lufttemperatur weder einer Wärmestrahlung noch einer Luftströmung
ausgesetzt ist.

§ 60.

Die Erwärmung aller Teile — mit Ausnahme der Nebenschluß- und Fremdschlußwicklungen — soll nach Möglichkeit mit dem Thermometer bestimmt werden. Maßgebend ist die Temperatur der wärmsten Stelle.

§ 61.

Zur Temperaturmessung können Quecksilber- oder Alkoholthermometer, Thermoelemente und Widerstandsthermometer verwendet werden. Der Quecksilber- und Alkoholbehälter des Thermometers ist mit einem glatten Streifen Metallfolie zu umwickeln.

§ 62.

Die Erwärmung der Geräteteile — mit Ausnahme der Nebenschluß- und Fremdschlußwicklungen — wird bei Dauerbelastung mit dem Nennstrom ermittelt.

Die Erwärmung der Nebenschlußwicklung wird bei Dauerbelastung mit einer Prüfspannung gleich 1,1-mal Auslösernennspannung ermittelt. Für diese Prüfung kann Fremdschluß- statt Nebenschlußschaltung verwendet werden.

Die Dauerprüfung kann in warmem oder kaltem Zustande beginnen; sie wird so lange fortgesetzt, bis die Erwärmung nicht mehr merklich zunimmt (Enderwärmung).

Die Erwärmungsprobe von Gleichstromgeräten ist mit Gleichstrom, von Wechselstromgeräten mit Wechselstrom, mit Nennstrom und Nennfrequenz auszuführen. Die hierbei verwendeten Auslöser müssen den gleichen Nennstrom wie das Gerät haben. Bei der Erwärmungsprobe müssen sämtliche betriebsmäßig stromführenden Teile sowie die Wicklungen mit angeschlossenen Vorwiderständen und Drosseln gleichzeitig eingeschaltet sein. Dabei sind die Spannungwicklungen mit ihren Vorwiderständen und Drosseln an die 1,1-fache Nennspannung anzuschließen. Schmelzeinsätze, Wärmeauslöser u. dgl. müssen ebenfalls den Prüfstrom führen.

Bei dieser gemeinsamen Probe, die besonders für gekapselte Geräte wichtig ist, dürfen die in Tafel 7 angegebenen Temperaturen nicht überschritten werden.

§ 63.

Als Erwärmung einer Wicklung gilt der höhere der beiden folgenden Werte:

1. Mittlere Erwärmung, berechnet aus der Widerstandzunahme.
2. Örtliche Erwärmung an der heißesten zugänglichen Stelle, gemessen mit dem Thermometer.

Wenn die Widerstandsmessung untunlich ist, so wird die Thermometermessung allein angewendet; im allgemeinen gilt das oben vorgeschriebene Meßverfahren.

Tafel 7.

Bestandteil oder Werkstoff		Grenz-Tempe-ratur °C	Grenz-Erwär-mung °C
Stromführende Metallteile	Schaltstücke...............	70	35
	Kontaktstücke von Sicherungen........	120	85
Isolierstoffe	Lackierte Pappe, Hartlackpappe, Fiber, Preßspan	80	45
	Mikanit..................	65	30
	Asbestpappe (Mischware)...........	80	45
	Kunstschiefer, Kunstmarmor, Hartpapier. . . .	105	70
	Schiefer, Marmor, Granit, Syenit und andere natürliche Gesteine...............	110	75
	Steatit, Porzellan, Glas und ähnliche keramische Isolierstoffe...............	120	85
	Asbest, Rohglimmer, Asbestzement, Schieferasbest	Nur beschränkt durch den Einfluß auf benachbarte Teile	
	Gepreßte Isolierstoffe mit Ausnahme von lackierter Pappe — Preßstücke für gewöhnliche Zwecke.........	80	45
	Preßstücke mit besonders hoher Wärmebeständigkeit, z. B. für Sicherungssockel.......	120	85
Wicklungen	Blank.................	100	65
	Isoliert mit ungetränkter Baumwolle, Seide, Jute, Sterlingleinen..............	85	50
	Isoliert mit getränkter Baumwolle, Seide, Jute, Sterlingleinen oder getränktem Papier	95	60
	Lackdraht................	90	55

Bei den vorstehenden Erwärmungen müssen die Geräte der betriebsmäßigen Beanspruchung gewachsen sein.

§ 64.

Die Erwärmung von Kupferwicklungen wird aus der Widerstandzunahme nach folgender Formel ermittelt:

$$\text{Erwärmung:} = \frac{(235 + t_k)\, r}{100} - (t_L - t_k),$$

wobei bedeutet:

t_k = Temperatur der Wicklung in kaltem Zustande,

t_L = Lufttemperatur,

r = prozentuale Widerstandzunahme.

§ 65.

Als höchstzulässige Temperatur und Erwärmung in °C gelten die Grenzwerte (siehe Tafel 7).

Werden an der Berührungstelle Stoffe von verschiedener Wärmebeständigkeit verwendet, so ist die für den weniger wärmebeständigen Stoff zulässige Grenztemperatur maßgebend.

Unter Wicklungen mit ungetränktem Faserstoff fallen auch getauchte Spulen. Derartige Spulen werden meistens aus mit Baumwolle besponnenen

Drähten gewickelt und nach der Herstellung ohne Anwendung von Vakuum und Überdruck in eine Isolierflüssigkeit getaucht. Bei diesem Verfahren ist jedoch ein vollständiges Durchdringen der Spule mit Isolierflüssigkeit nicht verbürgt.

Der Faserstoff gilt als getränkt, wenn die Tränkmasse den Zwischenraum zwischen den Fasern ausfüllt. Eine Faserstoffdrahtisolation gilt als getränkt, wenn die Tränkmasse den Zwischenraum zwischen Leiter und Isolierung und zwischen den Fasern ausfüllt.

Die für getränkte Wicklungen zulässige Temperatur gilt auch für Spulen mit Füllmasse. Bei diesen Spulen sind als besonderer Schutz gegen Feuchtigkeit, Windungschluß usw. alle Zwischenräume durch Masse ausgefüllt. Die Masse wird mittels Vakuum und Überdruck eingebracht, so daß die Spule einen massiven Körper bildet.

b) Schalthäufigkeitsprobe.

§ 66.

Die Schalthäufigkeitsprobe hat den Zweck, die mechanische Haltbarkeit zu erproben. Sie besteht darin, daß spannunglos (bzw. bei geringer Spannung, z. B. bei Selbstschaltern) die nachstehend angegebene Anzahl Stellungswechsel hintereinander ausgeführt werden (siehe Tafel 8): Bei kleineren Schaltgeräten bis zu 10 je min, bei größeren Schaltgeräten 1 bis 2 je min. Schmierung ist zulässig.

Tafel 8.

Gerät	Stellungswechsel
Geräte für betriebsmäßig häufige Betätigung, z. B. Webstuhlschalter.	100 000
Leistungsschalter für Handbetätigung	
Trennschalter einschließlich Stecker	1 000
Umschalter.	
Schalter mit Selbstauslösung.	
Schalter mit elektrischer Fernbetätigung . .	500
Wahlschalter	100 (von einer Endstellung zur anderen)

Die mechanischen Verrichtungen können von Hand ausgeführt werden oder mit einer maschinellen Vorrichtung, deren Betätigungsgeschwindigkeit schneller Handbewegung entspricht.

Bei Selbst- und Fernschaltern sind Pausen einzuschieben, um unzulässige Erwärmung betriebsmäßig nur vorübergehend eingeschalteter Wicklungen zu verhindern.

Die Probe gilt als bestanden, wenn das Gerät ohne Nacharbeit betriebsfähig bleibt und nach dieser Probe die Spannungprobe und Schaltleistungsprobe aushält.

Bei Schaltgeräten mit Selbstauslösung ist die Schalthäufigkeitsprobe so vorzunehmen, daß das von Hand geschlossene Gerät durch Überstrom bei geringer Spannung zur Auslösung gebracht wird. Bei Schaltern mit elektrischer Fernbetätigung hat das Einschalten durch Fernbetätigung zu erfolgen. Um bei den geforderten 500 Stellungswechseln eine unzulässige Erwärmung der Wicklungen der Einschaltmagnete, Antriebsmotoren usw. zu verhindern, sind Pausen einzufügen.

c) Spannungprobe.

§ 67.

Die Spannungprobe hat den Zweck, festzustellen, ob die elektrische Festigkeit der Isolierteile einschließlich der Wicklungsisolation ausreichend ist. Sie erfolgt bei Raumtemperatur. Die Prüfstromquelle ist dabei anzulegen.

1. Gerät ausgeschaltet: An die Klemmen, die im eingeschalteten Zustand leitend überbrückt sind.
2. Gerät eingeschaltet: An die Klemmen verschiedener Polarität.
3. Gerät eingeschaltet: Einen Pol an die leitend untereinander verbundenen Klemmen, der andere an das metallene Bedienungselement oder an eine für den Versuch anzubringende metallene Umwicklung des isolierten Bedienungselementes.
4. Gerät eingeschaltet: Ein Pol an die leitend untereinander verbundenen Klemmen, der andere an die zur Erdung bestimmte metallene Abdeckung oder Ummantelung.
5. Gerät eingeschaltet: Ein Pol an die leitend untereinander verbundenen Klemmen, der andere an die leitend untereinander verbundenen Befestigungschrauben des Sockels.

Die Prüfspannung soll eine praktisch sinusförmige Wechselspannung von 50 Per/s sein. Sie wird allmählich auf die nachstehend angegebenen Werte gesteigert, die während der angegebenen Prüfzeit gleich gehalten werden. Die Prüfung muß mit den in Tafel 9 angegebenen Spannungen erfolgen.

Tafel 9.

Nennspannung V	250	500	550	750	1100	1500	2200	3000
Gekürzte Prüfspannung (1 s)	2000	2500	—	—	—	—	—	—
Ungekürzte Prüfspannung (1 min)	2000	2500	3000	3000	5000	5000	7000	10000

Für die Prüfung muß eine Prüfstromquelle von mindestens 2 kVA Dauerleistung verwendet werden. Die Prüfung gilt als bestanden, wenn weder Überschlag noch Durchschlag erfolgt und sich die Isolierstoffe nicht merklich erwärmen.

Bei Nennspannung von einschließlich 550 V aufwärts ist nur die ungekürzte Spannungprüfung anzuwenden.

Die Prüfstromquelle für die Spannungprobe soll nicht zu klein (mindestens 2 kVA Dauerleistung) gewählt werden, da Überschläge und Durchschläge auf diese Weise leichter festgestellt werden können.

Bei kombinierten Geräten, z. B. Schaltkasten mit Meßgeräten, motorisch angetriebenen Fernschaltern usw., sind bei der Prüfung die Geräte, für die niedrigere Prüfspannungen gelten, abzuklemmen und gesondert zu prüfen.

§ 68.

Schleifbürstenwahlschalter einschließlich Meßumschalter müssen mit den in § 67 angegebenen Prüfspannungen zwischen beliebigen Kontaktstücken geprüft werden.

§ 69.

Die Bestimmungen § 67 gelten sinngemäß auch für die Spannungprobe von Wicklungen, die an eine Fremdstromquelle (Fremdschlußwicklung) angeschlossen sind, gegen Körper.

§ 70.

Zellenschalter müssen ohne Zwischenwiderstand mit einer Prüfspannung von 500 V während 1 min zwischen benachbarten Kontaktstücken und zwischen Haupt- und Nebenbürsten geprüft werden. Die Spannungprüfung zwischen den stromführenden Teilen und Körper erfolgt nach § 67.

d) Schaltleistungsprobe.

§ 71.

Die Schaltleistungsprobe hat den Zweck, die sichere Bewältigung des Ausschaltvorganges nachzuweisen. Sie besteht darin, daß die in Tafel 10 angegebenen Schaltverrichtungen ausgeführt werden. Die Prüfung gilt als bestanden, wenn

1. der Schaltlichtbogen nicht stehen bleibt,
2. kein Lichtbogen zwischen den Polen auftritt,
3. kein Überschlag des Lichtbogens nach den zur Erdung bestimmten Metallen eintritt,
4. die dauernd stromführenden Teile mit Ausnahme der Abbrennstücke nicht unbrauchbar werden,
5. das Gerät nach Prüfung betriebsfähig bleibt.

Prüfspannung = 1,1-fache Nennspannung,

    ,,   bei Bahnanlagen = 1,2-fache Nennspannung.

Gleichstromgeräte werden bei induktionsfreier Belastung mit Prüfströmen nach Tafel 10 geprüft. Wechselstromgeräte ohne Überstromauslösung werden entweder bei induktionsfreier Belastung mit Prüfströmen nach Tafel 10 oder, wenn sie für induktive Stromkreise bestimmt sind, bei induktiver Belastung mit Prüfströmen nach Tafel 10 geprüft. Wechselstromgeräte mit Überstromauslösung werden sowohl bei induktionsfreier als auch bei induktiver Belastung mit Prüfströmen nach Tafel 10 geprüft.

Schalter mit Überstromauslösung mit einem Nennstrom bis 25 A müssen mindestens der Schaltleistungsgruppe I, bis 200 A mindestens der Schaltleistungsgruppe II, darüber mindestens der Schaltleistungsgruppe III genügen.

Maßgebend für die Einreihung eines Schaltgerätes in eine Schaltleistungsgruppe nach Tafel 10 ist die Prüfung gemäß den im Anhang gegebenen Schaltungen, wobei die Prüfwiderstände ohne Berücksichtigung des inneren Widerstandes des zu prüfenden Schalters auf den Prüfstrom der betreffenden Schaltleistungsgruppe einzustellen sind.

Falls sich durch die Dämpfung einer Auslöserspule für kleineren Nennstrom, einer Drosselspule, eines Vorwiderstandes oder dgl. für das Gerät eine höhere Schaltleistungsgruppe ergibt, als bei einer Prüfung mit

Tafel 10.

Gerät	Prüfstrom induktions-frei	Prüfstrom induktiv		Stellungswechsel
	A	A	cosφ max.	
Leistungschalter jeder Art	$1,25\,I_a$	$0,75\,I_a$	0,2	Unmittelbar hintereinander 20-mal aus- u. 20-mal einschalten
Schalter mit Über-strom-aus-lösung Schaltleistungsgruppe I	500	75	0,2	10-mal aus- und, sofern mit Freiauslösung versehen, 5-mal einschalten innerhalb 30 min[8]
„ II	1500	225	0,2	
„ III	5000	750	0,2	
„ IV	7	—	—	Nach Vereinbarung entsprechend der Leistung von Stromquelle und Netz
Schalter mit Spannungrückgangsaus-lösung.	$1,25\,I_a$	—		10-mal aus- und, sofern mit Freiauslösung versehen, 5-mal einschalten innerhalb 10 min
Steckvorrichtungen	$1,25\,I$	—		Unmittelbar hintereinander 20-mal schalten

I = Nennstrom, I_a = zulässiger Ausschaltstrom (siehe §§ 12c und 28).

Auslöserspule, Drosselspule, Vorwiderstand, die dem Nennstrom der Schaltstücke des Gerätes entspricht, so ist die Angabe der Schaltleistungsgruppe in Bezug auf zugehörende, dämpfende Organe auf dem Schaltgerät erforderlich.

Unter Schaltleistung ist das Produkt aus dem Ausschaltstrom und der beim Erlöschen des Lichtbogens wiederkehrenden Spannung, beide in Effektivwerten gemessen, zu verstehen. Bei Drehstrom kommt der Zahlfaktor $\sqrt{3}$ hinzu. Die wiederkehrende Spannung an den Schaltstücken des Gerätes ist bei den in den R.E.S. behandelten Schaltgeräten meistens gleich der Betriebspannung; für die Schaltleistungsprobe wurde daher als Prüfspannung die 1,1-fache Nennspannung festgesetzt. Nach Tafel 10 sind für induktionsfreie und induktive Belastung verschiedene Prüfströme angegeben. Die Gleichstromprüfung wird nur mit induktionsfreier Belastung vorgenommen. Wechselstromgeräte werden je nach ihrer Verwendung mit induktionsfreier oder induktiver Belastung geprüft. Bei Wechselstromgeräten mit Überstromauslösung müssen jedoch beide Prüfungen vorgenommen werden. Das Verhältnis des Prüfstromes bei induktionsfreier und induktiver Belastung ist so gewählt, daß die beiden Prüfungen in gewissem Sinne gleichwertig sind. Bei Leistungschaltern ist gemäß § 12 zwischen Schaltern für Schalten beschränkter Leistung (Ausschaltstrom kleiner als Nennstrom) und solche für Schalten voller Leistung (Ausschaltstrom gleich Nennstrom) zu unterscheiden. Die Prüfung hat jeweils mit dem 1,25-fachen Wert des für das Gerät als zulässig bezeichneten Ausschaltstromes zu geschehen. Schalter mit Spannungrückgangsauslösung ohne Überstromauslösung sind ebenso zu behandeln. Dagegen müssen Steckvorrichtungen den 1,25-fachen Nennstrom abschalten.

Infolge der Steigerung des Verbrauches an elektrischer Energie können an be

---

[7] Für Zentralen und große Verteilungsanlagen.
[8] Bei Prüfung gekapselter Geräte kann der Hersteller nach jeder zweiten Ausschaltung Lüftung fordern.

stimmten Verwendungstellen von Schaltgeräten recht beträchtliche Kurzschlußströme auftreten, während an anderen Stellen, z. B. an Netzausläuferleitungen,
der mögliche Kurzschlußstrom durch den Spannungsabfall der Leitungen verhältnismäßig gering ist. Deshalb ist eine Unterteilung der Schaltgeräte mit
Überstromauslösung hinsichtlich ihrer Schaltleistung erforderlich geworden.
Nach der Größe der Abschaltleistung sind vier Gruppen vorgesehen. Die
Schaltgeräte der einzelnen Gruppen dürfen nur an solchen Stellen Verwendung
finden, an denen die auftretenden Kurzschlußströme die für die Schaltgeräte
vorgesehenen Prüfströme nicht überschreiten. Es werden daher Schaltgeräte
der Gruppe I vorzugsweise für Ausläuferleitungen und kleinere Anlagen, Schaltgeräte der Gruppe II in Verteilungen mit größerer zugeführter Energie sowie
in mittleren Betrieben und Schaltgeräte der Gruppe III für Schwerbetriebe,
Bahnanlagen u. dgl. Verwendung finden.

In Zentralen und sehr großen Verteilungsanlagen können Kurzschlußströme außerordentliche Größen annehmen; meistens werden 10 000 A überschritten. Da von Fall zu Fall über die Ausbildung und Prüfung von Schaltgeräten für derartige Stellen zu entscheiden ist, wird davon abgesehen, für
die Gruppe IV einen bestimmten Prüfstrom festzusetzen. Zu dieser Gruppe
sind auch Sonderkonstruktionen für sehr große Abschaltleistung (Gleich-
strom-Schnellschalter) zu rechnen. Die kurze Auslösezeit und Eigenzeit dieser
Schnellschalter ermöglicht eine derartig schnelle Stromunterbrechung, daß
der Kurzschlußstrom seinen Höchstwert nicht erreichen kann.

Überstromselbstschalter müssen bei einem Nennstrom bis 25 A mindestens
der Schaltleistungsgruppe I, bei einem Nennstrom bis 200 A mindestens der
Schaltleistungsgruppe II, darüber mindestens der Schaltleistungsgruppe III
genügen. Es steht jedoch nichts im Wege, z. B. einen Schalter für 25 A für
eine höhere Schaltleistungsgruppe (II oder III) zu bauen.

Für die Einreihung eines Schaltgerätes in eine Gruppe nach Tafel 10 ist
nur die Prüfung gemäß der im Anhang angegebenen Schaltbilder maßgebend.
Hierbei sind die Prüfwiderstände ohne Berücksichtigung des inneren Widerstandes des zu prüfenden Schalters auf den Prüfstrom der betreffenden Schaltleistungsgruppe einzustellen. Dadurch werden Geräte mit entsprechendem
Eigenwiderstand ihrer Auslöser, ferner durch Einbau besonderer Drosselspulen
oder Vorwiderstände an Stellen größerer Kurzschlußleistung verwendbar,
ohne daß ihre Schaltleistungsgrenze überschritten wird. Die hierzu bei-
tragenden Auslöser, Drosselspulen u. dgl. müssen eine Bezeichnung für die
höhere Schaltleistungsgruppe aufweisen.

Bei der Ausführung der Prüfung ist es vorteilhaft, das Gerät durch einen
Hebelschalter zu überbrücken, um bei möglichst gleicher Anordnung Prüfstrom und Ausschaltstrom des Schalters einstellen zu können.

2. Stückprüfung.
§ 72.

Die Stückprüfung besteht in einer gekürzten Spannungprüfung und der
Messung des Spannungsabfalles.

Die gekürzte Spannungprüfung wird in den in § 67 mit 2 und 3 bezeichneten Schaltungen vorgenommen. Die Prüfspannung (Wechselstrom)
wird etwa 1 s angelegt; sie beträgt 2000 V bei 250 V Nennspannung und
2500 V bei 500 V Nennspannung. Bei Nennspannung über 500 V ist an
Stelle der gekürzten die ungekürzte Spannungprüfung vorzunehmen.

Der Spannungsabfall wird mit den Werten verglichen, die bei der Modellprüfung an brauchbaren Stücken gemessen worden sind.

Die Stückprüfung gilt als bestanden, wenn das Gerät die gekürzte

Spannungprobe bzw. bei Nennspannungen über 500 V die ungekürzte Spannungprobe aushält, weder Überschlag noch Durchschlag erfolgt und der Spannungsabfall bei metallisch reinen Kontaktstellen nicht größer als 1,25 mal dem Vergleichswert ist. Bei Geräten unter 350 A Nennstrom ist die Spannungsabfallprobe nicht erforderlich. Im Zweifelfalle ist die Erwärmungsprobe maßgebend.

Nach Art des Gerätes ist ferner die in §§ 48 bis 50 festgesetzte Wirkungsweise zu erproben. Geräte für Ferneinschaltung müssen sich gemäß § 49 unmittelbar aufeinanderfolgend 5-mal mit 10% Überspannung, daran anschließend 5-mal mit 10% Unterspannung betätigen lassen.

Bei Schaltgeräten kleineren Nennstromes (bis 350 A) liefert der Übergangswiderstand an den Schaltkontaktstellen nur einen geringeren Beitrag zur Erwärmung des gesamten Gerätes. Der Spannungsabfall an den Schaltkontaktstellen ist bei solchen Geräten im Vergleich zu dem der gesamten Stromführung im Gerät gering. Daher kann die Messung des Spannungsabfalles bei der Stichprobe für Geräte bis 350 A unterbleiben. Bei Geräten von 600 A aufwärts darf der Spannungsabfall den bei der Modellprüfung ermittelten Vergleichswert um nicht mehr als 25% überschreiten. Im Zweifelfalle ist die Erwärmungsprobe maßgebend.

IV. Verwendung und Anbringung.

§ 73.

Die Auswahl von Überstromschaltern ist so zu treffen, daß der in Tafel 10 angegebene Prüfstrom von dem an der Verwendungstelle hinter dem Schalter auftretenden Kurzschlußstrom nicht überschritten wird.

Die ausführlichen Erklärungen zu § 71 sind zu beachten.

§ 74.

Sicherungen mit Polhörnern dürfen nur offen oder geschirmt verwendet werden.

Die Wirkung derartiger Sicherungen beruht darauf, daß beim Abschmelzen des Schmelzeinsatzes der beim Unterbrechen eines Kurzschlusses auftretende Lichtbogen an den hornartig ausgebildeten Kontaktstücken (Polhörner) nach oben wandert und dadurch zum Abreißen gebracht wird.

Die hierbei auftretenden Metalldämpfe sind so beträchtlich, daß durch Kapselung die Wirkung der Sicherung in Frage gestellt würde.

§ 75.

Offene Schmelzstreifen und Rohrsicherungen dürfen in Schaltgeräten nach Schutzart S 4 bis S 7 (siehe § 19) nicht verwendet werden.

Aus den gleichen wie in den Erklärungen zu § 74 angegebenen Gründen ist die Verwendung von offenen Schmelzstreifen und Rohrsicherungen in Schaltgeräten nach Schutzart S 4 bis S 7 unzulässig. Die engen Räume, z. B. in einem Schaltkasten, würden beim Abschmelzen einer offenen Schmelzsicherung oder Rohrsicherung derartig mit Metalldämpfen angereichert werden, daß der Isolationswert der Kriech- und Luftstrecken beträchtlich herabgemindert würde und Überschläge zu befürchten wären.

§ 76.

Die Anbringung des Gerätes muß so erfolgen, daß im Bereich des Lichtbogens und der Dämpfe weder brennbare noch spannungführende oder geerdete Teile liegen und, daß die Möglichkeit der Ablenkung des Lichtbogens von der beabsichtigten Bahn durch das Feld der eigenen oder fremden Anschlußleitungen oder durch Luftzug vermieden wird.

Für den Unterbrechungslichtbogen eines Schaltgerätes (besonders wichtig bei Überstromschaltern) muß genügend Raum gelassen werden, damit er sich ungehindert bis zum Abreißen ausdehnen kann. Es ist darauf zu achten, daß Trennwände, Zellenwände u. dgl. in genügendem Abstande von den Abreißstellen des Schaltgerätes angebracht werden.

§ 77.

Trennschalter können in beliebiger Lage angebracht werden, jedoch darf ein Selbstschließen nicht erfolgen können (etwa durch Schwerkraft oder Erschütterungen).

§ 78.

Es wird empfohlen, folgende Geräte entweder hinter der Schalttafel oder erhöht so anzubringen, daß spannungführende Teile außer Handbereich liegen (Gestängeantrieb).

1. Offene oder geschirmte Handleistungschalter für volle Leistung
2. Offene oder geschirmte Schalter mit Selbst- oder Fernauslösung.
3. Offene oder geschirmte Sicherungen.

von 500 V aufwärts einschließlich

Schalttafeln mit den bezeichneten Geräten sind zweckmäßig so auszubilden, daß sich auf der Vorderseite der Schalttafeln nur die Bedienungselemente und Meßgeräte befinden, die eigentlichen Schaltgeräte mit ihren spannungführenden Teilen und Verbindungen dagegen auf der Rückseite der Schalttafeln angebracht werden, für die dann ein entsprechender Bedienungsgang vorzusehen ist.

§ 79.

Die Geräte müssen gegen eine durch fremde Wärmequellen verursachte zusätzliche Erwärmung geschützt werden (Erwärmung durch unzureichende Anschlußleitungen, Wärmestrahlung, warmer Luftzug und dgl.).

Ist die Raumtemperatur an der Verwendungstelle höher als 35°C, so müssen, insbesondere bei größeren Stromstärken, Schaltgeräte größerer Nennstromstärke, als der betriebsmäßig auftretenden Stromstärke entsprechen, verwendet werden. Die gleiche Maßnahme empfiehlt sich bei langanhaltendem pausenlosen Dauerbetrieb.

Bei langanhaltendem pausenlosen Dauerbetrieb ist eine gute Wartung der Schaltgeräte (siehe § 83) besonders erforderlich.

In elektrischen Anlagen werden Schaltgeräte unter Umständen monatelang in der Einschaltstellung belassen und dauernd mit ihrem vollen Nennstrom belastet. Die hierbei an den Kontaktstellen auftretende Oxydation bewirkt eine Zunahme des Übergangswiderstandes und damit eine zusätzliche Erwärmung, die z. B. bei Kontaktbürsten die Ursache für ein Erlahmen der Bürste bilden kann. Dieses würde nicht eintreten, wenn das Schaltgerät häufiger ein- und ausgeschaltet würde, wodurch schon eine gewisse Reinigung der Kontaktstellen selbsttätig erfolgt und gleichzeitig eine Gelegenheit zum Säubern und Schmieren der Schaltstücke vorhanden wäre (siehe § 83). Aus diesen Gründen ist daher zu empfehlen, bei einem derartigen pausenlosen Dauerbetrieb die Geräte bezüglich ihrer Nennstromstärke möglichst reichlich zu wählen.

§ 80.

Schalter sind, wenn möglich, so anzuschließen, daß der bewegliche Teil in der Ausschaltstellung nicht spannungführend ist, besonders bei Anbringung auf der Bedienungseite der Tafel. Bei Geräten von 1000 A aufwärts empfiehlt es sich, zwischen Geräteklemmen und Leitungen biegsame Verbindungstücke vorzusehen.

Anschlußstellen für Leitungen, auch Erdungsleitungen, müssen vor dem Anschließen metallisch blank gemacht und mit reiner Vaseline gefettet werden. Die Anbringung von biegsamen Verbindungstücken zwischen Leitungschienen und Schaltgeräten höherer Nennstromstärke wird empfohlen, um zu verhindern, daß eine durch Stromwärme hervorgerufene Ausdehnung der Leitungschienen schädlich auf die Teile des Schaltgerätes wirkt.

§ 81.

Schaltkasten, die Schalter und Sicherungen enthalten, dürfen die Berührung der Schmelzeinsätze nur in spannunglosem Zustande gestatten vorausgesetzt, daß die Schaltung derart erfolgen kann, daß der Schalter zwischen Netz und Sicherung liegt.

Bei gekapselten Leistungschaltern (S 4 bis S 7) mit einem außen liegenden Bedienungselement muß der zulässige Ausschaltstrom (siehe § 29) mindestens gleich dem Nennstrom sein.

Zur Erfüllung der R.E.S. empfiehlt es sich, bei Schaltkasten, die Schalter und Sicherungen enthalten, eine Verriegelung zwischen der Bedienungstür für die Sicherungen und dem Bedienungselement des Schalters derart anzubringen, daß die Bedienungstür nur bei ausgeschaltetem Schalter geöffnet, bei geöffneter Bedienungstür der Schalter nicht eingeschaltet werden kann. Bei geöffneter Bedienungstür dürfen keine spannungführenden Teile zugänglich sein.

Gekapselte Leistungschalter finden meistens in Betriebstätten Verwendung, in denen sie vielfach von nicht unterwiesenem Personal bedient werden. Ein derartiges Personal vermag keinen Unterschied zu machen zwischen Schaltgeräten für Schalten ohne Strom (Trennschalter), Schaltgeräten für Schalten beschränkter Leistung (Ausschaltstrom kleiner als Nennstrom) und Schaltgeräten für Schalten voller Leistung (siehe § 12). Gekapselte Schaltgeräte mit außen befindlichem Bedienungselement müssen daher stets für Schalten voller Leistung ausgebildet sein.

V. Bedienung und Wartung.

§ 82.

Einstellung des Einstellstromes und der Auslösezeit sollen in der Regel nicht im Einschaltzustande erfolgen.

§ 83.

Metallene Schaltstücke sind in angemessenen Zeitabschnitten zu säubern, von Schmelzperlen zu befreien und leicht mit reiner Vaseline zu schmieren.

Leichtes Einfetten der Hauptkontaktflächen mit Vaseline verhindert den Zutritt der Luft und damit die Oxydation der Kontaktflächen. Die Oxydation vergrößert den Übergangswiderstand beträchtlich und bildet die Hauptursache von unzulässigen Erwärmungen der Kontaktstücke. Die Einfettung der Kontaktflächen mit Vaseline vergrößert den Übergangswiderstand entgegen einer vielfach verbreiteten irrtümlichen Ansicht nicht oder nur sehr unbeträchtlich. Die Häufigkeit der Reinigung und Fettung richtet sich nach den Betriebsverhältnissen. In Anlagen, in denen das Schaltgerät den Einwirkungen von Staub, Schmutz, Feuchtigkeit oder chemischen Dämpfen oder Gasen ausgesetzt ist, sollte die Reinigung und Fettung ziemlich häufig, unter Umständen alle 1 bis 2 Monate, erfolgen.

§ 84.

Die Einschaltbewegung soll bei Wechsel- und Gleichstrom schnell erfolgen. Bei Gleichstrom soll das Ausschalten ebenfalls schnell erfolgen; bei Wechselstrom-Leistungschaltern, ausgenommen Selbstschalter, ist Ausschalten mit mäßiger Geschwindigkeit zu empfehlen.

Die Einschaltbewegung soll stets schnell erfolgen, da bei zögerndem Einschalten unter Belastung ein Verschmoren der Kontaktstücke oder Einschaltfeuer eintreten kann. Schnelles Ausschalten bei Gleichstrom vermindert die Größe und Dauer des Ausschaltfeuers. Gleichstromschaltgeräte werden daher meistens mit Momentschaltung versehen, falls nicht induktive Stromkreise vorliegen. Ausschalten mit mäßiger Geschwindigkeit ist bei Wechselstrom vorteilhafter, da hierdurch die Möglichkeit gegeben ist, daß der Ausschaltlichtbogen beim Durchgang des Stromes durch die Nullinie verlischt.

Erklärungen zu den Schaltungsbildern.

1. Bei der Prüfung ist das Gerät je nach Art der Prüfung nach den Schaltungsbildern 1 bis 6 anzuschließen. Zuleitungen sind nach Abbildung 7 anzuordnen.

2. Der Widerstand W_1 einschließlich des Leitungswiderstandes ist so zu bemessen, daß er bei dem vorgeschriebenen Prüfstrom die um 10% erhöhte Spannung auf die Nennspannung des Gerätes herabmindert.
   W_2 ist der Belastungswiderstand, der je nach der Prüfart induktionsfrei (bei Gleichstrom und Wechselstrom) oder induktiv (bei Wechselstrom) gewählt werden kann. Die induktive Belastung wird durch eine Drossel bewirkt, zu der zwecks Erzielung des vorgeschriebenen Leistungsfaktors ein induktionsfreier Widerstand in Reihe geschaltet werden kann. Parallelschalten von nicht gleichartigen Drosseln oder von Drossel und induktionsfreiem Widerstand ist nicht zulässig.
   W_3 ist ein Widerstand zur Verhütung eines unmittelbaren Kurzschlusses bei Überschlag nach den für Erdung eingerichteten Teilen.
   U ist ein Umschalter, der gestattet, die Befestigungschrauben und die für Erdung eingerichteten Teile bei der Prüfung wahlweise an die verschiedenen Pole zu legen.
   K ist eine Kennsicherung, bestehend aus blankem Widerstandsdraht (Rheotan) von 0,1 mm Durchmesser und mindestens 30 mm Länge.

3. Die Prüfung des Gerätes ist mit der zugehörenden aufgesetzten Abdeckung in der Gebrauchslage auszuführen und zwar bei Anschluß der Stromquelle sowohl an die oberen als auch an die unteren Klemmen des Gerätes.

4. Die Schaltverrichtungen (siehe Tafel 10) sind zur Hälfte mit oberem, zur Hälfte mit unterem Anschluß der Stromquelle am Gerät auszuführen; dabei ist der Erdungsanschluß zu wechseln.
5. Stromquellen: bei Gleichstrom:
   Akkumulatorenbatterie von mindestens 1000 Ah Kapazität bei einstündiger Entladung,

   bei Wechselstrom:
   für Gruppe I und II 200 kVA ⎱ Transformator.
   für Gruppe III 500 kVA ⎰

Anhang.

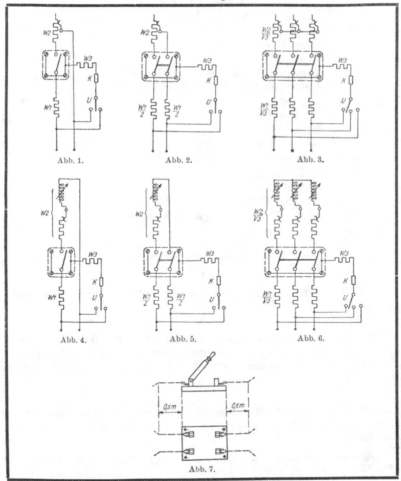

Abb. 1.   Abb. 2.   Abb. 3.

Abb. 4.   Abb. 5.   Abb. 6.

Abb. 7.

59. Regeln für die Konstruktion, Prüfung und Verwendung von Wechselstrom-Hochspannunggeräten für Schaltanlagen R.E.H./1928[1].

Inhaltsübersicht.

I. Gültigkeit und Bereich §§ 1 bis 4.
II. Begriffserklärungen.
   A. Allgemeines §§ 5 und 6.
   B. Gerätearten §§ 7 bis 9.
   C. Betätigung und Auslösung §§ 10 bis 22.
   D. Elektrische Größen und Zeitbegriffe §§ 23 bis 32.
III. Bestimmungen.
   A. Allgemeines §§ 33 bis 38.
   B. Ölschalter §§ 39 bis 56.
   C. Trennschalter §§ 57 bis 60.
   D. Freiluftschaltgeräte §§ 61 bis 63.
   E. Ausläuferschalter §§ 64 bis 66.
   F. Prüfung §§ 67 bis 74.
   G. Erwärmung §§ 75 bis 80.
   H. Schilder und Bezeichnungen §§ 81 bis 84.
Anhang (in Vorbereitung).

I. Gültigkeit und Bereich.

§ 1.

Diese Regeln treten am 1. Juli 1928 in Kraft; sie sind nicht rückwirkend.

§ 2.

Diese Regeln gelten allgemein, Abweichungen von ihnen sind ausdrücklich zu vereinbaren. Die Bestimmungen über Schlagweiten (siehe § 37) und über die Schilder (siehe §§ 81 bis 84) müssen jedoch immer erfüllt sein.

§ 3.

Diese Regeln gelten für folgende Arten von Wechselstrom-Hochspannunggeräten für Schaltanlagen, ausgenommen solche auf Bahnfahrzeugen:

---

[1] Angenommen durch die Jahresversammlung 1927. Veröffentlicht: ETZ 1927. S. 816, 853 und 1089. — *Sonderdruck VDE 400.*

Ölschalter, Trennschalter, Stützenisolatoren, Durchführungen, Überspannungschutzgeräte, Schmelzsicherungen, Freiluftgeräte, Ausläuferschalter und zwar für 15 bis 60 Per/s und die normalen Nennspannungen 1, 3, 6, 10, 15, 20, 30, 45, 60, 80, 100 kV.
Für Geräte für 5 kV Betriebspannung gilt die Nennspannung 6 kV, für Geräte von 25 kV Betriebspannung die Nennspannung 30 kV. Für Erweiterung bestehender Anlagen mit 35 kV Spannung dürfen ausnahmsweise bis zum 1. Januar 1932 Geräte der Reihe 30 eingebaut werden. Für Geräte über 100 bis 200 kV gelten die in § 67 festgesetzten Prüfspannungen.

Hochspannunggeräte für normale Nennspannungen (siehe Spannungnormen) bis 100 kV müssen für die 1,15-fache normale Nennspannung anwendbar sein, die infolge Spannungsabfalles bis zur Verbraucherstelle in der Erzeugerstelle auftreten.

Da alle in Schaltanlagen vorkommenden Geräte den R.E.H. unterliegen und die hierzu gehörenden Stützer und Durchführungen nicht als Schaltgeräte zu betrachten sind, wurde der allgemeinere Ausdruck „Hochspannunggeräte" gewählt. Er ist aber auf Schaltanlagen beschränkt, so daß beispielsweise Hochspannunggeräte für Zwecke der drahtlosen Telegraphie oder der elektrischen Luftreinigung nicht unter die R.E.H. fallen[2].

Für Bahnfahrzeuge erscheint mit Rücksicht auf die besonderen Verhältnisse die Einhaltung der Forderungen der R.E.H. nicht möglich; es ist hier ebenso wie allgemein für Bahnanlagen eine Ausnahme gemacht worden.

Kabelendverschlüsse für Hochspannung fallen mit dem äußeren Teil unter die R.E.H.; die Außen-Isolatoren müssen also die Lichtmaße der R.E.H. aufweisen, und nach Vergießen des inneren Teiles ohne Kabel muß die Spannungprüfung der R.E.H. ausgehalten werden.

Drosselspulen mit Eisenkern, Erdungsdrosselspulen und ähnliche Geräte gehören nicht unter die R.E.H., sondern unter die Regeln für Transformatoren (R.E.T.); dagegen sind die anderen Überspannungschutzgeräte den R.E.H. unterworfen.

Anlaßgeräte unterliegen den R.E.H.; da sie niemals zum Schalten großer Leistungen und zur Abschaltung von Kurzschlüssen verwendet werden (z. B. Ständer-Umschalter für Reversier-Zwecke), so sind sie nicht als Ölschalter im Sinne der Regeln aufzufassen. Es gelten also für diese Geräte nur die Außenlichtmaße in Luft und die Prüfspannung. Die Lichtmaße unter Öl nach § 37 werden hier nicht gefordert. Die weiteren Bestimmungen hierfür sind in den Regeln für Anlasser und Steuergeräte (R.E.A.) enthalten.

Stromwandler sind in den Sondervorschriften für Wandler behandelt.

Spannungwandler gehören nicht in den Bereich der R.E.H., sondern sind als Transformatoren zu betrachten, da sie im Nebenschluß zum Stromkreise liegen und besonders gesichert werden können.

Die Geräte für 500 V, insbesondere die Ölschalter für diese Spannung, unterliegen nicht den R.E.H., sondern sind als Schaltgeräte in den R.E.S. behandelt.

Die Spannungreihe zeigt neue Stufen, die gegenüber der älteren wesentlich verändert sind. Diese Stufen sind den praktischen Bedürfnissen an Hand einer statistischen Aufstellung über die vorhandenen Anlagen in Deutschland und ferner der international genormten Spannungreihe angepaßt. In Deutsch-

---

[2] Die Erklärungen zu den „Regeln für die Konstruktion, Prüfung und Verwendung von Wechselstrom-Hochspannunggeräten für Schaltanlagen R.E.H./1928" sind von Herrn Dr.-Ing. Georg Meyer, beratender Ingenieur, aufgestellt.

land kommen als häufig verwendete Spannungen außerdem noch 5 kV und 25 kV vor. Hierfür ist, wie ausdrücklich erwähnt wird, die nächst höhere Reihe zu benutzen.

Auf Grund der Stufen der alten Leitsätze für Hochspannungschaltgeräte sind in einzelnen Teilen Deutschlands Anlagen für 35 kV ausgebaut worden, bei denen sich die Serie V gut bewährt hat, während aus anderen Teilen Deutschlands bei 30 kV über diese Serie geklagt wird. — Um in den Netzen, in denen gute Erfahrungen vorliegen, nicht den sofortigen, wirtschaftlich nicht zu rechtfertigenden Übergang auf die wesentlich größere und teurere Reihe für 45 kV Betriebspannung notwendig zu machen, ist hier eine Ausnahmebestimmung für Erweiterungen getroffen worden, die jedoch bis zum 1. Januar 1932 befristet ist.

Die bisher genormte Stufenreihe ebenso wie die in den R.E.H. angegebenen Lichtmaße und Prüfspannungen sind bis 100 kV Betriebspannung festgelegt. Um jedoch der weiteren Entwicklung der höheren Spannungen, ohne sie einzuzuengen, gewisse Richtlinien zu geben, ist für Geräte über 100 bis 200 kV die Prüfspannung festgelegt (siehe § 67), während alle weiteren Bestimmungen der R.E.H. nur bis 100 kV gelten.

Während bei Maschinen und Transformatoren eine Überschreitung der normalen Nennspannung an der Stelle der Stromerzeugung um 10 % zugelassen ist, entsprechend dem Spannungsabfall bis zur Verbraucherstelle, sehen die R.E.H. einen größeren Sicherheitskoeffizienten von 15 % vor. Bei diesen Geräten läßt sich eine derartige erhöhte Sicherheit ohne nennenswerte Schwierigkeit und Mehrkosten durchführen, so daß eine Abweichung von der sonst eingeführten 10 %-igen Spannungserhöhung hier angebracht erscheint.

§ 4.

Hochspannunggeräte, für die diese Regeln gelten, mit Ausnahme der Freiluftschaltgeräte, erhalten eine Reihenbezeichnung (1 bis 100). Sie darf nur angebracht werden, wenn alle für die betreffenden Reihen geltenden Bestimmungen erfüllt sind.

Um auch äußerlich den Unterschied gegenübern den „Serien" der alten Leitsätze kenntlich zu machen, ist eine neue Bezeichnung eingeführt worden, die nur den neuen Geräten nach den R.E.H., § 28 zugeordnet ist. Hierfür ist das Wort „Reihe" gewählt worden, das auch in der Bezeichnung „Reihenölschalter" wiederkehrt. Der Ausdruck „Serienölschalter" hatte sich, obwohl in den Leitsätzen nicht enthalten, praktisch eingebürgert. Es erschien zweckmäßig, hier von vornherein einen derartigen Ausdruck zu schaffen, der gleichzeitig eine Abgrenzung gegenüber den Hochleistungs-Ölschaltern ermöglicht (siehe § 8). Die Nummern der Reihen werden in arabischen Ziffern geschrieben.

Freiluftschaltgeräte unterliegen nicht den Bestimmungen hinsichtlich der Schlagweiten wie Geräte für Innenräume. Bei diesen Geräten, die im Freien verwendet werden, ist die Schlagweite in hohem Maße von der Konstruktion abhängig, so daß eine Normung hier ebensowenig möglich erscheint wie früher bei den Leitsätzen; die Freiluftschaltgeräte werden also nur nach Betriebspannungen, nicht nach Reihen unterteilt.

II. Begriffserklärungen.

A. Allgemeines.

§ 5.

1. Als „Stromloses Aus- und Einschalten" wird ein Schaltvorgang bezeichnet, bei dem der Strom im Schalter im Verhältnis zum Nennstrom

sehr gering ist oder Parallelwege mit geringer Spannung zwischen den Unterbrechungstellen geschaltet werden und die stromführenden Teile unter Betriebspannung stehen. Zum stromlosen Ein- und Ausschalten dienen Trennschalter.

2. Mit „Aus- oder Einschalten unter Leistung" wird ein Schaltvorgang bezeichnet, bei dem der Strom im Schalter beliebige Werte innerhalb des zulässigen Verwendungsbereiches (siehe § 39) haben kann und die stromführenden Teile unter Betriebspannung stehen; hierzu dienen Leistungschalter.

Die Begriffserklärung für stromloses Ausschalten geht über die wörtliche Auslegung hinaus, da man in manchen Anlagen für geringere Betriebspannung mittels der Trennschalter unter Umständen Leerlaufstrom oder Ladestrom abschalten muß. Bei Höchstspannung ist dieses natürlich nicht zulässig. In den Regeln für Schaltgeräte R.E.S./1928 ist stromloses Ausschalten dahin erläutert, daß der Strom im Schalter im Verhältnis zum Nennstrom sehr gering sei, höchstens 1% des Nennstromes, jedoch nicht mehr als 10 A. Eine derartige Begrenzung in zahlenmäßiger Form läßt sich wohl für Spannungen bis 500 V festlegen, jedoch nicht für den sehr weiten Bereich der R.E.H. Ein Strom von 10 A bei Höchstspannung ist durch Trennschalter keinesfalls mehr schaltbar; die Grenze wird von der Betriebspannung, aber auch von der Phasenverschiebung im wesentlichen Umfange abhängen. Bei 15 kV wird man etwa einen Transformator für 5 kVA noch mit Trennschaltern abschalten können, während größere Transformatoren mit Ölschaltern ausgerüstet werden sollten. Allgemein ist davor zu warnen, größere Magnetisierungströme und lange Leitungen durch Trennschalter zu schalten.

Als stromloses Ein- und Ausschalten ist ferner auch eine Schaltung mit Parallelwegen geringer Spannung zwischen den Unterbrechungstellen bezeichnet worden. Hier ist daran gedacht worden, daß etwa ein Ölschalter durch einen Trennschalter überbrückt wird. Darin ist ein stromloses Einschalten zu erblicken.

Sind mehrere Transformatoren sekundärseitig parallel geschaltet, so erfolgt die Zu- und Abschaltung eines von ihnen auf der Primärseite ohne merkliche Leistungschaltung, da die Leistung nicht unterbrochen, sondern nur anders verteilt wird. Auch hier ist die Schaltung mittels Trennschalter bei kleinen Transformatoren und kleinen Leistungen zulässig, jedoch nur mit dieser Einschränkung, worauf ausdrücklich hingewiesen wird.

Ein Aus- oder Einschalten unter Leistung bedingt, daß der Strom sich innerhalb des zulässigen Verwendungsbereiches hält. Dieser ist bei ReihenÖlschaltern durch die Leistungsgrenze nach § 39, bei Ausläufer-Schaltern durch die Dauer-Kurzschlußstromstärke nach § 65 in Verbindung mit der Betriebspannung gegeben.

§ 6.

Schlagweite ist der kürzeste, in Luft oder Öl gemessene Abstand spannungführender blanker Teile gegeneinander oder gegen Erde.

Bei der Ausmessung der Schlagweiten ist der kürzeste Weg zwischen den beiden Elektroden zu verwenden, der um den festen Isolator herum gefunden werden kann. Es ist also nicht einfach die Höhe in der Richtung der Isolatorachse zu nehmen, sondern unter Umständen die gebrochene Linie, die von einer Elektrode nach einer Kante des Isolators, von dort um einen konvexen Teil und wieder geradlinig zur anderen Elektrode führt. Konkave Teile des Isolators dürfen nicht berücksichtigt werden.

B. Gerätearten.

§ 7.

Die Art eines Schaltgerätes ist gekennzeichnet durch:
a) Polzahl (1-, 2- oder 3-polig),
b) Zahl der Schließstellungen (Ausschalter oder Umschalter),
c) Schaltvorgang (Trennschalter oder Leistungschalter, § 5),
d) Mittel, in dem die Unterbrechung stattfindet (Luft oder Öl),
e) Aufstellungsort (§ 9),
f) Betätigungsart (§§ 10 bis 22).

§ 8.

Ölschalter sind Leistungschalter (siehe § 5, Abs. 2), deren Unterbrechungstellen unter Öl liegen. Andere Schaltgeräte mit Unterbrechungstellen unter Öl gelten nicht als Ölschalter im Sinne dieser Regeln.

Reihenölschalter sind Ölschalter, deren Prüfausschaltleistung und Einschaltfestigkeit den Bestimmungen §§ 39 bis 41 entspricht.

Hochleistungs-Ölschalter sind Ölschalter, deren Prüfausschaltleistung und Einschaltfestigkeit größer als die der Reihenölschalter sind.

Trennschalter sind Schalter für stromloses Ein- und Ausschalten (siehe § 5, Abs. 1); sie sind im allgemeinen Luftschalter; Trennschalter unter Öl siehe § 59.

Ausläuferschalter (siehe §§ 64 bis 66) sind Schalter geringerer Leistungsfähigkeit. Sie können als Trennschalter mit Unterbrechung in Luft, als Leistungschalter mit Unterbrechung in Luft oder Öl ausgeführt werden.

Der Begriff der Ölschalter ist auf „Leistungschalter" beschränkt, d. h. auf solche, die sehr erhebliche Leistungen gemäß Erklärung zu § 5 auszuschalten haben, nicht aber nur auf die Nennleistung, die sich aus Nennstromstärke und Nennspannung errechnet. Hieraus folgt, daß Schalter, die zur Ausschaltung von Kurzschlüssen unter keinen Umständen verwendet werden können, wie z. B. Anlaß-Ölschalter nicht als Leistungschalter, daher nicht als Ölschalter betrachtet werden können (vgl. Erklärung zu § 3).

Reihenölschalter sind Ölschalter, deren Leistungen den normalen Anforderungen, wie sie in §§ 39 bis 41 gestellt sind, genügen, im Gegensatz zu den Ausläufer-Ölschaltern einerseits, die geringere Leistungen schalten, und den Hochleistungs-Ölschaltern andererseits, deren Leistungsfähigkeit größer ist.

Für Hochleistungs-Ölschalter sind die Spannungprüfungen der R.E.H. verbindlich. Die Lichtmaße werden als Mindestmaße zu betrachten sein. Im übrigen ist hier der Entwicklung freie Bahn gelassen worden; es sind also besondere Bestimmungen für Hochleistungs-Ölschalter nicht erlassen, sondern, was Ausschaltleistung und Einschaltfestigkeit anbetrifft, wird der Vereinbarung zwischen Erzeuger und Abnehmer freies Spiel gelassen.

Trennschalter sind nicht nur für stromloses Ausschalten, sondern auch für stromloses Einschalten bestimmt. Es ist in manchen Fällen zwar üblich, Transformatoren oder ähnliche Stromkreise unter Strom und unter Leistung mittels Trennschalter einzuschalten; dieses ist aber sehr oft bedenklich, so daß es nicht ratsam erschien, durch die R.E.H. ein solches Verfahren gutzuheißen.

Ausläuferschalter sind als Trennschalter nur mit Unterbrechung in Luft zulässig. Trennschalter unter Öl kommen nur in Bergbaubetrieben vor, in denen mit Rücksicht auf die Wichtigkeit und Sicherheit die Einhaltung der normalen Anforderungen notwendig erscheint und Erleichterungen, wie sie für Schaltgeräte, die in unwichtigen Betrieben Anwendung finden sollen, statthaft sind, nicht zugelassen werden durften.

§ 9.

Nach dem Aufstellungsort (siehe § 36) werden unterschieden Schaltgeräte für:

a) Innenräume, das sind geschlossene Räume in Gebäuden und zwar:
1. trockene Innenräume, das sind solche, in denen keine merkliche Niederschlagsbildung auftritt (Betriebsklasse I),
2. feuchte oder staubige Innenräume (Betriebsklasse II),

b) Aufstellung im Freien.

Die Einteilung nach dem Aufstellungsort ist unter den für Deutschland allgemein in Frage kommenden Gesichtspunkten vorgenommen worden. Es ist also auf die Aufstellung in großer Meereshöhe, die unter Umständen die Verwendung größerer Schlagweiten notwendig macht, keine Rücksicht genommen worden, da in Deutschland solche Anlagen kaum in großer Höhe Verwendung finden können. Sofern dieses jedoch in Ausnahmefällen vorkommt, ist ähnlich wie bei Geräten für feuchte oder staubige Betriebe eine größere Reihe vorzusehen, da mit der Meereshöhe und dem abnehmenden Luftdruck auch die Überschlagspannung der Isolatoren nennenswert sinken kann. Eine ausführliche Behandlung dieses Sonderfalles in den R.E.H. erschien aber nicht notwendig.

C. Betätigung und Auslösung.

§ 10.

Folgende Betätigungsarten der Einschaltung werden unterschieden:
1. **Unmittelbare Handbetätigung.** Eine gesonderte Lagerung oder Führung der Antriebsteile getrennt vom Schaltgerät ist nicht vorhanden.
2. **Mittelbare Handbetätigung** durch Gestänge, verlängerte Antriebswelle oder durch andere vom Schalter getrennte Antriebsmittel mit gesonderter Lagerung oder Führung.
3. **Betätigung durch Gewicht oder Feder.**
4. **Elektromagnetische oder elektromotorische Betätigung.**
5. **Betätigung durch Druckluft.**

Die angegebenen Betätigungsarten gelten für die Einschaltung, nicht aber für die Ausschaltung. Bei den wichtigsten Geräten, nämlich den Ölschaltern mit selbsttätiger Auslösung, findet laut § 44 die Ausschaltung durch einen Energiespeicher statt, also kommen die Betätigungsarten 1 und 2 der Einschaltung für die Ausschaltung nicht in Frage. Hand-Ölausschalter werden aber nicht anders als solche mit selbsttätiger Auslösung gebaut sein.

Nicht notwendig erschien, die Betätigungsarten der Ausschaltung gesondert auszuführen, um so mehr als sie durch die Begriffserklärung (siehe § 11) der Auslösung hinreichend gekennzeichnet sind.

§ 11.

Auslösen der Schaltgeräte ist das Freigeben der Sperrung zwecks Abschaltung des Schaltgerätes.

Die Auslösung kann erfolgen:

a) selbsttätig bei Auftreten nicht ordnungsgemäßer Verhältnisse im Schalterstromkreis,

b) willkürlich, durch ein Betätigungsmittel (Fernauslösung).

Unter Ansprechen wird die Einleitung des Arbeitsvorganges im Relais verstanden.

Ein Ansprechen braucht nicht immer ein Auslösen zur Folge zu haben.

Unter Auslösen des Relais wird der Arbeitsvorgang des Relais verstanden, bei dem ein Freigeben zum Zwecke der Betätigung eines Schalters oder einer Signalvorrichtung erfolgt.

§ 12.

Unmittelbare Auslösung ist eine solche, die nur durch einen Auslöser (siehe § 13) bewirkt wird.

Mittelbare Auslösung ist eine solche, bei der ein Relais (siehe § 17) oder eine andere selbsttätige Kontaktvorrichtung (z. B. Kontaktthermometer) oder ein Betätigungsmittel (siehe § 11 b) auf den Auslöser wirkt.

§§ 12 bis 20.

Besonders sei auf die hier durchgeführte Unterscheidung hingewiesen, die die unmittelbare Auslösung durch den Auslöser und die mittelbare Auslösung durch das Relais voneinander trennt. Jene wirkt mechanisch auf die Auslösung (siehe § 13), das Relais aber elektrisch (siehe § 17).

Sowohl Auslöser als Relais können als Primärgeräte ausgebildet sein, deren Wicklung im Stromkreis des Schalters, d. h. in Reihe mit diesem, oder am Stromkreis, d. h. im Nebenschluß zu ihm, liegen. Jenes gilt z. B. für Hauptstromwicklungen, dieses für Spannungswicklungen.

Den Primärgeräten sind die Sekundärgeräte gegenübergestellt, bei denen die Wicklungen nicht direkt mit dem Stromkreis des Schalters verknüpft sind, sondern, sofern sie im Stromkreis liegen sollen (Hauptstromwicklungen), durch Stromwandler und, sofern sie am Stromkreis liegen sollen (Nebenschluß oder Spannungwicklungen), durch Spannungwandler oder mittels kapazitiver Kopplung mit dem Stromkreis des Schalters. Diese Unterscheidung in Primär- und Sekundärgeräte ist für Auslöser in § 16, für Relais in § 19 festgelegt.

Schließlich ist noch zwischen der Arbeitstromwirkung bei Einschaltung oder Stärkung der Erregung und der Ruhestromwirkung bei Unterbrechung oder Schwächung der Erregung zu unterscheiden. Bei den mechanisch wirkenden Auslösern ist demgemäß nach § 14 zwischen Arbeitstromauslösern und Ruhestromauslösern zu unterscheiden, während bei den Relais gemäß § 20 die Schaltstücke für die eine oder andere Wirkung eingerichtet sein müssen, also Arbeitskontakt oder Ruhekontakt herzustellen haben. Dieses sind die Teile, die früher als Sekundärkontakte der Relais bezeichnet wurden.

§ 13.

Auslöser ist eine elektrisch oder mechanisch betätigte Vorrichtung, die die Auslösung (mit oder ohne Verzögerung) mechanisch bewirkt.

§ 14.

Arbeitstromauslöser sind solche, die bei Einschaltung oder Stärkung ihrer Erregung auslösen, z. B. durch Anziehen eines Magnetankers.

Ruhestromauslöser sind solche, die bei Unterbrechung oder Schwächung ihrer Erregung auslösen, z. B. durch Loslassen eines Magnetankers.

§ 15.

Die Wicklung des Auslösers kann liegen:
1. unmittelbar oder über Stromwandler in **Reihe** mit dem Schalterstromkreis;
2. unmittelbar oder über Spannungwandler oder mit kapazitiver Kopplung am **Netz**;
3. an einem **Fremdnetz**, das mit dem Schalterstromkreis weder elektrisch noch magnetisch noch kapazitiv gekoppelt ist.

§ 16.

Primärauslöser sind Auslöser, deren Wicklung im bzw. am Stromkreis des Schalters liegt.

Sekundärauslöser sind Auslöser, deren Wicklung durch Strom- bzw. Spannungwandler oder kapazitive Kopplung mit dem Stromkreis des Schalters verknüpft ist.

§ 17.

Relais ist eine elektrisch betätigte Vorrichtung, die über Schaltstücke den Stromkreis eines Auslösers steuert.

§ 18.

Die mit dem Stromkreis des Schalters verknüpfte Wicklung des Relais kann liegen:
1. unmittelbar oder über Stromwandler in **Reihe** mit dem Schalterstromkreis;
2. unmittelbar oder über Spannungwandler am **Netz**.

§ 19.

Primärrelais sind Relais, deren Wicklung im bzw. am Stromkreis des Schalters liegt.

Sekundärrelais sind Relais, deren Wicklung durch Strom- oder Spannungwandler oder kapazitive Kopplung mit dem Stromkreis des Schalters verknüpft ist.

§ 20.

Die Schaltstücke der Relais können entweder im ordnungsmäßigen Betriebe geöffnet sein und sich beim Ansprechen schließen (**Arbeitskontakt**) oder im ordnungsmäßigen Betriebe geschlossen sein und sich beim Ansprechen öffnen (**Ruhekontakt**).

§ 21.

Folgende wichtigste Arten elektrischen Schutzes werden unterschieden:

1. Überstromschutz;
2. Rückleistungschutz;
3. Spannungrückgangschutz.

Die Art des elektrischen Schutzes bestimmt nichts über die Art der verwendeten Auslösung.

§ 21 bezieht sich auf die verschiedenen Arten des elektrischen Schutzes, § 22 auf die Wirkungsweise der Auslösungen. Beide Begriffe sind logisch nicht übereinstimmend. Z. B. kann ein Überstromschutz durch eine Rückleistungsauslösung bewirkt werden, wenn nämlich zwei parallele Leitungen gegen einen Kurzschluß in einer von ihnen selektiv zu schützen sind. Die kranke Leitung erhält dann an beiden Enden Ströme, die zur Fehlerart führen; am gespeisten Ende kehrt sich die Leistungsrichtung um, wobei gleichzeitig ein erheblicher Überstrom fließen wird. Der Zweck des Überstromschutzes wird also hier durch eine Rückleistungsauslösung erreicht, die vielleicht so eingestellt werden wird, daß sie auf Rückleistungen normalerweise gar nicht anspricht.

Die früheren Bezeichnungen, Rückstromauslösung und Rückstromschutz, sind durch Rückleistungsauslösung und Rückleistungschutz ersetzt worden, da bei Wechselstrom die Stromrichtung nicht gut definiert werden kann und die fraglichen Relais bzw. Auslöser tatsächlich Wattmesser sind.

§ 22.

Die selbsttätigen Auslösungen (siehe § 11) werden nach der Wirkungsweise eingeteilt. Die am häufigsten vorkommenden Arten sind:

1. Überstromauslösung, die bei Überschreiten des Einstellstromes anspricht;
2. Rückleistungsauslösung, die bei Umkehr der Leistungsrichtung anspricht;
3. Spannungrückgangsauslösung, die bei Überschreiten der Betriebspannung um ein gewisses Maß anspricht.

D. Elektrische Größen und Zeitbegriffe.

§ 23.

Der Nennbetrieb ist gekennzeichnet durch die Größen, die auf dem Schild genannt sind. Die Spannungen, die der Verwendung der Hochspannunggeräte nach § 37 entsprechen, werden durch den Zusatz „Nenn" gekennzeichnet.

§ 24.

Nennstrom ist der auf dem Gerät angegebene Strom, für dessen dauernden Durchgang die stromführenden Teile, ausgenommen die Wicklungen und Widerstände, bemessen sind.

Der Nennstrom des Gerätes wird in vielen Fällen von dem der Wicklungen oder Widerstände abweichen. Für einen Reihenölschalter der Reihe 1 ist der Nennstrom mindestens 220 A; die verwendeten Hauptstromauslöser können aber für kleinere Dauerbelastungen und dementsprechend für kleinere Auslösernennstromstärken gemäß § 51 ausgerüstet sein.

§ 25.

Der Mittelwert der Spannungen zwischen den drei Leitungen eines Drehstromnetzes wird „Spannung des Drehstromnetzes" genannt (statt dessen können auch die Ausdrücke „Netzspannung" oder „verkettete Spannung" oder „Dreieckspannung" benutzt werden). Der Mittelwert der Spannungen zwischen je einer Leitung und dem Sternpunkt des Spannungnetzes wird „Sternspannung" genannt (statt dessen werden manchmal die Ausdrücke „Phasenspannung" oder „Spannung je Pol" benutzt).

Tritt ein Kurzschluß an der gleichen Stelle zwischen den drei Leitungen eines Drehstromnetzes ein, so wird er als „dreipolig" bezeichnet. Tritt der Kurzschluß nur zwischen zwei Leitungen des Drehstromnetzes auf, so wird er als „zweipolig" bezeichnet. Erhält eine Leitung Kurzschluß gegen den Sternpunkt des Drehstromnetzes, so wird er als „einpolig" bezeichnet.

Der Kurzschluß einer Leitung eines isolierten Ein- oder Mehrphasennetzes gegen Erde wird als „Erdschluß" bezeichnet. Sind zwei Erdschlüsse von verschiedenen Polen an räumlich weit entfernten Stellen des gleichen isolierten Netzes vorhanden, so bezeichnet man dieses als „Doppelerdschluß" (statt dessen wird manchmal der Ausdruck „Gesellschaftserdschluß" benutzt). Der Erdschluß eines Netzes mit kurz geerdetem Sternpunkt ohne besonderen Widerstand wird als „Erdkurzschluß" bezeichnet.

Als Mittelwert der Spannungen zwischen den drei Leitungen eines Drehstromnetzes ist der arithmetische Mittelwert zu nehmen. Die Werte sind Effektivwerte, wie überhaupt durchweg den elektrischen Größen in den R.E.H., sofern nicht, wie beim Stoßkurzschlußstrom (siehe § 26), ausdrücklich das Entgegengesetzte bestimmt ist, immer nur Effektivwerte zugrunde gelegt sind.

Die weiteren Ausführungen in § 25 bringen nichts Neues; sie sollen vielmehr der Unsicherheit in der Anwendung der verschiedenen Bezeichnungen ein Ende machen.

§ 26.

Folgende Arten von Kurzschlußströmen werden unterschieden:

a) Der Stoßkurzschlußstrom ist der erste Höchstwert des Stromes, der bei plötzlichem Kurzschluß der Leitungen bei der Betriebsspannung auftritt. Seine Größe wird bestimmt durch den Quotienten aus Spannung und Scheinwiderstand (Impedanz) der Leitungsbahn. Er besteht aus einem Gleichstromanteil, der innerhalb weniger Zehntel-Sekunden verschwindet, und einem Wechselstromanteil, der innerhalb einiger Sekunden bis auf einen Endwert abklingt.

Da der Stoßkurzschlußstrom hiernach im allgemeinen unsymmetrisch zur Nullachse verläuft, so wird nicht sein Effektivwert, sondern seine Anfangspitze angegeben. Beim Vergleich mit anderen Strömen, z. B. dem Nennstrom, bezieht sich der Verhältniswert daher auf die Amplituden beider Ströme. Der Gleichstromanteil erreicht den höchsten

Betrag von etwa 80% des Wechselstromanteiles, wenn die Spannung im Augenblick des Kurzschlusses gerade durch Null geht. Für Generatoren nach den R.E.M. ist bei Klemmenkurzschluß der gesamte Stoßkurzschlußstrom höchstens das 15-fache und der Wechselstromanteil höchstens das 8,5-fache des Scheitelwertes ihres Nennstromes.

b) Der Dauerkurzschlußstrom ist der Wechselstrom, der nach Abklingen des Stoßkurzschlußstromes an der Kurzschlußstelle bestehen bleibt. Er ist geringer nach Maßgabe der Ankerrückwirkung, die inzwischen in den Generatoren eingetreten ist. Für den Dauerkurzschlußstrom wird im Gegensatz zum Stoßkurzschlußstrom der Effektivwert angegeben.

Bei einseitiger Speisung der kurzgeschlossenen Leitung fließt der volle Kurzschlußstrom in der Leitung; bei zweiseitiger Speisung verteilt er sich auf die Leitungzweige nach Maßgabe der Scheinwiderstände (Impedanzen).

Bei üblichen Generatoren mit Erregung für Nennstrom und $\cos \varphi$ = 0,8 ist das Verhältnis des Dauerkurzschlußstromes bei Klemmenkurzschluß zum Nennstrom aus Tafel 1 zu entnehmen. Falls genauere Angaben über die Maschinen vorliegen, sind diese zu verwenden.

Die mechanischen Kraftwirkungen der Kurzschlußströme richten sich nach den Scheitelwerten der Ströme, wobei es hauptsächlich auf den Stoßkurzschlußstrom ankommt.

Tafel 1.

Kurzschluß	Turbo-generatoren	Schenkelpol-generatoren
3-polig	2	2,5
2- ,,	3	3,75
1- ,,	5	6,25

Die Wärmewirkungen der Kurzschlußströme in den Leitungen richten sich nach den quadratischen Mittelwerten, so daß der Effektivwert zu berücksichtigen ist. Der Stoßkurzschlußstrom verursacht eine Zusatzerwärmung über die Wirkung des Dauerkurzschlußstromes hinaus.

(Verfahren zur Berechnung der Kurzschlußströme siehe Anhang).

Es sei darauf hingewiesen, daß der Stoßkurzschlußstrom im Gegensatz zum Dauerkurzschlußstrom und den in § 27 eingeführten anderen Ausschaltströmen als Scheitelwert gemessen und angegeben wird, während überall sonst der Effektivwert anzugeben ist.

Die in § 26 gegebenen zahlenmäßigen Unterlagen sollen nur als ungefährer Anhalt dienen und sind zu verwenden, sofern genauere Angaben für den einzelnen Fall nicht vorhanden sind.

§ 27.

Der Ausschaltstrom ist der Effektivwert des Stromes, der zu Beginn der Trennung der Schaltstücke im Schaltgerät fließt (größte Halbwelle). Der Kurzschluß-Ausschaltstrom ist der Ausschaltstrom bei Kurzschluß hinter dem Schalter. Der Kurzschluß-Einschaltstrom ist der Scheitelwert des Stoßkurzschlußstromes beim Einschalten auf Kurzschluß.

Die Ausschaltleistung eines Schalters in kVA ist das Produkt des Ausschaltstromes und der im Stromkreis wirksamen Spannung (siehe Anhang) bei Beginn der Trennung der Schaltstücke, beide in Effektivwerten gemessen, mit dem Zahlenfaktor der Stromart multipliziert (bei Drehstrom $\sqrt{3}$). Bei kurzer Lichtbogendauer ist die wirksame Spannung nahezu gleich der wiederkehrenden Spannung nach vollendetem Ausschalten.

Die Kurzschluß-Ausschaltleistung an einer Netzstelle, die für die Auswahl des Schalters maßgebend ist, soll aus den wirksamen Strömen und Spannungen berechnet werden, die ¼ s nach Eintritt eines plötzlichen Kurzschlusses, der unmittelbar hinter dem Schalter stattfindet, vorhanden sind. Ist jedoch die Summe der Auslösezeit und Eigenzeit des verwendeten Schalters geringer als ¼ s, so ist der tatsächliche Wert dieser Zeiten zugrunde zu legen, der bei Primärauslösern bis zu $^1/_{10}$ s herab betragen kann[3].

Die Nenn-Ausschaltleistung eines Schalters darf nicht kleiner als die an der Verwendungsstelle auftretende Kurzschluß-Ausschaltleistung sein. Für Schalter, die vor dem 1. Juli 1928 eingebaut sind und bei denen nicht die Kurzschluß-Ausschaltleistung durch Einbau von Kurzschluß-Drosselspulen herabgesetzt ist, muß anderenfalls die Gewähr vorhanden sein, daß die Ausschaltleistung durch eine lange Verzögerung so weit herabgedrückt wird, daß sie vom Schalter bewältigt werden kann.

Da der Gleichstromanteil des Stoßkurzschlußstromes innerhalb der vorgenannten Zeiten erloschen ist, so braucht er bei der Berechnung der Kurzschluß-Ausschaltleistung nicht berücksichtigt zu werden. Der Wechselstromanteil ist nach dieser Zeit von seinem Höchstwert bereits auf einen Wert abgeklungen, der zwischen dem Stoßkurzschlußstrom und dem Dauerkurzschlußstrom liegt.

Die Kurzschluß-Ausschaltleistung N_k an einer Netzstelle ¼ s nach dem Eintritt des Kurzschlusses kann nach den folgenden Näherungsformeln berechnet werden:

für zweipoligen Kurzschluß $N_k = 1{,}1\, U I_d \left(1 + \dfrac{0{,}5}{a^2}\right)$,

für dreipoligen Kurzschluß $N_k = 1{,}1\, \sqrt{3}\, U I_d \left(1 + \dfrac{0{,}5}{a^2}\right)$.

Darin bedeutet U die Netzspannung, I_d den Dauerkurzschlußstrom für den jeweiligen Kurzschlußfall und a das Verhältnis der Summe von Generatorstreureaktanz (einschließlich Bohrungsfeld) und Leitungsreaktanz (einschließlich Transformatorreaktanz) bis zur Kurzschlußstelle zur Generatorstreureaktanz. Der größere von beiden Werten für die Kurzschluß-Ausschaltleistung ist für die Auswahl des Schalters maßgebend. Der Wert des

[3] Würde man das Absinken der Spannung vom Augenblick des Kurzschlusses bis zum Augenblick des Ausschaltens n i c h t in Rechnung stellen, wie es in manchen Ländern üblich ist, so ergäbe sich die Ausschaltleistung bei Prüfung des Schalters in der Nähe eines Kraftwerkes um $^1/_3$ größer. Schalter, die mit dieser Nennausschaltleistung bezeichnet wären, würden bei Verwendung an Netzstellen, deren Spannung nicht absinkt, z. B. fern vom Kraftwerk, überbeansprucht werden.

Klammergliedes in den Formeln ist weit ab vom Kraftwerk gleich 1 (hier wird der Stoßkurzschluß-Wechselstrom nicht größer als der Dauerkurzschlußstrom), nahe am Kraftwerk ist er 1,5 (hier ist einerseits der Ausschaltstrom wesentlich größer als der Dauerkurzschlußstrom, andererseits ist die wirksame Spannung im Kurzschlußkreise geringer als die Nennspannung). Die Berechnungsformeln haben zur Voraussetzung, daß nach Eintritt des Kurzschlusses die Erregung der Generatoren nicht über den Nennwert gesteigert wird. Anderenfalls ist mit höherem Kurzschlußstrom zu rechnen.

Bei 1- und 2-poligem Kurzschluß nehmen die im Kurzschlußkreise liegenden Schalterpole die ganze Ausschaltleistung zu gleichen Teilen auf. Bei dreipoligem Kurzschluß kann auf einen Schalterpol bis zur Hälfte der ganzen Ausschaltleistung treffen.

Die Einschaltfestigkeit des Schaltgerätes muß den Kraft- und Wärmewirkungen des Stoß- und Dauerkurzschlußstromes gewachsen sein, ohne daß Abhebung oder Verschweißen der Schaltstücke eintritt (siehe § 41).

Wenn der Ausschaltstrom aus einem Oszillogramm ermittelt wird, so ist die auf die Trennung der Schaltstücke folgende größte Halbwelle zu nehmen. Unter Umständen kann die Unterbrechung kurz vor dem Durchgang des Stromes durch Null erfolgen, so daß zunächst eine kleine Welle entsprechend dem Reststrom auftritt, der dann erst eine große Halbwelle bei wieder ansteigendem Strom folgt. In diesem Falle ist also nicht die erste, sondern die zweite Halbwelle zugrunde zu legen.

Für die Berechnung der Ausschaltleistung ist außer dem besprochenen Ausschaltstrom die im Stromkreise wirksame Spannung maßgebend. Hierfür ist der Wert einzusetzen, der im Augenblick der Trennung der Schaltstücke an der Speisestelle vorhanden ist. Da alle Ölschalter mit einer merklichen Eigenzeit arbeiten, so findet die Trennung der Schaltstücke erst nach einem gewissen Verzuge statt. Innerhalb dieser Zeit ist der Strom vom Höchstwert des Stoßkurzschlußstromes merklich herabgesunken. Man kann bei einem Verzuge von ¼ s bei Kurzschluß in der Nähe des Kraftwerkes etwa rechnen, daß die Spannung um annähernd 30 % gesunken ist. Dieses entspricht dem Zusammenbruch des Magnetfeldes in den Generatoren und ist aus dem Oszillogramm leicht zu entnehmen, indem man das Verhältnis des Anfangswertes des Wechselstromanteiles des Stoßkurzschlußstromes zu dem Scheitelwert dieses Stromes im Augenblick der Trennung der Kontakte, also des Ausschaltstromes, in Beziehung setzt. Während der genannten Zeit ändern sich ja die Widerstands- und Drosselungsverhältnisse des Stromkreises nicht und daher sind Strom und Spannung proportional.

Um diesen Betrag sinkt am speisenden Punkt die Spannung und unter Umständen auch, wenn der Kurzschluß im Verhältnis zur Maschinenleistung groß ist, die Spannung des Generators.

Man hat nun zu unterscheiden, ob das letztgenannte der Fall ist, d. h. der Kurzschluß das Feld im Generator zum Zusammenbrechen bringt, wie es bei einem Kurzschluß in unmittelbarer Nähe der Zentrale stets der Fall ist, oder ob das Feld des Generators von dem Kurzschluß in einem Abzweig wenig oder gar nicht berührt wird, d. h. der anfängliche Kurzschlußstrom, der dann den Dauerkurzschlußstrom nicht oder wenig übersteigt, nur wenig bis zur Trennung der Schaltstücke abnehmen kann. Dieser zweite Fall tritt ein, wenn zwischen der Kurzschlußstelle und den Erzeugermaschinen erhebliche Dämpfungswiderstände oder Drosselspulen vorhanden sind, besonders aber, wenn es sich um lange Leitungen handelt.

Im ersterwähnten Falle ist als wirksame Spannung die Spannung der Maschine anzusehen, also, wenn es sich um die Nachrechnung eines tatsächlichen Kurzschlusses handelt, die bei Trennung der Schaltstücke vorhandene Maschinen-EMK. Am Schluß der Lichtbogenperiode, wenn also der Strom auf Null sinkt, ist diese Maschinenspannung noch vorhanden; sie kann erst nachher, wenn der Ausschaltvorgang beendigt ist, wieder durch neue Bildung des Feldes an der Maschine ansteigen.

Im zweiten Falle wird die Spannung, die an den Schaltstücken des Schalters im Augenblick des Kurzschlusses ebenso wie im ersten Falle Null ist, nur dann auf den Wert der EMK der Maschine hinaufsteigen können, wenn außer dem betreffenden Kreise an der Maschine keine nennenswerte Belastung hängt. Das Magnetfeld ist an sich nicht nennenswert gestört worden, die EMK der Maschine also nicht heruntergegangen.

Findet aber der Kurzschluß an einer Stelle des Netzes statt, vor der erhebliche Leistungen abgezweigt sind, so kann zwischen Maschine und Verzweigungstelle noch ein Spannungsabfall, etwa in der Größenordnung bis 10 %, vorhanden sein, und die wirksame Spannung für den Kurzschluß ist dann die Spannung an dieser Verzweigungstelle.

Man sieht aus vorstehenden Ausführungen, daß die Ermittlung der wirksamen Spannung nur dann keine Schwierigkeiten macht, wenn ein Oszillogramm für den Vorgang vorliegt, d. h. wenn man den Kurzschluß absichtlich zum Zwecke eines Versuches herbeigeführt hat. Sonst ist man darauf angewiesen, aus den nachträglich zu ermittelnden Umständen einen Schluß zu ziehen, welche Korrekturen gegenüber der Betriebspannung anzuwenden sind, wobei in den Fällen, in denen der Kurzschluß in der Nähe der Zentrale, also ungedämpft erfolgt, auch die Zeit des Verzuges vom Beginn des Kurzschlusses bis zur Trennung der Schaltstücke eine erhebliche Rolle spielt.

In anderen Ländern, z. B. in Amerika, hat man deshalb kurzerhand darauf verzichtet, die Spannung so genau einzusetzen, und rechnet einfach mit der Betriebspannung. Die für Deutschland vorgeschlagene Methode entspricht der Wirklichkeit jedoch genauer und ergibt bei ungedämpften Kurzschlüssen in der Nähe der Zentrale und bei einem Verzuge von ¼ s kleinere Werte in der Größenordnung von 70 % der nach den ausländischen Vorschriften errechneten. Die Folge davon ist, daß ein durch Kurzschluß in unmittelbarer Nähe der Zentrale vorgenommener Versuch nach deutschen Vorschriften kleinere Werte für die Leistungsfähigkeit eines Schalters ergibt. Wenn z. B. ein Schalter bei einem Kurzschluß an den Klemmen eines Generators für 35 000 kVA und 10 000 V an der Grenze seiner Leistungsfähigkeit ist (Ausschaltstrom zu rund 6000 A angenommen), so wird seine Ausschaltleistung genannt:

nach deutscher Berechnung $\qquad$ 7000 V × 6000 A × $\sqrt{3}$ = 73 MVA,

nach ausländischer Berechnung 10 000 V × 6000 A × $\sqrt{3}$ = 105 MVA.

Der Schalter wird also in einem Betriebe mit 35 000 KVA Generatorenleistung und 10 000 V Betriebspannung in unmittelbarer Nähe der Zentrale gerade noch ausreichen, denn dort ist auch die Kurzschlußausschaltleistung:

nach deutscher Berechnung $\qquad$ 7000 V × 6000 A × $\sqrt{3}$ = 73 MVA,

nach ausländischer Berechnung 10 000 V × 6000 A × $\sqrt{3}$ = 105 MVA.

Betrachtet man nun einen Punkt in einer sehr viel größeren Anlage für 10 000 V (Generatorenleistung z. B. 300 000 kVA), der so weit von der Zentrale entfernt ist, daß der Ausschaltstrom nach ¼ s gleich dem Dauerkurzschlußstrom nicht mehr als 4000 A beträgt und die Spannung unverändert bleibt, so ergibt sich die Kurzschlußausschaltleistung an diesem Punkt:

nach deutscher Berechnung $\qquad$ 10 000 V × 4000 A × $\sqrt{3}$ = 69 MVA,

nach ausländischer Berechnung 10 000 V × 4000 A × $\sqrt{3}$ = 69 MVA.

Hierfür reicht der oben erwähnte Schalter gerade noch aus.

Beträgt aber unter gleichen Umständen der Ausschaltstrom 6000 A, so ergeben beide Berechnungen eine Kurzschlußausschaltleistung von 105 MVA und dieser ist der Schalter nicht gewachsen. Denn eine Grenzleistung, die unter der vereinfachenden, aber unsicheren Annahme nichtabfallender Spannung nach ausländischer Berechnung 105 MVA beträgt, ist ja bei abfallender Spannung, bei 7000 V und nicht bei 10000 V, ermittelt worden und ist demnach tatsächlich nur 73 MVA.

Eine nach deutscher Berechnung ermittelte Ausschaltleistung ist also sowohl für (ungedämpfte) Kurzschlüsse nahe am Kraftwerk wie für (gedämpfte) Kurzschlüsse fern vom Kraftwerk maßgebend. Eine nach ausländischer Berechnung durch Versuch nahe am Kraftwerk ermittelte Ausschaltleistung kann aber für die Kurzschlußausschaltleistung an einem entfernten Punkt eines Netzes, an dem der Ausschaltstrom den gleichen Wert erreicht, zu knapp sein.

Es erschien notwendig, auf diese Verschiedenheit hinzuweisen, um die etwas kompliziertere Formulierung der deutschen Fassung in den R.E.H. zu rechtfertigen.

Ist die Lichtbogendauer sehr kurz, also erfolgt etwa die Stromunter-brechung innerhalb einer Halbwelle, so wird in dieser Zeit das Feld der Maschine nicht weiter merklich zusammenbrechen, so daß man die EMK der Maschine bei Trennung der Schaltstücke gleich der EMK bei Erlöschen des Lichtbogens oder gleich der wiederkehrenden Spannung setzen kann. Dieses ermöglicht eine einfachere Auswertung der Oszillogramme.

Bei der Berechnung der Kurzschlußausschaltleistung hat man zwei Ge-sichtspunkte zu unterscheiden, einmal ob es sich um die Beurteilung eines tatsächlich aufgetretenen Falles handelt, bei dem man also alle Umstände so berücksichtigen muß, wie sie vorhanden waren; das andere Mal, ob es sich um die Vorausberechnung eines Netzteiles handelt, für die man natürlich die ungünstigsten Verhältnisse zugrunde legen muß, um eine genügende Sicher-heit zu erhalten.

Im ersten Falle ist aus dem Oszillogramm das Maß des Abklingens der Spannung unter Berücksichtigung des tatsächlich eingetretenen Verzuges zu nehmen. Würde man hier mit sehr kurzen Verzugzeiten rechnen, während tatsächlich lange Zeiten vorhanden sind, etwa ¼ s Eigenzeit gegen 5 s ein-gestellte Verzögerung, also 5 ¼ s tatsächlichen Verzug, so würde man zu hohe Werte der Ausschaltleistung erhalten. Daraus ergibt sich, daß man unter Umständen durch Einstellung einer erheblichen Verzögerung den Schalter erheblich schonen kann, indem man ihn erst dann ausschalten läßt, wenn der Stoßkurzschlußstrom annähernd auf den Wert des Dauerkurzschluß-stromes abgeklungen ist. Von diesem Hilfsmittel wird unter Umständen Ge-brauch gemacht werden können, wenn ein Schalter für die Bewältigung des Stoßkurzschlußstromes oder des bei ganz geringer Verzögerung eintretenden Ausschaltstromes nicht hinreicht (vgl. § 27, Abs. 4).

Wenn man für einen bestimmten Punkt des Netzes zur Bestimmung des zu verwendenden Schalters die Kurzschlußleistung errechnet, so muß man den ungünstigsten Fall annehmen, der darin besteht, daß einmal die höchst-mögliche Maschinenerregung vorhanden ist (10 % über der normalen Betriebspannung im Netz), ferner daß die willkürliche Verzögerung des Schalters Null ist. Es ist unter Umständen möglich, daß das Verzögerungsorgan aussetzt oder, daß durch irgendwelche Umtände die beabsichtigte zusätzliche Verzögerung bis auf Null verringert wird, z. B. durch unbefugte Eingriffe. Wenn der Schalter auch dann noch sicher sein soll, so ist mit einer Unterbrechung innerhalb des Mindestschaltverzuges zu rechnen. Hier kann als annähernd allgemein gültiger Wert ¼ s eingesetzt werden. Ebenso wie bei den annähernden Zahlen der übrigen Unterlagen für die Kurzschlußströme ist auch hier dieser Überschlagwert nur dann zu benutzen, wenn nicht genauere Werte für den betreffenden Schalter bekannt sind, die unter ¼ s liegen. Bei manchen Geräten mit Primärauslösung geht der Mindestschaltverzug bis auf ¹/₁₀ s herunter.

Die Bestimmung, daß die Nennausschaltleistung eines Schalters nicht kleiner als die an der Verwendungstelle auftretende Kurzschlußausschalt- leistung sein darf, ist eigentlich eine Selbstverständlichkeit, wenigstens soweit es sich um neu anzuschaffende Schalter handelt und um Netze, deren Eigen- schaften unverändert blieben. Durch Zusammenschluß von Netzen können aber die Kurzschlußströme an einem bestimmten Punkt steigen; unter Um- ständen ist ein Schalter eingebaut, der dieser Entwicklung nicht entspricht oder der aus einer älteren Zeit stammt und sich im Betriebe bewährt hat, obwohl er nach den Regeln zu knapp ist, oder sich vielleicht auch nur des- halb bewährt hat, weil er tatsächlich niemals auf radikalen Kurzschluß mehrere Male hintereinander beansprucht worden ist.

In derartigen Fällen kann man sich dadurch helfen, daß man die Kurz- schlußstromstärke und damit die Kurzschlußausschaltleistung an der betreffen- den Stelle durch Einbau von Drosselspulen herabsetzt. Dieses ist ein ein- wandfreies und durchaus wirksames Mittel. Unter Umständen kann man aber auch einen Schutz des Schalters dadurch gewinnen, daß man, wie vor- erwähnt, eine erhebliche Verzögerung einstellt und auf diese Weise verhindert, daß Ströme unterbrochen werden, die über dem Dauerkurzschlußstrom liegen. Dieses letztgenannte Mittel ist nur für die Schalter zulässig, die vor dem Tage der Gültigkeit der R.E.H. eingebaut sind. Mit der Gültigkeit der R.E.H. ist eine weitere Anwendung dieses Hilfsmittels nicht mehr zulässig und zwar aus den genannten Gründen, die eine Herabminderung der eingestellten Ver- zögerung herbeiführen könnten.

Die angegebenen Formeln enthalten einen Faktor 1,1, der den höheren Betrag der Zentralenspannung gegenüber der Spannung des Netzes berück- sichtigen soll. Wenngleich für Schaltgeräte nach § 3 eine Überschreitung um 15% zulässig ist, gilt dieses nicht für Maschinen, bei denen nur 10% zugelassen sind. Man kann also damit rechnen, daß die Maschinenspannung 10%, nicht aber 15% über der Nennspannung des Netzes liegt.

In diesen Formeln, die nur eine Annäherung geben, wird zwar als Spannung- wert der Netzspannung eingesetzt, jedoch ist in dem von der relativen Kurzschlußentfernung abhängigen Zahlenfaktor sowohl die Vergrößerung des Ausschaltstromes gegenüber dem Dauerkurzschlußstrom als auch die Ver- ringerung der Spannung gegenüber der Netzspannung berücksichtigt. Die Unterlagen zur Berechnung des Stromes sind im Anhang gegeben. Es sei nochmals hervorgehoben, daß für die Vorausberechnung der Kurzschluß- leistung zwecks Auswahl eines Schalters die ungünstigsten Verhältnisse, also höchste Erregung des Generators entsprechend voller Belastung und voller Zentralenspannung, einzusetzen sind.

Wenn ein Schnellregler verwendet wird, der nicht mit Einrichtung zur Unwirksammachung bei Kurzschlüssen versehen ist, so wird dieser die Er- regung im Augenblick des Kurzschlusses heraufregeln, so daß er die Maschinen- spannung nach Möglichkeit aufrecht zu erhalten versucht. Dadurch wird also die Grundlage der vorstehenden Berechnungen verändert. Unter Umständen kann die Dauerkurzschlußstromstärke um etwa 50% gegenüber der ohne Schnellregler eintretenden Dauerkurzschlußstromstärke heraufgesetzt werden.

Wenn dagegen ein Schnellregler mit einer Einrichtung versehen ist, die ihn im Falle eines Kurzschlusses unwirksam macht, so wird die Berechnung durch den Einbau des Schnellreglers nicht beeinflußt werden.

§ 28.

Der elektrische Sicherheitsgrad eines Hochspannunggerätes ist das Verhältnis von Überschlagspannung zu Nennspannung bei 50 Per/s.

Der elektrische Prüfgrad ist das Verhältnis der Prüfspannung bei 50 Per/s zur Nennspannung.

Die Unterscheidung zwischen Sicherheitsgrad und Prüfgrad ist hervorgehoben, um diese beiden Begriffe, die bisher oft verwechselt worden sind, klarzustellen und in der Praxis festzulegen. Dieser Sicherheitsgrad, der bis zur Bruchgrenze geht, wird in vielen Fällen etwa 10% höher als der Prüfgrad sein, da man annehmen kann, daß die Überschlagspannung mindestens 10% über der Prüfspannung liegt, vorausgesetzt daß die Isolatoren sauber und trocken sind.

Bei der Begriffsbestimmung des Sicherheitsgrades und des Prüfgrades ist ein Versuch mit 50 Per/s zugrunde gelegt. Es hat sich gezeigt, daß die Überschlagspannung praktisch bei Frequenzen zwischen 15 und 100 Per/s gleich bleibt, so daß mit einer Prüfung bei 50 Per/s ein Urteil über den praktisch in Frage kommenden Verwendungsbereich gewonnen wird; es genügt, diese in Deutschland am meisten übliche Frequenz zu verwenden.

§ 29.

Als Betätigungspannung gilt die an den Klemmen des stromdurchflossenen Einschalt- oder Ausschaltgerätes (Magnet, Motor) gemessene Spannung (siehe § 53).

Die Betätigungspannung ist nicht immer die Spannung der zur Betätigung verwendeten Stromquelle, etwa einer Akkumulatorenbatterie, sondern sie kann durch Spannungsabfall in den Leitungen erheblich geringer sein. Für die Bemessung des Ein- oder Ausschaltgerätes kann aber natürlich nur die Spannung an seinen Klemmen zugrunde gelegt werden. Es ist Sache der Projektierung der Anlagen, entweder für hinreichend starke Leitungen zu sorgen, so daß der Spannungsabfall gering ist, oder die Spannung der Stromquelle im Betätigungskreis entsprechend höher zu halten.

§ 30.

Auslösernennstrom ist der auf einem Auslöser angegebene Strom, für dessen dauernden Durchgang die Hauptschlußwicklung bemessen ist.

Auslösernennspannung ist die auf dem Auslöser angegebene Spannung.

Die Auslösernennfrequenz ist die auf dem Auslöser angegebene Frequenz, für die er bemessen ist.

Der Auslösernennstrom ist nicht immer übereinstimmend mit dem Nennstrom des Gerätes (vgl. Erklärung zu § 24).

Die Angabe der Auslösernennfrequenz ist notwendig, weil Magnete in ihrer Wirkung durch Veränderung der Frequenz wesentlich beeinflußt werden können. Der Auslöser muß für die Frequenz gebaut sein, mit der er betrieben wird.

§ 31.

Auslösestrom ist der Strom, bei dem das Auslösen eintritt.

Einstellstrom (bei Überstromauslösung) ist der auf der Einstellskale eingestellte Strom, bei dessen Überschreiten das Auslösen eintreten soll.

Auslösefehler ist die Abweichung des Auslösestromes vom Einstellstrom; er wird in Prozenten des Einstellstromes angegeben.

§ 32.

Schaltverzug ist die Zeit, die vom Augenblick des Eintretens des die Auslösung verursachenden Betriebzustandes bis zur Trennung der Schaltstücke vergeht. Nicht eingerechnet ist die Lichtbogendauer. Mindestschaltverzug ist der Schaltverzug, der bei einer Verringerung der Verzögerung auf das geringste Maß eintritt.

Auslösezeit ist die Zeit, die vom Augenblick des Eintretens des die Auslösung verursachenden Betriebzustandes bis zur Auslösung des Schalters (Freigabe der Sperrung) vergeht. Die durch etwa eingeschaltete Relais entstehende Verzögerung ist einzurechnen.

Mindestauslösezeit ist die Auslösezeit, die bei Verringerung der Verzögerung auf ein geringstmögliches Maß entsteht.

Eigenzeit des Ölschalters ist die Zeit, die von der Freigabe der Sperrung bis zur Trennung seiner Schaltstücke vergeht, nicht eingerechnet die Lichtbogendauer.

Abhängig verzögerte Auslösung (a) ist eine solche, deren Auslösezeit mit steigendem Auslösestrom kleiner wird.

Unabhängig verzögerte Auslösung (u) ist eine solche, deren Auslösezeit vom Auslösestrom unabhängig ist.

Begrenzt verzögerte Auslösung (b) ist eine solche, die unterhalb einer bestimmten Stromstärke abhängig verzögert, darüber unabhängig verzögert ist.

Nicht verzögerte Auslösung (n) ist eine Auslösung ohne besondere Einrichtung zur Verlängerung der Auslösezeit.

Es hat sich als notwendig erwiesen, die Zeitspanne des Schaltverzuges, d. h. die Zeit vom Augenblick des Eintretens eines Fehlers, etwa eines Kurzschlusses, bis zur Trennung der Schaltstücke, zu unterteilen und zwar in eine Zeit, die vom Eintritt des Fehlers bis zur Freigabe der Sperrung am Schalter geht, und eine Zeit von diesem Zeitpunkt bis zur Trennung der Schaltstücke. Die ersterwähnte Zeit ist eine Funktion der Auslöser und unter Umständen des Klinkwerkes, die letztgenannte eine Eigenschaft des Schalters selbst. Will man also den Schaltverzug feststellen, so sind die Verzögerungen dieser beiden Teile der Einrichtung bisweilen für sich zu bestimmen, was unter Umständen von Bedeutung ist, wenn entweder besondere Auslöser zu einem Schalter hinzugefügt werden, der nicht mit ihnen zusammen auf Verzug untersucht worden ist, oder wenn etwa Auslöser eines bestimmten Fabrikates mit einem Schalter eines anderen Fabrikates zusammengebaut werden.

Die Begriffsbestimmung des Mindestschaltverzuges und der Mindestauslösezeit, die sich von den entsprechenden normalen Größen durch Verringerung der Verzögerung auf das geringste Maß, d. h. Null, unterscheidet, ist mit Rücksicht auf die Bedürfnisse des Selektivschutzes eingeführt worden. Bei Spannungsabfallzeitrelais ist die Verzögerung von der Entfernung der Fehlerstelle vom Schalter abhängig. Der kleinste Wert, der für den Schaltverzug eintreten kann, entspricht dem Wert unmittelbar am Fehler, an dem die Spannung Null ist. Dort ist die Verzögerung auf das kleinste Maß heruntergedrückt worden, d. h. die Auslösezeit hat ihren Mindestwert erreicht, der durch schnellstes Arbeiten des Relais und das Arbeiten der Verklinkung bedingt ist.

Zu dieser Mindestauslösezeit kommt noch die Eigenzeit des Ölschalters hinzu, die ja von der Spannung auch in diesem Falle unabhängig bleibt. Dieses zusammen ergibt den Mindestschaltverzug, der die Unempfindlichkeit der Einstellung hintereinander liegender Schalter bestimmt. Damit zwei hintereinander liegende Schalter nicht gemeinsam ausschalten, müssen sich ihre Zeiten um mehr als den Mindestschaltverzug unterscheiden.

In die Begriffserklärungen des Schaltverzuges und seiner einzelnen Teile ist die Lichtbogendauer nicht mit einbezogen, weil sie nicht nur vom Schalter, sondern auch von den elektrischen Netzverhältnissen im Augenblick der Wirkung (Strom, Spannung, Phasenverschiebung) wesentlich abhängt. Der Schaltverzug und seine Teile sind dagegen nur Funktionen des Schalters und der Auslöser, aber unabhängig von den Netzverhältnissen. Die Lichtbogendauer pflegt bei einigermaßen guten Schaltern innerhalb der Nennausschaltleistung gering im Vergleich zum Schaltverzug zu sein.

III. Bestimmungen.

A. Allgemeines.

§ 33.

Für Hochspannunggeräte gelten die ,,Vorschriften für die Errichtung und den Betrieb elektrischer Starkstromanlagen".

§ 34.

Für Hochspannunggeräte gelten als Nennstromstärken 60, 100, 200, 350, 600, 1000, 1500, 2000, 3000, 4000, 6000 A.

§ 35.

Für Hochspannunggeräte gelten die ,,Normen für Anschlußbolzen und ebene Schraubkontakte von 10 bis 1500 A".

§ 36.

Für Hochspannunggeräte der Betriebsklasse I (siehe § 9) ist die Reihe nach Tafel 2 (siehe § 37) zu wählen; für solche der Betriebsklasse II wird die nächsthöhere Reihe empfohlen.

Während für trockene Räume, also für Betriebsklasse I, die Auswahl der Reihe nach § 37 vorgeschrieben wird, ist für feuchte oder staubige Innenräume nur eine Empfehlung ausgesprochen worden. Es wird von dem Grade der Feuchtigkeit oder Verstaubung abhängen, wieviel die Erhöhung der Isolatoren zu betragen hat und einen wie großen Teil der Oberflächen man als überbrückt zugrunde legen muß. In sehr staubigen Räumen, insbesondere bei leitendem Staub (Ruß, Erzstaub), wird unter Umständen, wenn nicht mit hinreichend häufiger Reinigung gerechnet werden kann, sogar die Verwendung der nächsthöheren Reihe nicht ausreichen.

Im Zusammenhang mit den Erklärungen zu § 9 sei auch auf den Einfluß der größeren Seehöhe hingewiesen, der unter Umständen die Verwendung einer höheren Reihe bedingt.

§ 37.

Bei Hochspannunggeräten für Innenräume gelten die in Tafel 2 angegebenen Nennspannungen und Schlagweiten.

Für alle Hochspannunggeräte in Innenräumen gilt die Schlagweite a. Sie gibt den Abstand in Luft an:

1. gegen Erde,
2. verschiedener Pole gegeneinander,
3. im ausgeschalteten Zustande getrennter Teile gleichnamiger Pole gegeneinander.

Nur für Ölschalter gelten. die Schlagweiten b und c. b gibt den Abstand unter Öl an:

1. gegen Erde,
2. gegen den Ölspiegel,
3. verschiedener Pole gegeneinander,
4. im ausgeschalteten Zustande getrennter Teile gleichnamiger Pole gegeneinander mit Ausnahme der Ausschaltstrecken.

Tafel 2.

Reihe	Nenn-spannung	Schlagweite in Luft mm		Schlagweite unter Öl, nur für Ölschalter mm	
		offen	gekapselt		
	kV		a	b	c
1	1	40	40	—	—
3	3	75	75	40	90
6	6	—	100	50	100
10	6	125	—	60	120
10	10	125	125	60	120
20	15	180	—	90	180
20	20	180	—	90	180
30	30	260	—	120	240
45	45	360	—	—	—
60	60	470	—	—	—
80	80	580	—	—	—
100	100	720	—	—	—

Die Schlagweite b gilt nicht für außerhalb des Wirkungsbereiches des Lichtbogens sonst noch im Ölbade befindliche Hilfsgeräte, z. B. Schutzwiderstände.

Die Schlagweite c ist der Abstand der Unterbrechungstelle an den feststehenden Kontakten vom Ölspiegel.

Die Schlagweiten b und c gelten auch für die Abstände unter Öl bei Ölschaltern für das Freie.

Die vorstehenden Maße dürfen nie unterschritten werden. Andere Maße als die der Tafel 2 können auf Grund dieser Regeln nicht gefordert werden.

Gegenüber der alten Serieneinteilung der früheren Leitsätze bringt die Reiheneinteilung der R.E.H. in § 37 einen grundlegenden Unterschied, insofern jeder Spannung nur eine bestimmte Reihe entspricht und keine Bezugnahme auf die Schaltleistung für die Auswahl der Reihen mehr gilt. Eine Abweichung ist nur für 6 kV vorhanden, für die bei gekapseltem Material etwas geringere Abmessungen als bei offenem Material zugelassen sind. Für 6 und 10 kV normale Nennspannung ist die gleiche Reihe 10, für 15 und 20 kV die gleiche Reihe 20 verwendet worden, da es nicht notwendig erschien, noch mehr Stufen zu schaffen.

Im übrigen entspricht

die neue Reihe 1 der alten Serie 0 mit 40 mm Schlagweite,
die Reihe 3 der Serie I mit 75 mm Schlagweite,
die Reihe 6 der Serie II mit 100 mm Schlagweite,
(nur für gekapseltes Material)
die Reihe 10 der Serie III mit 125 mm Schlagweite,
die Reihe 20 der Serie IV mit 180 mm Schlagweite.

Bei der Reihe 30, die im wesentlichen der alten Serie V entspricht, ist eine Erhöhung der Schlagweiten trotz gleichzeitiger Herabsetzung der Spannunggrenze von 35 auf 30 kV vorgesehen worden, um dem Wunsch der Abnehmer entsprechend den Sicherheitsgrad ganz erheblich heraufzusetzen und die in § 67 vorgeschriebene Prüfspannung möglich zu machen.

Die Reihen 45, 60, 80, 100 waren in den Leitsätzen nicht festgelegt; sie entsprechen auch nicht genau den dort angegebenen Serien, für die Schlagweiten nicht vorgeschrieben waren. Jetzt sind die Schlagweiten in Luft vorgeschrieben, während die Schlagweiten unter Öl für Ölschalter bei diesen höheren Reihen der Geschicklichkeit des Konstrukteurs anheimgestellt sind.

Über die Reihe 30 bei Verwendung für 30 kV und die zugehörende Schlagweite waren die Anschauungen sehr geteilt. In mehreren großen Netzen hat sich Serie V mit 240 mm Schlagweite bei 35 kV gut bewährt, während aus anderen Gegenden Deutschlands bei 30 kV Betriebspannung erhebliche Klagen vorliegen, insbesondere über Geräte, die genormte Isolatoren mit einer Prüfspannung von nicht wesentlich mehr als 70 kV enthielten. Anzunehmen ist, daß die jetzt vorhandene Reihe 30 mit 260 mm Schlagweite und 86 kV Prüfspannung, also rund 95 kV Überschlagspannung in trockenem sauberen Zustande, den Anforderungen der Praxis durchaus genügen wird. Trotzdem ist aber beabsichtigt, eine eingehende statistische Erhebung vorzunehmen und gegebenenfalls, wenn danach eine weitere Vergrößerung des Sicherheitsgrades erwünscht erscheinen sollte, in kurzer Zeit eine Änderung eintreten zu lassen.

Die genormten Stützer und Durchführungen der alten Serien I und V entsprechen nicht den neuen Reihen 1 bis 30, obwohl die Schlagweiten bis auf Reihe 30 unverändert geblieben sind. Die neuen erhöhten Prüfspannungen (siehe § 67) sind bei den alten genormten Isolatoren nicht oder nicht sicher einzuhalten. Deshalb sind die Normen der Stützer und Durchführungen aufgehoben worden.

Z. Z. bestehen keine Normen, doch ist in Aussicht genommen, solche zu schaffen, sobald die Vorschriften über die Hochfrequenzprüfung (siehe § 67, Schlußabsatz) festgelegt sind.

Um Mißverständnissen vorzubeugen, sei hervorgehoben, daß der hinter Tafel 2 befindliche Absatz über die Schlagweiten a sich gemäß Eingangssatz von § 37 nur auf Hochspannunggeräte für Innenräume bezieht und, daß für Freiluftschaltgeräte Schlagweiten nicht vorgeschrieben sind.

Die Schlagweiten unter Öl b und c sind mit Rücksicht auf den beim Ausschalten größerer Leistungen bis etwa an die Leistungsgrenze des Ölschalters (siehe §§ 39 bis 41) entstehenden Lichtbogen und die aufsteigenden Gasblasen bestimmt worden. Sie sind also nur im Wirkungsbereich des Lichtbogens und der Gasblasen einzuhalten, gelten aber nicht für außerhalb dieses Wirkungsbereiches noch im Ölbade befindliche Hilfsgeräte oder Teile, die von den Schaltkontakten sowie dem Wege des Lichtbogens und der Gasblasen hinreichend entfernt sind. Für diese Teile ist nur die Prüfspannung maßgebend. Das Ölkissen muß bei normalem Ölstand mit genügender Sicherheit die Prüfspannung nach § 67 vertragen. Man kann auch fordern, daß dieses auch dann noch der Fall ist, wenn sich der Ölspiegel um eine betriebsmäßig nicht zu vermeidende Kleinigkeit gesenkt hat.

Die Entfernung spannungführender Teile gegen den Ölspiegel muß diese Prüfspannung für sich allein, ohne Hinzunahme des darüber befindlichen Luftpolsters, aushalten. Denn auch Vorentladungen durch das Öl bis zum Ölspiegel würden bei Vorhandensein entzündbarer Gasmischungen über dem Ölspiegel zu Explosionen führen können.

Da bei Ölschaltern, die für Einbau im Freien bestimmt sind, im Inneren genau die gleichen Verhältnisse vorliegen wie bei Ölschaltern für Innenräume, so gelten bei diesen Apparaten auch die im Inneren vorgeschriebenen Maße b und c.

Die Maße sind als Normalmaße aufzufassen, die keinesfalls unterschritten werden dürfen, deren Überschreitung aber nach Möglichkeit auch zu vermeiden ist, um eine Normung, die schließlich der Zweck der Regeln ist, durchzuführen. Aus diesem Grunde ist der Schlußsatz hinzugefügt worden, daß andere Maße als die in Tafel 2 auf Grund der Regeln nicht gefordert werden dürfen.

Die Schlagweiten nach Tafel 2 in § 37 gelten für alle Hochspannung-Ölschalter, sowohl für die Ausläuferschalter als auch für die Reihenölschalter und als auch schließlich für die Hochleistungs-Ölschalter. Bei diesen wird jedoch dem Konstrukteur überlassen bleiben müssen, ob er hier mit Rücksicht auf den Zweck die Normalmaße überschreiten soll.

Ebenso ist dem Konstrukteur ganz allgemein hinsichtlich der Öffnungsweite des Ölschalters freie Hand gelassen und hier keine Vorschrift aufgenommen. Es ist Sache der erzeugenden Firma, ihre Konstruktion so einzurichten, daß sie die Leistung und die übrigen Anforderungen erfüllt; mit welchen Mitteln und mit welcher Öffnungsweite ist ihr überlassen.

§ 38.

An Geräten, die geerdet werden sollen, muß ein zuverlässiger Anschluß der Erdungsleitung ermöglicht sein („Leitsätze für Schutzerdungen in Hochspannungsanlagen").

B. Ölschalter.

§ 39.

Für Reihenölschalter (abgesehen Ausläuferschalter nach §§ 64 bis 66) gelten bei Drehstrom 50 Per/s die nachfolgenden Nennausschaltleistungen bei der Folge von Schaltvorgängen nach § 74:

Reihe 1 . . . . 20 MVA
Reihe 3 . . . . 40 MVA
Reihe 6 bis 30 . . . . 60 MVA

Bei anderen Stromarten sind die vorstehenden Leistungen nach § 40, Tafel 3, zu verkleinern.

Bei der Auswahl der Schalter ist nicht nur die Ausschaltleistung, sondern auch die Einschaltfestigkeit (siehe § 41) zu berücksichtigen.

Für die häufiger gebrauchten Reihen bis 30 kV normaler Nennspannung sind hier Nennausschaltleistungen auf Grund praktischer Erfahrungen an den alten Serienschaltern festgelegt. Diese Werte sind, wie sich aus den Leistungsvorschriften in § 74 ergibt, durchaus keine Grenzwerte, bei denen eine Gefährdung des Schalters eintreten könnte. Sie sind vielmehr zulässige Betriebsbeanspruchungen. Denn gemäß § 74 muß der Ölschalter eine Ausschaltung aus der Geschlossenstellung und zwei Ein- und Ausschaltungen, sämtlich bei Kurzschluß, vertragen, ohne daß er betriebsunfähig wird, d. h.

daß eine etwaige Beschädigung durch eine leichte Überholung, wie etwa Säuberung oder Ersetzung von Abbrennkontakten, Auffüllen von Öl usw., beseitigt werden kann. Nach einer solchen Überholung muß die gleiche Probe und nach einer weiteren Überholung die gleiche Probe zum dritten Male ausgehalten werden.

Man sieht, daß hier eine ziemlich erhebliche Sicherheit vorhanden ist, während die in den alten Leitsätzen angegebenen, aus Dauerkurzschlußstrom und Nennspannung zu errechnenden Leistungen Grenzleistungen sein sollten, bei denen nur eine Ausschaltung und eine Ein- und Ausschaltung auf Kurzschluß, ohne Betriebsunfähigkeit, verlangt wurde.

Man sieht, daß die betriebsmäßig zulässige Beanspruchung bei den in § 39 geforderten Nennausschaltleistungen gegenüber den Leitsätzen ganz außerordentlich erhöht worden ist, so daß damit die Herabsetzung der Zahlen auf verhältnismäßig niedrige Werte gerechtfertigt ist. Wenn ein Betriebsleiter besonders vorsichtig sein und hinsichtlich der Sicherheit noch ein Weiteres tun will, so bleibt ihm eine weitere Herabsetzung der Beanspruchung unbenommen, d. h. daß er die Schalter nur an Stellen verwenden würde, bei denen die Kurzschlußausschaltleistung noch etwas geringer wäre als die Zahl der Nennausschaltleistung in § 39.

Wesentlich ist ein Unterschied zwischen den Regeln und den alten Leitsätzen insofern, als jetzt zwischen Nennausschaltleistung und Einschaltfestigkeit unterschieden wird (vgl. § 39, letzter Absatz). Für die Nennausschaltleistung ist der im Augenblick der Trennung der Kontakte fließende Strom, d. h. der Kurzschlußausschaltstrom gemäß § 27 maßgebend, für die Einschaltfestigkeit dagegen der Stoßkurzschlußstrom. Je nach dem Schaltverzug und den Eigenschaften der betr. Stromerzeuger wird das Verhältnis dieser beiden Stromwerte ein verschiedenes sein, so daß es wohl möglich ist, daß ein Reihen-Ölschalter an einem bestimmten Netzpunkt in Bezug auf Nennausschaltleistung bzw. Kurzschlußausschaltleistung ausreichend ist, in Bezug auf Einschaltfestigkeit aber nicht und umgekehrt. In der Nähe der Zentrale kann die Einschaltfestigkeit oder auch die Kurzschlußausschaltleistung maßgebend sein, fern von der Zentrale im Netz aber nur die letztgenannte.

§ 40.

Für Einphasenstrom sind die Prüfausschaltleistungen und Kurzschlußausschaltleistungen gegenüber den Werten für Drehstrom von 50 Per/s nach Maßgabe von Tafel 3 zu verringern. Die Verhältniszahlen gelten für alle Ölschalter.

Die Verhältniszahlen zur Umrechnung von Drehstrom-Ölschaltern auf Einphasenstrom sind unter der Voraussetzung gegeben worden, daß die Konstruktion der Pole an sich nicht geändert wird. Ein 1-poliger Schalter gemäß Tafel 3 entspricht also einem Pol, d. h. einem Drittel des Drehstromschalters. Es ist nicht etwa daran gedacht, daß ein 1-poliger Schalter durch Hintereinanderschaltung mehrerer Pole des mehrpoligen Schalters entstehen kann.

Die Verhältniszahlen gelten für alle Ölschalter, also nicht nur für Reihen-Ölschalter, sondern in gleicher Weise für Ausläufer-Ölschalter und Hochleistungs-Ölschalter. Die Grundzahlen für die Nennausschaltleistung in § 39 beziehen sich dagegen nur auf Reihenölschalter, aber nicht auf Ausläufer-Ölschalter oder Hochleistungs-Ölschalter.

Ist aber für einen Hochleistungs-Ölschalter beliebiger Art bei 3-poliger Ausführung und Drehstrom von 50 Per/s etwa eine Nennausschaltleistung von 200 MVA garantiert, so kann ein Pol der gleichen Konstruktion bei Einphasenstrom von 50 Per/s (gemäß Tafel 3, § 40) 50% davon, also 100 MVA leisten.

Tafel 3.

Polzahl	Stromart	Frequenz Per/s	Ausschaltleistung %
2	Einphasenstrom	50	100
2	,,	16⅔	60
1	,,	50	50
1	,,	16⅔	30

§ 41.

Die Einschaltfestigkeit der Reihenölschalter muß der Wirkung des Kurzschlußstromes nach Tafel 4 gewachsen sein:

Tafel 4.

Nennstrom A	Größter Stoß- kurzschlußstrom A
200	$\sqrt{2} \times 10\,000$
350	$\sqrt{2} \times 15\,000$
600	$\sqrt{2} \times 20\,000$
1000 und mehr	$\sqrt{2} \times 30\,000$

In den Erklärungen zu § 39 ist bereits auf den Unterschied zwischen Nennausschaltleistung und Einschaltfestigkeit der Reihenölschalter verwiesen worden. Die Einschaltfestigkeit ist in mechanischer Beziehung (dynamische Wirkung auf die Kontakte) vom Scheitelwert des Stoßkurzschlußstromes abhängig, in thermischer Beziehung (Zusammenschweißen von Schaltstücken) von dem Effektivwert des Stromes für die Zeit zwischen Eintritt des Fehlers und hinreichender Berührung der Schaltstücke.

In der Nähe der Zentrale ist, wie erwähnt, die Einschaltfestigkeit unter Umständen bedeutungsvoller als die Kurzschlußausschaltleistung. Sie wird bei der Prüfung nach § 74 mitberücksichtigt, da in dem dort vorgeschriebenen Zyklus zwei Einschaltungen neben drei Ausschaltungen vorgenommen werden.

Die Einschaltfestigkeit wird von der Konstruktion und Masse der Schaltstücke, insbesondere der Abbrennstücke, abhängen. Es erscheint deshalb gerechtfertigt, für Schaltstücke größerer Nennstromstärke auch größere Stoßkurzschlußströme zuzulassen. Dieses hat aber bei hohen Stromstärken natürlich seine Grenzen, so daß man über 1000 A wohl durch Vergrößerung der Abbrennstücke nicht mehr viel erreichen wird.

Die Werte des Stoßkurzschlußstromes sind als Produkt angegeben, dessen zweiter Faktor der Effektivwert und dessen erster Faktor der zur Ermittlung des Scheitelwertes zu benutzende Umrechnungsfaktor $\sqrt{2}$ ist.

§ 42.

Bei Reihe 1 sind bis zu 3000 A Kurzschlußausschaltstrom Ölschalter für Nennströme von mindestens 60 A, bei Reihe 1 über 3000 A Kurzschlußausschaltstrom und bei den anderen Reihen sind Ölschalter für Nennströme von mindestens 200 A zu verwenden.

Abweichende Bestimmungen für Ausläuferschalter siehe §§ 64 bis 66.

Im allgemeinen und, soweit es sich nicht um unwichtige Fälle wie bei Ausläuferschaltern handelt, sollen die Schaltstücke und dementsprechend die übrigen stromführenden Teile, die für den Nennstrom bemessen sind (Bolzen und Anschlüsse), jedoch nicht die Wicklungen, für mindestens 200 A bemessen

sein, um eine gewisse Solidität der Ausführungen zu sichern. Bei Schaltstücken für 200 A treten unter Öl, wenn der Kontakt nicht sehr schlecht ist,
keine merkbaren Erwärmungen auf. Mittels dieser Prüfung hat man also
nicht in der Hand, für einen soliden Kontakt zu sorgen; deshalb schien es
notwendig, wie in den alten Leitsätzen, den Nennstrom vorzuschreiben.
Die ganz kleinen Schalter der Reihe 1, die in Anlagen oder Netzstellen
geringer Kurzschlußausschaltstromstärke bis 3000 A verwendet werden,
würden unter Umständen durch Benutzung von Leitungsteilen für 200 A
ungebührlich verteuert werden, so daß auch aus wirtschaftlichen Gründen
hier eine Verkleinerung der Nennströme auf 60 A zugelassen ist. Das Gleiche
gilt natürlich für Ausläufer-Ölschalter.

§ 43.

Falls Schutzschalter mit Widerständen verwendet werden, müssen die
Schutzwiderstände die Einschaltung bei Kurzschluß während mindestens
2 s vertragen.

Ölschalter mit Handeinschaltung und selbsttätiger Auslösung müssen
so eingerichtet sein, daß sie durch das Betätigungsorgan bei selbsttätiger
Auslösung in keiner Stellung festgehalten werden können.

Schutzschalter mit Handeinschaltung sollen schnell eingeschaltet werden.

Für die Verwendung von Schutzschaltern mit Widerständen sei auf die
„Leitsätze für den Schutz elektrischer Anlagen gegen Überspannungen" verwiesen. Es wird hier nicht erörtert, ob und wann Schutzhalter mit Widerständen verwendet werden sollen. Die Anschauungen hierüber sind sehr verschieden; die Erfahrungen im Auslande, das Schutzschalter mit Widerständen
überhaupt nicht kennt, sind gut.

Wenn Schutzwiderstände benutzt werden, so müssen sie die Einschaltung
bei Kurzschluß über die Vorkontakte während 2 s vertragen. Weiterhin ist
zu fordern, daß, wenn bei längerer Einschaltzeit, die praktisch nur durch
einen Fehler in der Bedienung oder im Antrieb vorkommen kann, die Widerstände durchbrennen, kein Lichtbogen stehen bleiben darf und, daß sich an
der durchgebrannten Stelle kein verkohlter Strompfad bilden darf, der etwa
ein weiteres Nachfließen des Stromes zur Folge haben kann.

Die Einschaltdauer von 2 s ist im Verhältnis zur Praxis eine außerordentlich hohe. Bei der normalen schnellen Einschaltbewegung, bei der der Schluß
des Schalters in etwa ¼ bis ½ s erfolgt und von dieser Zeit nur ein verschwin-
dender Teil auf die Einschaltzeit der Widerstände entfällt, kommen so kurze
Zeiten vor, daß in der hier vorgeschriebenen Belastungzeit ein sonst in der
Elektrotechnik kaum üblicher Sicherheitskoeffizient liegt. Auch ist zu bedenken, daß, wenn etwa durch Bedienungsfehler, Nicht-Durchziehen eines
Schaltmagneten, Versagen der Verklinkung, Deformation von Kontakten oder
aus ähnlichen Gründen der Schalter hängen bleiben sollte, die Zeit von 2 s
mit Sicherheit sehr erheblich überschritten würde, wahrscheinlich bis auf
mehrere Minuten. Die dadurch entstehenden Folgen sind, wie praktische Erfahrungen zeigen, höchst bedenklich. Es ist deshalb vielleicht gar nicht einmal unerwünscht, wenn die Widerstände durchbrennen und eine dauernde,
bis zur Explosion getriebene Erwärmung des Öles verhindert wird.

Mit Rücksicht auf die durch die Widerstände dem Öl mitgeteilten Wärme-
mengen sollen die Schutzschalter schnell eingeschaltet werden, was bei magnetischer Einschaltung von selbst geschieht, bei Handschaltung dagegen besonders vorgeschrieben ist. Ebenso muß hier besonders gesichert werden,
daß ein Festhalten des Schalters bei einem Fehler in einer Mittelstellung
unmöglich wird, weil auch dadurch wieder die längere Einschaltung der Widerstände stattfinden könnte.

§ 44.

Ölschalter mit selbsttätiger Auslösung müssen mit einem Energiespeicher versehen sein, der bei selbsttätiger Auslösung in jeder Stellung und bei Versagen der Verklinkung in der Einschaltstellung ein sicheres Ausschalten gewährleistet.

Bei Ölschaltern mit selbsttätiger Auslösung ist eine längere Berührung der Spitzen an den Schaltstücken unter allen Umständen unzulässig; auch eine so geringe Überdeckung der Schaltstücke, daß die Stromdichte unzulässig hoch wird, muß unbedingt vermieden werden, ebenso etwa ein Festhängen in einer Öffnungstellung, in der der Lichtbogen nicht erlischt. Alle diese Fehler könnten zum Versagen des Schalters führen. Deshalb ist durch einen hinreichend kräftigen Energiespeicher dafür zu sorgen, daß der Schalter, falls er die Einschaltstellung durch selbsttätige Auslösung oder durch Versagen der Verklinkung verläßt, mit Sicherheit sofort in die entgegengesetzte Endstellung, die Ausschaltstellung, geht und, daß bei selbsttätiger Auslösung in einer beliebigen Stellung die Ausschaltung ebenso bis zu Ende und schnell stattfindet. Mit Rücksicht auf die hier möglichen Gefahren erschien die Vorschrift der Verwendung eines Energiespeichers geboten.

Auch mechanische Erschütterungen können zu einer unbeabsichtigten Ausschaltung führen. Zu verlangen ist, daß bei den betriebsmäßigen, unter normalen Verhältnissen vorkommenden Erschütterungen eine solche unbeabsichtigte Auslösung mit Sicherheit verhindert wird. Eine Vorschrift hierfür ließ sich aber nicht festlegen, da sich eine hinreichende, zahlenmäßige und reproduzierbare Prüfvorschrift für die normalen Erschütterungen nicht aufstellen ließ.

Man wird natürlich von einem normalen Ölschalter nicht verlangen können, daß er etwa für die Erschütterungen bei Koksausdrückmaschinen eingerichtet ist. Wenn also so starke Erschütterungen vorkommen, ist es Sache des Abnehmers, sich mit dem Erzeuger über eine, diesen besonderen Bedingungen genügende Sicherung gegen Erschütterungen zu verständigen.

§ 45.

Ölschalter müssen Einrichtungen zum Ablassen des Öles haben, wenn das Gewicht des Ölbehälters mit Öl größer als 30 kg ist.

Bei Ölkesseln mit mehr als 500 kg Fassungsvermögen muß die Ablaßeinrichtung die vollkommene Entleerung der Kessel ermöglichen.

Ölschalter sind mit einer Einrichtung zu versehen, die das Vorhandensein des ordnungsmäßigen Ölstandes erkennen läßt.

Im Gegensatz zu den Leitsätzen werden Einrichtungen zum Ablassen des Öles stets dann vorgeschrieben, wenn das Gewicht des Behälters mit Öl größer als 30 kg, also so schwer ist, daß es ohne besondere Einrichtung schlecht zu handhaben ist. Eine Beziehung auf eine bestimmte Reihe, wie in den Leitsätzen, ist unzweckmäßig, da bei höheren Stromstärken auch die Ölkessel kleinerer Reihen recht groß werden können.

Während in den Leitsätzen eine vollkommene Entleerung der Kessel nicht vorgeschrieben war, ist jetzt bei Kesseln mit mehr als 500 kg Fassungsvermögen eine Einrichtung verlangt, die die vollkommene Entleerung der Kessel ermöglicht. Bei großen Kesseln ist es sonst schwierig, den Bodensatz zu entfernen, während bei kleineren und mittleren Kesseln bis 500 kg dieses durch Umkippen erfolgen kann.

Die Einrichtung, die das Vorhandensein des ordnungsmäßigen Ölstandes anzeigt, muß dieses ohne einen Handgriff am Schalter ermöglichen (etwa durch Schaugläser, Ölstandgläser, Schwimmer). Es ist nicht notwendig, daß angezeigt wird, wieviel Öl im Kessel ist oder, wie hoch das Öl steht. Es genügt, wenn man sieht, daß der normale Ölstand vorhanden oder überschritten ist. Es war auch erwogen worden, eine Vorrichtung zur Entnahme von Öl in der Höhe der Kontakte zwecks Prüfung des Zustandes des Schalteröles vorzuschreiben. Mit Rücksicht auf die Schwierigkeiten der Dichtung sah man aber davon ab. Sollte eine solche Einrichtung nicht vorhanden sein, so muß das Öl mittels Heber aus der entsprechenden Zone entnommen werden.

§ 46.

Holz, Hartpapier und ähnliche Faserstoffe sind als Isoliermittel bei Ölschaltern in unmittelbarer Verbindung mit spannungführenden Teilen nur zulässig, wenn sie so behandelt sind, daß das notwendige Isoliervermögen dauernd gewährleistet ist und, wenn sie dem Einfluß des Lichtbogens so weit entzogen sind, daß eine Gefährdung der Isolation von Phase zu Phase oder von Phase nach Erde nicht auftritt.

Während in den Leitsätzen Holz als Isolierstoff in unmittelbarer Verbindung mit spannungführenden Teilen verboten ist, wird jetzt in den R.E.H. dieses Material sowie Hartpapier und ähnliche Faserstoffe als zulässig erklärt, wenn nur die nötigen Garantien gegen ein Versagen gegeben sind. Bei Holz bedeutet dieses eine derartige Imprägnierung, daß wohl das Holzgerippe aufrechtzuerhalten ist, alle Poren aber mit einem hochwertigen Isolierstoff ausgefüllt sein müssen. Derartige Konstruktionen haben sich im Auslande und auch in jüngerer Zeit in Deutschland bewährt, so daß ein Verbot im Sinne der Leitsätze nicht mehr zulässig erschien.

§ 47.

Entsprechend § 11 der Errichtungsvorschriften müssen Schalterstellung und Einschaltrichtung erkennbar sein.

Die Schalterstellung muß auch von der Rückseite erkennbar sein.

Eine Normung der Schaltrichtung bei Drehbewegung ließ sich nicht ermöglichen, weil, insbesondere bei den Verbrauchern, gegen die in manchen Anlagen dann eintretende gleichzeitige Verwendung von Schaltern mit verschiedener Schaltrichtung begründete Bedenken geltend gemacht wurden. Bei Betätigung durch Umlegehebel dürfte sich der Gebrauch eingeführt haben, die obere Stellung als Einschaltstellung zu benutzen.

Die Kennzeichnung der Schalterstellung soll jetzt nicht nur von der Vorderseite, sondern auch von der Rückseite unabhängig davon erfolgen, ob die Bedienung oder Wartung von vorn oder hinten erfolgt. Ist das Letztgenannte der Fall, so ist die Kennzeichnung der Schalterstellung auf der Rückseite notwendig. Da man im allgemeinen im voraus nicht weiß, ob der Schalter von vorn oder von hinten bedient und gewartet werden soll, so empfiehlt es sich, die nicht kostspielige Einrichtung ein für allemal so auszubilden, daß die Kennzeichnung von beiden Seiten vorhanden ist.

§ 48.

Die Schalter müssen eine Vorrichtung zum Ausgleich der bei bestimmungsgemäßer Verwendung in ihnen auftretenden Drucksteigerungen haben oder sie müssen so eingerichtet sein, daß sie diese schadlos aushalten. Bei Ölschaltern mit oberen Anschlüssen sind Öffnungen an der Oberseite des Deckels, die ein Austreten größerer Gasmengen nach oben gestatten, nicht zulässig.

Fälle sind bekannt geworden, in denen Ölschalter zwar die Ausschaltung einwandfrei vollzogen haben, sich jedoch größere Gasmengen oder Rußschwaden gebildet haben, die nach oben traten und zu einem Überschlag der Isolatoren oberhalb des Deckels nach der Abschaltung geführt haben. Um diesen Übelstand zu beseitigen, sollen auf der oberen Seite des Deckels Öffnungen, die ein solches Austreten der Gase gestatten, nicht mehr angebracht werden. Dieses bezieht sich auch auf Ventile, die früher häufig auf den Deckeln angeordnet waren.

§ 49.

Bei Ölschaltern für Nennströme von mehr als 1000 A aufwärts sind in die Zuleitungen elastische Glieder einzubauen, die eine mechanische Beanspruchung der Bolzen oder Schienen der Ölschalter durch die Zuleitungen verhindern.

Bei hohen Stromstärken, bei denen die Zuleitungen große Querschnitte haben und verhältnismäßig starr sind, ist es oft nicht leicht, bei der Montage mechanische Spannungen an den Bolzen oder Schienen der Ölschalter zu vermeiden und, selbst wenn dieses gelingt, so kann bei Erwärmung der Zuleitungschienen durch die Ausdehnung in diesen eine mechanische Beanspruchung immer noch geschaffen werden. Es hat sich in der Praxis deshalb vorzüglich bewährt, elastische Zwischenglieder in die Zuleitung zu legen, so daß solche, für die Wirkungsweise der Ölschalter bedenklichen Beanspruchungen verhindert werden.

§ 50.

Meldeschalter an Ölschaltern müssen eine dauernde Belastung mit 10 A vertragen.

Meldeschalter für die Einschaltstellung sind am Schalter selbst anzubringen; sie dürfen erst dann in Tätigkeit treten, wenn der Schaltweg in den Hauptkontakten bis zur Hälfte zurückgelegt ist.

Meldeschalter für Ausschaltstellung dürfen erst dann in Wirksamkeit treten, wenn der Öffnungsweg der Schalter-Schaltstücke zu drei Vierteln zurückgelegt ist.

Bei Mehrkesselölschaltern muß jeder Einzelschalter seine eigenen Meldeschalter (für Ein- und Aus-Stellung) besitzen; diese müssen so geschaltet sein, daß die betreffenden Signale erst dann erscheinen, wenn in allen Einzelschaltern die Schaltwege nach vorstehenden Bestimmungen zurückgelegt sind.

Für die Meldeschalter (Signalkontakt an Ölschaltern) muß eine gewisse Solidität gefordert werden, die durch die Ausbildung der Schaltstücke für 10 A dauernde Belastung einigermaßen gesichert ist. Damit soll nicht gesagt werden, daß diese Meldeschalter tatsächlich allgemein oder häufiger mit 10 A belastet werden sollen. In der Praxis sind Unglücksfälle dadurch entstanden, daß die Meldeschalter für die Einschaltstellung an den Einschaltorganen angebracht wurden und, daß diese zwar selbst in der Einschaltstellung waren, .die Schalter aber durch Deformation des Gestänges die Einschaltstellung nicht ganz oder überhaupt nicht erreicht haben. Dadurch sind Hilfskontakte für Schutzwiderstände dauernd unter Strom geblieben, während das Bedienungspersonal glaubte, daß der Schalter voll eingeschaltet sei. Deshalb müssen die Meldeschalter nicht mit einem Gestänge, sondern mit dem Schalter selbst so solide verbunden sein, daß sie erst dann die Einschaltstellung anzeigen, wenn die Schalter mindestens bis zur Hälfte in die Hauptschaltstücke gebracht sind. In der Mehrzahl der Fälle kann man dann annehmen, daß eine übermäßige Erwärmung der Schaltstücke nicht mehr eintreten wird.

Bei Meldeschaltern für die Ausschaltstellung würde ein unzeitiges Arbeiten zur Folge haben können, daß ein Schalter nicht ausgeschaltet ist, während man dieses annimmt und daher unter Umständen einen Trennschalter zieht. Die Meldung darf daher nur dann erfolgen, wenn der Schalter ausgeschaltet hat und der Lichtbogen mit hinreichender Sicherheit unterbrochen ist. Man kann annehmen, daß dieses nach drei Viertel des Öffnungsweges der Schaltstücke (nicht aber des gesamten Weges der Schaltstücke) der Fall ist.

Bei Mehrkesselschaltern können durch Deformation des Gestänges ein oder mehrere Schalter zurückbleiben, so daß bei Anbringung des Meldeschalters nur an einem Hauptschalter keine genügende Sicherheit gegeben ist, daß die beiden anderen tatsächlich ihre richtige Stellung erreicht haben. Deshalb soll jeder Einzelschalter seinen Meldeschalter haben und die Signale sollen erst dann erscheinen, wenn in allen Einzelschaltern die Schaltwege nach diesen Bestimmungen zurückgelegt sind. Dieses läßt sich durch entsprechende Parallel- oder Serienschaltung der Meldeschalter bewirken.

§ 51.

Bei Primärauslösern (siehe § 13) mit Hauptschlußwicklung gelten folgende Stromwerte als normal:

$$6, 10, 15, 25, 35, 60, 100, 200, 350, 600, 1000 \text{ A.}$$

Wicklungen für weniger als 6 A Auslösernennstrom sind unzulässig.

Die Auslöser müssen zwischen dem 1,4- und 2-fachen Nennstrom einstellbar sein.

Es kann nicht verlangt werden, daß die Wicklungen einen höheren als den Auslösernennstrom dauernd aushalten.

Primärauslöser mit Hauptschlußwicklung müssen bis zur selbsttätigen Ausschaltung Kurzschlußströme aushalten, entsprechend einem Dauerkurzschlußstrom gleich dem

120-fachen Auslösernennstrom bei unverzögerter Auslösung,

75-fachen Auslösernennstrom bei abhängig verzögerter Auslösung,

$\dfrac{60}{\sqrt{t}}$-fachen Auslösernennstrom bei unabhängig oder begrenzt abhängig

verzögerter Auslösung, wobei t die Auslösezeit in s bedeutet.

Sind kleinere Werte des Auslösernennstromes, als sich nach obigen Verhältniszahlen aus dem Dauerkurzschlußstrom ergeben, erforderlich, so sind Sonderkonstruktionen zu verwenden.

Für den Einstellstrom und die Einstellzeit muß eine Anzeigevorrichtung vorhanden sein. Der Auslösefehler (siehe § 31) darf nicht mehr als $\pm 7,5\%$ betragen.

Die einstellbaren Auslösezeiten bei unabhängigen und die einstellbaren Grenzzeiten bei begrenzt abhängigen Auslösungen müssen bei Auslösezeiten bis zu 8 s mit einem Spiel von $\pm 0,5$ s, bei Auslösezeiten von mehr als 8 s mit einem Spiel von ± 1 s eingehalten werden, wobei vorausgesetzt ist, daß die Messungen an neuen Primärauslösern vorgenommen werden. Für abhängige Auslösungen und den abhängigen Teil der Auslösecharakteristik begrenzt abhängig verzögerter Auslösungen werden keine Vorschriften gemacht.

Primärauslöser mit Verzögerung der Auslösung müssen ohne auszulösen in die Anfangstellung zurückgehen, wenn innerhalb zweier Drittel der Auslösezeit der Strom auf den Wert des Nennstromes zurückgeht. Primärauslöser in Luft für Stromstärken bis 350 A müssen mit einer Überbrückung durch Widerstände oder Kondensator versehen sein.

Während bisher Wicklungen für 4 A Nennstrom zulässig waren, sollen jetzt Wicklungen unter 6 A nicht mehr zulässig sein. Durch die hohe Selbstinduktion und die unvermeidliche erhebliche Stromdichte der üblichen Spulen sind solche Wicklungen unsicher und können Schwierigkeiten hervorrufen. Die Bereiche der Einstellung sind unverändert geblieben.

Es hat sich in der Praxis als durchaus genügend bewährt, wenn die Wicklungen bei ihrem Auslösernennstrom die in § 78 angeführte Grenztemperatur erreichen. Dadurch ist aber bedingt, daß eine dauernde Überlastung über den Auslösernennstrom nicht stattfinden darf, denn sie würde eine Erwärmung über die zulässige Grenztemperatur und eine Beschädigung der Isolation zur Folge haben. Eine Verschärfung der Anforderungen in dem Sinne, daß die Wicklungen dauernd den höchsten einstellbaren Auslösestrom vertragen sollen, würde zu einer unwirtschaftlichen Vergrößerung der Querschnitte, der Magnete und schließlich der ganzen Schalter führen.

Das Verhältnis des an der Verwendungstelle des Schalters möglichen Dauerkurzschlußstromes zum Nennstrom ist gegen früher erheblich herabgesetzt worden, weil die in den Leitsätzen angegebenen Zahlen allzu große Überlastungen und Erwärmungen hervorrufen können. Unter Umständen kann dabei bereits eine Entzündung der Isolation auftreten.

Wenn kleinere Auslösernennströme notwendig sind, so sind entweder geeignete Stromwandler mit Sekundärrelais zu verwenden oder die Auslöser müssen so gebaut sein, daß sie derartige Überlastungen vertragen, d. h. sie dürfen beim Nennstrom nicht so hohe Stromdichte besitzen und sich nicht auf die Grenztemperatur erwärmen.

Neu eingeführt sind die Toleranzen für die Auslösezeiten. Die Werte können nur an neuen Primärauslösern gemessen werden, da sie im Betriebe erfahrungsgemäß leicht durch Verschmutzung, Verrosten oder durch ähnliche Einflüsse in ihrer Genauigkeit leiden. Die Primärauslöser sind verhältnismäßig rohe Geräte, von denen nicht allzu große Genauigkeit im Betriebe verlangt werden kann. Wo höhere Ansprüche gestellt werden müssen, sollten Sekundärrelais Anwendung finden (siehe § 52).

Die Primärauslöser müssen in ihre Anfangstellung zurückgehen, wenn innerhalb zwei Drittel der Auslösezeit der Wert auf den Wert des Nennstromes zurückgeht. Dabei ist an die tatsächliche Anfangstellung des beweglichen Teiles, etwa eines Magnetankers, gedacht, so daß jede neue Bewegung aus der gleichen Anfangstellung wieder erfolgt und, daß es nicht möglich ist, daß eine Klinke allmählich an einem Sperrade heraufklettert, weil sie jedesmal nicht ganz in die Anfangstellung zurückgegangen ist.

Die Überbrückung durch Widerstände und Kondensatoren hat sich praktisch bewährt; da auch bei Wicklungen bis 350 A Schwierigkeiten aufgetreten sind, so wird die Überbrückung bis zu dieser Auslösernennstromstärke gefordert.

§ 52.

Bei Sekundärrelais (siehe § 16) mit Hauptschlußwicklung gilt 5 A als sekundärer Auslösernennstrom. Es kann nicht verlangt werden, daß die Wicklung einen höheren Strom als den Auslösernennstrom dauernd aushält.

Sekundärrelais mit Hauptschlußwicklung müssen bis zur selbsttätigen

Ausschaltung Kurzschlußströme aushalten, entsprechend einem Dauerkurzschlußstrom gleich dem

50-fachen Auslösernennstrom bei unverzögerter Auslösung,

40-fachen Auslösernennstrom bei abhängig verzögerter Auslösung,

$\dfrac{30}{\sqrt{t}}$-fachen Auslösernennstrom bei unabhängig oder begrenzt abhängig

verzögerter Auslösung, wobei t die Auslösezeit in s bedeutet.

Sind kleinere Werte des Auslösernennstromes als nach obigen Verhältniszahlen, die sich aus dem Dauerkurzschlußstrom ergeben, erforderlich,
so sind Sonderkonstruktionen zu verwenden.

Für den Einstellstrom und die Einstellzeit muß eine Anzeigevorrichtung
vorhanden sein. Der Auslöserfehler darf nicht mehr als 5% des Einstellstromes betragen.

Die einstellbaren Auslösezeiten bei unabhängigen und die einstellbaren Grenzzeiten bei begrenzt abhängigen Auslösungen müssen mit einem
Spiel von $\pm$ 0,4 s eingehalten werden. Für abhängige Auslösungen und
den abhängigen Teil der Auslösecharakteristik begrenzt abhängig verzögerter
Auslösungen werden keine Vorschriften gemacht.

Sekundärrelais mit Verzögerung der Auslösung müssen, ohne auszulösen, in die Anfangstellung zurückgehen, wenn innerhalb zweier Drittel
der Auslösezeit der Strom auf 75% des Einstellstromes zurückgeht.

Die Ausführungen in § 51 für Primärauslöser gelten sinngemäß für Sekundärrelais. Daher sei auf die vorstehenden Ausführungen verwiesen.

Im allgemeinen ist jedoch das Sekundärrelais ein wesentlich feinerer und
genauerer Apparat, der durch seine Anbringung an der Bedienungschalttafel,
gute Kapselung und Wartungsmöglichkeit im Betriebe unverändert erhalten
werden kann. Er ist wesentlich höheren Ansprüchen als die Primärauslöser
gewachsen.

Die zulässige Überlastung bei Dauerkurzschlußstrom gegenüber dem Auslösernennstrom der Sekundärseite des Relais ist erheblich kleiner als die
entsprechende Zahl für Primärauslöser angegeben. Dabei ist zu beachten,
daß durch die Dämpfung des Stromwandlers eine erhebliche Verkleinerung
dieser Überlastung eintritt, denn wenn selbst auf der Primärseite die Dauerkurzschlußstromstärke das 200-fache der Nennstromstärke für die Primärseite des Stromwandlers überschreitet, so wird auf der Sekundärseite die Überlastung
das 50-fache kaum übersteigen.

Die zugehörenden Stromwandler müssen natürlich so bemessen sein, daß
sie den durch die höhere Dauerkurzschlußstromstärke auftretenden Belastungen
gewachsen sind. Die Angaben in § 52 beziehen sich nicht auf die Primärseite der Stromwandler, sondern auf die Wicklungen der Sekundärrelais.

Die Wahrscheinlichkeit, daß der sekundäre Dauerkurzschlußstrom größer
als die in § 52, Absatz 2 gegebene Verhältniszahl wird, ist außerordentlich
gering. Sollte es jedoch der Fall sein, so müssen Sonderkonstruktionen mit
entsprechend vergrößerten Querschnitten der Magnetwicklung geschaffen
werden.

Für die Genauigkeit sowohl für Strom als auch für Zeit sind bei den Sekundärrelais schärfere Anforderungen als bei den Primärauslösern gestellt worden.
Es ist auch nicht die Bedingung gemacht, daß die Messungen an neuen Geräten
stattfinden, vielmehr müssen sich die Geräte bei richtiger Wartung im Betriebe unverändert halten.

Auch die Bemerkung bezüglich des Zurückgehens in die Anfangstellung bei Verzögerung gilt für die Sekundärrelais in gleicher Weise wie für die Primärrelais; nur ist die Empfindlichkeit größer, insofern das Zurückgehen nicht bei einem Fallen des Stromes bis auf den Nennstrom, sondern auf 75% des Einstellstromes gefordert ist. Wenn also der Einstellstrom 200% beträgt, so muß der Primärauslöser bei 100%, das Sekundärrelais bei 150% in die Anfangstellung zurückgehen.

Die Einstellgrenzen der Sekundärrelais sind nicht ausdrücklich erwähnt; es ist hier freigelassen, ob man mit der unteren Einstellgrenze weiter heruntergehen will. Man muß aber dann natürlich in Kauf nehmen, daß der Strom unter den Nennstrom sinken muß, wenn das Relais in die Anfangstellung zurückgehen soll.

§ 53.

Elektrisch betätigte Einschaltvorrichtungen müssen noch bei einer Betätigungspannung wirken, die von ihrem Nennwert um + 10 oder — 15% abweicht.

Den Anforderungen des Betriebes entsprechend ist eine Verschärfung eingetreten, insofern die Einschaltvorrichtung auch bei einem Sinken der Betätigungspannung um 15% (bisher 10%) arbeiten soll. Die Lösung dieser Forderung ohne allzu starke Schläge bei dem höchsten Wert der Betätigungspannung ist nicht einfach.

§ 54.

Auslöser für Fernbetätigung müssen noch bei einer Betätigungspannung wirken, die von der Auslösernennspannung um + 10 und — 25% abweicht.

§ 55.

Auslöser mit Spannungrückgangsauslösung müssen im Einschaltzustand verbleiben, wenn die Spannung auf 60% der Auslösernennspannung zurückgeht. Sinkt die Spannung unter 35% der Auslösernennspannung, so muß die Auslösung erfolgen.

Hier ist ein Unterschied gegenüber den Regeln für elektrische Schaltgeräte festzustellen, bei denen ein Arbeiten bei 70% der Auslösernennspannung zulässig ist, während hier das Arbeiten erst erfolgen darf, wenn die Spannung auf 60% der Auslösernennspannung gesunken ist. Der Zweck ist eine Verhinderung des Außertrittfallens von Synchronmotoren durch plötzliche Spannungstöße, wie sie z. B. bei einem Kurzschluß in einem anderen Teile des Netzes auftreten.

Reicht die hier vorgeschriebene Unempfindlichkeit nicht aus, so empfiehlt sich die Anwendung einer Verzögerung, die die genannten kurzzeitigen Stöße unwirksam macht und ein Ausschalten erst dann zuläßt, wenn die Spannungsenkung einige s angehalten hat. Eine derartige Verzögerung ist aber nicht genormt, sondern muß besonders vereinbart werden.

Der Bereich zwischen 60 und 35% der Auslösernennspannung ist Toleranzbereich. Man kann also nur sagen, daß die Auslöser bei 60% halten und bei 35% nicht halten. Bei welchem Wert innerhalb dieser Bereiche sie loslassen, ist nicht vorgeschrieben.

§ 56.

Das Öl muß den „Vorschriften für Transformatoren- und Schalteröle" entsprechen.

C. Trennschalter.

§ 57.

Trennschalter sind nur für Nennstromstärken von mindestens 200 A zulässig.

Ausnahmen für Ausläuferschalter siehe § 64.

Die Vorschrift einer Nennstromstärke von 200 A für die Trennschalter soll eine gewisse Solidität der Ausführung erzwingen.

§ 58.

Trennschalter müssen so gebaut sein, daß die vollzogene Unterbrechung an allen Trennmessern zuverlässig erkennbar ist.

Kriechströme über die Isolatoren müssen durch eine geerdete Stelle abgeleitet werden.

Neugefordert ist, daß die vollzogene Unterbrechung nicht nur zuverlässig erkennbar sein soll, sondern daß dieses an allen Trennmessern der Fall sei. Unfälle sind dadurch hervorgerufen worden, daß bei mehrpoligen Trennschaltern einzelne Pole in der Einschaltstellung geblieben sind, z. B. durch Bruch eines Isolators oder Zersetzung einer Kittstelle. Da der Trennschalter das Organ ist, das das Leben des Bedienungspersonales gegen Gefahren bei Berührung schützen soll, so ist hier die schärfste Aufmerksamkeit erforderlich.

§ 59.

Trennschalter unter Öl sind nur für Spannungen bis 6 kV zulässig. Die Trennstrecke muß der Schlagweite a in Tafel 2 (siehe § 37) (bei 6 kV 100 mm) entsprechen. Bei Trennschaltern unter Öl muß die Stellung jedes Messers erkennbar sein.

Aus dem gleichen Grunde, wie in § 58 angegeben, muß die Stellung jedes Messers erkennbar sein. Die Anzeige an einem Messer oder etwa am Gestänge genügt nicht.

§ 60.

Bei Verwendung von einpoligen Trennschaltern mit Meldeschaltern muß jeder Pol einen solchen erhalten. Der Meldeschalter darf dann erst arbeiten, wenn der Unterbrechungsweg des Trennschalters 80% der Schlagweite a in Tafel 2 (siehe § 37) erreicht hat.

Der Meldeschalter muß eine dauernde Belastung mit 10 A aushalten können.

Bezüglich der Meldeschalter gelten im wesentlichen die Bemerkungen, die zu den gleichen Hilfsgeräten an Ölschaltern gemacht worden sind (siehe § 50).

Da der Trennschalter das Leben der Bedienenden zu sichern hat, so darf die Ausschaltstellung auch dann nicht angezeigt werden, wenn sich zwar die Schaltstücke getrennt haben, aber die Möglichkeit eines Überschlages besteht. Deshalb muß der in Luft geradlinig gemessene Unterbrechungsweg des Trennschalters bereits einen so hohen Betrag erreicht haben, daß ein Überschlag unmöglich ist. Dieses dürfte mit 80% der Schlagweite a nach Tafel 2 in § 37 gewährleistet sein.

Für den Unterbrechungsweg der Messer bei vollständiger Öffnung ist die volle Schlagweite a zugrunde zu legen.

D. Freiluftschaltgeräte.

Außer den Bestimmungen in §§ 34, 35, 38 gelten für Freiluftschalt-geräte noch die folgenden:

§ 61.

Bei Freiluftschaltgeräten sind nur Schaltstücke für mindestens 200 A zulässig.

Hier sowie in den beiden folgenden Paragraphen ist im Gegensatz zu dem überwiegenden Teil der ganzen R.E.H. von Schaltgeräten und nicht von Ge-räten allein gesprochen worden. Stützenisolatoren für Freiluftanlagen fallen im allgemeinen nicht unter die R.E.H., da sowohl Stützer als Hänger für Freiluft-Isolatoren in besonderen Vorschriften behandelt sind. Durchführungen kommen in Freiluftanlagen an sich nur in untergeordneter Weise vor; sie sind meistens Teile von Schaltgeräten; Einführungen für Häuser sind wie die Durchführungen von Schaltgeräten zu behandeln.

Die Begrenzung der Größen der Schaltstücke nach unten entspricht wieder dem Bedürfnis solider Konstruktion.

§ 62.

Kittstellen zwischen Metall und Isolatoren an Freiluftschaltgeräten müssen mit einem Schutzanstrich gegen Eindringen von Feuchtigkeit ver-sehen sein.

Der Schutz der Kittstellen gegen Eindringen von Feuchtigkeit hat sich in der Praxis vorzüglich bewährt; anderenfalls kann eine Zersetzung oder ein Treiben des Kittes eintreten, wodurch entweder die Isolatoren locker oder gesprengt werden. Ein Ölfarbschutzanstrich genügt.

§ 63.

Durch den Zug der Freileitungen dürfen Anschlußkontakte überhaupt nicht, die sie tragenden Isolatorkonstruktionen nicht auf Biegung be-ansprucht werden.

Häufig ist verlangt worden, daß Freiluftschaltgeräte, insbesondere Hörner-schalter, zum Abspannen eingerichtet sind. Eine derartige Beanspruchung, die die Schaltstücke in ihrer Lage zueinander beeinflußt und bei Schwingungen gegeneinander bewegt, ist unzulässig und hat bereits zu großen Schwierig-keiten geführt. Deshalb darf der Zug der Leitungen eine Veränderung der Anschlußkontakte und der Schaltstücke in ihrer Lage zueinander nicht her-vorrufen. Bei einer Biegungsbeanspruchung der Stützenisolatoren und ihrer Leitungstützer würde dieses der Fall sein, während bei einer Zugbeanspruchung einer Hängeisolatorenkette Bedenken nicht bestehen.

E. Ausläuferschaltgeräte.

§ 64.

Ausläuferschalter sind für den Einbau an solchen Stellen bestimmt, an denen keine höhere Dauerkurzschlußstromstärke entstehen kann, als in Tafel 5 (siehe § 65) angegeben ist, und an denen der Stoßkurzschlußstrom den Dauerkurzschlußstrom nicht erheblich übersteigt.

Für Ausläuferschalter gelten die Bestimmungen in §§ 33 bis 60, so-weit sie in folgendem nicht geändert sind.

Die Schaltstücke von Ausläuferschaltern sind für mindestens 60 A Nennstrom zu bemessen.

Die Bestimmungen dieses und der beiden folgenden Paragraphen schaffen eine Ausnahme zugunsten der unwichtigeren Ausläufer im Netz, an denen erhebliche Kurzschlüsse nicht auftreten können, bzw. die auftretenden Kurzschlüsse durch lange Leitungen zwischen der Fehlerstelle und der Zentrale soweit gedämpft sind, daß der Stoßkurzschlußstrom (auf den Effektivwert umgerechnet) den Dauerkurzschlußstrom nicht erheblich übersteigt. An derartigen Stellen ist die Beanspruchung der Schaltgeräte nicht mehr so ungünstig wie in der Nähe der Zentrale oder an Punkten hoher Kuzrschlußleistung. Für diese kleinen Anlagen ist demnach die Schaffung einer billigeren und weniger leistungsfähigen Konstruktion wirtschaftlich gerechtfertigt.

Eine Begrenzung finden diese Schalter, die im übrigen den Reihen nach § 37 entsprechen müssen, darin, daß auch die Nennleistung und der Auslösernennstrom eingeschränkt werden, ferner darin, daß solche Geräte nur bis zur Reihe 30 zulässig sind. Da der höchste, in Frage kommende Auslösernennstrom 25 A beträgt, also gemäß § 51 eine höhere Dauerbelastung nicht eintreten kann, so genügt es, wenn die Schaltstücke für 60 A Nennstrom ausreichen. Wollte man hier die Forderung stellen, daß die Schaltstücke für 200 A Nennstrom bemessen werden, so würde eine nennenswerte Verbilligung gegenüber den normalen Ölschaltern nicht erreichbar sein, der wirtschaftliche Zweck dieser Ausnahmebestimmungen also vereitelt werden.

§ 65.

Höchste Nennleistung, zulässige Dauerkurzschlußstromstärke und höchster Auslösernennstrom sind aus Tafel 5 zu entnehmen.

Tafel 5.

Reihe	kV	Höchster Auslösernennstrom A	Höchste Dauerkurzschlußstromstärke A	Höchste Nennleistung kVA
10	6	25	400	250
10	10	25	300	400
20	15	15	250	400
20	20	10	200	350
30	30	6	200	300

§ 66.

Für die Auslöserskalen dieser Schalter gilt Tafel 6.

Tafel 6.

Nennstrom A	Auslöserskale A
6	8,4 —12
10	14 —20
15	21 —30
25	35 —50

F. Prüfung.

§ 67.

Für Hochspannunggeräte gelten sowohl für geerdeten als auch für isolierten Sternpunkt des Netzes folgende Prüfspannungen:

Tafel 7.

Reihe	Nenn-spannung kV	Prüf-spannung kV	Reihe	Nenn-spannung kV	Prüf-spannung kV
1	1	10	30	30	86
3	3	26	45	45	119
6 [4]	6	33	60	60	152
10	6 und 10	42	80	80	196
20	15 und 20	64	100	100	240

Für Geräte über 100 bis 200 kV gilt als Prüfspannung der Wert $2,2\,U + 20$ kV.

Trennschalter sind bei isolierter Aufstellung und bei einseitiger Erdung des Prüftransformators zwischen Anfang und Ende der Pole mit der Prüfspannung $U_p = 3,3\,U + 20$ kV zu prüfen.

Diese Prüfspannungen gelten auch für Erzeugerspannungen, die 15% über den Nennspannungen liegen (siehe § 3).

Die Prüfdauer beträgt 1 min, bei Prüfungen nach § 69: 5 min.

Bei mit Öl gefüllten Hochspannunggeräten darf bei Steigerung über die Prüfspannung hinaus ein Überschlag nur außen erfolgen.

Die Überschlagspannung muß mindestens 10% über der Prüfspannung liegen.

Die Prüfspannung gilt sowohl bei 50 Per/s als auch bei Hochfrequenz (30000 bis 50000 Per/s) (Nähere Bestimmungen über die Hochfrequenz-Spannungprüfung werden später erlassen).

Die Prüfspannungen sind gegenüber den Leitsätzen erheblich erhöht worden. Bis zur Reihe 100 sind die Werte nach einer Formel 2,2 U + 20 kV mit kleinen Abrundungen eingesetzt, mit Ausnahme der Reihe 1, für die eine geringere Prüfspannung 10 kV eingesetzt ist; über 100 kV liegen normale Nennspannungen nicht fest, so daß die Formel gelten muß.

Die Prüfspannungen gelten für Geräte, die sowohl für geerdeten als auch für isolierten Sternpunkt des Netzes Anwendung finden. Es erschien zweckmäßig, dieses schon jetzt festzulegen, obwohl in Deutschland eine Erdung des Sternpunktes zur Zeit noch nicht stattfindet. Bei Höchstspannung steht aber eine solche Maßnahme in Aussicht. Die in den Formeln eingesetzte Spannung U ist die Spannung des Drehstromnetzes (verkettete Spannung).

Für die Trennschalter ist eine erhöhte Prüfspannung zwischen Anfang und Ende des gleichen Poles, aber nicht zwischen verschiedenen Polen oder zwischen polführenden Teilen und Erde vorgeschrieben worden. Die Veranlassung hierfür ist die Benutzung der Trennschalter in Doppelsammelschienensystemen oder in Anlagen mit zwei oder mehreren getrennten Betrieben zur Umschaltung einzelner Kreise auf das eine oder andere Betriebsystem. Wenn zwei Betriebe nicht synchron laufen und, wenn in jedem von diesen ein einphasiger Erdschluß vorhanden ist, so kommen bei Phasenoppositionen zwischen den Enden eines Poles im Trennschalter Spannungen zustande, die das Doppelte der Netzspannung (der verketteten Spannung) erreichen können. Hierzu können durch Erdschlüsse oder durch Gewitter noch weitere Überspannungen treten, die unter Umständen zu einem Überschlag des Trennschalters führen. Derartige Fälle sind in der Praxis beobachtet worden, insbesondere bei Höchstspannung. Dabei ist die Spannung

---

[4] Reihe 6 gilt nur für gekapselte Hochspannunggeräte (siehe § 37).

gegen Erde nicht im gleichen Maße gesteigert. Da nun im allgemeinen bei allen Geräten die Isolation gegen Erde der Isolation zwischen den Phasen und zwischen Anfang und Ende des Poles gleichwertig angenommen ist, so würde eine allgemeine Heraufsetzung der Prüfspannung schwerwiegende wirtschaftliche Folgen haben, während eine Heraufsetzung der Prüfspannung zwischen Anfang und Ende des Poles bei Trennschaltern konstruktiv nur die Folge hat, daß die Messer länger werden, allerdings bei Dreh-Trennschaltern unter Umständen auch die Polabstände. Immerhin ist die Verteuerung doch in wirtschaftlich erträglichen Grenzen zu halten.

Eine Beanspruchung, wie geschildert, findet z. B. in Doppelsammelschienen, die nicht synchron betrieben werden, bei allen Trennschaltern statt, die offen sind und das eine Sammelschienensystem von irgendeinem Kreise, Erzeuger oder Verbraucher, abtrennen, während der gleiche Kreis auf das andere Sammelschienensystem durch Trennschalter eingeschaltet ist. Die gleiche Beanspruchung kommt auch bei Ölschaltern im Augenblick der Synchronisierung in Frage, wenn diese Ölschalter als Kuppelschalter der Sammelschienensysteme dienen oder, wenn sie einen mit einem einphasigen Erdschluß behafteten Generator auf ein mit einem einphasigen Erdschluß behaftetes Sammelschienensystem schalten sollen. Hier tritt aber die Beanspruchung nur kurzfristig auf, nämlich vom Schluß der zugehörenden Trennschalter bis zum Einschalten des Ölschalters und zur Vollziehung der Parallelschaltung. Es erschien wirtschaftlich nicht gerechtfertigt, bei Ölschaltern die Forderung einer so hohen Prüfung zwischen Zu- und Ableitung eines Poles zu stellen, weil dadurch eine außerordentliche Verteuerung bewirkt werden würde. Auch findet erfahrungsgemäß ein Überschlag unter Öl im Ölschalter nicht statt, weil hierfür ein wesentlich längerer Verzug in Frage käme. Als Regel ist jedoch festzustellen, daß die Trennschalter in allen Fällen offen sein sollen, bis zur Kupplung und Parallelschaltung geschritten werden soll, damit eine derartige Beanspruchung des Ölschalters während längerer Zeit vermieden wird.

Da eine verschärfte Prüfung gegen Erde nicht bezweckt ist, so müssen für den Versuch die Trennschalter isoliert aufgestellt werden, so daß tatsächlich die Prüfung nur zwischen Anfang und Ende die Pole geschieht. Dabei ist der Prüftransformator zweckmäßig einseitig zu erden und das eine Ende des Trennschalterpoles mit Erde zu verbinden.

Die angegebene Prüfspannung $3,3\ U + 20$ kV ist auf Grund praktischer Erfahrungen und von Versuchen mit Höchstspannung, insbesondere in 100 kV-Anlagen, festgestellt worden. In Anlagen mit niedrigeren Spannungen als 60 kV sind Übelstände nicht beobachtet worden; es erschien aber nicht wünschenswert, die verschärfte Prüfung auf Höchstspannung zu beschränken, weil die gegebene Formel an sich bereits eine Milderung für die geringeren Nennspannungen enthält. Bei dieser ist der Betrag $1,1\ U$, um den die Prüfspannung zwischen den Enden des Poles gegenüber der normalen Prüfspannung erhöht ist, gering oder nicht mehr allzu erheblich gegenüber dem konstanten Glied von 20 kV.

In den Formeln ist die Nennspannung U mit einem Wert von 2,2 bzw. 3,3 multipliziert. Dieser entspricht der doppelten bzw. 3-fachen Nennspannung mit einem Aufschlag von 10%, der der Erhöhung der Erzeugerspannung gegenüber der Verbraucherspannung entspricht. Allerdings ist in § 3 eine Erhöhung um 15% zugelassen, sie kommt jedoch für Maschinen nicht in Frage und mit Rücksicht auf den Zuschlag von 20 kV erschien es zulässig, diesen Mehrbetrag von 5% zu vernachlässigen. Ein Schalter für eine Erzeugeranlage mit 23 kV ist also nach Reihe 20 mit 64 kV zu prüfen.

Die Forderung, daß bei mit Öl gefüllten Hochspannungsgeräten bei Überschreitung der Prüfspannung der Überschlag nur außen erfolgen soll, ist in der Praxis allgemein als selbstverständlich betrachtet worden; sie ist hier aber ausdrücklich festgelegt worden.

Wenn eine Prüfspannung garantiert wird, so muß noch ein gewisser Sicherheitzuschlag vorhanden sein, denn bei der Prüfspannung darf ein Überschlag nicht erfolgen. Dieser Sicherheitzuschlag wird auf mindestens 10 % festgelegt, wodurch ein Zusammenhang zwischen der Prüfspannung, die rein konventionell ist, und dem physikalisch definierbaren Werte der Überschlagspannung gegeben ist. Natürlich gilt diese Forderung, daß die Überschlagspannung 10 % über der Prüfspannung liegen soll, nur bei trockenen und sauberen Isolatoren, da mit Verschmutzung der Überschlagswert sinkt; die Prüfung soll also nur mit trockenen und sauberen Isolatoren vorgenommen werden, weil sonst ein Überschlag unter dem Wert der Prüfspannung möglich wäre.

Praktische Erfahrungen und Versuche haben gezeigt, daß die Überschlagswerte von Isolatoren bei Hochfrequenz anders als bei normaler Betriebsfrequenz sind und, daß bei glatten Isolatoren die Überschlagspannung bei Hochfrequenz erheblich sinkt.

Da nun erfahrungsgemäß die Überschläge in Betriebsanlagen zum großen Teile nicht bei der Betriebsfrequenz, sondern bei Hochfrequenz-Wellenerscheinungen auftreten, so ist es erforderlich, eine Prüfung auch mit Hochfrequenz vorzunehmen. Die Prüfung ist mit der gleichen Prüfspannung nach § 67 auszuführen. Nähere Bestimmungen darüber sind noch nicht festgelegt, weil eine reproduzierbare Anordnung zur Zeit noch nicht besteht. Die Versuche sind in die Wege geleitet und werden an mehreren Stellen ausgeführt.

Schon jetzt sei hervorgehoben, daß, während die Prüfung mit 50 Per/s als Stückprüfung betrachtet wird, die Prüfung mit Hochfrequenz nur als Modellprüfung vorgenommen werden soll. Etwaige Fehler der Isolatoren sind bei der Prüfung mit 50 Per/s herauszufinden. Eine Form, die der Modellprüfung mit Hochfrequenz standgehalten hat, wird aber auch bei Hochfrequenz nur dann versagen, wenn sie derartige Fehler hat.

Wie erwähnt, sinkt bei Hochfrequenz der Überschlagswert glatter Isolatoren sehr erheblich. Aus diesem Grunde erschien es notwendig, die Form der früher genormten Stützer und Durchführungen aufzugeben, auch bei den Reihen, bei denen die Überschlagspannung nach § 67 bei 50 Per/s erreicht werden würde.

§ 68.

Wenn eine Abnahme in der Fabrik verlangt wird, muß jedes Hochspannunggerät im betriebsfertigen Zustande bei 50 Per/s den in § 67 angegebenen Prüfspannungen je 1 min ausgesetzt werden. Hier darf weder ein Durchschlag noch ein Überschlag stattfinden. Die Spannung soll unter Verwendung einer Kugelfunkenstrecke mit vorgeschalteten Dämpfungswiderständen (rd. 1 Ω je V) nachgeprüft werden (siehe „Regeln für Spannungmessung mit der Kugelfunkenstrecke in Luft"). Die Spannung soll allmählich bis zur Prüfspannung gesteigert werden.

§ 69.

Hochspannunggeräte mit Durchführungen aus Faserstoff oder keramischem Werkstoff mit Vergußmasse oder Öl werden nach §§ 67 und 68, jedoch mit einer Prüfdauer von 5 min geprüft. Die Durchführungen dürfen nach dieser Prüfung keine örtlich begrenzten Erwärmungen zeigen.

Während sich bei Porzellandurchführungen mit Luftfüllung etwaige Fehler mit großer Wahrscheinlichkeit innerhalb 1 min herausstellen, ist bei organischem Material, Faserstoffen oder Vergußmassen bzw. Öl in keramischen Durchführungen, mit einem erheblichen Durchschlagsverzug zu rechnen, so daß unter Umständen eine Überanstrengung des Materiales innerhalb der

Prüfzeit an irgendeiner Stelle stattfindet, ohne daß es zu einem vollständigen Durchbruch kommt. Eine derartige Überanstrengung hat bereits eine Verschlechterung zur Folge; unter Umständen kann durch mehrere Prüfungen schließlich ein Isolator beschädigt werden.

Für Isolatoren mit organischem Isoliermaterial ist deshalb die Prüfdauer auf 5 min erhöht und es ist vorgeschrieben worden, daß nach dieser Prüfung keine örtlich begrenzten Erwärmungen feststellbar sind. Eine Überanstrengung des Materiales an irgendeiner Stelle, wie vorstehend erwähnt, würde sich aber durch eine örtliche Erwärmung geltend machen. Allerdings ist anzunehmen, daß die Prüfdauer von 5 min in manchen Fällen noch nicht ausreichen dürfte, um eine deutliche Erwärmung festzustellen. Mit Rücksicht auf die wirtschaftlichen Folgen, die eine weitere Erhöhung der Prüfdauer nach sich ziehen würden, mußte aber von einer größeren Verlängerung Abstand genommen werden, um so mehr, als dabei die Gefahr vorliegt, daß gute Durchführungen allmählich immer mehr verschlechtert werden, ohne daß man dieses feststellen könnte.

Es sind auch Bestrebungen im Gange, die Methode der dielektrischen Verlustmessung auf Isolatoren anzuwenden. Das Gebiet erscheint aber so wenig geklärt, daß irgendeine Vorschrift in diesem Sinne noch nicht gegeben werden konnte. Die absolute Höhe des dielektrischen Verlustes dürfte kein Kennzeichen sein, denn ein Verlust von wenigen W, auf einen großen Körper verteilt, kann ganz unschädlich sein und der gleiche Verlust an eng begrenzter Stelle führt unfehlbar zum Defekt. Vielleicht ist durch Aufnahme der dielektrischen Verluste als Funktion der Spannung und Beobachtung von Knickpunkten in dieser Kurve etwas zu erreichen. Zunächst ist in Aussicht genommen, die Methoden für die Messung der dielektrischen Verluste soweit festzulegen, daß die Versuche an allen Stellen gleichmäßig angestellt werden und, daß dann eine Zusammenstellung und kritische Sichtung der praktisch gewonnenen Erfahrungen möglich sein wird. Zur Zeit ist aber eine derartige Prüfung nicht genormt.

§ 70.

Die in §§ 67 bis 69 angegebene Prüfung ist bei Ölschaltern

1. in eingeschaltetem Zustande gegen Erde,
2. in ausgeschaltetem Zustande gegen Erde,
3. in eingeschaltetem Zustande Pol gegen Pol,
4. in ausgeschaltetem Zustande — gleichnamige Pole gegeneinander — vorzunehmen.

Bei Trennschaltern sinngemäß.

Während für Ölschalter die einzelnen Prüfungen aufgeführt wurden, wurde bei Trennschaltern nur auf sinngemäße Auslegung verwiesen. Beim einpoligen Trennschalter kommt eine Prüfung von Pol gegen Pol nicht in Frage. Bei allen Trennschaltern erübrigt sich die Prüfung in ausgeschaltetem Zustande gegen Erde.

§ 71.

Bei Freiluftschaltgeräten gilt die Prüfspannung bei unter 45° fallendem Regen von 3 mm Regenhöhe je min nach § 67, Tafel 7. Die Prüfdauer beträgt 1 min nach 5 min Vorbenetzung. Die Versuchsanordnung und die Leitfähigkeit des zu verwendenden Wassers müssen den Prüfbestimmungen für Freiluftisolatoren entsprechen.

Für Freiluftschaltgeräte ist die gleiche Prüfspannung wie für Geräte für Innenräume nach § 67 vorgeschrieben worden. Hierin liegt eine Verschärfung gegen die früheren Leitsätze.

Hervorzuheben ist, daß diese Bedingungen auch für Freiluftgeräte und Leitungseinführungen in Gebäuden gelten, wenn diese Geräte durch vorstehende Dächer geschirmt sind. Diese Teile sind auch dann einer starken Vernebelung und Reifbildung unterworfen, unter Umständen, bei starkem Wind, auch direkt hineinpeitschendem Regen. Sie werden aber durch den Regen nicht so leicht wie ungeschirmte Freiluftgeräte gesäubert.

§ 72.

Nebenschlußwicklungen von Auslösern und Wicklungen von Schaltern für Betätigung nach § 10, Ziffer 3 bis 5 werden

bei einer Nennspannung von   50 bis 440,   500 bis 750 V

mit einer Prüfspannung von   2000,   2500 V

1 min lang gegen Körper geprüft. Einschaltmotoren sind nach den R.E.M. zu prüfen.

§ 73.

Ölschalter müssen mit ihrem zugehörenden Antrieb ein 500-maliges Ein- und Ausschalten ohne Strom und Spannung ertragen. Diese Prüfung kann nur als Modellprüfung verlangt werden. Der Ölschalter muß nachher ohne Nacharbeit betriebsfähig sein und die Spannungprobe bestehen. Bei der Probe ist nach je 100-maligem Schalten zu prüfen, ob der Schalter noch ordnungsmäßig die Ein- und Ausschaltstellung erreicht. Bei Schaltern mit Vorstufe ist besonders darauf zu achten, daß die Hauptschaltstücke in der Einschaltstellung zuverlässig geschlossen werden.

Auch diese Prüfung ist nur aufgenommen worden, um einen soliden Aufbau und entsprechende Ausführung der Ölschalter zu gewährleisten.

§ 74.

Ölschalter müssen die angegebene Nennausschaltleistung bei der nachstehenden Folge von Schaltvorgängen ausschalten können:

Ausschalten des Kurzschlusses,

3 min Pause,

Einschalten auf Kurzschluß und Ausschalten des Kurzschlusses,

3 min Pause,

Einschalten auf Kurzschluß und Ausschalten des Kurzschlusses[5].

Zwischen Ausschaltung und Wiedereinschaltung muß eine Pause von mindestens 3 min gelegt werden. Der Stoß-Kurzschlußstrom darf dabei den Wert nach § 41 nicht übersteigen. Eine etwa vorhandene Verzögerung ist auf 0 s einzustellen.

Nach dieser Beanspruchung dürfen die Schäden nur so groß sein, daß sie vom Betriebspersonal in kurzer Zeit ausgebessert werden können.

[5] Würde man den Schalter mit nur zwei aufeinanderfolgenden Einschaltungen und Ausschaltungen mit dazwischenliegender Pause von 2 min prüfen, wie es in manchen Ländern üblich ist, so ergäbe sich die Ausschaltleistung um etwa $^1/_5$ größer. Die Nennausschaltleistung von Schaltern mit diesem Prüfzyklus, die ohne Berücksichtigung des Absinkens der Spannung nach § 27, Fußnote [3] bestimmt würde, wäre demnach das 1,6-fache der Kurzschlußausschaltleistung nach diesen Regeln.

Diese Probe kann im ganzen 3-mal verlangt werden, wobei nach der vorstehend angegebenen Folge von Schaltvorgängen jedesmal Überholung stattfinden darf. Diese mehrfache Probe soll den Beweis bringen, daß die Leistungsgrenze der Schalter nicht erreicht ist.

Die hier vorgeschriebene Prüfung ist mit der angegebenen Nennausschalt·leistung unter der Voraussetzung auszuführen, daß die Einschaltfestigkeit des Schalters nach § 41 ausreicht. Im übrigen wird auf die Erklärungen zu §§ 39 und 41 verwiesen.

Um eine Übereinstimmung zwischen den Festsetzungen für die Aus·schaltleistung (siehe § 27) und dieser Prüfung herbeizuführen, ist die Einstellung der etwa vorhandenen Verzögerung auf Null vorgeschrieben worden. Der Schaltverzug wird also auf den Mindestschaltverzug herabgesetzt, der sich in der Größenordnung von ¼ s, unter Umständen aber weniger halten dürfte. Auch bei der Wiedereinschaltung ist demnach die Ausschaltung sofort, nur mit dem Mindestschaltverzug, möglich.

Wenn nach dem zu Anfang dieses Paragraphen gegebenen Zyklus eine Überholung notwendig ist, so ist diese jedesmal nach einem Zyklus, also nach dem ersten und zweiten Zyklus vorzunehmen.

G. Erwärmung.

§ 75.

Die Grenzwerte für die Erwärmung gelten unter der Voraussetzung, daß die Temperatur der umgebenden Luft 35° C nicht überschreitet.

Die Annahme der Temperatur der umgebenden Luft mit 35° C ist in den VDE-Bestimmungen allgemein durchgeführt. Für besonders warme Räume genügt der Wert nicht, eine entsprechende Verringerung der Erwärmungen muß angestrebt werden. Im allgemeinen wird aber der Wert 35° C ausreichen.

§ 76.

Die Temperatur der umgebenden Luft ist bei der Prüfung in der Fabrik durch ein oder zwei Thermometer zu messen, die in etwa 1 m Entfernung von den Schaltgeräten, ungefähr in Höhe der Mitte des Schaltgerätes, an·zubringen sind. Die Thermometer dürfen weder Luftströmungen noch Wärmestrahlungen ausgesetzt sein.

§ 77.

Die Erwärmung von Kupferwicklungen wird aus der Widerstandzu·nahme nach folgender Formel ermittelt:

$$\text{Erwärmung} = \frac{(235 + t_k)\, r}{100} - (t_L - t_k),$$

wobei bedeutet:

$t_k =$ Temperatur der Wicklung im kalten Zustande in ° C,
$t_L =$ Lufttemperatur in ° C,
$r = \%$ Widerstandzunahme.

§ 78.

Die höchstzulässigen Grenzwerte von Temperatur und Erwärmung sind in Tafel 8 zusammengestellt:

Tafel 8.

I Geräteteil	II Grenz- temperatur °C	III Grenz- erwärmung °C	IV Meß- verfahren
1 Öl bei neuen Ölschaltern, gemessen in der oberen Ölschicht, wenn keine Wicklungen oder Sicherungen unter Öl vorhanden sind, bis einschließlich 2000 A Nennstrom	65	30	Thermo- meter
2 über 2000 A Nennstrom	75	40	,,
3 Öl bei neuen Ölschaltern, gemessen in der oberen Ölschicht, wenn Wicklungen oder Sicherungen unter Öl vorhanden sind, bis einschließlich 2000 A	75	40	,,
4 Dauernd eingeschaltete Hauptschlußwicklungen bei Nennstrom. Drahtumhüllungen aus Faserstoff (Asbest ausgenommen), Papier, Baumwolle, Seide dürfen in Luft ungetränkt nicht verwendet werden . .	85	50	,,
5 Dauernd eingeschaltete Nebenschlußwicklungen bei Nennspannung. Drahtumhüllungen aus Faserstoff (Asbest ausgenommen), Papier, Baumwolle, Seide dürfen in Luft ungetränkt nicht verwendet werden	85	50	Widerstand- zunahme nach R.E.M. (§ 41)
6 Zeitweise eingeschaltete Hauptschlußwicklungen nach 10-maliger, unmittelbar aufeinander folgender Betätigung bei normaler Betätigungsspannung (siehe § 29)	85	50	Thermo- meter
7 Zeitweise eingeschaltete Nebenschlußwicklungen nach 10-maliger, unmittelbar aufeinander folgender Betätigung bei normaler Betätigungsspannung (siehe § 29)	85	50	Widerstand- zunahme nach R.E.M. (§ 41)

Zu Reihe 1 bis 3: Das Öl von Schaltern, die längere Zeit in Betrieb sind, darf sich um 10° C mehr erwärmen, vorausgesetzt daß sich die Schaltstücke in ordnungsmäßigem Zustande befinden.

Ist die Raumtemperatur höher als 35° C, so daß die Temperatur in Öl zu hoch wird, so müssen, insbesondere bei höheren Nennstromstärken, größere als der betriebsmäßig auftretenden Nennstromstärke entsprechende Schalter verwendet werden.

Die wagerechten Reihen 1 bis 3 geben Erwärmungen und Grenztemperaturen des Öles, die für dieses noch nicht die zulässige Grenze bilden. Die Werte sind vielmehr mit Rücksicht auf die Kontrolle der Schaltstücke und ihres Kontaktes festgesetzt worden. Wenn man sich auf anderem Wege überzeugen kann (Messung des Spannungsabfalles), daß sich die Schaltstücke in ordnungsgemäßem Zustande befinden und, wenn die Schalter längere Zeit ununterbrochen in Betrieb sind, erscheint deshalb eine weitere Erwärmung um 10% zulässig.

Die Erwärmung des Öles ist in der oberen Ölschicht zu messen, einmal weil diese leichter zugänglich ist und dann, weil sich infolge der bei Erwärmung auftretenden lebhaften Ölbewegung die Temperatur verteilt und die heißesten Ölmengen an die Oberfläche steigen.

Die Erwärmungen für Wicklungen sind die in den ähnlichen VDE-Bestimmungen allgemein durchgeführten Grenzwerte.

§ 79.

Zur thermometrischen Temperaturmessung sollen Quecksilber- oder
Alkoholthermometer verwendet werden. Widerstandspulen oder Thermoelemente sind ebenfalls zulässig, doch ist im Zweifelfalle das Quecksilber-
oder Alkoholthermometer maßgebend.

Für möglichst gute Wärmeübertragung (insbesondere bei Schaltern
über 2000 A, Widerständen) von der Meßstelle auf das Thermometer muß
gesorgt werden. Bei Messung von Oberflächentemperaturen sind Meßstelle
und Thermometer gemeinsam mit einem schlechten Wärmeleiter zu bedecken.

§ 80.

Geräte mit größerer Wärmeentwicklung (Schalter über 2000 A, Widerstände) müssen so eingebaut werden, daß durch angemessene Lüftung des
Raumes eine genügende Abfuhr der Wärme gewährleistet wird.

Schalter für hohe Stromstärken bieten für die Ausführung erhebliche
Schwierigkeiten, so daß eine nennenswerte Erwärmung kaum vermieden werden kann. In diesem Falle muß dafür gesorgt werden, daß die Schalter nicht
in einem abgeschlossenen Raum stehen, in dem jede Lüftung unmöglich ist;
unter Umständen muß sogar zu einer künstlich erhöhten Wärmeabfuhr ge-
griffen werden.

H. Schilder und Bezeichnungen.

§ 81.

Zur Verkehrsbezeichnung der Hochspannunggeräte ist in erster Linie
die Reihe, sodann die Stromstärke zu verwenden.

Die Bestimmung soll zu einer vereinfachenden Anordnung im Geschäfts-
verkehr führen. Ein Schalter soll z. B. bezeichnet werden als Reihenölschalter
Reihe 6, 350 A. Es wird sich empfehlen, wenn auch die geschäftlichen Zu-
sammenstellungen diesem Gesichtspunkt dadurch Rechnung tragen, daß die
Reihen als erstes und grundlegendes Kennzeichen benutzt werden.

§ 82.

Jeder Ölschalter muß ein Schild mit der Angabe der Reihe der Nennstromstärke in A, der Nennspannung in kV, der Nennausschaltleistung
in kVA, der Nennfrequenz in Per/s, des Hersteller- oder Ursprungzeichens
und der Fertigungsnummer tragen.

Bei Schutzschaltern (siehe § 43) ist der Widerstand je Pol in Ω anzugeben.

Mit Rücksicht auf die Möglichkeit einer Verwendung eines Schutzschalters
für verschiedene Zwecke und an verschiedenen Stellen ist es erwünscht, außen
feststellen zu können, wie groß der Schutzwiderstand ist.

Bei Überspannungschutzgeräten ist eine Kennzeichnung des Widerstandes
nicht erforderlich, weil hier eine Anpassung an einen bestimmten Verbraucher
oder Stromkreis nicht in so großem Maße erforderlich ist und, weil auch die
verwendeten Widerstände mit der angelegten Spannung oder der Temperatur
zum Teil veränderlich sind.

§ 83.

Auslöser mit Hauptstromwicklung müssen mit ihrem Auslösernenn-strom, ihrer Nennfrequenz und den Stromstärken bezeichnet sein, zwischen denen sie einstellbar sind.

Die Kennzeichnung der Auslöser ist an ihnen, nicht aber am Schalter anzubringen, damit bei Auswechselung eines Auslösers immer die richtige Bezeichnung erscheint.

§ 84.

Auslöser mit Nebenschlußwicklung sind mit der Auslösernennspannung, solche für Wechselstrom auch mit der Nennfrequenz des Betätigungstromes zu bezeichnen.

Hierfür gilt das Gleiche wie für § 83.

60. Leitsätze für die Prüfung von Kettenisolatoren.

Gültig ab 17. Oktober 1922[1].

Die Überschlagspannung der Hänger und Abspanner soll bei senkrecht und unter 45° einfallendem Regen, dessen spezifischer Widerstand nicht über dem des natürlichen Regenwassers (etwa 50000 Ω cm—[3])[2] liegen soll, von 3 mm Niederschlagshöhe je min mindestens gleich der doppelten Netzspannung[3] sein. Die Prüfung hat möglichst den praktischen Verhältnissen in Bezug auf Lage und Aufhängung der Isolatoren entsprechend an Stichproben zu erfolgen. Die Benetzung soll 5 min lang dauern.

I. Laufende Materialerprobung.

1. Elektrische Prüfung.

Bei dieser Prüfung werden die fertigarmierten Isolatoren auf Durchschlag unter Öl geprüft. Die Prüfspannung wird mit etwa 70% der Überschlagspannung, in Luft beginnend, alle 5 s um je etwa 5000 V bis zum Durchschlag gesteigert. Die mittlere Durchschlagspannung unter Öl soll nicht unter der Überschlagspannung in Luft liegen. Dabei wird vorausgesetzt, daß die Überschlags- und die Durchschlagsprüfung unter den gleichen Bedingungen, insbesondere mit dem gleichen Transformator und in der gleichen Transformatorenschaltung vorgenommen wird.

Die übrigen Bedingungen, unter denen die Prüfung vorzunehmen ist (Wellenform, Frequenz, Regelung, Spannungmessung usw.), werden in der in Vorbereitung befindlichen VDE-Vorschrift für Durchschlagsprüfung festgelegt werden.

2. Wärmeprüfung.

Die Prüfung wird an fertigarmierten Isolatoren vorgenommen. Die Prüfstücke werden 3-mal abwechselnd in kaltes (15°C) und warmes (75°C) Wasser getaucht. Die Eintauchdauer muß ausreichen, um völliges Durchwärmen und Abkühlen der Stücke zu gewährleisten[4]. Nach der Prüfung dürfen die Prüfstücke keinerlei Veränderungen zeigen (Glasurrisse, Sprünge u. dgl.), sie müssen auch die elektrische Prüfung (II. 2) aushalten.

---

[1] Angenommen durch die Jahresversammlung 1922. Veröffentlicht: ETZ 1922, S. 1347. — *Sonderdruck VDE 282.*

[2] Diesem Wert entspricht eine spez. Leitfähigkeit von 20 μ S cm—[1].

[3] Wenn die Normung der Kettenisolatoren durchgeführt ist, wird das Wort „Netzspannung" durch „Nennspannung" ersetzt.

[4] Die Zeitdauer ist nach dem Gewicht der zu prüfenden Stücke verschieden.

3. Mechanische Prüfung.

Die Mindestbruchlast der normal armierten Hänger soll 1500 kg, die der normal armierten Abspanner 3000 kg betragen. Nach Belastung mit ⅔ Mindestbruchlast während 15 min müssen die Isolatoren die elektrische Prüfung unter II. 2 aushalten.

4. Prüfung der Saugfähigkeit.

Bei frischen Bruchflächen der Prüfstücke wird eine Lösung von 1 g Fuchsin in 100 g Methyl-Alkohol aufgetragen und darauf mit ungefärbtem Methyl-Alkohol abgespült. Die Farbenlösung darf keine nennenswerten Spuren hinterlassen. Im Zweifelfalle ist durch Zerschlagen der Prüfstücke festzustellen, ob das Färbemittel in das Porzellan eingedrungen ist oder nur durch Kapillarwirkung an der körnigen Oberfläche festgehalten wird.

II. Stückprüfung.

Die Porzellanfabriken haben an jedem Stücke zur Aufdeckung von Fertigungsfehlern folgende Prüfungen anzustellen:

1. Prüfung der Oberflächenbeschaffenheit.

Die Isolatoren dürfen keine Brandrisse aufweisen. Die Oberfläche soll glatt und glänzend, die Glasur, mit Ausnahme der Brennflächen, zusammenhängend sein. Vereinzelte Fehler sind zulässig, wenn ihre Gesamtfläche 1 cm² nicht überschreitet.

2. Elektrische Prüfung.

a) Kappenisolatoren. Die Isolatoren sind während 15 min mit einer Prüfspannung zu prüfen, die sowohl bei umarmierten als auch bei armierten Isolatoren mindestens 95% ihrer jeweiligen Überschlagspannung[5] beträgt.

Die Prüfung unarmierter Kappenisolatoren geschieht im Wasserbade, wobei die Isolatoren mit dem Kopf in das Wasser tauchen. Der Innenraum ist mit Wasser zu füllen.

b) Hewlett-Isolatoren. Hewlett-Isolatoren von 170 mm Durchmesser sind mit 40 kV, solche von 220 mm Durchmesser aufwärts mit 60 kV zu prüfen.

Erfolgen bei der Prüfung unter a) und b) Durchschläge, so muß die Prüfung vom ersten Durchschlag ab mindestens noch 10 min lang, bei weiteren Durchschlägen mindestens noch 5 min lang fortgesetzt werden. Als Überschlagspannung gilt die Spannung, bei der Überschläge in kurzer Folge, etwa alle 3 s, an Isolatoren auftreten.

---

[5] Die Isolatoren sollten früher über- als durchschlagen.

61. Leitsätze für die Prüfung von Hochspannungsisolatoren mit Spannungstößen.

Gültig ab 1. Juli 1926[1].

1. Die Erzeugung der Spannungstöße erfolgt durch den Überschlag an einer oder mehreren Kugelfunkenstrecken (Zündfunkenstrecken) mit ausreichend großem Kugeldurchmesser in Verbindung mit einer Kondensatorenbatterie.

2. Für die Schaltung und Stoßanordnung (Länge der Leitung usw.) werden keine Festsetzungen getroffen (um die unter 5 geforderte Spannunghöhe am Isolator zu erreichen, ist ohnehin eine bestimmte Mindeststeilheit des Spannungsanstieges erforderlich).

3. Die wirksame Kapazität soll mindestens 0,001 μF (900 cm) betragen.

4. Die zu prüfenden Isolatoren sollen einzeln der Stoßprüfung unterworfen werden. Es sind Metallelektroden (keinesfalls Wasser, wie bei der Wechselspannungprüfung üblich) zu verwenden.

5. Die Höhe der Stoßspannung soll so gewählt werden, daß der Isolator bei der Stoßprüfung überschlägt; mindestens jedoch soll der Scheitelwert der Stoßprüfspannung am Isolator beim Überschlag gleich dem doppelten Werte der effektiven Überschlagspannung „U" bei der Bottichprüfung (Stückprüfung gemäß den „Normen und Prüfvorschriften für Porzellanisolatoren", Abschnitt D) sein.

(Bezogen auf die effektive Trockenüberschlagspannung „U" des Isolators im Bottich entspricht dann die Stoßprüfspannung dem Werte 1,5 × $\sqrt{2}$ × 0,95 U (angenähert = 2 U), wobei 0,95 U die Bottichprüfspannung darstellt).

6. Die Höhe der Spannung ist mittels einer möglichst nahe am Isolator aufgestellten, parallel geschalteten Kugelfunkenstrecke mit genügend großem Kugeldurchmesser zu messen. Keinesfalls darf der Meßfunkenstrecke ein Widerstand vorgeschaltet sein.

7. Jeder Isolator soll mit mindestens 20 Stößen geprüft werden, wobei die Gesamtzeit der Prüfung mindestens 5 s betragen soll.

8. Jeder stoßgeprüfte Isolator soll an einer regengeschützten Stelle einen wetterbeständigen schwarzen Farbfleck erhalten.

9. Die Wechselspannungprüfung gemäß den Prüfvorschriften für Porzellanisolatoren bleibt neben der Stoßprüfung bestehen; sie soll nach, nicht vor der Stoßprüfung erfolgen.

---

[1] Angenommen durch die Jahresversammlung 1926. Veröffentlicht: ETZ 1925, S. 1669; 1926, S. 688 und 862. — *Sonderdruck VDE 367.*

S. a. S. 385 u. ff. „Regeln für Spannungmessungen mit der Kugelfunkenstrecke in Luft".

62. Normen für häufig gebrauchte Warnungstafeln.

Gültig ab 1. Juli 1910[1].

I. Für Hochspannungsanlagen[2].

A = 30 × 20 cm.

Diese Tafel soll den Zweck erfüllen, das nicht unterwiesene Personal, ebenso auch fremde Personen beim Betreten eines Werkes oder einer Werkstätte vor unnötiger Berührung der elektrischen Einrichtungen zu warnen und zur Vorsicht zu mahnen. Auch soll sie den Zweck erfüllen, darauf hinzuweisen, daß sich nur die Person an den elektrischen Einrichtungen zu schaffen macht, die dazu berufen und befugt ist.

Diese Tafel ist also unter anderem bestimmt zum Anheften an die Zugangstore eines größeren Werkes oder einer Werkstätte oder an sonstige

---

[1] Angenommen durch die Jahresversammlung 1910. Veröffentlicht: ETZ 1910, S. 414 und 491.

[2] Die Blitzpfeile sind bei allen Warnungstafeln rot nach DIN VDE 6 auszuführen.

in die Augen fallende Stellen, an denen täglich viel Menschen verkehren, z. B. im Hofe eines Elektrizitätswerkes, in der Montagehalle einer Maschinenfabrik, an der Hängebank, im Füllort einer Grube und dergleichen mehr.

B = 30 × 20 cm.

Diese Tafel ist bestimmt zum Anheften an die Zugänge von Hochspannungschalträumen[3] (auch auf die Innenseite der Türen von Schaltsäulen), an einzelne Hochspannungmaschinen, an Freileitungsmaste bei Wegekreuzungen und dergleichen mehr.

C = 20 × 12 cm.

In Schaltstationen wird diese Tafel bei Prüf- und Ausbesserungsarbeiten häufig Verwendung finden. Man wird sie sowohl für Hochspannungs- als für Niederspannungseinrichtungen verwenden können. Der rote Blitzpfeil[3] auf der Tafel würde, da sie ihrer Bestimmung nach ja nur für Arbeiten durch unterwiesenes Personal Verwendung findet, in Niederspannungsanlagen weiter kein Hindernis sein. Wenn man dagegen eine besondere Tafel ohne Blitzpfeil beschaffen würde, so könnte diese sehr häufig auch in Hochspannungsanlagen Verwendung finden. Um das zu verhüten, wird nur eine Ausführung mit Blitzpfeil vorgeschlagen.

---

[3] Siehe Fußnote 2 auf S. 615.

D = 12 × 20 cm.

Diese Tafel dient zum Anheften an Maste, Träger, Verkleidungen usw. von Hochspannungseinrichtungen [4].

II. Für Niederspannungsanlagen.

E = 12 × 20 cm.

F = 20 × 12 cm.

Diese Tafeln sollen mit Rücksicht auf ihren Verwendungzweck sowohl in Längs- als auch in Querformat ausgeführt werden. Sie sollen den Zweck

---

[4] Siehe Fußnote 2 auf S. 615.

erfüllen, die Bauhandwerker, wie Maler, Dachdecker, Schornsteinfeger usw., zur Vorsicht zu ermahnen, um bei etwaiger Berührung durch Schreck und Fehltritt hervorgerufenen mittelbaren Gefahren vorzubeugen.

Derartige Schilder sind in manchen Gegenden schon von den Behörden vorgeschrieben; sie werden an den Isolatorträgern und auf den Dachgestängen in etwa 1,5 m Höhe anzubringen sein.

III. Allgemeines.

Die Tafeln sollen schwarze Schrift und roten Blitzpfeil auf gelbem Grunde erhalten. Als Schrift soll die sogenannte Blockschrift mit großen und kleinen Buchstaben ohne Zierat benutzt werden, damit sie schon in großer Entfernung deutlich lesbar ist. Der Blitzpfeil nach DIN VDE 6 muß scharf hervortreten. Bei dünnen lackierten Blechtafeln sollen Schrift uud Blitzpfeil außerdem erhaben geprägt sein. Bei starken Blechtafeln mit gebrannter Emaille ist erhabene Prägung nicht durchführbar; sie wird auch nicht als notwendig hingestellt, da bei derartigen, gut ausgeführten Tafeln die Schrift ohne weiteres etwas aufträgt und gebrannte Emailleschrift an und für sich gegen Witterungseinflüsse widerstandsfähiger als Lackschrift ist.

Außer Blechtafeln werden für besondere Fälle auch Tafeln aus gepreßtem Holzstoff oder ähnlichem Werkstoff zweckmäßig Verwendung finden.

63. Leitsätze für die Bekämpfung von Bränden in elektrischen Anlagen und in deren Nähe.

Gültig ab 1. Januar 1926[1].

§ 1.

Allgemeines.

a) Engstes Zusammenarbeiten zwischen Feuerwehr (FW) und Elektrizitätswerk (EW) ist erforderlich. Angestellte des EW, die sich als solche ausweisen, haben Zutritt zur Brandstelle.

b) Jedes EW hat in größeren Verbrauchzentren Betriebswachen bereit zu halten oder Personen zu bezeichnen, die auf Anforderung der FW an der Brandstelle zur Verfügung stehen müssen.

c) Bei allen Feuerwehren sind geeignete Leute durch das EW als Feuerwehr-Elektriker auszubilden, die im Notfalle einfache elektrotechnische Handgriffe ausführen können.

d) Der Eingriff in elektrische Anlagen durch ungeschulte Personen hat unter allen Umständen zu unterbleiben. Beim Brande nötig werdende elektrotechnische Arbeiten — wie Abschaltung einzelner Leitungstrecken, Kurzschließen von Leitungen, Außerbetriebsetzen von Motoren — sollen durch das Betriebspersonal oder durch Beauftragte des EW, nur im Notfalle durch die FW-Elektriker erfolgen. Schaltungen in Hochspannungsanlagen sind möglichst durch Angestellte des EW (Bezirksmonteure) auszuführen.

e) Die Schlüssel zu den wichtigen Ortschaltstellen sind vom EW der FW zu übergeben, deren Führer für zuverlässiges Aufbewahren und rechtzeitiges Herbeischaffen verantwortlich ist.

§ 2.

Erklärungen elektrotechnischer Grundbegriffe.

a) Niederspannungsanlagen sind Anlagen, deren Spannung gegen Erde nicht mehr als 250 V beträgt. Hierzu gehören alle elektrischen Anlagen, die nicht unter b) fallen, besonders Ortsnetze, Hausinstallationen und die meisten elektromotorischen Betriebe. Eine Berührung ist gefährlich und daher unbedingt zu unterlassen.

---

[1] Angenommen durch den Vorstand im November 1925. Veröffentlicht: ETZ 1925, S. 1421 und 1826. — *Sonderdruck VDE 348.*

b) Hochspannungsanlagen sind Anlagen, deren Spannung gegen Erde mehr als 250 V beträgt. Hierzu gehören Kraftwerke, Schaltstationen, Transformatorenhäuser oder -säulen, Hochspannung-Freileitungen und elektrische Bahnanlagen. Derartige Anlagen sind durch roten Blitzpfeil, vielfach auch durch die Aufschrift ,,Vorsicht — Hochspannung — Lebensgefahr'' oder dgl. gekennzeichnet und innerhalb von Gebäuden der zufälligen Berührung entzogen. Jede unmittelbare oder mittelbare Berührung ist lebensgefährlich.

c) Fernmeldeleitungen (Fernsprech-, Telegraphenleitungen, Antennen usw.) können beim Brande mit Starkstromleitungen (Hoch- oder Niederspannungleitungen) in Berührung kommen und auf diese Weise gefährlich werden (vgl. § 4).

§ 3.
Allgemeine Maßnahmen bei Bränden.

a) In jedem Falle ist dem nächstliegenden Betriebsbureau des EW (Bezirksmonteur) auf dem schnellsten Wege — telephonisch, durch Boten oder telegraphisch — Nachricht von dem Brande zu geben; das Betriebsbureau entsendet sofort geeignetes Personal zur Brandstelle.

b) In Stromerzeugungs- und -verteilungsanlagen sind nur die vom Brande betroffenen oder unmittelbar bedrohten Teile spannunglos zu machen. Im übrigen gelten die Maßnahmen unter d bis f.

c) In Stromverbrauchsanlagen sind in allen vom Brande betroffenen oder unmittelbar bedrohten Räumen alle Maschinen stillzusetzen und alle Leitungen — mit Ausnahme der Beleuchtungsanlage — spannunglos zu machen.

d) Das Abschalten hat ordnungsgemäß mit den vorhandenen Vorrichtungen zu erfolgen. Kein Leitungsdraht ist ohne zwingenden Grund durchzuschneiden oder durchzuhauen. Das Gewaltmittel des Erdens oder Kurzschließens von Leitungen ist nur, wenn Menschenleben unmittelbar gefährdet sind, und dann nur unter größtmöglicher Vorsicht durch Fachleute anzuwenden.

Die Praxis hat gezeigt, daß das Kurzschließen von Hochspannungleitungen für die Ausführenden äußerst gefährlich werden kann. Aus diesem Grunde muß dieses Gewaltmittel als allgemeines Hilfsmittel unbedingt unterbleiben; es darf nur in Ausnahmefällen von Fachleuten angewendet werden.

e) Die Lampen in den vom Brande betroffenen oder bedrohten Räumen sind — auch bei Tage — einzuschalten. Im Gegensatze zu allen anderen Beleuchtungsarten leuchten sie auch in raucherfüllten Räumen und erleichtern die Rettungsarbeiten.

f) Haben bereits umfangreiche Zerstörungen der elektrischen Anlage stattgefunden, so sind diese Teile der Anlage nachträglich spannunglos zu machen.

g) Die Metallteile der FW-Ausrüstung (z. B. an Anzügen und Helmen) und der FW-Geräte sind stromleitend und daher gefährlich; jegliche Berührung zwischen solchen Teilen und spannungführenden Leitungen ist unter allen Umständen zu vermeiden.

§ 4.
Löschmittel.

a) Maschinen, Schalttafeln und Apparate sind vor Löschwasser zu schützen. Beim Brande elektrischer Anlagen sind ausnahmslos nichtleitende Löschmittel mit nichtleitenden Treibmitteln zu verwenden. Die Isolierfähigkeit des Löschmittels darf durch das Treibmittel nicht herabgesetzt werden. Tetrachlorkohlenstoff soll in engen, schlecht belüfteten Räumen, aus denen ein Entweichen erschwert ist, nicht oder nur mit Gasmaske benutzt werden. In Räumen mit Apparaten, die größere Mengen Öl enthalten — Transformatoren, Ölschalter —, empfiehlt sich daneben die Verwendung trockenen gesiebten Sandes. Bei Maschinen ist Sand unter allen Umständen zu vermeiden; hier ist nur mit sandfreien Trockenlöschern, Kohlensäure oder gleichwertigen Mitteln vorzugehen.

b) In oder in der Nähe von Stromerzeugungs- und Stromverteilungsanlagen sind Handfeuerlöscher mit stromleitenden Löschmitteln nicht aufzuhängen.

c) Ölbrände können auch, aber erst nach Abschalten der Spannung, durch Abkühlen mit größeren Wassermengen oder durch Schaumlöschverfahren bekämpft werden.

d) Beim Brande von Holzmasten wird sich das Löschen mit Wasser nicht immer vermeiden lassen. Handelt es sich um Hochspannungleitungen, so sind die in Frage kommenden Leitungstrecken vor dem Löschen spannunglos zu machen, also durch Mast- oder Streckenschalter abzuschalten.

e) Da eine einwandfreie Erdung des Strahlrohres kaum zu erreichen sein wird, so ist von Hochspannungleitungen ein Abstand von mindestens 15 m einzuhalten und zu vermeiden, daß diese Leitungen mit vollem Strahl getroffen werden.

§ 5.
Maßnahmen nach dem Brande.

a) Nach Beendigung der Löscharbeiten darf die Brandstelle erst dann betreten werden, wenn festgestellt ist, daß sämtliche vom Brande betroffenen Teile der Anlage vollständig abgeschaltet sind. Die Anlage darf erst wieder endgültig in Betrieb genommen werden, wenn sie von zuständiger Seite als den „Vorschriften für die Errichtung und den Betrieb elektrischer Starkstromanlagen" des VDE entsprechend bezeichnet ist.

§ 6.
Behandlung Verunglückter.

a) Bei Unfällen durch Berührung von Leitungen oder sonstigen spannungführenden Teilen in Niederspannungsanlagen ist zunächst die betreffende Leitung spannunglos zu machen, da eine vorherige Berührung des Verunglückten den Hilfeleistenden selbst gefährdet. Ist es nicht mög-

lich, die Leitung abzuschalten oder unter entsprechenden Vorsichtsmaßnahmen (Zange mit isolierenden Handgriffen) abzuschneiden (nur durch
Fachleute oder FW-Elektriker), so ist der Verunglückte mit trockenen
Decken oder sonstigen gut isolierenden Gegenständen anzufassen und von
der Leitung zu entfernen.

b) Bei Unfällen in Hochspannungsanlagen ist der Verunglückte von
der Leitung erst dann zu entfernen, wenn die Leitung abgeschaltet oder
kurzgeschlossen ist. Auch die Annäherung an die Berührungstelle ist zu
vermeiden.

c) Bei vom elektrischen Schlag getroffenen Personen sind unverzüglich Wiederbelebungsversuche durch künstliche Atmung einzuleiten.
Auf jeden Fall ist ein Arzt herbeizurufen.

d) Über die weiteren Maßnahmen siehe die vom VDE herausgegebene
„Anleitung zur ersten Hilfeleistung bei Unfällen im elektrischen Betriebe"[2].

---

[2] S. S. 623.

64. Anleitung zur ersten Hilfeleistung bei Unfällen im elektrischen Betriebe.

Aufgestellt unter Mitwirkung des Reichsgesundheitsrates.

Gültig ab 1. Juli 1907[1].

I. Ist der Verunglückte noch in Verbindung mit der elektrischen Leitung, so ist zunächst erforderlich, ihn der Einwirkung des elektrischen Stromes zu entziehen. Dabei ist folgendes zu beachten:

1. Die Leitung ist, wenn möglich, sofort spannunglos zu machen durch Benutzung des nächsten Schalters, Lösung der Sicherung für den betreffenden Leitungstrang oder Zerreißung der Leitungen mittels eines trockenen, nicht metallenen Gegenstandes, z. B. eines Stückes Holz, eines Stockes oder eines Seiles, das über den Leitungsdraht geworfen wird.

2. Man stelle sich dabei selbst zur Fernhaltung oder Abschwächung der Stromwirkung (Isolierung) auf ein trockenes Holzbrett, auf trockene Tücher, Kleidungstücke oder auf eine ähnliche, nicht metallene Unterlage oder man ziehe Gummischuhe an.

3. Der Hilfeleistende soll seine Hände durch trockene Tücher, Kleidungstücke oder ähnliche Umhüllungen (auch Gummihandschuhe) isolieren; er vermeide bei den Rettungsarbeiten jede Berührung seines Körpers mit Metallteilen der Umgebung.

4. Man suche den Verunglückten von dem Boden aufzuheben und von der Leitung zu entfernen. Er ist dabei an den Kleidern zu fassen; das Berühren unbekleideter Körperteile ist möglichst zu vermeiden. Umfaßt der Verunglückte die Leitung vollständig, so hat der Hilfeleistende mit seiner durch Gummihandschuhe usw. isolierten Hand Finger für Finger des Betäubten zu lösen. Bisweilen genügt schon das Aufheben des Getroffenen von der Erde, da hierdurch der Stromweg unterbrochen wird.

Das Gebiet elektrischer Betriebe, in dem das Eingreifen eines Laien nach den vorbezeichneten Leitsätzen Erfolg verspricht, ohne ihn selbst zu gefährden, beschränkt sich auf solche Anlagen, die mit Spannungen betrieben werden, die 500 V nicht wesentlich übersteigen. Der Betrieb der

---

[1] Angenommen durch die Jahresversammlung 1907. Veröffentlicht: ETZ 1906, S. 1078. — *Sonderdruck VDE 377.*

Vor der obenstehenden Fassung der „Anleitung zur ersten Hilfeleistung bei Unfällen im elektrischen Betriebe" hat eine ältere Fassung bestanden, die am 9. 6. 1899 beschlossen wurde. Sie trat in Gültigkeit am 1. 7. 1899 und war ETZ 1899, S. 728 veröffentlicht.

Straßenbahnen hält sich in der Regel innerhalb dieser Grenzen. Bei Unfällen, die an Leitungen mit höherer Spannung erfolgt sind, ist schleunigst
für Benachrichtigung der nächsten Stelle der Betriebsleitung und für
Herbeiholung eines Arztes zu sorgen. Leitungen und Apparate mit
höherer Spannung pflegen mit einem roten Blitzpfeil $\not{\,}$ gekennzeichnet
zu sein.

II. Ist der Verunglückte bewußtlos, so ist sofort zum Arzt zu schicken
und bis zu dessen Eintreffen folgendermaßen zu verfahren:

1. Für gute Lüftung des Raumes, in dem sich der Verunglückte befindet,
ist zu sorgen.

2. Alle den Körper beengenden Kleidung- und Wäschestücke (Kragen,
Hemden, Gürtel, Beinkleider, Unterzeug usw.) sind zu öffnen. Man lege
den Getroffenen auf den Rücken und bringe ein Polster aus zusammen-
gelegten Decken oder Kleidungstücken unter die Schultern und den Kopf
derart, daß der Kopf ein wenig niedriger liegt.

3. Ist die Atmung regelmäßig, so ist der Verunglückte genau zu überwachen und nicht allein zu lassen. Bevor das Bewußtsein zurückgekehrt
ist, flöße man ihm Flüssigkeiten nicht ein.

4. Fehlt die Atmung oder ist sie sehr schwach, so ist künstliche Atmung
einzuleiten. Bevor damit begonnen wird, hat man sich davon zu überzeugen, ob sich im Munde etwa Fremdkörper, z. B. Kautabak oder
ein künstliches Gebiß, befinden. Ist dieses der Fall, so sind zunächst
diese Gegenstände zu entfernen. Die künstliche Atmung ist alsdann
in folgender Weise vorzunehmen:

Künstliche Atmung: Einatmen.

Man kniee hinter dem Kopfe des Verunglückten nieder, das Gesicht
diesem zugewendet, fasse beide Arme an den Ellbogen und ziehe sie seitlich
über seinen Kopf hinweg, so daß sich dort die Hände berühren. In dieser
Lage sind die Arme 2 bis 3 s lang festzuhalten. Dann bewege man sie ab-
wärts, beuge sie und presse die Ellbogen mit dem eigenen Körpergewicht

gegen die Brustseiten des Verunglückten. Nach 2 bis 3 s strecke man die Arme wieder über dem Kopfe des Verunglückten aus und wiederhole das Ausstrecken und Anpressen der Arme möglichst regelmäßig etwa 15-mal in der min. Um Übereilung zu vermeiden, führe man die Bewegungen langsam aus und zähle während der Zwischenpausen laut: Hundert und eins! Hundert und zwei! Hundert und drei! Hundert und vier!

5. Ist noch ein Helfer zur Hand, so fasse er während dieser Hantierungen die Zunge des Verunglückten mit einem Taschentuche, ziehe sie kräftig heraus und halte sie fest. Wenn der Mund nicht leicht aufgeht, öffne man ihn gewaltsam mit einem Stück Holz, dem Griff eines Taschenmessers oder dergleichen.

6. Sind mehrere Helfer zur Hand, so sind die vorstehend unter II. 4 beschriebenen Hantierungen von zweien auszuführen, indem jeder einen Arm ergreift und beide, in den Zwischenpausen Hundert und eins! Hundert und zwei! Hundert und drei! Hundert und vier! zählend, gleichzeitig jene Bewegungen vornehmen.

7. Die künstliche Atmung ist so lange fortzusetzen, bis die regelmäßige, natürliche Atmung wieder eingetreten ist. Aber auch dann muß der Verunglückte noch längere Zeit überwacht und beobachtet werden. Bleibt die natürliche Atmung aus, so muß man die künstliche Atmung bis zum Eintreffen des Arztes, mindestens aber 2 h lang fortsetzen, bevor man mit solchen Wiederbelebungsversuchen aufhört.

Künstliche Atmung: Ausatmen.

8. Beim Vorhandensein von Verletzungen, z. B. Knochenbrüchen, ist diesem Zustande durch besondere Vorsicht bei der Behandlung des Verunglückten Rechnung zu tragen.

9. Die Unterschenkel und Füße können von Zeit zu Zeit mit einem rauhen warmen Tuche oder einer Bürste gerieben werden.

10. Auch nach der Rückkehr des Bewußtseins ist der Verunglückte in liegender oder halbliegender Stellung unter Aufsicht zu belassen und von stärkeren Bewegungen abzuhalten.

III. Liegt eine Verbrennung des Verunglückten vor, so ist, falls ärztliche Hilfe nicht zur Stelle ist, folgendes zu beachten:

1. Bevor der Hilfeleistende die Brandwunden berührt, wasche und bürste er sich auf das sorgfältigste beide Hände und Unterarme mit warmem Wasser und Seife ab; auch empfiehlt es sich, sie mit einem reinen Tuche, das mit Spiritus getränkt ist, abzureiben (das Abtrocknen hinterher ist zu unterlassen!).

2. Gerötete und geschwollene Stellen werden zweckmäßig mit Borsalbe auf Verbandwatte oder mit einer Wismut-Brandbinde bedeckt und sodann mit einer weichen Binde lose umwickelt.

Blasen sind nicht abzureißen, sondern mit einer gut (über Spiritus-flamme) ausgeglühten Nadel anzustechen und mit einer Wismut-Brandbinde, darüber mit Verbandwatte und loser Binde zu bedecken.

Bei Verkohlungen und Schorfbildungen sind die Wunden mit Verbandmull in mehreren Lagen zu bedecken, darüber ist Watte anzubringen und das Ganze durch eine Binde zu befestigen.

65. Regeln für die Errichtung elektrischer Fernmeldeanlagen.

Gültig ab 1. Januar 1924[1].

A. Geltungsbereich.

§ 1.

Nachstehende Regeln gelten für Telegraphen-, Fernsprech-, Signal-, Fernschaltung- und ähnliche Anlagen, mit Ausnahme der öffentlichen Verkehrsanlagen der Eisenbahn- und der Post- und Telegraphenverwaltung. Für Fernmeldeanlagen auf Schiffen sowie für Hochfrequenzanlagen und für Anlagen zur Sicherung von Leben und Sachwerten gelten diese Regeln, soweit nicht weitergehende Vorschriften für solche Anlagen bestehen. Über Anlagen zur Sicherung von Leben und Sachwerten siehe § 15.

Fernmeldeanlagen oder Teile von solchen, die mit Licht- oder Kraftanlagen durch Leitung verbunden sind, unterliegen den „Vorschriften für die Errichtung und den Betrieb elektrischer Starkstromanlagen" sowie den „Vorschriften für den Anschluß von Fernmeldeanlagen an Niederspannung-Starkstromnetze durch Transformatoren (mit Ausschluß der öffentlichen Telegraphen- und Fernsprechanlagen)" und den „Leitsätze für den Anschluß von Geräten und Einrichtungen, die eine leitende Verbindung zwischen Niederspannung-Starkstrom- und Fernmeldeanlagen erfordern (mit Ausschluß der öffentlichen Telegraphen- und Fernsprechanlagen)".

B. Begriffserklärungen.

§ 2.

a) **Fernmeldeanlagen** sind in allen Fällen solche Anlagen, bei denen es sich um die elektrische Fernmeldung (Übertragung) von Vorgängen, Wahrnehmungen, Willens- oder Gedankenäußerungen handelt. Das Wort „Fern" drückt hierbei nicht ein bestimmtes Maß aus, da die elektrische Fernmeldung auch auf ganz geringe Entfernungen stattfinden kann. Der früher verwendete Ausdruck „Schwachstrom" gestattet keine klare Abgrenzung gegenüber dem Begriff „Starkstrom", da eine Grenze zwischen den beiden Begriffen auf Grund von Spannung- oder Stromabgaben festzustellen unmöglich ist.

---

[1] Angenommen durch die Jahresversammlung 1922. Veröffentlicht: ETZ 1922, S. 561 und 744. — Nachtrag angenommen durch die außerordentliche Ausschußsitzung 1923. Veröffentlicht: ETZ 1923, S. 203 und 1924, S. 83. — Änderungen der §§ 1, 3, 9 und 15 angenommen durch die Jahresversammlung 1925. Veröffentlicht: ETZ 1925, S. 904 und 1526. — *Sonderdruck VDE 324.*

Vorher hat eine Fassung bestanden, die durch die Jahresversammlungen 1913 und 1914 angenommen und ETZ 1913, S. 1069, sowie 1914, S. 540 veröffentlicht war.

b) Freileitung. Als Freileitungen gelten alle oberirdischen Leitungen außerhalb von Gebäuden, die weder eine metallene Schutzhülle noch eine Schutzverkleidung haben. Als Freileitungen sind mit Ausnahme der Leitungen in Anlagen zur Sicherung von Leben und Sachwerten nicht anzusehen Leitungen, die im Freien auf ganz kurze Strecken, in Gebäuden, in Höfen, Gärten u. dgl. geführt sind (siehe § 2c der Errichtungsvorschriften).

c) Feuchtigkeitsicher ist ein Stoff, der durch Feuchtigkeitsaufnahme in mechanischer und elektrischer Beziehung nicht derartig verändert wird, daß er für die Benutzung und den Betrieb der Anlage ungeeignet wird.

d) Feuer- und wärmesicher. Feuersicher ist ein Gegenstand, der entweder nicht entzündet werden kann oder nach Entzündung nicht von selbst weiterbrennt.

Wärmesicher ist ein Gegenstand, der bei der höchsten betriebsmäßig vorkommenden Temperatur keine den Gebrauch beeinträchtigende Veränderung erleidet.

e) Durchtränkte und ähnliche Räume. Als solche gelten Betriebs- oder Lagerräume gewerblicher oder landwirtschaftlicher Anlagen, in denen erfahrungsgemäß durch Feuchtigkeit oder Verunreinigungen (besonders chemischer Natur) die dauernde Erhaltung normaler Isolation erschwert oder der elektrische Widerstand des Körperr der darin beschäftigten Personen erheblich vermindert wird. Heiße Räume sind als durchtränkte zu betrachten, wenn die darin beschäftigten Personen ähnlichen Einwirkungen ausgesetzt sind.

f) Explosionsgefährliche Betriebstätten und Lagerräume. Als explosionsgefährlich gelten Räume, in denen explosible Stoffe hergestellt, verarbeitet oder aufgespeichert werden oder sich leicht explosible Gase, Dämpfe oder Gemische solcher mit Luft erfahrungsgemäß ansammeln.

Für Betriebe zum Herstellen und Aufspeichern von Sprengstoffen bestehen besondere behördliche Vorschriften.

g) Anlagen zur Sicherung von Leben und Sachwerten. Hierunter fallen alle Feuermelde-, Polizeiruf-, Einbruchsicherung- und Gefahrmeldeanlagen sowie die mit diesen in Zusammenhang stehenden Alarmanlagen.

C. Stromversorgung.

§ 3.

a) Als normale Spannungen für Fernmeldeanlagen gelten die in den „Normen für Spannungen elektrischer Anlagen unter 100 V" festgesetzten Spannungen.

b) Bei Stromentnahme aus Niederspannung-Starkstromnetzen für Fernmeldezwecke sind die „Vorschriften für den Anschluß von Fernmeldeanlagen an Niederspannung-Starkstromnetze durch Transformatoren (mit Ausschluß der öffentlichen Telegraphen- und Fernsprechanlagen)" und die „Leitsätze für den Anschluß von Geräten und Einrichtungen, die eine

leitende Verbindung zwischen Niederspannung-Starkstrom- und Fernmeldeanlagen erfordern (mit Ausschluß der öffentlichen Telegraphen- und Fernsprechanlagen)" zu befolgen.

§ 4.
Elemente und Sammler (Akkumulatoren).

a) Elemente und Sammler, für die Bestimmungen vom DVE herausgegeben sind, müssen diesen entsprechen.

b) Alle Elemente und Sammler müssen mit einem Ursprungzeichen versehen sein.

c) Elemente und Kleinsammler sind möglichst geschützt in Räumen
aufzustellen, die trocken und geringen Temperaturschwankungen unterworfen sind.

d) Batterieschränke oder Batteriegerüste für nasse Elemente und Kleinsammler müssen durch zweckentsprechende Mittel gegen Fäulnis und chemische Einflüsse geschützt und so angeordnet werden, daß sich der Zustand
jedes einzelnen Elementes leicht prüfen läßt.

e) Für die Aufstellung von Sammlerbatterien mit offenen Zellen gelten
die entsprechenden Bestimmungen der „Vorschriften für die Errichtung
und den Betrieb elektrischer Starkstromanlagen".

§ 5.
Maschinen, Umformer, Transformatoren, Gleichrichter.

a) Maschinen, Umformer, Transformatoren, Gleichrichter müssen, soweit sie nicht als Sonderausführungen nur für Zwecke der Fernmeldeanlagen
dienen, wie z. B. Rufinduktoren, Umformer und Polwechsler, den „Vorschriften für die Errichtung und den Betrieb elektrischer Starkstromanlagen",
den „Regeln für die Bewertung und Prüfung von elektrischen Maschinen
R.E.M./1923" und den „Regeln für die Bewertung und Prüfung von
Transformatoren R.E.T./1923" entsprechen.

b) Alle Maschinen usw. müssen mit einem Ursprungzeichen versehen sein.

c) Außer den in § 6 d vorgeschriebenen Wicklungsangaben und Klemmen-
bezeichnungen muß auch die Klemmenspannung und Drehzahl vermerkt
sein. Bei Dauermagneten muß die Polarität gekennzeichnet sein.

D. Apparate.
§ 6.

a) Alle Apparate sowie deren Teile, für die besondere Normen vom VDE
und NDI herausgegeben sind, müssen diesen entsprechen.

b) Alle Apparate müssen mit einem Ursprungzeichen versehen sein.

c) Die stromführenden Teile von Apparaten, die von Nichtkundigen
bedient werden oder zufällig berührt werden können, sollen in geeigneter
Weise (Abdeckung, Isolierung usw.) gegen Berührung geschützt sein.

d) Die einzelnen Apparatteile sind leicht zugänglich und übersichtlich
anzuordnen.

1. An abgedeckten Schaltapparaten soll die Schaltstellung von außen erkennbar sein.
2. Drahtspulen müssen deutlich lesbare Angaben über Windungzahl und Widerstand aufweisen.

e) Bei allen Apparaten müssen die Anschlußklemmen mit gut lesbaren Bezeichnungen versehen sein. Außerdem müssen die Apparate übersichtliche, leicht zugängliche Schaltbilder enthalten.

Bei mehradrigen Anschlußschnüren müssen die einzelnen Adern oder deren Enden gekennzeichnet sein.

f) Drahtverbindungen sind nur durch Lötung, Verschraubung oder andere gleichwertige Mittel herzustellen.

Verbindungschrauben müssen ihr Muttergewinde in Metall haben.

g) Steckvorrichtungen müssen so gebaut sein, daß die Stecker nicht in die Dosen der Starkstromanlagen gesteckt werden können.

h) Alle Schließstellen (Kontaktvorrichtungen) müssen an den Berührungstellen mit einem schwer oxydierenden, schwer schmelzbaren Metall versehen sein, soweit nicht eine dauernd zuverlässige Kontaktgebung durch andere geeignete Mittel (z. B. Reibung, große Berührungsfläche usw.) sichergestellt ist.

i) Die für die Einführung der Leitungen in die Apparate bestimmten Öffnungen und Kanäle müssen so ausgeführt sein, daß eine Verletzung der Isolierhülle der Leiter ausgeschlossen ist.

k) Apparate in Fernmeldeanlagen, die dem Einfluß von Hochspannungsanlagen ausgesetzt sind, müssen so eingerichtet und angeordnet sein, daß eine Gefahr für den Benutzer vermieden wird.

E. Beschaffenheit und Verlegung der Leitungen.

§ 7.

Beschaffenheit isolierter Leitungen.

a) Isolierte Leitungen müssen hinsichtlich der Haltbarkeit und Isolierfähigkeit den vorliegenden Betriebsverhältnissen angepaßt werden.

Sie müssen den „Vorschriften für isolierte Leitungen in Fernmeldeanlagen" entsprechen. Man unterscheidet folgende Arten von isolierten Leitungen:

1. Baumwollwachsdraht, geeignet zur festen Verlegung in dauernd trockenen Räumen über Putz . . . . Bezeichnung: *BW*
2. Lackpapierdraht, geeignet zur festen Verlegung in trockenen Räumen über Putz oder in Rohr unter Putz „   *LP*
3. Gummidraht, geeignet zur festen Verlegung über Putz oder in Rohr unter Putz . . . . „   *G*
4. Innenkabel ohne Bleimantel, geeignet für die gleichen Zwecke wie die Einzeldrähte, aus denen das Kabel zusammengesetzt ist . . . .
5. Kabel mit Bleimantel:
   a) Innenkabel, geeignet zur festen Verlegung über

oder unter Putz (nicht zur unterirdischen Verlegung und nicht als Luftkabel) . . . .

b) Außenkabel für unterirdische Verlegung und als
Luftkabel . . . .

6. Schnüre, geeignet zum Anschluß beweglicher Kontakte (Schließstellen) . . . .

b) Drähte innerhalb der Apparate, die zur Verbindung der einzelnen
Apparatteile dienen, unterliegen nicht den vorstehenden Bestimmungen.

§ 8.
Allgemeines über Leitungsverlegung.

a) Festverlegte Leitungen müssen durch ihre Lage oder durch besondere
Verkleidung vor mechanischer Beschädigung geschützt sein.

b) Von festverlegten Leitungen abgezweigte Schnüre bedürfen, wenn
sie rauher Behandlung ausgesetzt sind, eines besonderen Schutzes. Die
Anschlußstellen von solchen Schnüren müssen von Zug entlastet sein.

c) Ungeerdete blanke Leitungen dürfen nur auf Isolierkörpern verlegt
werden. Sie müssen voneinander, sowie von Gebäudeteilen, Eisenkonstruktionen und dergleichen in einem der Spannweite, dem Drahtgewicht und der
Spannung angemessenen Abstand entfernt sein.

§ 9.
Freileitungen.

a) Im freien Gelände genügen zur Anbringung der Isoliervorrichtungen
im allgemeinen Holzmaste, deren Stärke sich nach der Last der Leitungen
zu richten hat. In keinem Fall darf die Zopfstärke einen Durchmesser von
10 cm unterschreiten.

b) Die Länge der Stangen richtet sich nach den örtlichen Verhältnissen
und den verkehrspolizeilichen Vorschriften. Nach diesen muß die untere
Leitung an öffentlichen Wegen mindestens 3 m, bei Kreuzungen mindestens
4,5 m von der Straßenoberfläche entfernt sein.

c) Die Stangenabstände sollen im allgemeinen zwischen 60 und 80 m
liegen. Die Stangen sind auf $^1/_5$ ihrer Länge in den Erdboden zu setzen.

d) Der Durchhang der Leitungen ist so zu regeln, daß sie infolge der
durch die Temperaturabnahme im Winter hervorgerufenen Verkürzung
sowie durch Schnee- und Eisbelastungen nicht reißen.

e) Hartgezogene Kupfer- oder Bronzedrähte dürfen nur an solchen
Stellen durch Lötung verbunden werden, die von Zug entlastet sind. Verbindungen solcher Drähte, die auf Zug beansprucht werden, müssen mit
Hilfe von Verbindungsröhren oder ähnlichen Vorrichtungen hergestellt
werden. Bloßes Zusammendrehen zu einer Würgverbindungstelle ist nicht
zulässig. Bei Kreuzung- und Näherungstellen mit Starkstromleitungen sind
die „Allgemeine Vorschriften für die Ausführung und den Betrieb neuer
elektrischer Starkstromanlagen (ausschließlich der elektrischen Bahnen) bei
Kreuzungen und Näherungen von Telegraphen- und Fernsprechleitungen",

die „Zusatzbestimmungen des Reichspostministers vom 26. Juli 1922 zu Ziffer 3 der Allgemeinen Vorschriften für die Ausführung und den Betrieb neuer elektrischer Starkstromanlagen bei Kreuzungen und Näherungen von Telegraphen- und Fernsprechleitungen", die „Allgemeine Vorschriften zum Schutz vorhandener Reichs-Telegraphen- und -Fernsprechanlagen gegen neue elektrische Bahnen" sowie die „Vorschriften für die bruchsichere Führung von Hochspannungleitungen über Postleitungen" einzuhalten.

f) Isolatoren müssen den Bedingungen der Reichstelegraphenverwaltung entsprechen. Die Verwendung von Isolatoren, die für Zwecke der Starkstromtechnik bestimmt sind, ist in Fernmeldeanlagen unzulässig.

§ 10.
Leitungen in Gebäuden.

a) Bei Verlegung von isolierten ungeerdeten Leitungen unmittelbar auf dem Mauerwerk muß die Befestigung der Leitung derart ausgeführt sein, daß die Isolierhülle durch das Befestigungsmittel nicht beschädigt wird.

b) Leitungen in Rohren oder Kanälen müssen so verlegt werden, daß sie ausgewechselt werden können. Die Verbindung von Leitungen untereinander sowie die Abzweigung von Leitungen darf nur durch Lötung oder innerhalb besonderer Dosen und dergleichen durch Verschraubung oder gleichwertige Verbindungen hergestellt werden.

c) Durch Wände, Decken und Fußböden sind die Leitungen so zu führen, daß sie gegen Feuchtigkeit, mechanische und chemische Beschädigung ausreichend geschützt sind.

d) Rohre sind so zu verlegen, daß eine Ansammlung von Kondenswasser vermieden wird.

e) An Freileitungen angeschlossene Innenleitungen sind an der Einführungstelle durch Blitzableiter und Schmelzsicherungen vor atmosphärischen Entladungen und Übertritt von Starkstrom zu schützen. Bei der Ausführung der Erdung sind die „Leitsätze für Erdungen und Nullung in Niederspannungsanlagen" sowie die „Leitsätze über den Schutz der Gebäude gegen den Blitz nebst Erläuterungen und Ausführungsvorschlägen" mit Anhängen zu berücksichtigen.

§ 11.
Kabel.

a) Alle Kabel müssen den „Vorschriften für isolierte Leitungen in Fernmeldeanlagen" entsprechen.

b) Es ist darauf zu achten, daß an den Befestigungstellen der Bleimantel nicht eingedrückt oder verletzt wird. Rohrhaken sind unzulässig.

c) Kabel mit feuchtigkeitsicherer oder wasserdichter Schutzhülle, deren Adern nicht feuchtigkeitsicher isoliert sind, müssen beim Aufteilen gegen das Eindringen von Feuchtigkeit geschützt werden. Umwickeln mit Isolierband genügt hierfür nicht.

d) Die Einführung der Kabelenden in wasserdichte Apparate und Verteilungskasten muß so erfolgen, daß keine Feuchtigkeit in das Gehäuse eindringen kann.

e) Zur Verlegung in Erde sind bewehrte Kabel zu verwenden, blanke Bleikabel nur dann, wenn sie in geeigneter Weise gegen mechanische und chemische Einflüsse geschützt sind.

F. Behandlung von Fernmeldeanlagen in verschiedenen Räumen.

§ 12.

Fernmeldeanlagen in feuchten, durchtränkten und ähnlichen Räumen sowie im Freien.

a) Für die Apparatgehäuse müssen feuchtigkeitsichere Stoffe verwendet werden. Metallteile sind gegen Oxydieren zu schützen.

b) Blanke stromführende Apparatteile, wie z. B. Anschlußklemmen, müssen im Gehäuse derartig angeordnet werden, daß die Wirkungsweise der Apparate durch feuchten Niederschlag oder angesammeltes Kondenswasser nicht beeinträchtigt werden kann.

c) Die Leitungseinführungen in das Innere der Apparate sind gegen unmittelbare Benetzung durch Regen, Tropf- oder Spritzwasser zu schützen.

d) Apparate und Leitungschnüre müssen feuchtigkeitsicher isoliert sein. Enden von Kabeln mit nicht feuchtigkeitsicherer Isolierung müssen durch Endverschlüsse geschützt werden.

§ 13.

Fernmeldeanlagen in explosionsgefährlichen Räumen.

a) Bei Apparaten müssen alle stromführenden Teile so abgeschlossen sein, daß weder Wasser eintreten noch durch entstehende Funkenbildung Explosionsgefahr auftreten kann.

b) Für die Apparatgehäuse müssen wasserdichte Stoffe verwendet werden. Falls isolierte Drähte innerhalb der Apparate für die Verbindung der einzelnen Teile verwendet werden, müssen sie mit wasserdichter Isolierhülle versehen sein.

c) Von außen kommende blanke Leitungen müssen in jedem Falle durch Sicherungen (siehe § 10e), die außerhalb des Raumes anzubringen sind, geschützt werden.

§ 14.

Fernmeldeanlagen in Räumen mit ätzenden Dünsten.

a) Apparate, Leitungen und Rohre müssen gegen chemische Einflüsse besonders geschützt sein.

G. Anlagen zur Sicherung von Leben und Sachwerten.

§ 15.

a) Anlagen nach § 2g sind, abgesehen von den Alarmapparaten, für die auch häufig Arbeitstrom verwendet wird, nur für Ruhestrom einzurichten.

b) Die Schaltung ist derart durchzubilden, daß bei einer Meldung der Gefahr mindestens an einer Empfangstelle der Empfangsapparat unmittelbar in Tätigkeit gesetzt wird. Dieser muß ein optisches und akustisches Zeichen geben und gleichzeitig die Meldestelle und, falls mehrere Meldestellen in einer Leitung liegen, deren Bezirk erkennen lassen.

c) Die Hauptempfangstelle muß Meßgeräte erhalten, die dauernd die Größe des Ruhestromes erkennen lassen, und Apparate, die eine Unterbrechung und einen die Anlage gefährdenden Erdschluß selbsttätig optisch und akustisch anzeigen.

Bei öffentlichen Feuermelde- und Polizeirufanlagen müssen Vorkehrungen getroffen sein, die eine Außerbetriebsetzung der Anlage bei einem Leitungsbruch nicht zulassen.

Bei Einbruchsmeldeanlagen muß ein besonderer Alarmapparat vorgesehen sein, der bei gewaltsamen Eingriffen in die Schaltung, z. B. Leitungsunterbrechung, Batterieentfernung, in Tätigkeit tritt.

d) Zur Unterscheidung von anderen Freileitungen sind für Feuermelde- und -alarmweckerstromkreise rote Isolatoren zu verwenden.

Die Isolatoren müssen dem Modell RM II der Reichstelegraphenverwaltung entsprechen.

Zu Freileitungen darf nur Bronzedraht von mindestens 1,5 mm Durchmesser mit wetterfester Umhüllung verwendet werden.

e) Innerhalb der Gebäude darf nur Gummidraht zur Verlegung kommen. Die Befestigung der Leitung mit Nägeln oder Krampen direkt auf der Wand ist unzulässig. Die Leitungen dürfen nur in Rohr verlegt werden oder müssen mit einer diesem gleichwertigen Schutzhülle umgeben sein (Rohrdraht oder Bleikabel). Eine Ausnahme darf nur bei selbsttätigen Feuermeldeanlagen insofern gemacht werden, als hier die Verlegung auf Rollen zulässig ist.

f) Die Isolationswiderstände dürfen folgende Werte nicht unterschreiten: Gegen Erde mit allen angeschlossenen Apparaten 200000 Ω, Leiter gegeneinander mit einpolig angeschlossenen Apparaten 400000 Ω. Die Meßspannung muß mindestens 100 V betragen.

g) Bei Feuermelde- und Polizeirufanlagen dürfen Außenstromkreise nicht parallel von einer gemeinsamen Batterie gespeist werden. Für die örtlich zu betätigenden Apparate ist eine getrennte Batterie erforderlich. Für jede Batterie muß eine gleich große Reservebatterie vorhanden sein. Beide Batterien sind wechselnd in Betrieb zu nehmen. Die Kapazität der Batterie ist so zu bemessen, daß die Anlage mindestens 200 h mit einer Batterie betrieben werden kann.

Bei selbsttätigen Feuermeldeanlagen bis zu 15 Stromkreisen genügt eine Betriebs- und eine Reservebatterie. Bei solchen selbsttätigen Feuermeldeanlagen, bei denen die zentrale Empfangseinrichtung für mehr als 15 Meldeschleifen vorgesehen ist, braucht nur für 30 bis 50 Meldestromkreise je eine Batterie und Reservebatterie vorhanden zu sein.

Bei Sicherungsanlagen, die nicht dem unter § 15g, Absatz 1 und 2 genannten Zweck dienen, genügt die Verwendung einer gemeinsamen Betriebs- und Reservebatterie für alle Stromkreise.

Bei Sammlerbatterien ist mindestens jede Betriebsbatterie mit der zugehörenden Reservebatterie auf einem besonderen Gestell aufzustellen. Die Umschaltung von der Betriebs- auf die Reservebatterie muß ohne Stromunterbrechung erfolgen. An die Stromquelle der Sicherheitsanlagen dürfen keine anderen Stromverbraucher angeschlossen werden.

Die Anlagen zur Sicherung von Leben und Sachwerten dürfen von keiner Batterie aus gespeist werden können, die in Aufladung begriffen ist. Der Betrieb einer solchen Anlage mittelbar oder unmittelbar aus einem vorhandenen Starkstromnetz ist unzulässig.

Ausgenommen sind Fälle, in denen das Auftreten einer Gefahr, lediglich einer elektrischen, aus einem Spannungzustand entstehen kann. Die Gefahrmeldeanlage darf dann auch aus dieser Spannungquelle betrieben werden, wobei durch die Schaltung gewährleistet sein muß, daß die Gefahrmeldeanlage durch Betriebsvorgänge nicht früher als die zu schützende Einrichtung spannunglos werden kann.

Nur für Alarmzwecke kann Starkstrom unter Verwendung von besonderen Organen, die den Übertritt von Starkstrom in die Anlage unmöglich machen, verwendet werden. Es müssen aber dann neben den Starkstromapparaten auch Alarmeinrichtungen vorgesehen werden, die von den besonders für die Anlagen vorgesehenen Stromquellen gespeist werden. Beide Alarmvorrichtungen müssen jedoch stets gleichzeitig zwangläufig betrieben werden.

H. Isolationszustand.

§ 16.

Eine gute Isolation der Leitungen gegeneinander und gegen Erde ist für einen zuverlässigen Betrieb einer Fernmeldeanlage notwendig. Fernmeldeanlagen sind nach ihrer Fertigstellung hinsichtlich ihres Isolationszustandes zu prüfen.

Im allgemeinen genügt eine Prüfung der Leitungen auf Betriebsfähigkeit (z. B. Weck- und Sprechverständigung). Ist die Betriebsfähigkeit ungenügend, so ist die Anlage im einzelnen (Isolation, Widerstand der Leitung, Apparate) nachzuprüfen.

636

66. Vorschriften für isolierte Leitungen in Fernmeldeanlagen.

Gültig ab 1. Januar 1928[1].

Für die Verarbeitung gilt der 1. Januar 1929 als Einführungstermin.

Inhaltsübersicht:

A. Allgemeines.

§ 1. Allgemeine Kennzeichnung.
§ 2. Beschaffenheit der Kupferleiter.
§ 3. Beschaffenheit der Lackdrähte.
§ 4. Zusammensetzung der Gummihülle.
§ 5. Verwendungsbereich.
§ 6. Unterscheidung der Adern.

B. Bauart und Prüfung der Drähte.

§ 7. Baumwollwachsdraht . . . . (BW)
§ 8. Lackpapierdraht . . . . (LP)
§ 9. Gummidraht . . . . (G)
§ 10. Seidenbaumwolldraht . . . . (SB)

C. Bauart und Prüfung der Kabel.

I. Innenkabel.

a) Innenkabel ohne Bleimantel.

§ 11. Lackpapierkabel . . . . (LPK)
§ 12. Seidenbaumwollkabel . . . . (SBK)
§ 13. Gummikabel . . . . (GK)

b) Innenkabel mit Bleimantel.

§ 14. Lackpapierkabel mit Bleimantel . . . . (LPM)
§ 15. Seidenbaumwollkabel mit Bleimantel . . . . (SBM)
§ 16. Gummikabel mit Bleimantel . . . . (IGM)
§ 17. Papierbaumwollkabel mit Bleimantel . . . . (IPBM)
§ 18. Lackbaumwollkabel mit Bleimantel . . . . (LBM)

II. Außenkabel.

§ 19. Papierkabel mit Bleimantel . . . . (APM)
§ 20. Gummikabel mit Bleimantel . . . . (AGM)
§ 21. Papierbaumwollkabel mit Bleimantel . . . . (APBM)

---

[1] Angenommen durch die Jahresversammlung 1927. Veröffentlicht: ETZ 1927, S. 447, 478, 819 und 1089. — *Sonderdruck VDE 397.*

D. Bauart und Prüfung der Schnüre.

I. Klingelschnüre.

§ 22. Klingelschnüre . . . . (Li B S)

II. Rundfunkschnüre.

§ 23. Hörer- und Lautsprecherschnüre . . . . (Ger BB)
§ 24. Abmessungen der Schnüre nach § 23.
§ 25. Ausgestaltung der Schnüre nach § 23.
§ 26. Ausrüstung der Schnüre nach § 23.
§ 27. Anschlußschnüre für Stromquellen.

III. Fernsprech- und Telegraphenschnüre.
a) Schnüre mit Kupfergespinstleitern.

§ 28. Stöpselschnüre . . . . (Ge BLg)
§ 29. Systemschnüre . . . . (Ge BB)
§ 30. Apparatschnüre . . . . $\begin{cases} \text{(Gea B gf, Gea S gf,} \\ \text{Gea BB fl, Gea SB fl,} \\ \text{Gea BB rd, Gea SB rd)} \end{cases}$

b) Schnüre mit Drahtlitzenleitern.

§ 31. Anschlußschnüre für Fernsprechgehäuse . . (Li BB, Li SB)
§ 32. Anschlußschnüre für Schaltwerke (Nummern-
      scheiben usw.) . . . . (Lis S)
§ 33. Anschlußschnüre für Mikrophone . . . . . (Lim B, Lim S)
§ 34. Reihenapparatschnüre . . . . (Li STB)
§ 35. Feuchtigkeitsichere Schnüre . . . . $\begin{cases} \text{(Li GB gf, Li GB fl,} \\ \text{Li GB rd)} \end{cases}$

A. Allgemeines.

§ 1.
Allgemeine Kennzeichnung.

Für Leitungen, die den „Vorschriften für isolierte Leitungen in Fernmeldeanlagen" entsprechen, wird durch die Prüfstelle des VDE auf Grund eines besonderen Verfahrens ein Kennfaden zugewiesen, durch den ersichtlich gemacht werden soll, von welchem Werk die Leitungen hergestellt worden sind (Firmen-Kennfaden). Außerdem verleiht die Prüfstelle den Werken, denen ein Firmenfaden zugewiesen worden ist, das Recht, den schwarzroten Kennfaden[2] des VDE in den vorschriftsmäßigen Leitungen zu verwenden sowie die Bezeichnung „Codex" neben den nachfolgenden Typenbezeichnungen anzuwenden, z. B. Codex BW usw. Die Kennfäden müssen bei den Drähten nach §§ 7 und 10 zwischen Kupferleiter und erster

---

[2] Der schwarz-rote Kennfaden sowie das Wort „Codex" sind dem VDE durch Warenzeichen (Verbandzeichen) geschützt. Für den Kennfaden ist 40/2 Baumwollgarn zu verwenden; die Farbenstreifen (schwarz-rot) sind je 5 mm lang.

Bespinnung, bei den Drähten nach §§ 8 und 9 unmittelbar unter der Beflechtung, bei den Kabeln zwischen dem verseilten Kabelkern und der gemeinsamen Bewicklung oder Bespinnung, bei den Schnüren nach § 22 innerhalb der Baumwoll-Längsfäden, bei den Schnüren nach §§ 23 und 28 bis 33 zwischen der Bespinnung und der Beflechtung der Einzeladern, bei den Schnüren nach § 34 zwischen der Unter- und Außenbeflechtung, bei den Schnüren nach § 35 zwischen der Gummihülle und der Beflechtung der Einzeladern eingelegt werden.

§ 2.
Beschaffenheit der Kupferleiter.

Die für isolierte Leitungen in Fernmeldeanlagen verwendeten Kupferdrähte müssen den „Kupfernormen" des VDE entsprechen.

§ 3.
Beschaffenheit der Lackdrähte.

Die für isolierte Leitungen in Fernmeldeanlagen verwendeten Lackdrähte müssen DIN VDE 6435 entsprechen.

§ 4.
Zusammensetzung der Gummihülle.

Die Gummihülle der Gummidrähte und -schnüre sowie der gummiisolierten Adern in den Kabeln muß nach Fertigstellung folgender Zusammensetzung entsprechen.

mindestens 33,3% Kautschuk, der nicht mehr als 6% Harz enthalten darf, höchstens 66,7% Zusatzstoffe einschließlich Schwefel.

Von organischen Füllstoffen ist nur der Zusatz von festem Paraffin bis zu einer Höchstmenge von 5% gestattet. Das spezifische Gewicht der Gummihülle muß mindestens 1,5 betragen.

Die Gummihülle der fertigen Leitung muß eine Festigkeit von mindestens 50 kg/cm² und eine Bruchdehnung von mindestens 250% der Anfangslänge bei einer Meßlänge von 2 cm haben.

§ 5.
Verwendungsbereich.

Der Verwendungsbereich ist für jede Leitungsart besonders festgelegt.

§ 6.
Unterscheidung der Adern.

Die Einzeladern in Mehrfachleitungen müssen voneinander unterscheidbar sein. Die Kennzeichnung kann erfolgen durch farbige Bespinnung, Beflechtung usw., durch Einlegen farbiger Fäden oder durch Verzinnung eines Leiters. In Kabeln, bei denen die Adern als Einzeladern, Aderpaare, Doppelpaare oder Sternvierer in konzentrischen Lagen angeordnet sind, genügt es, wenn in jeder Lage eine Ader oder ein Aderpaar, Doppelpaar, oder Sternvierer zu Zählzwecken kenntlich gemacht wird. Die in einem

Aderpaar, Doppelpaar oder Sternvierer vereinigten Adern. müssen unter sich ebenfalls unterscheidbar sein.

B. Bauart und Prüfung der Drähte.

§ 7.
Baumwollwachsdraht.
Bezeichnung BW.

Geeignet für einfache Fernmeldeanlagen zur festen Verlegung in dauernd trockenen Räumen über Putz.

Der Leiter besteht aus einem Kupferdraht von 0,8 oder 1,0 mm Durchmesser und ist doppelt mit Baumwolle in entgegengesetzter Richtung besponnen; die Bespinnung ist getränkt. Die Drähte können auch mehrfach verseilt sein.

§ 8.
Lackpapierdraht.
Bezeichnung LP.

Geeignet zur festen Verlegung in trockenen Räumen über Putz oder in Rohr unter Putz, sowie zur freien Verlegung innerhalb und außerhalb der Gestelle, Vielfachumschalter usw. der Fernmeldeanlagen.

Der Leiter besteht aus einem Kupferdraht von 0,6; 0,8; 1,0; 1,5 oder 1,8 mm Durchmesser und ist mit einer Lackschicht überzogen. Der Lackdraht ist mit zwei Lagen Papierband und einer Lage Baumwolle besponnen und mit Baumwolle beflochten; die Beflechtung ist getränkt. Die Drähte können auch mehrfach verseilt sein.

Die Drähte müssen so beschaffen sein, daß 5 m lange Stücke in trockenem Zustande einer Wechselspannung von mindestens 800 V bei 50 Per/s 10 min lang widerstehen. Bei Prüfung von Einfachdrähten sind zwei 5 m lange Stücke zusammenzudrehen.

Der LP-Draht mit Kupferleitern von 0,6 mm Durchmesser darf nur als Schaltdraht in den Gestellen, Vielfachumschaltern usw. der Fernmeldeanlagen verwendet werden.

§ 9.
Gummidraht.
Bezeichnung G.

Geeignet zur festen Verlegung über Putz oder in Rohr unter Putz, sowie für den Innen- und Außenbau der Fernmeldeanlagen.

Der Leiter besteht aus einem feuerverzinnten Kupferdraht von 0,8; 1,0; 1,5 oder 1,8 mm Durchmesser und ist mit einer vulkanisierten Gummihülle umgeben. Die Wanddicke der Gummihülle beträgt bei den Leitern von 0,8 und 1,0 mm Durchmesser mindestens 0,6 mm, bei den Leitern von 1,5 mm Durchmesser mindestens 0,8 mm, bei den Leitern von 1,8 mm Durchmesser mindestens 1,0 mm. Über dem Gummi befindet sich eine Beflechtung aus Baumwolle; die Beflechtung ist getränkt. Die Drähte können auch mehrfach verseilt sein.

Gummidrähte von 0,6 mm Wanddicke müssen in trockenem Zustande einer Wechselspannung von 1000 V bei 50 Per/s 30 min lang widerstehen. Bei Prüfung einfacher Drähte sind zwei 5 m lange Stücke zusammenzudrehen.

Gummidrähte mit Wanddicken von 0,8 mm aufwärts müssen nach 24-stündigem Liegen unter Wasser von nicht mehr als 25°C während ½ h einer Wechselspannung von 2000 V bei 50 Per/s oder einer Gleichspannung von 2800 V widerstehen. Für die Gleichspannungprüfung muß eine Stromquelle von mindestens 2 kW benutzt werden.

§ 10.
Seidenbaumwolldraht.
Bezeichnung SB.

Geeignet zur freien Verlegung innerhalb der Apparate und Gestelle der Fernmeldeanlagen.

Der Leiter besteht aus einem feuerverzinnten Kupferdraht von 0,6 mm Durchmesser und ist mit zwei Lagen Naturseide und einer Lage Baumwolle besponnen; die Bespinnung ist getränkt. Die Drähte können auch mehrfach verseilt sein.

Die Drähte müssen so beschaffen sein, daß 5 m lange Stücke in trockenem Zustande einer Wechselspannung von mindestens 800 V bei 50 Per/s 10 min lang widerstehen. Bei Prüfung von Einfachdrähten sind zwei 5 m lange Stücke zusammenzudrehen.

C. Bauart und Prüfung der Kabel.
I. Innenkabel.
a) Innenkabel ohne Bleimantel.

Geeignet zur festen Verlegung über Putz, sowie zur Verlegung innerhalb und außerhalb der Gestelle, Vielfachumschalter usw. der Fernmeldeanlagen; Kabel nach §§ 11 und 12 nur in trockenen Räumen.

Leiterdurchmesser 0,6; 0,8 und 1,0 mm.

Die zum Kabelkern verseilten Adern sind durch gemeinsame Bewicklung zusammengefaßt. Die Bewicklung besteht aus einer oder mehreren Lagen Papier- oder Baumwollband oder aus Papier- und Baumwollband, bei den Gummikabeln aus getränktem Baumwollband. Die so gebildete Kabelseele ist mit Baumwolle beflochten; die Beflechtung ist getränkt. Als Schutz gegen Feuchtigkeit ist bei den Kabeln nach §§ 11 und 12 innerhalb der Seelenbewicklung eine geschlossene Lage Metallfolie (Stanniol oder dgl.) vorgesehen.

Bei der Abnahme im Lieferwerk gemessen, müssen die Kabel einen Isolationswiderstand von mindestens 100 MΩ für 1 km Länge bei 20°C haben (eine Ader gemessen gegen alle anderen und Erde). Die Messung hat mit einer Spannung von 100 bis 200 V zu erfolgen.

Die Adern in den Kabeln nach §§ 11 und 12 müssen, am unverarbeiteten Kabel gemessen, einer Wechselspannung von 800 V bei 50 Per/s 10 min

lang, die Adern in den Kabeln nach § 13 einer Wechselspannung von 1000 V
bei 50 Per/s 30 min lang widerstehen.

§ 11.
Lackpapierkabel.
Bezeichnung LPK.

Die lackierten Kupferleiter sind mit mindestens drei Lagen Papier besponnen. Die Adern sind einzeln oder in Gruppen zu je 2, 3, 4 oder 5 zum
Kabelkern verseilt. Die zu einer Gruppe vereinten Adern sind durch
schraubenlinige Umwicklung mit Baumwollfäden zusammengehalten.
Die Kabel können auch als Flachkabel hergestellt werden.

§ 12.
Seidenbaumwollkabel.
Bezeichnung SBK.

Die feuerverzinnten Kupferleiter sind mit zwei Lagen Naturseide und
einer Lage Baumwolle besponnen. Weiterer Aufbau der Kabelseele wie
bei den Kabeln nach § 11.

§ 13.
Gummikabel.
Bezeichnung GK.

Die feuerverzinnten Kupferleiter sind mit einer Gummihülle von mindestens 0,6 mm Wanddicke umpreßt und mit Baumwolle besponnen oder
mit gummiertem Baumwollband bewickelt. Die Adern sind als Einzeladern,
Aderpaare, Doppelpaare oder Sternvierer zum Kabelkern verseilt.

b) Innenkabel mit Bleimantel.

Geeignet zur festen Verlegung über oder unter Putz, sowie zur Ver-
legung innerhalb und außerhalb der Gestelle, Vielfachumschalter usw. der
Fernmeldeanlagen (nicht zur unterirdischen Verlegung oder als Luftkabel).
Leiterdurchmesser 0,6; 0,8; 1,0; 1,5 und 1,8 mm.

Die zum Kabelkern verseilten Adern sind durch gemeinsame Bewicklung
zusammengefaßt. Die Bewicklung besteht aus einer oder mehreren Lagen
Papier- oder Baumwollband oder aus Papier- und Baumwollband, bei den
Gummikabeln aus getränktem Baumwollband. Die so gebildete Kabelseele ist mit einem Bleimantel umpreßt. Mindestdicke des Bleimantels
siehe Tafel 1.

Tafel 1.

Durchmesser des Kabels unter dem Bleimantel mm	Mindestdicke des Bleimantels mm	Durchmesser des Kabels unter dem Bleimantel mm	Mindestdicke des Bleimantels mm
bis 10	0,8	bis 30	1,4
„ 14	0,9	„ 32	1,5
„ 18	1,0	„ 34	1,6
„ 22	1,1	„ 36	1,7
„ 25	1,2	„ 38	1,8
„ 28	1,3	—	—

Bei der Abnahme im Lieferwerk gemessen, müssen die Kabel einen Isolationswiderstand von mindestens 100 MΩ für 1 km Länge bei 20°C haben (eine Ader gemessen gegen alle anderen und Bleimantel). Die Messung hat mit einer Spannung von 100 bis 200 V zu erfolgen.

Die Adern in den Kabeln nach §§ 14, 15 und 17 müssen, am unverarbeiteten gemessen, einer Wechselspannung von 800 V bei 50 Per/s 10 min lang, die bandbewickelten Adern in den Kabeln nach § 16 mit einer Wanddicke von 0,6 mm einer Wechselspannung von 1000 V bei 50 Per/s 30 min lang widerstehen.

Für höhere Wanddicken gelten die Bestimmungen über eine Prüfung nach 24-stündigem Liegen unter Wasser nach § 9.

§ 14.
Lackpapierkabel mit Bleimantel.
Bezeichnung LPM.
Aufbau der Kabelseele wie bei den Kabeln nach § 11.

§ 15.
Seidenbaumwollkabel mit Bleimantel.
Bezeichnung SBM.
Aufbau der Kabelseele wie bei den Kabeln nach § 12.

§ 16.
Gummikabel mit Bleimantel.
Bezeichnung IGM.
Aufbau der Kabelseele wie bei den Kabeln nach § 13.

Über der Bespinnung oder Bewicklung der Gummiadern kann eine Beflechtung aus Baumwolle vorgesehen werden.

Die Wanddicke der Gummihülle beträgt bei den Leitern von 1,5 mm Durchmesser mindestens 0,8 mm, bei den Leitern von 1,8 mm Durchmesser mindestens 1,0 mm.

Bei einadrigen Kabeln kann der Bleimantel unmittelbar auf die mit Gummi isolierte Ader aufgebracht werden, desgleichen bei zweiadrigen flachen Kabeln, bei denen die beiden mit Gummi isolierten Adern parallel nebeneinander verlaufen.

§ 17.
Papierbaumwollkabel mit Bleimantel.
Bezeichnung IPBM.
Die blanken oder feuerverzinnten Leiter sind entweder mit zwei Lagen Papier und einer Lage Baumwolle oder mit einer Lage Papier und zwei Lagen Baumwolle besponnen. Die Adern sind als Einzeladern, Aderpaare, Doppelpaare oder Sternvierer zum Kabelkern verseilt.

Die Kabel können auch als Flachkabel hergestellt werden.

Vor dem Aufpressen des Bleimantels kann die Kabelseele getränkt werden.

§ 18.
Lackbaumwollkabel mit Bleimantel.
Bezeichnung LBM.

Die lackierten Kupferleiter sind mit einer oder zwei Lagen Baumwolle besponnen. Weiterer Aufbau der Kabel wie bei den Kabeln nach § 17.

II. Außenkabel.

Geeignet zur festen Verlegung über oder unter Putz, zur unterirdischen Verlegung, mit legiertem Bleimantel auch als Luftkabel.

Die Leiter können ein- oder mehrdrähtig sein. Durchmesser bei eindrähtigem Leiter mindestens 0,6 mm.

Für die Kabelseele gelten die Bestimmungen unter Ib. Die Kabelseele ist mit einem Bleimantel umpreßt. Mindestwerte für die Wanddicke des Bleimantels und die Abmessungen der Eisenbewehrungen siehe Tafel 2. Hierin gelten

für unbewehrte Außenkabel . . . . . . die Spalten 1, 2 und 3
für unbewehrte Außenkabel mit Papier-
Juteschicht. . . . . die Spalten 1, 2, 3, 5 und 6
für bewehrte Außenkabel ohne äußere
Juteschicht. . . . . die Spalten 1, 2, 4 bis 9
für bewehrte Außenkabel mit äußerer
Juteschicht . . . . die Spalten 1, 2, 4 bis 11.

Der Isolationswiderstand muß bei Kabeln mit trockener Papierisolation mindestens 1000 MΩ, bei allen übrigen Kabeln mindestens 100 MΩ für 1 km Länge bei 20° C betragen (eine Ader gemessen gegen alle anderen und Bleimantel). Die Messung hat mit einer Spannung von 100 bis 200 V zu erfolgen.

§ 19.
Papierkabel mit Bleimantel.
Bezeichnung APM.

Die Leiter sind mit einer oder mehreren Lagen Papier fest oder unter Bildung eines Hohlraumes zwischen Leiter und Isolierhülle besponnen (hohle Bespinnung). Die Adern sind als Einzeladern, Aderpaare, Doppelpaare oder Sternvierer zum Kabelkern verseilt.

Vor dem Aufpressen des Bleimantels kann die Kabelseele bei Kabeln mit fester Bespinnung getränkt werden.

§ 20.
Gummikabel mit Bleimantel.
Bezeichnung AGM.

Aufbau der Kabelseele wie bei den Kabeln nach §§ 13 und 16.¦ Die Wanddicke der Gummihülle beträgt bei Leitern

bis 1,0 mm Durchmesser mindestens 0,6 mm,
bis 1,5 mm Durchmesser mindestens 0,8 mm,
über 1,5 mm Durchmesser mindestens 1,0 mm.

Tafel 2.

Durchmesser des Kabels unter dem Bleimantel	Mindestdicke des Bleimantels bei			Bedeckung des Bleimantels		Bewehrung			Bedeckung der Bewehrung	
	fester Bespinnung für unbewehrte und bewehrte Kabel	hohler Bespinnung für		Werkstoff	Dicke	Blechdicke	Drahtdicke		Werkstoff	Dicke
		unbewehrte Kabel	bewehrte Kabel				Runddraht	Flachdraht		
					etwa	etwa	etwa	etwa		etwa
mm	mm	mm	mm		mm	mm	mm	mm		mm
1	**2**	**3**	**4**	**5**	**6**	**7**	**8**	**9**	**10**	**11**
bis 5	1,2	1,2	1,2		1,5	—	1,4	—		1,5
„ 8	1,2	1,3	1,2		1,5	—	1,4	—		1,5
„ 10	1,2	1,4	1,2		1,5	2 × 0,5	1,6	1,4		1,5
„ 12	1,2	1,5	1,3		1,5	2 × 0,5	1,6	1,4		1,5
„ 14	1,3	1,6	1,3		1,5	2 × 0,5	1,6	1,4		1,5
„ 16	1,3	1,7	1,4		1,5	2 × 0,5	—	1,4		1,5
„ 18	1,4	1,8	1,5		2,0	2 × 0,5	—	1,7		2,0
„ 20	1,4	1,9	1,5		2,0	2 × 0,5	—	1,7		2,0
„ 23	1,5	2,0	1,6		2,0	2 × 0,5	—	1,7		2,0
„ 26	1,6	2,1	1,7		2,0	2 × 0,5	—	1,7		2,0
„ 29	1,7	2,2	1,8		2,0	2 × 0,5	—	1,7		2,0
„ 32	1,8	2,3	1,9		2,0	2 × 0,5	—	1,7		2,0
„ 35	1,9	2,4	2,0		2,0	2 × 0,8	—	1,7		2,0
„ 38	2,0	2,5	2,1		2,0	2 × 0,8	—	1,7		2,0
„ 41	2,1	2,6	2,2		2,0	2 × 0,8	—	1,7		2,0
„ 44	2,2	2,7	2,3		2,0	2 × 0,8	—	1,7		2,0
„ 47	2,3	2,8	2,4		2,0	2 × 0,8	—	1,7		2,0
„ 50	2,4	2,9	2,5		2,0	2 × 0,8	—	1,7		2,0
„ 54	2,5	3,0	2,6		2,0	2 × 0,8	—	1,7		2,0
„ 58	2,6	3,2	2,7		2,5	2 × 1,0	—	1,7		2,0
„ 62	2,7	3,4	2,8		2,5	2 × 1,0	—	1,7		2,0
„ 66	2,8	3,6	3,0		2,5	2 × 1,0	—	1,7		2,0
„ 70	2,9	3,8	3,2		2,5	2 × 1,0	—	1,7		2,0
„ 75	3,0	4,0	3,4		2,5	2 × 1,0	—	1,7		2,0
„ 80	3,1	4,2	3,6		2,5	2 × 1,0	—	1,7		2,0

Spalte 5 (Werkstoff der Bedeckung des Bleimantels): Zähflüssiger Compound, 2 Lagen vorgetränkten Papiers mit Überlappung aufgesponnen, zähflüssiger Compound, 1 Lage vorgetränkter Jute.

Spalte 10 (Werkstoff der Bedeckung der Bewehrung): 1 Lage zähflüssigen Compounds, 1 Lage vorgetränkter Jute, Compound.

Bei Kabelmänteln aus Bleilegierungen können die Werte der Spalten 2 bis 4 entsprechend der durch die Legierung erhöhten Festigkeit unterschritten werden (z. B. bei einer Legierung mit 1% Zinn um 10%).

§ 21.
Papierbaumwollkabel mit Bleimantel.
Bezeichnung APBM.
Aufbau der Kabelseele wie bei den Kabeln nach § 17.

D. Bauart und Prüfung der Schnüre.
Schnüre sind leicht bewegbare Leitungen mit Leitern aus Gespinst oder feindrähtigen Litzen. Sie dienen zur Herstellung ortsveränderlicher Verbindungen.

I. Klingelschnüre.
Geeignet zum Anschluß ortsveränderlicher Taster in Klingelanlagen.

§ 22.
Klingelschnüre.
Bezeichnung Li BS.
(siehe DIN VDE 7200.)

Leiter: Litze aus mindestens 10 Kupferdrähten von 0,10 bis 0,15 mm Durchmesser.

Der Leiter ist mit Baumwoll-Längsfäden umgeben und darüber mit Eisengarn beflochten oder mit Kunstseide besponnen oder beflochten. Zwei oder mehrere Adern sind mit oder ohne Tragschnur verseilt.

II. Rundfunkschnüre.
Für Spannungen bis höchstens 250 V.

§ 23.
Hörer- und Lautsprecherschnüre.
Bezeichnung Ger BB.
(siehe DIN VDE 7201.)

Leiter: Mindestens 9 verseilte Gespinstfäden aus Kupferlahn $0,3 \times 0,02$ mm auf Baumwollfäden oder mindestens 9 verseilte Gespinstfäden, die mit zwei blanken, nebeneinander liegenden Kupferdrähten von je 0,15 mm Durchmesser in langem Schlag umwickelt sind.

Der Leiter ist mit Baumwolle besponnen und darüber mit Baumwolle beflochten. Bei der eingelegten kurzen Ader für gegabelte Hörerschnüre kann die Beflechtung wegfallen.

Zwei Adern sind unverseilt nebeneinander gelegt und mit Baumwolle beflochten.

Farbe der Adern und der gemeinsamen Beflechtung braun oder schwarz nach DIN VDE ...

§ 24.
Abmessungen der Schnüre nach § 23.
(siehe DIN VDE 7220.)

Als normale Längen gelten:

a) für den Stamm bei:

Einfach-Hörerschnüren . . . . 1200 mm
Lautsprecherschnüren . . . . 1200 oder 2000 „
Doppel-Hörerschnüren ohne Gabelung . . . . 1200 „
Doppel-Hörerschnüren mit Gabelung . . . . 1000 „
b) für die Astlänge bei Doppel-Hörerschnüren . . . . . . 400 „
(bei Schnüren ohne Gabelung für Doppelhörer richtet sich
die Länge des am Bügel entlang laufenden Astes nach der
Bauart des Hörers)
c) für die Äste am Wurzelende (Stecker) . . . . 70 „ .
d) Die Länge der Äste am Kronenende (Hörer oder Lautsprecher)
richtet sich nach der Bauart der Geräte. Als Längen sollen 20, 30,
40 oder 50 mm gelten.

§ 25.
Ausgestaltung der Schnüre nach § 23.
(siehe DIN VDE 7220.)

Ausgestaltete Schnüre sollen durch Lagesicherungen gegen Zugbean-
spruchung entlastet sein.
Lagesicherungen nach DIN VDE 7210.
Spitzen oder Ösen für die Enden der Äste nach DIN VDE 7210.

§ 26.
Ausrüstung der Schnüre nach § 23.
Anschlüsse, z. B. in Steckern, dürfen nicht gelötet werden.
Befestigung der Ausrüstungen nach DIN VDE 7210.

§ 27.
Anschlußschnüre für Stromquellen.
Hierüber werden Vorschriften z. Z. noch nicht erlassen.

III. Fernsprech- und Telegraphenschnüre.
a) Schnüre mit Kupfergespinstleitern.
Geeignet für hohe mechanische Beanspruchung und leichte Bewegbar-
keit in Fernsprech- und Telegraphenanlagen.

§ 28.
Stöpselschnüre.
Bezeichnung Ge BLg.
(siehe DIN VDE 7202.)

Leiter: 3 × 7 verseilte Gespinstfäden aus Kupferlahn 0,3 × 0,02 mm
auf Eisengarn.
Der Leiter ist mit einer Lage Baumwolle besponnen und mit Baumwolle
beflochten.
Die Adern sind um eine Hanfschnur mit einer oder mehreren Einlagen
rund verseilt. Der Schnurkern ist mit Baumwolle beflochten, gewachst
und mit Leinengarn beflochten.

§ 29.
Systemschnüre.
Bezeichnung Ge BB.
(siehe DIN VDE 7202.)

Aufbau von Ader und Schnurkern wie bei den Schnüren nach § 28. Der Schnurkern wird mit Baumwolle beflochten.

§ 30.
Apparatschnüre.

Bezeichnungen mit Baumwollbespinnung: Gea B gf, Gea BB fl, Gea BB rd; mit Naturseide-Bespinnung: Gea S gf, Gea SB fl, Gea SB rd.
(siehe DIN VDE 7202.)

Leiter: 3 × 7 verseilte Gespinstfäden aus Kupferlahn 0,3 × 0,02 mm auf Eisengarn, die mit drei blanken, nebeneinander liegenden Kupferdrähten von je 0,15 mm Durchmesser in langem Schlag umwickelt sind.

Der Leiter ist mit mindestens zwei Lagen Baumwolle oder Naturseide besponnen und mit Baumwolle beflochten.

Die Adern sind miteinander geflochten (gf) oder unverseilt nebeneinander gelegt (fl) oder um eine Hanfschnur rund verseilt (rd).

Der flache oder runde Schnurkern ist mit Baumwolle beflochten.

b) Schnüre mit Drahtlitzenleitern.

Geeignet für geringe mechanische Beanspruchung in Fernsprech- und Telegraphenanlagen.

§ 31.
Anschlußschnüre für Fernsprechgehäuse.
Bezeichnungen Li BB, Li SB.
(siehe DIN VDE 7202.)

Leiter: Litze aus 18 Kupferdrähten von 0,10 mm Durchmesser.

Der Leiter ist mit mindestens zwei Lagen Baumwolle oder Naturseide besponnen und mit Baumwolle beflochten.

Die Adern sind um eine Hanfschnur rund verseilt und mit Baumwolle beflochten.

§ 32.
Anschlußschnüre für Schaltwerke (Nummernscheiben usw.).
Bezeichnung Lis S.
(siehe DIN VDE 7202.)

Leiter: Litze aus 18 Kupferdrähten von 0,10 mm Durchmesser.

Der Leiter ist mit mindestens zwei Lagen Naturseide besponnen und mit Baumwolle beflochten.

Die Adern sind miteinander verseilt.

§ 33.
Anschlußschnüre für Mikrophone.
Bezeichnung Lim B, Lim S.
(siehe DIN VDE 7202.)

Leiter: Litze aus 7 Gruppen zu je 15 Kupferdrähten von 0,05 mm Durchmesser.

Der Leiter ist mit mindestens zwei Lagen Baumwolle oder Naturseide besponnen und mit Baumwolle beflochten.

Die Adern sind miteinander verseilt.

§ 34.
Reihenapparatschnüre.
Bezeichnung Li STB.
(siehe DIN VDE 7202.)

Leiter: Litze aus 18 Kupferdrähten von 0,10 mm Durchmesser.

Der Leiter ist mit mindestens zwei Lagen Naturseide besponnen, getränkt, mit einer Lage Baumwolle besponnen und nochmals getränkt.

Die Adern sind zum Schnurkern verseilt:

    entweder einzeln,

    oder paarweise,

    oder paarweise in Gruppen.

Die Gruppen sind mit mehreren nebeneinander liegenden Baumwollfäden in langem Schlag umwickelt.

Der Schnurkern ist zweimal mit Baumwolle beflochten.

§ 35.
Feuchtigkeitsichere Schnüre.
Bezeichnung Li GB gf, Li GB fl, Li GB rd.
(siehe DIN VDE 7202.)

Leiter: Litze aus 24 feuerverzinnten Kupferdrähten von 0,20 mm Durchmesser.

Der Leiter ist mit einer Lage Baumwolle besponnen, mit einer Gummihülle von 0,4 mm Wanddicke umpreßt und mit Baumwolle beflochten.

Die Adern sind miteinander geflochten (gf) oder mit einer Hanfschnur unverseilt nebeneinander gelegt (fl) oder um eine Hanfschnur rund verseilt (rd).

Der flache oder runde Schnurkern ist mit Baumwolle beflochten.

67. Vorschriften für den Anschluß von Fernmeldeanlagen an Niederspannung-Starkstromnetze durch Transformatoren (mit Ausschluß der öffentlichen Telegraphen- und Fernsprechanlagen)[1].

Gültig ab 1. Januar 1921[*].

1. Zwischen den Starkstrom- und den Fernmeldeanlagen darf eine leitende Verbindung nicht bestehen[2].

2. An allen Geräten und Einrichtungen, die den Anschluß von Fernmeldeanlagen an Niederspannung-Starkstromnetze vermitteln, müssen die Anschlüsse für die Starkstrom- wie für die Schwachstromseite elektrisch und räumlich zuverlässig voneinander getrennt und leicht zu unterscheiden sein.

3. Die Starkstromklemmen müssen der Berührung entzogen und plombierbar sein[3].

4. Die Bestimmungen des § 10 der Errichtungsvorschriften finden Anwendung.

5. Die Starkstrom- und die Fernmeldeleitungen müssen in der ganzen Anlage elektrisch und räumlich zuverlässig voneinander getrennt und leicht zu unterscheiden sein[4].

6. Kleintransformatoren, die zum Betrieb von Fernmeldeanlagen dienen, müssen als solche gekennzeichnet werden[5] und entweder derart gebaut oder mit solchen Schutzvorrichtungen versehen sein[6], daß bei dauerndem Kurzschluß der Sekundärklemmen und bei Nenn-Primärspannung die Übertemperatur der Wicklungen folgende Werte nicht überschreitet:

Draht mit Isolierung durch Emaillelack . . . . 120° C
Draht mit Isolierung durch Seide . . . . 100° C
Draht mit Isolierung durch imprägnierte Baumwolle . . . . . 90° C

Die Übertemperatur ist nach den „Regeln für die Bewertung und Prüfung von Transformatoren R.E.T./1923" aus der Widerstandzunahme zu ermitteln[7].

7. Die Primär- und Sekundärwicklungen müssen auf getrennten Spulenkörpern befestigt sein[8].

---

[*] Angenommen durch die Jahresversammlung 1920. Veröffentlicht: ETZ 1920, S. 737. — *Sonderdruck VDE 215.*
   Die 1. Fassung wurde durch die Jahresversammlung 1912 angenommen. Sie war veröffentlicht ETZ 1912, S. 94 und 697.

Beide Wicklungen sind durch isolierende Zwischenlagen oder ähnliche Mittel so voneinander zu trennen, daß auch bei Drahtbruch eine elektrische Verbindung nicht entstehen kann.

8. Die Spannung an der offenen Sekundärwicklung darf das Doppelte der Nennspannung nicht überschreiten und höchstens 40 V betragen [9].

9. Die Isolierfestigkeit ist nach den „Regeln für die Bewertung und Prüfung von Transformatoren R.E.T./1923" zu prüfen; Prüfspannung 1000 V.

10. Auf den Kleintransformatoren müssen Primärspannung, Frequenz, Sekundärstromstärke, Sekundärspannungen und Leerlaufverbrauch in W, bezogen auf die Primärspannung, verzeichnet sein [10].

Die angegebene Stromstärke muß der höchsten angegebenen Sekundärspannung entsprechen.

Erklärungen.

1. Vgl. Erklärungen von Passavant „ETZ" 1912, S. 94. Über den Begriff „Fernmeldeanlagen" (Schwachstromanlagen) siehe Webers Erläuterungen 1 und 2 zu § 1 der Errichtungsvorschriften. „Regeln für die Errichtung elektrischer Fernmeldeanlagen" (Schwachstromanlagen) sind 1923 aufgestellt und 1924/25 zum Teil neu gefaßt worden (s. S. 627 u. ff.).

2. Transformatoren dürfen also nicht in Sparschaltung angewendet werden. Besteht eine leitende Verbindung, wie z. B. bei Sparschaltung, so muß die Fernmeldeleitung in allen Teilen nach den Vorschriften für Starkstromanlagen ausgeführt werden.

3. Vgl. § 10, Regel 1, der Errichtungsvorschriften.

4. Beide Arten von Leitungen dürfen z. B. nicht in ein und demselben Rohr liegen.

5. Die Kennzeichnung soll eine Verwechselung mit Kleintransformatoren für Starkstromzwecke, z. B. zur Speisung niedervoltiger Glühlampen, ausschließen; hierzu dient etwa die Aufschrift: „Klingeltransformator".

6. In der Praxis wird dieser Forderung durch Transformatoren mit hohem Spannungsabfall genügt. Die Sicherung des den Transformator enthaltenden Zweiges der Starkstromleitung ist keine derartige Schutzvorrichtung, sie ist aber nach § 14 d der Errichtungsvorschriften erforderlich.

7. Diese Vorschrift § 14 d definiert die sogenannte „Kurzschlußsicherheit" des Transformators. Sie bezieht sich nicht nur auf die Feuersgefahr infolge Überhitzung der Außenteile, sondern soll auch ein Unbrauchbarwerden der Transformatoren durch Verschmoren infolge von Kurzschlüssen in der Fernmeldeanlage verhindern.

8. Obwohl der Übertritt des Starkstromes in die Fernmeldeleitung auch bei anderen als der hier vorgeschriebenen Bauart verhütet werden kann, so soll doch durch die Bestimmung eine besondere, von der Art der Ausführung tunlichst unabhängige Sicherheit geschaffen werden. Die getrennten Spulenkörper können z. B. auf zwei verschiedenen Schenkeln des Eisenkernes liegen. Liegen sie auf dem gleichen Schenkel, so muß jede Spule mit ihrem Körper für sich abnehmbar sein.

9. Die „Regeln für die Errichtung elektrischer Fernmeldeanlagen" fußen auf der Annahme, daß eine Spannung von 24 V für den Betrieb von Fernmeldeanlagen ausreicht. Dieser Spannung entspricht die Grenze von 40 V bei offenem Transformator, da meistens ein erheblicher Spannungsabfall entsteht.

10. Wird der Klingeltransformator wie üblich als Einheitstype für einen größeren Bereich von Anschlußspannungen ausgeführt, z. B. 210 bis 240 V, so muß der Leerlaufverbrauch bei einer bestimmten Spannung angegeben werden, also z. B. „0,1 W bei 220 V".

68. Leitsätze für den Anschluß von Fernmeldeanlagen an Niederspannung-Starkstromnetze mit Hilfe von Einrichtungen, die eine leitende Verbindung mit dem Starkstromnetz erfordern (mit Ausschluß der öffentlichen Telegraphen- und Fernsprechanlagen)[1].

Gültig ab 1. Oktober 1923*.

1. Die höchste, in irgendeinem Teil der Fernmeldeanlage zulässige Spannung (Nennspannung) beträgt im allgemeinen 40 V. Bei Fernmeldeanlagen, die nach den „Regeln für die Errichtung elektrischer Fernmeldeanlagen" ausgeführt sind, beträgt diese Höchstspannung 60 V[2]. In diesem Falle ist für die Leitungen der Fernmeldeanlage nur Gummidraht nach § 9 der „Vorschriften für isolierte Leitungen in Fernmeldeanlagen" oder Kabel mit Bleimantel nach § 16 dieser Vorschriften zulässig.

Das Auftreten einer höheren Spannung als 40 V bzw. 60 V soll verhindert werden[3].

2. Der Anschluß ist nur bei solchen Starkstromanlagen zulässig, bei denen ein Pol oder der Mittelleiter betriebsmäßig geerdet ist. Diese Erdung der Fernmeldeanlage soll durch eine nicht ausschaltbare und ungesicherte Leitung hergestellt sein. Der zu erdende Pol der Fernmeldeleitung muß mit dem geerdeten Pol der Starkstromanlage verbunden werden.

3. Von den „Vorschriften für den Anschluß von Fernmeldeanlagen an Niederspannung-Starkstromnetze durch Transformatoren (mit Ausschluß der öffentlichen Telegraphen- und Fernsprechanlagen)" finden sinngemäß Anwendung die Punkte 2, 3, 5, 6, 9 und 10.

Erklärungen.

1. Vgl. Erklärung 1 zu den „Vorschriften für den Anschluß von Fernmeldeanlagen an Niederspannung-Starkstromnetze durch Transformatoren" (s. S. 650). Während sich die Vorschriften jedoch auf den Anschluß an Wechselstromnetze beziehen und alle Einrichtungen umfassen, bei denen ein Transformator den Anschluß bewirkt, sind die vorliegenden Leitsätze in erster Reihe für den Anschluß an Gleichstromnetze bestimmt. Es muß darauf hingewiesen werden, daß jede Einrichtung, die eine leitende Verbindung ausschließt, einen

---

* Angenommen durch die außerordentliche Ausschußsitzung am 30. August 1923. Veröffentlicht: ETZ 1923, S. 700 und 953. — *Sonderdruck VDE 375.*

Die 1. Fassung wurde durch die Jahresversammlung 1921 angenommen. Sie war veröffentlicht ETZ 1921, S. 384.

höheren Sicherheitsgrad gewährleistet. Der Anschluß mit leitender Verbindung wird daher durch die vorliegenden Leitsätze versuchsweise und nur
insoweit geregelt, als technische Mittel, die eine leitende Verbindung vermeiden, nicht zur Verfügung stehen.

Wird die nach Leitsatz 1 zulässige Höchstspannung von 60 V überschritten,
so muß die Fernmeldeanlage in allen ihren Teilen nach den „Vorschriften
für die Errichtung und den Betrieb elektrischer Starkstromanlagen" ausgeführt
und behandelt werden.

2. Um die Spannung eines Gleichstromnetzes auf 40 bzw. 60 V herabzusetzen, gibt es zwei Möglichkeiten: entweder Anwendung eines Abzweig-
widerstandes (Spannungteiler), so daß die Fernmeldeanlage im Nebenschluß
zu einem Teil des Widerstandes liegt, oder Vorschaltung eines Widerstandes,
der die überschüssige Spannung verbraucht. Die Einhaltung der Grenzspannung
wird für beide Fälle bei geschlossenem Stromkreis leicht zu erfüllen sein, sie
wird aber durch obigen Leitsatz auch für den offenen Zustand gefordert.

3. Da durch einen Fehler (z. B. Versagen eines Relais, Kurzschluß oder
Unterbrechung von Widerstandswindungen u. a. m.) die Spannungbegrenzung
illusorisch werden kann, wird gefordert, daß eine Vorrichtung vorhanden
ist, die bei Auftreten eines solchen Fehlers entweder die Spannung immer
noch unter der zulässigen Grenze hält (z. B. ein zweiter, parallel zum ersten
angeordneter Abzweigwiderstand) oder die Fernmeldeanlage spannunglos
macht.

69. Regeln für die Bewertung und Prüfung von galvanischen Elementen.

(Zink-Kohle-Braunstein-Elemente).

I. Allgemeines.

§ 1.

Geltungstermin.

Diese Regeln treten am 1. Januar 1928 in Kraft[1].

§ 2.

Geltungsbereich.

Die Regeln gelten für nasse Beutelelemente, Trocken- und auffüllbare Elemente der Leclanché-Art: Zink, Kohle, Braunstein.

§ 3.

Aufschrift.

Jedes Element muß ein Ursprungzeichen haben, das den Hersteller erkennen läßt. Bei Trocken- und auffüllbaren Elementen müssen Woche und Jahr der Herstellung leicht und deutlich erkennbar verzeichnet sein. Das Klassenzeichen: „ZKB (Zahl)" ist außerdem anzugeben. Die Bezeichnungen sollen so angebracht sein, daß sie nicht ohne weiteres entfernt werden können.

II. Begriffserklärungen.

§ 4.

Offene Spannung ist die Spannung des nicht durch einen äußeren Widerstand geschlossenen Elementes.

Klemmenspannung ist die Spannung eines Elementes bei Schließung durch einen äußeren Widerstand.

Innerer Widerstand ist der jeweilige Eigenwiderstand des Elementes, gemessen an den beiden Stromabnahmestellen.

Dauerentladung ist die ununterbrochene Stromentnahme bis zur Mindestspannung nach § 10.

Aussetzende Entladung ist eine Stromentnahme mit eingelegten Ruhepausen bis zur Mindestspannung nach § 10.

---

[1] Angenommen durch den Vorstand im Oktober 1927. Veröffentlicht: ETZ 1927, S. 893 und 1534. — *Sonderdruck VDE 406.*

Entladewiderstand ist der zwischen den beiden Stromabnahme-stellen eingeschaltete äußere Widerstand.

Anschlußdraht ist die zur Stromentnahme dienende Verlängerung der Zinkelektrode.

III. Behandlung.
§ 5.
a) Nasse Beutelelemente.

Das Ansetzen der nassen Elemente geschieht in der Weise, daß zunächst die gesäuberten Gläser etwa bis zur Hälfte mit reinem Wasser gefüllt werden. Dann wird Erregersalz, z. B. Salmiak von 98 bis 100%, hinzugeschüttet und bis zur Lösung umgerührt. Hierauf wird die Kohlenelektrode und das Zink eingesetzt und so viel Wasser nachgefüllt, bis die Lösung den oberen Rand des Kohlenbeutels erreicht. Zum Zwecke des Temperaturausgleiches hat dann das Element, um seine Höchstleistung zu erzielen, mindestens 12 h zu stehen; erst dann soll das Element in Gebrauch genommen werden.

b) Trockenelemente.

Trockenelemente vertragen im allgemeinen keine zu lange Lagerung vor Ingebrauchnahme. Die für jede Klasse zulässige Lagerzeit ist aus DIN VDE 1205 zu ersehen. Die Elemente sind möglichst kühl und trocken aufzubewahren. Der Anschlußdraht ist so zu sichern, daß eine Berührung mit der Kohlenpolklemme ausgeschlossen ist.

c) Auffüllbare Elemente.

Diese Elemente eignen sich für längere Lagerung vor Gebrauch. Sie sind möglichst bei mittlerer Temperatur und in vollkommen trockenen Räumen aufzubewahren. Der Anschlußdraht ist so zu sichern, daß eine Berührung mit der Kohlenpolklemme ausgeschlossen ist.

Das Ansetzen der auffüllbaren Elemente geschieht in der Weise, daß nach Herausnahme des Verschlusses das Element mit reinem Wasser durch die Füllöffnung zu füllen ist. Nach entsprechender Zeit ist so lange nach-zufüllen, wie das Element Flüssigkeit aufnimmt. Dann soll das Element möglichst 12 h aufrecht stehen; hierauf muß es einmal kurz umgekippt werden, damit etwa noch überschüssiges Wasser herausläuft. Das Ele-ment ist nunmehr wieder zu verschließen.

IV. Bestimmungen für die Messung.
§ 6.

Messungen nach §§ 8 u. ff. sind innerhalb einer Frist von zwei Wochen nach Eintreffen bei dem Abnehmer vorzunehmen.

Bei nassen und auffüllbaren Elementen sind die Messungen nach Er-füllung von § 5a und c vorzunehmen.

§ 7.

Für die Messungen ist ein Feinspannungmesser (Klassenzeichen E) mit einem Widerstand von mindestens 100 Ω je V zu verwenden. Sämtliche Messungen sind bei einer Raumtemperatur von etwa 20° C vorzunehmen.

§ 8.

Die offene Spannung des Elementes ist zu messen.

§ 9.

Der innere Widerstand ist mit einer geeigneten Wechselstrommeßbrücke zu bestimmen. Vorkehrungen sind zu treffen, die verhindern, daß eine stärkere Entladung des Elementes über die Brückenzweige während der Messung stattfindet.

§ 10.

Die Feststellung der Wattstundenzahl erfolgt durch Messung der Klemmenspannung bei Dauerentladung und aussetzender Entladung über den in § 12 angegebenen Entladewiderstand.

a) Für Dauerentladungen haben die Messungen während der ersten 8 h stündlich, darauf in Abständen von je 24 h — erstmalig 24 h nach Beginn der Entladung — so lange zu erfolgen, bis die Klemmenspannung unter 0,4 V gesunken ist.

b) Die aussetzende Entladung ist in der Weise vorzunehmen, daß Elemente in jeder Viertelstunde je 3 min lang über den Entladewiderstand geschlossen werden. Die Messungen haben während der ersten 6 Tage in Abständen von 24 h, dann in Abständen von je 72 h frühestens 2 min nach Einschaltung des Entladewiderstandes zu erfolgen.

Die gefundenen Werte sind in Kurven aufzutragen, in denen die Spannungen als Ordinaten, die Zeiten als Abszissen einzutragen sind. Durch Planimetrieren der Kurve, die aus den Quadraten dieser Spannungen als Ordinaten und den Zeiten als Abszissen gebildet wird, ist die Wattstundenzahl (Flächeninhalt/Widerstand) zu ermitteln, und zwar für eine Entladung sowohl bis zu einer Klemmenspannung von 0,7 V als auch bis zu einer Klemmenspannung von 0,4 V.

Nach Schluß der Entladung ist der innere Widerstand, wie in § 9 angegeben, festzustellen.

§ 11.

Trockenelemente sind ferner noch in der Weise zu prüfen, daß gleichzeitig bei einem zweiten Element wöchentlich einmal die Klemmenspannung 10 s nach Schluß über einen Widerstand von 10 Ω 45 Tage lang festgestellt wird.

Die gefundenen Werte sind in Kurven einzutragen, in denen die gefundenen Spannungen als Ordinaten, die Zeiten als Abszissen erscheinen.

§ 12.

Bis zur Ingebrauchnahme muß die Einfüllöffnung der auffüllbaren Elemente luftdicht verschlossen sein. Die Elemente dürfen nach achtwöchiger Lagerung keine höhere Spannung als 0,05 V aufweisen. Die Messung hat mit einem Feinspannungmesser (Klassenzeichen E) mit einem Widerstand von 500 Ω je V zu erfolgen.

§ 13.

Für die Entladungen nach § 10 sind folgende Entladewiderstände zu wählen:

Elementklasse	1	2	3	4	5	6	7	8	9	10
Entladewiderstand in Ω . .	25,	15,	10,	5,	10,	5,	5,	5,	10,	5.

V. Abmessungen.

§ 14.

Die Abmessungen sind in DIN VDE 1205 festgelegt.

VI. Höchst- und Mindestwerte.

§ 15.

Die Höchst- und Mindestwerte (siehe §§ 8 bis 11), denen die Elemente genügen sollen, sind in DIN VDE 1205 festgelegt.

70. Regeln für die Bewertung und Prüfung von dreiteiligen Taschenlampenbatterien.

I. Allgemeines.

§ 1.
Geltungstermin.
Diese Regeln treten am 1. Januar 1928 in Kraft[1].

§ 2.
Geltungsbereich.
Die Regeln gelten für dreiteilige Taschenlampenbatterien nach DIN VDE 1201 aus Trockenelementen der Leclanché-Art: Zink, Kohle, Braunstein.

§ 3.
Aufschrift.
Jede Batterie soll ein Ursprungzeichen und die Angabe von Woche und Jahr der Herstellung an sichtbarer Stelle eingeprägt erhalten.

Sämtliche Bezeichnungen sind so anzubringen, daß sie nicht ohne weiteres, z. B. beim Ablösen des Garantiestreifens, entfernt werden können.

Werden Angaben über Brenndauer gemacht, so müssen sie den Bedingungen unter IV entsprechen.

§ 4.
Die Batterien sollen derart abgeschlossen sein, z. B. durch Vergußmasse, daß das Austreten von Flüssigkeit verhütet wird.

§ 5.
Die Batterien sind mit einer Schutzvorrichtung zu versehen, z. B. einem Garantiestreifen, die wohl eine Prüfung der Spannung ermöglicht, die normale Ingebrauchnahme aber erkennen läßt.

II. Begriffserklärungen.

§ 6.
Offene Spannung ist die Spannung der nicht durch einen äußeren Widerstand geschlossenen Batterie.

---

[1] Angenommen durch den Vorstand im Oktober 1927. Veröffentlicht ETZ 1927, S. 893 und 1534. — *Sonderdruck VDE 407.*

Klemmenspannung ist die Spannung einer Batterie bei Schließung durch einen äußeren Widerstand.

Innerer Widerstand ist der jeweilige Eigenwiderstand der Batterie, gemessen an beiden Kontaktstreifen.

Dauerentladung ist die ununterbrochene Stromentnahme bis zur Mindestspannung nach § 12.

Aussetzende Entladung ist eine Stromentnahme mit eingelegten Ruhepausen bis zur Mindestspannung nach § 12.

Entladewiderstand ist der zwischen den Kontaktstreifen eingeschaltete äußere Widerstand.

Kontaktstreifen sind die mit der Kohle- und Zinkelektrode in Verbindung stehenden, zur Stromabnahme dienenden Metallstreifen.

III. Behandlung.

§ 7.

Taschenlampenbatterien vertragen im allgemeinen keine zu lange Lagerung vor Ingebrauchnahme. Die Batterien sind kühl und trocken aufzubewahren. Die Kontaktstreifen sind vor gegenseitiger Berührung, sowie sonstigen Kurz- und Nebenschlüssen zu bewahren.

IV. Bestimmungen für die Messung.

§ 8.

Messungen nach §§ 9 bis 12 sind unverzüglich nach dem Eintreffen bei dem Abnehmer vorzunehmen.

§ 9.

Für die Messungen ist ein Feinspannungmesser (Klassenzeichen E) mit einem Widerstand von mindestens 100 Ω je V zu verwenden. Sämtliche Messungen sind bei einer Raumtemperatur von etwa 20° C vorzunehmen.

§ 10.

Die offene Spannung der Batterie ist zu messen.

§ 11.

Als Maß für den inneren Widerstand dient der Unterschied zwischen der offenen Spannung und der Klemmenspannung, gemessen 5 s nach Stromschluß über 15 Ω.

§ 12.

Die Feststellung der Brenndauer hat sowohl bei Dauer- wie auch bei aussetzender Entladung, in beiden Fällen durch Messung der Klemmenspannung über einen Widerstand von 15 Ω zu erfolgen. Dauer- und aussetzende Entladungen sind auf der Batterie anzugeben, z. B. 4 bis 8 h. Die aussetzende Entladung ist in der Weise vorzunehmen, daß die Batterie täglich 5 min entladen wird. Die Entladung gilt in beiden Fällen als beendet, sobald die Klemmenspannung den Wert von 1,8 V erstmalig erreicht hat. Die Messungen der Spannung bei aussetzender Entladung sind zu Beginn und am Ende vorzunehmen.

V. Abmessungen.
§ 13.
Die Abmessungen sind in DIN VDE 1201 festgelegt.

VI. Höchst- und Mindestwerte.
§ 14.
Die Höchst- und Mindestwerte (siehe §§ 10 bis 12), denen die Taschenlampenbatterien genügen sollen, sind in DIN VDE 1201 festgelegt.

71. Leitsätze für Maßnahmen an Fernmelde- und an Drehstromanlagen im Hinblick auf gegenseitige Näherungen.

I. Einleitung.

§ 1.

Diese Leitsätze treten am 1. Oktober 1925 in Kraft[1].

§ 2.

Diese Leitsätze berücksichtigen von den Fernmeldeleitungen Fernsprechleitungen und mit Wechselstrom betriebene Eisenbahnblockleitungen. Telegraphenleitungen werden durch Drehstromleitungen im allgemeinen nicht gestört. Die Anwendung der Leitsätze auf Drehstromleitungen mit betriebsmäßig geerdetem Nullpunkt bei Nennspannungen bis 1000 V und auf die übrigen Drehstromleitungen bei Nennspannungen bis 3000 V ist nicht erforderlich.

II. Allgemeine Maßnahmen.

A. Maßnahmen an neuen Fernmeldeanlagen.

§ 3.

Fernsprechleitungen sind als Doppelleitungen, Eisenbahnblockleitungen mit erdfreier Rückleitung herzustellen. Die mit den Außenleitungen verbundenen Einführungskabel sollen bis zum Anschlußpunkt der Blitzableiter so beschaffen sein, daß sie kurzzeitig induzierte Längsspannungen bis zu 1000 V ertragen.

§ 4.

Um die zu Knallgeräuschen Anlaß gebende Betätigung der Blitzableiter durch Fernwirkungen aus Drehstromanlagen hintanzuhalten, ist die Ansprechspannung der Blitzableiter so hoch zu wählen, als es die Betriebssicherheit der technischen Einrichtung zuläßt. Die geringstzulässige Ansprechspannung ist 300 V.

Wenn Einrichtungen bestehen, durch die ohne wesentliche Beeinträchtigung des Fernsprechbetriebes das Auftreten von Knallgeräuschen zuverlässig verhütet werden kann, sind sie in den Fernsprechleitungen anzubringen.

---

[1] Angenommen durch die Jahresversammlung 1925. Veröffentlicht: ETZ 1925, S. 818, 1126 und 1526. — *Sonderdruck VDE 321.*
Die 1. Fassung, die sich nur auf Fernsprech-Doppelleitungen bezog, wurde durch die Jahresversammlung 1920 angenommen. Sie war veröffentlicht ETZ 1920, S. 597.

In Eisenbahnblockleitungen sind nur Blitzableiter mit Ansprechspannungen über 500 V zulässig, damit sie nicht durch die möglichen induzierten Längsspannungen betätigt werden können.

§ 5.

In Sprechstellung geerdete, gegen Erde unsymmetrische Apparate, Schaltungen und Einrichtungen sollen an Fernsprechleitungen für den Weitverkehr nur mit Übertragern angeschlossen werden.

Auch Fernsprechleitungen für den Schnellverkehr und für Netzgruppen sind nach Möglichkeit in gleicher Weise zu behandeln.

Zur Herabminderung induzierter Längsspannungen sind die Fernsprechleitungen in geeigneten Fällen durch Zwischenschalten von Übertragern elektrisch zu unterteilen.

§ 6.

Bei Fernsprech-Doppelleitungen sollen die beiden Leitungzweige nach Stoff und Stärke der Drähte vollkommen übereinstimmen. Widerstandsunterschiede in den eingeschalteten Stromsicherungen sind unzulässig. Feste oder lösbare Verbindungen in den Leitungen und Einrichtungen sind so herzustellen und zu unterhalten, daß keine für die Sprechströme schädlichen Übergangswiderstände (Kontaktfehler) vorkommen. Die Ableitung soll möglichst gering und in den beiden Leitungzweigen möglichst gleich sein. Diese Vorschriften gelten sinngemäß auch für die Stämme eines Vierers.

§ 7.

Durch Einbau von Schleifenkreuzungen und Platzwechseln ist eine für den Sprechverkehr ausreichende Symmetrie der Stämme und Vierer herzustellen.

Ausreichende Symmetrie besteht, wenn die Leitungen den Anforderungen genügen, die die Deutsche Reichspost an ihre Leitungen stellt.

Die Länge eines Kreuzungsabschnittes soll nach Möglichkeit 1 km nicht überschreiten.

Ein Kreuzungsabschnitt ist der dem Kreuzungsverfahren zugrundeliegende Abstand zweier Kreuzungsgestänge der Fernsprechlinie.

§ 8.

Für sorgfältige Linienunterhaltung und schnellste Beseitigung von Fehlern, insbesondere von Ableitungen, ist Sorge zu tragen.

B. Maßnahmen an neuen Drehstromanlagen.

§ 9.

Umlaufende Maschinen sollen nicht nur bei Leerlauf, sondern auch bei beliebiger Belastung bis zur Nennlast einschließlich praktisch sinusförmige Spannungkurven liefern; Transformatoren dürfen im Eisen nicht zu hoch gesättigt sein. Maßgebend hierfür sind die „Regeln für die Bewertung und Prüfung von elektrischen Maschinen R.E.M./1923" bzw. die „Regeln für die Bewertung und Prüfung von Transformatoren R.E.T./1923".

§ 10.

Bei Anlagen mit unmittelbar oder über einen kleinen Widerstand geerdetem Symmetriepunkt (Nullpunktserdung) sind Leistungstransformatoren, sofern die Spannung der geerdeten Seite mehr als 12 kV beträgt,
derart zu schalten oder mit einer besonderer Wicklung derart auszuführen,
daß die magnetischen Flüsse der 3-zahligen Harmonischen im Transformator möglichst unterdrückt werden (siehe „Leitsätze für den Schutz
elektrischer Anlagen gegen Überspannungen", Abschnitt II, 1b Transformatoren).

§ 11.

Anlagen ohne Nullpunktserdung sollen nach Möglichkeit mit Einrichtungen versehen werden, die den Erdschlußlichtbogen unterdrücken und
damit dem Entstehen von Doppelerdschlüssen vorbeugen, z. B. Lösch-
transformatoren, Erdschlußspulen, oder die den Erdschluß selbsttätig abschalten.

§ 12.

An mindestens einer Stelle eines elektrisch zusammenhängenden Drehstromnetzes soll eine Einrichtung vorgesehen werden, die das Auftreten
von Erdschlüssen in der Anlage erkennbar macht.

§ 13.

Für das Schalten der Leitungen werden Einrichtungen empfohlen, die
zur Unterdrückung von Stromstößen und Spannungsprüngen geeignet sind.

§ 14.

Das elektrisch zusammenhängende Leitungsnetz soll in seiner ganzen
Ausdehnung so angeordnet werden, daß die Spannungen der Phasendrähte
gegen Erde möglichst gleich groß sind. Soweit ein genügender Ausgleich
nicht durch Zusammenschalten verschieden gelegener Phasendrähte bei
Abzweigungen, Schaltstellen, Kraft- und Umspannwerken erreicht werden
kann, soll er durch Verdrillen der Leitungen geschaffen werden. Dabei
soll die Länge eines vollständigen Umlaufes bei dreieckiger Leiteranordnung
in der Regel 80 km, bei anderer Anordnung 40 km möglichst nicht überschreiten. Als dreieckige Anordnung gilt eine Anordnung, bei der die
Dreieckhöhe größer als die Hälfte der längsten Seite ist.

In vermaschten Netzen sollen Leitungen über 30 km — gerechnet von
Knotenpunkt zu Knotenpunkt — in mindestens einem vollen Umlauf verdrillt werden.

Ein Umlauf ist ein Abschnitt, in dem jeder Leiter in gleichem Drehsinne und in gleichen Zwischenräumen zweimal seinen Platz wechselt. An
der Verbindungstelle zweier Umläufe kann der Platzwechsel unterbleiben.
Abzweigungen sind auf die Stammlinie anzurechnen. Doppelleitungen mit
günstigstem Ausgleich ihrer elektrischen Felder (ETZ 1921, S. 1262) sind
wie Leitungen in Dreieckanordnung zu behandeln.

§ 15.

Freileitungen sollen möglichst symmetrisch belastet werden.

§ 16.

Die Leitungen sollen so weit von Baumzweigen, Blättern und mit Erde in Verbindung stehenden Körpern entfernt sein, daß Berührungen zwischen diesen und den Leitungen vermieden werden und Bäume, Äste und Zweige möglichst nicht in die Drähte fallen.

Erdfehler sind mit tunlichster Beschleunigung zu beseitigen (vgl. §§ 29 und 39).

III. Maßnahmen bei neuen Näherungen.

A. Allgemeines.

§ 17.

Unabhängig von der Frage, wem die Kosten zur Last fallen, sind im Einvernehmen der Beteiligten grundsätzlich die Maßnahmen an der Drehstromanlage, an der Fernmeldeanlage oder an beiden Anlagen zu treffen, die die technisch und wirtschaftlich beste Gesamtlösung bilden. Dabei sollen diese Maßnahmen innerhalb technischer und wirtschaftlicher Grenzen nach Möglichkeit derart durchgeführt werden, daß auch spätere Näherungen erleichtert werden.

Vielfach wird die Einhaltung eines ausreichenden Abstandes zwischen den beiden Anlagen, sofern sie technisch durchführbar ist, die wirtschaftlichste Lösung sein.

§ 18.

Eine Näherung ist ein Nebeneinanderlauf zwischen einer Fernmeldeleitung und einer Drehstromleitung in einer solchen Länge und in einem solchen Abstande, daß durch die elektrischen oder magnetischen Felder der Drehstromleitung in der Fernmeldeleitung mit technischen Mitteln nachweisbare Spannungen erzeugt werden können.

§ 19.

Für Näherungen, bei denen die Fernmeldelinie oder die Drehstromlinie oder beide Linien als Kabel in der Erde verlegt oder als Luftkabel geführt sind, bedarf es der unter B bis D angegebenen Maßnahmen nicht.

§ 20.

Bestehende Drehstromleitungen innerhalb von Näherungen gelten als Neuanlagen, wenn die Spannung erhöht wird und die Näherungen nicht von vornherein für die höhere Spannung bemessen worden sind.

B. Maßnahmen zur Verhinderung des Entstehens gefährlicher Knallgeräusche in Fernsprechleitungen.

§ 21.

Unter Berücksichtigung der bereits bestehenden Näherungen zwischen der nämlichen Fernmeldeleitung und der nämlichen Drehstromleitung soll

die Länge einer Näherung so klein oder der gegenseitige Abstand der Leitungen so groß gewählt werden, daß durch die Fernwirkungen der Drehstromleitung in einer Fernsprechleitung keine Gefährdung durch Knallgeräusche verursacht werden kann.

Näherungen, die bei dem Inkrafttreten der Leitsätze vorhanden sind,
brauchen nicht berücksichtigt zu werden, wenn Gefährdungen noch nicht
vorgekommen oder trotz Überschreitens der Gefährdungsgröße keine geeigneten Schutzmaßnahmen getroffen sind.

§ 22.

Gefährdung durch Knallgeräusche ist bei Verwendung von Kopffern-
hörern möglich, wenn beim Schalten einer erdfehlerhaften Drehstromleitung ohne Nullpunktserdung durch Influenz eine elektrische Arbeit von mehr als $^2/_{100}$ J (Wattsekunden) auf eine Fernsprech-
Doppelleitung übertragen wird. In Fernsprech-Einzelleitungen ist ein Betrag über $^6/_{100}$ J als gefährlich anzusehen (siehe auch § 25).

§ 23.

Als wirksame influenzierende Spannung der Drehstromleitung gilt der
1,5-fache Scheitelwert, bei der Verwendung von Einrichtungen nach
§ 13 der 1-fache Scheitelwert ihrer Nennspannung. Befinden sich Drehstromleitungen verschiedener Spannung auf dem gleichen Gestänge, so
wird die höchstvorkommende Spannung, bei Doppelleitungen die gemeinsame Spannung zugrunde gelegt.

§ 24.

Gefährdung durch Knallgeräusche ist möglich, wenn der beim Auftreten eines Erdschlusses in einer Drehstromleitung mit Nullpunktserdung entstehende Dauerkurzschlußstrom, soweit er sich durch
die Erde ausgleicht, in einer Fernsprechleitung eine Spannung gegen Erde
(Längsspannung) induziert, deren Effektivwert 400 V bei Fernsprech-
Doppelleitungen, 100 V bei Fernsprech-Einzelleitungen übersteigt.

§ 25.

Wenn in den Fernsprechleitungen der Näherung Einrichtungen vorgesehen sind oder vorgesehen werden, die das Auftreten von Knallgeräuschen
in den Fernhörern zuverlässig verhüten, wird eine Gefährdung nach den
§§ 22 und 24 nicht angenommen; doch darf mit Rücksicht auf die geringe
Sicherheit der Fernsprecheinrichtungen gegen Durchschlag und auf die
Gefährdung von Personen, die blanke Teile der Fernsprecheinrichtungen
berühren, die effektive Längsspannung 1000 V, auch nicht für kurze Zeit
(Ausschaltzeit), übersteigen.

Durch elektrische Unterteilung der Fernsprechleitungen mit Hilfe von
Übertragern innerhalb der Näherungstrecke läßt sich die Längsspannung
verringern. Diese Maßnahme ist nach Möglichkeit anzuwenden, wenn sie
den Betriebswert der Fernsprechleitungen nicht unzulässig verschlechtert.

C. Maßnahmen gegen Störungen in Eisenbahnblockleitungen.

§ 26.

Störungen in Eisenbahnblockleitungen sind möglich, wenn unter den Voraussetzungen des § 24 die in einer Eisenbahnblockleitung mit Erde als Rückleitung induzierte Längsspannung 50 V (eff.) übersteigt.

§ 27.

Sofern störende Fernwirkungen im Sinne des § 26 auftreten, sind Maßnahmen im Sinne des § 17 zu treffen (vgl. auch § 3).

D. Maßnahmen gegen Störungen des Betriebes in Fernsprechleitungen.

§ 28.

Unter Berücksichtigung der bereits bestehenden Näherungen zwischen der nämlichen Fernsprechleitung und der nämlichen Drehstromleitung oder anderen Drehstromleitungen muß die Länge der Näherung zwischen einer Fernsprechleitung und einer Drehstromleitung so klein oder der gegenseitige Abstand so groß gewählt werden, daß durch das elektrische Wechselfeld der Spannungsoberschwingungen der erdfehlerfreien Drehstromleitung der Betrieb in der Fernsprechleitung nicht gestört wird.

Näherungen, die bei dem Inkrafttreten der Leitsätze vorhanden sind, brauchen nicht berücksichtigt zu werden, wenn trotz Überschreitens der Störungsgröße keine geeigneten Schutzmaßnahmen getroffen sind.

§ 29.

Wenn nicht sichergestellt ist, daß nach dem Auftreten eines Erdfehlers in einem Drehstromnetz ohne Nullpunktserdung der davon betroffene Leitungsteil oder die Drehstromleitung auf der Näherungstrecke innerhalb 3 h abgeschaltet wird, soll die Näherung so bemessen werden, daß durch das elektrische Wechselfeld der Spannungsoberschwingungen der erdfehlerhaften Drehstromleitung der Betrieb einer Fernsprech-Doppelleitung nicht gestört wird. Bei Fernsprech-Einzelleitungen ist die Erfüllung dieser Forderung im allgemeinen nicht durchführbar.

§ 30.

Bei der Bemessung der Näherung nach § 28 bleiben Drehstromleitungstrecken, die derart verdrillt sind, daß auf jeden Kreuzungsabschnitt (vgl. § 7) in der Fernsprechlinie mindestens ein voller Umlauf in der Drehstromleitung entfällt, außer Betracht, sofern der gegenseitige Abstand auf der Umlaufstrecke gleich bleibt oder sich um nicht mehr als 10% ändert.

§ 31.

Als Länge der Näherung gilt ihre wirkliche Länge, für die Störung des Betriebes in Fernsprech-Doppelleitungen jedoch höchstens die Störungslänge. Störungslänge ist die größte Länge des keine Kreuzungen enthaltenden Abschnittes einer Fernsprech-Doppelleitung, der bei dem in der Fernsprechlinie angewendeten Kreuzungsverfahren vorkommen kann.

§ 32.

Wenn die Störungslänge durch den Einbau zusätzlicher Kreuzungen in die Fernsprechlinie nach Maßgabe der grundsätzlichen Kreuzungsverfahren verkürzt werden kann, so soll die Verkürzung über die Näherung hinaus genügend weit ausgedehnt werden, um eine wesentliche Verschlechterung des Induktionsschutzes der Fernsprechleitungen gegeneinander zu verhüten.

§ 33.

Hinsichtlich der Oberschwingungsspannungen in einer Drehstromleitung wird vorausgesetzt, daß sie in ihrer Gesamtheit die gleiche Störwirkung ausüben wie eine Schwingung der Kreisfrequenz 5000 mit einer effektiven Spannung gleich $^1/_{50}$ der Nennspannung der Drehstromleitung.

Für Doppelleitungen, die mit günstigstem Ausgleich ihrer elektrischen Felder angeordnet sind (ETZ 1921, S. 1262), wird als störende Spannung ebenfalls $^1/_{50}$, bei fehlendem Ausgleich $^3/_{100}$ der Nennspannung angenommen. Besteht die Drehstromlinie aus Leitungen verschiedener Nennspannungen, so gilt als störende Spannung $^1/_{50}$ der höheren, vermehrt um $^1/_{100}$ der niedrigeren Nennspannung.

§ 34.

Eine Betriebstörung ist möglich, wenn die in der Fernsprechleitung erzeugte Geräuschspannung $^1/_{100}$ V, bezogen auf eine Schwingung der Kreisfrequenz 5000, übersteigt.

§ 35.

Wenn bei der Erweiterung eines Drehstromnetzes, dessen Leitungen noch nicht planmäßig (vgl. § 14) verdrillt sind, auf der Näherungstrecke die Fernsprechleitungen durch die Spannungsunsymmetrie des Drehstromnetzes gegen Erde störend beeinflußt werden, so ist der Spannungsausgleich durch geeignete Maßnahmen, z. B. Vertauschen von Leitern an Abzweigungen, in Schalthäusern, Kraft- und Umspannwerken, soweit wie möglich zu verbessern.

§ 36.

Drehstromleitungen mit Näherungen sollen erstmalig nur außerhalb der Hauptfernsprechbetriebzeit (7 bis 20 Uhr an Werktagen) unter Spannung gesetzt werden.

§ 37.

Ob die in §§ 22, 24, 25, 26 und 34 angegebenen Grenzwerte überschritten werden, läßt sich auf Grund der nachstehenden „Anleitung zur Prüfung der Zulässigkeit von Näherungen zwischen Fernmelde-Freileitungen und oberirdischen Drehstromleitungen" feststellen.

IV. Maßnahmen bei bestehenden Näherungen.

§ 38.

Wenn während der Hauptfernsprechbetriebzeit (7 bis 20 Uhr an Werktagen) Drehstromleitungen in den Kraft- und Umspannwerken zum Auffinden von Erdfehlern geschaltet werden müssen, so ist dem Besitzer[2] der Fernsprechleitungen, in denen durch solche Schaltungen schon bei früheren Gelegenheiten Gefährdungen durch Knallgeräusche verursacht worden sind, der Zeitpunkt vorher mitzuteilen, damit die gefährdeten Fernsprechleitungen vorsichtig bedient werden.

§ 39.

Drehstromleitungen mit Erdfehlern sind abzuschalten, sobald es die Betriebslage irgendwie gestattet, spätestens aber unbedingt nach 3 h. Wenn jedoch infolge des Erdfehlers wichtige Fernsprechleitungen des öffentlichen Verkehres oder Fernsprechleitungen, die zur Sicherung des Eisenbahnbetriebes dienen, unbenutzbar werden, muß die Abschaltung so schnell wie technisch möglich erfolgen vorausgesetzt, daß dadurch nicht Menschenleben gefährdet, lebenswichtige Betriebe lahmgelegt oder sonst unverhältnismäßig große, volkswirtschaftliche Schäden verursacht werden.

Diese Bestimmungen gelten nicht für Drehstromanlagen, deren Näherungen nach § 29 so ausgeführt sind, daß sie auch in fehlerhaftem Zustande keine Fernsprechstörungen verursachen.

Anleitung
zur Prüfung der Zulässigkeit von Näherungen zwischen Fernmelde-Freileitungen und oberirdischen Drehstromleitungen (§ 37)[3]
(mit 1 Abbildung und 1 Anlage).

I. Allgemeines.

1. In der Regel enthalten die Fernmeldelinien — abgesehen von Telegraphenleitungen — verschiedenartig betriebene Leitungen: Fernsprech-Doppelleitungen, Fernsprech-Einzelleitungen, Eisenbahnblockleitungen. Da von vornherein nicht zu übersehen ist, für welche dieser Leitungsarten die Forderungen hinsichtlich der Näherungen am weitesten gehen, werden die Berechnungen zweckmäßig für alle Leitungsarten angestellt, die in der betreffenden Linie oder in getrennten Linien vorkommen, deren gegenseitiger Abstand klein gegenüber ihrem Abstande von der Drehstromlinie ist.

2. Schutz gegen Gefährdung der Fernsprechleitungen (§§ 2 bis 25) kann durch Verdrillen (§ 30) der Drehstromleitung nicht erreicht werden. Das Verdrillen der Drehstromleitung vermindert die Einwirkung auf den Sprechverkehr und ermöglicht so, unter Umständen in Verbindung mit dem Einbau von Schleifenkreuzungen in Fernsprech-Doppelleitungen, in gewissen Fällen Näherungen geringeren Abstandes oder größerer Länge; doch müssen auch hierbei die durch die Gefährdung bedingten Grenzen eingehalten werden.

---

[2] Bei der Reichspost die durch Fernsprecher oder sonst am schnellsten erreichbare Fernsprech-Betriebstelle, bei der Reichsbahn eine besonders zu bezeichnende Dienststelle.
[3] Die eingeklammerten §§ beziehen sich auf die Leitsätze.

3. Die Störwirkung der Ströme fehlerfreier Drehstromleitungen ist unberücksichtigt geblieben. Sie kann aber bei Erdschluß im Drehstromnetz sehr groß werden. Da sie auch in diesem Falle außer Betracht gelassen wird, ist es um so mehr angezeigt, wenigstens die Störwirkung der Unsymmetriespannung bei Erdschluß zu berücksichtigen. Daher wird die Bemessung der Näherung unter der Annahme eines längere Zeit bestehenden Erdschlusses (§ 29) empfohlen, wie es überhaupt angezeigt ist, über die Mindestabstände, die sich aus den nachstehenden Formeln ergeben, nach Möglichkeit hinauszugehen.

4. Die Beurteilung der Näherungen erfolgt zweckmäßig auf Grund der nachbezeichneten Unterlagen:

a) Lageplan der Näherungen mit Eintragung der Abstände (Maßstab 1:25 000) und mit maßstäblicher Angabe der verwendeten Mastbilder.

b) Lageplan der Fernmeldelinie mit Angabe der Anzahl der Fernmeldeleitungen, der Kreuzungsabschnitte, der Leitungsgattung und der u. U. in den Fernmeldeanlagen vorhandenen Schutzeinrichtungen; Lageplan des Drehstromnetzes bzw. des die Näherung enthaltenden Netzteiles mit Angabe der Kraftwerke, Umspannwerke, Hauptschaltstellen und Verdrillungspunkte (möglichst Maßstab 1:100000).

c) Berechnung des Kurzschlußstromes bei Drehstromleitungen mit Nullpunktserdung.

II. Erklärungen.

5. Drehstromleitung im Sinne dieser Anleitung ist das gesamte metallisch zusammenhängende — d. h. nicht durch Transformatoren verbundene — Drehstromnetz, das von einem Kraft- oder Umspannwerk oder von mehreren parallelarbeitenden Kraft- oder Umspannwerken gespeist wird.

6. Eine schräge Näherung ist eine Näherung, bei der sich der Abstand zwischen zwei Endpunkten gleichmäßig ändert; sie ist durch eine Näherung mit einem gleichbleibenden Abstande gleich der Wurzel aus dem Produkte des Anfangs- und Endabstandes zu ersetzen.

7. Als Länge der Näherung gilt die Projektion der Fernmeldeleitung auf die Drehstromleitung innerhalb des gleichen Abstandbereiches.

8. Unter Kreuzung ist der Übergang der Drehstromlinie zwischen zwei Stützpunkten von der einen auf die andere Seite der Fernmeldelinie zu verstehen. Die Kreuzung endet zu beiden Seiten der Fernmeldelinie, sobald der gegenseitige Abstand der beiden Linien auf 10 m gestiegen ist. Die anschließenden Strecken sind Näherungen.

9. Als Erdschlußstelle des Kurzschlußstromes (§ 24) gilt das vom Kraft- oder Umspannwerk entlang dem Leitungswege am weitesten entfernt liegende Ende der Näherung, beim Vorhandensein mehrerer Näherungen das entsprechende Ende der letzten Näherung. Der Kurzschlußstrom ist nach dem Beispiele in den „Regeln für die Konstruktion, Prüfung und Verwendung von Wechselstrom-Hochspannunggeräten für Schaltanlagen REH/1928"[4] zu berechnen. Als Scheinwiderstand der Drehstromleitung

---

[4] S. S. 568 u. ff.

ist 1 Ω für 1 km Leitungslänge vom Kraft- oder Umspannwerk bis zur Erdschlußstelle anzusetzen.

10. Sollen Störungen allein durch Verdrillen (§ 30) vermieden werden, so ist es notwendig, daß mindestens ein voller Umlauf auf jeden 5 km- bzw. 1 km-Kreuzungsabschnitt der Fernsprechlinie entfällt. Wird diese von der Drehstromlinie innerhalb eines Umlaufes gekreuzt, so sind die Drehstromleiter vor und hinter der Kreuzung im entgegengesetzten Drehsinne zu verdrillen.

11. Die Störungslänge (§ 31) der Fernsprech-Doppelleitungen der Deutschen Reichspost beträgt beim 5 km-Kreuzungsabschnitt 40 km, beim 1 km-Kreuzungsabschnitt 8 km; jedoch in dem Verwaltungsgebiet von Bayern einheitlich 16 km, in dem von Württemberg 20 km.

12. Bei der Veränderlichkeit der Abstände der Näherungen auf längeren Strecken ist nicht damit zu rechnen, daß die Störwirkungen der Oberschwingungsspannungen auf zwei aufeinander folgenden Störungslängen, die infolge der zwischenliegenden Schleifenkreuzungen im entgegengesetzten Sinne beeinflußt sind, hinreichend verringert werden. Durch eine weiter hinzukommende Störungslänge, die dann im gleichen Sinne wie die erste Störungslänge beeinflußt wird, kann sogar eine Vergrößerung der Störwirkungen über die einer einzigen Störungslänge hinaus eintreten. Da die Berücksichtigung dieser Verhältnisse sehr verwickelt ist und meistens zu recht erheblichen Abständen führen würde, wird unterstellt, daß mehrere Störungslängen keine größere Einwirkung erleiden als eine einzige Störungslänge, die als zusammenhängende Länge zwischen zwei beliebigen Endpunkten aus der Fernsprechlinie herausgeschnitten anzunehmen ist. Für jeden solchen nach Lage der Näherungen möglichen Ausschnitt müssen Abstand und Länge der Näherungen bemessen sein.

13. Bei der Verkürzung (§ 32) der Störungslänge von 40 km auf 8 km sind die zusätzlichen Schleifenkreuzungen auf einer Strecke von 16 km oder ein ganzes Vielfaches von 16 km in die Fernsprech-Doppelleitungen einzubauen.

14. In den nachstehenden Berechnungen bedeuten:

U die Nennspannung der Drehstromleitung in V. Bei Drehstromlinien mit mehreren Leitungen gilt — abgesehen von Doppelleitungen mit günstigstem Ausgleich ihrer elektrischen Felder — für die Berechnung der Störwirkungen nach Ziffern 23, 25, 29, 31, 35, 37 und 47 die den Faktoren in § 33, Abs. 2 entsprechend erhöhte Nennspannung; d. h. in den Formeln dieser Ziffern ist die Nennspannung U um die halbe Nennspannung der zweiten Leitung (bei Leitungen mit verschiedenen Spannungen die mit der geringeren Spannung) zu erhöhen.

δ den gegenseitigen Abstand der Drehstromleiter in m, bei ungleichen Abständen den geometrischen Mittelwert der Abstände $\left(\sqrt[3]{\delta_1\,\delta_2\,\delta_3} \right)$

z die Zahl der Drähte in der Fernmeldelinie,

l die Länge der Näherung in km

l_s die Störungslänge der Fernsprech-Doppelleitung in km,

a den Abstand zwischen Drehstromlinie und Fernmeldelinie in m,

b die Durchschnittshöhe der Drehstromleitung über Erde in m,

c die Durchschnittshöhe der Fernmeldeleitung über Erde in m. Bei Drehstromleitungen mit Spannweiten über 120 m kann $b = 12$, sonst $b = 8$, bei Fernmeldeleitungen gewöhnlich $c = 6$ gesetzt werden,

I den Dauerkurzschlußstrom der Drehstromleitung in A,

ω das $2\,\pi$-fache der Betriebsfrequenz der Drehstromleitung;

ferner:

p, q, r Faktoren, die die elektrische Schirmwirkung geerdeter Leitungen oder von Bäumen ausdrücken. Zu setzen ist:

$p = 0{,}75$ bei durchgehendem Erdseil (Blitzschutzseil) in der Drehstromlinie,

$q = 0{,}7$ bei geschlossener Baumreihe in der Nähe der Drehstromlinie,

$r = 0{,}7$ bei geschlossener Baumreihe in der Nähe der Fernmeldelinie.

Wenn der Baumschutz fehlt oder die Baumkronen von den Leitungen mehr als 3 m entfernt sind, sind q und $r = 1$ zu setzen; ebenso $p = 1$, wenn das Erdseil fehlt.

III. Berechnung der Gefährdung- und Störungzahlen.

A. Drehstromleitungen ohne Nullpunktserdung.

a) Gefährdung durch Knallgeräusche in Fernsprechleitungen (§§ 21 bis 23).

α) Fernsprech-Doppelleitungen.

15. Näherungen, deren Abstand $a > \dfrac{1}{3}\,\sqrt{U}$ ist, bleiben für die Berechnung unberücksichtigt.

16. Die übrigen Näherungen sind unter Berücksichtigung bereits bestehender Näherungen zwischen der nämlichen Fernsprech-Doppelleitung und der nämlichen Drehstromleitung so zu bemessen, daß die beim Schalten der erdfehlerhaften Drehstromleitung auf der Gesamtheit der Näherungen in die Fernsprechleitung übertragene elektrische Arbeit $^2/_{100}$ Joule nicht übersteigt.

17. Zur Feststellung, ob dieser Energiebetrag überschritten wird, dient die Gefährdungzahl

$$f = \frac{l\,v^2}{z+3},$$

worin
$$v = \frac{U}{400} \cdot \frac{b\,c}{a^2+b^2+c^2}\,p\,q\,r \ \text{ist.}$$

18. Die Gefährdungzahl f ist für jeden Abstandbereich gesondert zu berechnen. Ändern sich innerhalb des gleichen Abstandbereiches die Bestimmungsgrößen p, q, r oder z, so ist die Näherung entsprechend zu unterteilen und die Gefährdungzahl für jeden Teil zu ermitteln. Bei Teilnehmeranschlußlinien, die nicht mehr als 6 Doppelleitungen enthalten, kann $z = 12$ gesetzt werden.

19. Kreuzungen zwischen der Drehstromleitung und der Fernsprechleitung werden nicht berücksichtigt.

20. Die Fernsprech-Doppelleitung ist als gefährdet anzusehen, wenn die Summe der Gefährdungzahlen größer als 50 ist. Bei Verwendung von Einrichtungen gemäß § 13 (vgl. § 23) erhöht sich diese Summe auf 100. Für die Berechnung kann das unter IV aufgeführte Beispiel als Muster dienen.

β) Fernsprech-Einzelleitungen.

21. Die Berechnung erfolgt wie zu α.

22. Die beim Schalten der erdfehlerhaften Drehstromleitung auf die Sprechleitung übertragene elektrische Arbeit darf nicht größer als $^6/_{100}$ Joule sein, demgemäß darf die Summe der Gefährdungzahlen 150 nicht übersteigen. Bei Verwendung von Einrichtungen gemäß § 13 (vgl. § 23) erhöht sich diese Summe auf 300.

b) Störung des Betriebes in Fernsprechleitungen bei fehlerfreier Drehstromleitung (§§ 28, 30 u. ff.).

α) Fernsprech-Doppelleitungen.

23. Näherungen, deren Abstand $a > \frac{1}{6} \sqrt{U \delta l_s}$ ist, bleiben für die Berechnung außer Betracht.

24. Die übrigen Näherungen sind unter Berücksichtigung bereits bestehender Näherungen zwischen der nämlichen Fernsprech-Doppelleitung und der nämlichen Drehstromleitung oder anderen Drehstromleitungen für eine Gesamtlänge bis höchstens der Störungslänge l_s so zu bemessen, daß die durch Oberschwingungsspannungen der Drehstromleitungen in der Fernsprech-Doppelleitung erzeugte Geräuschspannung $^1/_{100}$ V nicht übersteigt.

25. Zur Feststellung, ob diese Spannung überschritten wird, dient die Störungzahl:

$$s = U \delta \frac{l}{a^2 + b^2 + c^2}.$$

26. Die Störungzahl s ist für jeden Abstandbereich gesondert zu berechnen. Kreuzungen zwischen der Drehstromleitung und der Fernsprechleitung werden nicht berücksichtigt.

27. Mit einer Störung des Betriebes in der Fernsprech-Doppelleitung ist zu rechnen, wenn die Summe der Störungzahlen größer als 400 ist.

28. Für die Berechnung der Störungzahlen kann das unter IV aufgeführte Beispiel als Muster dienen. Daselbst finden sich auch Angaben über eine zweckmäßige Verdrillung der Drehstromleitung zur Verkleinerung der Summe der Störungzahlen.

β) Fernsprech-Einzelleitungen.

29. Näherungen, deren Abstand $a > 2 \sqrt{U \delta}$ ist, bleiben für die Berechnung außer Betracht.

30. Die übrigen Näherungen sind unter Berücksichtigung bereits bestehender Näherungen zwischen der nämlichen Fernsprechleitung und der nämlichen Drehstromleitung oder anderen Drehstromleitungen — jedoch nicht mit Beschränkung auf die Störungslänge l_s — so zu bemessen, daß die auf der Gesamtheit der Näherungen durch die Oberschwingungsspannungen der Drehstromleitungen in der Fernsprechleitung erzeugte Geräuschspannung $1/_{100}$ V nicht übersteigt.

31. Zur Feststellung, ob diese Spannung überschritten wird, dient die Störungzahl:

$$s' = \frac{U\,\delta}{z+3} \cdot \frac{l}{a^2 + b^2 + c^2}.$$

32. Die Störungzahl s' ist für jeden Abstandbereich gesondert zu berechnen. Ändert sich z innerhalb des gleichen Abstandbereiches, so ist die Näherung entsprechend zu unterteilen und die Störungzahl für jeden Teil zu ermitteln. Kreuzungen zwischen der Drehstromleitung und der Fernsprechleitung werden nicht berücksichtigt.

33. Mit einer Störung des Betriebes in der Fernsprech-Einzelleitung ist zu rechnen, wenn die Summe der Störungzahlen größer als 6 ist.

34. Die Summe der Störungzahlen (§ 30) kann durch Verdrillen der Drehstromleitung verkleinert werden; doch muß die Verdrillung, wenn gleichzeitig Fernsprech-Doppelleitungen in Frage kommen, für diese bemessen sein.

c) Störung des Betriebes in Fernsprech-Doppelleitungen bei erdfehlerhafter Drehstromleitung (§ 29).

35. Näherungen, deren Abstand $a > \frac{3}{5}\sqrt{U l_s}$ ist, bleiben für die Berechnung außer Betracht.

36. Die übrigen Näherungen sind unter Berücksichtigung bereits bestehender Näherungen zwischen der nämlichen Fernsprechleitung und der nämlichen Drehstromleitung — nicht auch anderen Drehstromleitungen, da gleichzeitiger Erdschluß in verschiedenen unabhängigen Drehstromnetzen nicht vorausgesetzt wird, — für eine Gesamtlänge bis höchstens der Störungslänge l_s so zu bemessen, daß die durch Oberschwingungsspannungen der Drehstromleitung in der Fernsprech-Doppelleitung erzeugte Geräuschspannung $1/_{100}$ V nicht übersteigt.

37. Zur Feststellung, ob diese Spannung überschritten wird, dient die Störungzahl:

$$s_e = \frac{U\,l}{a^2 + b^2 + c^2}.$$

38. Die Störungzahl s_e ist für jeden Abstandbereich gesondert zu berechnen. Kreuzungen zwischen der Drehstromleitung und der Fernsprechleitung werden nicht berücksichtigt.

39. Mit einer Störung des Betriebes in der Fernsprech-Doppelleitung ist zu rechnen, wenn die Summe der Störungzahlen größer als 25 ist.

40. Die Summe der Störungzahlen kann durch Verdrillen der Drehstromleitung nicht verkleinert werden.

B. Drehstromleitungen mit Nullpunktserdung.

a) Gefährdung durch Knallgeräusche und elektrischen Durchschlag in Fernsprechleitungen (§§ 24 und 25).

α) Fernsprech-Doppelleitungen.

41. Näherungen, deren Abstand $a > 1000$ m ist, bleiben für die Berechnung außer Betracht. Teilnehmeranschlußlinien mit nicht mehr als 6 Doppelleitungen werden als nicht gefährdet angesehen.

42. Die übrigen Näherungen sind unter Berücksichtigung der schon bestehenden Näherungen zwischen der nämlichen Fernsprech-Doppelleitung und der nämlichen Drehstromleitung so zu bemessen, daß durch den auf der Gesamtheit der Näherungen fließenden Kurzschlußstrom der Drehstromleitung in der Fernsprech-Doppelleitung oder bei deren elektrischer Unterteilung (§ 25) in den Teilstrecken keine höhere Längsspannung als 400 V (eff.) induziert wird. Bei Verwendung von Einrichtungen zum Schutze gegen Knallgeräusche (§ 4, Abs. 2) darf die induzierte Längsspannung nicht mehr als 1000 V (eff.) betragen.

43. Zur Feststellung, ob diese Spannung überschritten wird, dient die Gefährdungzahl:

$$g = 0,7 \, \omega \, I \, \frac{l}{\sqrt{a}} \; 5.$$

44. Die Gefährdungzahl g ist für jeden Abstandbereich gesondert zu berechnen. Kreuzungen zwischen der Drehstromleitung und der Fernsprechleitung werden nicht berücksichtigt.

45. Die Fernsprech-Doppelleitung ist als gefährdet anzusehen, wenn die Summe der Gefährdungzahlen größer als 100000 bzw. 250000 ist.

β) Fernsprech-Einzelleitungen.

46. Die Ziffern 41 bis 45 finden sinngemäß Anwendung. Die Summe der Gefährdungzahlen darf nicht größer als 25000 bzw. 250000 sein.

b) Störung des Betriebes in Fernsprechleitungen (§ 28).

47. Die Ziffern 23 bis 34 finden sinngemäß Anwendung.

c) Störungen in Eisenbahnblockleitungen mit Erde als Rückleitung (§ 26).

48. Die Berechnung erfolgt nach den Ziffern 41 bis 44. Die Summe der Gefährdungzahlen darf 12500 nicht überschreiten.

IV. Beispiel

für die Berechnung einer Näherung zwischen einer Drehstromleitung ohne Nullpunktserdung und einer Fernsprechlinie der Deutschen Reichspost.

Für die Erweiterung einer Drehstromleitung von 40000 V ist die in Abb. 1 schematisch dargestellte Linienführung geplant, durch die eine neue Näherung mit der vorhandenen Fernsprechlinie CD zwischen km 0 und km 44 entsteht.

---

5 Die Gleichung gilt nur für niedrige Frequenzen bis etwa 60 Per/s und nur für Abstände bis etwa 1000 m.

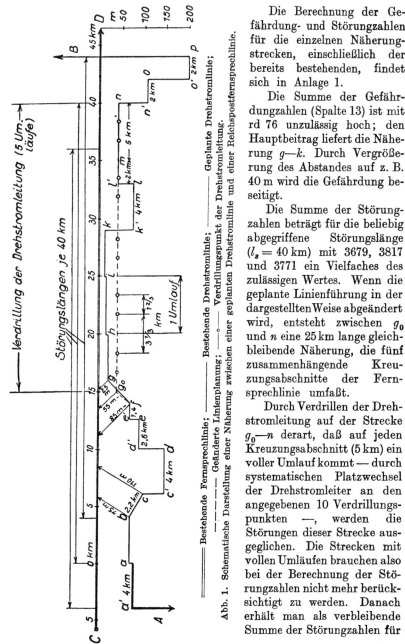

Abb. 1. Schematische Darstellung einer Näherung zwischen einer geplanten Drehstromlinie und einer Reichspostfernsprechlinie.

——— Bestehende Fernsprechlinie; ——— Bestehende Drehstromlinie; ——— Geplante Drehstromlinie.
— — — Geänderte Linienplanung; ○ Verdrillungspunkt der Drehstromleitung.

Die Berechnung der Gefährdung- und Störungzahlen für die einzelnen Näherungstrecken, einschließlich der bereits bestehenden, findet sich in Anlage 1.

Die Summe der Gefährdungzahlen (Spalte 13) ist mit rd 76 unzulässig hoch; den Hauptbeitrag liefert die Näherung g—k. Durch Vergrößerung des Abstandes auf z. B. 40 m wird die Gefährdung beseitigt.

Die Summe der Störungzahlen beträgt für die beliebig abgegriffene Störungslänge ($l_s = 40$ km) mit 3679, 3817 und 3771 ein Vielfaches des zulässigen Wertes. Wenn die geplante Linienführung in der dargestelltenWeise abgeändert wird, entsteht zwischen g_0 und n eine 25 km lange gleichbleibende Näherung, die fünf zusammenhängende Kreuzungsabschnitte der Fernsprechlinie umfaßt.

Durch Verdrillen der Drehstromleitung auf der Strecke g_0—n derart, daß auf jeden Kreuzungsabschnitt (5 km) ein voller Umlauf kommt — durch systematischen Platzwechsel der Drehstromleiter an den angegebenen 10 Verdrillungspunkten —, werden die Störungen dieser Strecke ausgeglichen. Die Strecken mit vollen Umläufen brauchen also bei der Berechnung der Störungzahlen nicht mehr berücksichtigt zu werden. Danach erhält man als verbleibende Summe der Störungzahlen für

Additional material from *Vorschriftenbuch des Verbandes Deutscher Elektrotechniker* ISBN 978-3-662-27986-1 (978-3-662-27986-1_OSFO3), is available at http://extras.springer.com

die an der Fernsprechlinie beliebig abgegriffene Störungslänge 269, 172 und 126, also zulässige Beträge.

Ohne Verdrillen würde die auf 40 m Abstand gebrachte Näherung g_0—n noch eine Störungzahl 1175 (Spalte 15 unten) ergeben. Eine Verkürzung der Störungslänge der Fernsprechleitung von 40 km auf 8 km durch den Einbau zusätzlicher Schleifenkreuzungen würde ohne entsprechendes Verdrillen der Drehstromleitung (ein voller Umlauf auf je 1 km Kreuzungsabschnitt) auch nicht zum Ziele führen, da für die Störungslänge $l_s = 8$ km, wie aus Spalte 15 zu entnehmen ist, immer noch Störungsbeträge über 400 vorkommen.

Die Summe der Gefährdungzahlen geht bei der geänderten Linienführung von 76 auf 4 zurück und hält sich damit in den zugelassenen Grenzen.

Anlage 1.

Berechnung der Gefährdung- und Störungzahlen
für die Näherung zwischen der Drehstromlinie mit 1 Drehstromleitung von
A nach B und der Fernsprechlinie von C nach D.

Drehstromleitung		Fernsprechleitung	
Anordnung der Leiter	dreieckig	Doppel- oder eindrähtig	doppel
Bei Doppelleitungen .	—	Länge der Kreuzungsab-	
Netzverdrillung. . . .	ja	schnitte	5 km
Umlauflänge	rd. 60 km	Störungslänge	$l_s = 40$ km
Erdseil	ja	Erdabstand	$c = 6$ m
Abstand der Leiter un-			$bc = 48$
tereinander	$\delta = 2$ m		$b^2 + c^2 = 100$
Erdabstand der Lei-			
tung	$b = 8$ m		
Nennspannung	$U = 40\,000$ V		
Schaltung des Null-			
punktes	Über Erd-		
	schlußspule ge-		
	erdet (siehe		
	§ 11).		
Ist sichergestellt, daß	ja.		
nach Auftreten eines	(Wenn „nein",		
Erdfehlers innerhalb	gelten für die		
3 h abgeschaltet wird?	Störwirkung		
(§ 29.)	Ziffer 35—40.)		

Unberücksichtigt bleiben:

für die Gefährdung Näherungen mit Abständen $a > \frac{1}{4}\sqrt{U} > 67$ m,

für die Störung „ „ „ $a > \frac{1}{4}\sqrt{U\delta l_s} > 300$ m.

72. Sicherheitsvorschriften für Hochfrequenztelephonie in Verbindung mit Hochspannungsanlagen.

Gültig ab 1. Juli 1922[1].

I. Alle Kreise, die Teile enthalten, die betriebsmäßig bedient werden müssen, sind im Sinne der Prüfvorschriften des VDE für mindestens 5000 V gegen die Vorrichtung zur Kopplung mit der Hochspannungleitung zu isolieren.

Antennen, die an einem Freileitungsgestänge für Hochspannung geführt sind, müssen so eingerichtet sein, daß gefährliche Spannungen gegen Erde in ihnen nicht auftreten können.

II. a) Bei Verwendung von Antennen zur Kopplung muß die Antenne von der Hochspannungleitung den nach den „Vorschriften für Starkstrom-Freileitungen" vom 1. Oktober 1923 unter E, Absatz 2 vorgeschriebenen Abstand haben.

b) Werden Kondensatoren, Durchführungsisolatoren, Spulen oder ähnliche Einrichtungen zur Kopplung verwendet, so müssen diese den gleichen Sicherheitsgrad wie die übrige Hochspannungsanlage aufweisen.

III. In die Verbindungsleitung zwischen Kopplung und Hochfrequenzgerät muß eine besondere Vorrichtung eingebaut werden, die bei metallener erührung oder Überschlag zwischen Starkstromanlage und Kopplung diese erdet.

Erklärung[2].

Bei Einführung der Hochfrequenztelephonie auf Starkstromleitungen mit hohen Spannungen hat sich ergeben, daß hierfür keinerlei Vorschriften vorhanden sind, die den Sicherheitsgrad der Anlage für das Bedienungspersonal der Telephone festlegen.

Um diese Frage zu studieren, wurde ein Unterausschuß gebildet, der aus Vertretern der Starkstrom- und Hochfrequenztechnik gebildet und zu dem ein Vertreter des Reichspostministeriums hinzugezogen wurde, da es wichtig erschien, dessen Wünsche kennen zu lernen, um beim Anschluß von Postadern an eine derartige Hochfrequenztelephonieanlage keinerlei Schwierigkeiten zu haben.

Da das Gebiet der Hochfrequenztelephonie auf Leitungen noch in voller Entfaltung ist, war man bei Abfassung der Sicherheitsvorschriften darauf

---

[1] Angenommen durch die Jahresversammlung 1922. Veröffentlicht: ETZ 1922, S. 445 und 858.

[2] Die Erklärung stammt von Direktor Neustätter, Berlin.

bedacht, diese derartig abzufassen, daß der Entwickelung keinerlei Hindernisse in den Weg gelegt werden. Man beschränkte sich daher darauf, zu fordern, daß alle Teile, die betriebsmäßig bedient werden müssen, von der Vorrichtung, die zur Kopplung des Hochfrequenztelephoniekreises mit der Starkstromleitung dient, möglichst stark isoliert sind. Da von seiten der Vertreter der Hochfrequenztechnik angegeben wurde, daß es ohne weiteres möglich wäre, die Isolation für 5000 V herzustellen, so wurde dieser Betrag zugrunde gelegt. Für die Kopplung waren zwei grundsätzliche Fälle zu unterscheiden: Die Kopplung durch Antennen, die parallel mit der Starkstromleitung verlaufen, und die Kopplung durch Kondensatoren, Durchführungsisolatoren und ähnliche Vorrichtungen. Bei Verwendung der erstgenannten waren die in den „Vorschriften für Starkstrom-Freileitungen" enthaltenen Grundsätze maßgebend, soweit sie sich auf den Abstand zwischen spannungführenden Leitungen in Abhängigkeit vom Durchhang beziehen. Werden Kondensatoren oder ähnliche Apparate verwendet, so sind diese als Teile der Hochspannungsanlage aufzufassen; sie müssen daher den gleichen Sicherheitsgrad wie diese aufweisen.

Da es trotz aller Vorsichtsmaßregeln in dem Bereich der Möglichkeit liegt, daß eine metallene Berührung oder eine Verbindung durch einen Lichtbogen zwischen der Starkstromleitung und der Hochfrequenzanlage eintritt, so war es erforderlich, Vorrichtungen zu fordern, die in diesem Falle die Hochfrequenzanlage sofort erden.

73. Vorschriften für Außenantennen.

I. Gültigkeit.

§ 1.

Geltungsbereich.

a) Diese Vorschriften gelten für Außenantennen, deren Herstellung nach dem 1. Oktober 1925 begonnen wird[1].

b) Auf Balkonantennen, die über den Balkon nicht hinausragen und sich über nicht mehr als ein Stockwerk erstrecken, sowie auf Außenantennen, die nicht mehr als 5 m über dem Erdboden liegen und nicht länger als 25 m sind, finden nur die §§ 12 bis 14 Anwendung.

§ 2.

Begriffserklärung.

a) Außenantennen sind Antennen, deren Drähte ganz oder teilweise im Freien angeordnet sind.

b) Inwieweit Antennen im Dachraum eines Hauses als Außenantennen gelten, geht aus § 12 b hervor.

II. Bauerlaubnis.

§ 3.

a) Öffentliche Plätze und Verkehrswege sowie Bahnkörper und der Luftraum über ihnen dürfen nur mit Genehmigung der zuständigen Stellen benutzt werden. Bei Überkreuzung elektrischer Bahnen ist auch das Einverständnis des Bahnunternehmers erforderlich.

1. Die Antennen einschließlich ihrer Träger sollen das Straßen-, Stadt- und Landschaftsbild nicht stören. Sie sind nach Möglichkeit so anzulegen, daß sie von den Straßen aus nicht sichtbar sind; sie sollen also möglichst auf den von der Straßenseite abgelegenen Dachflächen liegen. Dieses gilt besonders für Mehrleiterantennen mit Rahen (siehe § 5 d).

III. Bauvorschriften.

§ 4.

Normale Baustoffe und Querschnitte.

a) Als normale Baustoffe für Antennenleiter gelten Kupfer, Bronze und Aluminium, deren Beschaffenheit folgenden Bedingungen entspricht:

Hartkupfer . . . . 40 kg/mm² Zugfestigkeit,
Bronze . . . . 50÷60 ,, ,, ,, ,
Aluminium . . . . 18 ,, ,, ,, .

---

[1] Angenommen durch die Jahresversammlung 1925. Veröffentlicht: ETZ 1925, S. 824, 1096 und 1526. — *Sonderdruck VDE 322 (erweitert)*.

b) Die Antennenleiter sind nach folgender Tafel zu wählen (siehe auch DIN VDE 8300, Bl. 1 und 2):

α) Eindrähtige Leitungen.

Bezeichnung	Durchmesser mm		Querschnitt mm² Rechnungswert
	Nennwert	Zulässige Abweichungen	
Hartkupferdraht	2,0	± 0,05	3,14
„	2,5	± 0,05	4,91
„	3,0	± 0,05	7,07
Bronzedraht II	1,5	± 0,05	1,76
„	2,0	± 0,05	3,14
„	2,5	± 0,05	4,91
„	3,0	± 0,05	7,07
Aluminium	3,0	± 0,05	7,07
„	4,0	± 0,05	12,57

β) Mehrdrähtige Leitungen (aus Einzeldrähten gefertigt):

Bezeichnung	Durchmesser des Einzeldrahtes mm		Querschnitt mm² Rechnungswert	Drahtzahl und Aufbau
	Nennwert	Zulässige Abweichungen		
Hartkupferdraht oder	0,25	± 0,02	2,45	7 × 7
Bronzedraht II	0,4	± 0,03	6,2	7 × 7
Aluminium	0,4	± 0,03	6,2	7 × 7
„	0,7	± 0,04	18,62	7 × 7

c) Der Durchhang der Antennenleiter ist so zu regeln, daß die Leiter bei Verkürzung durch Kälte und bei zusätzlicher Belastung durch Wind, Schnee und Eis noch eine 3-fache Sicherheit aufweisen.

Der Durchhang ist für die beiden folgenden Fälle zu berechnen:

α) eine Temperatur von — 5° C mit zusätzlicher Belastung,

β) eine Temperatur von — 20° C ohne zusätzliche Belastung.

d) Die zusätzliche Belastung ist in der Richtung der Schwerkraft wirkend anzunehmen und mit $180 \sqrt{d}$ in g für 1 m Leiterlänge einzusetzen, wobei d den Leiterdurchmesser, bei isolierten Leitern den Außendurchmesser in mm bedeutet.

e) Unter Zug stehende Antennenleiter und Abspanndrähte dürfen nicht aus zusammengesetzten Stücken bestehen sowie keine Knoten enthalten.

f) Die Ösen der Antennenleiter müssen feuerverzinkte Kauschen erhalten.

§ 5.
Gestänge und Rahen.

a) Alle Gestänge von Antennen und deren Anker sowie Rahen müssen bei der auftretenden Höchstbeanspruchung mindestens eine 3-fache Sicherheit aufweisen.

b) Bei Verwendung von Stahlrohren darf die Wandstärke nicht unter
1 mm und der Außendurchmesser nicht unter 20 mm betragen. Solche
Rohre sind vor Einbau mit einem haltbaren Rostschutzanstrich zu versehen.

c) Freistehende Rohrständer ohne Anker müssen so bemessen werden,
daß die lotrechte Stellung auch bei den auftretenden Höchstzugspannungen
gewährleistet bleibt.

d) Rahen für mehrdrähtige Antennen sind aus Stahlrohr, aus zähem
imprägnierten Holz oder aus Bambusstäben herzustellen. Auf gute Befestigung ist besonders zu achten.

§ 6.
Isolierung und Abspannung.

a) Die Isolierung der Antennenleiter gegen die Gestänge sowie die der
Abspannung der Ableitung an der Einführungstelle muß bei der höchstmöglichen Belastung eine 3-fache Sicherheit aufweisen.

b) Zum Abspannen der Antennen nach den Befestigungspunkten ist
Volldraht (bei Eisen nicht unter 4 mm Durchmesser) oder Antennenlitze
zu verwenden. Dieses gilt selbstverständlich auch für die Verbindung der
Isolatoren untereinander. Bei Führung über Rollen ist Aluminium nicht
zulässig.

§ 7.
Abspannpunkte.

a) Als Abspannpunkte dürfen Schornsteine, turmartige Aufbauten,
Hausgiebel und Fahnenstangen nur dann Verwendung finden, wenn diese
Teile den zu erwartenden Beanspruchungen gewachsen sind und, wenn
durch die Führung der Antennenleiter sowie der Abspannungen und Verankerungen der freie ungehinderte Zugang zu den Schornsteinen, deren
Reinigung und die Ausführung sonstiger Arbeiten auf Dächern nicht beeinträchtigt werden.

1. Mit Rücksicht auf die Begehbarkeit der Dächer soll eine lichte Höhe von
mindestens 2 m zwischen der Antenne und dem betreffenden Gebäudeteil
vorhanden sein.

2. Bei Errichtung einer Antenne ist auf vorhandene Anlagen Rücksicht zu
nehmen. Parallele oder nahezu parallele Führung zweier Antennen bewirkt
starke Kopplung. Daher ist bei T- und L-Antennen ein Mindestabstand der
parallel geführten Teile von 5 m vorzusehen. Stehen die Drähte zweier Antennen senkrecht oder im Winkel zueinander oder kreuzen sie sich, so soll
ihr Abstand an der Stelle der größten Näherung nicht unter 2 m sein.

b) Antennenleiter dürfen nicht über Gebäude mit weicher Bedachung
(Stroh-, Rohr-, Ret-, Schindel-, Lehmschindel- u. dgl. Dächer) geführt
werden.

c) Sind Antennen gegen einen Baum abgespannt, so muß den Schwankungen durch den Wind Rechnung getragen werden.

d) Eiserne Dachständer, die als Gestänge dienen, müssen geerdet, hölzerne Dachständer mit Blitzableitern versehen werden. Für die Erdung

der Gestänge bzw. der Blitzableiter genügt eine Verbindung mit geerdeten Metallteilen der Gebäude. Vorhandene Blitzschutzanlagen sind mit den Dachständern zu verbinden.

Diese Erdungen sind als „verzweigte Leitungen" nach den Sonderbestimmungen des Ausschusses für Blitzableiterbau auszuführen (Mindestquerschnitt bei Eisen 50 mm², bei Kupfer 25 mm²).

§ 8.
Antennenableitung.

a) Der Querschnitt der Ableitung muß bis zum Überspannungschutz bzw. bis zum Erdungschalter mindestens der gleiche wie der für einen Antennenleiter vorgeschriebene sein. Bei mehrdrähtigen Antennen ist der Querschnitt entsprechend stärker zu nehmen.

b) Die Verbindung des Antennenleiters mit der Ableitung muß zweckmäßig durch fabrikmäßig hergestellte Klemmen, Kerbverbinder, Quetsch- oder Würgehülsen erfolgen. Klemmen, bei denen eine Schraube auf den Draht drückt, sind verboten.

Lötungen sind nur an von Zug entlasteten Stellen zulässig und mit Lötkolben auszuführen.

c) Antennenableitungen in und an Gebäuden müssen so geführt sein, daß mindestens 10 cm Abstand von offen verlegten Starkstromleitungen gewahrt bleibt.

§ 9.
Kreuzungen von Hochspannungleitungen.

a) Kreuzungen von Hochspannungleitungen und Fahrleitungen elektrischer Bahnen sind verboten, sofern die Betriebspannung über 750 V gegen Erde beträgt.

b) Kreuzungen von solchen Leitungen mit Betriebspannungen über 250 bis einschließlich 750 V gegen Erde sind möglichst zu vermeiden. Werden derartige Kreuzungen erforderlich, so sind folgende Sicherheitsmaßnahmen anzuwenden:

α) Nur Einleiterantennen aus mehrdrähtigen Kupfer- oder Bronzeleitern mit einem Durchmesser des Einzeldrahtes nicht unter 0,4 mm sind zulässig. Die auftretende Höchstzugspannung soll im Antennenleiter im ungünstigsten Belastungsfalle bei Hartkupfer 10 kg/mm², bei Bronze 12,5 kg/mm² nicht überschreiten. Der Antennenleiter ist an den beiden Befestigungspunkten doppelt, zweckmäßig an in wagerechter Richtung angeordneten Querträgern, abzuspannen. Zu Abspannungen ist der gleiche Baustoff und mindestens der gleiche Querschnitt wie für den Antennenleiter zu verwenden.

β) Die Isolatoren sind in den Antennenleiter so einzubauen, daß sie nur auf Druck beansprucht werden, damit der Antennenleiter bei Isolatorbruch nicht herabfallen kann. Die Verbindung der Isolatoren mit dem Antennenleiter ist besonders sorgfältig auszuführen.

γ) Die Gestänge müssen bei Höchstbeanspruchungen eine 4-fache Sicherheit gegen Zug, Druck, Biegung und Knickung haben, Ankerdrähte, Seile und Streben dagegen eine 5-fache Sicherheit aufweisen. Die größte Entfernung zwischen den Gestängen soll nicht mehr als etwa 60 m betragen.

δ) Außer den in §§ 12 und 13 verlangten Schutzmaßnahmen ist ein Schutzkondensator (siehe „Vorschriften für Geräte, die die Verwendung von Starkstromleitungen bis 440 V Nennspannung als Antenne oder Erde ermöglichen (Verbindungsgeräte)"[2] zwischen Erdungschalter und Empfänger möglichst kurz hinter der Einführung anzuordnen.

c) Bei Annäherung an solche Leitungen muß die Antennenanlage einschließlich der Abspanndrähte in einem solchen Abstande verlegt werden, daß auch bei Drahtbruch eine Berührung unter allen Umständen ausgeschlossen ist. Bei Spannungen über 750 V gegen Erde darf der wagerechte Abstand keinesfalls weniger als 10 m betragen.

§ 10.
Kreuzungen von Niederspannungleitungen.

a) Kreuzungen von Niederspannungleitungen (Spannungen bis 250 V gegen Erde) sind möglichst zu vermeiden. Sind derartige Kreuzungen erforderlich, so ist der Antennenleiter als „wetterfest umhüllte Leitung" nach den „Normen für umhüllte Leitungen" auszuführen, sofern nicht die Starkstromleitung isoliert ist.

b) Das Gleiche gilt bei Annäherungen, sofern nicht eine metallene Berührung beim Reißen der Antenne praktisch ausgeschlossen ist.

§ 11.
Kreuzungen von Fernmeldeleitungen.

a) Kreuzungen sind möglichst rechtwinklig, jedenfalls nicht unter einem kleineren Winkel als 60°, und in einem Abstande von wenigstens 1 m auszuführen.

b) Parallelführung im Abstande von weniger als 5 m ist verboten.

c) Wenn bei Bruch der Antennenleiter eine Berührung mit der Fernmeldeleitung möglich ist, müssen die Antennenleiter mit wetterfester Umhüllung versehen sein, sofern nicht die Fernmeldeleitung isoliert ist.

§ 12.
Überspannungschutz.

a) Außenantennen müssen durch Überspannungschutz für höchstens 350 V, der außerhalb oder innerhalb des Gebäudes angebracht werden kann, gesichert sein. Ein im Gebäude befindlicher Überspannungschutz muß nahe der Einführung in einem solchen Abstande von leicht entzündbaren Teilen liegen, daß deren Entzündung ausgeschlossen ist. Überschlag-

---

[2] S. S. 688 u. 689.

strecken von etwa 0,1 mm Funkenlänge oder die bei Fernmeldeanlagen üblichen Luftleerblitzableiter mit Grobschutzfunkenstrecke sowie Glimmlampen sind als Überspannungschutz geeignet.

b) Das Gleiche gilt für Antennen, die im Dachraum eines Hauses oder nach § 1 b angeordnet sind.

§ 13.
Erdungschalter.

a) Die Antennen müssen durch einen nahe der Einführung innen oder außen leicht zugänglich angeordneten Erdungschalter (Starkstromschalter für mindestens 6 A) geerdet werden, wenn die Anlage nicht gebraucht wird.

§ 14.
Erdzuleitungen.

a) Der Querschnitt der Zuleitung zur Schutzerdung muß mindestens den doppelten des für einen Antennenleiter vorgeschriebenen Querschnittes erhalten.

b) Die Zuleitung zur Schutzerdung ist nach den Sonderbestimmungen des Ausschusses für Blitzableiterbau („Leitsätze über den Schutz der Gebäude gegen den Blitz usw.") auszuführen. Hiernach gelten auch Wasserleitung, Gasleitung oder Heizungsrohre, wenn sie mit der Wasserleitung metallisch verbunden sind, als ausreichende Schutzerdung.

c) Die Apparaterdung darf als Schutzerdung nur mitverwendet werden, wenn sie den vorstehenden Bedingungen entspricht.

IV. Bauausführung durch Fachleute.
§ 15.

a) Antennenanlagen nach §§ 9 und 10 dürfen nur im Einvernehmen mit den Bahnunternehmen oder den Elektrizitätswerken durch anerkannte Fachleute ausgeführt werden.

V. Überwachung.
§ 16.

a) Antennenanlagen sind in dauernd vorschriftsmäßigem Zustande zu erhalten.

b) Mängel sind sofort zu beseitigen.

Ausführungsmerkblatt zu den Vorschriften für Außenantennen.
Gültig ab 1. April 1926 [3].

In den „Vorschriften für Außenantennen" sind alle erforderlichen Angaben und Berechnungsunterlagen enthalten, die der Fachmann für die Ausführung von Außenantennen benötigt. Um jedoch auch Herstellern von

---

[3] Angenommen durch den Vorstand im Februar 1926. Veröffentlicht: ETZ 1926, S. 371. — *Sonderdruck VDE 322 (erweitert)*.

Antennen, die technisch nicht in gleichem Maße vorgebildet sind, die Möglichkeit zu geben, einfache Antennenanlagen für Spannweiten bis 50 m selbst auszuführen, werden die in den „Vorschriften für Außenantennen" unter Abschnitt III gegebenen „Bauvorschriften" nachstehend näher erläutert.

Soweit die Herstellung von Antennen nicht anerkannten Fachleuten vorbehalten ist, können diese auch von Nichtfachleuten unter Anwendung folgender Leitsätze erstellt werden.

a) Durchhang des Antennenleiters.

Für die Bemessung des Durchhanges für Antennenleiter aus „normalem Baustoff" gilt bei den verschiedenen Spannweiten nachstehende Tafel I.

Die Durchhänge sind für eine Temperatur von $+ 10^0$ C angegeben. Ist die Temperatur bei Errichtung der Antenne höher oder niedriger, so muß für 1^0 C Temperaturzunahme bzw. -abnahme ein entsprechender Zuschlag oder Abschlag gemacht werden, der gleichfalls Tafel I entnommen werden kann. Um eine Gewähr für den richtigen Durchhang zu erhalten, stellt man zweckmäßig nach erfolgter Aufstellung der Gestänge bzw.

Tafel I. Antennenleiter-Durchhang.

Spannweite m	Durchhang bei $+ 10^0$ C		
	Kupfer cm	Bronze cm	Aluminium cm
20	30	23	31
25	41	32	40
30	49	41	49
35	60	54	59
40	75	65	67
45	89	79	80
50	106	91	91
bei Temperaturzunahme	Zuschlag für 1^0 C		
	0,60	0,55	0,8
bei Temperaturabnahme	Abschlag für 1^0 C		
	0,60	0,55	0,8

nach Anbringen der notwendigen Antennenbefestigungen zunächst mittels einer dünnen Schnur oder eines Bindfadens die genaue Länge zwischen den Aufhängepunkten fest. Nunmehr trägt man auf gerader Ebene die gemessene Entfernung auf und errichtet an den Endpunkten der ermittelten Spannweite zwei Pflöcke, deren Höhe mindestens dem aus Tafel I zu entnehmenden Durchhang entspricht. Der Antennenleiter einschließlich Isolierungen (Eierketten) und etwaiger Haltedrähte wird alsdann an diesen Pflöcken in der Höhe des Durchhanges so befestigt, daß der Draht die gerade Ebene berührt. Die ermittelte Leitungslänge mit Isolierungen usw. kann nunmehr mit der Ableitung versehen und zwischen den Aufhängepunkten aufgebracht werden.

Sofern der Durchhang sicher größer gehalten wird, als Tafel I angibt, kann von der vorstehend angegebenen Festlegung der Antennenlänge abgesehen werden.

Der Ableitungsdraht von dem wagerechten Antennenleiter muß nach unten in leichtem Bogen frei durchhängen; er darf nicht straff gespannt sein, damit sich der durch Kälte hervorgerufene geringere Durchhang, ohne zusätzliche Zugbelastung, einstellen kann.

b) Bemessung der Abspannvorrichtungen (Aufhängevorrichtungen).

Bei einer unmittelbaren Befestigung des Antennenleiters an Schornsteinen, Giebeln, Brandmauern dürfen die Befestigungsschrauben, -schellen, -ösen oder -haken nur in festes Mauerwerk eingelassen werden; sie müssen einzementiert werden (nicht eingipsen!).

Können vorhandene Aufbauten, Schornsteine, Hausgiebel, Fahnenstangen usw. mangels genügender Standfestigkeit zu Abspannpunkten nicht verwendet werden, so sind besondere Gestänge zu errichten. Diese Gestänge sind sachgemäß mit dem Gebäude zu verbinden. Die Stellen, an denen Gestänge oder deren Abspannungen durch die Dachhaut treten, müssen einen wasserdichten Abschluß erhalten. Derartige Abdichtungen sind mit besonderer Sorgfalt auszuführen; man sollte daher bestrebt sein, Dachdurchführungen zu vermeiden. Durch die Wahl von freistehenden Gestängen kann ohne weiteres die Zahl der Dachdurchführungen herabgesetzt werden. Aus diesem Grunde sind in nebenstehenden Tafeln II und IIa nur freistehende Gestänge aufgeführt. Unter freitragender Länge eines Gestänges versteht man die Länge zwischen der oberen Rohrbefestigung am Gebäude und dem Antennenaufhängepunkt. Für die Befestigung des Gestänges an dem Gebäude sind je nach der verwendeten freien Rohrlänge 40 bis 80 cm Zuschlag zu der freien Länge von 1 bis 3 m zu nehmen. Zu Gestängen verwendet man zweckmäßig Rohre aus Schmiedeeisen (Gasrohre) oder nahtlos gezogene Rohre (Siederohre), deren obere Enden wasserdicht zu verschließen sind.

Die Rohrabmessungen für Einleiter- und Zweileiterantennen können unter Zugrundelegung des betreffenden Baustoffes für den Antennenleiter und der freien Gestängelänge aus Tafel II bzw. IIa entnommen werden. Da es sich im vorliegenden Falle um Antennen einfacher Art handelt, wurden aus der Tafel „Normale Baustoffe" des § 4 der „Vorschriften für Außenantennen" hierfür geeignete Drähte ausgewählt.

Werden abgespannte Gestänge verwendet, so genügt für eine Antenne einfacher Art ein Rohrdurchmesser von 1½" engl. bei einer Länge bis 3 m.

Hölzerne Gestänge sind mit Vorsicht anzuwenden. In jedem Fall muß die lotrechte Stellung bei der Höchstbelastung durch die Antenne gewahrt bleiben. Daher werden in der Regel Abspannungen erforderlich sein.

c) Zugfestigkeit von Eierketten.

Zur Erreichung der erforderlichen 3-fachen Sicherheit sind für je 1 mm² Antennenleiter-Querschnitt.

bei Hartkupfer	15,0 kg
bei Bronze	18,0 „
bei Aluminium	7,5 „

Tafel II. Gestängeabmessungen für Einleiterantennen.

Baustoff-Bezeichnung	Durchmesser bezw. Aufbau mm	Querschnitt mm²	Gasrohr. Zoll engl. Innendurchm. Länge der Gestänge in m 1,0″	1,5″	2,0″	2,5″	3,0″	Siederohr. Zoll engl. Außendurchm. Länge der Gestänge in m 1,0″	1,5″	2,0″	2,5″	3,0″
Hartkupferdraht	2,0	3,14	$1^1/_2$	$1^1/_2$	$1^1/_2$	$1^1/_2$	$1^3/_4$	$1^1/_2$	$1^3/_4$	2,0	2,0	$2^1/_2$
	2,5	4,91	$1^1/_2$	$1^1/_2$	$1^3/_4$	2,0	2,0	$1^3/_4$	2,0	$2^1/_2$	$2^1/_2$	$2^1/_2$
Bronzedraht II	1,5	1,76	$1^1/_2$	$1^1/_2$	$1^1/_2$	$1^1/_2$	$1^1/_2$	$1^1/_2$	$1^1/_2$	$1^3/_4$	$1^3/_4$	2,0
	2,0	3,14	$1^1/_2$	$1^1/_2$	$1^1/_2$	$1^3/_4$	$1^3/_4$	$1^1/_2$	$1^3/_4$	2,0	$2^1/_2$	$2^1/_2$
Aluminium	3,0	7,07	$1^1/_2$	$1^1/_2$	$1^1/_2$	$1^3/_4$	$1^3/_4$	$1^1/_2$	$1^3/_4$	2,0	2,0	$2^1/_2$
Hartkupferlitze	7 × 7 × 0,25	2,45	$1^1/_2$	$1^1/_2$	$1^1/_2$	$1^1/_2$	$1^1/_2$	$1^1/_2$	$1^1/_2$	$1^3/_4$	2,0	2,0
Bronzelitze	7 × 7 × 0,25	2,45	$1^1/_2$	$1^1/_2$	$1^1/_2$	$1^1/_2$	$1^3/_4$	$1^1/_2$	$1^3/_4$	$1^3/_4$	2,0	$2^1/_2$
Aluminiumlitze	7 × 7 × 0,4	6,2	$1^1/_2$	$1^1/_2$	$1^1/_2$	$1^1/_2$	$1^3/_4$	$1^1/_2$	$1^3/_1$	$1^3/_4$	2,0	$2^1/_2$

Tafel IIa. Gestängeabmessungen für Zweileiterantennen.

Baustoff-Bezeichnung	Durchmesser bezw. Aufbau mm	Querschnitt mm²	Gasrohr. Zoll engl. Innendurchm. Länge der Gestänge in m 1,0″	1,5″	2,0″	2,5″	3,0″	Siederohr. Zoll engl. Außendurchm Länge der Gestänge in m 1,0″	1,5″	2,0″	2,5″	3,0″
Hartkupferdraht	2,0	3,14	$1^1/_2$	$1^3/_4$	2,0	$2^1/_2$	$2^1/_2$	2,0	$2^1/_2$	$2^1/_2$	$2^3/_4$	3,0
	2,5	4,91	$1^3/_4$	2,0	$2^1/_2$	$2^1/_2$	$2^3/_4$	$2^1/_2$	$2^1/_2$	3,0	$3^1/_4$	$3^1/_4$
Bronzedraht II	1,5	1,76	$1^1/_2$	$1^1/_2$	$1^1/_2$	$1^3/_4$	2,0	$1^3/_4$	2,0	2,0	$2^1/_2$	$2^1/_2$
	2,0	3,14	$1^1/_2$	$1^3/_4$	2,0	$2^1/_2$	$2^1/_2$	2,0	$2^1/_2$	$2^1/_2$	$2^3/_4$	$3^1/_4$
Aluminium	3,0	7,07	$1^1/_2$	$1^3/_4$	2,0	$2^1/_2$	$2^1/_2$	2,0	$2^1/_2$	$2^1/_2$	$2^3/_4$	3,0
Hartkupferlitze	7 × 7 × 0,25	2,45	$1^1/_2$	$1^1/_2$	$1^3/_4$	2,0	2,0	$1^3/_4$	2,0	$2^1/_2$	$2^1/_2$	$2^1/_2$
Bronzelitze	7 × 7 × 0,25	2,45	$1^1/_2$	$1^3/_4$	$1^3/_4$	2,0	$2^1/_2$	$1^3/_4$	$2^1/_2$	$2^1/_2$	$2^1/_2$	$2^3/_4$
Aluminiumlitze	7 × 7 × 0,4	6,2	$1^1/_2$	$1^1/_2$	$1^3/_4$	2,0	2,0	$1^3/_4$	$2^1/_2$	$2^1/_2$	$2^1/_2$	$2^3/_4$

in Anrechnung zu bringen. Unter Zugfestigkeit versteht man den Widerstand, den der Körper dem Zerreißen entgegensetzt.

Beispiel 1.
Ausführung einer Einleiterantenne.

Spannweite (Entfernung zwischen den Aufhängepunkten) = 35 m.
Baustoff Bronzelitze $7 \times 7 \times 0{,}25$ mm = 2,45 mm² Querschnitt.
Temperatur = + 15° C bei Errichtung der Antenne.
Freistehendes Gestänge 2,5 m freie Länge (Siederohr). Nach Tafel I. Durchhang für Bronze bei 35 m Spannweite und + 10° C = 54 cm.
Bei einer Temperaturzunahme von 5° C Zuschlag $5 \times 0{,}55 = 2{,}75$ cm.
Gesamtdurchhang somit = 54 + 2,75 = 56,75 cm = rd 57 cm.
Rohrabmessung nach Tafel II für Bronzelitze $7 \times 7 \times 0{,}25$ mm und Siederohr 2,5 m freie Länge 2″ engl. (Außendurchmesser).

Zugfestigkeit der Eierketten.

Für Bronze nach c) = 18 kg je mm² Querschnitt = 2,45 mm², somit = $18 \times 2{,}45 = 44{,}1 =$ rd 45 kg.
Die verwendete Eierkette muß also in diesem Falle 45 kg auf Zug aushalten, ohne zu reißen.

Beispiel 2.
Ausführung einer Zweileiterantenne.

Spannweite = 20 m.
Baustoff Hartkupferdraht 2,5 mm = 4,91 mm² Querschnitt.
Temperatur = + 5° C bei Errichtung der Antenne.
Freistehendes Gestänge 3 m freie Länge (Gasrohr).
Durchhang laut Tafel I für Hartkupfer und 20 m Spannweite bei + 10° C = 30 cm. Abschlag für 5° C Temperaturabnahme $5 \times 0{,}6 = 3$ cm.
Gesamtdurchhang somit = 27 cm.
Rohrabmessung für Hartkupfer 2,5 mm und Gasrohr nach Tafel IIa bei 3 m freier Länge = 2¾″ engl. (Innendurchmesser).

Zugfestigkeit der Eierketten.

Eierketten, sofern auf jeder Seite 2 Stück angeordnet sind: Zugfestigkeit = $4{,}91 \times 15 = 73{,}65 =$ rd 75 kg.
Auf jeder Seite eine Eierkette angeordnet: Erforderliche Zugfestigkeit = $2 \times 75 = 150$ kg.

74. Vorschriften für Geräte, die die Verwendung von Starkanlagen bis 250 V Nennspannung als Antenne oder Erde ermöglichen (Verbindungsgeräte).

Gültig ab 1. Oktober 1925[1].

a) Jedes Gerät muß ein Ursprungzeichen, die Angabe der zulässigen Spannung „bis 250 V", die Aufschrift „vor Nässe zu schützen" und das Prüfzeichen des VDE tragen.

1. Die Geräte sollen zur Verbindung mit der Starkstromleitung ohne Zwischenschaltung einer Schnur einen Edisonlampensockel 27 (Normal-Edisonsockel) oder Steckerstifte tragen.

b) Die netzseitigen Teile müssen den diesbezüglichen Bestimmungen[2] des VDE entsprechen; insbesondere müssen die Geräte so eingerichtet sein, daß bei einer Anschaltung an das Starkstromnetz und während des Betriebes eine Berührung Starkstrom führender Teile unmöglich ist.

Eine Einkapselung in Metall ist verboten.

c) Bei den im Gerät verwendeten Schutzkondensatoren muß das Dielektrikum aus Glimmer oder Gas bestehen; Drehkondensatoren sind hierfür nicht zulässig.

d) Zwischen den Anschlußstellen für das Netz und denen für das Empfangsgerät muß an der Außenseite des Verbindungsgerätes ein Abstand von mindestens 20 mm vorhanden sein.

e) Alle verwendeten Baustoffe dürfen, sofern sie als Schutz verwendet werden, bei 70° C und, sofern sie als Träger spannungführender Teile verwendet werden, bei 100° C keine den Gebrauch beeinträchtigende Veränderung erleiden.

f) Die Geräte müssen eine genügende mechanische Festigkeit aufweisen.

2. Als Schutz gegen Berührung und Feuchtigkeit wird Umpressen oder Vergießen mit Isoliermasse empfohlen.

---

[1] Angenommen durch die Jahresversammlung 1925. Veröffentlicht: ETZ 1924, S. 963; 1925, S. 435 und 1526. — Änderungen des Titels sowie der Vorschriften a und f angenommen durch den Vorstand im Dezember 1927. Veröffentlicht: ETZ 1927, S. 1860. — *Sonderdruck VDE 410.*

[2] Besonders wird hingewiesen auf:
Vorschriften für die Errichtung und den Betrieb elektrischer Starkstromanlagen,
Vorschriften für die Prüfung elektrischer Isolierstoffe,
Vorschriften für isolierte Leitungen in Starkstromanlagen V.I.L./1928,
Vorschriften für die Konstruktion und Prüfung von Installationsmaterial,
Vorschriften, Regeln und Normen für ungeschützte zweipolige Steckdosen und Stecker 6 A 250 V,
Vorschriften für den Anschluß von Fernmeldeanlagen an Niederspannung-Starkstromnetze durch Transformatoren.

g) Die Geräte müssen unmittelbar nach 24stündigem Lagern in einem bei 20° C mit Feuchtigkeit gesättigten Raum eine Spannung von 1500 V Wechselstrom zwischen den netzseitigen Anschlußstellen untereinander einerseits, zwischen den netzseitigen und den empfängerseitigen Anschlußstellen andererseits, sowie zwischen den netzseitigen Anschlußstellen und einer um das Gerät gelegten Stanniolumwicklung 1 min lang aushalten.

Ein solcher feuchter Raum kann z. B. hergestellt werden, indem die Innenwände eines geschlossenen Kastens mit Löschpapier oder Tüchern bedeckt werden, die ständig in Wasser tauchen und dadurch vollständig feucht gehalten werden.

h) Die Geräte müssen, nachdem sie 1 min unter Wasser gelegen haben, unmittelbar nach dem Herausnehmen aus dem Wasser ihre volle Durchschlagsfestigkeit aufweisen und dürfen keinen größeren Isolationsstrom als 0,5 mA bei 440 V Gleichstrom durchlassen.

i) Diese Vorschriften werden für Verbindungsgeräte, die in Empfangsgeräte eingebaut werden sollen, ersetzt durch die „Vorschriften für Geräte, die zur Entnahme von Betriebstrom für Rundfunkgeräte aus Wechsel- oder Drehstrom-Niederspannungsanlagen dienen (Wechsel- und Drehstrom-Netzanschlußgeräte)"[3], die „Vorschriften für Geräte, die zur Entnahme von Betriebstrom für Rundfunkgeräte aus Gleichstrom-Niederspannungsanlagen dienen (Gleichstrom-Netzanschlußgeräte)"[4] und die „Vorschriften für Rundfunkgeräte mit eingebauter Netzanschlußeinrichtung, bei denen Betriebstrom aus Gleichstrom-Niederspannungsanlagen entnommen wird (Gleichstrom-Netzanschluß-Empfänger)"[5].

---

[3] S. S. 690 u. 691.
[4] S. S. 692 u. 693.
[5] S. S. 694 bis 696.

75. Vorschriften für Geräte, die zur Entnahme von Betriebstrom für Rundfunkgeräte aus Wechsel- oder Drehstrom-Niederspannungsanlagen dienen (Wechsel- und Drehstrom-Netzanschlußgeräte).

Gültig ab 1. April 1927[1].

a) Als Niederspannung gelten Spannungen im Sinne des § 2a der Errichtungsvorschriften für Starkstromanlagen. Daher dürfen weder zwischen zwei Anschlußklemmen des Gerätes noch zwischen einer Anschlußklemme und irgendeinem Punkt im Inneren des Gerätes effektive Spannungen über 250 V betriebsmäßig auftreten.

b) Netzanschlußgeräte im Sinne dieser Vorschriften sind solche Vorrichtungen, die Empfangs- und Verstärkergeräten Heiz- oder Anodenstrom oder beides aus Niederspannungsanlagen liefern.

Sie müssen auch bei Ein- oder Zusammenbau in oder mit Empfangs- oder Verstärkergeräten ein abgeschlossenes, getrennt prüfbares Ganzes bilden.

c) Jedes Gerät muß ein Ursprungzeichen, die Angabe der zulässigen Netzspannung, die Aufschrift „vor Nässe zu schützen", die Klemmenbezeichnung „Netz" bzw. „Empfänger", ein Leistungsschild sowie das Prüfzeichen des VDE, soweit die Prüfstelle des VDE die Genehmigung hierzu erteilt hat, tragen.

d) Netzanschlußgeräte gelten als Starkstromgeräte und unterliegen den diesbezüglichen Bestimmungen[2] des VDE. Insbesondere müssen die Geräte so eingerichtet sein, daß bei der Anschaltung und während des Betriebes eine Berührung spannungführender Teile unmöglich ist, wenn nicht mit Sicherheit das Auftreten höherer Spannungen als 42 V gegeneinander und gegen Erde vermieden ist.

e) Bei Verwendung von Klemmen oder dgl. sind die zum Anschluß an das Netz dienenden Klemmen von den zum Anschluß an das Empfangsgerät dienenden Klemmen mindestens 50 mm voneinander entfernt anzuordnen.

---

[1] Angenommen durch den Vorstand im Februar 1927. Veröffentlicht ETZ 1927, S. 305. — *Sonderdruck VDE 383.*

[2] Besonders wird hingewiesen auf:

Vorschriften für die Errichtung und den Betrieb elektrischer Starkstromanlagen,

Vorschriften für die Konstruktion und Prüfung von Installationsmaterial,

Vorschriften, Regeln und Normen für ungeschützte zweipolige Steckdosen und Stecker 6 A 250 V,

Vorschriften für isolierte Leitungen in Starkstromanlagen V.I.L./1928.

f) Die Anschlüsse für das Netz müssen von den Anschlüssen für das Empfangsgerät entweder durch einen Transformator mit getrennten Wicklungen oder durch einen Kondensator elektrisch getrennt sein.

g) Bezüglich der mechanischen Festigkeit und der Wärme- und Feuchtigkeitsicherheit der Geräte, sowie bezüglich der zu verwendenden Baustoffe gelten die „Leitsätze für den Bau und die Prüfung von Geräten und Einzelteilen zum Rundfunkempfang"[3]. Unmittelbar nach der Feuchtigkeitsprobe muß die Isolation zwischen den Anschlüssen für das Netz einerseits, für das Empfangsgerät andererseits, sowie zwischen ihnen und irgendeiner Stelle des Gehäuses eine Prüfspannung von 1500 V Wechselstrom bei 50 Per/s 1 min lang aushalten.

h) Unter der Voraussetzung einer Außentemperatur von 20° C darf sowohl bei normalem Betriebe als auch bei Kurzschlußverbindung zwischen sämtlichen Anschlüssen für das Empfangsgerät in keinem Teil des Netzanschlußgerätes eine höhere Temperatur als 100° C, bei Wicklungen mit baumwollisoliertem Draht keine höhere Temperatur als 90° C auftreten. Dabei darf das Gehäuse an keiner Stelle seiner Außenseite eine höhere Temperatur als 50° C erreichen.

Anmerkung: Wenn an Netzanschlußgeräte, die nach den vorstehenden Vorschriften gebaut sind, Empfänger oder Verstärker angeschlossen werden, dann ist die elektrische Gefährlichkeit dieser letztgenannten Geräte nicht größer als bei Verwendung von Anodenbatterien gleicher Spannung.

---

[3] S. S. 699 u. ff.

76. Vorschriften für Geräte, die zur Entnahme von Betriebstrom für Rundfunkgeräte aus Gleichstrom-Niederspannungsanlagen dienen (Gleichstrom-Netzanschlußgeräte).

Gültig ab 1. Juli 1927[1].

a) Als Niederspannung gelten Spannungen im Sinne des § 2a der Errichtungsvorschriften für Starkstromanlagen. Daher dürfen weder zwischen zwei Anschlußklemmen des Gerätes noch zwischen einer Anschlußklemme und irgendeinem Punkt im Inneren des Gerätes effektive Spannungen über 250 V betriebsmäßig auftreten.

b) Netzanschlußgeräte im Sinne dieser Vorschriften sind Vorrichtungen, die Rundfunkgeräten (Empfängern oder Verstärkern) Heiz- oder Anodenstrom oder beides Niederspannungsanlagen liefern.

c) Jedes Gerät muß ein Ursprungzeichen, das Prüfzeichen des VDE, soweit die Prüfstelle des VDE die Genehmigung hierzu erteilt hat, und die Aufschrift: „Vor Nässe zu schützen" tragen. Sämtliche Anschlüsse sind mit deutlichen Bezeichnungen ihrer Bestimmung zu versehen; insbesondere ist auf den Anschlüssen für das Netz Stromart und Spannung anzugeben.

d) Netzanschlußgeräte gelten als Starkstromgeräte und unterliegen den diesbezüglichen Bestimmungen[2] des VDE. Insbesondere müssen die Geräte so eingerichtet sein, daß bei der Anschaltung und während des Betriebes eine Berührung von Metallteilen, die mit dem Netz leitend oder über eine Vakuumstrecke verbunden sind, unmöglich ist.

e) Der Anschluß an das Netz ist entweder fest zu verlegen oder als bewegliche Leitung mit ein- oder beiderseitigem Steckanschluß nach den Vorschriften des VDE auszuführen.

f) Zwischen den Anschlüssen für das Netz einerseits und den Anschlüssen für das Rundfunkgerät andererseits darf mit Rücksicht auf die Gefahren infolge der ungewissen Polarität der Netze keine leitende Verbindung bestehen. Als leitende Verbindung gelten auch Vakuumstrecken.

---

[1] Angenommen durch die Jahresversammlung 1927. Veröffentlicht ETZ 1927, S. 479, 747 und 1089. — *Sonderdruck VDE 394.*

[2] Besonders wird hingewiesen auf:

Vorschriften für die Errichtung und den Betrieb elektrischer Starkstromanlagen,

Vorschriften für isolierte Leitungen in Starkstromanlagen V.I.L./1928,

Vorschriften für die Konstruktion und Prüfung von Installationsmaterial,

Vorschriften, Regeln und Normen für ungeschützte zweipolige Steckdosen und Stecker 6 A 250 V.

Die gewöhnlichen Netzanschlußgeräte, bei denen das Netz leitend mit dem Empfänger verbunden ist, bleiben daher nach wie vor verboten. Zulässig sind nur Netzanschlußgeräte ohne solche leitende Verbindung, die sich z. B. als rotierende Umformer mit getrennten Wicklungen oder als elektrisch geheizte Thermobatterien ausführen lassen.

g) Bezüglich der mechanischen Festigkeit und der Wärme- und Feuchtigkeitsicherheit der Geräte sowie bezüglich der zu verwendenden Baustoffe gelten die „Leitsätze für den Bau und die Prüfung von Geräten und Einzelteilen zum Rundfunkempfang"[3].

h) Die Achsen von Schaltern und Einstellgriffen für Kondensatoren u. dgl. müssen gegen die Anschlüsse für das Netz eine mit 1500 V Wechselstrom bei 50 Per/s geprüfte Isolation aufweisen. Die mit den Achsen in Verbindung stehenden Metallteile (z. B. Madenschrauben) der Einstellgriffe müssen der zufälligen Berührung entzogen sein.

Wenn an Netzanschlußgeräte, die nach diesen Vorschriften gebaut sind, Empfänger oder Verstärker angeschlossen werden, dann ist die elektrische Gefährlichkeit dieser letztgenannten Geräte nicht größer als bei Verwendung von Anodenbatterien gleicher Spannung.

i) Das Gerät ist einer Feuchtigkeitsprüfung gemäß den „Leitsätze für den Bau und die Prüfung von Geräten und Einzelteilen zum Rundfunkempfang[3]" zu unterziehen. Unmittelbar nach dieser muß die Isolation zwischen den Anschlüssen für das Netz einerseits und für das Rundfunkgerät andererseits eine Prüfspannung von 1500 V Wechselstrom bei 50 Per/s 1 min lang aushalten; dabei sind die Anschlüsse jeder einzelnen Röhre miteinander leitend zu verbinden. Der gleichen Probe ist die Isolation zwischen den Anschlüssen für das Netz und sämtlichen im Betriebe der Berührung zugänglichen Metallteilen des Gerätes (auch des Gehäuses) zu unterziehen.

k) Unter der Voraussetzung einer Außentemperatur von 20° C darf sowohl bei normalem Betriebe als auch bei Kurzschlußverbindung zwischen sämtlichen Anschlüssen für das Empfangsgerät in keinem Teil des Netzanschlußgerätes (mit Ausnahme der Innenteile von Vakuumröhren u. dgl.) eine höhere Temperatur als 100° C, bei Wicklungen mit baumwollisoliertem Draht eine höhere Temperatur als 90° C auftreten. Dabei darf das Gehäuse an keiner Stelle seiner Außenseite eine höhere Temperatur als 50° C erreichen.

l) Für Geräte, die zum Anschluß an Netze bestimmt sind, deren Leiter gegeneinander und gegen Erde keine höhere Spannung als 42 V führen, gelten die Vorschriften d) bis i) nicht.

---

[3] S. S. 699 u. ff.

694

77. Vorschriften für Rundfunkgeräte mit eingebauter Netzanschlußeinrichtung, bei denen Betriebstrom aus Gleichstrom-Niederspannungsanlagen entnommen wird (Gleichstrom-Netzanschluß-Empfänger).

Gültig ab 1. Juli 1927[1].

a) Als Niederspannung gelten Spannungen im Sinne des § 2a der Errichtungsvorschriften für Starkstromanlagen. Daher dürfen weder zwischen zwei Anschlußklemmen des Gerätes noch zwischen einer Anschlußklemme und irgendeinem Punkt im Inneren des Gerätes effektive Spannungen über 250 V betriebsmäßig auftreten.

b) Unter Rundfunkgeräten mit eingebauter Netzanschlußeinrichtung sind Empfänger und Verstärker für Rundfunkzwecke zu verstehen, die eine Einrichtung enthalten, die die Entnahme von Heiz- oder Anodenstrom oder von beiden aus Niederspannungsanlagen ermöglichen.

c) Jedes Gerät muß ein Ursprungzeichen, das Prüfzeichen des VDE, soweit die Prüfstelle des VDE die Genehmigung hierzu erteilt hat, und die Aufschrift: „Vor Nässe zu schützen" tragen. Sämtliche Anschlüsse sind mit deutlichen Bezeichnungen ihrer Bestimmung zu versehen; insbesondere ist auf den Anschlüssen für das Netz Stromart und Spannung anzugeben.

d) Die Geräte gelten als Starkstromgeräte und unterliegen den diesbezüglichen Bestimmungen[2] des VDE. Insbesondere müssen die Geräte so eingerichtet sein, daß bei der Anschaltung und während des Betriebes eine Berührung von Metallteilen, die mit dem Netz leitend oder über eine Vakuumstrecke verbunden sind, unmöglich ist.

e) Die Geräte müssen entweder die Netzanschlußeinrichtung im gleichen Gehäuse enthalten oder Empfänger bzw. Verstärker einerseits und Netzanschlußeinrichtungen andererseits sind in zwei besondere Gehäuse einzubauen. Im letzten Falle müssen die beiden Gehäuse mit je einer Fläche aneinanderstoßen und durch Verschrauben oder dgl. fest miteinander ver-

---

[1] Angenommen durch die Jahresversammlung 1927. Veröffentlicht ETZ 1927, S. 480, 747 und 1089. — *Sonderdruck VDE 395.*

[2] Besonders wird hingewiesen auf:
Vorschriften für die Errichtung und den Betrieb elektrischer Starkstromanlagen,
Vorschriften für isolierte Leitungen in Starkstromanlagen V.I.L./1928,
Vorschriften für die Konstruktion und Prüfung von Installationsmaterial,
Vorschriften, Regeln und Normen für ungeschützte zweipolige Steckdosen und Stecker
6 A 250 V.

bunden sein; die elektrischen Verbindungen zwischen beiden Kasten müssen an diesen Flächen angeordnet und durch den Zusammenbau verdeckt sein.

f) Der Anschluß an das Netz ist entweder fest zu verlegen oder als bewegliche Leitung mit ein- oder beiderseitigem Steckanschluß nach den Vorschriften des VDE auszuführen.

g) Wenn der Heizstrom für die Röhren nicht dem Netz, sondern einem Akkumulator oder dgl. entnommen wird, muß die Heizstromquelle entweder in einem der genannten Gehäuse oder in ein besonderes Gehäuse, das mit dem Gerät fest oder durch eine bewegliche Schnur verbunden ist, eingebaut sein. In beiden Fällen muß (z. B. durch Blockierung) dafür gesorgt sein, daß spannungführende Teile sowie die Batterie im Betriebzustande nicht berührt werden können.

h) Falls die Heizstromquelle eine Flüssigkeit enthält, muß ihr Behälter in einem dichten, chemisch widerstandsfähigen Gefäß aufgestellt sein, das bei Undichtwerden des Behälters die ganze Flüssigkeitsmenge aufzunehmen imstande ist.

i) Bezüglich der mechanischen Festigkeit und der Wärme- und Feuchtigkeitsicherheit der Geräte sowie bezüglich der zu verwendenden Baustoffe gelten die „Leitsätze für den Bau und die Prüfung von Geräten und Einzelteilen zum Rundfunkempfang"[3].

k) Die spannungführenden Teile der Röhren und ihrer Fassungen dürfen weder bei eingesteckten noch bei herausgenommenen Röhren der zufälligen Berührung zugänglich sein.

l) Die Achsen von Schaltern und Einstellgriffen für Kondensatoren u. dgl. müssen gegen die Anschlüsse für das Netz eine mit 1500 V Wechselstrom bei 50 Per/s geprüfte Isolation aufweisen. Die mit den Achsen in Verbindung stehenden Metallteile (z. B. Madenschrauben) der Einstellgriffe müssen der zufälligen Berührung entzogen sein.

m) Die Anschlüsse für Kopfhörer und Lautsprecher dürfen durch Steckeranschluß nur bei Anwendung von Ausgangstransformatoren oder Sperrkondensatoren erfolgen. Die beiden Wicklungen des Transformators gegeneinander bzw. die Sperrkondensatoren müssen eine Prüfspannung von 1500 V Wechselstrom bei 50 Per/s 1 min lang aushalten. Anderenfalls muß der Anschluß der Leitungen durch Verschrauben erfolgen, die Schnur den Vorschriften des VDE für bewegliche Starkstromleitungen entsprechen, das Gehäuse des Hörers aus Isolierstoff bestehen und die Isolation aller am Kopfhörer der Berührung zugänglichen Metallteile (auch des Kopfbügels) gegen die stromführenden Teile mit 1500 V Wechselstrom bei 50 Per/s geprüft sein.

n) Falls der Lautsprecher in das Gerät eingebaut ist, dürfen spannungführende Teile oder Metallteile, deren Isolation gegen das Netz nicht mit 1500 V Wechselstrom bei 50 Per/s geprüft ist, der Berührung nicht zugänglich sein.

---

[3] S. S. 699 u. ff.

o) Das Gerät ist einer Feuchtigkeitsprüfung gemäß den „Leitsätze für den Bau und die Prüfung von Geräten und Einzelteilen zum Rundfunkempfang"[4] zu unterziehen. Unmittelbar nach dieser muß die Isolation zwischen den Anschlüssen für Antenne und Erde bzw. für den Verstärkereingang einerseits und den Anschlüssen für das Netz andererseits eine Prüfspannung von 1500 V Wechselstrom bei 50 Per/s 1 min lang aushalten; dabei sind die Anschlüsse jeder einzelnen Röhre miteinander leitend zu verbinden. Der gleichen Probe ist die Isolation zwischen den Anschlüssen für das Netz und sämtlichen im Betriebe der Berührung zugänglichen Metallteilen des Gerätes (auch des Gehäuses) zu unterziehen.

p) Unter der Voraussetzung einer Außentemperatur von 20° C darf sowohl bei normalem Betriebe als auch bei Kurzschlußverbindung zwischen sämtlichen Anschlüssen für das Empfangsgerät in keinem Teil des Netzanschlußgerätes (mit Ausnahme der Innenteile von Vakuumröhren u. dgl.) eine höhere Temperatur als 100° C, bei Wicklungen mit baumwollisoliertem Draht eine höhere Temperatur als 90° C auftreten. Dabei darf das Gehäuse an keiner Stelle seiner Außenseite eine höhere Temperatur als 50° C erreichen.

---

[4] S. S. 699 u. ff.

78. Regeln für die Bewertung und Prüfung von Anodenbatterien.

I. Allgemeines.

§ 1.

Geltungstermin.

Diese Regeln treten am 1. Januar 1928 in Kraft[1].

§ 2.

Geltungsbereich.

Die Regeln gelten für Anodenbatterien nach DIN VDE 1600 aus Trocken-elementen der Leclanché-Art: Zink, Kohle, Braunstein und zwar aus normalen Taschenlampenzellen.

§ 3.

Aufschrift.

Jede Batterie soll ein Ursprungzeichen und die Angabe von Monat und Jahr der Herstellung an sichtbarer Stelle eingeprägt erhalten.

Sämtliche Bezeichnungen sind so anzubringen, daß sie nicht ohne weiteres, z. B. beim Ablösen des Garantiestreifens, entfernt werden können.

§ 4.

Die Batterien sollen derart abgeschlossen sein, z. B. durch Vergußmasse, daß das Austreten von Flüssigkeit verhütet wird.

§ 5.

Die Batterien sind mit einer Schutzvorrichtung zu versehen, z. B. einem Garantiestreifen, die wohl eine Prüfung der Spannung ermöglicht, die normale Ingebrauchnahme aber erkennen läßt.

II. Begriffserklärungen.

§ 6.

Offene Spannung ist die Spannung der nicht durch einen äußeren Widerstand geschlossenen Batterie.

Klemmenspannung ist die Spannung einer Batterie bei Schließung durch einen äußeren Widerstand.

Innerer Widerstand ist der jeweilige Eigenwiderstand der Batterie, gemessen an den Endpolen.

Dauerentladung ist die ununterbrochene Stromentnahme bis zur Mindestspannung nach § 12.

---

[1] Angenommen durch den Vorstand im Oktober 1927. Veröffentlicht: ETZ 1927, S. 894 und 1534. — Änderung von § 3 angenommen durch den Vorstand im Januar 1928. Veröffentlicht: ETZ 1928, S. 112. — *Sonderdruck VDE 408.*

Aussetzende Entladung ist eine Stromentnahme mit eingelegten Ruhepausen bis zur Mindestspannung nach § 12.

Entladewiderstand ist der zwischen den Endpolen der Batterie eingeschaltete äußere Widerstand.

III. Behandlung.
§ 7.

Anodenbatterien vertragen im allgemeinen keine zu lange Lagerung vor Ingebrauchnahme. Die Batterien sind kühl und trocken aufzubewahren. Die Endpole und die zwischenliegenden, der Abnahme von Teilspannungen dienenden Steckbuchsen sind vor gegenseitiger Berührung sowie sonstigen Kurz- und Nebenschlüssen zu bewahren.

IV. Bestimmungen für die Messung.
§ 8.

Messungen nach §§ 9 bis 12 sind unverzüglich nach dem Eintreffen bei dem Abnehmer vorzunehmen.

§ 9.

Für die Messungen ist ein Feinspannungmesser (Klassenzeichen E) mit einem Widerstand von mindestens 500 Ω je V zu verwenden. Sämtliche Messungen sind bei einer Raumtemperatur von etwa 20° C vorzunehmen.

Bis auf weiteres können für die Messung der offenen Spannung und der Klemmenspannung auch Feinspannungmesser mit einem Widerstand von mindestens 100 Ω je V verwendet werden.

§ 10.

Die offene Spannung der Batterie ist zu messen.

§ 11.

Als Maß für den inneren Widerstand dient der Unterschied zwischen der offenen Spannung und der Klemmenspannung, gemessen 5 s nach Stromschluß über 5 Ω je V.

§ 12.

Die Feststellung der Amperestunden (Ah) erfolgt durch Messung der Klemmenspannung bei Dauerentladung und bei aussetzender Entladung über einen Widerstand von 100 Ω je V. Die aussetzende Entladung ist in der Weise vorzunehmen, daß die Batterie täglich 4 h entladen wird. Die Entladung gilt in beiden Fällen als beendet, sobald die Klemmenspannung den Wert von 40% der Nennspannung erstmalig erreicht hat.

V. Abmessungen.
§ 13.

Die Abmessungen sind in DIN VDE 1600 festgelegt.

VI. Höchst- und Mindestwerte.
§ 14.

Die Höchst- und Mindestwerte (siehe §§ 10 bis 12), denen die Anodenbatterien genügen sollen, sind in DIN VDE 1600 festgelegt.

79. Leitsätze für den Bau und die Prüfung von Geräten und Einzelteilen zum Rundfunkempfang (mit Ausschluß solcher Geräte, die in leitender Verbindung mit einem Starkstromnetz benutzt werden).

Gültig ab 1. September 1924[1].

Die Empfänger, Verstärker und veränderlichen Kondensatoren sind zunächst einer „Schüttelprobe" zu unterziehen. Hierzu wird der zu prüfende Gegenstand in drei zueinander senkrechten Stellungen auf ein Brett geschnallt und je 5 min lang mit einem Hube von 5 mm und einer langsam bis zu 500 je min steigenden Frequenz geschüttelt. Auf Röhren erstreckt sich die Schüttelprobe nicht.

Ferner werden die zu prüfenden Geräte und Einzelteile einer „Feuchtigkeitsprobe" unterzogen, indem sie (Empfangskasten und dgl. in offenem Zustande) in einen bei 20° C mit Feuchtigkeit gesättigten Raum gebracht werden. Ein solcher kann z. B. dadurch hergestellt werden, daß die Innenwände eines geschlossenen Kastens mit Tüchern oder Löschpapier bedeckt werden, die ständig in Wasser tauchen. In diesem Raume bleibt das Gerät 24 h, wonach es weitere 24 h in einem Raume von 15 bis 20° C und normalem Feuchtigkeitsgehalt trocknen gelassen wird.

Prüfungen von Einzelteilen auf Durchschlagsfestigkeit dauern mindestens 1 min; die jeweils angegebenen Gleichstromspannungen können auch durch Wechselspannungen gleichen Scheitelwertes ersetzt werden. Die Messung der Isolation erfolgt mit Gleichstrom von 110 V.

Alle verwendeten Baustoffe sollen wärmesicher sein, d. h. sie dürfen bei 70° C keine den Gebrauch beeinträchtigende Veränderung erleiden.

Alle Geräte, für die das Prüfzeichen des VDE beansprucht wird, müssen ein von außen sichtbares, haltbar angebrachtes Ursprungzeichen tragen.

A. Einzelteile.

1. Klemmen. Die Verwendung ungeeigneter Werkstoffe, wie Zink, Eisen, Spritzguß und Reinaluminium, für Kontaktflächen und Gewinde ist untersagt. Der Gewindedurchmesser bei äußeren Anschlußklemmen darf nicht unter 3 mm betragen.

---

[1] Angenommen durch die Jahresversammlung 1924. Veröffentlicht: ETZ 1924, S. 916 und S. 1068. — Änderungen des Schlußabsatzes der Vorbemerkungen und der Ziffern 2 und 9 von Abschnitt „A. Einzelteile" angenommen durch den Vorstand im März 1927. Veröffentlicht: ETZ 1927, S. 409. — *Sonderdruck VDE 298.*

2. **Kondensatoren, veränderlich.** Sie werden nach der Feuchtigkeitsprobe mit 440 V Gleichstrom auf Durchschlagsfestigkeit geprüft und sollen einen Isolationswiderstand von mindestens 10 MΩ haben. Die Zuführung zum beweglichen Teil soll so ausgeführt sein, daß sie sicheren Kontakt gewährleistet; sie darf sich nirgends so reiben, daß Zerstörungen oder schädliche Kontakte eintreten können. Der größte einstellbare Kapazitätswert soll auf den Kondensatoren, sofern sie einzeln vertrieben werden, angegeben sein. Toleranz + 15%.

3. **Kondensatoren, fest.** Sie sollen den gleichen Anforderungen hinsichtlich Durchschlagsfestigkeit und Isolationswiderstand genügen wie die Kondensatoren unter 2. Die üblichen Gitterkondensatoren (50 bis 1000 cm) sollen jedoch einen Isolationswiderstand besitzen, der mindestens 10000 MΩ, geteilt durch ihre Kapaziät in cm, beträgt. Die Größe der Kapazität soll auf jedem Kondensator angegeben sein. Die Toleranz beträgt $\pm$ 20%.

4. **Kondensatoren und sonstige Geräte,** die die Verwendung des Lichtnetzes als Antenne oder Erde ermöglichen, unterliegen besonderen Vorschriften[2].

5. **Spulen für Hochfrequenz.** Die fertige Spule soll feuchtigkeitssicher sein. Dieses ist daran zu erkennen, daß ein Wassertropfen weder eingesaugt wird noch eine sichtbare Aufquellung hervorruft. Die Spule wird auf Drahtbruch und Windungskurzschluß geprüft; ist eine Spule aus Litze hergestellt, so sollen die einzelnen Drähte der Litze an den Enden durch Lötung oder Klemmung so zusammengehalten sein, daß sich einzelne Drähte auch bei längerem Gebrauch nicht loslösen können. Die Verbindungen zu beweglichen Spulen sind so auszuführen, daß ein Lockern der Verbindung nicht eintreten kann. Wicklungen und Anschlüsse beweglicher Spulen dürfen sich nirgends so reiben, daß Zerstörungen oder schädliche Kontakte eintreten können. Spulen mit auf der Wicklung gleitenden Kontakten werden zur Prüfung nicht zugelassen.

6. **Röhrenfassungen.** Maße und Toleranzen sind entsprechend den Normen des VDE auszuführen. Der Isolationswiderstand der Gitter- und der Anodenbuchse gegeneinander, gegen die übrigen Buchsen und gegen den Körper soll nach erfolgter Feuchtigkeitsprobe mindestens 50 MΩ betragen.

7. **Gitterableitungswiderstände.** Sie müssen gegen Feuchtigkeit geschützt und mit der Angabe ihres Widerstandswertes versehen sein. Sie werden vor und nach der Feuchtigkeitsprobe mit 6 V Spannung an ihren Klemmen gemessen und dürfen dabei um nicht mehr als 50% gegenüber dem angegebenen Werte abweichen.

8. **Heizwiderstände, regelbar.** Der Wicklungsträger soll aus nicht leichtentflammbarem Material bestehen. Eine Verlagerung der Windungen darf auch bei Erwärmung nicht eintreten können, ebensowenig

---

[2] S. S. 688 u. 689.

eine Unterbrechung des Stromes innerhalb des Regelbereiches, wohl aber an einem Ende dieses Bereiches. Die Widerstände sind so zu bemessen, daß bei Dauerbetrieb im ungünstigsten Falle keine gefährliche Erwärmung stattfinden kann. Eine Angabe der höchsten zulässigen Stromstärke für Dauerbetrieb ist anzubringen; die Temperaturzunahme darf bei nicht eingebautem Widerstand 50° C nicht überschreiten.

Widerstände mit Wicklungsträgern aus emailliertem Metall und Wicklungen aus oxydiertem Widerstandsdraht sollen nach 20-maliger Belastung mit dem 1½-fachen Heizstrom (Belastungsdauer und Pausen je 10 min) eine Spannung von 100 V Gleichstrom zwischen Wicklung und Körper sicher aushalten. Außerdem soll der Träger gegenüber anderen Metallteilen der gleichen Prüfspannung gewachsen sein.

9. **Niederfrequenztransformatoren.** Die Isolation der Wicklungen gegeneinander und gegen Körper soll mindestens 10 MΩ betragen und 440 V Gleichstrom aushalten. Die Anschlüsse sollen mindestens 0,3 mm stark sein; außerdem sollen die Windungzahlen der Wicklungen angegeben sein.

Die Spulenanschlüsse sind mit *IP, OP, IS, OS* zu bezeichnen. *I* bedeutet das innere, *O* das obere Ende. An Stelle dieser Bezeichnungen können auch Kennfarben verwendet werden und zwar für *IP* = weiß, *OP* = gelb, *IS* = rot, *OS* = blau.

10. **Schalter.** Nach 5000 Schaltwechseln sollen die Schalter noch betriebsicher arbeiten. Für Kontaktstellen dürfen nicht verwendet werden: Eisen, Zink, Reinaluminium, Spritzguß.

B. Empfänger im ganzen.

1. Die **Einzelteile** der zur Prüfung vorgelegten Geräte müssen den unter A aufgeführten Bestimmungen entsprechen, brauchen aber keine Größenangaben zu tragen.

2. Der **Isolationswiderstand** aller stromführenden Teile gegen Körper (Erde) und gegeneinander soll nach der Feuchtigkeitsprobe mindestens 5 MΩ betragen.

3. Die **Empfänger** sind auf Empfindlichkeit, Abstimmschärfe und Verzerrungsfreiheit zu prüfen. Nähere Bestimmungen sind in Vorbereitung.

4. **Leitungsverlegung.** Sie soll so durchgeführt sein, daß bei der Schüttelprobe keine störende Lagenveränderung eintritt (wegen des erforderlichen Isolationswiderstandes siehe unter Ziffer 2 dieses Absatzes).

5. **Heizwiderstände** und andere sich erwärmende Teile sind so einzubauen, daß bei Dauerbetrieb/im ungünstigsten Falle keine gefährliche Erwärmung dieser Widerstände und ihrer Umgebung eintritt. Bei eingebauten Heizwiderständen ist durch einen Pfeil anzugeben, in welcher Richtung eine Zunahme des Stromes erfolgt.

6. **Lötungen** sind so auszuführen, daß spätere Zerstörungen nicht eintreten können. Insbesondere dürfen keine Reste chlorhaltiger Lötmittel zurückbleiben. Die Anwendung von Kolophonium wird empfohlen.

7. **Skalen.** Teilungen sind in Ganzen, Halben, Fünfern oder Zehnern der Einheit der gewählten Unterteilung auszuführen. Ferner ist ein Zeiger oder eine Einstellmarke anzubringen. Der eindeutige Zusammenhang zwischen Skalenangabe und der Stellung des beweglichen Teiles soll bei normaler Beanspruchung keine Veränderung erleiden können.

8. **Telephonanschluß.** Bei Empfangsgeräten und Verstärkern ist der anodenseitig liegende Pol der Fernhöreranschlusses zu kennzeichnen.

C. Niederfrequenzverstärker.

Sie werden mit Tonfrequenzen von 400 bis 3000 Per/s geprüft. Die Verstärkungziffer der Spannung soll je Röhre an keiner Stelle weniger als 3 betragen und an keiner Stelle des Prüfbereiches über das 4-fache des Mindestwertes hinausgehen. Bei der Prüfung sind die Röhren anzuwenden, für die der Verstärker gebaut ist.

80. Leitsätze für die Herstellung und Einrichtung von Gebäuden bezüglich Versorgung mit Elektrizität[1].

Gültig ab 1. Juli 1910[2].

Allgemeines.

1. Die Elektrizität kann in Geschäfts- und Wohnhäusern nicht unberücksichtigt bleiben.

Der Umfang der in Deutschland aus öffentlichen Elektrizitätswerken versorgten Beleuchtungsanlagen hat sich in der Zeit von 1895 bis 1909 auf das 25-fache gesteigert. Im gleichen Zeitraum stieg die Leistung der aus den gleichen Werken gespeisten Elektromotoren auf das 160-fache. Die in den letzten Jahren erreichten Verbesserungen der Lampen (Metalldrahtlampen) haben die Kosten des elektrischen Lichtes auf weniger als die Hälfte herabgesetzt. Der Elektromotor findet immer weiteren Eingang in Gewerbe und Haus. Die Elektrizität bedarf sonach bereits bei dem Bau der Häuser der gleichen Berücksichtigung wie die Anlagen für Gas, Wasser und Heizung.

2. Der Elektrizitätsbedarf vieler Hausbewohner kann mangels Leitungen nicht befriedigt werden.

Ein Mieter entschließt sich selten, Leitungen legen zu lassen, weil ihm für diese nach Ablauf des Mietsverhältnisses eine Vergütung meistens nicht gewährt wird.

3. Nachträgliches Verlegen von Leitungen insbesondere für einzelne Benutzer verursacht unverhältnismäßig hohe Kosten.

Die nachträgliche Herstellung von elektrischen Einrichtungen in bereits benutzten Gebäuden wird wegen der Rücksicht auf die Ausstattung und durch Behinderung der Montage teurer. Häufig sind nacheinander mehrere Mieter gezwungen, sich besondere Leitungen legen zu lassen; die Kosten einer gemeinsamen Leitung sind in der Regel nur wenig höher als die der Leitung für einen einzigen Mieter.

4. Bei jedem Rohbau und Umbau sollte darauf Rücksicht genommen werden, daß elektrische Leitungen sofort oder später leicht verlegt werden können.

Aus den unter 1 bis 3 angeführten Gründen ergibt sich folgerichtig, daß für die Zukunft die Möglichkeit gegeben werden muß, jederzeit Elek-

---

[1] Sonderdrucke können durch die Verlagsbuchhandlung Julius Springer, Berlin, bezogen werden.
[2] Angenommen durch die Jahresversammlung 1910. Veröffentlicht: ETZ 1910, S. 825.

trizität zu beschaffen. Wenn der Besitzer des Gebäudes zunächst die Kosten für die Verlegung der elektrischen Leitungen scheut, so soll wenigstens die Möglichkeit gegeben sein, die Leitungen später einziehen zu können. Der große Vorzug der Elektrizität gegenüber Gas, Wasser usw. liegt gerade darin, daß die Leitungen jederzeit an hierfür vorgesehener Stelle nachgelegt werden können.

5. **Es empfiehlt sich, in jedem Haus wenigstens den Hausanschluß und die Hauptleitungen herstellen zu lassen.**

Die Legung gemeinsamer Hauptleitungen wird am billigsten, wenn sie von vornherein vorgenommen wird. Durch diese Erleichterung der elektrischen Installation wird der Wert der Mietsräume und bei Geschäftsräumen die Vielseitigkeit ihrer Verwendung gesteigert.

6. **Es empfiehlt sich, schon beim Entwurf des Baues einen elektrotechnischen Fachmann zuzuziehen.**

Die rechtzeitige Mitwirkung eines Fachmannes oder des zuständigen Elektrizitätswerkes kann ohne Erhöhung der Baukosten eine Verbilligung der elektrischen Anlage dadurch bewirken, daß die günstigsten Verteilungspunkte, billigsten Verlegungsarten und kürzesten Leitungswege gewählt werden. Auch ist dieses für die rechtzeitige Fertigstellung der Anlagen von Wert.

Besonderes.

1. **Für die Unterbringung des Hausanschlusses und der Hauptverteilungstelle sind geeignete Plätze vorzusehen.**

Der Hausanschluß, gebildet durch die von der Straße eingeführten Leitungen (Kabel oder Freileitungen) und die daran angeschlossene Hauptsicherung (Hausanschlußkasten), muß dem Elektrizitätswerk zugänglich sein. Für unterirdische Leitungsnetze empfiehlt es sich daher, einen besonderen, an der Straßenfront gelegenen Kellerraum zu wählen, der unter Umständen auch andere Anschlüsse aufnehmen kann. Der zweckmäßigste Ort für die Hauptverteilungstelle ergibt sich aus der Größe und Lage der Stromverbrauchstellen und sollte in diesem Sinne bereits beim Bau des Hauses vorgesehen werden.

2. **Hauptleitungen sollen möglichst in allgemein zugänglichen Räumen verlegt werden.**

Ebenso wie der Hausanschluß sollen auch die Hauptleitungen, die mehreren Hausbewohnern gleichzeitig dienen, zugänglich erhalten werden. Man soll daher möglichst Korridore, Treppenhäuser und dgl. wählen. Nur dann können Änderungen und Erneuerungen ohne Störungen des Einzelnen jederzeit ausgeführt werden.

3. **Für die Führung der Hauptleitungen sind geeignete Aussparungen oder Rohre vorzusehen.**

Bei Errichtung eines Baues können leicht Durchführungsöffnungen in den Wänden (Rohre), insbesondere in denen des Kellers angeordnet werden, die die nachträglichen Stemmarbeiten und damit die Gesamtkosten der Installation verringern. Ferner empfiehlt es sich, für die senkrechten, durch die Stockwerke führenden Hauptleitungen (Steigleitungen) Kanäle auszusparen oder Rohre vorzusehen. Diese Leitungen können dann leicht, unauffällig und jederzeit nachprüfbar angeordnet werden, wobei gleichzeitig ohne Mehrkosten die Möglichkeit späterer Erweiterung geschaffen werden kann.

4. Für Verteilungstafeln und Zähler sind geeignete Plätze (Nischen) vorzusehen.

Die Hauptleitungen führen in jedem Stockwerk zu Verteilungstafeln (Sicherungen und Ausschalter für die Verteilungstromkreise), von denen Verteilungsleitungen zu den Stromverbrauchsapparaten ausgehen. Die Verteilungstafeln, die meistens mit den Zählern für die einzelnen Verbraucher räumlich vereinigt sind, finden zweckmäßig in Nischen Platz. Diese bieten Schutz gegen mechanische Beschädigung, verhindern, durch eine Tür verschlossen, die Berührung durch Unbefugte und vermeiden störendes Vorspringen in den nutzbaren Raum. Die Unterbringung erfolgt zweckmäßig auf Treppenabsätzen, Korridoren u. dgl. Auf jeden Fall muß dafür gesorgt werden, daß die Zugänglichkeit der Verteilungstafeln und Zähler nicht durch die Inneneinrichtung beeinträchtigt wird.

5. Bei Eisenbeton und ähnlichen Bauausführungen empfiehlt es sich, möglichst frühzeitig die Führung der Verteilungsleitungen zu bestimmen.

Derartige Bauausführungen erschweren das nachträgliche Anbringen von Befestigungen in hohem Maße. Auch verdeckte Leitungsverlegung kann hierbei unmöglich werden. Dagegen lassen sich bei der Herstellung von Decken und Wänden aus Beton durch Einlegen geeigneter Körper leicht und billig Aussparungen und Befestigungstellen schaffen.

6. Durch zu frühzeitiges Einlegen von Drähten werden diese ungünstigen Einflüssen ausgesetzt.

Das Einziehen der Drähte in Rohre soll erst erfolgen, wenn das Austrocknen des Baues fortgeschritten ist. Unter der Baufeuchtigkeit kann die Isolierung der Leitungen leiden. Offen auf Porzellankörper verlegte Drähte sollen mit Rücksicht auf mechanische Beschädigung ebenfalls erst angebracht werden, wenn große Bauarbeiten nicht mehr auszuführen sind.

7. Die Vorzüge der verschiedenen Lampenarten können am besten ausgenutzt werden, wenn über Lichtbedarf und Lampenverteilung rechtzeitig Bestimmung getroffen wird.

Die elektrische Beleuchtung bietet eine große Auswahl von Lampenarten in zahlreichen Lichtstärken. Die jeweils erforderliche Lichtstärke kann nach bestehenden Erfahrungswerten abgeschätzt werden. Indessen sind hierbei Höhe, Einteilung, Zweck und besonders die Ausstattung des Raumes zu berücksichtigen.

81. Verwendung von Elektrizität auf Schiffen[1].

Gültig ab 1. Juli 1904[2].

Als normale Stromart an Bord von Schiffen gilt Gleichstrom, als normale Spannung 110 V an den Verbrauchstellen unter Verwendung des Zweileitersystemes.

I. Begründung für die Empfehlung des Gleichstromes.

1. Die Gleichstrommotoren sind nach dem heutigen Stande der Elektrotechnik infolge ihrer besseren Regelbarkeit gerade für die Kraftanlagen an Bord von Schiffen geeigneter.

2. In Bezug auf Lebensgefahr ist der Gleichstrom weniger gefährlich als Wechselstrom von gleicher effektiver Spannung.

3. Die Kriegsmarine ist schon wegen ihrer Scheinwerfer auf Gleichstrom angewiesen. Eine einheitliche Stromart für Kriegs- und Handelsmarine liegt nicht nur im Interesse der Schiffahrt, sondern auch im Interesse der elektrotechnischen Industrie und erfordert daher eine Berücksichtigung dieses Umstandes, der für die Handelschiffe vielleicht nicht so ins Gewicht fällt.

4. Das Kabelnetz wird bei dem für Kraftanlagen augenblicklich nur in Frage kommenden Drehstrom unübersichtlicher. Da die drei Leitungen wegen ihrer Induktionswirkungen in einem Kabel verlegt werden müssen, ist dieses, namentlich für größere Motoren, seines Querschnittes wegen sehr schwer zu verlegen. Auch sind Abzweigungen schwierig auszuführen.

5. Bei den Handelschiffen überwiegt im allgemeinen der Strombedarf für Beleuchtung.

6. Der bisher meistens für Wechselstrom angeführte Vorteil der Nichtbeeinflussung der Kompasse fällt weniger ins Gewicht, da sich diese Beeinflussung auch bei Gleichstrom durch richtige Verlegung der Kabel sowie Bau und Aufstellung der Motoren vermeiden läßt.

II. Begründung für die Empfehlung der Spannung von 110 V.

1. Die Spannung ist eine auch in Landanlagen gebräuchliche; Lampen, Motoren und Apparate für diese Spannung sind daher vorrätig.

2. Die Spannung stellt einen Wert dar, bis zu dem man nach den bisherigen Erfahrungen im Interesse der an Bord sehr schwierigen Isolation unbedenklich gehen kann. Als Mindestgrenze gewährleistet sie eine hinreichende Verminderung des Leitungsquerschnittes.

---

[1] Besondere Normblätter des Handelschiff - Normenausschusses (H NA/E) siehe S. 778 bis 782.

[2] Angenommen durch die Jahresversammlung 1904. Veröffentlicht: ETZ 1904, S. 686.

82. Praktische Unterweisung in der Elektroindustrie.

Merkblatt für Praktikanten[1].

§ 1. Der Elektroingenieurberuf.

Elektroingenieure werden hauptsächlich gebraucht für:

a) Unternehmungen, die Maschinen, Apparate, Kabel, Lampen u. dgl. herstellen bzw. verkaufen (Starkstromtechnik).

b) Unternehmungen, die Telegraphen- und Telephonapparate, Meßinstrumente u. dgl. herstellen bzw. verkaufen (Fernmeldetechnik).

c) Unternehmungen und Behörden, die sich mit der Errichtung von elektrischen Starkstrom- oder Fernmeldeanlagen beschäftigen (Bau- und Installationsunternehmungen).

d) Elektrizitätswerke, elektrische Bahnen und ähnliche Betriebe.

e) Industrielle Werke und Behörden, die ausgedehnte elektrische Anlagen besitzen (Bergwerke, Fabriken u. dgl.).

Über die Aussichten, die diese Arbeitzweige bieten, lassen sich keine allgemeinen Angaben machen. Jeder bietet dem Ingenieur, dessen Leistungen sich über den Durchschnitt erheben, Gelegenheit zum Vorwärtskommen.

Der Elektroingenieurberuf ist nicht leicht; er erfordert vielseitige Kenntnisse und — da sich die Elektrotechnik in rascher Weiterentwicklung befindet — stetige Vervollkommnung. Es sollen sich daher nur solche Leute dem Elektroingenieurberuf widmen, die wirklich Neigung für ihn haben.

Die Eignung für den Beruf des Elektroingenieurs setzt besonderes Interesse für Physik und Mathematik voraus. Außerdem sollen wenigstens mittelmäßige zeichnerische Begabung und Interesse für darstellende Geometrie vorhanden sein. Diese Eigenschaften kommen zwar besonders für den Maschinen-Ingenieurberuf in Betracht, Elektrotechnik und Maschinentechnik haben aber viel Gemeinsames; der Elektroingenieur kann sie daher nicht entbehren.

§ 2. Ausbildungsgang für Elektroingenieure.

Je nach der Vorbildung kann die theoretische Ausbildung an einer Technischen Hochschule oder an einer Technischen Mittelschule erworben werden. Vorbedingung für die Aufnahme als Studierender an einer Tech-

---

[1] Angenommen durch die Jahresversammlung 1921. Veröffentlicht: ETZ 1921, S. 385 und 1050. — Änderungen angenommen durch die Jahresversammlung 1922. Veröffentlicht: ETZ 1922, S. 487 und 858. — *Sonderdruck VDE 276.*

nischen Hochschule ist das Reifezeugnis einer neunklassigen Mittelschule (Gymnasium, Realgymnasium, Oberrealschule). Das ordnungsmäßige Studium wird durch die Diplomingenieurprüfung abgeschlossen und erfordert mindestens acht Semester.

Für die Aufnahme an einer Technischen Mittelschule wird das Reifezeugnis einer sechsklassigen Mittelschule (Realschule, Realgymnasium, Progymnasium[2]), die Reife für Obersekunda oder zum Nachweis der erforderlichen Kenntnisse die Ablegung einer Aufnahmeprüfung verlangt. Das abgeschlossene Studium an einer Technischen Mittelschule erfordert mindestens fünf Semester.

In beiden Fällen muß die theoretische Ausbildung durch eine eingehende praktische Unterweisung und Erziehung im Betriebe ergänzt werden.

Für die Zulassung zur Diplomprüfung an einer Technischen Hochschule ist im allgemeinen eine praktische Tätigkeit von mindestens zwölf Monaten nachzuweisen; die Staatlichen Technischen Mittelschulen verlangen bereits bei der Aufnahme den Nachweis einer praktischen Tätigkeit von mindestens 24 Monaten.

§ 3. Zweck der praktischen Tätigkeit.

Durch die maschinentechnische Vorbildung wird eine Einführung in das Wesen der Technik gegeben und das Verständnis des späteren Unterrichtes erleichtert. Sie soll dem Praktikanten Gelegenheit geben:

a) die Eigenschaften der Werkstoffe und ihre Bearbeitung kennenzulernen,

b) den Zusammenbau von Maschinen und Geräten zu beobachten,

c) Verständnis für die Güte der Werkstattarbeit zu erlangen,

d) die Zusammenhänge zwischen Zeichnung und Ausführung kennenzulernen und dadurch das räumliche Vorstellungsvermögen zu üben,

e) Einblick in die Werkstatts- und Arbeiterverhältnisse zu erlangen.

Die Ausbildungzeit ist zu kurz, als daß der Praktikant wirkliche Fertigkeit erlangen könnte. Immerhin wird der eifrige Praktikant seine Handgeschicklichkeit üben und sich die besondere Befriedigung verschaffen, die praktischer Erfolg gewährt.

Die elektrotechnische Ausbildung soll dem Praktikanten Gelegenheit geben, die besonderen Arbeitsverfahren der Elektrotechnik kennenzulernen und einige Erfahrungen im Betrieb von elektrischen Maschinen, Apparaten und Anlagen zu erwerben.

Die der praktischen Tätigkeit gewidmete Zeit ist keine Erholungzeit. Sie bietet eine nicht mehr wiederkehrende Gelegenheit zum Erwerb von Bildungswerten, die anders nicht erlangt werden können. „Bastelarbeit" ersetzt die praktische Tätigkeit nicht, so anregend sie an sich auch sein mag.

---

[2] Bei diesen Schulen wird die Aufnahme u. U. davon abhängig gemacht, daß der Aufzunehmende im Abgangzeugnis in den Fächern: Rechnen und Raumlehre (Mathematik) und Naturkunde das Prädikat „Gut" erhalten hat.

§4. Dauer und Art der praktischen Ausbildung.
A. Für Studierende der Technischen Hochschule.

1. **Für Studierende der Starkstromtechnik** soll die praktische Ausbildung am zweckmäßigsten in zwei Abschnitten erfolgen, und zwar:

   a) maschinenbautechnische Ausbildung während mindestens 6 Monaten vor dem Studium in einer Fabrik für allgemeinen Maschinenbau,

   b) elektrotechnische Ausbildung während mindestens 6 Monaten, gegebenenfalls nach der Vorprüfung, in einer Fabrik der Elektroindustrie.

Da viele Firmen Praktikanten für sechsmonatige Arbeitzeit nicht aufnehmen, so kann die Ausbildung auch in zwölfmonatiger ununterbrochener Folge vor dem Studium in einer elektrotechnischen Fabrik oder in einer Fabrik für allgemeinen Maschinenbau erfolgen.

In den Fällen, in denen einzelne Abteilungen den betreffenden Fabriken fehlen, wird empfohlen, eine Tätigkeit in diesen Zweigen in den Ferien nachzuholen, z. B. in einer Eisengießerei bzw. in einer elektrotechnischen Spezialfabrik, einer Reparaturwerkstätte einer elektrischen Straßenbahn, einem Elektrizitätswerk, einem größeren Installationsgeschäft oder dgl. Arbeitsabschnitte unter zwei Monaten sind nicht zulässig. Die Ferien sollen aber nur in solchen Ausnahmefällen für die Werkstattarbeit herangezogen werden. Im allgemeinen sollen sie zur Durcharbeitung und Wiederholung der Lehrstoffe dienen.

2. **Für Studierende der (Schwachstrom-)Fernmeldetechnik** soll das praktische Lehrjahr möglichst in einer Werkstatt oder Fabrik zur Herstellung feinmechanischer Gegenstände abgelegt werden. Große Fabriken kommen nur dann in Frage, wenn sie besondere Lehrwerkstätten eingerichtet haben, in denen sich im wesentlichen die Hauptausbildung vollzieht.

Es ist großer Wert darauf zu legen, daß der Praktikant mit allen üblichen feinmechanischen Arbeitsweisen vertraut gemacht wird, so daß er schließlich imstande ist, ein Gerät nach Zeichnung von Grund auf ganz selbständig herzustellen.

Auf Erlernung der eigentlichen Massenfertigung während des praktischen Arbeitsjahres wird weniger Wert gelegt, da nach Beherrschung der eigentlichen Herstellungsverfahren für die Einarbeitung in dieses Gebiet noch nach dem Studium genügend Gelegenheit übrig bleibt.

B. Für Besucher technischer Mittelschulen.

Für Besucher einer technischen Mittelschule ist die volle praktische Tätigkeit grundsätzlich vor dem Besuch der Schule abzuleisten. Sie erstreckt sich über zwei bis drei Jahre.

§5. Gang der Ausbildung.

Die folgenden Arbeitspläne sind nicht als starre Vorschriften aufzufassen. Die Werkabteilungen, in denen die praktische Ausbildung stattfinden soll, die Reihenfolge und die Dauer der Beschäftigung in den einzelnen Abteilungen werden von der Werkleitung nach den Betriebsverhältnissen bestimmt. Der nachstehende Plan gilt für eine zwölfmonatige Tätigkeit. Bei zwei- oder dreijähriger Tätigkeit sind die einzeln angegebenen Zeiten entsprechend zu verlängern.

I. Für Praktikanten der Starkstromtechnik (vgl. § 1a):

a) für die maschinenbautechnische Ausbildung wird folgender Gang empfohlen:

etwa Wochen

Schlosserei	4
Dreherei	4
Hobelei	4
Schmiede	3
Gießerei	2
Formerei	2
Tischlerei	4
Richtplatte	2

b) für die elektrotechnische Ausbildung wird folgender Gang empfohlen:

etwa Wochen

Stanzerei, Anker- und Transformatorenbau	4
Anker-, Gehäuse- und Spulenwickelei	4
Maschinenmontage	4
Apparatemontage	4
Schalttafelbau und Installation	4
Prüffeld	5

II. Für Praktikanten der (Schwachstrom-)Fernmeldetechnik (vgl. § 1b):

Ausbildung in allen feinmechanischen Arbeiten einschließlich Gerätemontage . . . . . . 6 Monate (Gleichzeitiger Konstruktionsunterricht in den Abendstunden auf der Gewerbeschule wird empfohlen).

Außerdem:

Tischlerei	1 Monat
Gießerei und Formerei	1 „
Werkzeugmacherei	2 „
Selbstanfertigung eines feinmechanischen Gerätes nach Zeichnung, zu dem nur die Rohstoffe zur Verfügung gestellt werden	2 „

§ 6. Nachweis von Praktikantenstellen.

Voraussetzung für die Erlangung einer Ausbildungstelle ist die Erfüllung der Bedingungen zur Aufnahme an einer Technischen Hochschule oder an einer Technischen Mittelschule. Um aus der praktischen Tätigkeit vollen Nutzen ziehen zu können, ist körperliche Rüstigkeit, Arbeitsfreudig-

keit und der feste Wille zur freiwilligen Unterordnung unter die Werk-
disziplin unerläßlich.

Der Deutsche Ausschuß für Technisches Schulwesen, Berlin W 35,
Potsdamer Str. 119 b, hat gemeinsam mit den Bezirksvereinen des Vereines
deutscher Ingenieure, den Technischen Hoch- und Mittelschulen sowie den
Arbeitsnachweisen der Studentenschaft der Technischen Hochschulen einen
Stellennachweis für die praktische Ausbildung eingerichtet (Zentralstelle für
Praktikantenvermittlung). Die Bewerber, die hiervon Gebrauch machen
wollen, sollen sich mindestens 6 Monate vor dem beabsichtigten Arbeitsbeginn bei der technischen Schule, deren Besuch in Aussicht genommen ist,
bei einer der oben genannten Stellen oder auch unmittelbar bei dem Vertrauensmann des für ihren Wohnort zuständigen Bezirksvereines melden[3].

Anmeldevordrucke sind von Bewerbern, die die Technische Hochschule
besuchen oder besuchen wollen, von den Arbeitsvermittlungsämtern der
Studentenschaft der Hochschule zu beziehen, in deren Bezirk der Praktikant
arbeiten will. Anschrift hierfür: An das Arbeitsvermittlungsamt der Studentenschaft der Technischen Hochschule zu X.

Anmeldevordrucke für solche, die die Technische Mittelschule besuchen
wollen, sind durch die Zentralstelle für Praktikantenvermittlung des Deutschen Ausschusses für Technisches Schulwesen zu beziehen.

Die Meldungen werden sachgemäß und gleichmäßig auf die Betriebe
verteilt, wobei grundsätzlich Stellen in möglichster Nähe des Wohnortes
des Bewerbers nachgewiesen werden. Die Einstellung des Praktikanten
erfolgt durch Vereinbarung zwischen diesem und der betreffenden Firma.

Sonderwünsche auf Zuweisung an bestimmte Fabriken können nur bei
ausreichender Begründung und nach Maßgabe der freien Plätze berücksichtigt werden.

Die Praktikanten können nicht immer solchen Firmen zugewiesen werden, bei denen sie den ganzen Ausbildungsgang in allen Betriebsabteilungen
durchmachen können, sondern es müssen auch Sonderbetriebe für die
praktische Ausbildung herangezogen werden, namentlich wenn die praktische Tätigkeit in einzelne Abschnitte zerlegt wird.

§ 7. Verhalten während der praktischen Unterweisung.

Die Praktikanten haben sich in jeder Beziehung den Bestimmungen des
Ausbildungsvertrages, der Arbeitsordnung und der Arbeitzeitkontrolle des
Betriebes, der sie aufnimmt, zu unterwerfen. Sie nehmen also, abgesehen
von der abgekürzten Ausbildungzeit, keinerlei Sonderstellung gegenüber
den Fabriklehrlingen ein.

Zufolge ihrer höheren allgemeinen Bildung wird von den Praktikanten
erwartet, daß sie durch Interesse und Fleiß sowie durch Pünktlichkeit und
freiwillige Unterordnung vorbildlich wirken und sich dadurch die Achtung
der Arbeiterschaft erwerben. Sie erfüllen damit zugleich eine soziale Auf-

---

[3] Die Liste der jeweiligen Vertrauensmänner für die Vermittlung von Praktikanten-
stellen ist von der Geschäftstelle des VDE zu beziehen.

gabe für den Ausgleich der Klassengegensätze und für die Wertung ihres späteren Standes. Vorbedingung ist hierbei, daß sie selbst in ihrem innersten Empfinden keinen Klassenunterschied gegenüber den Arbeitern aufkommen lassen. Der Praktikant muß sich hierbei immer vor Augen halten, daß vom Ingenieur nicht nur Fachkenntnisse, nicht nur die richtige Behandlung der Maschinen, sondern vor allem die richtige Behandlung der ihm unterstellten Menschen verlangt wird. Es gehört zu den vornehmsten Aufgaben des Ingenieurs, die Seele seiner Arbeiter zu verstehen und ihr Vertrauen zu gewinnen.

Die Praktikanten sollen sich von der ihnen angewiesenen Arbeit nicht ohne Erlaubnis entfernen und nur Arbeiten ausführen, die ihnen von ihren Werkstattvorgesetzten übertragen sind. Die Besichtigung anderer Arbeiten und Werkstätten darf nur unter den von dem betreffenden Betrieb vorgeschriebenen Bedingungen erfolgen.

Betriebsführer und Meister werden trotz ihrer vielen und anstrengenden Obliegenheiten jene Praktikanten, die ihre Ausbildung mit erkennbarem Interesse betreiben, bei angemessenem Ersuchen stets gern mit Rat und mit Auskünften unterstützen. Gerade wegen der starken Inanspruchnahme dieser Werkstattbeamten müssen die Praktikanten selbst mit diesen eine den Zweck ihrer Werkstattätigkeit fördernde gute Fühlung suchen. Mit besonderen Wünschen wende man sich stets an den die Ausbildung überwachenden Ingenieur.

§ 8. Werkstattarbeitsbuch.

Die Praktikanten haben ihre Arbeiten regelmäßig und in kurzen Zeitabständen in ein Arbeitsbuch einzutragen, um über ihre Tätigkeit und Fortschritte Rechenschaft zu geben. Diese Eintragungen sind durch Skizzen der Werkstücke und durch Berichte über interessante Arbeiten, Beobachtungen und Besichtigungen zu ergänzen, wobei aber gegen die selbstverständliche Geheimhaltungspflicht nicht verstoßen werden darf. Das Arbeitsbuch und die zugehörenden Berichte sind in bestimmten Zeitabschnitten den die Unterweisung leitenden Stellen zur Bestätigung und Beurteilung vorzulegen.

§ 9. Zeugnis.

Der mit der Unterweisung beauftragte Ingenieur sowie die Betriebsführer der einzelnen Werkabteilungen sind gehalten, Auffassungsgabe, Fleiß, Leistungen, Pünktlichkeit und Führung der Praktikanten zu beobachten und in bestimmten Zeitabschnitten sowie bei Werkstattwechsel Beurteilungen abzugeben. Bei Beendigung der praktischen Tätigkeit hat die Betriebsleitung dem Praktikanten ein Zeugnis als Ausweis für die Technische Hochschule oder für die Technische Mittelschule auszustellen. Dieses Zeugnis enthält Angaben über die gesamte Zeitdauer, über die Werkabteilungen, in denen gearbeitet wurde, und über die in diesen zugebrachte Zeit, über Fleiß, Leistungen, Pünktlichkeit und Führung, sowie über die Fehltage während des betreffenden Zeitraumes.

§ 10. Vertiefung der praktischen Ausbildung.

Der Nutzen, den die praktische Tätigkeit gewährt, hängt vom Verständnis des Gesehenen und Erlebten ab. Der Praktikant muß daher bestrebt sein, die praktische Ausbildung dadurch zu vertiefen, daß er sich über Ursache und Folgen Rechenschaft zu geben sucht.

Er soll sich daher getrost und rückhaltlos mit Fragen an Ingenieure, Meister und Arbeiter wenden. Es ist empfehlenswert, Fragen, die längere Beantwortung zu erfordern scheinen, im Arbeitsheft vorzumerken und sie erst bei passender Gelegenheit zu stellen. Für manche Fragen wird der Praktikant inzwischen selbst die Antwort gefunden haben und man merkt sich das selbst Gefundene länger als das Gehörte.

Es ist dringend empfehlenswert, die praktische Tätigkeit durch das Lesen geeigneter Bücher planmäßig zu vertiefen. Dadurch erspart man sich überflüssige Fragen und Notizen, schärft den Blick für das Erfassen des Wesentlichen der beobachteten Arbeitsvorgänge und gewinnt dem Werkstattleben erhöhtes Interesse ab.

Von geeigneten Büchern seien genannt:

1. v. Hanffstengel: „Technisches Denken und Schaffen". Berlin: Julius Springer.
2. Kosack: „Elektrische Starkstromanlagen". Berlin: Julius Springer.
3. zur Nedden: „Das praktische Jahr des Maschinenbau-Volontärs". Berlin: Julius Springer.
4. Rosenberg: „Elektrische Starkstromtechnik". Leipzig: Oskar Leiner.
5. Volk: „Das Skizzieren von Maschinenteilen". Berlin: Julius Springer.

Auch wird dem Praktikanten empfohlen, am Unterricht der etwa vorhandenen Werkschulen teilzunehmen oder Abendkurse von Fachschulen zu besuchen. Schließlich sei auf den Nutzen hingewiesen, den die Besichtigung von Gewerbeausstellungen u. dgl. sowie das Erlernen fremder Sprachen, durch Aufenthalt im Auslande während der Ferien, gewährt.

Die Vertiefung der praktischen Tätigkeit in der oben angedeuteten Weise hat den unmittelbaren Vorteil, den späteren Unterricht wesentlich zu erleichtern. Der Nutzen, den die zur Gewohnheit gemachte Verbindung von Wirklichkeit und Buch gewährt, ist aber ein viel größerer. Das ständige Ineinandergreifen von Praxis und Theorie ist es, das für das Wesen des wirklichen Ingenieurs kennzeichnend ist; für die Elektrotechnik ist es von ganz besonderer Bedeutung.

§ 11. Anfangstellung.

Im 1. Abschnitt sind die Hauptarbeitsgebiete für den Elektroingenieur genannt.

Die Tätigkeiten, die der Elektroingenieur auf diesen Gebieten verrichtet, unterscheiden sich nicht unwesentlich voneinander; die wichtigsten sind nachstehend gekennzeichnet:

a) Berechnungs- und Laboratoriumsingenieure: sie beschäftigen sich vorwiegend mit elektrischen Berechnungen und mit theoretischen Untersuchungen,

b) Konstruktionsingenieure: sie legen durch Entwurfzeichnungen die Herstellung fest,

c) Fertigungsingenieure: sie überwachen die Herstellung in den Werkstätten,

d) Projektierungsingenieure: sie sind mit dem Entwurf von Anlagen und dem Verkauf beschäftigt,

e) Montageingenieure: sie beaufsichtigen die Errichtung von elektrischen Anlagen,

f) Verwaltungsingenieure: sie sind bei größeren Unternehmungen mit organisatorischen und Verwaltungsarbeiten beschäftigt,

g) Betriebsingenieure: sie überwachen den Betrieb und die Instandhaltung von elektrischen Anlagen, insbesondere Kraftwerken.

Praktikant und Student haben Gelegenheit, sich über die aufgezählten Tätigkeiten einigermaßen zu unterrichten und sich daraufhin zu prüfen, ob sie sich für die eine oder andere besonders geeignet fühlen. Vor der Spezialisierung während der Hochschulzeit wird aber gewarnt.

Gleichgültig, ob die spätere Tätigkeit eine rein technische oder eine mehr kaufmännische bzw. Verwaltungstätigkeit sein soll, wird dem jungen Ingenieur empfohlen, in den ersten Jahren nicht im Büro, sondern im Prüffeld, bei der Montage oder als Hilfsmeister in der Werkstätte zu arbeiten. Je vielseitiger die Praxis des jungen Ingenieurs in den ersten Jahren ist, desto brauchbarer ist er später für Projektierung, Verkauf, Verwaltung und Betrieb. Die Bezahlung in den Anfangstellungen ist wenig verschieden.

Ein fertiger Ingenieur, der verantwortlich arbeiten soll, braucht eine gediegene theoretische und praktische Ausbildung. Die Grundlage für jene gewährt die Schule; aber diese kann die Praktikantentätigkeit allein nicht vermitteln, sondern auch die ersten Berufsjahre müssen zur Ausbildungzeit gezählt werden. Für Elektroingenieure ist die praktische Tätigkeit in jungen Jahren von noch größerer Wichtigkeit als für andere Ingenieure, weil sehr viele von ihnen später hauptsächlich Büroarbeiten ausführen und mit den Gegenständen selbst verhältnismäßig wenig in Berührung kommen.

715

83. Unterweisung der Praktikanten in der Elektroindustrie.

Merkblatt für Fabrikanten[1].

(Herausgegeben vom Verband Deutscher Elektrotechniker und dem
Deutschen Ausschuß für Technisches Schulwesen).

§ 1. Notwendigkeit und Zweck der praktischen Unterweisung.

Neben der theoretischen Ausbildung des Elektroingenieur-Nachwuchses
in den technischen Schulen ist eine praktische Tätigkeit nebst Unterweisung
und Erziehung in der Werkstatt unbedingt erforderlich. Was die Industrie
für die praktische Ausbildung ihrer künftigen Ingenieure aufwendet, wird
ihr selbst wieder reichlich zugute kommen. Es ist Pflicht der Industrie
und liegt auch in ihrem eigenen Interesse, an der Werkstattausbildung ihres
technischen Nachwuchses nach Kräften mitzuwirken.

Die Tätigkeit in der Werkstatt soll dem Praktikanten eine Grundlage
für besseres Verständnis des Unterrichtes und der Technik verschaffen,
ihn mit den Grundzügen der industriellen Erzeugung bekannt machen und
ihm auch eine gewisse Handfertigkeit verleihen. Sie soll ferner das Vorstellungsvermögen des Praktikanten entwickeln, ihm Gelegenheit geben,
die Arbeits- und Arbeiterverhältnisse aus unmittelbarer Nähe kennen und
verstehen zu lernen, und dadurch in ihm den Sinn für die sozialen Aufgaben
des Ingenieurberufes wecken.

§ 2. Zeit und Dauer der praktischen Ausbildung.

Die praktische Ausbildung wird am besten vor den Beginn des Studiums
gelegt. Sie dauert für zukünftige Studierende an einer Technischen Hochschule mindestens 1 Jahr, für zukünftige Besucher einer Technischen Mittelschule mindestens 2 Jahre.

Für Studierende der Starkstromtechnik kann die praktische Ausbildung auch in zwei Abschnitten erfolgen und zwar:

a) maschinenbautechnische Ausbildung während mindestens 6 Monate vor dem Studium in einer Fabrik für allgemeinen Maschinenbau,

b) elektrotechnische Ausbildung während mindestens 6 Monate,
gegebenenfalls nach der Vorprüfung, in einer Fabrik der Elektroindustrie.

---

[1] Angenommen durch die Jahresversammlung 1922. Veröffentlicht: ETZ 1922,
S. 487 und 858. — *Sonderdruck VDE 275.*

Die Ferien sollen nur in Ausnahmefällen für die Werkstattausbildung benutzt werden. Hierbei sind Arbeitsabschnitte unter 2 Monaten nicht zulässig. Erholungsurlaub ist für Praktikanten mit einjähriger Ausbildung nicht vorgesehen. Praktikanten mit $1^{1}/_{2}$- oder 2-jähriger Ausbildung können im 1. oder 2. Ausbildungsjahre Urlaub nach den Bestimmungen für Fabriklehrlinge erhalten.

§ 3. Ausbildungskosten.

Eine geeignete praktische Tätigkeit würde vielen Praktikanten durch die Forderung eines Ausbildungsgeldes unmöglich gemacht werden. Eine solche Forderung erscheint auch nicht mehr berechtigt, nachdem ganz allgemein die Bezahlung der Lehrlinge schon vom Beginn der Lehrzeit an eingeführt worden ist. Vielmehr werden die Firmen gebeten, den Praktikanten eine angemessene Vergütung zu gewähren.

§ 4. Nachweis von Praktikantenstellen.

Der Deutsche Ausschuß für Technisches Schulwesen, Berlin W 35, Potsdamer Str. 119 b hat, gemeinsam mit den Bezirksvereinen des Vereines deutscher Ingenieure, den Technischen Hoch- und Mittelschulen sowie den Arbeitsnachweisen der Studentenschaften der Technischen Hochschulen einen Stellennachweis für die praktische Ausbildung eingerichtet. Die Bewerber, die hiervon Gebrauch machen wollen, sollen sich mindestens 6 Monate vor dem beabsichtigten Arbeitsbeginn bei der technischen Schule, deren Besuch in Aussicht genommen ist, bei einer der oben genannten Stellen oder auch unmittelbar bei dem Vertrauensmann des für ihren Wohnort zuständigen Bezirksvereines melden[2].

Die Meldungen werden sachgemäß und gleichmäßig auf die Betriebe verteilt, wobei grundsätzlich Stellen in möglichster Nähe des Wohnortes des Bewerbers nachgewiesen werden sollen. Dieses hindert nicht, daß die Betriebe einzelnen Bewerbern aus persönlichen oder geschäftlichen Gründen Zusagen geben. Die Einstellung des Praktikanten erfolgt durch Vereinbarung zwischen diesem und der betreffenden Firma. Sie ist jeweils dem Deutschen Ausschuß für Technisches Schulwesen und zwar der Abteilung „Zentrale für Praktikantenvermittlung" zu melden.

§ 5. Ausbildungsvertrag.

Es wird empfohlen, mit den Praktikanten oder mit ihren gesetzlichen Vertetern einen Ausbildungsvertrag abzuschließen, durch den der Praktikant auf die Arbeitsordnung und auf sonstige mit Rücksicht auf Ordnung, Ausbildung und geschäftliche Interessen der Firma notwendige Vorschriften verpflichtet wird. Vordrucke eines derartigen Ausbildungsvertrages können vom Deutschen Ausschuß bezogen werden.

---

[2] S. Anm. S. 711.

§ 6. Praktische Unterweisung.

Da für die spätere Berufsarbeit Kenntnis aller üblichen Bearbeitungs-
arten sowie der Vorbedingungen für die Wirtschaftlichkeit der Bearbeitung
meistens wichtiger als Handfertigkeit in einzelnen Verrichtungen ist, soll
dem Praktikanten eine möglichst vielseitige Unterweisung unter besonderer
Hervorhebung der wirtschaftlichen Gesichtspunkte gegeben werden.

Ist eine Lehrwerkstatt vorhanden, so werden bei einjähriger Arbeitzeit
die ersten 8 Wochen, bei zweijähriger Arbeitzeit die ersten 12 Wochen am
besten in dieser verbracht. Ein längerer Aufenthalt in der Lehrwerkstatt
empfiehlt sich im allgemeinen nicht, da der Zusammenhang mit dem Ge-
samtbetrieb und mit den wirtschaftlichen Fragen nur durch die Tätigkeit
in den Fabrikations-Werkstätten selbst begriffen werden kann.

Es empfiehlt sich, den Arbeitsgang so zu ordnen, daß er nach den Regeln
des Anschauungsunterrichtes erfolgt, d. h. es wird erst gezeigt, um was es
sich im ganzen handelt, bevor die Einzelgebiete durchgearbeitet werden,
und zwar soll die Stufenfolge so sein, daß immer die leicht verständliche
praktische Arbeit der mehr vertiefenden geistigen Arbeit vorangeht, z. B.
ist es zweckmäßig, die Arbeit in der Gießerei der Arbeit in der Tischlerei
vorangehen zu lassen.

Es ist notwendig, die Betriebsleiter und die Meister von der großen
Wichtigkeit einer guten Ausbildung des Ingenieur-Nachwuchses zu überzeugen, damit sie trotz ihrer meistens starken Inanspruchnahme der Ausbildung der Praktikanten die erforderliche Beachtung schenken und nicht
unangenehme Erfahrungen mit einzelnen verallgemeinern.

§ 7. Einreihung der Praktikanten in den Betrieb.

Die praktische Tätigkeit in den Werkstätten soll auch erzieherisch
wirken. Der zukünftige Befehlende soll zuerst gehorchen lernen. Aus
diesem Grunde soll den Praktikanten außer der verkürzten Ausbildungzeit
keinerlei Sonderstellung gegenüber den Lehrlingen eingeräumt werden. Sie
unterstehen der Arbeitsordnung des Betriebes, haben sich der Zeitkontrolle
(mit Marken oder Stempelkarten) zu unterwerfen, müssen Arbeitsbeginn
und Pausen pünktlich einhalten und sollen gegenüber den Arbeitern keinerlei Vergünstigungen erhalten, die nicht ersichtlich durch die Notwendigkeit,
in kurzer Zeit viel zu lernen, geboten sind.

Grundsätzlich ist darauf zu achten, daß die Praktikanten sich nicht
mit anderen als den ihnen übertragenen Arbeiten beschäftigen. Eigen-
mächtiges Verlassen des Arbeitsplatzes und Herumwandern in den Werkstätten während der Arbeitzeit und Pausen ist zu verbieten. Für die Besichtigung von Betriebseinrichtungen und anderen Werkstätten sollen bestimmte Zeiten festgelegt werden und es sollte für eine der Vorbildung der
Praktikanten Rechnung tragende Führung und Erklärung gesorgt werden.

§ 8. Gang der Ausbildung.

Die folgenden Arbeitspläne sind nicht als starre Vorschriften aufzufassen. Die Werkabteilungen, in denen die praktische Ausbildung statt-

finden soll, die Reihenfolge und die Dauer der Beschäftigung in den einzelnen Abteilungen werden von der Werkleitung nach den Betriebsverhältnissen bestimmt.

1. Für Praktikanten der Starkstromtechnik.

Bei einer Ausbildungzeit von   1 Jahr   2 Jahren

a) *Für die maschinenbautechnische Ausbildung:*

Schlosserei	etwa 4 Wochen	18 Wochen
Dreherei und Schleiferei	„ 4 „	10 „
Hobelei und Fräserei	„ 4 „	8 „
Schmiede	„ 3 „	4 „
Formerei und Gießerei	„ 4 „	8 „
Modelltischlerei	„ 4 „	8 „
Anreißplatte	„ 2 „	4 „

Bei einer Ausbildungzeit von   1 Jahr   2 Jahren

b) *Für die elektrotechnische Ausbildung:*

Stanzerei, Anker- und Transformatorenbau	4 Wochen	4 Wochen
Anker-, Gehäuse- und Spulenwickelei	4 „	4 „
Maschinenmontage	4 „	8 „
Apparatemontage	4 „	8 „
Schalttafelbau und Installation	4 „	10 „
Prüffeld	5 „	6 „

2. Für Praktikanten der (Schwachstrom-)Fernmeldetechnik.

Bei einer Ausbildungzeit von   1 Jahr   2 Jahren

Ausbildung in allen feinmechanischen Arbeiten einschließlich Gerätemontage   26 Wochen 68 Wochen

Außerdem:

Gießerei und Formerei	4 „	6 „
Tischlerei	4 „	8 „
Werkzeugmacherei	8 „	12 „
Selbstanfertigung eines mechanischen Gerätes nach Zeichnung, zu dem nur die Rohstoffe zur Verfügung gestellt werden	8 „	

§ 9. Werkstatt-Arbeitsbücher.

Damit sich die Praktikanten gründlich mit ihrer Arbeit beschäftigen und fühlen, daß über ihre Tagesleistungen und Fortschritte Rechenschaft gefordert wird, sind sie anzuhalten, ihre Arbeiten regelmäßig der Reihenfolge nach in ein Arbeitsbuch einzutragen. Diese Eintragungen sind durch Skizzen der Werkstücke und durch Berichte über wichtigere Arbeiten, Beobachtungen und Besichtigungen zu ergänzen, wobei natürlich gegen die selbstverständliche Pflicht zur Geheimhaltung nicht verstoßen werden darf. Das Arbeitsbuch mit den zugehörenden Berichten ist in bestimmten Zeitabschnitten von dem die Unterweisung überwachenden Ingenieur zur Bestätigung einzufordern; es soll eine der Grundlagen für die Beurteilung von Fleiß und Fortschritten sein. Vorgedruckte Arbeitsbücher mit Skizzenblättern sind gegen Erstattung der Selbstkosten vom Deutschen Ausschuß zu beziehen.

§ 10. Theoretische Unterweisung.

Wenn eine Werkschule vorhanden ist, oder geeignete Lehrkräfte zur Verfügung stehen, empfiehlt es sich, dem Praktikanten in gesonderten Kursen einen kurzen theoretischen Unterricht zu erteilen. Dieser soll auf keinen Fall dem Unterricht auf der Hochschule oder Fachschule vorgreifen. Er dient lediglich dazu, das in den Werkstätten Gesehene durch Erklärung der Grundlagen dem Verständnis näher zu bringen sowie die Praktikanten zum Skizzieren und zum Lesen von Zeichnungen anzuleiten.

§ 11. Beurteilung und Zeugnis.

Der die Unterweisung überwachende Ingenieur muß nicht nur sich selbst ein gerechtes Urteil über Auffassungsgabe, Fleiß, Leistungen, Pünktlichkeit und Führung der Praktikanten bilden, sondern auch die Meister zu deren Beurteilung in bestimmten Zeitabschnitten und bei jedem Werkstattwechsel veranlassen. Über die Pünktlichkeit und regelmäßige Anwesenheit der Praktikanten muß der überwachende Ingenieur laufend Bericht erhalten. Diese Urteile sind bei den Urkunden des Praktikanten aufzubewahren.

Nach Abschluß der praktischen Tätigkeit ist ein Zeugnis mit Angabe der Gesamtzahl und der in den einzelnen Abteilungen verbrachten Zeiten sowie mit Angabe der Fehltage auszustellen. Dieses Zeugnis ist notwendig als Ausweis für die Technische Hoch- bzw. Mittelschule und zur Erlangung der ersten Anstellung.

Muster eines Zeugnisses.

Herr . . . .

geboren am . . . . .zu . . . .

war vom . . . . bis zum . . . . also

. . . . . Monate in nachfolgenden Werkstätten als Praktikant zur Erlangung der für den Besuch einer Technischen Hochschule — Technischen Mittelschule — vorgeschriebenen praktischen Ausbildung beschäftigt:

Schlosserei . . . . . . Wochen
Dreherei und Schleiferei . . . . . . ,,
Hobelei und Fräserei . . . . . . ,,
Schmiede . . . . . . ,,
Formerei und Gießerei . . . . . . ,,
Modelltischlerei . . . . . . ,,
Werkmontage . . . . . . ,,
. . . . ,,
. . . . ,,
Im Ganzen . . . . . . Wochen

Sein Verhalten während dieser Ausbildungzeit beurteilen wir nach bestem Ermessen wie folgt:

Fleiß . . . .

Leistungen . . . .

Pünktlichkeit . . . .

Führung . . . .

Diese Beurteilung erfolgt nach der Abstufung: Sehr gut, Gut, Befriedigend, Ungenügend.

Fehltage während der Beschäftigungsdauer:

. . . . . . Tage Urlaub, ... Tage Krankheit,

. . . . . . Tage Abwesenheit.

(Datum). . . . .

(Firma) . . . .

(Unterschrift) . . . .

84. Leitsätze betreffend die einheitliche Errichtung von Fortbildungskursen für Starkstrommonteure und Wärter elektrischer Anlagen.

Gültig ab 1. Juli 1910[1].

Leitsatz 1.

Ziel der Fortbildungskurse ist es, den mit der Einrichtung und Wartung elektrischer Starkstromanlagen betrauten Monteuren, Maschinisten und Wärtern ein besseres Verständnis für die Maßnahmen zu geben, die zur Sicherheit der mit genannten Anlagen in Berührung kommenden Personen und für eine ordnungsmäßige Betriebsführung erforderlich sind.

Leitsatz 2.

Weiterhin ist anzustreben, dem natürlichen Interesse für die in Betracht kommenden Vorgänge durch Aufklärung darüber Rechnung zu tragen und hierdurch die Berufsfreudigkeit zu erhöhen.

Leitsatz 3.

Zur Teilnahme an den Fortbildungskursen sollen nur Monteure und Wärter zugelassen werden, die bereits praktisch in dieser Eigenschaft längere Zeit hindurch tätig waren.

Leitsatz 4.

Nur solche Gegenstände sollen in den Kursen behandelt werden, die die Ausführung der praktischen Arbeiten fördern. Theoretische Auseinandersetzungen sind grundsätzlich zu beschränken.

Leitsatz 5.

Das Programm der Kurse soll vor allen Dingen auf den Stoff der „Vorschriften für die Errichtung und den Betrieb elektrischer Starkstromanlagen" sowie der „Anleitung zur ersten Hilfeleistung bei Unfällen im elektrischen Betriebe" und der „Leitsätze für die Bekämpfung von Bränden in elektrischen Anlagen und in deren Nähe" Rücksicht nehmen. Weiteres richtet sich nach den örtlichen Verhältnissen.

Leitsatz 6.

Anzustreben ist, daß als Vortragende Herren gewählt werden, die in der Praxis stehen oder in enger Berührung mit dieser sind.

[1] Angenommen durch die Jahresversammlung 1910. Veröffentlicht: ETZ 1910, S. 492. — Erläuterungen siehe ETZ 1910, S. 490.

Leitsatz 7.

Bei allen Kursen sollten möglichst akademische Vorträge vermieden werden. Der Stoff sollte vielmehr in Besprechungen, Vorführungen und Übungen (gegebenenfalls Exkursionen) behandelt werden.

Leitatsz 8.

Es empfiehlt sich, den Einfluß der Vorträge dadurch nachhaltiger zu gestalten, daß man den Hörern kurze Auszüge aus diesen gibt. Außerdem hat es sich als vorteilhaft herausgestellt, den Hörern geeignete Bücher nachzuweisen oder, wenn möglich, zu ermäßigten Preisen bzw. kostenlos zur Verfügung zu stellen.

Leitsatz 9.

Grundsätzlich sollen keine Zeugnisse, sondern lediglich Teilnahmebescheinigungen ausgestellt werden, aus denen hervorgeht, welche Gebiete in dem Kursus behandelt worden sind.

Leitsatz 10.

Die Fortbildungskurse müssen so eingeteilt werden, daß eine Unterbrechung des Erwerbes seitens der Hörer nicht notwendig ist.

Leitsatz 11.

Seitens der Arbeitgeber ist eine Förderung der Kurse erwünscht.

Leitsatz 12.

Die zum Verbande gehörenden elektrotechnischen Vereine sollen dafür besorgt sein, daß in ihrem Bezirke Kurse abgehalten werden, die den vom VDE aufgestellten Leitsätzen entsprechen.

Leitsatz 13.

Die Kurse sollen möglichst zu ständigen Einrichtungen ausgestaltet werden.

Schlußbemerkung.

Abstand wird davon genommen, einen Einheitsplan für die Kurse vorzuschreiben, einerseits weil die Frage des Stoffes noch sehr im Flusse ist, andererseits weil Auswahl und Behandlung nach den örtlichen Verhältnissen verschieden sein müssen. Um jedoch Vereinen, die solche Kurse erstmalig einzurichten beabsichtigen, einen Anhalt zu geben, wird auf den Aufsatz von Dettmar: „ETZ" 1909, S. 678 verwiesen, der eine Zusammenstellung der Programme bestehender Kurse enthält. Ferner wird im folgenden auf Grund bereits gesammelter Erfahrungen eine Übersicht des in Betracht kommenden Stoffes gegeben.

I. Das Wesen des Magnetismus und der Elektrizität.
   1. Magnetismus.
   2. Elektrizität.
   3. Wechselwirkung zwischen Magnetismus und Elektrizität.

II. Wichtigste Stromerzeuger der Starkstromtechnik.
   1. Gleichstrommaschinen.
   2. Wechselstrommaschinen.
   3. Transformatoren, Umformer.
   4. Batterien.

III. **Verwendung des elektrischen Stromes.**
   1. Beleuchtung:
      a) Glühlicht.
      b) Bogenlicht.
      c) Sonstige Lampen.
   2. Kraft:
      a) Gleichstrom.
      b) Wechselstrom.
      c) Drehstrom.
   3. Heizung und sonstige Zwecke (Galvanoplastik).
IV. **Verteilung der elektrischen Energie.**
   1. Verschiedene Leitungsysteme für Gleich- und Wechselstrom.
   2. Verschiedene Leitungsysteme für Mehrphasenstrom.
   3. Berechnung einfachster Leitungsanlagen (Stromdichte und Spannungsabfall).
   4. Hochspannung-Übertragungsanlagen.
V. **Meßkunde.**
   1. Hauptsächliche Meß- und Prüfapparate (Spannung-, Strom- und Leistungsmesser, Elektrizitätzähler und Isolationsmesser).
   2. Wichtige Meßarbeiten des Monteurs (Isolationsmessungen nach den Errichtungsvorschriften des VDE und sonstige Messungen).
VI. **Spezielle Installationslehre** unter besonderer Berücksichtigung der Errichtungsvorschriften für elektrische Starkstromanlagen des VDE:
   1. Aufstellung von Generatoren, Motoren, Transformatoren und Batterien.
   2. Werkstoff- und Apparatkunde.
   3. Aufstellung von Schalttafeln und Apparaten.
   4. Herstellung unterirdischer Leitungsanlagen.
   5. Herstellung oberirdischer Freileitungsanlagen.
   6. Herstellung oberirdischer Innenleitungsanlagen.
   7. Anbringung von Lampen und sonstigen Stromverbrauchern.
   8. Leitungspläne und Werkstoffabrechnung.
VII. **Spezielle Betriebslehre,** unter besonderer Berücksichtigung der Betriebsvorschriften für elektrische Starkstromanlagen des VDE:
   1. Inbetriebsetzung und Wartung elektrischer Maschinen und Transformatoren.
   2. Schaltungsarbeiten an elektrischen Maschinen und Transformatoren.
   3. Behandlung der Akkumulatorenbatterien im Betriebe.
   4. Allgemeiner Betriebsdienst bei Starkstromanlagen.
VIII. **Allgemeine Sicherheitsmaßnahmen.**
   1. Bekämpfung von Bränden.
   2. Wiederbelebungsversuche.
   3. Besprechung von Unfällen.

46*

85. Bahnkreuzungs-Vorschriften für fremde Starkstromanlagen B.K.V./1921.

Gültig ab 18. November 1921.

Erlaß des Reichsverkehrsministers auf Grund gemeinsamer Beratungen des Reichsverkehrsministeriums und des Verbandes Deutscher Elektrotechniker[1].

I. Allgemeine Bedingungen.

§ 1. Grundsatz.

Die Anlagen sind nach den Angaben der Reichsbahn[2] von dem Beliehenen auf seine Kosten und Gefahr herzustellen und in ordnungsmäßigem Zustande zu erhalten.

§ 2. Unterlagen für die Genehmigung.

1. Der Unternehmer der Starkstromanlagen hat für die Vorprüfung folgende Unterlagen in drei Ausfertigungen vorzulegen. Weitere Ausfertigungen für Genehmigungsniederschriften u. dgl. sind der Reichsbahn auf Anfordern unentgeltlich zu liefern.

a) Angaben über Art, Spannung und Periodenzahl des Stromes sowie über Anzahl, Querschnitt und Baustoff der Leitungen; Erläuterungen über die Anordnung der Leitungsanlagen;

b) einen Übersichtsplan der Hauptlinienführung der Gesamtanlage;

c) einen Lageplan in mindestens 1 : 1000, in dem die geplanten Starkstromanlagen mit Maststandorten in roter Farbe eingetragen sind. Vorhandene Starkstrom- und Fernmeldeleitungen im Bereiche von 50 m zu beiden Seiten der geplanten Leitung sind mit Gestänge und

---

[1] Veröffentlicht: ETZ 1922, S. 62. — *Sonderdruck VDE 253.* — Hierdurch werden die allgemeinen Vorschriften für die Ausführung elektrischer Starkstromanlagen bei Kreuzungen und Näherungen von Bahnanlagen (gültig ab 1. Juli 1908, ETZ 1908, S. 876) außer Kraft gesetzt.

[2] Soweit nicht in den nachfolgenden Bedingungen etwas anderes bestimmt ist, wird die Reichsbahn bis auf weiteres durch die nachfolgenden Amtstellen vertreten:
im Bereiche der Zweigstelle Preußen-Hessen: durch die Eisenbahndirektionen;
,, ,, ,, ,, Bayern: durch die Eisenbahndirektionen;
,, ,, ,, E. G. D. Dresden: durch die Bauämter, Neubauämter oder Bahnverwaltereien;
,, ,, ,, E. G. D. Stuttgart: durch die Bauinspektionen oder Betriebsämter.
,, ,, ,, E. G. D. Karlsruhe: durch die Bahninspektionen;
,, ,, ,, E. G. D. Schwerin: durch die Eisenbahn-Generaldirektion;
,, ,, ,, E. D. Oldenburg: durch die Eisenbahndirektion.

Angabe der Höhenlage in anderen Farben darzustellen. Die Eigentümer dieser benachbarten Leitungen, Anzahl der letztgenannten sowie Stromart und Spannung sind anzugeben. Können die Maststandorte beim ersten Antrage noch nicht eingetragen werden, so sind die Pläne nach Eingang der vorläufigen Zustimmung zur Kreuzung zu ergänzen und zur Entscheidung wieder vorzulegen.

2. Für die endgültige Genehmigung der Anlage sind, soweit es zur Klarlegung des Falles erforderlich ist, auf Anfordern bis zu fünf Ausfertigungen der nachstehenden Unterlagen einzureichen:

a) Ein Aufriß in mindestens 1 : 500 mit eingeschriebenen Maßen längs der geplanten Leitung, aus dem ihre Lage zu den Eisenbahnanlagen sowie zu etwa gekreuzten Starkstrom- und Fernmeldeleitungen ersichtlich ist;

b) Nachweis der Festigkeit und Standsicherheit der Leitungsanlagen unter Angabe der Durchhangsverhältnisse im Kreuzungsfelde und in den benachbarten Feldern für Temperaturen zwischen — 20^0 C und $+ 40^0$ C von 10^0 zu 10^0, sowie für — 5^0 C und Zusatzlast nach den „Vorschriften für Starkstrom-Freileitungen" des VDE, Angaben über Vergrößerung des Durchhanges bei den in §§ 19[4] und 21[2b] erwähnten Fällen (Bruch im Nachbarfelde).

c) Maßzeichnungen der Maste mit Fundamenten (unter Angabe der Bodenverhältnisse), der Querträger, Stützen, Isolatoren, Befestigungen für Leitung- und Tragseile, Schutzvorrichtungen und sonstigen Ausführungsteile in ausreichendem Maßstabe.

3. Die Festigkeitsberechnungen können in Listenform eingereicht werden[3]. Die zur Herstellung der Pläne erforderlichen Unterlagen werden auf Ersuchen von der Reichsbahn gegen Erstattung der Kosten abgegeben.

§ 3. Bauausführung.

1. Zu allen Herstellungs- oder Änderungsarbeiten sowie zu solchen Unterhaltungsarbeiten, die die Sicherheit des Eisenbahnbetriebes gefährden können, hat der Beliehene zuvor die Genehmigung der Reichsbahn einzuholen und dieser vor dem Beginn der Arbeiten rechtzeitig Anzeige zu erstatten.

2. Die Genehmigung zu dringenden Teilausführungen, die für den ungestörten Fortgang der Bauarbeiten erforderlich sind, kann schon vor endgültiger Genehmigung der Gesamtanlage erteilt werden, wenn die Ausführungsart der Teilausführung und die Gesamtanordnung der Anlage feststehen.

---

[3] Als Anhalt für die Berechnungen können die Beispiele dienen in den „Vorschriften für die bruchsichere Führung von Hochspannungleitungen über Postleitungen" (vom Reichspostministerium herausgegeben im Juli 1924) und den „Bedingungen für die Zulassung von Holzmasten als Stützpunkte von Hochspannung-Freileitungen bei ihrer bruchsicheren Führung über Reichs-Telegraphen- und -Fernsprechleitungen" (vom Reichspostministerium herausgegeben im Juni 1920).

3. Arbeiten, die die Sicherheit des Eisenbahnbetriebes gefährden können, dürfen nur unter Aufsicht eines Beauftragten der Reichsbahn ausgeführt werden. Die hierdurch entstehenden Kosten hat der Beliehene zu tragen; er hat den Weisungen der mit der Aufsicht Beauftragten Folge zu leisten. Arbeiten im Bereich der Bahngleise, Zufuhrstraßen und Vorplätze können nach dem Ermessen der Reichsbahn von dieser selbst auf Kosten des Beliehenen bewirkt werden.

§ 4. Inbetriebnahme.

1. Die beabsichtigte probeweise oder endgültige Inbetriebnahme der genehmigungspflichtigen Anlage ist der Reichsbahn zehn Werktage vorher schriftlich mitzuteilen. Der Eingang dieser Anzeige wird von der Reichsbahn innerhalb dieser zehn Tage bestätigt.

2. Die Reichsbahn hat das Recht, die genehmigungspflichtige Anlage vor der Unterspannungsetzung an Ort und Stelle daraufhin zu prüfen, daß die Anlage in allen Teilen nach den genehmigten Zeichnungen, Berechnungen und Bedingungen ausgeführt wurde und, daß insbesondere der Durchhang der Leitungen im Kreuzungsfelde und in den benachbarten Feldern der z. Z. herrschenden Temperatur entspricht. Die Reichsbahn wird dem Beliehenen den Tag der Prüfung mitteilen. Zu dieser Prüfung hat der Beliehene die nötigen Arbeitskräfte und Hilfsmittel zu stellen.

3. Ist die Prüfung der Anlage innerhalb der in Absatz 1 genannten zehn Werktage nicht möglich, so werden die entgegenstehenden Hindernisse dem Beliehenen bekanntgegeben. Sobald diese beseitigt sind, wird die Reichsbahn die Prüfung vornehmen.

4. Falls sich bei der Prüfung Abweichungen von der genehmigten Unterlage oder Mängel in der Herstellung zeigen, so ist der Beliehene verpflichtet, solche Abweichungen und Mängel, die den Eisenbahnbetrieb gefährden können, vor Unterspannungsetzen der Anlage abzustellen, die übrigen, sobald dieses ohne erhebliche Störung des Starkstrombetriebes durchführbar ist.

5. Vor Eingang der unter 1 genannten Bestätigung darf der Beliehene auch solche Anlagen nicht unter Spannung setzen, bei denen die Eisenbahn auf die vorherige Prüfung verzichtet.

6. Die zur Prüfung der Anlage etwa erforderliche Erlaubnis zum Betreten von Nachbargrundstücken hat der Beliehene einzuholen.

§ 5. Unterhaltung.

1. Bei Unterhaltungsarbeiten an der genehmigungspflichtigen Anlage sind die Bestimmungen in § 3 zu beachten.

2. Der Reichsbahn steht das Recht zu, alle oberirdischen genehmigungspflichtigen Starkstromanlagen alle drei Jahre auf ihren ordnungsmäßigen Zustand zu prüfen. Der Beliehene hat auf Anfordern diese Prüfung vorzubereiten und sich daran zu beteiligen.

3. Das Ergebnis dieser wiederkehrenden Prüfungen ist in die vom Beliehenen zu führenden Prüfungsbücher einzutragen und von den Beteiligten der Reichsbahn zu bestätigen. Auf Anfordern sind die Prüfungsbücher der Reichsbahn jederzeit vorzulegen.

4. Ergibt eine solche Prüfung den begründeten Verdacht, daß sich die Anlage in einem nicht ordnungsmäßigen, den Bahnbetrieb gefährdenden Zustande befindet, so ist sie auf Anfordern der Reichsbahn zu Prüfungzwecken alsbald außer Spannung zu setzen.

5. Werden die Anlagen nach Ansicht der Reichsbahn nicht ordnungsgemäß unterhalten, so kann sie die erforderlichen Arbeiten auf Kosten des Beliehenen ausführen lassen.

§ 6. Abschaltung.

Falls die Starkstromanlage nach Ermessen der Reichsbahn die Bahnanlagen oder den Bahnbetrieb gefährdet oder so stört, daß schwerwiegende Unzuträglichkeiten dadurch entstehen könnten, muß sie auf Anfordern der Reichsbahn, ohne Anspruch auf Entschädigung, so lange abgeschaltet werden, bis die Störung oder Gefährdung beseitigt ist. Gleiches hat zu geschehen, falls die Bahnunterhaltung unzulässig erschwert wird.

§ 7. Änderungen.

1. Zu einer Abänderung, insbesondere zu einer Ergänzung oder Erweiterung der Anlage ist der Beliehene nur auf Grund einer besonderen, von der Reichsbahn zu erteilenden Erlaubnis berechtigt.

2. Änderungen der Anlage, die infolge von Änderungen, Erweiterungen oder Instandhaltungen der Bahnanlagen erforderlich werden, sind nach den Bedürfnissen der Reichsbahn auszuführen.

3. Als Änderung der Anlage gilt auch die Änderung der Stromart oder Erhöhung der Spannung.

§ 8. Haftung.

1. Ungeachtet der bahnseitigen Aufsicht und Prüfungen ist der Beliehene für die sachgemäße Ausführung und Unterhaltung der Starkstromanlage allein verantwortlich.

2. Der Beliehene hat der Reichsbahn allen Schaden zu ersetzen, der ihr infolge der Herstellung oder des Bestehens der Anlage unmittelbar oder durch Ansprüche Dritter entsteht, sofern nicht der Beliehene beweist, daß der Schaden durch Verschulden der Reichsbahn verursacht worden ist.

3. Dem Beliehenen steht kein Entschädigungsanspruch zu, wenn die Anlagen durch die Unterhaltung oder Veränderung der Bahnanlagen oder den Bahnbetrieb beschädigt oder unbrauchbar werden.

§ 9. Kostentragung.

1. Der Beliehene hat sämtliche Kosten zu tragen, die aus Anlaß der Herstellung, des Bestehens, der Änderung oder der Beseitigung der Starkstromanlage der Reichsbahn erwachsen.

Hierzu gehören auch:

a) die Kosten für Unterhaltungsarbeiten, Ergänzungen oder Veränderungen der Eisenbahnanlagen, die wegen des Bestehens der Starkstromanlagen erforderlich werden, auch wenn sie erst später entstehen. Derartige Ergänzungen gehen entschädigungslos in das Eigentum der Reichsbahn über.

b) Die Kosten für Unterhaltungsarbeiten, Ergänzungen oder Veränderungen der Starkstromanlagen, die wegen Unterhaltungsarbeiten, Ergänzungen oder Veränderungen an den Bahnanlagen entstehen.

c) Die Kosten für die nach § 5 regelmäßig wiederkehrenden Prüfungen.

2. Aus Anlaß des Genehmigungsverfahrens und der Abnahmeprüfungen der Anlagen werden neben den in § 10 festgesetzten Prüfungsgebühren keine weiteren Gebühren erhoben.

3. Die von dem Beliehenen zu erstattenden Kosten werden nach den bei der Reichsbahn jeweils hierfür geltenden Bestimmungen berechnet.

§ 10. Gebühren.

1. Die Reichsbahn erhebt z. Z. für jede Kreuzung bei Starkstromanlagen mit Spannungen bis einschließlich 1000 V nachstehende Gebühren:

I. a) 3000 M einmalige Gebühr für jede oberirdische Kreuzung,

    b) 2000 M einmalige Gebühr für jede unterirdische Kreuzung;

II.   30 M dauernde jährliche Gebühr für jedes laufende m Leitungszug in oder auf Bahngelände; mindestens jedoch 300 M. Mehrere nebeneinanderliegende Kabel werden einfach gerechnet.

2. Bei Starkstromanlagen mit Spannungen von mehr als 1000 V ist außer der Gebühr nach Abs. 1, II das Doppelte der Gebühr zu I zu entrichten.

3. In vorstehenden Gebühren nicht enthalten sind: Pachtzinsen für nutzbares Gelände, das die Reichsbahn dem Beliehenen zum Aufstellen von Trag- oder Schutzvorrichtungen überläßt.

4. An Stelle der vorstehenden Gebühren können bei gegenseitigem Übereinkommen andere gleichwertige Leistungen des Beliehenen treten.

5. Die Gebühren sind für das laufende Rechnungsjahr sofort nach Rechtskraft der Verleihung, für die späteren Rechnungsjahre jeweils am 1. April im voraus zu entrichten. Beim Erlöschen der Erlaubnis werden bereits gezahlte Gebühren nicht zurückerstattet.

§ 11. Übertragung, Widerruf.

1. Die Erlaubnis kann zugleich mit dem Unternehmen, dem die Anlage dient, übertragen werden. Die Übertragung wird mit der Anzeige (durch eingeschriebenen Brief) an die Eisenbahn-Generaldirektionen oder -Direktionen wirksam. Die Erlaubnis erlischt:

a) infolge Aufhebung, die von der Eisenbahn-Generaldirektion oder -Direktion bei Starkstromanlagen für die allgemeine Elektrizitätswirtschaft nur mit Ermächtigung des Reichsverkehrsministers ausgesprochen wird.

b) durch Verzicht, der vom Beliehenen gegenüber der Eisenbahn-Generaldirektion oder -Direktion erklärt wird.

2. Aus dem Erlöschen der Erlaubnis erwachsen dem Beliehenen keine Entschädigungsansprüche. Der Beliehene hat auf Verlangen der Reichsbahn binnen der von ihr gestellten Frist unter Beachtung der von ihr getroffenen Anordnungen den früheren Zustand wieder herzustellen, widrigenfalls die Arbeiten auf Kosten des Beliehenen durch die Reichsbahn ausgeführt werden, die dabei über Umfang und Art der Ausführungen entscheidet.

§ 12. Rechtsweg.

Soweit auf Grund der erteilten Erlaubnis im ordentlichen Rechtswege Ansprüche geltend gemacht werden können, sind zu deren Verhandlung und Entscheidung die Gerichte erster Instanz am Sitze der Eisenbahn-Generaldirektion oder -Direktion zuständig, in deren Bezirk die Anlage liegt.

§ 13. Verleihungsurkunde.

Dem Beliehenen wird eine Ausfertigung der Verleihungsurkunde erteilt.

§ 14. Stempelkosten.

Die Stempelkosten sind von dem Beliehenen zu tragen.

II. Bauvorschriften.

A. Allgemeines.

§ 15. Grundregeln.

Die Starkstromanlagen müssen folgenden Bedingungen genügen:

a) Sie dürfen den Bau, den Betrieb und die Unterhaltung der Eisenbahn nicht beeinträchtigen. Insbesondere dürfen die bahneigenen Starkstrom- und Fernmeldeanlagen nicht gefährdet oder durch Fernwirkung störend beeinflußt werden;

b) sie müssen sich ohne Behinderung des Bahnbetriebes einbauen, unterhalten, ändern und ersetzen lassen. Bei Kreuzung elektrisch betriebener Eisenbahnen ist zu beachten, daß die bahneigenen Fahr- und Speiseleitungen dauernd unter Spannung stehen;

c) sie müssen den Vorschriften des VDE[4] entsprechen, soweit nicht

---

[4] Hierzu gehören z. Z. insbesondere:

1. die Vorschriften für die Errichtung und den Betrieb elektrischer Starkstromanlagen nebst Ausführungsregeln, gültig ab 1. VII. 1924;

2. die Vorschriften für Starkstrom-Freileitungen, gültig ab 1. X. 1923;

3. die Leitsätze für Maßnahmen an Fernmelde- und an Drehstromanlagen im Hinblick auf gegenseitige Näherungen, gültig ab 1. X. 1925;

4. die Leitsätze für Schutzerdungen in Hochspannungsanlagen, gültig ab 1. I. 1924.

abweichende Bestimmungen durch die vorliegenden Vorschriften getroffen sind.

§ 16. Wahl der Kreuzungstellen.

1. Das Bahngelände soll von den Starkstromanlagen nur soweit berührt werden, als unbedingt nötig ist. Insbesondere können in Bahnhöfen oberirdische Geleiskreuzungen nur in zwingenden Ausnahmefällen zugelassen werden. Geleise sowie bahneigene Leitungen sollen an möglichst wenig Stellen gekreuzt werden. Die Kreuzung der Geleise und Bahnleitungen soll möglichst im rechten Winkel stattfinden; hiervon kann abgewichen werden, wenn durch eine schräge Kreuzung der Linienzug zum beiderseitigen Vorteile verbessert wird.

2. Nach Möglichkeit sind zur Führung der Starkstromleitungen Durchlässe und Straßen-Überführungen oder -Unterführungen zu benutzen.

§ 17. Fremde Fernmeldeleitungen.

Fernmeldeleitungen, die am Gestänge einer Starkstromanlage verlegt sind, gelten als Starkstromleitungen.

§ 18. Abweichung von den Bauvorschriften.

1. In besonders ungünstigen Fällen können weitergehende Schutzmaßnahmen verlangt werden, als in den vorliegenden Bauvorschriften vorgesehen sind. Sofern zwischen der Eisenbahn-Generaldirektion oder -Direktion und dem Unternehmer der Starkstromanlage hierüber eine Vereinbarung nicht zustande kommt, entscheidet der Reichsverkehrsminister.

2. Bei Bahnen, die elektrischen Betrieb besitzen oder diesen in nächster Zeit erhalten, sind die Erfordernisse dieser Betriebsart besonders zu berücksichtigen. Bei Bahnen, die für die Elektrisierung in Aussicht genommen sind, wird die gleiche Rücksichtnahme empfohlen.

3. An Stelle der vorliegenden Vorschriften können nach Ermessen der Reichsbahn die ,,Vorschriften für Starkstrom-Freileitungen'' des VDE der technischen Ausführung zugrunde gelegt werden:

a) falls keine Bahnfernmeldeleitungen vorhanden sind, die der Bahnsicherung dienen, und der Schutz sonstiger Leitungen gewährleistet ist:

   α) für Leitungsführungen auf Gelände, das der Reichsbahn gehört, aber nicht dem eigentlichen Bahnbetriebe dient (Vorplätze, Zufuhrstraßen),

   β) für Kreuzungen mit Geleisen untergeordneter Bedeutung (Abstellgeleise, Anschlußgeleise);

b) für Kreuzungen, bei denen der erforderliche Schutz ohnehin vorhanden ist (dieses kann z.B. bei Tunneln, hohen und weiten Brücken, breiten Wegüberführungen der Fall sein).

B. Oberirdische Anlagen.

§ 19. Lichtraum und Leitungsabstände.

1. Der lichte, wagerechte Abstand der Bauteile der Starkstromanlage von Geleismitte soll, wenn angängig, nicht geringer sein als 5 m; er muß mindestens 3 m betragen. Der tiefste Punkt der Leitungsanlagen muß im ungünstigsten Falle von Schienenoberkante mindestens 6 m bei spannungfreien und 7 m bei spannungführenden Leitungen entfernt sein. Bei Bahnen, die für elektrischen Betrieb in Aussicht genommen sind, wird empfohlen, den Abstand des tiefsten Punktes der kreuzenden Leitungen von Schienenoberkante mit mindestens 15 m zu wählen. Bei diesem Maß ist angenommen, daß die Fußpunkte einer entlang der Bahn laufenden Speiseleitung in Höhe der Schienenoberkante liegen.

2. Alle Bauteile der Starkstromanlagen einschließlich Leitungen müssen folgende Abstände haben:

a) von Bahnfreileitungen:

    α) in senkrechter Richtung mindestens 1 m; für spannungführende Teile von Hochspannungsanlagen ist dieses Maß auf 2 m zu erhöhen;

    β) in wagerechter Richtung mindestens 1,25 m;

b) von Bahnbrücken und ähnlichen Bauwerken mindestens 1,50 m in allen Richtungen;

c) von Bahnkabeln mindestens 0,5 m.

3. Bei Kreuzung elektrischer Bahnen muß der geringste Abstand zwischen dem tiefsten Punkt der kreuzenden Leitungen und dem höchsten spannungführenden Teil der Fahrleitung an der Kreuzungstelle mindestens 3 m betragen. Ist unter den kreuzenden Leitungen ein Prellseil oder Erdseil verlegt, so muß dieses ebenfalls 3 m Abstand von dem höchsten spannungführenden Teil der Bahnleitung an der Kreuzungstelle haben. Bei Verwendung geerdeter Schutzbrücken kann der Abstand auf 1,5 m verringert werden.

4. Die angegebenen Abstände müssen bei + 40° C und — 5° C mit Zusatzlast nach den „Vorschriften für Starkstrom-Freileitungen" des VDE auch dann gewahrt bleiben, wenn infolge eines Bruches im Nachbarfelde oder eines Teiles der Mehrfachaufhängung eine Vergrößerung des Durchhanges eintritt.

§ 20. Baustoffe, Querschnitte und Festigkeit der Leitungen.

1. Als Baustoffe für die Leitungen sind im allgemeinen Kupfer, Bronze, gut verzinkter Stahl, Aluminium sowie Aluminium mit Stahlseele zulässig; bei letztgenanntem ist nur die Seele als tragend anzunehmen. Bronze mit einer höheren Festigkeit als 70 kg/mm² ist nicht zu verwenden. Prellseile und Prelldrähte können aus gut verzinktem Eisen bestehen; für sonstige spannungfreie Schutzvorkehrungen sind die gleichen Baustoffe wie für

Leitungen zu verwenden. Bei elektrisch betriebenen Eisenbahnen mit Oberleitung sollen die kreuzenden stromführenden Leitungen aus Kupfer oder
Bronze hergestellt werden.

2. Bei allen Geleiskreuzungen, bei denen erfahrungsgemäß eine starke
Wirkung von Rauchgasen zu erwarten ist, darf auch für Prelldrähte und
Prellseile Eisen nicht verwendet werden. In der Nähe von Kokereien,
chemischen Industrien, Salinen u. dgl. werden für die Leitungen nur Kupfer
oder solche Baustoffe zugelassen, die sich bei den in Betracht kommenden
chemischen Einwirkungen nicht ungünstiger als Kupfer verhalten. An
Stellen mit ungünstigen klimatischen Verhältnissen (Rauhreif) ist Aluminium ohne Stahlseele nicht zulässig.

3. Bei Hochspannungkreuzungen sind sowohl die spannungführenden
als auch die spannungfreien Leitungen des Kreuzungsfeldes, bei Nieder-
spannungkreuzungen wenigstens die spannungführenden Leitungen als
Seile auszuführen.

4. Die geringstzulässigen Querschnitte der Leitungen ergeben sich
aus Nachstehendem:

a) Leitungen aus Kupfer, Bronze und Stahl:
für Spannweiten bis zu m 70 100 150 über 150
Mindestquerschnitt in mm² 25 35 50   70.

b) Leitungen aus Aluminium:
für Spannweiten bis zu m 50 70 100 150 250 über 250
Mindestquerschnitt in mm² 50 70 95 120 150   185.

c) Für Stahlaluminiumleitungen werden die Querschnitte von Fall zu
Fall festgelegt.

d) Für Leitungen, die starkem Lokomotivrauch oder sonstigen chemischen Einflüssen ausgesetzt sind (vgl. Punkt 2), müssen für die
unter a) und b) angegebenen Spannweiten je die nächsthöheren
Querschnitte verwendet werden. Die Drahtstärke muß in diesem
Falle mindestens 1,8 mm betragen.

5. a) Die Leitungen und Schutzvorkehrungen im Kreuzungsfelde
müssen bei — 20° C ohne zusätzliche Belastung und bei — 5° C
und Zusatzlast nach den „Vorschriften für Starkstrom-Freileitungen"
des VDE mindestens noch 5-fache Bruchsicherheit haben.

b) Bei Verwendung von senkrecht hängenden Isolatorketten wird eine
geringere als 5-fache Sicherheit zugelassen, wenn im Kreuzungsfelde ein höherer normaler Leitungsquerschnitt als in den Nachbarfeldern verwendet wird und außerdem die Bedingungen unter Absatz 4 erfüllt sind. Bei Aluminiumleitungen darf hierbei im Kreuzungsfelde jedoch keine höhere Beanspruchung als 7 kg/mm², bei
Kupfer-, Bronze- und Stahlleitungen keine höhere Beanspruchung
als 13 kg/mm² auftreten.

6. Im Kreuzungsfelde dürfen die Leitungen nicht aus einzelnen Stücken
zusammengesetzt sein; Verlötungen von Seilen und Drähten sind ebenfalls

nicht zulässig. Verbindungen an den Befestigungsteilen müssen eine Festigkeit von mindestens dem 4,5-fachen der Höchstspannung haben, die nach
dem gewählten Durchhang im Leitungseil auftreten kann; es wird aber eine
höhere Festigkeit als 90% der Festigkeit der zu verbindenden Leitungen
nicht gefordert.

§ 21. Befestigung der Leitungen.

1. Stützenisolatoren.

a) Auf Stützenisolatoren verlegte Leitungen sind im Kreuzungsfelde
abzuspannen.

b) Hochspannungleitungen sowie Niederspannung- und Fernmeldeleitungen am Hochspannunggestänge sind an den Kreuzungsmasten
an je zwei Stützenisolatoren zu befestigen.

c) Niederspannungleitungen und Fernmeldeleitungen am Nieder-
spannunggestänge sowie betriebsmäßig geerdete Leitungen (Blitzschutzseile) brauchen nur einfach befestigt zu werden.

d) Bei Hochspannung müssen im Kreuzungsfelde Isolatoren des nächst
höheren Types, als in den anschließenden Strecken für die gleichen
Leitungen eingebaut sind, oder solche mit einer diesem höheren
Typ entsprechenden Überschlagsfestigkeit verwendet werden.

2. Kettenisolatoren.

a) An Kettenisolatoren verlegte Leitungen sind an den Kreuzungsmasten an je zwei Isolatorketten abzuspannen.

b) In Ausnahmefällen kann von der Abspannung der Leitungen im
Kreuzungsfelde abgesehen werden; die Leitungen müssen jedoch an
dem Querstück zwischen den beiden Hängeketten so befestigt werden, daß beim Reißen des Seiles im Nachbarfelde die Ketten als
Abspannketten wirken. Hierfür müssen die Kettenisolatoren die
erforderliche Festigkeit besitzen.

c) Im Kreuzungsfelde müssen die Hängeketten je ein Glied mehr als
die Hängeketten für die gleichen Leitungen in den anschließenden
Strecken haben.

3. Statt der Mehrfachaufhängung kann nach Ermessen der Reichsbahn
auch eine andere Ausführungsform zugelassen werden, die mindestens die
gleiche Sicherheit bietet: Z. B. Aufhängung an besonderen Tragseilen, Anordnung geerdeter Schutznetze oder Schutzbrücken bei einfacher Aufhängung der Leitungen.

4. Bei elektrisch betriebenen Eisenbahnen mit Oberleitung werden bis
zum Erlaß einheitlicher Bestimmungen die erforderlichen Schutzvorkehrungen von Fall zu Fall bestimmt.

§ 22. Baustoffe, Beanspruchung und Berechnung der Maste und Fundamente.

1. a) Als Baustoff für die Kreuzungsmaste ist im allgemeinen Flußeisen
zu verwenden.

b) Holzmaste dürfen nur bei Spannweiten bis zu 40 m und nur in Linien verwendet werden, die auch im übrigen mit Holzmasten ausgeführt sind; sie müssen nach einem als gut anerkannten Verfahren gegen Fäulnis geschützt sein. Bei Hochspannungsanlagen sind sie nur bei gerader Leitungsführung zulässig und entweder als A-Maste, wie sie vom Reichspostministerium vorgeschrieben sind, oder als einfache Maste mit besonderen Erdfüßen auszuführen. Bei Kreuzungen mit elektrisch betriebenen Eisenbahnen mit Oberleitung ist die Verwendung von Holzmasten nicht gestattet.

c) Für Maste aus anderen Baustoffen (z. B. Beton) und solche besonderer Bauart gelten besondere Vorschriften.

2. An Stelle von Masten können Transformatorenhäuser, Schalthäuser oder andere feuersichere Bauwerke als Stützpunkte benutzt werden. Durch Vorlegung der Bauzeichnungen und Berechnungen ist nachzuweisen, daß sich die Bauwerke nach ihrer Festigkeit für den angegebenen Zweck eignen. Auf den Nachweis der Standsicherheit der Gebäude wird verzichtet, wenn aus den Zeichnungen ohne weiteres zu ersehen ist, daß durch den Zug der Leitungen nur eine unwesentliche Mehrbelastung des Bauwerkes hervorgerufen wird.

3. Die Maste und Fundamente sind für den größten Leitungzug zu berechnen. Dieser wird ermittelt: einmal unter der Annahme, daß sämtliche Leitungen unbeschädigt, das andere Mal unter der Voraussetzung, daß sämtliche Leitungen einer oder mehrerer vom Kreuzungsmast abgehender Nachbarfelder gerissen sind. In beiden Fällen ist gleichzeitig der Winddruck auf Mast mit Kopfausrüstung in ungünstigster Richtung anzunehmen. Die Wirkung von Ankern und Streben ist bei der Berechnung der Maste nicht zu berücksichtigen.

4. Bei Verwendung von Tragketten gilt als größter Zug der nach dem Bruch sämtlicher Leitungen im Nachbarfeld auftretende, rechnerisch nachzuweisende Zug der Leitungen im Kreuzungsfeld, mindestens jedoch 50% des Höchstzuges in den Seilen vor dem Bruch.

5. Wird ein Kreuzungsfeld in der Verbindungslinie der beiden Kreuzungsmaste durch die Einschaltung eines dritten Mastes unterteilt, so ist dieser dritte Mast für die Hälfte des unter Absatz 3 bzw. 4 genannten Zuges und den vollen Winddruck auf den Mastkörper ohne Kopfausrüstung zu berechnen. Bei gleichen Spannweiten, Leitungzügen und Masthöhen kann der Zwischenmast als Tragmast berechnet werden. In allen Fällen muß die Befestigung der Leitungen an den Zwischenmasten die gleiche elektrische Sicherheit wie an den Kreuzungsmasten haben.

6. a) Die Beanspruchung der Bauteile aus Flußeisen auf Zug, Druck und Biegung darf 1200 kg/cm², bei Schrauben 600 kg/cm², die Scherbeanspruchung der Niete 1000 kg/cm², der Schrauben 900 kg/cm², der Leibungsdruck bei Nieten 2400 kg/cm², bei Schrauben 1800 kg/cm² nicht überschreiten.

b) Die auf Druck beanspruchten Glieder müssen eine 2½-fache Sicherheit gegen Knicken nach der Tetmajerschen Formel haben, wenn

$$\lambda = \frac{l}{i} = \frac{\text{Knicklänge in cm}}{\text{Trägheitshalbmesser}} \lessgtr 105$$

ist. Der Sicherheitsgrad wird durch das Verhältnis $\dfrac{\text{Knickbeanspruchung}}{\text{Druckbeanspruchung}}$ bestimmt, worin nach Tetmajer die Knickbeanspruchung

$$K_k = 3100 - 11{,}41 \cdot \frac{l}{i} \ \text{kg/cm}^2$$

ist. Der Trägheitshalbmesser ist bestimmt durch die Gleichung

$$i = \sqrt{\frac{I}{F}}.$$

Ist $\lambda > 105$, so müssen die auf Druck beanspruchten Glieder nach der Eulerschen Formel für die zulässige Belastung P in kg nach

$$P = \frac{I \cdot \pi^2 \cdot E}{n \cdot l^2}$$

berechnet werden, worin der Sicherheitsgrad $n = 3$ zu setzen ist. F ist die ungeschwächte Querschnittsfläche des Profiles in cm², E der Elastizitätsmodul $= 2\,150\,000$ kg/cm² und I das in Frage kommende Trägheitsmoment.

7. Die Beanspruchung des Holzes auf Zug, Druck und Biegung darf 110 kg/cm², auf Abscheren bei Hartholz 15 kg/cm², sonst 10 kg/cm² nicht überschreiten. Die Knicksicherheit muß bei Annahme des Belastungsfalles 3 nach Euler 5-fach sein.

§ 23. Schutz der Bahnleitungen.

1. Die Starkstromleitungen sind in der Regel oberhalb der bahneigenen Leitungen zu verlegen. Beträgt hierbei der gegenseitige senkrechte Abstand bei Zugrundelegung der ungünstigsten Durchhangsverhältnisse weniger als 3 m, so ist unterhalb der Starkstromleitungen ein gut geerdeter metallener Schutz (Prelldraht) anzubringen.

2. Bei Führung der Starkstromleitungen unterhalb der Bahnleitungen sind über den Starkstromleitungen gut geerdete Schutzdrähte oder Schutznetze in der Weise zu ziehen, daß die Fernmeldeleitungen bei Drahtbruch geerdet werden und ihre Berührung mit den Starkstromleitungen sicher verhindert wird.

3. Wenn die wagerechte Entfernung zwischen Starkstrom-Freileitungen und Bahnleitungen so gering ist, daß beim Bruche einer Leitung eine Berührung der übrigen möglich wäre, muß dieses durch geeignete Schutzvorkehrungen wirksam verhindert werden.

4. Bei Parallelführung der Starkstromleitungen mit den Fernmeldeleitungen auf größere Länge ist der Abstand der beiden Leitungsarten so groß zu wählen, daß eine schädliche Beeinflussung ausgeschlossen ist.

5. Die Reichsbahn behält sich vor, ihre Leitungen nach Anhören des Beliehenen erforderlichenfalls durch Einbau von Sicherungen, Isolierung von Drähten, Herstellung metallener Rückleitungen, Kabelungen und ähnliche Mittel auf Kosten des Beliehenen zu schützen.

6. Bei elektrisch betriebenen Eisenbahnen mit Oberleitung dürfen Kreuzungen bis 1000 V Spannung nur in Kabeln ausgeführt werden.

C. Unterirdische Anlagen.

§ 24. Starkstromkabel.

1. Unter Geleisen sind Starkstromkabel in Rohren oder Kanälen aus Mauerwerk, Zement, Steinzeug oder Eisen derart zu verlegen, daß sie ohne Aufgraben wieder entfernt werden können. Die Oberkante solcher Rohre oder Kanäle soll wenigstens 1 m unter Schienenunterkante liegen.

2. Kabel, die nicht unter Geleisen liegen, bedürfen keiner Rohre oder Kanäle; sie müssen jedoch mit Eisenband oder Eisendraht umhüllt und in möglichst großem Abstande von den Geleisen, wenigstens 1 m tief, eingebettet sein. Sie sind mit einer Ziegelflachschicht abzudecken oder in gleichwertiger Art zu schützen.

3. Der Abstand unterirdischer, nicht besonders geschützter Starkstromkabel von Bauteilen aller Art muß mindestens 0,8 m betragen; die Annäherung bis auf 0,25 m kann zugelassen werden, wenn die Kabel gegen äußere Verletzungen durch eiserne Rohre oder Kabeleisen geschützt werden, die nach beiden Seiten über die gefährdete Stelle mindestens 1 m hinausragen.

4. Wo fremde Starkstromkabel mit bahneigenen Kabeln in einem seitlichen Abstande von weniger als 0,8 m nebeneinander verlaufen, müssen sie in Kanäle verlegt oder mit Hüllen aus Zement oder gleichwertigem feuerbeständigen Baustoff versehen werden.

5. Unterirdische Starkstromkabel, die vorhandene Kabel kreuzen, sind an der Kreuzungstelle mindestens 0,5 m über oder unter diesen Kabeln zu verlegen und beiderseitig mindestens 1 m über die Kreuzungstelle hinaus durch Hüllen aus Zement oder gleichwertigem feuerbeständigen Baustoff zu schützen.

6. Innerhalb des Bahngeländes ist auf Verlangen die Lage der Starkstromkabel durch Kabelsteine mit dem Zeichen H. K. für Hochspannungkabel und N. K. für Niederspannungkabel genau zu bezeichnen.

86. Allgemeine Vorschriften für die Ausführung und den Betrieb neuer elektrischer Starkstromanlagen (ausschließlich der elektrischen Bahnen) bei Kreuzungen und Näherungen von Telegraphen- und Fernsprechleitungen.

Gültig ab 1. Juli 1908[1].

1. Für die mit elektrischen Starkströmen zu betreibenden Anlagen müssen die Hin- und Rückleitungen durch besondere Leitungen gebildet sein. Die Erde darf als Rückleitung nicht benutzt oder mitbenutzt werden. Auch dürfen in Dreileiteranlagen die blank in die Erde verlegten oder mit der Erde verbundenen Nulleiter Verbindungen mit den Gas- oder Wasserleitungsnetzen nicht haben, wenn die vorhandenen Telegraphen- oder Fernsprechleitungen mit diesen Netzen verbunden sind.

2. Oberirdische Hin- und Rückleitungen müssen überall in tunlichst gleichem und zwar in so geringem Abstande voneinander verlaufen, als dieses die Rücksicht auf die Sicherheit des Betriebes zuläßt.

3. An den oberirdischen Kreuzungsstellen der Starkstromleitungen mit den Telegraphen- und Fernsprechleitungen müssen Schutzvorrichtungen angebracht sein, durch die eine Berührung der beiderseitigen Drähte verhindert bzw. unschädlich gemacht wird.

Bei Niederspannung ist es zulässig, wenn zur Verhinderung von Stromübergängen in die Fernmeldeleitungen die Starkstromleitungen auf eine ausreichende Strecke — mindestens in dem in Betracht kommenden Stützpunktzwischenraum — aus isoliertem Drahte hergestellt sind oder, wenn bei Verwendung blanken Drahtes eine Berührung der beiderseitigen Drähte durch geeignete Schutzvorrichtungen verhindert oder unschädlich gemacht wird.

Bei der Ausführung von Hochspannungsanlagen ist danach zu streben, daß die Starkstromleitung oberhalb der Fernmeldeleitung über diese hinweggeführt wird. In diesem Falle wird, wenn nicht besondere Verhältnisse vorliegen, als geeignete Schutzmaßnahme ein solcher Ausbau der Starkstromanlage angesehen, daß vermöge ihrer eigenen Festigkeit ein Bruch oder ein die Fernmeldeleitung gefährdendes Nachgeben der Starkstromleitungen oder ihrer Gestänge im Kreuzungsfeld auch beim Bruch sämtlicher Leitungsdrähte in den benachbarten Feldern ausgeschlossen ist. Außerdem ist den Gefährdungen der Festigkeit der Leitungen Rechnung zu tragen, die durch Stromwirkungen beim Bruch von Isolatoren oder dgl. eintreten.

[1] Angenommen durch die Jahresversammlung 1908. Veröffentlicht: ETZ 1908, S. 876.

Liegt die Starkstromleitung unterhalb der Fernmeldeleitung, so können als geeignete Maßnahmen z. B. Schutzdrähte gelten, die parallel mit den Starkstromleitungen oberhalb und seitlich von ihnen angeordnet und, von denen die oberen durch Querdrähte verbunden sind, während die seitlichen Drähte das Umschlingen der Starkstromleitungen verhindern sollen. Diese Schutzdrähte müssen möglichst gut geerdet sein.

4. Die Kreuzungen der Starkstromdrähte mit Telegraphen- und Fernsprechleitungen müssen tunlichst im rechten Winkel ausgeführt sein.

5. An den Stellen, an denen die Starkstromleitungen neben den Fernmeldeleitungen verlaufen und der Abstand der Starkstrom- und Fernmeldedrähte voneinander weniger als 10 m beträgt, müssen Vorkehrungen getroffen sein, durch die eine Berührung der Starkstrom- und Fernmeldeleitungen sicher verhütet wird. Bei der Ausführung von Niederspannungsanlagen kann als Schutzmittel isolierter Draht verwendet werden. Von der Anbringung besonderer Schutzvorrichtungen kann abgesehen werden, wenn die örtlichen Verhältnisse eine Berührung der Starkstrom- und Fernmeldeleitungen auch beim Umbruch von Stangen oder beim Herabfallen von Drähten ausschließen oder, wenn die Leitungsanlage durch entsprechende Verstärkung, Verankerung oder Verstrebung des Gestänges oder durch Befestigung an Häusern vor Umsturz geschützt ist. Gegen die durch Leitungsbruch verursachte Berührungsgefahr der beiden Leitungen gilt — soweit nicht besondere Verhältnisse vorliegen — ein wagerechter Abstand von 7 m zwischen beiden Leitungen als hinreichende Sicherheit, wenn innerhalb der Annäherungstrecke die Spannweite in jeder der beiden Linien 30 m nicht überschreitet.

6. Bei Kreuzungen darf, wenn die Starkstromanlage Hochspannung führt und zwischen ihr und den Fernmeldeleitungen keine geerdeten Schutznetze vorhanden sind, der Abstand der Konstruktionsteile der Starkstromanlage von den Fernmeldeleitungen in senkrechter Richtung nicht weniger als 2 m, bei Hochspannungsanlagen, wenn geerdete Schutzvorrichtungen angebracht sind, sowie bei Niederspannungsanlagen dieser Abstand nicht weniger als 1 m, der Abstand in wagerechter Richtung dagegen in allen Fällen nicht weniger als 1,25 m betragen. Bei Niederspannung können in besonderen Fällen Ermäßigungen des wagerechten Abstandes zugelassen werden.

7. Der Abstand der Konstruktionsteile oberirdischer Starkstromanlagen (Stangen, Streben, Anker, Erdleitungsdrähte usw.) von Telegraphen- und Fernsprechkabeln soll möglichst groß sein und mindestens 0,8 m betragen. In Ausnahmefällen kann eine Annäherung bis auf 0,25 m zugelassen werden; alsdann müssen die Telegraphen- und Fernsprechkabel mit eisernen Rohren umkleidet sein.

8. Die Starkstromkabel müssen tunlichst entfernt, jedenfalls in einem seitlichen Abstande von mindestens 0,8 m von den Konstruktionsteilen der oberirdischen Telegraphen- und Fernsprechlinien (Stangen, Streben, Anker usw.) verlegt sein. Wenn sich dieser

Mindestabstand ausnahmsweise in einzelnen Fällen nicht hat einhalten lassen, so müssen die Kabel in eiserne Rohre eingezogen sein, die nach beiden Seiten über die gefährdete Stelle um mindestens 0,25 m hinausragen. Die Rohre müssen gegen mechanische Angriffe bei Ausführung von Bauarbeiten an den Telegraphen- und Fernsprechlinien genügend widerstandsfähig sein. Auf weniger als 0,25 m Abstand darf das Kabel den Konstruktionsteilen der Telegraphen- und Fernsprechlinien in keinem Falle genähert werden. Über die Lage der verlegten Kabel hat der Unternehmer der Ober-Postdirektion einen genauen Plan vorzulegen.

9. Die unterirdischen Starkstromleitungen müssen tunlichst entfernt von den Telegraphen- und Fernsprechkabeln, womöglich auf der anderen Straßenseite verlaufen.

Wo sich die beiderseitigen Kabel kreuzen oder in einem seitlichen Abstande von weniger als 0,3 m nebeneinander laufen, müssen die Starkstromkabel auf der den Fernmeldekabeln zugekehrten Seite mit Halbmuffen aus Zement oder gleichwertigem feuerbeständigen Baustoff von wenigstens 0,06 m Wandstärke versehen sein. Die Muffen müssen 0,3 m zu beiden Seiten der gekreuzten Fernmeldekabel, bei seitlichen Annäherungen ebensoweit über den Anfangs- und Endpunkt der gefährdeten Strecke hinausragen. Liegen bei Kreuzungen oder bei seitlichen Abständen der Kabel von weniger als 0,3 m die Starkstromkabel tiefer als die Fernmeldekabel, so müssen diese zur Sicherung gegen mechanische Angriffe mit zweiteiligen eisernen Rohren bekleidet sein, die über die Kreuzung- und Näherungstelle nach jeder Seite hin 0,5 m hinausragen. Besonderer Schutzvorrichtungen bedarf es nicht, wenn sich die Starkstrom- oder die Fernmeldekabel in gemauerten oder in Zement- oder ähnlichen Kanälen von wenigstens 0,06 m Wandstärke befinden.

10. Zur Sicherung der Telegraphen- und Fernsprechleitungen gegen mittelbare Gefährdung durch Hochspannung müssen Schutzvorkehrungen getroffen sein, durch die der Übertritt hochgespannter Ströme in dritte mit den Telegraphen- und Fernsprechleitungen an anderen Stellen zusammentreffende Anlagen oder das Entstehen von Hochspannung in diesen Anlagen verhindert oder unschädlich gemacht wird (vgl. „Vorschriften für die Errichtung und den Betrieb elektrischer Starkstromanlagen" vom 1. Juli 1924, § 4 sowie § 22h und i, Satz 1).

11. Innerhalb der Gebäude müssen die Starkstromleitungen tunlichst entfernt von den Telegraphen- und Fernsprechleitungen angeordnet sein.

Sind Kreuzungen oder Annäherungen bei festverlegten Leitungen an der gleichen Wand nicht zu vermeiden, so müssen die Starkstromleitungen so angeordnet sein oder es müssen solche Vorkehrungen getroffen sein, daß eine Berührung der beiderseitigen Leitungen ausgeschlossen ist.

12. Alle Schutzvorrichtungen sind dauernd in gutem Zustande zu erhalten.

13. Von beabsichtigten Aufgrabungen in Straßen mit unterirdischen Telegraphen- oder Fernsprechkabeln ist der zustän-

47*

digen Post- oder Telegraphenbehörde beizeiten, wenn möglich vor dem
Beginne der Arbeiten, schriftlich Nachricht zu geben.

14. Fehler — d. h. ein schadhafter Zustand — in der Starkstromanlage, durch die der Bestand der Telegraphen- und Fernsprechanlagen
oder die Sicherheit des Bedienungspersonales gefährdet werden könnte oder
die zu Störungen des Telegraphen- oder Fernsprechbetriebes Anlaß geben,
sind ohne Verzug zu beseitigen. Außerdem kann in dringenden Fällen die
Abschaltung der fehlerhaften Teile der Starkstromanlage bis zur Beseitigung
der Ursache der Gefahr oder Störung gefordert werden.

15. Vor dem Vorhandensein der vorgeschriebenen Schutzvorrichtungen
und vor Ausführung der etwa notwendigen Änderungen an den Telegraphen-
und Fernsprechleitungen darf das Leitungsnetz — auch für Probebetrieb
oder sonstige Versuche — nicht unter Strom gesetzt werden. Von
der beabsichtigten Unterstromsetzung ist der Telegraphenverwaltung mindestens drei freie Wochentage vorher schriftlich Mitteilung zu machen.
Von der Einhaltung dieser Frist kann nach vorheriger Vereinbarung mit
der zuständigen Post- oder Telegraphenbehörde abgesehen werden.

16. Falls die gewählte Anordnung [2] oder die vorgesehenen Schutzmaß-

---

[2] § 12 des Gesetzes über das Telegraphenwesen des Deutschen Reiches
vom 6. April 1892 lautet:
   Elektrische Anlagen sind, wenn eine Störung des Betriebes der einen Leitung durch
die andere eingetreten oder zu befürchten ist, auf Kosten desjenigen Teiles, der durch
eine spätere Anlage oder durch eine später eintretende Änderung seiner bestehenden Anlage diese Störung oder die Gefahr derselben veranlaßt, nach Möglichkeit so auszuführen,
daß sie sich nicht störend beeinflussen.
   § 6 des Telegraphenwegegesetzes vom 18. Dezember 1899 lautet:
   Spätere besondere Anlagen sind nach Möglichkeit so auszuführen, daß sie die vorhandenen Telegraphenlinien nicht störend beeinflussen.
   Dem Verlangen der Verlegung oder Veränderung einer Telegraphenlinie muß auf Kosten
der Telegraphenverwaltung stattgeben werden, wenn sonst die Herstellung einer späteren
Anlage unterbleiben müßte oder wesentlich erschwert werden würde, die aus Gründen des
öffentlichen Interesses, insbesondere aus volkswirtschaftlichen oder Verkehrsrücksichten,
von den Wegunterhaltungspflichtigen oder unter überwiegender Beteiligung eines oder
mehrerer derselben zur Ausführung gebracht werden soll. Die Verlegung einer nicht lediglich dem Orts-, Vororts- oder Nachbarortsverkehr dienenden Telegraphenlinie kann nur
dann verlangt werden, wenn die Telegraphenlinie ohne Aufwendung unverhältnismäßig
hoher Kosten anderweitig ihrem Zwecke entsprechend nicht untergebracht werden kann.
   Muß wegen einer solchen späteren besonderen Anlage die schon vorhandene Telegraphenlinie mit Schutzvorkehrungen versehen werden, so sind die dadurch entstehenden
Kosten von der Telegraphenverwaltung zu tragen.
   Überläßt ein Wegunterhaltungspflichtiger seinen Anteil einem nicht unterhaltungs-
pflichtigen Dritten, so sind der Telegraphenverwaltung die durch die Verlegung oder Veränderung oder durch die Herstellung der Schutzvorkehrungen erwachsenden Kosten,
soweit sie auf diesen Anteil fallen, zu erstatten.
   Die Unternehmer anderer als der in Abs. 2 bezeichneten besonderen Anlagen haben die
aus der Verlegung oder Veränderung der vorhandenen Telegraphenlinien oder aus der
Herstellung der erforderlichen Schutzvorkehrungen an solchen erwachsenden Kosten zu
tragen.
   Auf spätere Änderungen vorhandener besonderer Anlagen finden die Vorschriften der
Abs. 1 bis 5 entsprechende Anwendung.

regeln nicht ausreichen, um Gefahren für den Bestand (die Substanz) der Telegraphen- oder Fernsprechanlagen und für die Sicherheit des Bedienungspersonales oder Störungen für den Betrieb der Telegraphen- und Fernsprechleitungen fernzuhalten, sind im Einvernehmen mit der Telegraphenverwaltung weitere Maßnahmen zu treffen, bis die Beseitigung der Gefahren oder der störenden Einflüsse erfolgt ist.

17. Von geplanten wesentlichen Veränderungen oder von beabsichtigten wesentlichen Erweiterungen der Starkstromanlage, soweit diese Veränderungen oder Erweiterungen die Punkte 1 bis 10 und 12 bis 16 berühren, hat der Unternehmer behufs Feststellung der weiter etwa erforderlichen Schutzmaßnahmen der Telegraphenverwaltung Anzeige zu erstatten.

18. Wegen Tragung der Kosten für die durch die Starkstromanlagen bedingten Änderungen an den Telegraphen- und Fernsprechleitungen sowie für Herstellung und Unterhaltung der Schutzvorkehrungen an der Starkstromanlage oder an den Telegraphen- und Fernsprechleitungen gelten die gesetzlichen Bestimmungen.

87. Zusatzbestimmungen des Reichspostministers vom 26. Juli 1922 zu Ziffer 3 der Allgemeinen Vorschriften für die Ausführung und den Betrieb neuer elektrischer Starkstromanlagen bei Kreuzungen und Näherungen von Telegraphen- und Fernsprechleitungen[1].

I. Blanke Niederspannungleitungen können ohne besondere Schutzvorrichtungen über Telegraphen- und Fernsprechleitungen hinweggeführt werden, wenn genügende Sicherheit gegen Bruch oder gegen ein die Fernmeldeleitungen gefährdendes Nachgeben der Starkstromleitungen des Kreuzungsfeldes besteht. Diese Bedingung gilt als erfüllt, wenn die nachstehenden Bestimmungen beachtet werden:

1. Die Spannweite der überkreuzenden Anlage soll kurz bemessen sein. Muß ausnahmsweise ein Stützpunktabstand von mehr als 40 m gewählt werden, so ist im vorherigen Benehmen mit dem Telegraphenbauamt festzustellen, inwieweit weitergehende Sicherheitsmaßnahmen getroffen werden müssen.

2. Die Niederspannungleitungen des Kreuzungsfeldes sind aus Drahtseil herzustellen mit einem Mindestquerschnitte von 10 mm² bei Leitungen aus Kupfer, von 16 mm² bei Leitungen aus verzinktem Eisen und von 25 mm² bei Leitungen aus Aluminium. Jedoch darf für den Null- oder Mittelleiter, wenn er geerdet ist, Volldraht von beliebiger Stärke verwendet werden. Versuchsweise werden auch für die spannungführenden Leitungen bei Spannweiten bis höchstens 40 m an Stelle der Leiterseile eindrähtige Kupfer- und verzinkte Eisenleitungen von mindestens 10 mm² Querschnitt zugelassen, sofern nach Lage der Verhältnisse nicht besondere Bedenken dagegen zu erheben sind.

An Stellen, wo Leitungen bestimmter Baustoffe in kurzer Zeit durch chemische Einflüsse zerstört oder wesentlich in ihrer Festigkeit beeinträchtigt werden, z. B. in der Nähe von Kokereien, chemischen Fabriken, Salinen u. dgl., ist dieser Gefahr bei der Wahl des Baustoffes und Querschnittes der Leitungen Rechnung zu tragen.

3. Die spannungführenden Leiter (Seile oder Drähte) müssen im Kreuzungsfelde aus einem Stück (ohne Verbindungstellen) bestehen und an den Aufhängepunkten in zuverlässiger Weise (besonders sichere Bindung, erforderlichenfalls mit Hilfsbügel oder Abspannung) befestigt werden.

---

[1] Veröffentlicht: ETZ 1922, S. 1124.

Für die zulässigen Beanspruchungen der Leitungen und die Bemessung des Durchhanges gelten die Bestimmungen unter Ic und d der „Vorschriften für Starkstrom-Freileitungen".

4. Zwischen den spannungführenden Niederspannungleitungen und den Fernmeldeleitungen ist im allgemeinen ein senkrechter Abstand von mindestens 1,5 m einzuhalten. Eine Verringerung dieses Abstandes ist zulässig, wenn ein Mindestabstand von 1 m auch unter den ungünstigsten Umständen gewahrt bleibt, was im Zweifelsfalle nachzuweisen ist.

An Stellen, wo in absehbarer Zeit eine Höherlegung der Fernmeldeleitungen, z. B. wegen starker Leitungsvermehrung, notwendig wird, ist bei der Bemessung des Abstandes tunlichst auf die endgültige Leitungslage Rücksicht zu nehmen.

5. Als Stützpunkte können Eisenmaste, Eisenbetonmaste, getränkte Holzmaste, Holzmaste (auch ungetränkte) mit besonderen Erdfüßen, sowie Dachgestänge, zuverlässig befestigte Mauerbügel und Isolatorstützen an Bauwerken oder Felsen benutzt werden. Die Gestänge müssen standsicher hergestellt und erhalten werden.

Nicht getränkte Holzmaste ohne besondere Erdfüße werden nur unter außergewöhnlichen Verhältnissen nach vorheriger Verständigung mit dem Telegraphenbauamt und nur für eine beschränkte Benutzungsdauer zugelassen.

6. Der Starkstromunternehmer trägt für die dauerhafte Herstellung und ordnungsmäßige Instandhaltung seiner Anlage die Verantwortung. Er wird den Zustand der Anlage und insbesondere ihre Standsicherheit mindestens jährlich einmal nachzuprüfen haben.

II. Die Unterkreuzung der Telegraphen- und Fernsprechleitungen mit Niederspannung-Freileitungen soll auf solche Fälle beschränkt werden, wo die Überkreuzung nur unter besonderen Schwierigkeiten oder mit erheblichen Mehrkosten ausführbar ist.

Bei der Unterkreuzung, die möglichst im rechten Winkel erfolgen soll, ist durch Anbringung eines oder mehrerer geerdeter Schutzdrähte über den Niederspannungleitungen sicherzustellen, daß eine herabfallende Fernmeldeleitung geerdet wird, bevor sie eine spannungführende Leitung berühren kann. Dazu kann — auch bei Hausanschlüssen — der geerdete Null- oder Mittelleiter benutzt oder mitbenutzt werden. Zwischen den Fernmeldeleitungen und den geerdeten Drähten ist ein Mindestabstand von 1 m zu wahren.

Durch die Unterkreuzung darf die Ausnutzung der vorhandenen Fernmeldegestänge für den zu erwartenden Leitungzuwachs nicht gehindert werden. Auch dürfen die Fernmeldeleitungen eines Leitungsfeldes oder einer gleichmäßig durchgeführten Leitungsanlage nicht durch Über- und Unterkreuzungen in unzuträglicher Weise eingeengt werden.

In Fällen, wo die Unterhaltungs- und Erweiterungsarbeiten an der Fernmeldelinie durch die unterhalb kreuzende Niederspannungleitung gefährdet werden, ist diese für die Dauer solcher Arbeiten auf Verlangen abzuschalten.

88. Allgemeine Vorschriften zum Schutz vorhandener Reichs-Telegraphen- und -Fernsprechanlagen gegen neue elektrische Bahnen.

Gültig ab 1. Juli 1910[1].

1. Die „Allgemeine Vorschriften für die Ausführung und den Betrieb neuer elektrischer Starkstromanlagen (ausschließlich der elektrischen Bahnen) bei Kreuzungen und Näherungen von Telegraphen- und Fernsprechleitungen"[2] gelten sinngemäß auch für elektrische Bahnen.

2. Bei Bahnen mit Gleichstrombetrieb und Spannungen bis etwa 700 V sind als Schutzvorrichtungen über den Fahrleitungen geerdete Drähte, Isolierleisten u. dgl. zulässig; bei Gleichstrombetrieb mit höherer Spannung und bei Wechselstrombetrieb sind Schutzvorrichtungen erforderlich, die größere Sicherheit gegen Berührungen der Fahrleitungen mit Reichsleitungen bieten, z. B. geerdete, flache, seitlich genügend weit ausladende Fangnetze.

3. Sofern die Schienen zur Rückleitung des Betriebstromes dienen, müssen sie mit dem Kraftwerke durch besondere Leitungen, die Schienenstöße unter sich durch besondere metallene Brücken von ausreichendem Querschnitt in guter leitender Verbindung stehen.

4. Falls durch Aufgrabungen in Straßen mit unterirdischen Telegraphen- oder Fernsprechkabeln der Telegraphen- oder Fernsprechbetrieb gestört werden könnte, sind die Arbeiten auf Antrag der Telegraphenverwaltung zu Zeiten auszuführen, in denen der Telegraphen- oder Fernsprechbetrieb ruht.

5. Sind infolge parallelen Verlaufes der beiderseitigen Anlagen oder aus anderen Ursachen Störungen für den Betrieb der Telegraphen- und Fernsprechleitungen zu befürchten oder treten solche Störungen auf, so sind im Einvernehmen mit der Telegraphenverwaltung geeignete Maßnahmen zur Vermeidung oder Beseitigung störender Einflüsse zu treffen.

6. Die unterhalb der Schienen oder in ihrer unmittelbaren Nähe liegenden Telegraphen- und Fernsprechkabel müssen zum Zwecke späterer Ausbesserungs-, Erweiterungs- und Verlegungsarbeiten für die Telegraphenverwaltung jederzeit zugänglich bleiben.

7. Wegen Tragung der Kosten bei etwaigen Beschädigungen oder Zerstörungen der Telegraphen- und Fernsprechkabel durch elektrische Einwirkungen aus der Bahnanlage gelten die gesetzlichen Bestimmungen.

---

[1] Die bisherige Ziffer 4 ist durch den Reichspostminister gestrichen. Veröffentlicht: ETZ 1927, S. 1203.
[2] S. S. 737 u. ff.

89. Vorschriften für die bruchsichere Führung von Hochspannungleitungen über Postleitungen[1].

Gültig ab 1. Juli 1924[2].

Erlaß des Reichspostministers auf Grund gemeinsamer Beratungen des Reichspostministeriums und des Verbandes Deutscher Elektrotechniker.

(Änderungen der Ziffern 4, 4a, 5a, 22 und 38 gemäß Schreibens des Reichspostministers vom 11. Mai 1926.)

A. Allgemeines.

Anwendung der Vorschriften usw. des VDE.

1. Für die bruchsichere Führung der Hochspannungleitungen gelten, soweit nachstehend nicht besondere Bestimmungen getroffen sind, die Vorschriften, Normen und Leitsätze des Verbandes Deutscher Elektrotechniker[3].

Leitungsrichtung und Spannweiten.

2. Die Leitungen sind tunlichst so zu führen, daß an den Kreuzungsmasten keine Winkel entstehen, es sei denn, daß durch die geradlinige Führung die Anlage verteuert würde.

3. Die Spannweiten der Kreuzungsfelder sollen möglichst nicht größer sein als die der Nachbarfelder. Ein Kreuzungsmast soll tunlichst in der Nähe der Postleitungen aufgestellt werden; den Bestimmungen unter Ziffer 5 und 8 ist dabei Rechnung zu tragen.

Gefährdung des bruchsicheren Kreuzungsfeldes durch Bäume und durch Schadenfeuer.

4. Bäume, die bei ihrem Umbruch, beim Abbrechen von Ästen oder sonstwie die Hochspannungleitungen des Kreuzungsfeldes gefährden können, sind zu beseitigen oder so weit auszuästen, daß jede Gefahr für die bruch-

---

[1] Postleitungen im Sinne dieser Vorschriften sind die Telegraphen- und Fernsprechleitungen der Deutschen Reichspost.

[2] Veröffentlicht: ETZ 1924, S. 938. — Änderungen der Ziffern 4, 4a, 5a, 22 und 38 veröffentlicht: ETZ 1926, S. 744. — *Sonderdruck VDE 376.*

[3] Hierzu gehören z. Z.:

1. die Vorschriften für die Errichtung und den Betrieb elektrischer Starkstromanlagen nebst Ausführungsregeln,
2. die Vorschriften für Starkstrom-Freileitungen (abgekürzt VfF),
3. die Leitsätze für Schutzerdungen in Hochspannungsanlagen,
4. die Normen und Prüfvorschriften für Porzellanisolatoren, Abschnitt D.

sicher ausgeführte Anlage ausgeschlossen ist. Von Gebäuden, bei denen nach Bauart und Verwendung mit der Möglichkeit eines die Hochspannungleitungen gefährdenden Schadenfeuers zu rechnen ist, und von Anhäufungen leicht brennbarer Stoffe müssen die Hochspannungleitungen einen solchen Abstand haben, daß sie durch Feuer nicht beschädigt werden können.

Die Hochspannungleitungen eines Kreuzungsfeldes dürfen von nicht bruchsicher angelegten Leitungen oberhalb nicht gekreuzt werden (vgl. Ziffer 5a).

Mastschalter und Masttransformatoren.

4a. Schalter und Transformatoren werden an Kreuzungsmasten nicht zugelassen.

Schutz gegen das Nachbarfeld.

5. Wenn nach Lage der örtlichen Verhältnisse die Gefahr besteht, daß bei Seilbrüchen im Nachbarfelde die Bruchenden nach dem Kreuzungsfelde hinüberschwingen und die Postleitungen berühren, ist ihr durch geeignete Maßnahmen zu begegnen, z. B. durch Anbringung seitlicher Fangarme auf der Nachbarfeldseite der Maste u. dgl.

5a. Dient ein Kreuzungsmast zugleich als Abzweigmast, so sind die Querträger und Isolatoren der Felder am Mast derart anzuordnen, daß die Hochspannungleitungen des Kreuzungsfeldes mit ihren Isolatoren an keiner Stelle von Leitungen eines nicht bruchsicher ausgeführten Abzweigfeldes oberhalb gekreuzt werden.

Schutzerdung.

6. An hölzernen Kreuzungsmasten mit Stützenisolatoren sind die Isolatorenträger zu erden.

Inbetriebnahme.

7. Die beabsichtigte probeweise oder endgültige Inbetriebnahme der Hochspannungsanlage ist dem zuständigen Telegraphenbauamt (in Bayern der zuständigen Oberpostdirektion) mindestens drei Werktage vorher schriftlich mitzuteilen.

B. Abstände.

Wagerechter Abstand der Hochspannungsanlage von den Postleitungen.

8. Der wagerechte Abstand der Bauteile der Hochspannungsanlage von den Postleitungen muß mindestens 1,25 m betragen.

Senkrechter Abstand der Hochspannungsanlage von den Postleitungen.

9. Der senkrechte Abstand der Hochspannungleitungen und der etwa unter ihnen angebrachten Betriebsfernsprech- und Niederspannungleitungen von den Postleitungen muß bei unbeschädigtem Zustande der Starkstromleitungen sowohl bei $+40^\circ$ C als auch bei -5° C und Zusatzlast mindestens 2 m betragen.

10. Außerdem ist bei Abspannketten ein Mindestabstand von 1,50 m nachzuweisen, wenn bei der größten Seilspannung eine Kette einer Doppelkette schadhaft wird.

11. Der gleiche Nachweis ist bei senkrecht hängenden Ketten zu führen unter der Annahme, daß eine Hochspannungleitung im Nachbarfelde reißt und infolgedessen die Doppelkette des Kreuzungsmastes nach dem Kreuzungsfelde hinüberschwingt.

Abstand der Hochspannungleitungen voneinander und von anderen Leitungen.

12. Für den gegenseitigen Abstand der Leitungen der Hochspannunglinie im Kreuzungsfelde gelten die Vorschriften unter II, E 2 der VfF. Er darf nicht kleiner werden als 1 cm für je 1000 V der Betriebspannung, wenn bei Stützenisolatoren das Hauptseil einer Hochspannungleitung am Isolator, bei Abspanndoppelketten eine Kette, bei senkrecht hängenden Ketten ein Seil im Nachbarfelde reißt; mindestens muß er in diesen Fällen noch 20 cm betragen. Stahlaluminiumseile sind hierbei bis auf weiteres wie Aluminiumseile zu behandeln.

C. Baustoffe, Querschnitte und Durchhang der Leitungen.

Baustoffe.

13. Als Baustoffe für die Leitungen sind Kupfer, Bronze, gut verzinktes Eisen oder ebensolcher Stahl, Aluminium sowie Aluminium mit Stahlseele zugelassen; bei diesem ist nur die Seele als tragend anzunehmen. Bronze mit einer höheren Festigkeit als 70 kg/mm² ist nicht zu verwenden.

14. In der Nähe von Kokereien, chemischen Industrien, Salinen u. dgl. ist der Baustoff zu wählen, der gegen die herrschenden Einflüsse die größte Widerstandsfähigkeit besitzt. Gegen einen geeigneten Anstrich der Seile ist nichts einzuwenden.

15. Im Kreuzungsfelde dürfen die Seile nicht aus einzelnen Stücken zusammengesetzt sein. Bei Herstellung von Abzweigstellen u. dgl. darf an den Seilen nicht gelötet werden.

Querschnitte.

16. Alle Leitungen des Kreuzungsfeldes müssen aus Drahtseil[4] bestehen. Der Querschnitt — auch der der Blitzschutzseile, Betriebsfernsprechleitungen und am Hochspannunggestänge angebrachten Niederspannungleitungen — muß im allgemeinen bei Kupfer-, Bronze-, Eisen- und Stahlseilen mindestens 25 mm², bei Aluminiumseilen mindestens 50 mm² betragen und so bemessen sein, daß die Bruchlast im Kreuzungsfelde nicht kleiner ist als in den Nachbarfeldern. Bei Spannweiten bis 50 m sind Kupfer-, Bronze-, Eisen- und Stahlseile von 16 mm² zulässig. Wenn die Spannweite des Kreuzungsfeldes größer als die des längsten Nachbarfeldes (vgl. Ziffer 3)

---

[4] Wegen des Durchmessers der Einzeldrähte der Seile vgl. VfF unter I b.

ist, sind die nachstehend aufgeführten Mindestquerschnitte im Kreuzungsfelde erforderlich:

Für Spannweiten des Kreuzungsfeldes bis zu m	Leitungseile aus Kupfer, Bronze, Eisen und Stahl mm²	Leitungseile aus Aluminium mm²
100		50
150	25	70
250		95
über 250	35	120

Durchhang.

17. Der Leitungsdurchhang ist so zu bemessen, daß die Seilspannung
sowohl bei einer Temperatur von — 20⁰ C ohne zusätzliche Belastung als
auch bei einer Temperatur von — 5⁰ C mit einer zusätzlichen Belastung
durch Wind oder Eis die Hälfte der unter I der VfF angegebenen Höchstspannungen nicht übersteigt.

18. Innerhalb dieser Grenzen (Ziffer 16 und 17) sind Seilquerschnitt und
Seilspannung im Kreuzungsfelde unter Berücksichtigung der Verhältnisse
in den Nachbarfeldern so zu bemessen, daß die Beanspruchung der Kreuzungsmaste möglichst gering wird und der Seildurchhang im Kreuzungsfelde möglichst klein bleibt.

19. Bei Verwendung von senkrecht hängenden Isolatorketten wird eine
größere Seilspannung zugelassen, wenn im Kreuzungsfelde ein größerer
normaler Leitungsquerschnitt als in den Nachbarfeldern verwendet wird
und außerdem die Bedingungen in Ziffer 16 erfüllt sind. Von der Verwendung eines größeren Leitungsquerschnittes kann abgesehen werden, wenn
für das Kreuzungsfeld ein Baustoff gewählt wird, dessen Bruchfestigkeit
mindestens 50% größer als die Bruchfestigkeit des Baustoffes in den Nachbarfeldern ist.

D. Befestigung der Leitungen.

20. Auf Stützenisolatoren verlegte Leitungen sind an den Kreuzungsmasten abzuspannen und gleichzeitig durch ein Hilfseil von etwa 1 m Länge
an einem zweiten Isolator festzulegen.

21. An Kettenisolatoren verlegte Leitungen sind an jedem Kreuzungsmast an einer Doppelkette oder an zwei parallel geschalteten Kettenisolatoren abzuspannen. Von der Abspannung kann abgesehen werden,
wenn die Aufhängung an senkrecht hängenden Doppelketten (Doppeltrag-
ketten) erfolgt und die Seile an dem Querstück zwischen den beiden Tragketten so befestigt werden, daß beim Reißen des Seiles im Nachbarfelde
die Ketten als Abspannketten wirken. Hinsichtlich der mechanischen
Festigkeit muß jede Kette einer Doppelkette den gleichen Bedingungen
wie die Seilklemmen (Ziffer 24) genügen.

22. Niederspannungleitungen und Betriebs-Fernsprechleitungen am
Hochspannunggestänge sind entweder gemäß Ziffer 20 an je zwei Stützen-

isolatoren zu befestigen oder an einem Isolator abzuspannen, dessen Überschlagspannung mindestens doppelt so groß wie die der Isolatoren der gleichen Leitungen in den anschließenden Strecken sein muß. Werden in den anschließenden Strecken für die Niederspannung- und Betriebs-Fernsprechleitungen Hochspannungsisolatoren verwendet, so genügt an der Kreuzungstelle einfache Aufhängung mit einer Isolatorart, die bei Regen eine um 20% höhere Überschlagspannung hat.

23. Beim Blitzschutzseil (durchgehenden Erdseil) ist die Abspannung nicht erforderlich. Wegen der Befestigung vgl. Ziffer 24.

24. Verbinder und Seilklemmen müssen bei Seilen aus normalen Baustoffen eine Festigkeit von mindestens dem 3,8-fachen, bei Seilen aus nicht normalen Baustoffen eine solche von mindestens dem 4,5-fachen des größten Zuges haben, der nach dem gewählten Durchhang im Leitungseil auftreten kann. Bei senkrecht hängenden Ketten braucht jedoch die Festigkeit der Seilklemmen nur das 3,8-fache bzw. 4,5-fache des nach dem Bruch des Seiles im Nachbarfelde auftretenden größten Seilzuges im Kreuzungsfelde zu betragen; bei durchgehenden Erdseilen (Ziffer 23) muß die Befestigung das 3,8-fache bzw. 4,5-fache sowohl des Differenzzuges als auch des einseitigen Zuges im Kreuzungsfelde aushalten. In keinem Falle wird eine höhere Festigkeit als 90% der Seilfestigkeit verlangt.

E. Baustoffe, Berechnung und Beanspruchung der Maste, Fundamente, Isolatorstützen und Querträger.

Baustoffe.

25. Die Kreuzungsmaste können aus Flußeisen, Eisenbeton oder aus Holzstangen hergestellt werden, die Querträger aus Flußeisen oder Eisenbeton, die Stützen aus Flußeisen oder Stahl.

26. Holzmaste sind entweder als A-Maste (VfF II D 2, Abs. 7) oder als einfache Maste mit besonderen Erdfüßen[5] auszuführen. Auch bei A-Masten können Erdfüße verwendet werden. Über die Zulassung der Erdfußarten wird besonders entschieden. Ausnahmsweise können die A-Maste auch aus angeschuhten Stangen hergestellt werden. Dabei erhält jede Stange zwei Fußstangen, die in einer senkrecht zur Leitungsrichtung liegenden Ebene durch drei Bolzen mit der Stange zu befestigen sind. Holzmaste dürfen nur bei gerader Leitungsführung verwendet werden; bei A-Masten sind jedoch Abweichungen zulässig bis zu einem Winkel von 10°, der bei der Berechnung nicht berücksichtigt zu werden braucht. Die Maste müssen fehlerfrei, von geradem Wuchs und in ihrer ganzen Länge nach einem als gut anerkannten Verfahren gegen Fäulnis getränkt sein. Nicht mit Teeröl getränkte Maste ohne Mastfuß müssen vor ihrer Einstellung am Stammende auf ein Viertel ihrer ganzen Länge mit Karbolineum oder

---

[5] Als Maste mit besonderen Erdfüßen sind solche Maste anzusehen, deren Unterteil aus einem Baustoff besteht, der gegen Fäulnis besonders widerstandsfähig ist (Eisen, Eisenbeton, getränktes Buchenholz usw.).

Teer angestrichen werden. Die Schnittflächen der abzuschrägenden Zopfenden der Maste sind zweimal mit heißem Steinkohlenteer oder einmal mit heißem Steinkohlenteer unter Zusatz von Asphalt zu streichen.

27. Die A-Maste sind stets so aufzustellen, daß beide Stangen in der Richtung des Kreuzungsfeldes stehen. Die Spreizung der Maste am Fußende, gemessen zwischen den Querschnittsmitten, darf ein Fünftel der Mastlänge nicht überschreiten. Die Standsicherheit muß durch Fundamentplatten (Schwellenabschnitte oder Halbrundhölzer[6]) gewahrt werden, die an den Stangenenden befestigt werden. An Böschungen muß die talseitige Stange des Mastes 2 m im Erdboden stehen; die bergseitige Stange darf hierbei gegenüber der talseitigen nicht verkürzt sein. Die Unterlegscheiben der Bolzenköpfe und Muttern sollen mindestens 50 mm Durchmesser und 5 mm Stärke besitzen.

28. Einfache Maste müssen auf den Nachbarfeldseiten durch Streben gesichert werden, die ein Durchbiegen der Stangen nach dem Nachbarfelde und damit eine Vergrößerung der Seilspannung im Kreuzungsfelde verhüten.

29. Maste und Querträger aus Eisenbeton dürfen nur in den von der Reichspost zugelassenen Ausführungen verwendet werden.

30. An Stelle von Masten können feuersichere Transformatorenhäuser, Schalthäuser oder andere feuersichere Bauwerke als Stützpunkte benutzt werden. Durch Vorlegung der Bauzeichnungen und Berechnungen ist nachzuweisen, daß sich die Bauwerke nach ihrer Festigkeit für den angegebenen Zweck eignen. Auf die Berechnung wird verzichtet, wenn aus den Zeichnungen ohne weiteres zu ersehen ist, daß durch den Zug der Leitungen nur eine unwesentliche Mehrbelastung des Bauwerkes eintritt.

31. Bei Fundamenten für Betonmaste muß durch Eiseneinlagen oder durch andere geeignete Maßnahmen ein Auseinandersprengen des Fundamentkörpers verhindert werden.

Berechnung.

32. Die Maste, Fundamente, Stützen und Querträger sind für die Höchstbeanspruchung zu berechnen. Bei der Berechnung der Maste ist die Wirkung von Streben nicht zu berücksichtigen; Anker dürfen nicht angebracht werden.

33. Als Höchstbeanspruchung der Maste und Fundamente gilt das durch den größten Leitungzug hervorgerufene Moment, vermehrt um das Moment des Winddruckes auf Mast mit Kopfausrüstung senkrecht zur Längsrichtung der Querträger.

34. Der größte Leitungzug wird — abgesehen von dem in Ziffer 35 behandelten Falle — ermittelt einmal unter der Annahme, daß sämtliche Leitungen unbeschädigt sind, das andere Mal unter der Voraussetzung, daß der ganze Leitungzug in einem oder in mehreren vom Kreuzungsmast

---

[6] Für Halbrundhölzer ist bei Ermittelung des Erdgewichtes und des Bodendruckes mit dem Durchmesser der Hölzer zu rechnen.

abgehenden Nachbarfeldern wegfällt. Für die Nachbarfelder, bei denen die Bedingungen in Ziffer 4 erfüllt sind, braucht jedoch nur mit dem Wegfall von zwei Dritteln des Leitungzuges gerechnet zu werden.

35. Für senkrecht hängende Ketten gilt als größter Zug der nach dem Bruch der Leitungen im Nachbarfelde auftretende größte Zug im Kreuzungsfelde. Bei Erfüllung der Bedingungen unter Ziffer 4 im Nachbarfelde braucht nur mit zwei Dritteln dieses Zuges gerechnet zu werden.

36. Bei der Berechnung von Gittermasten sind die Bestimmungen unter II C der VfF zu beachten.

37. Holzmaste sind zu berechnen sowohl für die Höchstbeanspruchung durch Leitungzug und Winddruck (Ziffer 33) als auch für den Winddruck auf den Mast senkrecht zur Leitungsrichtung und auf die halbe Länge der Leitungen der beiden Spannfelder. Beide Beanspruchungen brauchen nicht gleichzeitig auftretend angenommen zu werden. Bei A-Masten aus angeschuhten Stangen (Ziffer 26) muß das erforderliche Trägheitsmoment — abweichend von den gewöhnlichen A-Masten (VfF II, D 2, Abs. 7) — in der Mitte zwischen Dübelmitte und dem mittleren Bolzen der Stoßstelle vorhanden sein, während als Knicklänge die Entfernung von Mitte Dübel bis zur halben Eingrabetiefe gilt.

38. Ein bruchsicheres Kreuzungsfeld darf durch Einschaltung eines oder zweier Zwischenmaste unterteilt werden, deren Festigkeit und Standsicherheit den nach II, B I und II, B II der VfF zu ermittelnden äußeren Kräften genügen. A-Maste als Zwischenmaste sind in Winkelpunkten mit den beiden Stangen in die Richtung der Mittelkraft aus den größten Leitungzügen der Teilkreuzungsfelder zu stellen. Die Befestigung der Leitungen an den Zwischenmasten muß nach Ziffer 20 bis 22 erfolgen, doch ist die Abspannung nicht erforderlich.

39. Als Höchstbeanspruchung der Isolatorstützen gilt der einseitige Leitungzug im Kreuzungsfelde, wenn die Leitungen des Kreuzungs- und Nachbarfeldes an besonderen Stützen abgespannt werden. Bei Abspannung an gemeinsamen Stützen ist mit dem Differenz- oder resultierenden Zuge, mindestens mit dem einseitigen Zuge im Kreuzungsfelde zu rechnen.

40. Die Querträger sind zu berechnen für den größten Leitungzug und das Gewicht der vereisten Leitungen und des Querträgers einschließlich Isolatoren. Als größter Leitungzug ist bei gerader Leitungsführung der Differenzzug, mindestens der einseitige Zug des Kreuzungsfeldes einzusetzen; bei Winkelpunkten kommt sowohl dieser als auch der resultierende Zug in Betracht. Bei senkrecht hängenden Ketten gilt als größter Leitungzug der nach dem Reißen des Seiles im Nachbarfelde herrschende Zug im Kreuzungsfelde.

Beanspruchung.

41. Für die Beanspruchung der Maste, Stützen und Querträger aus Flußeisen gelten die Bestimmungen unter II, D 1, für die der Holzmaste die Bestimmungen unter II, D 2 der VfF. Für Bauteile aus anderen Stoffen, z. B. Maste und Querträger aus Eisenbeton, Isolatorstützen aus Stahl, ist

eine Beanspruchung bis zu einem Drittel der vom Lieferer zu gewährleistenden Bruch- und Knickfestigkeit zulässig.

Anstrich.

42. Alle Eisenteile der Stützpunkte müssen, soweit sie nicht verzinkt
sind, mit Rostschutzfarbe gestrichen werden.

F. Unterhaltung.

43. Die bruchsicheren Überführungen sind dauernd in gutem Zustande
zu erhalten. Eisen- und Stahlseile müssen ausgewechselt werden, sobald
aus einem Rostansatz auf Zerstörung des Zinküberzuges geschlossen werden kann. Holzmaste sollen mindestens zweimal im Jahre in Bezug auf
die Beschaffenheit des Holzes, den senkrechten Stand in der Linie, den
Zustand der Querträger usw. untersucht werden. Mängel, die hierbei zu-
tage treten, müssen sofort beseitigt werden. Der Anstrich der Eisenteile
ist rechtzeitig zu erneuern.

G. Baubeschreibung und Berechnung.

44. Für jede neue Kreuzung ist vor der Bauausführung durch eine
Baubeschreibung und Berechnung nachzuweisen, daß die beabsichtigte
bruchsichere Führung der Starkstromleitungen den vorstehenden Bestimmungen entspricht. Diese Unterlagen, deren Prüfung sich die Reichspost vorbehält, sind tunlichst nach den von der Reichspost herausgegebenen
Mustern auszuführen und an das zuständige Telegraphenbauamt (in Bayern
an die zuständige Oberpostdirektion) in einer Ausfertigung so frühzeitig
einzureichen, daß ihre Prüfung und die Erledigung notwendiger Änderungen bei etwaigen Beanstandungen vor der Bauausführung erfolgen
kann.

45. Den Berechnungen sind einfache Zeichnungen der Kreuzungen
im Grundriß und Aufriß, mit genauen Maßangaben versehene Zeichnungen
der Maste, Stützen, Isolatorketten, Querträger, Fundamente mit Angabe
der Böschungs- und Bodenverhältnisse (Lehm-, Sand-, Moor-, aufgeschütte-
ter Boden usw.) und der sonstigen Bauteile sowie nötigenfalls auch Kräfte-
pläne beizufügen. Für die Zeichnungen genügt Aktengröße, sofern die
Maße vollständig angegeben sind. Blaupausen dürfen nur für die Zeichnungen, nicht aber für die Berechnungen verwendet werden.

46. In den Unterlagen muß angegeben sein die Art und Größe der
Isolatoren, die Art der Aufhängung, der Abspannung, der Verbinder und
Blitzseilklemmen[7] und bei Holzmasten die Art des Holzes und das Trän-
kungsverfahren, bei mit Teeröl getränkten Stangen ferner die Menge des
eingebrachten Teeröles in kg/m^3 (VfF II, D 2). Die Baustoffe sind kurz
zu beschreiben.

---

[7] Bei Verbindern und Blitzseilklemmen sind auch Hersteller und Fertigungsnummer
anzugeben.

47. Die Leitungsdurchhänge sind in den Berechnungen[8] sowohl für die Kreuzungsfelder als auch für die Nachbarfelder unter gleichzeitiger Angabe der Spannweiten für Temperaturen zwischen — 20^0 C und $+ 40^0$ C von 10^0 zu 10^0 sowie für die in Ziffer 10 und 11 erwähnten Fälle anzugeben. Bei Abspannisolatorketten bis zu drei Gliedern genügen die Durchhangsangaben für Stützenisolatoren.

48. Sollen Maste, Querträger und Stützen verwendet werden, für die die erforderliche Festigkeit schon früher nachgewiesen ist, so genügt es, wenn auf die bereits geprüften Berechnungen Bezug genommen wird. Diese Berechnungen sind beizufügen, wenn nicht eine besondere Ausfertigung beim Telegraphentechnischen Reichsamt in Berlin und beim zuständigen Telegraphenbauamt (für Bayern bei der zuständigen Oberpostdirektion) hinterlegt worden ist. Für die neuen Kreuzungen brauchen in solchen Fällen nur Berechnungen der Leitungsdurchhänge in den Kreuzungs- und Nachbarfeldern, Angaben über die Masthöhen und Spitzenzüge sowie Lagepläne im Grundriß und Aufriß und eine Mastkopfskizze beigebracht zu werden. Auf die Berechnung der Maste, Fundamente, Querträger und Stützen wird auch verzichtet, wenn es sich gleichzeitig um eine Bahnkreuzung handelt, für die die vollständigen Unterlagen von der Reichsbahn geprüft werden. Der Unternehmer ist jedoch in diesem Falle gehalten, etwaige Beanstandungen seitens der bahndienstlichen Prüfungstelle der zuständigen Postdienststelle mitzuteilen. Ferner ist die Vorlegung von Berechnungen und Zeichnungen für solche Maste nicht erforderlich, deren Bauart und Abmessungen den von der Reichspost herausgegebenen Normungstafeln entnommen sind. Ebensowenig brauchen für die vom VDE genormten Isolatorstützen Berechnungen oder Zeichnungen vorgelegt zu werden.

49. Sollen die Maste einer bereits bestehenden Kreuzung durch die Anbringung neuer Leitungen eine andere als die früher nachgewiesene Belastung erhalten, so muß vor der Anbringung der neuen Leitungen nachgewiesen werden, daß die Maste auch mit der veränderten Belastung die vorgeschriebene Sicherheit besitzen.

H. Verantwortung.

50. Durch die Zustimmung zur Ausführung der bruchsicheren Überführung übernimmt die Reichspost keine Verantwortung oder Mitverantwortung dafür, daß die vorgelegten statischen Berechnungen nebst Anlagen richtig sind und, daß die beabsichtigte Ausführungsform der Kreuzung den obigen Bestimmungen entspricht, wie auch der Unternehmer allein die Verantwortung für die vorschriftsmäßige Ausführung der Kreuzung in allen ihren Teilen trägt.

---

[8] Wegen der Durchhangsberechnungen vgl. die Erklärung zu Id der VfF.

Für die Ermittelung des Durchhanges und der Seilspannung bei senkrecht hängenden Ketten für den Fall des Bruches des Seiles im Nachbarfelde stellt das Telegraphentechnische Reichsamt in Berlin auf Wunsch eine Musterberechnung zur Verfügung.

90. Bestimmungen für die Beglaubigung von Elektrizitätzählern.

(Erlassen von der Physikalisch-Technischen Reichsanstalt)[1].

Gültig ab 1. Januar 1921.

I. Beglaubigungsfehlergrenzen für Gleichstromzähler.

Ein Zähler wird beglaubigt, wenn sein System von der Reichsanstalt zur Beglaubigung zugelassen worden ist und, wenn er bei einer Raumtemperatur von 15 bis 20° C den folgenden Bedingungen genügt:

a) Die Abweichung der Verbrauchsanzeige von dem wirklichen Verbrauche darf bei Belastungen zwischen der Nennlast und ihrem 20. Teil nirgends mehr betragen als

$$\pm F = 3 + 0{,}3 \frac{P_N}{P} \text{ Prozente}$$

des jeweiligen wirklichen Verbrauches.

Hierin ist

P_N die Nennlast des Zählers,
P die jeweilige Last.

b) Wird die Nennstromstärke um x Prozent überschritten, so darf der zulässige Fehler $\frac{x}{10}$ Prozent mehr betragen, als sich für ihn nach der unter a) angeführten Formel ergibt. Diese Bestimmung gilt nur für Stromstärken bis zum 1,25-fachen Betrage der Nennstromstärke.

c) Die kleinste Belastung, bei der der Zähler noch anlaufen muß, darf 1%, bei einem Gleichstromwattstundenzähler 2% seiner Nennlast nicht überschreiten.

d) Während einer Zeit, in der kein Verbrauch stattfindet, darf der Vorlauf oder Rücklauf eines Zählers nicht mehr betragen als $^1/_{500}$ seines Nennverbrauches entspricht. Diese Bestimmung ist gültig bis zu Spannungen, die die Nennspannung um $^1/_{10}$ ihres Wertes übersteigen.

II. Beglaubigungsfehlergrenzen für Wechselstromzähler.

Ein Zähler wird beglaubigt, wenn sein System von der Reichsanstalt zur Beglaubigung zugelassen worden ist und, wenn er bei einer Raumtemperatur von 15 bis 20° C den folgenden Bedingungen genügt:

---

[1] Veröffentlicht: „Zentralblatt für das Deutsche Reich" 1921, S. 3 und „ETZ" 1921, S. 134. — Erläuterungen siehe ETZ 1920, S. 638. — *Sonderdruck VDE 364.*

a) Die Abweichung der Verbrauchsanzeige von dem wirklichen Verbrauche darf bei Belastungen zwischen der Nennlast und ihrem 20. Teil nirgends mehr betragen als

$$\pm F = 3 + 0,2\, \frac{P_N}{P} + \left(1 + 0,2\, \frac{I_N}{I}\right) \cdot \operatorname{tg} \varphi$$

Prozente des jeweiligen wirklichen Verbrauches.

Hierin ist

P_N die Nennlast des Zählers,
P die jeweilige Last,
I_N die Nennstromstärke des Zählers,
I die jeweilige Stromstärke,
$\operatorname{tg} \varphi$ die trigonometrische Tangente des Winkels, dessen Kosinus gleich dem Leistungsfaktor ist; $\operatorname{tg} \varphi$ ist unabhängig vom Sinne der Phasenverschiebung stets positiv einzusetzen.

Bei Mehrphasen- und Mehrleiterzählern ist als jeweilige Stromstärke der arithmetische Mittelwert der in den einzelnen Leitern mit Ausnahme des Nulleiters fließenden Stromstärken einzusetzen.

Bei einphasigem Wechselstrom ist der Leistungsfaktor das Verhältnis der Wirkleistung zur Scheinleistung, bei Mehrphasen- und Mehrleitersystemen wird an Stelle des Leistungsfaktors das Verhältnis der gesamten Wirkleistung zu der arithmetischen Summe der Scheinleistungen in den einzelnen Phasen oder Leitern der Berechnung von $\operatorname{tg} \varphi$ zugrunde gelegt.

Für Belastungen mit einem kleineren Leistungsfaktor als 0,2 gelten diese Bestimmungen nicht.

b) c) d) Für die zulässigen Fehler bei Überschreiten der Nennstromstärke sowie für den Anlauf, Vorlauf und Rücklauf gelten die gleichen Bedingungen wie unter Ziffer I b, c, d. Die Bedingungen für den Anlauf gelten für induktionsfreie Last.

III. Bestimmungen über die Beglaubigung von Zählern in Verbindung mit Meßwandlern.

1. Ein Aggregat aus Zählern und Meßwandlern als Ganzes gilt für beglaubigt, wenn die Meßwandler für sich (siehe Abschnitt 91, S. 757 bis 759) und die Zähler als Meßwandlerzähler (siehe IV) beglaubigt sind und, wenn bei dem Anschluß der Apparate folgende Bedingungen erfüllt werden:

a) Es dürfen keinerlei Apparate außer Zählern angeschlossen werden.

b) An einen Stromwandler darf für je 7,5 VA Belastbarkeit ein Zähler angeschlossen werden. Der Gesamtwiderstand der sekundären Verbindungsleitungen darf nicht mehr als $0,15\ \Omega$ betragen.

c) An jede Phase eines Spannungwandlers darf für je 10 VA Belastbarkeit ein Zähler angeschlossen werden; der Widerstand der Zuleitung von einer Klemme des Spannungwandlers bis zum Zähler darf nicht mehr als $0,3\ \Omega$ betragen.

2. Für Zähler, die mit den dazugehörenden Meßwandlern zusammen geprüft werden, gelten die gleichen Bestimmungen wie unter II; die Beglaubigung hat wiederum zur Voraussetzung, daß das System der Meßwandler und der Zähler oder die Vereinigung beider von der Reichsanstalt zur Beglaubigung zugelassen ist.

IV. Beglaubigungsfehlergrenzen für Meßwandlerzähler.

Zähler, die für sich geprüft, in Verbindung mit beglaubigten Meßwandlern ein beglaubigtes Meßaggregat darstellen sollen (siehe III, 1), werden beglaubigt, wenn ihr System von der Reichsanstalt zur Beglaubigung zugelassen worden ist und, wenn sie bei einer Raumtemperatur von 15 bis 20° C folgenden Bedingungen genügen:

Die Abweichung der Verbrauchsanzeige von dem wirklichen Verbrauch darf bei Belastungen zwischen der Nennlast und ihrem 20. Teil nirgends mehr betragen als

$$\pm F_{MZ} = 2 + 0{,}2\, \frac{P_N}{P} + \frac{1}{2}\left(1 + 0{,}2\, \frac{I_N}{I}\right) \cdot \operatorname{tg} \varphi$$

Prozente des jeweiligen wirklichen Verbrauches.

Im übrigen gelten die gleichen Bestimmungen wie unter II.

91. Bestimmungen für die Beglaubigung von Meßwandlern.

(Erlassen von der Physikalisch-Technischen Reichsanstalt)[1].

Gültig ab 31. Mai 1915.

Ein Meßwandler wird beglaubigt, wenn sein System von der Reichsanstalt zugelassen ist und er den folgenden Bedingungen genügt:

A. Allgemeine Bestimmungen.

Auf einem von außen nicht abnehmbaren Schilde des Meßwandlers müssen folgende Angaben enthalten sein:

1. Firma oder Fabrikzeichen, Fertigungsnummer, Formbezeichnung und das Systemzeichen ⌐⌐ , in das die Nummer eingeschrieben ist, unter der das Wandlersystem als beglaubigungsfähig erklärt ist.

2. Der primäre und sekundäre Nennwert der in dem Apparat umzuwandelnden Stromstärke oder Spannung.

3. Der Frequenzbereich, für den der Apparat als beglaubigungsfähig erklärt ist.

4. Bei Stromwandlern die Nennbürde, bei Spannungwandlern die Nennleistung.

Die Nennbürde eines Stromwandlers ist der in Ω anzugebende Scheinwiderstand, der an die Sekundärseite gemäß der Zulassung zur Beglaubigung angeschlossen werden darf, ohne daß die unter B I 3a) und b) angeführten Fehlergrenzen überschritten werden.

Die Nennleistung eines Spannungwandlers ist die in VA anzugebende Scheinleistung, die der Wandler gemäß der Zulassung zur Beglaubigung abgeben kann, ohne daß die unter B II 2 angeführten Fehlergrenzen überschritten werden.

Die Klemmen der Primär- und der Sekundärwicklung müssen mit einander entsprechenden Bezeichnungen versehen sein.

Die Meßwandler müssen mit Einrichtungen zur Anbringung der Amtssiegel versehen sein, so daß ohne Zerstörung der Siegel Änderungen an den wesentlichen Teilen der Wandler nicht möglich sind.

---

[1] Veröffentlicht „Zentralblatt für das Deutsche Reich" 1915, S. 174 und „ETZ" 1915, S. 358 sowie „Zentralblatt für das Deutsche Reich" 1922, S. 282 und „ETZ" 1922, S. 944. — Erläuterungen siehe ETZ 1920, S. 640. — *Sonderdruck VDE 378.*

B. Besondere Bestimmungen.

I. Stromwandler.

1. Außer den unter A genannten Angaben muß bei Stromwandlern auf einem nicht abnehmbaren Schild die Betriebspannung, bis zu der der Wandler verwendet werden soll, oder eine Bezeichnung angegeben sein, die die Prüfspannung nach den für Hochspannunggeräte geltenden Regeln des Verbandes Deutscher Elektrotechniker festlegt.

2. Die Nennbürde eines Stromwandlers muß mindestens 0,6 Ω bei der sekundären Nennstromstärke 5 A sein.

3a) Für Stromstärken vom Nennwert bis zu dessen fünftem Teil darf der Stromfehler $\pm$ 0,5%, der Fehlwinkel $\pm$ 40 min nicht überschreiten.

3b) Für Stromstärken unter $^1/_5$ bis $^1/_{10}$ des Nennwertes darf der Stromfehler $\pm$ 1%, der Fehlwinkel $\pm$ 60 min nicht überschreiten.

Der Stromfehler eines Stromwandlers bei einer gegebenen primären Stromstärke ist die prozentische Abweichung der sekundären Stromstärke von ihrem Sollwert, der sich aus der primären Stromstärke durch Division mit dem Nennwert des Übersetzungsverhältnisses ergibt.

Der Fehler wird positiv gerechnet, wenn der tatsächliche Wert der sekundären Größe den Sollwert übersteigt.

Der Fehlwinkel bei einem Stromwandler ist die Phasenverschiebung des Sekundärstromes gegen den Primärstrom, er ist positiv bei Voreilung des Sekundärstromes.

Die unter a) und b) angegebenen Fehlergrenzen gelten für den durch A 3 festgelegten Frequenzbereich und für alle sekundären Bürden mit Leistungsfaktoren zwischen 0,5 und 1 bis zu der durch A 4 festgesetzten Nennbürde. Diese Fehlergrenzen müssen bei einer Raumtemperatur von 15 bis 20° C und unabhängig von der Lage der Anschlußleitungen und von der Einschaltdauer eingehalten werden. Das Eisen darf keinen nennenswerten remanenten Magnetismus besitzen.

4. Die Isolierung zwischen primärer und sekundärer Wicklung muß eine Spannungprüfung von 1 min Dauer aushalten. Ist nur die Betriebspannung angegeben, so beträgt die Prüfspannung das 2½-fache der gemäß 1 auf dem Wandler vermerkten Betriebspannung, wenn diese kleiner als 5000 V ist. Für Betriebspannungen von 5000 bis 7500 V wird mit einer Überspannung von 7500 V geprüft, für Spannungen über 7500 V mit der doppelten Spannung. Ist die Reihenbezeichnung für Hochspannunggeräte auf dem Wandler vermerkt, so ergibt sich die Prüfspannung aus den Regeln für Hochspannunggeräte des Verbandes Deutscher Elektrotechniker.

II. Einphasige Spannungwandler.

1. Die Nennleistung des Sekundärkreises eines Spannungwandlers darf nicht weniger als 30 VA betragen.

2. Für Spannungen von 0,8 bis 1,2 des Nennwertes darf der Spannungfehler $\pm$ 0,5%, der Fehlwinkel $\pm$ 20 min nicht überschreiten.

Der Spannungfehler eines Spannungwandlers bei einer gegebenen primären Spannung ist die prozentische Abweichung der sekundären Spannung von ihrem Sollwert, der sich aus der primären Spannung durch Division mit dem Nennwert des Übersetzungsverhältnisses ergibt.

Der Fehler wird positiv gerechnet, wenn der tatsächliche Wert der sekundären Größe den Sollwert übersteigt.

Der Fehlwinkel bei einem Spannungwandler ist die Phasenverschiebung der Sekundärspannung gegen die Primärspannung, er ist positiv bei Voreilung der Sekundärspannung.

Diese Fehlergrenzen gelten für den durch A 3 festgelegten Frequenzbereich und für alle sekundären Leistungen mit Leistungsfaktoren zwischen 0,5 und 1 bis zu der durch A 4 festgesetzten Nennleistung, bezogen auf die Nennspannung. Sie müssen bei einer Raumtemperatur von 15 bis 20° C unabhängig von der Einschaltdauer eingehalten werden.

3. Die Isolierung zwischen primärer und sekundärer Wicklung muß eine Spannungprobe von 1 min Dauer aushalten. Die Prüfspannung beträgt das 2½-fache der nach A 2 auf dem Wandler vermerkten primären Nennspannung, wenn diese kleiner als 5000 V ist. Für Nennspannungen von 5000 bis 7500 V wird mit einer Überspannung von 7500 V geprüft, für Nennspannungen von mehr als 7500 V mit der doppelten Spannung.

III. Mehrphasige Spannungwandler.

1. Ist bei dreiphasigen Spannungwandlern der Sternpunkt auf der Sekundärseite herausgeführt, so muß er auch auf der Primärseite an einer Klemme herausgeführt sein, die für die volle primäre Sternspannung gegen das Gehäuse isoliert ist.

2. Die Nennleistung darf nicht weniger als 30 VA für jede Phase betragen.

3. Bei gleichzeitiger Erregung aller Phasen auf der Primärseite müssen die unter II 2 aufgeführten Bedingungen für jede der drei verketteten Spannungen erfüllt sein. Bei dreiphasigen Wandlern mit herausgeführten Sternpunkten müssen die Bedingungen sowohl für die verketteten Spannungen wie für die Sternspannungen erfüllt sein.

4. Die Isolierung muß die unter II 3 vorgeschriebene Spannungprobe aushalten.

C. Kennzeichnung der erfolgten Beglaubigung.

Zum Zeichen der Beglaubigung wird der Meßwandler mit einem Metallschild versehen, auf dem das Zeichen PTR bzw. das Zeichen des Prüfamtes, ein Reichsadler sowie die Beglaubigungsnummer und die Jahreszahl angebracht sind.

760

92. Formelzeichen, Einheitzeichen und mathematische Zeichen des Ausschusses für Einheiten und Formelgrößen (AEF).

Zu Formelzeichen werden lateinische Kursiv-, Fraktur- (sog. deutsche) und griechische Buchstaben, zu Einheitzeichen Antiqua- (gerade) Buchstaben benutzt.

Formelzeichen (DIN 1304).

Die aufgeführten Benennungen der Größen sind keine Vorschrift, sondern dienen im wesentlichen der Erläuterung der Formelzeichen. Die bei einigen Größen in Klammern zugefügten Bezeichnungen dienen ebenfalls nur zur Erläuterung. Die Angaben der Liste sind grundsätzlich frei von Bestimmungen über die gewählten Einheiten.

Zeichen	Größe
	Länge, Fläche, Raum, Winkel.
l	Länge
r	Halbmesser
d	Durchmesser
λ	Wellenlänge
h	Höhe
s	Weglänge
ε	Relative Dehnung ($\Delta\,l/l$)
μ	Verhältnis der Querkürzung zur Längsdehnung (Poissonsche Zahl)
F	Fläche (Querschnitt, Oberfläche)
$\alpha,\ \beta,\ \gamma$	Winkel
φ	Voreilwinkel, Phasenverschiebung
γ	Schiebung (Gleitung)
ω	Raumwinkel
V	Rauminhalt, Volumen
	Masse.
m	Masse
v	Räumigkeit (spezifisches Volumen) (V/m)
J	Trägheitsmoment ($\int r^2\mathrm{d}s,\ \int r^2\mathrm{d}F$ oder $\int r^2\mathrm{d}m$)
C	Zentrifugalmoment ($\int x\,y\,\mathrm{d}m$)

Zeichen	Größe
A	Atomgewicht
M	Molekulargewicht
n	Wertigkeit
N	Allgemeine Loschmidtsche Konstante (Avogadrosche Konstante)
c	Konzentration
v	Verdünnung

Zeit.

t	Zeit (Zeitpunkt oder Zeitdauer)
T	Periodendauer
n	Umlaufzahl, Drehzahl (Zahl der Umdrehungen in der Zeiteinheit)
n	Schwingungzahl in der Zeiteinheit)
f	Frequenz (bei Wechselstrom)
ω	Kreisfrequenz $(2\pi f)$
v	Geschwindigkeit
g	Fallbeschleunigung
ω	Winkelgeschwindigkeit

Kraft und Druck.

P	Kraft
M	Moment einer Kraft (Kraft $\times$ Hebelarm)
D	Richtvermögen $(P/s$ oder $M/a)$
p	Druck (Kraft durch Fläche)
b	Barometerstand
σ	Zug- oder Druckspannung (Normalspannung)
τ	Schubspannung, Scherspannung
E	Elastizitätsmodul
G	Schubmodul
μ	Reibungzahl
η	Zähigkeit (gewöhnliche)

Temperatur.

	Temperatur
t	vom Eispunkt aus
ϑ	beim Zusammentreffen mit Zeit
T	absolute
α	Längsausdehnungzahl $[(\mathrm{d}l/\mathrm{d}t):l_0]$
γ	Raumausdehnungzahl $[(\mathrm{d}V/\mathrm{d}t):V_0]$

Wärmemenge, Arbeit, Energie.

Q	Wärmemenge
A	Arbeit

Zeichen	Größe
W	Energie
l	Latente Wärme
q	Reaktionswärme
r	Verdampfungswärme
H	Heizwert (W/m oder W/V)
c	Spezifische Wärme
c_p	Spezifische Wärme bei konstantem Druck
c_v	Spezifische Wärme bei konstantem Volumen
$\varkappa$	Verhältnis der spezifischen Wärmen (c_p/c_v)
S	Entropie
N	Leistung (A/t)
R	Gaskonstante
η	Wirkungsgrad
J	Arbeitswert der Kalorie

Elektrizität und Magnetismus.

Q	Elektrizitätsmenge
e	Elementarladung
F	Äquivalentladung
$\mathfrak{E}$	Elektrische Feldstärke
U	Elektrische Spannung
E	Elektromotorische Kraft
I	Elektrische Stromstärke
R	Elektrischer Widerstand
ϱ	Spezifischer Widerstand
G	Elektrischer Leitwert ($1/R$)
$\varkappa$	Elektrische Leitfähigkeit ($1/\varrho$)
α	Dissoziationsgrad
$\mathfrak{D}$	Verschiebung
ε	Elektrisierungzahl
C	Elektrische Kapazität
$\mathfrak{H}$	Magnetische Feldstärke
V	Magnetische Spannung
z	Leiterzahl
w	Windungzahl
$\mathfrak{B}$	Magnetische Induktion
μ	Permeabilität ($\mathfrak{B}/\mathfrak{H}$)
Φ	Magnetischer Induktionsfluß
$\mathfrak{J}$	Magnetisierungstärke ($\mathfrak{B} - \mu\mathfrak{H}$)
$\varkappa$	Magnetische Aufnahmefähigkeit (Suszeptibilität) ($\mathfrak{J}/\mathfrak{H}$)
L	Induktivität (Koeffizient der Selbstinduktion)
M	Gegeninduktivität (Gegenseitiger Induktionskoeffizient)
$\mathfrak{S}$	Poyntingscher Vektor (Strahlungsdichte)

Zeichen	Größe

Licht.

c	Lichtgeschwindigkeit
n	Brechungzahl eines Stoffes gegen Luft
f	Brennweite
$\varPhi$	Lichtstrom $(J\omega)$
E	Beleuchtungstärke (einer beleuchteten Fläche) $(\varPhi/F)$
e	Leuchtdichte (einer leuchtenden Fläche) (J/F)
Q	Lichtmenge $(\varPhi.t)$
J	Lichtstärke

Deutsche (Fraktur-) Buchstaben werden als Formelzeichen nur für Größen verwendet, die Vektoreigenschaft besitzen können. Soll die Vektoreigenschaft einer Größe hervorgehoben werden, so wählt man den Frakturbuchstaben oder überstreicht das Formelzeichen, z. B. $\bar{\omega}$. Der Betrag eines Vektors kann durch das Formelzeichen in Kursivschrift oder griechischer Schrift oder das von senkrechten Strichen eingeschlossene Vektorzeichen dargestellt werden (vgl. DIN 1303 Vektorzeichen).

Zeichen für Maßeinheiten (DIN 1301).

m	Meter
km	Kilometer
dm	Dezimeter
cm	Zentimeter
mm	Millimeter
μ	Mikron
a	Ar
ha	Hektar
m²	Quadratmeter
km²	Quadratkilometer
dm²	Quadratdezimeter
cm²	Quadratzentimeter
mm²	Quadratmillimeter
l	Liter
hl	Hektoliter
dl	Deziliter
cl	Zentiliter
ml	Milliliter
m³	Kubikmeter
dm³	Kubikdezimeter
cm³	Kubikzentimeter
mm³	Kubikmillimeter

⁰	Celsiusgrad
cal	Kalorie
kcal	Kilokalorie
t	Tonne
g	Gramm
kg	Kilogramm
dg	Dezigramm
cg	Zentigramm
mg	Milligramm
h	Stunde
m	Minute
min	,, alleinstehend
s	Sekunde
	Uhrzeit: Zeichen erhöht
A	Ampere
V	Volt
Ω	Ohm
S	Siemens
C	Coulomb
J	Joule
W	Watt
F	Farad
H	Henry

mA Milliampere	MΩ Megohm
kW Kilowatt	kVA Kilovoltampere
MW Megawatt	Ah Amperestunde
μF Mikrofarad	kWh Kilowattstunde

Vorsätze zur Bezeichnung der Vielfachen und Teile von Einheiten:

G Giga- $= 10^9$	c Zenti- $= 10^{-2}$
M Mega- $= 10^6$	m Milli- $= 10^{-3}$
k Kilo- $= 10^3$	μ Mikro- $= 10^{-6}$
h Hekto- $= 10^2$	n Nano- $= 10^{-9}$

Mathematische Zeichen (DIN 1302, Bl. 1 u. 2).

1. 1)	erstens	$\sqrt{}$	Wurzelzeichen:
( )	Numerierung v. Formeln		d. Zeichen $\sqrt{}$ erhält einen
$^0/_0$, vH	Hundertel, vom Hundert, Prozent		oben angesetzten wagerechten Strich, an dessen
$^0/_{00}$, vT	Tausendstel, vom Tausend, Promille		Ende noch ein kurzer, senkrechter Strich an-
/	in 1, für 1, auf 1 usw., pro, je		gesetzt werden kann
() [] {}	Klammer	$\|\|\|\|$	Determinante
, ·	Dezimalzeichen: Komma unten oder Punkt	$\|\ \|$	Betrag einer reellen oder komplexen Größe
	oben. Zur Gruppenab-	!	Fakultät
	teilung bei größeren Zah-	Δ	endliche Zunahme
	len sind weder Komma	d	vollständiges Differential
	noch Punkt, sondern	∂	partielles Differential
	Zwischenräume zu ver-	δ	Variation, virtuelle Ände-
	wenden		rung
+	plus, mehr, und	đ	Diminutiv
—	minus, weniger	Σ	Summe von:
· ×	mal, multipliziert mit		Grenzbezeichnungen
	Der Punkt steht auf		sind unter und über dem
	halber Zeilenhöhe. Das		Zeichen zu setzen. Die
	Multiplikationszeichen		Summationsvariable
	darf weggelassen werden		wird unter das Zeichen
: / —	geteilt durch		gesetzt
=	gleich	$\int$	Integral
$\equiv$	identisch mit	$\|$	parallel
$\neq$	nicht gleich	$\#$	gleich und parallel
$\approx$	nahezu gleich, rund, etwa	$\perp$	rechtwinklig zu
<	kleiner als	$\triangle$	Dreieck
>	größer als	$\cong$	kongruent
$\ll$	klein gegen ⎱ von anderer	$\sim$	ähnlich, proportional
$\gg$	groß gegen ⎰ Größenordnung	$\not\perp$	Winkel
		$\overline{AB}$	Strecke AB
∞	unendlich	$\widehat{AB}$	Bogen AB

··· | Drei Punkte auf der Zeile. Z. B. 12 … 15 bedeutet 12 bis 15, Grenzen eingeschlossen; soll eine Grenze ausgeschlossen sein, so ist dies anzugeben, z. B. 12 … (25)

··· | usw. unbegrenzt, wenn rechts die Zahl fehlt, z. B.:

$$\frac{1}{2} + \frac{1}{4} + \frac{1}{8} + \cdots = 1$$

≢ | nicht identisch gleich

↑↑ | parallel und gleichgerichtet

↑↓ | parallel und entgegengesetzt gerichtet

→ | gegen, nähert sich, strebt nach, konvergiert nach, z. B. $x \to a$

lim | Limes; $\lim x = a$ bedeutet: a ist Grenzwert von x, $f(x) \to b$ für $x \to a$, ist dasselbe wie $\lim f(x) = b$, für $\lim x = a$

log | Logarithmus

a log | Logarithmus zur Basis a

lg | Briggscher Logarithmus: $\lg x = {}^{10}\log x$

ln | natürlicher Logarithmus $\ln x = {}^{e}\log x$

° | Grad
′ | Minute
″ | Sekunde

$1° = 60'$
$1' = 60''$

Beispiel: $32° \, 14' \, 13'', 40$

sin | sinus
cos | cosinus
tg | tangens
ctg | cotangens

trigonometrische Funktionen
$\sin^n \alpha = (\sin \alpha)^n$
$\sin^{-1}\alpha$ bedeutet $(\sin \alpha)^{-1}$ und nicht arc sin α

arc sin | arcus sinus
arc cos | arcus cosinus
arc tg | arcus tangens
arc ctg | arcus cotangens

Kreisfunktionen

$\mathfrak{Sin}$ | sinus hyperbolicus
$\mathfrak{Cos}$ | cosinus ,,
$\mathfrak{Tg}$ | tangens ,,
$\mathfrak{Ctg}$ | cotangens ,,

Hyperbelfunktionen

$\mathfrak{Ar\,Sin}$ | area sinus hyperpolicus
$\mathfrak{Ar\,Cos}$ | ,, cosinus ,,
$\mathfrak{Ar\,Tg}$ | ,, tangens ,,
$\mathfrak{Ar\,Ctg}$ | ,, cotangens ,,

Umkehrungen der Hyperbelfunktionen

$\int_b^a f(x)\,dx$ | Integral $f(x)\,dx$ von a bis b Wo es der Deutlichkeit wegen nützlich erscheint, schreibt man auch

$$\int_{x=a}^{b} f(x)\,dx$$

93. Normen, die als DIN VDE-Normblätter und in DIN-Taschenbüchern erschienen sind.

Der VDE hat in seiner Zusammenarbeit mit dem Deutschen Normenausschuß (NDI) verschiedene Fachnormen aufgestellt, die in Form von DIN VDE-Normblättern zur Aufnahme in das allgemeine Sammelwerk deutscher Industrienormen bestimmt sind. Der VDE hat daher auf Wiedergabe der in diesen Blättern behandelten Normen im Rahmen dieses Buches im allgemeinen verzichtet und nur die für eine geschlossene Übersicht über seine Arbeiten unentbehrlichen Normen aufgenommen. Um jedoch den Benutzern des Vorschriftenbuches ein vollständiges Bild über die im VDE geleistete Normungsarbeit zu ermöglichen, sind nachstehend die z. Z. gültigen DIN VDE-Normblätter in Tafelform zusammengestellt und die Nummern der entsprechenden, bereits erschienenen DIN-Taschenbücher hinzugefügt.

Sämtliche nachstehend aufgeführten DIN VDE-Normblätter sind durch den Beuth-Verlag, G. m. b. H., Berlin S. 14, Dresdener Str. 97 zu beziehen. Die neu erschienenen bezugsfertigen Blätter werden jeweils in der ETZ angekündigt.

Die DIN-Taschenbücher sind durch die Verlagsbuchhandlung Julius Springer oder durch den Beuth-Verlag zu beziehen.

Bisher sind folgende DIN-Taschenbücher erschienen:

DIN-Taschenbuch 2: Schaltzeichen und Schaltbilder.

       ,,   7: Maschinen, Transformatoren, Apparate.

       ,,   8: Installationsmaterial, Kabel, Freileitungen.

DIN VDE	Aufschrift	Veröffentlicht ETZ	Letzte Ausgabe	DIN-Taschenbuch Nr.
	Grundnormen.			
	Spannung- und Stromstufenreihen.			
1	Spannungen elektrischer Anlagen unter 100 V	1920, S. 443	I. 24.	} 8
2	Betriebsspannungen elektrischer Starkstromanlagen	1926, S. 1337	X. 27.	
3	Abstufung von Stromstärken bei Apparaten	—	X. 27.	—
	Warnungstafeln und Blitzpfeile.			
6	Blitzpfeile	1926, S. 202	IV. 27.	—

DIN VDE	Aufschrift	Veröffentlicht ETZ	Letzte Ausgabe	DIN-Taschenbuch Nr.
	Gewinde.			
400	Edison-Gewinde, Gewindeform und Grenzmaße	1924, S. 380	XI. 24.	
401 Bl. 1, 2	Edison-Gewinde, Gewindelehren	1924, S. 380	IV. 25.	
420	Nippelgewinde	1924, S. 789	XI. 24.	8
430	Stahlpanzerrohr-Gewinde, Gewindeform	1926, S. 57	VII. 26.	
431 Bl. 1, 2	Stahlpanzerrohr-Gewinde, Gewindelehren	1926, S. 59 und 60	VII. 26.	
	Bildzeichen.			
700	— für Schaltungzeichnungen zu Fernmelde-Anlagen	1923, S. 968	X. 25.	2
	Kennfarben.			
705	— für blanke Leitungen in Starkstrom-Schaltanlagen	—	IX. 24.	2
	Schaltzeichen und Schaltbilder für Starkstrom-Anlagen.			
710	— Stromsysteme und Schaltarten	—	II. 25.	
711	— Verteilungs- und Leitungspläne	—	II. 25.	
712	— Apparate, Maschinen und Meßgeräte, Allgemeines	—	II. 25.	
713	— Verbindungs-, Unterbrechungs- und Sicherheitsapparate	—	II. 25.	
714	— Transformatoren	—	II. 25.	2
715	— Maschinen und Umformer	—	II. 25.	
716	— Meßgeräte	—	II. 25.	
717	— Innen-Installationen	—	II. 25.	
719	— Beispiel der Anwendung in einem Schaltplan	—	II. 25.	

Fernmeldetechnik.

DIN VDE	Aufschrift	Veröffentlicht ETZ	Letzte Ausgabe	DIN-Taschenbuch Nr.
	Anschlußteile.			
1000	Flachklemmen mit einem Loch für die Befestigung	1919, S. 444	I. 25.	
1001	Flachklemmen mit zwei Löchern für die Befestigung	1919, S. 444	I. 25.	
1002	Lötklemmen	1919, S. 444	I. 25.	—
	Stromquellen.			
1201	Taschenlampenbatterien 3-teilig 4,5 V	1927, S. 1019	I. 28.	

Hochfrequenztechnik.

DIN VDE	Aufschrift	Veröffentlicht ETZ	Letzte Ausgabe	DIN-Taschenbuch Nr.
	Rundfunkgerät.			
1501	— Röhrensockel	1924, S. 1040	IV. 26.	
1502	— Röhrenfassung	1924, S. 1040	IV. 26.	—
1503	— Buchse zur Röhrenfassung	1924, S. 1040	IV. 26.	

768   DIN VDE-Normblätter.

DIN VDE	Aufschrift	Veröffentlicht ETZ	Letzte Ausgabe	DIN-Taschen buch Nr.
1504	— Sockel für Doppelgitterröhren	1926, S. 1089	IV. 27.	
1510	— Drehkondensatoren, Befestigung durch 3 Schrauben	1926, S. 1090	I. 27.	
1511	— Blockkondensatoren, elektrische Werte	1926, S. 1090	I. 27.	
1512	— Steckerspulen, Windungzahlen und Wickelsinn	1926, S. 1089	I. 27.	
1515	— Heiz-Drehwiderstände	1926, S. 1091	I. 27.	
1518	— Hochohmige Widerstände	1926, S. 1090	I. 27.	—
1520	— Stecker	1924, S. 1041	VII. 26.	
1525	— Drehknöpfe ohne Skalen	1926, S. 1089	I. 27.	
1526	— Drehknöpfe mit Skalen	1926, S. 1090	IV. 27.	
1530	— Niederfrequenz-Transformatoren, elektrische Größen, Klemmenbezeichnung	1926, S. 1090	IV. 27.	
1600	— Anodenbatterien	1927, S. 519	I. 28.	

Maschinen und Transformatoren.

Gleichstrom.

DIN VDE	Aufschrift	Veröffentlicht ETZ	Letzte Ausgabe	DIN-Taschen buch Nr.
1999	Gleichstrommaschinen, Normenübersicht	1926, S. 139	VII. 26.	
2000	Offene Gleichstrommotoren, Leistungsangaben	1922, S. 552	VI. 23.	
2001	Offene Gleichstrommotoren mit Drehzahlregung, Leistungsangaben	1922, S. 553	VI. 23.	
2010	Gleichstrom-Kranmotoren mit Reihenschlußwicklung. Geschlossene Ausführung. Normale Leistungen und Drehzahlen	1924, S. 287	XI. 24.	
2050	Offene Gleichstromgeneratoren. Leistungsangaben	1923, S. 1045	IV. 24.	7
2051	Offene Gleichstromgeneratoren für Antrieb durch Drehstrommotoren. Leistungsangaben	1923, S. 1046	IV. 24.	
2100	Gleichstrommotoren nach DIN VDE 2000 u. 2001. Zuordnung der Wellenstümpfe und Riemenscheiben zu den Leistungen	1923, S. 884	IV. 24.	
2105	Gleichstrom-Kranmotoren. Zuordnung der Wellenstümpfe zu den Leistungen	1924, S. 287	XI. 24.	

Drehstrom.

DIN VDE	Aufschrift	Veröffentlicht ETZ	Letzte Ausgabe	DIN-Taschen buch Nr.
2600	Einheitstransformatoren, Hauptreihe HET 23	1922, S. 410	I. 27.	
2601	Einheitstransformatoren, Sonderreihe SET 23	1922, S. 411	I. 27.	7
Beibl.	zu VDE 2600 und 2601	1922, S. 409	I. 27.	

DIN VDE	Aufschrift	Veröffentlicht ETZ	Letzte Ausgabe	DIN-Taschen-buch Nr.
2602	Einheitstransformatoren, Raumbedarf	—	VI. 23.	
2610	Transformatoren. Normale Übersetzungsverhältnisse und Nenn-Kurzschlußspannungen	1923, S. 1047	V. 24.	
2611	Transformatoren. Mittenabstände und Spurweiten für Transportrollen	1924, S. 224	IV. 27.	
2649	Drehstrommotoren, Normenübersicht	1926, S. 140	VII. 26.	
2650	Offene Drehstrommotoren mit Kurzschlußläufer. Leistungsangaben	1922, S. 555	VI. 23.	
2651	Offene Drehstrommotoren mit Schleifringläufer. Leistungsangaben	1922, S. 556	VI. 23.	
2652	Drehstrommotoren für unterirdische Wasserhaltungen			
Bl. 1, 2		1922, S.481/82	III. 23.	
Bl. 3		1923, S. 855	IV. 24.	
2660	Drehstrom-Kranmotoren mit Schleifringläufer. Geschlossene Ausführung. Normale Leistungen	1924, S. 169	XI. 24.	
2700	Drehstrommotoren nach DIN VDE 2650 u. 2651. Zuordnung der Wellenstümpfe und Riemenscheiben zu den Leistungen	1923, S. 884	IV. 24.	7
2701	Drehstrom-Kranmotoren. Zylindrische Wellenstümpfe	1924, S. 170	XI. 24.	
2702	Drehstrom-Kranmotoren. Kegelige Wellenstümpfe	1924, S. 171	XI. 24.	
	Zubehör und Allgemeines (unabhängig von der Stromart).			
	Elektrische Maschinen.			
2900 Bl. 1, 2	— Flachkohlenbürsten für Kommutatoren und Schleifringe	1923, S. 854	I. 24.	
2905	— Bürstenbolzen, blank u. isoliert, Durchmesser	1923, S. 1048	IV. 26.	
2910	— Wellenstümpfe	1923, S. 884	IV. 24.	
2923	— auf Spannschienen. Verschiebung	1924, S. 254	XI. 24.	
2930	— Räderübersetzungen für Elektromotoren nach DIN VDE 2000, 2001, 2650, 2651	1923, S. 1048	IV. 24.	
2939	— Maßbezeichnungen	1924, S. 171	XI. 24.	
2940	— Achshöhen	1923, S. 1048	VII. 27.	
2941	— Vertikal-, Kran- und Pumpenmotoren. Befestigungsflansche	1924, S. 476	I. 27.	
2950	— Ausführungsformen	1923, S. 937	IV. 24.	

DIN VDE	Aufschrift	Veröffentlicht ETZ	Letzte Ausgabe	DIN-Taschenbuch Nr.
2960	— Klemmen für 1,1 bis 250 kW, 3000 bis 500 Umdr/min und Spannungen bis 12000 V	1923, S. 1047	IV. 24.	⎫
2961	— Leistungschilder. Richtlinien	1924, S. 1419	IV. 25.	⎬ 7
2965	— Schleifringe	1923, S. 1048	V. 24.	⎭

Elektrische Bahnen.

Fahrdrähte.

3140	— Technische Lieferbedingungen	1927, S. 554	⎫ I. 28.	—
3141	— Abmessungen	1927, S. 555	⎭	

Elektrowerkzeuge.

Polier- u. Schleifmaschinen.

4500	— Wellenstümpfe und Befestigungsflansche	1924, S. 1417	IV. 26.	⎫
4501	— Auswechselbare Polierspitzen	1924, S. 1417	IV. 26.	⎬ 7
4502	— Verlängerungstücke	1924, S. 1418	IV. 26.	⎭

Koch- und Heizgeräte.

Heißwasserspeicher u.Badeöfen

4900	Heißwasserspeicher und Badeöfen für 1 kg/cm² Betriebsdruck	1925, S. 1749	VII. 27.	⎫ —
4901	Heißwasserspeicher für 6 kg/cm² Betriebsdruck	1925, S. 1750	VII. 27.	⎭

Bedienungsteile.

für Schalter.

6000	Dorne für Isoliergriffe und Isolierknöpfe	1922, S. 1194	XII. 22.	
6001	FesteIsoliergriffe fürNennspannungen bis 750 V	1922, S. 1195	XII. 22.	
6002	Feste Isolierknöpfe für Nennspannungen bis 750 V	1922, S. 1195	XII. 22.	
	für Steuergeräte.			7
6010	Handgriff für Seilzug	1924, S. 254	XI. 24.	
6050	Handräder	1923, S. 370	XI. 24.	
6051	Handkurbeln	1923, S. 370	XI. 24.	
6052	Umschalthebel	1924, S. 1012	XI. 24.	
6053	Wellenstümpfe	1924, S. 1012	XI. 24.	
6054	Markenringe mit Einsetzschildern	1924, S. 1013	XI. 24.	

Bauteile.

für allgemeine Verwendung.

6200	Anschlußbolzen für Stromstärken bis 200 A	1924, S. 788	XI. 24.	⎫ 8
6206	Kopfkontaktschrauben	1924, S. 786	XI. 24.	⎭

DIN VDE	Aufschrift	Veröffentlicht ETZ	Letzte Ausgabe	DIN-Taschen-buch Nr.
	für Maschinen und Apparate.			
6400	Dynamobleche. Technische Liefer-bedingungen	1924, S. 379	X. 26.	
6430	Kupferdraht, isoliert für Maschinen u. Apparate. Technische Liefer-bedingungen	1926, S. 538	I. 27	
6431	Kupferdraht rund, genau gezogen	1925, S. 1495	IV. 26.	7
6435	Runddraht, Isolationsauftrag: Lack	1925, S. 1054	IV. 26.	
6436	Runddraht, Isolationsauftrag: Seide, Baumwolle, Papier	1925, S. 1055	IV. 26.	
	für Apparate der Fernmelde-technik.			
6440	Präzisionskupferdraht rund, isoliert. Technische Lieferbedingungen	1926, S. 1059	VII. 27.	
6441	Präzisionskupferdraht, rund, isoliert. Widerstands-Grenzwerte	1926, S. 1060	VII. 27.	—
6442	Präzisionskupferdraht, rund, isoliert. Außendurchmesser	1926, S. 1060	VII. 27.	

Lieferungs- und Verpackungsteile.

	für Drähte und Kabel.			
6390	Lieferrollen für blanke und isolierte Drähte	1924, S. 568	XI. 24.	7

Isolierte Leitungen
in Starkstrom-Anlagen.

	Kabelzubehörteile.			
7600	Verbindungsmuffen für Einleiterkabel bis 1000 mm² Leiterquerschnitt, Spannungen bis 750 V	—	VII. 25.	
7601 Bl. 1, 2	Verbindungsmuffen für Mehrleiter-kabel bis 400 mm² Leiterquer-schnitt, Spannungen bis 10000 V	—	VII. 25.	
7602	Bleiverbindungsmuffen für Einleiter-kabel bis 1000 mm² Leiterquer-schnitt, Spannungen bis 750 V	—	VII. 25.	8
7603	Schutzverbindungsmuffen zu Blei-verbindungsmuffen für Einleiter-kabel bis 1000 mm² Leiterquer-schnitt, Spannungen bis 750 V	—	VII. 25.	
7604	Bleiverbindungsmuffen für Mehr-leiterkabel bis 400 mm² Leiter-querschnitt, Spannungen bis 10000 V			
Bl. 1		—	VII. 25.	
Bl. 2		—	X. 25.	

DIN VDE	Aufschrift	Veröffentlicht ETZ	Letzte Ausgabe	DIN-Taschen-buch Nr.
7605	Schutzverbindungsmuffen zu Bleiverbindungsmuffen für Mehrleiterkabel bis 400 mm² Leiterquerschnitt, Spannungen bis 10000 V	—	VII. 25.	
7620	Abzweigmuffen für ungeschnittene Einleiterkabel bis 1000 mm² Leiterquerschnitt, Spannungen bis 750 V	—	VII. 25.	
7621	Abzweigmuffen für Mehrleiterkabel bis 400 mm² Leiterquerschnitt, Spannungen bis 10000 V			
Bl. 1		—	VII. 25.	
Bl. 2		—	X. 25.	
7630	Hausanschlußmuffen für Mehrleiterkabel bis 120 mm² Leiterquerschnitt, Spannungen bis 750 V	—	VII. 25.	
7635	Dichtungsnuten und Falze für Kabelmuffen	—	VII. 25.	
7640 Bl. 1, 2	Stege für Verbindungsmuffen, Spannungen bis 10000 V	—	VII. 25.	
7641 Bl. 1, 2	Stege für Abzweigmuffen, Spannungen bis 10000 V	—	VII. 25.	
7650	Schraubhülsen für Kabelleiter 6 bis 1000 mm² Kupfer-Rundleiterquerschnitt	—	X. 26.	8
7651	Abzweig-Schraubhülsen für Kabelleiter 6 bis 1000 mm² Kupfer-Rundleiterquerschnitt	—	VII. 25.	
7652	Kappen-Schraubhülsen für Kabelleiter 6 bis 400 mm² Kupfer-Rundleiterquerschnitt	—	X. 25.	
7653	Befestigungsring und Dichtscheibe für Kappen-Schraubhülsen für Durchführungen nach DIN VDE 8080	—	X. 25.	
7655	Löthülsen für Prüfdrähte und Kabelleiter 1 bis 4 mm² Kupfer-Leiterquerschnitt	—	VII. 25.	
7660	Isolierhülsen für Prüfdrähte und Kabelleiter 1 bis 4 mm² Kupfer-Rundleiterquerschnitt	—	VII. 25.	
7670	Deckel-Abzweigklemmen für Einleiterkabel 16 bis 1000 mm² Kupfer-Rundleiterquerschnitt	—	VII. 25.	
7671	Tatzen-Abzweigklemmen für Kabelleiter 6 bis 120 mm² Kupfer-Rundleiterquerschnitt	—	VII. 25.	
7675	Entlüftung-Erdungsschrauben für Kabelmuffen und Endverschlüsse	—	VII. 25.	

DIN VDE	Aufschrift	Veröffentlicht ETZ	Letzte Ausgabe	DIN-Taschenbuch Nr.
7676	Gewindestift mit Kegelansatz für Kegel-Endverschlüsse nach DIN VDE 7692	—	X. 25.	
7680	Kabelschuhe für Kabelleiter 10 bis 50 mm² Kupfer-Rundleiterquerschnitt	—	VII. 25.	
7689	Montageanweisungen für Kabelmuffen bis 10000 V	—	X. 25.	
7690	Flach-Endverschlüsse für Innenräume und blanke Anschlußleitung für Dreileiterkabel 6 bis 400 mm² Leiterquerschnitt, Spannungen bis 10000 V	—	X. 25.	
7691	Fassungen mit Dichtscheiben für Flach-Endverschlüsse nach DIN VDE 7690	—	X. 25.	8
7692 Bl.1, 2	Kegel-Endverschlüsse für Ein- und Mehrleiterkabel in Innenräumen, Spannungen bis 10000 V	—	X. 25.	
7693	Deckel für Kegel-Endverschlüsse nach DIN VDE 7692	—	X. 25.	
7694 Bl. 1, 2	Zylinder-Endverschlüsse für Ein- und Mehrleiterkabel in Innenräumen, Spannungen bis 750 V	—	X. 25.	
7695	Deckel für Zylinder-Endverschlüsse nach DIN VDE 7694	—	X. 25.	
7696	Befestigungschellen für Zylinder-Endverschlüsse nach DIN VDE 7694	—	X. 25.	
7699	Montageanweisungen für Kabelendverschlüsse bis 10000 V	—	X. 25.	

Porzellane.

	Isolatoren für Starkstrom-Anlagen.			
8000	Stützenisolatoren für Starkstrom-Freileitungen	1922, S. 27/28	I. 26.	
8001	Schäkelisolator mit Bügel	1922, S. 28	I. 25.	8
8010	Stützenisolator für Niederspannungsinstallationen in gedeckten Räumen und im Freien	1922, S. 27/28	XII. 23.	
	Isolatoren für Fernmelde-Anlagen.			
8018	Doppelglocken-Isolatoren RMd II und III mit doppeltem Halslager für Fernmeldeleitungen	—	VII. 25.	—

DIN VDE	Aufschrift	Veröffentlicht ETZ	Letzte Ausgabe	DIN-Taschenbuch Nr.
8019	Doppelglocken-Isolatoren RMd I mit doppeltem Halslager für Fernmeldeleitungen	—	I. 28.	—
8020	Doppelglocken-Isolatoren RM und RMk für Fernmeldeleitungen	—	VII. 25.	—
	Rollen, Tüllen und Klemmen.			
8021	Mantelrollen für Schraubenbefestigung	1922, S. 26	IV. 25.	
8022	Mantelrollen für Stützenbefestigung	1922, S. 26	IV. 25.	
8030	Tüllen	1924, S. 1095	VII. 25.	
8031	Rollen	1924, S. 1096	VII. 25.	
8032	Klemmen für Niederspannungsinstallationen in Innenräumen für Leitungen bis 2,5 mm²	—	VII. 25.	
	Isolatorstützen für Starkstrom-Anlagen.			8
8050	Gerade Isolatorstützen für Stützenisolatoren nach DIN VDE 8000	1922, S. 29	I. 26.	
8051	Gebogene Isolatorstützen für Stützenisolatoren nach DIN VDE 8000	1922, S. 29	I. 26.	
8052	Gerade Isolatorstützen für Mantelrollen nach DIN VDE 8022	1924, S. 1413	X. 26.	
8053	Gebogene Isolatorstütze für Stützenisolator N 60 nach DIN VDE 8010	1924, S. 1096	VII. 27.	
8054	Gerade Isolatorstütze für Stützenisolator N 60 nach DIN VDE 8010	1927, S. 984	I. 28.	—
	Isolatorstützen für Fernmelde-Anlagen.			
8055	Gerade Isolatorstützen für Doppelglocken-Isolatoren nach DIN VDE 8018 bis 8020	—	VII. 25.	
8056	Gebogene Isolatorstützen für Doppelglocken-Isolatoren nach DIN VDE 8018 bis 8020	—	VII. 25.	—
	Durchführungen.			
8080	— für Flach-Endverschlüsse nach DIN VDE 7690	—	X. 25.	
8081	— für Kegel-Endverschlüsse nach DIN VDE 7692	—	X. 25.	8

Freileitungen.

für Starkstrom-Anlagen.

8200	Drähte zu Starkstrom-Freileitungen nach DIN VDE 8201 und 8202	—	I. 26.	
8201	Drähte und Seile für Starkstrom-Freileitungen	—	VII. 25.	8
8202	Stahl-Aluminiumseile für Starkstrom-Freileitungen	—	I. 26.	
8203	Stahldrähte zu Stahl-Aluminiumseilen nach DIN VDE 8202	—	I. 26.	

DIN VDE	Aufschrift	Veröffentlicht ETZ	Letzte Ausgabe	DIN- Taschen- buch Nr.
	für Fernmelde-Anlagen.			
8300 Bl. 1, 2	Drähte für Fernmelde-Freileitungen	1924, S. 32	I. 26.	8

Installationsmaterial.

DIN VDE	Aufschrift	Veröffentlicht ETZ	Letzte Ausgabe	DIN- Taschen- buch Nr.
	Gummirohre			
9000	— Rohre und Muffen	1926, S. 427	X. 27.	—
	Stahlpanzerrohre.			
9010	Ausgekleidete Stahlrohre für Ver- schraubung	1926, S. 58	VII. 26.	
	Isolierrohre.			
9030	— mit gefalztem Mantel aus Messing- blech oder verbleitem Eisenblech	1926, S. 58	VII. 26.	
	Dreh- und Dosenschalter.			
9200	Einpolige Ausschalter 4 und 6 A 250 V Einpolige Umschalter 2 und 4 A 250 V	1924, S. 789	XI. 24.	
9290	— Schalterbezeichnungen	1925, S. 751	I. 26.	
	Schraubstöpselsicherungen.			
9301	Gewinde für Unverwechselbarkeits- einsätze zu Schraubstöpselsiche- rungen bis 60 A	1924, S. 786	XI. 24.	
9310	Sicherungssockel 25 A/500 V mit qua- dratischem Grundriß und rück- seitigem Anschluß für Schalt- und Verteilungstafeln	1924, S. 787	XI. 24.	8
9311	Sicherungssockel 60 A/500 V mit qua- dratischem Grundriß und rück- seitigem Anschluß für Schalt- und Verteilungstafeln	1924, S. 785	XI. 24.	
9320	Sicherungssockel mit vorderseitigem Anschluß 25 A/500 V	1925, S. 1457	VII. 26.	
9321	Sicherungssockel mit vorderseitigem Anschluß 60 A/500 V	1925, S. 1457	VII. 26.	
9350	L-Sicherung - Schraubstöpsel 6 bis 25 A/500 V und Zubehör	1925, S. 1456	I. 28.	
9351	L-Sicherung-Schraubstöpsel und Kon- taktschrauben 6 bis 60 A/500 V	1925, S. 1460	VII. 26.	
9352	Sicherungssockel und L-Sicherung- Schraubstöpsel 6 bis 25 A/500 V, Lehren	1925, S. 1458	VII. 26.	
9353	Sicherungssockel und L-Sicherung- Schraubstöpsel 6 bis 60 A/500 V, Lehren	1925, S. 1456	VII. 26.	
9360	D-Sicherung-Schraubstöpsel 6 bis 25 A/500 V und Zubehör	1925, S. 1459	VII. 26.	

DIN VDE	Aufschrift	Veröffentlicht ETZ	Letzte Ausgabe	DIN-Taschen-buch Nr.
9361 Bl. 1 bis 3	D-Sicherung-Schraubstöpsel D-Paß-schrauben 6 bis 25 A/500 V, Lehren	1925, S. 1457 bis 1459	VII. 26.	
	Steckvorrichtungen.			
9400	Ungeschützte zweipolige Steckdosen 6 A/250 V. Richtmaße	1924, S. 786	XI. 24.	
9401	Zweipoliger Stecker 6 A/250 V. Richt-maße	1924, S. 787	XI. 24.	
9402	Ungeschützte zweipolige Steckdosen 10 A/250 V. Richtmaße	1924, S. 788	XI. 24.	
9403	Zweipoliger Stecker 10 A/250 V. Richtmaße	1924, S. 786	XI. 24.	8
9490	Steckvorrichtung für elektrische Heizgeräte und Heizeinrichtungen	1925, S. 635	VII. 25.	
	Glühlampensockel und -fassungen.			
9610	Edison-Lampensockel 10 für Span-nungen bis 24 V	1924, S. 788	VII. 26.	
9611	Edison-Lampensockel, Lehren für Einschraubtiefen	1925, S. 1458	VII. 26.	
9615	Edison-Lampensockel 14	1924, S. 789	VII. 26.	
9620	Edison-Lampensockel 27	1924, S. 789	VII. 26.	
9625	Edison-Lampensockel 40	1924, S. 788	VII. 26.	
9650	Sockel für Soffittenlampen	1927, S. 1090	I. 28.	—

Normalgewinde der Elektrotechnik.

Als Normalgewinde für den Durchmesserbereich von 1 bis 10 mm gilt das Metrische Gewinde nach DIN 13 ab 1. Januar 1925[1].

---

[1] Angenommen durch die Jahresversammlung 1924. Veröffentlicht: ETZ 1923, S. 577; 1924, S. 1068.

94. Normblätter, an deren Aufstellung der VDE beteiligt ist.

Außer den DIN VDE-Normblättern (siehe Abschnitt 93, S. 766 bis 776) kommen noch die in der nachfolgenden Zusammenstellung aufgezählten Normblätter für das Fachgebiet „Elektrotechnik" in Frage. Um über das Normenwerk des VDE einen abschließenden Überblick zu geben, werden solche Normblätter, an deren Aufstellung der VDE beteiligt gewesen ist, von jetzt ab laufend in dem Vorschriftenbuch aufgeführt werden. **Für die nachstehend aufgeführten DIN-Normen kommt als alleinige Bezugsquelle der Beuth-Verlag, G.m.b.H., Berlin S. 14, Dresdenerstr. 97, in Frage.**

1. Bauwesen.

DIN	Aufschrift	Letzte Ausgabe
	Technische Vorschriften für Bauleistungen.	
1981	Elektrische Anlagen	VIII. 25
1982	Blitzschutzanlagen	VIII. 25

2. Kraftfahrbau.

DIN Kr	Aufschrift	Letzte Ausgabe
	Grundnormen.	
G 201	Elektrische Spannungen für Kraftfahrzeuge	VIII. 22
	Motor- und Getriebeteile.	
M 301	Zündkerzen	IV. 25
	Wagenteile.	
W 304	Glühlampen für Auto-Dynamobeleuchtung	IV. 25
W 311	Kabel für Beleuchtungsleitungen	V. 26
W 312	Kabel für Anlasserleitungen	I. 26
W 313	Hochspannung-Zündkabel	VII. 27

95. HNA/E-Normblätter.

Die nachstehend aufgeführten Normblätter des Handelschiff-Normen-Ausschusses aus dem Fachgebiet „Elektrotechnik" sind durch den VDE mitgeprüft.

Die Normblätter des Handelschiff-Normen-Ausschusses (HNA/E) sind ausschließlich durch den Handelschiff-Normen-Ausschuß (HNA), Geschäftstelle Hamburg 9, Vorsetzen 35, zu beziehen.

HNA	Aufschrift	Angenommen
	Beleuchtungskörper.	
Bel 1a	Zwischendecklampe	III. 26
Bel 2a	Maschinenraumlampe, Heizraumlampe	III. 26
Bel 3a	Flache Decklampe	III. 26
Bel 4a	Doppelschottlampe	III. 26
Bel 5a	Promenadendecklampe	III. 26
Bel 6a	Laderaumlampe	XII. 27
Bel 7a	Bunkerlampe	XII. 27
Bel 8a	Sonnenbrenner	XII. 27
Bel 9a	Zwischendecklampe für Wechselkammern	III. 26
Bel 10a	Handlampe	III. 26
Bel 11a	Hochkerzen-Armatur	XII. 27
Bel 12a	Leselampe	XII. 27
Bel 14a	Morselampe mit Glassturz	III. 26
Bel 15a	Morselampe mit Linse	III. 26
Bel 16a	Scheinwerfer für Suezkanal	XII. 27
Bel 20a	Swan-Nippel-Fassungen	III. 26
Bel 21a	Swan-Flansch-Fassungen	III. 26
Bel 22a	Klemmeneinsatz mit Kontaktteilen für Swan-Fassungen	III. 26
Bel 25a	Hülse für Kerzenlampe	III. 26
Bel 26a	Glühlampensockel	XII. 27
Bel 27a	Metalldraht-Glühlampen	XII. 27
Bel 28a	Steh- und Wandlampe	III. 26
Bel 30a	Majolika-Armaturen	III. 26
	Leitungsteile.	
Lt 1a	Wasserdichte Abzweigdose 10 A für ein- und zweipolige Leitungsanlagen	III. 26
Lt 2a	{ Einzel-Abzweigklemmen Einpolige Gruppen-Abzweigklemmen	III. 26

HNA	Aufschrift	Angenommen
Lt 3a	Wasserdichte Steckdose mit einpoligem Schalter und zweipoligem Stecker 10 A	III. 26
Lt 4a	Wasserdichte Steckdose und zweipoliger Zwischenstecker 10 A	III. 26
Lt 6a	Wasserdichte Steckdose 10 A für 2 Anschlüsse	III. 26
Lt 7a	Rückleitungsanschluß für Generatoren, Motoren und Lampen	III. 26
Lt 8a Bl. 1	Morsetaster	III. 26
Lt 8a Bl. 2	Schaltpläne für Morsetaster	III. 26
Lt 9a	Streifensicherungen 225 bis 1000 A, 250 V	III. 26
Lt 10a	D-Sicherung-Schraubstöpsel und Paßschrauben mit Durchmesser-Abstufung 2 bis 25 A, 500 V	XII. 27
Lt 11a	D-Sicherung-Schraubstöpsel und Paßschrauben mit Durchmesser-Abstufung 35 bis 60 A, 500 V	XII. 27
Lt 12a	Sicherung-Schraubstöpsel und Paßhülsen mit Durchmesser-Abstufung 80 und 100 A, 500 V	III. 26
Lt 13a	Sicherung-Schraubstöpsel und Paßhülsen mit Durchmesser-Abstufung 125 bis 200 A, 500 V	III. 26
Lt 14a	Sicherungsockel mit D-Patronen und Stöpselkopf 2 bis 60 A, 500 V	XII. 27
Lt 16a	Sicherungsockel mit D-Patronen und Stöpselkopf 80 und 100 A, 500 V	III. 26
Lt 17a	Sicherungsockel mit D-Patronen und Stöpselkopf 125, 160 und 200 A, 500 V	III. 26
Lt 18a	Einpoliger Ausschaltereinsatz 10 A, 110 V. Richtmaße	III. 26
Lt 19a	Einpoliger Dosenschalter mit Kappe 110 V Ausschalter bis 10 A, Serien-Wechsel- und Kreuzschalter bis 4 A. Richtmaße	III. 26
Lt 20a	Einpoliger wasserdichter Ausschalter bis 10 A, 110 V	III. 26
Lt 21a	Stecker für Wohnräume 10 A und zweipolige Steckdose mit Schmelzeinsatz für 2, 4 und 6 A. Richtmaße	III. 26
Lt 22a	Wasserdichte Steckdose und zweipoliger Stecker 60 A	III. 26
Lt 23a	Kabelstopfbuchsen für wasserdichte Schotten	XII. 27
Lt 24a	Kabeleinführungstutzen für einadrige Kabel	XII. 27
Lt 25a	Kabeleinführungstutzen für mehradrige Kabel	XII. 27
Lt 28a	Kennfarben für Stromkreise in Leitungsplänen	XII. 27
Lt 29a Bl. 1	Schaltzeichen für Licht- und Kraftanlagen	III. 26
Lt 29a Bl. 2	Schaltzeichen für Kabelführung und Kabelarten	III. 26
Lt 30a	Schaltzeichen für Fernmeldeanlagen	III. 26

HNA	Aufschrift	Angenommen
Lt 31 b	Kabel und Leitungen	III. 26
Lt 32 b	Einadriges eisenbandbewehrtes Gummibleikabel	III. 26
Lt 33 b	Zwei- und mehradriges eisenbandbewehrtes Gummibleikabel	III. 26
Lt 34 b	Mehradriges eisenbandbewehrtes Fernsprechkabel	III. 26
Lt 35 b	{ Einadrige Gummiaderleitungen Ein- und zweiadrige Fernsprech- und Klingelleitungsdrähte }	III. 26
Lt 36 b	Zweiadrige bewegliche Gummischlauchleitung	III. 26
Lt 37	Ein- und mehradriges drahtbeflochtenes Gummibleikabel	III. 26
Lt 38 a Bl. 1	Schaltplan für Leitungsanlage der Positionslaternen	III. 26
Lt 38 a Bl. 2	Schaltplan für zweipolige Leitungsanlagen der Positionslaternen	XII. 27
Lt 39 a	Schalttafel für Positionslaternen für einpolige Leitungsanlagen 110 V	XII. 27
Lt 40 a	Schalttafel für Positionslaternen für zweipolige Leitungsanlagen 110 V	XII. 27
Lt 41 a Bl. 1, 2	Verteilungstafeln für 2 bis 20 Stromkreise mit Schaltern 10 A und Sicherungen bis 10 A, 110 V für einpolige Leitungsanlagen	XII. 27
Lt 42 a	Verteilungstafeln für 2 bis 10 Stromkreise mit Schaltern 25 A und Sicherungen 15 bis 25 A, 110 V für einpolige Leitungsanlagen	XII. 27
Lt 43 a	Verteilungstafeln für 2 bis 10 Stromkreise mit Schaltern 60 A und Sicherungen 35 bis 60 A, 110 V für einpolige Leitungsanlagen	XII. 27
Lt 44 a	Beispiele für zusammengesetzte Verteilungstafeln für Stromkreise mit Schaltern und Sicherungen 10, 25 und 60 A, 110 V	XII. 27
Lt 45 a	Verteilungstafeln für 2 bis 20 Stromkreise mit Schaltern 10 A und Sicherungen bis 10 A, 110 V für zweipolige Leitungsanlagen	XII. 27
Lt 46 a	Verteilungstafeln für 2 bis 10 Stromkreise mit Schaltern 25 A und Sicherungen 15 bis 25 A, 110 V für zweipolige Leitungsanlagen	XII. 27
Lt 47 a	Verteilungstafeln für 2 bis 10 Stromkreise mit Schaltern 60 A und Sicherungen 35 bis 60 A, 110 V für zweipolige Leitungsanlagen	XII. 27
Lt 48 a	Hauptschalttafel. Schaltpläne für einpolige Leitungsanlagen	III. 26
Lt 49 a	Hauptschalttafel. Schaltpläne für zweipolige Leitungsanlagen	III. 26
Lt 50 a	Hauptschalttafel. Parallelschaltung. Schaltpläne für einpolige Leitungsanlagen	III. 26
Lt 51 a	Hauptschalttafel. Parallelschaltung. Schaltpläne für zweipolige Leitungsanlagen	III. 26

HNA	Aufschrift	Angenommen
Lt 55 a	Sicherungskasten für einpolige Leitungsanlagen. Übersicht	III. 26
Lt 56 a	Sicherungskasten für zweipolige Leitungsanlagen. 110 V. Übersicht	III. 26
Lt 57 a	Einpolige Sicherungskasten. Anordnung der Kabeleinführungstutzen	III. 26
Lt 58 a	Zweipolige Sicherungskasten. Anordnung der Kabeleinführungstutzen	III. 26
Lt 59 a	Zweipolige Sicherungskasten. Anordnung der Kabeleinführungstutzen	III. 26
Lt 60 a	Sicherungskasten für ein- und zweipolige Leitungsanlagen. Kastengröße 22, 26, 30, 26 H und 30 H	III. 26
Lt 61	Einpoliger Sicherungskasten Größe 22. Inneneinrichtung	III. 26
Lt 62	Einpoliger Sicherungskasten Größe 26. Inneneinrichtung	III. 26
Lt 63	Einpoliger Sicherungskasten Größe 30. Inneneinrichtung	III. 26
Lt 64	Einpoliger Sicherungskasten Größe 26 H. Inneneinrichtung	III. 26
Lt 65	Einpoliger Sicherungskasten Größe 30 H. Inneneinrichtung	III. 26
Lt 66	Einpoliger Sicherungskasten Größe 30 H. Inneneinrichtung	III. 26
Lt 67	Zweipoliger Sicherungskasten Größe 22. Inneneinrichtung	III. 26
Lt 68	Zweipoliger Sicherungskasten Größe 26. Inneneinrichtung	III. 26
Lt 69	Zweipoliger Sicherungskasten Größe 30. Inneneinrichtung	III. 26
Lt 75	Regelschalter 10 A, 250 V	XII. 27

Elektrische Maschinen.

Em 1 a	Typenübersicht. Technische Bedingungen	III. 26
Em 2 a	Generatoren bis 15 kW	III. 26
Em 3 a	Generatoren von 20 bis 100 kW	III. 26

Einzelteil-Blätter für die Gruppen Bel, Lt und Fm.

Gruppe ET 1 Bl. 1 bis 23	Gußteile	III. 26 u. XII. 27
Gruppe ET 2 Bl. 1 bis 18	Stanz-, Druck- und Ziehteile	III. 26 u. XII. 27
Gruppe ET 3 Bl. 1 bis 7	Isolierteile	XII. 27
Gruppe ET 4 Bl. 1 bis 6	Kontaktteile	XII. 27
Gruppe ET 5 Bl. 1, 2	Dichtteile	XII. 27

HNA	Aufschrift	Angenommen
Gruppe ET 6 Bl. 1, 2	Glasteile	III. 26 u. XII. 27
Gruppe ET 7 Bl.1,2,4 bis 9	Befestigungsteile	XII. 27
Gruppe ET 8 Bl. 1, 2	Verschiedenes	III. 26 u. XII. 27
	Fernmeldeapparate.	
Fm 1a	Ladeeinrichtung für kleine Akkumulatoren	XII. 27
Fm 2a	Schaltplan der Ladeeinrichtung für kleine Akkumulatoren	XII. 27
Fm 3a	Lautfernsprechanlage. Schaltplan und Verteilerkasten	XII. 27
Fm 4a	Lautfernsprechanlage. Lautfernsprecher	XII. 27
Fm 5a	Lautfernsprechanlage. Schutzkasten für Wandbefestigung	XII. 27
Fm 6a	Lautfernsprechanlage. Schutzkasten mit Säule	XII. 27
Fm 7a	Lautfernsprechanlage. Handfernsprecher und Handhörer	XII. 27
Fm 8	Klingelanlage. Druckknöpfe	XII. 27
Fm 9	Klingelanlage. Weckerschalen	XII. 27

Sachverzeichnis.

Abdeckungen gegen Berührung spannungführender Teile S. 6, 8, 11, 12, 27, 41, 106, 110, 122, 130.
— — — — — bei Anlassern (R.E.A.) S. 273÷276.
— — — — — bei Handgeräten (V.E.Hg.M.) S. 321.
— — — — — bei Heizgeräten (V.E.Hz.) S. 352.
— — — — — bei Installationsmaterial S. 486.
— — — — — bei Schaltgeräten (R.E.S.) S. 547, 559.
— — — — — bei Spannungsuchern S. 384.
— — — — — bei Steuergeräten (R.E.A.) S. 273÷276.
— gegen Schlagwetter S. 39, 52÷54, 192, 193, 536.
Abgeschlossene Betriebsräume S. 32, 127, 128.
— — Begriffserklärung S. 5, 105.
Abhängig verzögerte Auslösung (R.E.H.) S. 585.
— — — (R.E.S.) S. 541.
Ablaßöffnung bei Ölschaltern (R.E.H.) S. 593.
Ableiter mit Funkenstrecke gegen Überspannungen S. 99, 100.
Absaugen von Fremdströmen S. 145.
Abspannisolatoren S. 27, 72, 123, 438, 441, 442, 733, 747.
— Prüfung S. 612÷613.
Abspannpunkte für Außenantennen S. 680.
Abspannung von Außenantennen S. 680.
Abstände bei Freileitungen S. 27, 123, 438, 439, 442, 733, 746, 747.
— der Stützen bei Fahrleitungen für Hebezeuge und Transportgeräte S. 453.
Abstufung der Stromstärken bei Apparaten S. 149.
— — — — — Normblätter S. 766.
— — — bei Zählern S. 404.
Abteufbetrieb S. 42.
Abteufleitungen S. 42.
— (V.I.L.) S. 469÷470.

Abzweigkasten für Hauptleitungen S. 507÷511.
Abzweigungen von Leitungen S. 25, 121.
Achshöhen von elektrischen Maschinen, Normblätter S. 769.
AEF-Beschlüsse S. 760÷765.
Akkumulatoren S. 10, 108, 131.
— Entladespannung S. 5, 44, 104.
— in Alarmanlagen S. 634, 635.
— in Fernmeldeanlagen S. 629.
— zur Prüfung von Installationsmaterial S. 499.
— — — von Schaltgeräten (R.E.S.) S. 567.
Akkumulatorenräume S. 33, 128, 129.
— Betriebsvorschriften S. 48, 49, 137.
Akustische Anzeige bei Spannungsuchern S. 383.
Alarmanlagen S. 633÷635.
Alkoholthermometer nach R.E.B. S. 254.
— nach R.E.H. S. 610.
— nach R.E.M. S. 197.
— nach R.E.S. S. 556.
— nach R.E.T. S. 231.
Aluminium-Freileitungen S. 422, 423, 731, 732, 747, 748.
Aluminiumleiter (V.S.K.) S. 481.
— Belastungstafel (V.S.K.) S. 481.
Aluminiumseile S. 442, 443, 731, 732, 747, 748.
Anbringung von Schaltgeräten (R.E.S.) S. 563÷565.
Anfressungsgefährdung des blanken Nulleiters S. 143.
Anheizwirkungsgrad bei Heizgeräten (V.E.Hz.) S. 350.
Ankerdrähte bei Freileitungen S. 27, 28, 70, 123.
Anlaßarbeit (R.E.A.) S. 280.
Anlaßaufnahme (R.E.A.) S. 280.
Anlasser S. 14, 31, 32, 34, 111, 127.
— für Kleinstmotoren von Handgeräten (V.E.Hg.M.) S. 324, 325.
— Klemmenbezeichnung S. 288, 289, 306.
— (R.E.A.) S. 271÷295.

Anlasser, Schlagwetterschutz S. 52 bis 54.
— Sonderbestimmungen S. 279÷286.
Anlaßhäufigkeit (R.A.B.) S. 297.
— (R.E.A.) S. 280.
Anlaßschalter (R.E.A.) S. 272, 279.
Anlaßgrößen S. 314.
Anlaßstrom bei Handgeräten (V.E.Hg.M.) S. 326.
— nach R.E.A. S. 280.
Anlaßstufen (R.E.A.) S. 279.
Anlaßtransformatoren (R.E.A.) S. 272, 274, 275, 287.
Anlaßvorrichtungen für Handgeräte (V.E.Hg.M.) S. 324.
— für Motoren in öffentlichen Elektrizitätswerken S. 315.
Anlaßzeit (R.A.B.) S. 296.
— (R.E.A.) S. 280.
Anlauf von Maschinen (R.E.M.) S. 201.
Anlaufregulierbetrieb (R.A.B.) S. 298.
Anleitung zur ersten Hilfeleistung S. 45, 133, 445, 622÷626.
Anleitung zur Prüfung der Zulässigkeit von Näherungen zwischen Fernmelde-Freileitungen und oberirdischen Drehstromleitungen S. 667÷675.
Annäherung von Freileitungen aneinander S. 438, 439.
— von Postleitungen an elektrische Bahnen S. 744.
— von Postleitungen an Starkstromleitungen S. 660, 737, 742, 745.
Anodenbatterien, Regeln für S. 697, 698.
Anodenstrom, Entnahme aus Starkstromnetzen für Funkanlagen S. 690 bis 696.
Anschluß an Apparate S. 12, 110.
Anschlußarten (R.E.A.) S. 277.
— (R.E.S.) S. 536.
Anschlußbedingungen für Motoren S. 313÷316.
Anschlußbolzen und ebene Schraubkontakte S. 484.
— — — — Normblätter S. 770.
Anschlußempfänger, Netz- für Funkanlagen S. 694÷696.
Anschlußgeräte, Netz- für Funkanlagen S. 690÷693.
Anschlußklemmen S. 11, 109.
— Bezeichnung S. 306÷312, 395, 396.
— für Zähler (R.E.Z.) S. 404, 405.
Anschlußleitung für Handgeräte (V.E.Hg.M.) S. 321, 322.
— für Heizgeräte (V.E.Hz.) S. 354, 355.
— leichte S. 21, 117.

Anschlußleitung, leichte (V.I.L.) S. 463.
Anschlußschnüre für Fernsprechgehäuse, Vorschriften S. 647.
— für Mikrophone in Fernmeldeanlagen, Vorschriften S. 648.
— für Schaltwerke in Fernmeldeanlagen, Vorschriften S. 647.
— für Stromquellen in Funkanlagen, Vorschriften S. 646.
Anschluß von Fanggeräten an Starkstromnetze S. 330.
— von Fernmeldeanlagen an Starkstromnetze durch Transformatoren S. 649÷650.
— von Fernmeldeanlagen an Starkstromnetze in leitender Verbindung S. 651, 652.
— von Funkanlagen an Starkstromnetze S. 688÷696.
— von Gas- und Feueranzündern an Starkstromnetze S. 329.
— von Spielzeug an Starkstromnetze S. 328.
— von Telephonen bei Rundfunkgeräten S. 702.
Antennen S. 444, 676.
— Verwendung von Starkstromnetzen als S. 688, 689.
— Vorschriften S. 678÷687.
Antennenableitung S. 681.
Antriebsmotoren für Haushaltmaschinen (V.E.Hg.M.) S. 327.
Anwurfschalter (R.E.A.) S. 272.
Anzeige, optische und akustische, bei Spannungsuchern S. 383.
Anzeigefehler bei Meßgeräten S. 376, 377.
Apparate S. 11÷17, 109÷114.
— an Freileitungen S. 26, 122, 569, 601.
— für Fernmeldeanlagen S. 629, 630.
— im Freien S. 28, 29, 124, 125, 569, 601.
— Klemmenbezeichnung S. 306÷312.
— Leitungsanschluß S. 12, 109, 110.
— Schlagwetter - Schutzvorrichtungen S. 52÷54.
— Stromstufenreihe S. 149.
— — Normblätter S. 766.
Apparatschnüre in Fernmeldeanlagen, Vorschriften S. 647.
Arbeiten an Fahr- und Speiseleitungen S. 138.
— an Freileitungen S. 49, 50, 137, 138.
— an Hochspannungsanlagen S. 48, 136, 137.

Arbeiten an Kabeln S. 49, 137.
— unter Spannung S. 48, 136.
Arbeitsbedingungen nach R.A.B. S. 296, 300, 301, 303, 304.
Arbeitskontakt (R.E.H.) S. 575.
Arbeitstromauslöser (R.E.H.) S. 575.
— (R.E.S.) S. 535, 537.
Armaturen f. Bogenlampen S. 18, 114, 115.
Atmosphärische Störungen als Ursache von Überspannungen S. 91, 92.
Atmung, künstliche S. 624, 625.
Aufhängung, bruchsichere, bei Kreuzung von Postleitungen S. 745÷753.
— von Elektrizitätzählern (R.E.Z.) S. 407, 408.
Aufhiebbreite in Forsten bei Freileitungen S. 443.
Aufstecktüllen, Normblätter S. 774.
Aufstellung von Gestängen für Freileitungen S. 440, 733÷735, 749÷752.
Aufzüge S. 22, 23, 32.
— Fahrleitungen S. 452, 453.
— (R.A.B.) S. 296÷305.
Aufzugseile f. Bogenlampen S. 18, 114, 115.
Ausforstungen bei Freileitungen S. 443.
Ausführungsmerkblatt für Außenantennen S. 683÷687.
Auslaufverfahren (R.E.M.) S. 208.
Ausläuferölschalter (R.E.H.) S. 569, 572, 601, 602.
Ausläuferschalter (R.E.H.) S. 569, 572, 601, 602.
Auslösefehler (R.E.H.) S. 584, 596÷599.
Auslöser für Fernbetätigung (R.E.H.) S. 599.
Auslöserelais (R.E.H.) S. 575.
— (R.E.S.) S. 538, 539.
Auslösernennfrequenz (R.E.H.) S. 584.
Auslösernennspannung (R.E.H.) S. 584, 599.
Auslösernennstromstärke (R.E.H.) S. 584, 596÷599, 602.
Auslösestrom (R.E.H.) S. 584.
— (R.E.S) S. 540.
Auslösezeit (R.E.H.) S. 579, 596÷599.
— (R.E.S.) S. 541.
Auslösung (R.E.H.) S. 573÷599.
— (R.E.S.) S. 534, 550.
Ausrüstung von Stehlampen, Vorschriften S. 331÷334.
Ausschalter S. 13, 14, 110, 111.
— Konstruktion S. 487÷489, 512, 513.
— Normblätter S. 775.
— Prüfung S. 489÷492.

Ausschalter nach R.E.S. S. 531, 532.
— zum Einbauen in Handgeräte S. 520, 521.
Ausschaltleistung (R.E.H.) S. 572, 578 bis 583.
Ausschaltstromstärke S. 31, 127.
— nach R.E.H. S. 578÷583.
— nach R.E.S. S. 532, 533. [687.
Außenantennen, Vorschriften S. 678 bis
Außenkabel in Fernmeldeanlagen S. 631.
— — — Vorschriften S. 643÷645.
Aussetzende Entladung bei Anodenbatterien S. 698.
— — bei galvanischen Elementen S. 653, 655.
— — bei Taschenlampenbatterien S. 658, 659.
Aussetzender Betrieb S. 6, 22, 23, 105, 119, 195, 227, 228.
— — (R.A.B.) S. 296÷305.
Aussetzender Erdschluß S. 90, 91.
Automaten s. Selbstschalter.

Bahnen, elektrische S. 143.
— — als Spielzeug S. 328.
— — Vorschriften S. 102÷138.
B.K.V./1921 S. 724÷736.
Bahnkreuzungen mit Antennen S. 681, 682.
— mit Gas- und Wasserröhren S. 139.
Bahnmotoren (R.E.B.) S. 245÷270.
Bahnströme, Beschädigung von Gas- und Wasserröhren durch S. 139 bis 142.
— Zerstörung blanker Nulleiter durch S. 143÷145.
Bagger, Leitsätze für S. 43.
Balkenbock in Holzmasten S. 447÷451.
Batterien, Akkumulatoren- S. 10, 108, 131, 629, 633÷635.
— Anoden- S. 691, 693.
— · — Normblätter S. 768.
— · — Regeln S. 697, 698.
— Taschenlampen-, Normblätter S. 767.
— · — Regeln S. 657÷659.
Batterieräume s. Akkumulatorenräume.
Bau von Funkgeräten S. 699÷702.
Baubestimmungen für Spannungsucher S. 383, 384.
Baumwolldraht, Seiden- in Fernmeldeanlagen, Vorschriften S. 640.
Baumwollkabel, Lack- mit Bleimantel in Fernmeldeanlagen S. 631.
— · — — Vorschriften S. 643.
— Papier- mit Bleimantel in Fernmeldeanlagen S. 630, 631.

Baumwollkabel, Papier- mit Bleimantel Vorschriften S. 642, 645.
— Seiden- in Fernmeldeanlagen S. 630, 631.
— · — — — Vorschriften S. 641.
— mit Bleimantel in Fernmeldeanlagen S. 630, 631.
— · — — — Vorschriften S. 642.
Bauregeln (R.A.B.) S. 299÷302, 304.
— (R.E.A.) S. 291÷293.
— (R.E.H.) S. 586÷602.
— (R.E.S.) S. 545÷554.
Baustoffe für Außenantennen S. 678, 679.
— für Freileitungen S. 421÷426, 733 bis 735; 749÷751.
— für Widerstände (R.E.A.) S. 293 bis 295.
Bauvorschriften für Außenantennen S. 678÷683.
— für Bahnen S. 104÷133.
Bedienung elektr. Anlagen S. 46, 134, 135.
— nach R.E.S. S. 565, 566.
Bedienungsgang, isolierender S. 9, 10, 107, 108.
Bedienungteile S. 12, 13, 110.
— nach R.E.A. S. 276, 277.
— nach R.E.H. S. 573, 574.
— nach R.E.S. S. 547.
— Normblätter S. 770.
Bedingungen, Normal- für den Anschluß von Motoren S. 313÷316.
Befestigung von Freileitungen S. 439, 440, 733, 748, 749.
Befestigungsflansche für elektrische Maschinen, Normblätter S. 769.
Befestigungs- und Isolierkörper S. 29, 30, 125, 126.
Beglaubigung von Meßwandlern S. 757 bis 759.
— von Zählern S. 754÷756.
Begrenzt verzögerte Auslösung (R.E.H.) S. 585, 586.
Begriffserklärungen bei Anodenbatterien S. 697, 698.
— bei Anschlußbedingungen für Motoren S. 313, 314.
— bei Außenantennen S. 678.
— bei Erdungen S. 67÷69, 80, 81.
— bei Fernmeldeanlagen S. 627, 628.
— bei Freileitungen S. 5, 104, 105, 628.
— bei galvanischen Elementen S. 653, 654.
— bei Handbohrmaschinen S. 337.

Begriffserklärungen bei Handschleifmaschinen S. 341.
— bei Kabelvergußmassen S. 179.
— bei Licht, Lampen, Beleuchtung S. 364÷366.
— bei Meßgeräten S. 367, 368.
— bei Meßwandlern S. 393÷396.
— bei Poliermaschinen S. 344.
— bei Schleifmaschinen S. 344.
— bei Supportschleifmaschinen S. 341.
— bei Taschenlampenbatterien S. 657, 658.
— für Hochspannungsanlagen S. 5, 44, 104.
— für Installationsmaterial S. 485, 486.
— für Niederspannungsanlagen S. 5, 44, 104.
— nach R.A.B. S. 296, 297.
— nach R.E.A. S. 272÷277.
— nach R.E.B. S. 246÷250.
— nach R.E.H. S. 570÷586.
— nach R.E.M. S. 188÷193.
— nach R.E.S. S. 526÷542.
— nach R.E.T. S. 220÷225.
— nach V.E.Hg.M. S. 320.
— nach V.E.Hz. S. 348÷350.
Behandlung elektrischer Starkstromanlagen in der Landwirtschaft S. 58
Beharrungsleistung S. 22, 119. [bis 60.
Beharrungszustand S. 6, 22, 105, 119.
Bekämpfung von Bränden S. 46, 134.
— — — Leitsätze S. 619÷622.
Belastbarkeit bei Fahrleitungen zu Hebezeugen und Transportgeräten S. 452, 453.
— bei Meßgeräten S. 373÷377.
Belastungstafeln für Fahrleitungen zu Hebezeugen und Transportgeräten S. 452.
— für Kabel (V.S.K.) S. 479÷481.
— für Leitungen S. 22, 118.
— — — (V.I.L.) S. 470.
Belastungstromstärke S. 22, 118.
— (V.I.L.) S. 470.
— (V.S.K.) S. 479÷481.
Belastungsverfahren nach R.E.B. S.263.
— nach R.E.M. S. 206.
Beleuchtung bei Spielzeugen, Vorschriften S. 328.
— für Christbäume S. 335, 336.
— Kabel für Reklame- (V.S.K.) S. 472.
— Regeln für die Bewertung S. 365, 366.
Beleuchtungskörper S. 19, 20, 35÷38, 115÷117, 129.
— Leitungen für S. 21, 117.
— — — (V.I.L.) S. 462÷465.

Bemessung von Erdungen S. 74, 75, 84, 85.
— von Leitungen S. 21÷23, 118, 119, 470.
— von Zuleitungen zu Erdern S. 73, 74, 83, 84, 683.
Bergwerke über Tage s. Tagebau.
— unter Tage S. 4, 6÷9, 11, 13, 14, 17÷19, 21, 23÷25, 30÷34, 38÷43, 52÷54, 67, 80.
Beruhigungzeit bei Meßgeräten S. 371.
Berührungschutz S. 6÷13, 15, 17, 20, 26, 28, 31÷33, 35, 106÷108, 110 bis 112, 114, 116, 122, 124, 127 bis 129, 131.
— bei Anlassern (R.E.A.) S. 273÷276, 292.
— bei Christbaum-Beleuchtungen S. 335.
— bei Fahrleitungen für Hebezeuge und Transportgeräte S. 453.
— bei Fassungen S. 17, 114, 501.
— — — Prüfleitsätze S. 501, 502.
— bei Handapparaten S. 317.
— bei Handgeräten (V.E.Hg.M.) S. 321÷ 323.
— bei Heizgeräten (V.E.Hz.) S. 352, 354.
— bei Installationsmaterial S. 486.
— bei Öfen (V.E.Hz.) S. 360.
— bei Schaltgeräten (R.E.S.) S. 547.
— bei Spannungsuchern S. 384.
— bei Steuergeräten (R.E.A.) S. 273 bis 276, 292.
Berührungspannung S. 68, 69, 81, 83, 85.
Beschaffenheit isolierter Leitungen in Fernmeldeanlagen S. 630, 631.
— — — in Starkstromanlagen S. 20, 21, 117, 118.
Beschleunigungsbetrieb (R.A.B.) S. 298.
Beschleunigungsvorgang (R.A.B.) S.296.
Betätigungsarten (R.E.A.) S. 276.
— (R.E.H.) S. 573÷576.
—→ (R.E.S.) S. 548, 550, 551.
Betätigungschalter (R.E.A.) S. 272.
Betätigungschlitze S. 13, 110, 547.
Betätigungspannung nach R.E.H. S.584.
— nach R.E.S. S. 544.
Betätigungsteile S. 12, 13, 110.
— nach R.A.B. S. 300.
— nach R.E.A. S. 276.
— nach R.E.H. S. 573.
— nach R.E.S. S. 533, 547.
Betrieb, gewöhnlicher (R.A.B.) S. 298.
Betriebsanweisung für elektrische Starkstromanlagen für Hochspannung in der Landwirtschaft S. 60, 61.
Betriebsarten S. 6, 105.
— nach R.A.B. S. 298.

Betriebsarten nach R.E.B. S. 251, 252.
— nach R.E.M. S. 194, 195.
— nach R.E.T. S. 227, 228.
Betriebseinrichtungen, ortsveränderliche S. 43.
Betriebserdung S. 80, 82.
Betriebspersonal, Pflichten des S. 45, 46, 134.
Betriebsräume, Begriffserklärung S. 5, 105.
Betriebsspannungen S. 31, 127, 148.
— Normblätter S. 766.
Betriebstätten S. 32, 128.
— Begriffserklärung S. 5, 105.
— explosionsgefährliche S. 34, 49, 137.
— feuergefährliche S. 34, 49, 137.
— und Lagerräume mit ätzenden Dünsten S. 33, 49, 137.
Betriebstrom, Entnahme aus Niederspannungnetzen für Funkanlagen S. 690÷696.
Betriebstromstärke S. 31, 127.
Betriebsvorschriften für Bahnen S. 133 bis 138.
— für Prüffelder und Laboratorien S. 50, 138.
— für Starkstromanlagen S. 44÷50.
Betriebswarmer Zustand nach R.E.B. S. 251.
— nach R.E.M. S. 194.
— nach R.E.T. S. 224.
— nach V.E.Hz. S. 350.
Betriebswerkzeuge, elektrische S. 17, 114, 337÷347.
Bewehrung von Kabeln S. 7, 31.
— — — (V.S.K.) S. 473, 474, 477.
Bewertung v. Anodenbatterien S. 697, 698.
— von Anlassern (R.E.A.) S. 271÷295.
— von Bahnmotoren usw. (R.E.B.) S. 245÷270.
— von Bremslüftern (R.A.B.) S. 303 bis 305.
— von Elektrowerkzeugen S. 337÷347.
— von galvanischen Elementen S. 653 bis 656.
— von Handbohrmaschinen S. 337 bis 340.
— von Handschleifmaschinen S. 341 bis 343.
— von Kabelverußmassen S. 179 bis 186.
— von Maschinen (R.E.B.) S.245÷270.
— — — (R.E.M.) S. 187÷217.
— von Meßwandlern S. 393÷403.
— von Poliermaschinen S. 344÷347.

788 Sachverzeichnis.

Bewertung von Schaltgeräten (R.E.S.)
S. 554÷563.
— von Schleifmaschinen S. 344÷347.
— von Steuergeräten (R.A.B.) S. 297
bis 300.
— — — (R.E.A.) S. 271÷295.
— v. Support-Schleifmaschinen S. 341
bis 343.
— v. Taschenlampenbatterien S. 657
bis 659.
— v. Transformatoren (R.E.B.) S. 245
bis 270.
— — — (R.E.T.) S. 218÷244.
— von Werkzeugmaschinen S. 337 bis
347.
— von Widerstandsgeräten (R.A.B.)
S. 300÷303.
Bezeichnung der Klemmen bei Maschinen, Transformatoren usw. S. 306 bis
312.
— von Hochspannunggeräten (R.E.H.)
S. 610, 611.
Biegefestigkeit bei Isolierstoffen S. 153,
154, 161÷163.
Biegeprobe bei Isolierrohren S.522, 523.
— bei Stahlpanzerrohren S. 525.
Biegsame Theaterleitungen S. 21.
— — — (V.I.L.) S. 468.
Biegsame Welle, Handgeräte mit
(V.E.Hg.M.) S. 327.
Bildzeichen, Normblätter S. 767.
Blanke Leitungen, Kennfarben S.51,134.
— — — Normblätter S. 767.
Bleikabel S. 21, 22, 30, 31, 118, 119,
126.
— Belastungstafeln (V.S.K.) S. 479 bis
481.
— Vorschriften für in Fernmeldeanlagen
S. 640÷645.
— — für in Starkstromanlagen(V.S.K.)
S. 471÷481.
Bleimantel von Kabeln S. 7, 30, 31,
126, 144.
— — — in Fernmeldeanlagen S. 641
bis 645.
— — — in Starkstromanlagen (V.S.K.)
S. 471÷481.
Bleimantelleitungen S. 21, 117.
— (V.I.L.) S. 460, 461.
Bleischicht bei Rohrdrähten (V.I.L.)
S. 459, 460.
Blitzableiter als Überspannungschutz
in Funkanlagen S. 682, 683.
— — — in Niederspannungsanlagen
S. 100, 101.
Blitzschutzseile S. 72, 97, 438, 735, 749.

Blockleitungen, Näherungen mit Dreh-
stromleitungen S. 660, 661, 665, 673.
Bockkäfer in Holzmasten S.447÷451.
Bogenlampen S. 18, 114, 115.
Bohrmaschinen S. 17, 114.
— Bewertung u. Prüfung S. 337÷340.
Bottichprüfung bei Isolatoren S. 614.
Brände S. 46, 134.
— Leitsätze für die Bekämpfung S.619
bis 622.
Bremslüfter (R.A.B.) S. 303÷305.
Bremsmeßverfahren nach R.E.B. S.263.
— nach R.E.M. S. 206.
Bremsschaltungen (R.A.B.) S. 299.
Brenkentiegel bei Prüfung von Kabel-
vergußmassen S. 183.
Brennbare Umhüllung bei Kabeln
S. 31, 126.
Bruchsichere Aufhängung bei Kreuzung
von Postleitungen S. 745÷753.
Bruchsichere Führung bei Kreuzung
von Postleitungen S. 745÷753.
Bügeleisen S. 17, 114.
— Kinder-, Vorschriften S. 328.
— (V.E.Hz.) S. 357, 358.
Bühnenhaus S. 36÷38.
Bühnenregulator S. 36, 37.
Bunde für Freileitungen S. 439, 440,
748, 749.
Bunsenbrenner bei Prüfung von Kabel-
vergußmassen S. 184.
Büromaschinen (V.E.Hg.M.) S. 319.
Bürsten, Kohlen-, für elektrische Ma-
schinen, Normblätter S. 769.
Bürstenbolzen für elektrische Maschi-
nen, Normblätter S. 769.

Christbaum-Beleuchtungen, Vorschriften S. 335, 336.
Chloridlösung bei Prüfung von Kabelvergußmassen S. 181.

Dachständer S. 56.
Dampfkessel (Spielzeuge), Vorschrif-
ten S. 328.
Dämpfungswiderstände bei Spannung-
messungen mit Kugelfunkenstrecke
S. 387.
Darstellungen, schematische S. 45, 50,
51, 133, 134.
— — Normblätter S. 767.
Dauerbetrieb S. 6, 22, 105, 118, 194,
227, 252.
Dauerentladung bei Anodenbatterien
S. 697, 698.
—bei galvanischen Elementen S.653,655.

Dauerentladung bei Taschenlampenbatterien S. 658.
Dauererdschluß S. 27, 65, 123.
Dauerkurzschlußstrom n. R.E.H. S. 580, 602.
— nach R.E.M. S. 201.
— nach R.E.T. S. 223, 224.
Dauerstromstärke S. 6, 22, 105, 118.
Definition der Eigenschaften gestreckter Leiter S. 470.
Diazoprobe bei Kabelvergußmassen S. 181.
DIN-Taschenbücher S. 766÷776.
DINVDE-Normblätter S. 766÷776.
Doppelerdschluß S. 68, 81.
— nach R.E.H. S. 577.
Doppelglocken-Isolatoren, Normblätter S. 773, 774.
Dosenschalter S. 13, 14, 110, 111.
— Konstruktion S. 487÷489, 512, 513.
— Normblätter S. 775.
— Prüfung S. 489÷492.
Dosenschalter zum Einbau in Handgeräte S. 520, 521.
Drähte für Freileitungen in Fermeldeanlagen S. 631, 632.
— — — — — Normblätter S. 775.
— — — — in Starkstromanlagen S. 421 bis 426, 731÷733, 747, 748.
— — — — — Normblätter S. 774.
— isolierte, in Fermeldeanlagen S. 630, 631.
— — — — Vorschriften S. 636÷648.
— — in Starkstromanlagen S. 20÷23, 117÷119.
— — — — (V.I.L.) S. 454÷470.
— Kupfer-, Normblätter S. 771.
— Präzisions-Kupfer-, Normblätter S. 771.
— Lieferrollen für, Normblätter S. 771.
Drahtlitzenleiter bei Fernmeldeschnüren, Vorschriften S. 647, 648.
Drehschalter S. 13, 14, 110, 111.
— Konstruktion S. 487÷489, 512, 513.
— Normblätter S. 775.
— Prüfung S. 489÷492.
— zum Einbau in Handgeräte S. 520, 521.
Drehstrom, Begriffserklärung S. 188, 247.
Drehstromanlagen, Maßnahmen bei Näherungen an Fernmeldeanlagen S. 660÷675.
Drehstromleitungen, Näherungen an Fernmelde-Freileitungen S. 660÷675.
Drehstrommotoren, Normblätter, S.769.

Drehstrom-Netzanschlußgeräte für Funkanlagen S. 690, 691.
Drehtransformatoren (R.E.T.) S. 242 bis 244.
Drehzahl, normale (R.E.M.) S. 189, 211.
Drehzahländerung (R.E.M.) S. 211.
Drehzahlerhöhung (R.E.A.) S. 284, 285.
Drehzahlfeldregler (R.E.A.) S. 284.
Drehzahlverminderung(R.E.A.) S. 284, 285.
Drehzahlwächter (R.E.A.) S. 272.
Dreieckspannung (R.E.H.) S. 577.
Dreiteilige Taschenlampenbatterien, Normblätter S. 767.
— —, Regeln S. 657÷659.
Druckfestigkeit bei Isolierstoffen S. 154, 155, 164.
Drosselspulen für Meßgeräte S. 380.
— nach R.E.B. S. 262.
— nach R.E.M. S. 206.
— nach R.E.S. S. 561.
— nach R.E.T. S. 219.
— ohne Eisenkern gegen Überspannungen S. 98.
— zur Spannungregelung bei Messungen mit Kugelfunkenstrecke S. 391.
Druckwächter (R.E.A.) S. 272.
D-Stöpsel S. 498.
— — Normblätter S 775, 776.
Durchführungen durch Wände S. 29, 41, 56, 57, 125.
— Porzellan- bei Kabelzubehörteilen, Normblätter S. 774.
— — (R.E.H) S. 569, 605, 606.
Durchführungsisolatoren S. 237, 261, 262, 569, 605, 606, 676, 677.
Durchhang bei Freileitungen S. 426 bis 428, 733, 747, 748.
— (V.E.Hz.) S. 360.
Durchlauferhitzer S. 12, 17, 114.
Durchmesserspannung (R.E.M.) S. 188.
Durchschlagprobe bei Meßgeräten S.374, 375.
— — Begriffserklärung S. 5, 105.
— — in Fernmeldeanlagen S. 628, 633.

Edison-Gewinde S. 498, 501÷503, 505.
— — Normblätter S. 767.
Edison-Lampensockel S. 500, 501.
— — Normblätter S. 776.
Effektbeleuchtung für Bühnen S. 37.
Effektive Gebrauchspannung S. 5, 44, 104.
Eichspannung bei Messungen mit Kugelfunkenstrecke S. 385.
Eigenlüftung nach R.E.B. S. 249.

Eigenlüftung nach R.E.M. S. 192.
Eigenschaften gestreckter Leiter S. 470.
Eigenzeit bei Ölschaltern (R.E.H.) S. 579, 585.
— — — (R.E.S.) S. 541.
Einbauschalter bei Handgeräten (V.E.Hg.M.) S. 322, 323.
— bei Spannungsuchern S. 383.
— bei Stehlampen S. 331, 332.
— Vorschriften S. 520, 521.
Einbruchmeldeanlagen S. 633÷635.
Einheitstransformatoren, Normblätter S. 768, 769.
Einheitzeichen des A.E.F. S. 763, 764.
Einleiterbleikabel S. 21, 118.
— (V.S.K.) S. 473÷479.
Einrichtung und Versorgung von Gebäuden mit Elektrizität S. 703÷705.
Einschaltdauer, relative S. 6, 22, 105, 119.
— nach R.A.B. S. 296, 301, 303, 304.
Einschaltfestigkeit (R.E.H.) S. 572, 580, 589, 591.
Einschaltrichtung (R.E.H.) S. 594.
Einschaltzeit S. 6, 22, 105, 119.
— nach R.A.B. S. 296, 301, 303, 304.
Einschraubtiefen für Lampensockel, Normblätter S. 776.
Einstellstrom bei Überstromauslösung (R.E.H.) S. 584.
— — — (R.E.S.) S. 541.
Einzelerdschluß S. 68, 80.
Einzelteile für Rundfunk, Leitsätze S. 699÷702.
Einzelverlustverfahren nach R.E.B. S. 264.
— nach R.E.M. S. 207.
Eisenbahnblockleitungen, Näherungen mit Drehstromleitungen S. 660, 665, 673.
Eisenbewehrung von Kabeln S. 7, 31.
— — — (V.S.K.) S. 473, 474, 477.
Eisenbetonmaste S. 27, 73, 123, 438, 734, 749÷752.
Eisenblech für Isolierrohre S. 522÷524.
— Prüfvorschriften S. 151, 152.
Eisenmaste S. 27, 70÷73, 123, 431 bis 435, 733÷735, 749÷752.
Eisenprüfung S. 151, 152.
Elektrische Anlagen in der Landwirtschaft, Behandlung S. 58÷60.
— — — — — Errichtung S. 55÷58.
— — — — — Hochspannung S. 60, 61.
Elektrische Bahnen, Annäherung an Postleitungen S. 744.
— — Erdströme durch S. 139÷145.

Elektrische Bahnen, Kreuzungen mit Antennen S. 681, 682.
— — Spielzeuge S. 328.
— — Vorschriften S. 102÷138.
Elektrische Betriebsräume S. 31, 32, 127.
— — Begriffserklärung S. 5, 105.
Elektrische Eigenschaften gestreckter Leiter S. 470.
Elektrische Größen bei Normalbedingungen für Anschluß von Motoren S. 313, 314.
— — nach R.E.B. S. 247, 248.
— — nach R.E.H. S. 576÷586.
— — nach R.E.M. S. 188÷190.
— — nach R.E.S. S. 540÷542.
— — nach R.E.T. S. 223, 224.
Elektrische Prüfung bei Isolatoren S. 612÷614.
— — bei Isolierstoffen S. 153, 157 bis 159, 166÷168.
Elektrischer Prüfgrad (R.E.H.) S. 584.
Elektrischer Sicherheitsgrad (R.E.H.) S. 583, 584.
Elektrizität auf Schiffen S. 706.
— in Gebäuden S. 703÷705.
Elektrizitätzähler S. 16, 17, 35, 113, 114, 129.
— Aufhängung S. 407, 408.
— Beglaubigung S. 754÷756.
— Erdung S. 407.
— Klemmen S. 404, 405.
— (R.E.Z.) S. 404÷420.
— Schaltungsbilder S. 409÷420.
— Tafeln S. 407, 408.
Elektroden Metall-, bei Spannungmessungen mit Kugelfunkenstrecke S. 387.
— — bei Stoßprüfung von Isolatoren S. 614.
Elektroden-Heizgeräte S. 12, 17, 114.
— — (V.E.Hz.) S. 360.
Elektrolyse zur Feststellung der Verbleiungstärke bei Isolierrohren S. 524.
— — — — bei Rohrdrähten (V.I.L.) S. 459, 460.
Elektrowerkzeuge S. 17, 114.
— Handbohrmaschinen S. 337÷340.
— Handschleifmaschinen S. 341÷343.
— — Normblätter S. 770.
— in Unterkunftsräumen für Kraftwagen S. 63.
— Poliermaschinen S. 344÷347.
— — Normblätter S. 770.
— Schleifmaschinen S. 344÷347.
— — Normblätter S. 770.
— Support-Schleifmaschinen S. 341 bis 343.

Elektrowerkzeuge, Support-Schleifmaschinen, Normblätter S. 770.
Elemente, galvanische, in Fernmeldeanlagen S. 629.
— — Regeln S. 653÷655.
Elementebildung S. 143.
Emaillierung von Metallteilen S. 8, 107, 320, 349, 486, 547.
Empfangsgeräte für Rundfunk, Gleichstrom-Netzanschluß- S. 694÷696.
— — — Leitsätze S. 699÷702.
Endschalter (R.E.A.) S. 272.
Endverschlüsse für Kabel, Normblätter S. 773, 774.
— — — Vergußmassen S. 179÷186.
Energiespeicher bei Ölschaltern (R.E.H.) S. 593.
Entladespannung von Akkumulatoren S. 5, 44, 104, 544.
Entladewiderstand bei Anodenbatterien S. 698.
— bei galvanischen Elementen S. 654 bis 656.
— bei Taschenlampenbatterien S. 658.
Entladung, aussetzende, bei Anodenbatterien S. 698.
— — bei galvanischen Elementen S. 653, 655, 656.
— — bei Taschenlampenbatterien S. 658, 659.
— Dauer-, bei Anodenbatterien S. 697, 698.
— -— bei galvanischen Elementen S. 653, 655, 656.
— -— bei Taschenlampenbatterien S. 658.
Erde, S. 6, 7, 13, 67, 80, 106.
— Verwendung von Starkstromanlagen als — bei Rundfunk S. 688, 689.
Erder S. 68, 75÷77, 80.
Erdkurzschluß (R.E.H.) S. 577.
Erdschluß S. 68, 80.
— aussetzender S. 90, 91.
— Einzel- S. 68, 80.
— Doppel- S. 68, 81.
— Mehrfach- S. 68, 81.
— (R.E.H.) S. 577.
Erdschlußabschaltung S. 27, 123.
Erdschlußkompensierung gegen Überspannungen S. 97.
Erdschlußstrom S. 68, 79, 81.
Erdschlußstromstärke S. 7, 68, 73 bis 75, 81÷83, 106.
Erdseile S. 72, 97, 438, 735, 749.
Erdstrom, Anfressungsgefährdung durch, Leitsätze S. 143÷145.

Erdstrom, Vorschriften gegen S. 139 bis 142.
Erdung S. 6, 7, 9, 10, 33, 58, 106, 107, 128.
— als Überspannungschutz in Niederspannungsanlagen S. 101.
— Begriffserklärung S. 68, 80.
— Bemessung S. 74, 75, 84, 85.
— im Freien S. 70÷73.
— in gedeckten Räumen S. 69, 70.
— in Hochspannungsanlagen S. 64÷79.
— in Niederspannungsanlagen S. 80 bis 85.
— Prüfung der S. 75÷79, 85.
— von Anlassern (R.E.A.) S. 288, 289.
— von Antennen S. 683.
— von Apparaten S. 13, 110, 111.
— von Elektrizitätszählern (R.E.Z.) S. 407.
— von Handapparaten S. 318.
— von Handbohrmaschinen S. 338.
— von Handschleifmaschinen S. 342.
— von Hauptleitung-Abzweigkasten S. 509.
— von Heizgeräten (V.E.Hz.) S. 355.
— von Hochspannunggeräten (R.E.H.) S. 589.
— von Installationsmaterial S. 487.
— von Meßgeräten S. 372.
— von Meßwandlern S. 397.
— von Nulleitern S. 144.
— von Poliermaschinen S. 346.
— von Schaltgeräten (R.E.S.) S. 549, 550.
— von Schleifmaschinen S. 346. [550.
— von Spannungsuchern S. 384.
— von Steckvorrichtungen S. 15, 112.
— von Support-Schleifmaschinen S. 342.
— Zweck der S. 67, 81÷83.
Erdungschalter für Antennen S. 683.
Erdungswiderstand S. 68, 80.
— Messung des S. 77÷79.
Erdzuleitungen S. 7, 73, 74, 83, 84, 99, 106, 145.
— für Antennen S. 683.
Erhöhte Sicherheit bei Freileitungen S. 28, 124.
— — — Vorschriften S. 441÷443.
Errichtung, Leitsätze für — von Fahrleitungen zu Hebezeugen und Transportgeräten S. 452, 453.
— Leitsätze für — landwirtschaftlicher Anlagen S. 55÷58.
— Leitsätze für — in Unterkunftsräumen für Kraftwagen S. 62, 63.
— Regeln für — von Fernmeldeanlagen S. 627÷635.

Errichtung, Vorschriften für — von Starkstromanlagen S. 4÷44.
Erste Hilfe bei Unfällen S. 45, 133, 445, 622÷626.
Erwärmung bei Meßwandlern S. 396, 401.
— nach R.A.B. S. 301.
— nach R.E.A. S. 277, 278.
— nach R.E.B. S. 252÷257.
— nach R.E.H. S. 608÷610.
— nach R.E.M. S. 195÷200.
— nach R.E.T. S. 228÷234, 243.
Erwärmungsprobe (R.E.S.) S. 555 bis 558.
Explosionsgefährliche Räume S. 34, 49, 137.
— — Begriffserklärung S. 6, 105.
— — in Fernmeldeanlagen S. 628, 633.

Fächer, Tisch-, Leitsätze S. 317, 318.
—·— (V.E.Hg.M.) S. 326.
Fanggeräte, Vorschriften S. 330.
Fahrbremsschaltungen (R.A.B.) S. 299.
Fahrleitungen, Arbeiten an S. 138.
— für Bagger S. 43.
— für Bahnen S. 129÷131.
— — — Normblätter S. 770.
— für Hebezeuge und Transportgeräte S. 452, 453.
— für Streckenförderung S. 39, 40.
Fahrschaltungen (R.A.B.) S. 229.
Fahrschienen, Erdströme aus S. 140, 141.
Fahrzeuge für Bahnen S. 131÷133.
— für Streckenförderung S. 40÷42.
Fangstangen gegen Überspannungen S. 97.
Faßausleuchter S. 20.
Fassungen S. 17, 18, 20, 57, 114, 116, 117.
— Berührungschutz bei S. 17, 114, 501.
— — — Prüfleitsätze S. 501, 502.
— für Christbaum-Beleuchtungen S. 335, 336.
— für Spannungsucher S. 384.
— für Stehlampen S. 331, 333.
— Konstruktion S. 500÷503.
— Prüfung S. 504.
— Röhren-, für Funkgeräte S. 700.
— Schalt- S. 17, 114.
—·— in Unterkunftsräumen für Kraftwagen S. 63.
— —·— Konstruktion S. 504.
— —·— Prüfung S. 505.
Fassungsadern S. 21, 117.
— für Christbaum-Beleuchtungen S. 335, 336.

Fassungsadern für Handgeräte, Verbot von (V.E.Hg.M.) S. 322.
— für Stehlampen S. 332÷334.
— (V.I.L.) S. 462.
Fassungsringe S. 501.
Fernauslösung (R.E.H.) S. 574, 593.
— (R.E.S.) S. 540÷544.
Fernbetätigung bei Auslösern (R.E.H.) S. 599.
— — (R.E.S.) S. 540÷544.
Fernmelde-Anlagen, Annäherung an elektrische Bahnen S. 744.
— ·— Annäherung an Starkstromleitungen S. 737÷743, 745÷753.
— ·— Anschluß an Niederspannungnetze S. 649÷652.
— ·— Errichtungsregeln S. 627÷635.
— ·— Flach- u. Lötklemmen, Normblätter S. 767.
— ·— Freileitungen S. 631, 632.
— ·— Isolatoren S. 632.
— ·— — Normblätter S. 773, 774.
— ·— — Kreuzungen mit Antennen S. 682.
— ·— — Näherungen an Drehstromleitungen S. 660÷675.
— ·— — Normblätter S. 775.
— ·— im Freien S. 631.
— ·— in verschiedenen Räumen S. 633.
— ·— Isolationszustand S. 635.
— ·— isolierte Leitungen S. 630÷632.
— ·— — — Vorschriften S. 636÷648.
— ·— Kabel S. 632, 633.
— ·— — Vorschriften S. 640÷645.
— ·— Maßnahmen bei Näherungen mit Drehstromanlagen S. 660÷675.
— ·— Schnüre S. 631, 632.
— ·— — Vorschriften S. 645÷648.
Fernschalter (R.E.S.) S. 550.
Fernsprech-Anlagen s. Fernmelde-Anlagen.
Fernsprechgehäuse, Anschlußschnüre für, Vorschriften S. 647.
Fernzünder für Gas, Vorschriften S. 329.
Feuchte S. 33, 128.
— — Begriffserklärung S. 5, 105.
— — in Fernmeldeanlagen S. 628, 633.
Feuchtigkeitsprobe bei Empfangsgeräten und Einzelteilen für Rundfunk S. 699.
— bei Netzanschluß-Empfängern und -Geräten für Rundfunk S. 691, 693, 695.
— bei Verbindungsgeräten für Rundfunk S. 689.

Feuchtigkeitsichere Gegenstände S. 5, 104, 320, 486, 628.

Feuchtigkeitsichere Schnüre in Fernmeldeanlagen, Vorschriften S. 648.

Feueranzünder, Vorschriften S. 329.

Feuergefährliche Betriebsräume, Erklärung S. 6, 34.

— — in Fernmeldeanlagen S. 628, 633.

Feuergefährliche Betriebstätten und Lagerräume S. 34.

— — — — Begriffserklärung S. 6.

— — — — in Fernmeldeanlagen S. 628, 633.

Feuerlöschung in elektrischen Anlagen S. 46, 134.

— — — — Leitsätze S. 619÷622.

Feuermeldeanlagen S. 633÷635.

Feuersichere Gegenstände S. 5, 104, 320, 485, 628.

Feuersicherheit bei Isolierstoffen S. 156, 157, 165.

Fiber als Isolierstoff S. 8.

Flachklemmen für Fernmeldeanlagen, Normblätter S. 767.

Flachkohlenbürsten, Normblätter S. 769.

Flüssigkeitsanlasser S. 54.

— (R.E.A.) S. 275, 276.

Flüssigkeitsgrad bei Kabelvergußmassen S. 185, 186.

Flüssigkeitswiderstände bei Spannungmessungen mit Kugelfunkenstrecke S. 387.

Formelzeichen des AEF S. 760÷763.

Formen elektrischer Maschinen, Normblätter S. 769.

Forste, Führung von Freileitungen durch S. 443.

Fortbildungskurse für Monteure S. 721 bis 723.

Fortkochzahl bei Heizgeräten (V.E.Hz.) S. 350.

Freileitungen S. 26÷28, 122÷124.

— Annäherung an Fernmeldeleitungen S. 660÷675, 737÷743, 745÷753.

— Apparate an S. 26, 122, 569, 601.

— Arbeiten an S. 49, 50, 137, 138.

— Baustoffe S. 421÷426, 733÷735, 749÷751.

— Begriffserklärung S. 5, 104, 105.

— Bruchsichere Führung bei Postkreuzungen S. 745÷753.

— Fernmelde- S. 628, 631, 632.

— - — Querschnitte, Normblätter S. 775.

— - — Näherungen an Drehstromleitungen S. 660÷675.

— Führung durch Forste S. 443.

Freileitungen, Kreuzungen mit Antennen S. 681, 682.

— — mit Postleitungen S. 737÷743, 745÷753.

— — mit Reichsbahnen (B.K.V.) S. 724÷736.

— Merkblatt über Käferfraß an Holzmasten für S. 447÷451.

— Merkblätter für Verhaltungsmaßregeln gegenüber S. 444÷446.

— Querschnitte, Normblätter S. 774.

— Schutz gegen Überspannungen S. 96.

— Verdrillung zur Verhütung von Schwachstrombeeinflussung S. 662.

— Vorschriften S. 421÷443.

Freileitungsisolatoren S. 27, 72, 123, 438, 439, 441, 442, 733, 747.

— Normblätter S. 774.

— Prüfung von S. 612÷614.

Fremdlüftung nach R.E.B. S. 249, 250.

— nach R.E.M. S. 192.

— nach R.E.T. S. 224, 225.

Fremdströme S. 144.

Frequenz, Hoch- S. 676÷702.

— - — Messung bei S. 388, 389.

— - — Prüfung nach R.E.H. S. 603.

— Nenn- S. 188, 223, 247, 313, 370, 394, 395.

— Nieder-, Messung bei S. 387, 388.

— Stoß-, Messung bei S. 388, 389.

Frequenzmesser 16, 17, 35, 113, 114, 129.

— Regeln für S. 367÷382.

Frostbeständigkeit bei Isolierstoffen S. 166.

Führung, bruchsichere bei Kreuzung von Postleitungen S. 745÷753.

— von Freileitungen durch Forste S. 443.

Fundamente für Gestänge von Freileitungen S. 440, 733÷735, 749÷751.

Funkanlagen, Anodenbatterien, Normblätter S. 768.

— — Regeln S. 697, 698.

— — Antennen, Vorschriften S. 678÷687.

— — Drehstrom-Netzanschlußgeräte, Vorschriften S. 690, 691.

— — Geräte und Einzelteile, Leitsätze S. 699÷702.

— — — — Normblätter S. 767, 768.

— — Gleichstrom-Netzanschluß -Empfänger, Vorschriften S. 694÷696.

— — Gleichstrom-Netzanschlußgeräte, Vorschriften S. 692, 693.

— — Sicherheitsvorschriften S. 676, 677.

— — Verbindungsgeräte, Vorschriften S. 688, 689.

Funkanlagen, Wechselstrom-Netzanschlußgeräte, Vorschriften S. 690, 691.
Funkenspannung bei Messungen mit Kugelfunkenstrecke S. 391, 392.
Funkenstrecken bei Antennen S. 682, 683.
— bei Spannungmessungen S. 385÷392.
— bei Sprungwellenprobe nach R.E.B. S. 260, 261.
— — — nach R.E.M. S. 203, 204.
— — — nach R.E.T. S. 235, 236.
— bei Stoßprüfung von Isolatoren S. 614.
— bei Überspannungsableitern S. 98.

Galvanische Elemente S. 629.
— — Regeln S. 653÷656.
Garniturteile für Kabel s. Zubehörteile für Kabel.
Gasanzünder, Vorschriften S. 329.
Gas- und Wasserröhren, Schutzvorschriften gegen Bahnströme S. 139 bis 142.
Gebäude, Versorgung mit Elektrizität S. 703÷705.
Gebrauchspannung, effektive S. 5, 44, 104.
Geerdete Leitungen S. 14, 111.
Geflickte Sicherungstöpsel S. 15, 112.
Gelenklampen, Vorschriften S. 332, 334.
Gemischt verzögerte Auslösung nach R.E.H. S. 585, 586.
— — — nach R.E.S. S. 541.
Generator, Begriffserklärung S. 188, 247.
— Schutz gegen Überspannungen S. 92, 93.
Generatorverfahren nach R.E.B. S. 264.
— nach R.E.M. S. 208.
Geräteanschlußleitung für Handgeräte (V.E.Hg.M.) S. 322.
Geräteanschlußschnüre für Heizgeräte (V.E.Hz.) S. 349.
Gerätearten nach R.E.H. S. 572, 573.
— nach R.E.S. S. 530÷536.
Gerätesteckvorrichtungen für Handgeräte (V.E.Hg.M.) S. 320.
— für Heizgeräte (V.E.Hz.) S. 353, 354.
— — — Normblätter S. 776.
Geräte zum Rundfunkempfang
— Empfangsgeräte, Leitsätze S. 699 bis 702.
— — Normblätter S. 767, 768.
— Drehstrom-Netzanschlußgeräte,Vorschriften S. 690, 691.
— Gleichstrom-Netzanschluß-Empfänger, Vorschriften S. 694÷696.

Geräte zum Rundfunkempfang
— Gleichstrom-Netzanschlußgeräte, Vorschriften S. 692, 693.
— Verbindungsgeräte, Vorschriften S. 688, 689.
— Wechselstrom-Netzanschlußgeräte, Vorschriften S. 690, 691.
Geringstzulässige Querschnitte für Leitungen S. 23, 119.
Geschlossene Kapselung als Schlagwetterschutz S. 52, 53.
Gespinstleiter, Kupfer-, bei Fernmeldeschnüren, Vorschriften S. 646, 647.
Gestänge für Außenantennen S. 679, 680, 685÷687.
— für Freileitungen S. 428÷438, 441, 733÷735, 749÷752.
Gestreckte Leiter, Elektrische Eigenschaften von S. 470.
Getränkte Räume S. 33, 128.
— — Begriffserklärung S. 5, 105.
— — in Fernmeldeanlagen S. 628, 633.
Gewinde, Edison- S. 498, 501, 502, 505.
— · — Normblätter S. 767.
— Nippel- S. 505.
— · — Normblätter S. 767.
— Normal- S. 776.
— Panzerrohr- S. 525.
— · — Normblätter S. 767.
— Unverwechselbarkeits- S. 498.
— · — Normblätter S. 775.
Gitterableitungswiderstände S. 700.
Gittermaste S. 27, 70÷73, 123, 431 bis 435, 733÷735, 749÷752.
Gleichrichter in Fernmeldeanlagen S. 629.
Gleichstrombleikabel S. 21, 118.
— (V.S.K.) S. 473, 474.
Gleichstromgeneratoren, Normblätter S. 768.
Gleichstrommotoren, Normblätter S. 768.
Gleichstrom-Netzanschluß-Empfänger für Funkanlagen S. 694÷696.
Gleichstrom-Netzanschlußgeräte für Funkanlagen S. 692, 693.
Gleitfunken bei Spannungmessungen mit Kugelfunkenstrecke S. 388.
Glockenisolatoren, Normblätter S. 773, 774.
Glühlampen S. 17, 18, 34, 36, 37, 39, 42, 114.
— in landwirtschaftlichen Anlagen S. 57.
— in Unterkunftsräumen für Kraftwagen S. 63.

Glühlampenfassungen und -füße S. 17, 18, 63, 114, 331, 333, 335.
— —·— Berührungschutz bei S. 17, 114, 501.
— —·— —, Prüfleitsätze S. 501, 502.
— —·— Konstruktion 500÷504.
— —·— Normblätter S. 776.
— —·— Prüfung 504, 505.
Glycerinbad bei Prüfung von Kabelvergußmassen S. 184.
Goliath-Edisonsockel S. 16, 17, 501.
— ·— Normblätter S. 776.
Grenzbürde bei Meßwandlern S. 394.
Graefe'sche Reaktion bei Prüfung von Kabelvergußmassen S. 181.
Griffauskleidungen S. 13, 19, 110, 116.
Griffdorne S. 13, 110.
— Normblätter S. 770.
Griffe S. 12, 13, 110.
— Normblätter S. 770.
Grubenbahnen s. Streckenförderung.
Grubenräume, Schlagwettergefährliche S. 6, 39.
Gummiaderdraht S. 21, 117.
— (V.I.L.) S. 456, 457.
Gummiaderleitungen S. 21, 117.
— (V.I.L.) S. 456, 457.
— Sonder- S. 21, 117.
— ·— (V.I.L.) S. 457, 458.
Gummiaderschnüre S. 21, 117.
— (V.I.L.) S. 463.
Gummibleikabel S. 21, 30, 31, 118, 126.
— (V.S.K.) S. 472.
— für Reklamebeleuchtung S. 21.
— — — (V.S.K.) S. 472.
Gummidraht in Fernmeldeanlagen S. 630.
— — — Vorschriften S. 639, 640.
Gummikabel in Fernmeldeanlagen S. 630, 631.
— — — Vorschriften S. 641.
— mit Bleimantel in Fernmeldeanlagen S. 630, 631.
— — — — — Vorschriften S. 642.
Gummimischung bei Gummibleikabeln (V.S.K.) S. 472.
— bei isolierten Leitungen in Fernmeldeanlagen S. 638.
— — — — (V.I.L.) S. 456.
Gummirohre, Normblätter S. 775.
Gummischlauchleitungen S. 19, 21, 54, 116, 117.
— für Handgeräte (V.E.Hg.M.) S. 322.
— für Heizgeräte (V.E.Hz.) S. 354.
— für Stehlampen S. 332, 333.
— (V.I.L.) S. 464÷467.

Hahnfassungen S. 17, 114, 333.
— Konstruktion S. 504.
— Prüfung S. 504, 505.
— Verbot in Unterkunftsräumen für Kraftwagen S. 63.
Haltefestigkeit bei Kabelvergußmassen S. 180, 184, 185.
Handapparate S. 17, 114.
— Leitsätze für S. 317, 318.
Handbohrmaschinen S. 17, 114.
— Bewertung und Prüfung S. 337÷340.
HNA/E-Normblätter S. 778÷782.
Handgeräte S. 17, 114.
— in Unterkunftsräumen für Kraftwagen S. 63.
— mit Kleinstmotoren (V.E.Hg.M.) S. 319÷327.
Handgeräte-Einbauschalter bei Handgeräten (V.E.Hg.M.) S. 322, 323.
— ·— bei Spannungsuchern S. 383.
— ·— bei Stehlampen S. 331÷333.
— ·— Vorschriften S. 520, 521.
Handgriffe bei Handgeräten(V.E.Hg.M.) S. 325.
— bei Spannungsuchern S. 384.
— Normblätter S. 770.
Handkurbeln S. 12, 110, 300.
— Normblätter S. 770.
Handleuchter S. 19, 20, 32, 115÷117, 127.
— in Unterkunftsräumen für Kraftwagen S. 63.
— Konstruktion S. 505.
— Prüfung S. 505, 506.
Handmagnete, Leitsätze S. 317, 318.
Handräder S. 12, 110, 300.
— Normblätter S. 770.
Handschleifmaschinen S. 17, 114.
— Bewertung und Prüfung S. 341÷343.
— Normblätter S. 770.
Hängeisolatoren s. Kettenisolatoren.
Hauptleitung-Abzweigkasten, Vorschriften, Regeln und Normen für S. 507÷511.
Hauptstromauslöser (R.E.H.) S. 596 bis 599.
Hausbock, Zerstörung von Holzmasten durch S. 447÷451.
Haushaltmaschinen S. 17, 114.
— (V.E.Hg.M.) S. 319, 325, 327.
Haushaltmotoren, S. 17, 114.
— Leitsätze für S. 317, 318.
Hebelschalter S. 13, 14, 31, 110, 111, 127.
— (R.E.S.) S. 526÷567.
Hebezeuge S. 32.
— Fahrleitungen S. 452, 453.

Hebezeuge (R.A.B.) S. 296÷305.
Heiße Räume, Begriffserklärung S. 6.
— — in Fernmeldeanlagen S.628, 633.
Heißluftapparate, S. 17, 114.
— Leitsätze für S. 317, 318.
Heißluftduschen (V.E.Hg.M.) S. 319 bis 326.
Heizgeräte S. 12, 17, 114.
— in Unterkunftsräumen für Kraftwagen S. 63.
— (V.E.Hz.) S. 348÷362.
Heizkissen S. 12, 17, 114.
— (V.E.Hz.) S. 348÷359.
Heizkörper (V.E.Hg.M.) S. 325, 326.
— (V.E.Hz.) S. 349.
Heizleiter bei Gas- und Feueranzündern S. 329.
— in Unterkunftsräumen für Kraftwagen S. 63.
— nach V.E.Hz. S. 353, 361, 362.
Heizplatten in Unterkunftsräumen für Kraftwagen S. 63.
Heizstrom, Entnahme aus Starkstromnetzen für Funkanlagen S. 690÷696.
Heizwiderstände für Funkgeräte S. 700, 701.
Herde, Kinderkoch-, Vorschriften S.328.
Hewlett-Isolatoren S. 612÷614.
Hilfeleistung bei Unfällen S. 45, 46, 133, 134, 445, 622÷626.
Hilfschalter (R.E.A.) S. 272.
Hochantennen s. Außenantennen.
Hochfrequenz, Messungen bei S. 388, 389.
— — — nach R.E.H. S. 603.
Hochfrequenzanlagen s. Funkanlagen.
Hochfrequenzprüfung (R.E.H.) S. 603.
Hochfrequenztelephonie, Sicherheitsvorschriften für S. 676, 677.
Hochleistungsölschalter(R.E.H.) S. 572.
Hochspannung S. 5, 44, 104.
— Arbeiten in der Nähe von S. 48, 136, 137.
— Berührungschutz S. 7, 9, 10, 31, 33, 106÷108, 127÷133.
— Sicherung der Hochfrequenztelephonie gegen S. 676, 677.
— Übertritt von S. 8, 17, 106, 113.
Hochspannungsanlagen, Begriffserklärung S. 5, 44, 104.
— Erdung S. 64÷79.
— in der Landwirtschaft S. 60, 61.
— Verhütung von Überspannungschäden in S. 92÷100.
Hochspannungsapparate s. Hochspannunggeräte.

Hochspannung-Freileitungen S. 27, 28, 96, 123, 124, 660÷677, 729÷753.
— · — Kreuzungen mit Antennen S. 681, 682.
— · — Normblätter S. 774.
— · — Vorschriften S. 421÷443.
Hochspannunggeräte S. 13, 14, 111.
— (R.E.H.) S. 568÷611.
— Schutz gegen Überspannungen S. 95.
Hochspannungsisolatoren S.27, 28, 123, 124, 729÷753.
— Normblätter S. 773, 774.
— Prüfung S. 612, 613.
— Stoßprüfung S. 614.
Hochspannungleitungen in Gebäuden S. 29, 125.
— Verlegung von S. 23÷26, 119÷122.
Hochspannungschalter S. 13, 14, 111.
— (R.E.H.) S. 568÷611.
— (R.E.S.) S. 526÷567.
Hochspannungschnüre S. 21, 117.
— als Zuleitung bei Spannungsuchern S. 384.
— (V.I.L.) S. 467, 468.
Höchststromschalter s. Überstromschalter.
Höchstwerte bei Anodenbatterien S. 698.
— bei galvanischen Elementen S. 656.
— bei Taschenlampenbatterien S. 659.
Holz als Baustoff S. 8, 10, 14, 108, 111, 132.
Holzgestänge S. 27, 70, 123, 435÷438, 734, 749÷752.
— Merkblatt über Käferfraß bei S. 447÷451.
Holzleisten S. 29, 125, 132.
Holzmaste S. 27, 70, 123, 435÷438, 734, 749÷752.
— Merkblatt über Käferfraß bei S. 447÷451.
Hörerschnüre in Funkanlagen, Vorschriften S. 645, 646.
Horizontbeleuchtung bei Bühnen S. 37, 38.
Hubwerkschaltungen (R.A.B.) S.299.

Induktionsregler bei Spannungmessungen mit Kugelfunkenstrecke S. 391.
Induktoren, Ruf- und Fernmeldeanlagen S. 629.
Innenkabel in Fernmeldeanlagen S.630, 631.
— — — Vorschriften S. 640÷643.
Innenporzellane, Normblätter S. 773, 774.

Innerer Widerstand bei Anodenbatterien S. 697, 698.
— — bei galvanischen Elementen S. 653, 655.
— — bei Taschenlampenbatterien S. 658.
Installationen im Freien S. 28, 29, 124, 125, 631, 632.
— in Gebäuden S. 29, 124, 632.
Installationsmaterial S. 10÷21, 108 bis 118.
— Konstruktion und Prüfung S. 485 bis 525.
— Normblätter S. 775, 776.
Isolationsauftrag für Drähte, Normblätter S. 771.
Isolationsprüfung S. 8, 106, 107.
— bei Elektrizitätzählern (R.E.Z.) S. 407.
— in Fernmeldeanlagen S. 635.
Isolationswiderstand bei Elektrizitätzählern (R.E.Z.) S. 407.
— bei Funkgeräten S. 701.
— bei Isolierstoffen S. 166, 167.
Isolationszustand in Bahnanlagen S. 106, 107.
— in Fernmeldeanlagen S. 635.
— in Starkstromanlagen S. 8.
Isolatoren S. 27, 72, 123, 439, 440 bis 442, 733, 747, 748.
— für Fahrleitungen zu Hebezeugen und Transportgeräten S. 453.
— Normblätter S. 773, 774.
— Prüfung von Ketten- S. 612, 613.
— Stoßprüfung S. 614.
Isolatorstützen S. 27, 70, 123, 439, 749 bis 752.
— Normblätter S. 774.
Isolierfestigkeit bei Meßwandlern S. 397.
— nach R.E.A. S. 291.
— nach R.E.B. S. 258÷262.
— nach R.E.M. S. 202÷205.
— nach R.E.T. S. 234÷237, 243.
Isolierglocken S. 29, 30, 125, 126.
Isoliergriffe, Normblätter S. 770.
Isolierknöpfe, Normblätter S. 770.
Isolierkörper S. 24, 25, 29, 30, 120, 121, 125, 126.
Isolierrohre S. 25, 30, 32, 121, 126, 127.
— Normblätter S. 775.
— Vorschriften S. 506, 522÷525.
Isolierstoffe S. 8, 106, 107.
— in Fernmeldeanlagen S. 635.
— Prüfvorschriften S. 153÷168.
Isolierte Leitungen, Belastungstafeln S. 22, 118, 470.

Isolierte Leitungen, Bemessung S. 21 bis 23, 118, 119.
— — Beschaffenheit S. 20, 21, 117, 118.
— — für Christbaum-Beleuchtungen S. 335.
— — für Handgeräte (V.E.Hg.M.) S. 321, 322, 325.
— — für Heizgeräte (V.E.Hz.) S. 349, 354, 355.
— — für Stehlampen S. 332÷334.
— — in Fernmeldeanlagen S. 630, 631.
— — — — Kennfäden S. 637, 638.
— — — — Vorschriften S. 636÷648.
— — in Starkstromanlagen S. 20÷23, 117÷119.
— — — — Kennfäden S. 455.
— — — — (V.I.L.) S. 454÷470.
— — Verlegung von S. 23÷26, 28 bis 31, 119÷122, 124÷126, 631.
Isolierung bei Hochspannunggeräten (R.E.H.) S. 594.
— von Außenantennen S. 680.

Kabel S. 21, 118.
— Arbeiten an S. 49, 137.
— Belastungstafeln S. 22, 119, 479 bis 481.
— Bewehrung S. 7, 21, 118, 472÷481.
— Bleimantel S. 7, 21, 118, 144, 472 bis 481.
— Brennbare Umhüllung S. 21, 118.
— Eisenbewehrung S. 7, 21, 118, 472 bis 481.
— für Fernmeldeanlagen (Vorschriften) S. 640÷645.
— für Starkstromanlagen (V.S.K.) S. 471÷481.
— mit Aluminiumleiter (V.S.K.) S. 481.
— Prüfdrähte S. 31, 126, 473, 475, 476.
— Prüfung (V.S.K.) S. 472÷481.
— Schutz gegen Überspannungen S. 96.
— Vergußmassen für Zubehörteile von S. 179÷186.
— Verlegung von S. 25, 30, 31, 121, 126, 127.
— Zwischen- gegen Überspannungen S. 99.
Kabelähnliche Leitungen S. 56, 62.
Kabelendverschlüsse, Normblätter S. 773, 774.
— Vergußmassen S. 179÷186.
Kabelmuffen, Normblätter S. 771, 772.
— Vergußmassen S. 179÷186.
Kabelrollen, Normblätter S. 774.
Kabelsteine (B.K.V.) S. 736.

Kabelvergußmassen, Vorschriften für S. 179÷186.
Kabelzubehörteile, Normblätter S. 771 bis 774.
— Vorschriften für Vergußmassen zu S. 179÷186.
Käferfraß bei Holzmasten, Merkblatt S. 447÷451.
Kappenisolatoren S. 441, 442, 612÷614.
Kapselung bei Meßgeräten S. 369, 370.
— gegen Schlagwetter S. 52÷54.
— nach R.E.A. S. 273÷276.
— nach R.E.B. S. 250.
— nach R.E.M. S. 192, 193.
— nach R.E.S. S. 535, 536.
— von Handbohrmaschinen S. 337.
— von Hand-Schleifmaschinen S. 341.
— von Poliermaschinen S. 344, 345.
— von Schleifmaschinen S. 344, 345,
— von Support-Schleifmaschinen S. 341.
Kennfäden für isolierte Leitungen in Fernmeldeanlagen, Vorschriften S. 637, 638.
— — — — in Starkstromanlagen (V.I.L.) S. 455.
Kennfarben für blanke Leitungen S. 51, 134.
— — — — Normblätter S. 767.
Kennzeichen für Isolierrohre S. 522.
— für Stahlpanzerrohre S. 525.
Kettenisolatoren S. 27, 72, 73, 123, 429, 430, 439, 441, 442, 733, 747, 748.
— Prüfung S. 612÷614.
Kinderbügeleisen, Vorschriften S. 328.
Kinderkinos, Vorschriften S. 328.
Kinderkochherde, Vorschriften S. 328.
Klassenzeichen für Meßgeräte S. 367, 381, 382.
— für Meßwandler S. 393, 398, 399.
Kleinbeleuchtung (Spielzeug), Vorschriften S. 328.
Kleingeräte (V.E.Hg.M.) S. 319÷327.
Kleinmotoren (R.E.M.) S. 216.
Kleinstmotoren, Handgeräte mit (V.E.Hg.M.) S. 319÷327.
Kleintransformatoren bei Spielzeug, Vorschriften S. 328.
— für Anschluß von Fernmeldeanlagen an Starkstrom, Vorschriften S. 649, 650.
Klemmen für Fernmeldeanlagen, Flach-, Normblätter S. 767.
— — — Löt-, Normblätter S. 767.
— für Funkgeräte S. 699.
— für Hauptleitung-Abzweigkasten S. 509, 510.

Klemmen für elektrische Maschinen, Normblätter S. 770.
— für Schalttafeln S. 11, 109.
— für Zähler (R.E.Z.) S. 404, 405.
— Porzellan-, Normblätter S. 774.
Klemmenbezeichnung S. 306÷312.
Klemmenspannung bei Anodenbatterien S. 697, 698.
— bei galvanischen Elementen S.653,655.
— bei Taschenlampenbatterien S. 658, 659.
Klingelschnüre in Fernmeldeanlagen S. 630.
— — — Vorschriften S. 645.
Klingeltransformatoren, Vorschriften S. 649, 650.
Kochgeräte S. 12, 17, 114.
— in Unterkunfsträumen für Kraftwagen S. 63.
— (V.E.Hz.) S. 348÷362.
Kochherde, Kinder-, Vorschriften S. 328.
Kochplatten S. 12, 17, 114.
— (V.E.Hz.) S. 351, 360.
Kochtöpfe S. 12, 17, 114.
— (V.E.Hz.) S. 351.
Kohlenbürsten, Normblätter S. 769.
Kommutierung nach R.E.B. S. 258.
— nach R.E.M. S. 201.
Kompensierung von Erdschluß als Schutz gegen Überspannungen S. 97.
Kondensatoren für Meßgeräte S. 380.
— für Rundfunk S. 700.
— gegen Überspannungen S. 99.
Kondensatorenbatterie für Stoßprüfung von Isolatoren S. 614.
Konstrution von Dosenschaltern S.487 bis 489, 512, 513.
— von Drehschaltern S.487÷489, 512, 513.
— von Handapparaten S. 317, 318.
— von Handleuchtern S. 505.
— von Hebelschaltern (R.E.S.) S. 526 bis 567.
— von Hochspannunggeräten (R.E.H.) S. 568÷611.
— von Installationsmaterial S.485÷506.
— von Schaltgeräten (R.E.S.) S. 526 bis 567.
— von Sicherungen S. 497, 498.
— von Steckvorrichtungen S.492÷494.
Kontaktarten (R.E.S.) S. 529, 530.
Kontaktthermometer (R.E.H.) S. 574.
Kopfkontaktschrauben, S. 484.
— Normblätter S. 770.
Korpusfassungen bei Beleuchtungskörpern S. 333.

Korrosionsprobe bei Isolierrohren S. 524.
— bei Rohrdrähten (V.I.L.) S. 460.
Kraftwagen, Unterkunftsräume für S. 62, 63.
Krampen S. 29, 125.
Kranmotoren, Normblätter S. 768, 769.
Kreuzungen stromführender Leitungen S. 26, 122, 442.
— mit Postleitungen S. 737÷753.
— mit Reichsbahnen (B.K.V.) S. 724 bis 736.
— von Antennen mit Bahnen S. 681, 682.
— — — mit Fernmeldeleitungen S. 682.
— — — mit Starkstromleitungen S. 681, 682.
Kriechstrecke bei Christbaum-Beleuchtungen S. 336.
— bei Isolatoren für Fahrleitungen zu Hebezeugen und Transportgeräten S. 453.
— bei Handgeräte-Einbauschaltern S. 520, 521.
— bei Installationsmaterial S. 486.
— bei Meßgeräten S. 371, 375, 376.
— bei Spannungsuchern S. 384.
— nach R.E.S. S. 540.
— nach V.E.Hg.M. S. 321.
— nach V.E.Hz. S. 350.
Kriechströme an Isolatoren S. 13, 111.
— bei Handgeräte-Einbauschaltern S. 520, 521.
— bei Handgeräten (V.E.Hg.M.) S. 321.
— bei Heizgeräten (V.E.Hz.) S. 350.
— bei Hochspannunggeräten (R.E.H.) S. 600.
— bei Installationsmaterial S. 486.
— bei Meßgeräten S. 371, 375, 376.
— bei Schaltgeräten (R.E.S.) S. 540.
Küchengeräte S. 12, 17, 114.
— (V.E.Hz.) S. 360.
Kugeldruckhärte bei Isolierstoffen S. 154, 155, 164.
Kugelfunkenstrecke bei Spannungmessungen S. 385÷392.
— bei Stoßprüfung von Isolatoren S. 614.
Kühlungsarten bei Schleif- und Poliermaschinen S. 344, 345.
— nach R.E.A. S. 276.
— nach R.E.B. S. 249, 250.
— nach R.E.M. S. 191, 192.
— nach R.E.T. S. 224, 225. [38.
Kulissenbeleuchtung bei Bühnen S. 37,
Künstliche Atmung S. 624, 625.

Kupferdrähte, Normblätter S. 771, 774, 775.
Kupfergespinstleiter bei Fernmeldeschnüren, Vorschriften S. 646, 647.
Kupferkalotten bei Ölprüfungen S. 175, 176.
Kupferleiter, Beschaffenheit S. 150, 456, 638.
Kupfernormen S. 150.
Kurzschluß-Ausschaltleistung (R.E.H.) S. 578÷583, 590, 591.
Kurzschluß-Ausschaltstrom (R.E.H.) S. 578÷583.
Kurzschluß-Einschaltstrom (R.E.H.) S. 578÷583.
Kurzschlußfestigkeit bei Stromwandlern S. 399, 400.
— nach R.E.B. S. 258.
— nach R.E.T. S. 238, 243, 244.
Kurzschlußstrom nach R.E.H. S. 577, 578.
— nach R.E.M. S. 201, 202.
— nach R.E.S. S. 540.
— nach R.E.T. S. 223, 224, 242, 243.
— Dauer- (R.E.H.) S. 602.
Kurzschlußspannung (R.E.T.) S. 223, 242.
Kurzschlußverfahren (R.E.M.) S. 208.
Kurzzeitiger Betrieb S. 6, 23, 105, 119.
— (R.A.B.) S. 296÷305.

Laboratorien S. 35, 129.
— Betriebsvorschriften S. 50, 138.
Lackierung von Metallteilen S. 8, 107, 320, 349, 486, 547.
Lackbaumwollkabel mit Bleimantel in Fernmeldeanlagen S. 630, 631.
— — — — — Vorschriften S. 643.
Lackpapierdraht in Fernmeldeanlagen S. 630.
— — — Normblätter S. 771.
— — — Vorschriften S. 639.
Lackpapierkabel in Fernmeldeanlagen S. 630, 631.
— — — Vorschriften S. 641.
— mit Bleimantel in Fernmeldeanlagen S. 630, 631.
— — — — Vorschriften S. 642.
Lagerräume, explosionsgefährliche S. 6, 34, 49, 105, 128, 159.
— — in Fernmeldeanlagen S. 628, 633.
— feuergefährliche S. 6, 34, 49, 105, 128, 159.
— — in Fernmeldeanlagen S. 628, 633.
— mit ätzenden Dünsten S. 33, 34, 49, 128, 159.

Lagerräume mit ätzenden Dünsten in Fernmeldeanlagen S. 628, 633.

Lagezeichen für Meßgeräte S. 382.

Lampen in Unterkunftsräumen für Kraftwagen S. 62, 63.

— Regeln für die Bewertung S. 364, 365.

Lampenkörper für Stehlampen S. 331, 332, 334.

Lampenöfen S. 12, 17, 114.

— (V.E.Hz.) S. 351, 360.

Lampensockel S. 16, 17, 114, 500 bis 504.

— Normblätter S. 776.

Landwirtschaft, Behandlung elektr. Starkstromanlagen in der S. 58÷60.

— Errichtung elektrischer Starkstromanlagen in der S. 55÷58.

— Hochspannungsanlagen in der S. 60, 61.

Landwirtschaftlicher Betrieb, Transformatoren für S. 227.

Lautsprecherschnüre in Funkanlagen, Vorschriften S. 645, 646.

Leben, Anlagen zur Sicherung von S. 633÷635.

Lehren S. 501, 502.

— Normblätter S. 767, 775, 776.

Leichte Anschlußleitungen S. 21, 117.

— — (V.I.L.) S. 463.

Leistung, Ausschalt- (R.E.H.) S. 579 bis 583, 589÷591.

— Beharrungs- S. 22, 119.

— Kurzschluß-Ausschalt- (R.E.H.) S. 579÷583, 590, 591.

— Nenn- S. 188, 223, 247, 313, 314, 316.

— Nenn-Ausschalt- (R.E.H.) S. 579 bis 583.

— Prüf-Ausschalt- (R.E.H.) S. 590, 591, — Schalt- (R.E.S.) S. 560÷562.

Leistungsfaktor S. 190, 248, 316.

Leistungsfaktormesser S. 16, 17, 35, 113, 114, 129.

— Regeln für S. 367÷382.

Leistungsmesser S. 16, 17, 35, 113, 114, 129.

— Regeln für S. 367÷382.

Leistungsmeßverfahren nach R.E.B. S. 263.

— nach R.E.M. S. 206.

Leistungsschalter S. 11, 25.

— (R.E.H.) S. 572.

— (R.E.S.) S. 542, 554, 558, 561.

Leistungschild S. 9, 10, 107, 108.

— für Handbohrmaschinen S. 339, 340.

— für Hand-Schleifmaschinen S. 343.

Leistungschild für Meßgeräte S. 378 bis 382.

— für Meßwandler S. 400, 402, 403.

— für Poliermaschinen S. 346, 347.

— für Schleifmaschinen S. 346, 347.

— für Support-Schleifmaschinen S. 343.

— nach R.A.B. S. 300, 303, 305.

— nach R.E.A. S. 289, 290.

— nach R.E.B. S. 266÷270.

— nach R.E.H. S. 610, 611.

— nach R.E.M. S. 212÷217.

— — — Normblätter S. 770.

— nach R.E.S. S. 553, 554.

— nach R.E.T. S. 240, 241, 244.

— nach R.E.Z. S. 406.

— nach V.E.Hg.M. S. 323.

— nach V.E.Hz. S. 355, 356.

Leiter, elektrische Eigenschaften gestreckter S. 470.

Leitsätze betr. Anfressungsgefährdung des Nulleiters S. 143÷145.

— betr. einheitliche Errichtung von Fortbildungskursen S. 721÷723.

— für Anschluß von Fernmeldeanlagen in leitender Verbindung an Starkstromnetze S. 651, 652.

— für Bagger im Tagebau S. 43.

— für Bekämpfung von Bränden S. 619 bis 622.

— für Bau und Prüfung von Funkgeräten und -einzelteilen S. 699÷702.

— für Erdungen und Nullung in Niederspannungsanlagen S. 80÷85.

— für Errichtung von Fahrleitungen für Hebezeuge und Transportgeräte S. 452, 453.

— — — von Starkstromanlagen in der Landwirtschaft S. 55÷58.

— — — — in Unterkunftsräumen für Kraftwagen S. 62, 63.

— für Herstellung und Einrichtung von Gebäuden bzgl. Versorgung mit Elektrizität S. 703÷705.

— für Konstruktion und Prüfung von Handapparaten S. 317, 318.

— für Maßnahmen an Fernmelde- und an Drehstromanlagen im Hinblick auf gegenseitige Näherungen S. 660 bis 675.

— für Prüfung von Fassungen auf Berührungschutz S. 501, 502.

— — — von Hochspannungsisolatoren S. 614.

— — — von Kettenisolatoren S. 612, 613.

Leitsätze für Schutzerdungen in Hochspannungsanlagen S. 64÷79.
— für Schutz gegen Überspannungen S. 86÷101.
— für Spannungsucher bis 750V S.383, 384.
Leitungen S. 20÷29, 117÷125.
— Abzweigkasten für S. 507÷511.
— Abstände S.24,25,120,121,438,439, 731, 746, 747.
— Belastungstafeln S. 22, 118, 470.
— Bemessung S. 21÷23,118,119,470.
— Fahr-, für Bagger S. 43.
— · — für Bahnen S. 129÷131.
— · — — — Normblätter S. 770.
— · — für Hebezeuge und Transportgeräte S. 452, 453.
— · — für Streckenförderung S. 39, 40.
— Frei- S. 5, 26÷28, 96, 104, 105, 122÷124, 628, 631, 632.
— · — Merkblatt betr. Käferfraß an Holzmasten für S. 447÷451.
— · — Merkblätter betr. Verhaltungsmaßregeln S. 444÷446.
— · — Vorschriften S. 21, 117, 421 bis 443.
— für Beleuchtungskörper S.332,334.
— für Christbaum-Beleuchtungen S.335.
— für feste Verlegung S.21,117,630,631.
— — — — in Unterkunftsräumen für Kraftwagen S. 62.
— für Handapparate, Leitsätze S. 318.
— für Handgeräte (V.E.Hg.M.) S. 320, 322.
— für Heizgeräte (V.E.Hz.) S. 349, 354, 355.
— für ortsveränderliche Stromverbraucher S. 21, 26, 57, 62, 117, 463÷470.
— — — — in Unterkunftsräumen für Kraftwagen S. 62.
— für Stehlampen S. 322÷334.
— geerdete S. 24, 56, 120.
— geringstzulässige Querschnitte für S. 23, 119.
— im Freien S. 5, 28, 29, 55, 105, 124, 125.
— im Freien in Fernmeldeanlagen S. 628.
— in Gebäuden S. 29, 125.
— — — in Fernmeldeanlagen S. 630, 631.
— isolierte, in Fernmeldeanlagen S. 630, 631.
— — — — Vorschriften S. 636÷648.
— — — Starkstromanlagen S. 20 bis 26,29,42,43,56,57,62,117÷122,125.

Leitungen, isolierte, in Starkstromanlagen (V.I.L.) S. 454÷470.
— in Rohren S. 30, 32, 126, 127.
— kabelähnliche S. 56, 57.
— Kennfäden S. 455, 637, 638.
— Kennfarben für blanke S. 51, 134.
— — — — Normblätter S. 767.
— Mehrfach- S. 21, 25, 28, 33, 54, 57, 63, 121, 124, 128, 318, 320, 322, 332 bis 334, 338, 342, 346, 349, 354, 355, 384.
— · — (V.I.L.) S. 456, 458÷470.
— Normale Querschnitte für S. 22, 118, 421÷424, 470.
— Speise-, für Bahnen S. 129÷131.
— wetterfest umhüllte S. 20, 21, 26, 56, 117, 122, 682.
— — — Normen S. 482, 483.
Leitungskreuzungen S. 26, 122.
— Kennzeichnung von S. 312.
Leitungskupfer, Normen S. 150.
Leitungstrossen S. 21, 42, 43, 117.
— (V.I.L.) S. 469, 470.
Leitungsverbindungen S. 26, 121, 122.
Leitungsverdrillung gegen Schwachstrombeeinflussung S. 662.
Leitungsverlegung S. 23÷31, 119÷126.
— in Fernmeldeanlagen S. 631÷633.
— in Funkgeräten S. 701.
Lichtbogensicherheit bei Isolierstoffen S. 159, 168.
Licht, Regeln für die Bewertung S. 363, 364.
Lieferrollen für Drähte, Normblätter S. 771.
Linearheizung (V.E.Hz.) S. 361, 362.
Litzenleiter, Draht-, bei Fernmeldeschnüren, Vorschriften S. 647, 648.
Lötklemmen für Fernmeldeanlagen, Normblätter S. 767.
L-Stöpsel, Normblätter S. 775.
Luftkühlung nach R.E.A. S. 276.
— nach R.E.B. S. 249, 250.
— nach R.E.M. S. 191, 192.
— nach R.E.T. S. 224, 225.
Luftleiter s. Antennen.
Luftstrecke (R.E.S.) S. 545÷547.

Magnetbremslüfter (R.A.B.) S. 303 bis 305.
Mantelkühlung bei Schleif- und Poliermaschinen. S. 345.
— nach R.E.B. S. 250.
— nach R.E.M. S. 192.
Mantelrollen, Normblätter S. 774.
Marmor S. 8.

Martensprobe bei Isolierstoffen S. 155, 156, 164, 165.
Maschinen S. 9, 107.
— Anlauf (R.E.M.) S. 201.
— Betriebsarten nach R.E.B. S. 251, 252.
— — nach R.E.M. S. 194, 195.
— Drehzahl nach R.E.B. S. 247, 249.
— — nach R.E.M. S. 188, 189, 191, 211, 212.
— Erwärmung nach R.E.B. S. 252 bis 257.
— — nach R.E.M. S. 195÷200.
— in Fernmeldeanlagen S. 629.
— Isolierung nach R.E.B. S. 257.
— — nach R.E.M. S. 200.
— Klemmenbezeichnung S. 306÷310.
— Kommutierung nach R.E.B. S. 257, 258.
— — nach R.E.M. S. 201.
— mit Führerbegleitung S. 32.
— — — Fahrleitungen S. 452, 453.
— — — (R.A.B.) S. 296÷305.
— Normblätter S. 768÷770.
— Regeln für die Bewertung und Prüfung (R.E.B.) S. 265÷270.
— — — — — — — (R.E.M.) S. 187 bis 217.
— Schilder nach R.E.B. S. 266÷270.
— — nach R.E.M. S. 212÷217.
— — — — Normblätter S. 770.
— Schlagwetter-Schutzvorrichtungen S. 52÷54.
— Schutzarten bei Schleif- und Polier- S. 344, 345.
— — nach R.E.B. S. 250.
— — nach R.E.M. S. 192, 193.
— Schutz gegen Überspannungen S. 92, 93, 96, 97.
— Spannungsänderung (R.E.M.) S. 209 bis 211.
— Spielzeug-, Vorschriften S. 328.
— Transport- S. 32.
— — — Fahrleitungen S. 452, 453.
— — — (R.A.B.) S. 296÷305.
— Überlastung nach R.E.B. S. 257, 258.
— — nach R.E.M. S. 200, 201.
— Wirkungsgrad nach R.E.B. S. 262 bis 265.
— — nach R.E.M. S. 205÷209.
Maschinenleuchter S. 20, 116.
Massageapparate S. 17, 114.
— Leitsätze S. 317, 318.
Massagegeräte (V.E.Hg.M.) S. 319÷324, 326.

Massenprüfungen bei Handgeräten (V.E.Hg.M.) S. 324.
Maßbezeichnungen für el. Maschinen, Normblätter S. 769.
Maßeinheiten des AEF S. 763, 764.
Maßnahmen an Fernmelde- und an Drehstromanlagen im Hinblick auf gegenseitige Näherungen S. 660÷675.
— zur Vorbeugung gegen Überspannungen in Hochspannungsanlagen S. 92÷100.
— — — — — in Niederspannungsanlagen S. 100, 101.
Maste S. 27, 28, 70÷73, 123, 124, 428 bis 438, 440÷442, 733÷735, 738, 743, 746, 749÷753.
— Käferfraß bei Holz- S. 447÷451.
Materialerprobungen bei Isolatoren S. 612, 613.
Mathematische Zeichen des AEF S. 764, 765.
Maximalschalter s. Überstromschalter.
Mechanische Prüfung bei Isolatoren S. 613.
— — bei Isolierstoffen S. 153÷157, 161÷166.
Mehrfachleitungen, ungeschützte S. 21, 25, 28, 33, 54, 57, 63, 117, 121, 124, 128, 318, 320, 322, 332÷334, 338, 342, 346, 349, 354, 355, 384.
— — (V.I.L.) S. 456, 458÷470.
Mehrfacherdschluß S. 68, 81.
Mehrkesselölschalter (R.E.H.) S. 595, 596.
Mehrleiterbleikabel S. 21, 118.
— (V.S.K.) S. 476÷479.
Mehrphasenwandler S. 402, 403.
— Beglaubigung von S. 759.
Meldeschalter (R.E.H.) S. 595, 596.
Merkblätter, Ausführungs-, für Antennen S. 683÷687.
— betr. Verhalten gegenüber Freileitungen S. 444÷446.
— für die Behandlung elektrischer Starkstromanlagen in der Landwirtschaft S. 58÷60.
— über die Zerstörung von Holzmasten durch Käferlarven S. 447÷451.
Messerschalter (R.E.S.) S. 526÷567.
Meßfunkenstrecke bei Spannungmessungen S. 385÷392.
— bei Stoßprüfung von Isolatoren S. 614.
Meßgeräte S. 16, 17, 35, 113, 114, 129 206, 263.
— Regeln für S. 367÷382.

Messingblech für Isolierrohre S. 522 bis 524.

Messung bei Hochfrequenz S. 388÷390.
— — — (R.E.H.) S. 603.
— bei Niederfrequenz S. 387, 388.
— bei Stoßfrequenz S. 388÷390.
— von Anodenbatterien S. 698.
— von Erdungswiderständen S. 77÷79.
— von galvanischen Elementen S. 654 bis 656.
— von Nulleiterströmen S. 145.
— von Spannungen mit Kugelfunkenstrecke S. 385÷392.
— von Taschenlampenbatterien S. 658, 659.

Meßwandler S. 16, 17, 35, 113, 114, 129.
— Beglaubigung S. 757÷759.
— Bewertung u. Prüfung S. 393÷403.
— Klemmenbezeichnung S. 308, 310.

Meßwerke, Symbole S. 381, 382.

Metallanlasser (R.E.A.) S. 276.

Metalldrahtlampen S. 17, 18, 36÷39, 42, 57, 62, 63, 114.

Metallelektroden bei Spannungmessungen mit Kugelfunkenstrecke S. 387.
— bei Stoßprüfung von Isolatoren S.614.

Metallene Griffauskleidungen S. 12, 13, 19, 110, 116.

Metallrohre S. 23÷26, 29, 30, 32, 34, 119÷122, 125÷127.
— Normblätter S. 767, 775.
— Vorschriften S. 522÷525.

Metallteile, Emaillierung und Lackierung von S. 8, 107, 320, 349, 486, 547.

Metallwiderstände bei Spannungmessungen mit Kugelfunkenstrecke S. 387.

Mindestauslösezeit (R.E.H.) S. 596 bis 599.

Mindestschaltverzug (R.E.H.) S. 596 bis 599.

Mignon-Edisonsockel S. 17, 114, 501 bis 504.
— · — Normblätter S. 776.

Mikrophonschnüre in Fernmeldeanlagen, Vorschriften S. 648.

Modellprüfung nach R.E.H. S. 607.
— nach R.E.S. S. 555÷562.
— nach V.E.Hg.M. S. 323, 324.

Mohrsche Waage bei Prüfung von Kabelverußmassen S. 186.

Monteurfortbildung S. 721÷723.

Motor, Begriffserklärung S. 189.

Motorbremslüfter (R.A.B.) S. 303÷305.

Motoren S. 9, 107.
— Anschlußbedingungen S. 313÷316.

Motoren in der Landwirtschaft S. 57, 58.
— nach R.E.B. S. 245÷270.
— nach R.E.M. S. 187÷217.
— nach V.E.Hg.M. S. 319÷327.
— Normblätter S. 768, 769.
— Schlagwetter-Schutzvorrichtungen S. 52÷54.
— Schutz gegen Überspannungen S. 96, 97.

Motorverfahren nach R.E.B. S. 264.
— nach R.E.M. S. 207.

Muffen für Kabel, Normblätter S. 771 bis 773.
— — — Vergußmassen S. 179÷186.

Muffentüllen, Normblätter S. 774.

Näherungen zwischen Fernmelde-Freileitungen und Drehstromleitungen S. 660÷675.

Nähmaschinenmotoren, Vorschriften (V.E.Hg.M.) S. 319÷325, 327.

Nennaufnahme bei Motoren in öffentlichen Elektrizitätswerken S. 314.
— nach V.E.Hg.M. S. 320.
— nach V.E.Hz. S. 350.

Nennbetrieb nach R.E.B. S. 247.
— nach R.E.H. S. 576.
— nach R.E.M. S. 188.
— nach R.E.T. S. 223.

Nennbürde bei Meßwandlern S. 394.
— nach R.E.M. S. 188.
— nach (V.E.Hg.M.) S. 327.

Nennfrequenz, Auslöser- (R.E.H.) S. 584.
— bei Motoren in öffentlichen Elektrizitätswerken S. 314.
— nach R.E.B. S. 247.
— nach R.E.H. S. 584.
— nach R.E.M. S. 188.
— nach R.E.S. S. 540.
— nach R.E.T. S. 223.

Nenninhalt (V.E.Hz.) S. 349.

Nenn-Ausschaltleistung (R.E.H.) S. 579 bis 583, 589, 590.

Nennleistung bei Motoren in öffentlichen Elektrizitätswerken S. 313.
— nach R.E.B. S. 247.
— nach R.E.H. S. 579÷583, 589, 590.
— nach R.E.M. S. 188.
— nach R.E.T. S. 223.

Nennleistungsfaktor bei Motoren in öffentlichen Elektrizitätswerken S. 316.
— nach R.E.B. S. 247.
— nach R.E.M. S. 188.

Nennschaltleistung (R.A.B.) S. 297.

Nennspannung S. 13, 110.
— Auslöser- (R.E.H.) S. 584, 599.
—·— (R.E.S.) S. 540, 544.
— bei Motoren in öffentlichen Elektrizitätswerken S. 313.
— bei Spannungsuchern S. 383.
— nach R.E.B. S. 247.
— nach R.E.H. S. 569, 576.
— nach R.E.M. S. 188.
— nach R.E.S. S. 543.
— nach R.E.T. S. 223.
— nach V.E.Hg.M. S. 320.
Nennstromstärke S. 13, 110.
— Auslöser- (R.E.H.) S. 596÷599, 602.
—·— (R.E.S.) S. 540.
— bei Motoren in öffentlichen Elektrizitätswerken S. 314.
— nach R.A.B. S. 297.
— nach R.E.B. S. 247.
— nach R.E.H. S. 576.
— nach R.E.M. S. 188.
— nach R.E.S. S. 543.
— nach R.E.T. S. 223.
— nach V.E.Hg.M. S. 320.
Netzanschluß-Empfänger für Funkanlagen, Vorschriften S. 694÷696.
Netzanschlußgeräte für Funkanlagen, Vorschriften S. 690÷693.
Netzbezeichnungen S. 311, 312.
Netzspannung (R.E.H.) S. 577.
Nicht verzögerte Auslösung (R.E.H.) S. 585.
— — — (R.E.S.) S. 541.
Niederfrequenz, Messungen bei S. 387, 388.
Niederfrequenztransformatoren S. 701.
Niederfrequenzverstärker S. 702.
Niederspannungsanlagen S. 5, 44, 104.
— Erdungen S. 80÷85.
— Freileitungen S. 421, 422.
— Geräte zur Entnahme von Betriebstrom für Funkanlagen aus S. 690 bis 696.
— Nullung S. 80÷85.
— Verhütung von Überspannungschäden S. 100, 101.
Niederspannungsisolatoren, Normblätter S. 773, 774.
Niederspannungleitungen, Kreuzungen mit Antennen S. 682.
Nippel S. 505.
Nippelgewinde S. 505.
— Normblätter S. 767.
Normalbedingungen für Anschluß von Motoren an Elektrizitätswerke S. 313 bis 316.

Normale Querschnitte für Antennen S. 678, 679.
— — f. Fahrleitungen zu Hebezeugen und Transportgeräten S. 452.
— — für Freileitungen S. 421÷425.
— — — — Normblätter S. 774, 775.
— — für Leitungen S. 22, 118, 470.
Normal-Edisonsockel S. 17, 114, 501 bis 504.
—·— Normblätter S. 776.
Normalgewinde S. 776.
Normalspannungen S. 146÷148.
— Normblätter S. 766.
Normalstromstärken S. 149.
— Normblätter S. 766.
Normblätter S. 777.
— DIN VDE S. 766÷776.
— HNA/E S. 778÷782.
Normen für Abstufung von Stromstärken S. 149.
— — — — Normblätter S. 766.
— für Anschlußbolzen und Schraubkontakte S. 484.
— — — — Normblätter S. 770.
— für Betriebspannungen S. 148.
— — — Normblätter S. 766.
— für Hauptleitung-Abzweigkasten S. 507÷511.
— für Klemmenbezeichnungen S. 306 bis 312.
— für Spannungen unter 100 V S. 146, 147.
— — — — — Normblätter S. 766.
— für Steckdosen und Stecker 6A/250V S. 514÷516.
— — — — — 10A/250V S. 517÷519.
— für umhüllte Leitungen S. 482, 483.
— für Warnungstafeln S. 615÷618.
— Kupfer- S. 150.
Nulleiter S. 5, 7, 14, 16, 21, 31, 111, 117, 127.
— Anfressungsgefährdung S. 143÷145.
— Erdung S. 145.
Nulleiterdrähte S. 21, 117.
— Normen S. 482, 483.
Nulleiterströme S. 145.
Nullpunktwiderstand gegen Überspannungen S. 97.
Nullung S. 6, 7.
— Leitsätze S. 80÷85.
Nullung, Zweck der S. 82, 83.
Nummernscheiben in Fernmeldeanlagen, Anschlußschnüre für, Vorschriften S. 647.

Oberflächenprüfung bei Isolatoren S. 613.
Oberflächenwiderstand bei Isolierstoffen S. 157÷159, 166, 167.
Oberflächentemperatur (R.E.H.) S. 610.
Oberlicht bei Bühnen S. 37.
Öfen S. 12, 17, 114.
— (V.E.Hz.) S. 351, 360.
Offene Schmelzsicherungen (R.E.S.) S. 531, 539.
Offene Spannung bei Anodenbatterien S. 697.
— — bei galvanischen Elementen S. 653.
— — bei Taschenlampenbatterien S. 657.
Öl, Vorschriften für Transformatoren- und Schalter- S. 169÷178.
Ölanlasser (R.E.A.) S. 276÷278, 285 bis 287.
Ölfernschalter nach R.E.H. S. 569, 572, 587÷599.
— nach R.E.S. S. 526÷567.
Ölkapselung als Schlagwetterschutz S. 53.
Ölkessel (R.E.H.) S. 593, 595.
Ölkühlung nach R.E.A. S. 276÷278. 285÷287.
— nach R.E.B. S. 249, 250.
— nach R.E.T. S. 224, 225.
Ölschalter S. 13, 14, 31, 111, 127.
— Konstruktion nach R.E.H. S. 569, 572, 587÷599.
— — nach R.E.S. S. 526÷567.
— Schlagwetter-Schutzvorrichtungen S. 52÷54.
— Schutzschalter für S. 13.
— — — (R.E.H.) S. 592.
— Überspannungschutz für S. 95.
— — — (R.E.H.) S. 592.
Ölselbstschalter S. 13, 14, 31, 111, 127.
— (R.E.H.) S. 569, 572, 587÷599.
— (R.E.S.) S. 526÷567.
Optische Anzeige bei Spannungsuchern S. 383.
Ortsfeste Apparate S. 12, 110.
Ortsfeste Motoren S. 57, 58.
Ortsveränderliche Apparate S. 12, 17.
Ortsveränderliche Beleuchtungskörper S. 19, 20, 115÷117.
Ortsveränderliche Betriebseinrichtungen S. 43.
Ortsveränderliche Leitungen S. 21, 24, 26, 117, 120, 122.
— — (V.I.L.) S. 463÷470.
Ortsveränderliche Motoren S. 57, 58.

Ortsveränderliche Stromverbraucher, Leitungen für S. 21, 24, 26, 117, 120, 122.
— — — (V.I.L.) S. 463÷470.
Ortsveränderliche Werktischleuchter S. 20, 116.

Panzeradern S. 21, 117.
— (V.I.L.) S. 461, 462.
Panzerrohre S. 23÷26, 29, 30÷34, 56, 119÷122, 125÷128.
— Normblätter S. 767, 775.
— Vorschriften S. 506, 524, 525.
Panzerrohr-Gewinde S. 524, 525.
— · — Normblätter S. 767.
Papierbaumwollkabel mit Bleimantel in Fernmeldeanlagen S. 630, 631.
— — — — Vorschriften S. 642.
Papierbleikabel S. 21, 118.
— (V.S.K.) S. 473÷481.
Papierdraht, Lack-, in Fernmeldeanlagen S. 630.
— · — — — Vorschriften S. 639.
Papierkabel, Lack-, in Fernmeldeanlagen S. 630, 631.
— · — — — Vorschriften S. 641.
— · — mit Bleimantel in Fernmeldeanlagen S. 630, 631.
— — — — — Vorschriften S. 642.
— mit Bleimantel in Fernmeldeanlagen S. 631.
— — — — — Vorschriften S. 643.
Papierrohre S. 23÷26, 29, 30÷34, 119 bis 122, 125÷128.
— Normblätter S. 775.
— Vorschriften S. 506, 522÷524.
Parallelbetrieb bei Transformatoren (R.E.T.) S. 239, 244.
Paßschrauben S. 498.
— Normblätter S. 775, 776.
Pauschalfassungen S. 503.
Pendelschlagwerk bei Prüfung von Isolierstoffen S. 154, 162, 163.
Pendelschnüre S. 21, 23, 119.
— (V.I.L.) S. 462, 463.
Phasenmesser S. 16, 17, 35, 113, 114, 129.
— Regeln für S. 367÷382.
Photometrische Einheiten S. 363, 364.
Plattenschutzkapselung als Schlagwetterschutz S. 53.
Poliermaschinen, Bewertung und Prüfung S. 344÷347.
— Normblätter S. 770.
Polizeirufanlagen S. 633÷635.
Polwechsler in Fernmeldeanlagen S. 629.

Porzellan für Innenräume, Normblätter S. 773, 774.

Porzellan-Isolatoren S. 27, 40, 70, 72, 123, 130.

— · — Normblätter S. 773÷775.

Porzellan-Klemmen, Normblätter S.774.

— Prüfung mit Spannungstößen S. 614.

— -Rollen, Normblätter S. 774.

— -Tüllen, Normblätter S. 774.

Postkreuzungen, bruchsichere Führung S. 745÷753.

— mit Antennen S. 681, 682.

— mit Bahnen S. 744.

— mit Freileitungen S. 737÷743, 745 bis 753.

Postleitungen, Annäherung an elektrische Bahnen S. 744.

— — — Starkstromleitungen S. 737 bis 743, 745÷753.

— Beeinflussung durch Drehstromleitungen S. 660÷675.

— Bruchsichere Führung von Starkstromleitungen über S. 745÷753.

Praktikantenausbildung S. 707÷720.

Primärauslöser (R.E.H.) S. 574, 575, 597.

Primärrelais (R.E.H.) S. 575.

Probenahme bei Kabelverußmassen S. 180, 181.

Probenform bei Isolierstoffen S. 153, 160, 161.

Probevorbereitung bei Kabelverußmassen S. 180, 181.

Provisorische Einrichtungen S. 35, 129.

— — Betriebsvorschriften S. 50, 138.

Prüfausschaltleistung (R.E.H.) S. 590, 591.

Prüfbereich bei Spannungsuchern S. 383.

Prüfdrähte S. 31, 126.

— (V.S.K.) S. 473, 475, 476.

Prüffelder S. 35, 129.

— Betriebsvorschriften S. 50, 138.

Prüfgrad, elektrischer (R.E.H.) S. 584.

Prüfkapazität für Drosselspulen gegen Überspannungen S. 98.

— nach R.E.B. S. 260.

— nach R.E.M. S. 204.

— nach R.E.T. S. 236.

Prüfspannung bei Messungen mit Kugelfunkenstrecke S. 338.

— bei Meßgeräten S. 375.

— nach R.E.B. S. 260.

— nach R.E.H. S. 584, 605÷607.

— nach R.E.M. S. 203, 205.

— nach R.E.S. S. 559, 560.

— nach R.E.T. S. 235.

Prüfspannung nach V.E.Hg.M. S. 323.

Prüftaster bei Spannungsuchern S. 384.

Prüftransformator bei Messungen mit Kugelfunkenstrecke S. 385, 390.

— (R.E.S.) S. 567.

Prüfung der Zulässigkeit von Näherungen zwischen Fernmelde-Freileitungen und Drehstromleitungen S. 667 bis 675.

— von Anlassern (R.E.A.) S. 271÷295.

— von Anodenbatterien S. 697, 698.

— von Bahnmotoren (R.E.B.) S. 245 bis 270.

— von Berührungschutz bei Fassungen S. 501, 502.

— von Bleikabeln (V.S.K.) S. 472÷481.

— von Bremslüftern (R.A.B.) S. 296 bis 305.

— von Dosenschaltern S. 489÷492.

— von Drehschaltern S. 489÷492.

— von Eisenblech S. 151, 152.

— von Elektrowerkzeugen S. 337÷347.

— von Erdungen S. 77÷79, 85.

— von Funkgeräten S. 699÷702.

— von galvanischen Elementen S. 653 bis 656.

— von Handapparaten S. 317, 318.

— von Handbohrmaschinen S. 337 bis 340.

— von Handgeräte-Einbauschaltern S. 521.

— von Handgeräten mit Kleinstmotoren (V.E.Hg.M.) S. 323, 324.

— von Handschleifmaschinen S. 341 bis 343.

— von Heizgeräten (V.E.Hz.) S. 356 bis 360.

— von Hochspanngeräten (R.E.H.) S. 568÷611.

— von Hochspannungsisolatoren mit Spannungstößen S. 614.

— von Isolierrohren S. 522÷524.

— von Isolierstoffen S. 153÷168.

— von isolierten Leitungen in Fernmeldeanlagen S. 639÷648.

— — — — in Starkstromanlagen (V.I.L.) S. 456÷470.

— von Installationsmaterial S. 485 bis 506.

— von Kabeln (V.S.K.) S. 472÷481.

— von Kabelverußmassen S. 180 bis 186.

— von Kettenisolatoren S. 612, 613.

— von Maschinen nach R.E.B. S. 245 bis 270.

Prüfung von Maschinen nach R.E.M. S. 187÷217.
— von Meßgeräten S. 374÷378.
— von Meßwandlern S. 393÷403.
— von Poliermaschinen S. 344÷347.
— von Porzellanisolatoren S. 612÷614.
— von Rundfunkgeräten S. 699÷702.
— von Schaltgeräten (R.E.S.) S. 526 bis 567.
— von Schalterölen S. 169÷178.
— von Schienenstoßverbindungen S. 142.
— von Schleifmaschinen S. 344÷347.
— von Sicherungen S. 498÷500.
— von Spannungsuchern S. 384.
— von Stahlpanzerrohren S. 524, 525.
— von Steckvorrichtungen S. 494 bis 496.
— von Steuergeräten nach R.A.B. S. 296÷305.
— — — nach R.E.A. S. 271÷295.
— von Support-Schleifmaschinen S. 341÷343.
— von Taschenlampenbatterien S. 657 bis 659.
— von Transformatoren nach R.E.B. S. 245÷270.
— — — nach R.E.T. S. 218÷244.
— von Transformatorenölen S. 169 bis 178.
— von Werkzeugmaschinen S. 337 bis 347.
— von Widerstandsgeräten (R.A.B.) S. 296÷305.
Prüfzeichen, VDE- S. 180, 323, 331, 332, 336, 355, 375, 511, 512, 514, 515, 517, 518, 521, 522, 525, 688, 690, 692, 694, 699.
Puppenstuben (Spielzeug), Vorschriften S. 328.

Quecksilberthermometer nach R.E.B. S. 254.
— nach R.E.H. S. 610.
— nach R.E.M. S. 197.
— nach R.E.S. S. 556.
— nach R.E.T. S. 231.
Querschnitte, geringstzulässige für Leitungen S. 23, 119.
— — für Außenantennen S. 678, 679.
— — für Fahrleitungen zu Hebezeugen und Transportgeräten S. 452.
— — für Freileitungen S. 421÷423.
— normale S. 22, 118, 470.

Bahen für Außenantennen S. 679, 680.
Rampenbeleuchtung bei Bühnen S. 37.
Raumheizung (V.E.Hz.) S. 361, 362.
Räume, Sonderbestimmungen für verschiedene S. 31÷38, 127÷129.
— — — — in Fernmeldeanlagen S. 633.
Regelanlasser, Sonderbestimmungen (R.E.A.) S. 283÷285.
Regeldrosseln bei Spannungmessungen mit Kugelfunkenstrecke S. 391.
Regelhäufigkeit (R.A.B.) S. 297.
R.A.B./1927 S. 296÷305.
R.E.A./1928 S. 271÷295.
R.E.B./1925 S. 245÷270.
R.E.H./1928 S. 568÷611.
R.E.M./1923 S. 187÷217.
R.E.S./1928 S. 526÷567.
R.E.T./1923 S. 218÷244.
R.E.Z./1927 S. 404÷420.
Regeln für Anodenbatterien S. 697, 698.
— für Drehschalter 6A/250V S. 512, 513.
— für die Errichtung von Fernmeldeanlagen S. 627÷635.
— für galvanische Elemente S. 653 bis 656.
— für Handbohrmaschinen S. 337÷340.
— für Hand- u. Support-Schleifmaschinen S. 341÷343.
— für Hauptleitung-Abzweigkasten S. 507÷511.
— für Licht, Lampen und Beleuchtung S. 363÷366.
— für Meßgeräte S. 367÷382.
— für Meßwandler S. 393÷403.
— für Schleif- und Poliermaschinen S. 344÷347.
— für Spannungmessungen mit Kugelfunkenstrecke S. 385÷392.
— für Steckdosen und Stecker 6A/250V S. 514÷516.
— — — — 10A/250V S. 517÷519.
— für Taschenlampenbatterien S. 657 bis 659.
Regelschalter (V.E.Hz.) S. 354.
Regelwiderstände für Bühnenbeleuchtung S. 37.
Regelzeit (R.A.B.) S. 297, 300, 302.
Regler S. 14, 31, 34, 36, 37, 111, 127.
— für Kleinstmotoren von Handgeräten (V.E.Hg.M.) S. 324, 325, 327.
— Klemmenbezeichnung S. 288, 289, 306.
— nach R.E.A. S. 283÷285, 287, 288.

Reichsbahnen, Kreuzungen (B.K.V.) S. 724÷736.
Reihenapparatschnüre in Fernmelde-anlagen, Vorschriften S. 648.
Reihenölschalter (R.E.H.) S. 572, 589 bis 591.
Reklamebeleuchtung, Gummibleikabel für (V.S.K.) S. 472.
Relative Einschaltdauer S. 6, 22, 105, 119.
— — nach R.A.B. S. 296, 301, 303, 305.
Reparierte Sicherungstöpsel S. 15, 112.
Rohrdrähte S. 21, 25, 56, 117, 121.
— (V.I.L.) S. 458÷460.
Rohre S. 23÷26, 29, 30, 32÷34, 56, 119÷122, 125÷128.
— Normblätter S. 767, 775.
— Vorschriften S. 506, 522÷525.
Röhrenfassungen für Funkgeräte S. 700.
— — — Normblätter S. 767, 768.
Röhrensockel für Funkgeräte, Norm-blätter S. 767, 768.
Rollen, Kabel-, Normblätter S. 774.
— Porzellan-, Normblätter S. 774.
Rückarbeitsverfahren nach R.E.B. S. 264.
— — nach R.E.M. S. 206, 207.
Rückleistungsauslösung (R.E.H.) S. 576.
Rückleistungschutz (R.E.H.) S. 576.
Rufinduktoren in Fernmeldeanlagen S. 629.
Ruhekontakt (R.E.H.) S. 575.
Ruhestromauslöser (R.E.H.) S. 575.
— (R.E.S.) S. 537, 538.
Rundfunkempfang, Anodenbatterien S. 697, 698.
— Außenantennen S. 678÷687.
— Geräte und Einzelteile S. 699÷702.
— — — — Normblätter S. 767, 768.
— Netzanschluß-Empfänger S. 694 bis 696.
— Netzanschlußgeräte S. 690÷693.
— Sicherheitsvorschriften S. 676, 677.
— Verbindungsgeräte S. 688, 689.
Rundfunkgeräte, Normblätter S. 767, 768.
Rundfunkschnüre, Vorschriften S. 645, 646.

Sachwerte, Anlage zur Sicherung von S. 633÷635.
Sammler s. Akkumulatoren.
Sandbad bei Prüfung von Kabelverguß-massen S. 181.
Sandkühlung (R.E.A.) S. 276.
Saugfähigkeit bei Isolatoren S. 613.

Sauggeneratoren S. 145.
Schächte, Leitungsverlegung in S. 38.
Schacht-Signalanlagen S. 38.
Schachtsumpf S. 7.
Schäkelisolator, Normblätter S. 773.
Schaltanlagen S. 10, 11, 13, 14, 32, 35, 108, 111, 127, 129, 132.
— Hochspannunggeräte für (R.E.H.) S. 568÷611.
— Kennfarben für blanke Leitungen in S. 51, 134.
— — — — — Normblätter S. 767.
Schaltapparate s. Schaltgeräte.
Schaltbilder S. 51, 134.
— Normblätter S. 767.
Schalter S. 13, 14, 31, 57, 110, 111, 127.
— Dreh- und Dosen- S. 487÷492, 512, 513.
— für Funkgeräte S. 701.
— Einbau-, fürHandgeräte (V.E.Hg.M.) S. 322, 323.
— — — in Stehlampen S. 331÷333.
— — — Vorschriften S. 520, 521.
— in Handleuchtern S. 19, 20, 116, 505, 506.
— in Unterkunfträumen für Kraft-wagen S. 62.
— Isoliergriffe und Isolierknöpfe für, Normblätter S. 770.
— nach R.E.H. S. 568÷611.
— nach R.E.S. S. 526÷567.
— Normblätter S. 775.
— Schlagwetter-Schutzvorrichtungen S. 52÷54.
— Schutz-, f. Erdung S. 82.
— — — für Ölschalter gegen Überspan-nungen S. 95.
— — — — — (R.E.H.) S. 592, 610.
Schalterabdeckungen S. 11÷13, 109, 110.
— nach R.E.S. S. 552, 553.
Schalterbezeichnungen, Normblätter S. 775.
Schalteröle, Prüfung S. 169÷178.
Schalterstellungen, von außen erkenn-bare S. 13, 111.
— — — — nach R.E.H. S. 594.
— — — — nach R.E.S. S. 548.
Schaltfassungen S. 17, 114, 505.
— Konstruktion S. 503, 504.
— Prüfung S. 504, 505.
Schaltgänge S. 9, 10, 107, 108.
Schaltgeräte S. 13, 14, 31, 110, 111, 127.

Schaltgeräte (R.E.H) S. 568÷611.
— Freiluft- (R.E.H.) S. 569, 586, 589, 601, 606, 607.
— (R.E.S.) S. 526÷567.
Schaltgruppen (R.E.T.) S. 220÷222.
Schalthäufigkeit (R.A.B.) S. 297, 298, 301, 304.
Schalthäufigkeitsprobe (R.E.S.) S. 558.
Schaltleistungen (R.A.B.) S. 297, 298.
Schaltleistungsprobe (R.E.S.) S. 560 bis 562.
Schaltplan S. 51, 134.
— Normblätter S. 767.
Schalttafeln S. 10, 11, 32, 35, 108, 109, 127, 129, 132.
— Anschlüsse S. 11, 109.
— Klemmen S. 11, 109.
— Konstruktion S. 506.
Schaltungsbilder für Anlasser (R.E.A.) S. 288, 289.
— für Schaltgeräte (R.E.S.) S. 566, 567.
— für Transformatoren (R.E.T.) S. 222 bis 224.
— für Zähler (R.E.Z.) S. 408÷420.
Schaltverzug (R.E.H.) S. 585, 596÷599.
Schaltvorgänge (R.E.S.) S. 528.
Schaltvorrichtungen bei Spannungsuchern S. 383.
Schaltwerkschnüre in Fernmeldeanlagen, Vorschriften S. 647.
Schaltzeichen S. 51, 134.
— Normblätter S. 767.
Schaufensterbeleuchtungen S. 34, 35.
Scheinwerferbeleuchtung bei Bühnen S. 37, 38.
Schematische Darstellungen S. 45, 50, 51, 133, 134.
— — Normblätter S. 767.
Schiefer als Isolierstoff S. 8.
Schienenleitung S. 140.
Schienenrückleitung bei elektrischen Bahnen S. 131.
— bei Hebezeugen und Transportgeräten S. 453.
Schienenspannung S. 140, 141.
Schienenstoßverbindungen S. 142.
Schießbetrieb S. 42, 43.
Schießleitungen, Leitungstrossen S. 42, 43.
— — (V.I.L.) S. 469, 470.
Schiffe, Elektrizität auf S. 706.
Schlagbiegefestigkeit bei Isolierstoffen S. 154, 162, 163.
Schlagweite (R.E.H.) S. 571, 587÷589, 600.

Schlagweite (R.E.S.) S. 545÷547.
— von Kugelfunkenstrecken S. 387, 388.
Schlagwettergefährliche Grubenräume S. 6, 39.
Schlagwetter-Schutzvorrichtungen, Vorschriften S. 52÷54.
Schleifleitungen für Bagger S. 43.
Schleifmaschinen S. 17, 114.
— Bewertung und Prüfung S. 344÷347.
— Normblätter S. 770.
Schleifringe el. Maschinen, Normblätter S. 770.
Schleuderprobe nach R.E.B. S. 266.
— nach R.E.M. S. 212.
Schließstelle (R.E.S.) S. 529, 530÷532, 535.
Schmelzdrähte S. 15, 112, 542÷544.
Schmelzsicherungen S. 11, 12, 15, 16, 22, 57, 62, 63, 109, 110, 112, 113, 118, 470.
— geschlossene Konstruktion S. 497, 498.
— — nach R.E.S. S. 527, 530, 539.
— — Prüfung S. 499, 500.
— — Normblätter S. 775, 776.
— offene (R.E.H.) S. 569.
— — (R.E.S.) S. 527, 530, 539, 542 bis 544.
Schmelzstreifen S. 15, 112, 542÷544.
Schnüre, Anschluß-, für Fernsprechgehäuse, Vorschriften S. 647.
— · — für Mikrophone in Fernmeldeanlagen, Vorschriften S. 648.
— · — für Schaltwerke in Fernmeldeanlagen, Vorschriften S. 647.
— · — für Stromquellen in Funkanlagen, Vorschriften S. 646.
— Apparat-, in Fernmeldeanlagen, Vorschriften S. 647.
— Fernsprech-, Vorschriften S. 645 bis 648.
— Feuchtigkeitsichere, in Fernmeldeanlagen, Vorschriften S. 648.
— für Christbaumbeleuchtungen S. 335, 336.
— für Handgeräte (V.E.Hg.M.) S. 320, 322.
— für Heizgeräte (V.E.Hz.) S. 349, 354, 355.
— für Stehlampen S. 332÷334.
— Geräteanschluß- (V.E.Hg.M.) S. 320, 322.
— — (V.E.Hz.) S. 349, 354, 355.
— · — Gummiader- S. 21, 117.
— · — (V.I.L.) S. 463.

Schnüre, Hochspannung- S. 21, 117.
— · — bei Spannungsuchern S. 384.
— · — (V.I.L.) S. 467, 468.
— Hörer-, in Funkanlagen, Vorschriften S. 645, 646.
— in Fernmeldeanlagen S. 631.
— — — Vorschriften S. 645÷648.
— in Starkstromanlagen S. 21, 117.
— — — (V.I.L.) S. 462÷470.
— Klingel-, in Fernmeldeanlagen, Vorschriften S. 645.
— Lautsprecher-, in Funkanlagen, Vorschriften S. 645, 646.
— Mehrfach- S. 21, 117.
— · — (V.I.L.) S. 463÷470.
— mit Drahtlitzenleitern in Fernmeldeanlagen, Vorschriften S. 647, 648.
— mit Kupfergespinstleitern in Fernmeldeanlagen, Vorschriften S. 646, 647.
— Pendel- S. 21, 117.
— · — (V.I.L.) S. 462, 463.
— Reihenapparat-, in Fernmeldeanlagen, Vorschriften S. 648.
— Sonder- S. 21, 117.
— · — (V.I.L.) S. 467.
— Stöpsel-, in Fernmeldeanlagen, Vorschriften S. 646.
— System-, in Fernmeldeanlagen, Vorschriften S. 647.
— Telegraphen-, Vorschriften S. 646 bis 648.
— ungeschützte S. 21, 117.
— — (V.I.L.) S. 463÷470.
— Werkstatt- S. 21, 117.
— · — (V.I.L.) S. 464.
— Zimmer- S. 21, 117.
— · — (V.I.L.) S. 463.
Schnurpendel S. 19, 115.
— Vorschriften für Schnüre zu (V.I.L.) S. 462, 463.
Schrauben für Kontakte S. 12, 110, 293, 321, 352, 384, 487.
Schraubkontakte, ebene S. 484.
— — Normblätter S. 770.
Schraubstöpsel-Sicherungen S. 15, 16, 22, 57, 62, 63, 109, 110, 112, 113, 118, 470.
— · — Konstruktion S. 497, 498.
— · — nach R.E.S. S. 527, 530, 539.
— · — Normblätter S. 775, 776.
— · — Prüfung S. 499, 500.
Schüttelprobe bei Funkgeräten S. 699.

Schutzabdeckungen gegen Berührung spannungführender Teile S. 6, 8, 11, 12, 27, 41, 106, 110, 122, 130.
— — — — bei Anlassern (R.E.A.) S. 273÷276.
— — — — bei Handgeräten (V.E.Hg.M.) S. 321.
— — — — bei Heizgeräten (V.E.Hz.) S. 352.
— — — — bei Installationsmaterialien S. 486.
— — — — bei Schaltgeräten (R.E.S.) S. 547, 559.
— — — · — bei Spannungsuchern S. 384.
— — — — bei Steuergeräten (R.E.A.) S. 273÷276.
— gegen Schlagwetter S. 39, 52÷54, 192, 193, 536.
Schutzarten bei Meßgeräten S. 369, 370.
— bei Schleif- und Poliermaschinen S. 344, 345.
— gegen Schlagwetter S. 52÷54.
— nach R.E.A. S. 273÷276.
— nach R.E.B. S. 250.
— nach R.E.M. S. 192, 193.
— nach R.E.S. S. 535, 536.
Schütze (R.A.B.) S. 297.
— (R.E.A.) S. 272.
Schützensteuerung (R.A.B.) S. 297.
— (R.E.A.) S. 272.
Schutzerdung als Überspannungschutz S. 101.
— in gedeckten Räumen S. 69, 70.
— im Freien S. 70÷73.
— in Hochspannungsanlagen S. 64÷79.
— in Niederspannungsanlagen S. 80 bis 85.
— Zweck der S. 67, 81, 82.
Schutz gegen Berührung S. 6, 7, 9, 11, 12, 13, 15, 20, 26, 28, 31, 33, 35, 106, 107, 110÷112, 116, 120, 122, 124, 127÷129, 131, 273÷276, 317, 321, 352, 384, 453, 486, 547.
— — — bei Fassungen S. 17, 114, 501.
— — — — Prüfleitsätze S. 501, 502.
— gegen Schlagwetter S. 52÷54.
— von Gas- und Wasserröhren gegen Bahnströme S. 139÷142.
— von Holzmasten gegen Käferfraß S. 447÷451.
— von Nulleitern gegen Anfressungen S. 143÷145.
— von Vögeln gegen Freileitungen S. 439.

Schutzgitter S. 6, 37, 106.
Schutzkragen bei Spannungsuchern S. 384.
Schutzmanschetten bei Spannungsuchern S. 384.
Schutznetze S. 27, 28, 122, 124, 441, 735, 737, 738, 744.
Schutzschalter für Erdungen S. 82.
— gegen Überspannungen S. 95.
— — — (R.E.H.) S. 587, 592.
Schutzverkleidungen S. 6, 8, 11, 12, 27, 41, 106, 110, 122, 130.
— bei Anlassern (R.E.A.) S. 273÷276.
— bei Handgeräten (V.E.Hg.M.) S. 321.
— bei Heizgeräten (V.E.Hz.) S. 352.
— bei Installationsmaterialien S. 486.
— bei Schaltgeräten (R.E.S.) S. 547.
— bei Spannungsuchern S. 384.
— bei Steuergeräten (R.E.A.) S. 547.
— gegen Schlagwetter S. 39, 52÷54, 192, 193, 536.
Schutzvorrichtungen gegen Schlagwetter S. 39, 52÷54, 192, 193, 536.
Schutzwände in Schaltanlagen S. 13, 111.
Schutzwiderstände gegen Überspannungen S. 13, 95.
— — — (R.E.H.) S. 587, 592.
Schwachstromanlagen s. Fernmeldeanlagen.
Schwachstrombeeinflussung S. 660 bis 675.
Seidenbaumwolldraht in Fernmeldeanlagen S. 630.
— — — Vorschriften S. 640.
Seidenbaumwollkabel in Fernmeldeanlagen S. 630, 631.
— — — Vorschriften S. 641.
— mit Bleimantel in Fernmeldeanlagen S. 630, 631.
— — — — — Vorschriften S. 642.
Seile für Freileitungen in Starkstromanlagen S. 421÷428, 441, 731÷733, 747÷749.
— — — — — Normblätter S. 774, 775.
Sekundärauslöser (R.E.H.) S. 575.
Sekundärrelais (R.E.H.) S. 575, 597 bis 599.
Selbstanlasser (R.E.A.) S. 276, 277.
Selbstauslösung nach R.E.A. S. 278, 279.
— nach R.E.H. S. 574, 593.
— nach R.E.S. S. 534, 550.
Selbstkühlung nach R.E.A. S. 276.
— nach R.E.B. S. 249, 250.
— nach R.E.M. S. 191, 192.

Selbstkühlung nach R.E.T. S. 224, 225.
Selbstregler (R.E.A.) S. 288.
Selbstschalter S. 15, 16, 23, 81, 84, 112, 113, 119, 131.
— (R.E.S.) S. 526÷567.
Sicherheit, erhöhte, bei Freileitungen S. 441÷443, 731÷733, 747÷749.
Sicherheitsgrad, elektrischer (R.E.H.) S. 583, 584.
Sicherung von Leben und Sachwerten S. 633÷635.
Sicherungen, Anbringen von S. 16, 54, 57÷59, 113.
— Bemessung von S. 22, 23, 118, 119, 470.
— geflickte S. 15, 59, 112.
— in Schaltanlagen S. 11, 109.
— in Unterkunftsräumen für Kraftwagen S. 63.
— Konstruktion S. 497, 498.
— mit geschlossenem Schmelzeinsatz S. 497÷500, 531, 539, 543.
— — — — Normblätter S. 775, 776.
— offene S. 531, 539, 543, 569.
— Prüfung S. 498÷500.
— reparierte S. 15, 59, 112.
— Schmelz- S. 11, 15, 16, 22, 23, 41, 54, 57÷59, 62, 63, 81, 84, 109, 112, 113, 118, 119, 131, 470, 497÷500, 531, 539, 543, 569.
— Strom- S. 11, 15, 16, 22, 23, 41, 54, 57÷59, 62, 63, 81, 84, 109, 112, 113, 118, 131, 190, 470, 497÷500, 531, 539, 543, 569.
Sicherungssockel, Normblätter S. 775.
Siedezeit bei Heizgeräten (V.E.Hz.) S. 350.
Signalanlagen S. 32, 42, 127, 633÷635.
— für Schächte S. 38.
Signallampen S. 42.
Sockel für Glühlampen S. 16, 17, 57, 114, 335, 500÷505.
— — — Normblätter S. 776.
— für Funkröhren S. 700.
— — — Normblätter S. 767, 768.
Soffittenbeleuchtung bei Bühnen S. 36÷38.
Soffittenlampen, Sockel, Normblätter S. 776.
Sonde (Erde) S. 67, 80.
Sondergummiaderleitungen S. 21, 117.
— (V.I.L.) S. 457, 458.
Sonderschnüre S. 21, 117.
— (V.I.L.) S. 467.
Spannschienen für el. Maschinen, Normblätter S. 769.

Spannung, Arbeiten unter S. 48, 136.
— Auslöser-Nenn- (R.E.H.) S. 584, 610, 611.
— · — (R.E.S.) S. 544, 559, 560.
— Berührung- S. 68, 69, 81.
— Betätigung-, nach R.E.H. S. 584.
— · — nach R.E.S. S. 540, 551.
— Betrieb- S. 31, 127, 146÷148.
— — Normblätter S. 766.
— Dreieck- (R.E.H.) S. 577.
— Eich- bei Spannungmessungen mit Kugelfunkenstrecke S. 385.
— Entlade- S. 5, 44, 104.
— Funken-, bei Spannungmessungen mit Kugelfunkenstrecke S. 390÷392.
— Gebrauch- S. 5, 44, 104.
— Klemmen-, bei Anodenbatterien S. 697, 698.
— · — bei galvanischen Elementen S. 653, 655.
— · — bei Taschenlampenbatterien S. 658, 659.
— Kurzschluß- (R.E.T.) S. 223, 240, 242, 243.
— Nenn- S. 188, 189, 223, 247, 248, 313, 314, 316, 320, 350, 371, 383, 488, 497, 500, 512, 514, 515, 517, 543, 569.
— Netz- (R.E.H.) S. 577.
— Normal- S. 146÷148.
— · — Normblätter S. 766.
— offene bei Anodenbatterien S. 697, 698.
— — bei galvanischen Elementen S. 653, 655.
— — bei Taschenlampenbatterien S. 657, 658.
— Prüf- bei Funkempfängern S. 700 bis 702.
— · — bei Handapparaten S. 318.
— · — bei Installationsmaterialien S. 488÷492, 494, 495, 499, 504, 505.
— · — bei isolierten Leitungen in Fernmeldeanlagen S. 640, 642.
— · — bei Meßgeräten S. 374÷376.
— · — bei Meßwandlern S. 397, 399 bis 401.
— · — bei Netzanschlußempfängern und -geräten S. 691, 693, 695, 696.
— · — bei Spannungmessungen mit Kugelfunkenstrecke S. 388, 390, 391.
— · — bei Spannungsuchern S. 384.
— · — bei Verbindungsgeräten S. 689.
— · — nach R.E.B. S. 260÷262.
— · — nach R.E.H. S. 584, 602 bis 607.
— · — nach R.E.M. S. 203÷205.

Spannung Prüf-, nach R.E.S. S. 556, 559÷563.
— · — nach R.E.T. S. 235÷237.
— · — nach R.E.Z. S. 407.
— · — nach V.E.Hg.M. S. 324.
— · — nach V.E.Hz. S. 356.
— · — nach V.I.L. S. 457÷459, 461 bis 464, 467, 468, 470.
— · — nach V.S.K. S. 472, 478.
— Schienen- S. 140, 141.
— Stern- (R.E.H.) S. 577.
— Stoß-, bei Spannungmessungen mit Kugelfunkenstrecke S. 389.
— · — zur Prüfung von Isolatoren S. 614.
— Streu- (R.E.T.) S. 224.
— Trockenüberschlag- bei Stoßprüfung von Isolatoren S. 614.
— Überschlag- bei Spannungmessungen mit Kugelfunkenstrecke S. 386 bis 389.
— · — (R.E.H.) S. 583, 603÷605.
— unter 100 V S. 146, 147.
— — — — Normblätter S. 766.
— Unter- setzen von Anlagen S. 47, 48, 136.
Spannungsänderung bei Messungen mit Kugelfunkenstrecke S. 391.
— nach R.E.M. S. 209÷211.
— nach R.E.T. S. 224.
Spannungfreier Zustand, Herstellung S. 47, 135.
Spannungmesser S. 16, 17, 35, 113, 114, 129.
— Regeln für S. 367÷382.
Spannungmessungen mit Kugelfunkenstrecke, Regeln für S. 385÷392.
Spannungprobe nach R.E.H. S. 602 bis 605.
— nach R.E.S. S. 559, 560.
Spannungregler, Sonderbestimmungen (R.E.A.) S. 287, 288.
Spannungregelung bei Messungen mit Kugelfunkenstrecke S. 390÷392.
Spannungreihen S. 146÷148.
— Normblätter S. 766.
Spannungrückgangsauslösung (R.E.A.) S. 278.
— nach R.E H. S. 576, 599.
— nach R.E.S. S. 534, 550.
Spannungrückgangschutz (R.E.H.) S. 576.
Spannungstöße bei Messungen mit Kugelfunkenstrecke S. 389.
— bei Prüfung von Isolatoren S. 614.
Spannungsucher S. 16, 17, 113, 114.

Spannungsucher, Leitsätze S. 383, 384.
Spannungwächter (R.E.A.) S. 272.
Spannungwandler S. 16, 17, 35, 113, 114, 129.
— Beglaubigung S. 757÷759.
— Bewertung und Prüfung, Regeln für S. 393÷398, 401÷403.
— Klemmenbezeichnung S. 308, 310.
Spartransformatoren S. 38, 93, 219.
Speiseleitungen für Bahnen S. 105, 129 bis 131.
Spieldauer S. 6, 22, 105, 119.
— (R.A.B.) S. 296, 303.
Spielzeug, Vorschriften S. 328.
Sprechmaschinen (V.E.Hg.M.) S. 319 bis 324.
Sprungwellenprobe bei Drosselspulen als Überspannungschutz S. 98.
— nach R.E.B. S. 259÷261.
— nach R.E.M. S. 202÷204.
— nach R.E.T. S. 234÷236.
Spulen für Funkgeräte S. 700.
Stahl-Aluminiumseile für Freileitungen S. 423, 425, 731÷733, 747, 748.
— · — Normblätter S. 774.
Stahlpanzerrohre S. 23÷26, 29÷38, 56, 62, 119÷122, 125÷129.
— Normblätter S. 767, 775.
— Vorschriften S. 506, 524, 525.
Stahlpanzerrohrgewinde S. 524, 525.
— Normblätter S. 767.
Stallerdung S. 83.
Starkstrom, Anschluß von Fanggeräten an S. 330.
— — — Fernmeldeanlagen an S. 649 bis 652.
— — — Funkanlagen an S. 688÷696.
— — — Spielzeug an S. 328.
— Betriebspannungen S. 148.
— — Normblätter S. 766.
— Betriebsvorschriften S. 44÷50.
— Errichtungsvorschriften S. 4÷44.
— — in der Landwirtschaft S. 55÷58.
— — in Unterkunftsräumen für Kraftwagen S. 62, 63.
— Handapparate S. 317, 318.
Starkstrom-Freileitungen, Kreuzungen mit Antennen S. 681, 682.
— · — Merkblätter für Verhaltungsmaßregeln S. 444÷446.
— · — — gegen Käferfraß an Holzmasten für S. 447÷451.
— · — Näherungen an S. 660÷675, 724÷753.
— · — — an Fernmelde-Freileitungen S. 660÷675, 724÷753.

Starkstrom-Freileitungen, Vorschriften S. 421÷443.
Starkstromnetze, Entnahme von Betriebstrom für Funkanlagen aus Niederspannung- S. 690÷696.
— Verwendung von Niederspannung- als Antenne oder Erde für Funkanlagen S. 688, 689.
Staubsauger S. 17, 114.
— Vorschriften (V.E.Hg.M.) S. 319 bis 324, 326.
Steckdosen S. 14, 15, 57, 62, 112, 318, 321÷324, 335, 353, 354, 357.
— Normblätter S. 776.
— Vorschriften S. 492÷497, 514, 515, 517, 518.
Stecker S. 14, 15, 57, 62, 112, 318, 321 bis 324, 332÷334, 335, 353, 354, 357.
— für Funkgeräte, Normblätter S. 768.
— Normblätter S. 776.
— Vorschriften S. 492÷497, 515, 516, 518, 519.
Steckvorrichtungen S. 14, 15, 57, 62, 112, 318.
— für Christbaum-Beleuchtungen S. 335, 336.
— für Handgeräte (V.E.Hg.M.) S. 321 bis 324.
— für Heizgeräte (V.E.Hz.) S. 353, 354, 357.
— — — Normblätter S. 776.
— für Stehlampen S. 332÷335.
— in Unterkunfträumen für Kraftwagen S. 62.
— Normblätter S. 776.
— Vorschriften S. 492÷497, 514÷519.
Stehlampen, Vorschriften S. 331÷334.
Stehleuchter, Vorschriften S. 331÷334.
Sternspannung (R.E.H.) S. 577.
Steuergeräte S. 14, 31, 32, 34, 111, 127.
— Klemmenbezeichnung S. 288, 289, 306÷308.
— nach R.A.B. S. 296÷300.
— nach R.E.A. S. 271÷295.
— Normblätter für Bedienungsteile zu S. 770.
Steuerschalter (R.E.A.) S. 271÷295.
Stichproben b.Handgeräten(V.E.Hg.M.) S. 323, 324.
— bei Porzellanen S. 612, 613.
Stollenboden in B. u. T. S. 67, 80.
Stöpselschnüre in Fernmeldeanlagen, S. 631.
— — — Vorschriften S. 646.

Stöpselsicherungen S. 11, 15, 16, 22, 23, 41, 54, 57÷59, 62, 63, 81, 84, 109, 112, 113, 118, 119, 470, 531, 539, 543.
— Normblätter S. 775, 776.
— Vorschriften S. 497÷500.
Störungen, atmosphärische, als Ursache von Überspannungen S. 91, 92.
Stoßerreger bei Spannungmessungen mit Kugelfunkenstrecke S. 387.
Stoßfrequenz, Messungen bei S. 388, 389.
Stoßkurzschlußstrom nach R.E.H. S. 577, 578.
— nach R.E.M. S. 202.
Stoßprüfung bei Isolatoren S. 614.
Stoßspannung bei Spannungmessungen mit Kugelfunkenstrecke S. 389.
— bei Prüfung von Isolatoren S. 614.
Strahler für Funkanlagen s. Außenantennen.
Strahlöfen S. 12, 17, 114.
— (V.E.Hz.) S. 351, 360.
Streckenförderung, Fahrleitungen S. 39, 40.
— Fahrzeuge S. 40÷42.
Streckenschalter S. 71÷73.
Streifensicherungen S. 531, 539, 543, 569.
Streuströme von Bahnen S. 144.
Strom, Anlaß-nach Normalbedingungen für Anschluß von Motoren an Elektrizitätswerke S. 314÷316.
— · — nach R.E.A. S. 280.
— · — nach V.E.Hg.M. S. 326.
— Auslöse- (R.E.H.) S. 584, 596÷599, 602.
— · — (R.E.S.) S. 540÷542.
— Ausschalt- (R.E.H.) S. 578÷583.
— · — (R.E.S.) S. 541.
— Entnahme von Betrieb- aus Starkstromnetzen für Funkanlagen S. 690 bis 696.
Stromdichte bei Bahnströmen S. 142.
Strommesser S. 16, 17, 35, 113, 114, 129.
— Regeln für S. 367÷382.
Stromsicherungen S. 11, 15, 16, 22, 23, 41, 54, 57÷59, 62, 63, 81, 84, 109, 112, 113, 118, 119, 470, 497÷500, 531, 539, 543, 569.
Stromstärke, Abstufung bei Apparaten S. 149.
— — — — Normblätter S. 766.
— — bei Zählern S. 404.

Stromstärke, Auslösernenn- (R.E.H.) S. 584, 596÷599, 602.
— · — (R.E.S.) S. 540÷542.
— Ausschalt- S. 31, 127.
— Belastung- S. 22, 118.
— · — (V.I.L.) S. 470.
— · — (V.S.K.) S. 479÷481.
— Betrieb- S. 31, 127.
— Dauer- S. 6, 22, 105, 118.
— Dauer-Kurzschluß- (R.E.H.) S. 578, 602.
— · — · — (R.E.M.) S. 201.
— Erdschluß- S. 7, 74, 75, 84, 106.
— Erdkurzschluß- (R.E.H.) S. 577.
— Kurzschluß- S. 201, 202, 223, 224, 242, 243.
— Kurzschluß-Einschalt- (R.E.H.) S. 578.
— Nenn- S. 188, 223, 247, 314, 315, 320, 350, 371, 488, 497, 512, 514, 515, 517, 518, 520, 543, 544, 586.
— Stoß-Kurzschluß- (R.E.H.) S. 577, 578.
— — · — · — (R.E.M.) S. 202.
— Vollast- S. 6, 22, 105, 118.
Stromstufenreihe für Apparate S. 149.
— — — Normblätter S. 766.
— für Zähler S. 404.
Stromtransformatoren S. 219.
Stromversorgung in Fernmeldeanlagen S. 628, 629.
Stromwächter (R.E.A.) S. 272.
Stromwandler S. 16, 17, 35, 113, 114, 129.
— Beglaubigung S. 757, 758.
— Bewertung und Prüfung, Regeln für S. 393÷401.
— Klemmenbezeichnung S. 308.
Stückprüfung bei Handgeräten (V.E.Hg.M.) S. 324.
— bei Isolatoren S. 613.
— bei Isolierstoffen S. 160.
— nach R.E.H. S. 602÷608.
— nach R.E.S. S. 562, 563.
Stufenschalter für Bühnenlichtregler S. 37.
— (R.E.A.) S. 277.
Stufentransformatoren bei Spannungmessungen mit Kugelfunkenstrecke S. 385, 387, 390, 391.
Stützenabstand bei Fahrleitungen für Hebezeuge und Transportgeräte S. 453.
Stützenisolatoren S. 27, 72, 123, 439, 441, 614, 733, 747, 748.
— Normblätter S. 773, 774.

Stützenisolatoren (R.E.H.) S. 569, 601.
Stützen für Freileitungsisolatoren S. 27,
69, 71, 123, 439, 733, 747, 748, 751,
752.
— Normblätter S. 774.
Stützpunkte für Antennen S. 679÷681,
684÷687.
— für Fahrleitungen zu Hebezeugen
und Transportgeräten S. 453.
— für Freileitungen S. 438, 439, 749
bis 752.
Support-Schleifmaschinen S. 17, 114.
— · — Bewertung und Prüfung S. 341
bis 343.
— · — Normblätter S. 770.
Systemschnüre in Fernmeldeanlagen,
Vorschriften S. 647.

Tagebau, Leitsätze für Bagger im S. 43.
Tannenform, umgekehrte S. 27, 72, 123.
Taschenlampenbatterien, dreiteilige,
Regeln S. 657÷659.
— — Normblätter S. 767.
Taster bei Spannungsuchern S. 384.
Tauchsieder S. 12, 17, 114.
— (V.E.Hz.) S. 359, 360.
Telegraphenschnüre, Vorschriften S. 646,
647.
Telephonanschluß bei Funkgeräten
S. 702.
Temperaturerhöhung bei Apparaten
S. 12, 109.
Temperaturmessung nach R.E.B. S. 254.
— nach R.E.H. S. 610.
— nach R.E.M. S. 197.
— nach R.E.S. S. 556.
— nach R.E.T. S. 231.
Theater und Versammlungsräume S. 35
bis 38.
Theaterleitungen, biegsame S. 21.
— — (V.I.L.) S. 468.
Thermometermessung nach R.E.B.
S. 254.
— nach R.E.H. S. 610.
— nach R.E.M. S. 197.
— nach R.E.S. S. 556.
— nach R.E.T. S. 231.
Tischfächer S. 17, 114.
— Leitsätze S. 317, 318.
— (V.E.Hg.M.) S. 319÷324, 326.
Tischventilatoren s. Tischfächer.
Transformatoren S. 9, 10, 107, 108.
— Erwärmung nach R.E.B. S. 252÷257.
— — nach R.E.T. S. 228÷234, 243.
— für Anschluß von Fernmeldeanlagen
S. 649, 650.

Transformatoren in Fernmeldeanlagen
S. 629.
— Klemmenbezeichnung S. 308, 310,
311.
— Niederfrequenz- S. 701.
— · — Normblätter S. 768.
— Normblätter S. 768, 769.
— Parallelbetrieb (R.E.T.) S. 239, 244.
— Regeln für Bewertung und Prüfung
nach R.E.B. S. 245÷270.
— — — — — — nach R.E.T. S. 218
bis 244.
— Schaltgruppen (R.E.T.) S. 220 bis
222.
— Schilder nach R.E.B. S. 266÷270.
— — nach R.E.T. S. 240, 241, 244.
— Schlagwetter-Schutzvorrichtungen
S. 52÷54.
— Schutz gegen Überspannungen
S. 95, 96.
— Spannungsänderung (R.E.T.) S. 224.
— Stufen-, bei Spannungmessungen
mit Kugelfunkenstrecke S. 385, 387,
390, 391.
Transformatorenöle, Prüfung S. 169 bis
178.
Transportgeräte, Fahrleitungen S. 452,
453.
— (R.A.B.) S. 296÷305.
Transportmaschinen S. 32.
— Fahrleitungen S. 452, 453.
— (R.A.B.) S. 296÷305.
Trennschalter S. 11÷14, 109÷111.
— (R.E.H.) S. 569, 572, 573, 586, 600.
— (R.E.S.) S. 526÷567.
Triebfahrzeuge (R.E.B.) S. 245÷270.
Trockenüberschlagspannung bei Stoß-
prüfung von Isolatoren S. 614.
Tropfpunkt bei Kabelvergußmassen
S. 183, 184.
Tübbings in B.u.T. S. 7.
Tüllen, Porzellan-, Normblätter S. 774.

Ubbelohde-Verfahren bei Prüfung von
Kabelvergußmassen S. 180, 183.
Übererregungsverfahren (R.E.M.) S. 208.
Übergangswiderstand bei Schienenlei-
tung von elektrischen Bahnen S. 141,
142.
Überlastung nach R.E.B. S. 257, 258.
— nach R.E.M. S. 200÷202.
Überschlagspannung bei Spannung-
messungen mit Kugelfunkenstrecke
S. 386÷389.
— Trocken- bei Stoßprüfung von Iso-
latoren S. 614.

Überschlagspannung nach R.E.H. S. 583, 584, 602÷605.
Überspannungsableiter mit Funkenstrecke gegen Überspannungen S. 99, 100.
— bei Außenantennen S. 682, 683.
Überspannungschutz als Erdung S. 83.
— bei Antennen S. 682, 683.
— für Fahrleitungen von Bahnanlagen S. 130.
— Leitsätze für S. 86÷101.
Überspannungschutzgeräte (R.E.H.) S. 569.
Überstromauslösung (R.E.A.) S. 279.
— (R.E.H.) S. 576.
— (R.E.S.) S. 534, 550.
Überstromschutz (R.E.H.) S. 576.
Übertrager gegen Schwachstrombeeinflussung S. 661.
Übertritt von Hochspannung S. 8, 17, 106, 113.
Umformer, Einanker- bei Schachtsignalanlagen S. 38.
— · — nach R.E.B. S. 247.
— · — nach R.E.M. S. 189, 209, 214.
— für Spielzeug, Vorschriften S. 328.
— in Fernmeldeanlagen S. 629.
Umgekehrte Tannenform S. 27, 72, 123.
Umhüllte Leitungen S. 21, 26, 117, 122.
— als Antennenleiter S. 682.
— Normen S. 482, 483.
Umhüllung, brennbare, bei Kabeln S. 31, 126.
Ummantelungen bei Schaltgeräten (R.E.S.) S. 559.
Umschalter S. 11÷13, 57, 62, 109 bis 111.
— Konstruktion S. 487÷489, 512, 513.
— Normblätter S. 775.
— Prüfung S. 489÷492.
— zum Einbau in Handgeräte S. 520, 521.
Unabhängig verzögerte Auslösung (R.E.H.) S. 585, 586.
— — — (R.E.S.) S. 541, 542.
Unfälle, erste Hilfeleistung bei S. 45, 133, 445, 622÷626.
Ungeerdete Leitungen, Verlegung von S. 24, 120.
Unterkunftsräume für Kraftwagen, Leitsätze S. 62, 63.
Unterspannungsetzen von Anlagen S. 47, 48, 136.
Unverwechselbarkeitsgewinde S. 498.
— Normblätter S. 775.
Ursprungzeichen S. 12, 110.

Ursprungzeichen bei Christbaum-Beleuchtungen S. 336.
— bei Funkgeräten S. 699.
— bei Handapparaten S. 117.
— bei Handbohrmaschinen S. 339, 340.
— bei Handgeräten (V.E.Hg.M.) S. 323.
— bei Handgeräte - Einbauschaltern S. 521.
— bei Hand- und Support-Schleifmaschinen S. 343.
— bei Heizgeräten (V.E.Hz.) S. 355.
— bei Installationsmaterialien S. 487, 511, 512, 514÷518.
— bei Isolierrohren S. 522.
— bei Kabelvergußmassen S. 180.
— bei Schleif- und Poliermaschinen S. 346.
— bei Spannungsuchern S. 384.
— bei Stahlpanzerrohren S. 525.
— nach R.A.B. S. 300, 303, 305.
— nach R.E.S. S. 553.

Ventilatoren s. Fächer.
VDE-Prüfzeichen S. 180, 323, 331, 332, 336, 355, 375, 511, 512, 514, 515, 517, 518, 521, 522, 525, 688, 690, 692, 694, 699.
Verbindungen von Leitungen S. 25, 26, 121, 122.
Verbindungsgeräte für Funkanlagen (Starkstromnetze als Antenne oder Erde) S. 688, 689.
Verbleiungstärke bei Isolierrohren S. 524.
— bei Rohrdrähten (V.I.L.) S. 459, 460.
Vergußmassen für Kabelzubehörteile S. 179÷186.
Verhaltungsmaßregeln gegenüber Freileitungen S. 444÷446.
Verhütung von Überspannungschäden in Hochspannungsanlagen S. 92÷100.
— — — in Niederspannungsanlagen S. 100, 101.
Verlegung von Freileitungen S. 26÷28, 122÷124, 421÷443.
— — — in Fernmeldeanlagen S. 631, 632.
— von Leitungen S. 23÷26, 28, 29, 119÷122, 124, 125.
— — — in Fernmeldeanlagen S. 631 bis 633.
Versammlungsräume S. 35÷38.
Versatzbeleuchtung bei Bühnen S. 37.
Verseilte Mehrleiterbleikabel S. 21, 118.
— — (V.S.K.) S. 476÷481.

Versorgung von Gebäuden mit Elektrizität S. 703÷705.
Verstärker für Rundfunkempfang S. 702.
Verteilungsanlagen S. 10, 11, 108, 109, 132.
Verteilungstafeln S. 10, 11, 108, 109, 132.
— Konstruktion S. 506.
Verwendung von Hochspannunggeräten (R.E.H.) S. 563÷611.
— von Schaltgeräten (R.E.S.) S. 526 bis 567.
— von Starkstromnetzen als Antenne oder Erde S. 688, 689.
Verzögerte Auslösung von Hochspannunggeräten (R.E.H.) S. 585, 586.
— — (R.E.S.) S. 541.
Vikatprobe bei Isolierstoffen S. 156, 164.
Viskosimeter bei Prüfung von Kabelvergußmassen S. 185, 186.
Vogelschutz bei Freileitungen S. 439.
Vollaststromstärke S. 6, 22, 105, 118.
Volumengewicht von Kabelvergußmassen S. 186.
Vorkontakte als Überspannungschutz S. 13.
— — — Leitsätze S. 95.
— — — (R.E.H.) S. 587, 592.
Vorschaltwiderstände bei Spannungmessungen mit Kugelfunkenstrecke S. 387.
— V.E.Hg.M./1927 S. 319÷327.
— V.E.Hz./1925 S. 348÷362.
— V.I.L./1928 S. 454÷470.
— V.S.K./1928 S. 471÷481.
Vorschriften für Anschluß von Fernmeldeanlagen an Starkstrom durch Transformatoren S. 649, 650.
— für Außenantennen S. 678÷687.
— für bruchsichere Führung über Postleitungen S. 745÷753.
— für Christbaum - Beleuchtungen S. 335, 336.
— für die Bewertung und Prüfung von Vergußmassen für Kabelzubehörteile S. 179÷186.
— für Drehschalter (Dosenschalter) S. 512, 513.
— für elektrische Bahnen S. 102÷138.
— für Errichtung und Betrieb von Starkstromanlagen S. 1÷51.
— für Fanggeräte S. 330.
— für Gas- und Feueranzünder S. 329.
— für Handgeräte-Einbauschalter S. 520, 521.

Vorschriften für Hauptleitung-Abzweigkasten S. 507÷511.
— für Isolierrohre S. 522÷525.
— für isolierte Leitungen in Fernmeldeanlagen S. 636÷648.
— für Konstruktion und Prüfung von Installationsmaterial S. 485÷506.
— für Kreuzungen mit Reichsbahnen (B.K.V.) S. 724÷736.
— für Gleichstrom-Netzanschluß-Empfänger zum Rundfunkempfang S. 694 bis 696.
— für Gleichstrom-Netzanschlußgeräte zum Rundfunkempfang S. 692, 693.
— für Wechsel- und Drehstrom-Netzanschlußgeräte zum Rundfunkempfang S. 690, 691.
— für Postkreuzungen mit elektrischen Bahnen S. 744.
— — — mit Starkstromleitungen S. 737÷741.
— — — — — Zusatzbestimmungen S. 742, 743.
— für Prüfung von Eisenblech S. 151, 152.
— — — von Isolierstoffen S. 153÷168.
— für Schlagwetter-Schutzvorrichtungen S. 52÷54.
— für Schutz von Gas- und Wasserröhren S. 139÷142.
— für Sicherheit von Hochfrequenztelephonieanlagen S. 676, 677.
— für Spielzeug S. 328.
— für Starkstrom-Freileitungen S. 421 bis 443.
— für Steckdosen und Stecker 6 A/250 V S. 514÷516.
— — — — — 10 A/250 V S. 517 bis 519.
— für Stehlampen S. 331÷334.
— für Transformatoren- und Schalteröle S. 169÷178.
— für Verbindungsgeräte zum Rundfunkempfang S. 688, 689.

Wachsdraht, Baumwoll-, in Fernmeldeanlagen S. 630.
— - — — Vorschriften S. 639.
Wächter (R.E.A.) S. 272.
Warenhäuser, Schaufenster u. dgl. S. 34, 35.
Wärmeauslöser (R.E.S.) S. 537, 538.
Wärmebeständigkeit bei Isolierstoffen S. 153, 155, 156, 164, 165, 198, 199, 232, 233, 255÷257.
Wärmeprüfung bei Isolatoren S. 612

Wärmeprüfung bei Isolierstoffen S. 153÷157, 164, 165.

Wärmesichere Gegenstände S. 5, 104, 320, 348, 485, 527, 628.

Warnungstafeln S. 26, 35, 45, 122, 129, 130, 133, 134.

— Normen S. 615÷618.

Wärterfortbildung S. 721÷723.

Wartung von Schaltgeräten (R.E.S.) S. 565, 566.

Wasserkocher S. 12, 17, 114.

— (V.E.Hz.) S. 351, 359, 360.

Wasserkühlung bei Schleif- und Poliermaschinen S. 345.

— nach R.E.A. S. 276.

— nach R.E.M. S. 192.

— nach R.E.T. S. 224, 225.

Wasserröhren, Schutzvorschriften gegen Bahnströme S. 139÷142.

Wasserseige in B.u.T. S. 7.

Wechselstrombleikabel S. 21, 118.

— (V.S.K.) S. 473÷481.

Wechselstrom-Hochspannungsapparate s. Hochspannungsgeräte.

Wechselstrom-Netzanschlußgeräte für Funkanlagen S. 690, 691.

Wegübergänge S. 26, 72, 73, 122.

Welle, Handgeräte mit biegsamer (V.E.Hg.M.) S. 319÷324, 327.

Werkstattschnüre S. 21, 117.

— (V.I.L.) S. 464.

Werktischleuchter S. 20, 116.

Werkzeuge S. 17, 63, 114.

Werkzeugmaschinen S. 17, 63, 114.

— Handbohrmaschinen S. 337÷340.

— Handschleifmaschinen S. 341÷343.

— — Normblätter S. 770.

— Poliermaschinen S. 344÷347.

— — Normblätter S. 770.

— Schleifmaschinen S. 344÷347.

— — Normblätter S. 770.

— Support-Schleifmaschinen S. 341 bis 343.

— · — Normblätter S. 770.

Wetterfest umhüllte Leitungen S. 20, 21, 26, 56, 117, 122.

— — — als Antennenleiter S. 682.

— — — Normen S. 482, 483.

Wicklungsprobe nach R.E.B. S. 259, 260.

— nach R.E.M. S. 202, 203.

— nach R.E.T. S. 234, 235.

Widerstände S. 14, 32, 36, 37, 111, 127.

— Abzweig- S. 206, 262.

— Anker- S. 208.

— Anlaß- (R.E.A.) S. 271÷295.

Widerstände, Dämpfungs-, bei Spannungmessungen mit Kugelfunkenstrecke S. 387.

— Drossel- S. 206, 262.

— Entlade- bei Anodenbatterien S. 698.

— · — bei galvanischen Elementen S. 654÷656.

— · — bei Taschenlampenbatterien S. 658.

— Erdungs- S. 68, 77÷79, 80, 85.

— Flüssigkeits- bei Spannungmessungen mit Kugelfunkenstrecke S. 387.

— Gitterableitungs- für Funkgeräte S. 700.

— Heiz- für Funkgeräte S. 701.

— innere bei Anodenbatterien S. 697.

— — bei galvanischen Elementen S. 653, 655.

— — bei Taschenlampenbatterien S. 658.

— Isolations- für Funkgeräte S. 701.

— Justier- S. 206, 262.

— Metall- bei Spannungmessungen mit Kugelfunkenstrecke S. 387.

— Nullpunkt- gegen Überspannung S. 97.

— Regel- S. 37, 206, 262.

— · — (R.E.A.) S. 271÷295.

— Schutz- gegen Überspannungen S. 11, 95.

— · — — — (R.E.H.) S. 587, 592.

— Übergangs- bei Schienenleitung S. 141, 142.

— Vorschalt- S. 206, 262.

— · — bei Spannungmessungen mit Kugelfunkenstrecke S. 387.

— Wasser- (R.E.A.) S. 277.

Widerstandsbaustoffe (R.E.A.) S. 293 bis 295.

Widerstandsgeräte (R.A.B.) S. 296, 300 bis 303.

Widerstandzunahme bei Meßwandlern S. 396.

— nach R.E.B. S. 253÷257.

— nach R.E.H. S. 608, 609.

— nach R.E.M. S. 196, 197, 199.

— nach R.E.T. S. 231, 233.

Windungsprobe nach R.E.B. S. 259, 261.

— nach R.E.M. S. 202, 204, 205.

— nach R.E.T. S. 234, 236, 237.

Wirkungsgrad nach R.E.B. S. 262 bis 264.

— nach R.E.M. S. 205÷207.

Wurmfraß bei Holzmasten S. 447 bis 451.

Zähler S. 16, 17, 35, 113, 114, 129.
— Aufhängung S. 407, 408.
— Beglaubigung 754÷756.
— Erdung S. 407.
— Klemmen S. 404, 405.
— (R.E.Z.) S. 404÷420.
— Schaltungsbilder S. 408÷420.
— Stromstufen S. 404.
— Tafeln S. 407, 408.
Zeitbegriffe nach R.E.H. S. 585, 586.
— nach R.E.S. S. 541.
Zellenschalter (R.E.S.) S. 526÷567.
Zerstörungen des blanken Nulleiters, Leitsätze S. 143÷145.
— von Holzmasten durch Käferfraß, Merkblatt S. 447÷451.
Zimmerschnüre S. 21, 117.
— für Handgeräte (V.E.Hg.M.) S. 322.
— für Heizgeräte (V.E.Hz.) S. 354,355.
— für Stehlampen S. 332, 333.
— (V.I.L.)' S. 463.
Zubehörteile für Kabel, Normblätter S. 771÷773.
— — — Vergußmassen, Vorschriften S. 179÷186.
Zugentlastung von Leitungen S. 12, 14, 18, 19, 26, 110, 112, 115, 116, 122, 318, 322, 332, 336, 339, 342, 346, 354, 384, 493, 505, 516, 519.
Zulässigkeit von Näherungen zwischen Fernmelde- u. Drehstromleitungen S. 667÷675.
Zuleitungen zu Erdern S. 7, 41, 68, 73, 74, 80, 83, 84, 99, 106, 145.
— zu Spannungsuchern S. 384.
Zündfunkenstrecke bei Spannungmessungen S. 385÷392.
— bei Stoßprüfung von Isolatoren S. 614.
Zusatztransformatoren S. 219.
— Schutz gegen Überspannungen S. 94.
Zustand, Beharrung- S. 6, 22, 105, 119.
— betriebswarmer nach R.E.B. S. 251.
— — nach R.E.M. S. 194.
— — nach R.E.T. S. 224.
— — nach V.E.Hz. S. 350.
— el. Anlagen S. 44, 45, 133.
— spannungfreier S. 47, 135.
Zweck der Erdung S. 67, 81÷83.
— der Nullung S. 81÷83.
Zwerg-Edisonsockel S. 501.
— - — Normblätter S. 776.
Zwischenkabel gegen Überspannungen S. 99.

Springer-Verlag Berlin Heidelberg GmbH

Durch mich sind zu beziehen:

Din-Taschenbücher

(Beuth-Verlag G. m. b. H., Berlin S 14)

Taschenbuch

2 **Schaltzeichen und Schaltbilder.** Zweite Auflage. 1927. RM 1.75

7 Normen der Elektrotechnik für **Maschinen, Transformatoren, Apparate.** RM 2.75

8 Normen der Elektrotechnik für **Installationsmaterial, Kabel, Freileitungen.** RM 2.75

Erläuterungen zu den Vorschriften für die Errichtung und den Betrieb elektrischer Starkstromanlagen einschließlich Bergwerksvorschriften und zu den Bestimmungen für Starkstromanlagen in der Landwirtschaft. Im Auftrage des Verbandes Deutscher Elektrotechniker herausgegeben von Dr. **C. L. Weber,** Geh. Regierungsrat. Fünfzehnte, vermehrte und verbesserte Auflage. IX, 330 Seiten. Berichtigter Neudruck 1927. RM 6.—

Erläuterungen zu den Vorschriften für die Konstruktion und Prüfung von Installationsmaterial, den Vorschriften für die Konstruktion und Prüfung von Schaltapparaten für Spannungen bis einschl. 750 V und den Normalien über die Abstufung von Stromstärken und über Anschlußbolzen. Im Auftrage des Verbandes Deutscher Elektrotechniker herausgegeben von Prof. Dr.-Ing. e. h. **Georg Dettmar.** Mit 46 Textabbildungen. 202 Seiten. 1915. Unveränderter Neudruck. 1922. RM 3.75

Erläuterungen zu den Regeln für die Bewertung und Prüfung von elektrischen Maschinen (R. E. M.) und von Transformatoren (R. E. T.), zu den Regeln für die Bewertung und Prüfung von elektrischen Bahn-Motoren, Maschinen und Transformatoren (R. E. B.) sowie zu den Normalen Anschlußbedingungen und den Normalen Klemmen-Bezeichnungen. Im Auftrage des Verbandes Deutscher Elektrotechniker herausgegeben von Prof. Dr.-Ing. e. h. **Georg Dettmar,** Hannover. Siebente Auflage. Erscheint im Sommer 1928.

Isolierte Leitungen und Kabel. Erläuterungen zu den Normen für isolierte Leitungen in Starkstromanlagen, den Normen für isolierte Leitungen in Fernmeldeanlagen, den Normen für umhüllte Leitungen und den Kupfernormen. Im Auftrage des Verbandes Deutscher Elektrotechniker herausgegeben von Dr. **Richard Apt.** Dritte Auflage. Erscheint im Frühjahr 1928.

Springer-Verlag Berlin Heidelberg GmbH

Hilfsbuch für die Elektrotechnik. Unter Mitwirkung namhafter Fachgenossen bearbeitet und herausgegeben von Dr. **Karl Strecker.** Zehnte, umgearbeitete Auflage. **Starkstromausgabe.** Mit 560 Abbildungen. XII, 739 Seiten. 1925. Gebunden RM 20.—
Schwachstromausgabe (Fernmeldetechnik.) Mit 1057 Textabbildungen. XXI, 1137 Seiten. 1928. Gebunden RM 42.—

Die elektrische Kraftübertragung. Von Oberingenieur Dipl.-Ing. **Herbert Kyser.** In 3 Bänden.

Erster Band: **Die Motoren, Umformer und Transformatoren.** Ihre Arbeitsweise, Schaltung, Anwendung und Ausführung. Zweite, umgearbeitete und erweiterte Auflage. Mit 305 Textfiguren und 6 Tafeln. XV, 417 Seiten. 1920. Unveränderter Neudruck 1923. Gebunden RM 15.—

Zweiter Band: **Die Niederspannungs- und Hochspannungs-Leitungs-anlagen.** Ihre Projektierung, Berechnung, elektrische und mechanische Ausführung und Untersuchung. Zweite, umgearbeitete und erweiterte Auflage. Mit 319 Textfiguren und 44 Tabellen. VIII, 405 Seiten. 1921. Unveränderter Neudruck 1923. Gebunden RM 15.—

Dritter Band: **Die maschinellen und elektrischen Einrichtungen des Kraftwerkes und die wirtschaftlichen Gesichtspunkte für die Projektierung.** Zweite, umgearbeitete und erweiterte Auflage. Mit 665 Textfiguren, 2 Tafeln und 87 Tabellen. XII, 930 Seiten. 1923. Gebunden RM 28.—

Schaltungsbuch für Gleich- und Wechselstromanlagen. Dynamomaschinen, Motoren und Transformatoren, Lichtanlagen, Kraftwerke und Umformerstationen, unter Berücksichtigung der neuen, vom VDE festgesetzten Schaltzeichen. Ein Lehr- und Hilfsbuch von Oberstudienrat Dipl.-Ing. **Emil Kosack,** Magdeburg. Zweite, erweiterte Auflage. Mit 257 Abbildungen im Text und auf 2 Tafeln. X, 198 Seiten. 1926. RM 8.40; gebunden RM 9.90

Elektrische Starkstromanlagen. Maschinen, Apparate, Schaltungen, Betrieb. Kurzgefaßtes Hilfsbuch für Ingenieure und Techniker sowie zum Gebrauch an technischen Lehranstalten. Von Studienrat Dipl.-Ing. **Emil Kosack,** Magdeburg. Sechste, durchgesehene und ergänzte Auflage. Mit 296 Textfiguren. XII, 330 Seiten. 1923. RM 5.50; gebunden RM 6.90

Wegweiser für die vorschriftsgemäße Ausführung von Starkstromanlagen. Im Einverständnis mit dem Verbande Deutscher Elektrotechniker herausgegeben von Prof. Dr.-Ing. e. h. **G. Dettmar,** Hannover. VI, 302 Seiten. 1927. RM 7.50; gebunden RM 8.75

Elektromaschinenbau. Berechnung elektrischer Maschinen in Theorie und Praxis. Von Dr.-Ing. **P. B. Arthur Linker,** Privatdozent, Hannover. Mit 128 Textfiguren und 14 Anlagen. VIII, 304 Seiten. 1925. Gebunden RM 24.—

Die elektrischen Einrichtungen für den Eigenbedarf großer Kraftwerke. Von Oberingenieur **Friedrich Titze.** Mit 89 Textabbildungen. VI, 160 Seiten. 1927. Gebunden RM 12.—

Printed in the United States
By Bookmasters